防衛ハンドブック

平成30年版

2017年　安全保障関連　国内情勢と国際情勢

＊国際情勢は　　　で表示してあります。

1月 1日　中国の習近平国家主席、新年のスピーチで、南シナ海、尖閣諸島などを念頭に「領土主権と海洋権益は断固守る」と強調。

1月 5日　稲田朋美防衛相、ベルギー・ブリュッセルでイェンス・ストルテンベルグNATO事務総長と会談。日NATO協力の重要性を確認。その後、仏・パリに移動し、ル・ドリアン国防大臣と日仏防衛相会談。

1月14日　日豪両政府、物品役務相互提供協定(ACSA)に署名。

1月16日　安倍晋三首相、ベトナムでグエン・スアン・フック首相と会談。新造の巡視船6隻を供与する旨伝える。

1月16日　岸田文雄外務大臣とキャロライン・ケネディ駐日米国大使、日米地位協定の軍属に関する補足協定に署名。軍属の範囲縮小。

1月20日　ドナルド・トランプ米大統領就任。

1月24日　Xバンド防衛通信衛星「きらめき2号」、種子島宇宙センターから打ち上げ成功。

1月26日　日英両政府、物品役務相互提供協定(ACSA)に署名。

2月 4日　稲田防衛相、マティス米国防長官と防衛省で会談。オバマ政権同様、日米の同盟関係を強化していくことで合意。

2月 4日　防衛装備庁と米ミサイル防衛庁が開発中の弾道ミサイル防衛用能力向上型迎撃ミサイルSM−3ブロックⅡAの発射試験に成功(米・ハワイ州の太平洋ミサイル射場で)

2月 7日　米・アリゾナ州ルーク空軍基地でF−35A戦闘機の米国委託教育を受講中の空自隊員が初飛行実施。

2月12日　北朝鮮、同国西岸の亀城（クソン）付近から東方向に弾道ミサイル1発を発射。約500キロ飛翔し、同国東岸から東に約350キロの日本海上に落下。

2月13日　北朝鮮の金正恩朝鮮労働党委員長の異母兄、金正男氏がマレーシア・クアラルンプール国際空港で殺害される。

2月22日　ロシアのジョイグ国防相、北方領土と千島列島に新たな師団を年内に配備する計画を発表。

3月 6日　北朝鮮、同国西岸の東倉里（トンチャンリ）付近から弾道ミサイル4発を東方向にほぼ同時に発射。ミサイルは約1,000キロ飛翔し、秋田県男鹿半島の西約300～350キロの日本海上に落下。うち3発は我が国の排他的経済水域(EEZ)内に落下。

3月 7日　米太平洋軍、北朝鮮のミサイル発射を受けて、高高度防衛ミサイル(THAAD)の韓国配備を開始したと発表。

3月10日　政府、南スーダン国連平和維持活動（PKO）に派遣中の陸自施設部隊の5月末の撤収を決定。
3月16日　防衛装備庁と英国国防省、「将来戦闘機における英国との協力の可能性に係る日英共同スタディに関する取決め」を締結。
3月22日　空自のF－15戦闘機6機、九州周辺空域で米空軍のB－1B爆撃機と要撃戦闘、編隊航法訓練を実施。
3月24日　稲田防衛相、南スーダン国際平和協力業務の終結に関する自衛隊行動命令発出。
3月27日　海自のTC－90練習機2機、フィリピンのヘラクレオ・アラノ・サングレーポイント海軍基地で同国海軍に引き渡し。
3月27日　海自の護衛艦「ゆうだち」「さみだれ」「さざなみ」「うみぎり」「はまぎり」、米海軍の空母「カール・ビンソン」など艦艇数隻と東シナ海周辺海域で共同巡航訓練。
4月 3日　ロシア・サンクトペテルブルクの地下鉄で自爆テロ発生。
4月 4日　シリア政府軍、北西部イドリブ県の反体制派支配地域でサリンと見られる化学兵器を使用した空爆を実施。
4月 6日　米軍、シリアの空軍飛行場に巡航ミサイル「トマホーク」59発を発射。アサド政権による化学兵器使用への対抗措置。
4月 6日　フィリピンのロドリゴ・ドゥテルテ大統領、南シナ海の南沙諸島への軍の配備を命令。
4月13日　米軍、非核兵器では最大の爆弾とされる大規模爆風爆弾GBU－43（MOAB）をアフガニスタン・ナンガルハル州アチン地区の「イスラム国（IS）」の施設に投下。同爆弾の実戦使用は初。
4月14日　改定日米物品役務相互提供協定（ACSA）、参院本会議で可決、承認。日豪改定ACSA、英国とのACSA新規締結も。
4月17日　「女性自衛官活躍推進イニシアティブ」決定。全自衛隊で女性自衛官の配置制限をほぼ撤廃。
4月20日　仏・パリ中心部のシャンゼリゼ通りで銃撃。警察官1人が死亡、1人が負傷。「イスラム国」（IS）が犯行声明。
4月27日　ハリス米太平洋軍司令官、米議会の公聴会で北朝鮮の問題に関連し、韓国に配備するTHAADに触れた上で、日本にも同様のシステムを導入すべきと主張。
4月30日　稲田防衛相、平和安全法制に基づく「米艦防護」命令を発出。
5月 1日　海自の護衛艦「いずも」が「米艦防護」の命令を受け、横須賀を出港。房総半島沖で米補給艦と合流し、四国沖まで防護。米艦防護の実施は初。
5月 1日　在日米軍、大型無人偵察機「グローバルホーク」を10月末まで横田基地に一時配備。
5月18日　尖閣諸島周辺の領海に中国海警局の船舶が侵入、小型無人機ドローンを飛行させ、空自のF－15戦闘機が緊急発進。

5月22日 英国中部のマンチェスターのコンサート会場で自爆テロ発生。22人が死亡し、59人が負傷。「イスラム国」(IS)が犯行声明。
5月24日 中国軍のJ-10戦闘機2機、南シナ海上空の国際空域で米海軍のP-3哨戒機に異常接近。
5月24日 米海軍の駆逐艦「デューイ」、南シナ海の南沙諸島ミスチーフ礁から20キロ以内の海域を航行。トランプ政権下で初の「航行の自由作戦」の一環。
5月27日 南スーダン派遣施設隊第11次隊、部隊全員が帰国。
5月30日 防衛省で南スーダン派遣施設隊隊旗返還式。
5月30日 米、大陸間弾道ミサイル(ICBM)の迎撃実験に成功。太平洋のマーシャル諸島から発射した模擬弾をカリフォルニア州のバンデンバーグ基地から発射した地上配備型迎撃ミサイルで撃破。
6月 3日 英・ロンドンのロンドン橋と付近のバラ・マーケットでテロ発生。7人が死亡。
6月 4日 フィリピンのドゥテルテ大統領、同国・スービック港に寄港中の海自護衛艦「いずも」に外国の元首として初めて乗艦。
6月 9日 海自の護衛艦「いずも」「さざなみ」、米海軍のミサイル駆逐艦「スタレット」、豪海軍のフリゲート「バララット」、カナダ海軍のフリゲート「ウィニペグ」が南シナ海で日米豪加共同巡航訓練。
7月 2日 米海軍のミサイル駆逐艦「ステザム」、南シナ海西沙諸島のトリトン島の12カイリ内で「航行の自由」作戦を実施。
7月 4日 北朝鮮、同国・亀城(クソン)付近から東方向の日本海に向かって弾道ミサイル1発を発射。ミサイルは高度2500キロを大きく超える高度に達し、約40分間飛翔して日本のEEZ内に落下。同日、同国の朝鮮中央放送などが「特別重大報道」として大陸間弾道ミサイル(ICBM)の発射実験に成功したと発表。
7月 5日 九州北部を襲った豪雨により福岡県朝倉市、大分県日田市などで河川の氾濫、土砂崩れなどの水害が発生。災害派遣要請を受けた第4師団(福岡)などの約4,000人が出動し、人命救助、行方不明者捜索、給水・入浴・給食支援などの活動を実施。
7月 5日 米韓両軍、北朝鮮指導部への攻撃が可能な弾道ミサイルの射撃訓練を日本海で合同で実施。韓国軍は「玄武(ヒョンム)2」、米陸軍は地対地ミサイル「ATACMS」を発射し、標的に命中。
7月 6日 空自第9航空団(那覇)のF-15戦闘機2機、東シナ海上空で米空軍第9遠征爆撃飛行隊(グアム)のB-1B爆撃機2機と初の夜間共同訓練実施。
7月15日 中国海警局の船舶、長崎県対馬沖と福岡県沖ノ島沖の領海内に侵入。九州北部領海への中国海警局の船舶侵入は初めて。
7月17日 中国海警局の船舶2隻、青森県艫作崎沖の領海内に侵入。一旦領海を出た後、津軽海峡の竜飛崎沖の領海に再び侵入。
7月28日 北朝鮮が同国内陸部の舞坪里(ムピョンニ)付近から大陸間弾道ミサイ

ル(ICBM)「火星14」1発を北東方向に発射。ミサイルは3,500キロを大きく超える高度に達し、約45分間飛翔。北海道積丹半島西方約20キロ、奥尻島の北西約150キロの我が国EEZ内に落下。

7月28日　南スーダンPKOの日報問題で、稲田防衛相、黒江哲郎事務次官、岡部俊哉陸幕長が辞任。防衛相の後任は岸田外相が兼務。

8月 1日　海自の護衛艦「いずも」「さざなみ」、南シナ海で日米共同巡航訓練中に米海軍のミサイル駆逐艦「ステザム」で発生した行方不明者の捜索に協力。

8月 2日　米国務省、米国の旅券保持者の北朝鮮への渡航禁止措置を9月1日から実施すると発表。

8月 3日　第3次安倍第3次改造内閣発足。防衛相に小野寺五典氏が2度目の就任。

8月 5日　国連安保理、北朝鮮の弾道ミサイル発射を受けて、石炭、鉄鉱石等の輸出、北朝鮮との新たな合弁事業などを禁じる制裁決議を全会一致で採択。

8月17日　スペイン・バルセロナで車の突入によるテロ発生。130人以上が死傷。

8月17日　日米安全保障協議委員会(日米「2+2」)、米・ワシントンで開催。日本側から河野外相、小野寺防衛相、米側からティラーソン国務長官、マティス国防長官が出席。北朝鮮情勢、東シナ海、南シナ海情勢等に関し、協力の強化で一致。

8月29日　北朝鮮、同国西岸の順安(スナン)から弾道ミサイル1発を発射。ミサイルは北海道・襟裳岬上空を太平洋に向けて通過し、約2,700キロ飛翔して襟裳岬東方約1,180キロの我が国EEZ外に落下。最高高度は約550キロ。

8月29日　北朝鮮のミサイル発射を受け、韓国空軍のF−15K戦闘機4機が爆弾(MK−84)8発の投下訓練を実施。いずれも命中。

8月29日　安倍首相、北朝鮮のミサイル発射を受けてトランプ米大統領と電話会談。翌30日にも2日連続で電話協議。

8月29日　国連安保理、北朝鮮のミサイル発射を非難し、ミサイル開発計画の中止を求める議長声明を全会一致で採択。

8月30日　米海軍のイージス艦「ジョン・ポール・ジョーンズ」、ハワイ沖でスタンダード・ミサイルSM−6による中距離弾道ミサイルの迎撃実験に成功。

8月31日　英国のテリーザ・メイ首相、海自横須賀基地を訪問し、護衛艦「いずも」に乗艦。小野寺防衛相が同行。首相官邸で開かれた国家安全保障会議(NSC)にも参加。

9月 3日　北朝鮮、同国北東部の豊渓里(プンゲリ)で6回目の核実験を実施。同国の国営朝鮮中央テレビ、「重大報道」として大陸間弾道ミサイル(ICBM)搭載用の水爆実験に成功したと発表。

9月 3日　防衛省が航空自衛隊三沢、築城、小松の各基地からT−4中等練習機を飛ばし、放射能特別調査(放射能じん収集、希ガス収集)を実施。4日以降はC−130H輸送機も使用。12日まで。

9月 3日 安倍首相、北朝鮮の核実験を受けて首相公邸で米のトランプ大統領、ロシアのプーチン大統領と相次ぎ電話会談。

9月 4日 韓国軍、北朝鮮の核実験への対抗措置として、北朝鮮の核実験場への攻撃を想定したミサイルの発射訓練を実施。日本海の公海上にブンゲリまでの距離を考慮して設置された標的に向け、陸軍が短距離弾道ミサイル、空軍のF-15戦闘機が空対地ミサイルを発射。

9月 5日 国会の閉会中審査、北朝鮮へ抗議する決議を衆参両院とも全会一致で採択。

9月 6日 北大西洋条約機構(NATO)、すべての国に対し、北朝鮮への制裁の強化を求める声明を発表。

9月 7日 韓国国防部と在韓米軍、THAADの発射台4基などを配備先の慶尚北道・星州に搬入。4月末に配備した2基と合わせて6基の本格運用へ。

9月11日 国連安保理、北朝鮮による6回目の核実験を受け、原油、石油精製品輸出に上限を設ける北朝鮮制裁決議を全会一致で採択。

9月15日 北朝鮮、同国・順安(スナン)から弾道ミサイルを北東方向に発射。北海道襟裳岬上空を通過し、襟裳岬東方約2,200キロの太平洋(我が国EEZ外)に落下。飛翔距離は約3,700キロ、最高高度は約800キロ。

9月15日 北朝鮮のミサイル発射から6分後、韓国軍が弾道ミサイル「玄武2A」2発の発射訓練を実施。1発は250キロ離れた日本海上の目標に命中。1発は発射数秒後に海上に落下。

9月15日 国連安保理、非公開で緊急会合開催。北朝鮮のミサイル発射に対し、制裁決議の履行徹底を確認。「強く非難する」との報道声明を全会一致で採択。

9月15日 英・ロンドンの地下鉄車内で爆破テロ発生。30人以上が負傷。英警察が3人を逮捕。

9月18日 トランプ米大統領、中国の習近平国家主席と電話協議。北朝鮮に対し、国連の制裁決議の履行によって最大限の圧力をかける方針で一致。

9月22日 安倍首相、米・ニューヨーク市内のホテルでトランプ米大統領、韓国の文在寅大統領と3カ国首脳会談。日米韓で中国、ロシアに北朝鮮への圧力強化を働きかける方針を確認。

9月30日 北朝鮮の貨客船「万景峰号」によるロシア―北朝鮮航路が再開。

10月16日 日本海、黄海で米韓合同軍事演習。米海軍の空母「ロナルド・レーガン」、原潜「ミシガン」、韓国海軍のイージス艦「世宗大王」など40隻が参加。20日まで。

10月23日 安倍首相、トランプ米大統領と電話会談。衆院選勝利への祝意を伝えられた後、日米、日米韓の連携、北朝鮮への圧力強化で一致。

10月31日 米・ニューヨークのマンハッタンでピックアップトラックが自転車専用レーンに突っ込み、8人が死亡。警察がウズベキスタン出身のサイフロ・サイポフ容疑者を逮捕。

11月 2日 国家安全保障会議、閣議でソマリア沖・アデン湾での海賊対処行動を

11月20日から平成30年11月19日まで1年間延長することを決定。

11月 3日 米軍、ソマリア北東部で「イスラム国」(IS) を標的とした無人機による初の空爆を実施。

11月 4日 サウジアラビアの首都・リヤドに向けてイエメンから発射されたミサイルをサウジ軍の地対空誘導弾ペトリオットが迎撃。負傷者はなし。

11月 5日 トランプ米大統領来日。安倍首相等と会談。北朝鮮に最大の圧力をかけることで合意。7日に離日し、韓国、中国へ。

11月13日 朝鮮半島の南北軍事境界線上の板門店の共同警備区域から北朝鮮兵士が40発の銃撃を受けながら韓国側に亡命。板門店での軍人の亡命は10年ぶり。

11月13日 ASEAN関連首脳会議でフィリピン訪問中の安倍首相、ドゥテルテ比大統領と会談。海自のTC−90練習機5機の無償譲渡を正式決定。

11月19日 シリア政府軍、「イスラム国」(IS)の拠点アブカマルを奪還。

11月20日 トランプ米大統領、北朝鮮をテロ支援国家に再指定すると発表。

11月24日 エジプト北東部シナイ半島のモスクで「イスラム国」(IS) の旗を掲げた武装集団が礼拝中の市民に向け銃を乱射。400人以上が死傷。

11月29日 北朝鮮、同国西岸の平城(ピョンソン)付近から長距離弾道ミサイルを東方に向け発射。ミサイルは約53分間にわたり、4,000キロを大きく超える最高高度で約1,000キロを飛翔、青森県西方約250キロの日本海(我が国EEZ内)に落下。

11月29日 北朝鮮による弾道ミサイル発射を受け、安倍首相とトランプ米大統領が電話会談。北朝鮮の脅威に協力して立ち向かうことを確認。

12月 1日 小野寺防衛相、マティス米国防長官と電話会談。日米韓3カ国の緊密な協力推進を再確認。

12月 8日 小野寺防衛相、相手の脅威圏外から対処できる長距離スタンドオフミサイルとして、F−35Aに搭載するJSM、F−15等に搭載するLRASM、JASSMの導入を発表。

12月11日 ロシアのプーチン大統領、シリアからのロシア軍撤退開始を命令。

12月11日 米ニューヨーク・マンハッタン中心部で爆弾テロ発生。バングラデシュ出身の容疑者は負傷、拘束。4人が負傷。

12月14日 英・ロンドンで第3回日英外務・防衛閣僚会合。日本側から河野外相、小野寺防衛相、英側からジョンソン外相、ウィリアムソン国防相が出席。

12月19日 政府、陸上配備型迎撃ミサイルシステム「イージス・アショア」導入を閣議決定。

12月22日 国連安保理、11月29日に北朝鮮が行った大陸間弾道ミサイル(ICBM)発射実験に対する米国起草の追加制裁決議案を全会一致で採択。

目　次

第2章　組織・編成 …… 176

第3章　人　　事 …… 194

第13章　国際貢献・邦人輸送 …………………………………………… 722

平成29年版以前の防衛ハンドブック掲載データについて

平成29年版以前の防衛ハンドブックに掲載していた資料のうち、下記のデータについては、朝雲新聞社ホームページ内「防衛ハンドブックダウンロードページ」でダウンロードできます。http://www.asagumo-news.com/hbdl/hbdl-menu.htmlにアクセスして下さい。

●日本の防衛計画

・旧大綱

昭和52年度以降に係る防衛計画の大綱について

昭和52年度以降に係る防衛計画の大綱について（国防会議・閣議決定）
「防衛計画の大綱」別表
「防衛計画の大綱」の決定について（防衛庁長官談話要旨）

平成8年度以降に係る防衛計画の大綱について

平成8年度以降に係る防衛計画の大綱について（安全保障会議・閣議決定）
別表
内閣官房長官談話
「平成8年度以降に係る防衛計画の大綱」の決定について（防衛庁長官談話）

平成17年度以降に係る防衛計画の大綱について

平成17年度以降に係る防衛計画の大綱について（安全保障会議・閣議決定）
別表
内閣官房長官談話
新たな「防衛計画の大綱」及び「中期防衛力整備計画」について（防衛庁長官談話）

・防衛力整備に係る諸決定等

防衛力の整備内容のうち主要な事項の取扱いについて
当面の防衛力整備について
昭和62年度予算における「当面の防衛力整備について」
（昭和51年11月5日閣議決定）の取扱いについて
内閣官房長官談話
今後の防衛力整備について
「今後の防衛力整備について」に関する内閣官房長官談話

・第1次～第4次防衛力整備計画関係

⑴ 第1次防衛力整備計画（1次防）
⑵ 第2次防衛力整備計画（2次防）
⑶ 第3次防衛力整備計画（3次防）
⑷ 第4次防衛力整備計画（4次防）

・第1次～第4次防衛力整備計画の目標と達成状況

⑴ 第1次防衛力整備計画の目標及び達成状況
⑵ 第2次防衛力整備計画の目標及び達成状況
⑶ 第3次防衛力整備計画の目標及び達成状況（主要項目）

⑷ 第3次防衛力整備計画の目標及び達成状況（勢力）
⑸ 第4次防衛力整備計画の主要項目の達成状況
⑹ 第4次防衛力整備計画の主要項目関連勢力推移

・中期業務見積り

⑴ 五三中業
「防衛計画の大綱」別表分類による勢力推移
⑵ 五六中業
Ⅰ 五六中業の性格及び作成経緯
Ⅱ 昭和58年度から昭和62年度までを対象とする中期業務見積り
Ⅲ 参考別表
Ⅳ 国防会議における防衛庁の報告要旨

・旧中期防

中期防衛力整備計画（昭和61年度～平成2年度）
Ⅰ 中期防衛力整備計画について（国防会議・閣議決定）
Ⅱ 内閣官房長官談話
Ⅲ 国防会議及び四相協議の開催状況（中期防衛力整備計画策定関連）

中期防衛力整備計画（平成3年度～平成7年度）
Ⅰ 平成3年度以降の防衛計画の基本的考え方について（安全保障会議・閣議決定）
Ⅱ 中期防衛力整備計画（平成3年度～平成7年度）について（安全保障会議・閣議決定）
Ⅲ 内閣官房長官談話
Ⅳ 内閣官房長官談話
Ⅴ 中期防衛力整備計画（平成3年度～平成7年度）の修正について（安全保障会議・閣議決定）
Ⅵ 内閣官房長官談話

中期防衛力整備計画（平成8年度～平成12年度）
Ⅰ 中期防衛力整備計画（平成8年度～平成12年度）について（安全保障会議・閣議決定）
Ⅱ 内閣官房長官談話
Ⅲ 中期防衛力整備計画（平成8年度～平成12年度）の見直しについて（安全保障会議・閣議決定）
Ⅳ 内閣官房長官談話

中期防衛力整備計画（平成13年度～平成17年度）
Ⅰ 中期防衛力整備計画（平成13年度～平成17年度）について（安全保障会議・閣議決定）
Ⅱ 内閣官房長官談話

中期防衛力整備計画（平成17年度～平成21年度）
Ⅰ 中期防衛力整備計画（平成17年度～平成21年度）について（安全保障会議・閣議決定）
Ⅱ 中期防衛力整備計画（平成17年度～平成21年度）の見直しについて（安全保障会議・閣議決定）

・防衛力整備の推移（昭和25年度～昭和63年度）

●人事

・防衛省職員の定員の推移（昭和25年～昭和63年）

●教育訓練
・オリンピック・アジア大会・世界選手権大会の入賞者一覧(昭和61年度～平成24年度)

●予算
・防衛関係費の推移(昭和25年度～平成20年度)

●米軍
・在日米軍施設・区域件数・土地面積の推移(昭和27年～昭和63年)
・駐留軍等労働者数の推移(昭和27年度～昭和63年度)

●国際貢献
・カンボディアPKO
・モザンビークPKO
・ルワンダ難民救援
・東チモール避難民救援
・アフガニスタン難民救援
・東ティモールPKO
・イラク難民救援
・イラク被災民救援

●その他
近代における戦争の死傷者と戦費

第1章　日本の防衛計画

1. 国家安全保障会議

(1) 設置の経緯

我が国を取り巻く安全保障環境が一層厳しさを増している中、我が国の外交・安全保障政策の司令塔として、国家安全保障に関する諸課題につき、内閣総理大臣を中心に、日常的、機動的に審議する場を創設し、政治の強力なリーダーシップを発揮できる環境を整えることは喫緊の課題であった。

こうした観点から、第2次安倍内閣において、平成25年2月より「国家安全保障会議の創設に関する有識者会議」を開催し、全6回にわたって、「国家安全保障会議」の所掌、目的、情報の活用・政策判断、組織のあり方等、そのあるべき姿について検討が行われた。ここでの議論を踏まえ、政府は(2)の内容を柱とする「安全保障会議設置法等の一部を改正する法律案」を同年6月7日、国会に提出した。

第185回国会において同法案が成立し、同年12月4日、内閣に国家安全保障会議が設置された。また、平成26年1月7日、内閣官房に、その事務局でもあり国家安全保障に関する外交・防衛政策の基本方針等の企画立案・総合調整等を行う国家安全保障局が新設された。

(参考)安全保障会議設置(昭和61年7月1日～平成25年12月4日)の経緯

国防に関する重要事項を審議する機関として、昭和31年7月2日、内閣に設置された国防会議は、発足以来、国防の基本方針、第1次から第4次までの防衛力整備計画、防衛計画の大綱など我が国防衛の根幹をなす問題及び毎年度の防衛力整備に係る主要事項等について決定したり、審議するなど、防衛政策の基本的方針を示し、文民統制上重要な役割を果たしてきた。

他方、社会全体の複雑高度化、我が国の国際的役割の拡大、我が国周辺地域の国際政治面での重要性の増大などにより、ミグ25事件(昭和51年9月)、ダッカにおけるハイジャック事件(昭和52年9月)、大韓航空機事件(昭和58年9月)のような、我が国の安全に重大な影響を及ぼすおそれのある重大緊急事態が発生する可能性が潜在的に高まってきた。

こうした緊急事態に迅速、適切に対処し、事態の拡大発展を防止するため、内閣の果たすべき役割が増大してきたことを背景として、第104回国会で「安全保障会議設置法」が成立し、昭和61年7月1日、内閣に新たに安全保障会議が設置されるとともに、従来の国防会議は廃止された。

(2) 任務・組織等

(イ)国家安全保障会議

国家安全保障会議は、審議事項の区分に応じて、四大臣会合、九大臣会合及び緊急事態大臣会合の別に分けられている。

① 四大臣会合

構成：内閣総理大臣(議長)、外務大臣、防衛大臣、内閣官房長官

審議事項：

・国家安全保障に関する外交政策及び防衛政策の基本方針並びにこれらの政策に関する重要事項（九大臣会合の審議事項を除く。）

②九大臣会合

構成：内閣総理大臣（議長)、内閣法第9条の規定によりあらかじめ指定された国務大臣、総務大臣、外務大臣、財務大臣、経済産業大臣、国土交通大臣、防衛大臣、内閣官房長官及び国家公安委員会委員長

審議事項(以下の事項は九大臣会合に諮らなければならない)：

・国防の基本方針
・防衛計画の大綱
・産業等の調整計画の大綱
・武力攻撃事態等又は存立危機事態への対処に関する基本的な方針
・武力攻撃事態等又は存立危機事態への対処に関する重要事項
・重要影響事態への対処に関する重要事項
・国際平和共同対処事態への対処に関する重要事項
・国際連合平和維持活動等に対する協力に関する法律第二条第一項に規定する国際平和協力業務の実施等に関する重要事項
・自衛隊法第六章に規定する自衛隊の行動に関する重要事項（国家安全保障会議設置法第二条第一項第四号から第八号までに掲げるものを除く。）
・国防に関する重要事項（上記を除く。）
・その他国家安全保障に関する重要事項

③緊急事態大臣会合

構成：内閣総理大臣(議長)、内閣官房長官及び事態の種類に応じてあらかじめ内閣総理大臣により指定された国務大臣

審議事項：

・重大緊急事態（武力攻撃事態等、存立危機事態、重要影響事態、国際平和共同対処事態及び九大臣会合においてその対処措置につき諮るべき事態以外の緊急事態であって、我が国の安全に重大な影響を及ぼすおそれがあるもののうち、通常の緊急事態対処体制によっては適切に対処することが困難な事態をいう。）への対処に関する重要事項

上記のほか、武力攻撃事態等、存立危機事態及び重要影響事態に関し、事態の分析及び評価について特に集中して審議する必要があると認める場合には、議長、外務大臣、防衛大臣、内閣官房長官及び事態の種類に応じてあらかじめ内閣総理大臣により指定された国務大臣によって事案について審議を行うことができる。

※1　議長は、必要があると認めるときは、上記以外の国務大臣を、議案を限って、議員として、臨時に会議に参加させることができる。また、緊急の場合その他やむを得ない事由のある場合は、副大臣がその職務を代行することができる。

※2　内閣官房副長官及び国家安全保障担当内閣総理大臣補佐官は、会議に出席し、議長の許可を受けて意見を述べることができる。また、議長は、必要があると認めるときは、統合幕僚長その他の関係者を会議に出席させ、意見を述べさせることができる。

※3　会議は、武力攻撃事態等、存立危機事態、重要影響事態及び重大緊急事態に関し、審議した結果、特に緊急に対処する必要があると認めるときは、迅速かつ適切な対処が必要と認められる措置について内閣総理大臣に建議することができる。

(ロ)事態対処専門委員会

事態対処に関する安全保障の審議を迅速かつ的確に実施するため、必要な事項に関する調査・分析を行い、その結果に基づき、国家安全保障会議に進言する組織として、事態対処専門委員会（委員長：内閣官房長官、委員：内閣官房及び関係行政機関の職員のうちから、内閣総理大臣が任命する。）を、国家安全保障会議に置いている。

(ハ)国家安全保障局

内閣官房に設置された国家安全保障局は、国家安全保障に関する外交・防衛政策の基本方針等の企画立案・総合調整等をつかさどるとともに、国家安全保障会議に直接付随する事務（会議の開催事務、会議資料の取りまとめ、意見及び建議の案の取りまとめ並びにそれらに関する関係機関との連絡調整等）を処理する。

(3) 主要決定事項

国家安全保障会議（九大臣会合）

年　月　日	決　定　事　項	備　考
平成25年12月4日	会議規則の制定について	
平成25年12月10日	防衛計画の大綱等について フィリピンにおける台風被害に関する我が国の対応について（報告）	
平成25年12月12日	平成25年度における防衛力整備内容のうちの主要な事項について（第1次補正予算）	同日閣議決定
平成25年12月17日	国家安全保障戦略について 平成26年度以降に係る防衛計画の大綱について 中期防衛力整備計画（平成26年度～平成30年度）について	同日閣議決定 同日閣議決定 同日閣議決定
平成25年12月23日	国際連合南スーダン共和国ミッション（UNMISS）に係る物資協力の実施について	同日閣議決定
平成25年12月24日	平成26年度における防衛力整備内容のうちの主要な事項について	同日閣議決定
平成26年4月1日	防衛装備移転三原則等について 防衛装備移転三原則の運用指針について	同日閣議決定 同日閣議決定
平成26年7月1日	国の存立を全うし、国民を守るための切れ目のない安全保障法制の整備について	同日閣議決定
平成26年7月3日	日朝政府間協議を受けたわが国の対応について	同日閣議決定
平成26年7月18日	ウクライナにおけるマレーシア航空機事案について 海賊対処行動に係る内閣総理大臣の承認について	同日閣議決定
平成26年10月14日	特定秘密の保護に関する法律施行令及び特定秘密の指定及びその解除並びに適性評価の実施に関し統一的な運用を図るための基準案について	同日閣議決定
平成26年10月21日	南スーダン国際平和協力業務実施計画の変更について	同日閣議決定
平成26年12月1日	国家安全保障会議特定秘密保護規則等について	
平成27年1月9日	平成26年度における防衛力整備内容のうちの主要な事項について（第1次補正予算）	同日閣議決定
平成27年1月14日	平成27年度における防衛力整備内容のうちの主要な事項について	同日閣議決定
平成27年2月10日	南スーダン国際平和協力業務実施計画の変更について	同日閣議決定

年　月　日	決　定　事　項	備　考
平成27年5月14日	我が国及び国際社会の平和及び安全の確保に資するための自衛隊法等の一部を改正する法律（案）、国際平和共同対処事態に際して我が国が実施する諸外国の軍隊等に対する協力支援活動等に関する法律（案）及び治安出動・海上警備行動等の発令手続	同日閣議決定
平成27年7月7日	海賊対処行動に係る内閣総理大臣の承認について	同日閣議決定
平成27年8月7日	南スーダン国際平和協力業務実施計画の変更について	同日閣議決定
平成27年9月19日	平和安全法制の成立を踏まえた政府の取組について	同日閣議決定
平成27年11月24日	国家安全保障会議から特定秘密を提供する他の行政機関についての一部改正及び防衛装備移転三原則の運用指針の一部改正について	
平成27年12月18日	平成27年度防衛力整備内容のうちの主要な事項について（第1次補正予算）	同日閣議決定
平成27年12月24日	平成28年度防衛力整備内容のうちの主要な事項等について	同日閣議決定
平成28年2月9日	南スーダン国際平和協力業務実施計画の変更について	同日閣議決定
平成28年3月22日	防衛装備移転三原則の運用指針の一部改正等について	
平成28年6月17日	海賊対処行動に係る内閣総理大臣の承認について	同日閣議決定
平成28年10月25日	南スーダン国際平和協力業務実施計画の変更について	同日閣議決定
平成28年11月1日	海賊対処行動に係る内閣総理大臣の承認について	同日閣議決定
平成28年11月15日	南スーダン国際平和協力業務実施計画の変更について	同日閣議決定
平成28年12月22日	自衛隊法第95条の2の運用に関する指針、平成28年度における防衛力整備内容のうちの主要な事項（第3次補正予算）及び平成29年度における防衛力整備内容のうちの主要な事項等について	同日閣議決定
平成29年3月24日	南スーダン国際平和協力業務実施計画の変更について	同日閣議決定
平成29年11月2日	海賊対処行動に係る内閣総理大臣の承認について	同日閣議決定
平成29年12月19日	弾道ミサイル防衛能力の抜本的向上について	同日閣議決定
平成29年12月22日	平成29年度における防衛力整備内容のうちの主要な事項（第1次補正予算）及び平成30年度における防衛力整備内容のうちの主要な事項等について	同日閣議決定

(4) 国家安全保障会議、安全保障会議、同議員懇談会の開催状況（平成30.1.1現在）

年	国家安全保障会議	安全保障会議	同議員懇談会
61	—	6	2
62	—	5	5
63	—	2	3
平成元	—	3	1
2	—	12	2
3	—	9	3
4	—	7	1
5	—	3	1
6	—	6	2
7	—	14	1
8	—	3	1
9	—	6	2
10	—	3	2
11	—	7	1
12	—	8	1
13	—	8	0
14	—	5	0
15	—	10	0
16	—	12	0
17	—	10	0
18	—	14	0
19	—	7	0
20	—	6	0
21	—	13	0
22	—	17	0
23	—	6	0
24	—	8	0
25	9	12	0
26	33	—	—
27	35	—	—
28	48	—	—
29	46	—	—
計	171	222	28

※国家安全保障会議の計は、4大臣会合、9大臣会合の合計
※安全保障会議、同議員懇談会は、国家安全保障会議の発足により解消された。

2. 国家安全保障戦略

国家安全保障戦略について

（平成25年12月17日
国家安全保障会議決定
閣　議　決　定）

国家安全保障戦略について別紙のとおり定める。

本決定は、「国防の基本方針について」（昭和32年5月20日国防会議及び閣議決定）に代わるものとする。

（別紙）

国家安全保障戦略

Ⅰ　策定の趣旨

政府の最も重要な責務は、我が国の平和と安全を維持し、その存立を全うすることである。我が国の安全保障（以下「国家安全保障」という。）をめぐる環境が一層厳しさを増している中、豊かで平和な社会を引き続き発展させていくためには、我が国の国益を長期的視点から見定めた上で、国際社会の中で我が国の進むべき針路を定め、国家安全保障のための方策に政府全体として取り組んでいく必要がある。

我が国は、これまでも、地域及び世界の平和と安定及び繁栄に貢献してきた。グローバル化が進む世界において、我が国は、国際社会における主要なプレーヤーとして、これまで以上に積極的な役割を果たしていくべきである。

このような認識に基づき、国家安全保障に関する基本方針を示すため、ここに国家安全保障戦略を策定する。

本戦略では、まず、我が国の平和国家としての歩みと、我が国が掲げるべき理念である、国際協調主義に基づく積極的平和主義を明らかにし、国益について検証し、国家安全保障の目標を示す。その上で、我が国を取り巻く安全保障環境の動向を見通し、我が国が直面する国家安全保障上の課題を特定する。そして、そのような課題を克服し、目標を達成するためには、我が国が有する多様な資源を有効に活用し、総合的な施策を推進するとともに、国家安全保障を支える国内基盤の強化と内外における理解の促進を図りつつ、様々なレベルにおける取組を多層的かつ協調的に推進することが必要との認識の下、我が国がとるべき外交政策及び防衛政策を中心とした国家安全保障上の戦略的アプローチを示している。

また、本戦略は、国家安全保障に関する基本方針として、海洋、宇宙、サイバー、政府開発援助（ODA）、エネルギー等国家安全保障に関連する分野の政策に指針を与えるものである。

政府は、本戦略に基づき、国家安全保障会議（NSC）の司令塔機能の下、政治の強力なリーダーシップにより、政府全体として、国家安全保障政策を一層戦略的かつ体系的なものとして実施していく。

さらに、国の他の諸施策の実施に当たっては、本戦略を踏まえ、外交力、防衛力等が全体としてその機能を円滑かつ十全に発揮できるよう、国家安全保障上の観点を十分に考慮するものとする。

本戦略の内容は、おおむね10年程度の期間を念頭に置いたものであり、各種政策の実施過程を通じ、NSCにおいて、定期的に体系的な評価を行い、適時適切にこれを発展させていくこととし、情勢に重要な変化が見込まれる場合には、その時点における安全保障環境を勘案し検討を行い、必要な修正を行う。

Ⅱ　国家安全保障の基本理念

1．我が国が掲げる理念

我が国は、豊かな文化と伝統を有し、自由、民主主義、基本的人権の尊重、法の支配といった普遍的価値を掲げ、高い教育水準を持つ豊富な人的資源と高い文化水準を擁し、開かれた国際経済システムの恩恵を受けつつ発展を遂げた、強い経済力及び高い技術力を有する経済大国である。

また、我が国は、四方を海に囲まれて広大な排他的経済水域と長い海岸線に恵まれ、海上貿易と海洋資源の開発を通じて経済発展を遂げ、「開かれ安定した海洋」を追求してきた海洋国家としての顔も併せ持つ。

我が国は、戦後一貫して平和国家としての道を歩んできた。専守防衛に徹し、他国に脅威を与えるような軍事大国とはならず、非核三原則を守るとの基本方針を堅持してきた。

また、我が国と普遍的価値や戦略的利益を共有する米国との同盟関係を進展させるとともに、各国との協力関係を深め、我が国の安全及びアジア太平洋地域の平和と安定を実現してきている。さらに、我が国は、人間の安全保障の理念に立脚した途上国の経済開発や地球規模課題の解決への取組、他国との貿易・投資関係を通じて、国際社会の安定と繁栄の実現に寄与している。特に東南アジア諸国連合（ASEAN）諸国を始めとするアジア諸国は、こうした我が国の協力も支えとなって、安定と経済成長を達成し、多くの国々が民主主義を実現してきている。

加えて、我が国は、平和国家としての立場から、国連憲章を遵守しながら、国連を始めとする国際機関と連携し、それらの活動に積極的に寄与している。特に冷戦の終結に伴い、軍事力の役割が多様化する中で、国連平和維持活動（PKO）を含む国際平和協力活動にも継続的に参加している。また、世界で唯一の戦争被爆国として、軍縮・不拡散に積極的に取り組み、「核兵器のない世界」を実現させるため、国際社会の取組を主導している。

こうした我が国の平和国家としての歩みは、国際社会において高い評価と尊敬を勝ち得てきており、これをより確固たるものにしなければならない。

他方、現在、我が国を取り巻く安全保障環境が一層厳しさを増していることや、我が国が複雑かつ重大な国家安全保障上の課題に直面していることに鑑みれば、国際協調主義の観点からも、より積極的な対応が不可欠となっている。

我が国の平和と安全は我が国一国では確保できず、国際社会もまた、我が国がその国力にふさわしい形で、国際社会の平和と安定のため一層積極的な役割を果たすことを期待している。

これらを踏まえ、我が国は、今後の安全保障環境の下で、平和国家としての歩みを引き続き堅持し、また、国際政治経済の主要プレーヤーとして、国際協調主義に基づく積極的平和主義の立場から、我が国の安全及びアジア太平洋地域の平和と安定を実現しつつ、国際社会の平和と安定及び繁栄の確保にこれまで以上に積極的に寄与していく。このことこそが、我が国が掲げるべき国家安全保障の基本理念である。

2．我が国の国益と国家安全保障の目標

国家安全保障の基本理念を具体的政策として実現するに当たっては、我が国の国益と国家安全保障の目標を明確にし、絶えず変化する安全保障環境に当てはめ、あらゆる手段を尽くしていく必要がある。

我が国の国益とは、まず、我が国自身の主権・独立を維持し、領域を保全し、我が国国民の生命・身体・財産の安全を確保することであり、豊かな文化と伝統を継承しつつ、自由と民主主義を基調とする我が国の平和と安全を維持し、その存立を全うすることである。

また、経済発展を通じて我が国と我が国国民の更なる繁栄を実現し、我が国の平和と安全をより強固なものとすることである。そのためには、海洋国家として、特にアジア太平洋地域において、自由な交易と競争を通じて経済発展を実現する自由貿易体制を強化し、安定性及び透明性が高く、見通しがつきやすい国際環境を実現していくことが不可欠である。

さらに、自由、民主主義、基本的人権の尊重、法の支配といった普遍的価値やルールに基づく国際秩序を維持・擁護することも、同様に我が国にとっての国益である。

これらの国益を守り、国際社会において我が国に見合った責任を果たすため、国際協調主義に基づく積極的平和主義を我が国の国家安全保障の基本理念として、以下の国家安全保障の目標の達成を図る。

第1の目標は、我が国の平和と安全を維持し、その存立を全うするために、必要な抑止力を強化し、我が国に直接脅威が及ぶことを防止するとともに、万が一脅威が及ぶ場合には、これを排除し、かつ被害を最小化することである。

第2の目標は、日米同盟の強化、域内外のパートナーとの信頼・協力関係の強化、実際的な安全保障協力の推進により、アジア太平洋地域の安全保障環境を改善し、我が国に対する直接的な脅威の発生を予防し、削減することである。

第3の目標は、不断の外交努力や更なる人的貢献により、普遍的価値やルールに基づく国際秩序の強化、紛争の解決に主導的な役割を果たし、グローバルな安全保障環境を改善し、平和で安定し、繁栄する国際社会を構築することである。

Ⅲ　我が国を取り巻く安全保障環境と国家安全保障上の課題

1．グローバルな安全保障環境と課題

(1) パワーバランスの変化及び技術革新の急速な進展

今世紀に入り、国際社会において、かつてないほどパワーバランスが変化しており、国際政治の力学にも大きな影響を与えている。

パワーバランスの変化の担い手は、中国、インド等の新興国であり、特に中国は、国際社会における存在感をますます高めている。他方、米国は、国際社会における相対的影響力は変化しているものの、軍事力や経済力に加え、その価値や文化を源としたソフトパワーを有することにより、依然として、世界最大の総合的な国力を有する国である。また、自らの安全保障政策及び経済政策上の重点をアジア太平洋地域にシフトさせる方針（アジア太平洋地域へのリバランス）を明らかにしている。

こうしたパワーバランスの変化は、国際政治経済の重心の大西洋から太平洋への移動を促したものの、世界貿易機関（WTO）の貿易交渉や国連における気候変動交渉の停滞等、国際社会全体の統治構造（ガバナンス）において、強力な指導力が失われつつある一因ともなっている。

また、グローバル化の進展や技術革新の急速な進展は、国家間の相互依存を深める一方、国家と非国家主体との間の相対的影響力の変化を助長するなど、グローバルな安全保障環境に複雑な影響を与えている。

主権国家は、引き続き国際社会における主要な主体であり、国家間の対立や協調が国際社会の安定を左右する最大の要因である。しかし、グローバル化の進展により、人、物、資本、情報等の国境を越えた移動が容易になった結果、国家以外の主体も、国際社会における意思決定により重要な役割を果たしつつある。

同時に、グローバル化や技術革新の進展の負の側面として、非国家主体によるテロや犯罪が国家の安全保障を脅かす状況が拡大しつつある。加えて、こうした脅威が、世界のどの地域において発生しても、瞬時に地球を回り、我が国の安全保障にも直接的な影響を及ぼし得る状況になっている。

(2) 大量破壊兵器等の拡散の脅威

我が国は、世界で唯一の戦争被爆国として、核兵器使用の悲惨さを最も良く知る国であり、「核兵器のない世界」を目指すことは我が国の責務である。

核・生物・化学（NBC）兵器等の大量破壊兵器及びそれらの運搬手段となり得る弾道ミサイル等の移転・拡散・性能向上に係る問題は、依然として我が国や国際社会にとっての大きな脅威となっている。特に北朝鮮による核・ミサイル開発問題やイランの核問題は、単にそれぞれの地域の問題というより、国際社会全体の平和と安定に対する重大な脅威である。さらに、従来の抑止が有効に機能しにくい国際テロ組織を始めとする非国家主体による大量破壊兵器等の取得・使用についても、引き続き懸念されている。

(3) 国際テロの脅威

テロ事件は世界各地で発生しており、国際テロ組織によるテロの脅威は依然として高い。グローバル化の進展により、国際テロ組織にとって、組織内又は他の組織との間の情報共有・連携、地理的アクセスの確保や武器の入手等がより容易になっている。

こうした中、国際テロ組織は、政情が不安定で統治能力が脆弱な国家・地域を活動や訓練の拠点として利用し、テロを実行している。加えて、かかる国際組織のイデオロギーに共鳴した他の組織や個人がテロ実行主体となる例も見られるなど、国際テロの拡散・多様化が進んでいる。

また、我が国が一部の国際テロ組織から攻撃対象として名指しされている上、現に海外において邦人や我が国の権益が被害を受けるテロが発生しており、我が国及び国民は、国内外において、国際テロの脅威に直面している。

こうした国際テロについては、実行犯及び被害者の多国籍化が見られ、国際協力による対処がますます重要になっている。

(4) 国際公共財（グローバル・コモンズ）に関するリスク

近年、海洋、宇宙空間、サイバー空間といった国際公共財（グローバル・コモンズ）に対する自由なアクセス及びその活用を妨げるリスクが拡散し、深刻化している。海洋は、国連海洋法条約に代表される海洋に関する国際法によって規律されているものの、既存の国際法を尊重せずに力を背景とした一方的な現状変更を図る動きが増加しつつある。また、宇宙空間やサイバー空間においては、各国間の立場の違いにより、適用されるべき規範の確立が発展途上にある。

こうしたリスクに効果的に対処するため、適切な国際的ルール作りを進め、当該ルールを尊重しつつ国際社会が協力して取り組むことが、経済の発展のみならず安全保障の観点からも一層重要な課題となっている。

「開かれ安定した海洋」は、世界の平和と繁栄の基盤であり、各国は、自ら又は協力して、海賊、不審船、不法投棄、密輸・密入国、海上災害への対処や危険物の除去といった様々な課題に取り組み、シーレーンの安定を図っている。

しかし、近年、資源の確保や自国の安全保障の観点から、各国の利害が衝突する事例が増えており、海洋における衝突の危険性や、それが更なる不測の事態に発展する危険性も高まっている。

特に南シナ海においては、領有権をめぐって沿岸国と中国との間で争いが発生しており、海洋における法の支配、航行の自由や東南アジア地域の安定に懸念をもたらしている。また、我が国が資源・エネルギーの多くを依存している中東地域から我が国近海に至るシーレーンは、その沿岸国における地域紛争及び国際テロ、加えて海賊問題等の諸問題が存在するため、その脆弱性が高まっている。こうした問題への取組を進めることが、シーレーンの安全を維持する上でも重要な課題となっている。

さらに、北極海では、航路の開通、資源開発等の様々な可能性の広がりが予測されている。このため、国際的なルールの下に各国が協力して取り組むことが期待されているが、同時に、このことが国家間の新たな摩擦の原因となるおそれもある。

宇宙空間は、これまでも民生分野で活用されてきているが、情報収集や警戒監視機能の強化、軍事のための通信手段の確保等、近年は安全保障上も、その重要性が著しく増大している。

他方、宇宙利用国の増加に伴って宇宙空間の混雑化が進んでおり、衛星破壊実験や人工衛星同士の衝突等による宇宙ゴミ（スペースデブリ）の増加、対衛星兵器の開発の動きを始めとして、持続的かつ安定的な宇宙空間の利用を妨げるリスクが存在している。

また、情報システムや情報通信ネットワーク等により構成されたグローバルな空間であるサイバー空間は、社会活動、経済活動、軍事活動等のあらゆる活動が依拠する場となっている。

一方、国家の秘密情報の窃取、基幹的な社会インフラシステムの破壊、軍事システムの妨害を意図したサイバー攻撃等によるリスクが深刻化しつつある。

我が国においても、社会システムを始め、あらゆるものがネットワーク化されつつある。このため、情報の自由な流通による経済成長やイノベーションを推進するために必要な場であるサイバー空間の防護は、我が国の安全保障を万全とするとの観点から、不可欠である。

(5)「人間の安全保障」に関する課題

グローバル化が進み、人、物、資本、情報等が大量かつ短時間で国境を越えて移動することが可能となり、国際経済活動が拡大したことにより、国際社会に繁栄がもたらされている。

一方、貧困、格差の拡大、感染症を含む国際保健課題、気候変動その他の環境問題、食料安全保障、更には内戦、災害等による人道上の危機といった一国のみでは対応できない地球規模の問題が、個人の生存と尊厳を脅かす人間の安全保障上の重要かつ緊急な課題となっている。こうした中、国際社会が開発分野において達成すべき共通の目標であるミレニアム開発目標（MDGs）は、一部の地域、分野において達成が困難な状況にある。また、今後、途上国の人口増大や経済規模の拡大によるエネルギー、食料、水資源の需要増大が、新たな紛争の原因となるおそれもある。

これらの問題は、国際社会の平和と安定に影響をもたらす可能性があり、我が国としても、人間の安全保障の理念に立脚した施策等を推進する必要がある。

(6) リスクを抱えるグローバル経済

グローバル経済においては、世界経済から切り離された自己完結的な経済は存在し難く、一国の経済危機が世界経済全体に伝播するリスクが高まっている。こうした傾向は、金融経済において顕著にみられる。また、分業化を背景に国境を越えてバリューチェーン・サプライチェーンが構築されている今日においては、実体経済においても同様の傾向が生じている。

このような状況の下で、財政問題の懸念や新興国経済の減速等も生じており、新興国や開発途上国の一部からは、保護主義的な動きや新たな貿易ルール作りに消極的な姿勢も見られるようになっている。

さらに、近年、エネルギー分野における技術革新が進展する中、資源国による資源ナショナリズムの高揚や、新興国を中心としたエネルギー・鉱物資源の需要増加とそれに伴う資源獲得競争の激化等が見られる。また、食料や水についても、気候変動に伴う地球環境問題の深刻化もあり、世界的な需給の逼迫や一時的な供給問題発生のリスクが存在する。

2．アジア太平洋地域における安全保障環境と課題

(1) アジア太平洋地域の戦略環境の特性

グローバルなパワーバランスの変化は、国際社会におけるアジア太平洋地域の重要性を高め、安全保障面における協力の機会を提供すると同時に、この地域における問題・緊張も生み出している。

特に北東アジア地域には、大規模な軍事力を有する国家等が集中し、核兵器を保有又は核開発を継続する国家等も存在する一方、安全保障面の地域協力枠組みは十分に制度化されていない。域内各国の政治・経済・社会体制の違いは依然として大きく、このために各国の安全保障観が多様である点も、この地域の戦略環境の特性である。

こうした背景の下、パワーバランスの変化に伴い生じる問題や緊張に加え、領域主権や権益等をめぐり、純然たる平時でも有事でもない事態、いわばグレーゾーンの事態が生じやすく、これが更に重大な事態に転じかねないリスクを有している。

一方、アジア太平洋地域においては、域内諸国の二国間交流と協力の機会の増加がみられるほか、ASEAN地域フォーラム（ARF）等の多国間の安全保障対話や二国間・多国間の共同訓練等も行われ、相互理解の深化と共同対処能力の向上につながっている。地域の安定を確保するためには、こうした重層的な取組を一層促進・発展させていくことが重要である。

(2) 北朝鮮の軍事力の増強と挑発行為

朝鮮半島においては、韓国と北朝鮮双方の大規模な軍事力が対峙している。北朝鮮は、現在も深刻な経済困難に直面しており、人権状況も全く改善しない一方で、軍事面に資源を重点的に配分している。

また、北朝鮮は、核兵器を始めとする大量破壊兵器や弾道ミサイルの能力を増強するとともに、朝鮮半島における軍事的な挑発行為や我が国に対するものも含め様々な挑発的言動を繰り返し、地域の緊張を高めている。特に北朝鮮による米国本土を射程に含む弾道ミサイルの開発や、核兵器の小型化及び弾道ミサイルへの搭載の試みは、我が国を含む地域の安全保障に対する脅威を質的に深刻化させるものである。また、大量破壊兵器等の不拡散の観点からも、国際社会全体にとって深刻な課題となっている。

さらに、金正恩国防委員会第1委員長を中心とする体制確立が進められる中で、北朝鮮内の情勢も引き続き注視していく必要がある。

加えて、北朝鮮による拉致問題は我が国の主権と国民の生命・安全に関わる重大な問題であり、国の責任において解決すべき喫緊の課題である。また、基本的人権の侵害という国際社会の普遍的問題である。

(3) 中国の急速な台頭と様々な領域への積極的進出

中国は、国際的な規範を共有・遵守するとともに、地域やグローバルな課題に対して、より積極的かつ協調的な役割を果たすことが期待されている。一方、継続する高い国防費の伸びを背景に、十分な透明性を欠いた中で、軍事力を広範かつ急速に強化している。加えて、中国は、東シナ海、南シナ海等の海空域において、既存の国際法秩序とは相容れない独自の主張に基づき、力による現状変更の試みとみられる対応を示している。とりわけ、我が国の尖閣諸島付近の領海侵入及び領空侵犯を始めとする我が国周辺海空域における活動を急速に拡大・活発化させるとともに、東シナ海において独自の「防空識別区」を設定し、公海上空の飛行の自由を妨げるような動きを見せている。

こうした中国の対外姿勢、軍事動向等は、その軍事や安全保障政策に関する透明性の不足とあいまって、我が国を含む国際社会の懸念事項となっており、中国の動向について慎重に注視していく必要がある。

また、台湾海峡を挟んだ両岸関係は、近年、経済分野を中心に結びつきを深めている。一方、両岸の軍事バランスは変化しており、両岸関係には安定化の動きと潜在的な不安定性が併存している。

Ⅳ　我が国がとるべき国家安全保障上の戦略的アプローチ

国家安全保障の確保のためには、まず我が国自身の能力とそれを発揮し得る基盤を強化するとともに、自らが果たすべき役割を着実に果たしつつ、状況の変化に応じ、自身の能力を適応させていくことが必要である。

経済力及び技術力の強化に加え、外交力、防衛力等を強化し、国家安全保障上の我が国の強靭性を高めることは、アジア太平洋地域を始めとする国際社会の平和と安定につながるものである。これは、本戦略における戦略的アプローチの中核をなす。

また、国家安全保障上の課題を克服し、目標を達成するためには、国際協調主義に基づく積極的平和主義の立場から、日米同盟を基軸としつつ、各国との協力関係を拡大・深化させるとともに、我が国が有する多様な資源を有効に活用し、総合的な施策を推進する必要がある。

こうした観点から、外交政策及び防衛政策を中心とした我が国がとるべき戦略的アプローチを以下のとおり示す。

1．我が国の能力・役割の強化・拡大

(1) 安定した国際環境創出のための外交の強化

国家安全保障の要諦は、安定しかつ見通しがつきやすい国際環境を創出し、脅威の出現を未然に防ぐことである。国際協調主義に基づく積極的平和主義の下、国際社会の平和と安定及び繁栄の実現に我が国が一層積極的な役割を果たし、我が国にとって望ましい国際秩序や安全保障環境を実現していく必要がある。

そのために、刻一刻と変化する安全保障環境や国際社会の潮流を分析する力がまず必要である。その上で、発生する事象や事件への受け身の対応に追われるのではなく、国際社会の課題を主導的に設定し、能動的に我が国の国益を増進していく力を蓄えなければならない。その中で我が国や我が国国民の有する様々な力や特性を効果的に活用して、我が国の主張を国際社会に浸透させ、我が国の立場への支持を集める外交的な創造力及び交渉力が必要である。また、我が国の魅力を活かし、国際社会に利益をもたらすソフトパワーの強化や我が国企業や国民のニーズを感度高く把握し、これらのグローバルな展開をサポートする力の充実が重要である。加えて国連を始めとする国際機関に対し、邦人職員の増強も含め、より積極的な貢献を行っていくことが積極的平和主義を進める我が国の責務である。このような力強い外交を推進していくため、外交実施体制の強化を図っていく。外交の強化は、国家安全保障の確保を実現するために不可欠である。

(2) 我が国を守り抜く総合的な防衛体制の構築

我が国に直接脅威が及ぶことを防止し、脅威が及ぶ場合にはこれを排除するという、国家安全保障の最終的な担保となるのが防衛力であり、これを着実に整備する。

我が国を取り巻く厳しい安全保障環境の中において、我が国の平和と安全を確保するため、戦略環境の変化や国力国情に応じ、実効性の高い統合的な防衛力を効率的に整備し、統合運用を基本とする柔軟かつ即応性の高い運用に努めるとともに、政府機関のみならず地方公共団体や民間部門との間の連携を深めるなど、武力攻撃事態等から大規模自然災害に至るあらゆる事態にシームレスに対応するための総合的な体制を平素から構築していく。

その中核を担う自衛隊の体制整備に当たっては、本戦略を踏まえ、防衛計画の大綱及び中期防衛力整備計画を含む計画体系の整備を図るとともに、統合的かつ総合的な視点に立って重要となる機能を優先しつつ、各種事態の抑止・対処のための体制を強化する。

加えて、核兵器の脅威に対しては、核抑止力を中心とする米国の拡大抑止が不可欠であり、その信頼性の維持・強化のために、米国と緊密に連携していくとともに、併せて弾道ミサイル防衛や国民保護を含む我が国自身の取組により適切に対応する。

(3) 領域保全に関する取組の強化

我が国領域を適切に保全するため、上述した総合的な防衛体制の構築のほか、領域警備に当たる法執行機関の能力強化や海洋監視能力の強化を進める。

加えて、様々な不測の事態にシームレスに対応できるよう、関係省庁間の連携を強化する。

また、我が国領域を確実に警備するために必要な課題について不断の検討を行い、実効的な措置を講ずる。

さらに、国境離島の保全、管理及び振興に積極的に取り組むとともに、国家安全保障の観点から国境離島、防衛施設周辺等における土地所有の状況把握に努め、土地利用等の在り方について検討する。

(4) 海洋安全保障の確保

海洋国家として、各国と緊密に連携しつつ、力ではなく、航行・飛行の自由や安全の確保、国際法にのっとった紛争の平和的解決を含む法の支配といった基本ルールに基づく秩序に支えられた「開かれ安定した海洋」の維持・発展に向け、主導的な役割を発揮する。具体的には、シーレーンにおける様々な脅威に対して海賊対処等の必要な措置をとり、海上交通の安全を確保するとともに、各国との海洋安全保障協力を推進する。

また、これらの取組に重要な我が国の海洋監視能力について、国際的ネットワークの構築に留意しつつ、宇宙の活用も含めて総合的に強化する。さらに、海洋安全保障に係る二国間・多国間の共同訓練等の協力の機会の増加と質の向上を図る。

特にペルシャ湾及びホルムズ海峡、紅海及びアデン湾からインド洋、マラッカ海峡、南シナ海を経て我が国近海に至るシーレーンは、資源・エネルギーの多くを中東地域からの海上輸送に依存している我が国にとって重要であることから、これらのシーレーン沿岸国等の海上保安能力の向上を支援するとともに、我が国と戦略的利害を共有するパートナーとの協力関係を強化する。

(5) サイバーセキュリティの強化

サイバーセキュリティを脅かす不正行為からサイバー空間を守り、その自由かつ安全な利用を確保する。また、国家の関与が疑われるものを含むサイバー攻撃から我が国の重要な社会システムを防護する。このため、国全体として、組織・分野横断的な取組を総合的に推進し、サイバー空間の防護及びサイバー攻撃への対応能力の一層の強化を図る。

そこで、平素から、リスクアセスメントに基づくシステムの設計・構築・運用、事案の発生の把握、被害の拡大防止、原因の分析究明、類似事案の発生防止等の分野において、官民の連携を強化する。また、セキュリティ人材層の強化、制御システムの防護、サプライチェーンリスク問題への対応についても総合的に検討を行い、必要な措置を講ずる。

さらに、国全体としてサイバー防護・対応能力を一層強化するため、関係機関の連携強化と役割分担の明確化を図るとともに、サイバー事象の監査・調査、感知・分析、国際調整等の機能の向上及びこれらの任務を担う組織の強化を含む各種施策を推進する。

かかる施策の推進に当たっては、幅広い分野における国際連携の強化が不可欠である。このため、技術・運用両面における国際協力の強化のための施策を講ずる。また、関係国との情報共有の拡大を図るほか、サイバー防衛協力を推進する。

(6) 国際テロ対策の強化

原子力関連施設の安全確保等の国内における国際テロ対策の徹底はもとより、世界各地で活動する在留邦人等の安全を確保するため、民間企業が有する危険情報がより効果的かつ効率的に共有されるような情報交換・協力体制を構築するとともに、平素からの国際テロ情勢に関する分析体制や海外における情報収集能力の強化を進めるなど、国際テロ対策を強化する。

(7) 情報機能の強化

国家安全保障に関する政策判断を的確に支えるため、人的情報、公開情報、電波情報、画像情報等、多様な情報源に関する情報収集能力を抜本的に強化する。また、各種情報を融合・処理した地理空間情報の活用も進める。

さらに、高度な能力を有する情報専門家の育成を始めとする人的基盤の強化等により、情報分析・集約・共有機能を高め、政府が保有するあらゆる情報手段を活用した総合的な分析（オール・ソース・アナリシス）を推進する。

加えて、外交・安全保障政策の司令塔となるNSCに資料・情報を適時に提供し、政策に適切に反映していくこと等を通じ、情報サイクルを効果的に稼働させる。

こうした情報機能を支えるため、特定秘密の保護に関する法律（平成25年法律第108号）の下、政府横断的な情報保全体制の整備等を通じ、カウンター・インテリジェンス機能を強化する。

(8) 防衛装備・技術協力

平和貢献・国際協力において、自衛隊が携行する重機等の防衛装備品の活用や被災国等への供与（以下「防衛装備品の活用等」という。）を通じ、より効果的な協力ができる機会が増加している。また、防衛装備品の高性能化を実現しつつ、費用の高騰に対応するため、国際共同開発・生産が国際的主流となっている。こうした中、国際協調主義に基づく積極的平和主義の観点から、防衛装備品の活用等による平和貢献・国際協力に一層積極的に関与するとともに、防衛装備品等の共同開発・生産等に参画することが求められている。

こうした状況を踏まえ、武器輸出三原則等がこれまで果たしてきた役割にも十分配意した上で、移転を禁止する場合の明確化、移転を認め得る場合の限定及び厳格審査、目的外使用及び第三国移転に係る適正管理の確保等に留意しつつ、武器等の海外移転に関し、新たな安全保障環境に適合する明確な原則を定めることとする。

(9) 宇宙空間の安定的利用の確保及び安全保障分野での活用の推進

宇宙空間の安定的利用を図ることは、国民生活や経済にとって必要不可欠であるのみならず、国家安全保障においても重要である。宇宙開発利用を支える科学技術や産業基盤の維持向上を図るとともに、安全保障上の観点から、宇宙空間の活用を推進する。

特に情報収集衛星の機能の拡充･強化を図る。また、自衛隊の部隊の運用、情報の収集・分析、海洋の監視、情報通信、測位といった分野において、我が国等が保有する各種の衛星の有効活用を図るとともに、宇宙空間の状況監視体制の確立を図る。

また、衛星製造技術等の宇宙開発利用を支える技術を含め、宇宙開発利用の推進に当たっては、中長期的な観点から、国家安全保障に資するように配意するものとする。

(10) 技術力の強化

我が国の高い技術力は、経済力や防衛力の基盤であることはもとより、国際社会が我が国に強く求める価値ある資源でもある。このため、デュアル・ユース技術を含め、一層の技術の振興を促し、我が国の技術力の強化を図る必要がある。

技術力強化のための施策の推進に当たっては、安全保障の視点から、技術開発関連情報等、科学技術に関する動向を平素から把握し、産学官の力を結集させて、安全保障分野においても有効に活用するように努めていく。

さらに、我が国が保有する国際的にも優れた省エネルギーや環境関連の技術等は、国際社会と共に我が国が地球規模課題に取り組む上で重要な役割を果たすものであり、これらを外交にも積極的に活用していく。

2．日米同盟の強化

日米安全保障体制を中核とする日米同盟は、過去60年余にわたり、我が国の平和と安全及びアジア太平洋地域の平和と安定に不可欠な役割を果たすとともに、近年では、国際社会の平和と安定及び繁栄にもより重要な役割を果たしてきた。

日米同盟は、国家安全保障の基軸である。米国にとっても、韓国、オーストラリア、タイ、フィリピンといった地域諸国との同盟のネットワークにおける中核的な要素として、同国のアジア太平洋戦略の基盤であり続けてきた。

こうした日米の緊密な同盟関係は、日米両国が自由、民主主義、基本的人権の尊重、法の支配といった普遍的価値や戦略的利益を共有していることによって支えられている。また、我が国が地理的にも、米国のアジア太平洋地域への関与を支える戦略的に重要な位置にあること等にも支えられている。

上記のような日米同盟を基盤として、日米両国は、首脳･閣僚レベルを始め、様々なレベルで緊密に連携し、二国間の課題のみならず、北朝鮮問題を含むアジア太平洋地域情勢や、テロ対策、大量破壊兵器の不拡散等のグローバルな安全保障上の課題についても取り組んできている。

また、日米両国は、経済分野においても、後述する環太平洋パートナーシップ（TPP）協定交渉等を通じて、ルールに基づく、透明性が高い形でのアジア太平洋地域の経済的繁栄の実現を目指している。

このように、日米両国は、二国間のみならず、アジア太平洋地域を始めとする国際社会全体の平和と安定及び繁栄のために、多岐にわたる分野で協力関係を不断に強化・拡大させてきた。

また、我が国が上述したとおり安全保障面での取組を強化する一方で、米国としても、アジア太平洋地域を重視する国防戦略の下、同地域におけるプレゼンスの充実、さらには、我が国を始めとする同盟国等との連携・協力の強化を志向している。

今後、我が国の安全に加え、アジア太平洋地域を始めとする国際社会の平和と安定及び繁栄の維持・増進を図るためには、日米安全保障体制の実効性を一層高め、より多面的な日米同盟を実現していく必要がある。このような認識に立って、我が国として以下の取組を進める。

(1) 幅広い分野における日米間の安全保障・防衛協力の更なる強化

我が国は、我が国自身の防衛力の強化を通じた抑止力の向上はもとより、米国による拡大抑止の提供を含む日米同盟の抑止力により、自国の安全を確保している。

米国との間で、具体的な防衛協力の在り方や、日米の役割・任務・能力（RMC）の考え方等についての議論を通じ、本戦略を踏まえた各種政策との整合性を図りつつ、「日米防衛協力のための指針」の見直しを行う。

また、共同訓練、共同の情報収集・警戒監視・偵察（ISR）活動及び米軍・自衛隊の施設・区域の共同使用を進めるほか、事態対処や中長期的な戦略を含め、各種の運用協力及び政策調整を緊密に行う。加えて、弾道ミサイル防衛、海洋、宇宙空間、サイバー空間、大規模災害対応等の幅広い安全保障分野における協力を強化して、日米同盟の抑止力及び対処力を向上させていく。

さらに、相互運用性の向上を含む日米同盟の基盤の強化を図るため、装備・技術面での協力、人的交流等の多面的な取組を進めていく。

(2) 安定的な米軍プレゼンスの確保

日米安全保障体制を維持・強化するためには、アジア太平洋地域における米軍の最適な兵力態勢の実現に向けた取組に我が国も主体的に協力するとともに、抑止力を維持・向上させつつ、沖縄を始めとする地元における負担を軽減することが重要である。

その一環として、在日米軍駐留経費負担を始めとする様々な施策を通じ、在日米軍の円滑かつ効果的な駐留を安定的に支えつつ、在沖縄米海兵隊のグアム移転の推進を始め、在日米軍再編を日米合意に従って着実に実施するとともに、地元との関係に留意しつつ、自衛隊及び米軍による施設・区域の共同使用等を推進する。

また、在日米軍施設・区域の周辺住民の負担を軽減するための措置を着実に実施する。特に沖縄県については、国家安全保障上極めて重要な位置にあり、米軍の駐留が日米同盟の抑止力に大きく寄与している一方、在日米軍専用施設・区域の多くが集中していることを踏まえ、普天間飛行場の移設を含む負担軽減のための取組に最大限努力していく。

3．国際社会の平和と安定のためのパートナーとの外交・安全保障協力の強化

我が国を取り巻く安全保障環境の改善には、上述したように政治・経済・安全保障の全ての面での日米同盟の強化が不可欠であるが、これに加え、そのために重要な役割を果たすアジア太平洋地域内外のパートナーとの信頼・協力関係を以下のように強化する。

(1) 韓国、オーストラリア、ASEAN諸国及びインドといった我が国と普遍的価値と戦略的利益を共有する国との協力関係を、以下のとおり強化する。

——隣国であり、地政学的にも我が国の安全保障にとって極めて重要な韓国と緊密に連携することは、北朝鮮の核・ミサイル問題への対応を始めとする地域の平和と安定にとって大きな意義がある。このため、未来志向で重層的な日韓関係を構築し、安全保障協力基盤の強化を図る。特に日米韓の三か国協力は、東アジアの平和と安定を実現する上で鍵となる枠組みであり、北朝鮮の核・ミサイル問題への協力を含め、これを強化する。さらに、竹島の領有権に関する問題については、国際法にのっとり、平和的に紛争を解決するとの方針に基づき、粘り強く外交努力を行っていく。

——地域の重要なパートナーであるオーストラリアとは、普遍的価値のみならず、戦略的利益や関心も共有する。二国間の相互補完的な経済関係の強化に加えて、戦略認識の共有、安全保障協力を着実に進め、戦略的パートナーシップを強化する。また、アジア太平洋地域の秩序の形成や国際社会の平和と安定の維持・強化のための取組において幅広い協力を推進する。その際、日米豪の三か国協力の枠組みも適切に活用する。

——経済成長及び民主化が進展し、文化的多様性を擁し、我が国のシーレーンの要衝を占める地域に位置するASEAN諸国とは、40年以上にわたる伝統的なパートナーシップに基づき、政治・安全保障分野を始めあらゆる分野における協力を深化・発展させる。ASEANがアジア太平洋地域全体の平和と安定及び繁栄に与える影響を踏まえ、ASEANの一体性の維持･強化に向けた努力を一層支援する。また、南シナ海問題についての中国との行動規範（COC）の策定に向けた動き等、紛争を力ではなく、法とルールにのっとって解決しようとする関係国の努力を評価し、効果的かつ法的拘束力を持つ規範が策定されるよう支援する。

——世界最大となることが見込まれている人口と高い経済成長や潜在的経済力を背景に影響力を増し、我が国のシーレーンの中央に位置する等地政学的にも重要なインドとは、二国間で構築された戦略的グローバ

ル・パートナーシップに基づいて、海洋安全保障を始め幅広い分野で関係を強化していく。

(2) 我が国と中国との安定的な関係は、アジア太平洋地域の平和と安定に不可欠の要素である。大局的かつ中長期的見地から、政治・経済・金融・安全保障・文化・人的交流等あらゆる分野において日中で「戦略的互恵関係」を構築し、それを強化できるよう取り組んでいく。特に中国が、地域の平和と安定及び繁栄のために責任ある建設的な役割を果たし、国際的な行動規範を遵守し、急速に拡大する国防費を背景とした軍事力の強化に関して開放性及び透明性を向上させるよう引き続き促していく。その一環として、防衛交流の継続・促進により、中国の軍事・安全保障政策の透明性の向上を図るとともに、不測の事態の発生の回避・防止のための枠組みの構築を含めた取組を推進する。また、中国が、我が国を含む周辺諸国との間で、独自の主張に基づき、力による現状変更の試みとみられる対応を示していることについては、我が国としては、事態をエスカレートさせることなく、中国側に対して自制を求めつつ、引き続き冷静かつ毅然として対応していく。

(3) 北朝鮮問題に関しては、関係国と緊密に連携しつつ、六者会合共同声明や国連安全保障理事会（安保理）決議に基づく非核化等に向けた具体的行動を北朝鮮に対して求めていく。また、日朝関係については、日朝平壌宣言に基づき、拉致・核・ミサイルといった諸懸案の包括的な解決に向けて、取り組んでいく。とりわけ、拉致問題については、この問題の解決なくして北朝鮮との国交正常化はあり得ないとの基本認識の下、一日も早いすべての拉致被害者の安全確保及び即時帰国、拉致に関する真相究明、拉致実行犯の引渡しに向けて、全力を尽くす。

(4) 東アジア地域の安全保障環境が一層厳しさを増す中、安全保障及びエネルギー分野を始めあらゆる分野でロシアとの協力を進め、日露関係を全体として高めていくことは、我が国の安全保障を確保する上で極めて重要である。このような認識の下、アジア太平洋地域の平和と安定に向けて連携していくとともに、最大の懸案である北方領土問題については、北方四島の帰属の問題を解決して平和条約を締結するとの一貫した方針の下、精力的に交渉を行っていく。

(5) これらの取組に当たっては、APECから始まり、EAS、ASEAN+3、ARF、拡大ASEAN国防相会議（ADMMプラス）、環太平洋パートナーシップ（TPP）といった機能的かつ重層的に構築された地域協力の枠組み、あるいは日米韓、日米豪、日米印といった三か国間の枠組みや、地理的に近接する経済大国である日中韓の枠組みを積極的に活用する。また、我が国としてこれらの枠組みの発展に積極的に寄与していく。さらに、将来的には東アジアにおいてより制度的な安全保障の枠組みができるよう、我が国としても適切に寄与していく。

(6) モンゴル、中央アジア諸国、南西アジア諸国、太平洋島嶼国、ニュージーランド、カナダ、メキシコ、コロンビア、ペルー、チリといったアジア太平洋地域の友好諸国とアジア太平洋地域の安定の確保に向けて協力する。太平洋に広大な排他的経済水域と豊富な海洋資源を有する太平洋島嶼国とは、太平洋・島サミット等を通じ海洋協力を含む様々な分野で協力を強化する。

(7) 国際社会の平和と安定に向けて重要な役割を果たすアジア太平洋地域外の諸国と協力関係を強化する。

――欧州は、国際世論形成力、主要な国際的枠組みにおける規範形成力、そして大きな経済規模を擁しており、英国、フランス、ドイツ、イタリア、スペイン、ポーランドを始めとする欧州諸国は、我が国と自由、民主主義、基本的人権の尊重、法の支配といった普遍的価値や市場経済等の原則を共有し、国際社会の平和と安定及び繁栄に向けて共に主導的な役割を果たすパートナーである。国際社会のパワーバランスが変化している中で、普遍的価値やルールに基づく国際秩序を構築し、グローバルな諸課題に効果的に対処し、平和で繁栄する国際社会を構築するための我が国の政策を実現していくために、EU、NATO、OSCEとの協力を含め、欧州との関係を更に強化していく。また、我が国が民主化に貢献してきた東欧諸国及びバルト諸国並びにコーカサス諸国と関係を強化する。

――ブラジル、メキシコ、トルコ、アルゼンチン、南アフリカといった新興国は、国際経済のみならず、国際政治でもその存在感を増しつつあり、二国間関係にとどまらず、グローバルな課題についての協力を推進する。

――中東の安定は、我が国にとって、エネルギーの安定供給に直結する国家の生存と繁栄に関わる問題である。湾岸諸国は、我が国にとって最大の原油の供給源であるが、中東の安定を確保するため、これらの国と資源・エネルギーを中心とする関係を超えた幅広い分野での経済面、更には政治・安全保障分野での協力も含めた重層的な協力関係の構築に取り組む。「アラブの春」に端を発するアラブ諸国の民主化の問題、シリア情勢、イランの核問題、中東和平、アフガニスタンの平和構築といった中東の安定に重要な問題の解決に向けて、我が国として積極的な役割を果たす。その際、米国、欧州諸国、サウジアラビア、トルコといった中東地域で重要な役割を果たしている国と協調する。

――戦略的資源を豊富に有し、経済成長を持続しているアフリカは有望な経済フロンティアであると同時に国際社会における発言権を強めており、TICADプロセス等を通じて、アフリカの発展と平和の定着に引き続き貢献する。また、国際場裏での協力を推進していく。

4．国際社会の平和と安定のための国際的努力への積極的寄与

我が国は、国際協調主義に基づく積極的平和主義の立場から、国際社会の平

和と安定のため、積極的な役割を果たしていく。

(1) 国連外交の強化

国連は、安保理による国際の平和及び安全の維持・回復のための集団安全保障制度を中核として設置されたが、同制度は当初の想定どおりには十分に機能してきていない。

他方、国連は幅広い諸国が参加する普遍性、専門性に支えられた正統性という強みを活かして世界の平和と安全のために様々な取組を主導している。特に冷戦終結以降、国際の平和と安全の維持・回復の分野における国連の役割はますます高まっている。

我が国として、これまで安保理の非常任理事国を幾度も務めた経験を踏まえ、国連における国際の平和と安全の維持・回復に向けた取組に更に積極的に寄与していく。

また、国連のPKOや集団安全保障措置及び予防外交や調停等の外交的手段のみならず、紛争後の緊急人道支援から復旧復興支援に至るシームレスな支援、平和構築委員会を通じた支援等、国連が主導する様々な取組に、より積極的に寄与していく。

同時に、集団安全保障機能の強化を含め、国連の実効性と正統性の向上の実現が喫緊の課題であり、常任・非常任双方の議席拡大及び我が国の常任理事国入りを含む安保理改革の実現を追求する。

(2) 法の支配の強化

法の支配の擁護者として引き続き国際法を誠実に遵守するのみならず、国際社会における法の支配の強化に向け、様々な国際的なルール作りに構想段階から積極的に参画する。その際、公平性、透明性、互恵性を基本とする我が国の理念や主張を反映させていく。

また、国際司法機関に対する人材・財政面の支援、各国に対する法制度整備支援等に積極的に取り組む。

特に海洋、宇宙空間及びサイバー空間における法の支配の実現・強化について、関心を共有する国々との政策協議を進めつつ、国際規範形成や、各国間の信頼醸成措置に向けた動きに積極的に関与する。また、開発途上国の能力構築に一層寄与する。

——海洋については、地域的取組その他の取組を推進し、力ではなく法とルールが支配する海洋秩序を強化することが国際社会全体の平和と繁栄に不可欠との国際的な共有認識の形成に向けて主導的役割を発揮する。

——宇宙空間については、自由なアクセス及び活用を確保することが重要であるとの考え方に基づき、衛星破壊実験の防止や衛星衝突の回避を目的とする国際行動規範策定に向けた努力に積極的に参加し、宇宙空間の安全かつ安定的な利用の確保を図る。

——サイバー空間については、情報の自由な流通の確保を基本とする考え方の下、その考えを共有する国と連携し、既存の国際法の適用を前提とした国際的なルール作りに積極的に参画するとともに、開発途上国への能力構築支援を積極的に行う。

(3) 軍縮・不拡散に係る国際努力の主導

我が国は、世界で唯一の戦争被爆国として、「核兵器のない世界」の実現に向けて引き続き積極的に取り組む。

北朝鮮による核開発及び弾道ミサイル開発の進展がもたらす脅威や、アジア太平洋地域における将来の核戦力バランスの動向、軍事技術の急速な進展を踏まえ、日米同盟の下での拡大抑止への信頼性維持と整合性をとりつつ、北朝鮮による核・ミサイル開発問題やイランの核問題の解決を含む軍縮・不拡散に向けた国際的取組を主導する。

また、武器や軍事転用可能な資機材、技術等が、懸念国家等に拡散することを防止するため、国際輸出管理レジームにおける議論への積極的な参画を含め、関係国と協調しつつ、安全保障の観点に立った輸出管理の取組を着実に実施する。さらに、小型武器や対人地雷等の通常兵器に関する国際的な取組においても、積極的に対応する。

(4) 国際平和協力の推進

我が国は20年以上にわたり、国際平和協力のため、カンボジア、ゴラン高原、東ティモール、ネパール、南スーダン等、様々な地域に自衛隊を始めとする要員を派遣し、その実績は内外から高い評価を得てきた。

今後、国際協調主義に基づく積極的平和主義の立場から、我が国に対する国際社会からの評価や期待も踏まえ、PKO等に一層積極的に協力する。その際、ODA事業との連携を図るなど活動の効果的な実施に努める。

また、ODAや能力構築支援の更なる戦略的活用やNGOとの連携を含め、安全保障関連分野でのシームレスな支援を実施するため、これまでのスキームでは十分対応できない機関への支援も実施できる体制を整備する。

さらに、これまでの経験を活用した平和構築人材の育成や、各国PKO要員の育成も政府一体となって積極的に行う。これらの取組を行うに当たっては、米国、オーストラリア、欧州等同分野での経験を有する関係国等とも緊密に連携を図る。

(5) 国際テロ対策における国際協力の推進

テロはいかなる理由をもってしても正当化できず、強く非難されるべきものであり、国際社会が一体となって断固とした姿勢を示すことが重要である。

国際テロ情勢や国際テロ対策協力に関する各国との協議や意見交換、テロリストを厳正に処罰するための国際的な法的枠組みの強化、テロ対処能力が不十分な開発途上国に対する支援等に積極的に取り組み、国家安全保障の観点から国際社会と共に国際テロ対策を推進していく。

また、不法な武器、薬物の取引や誘拐等、組織犯罪の収益がテロリストの重要な資金源になっており、テロと国際組織犯罪は密接な関係を有している。

こうした認識を踏まえ、国際組織犯罪を防止し、これと闘うための国際協力・途上国支援を強化していく。

5．地球規模課題解決のための普遍的価値を通じた協力の強化

国際社会の平和と安定及び繁栄の基盤を強化するため、普遍的価値の共有、開かれた国際経済システムの強化を図り、貧困、エネルギー問題、格差の拡大、気候変動、災害、食料問題といった国際社会の平和と安定の阻害要因となりかねない開発問題や地球規模課題の解決に向け、ODAの積極的・戦略的活用を図りつつ、以下の取組を進める。

(1) 普遍的価値の共有

自由、民主主義、女性の権利を含む基本的人権の尊重、法の支配といった普遍的価値を共有する国々との連帯を通じグローバルな課題に貢献する外交を展開する。

1990年代に東欧諸国やASEAN諸国で始まり、2010年代初頭にアラブ諸国に至った世界における民主化の流れは、グローバル化や市場経済化の急速な進展とあいまって、もはや不可逆的なものとなっている。

一方、「アラブの春」に見られるように、民主化は必ずしもスムーズに進んでいるわけではない。我が国は、先進自由民主主義国家として、人間の安全保障の理念も踏まえつつ、民主化支援、法制度整備支援及び人権分野での支援にODAを積極的に活用し、また、人権対話等を通じ国際社会における人権擁護の潮流の拡大に貢献する。

また、女性に関する外交課題に積極的に取り組む。具体的には、紛争予防・平和構築における女性の役割拡大や社会進出促進等について、国際社会と協力していく。

(2) 開発問題及び地球規模課題への対応と「人間の安全保障」の実現

我が国は、これまでODAを活用して、世界の開発問題に積極的に取り組み、国際社会から高い評価を得てきた。開発問題への対応はグローバルな安全保障環境の改善にも資するものであり、国際協調主義に基づく積極的平和主義の一つの要素として、今後とも一層強化する必要がある。

こうした点を踏まえるとともに、「人間の安全保障」の実現に資するため、ODAを戦略的・効果的に活用し、国際機関やNGOを始めとする多様なステークホルダーと連携を図りつつ、ミレニアム開発目標（MDGs）の達成に向け、貧困削減、国際保健、教育、水等の分野における取組を強化する。

また、新たな国際開発目標（ポスト2015年開発アジェンダ）の策定にも主導的役割を果たす。さらに、「人間の安全保障」の実現について、これまで我が国のイニシアティブとして国際社会でも主導的な役割を果たしている。今後とも、国際社会におけるその理念の主流化を一層促す。

我が国は、阪神大震災、東日本大震災を始めとする幾多の自然災害に見舞

われてきた。その教訓・経験を広く共有するとともに、世界各地において災害が巨大化し、頻発していることも踏まえ、防災分野での国際協力を主導し、災害に強い強靭な社会を世界中に広めていく。

(3) 開発途上国の人材育成に対する協力

開発途上国から、将来指導者となることが期待される優秀な学生や行政官を含む幅広い人材を我が国に招致し、その経験や知見を学ぶとともに、我が国の制度や技術・ノウハウに関する教育訓練を提供する。こうした取組により、我が国との相互理解を促進し、出身国の持続的な経済・社会発展に役立てるための人材育成をより一層推進する。

また、人材育成で培ったネットワークの維持・発展を図り、協力関係の基盤の拡大と強化に役立てる。

(4) 自由貿易体制の維持・強化

開放的でルールに基づいた国際経済システムを拡大し、その中で我が国が主要プレーヤーであり続けることは、世界経済の発展や我が国の経済的繁栄を確保していく上で不可欠である。

このような観点を踏まえながら、包括的で高い水準の貿易協定を目指すTPP協定、日EU経済連携協定(EPA)、日中韓自由貿易協定(FTA)及び東アジア地域包括的経済連携(RCEP)を始めとする経済連携を推進し、世界経済の成長に寄与するとともに、その成長を取り込むことによって我が国の成長につなげていく。

また、こうした取組を通じた、アジア太平洋地域での貿易・投資面でのルール作りは、この地域の活力と繁栄を強化するものであり、安全保障面での安定した環境の基礎を強化する戦略的意義を有する。

このような21世紀型のEPAを結んでいくことにより、新たな貿易自由化の魅力的な先進事例を示すこととなり、WTOを基盤とする多角的貿易体制における世界規模の貿易自由化も促進していくことが期待される。

(5) エネルギー・環境問題への対応

エネルギーを含む資源の安定供給は活力ある我が国の経済にとって不可欠であり、国家安全保障上の課題である。資源の安定的かつ安価な供給を確保するため必要な外交的手段を積極的に活用し、各国の理解を得つつ、供給源の多角化等の取組を行っていく。

気候変動分野では、国内の排出削減に向けた一層の取組を行う。優れた環境エネルギー技術や途上国支援等の我が国の強みをいかした攻めの地球温暖化外交戦略(「Actions for Cool Earth(ACE:エース)」)を展開する。また、全ての国が参加する公平かつ実効的な新たな国際枠組み構築に積極的に関与し、世界全体で排出削減を達成し、気候変動問題の解決に寄与する。

(6) 人と人との交流の強化

人と人との交流は、相手国との相互理解や友好関係を増進し国家間の関係を確固たるものとさせる。加えて、国際社会における我が国に対する適切な理解を深め、安定的で友好的な安全保障環境を整備していく上でも有意義である。

このような観点から、特に双方向の青少年の交流を拡大するための施策を実施し、将来にわたって各国との関係を強化していく。例えば、文化的多様性を残しつつ地域統合が進んでいるASEANとは友好協力40周年を迎えたところであり、今後、交流事業の更なる活性化を通じて、相互理解を一層促進していく。

また、2020年に開催される東京オリンピック・パラリンピック競技大会といった世界共通の関心を集めるイベントを活用しつつ、スポーツや文化を媒体とした交流を促進し、個人レベルでの友好関係を構築し、深めていく。

6．国家安全保障を支える国内基盤の強化と内外における理解促進

国家安全保障を十全に確保するためには、外交力及び防衛力を中心とする能力の強化に加え、これらの能力が効果的に発揮されることを支える国内基盤を整備することが不可欠である。

また、国家安全保障を達成するためには、国家安全保障政策に対する国際社会や国民の広範な理解を得ることが極めて重要であるとの観点をも踏まえ、以下の取組を進める。

(1) 防衛生産・技術基盤の維持・強化

防衛生産・技術基盤は、防衛装備品の研究開発、生産、運用、維持整備等を通じて防衛力を支える重要な要素である。限られた資源で防衛力を安定的かつ中長期的に整備、維持及び運用していくため、防衛装備品の効果的・効率的な取得に努めるとともに、国際競争力の強化を含めた我が国の防衛生産・技術基盤を維持・強化していく。

(2) 情報発信の強化

国家安全保障政策の推進に当たっては、その考え方について、内外に積極的かつ効果的に発信し、その透明性を高めることにより、国民の理解を深めるとともに、諸外国との協力関係の強化や信頼醸成を図る必要がある。

このため、官邸を司令塔として、政府一体となった統一的かつ戦略的な情報発信を行うこととし、各種情報技術を最大限に活用しつつ、多様なメディアを通じ、外国語による発信の強化等を行う。

また、政府全体として、教育機関や有識者、シンクタンク等との連携を図りつつ、世界における日本語の普及、戦略的広報に資する人材の育成等を図る。

世界の安全保障環境が複雑・多様化する中にあっては、各国の利害が対立する状況も生じ得る。このような認識の下、客観的な事実を中心とする関連情報を正確かつ効果的に発信することにより、国際世論の正確な理解を深め、国際社会の安定に寄与する。

(3) 社会的基盤の強化

国家安全保障政策を中長期的観点から支えるためには、国民一人一人が、

地域と世界の平和と安定及び人類の福祉の向上に寄与することを願いつつ、国家安全保障を身近な問題として捉え、その重要性や複雑性を深く認識することが不可欠である。

そのため、諸外国やその国民に対する敬意を表し、我が国と郷土を愛する心を養うとともに、領土・主権に関する問題等の安全保障分野に関する啓発や自衛隊、在日米軍等の活動の現状への理解を広げる取組、これらの活動の基盤となる防衛施設周辺の住民の理解と協力を確保するための諸施策等を推進する。

(4) 知的基盤の強化

国家安全保障に関する国民的な議論の充実や質の高い政策立案に寄与するため、関係省庁職員の派遣等による高等教育機関における安全保障教育の拡充・高度化、実践的な研究の実施等を図るとともに、これら機関やシンクタンク等と政府の交流を深め、知見の共有を促進する。

こうした取組を通じて、現実的かつ建設的に国家安全保障政策を吟味することができる民間の専門家や行政官の育成を促進するとともに、国家安全保障に知見を有する人材の層を厚くする。

内閣官房長官談話

(平成25年12月17日)

1．政府は、本日、国家安全保障会議及び閣議において、「国家安全保障戦略」、「平成26年度以降に係る防衛計画の大綱」及び「中期防衛力整備計画(平成26年度～平成30年度)」を決定いたしました。

これら3つの文書は、先日の国家安全保障会議の設置に続く、安倍内閣の安全保障政策の重要な柱となるものです。

2．我が国の安全保障をめぐる環境は、一層厳しさを増しています。豊かで平和な社会を引き続き発展させていくためには、我が国の国益を長期的視点から見定めた上で、国家安全保障のための方策に取り組んでいく必要があります。

このような考えの下、9月の総理指示に基づき、我が国で初めて、国家安全保障に関する基本方針として、外交政策及び防衛政策を中心とした「国家安全保障戦略」を策定いたしました。

3．本戦略においては、国家安全保障の基本理念として、国際協調主義に基づく積極的平和主義を掲げております。

我が国が、平和国家としての歩みを堅持しつつ、また、国際社会の主要プレーヤーとして、米国を始めとする関係国と緊密に連携しながら、我が国の安全と地域の平和と安定を実現しつつ、国際社会の平和と安定、そして繁栄の確保に、これまで以上に積極的に寄与していくとの考えを明らかにしております。

4．こうした基本理念の下、我が国の国益と国家安全保障の目標を示した上で、我が国が直面する国家安全保障上の課題を特定し、こうした課題への対応を的確に行うための戦略的アプローチとして、総合的な施策を明記しています。

政府としては、先日設置された国家安全保障会議の司令塔機能の下、本戦略に従って、国家安全保障政策を一層戦略的かつ体系的に実施し、国家安全保障の確保に万全を期す考えです。

5.「平成26年度以降に係る防衛計画の大綱」については、本年1月に閣議決定された「平成25年度の防衛力整備等について」に基づいて、「国家安全保障戦略」を踏まえ、今後の我が国の防衛の在り方について新たな指針を示す文書として策定したものです。

6. 新「防衛大綱」では、国際協調主義に基づく積極的平和主義の下、総合的な防衛体制を構築し、各種事態の抑止・対処のための体制を強化するとともに、外交政策と密接な連携を図りながら、日米同盟を強化しつつ、諸外国との二国間・多国間の安全保障協力を積極的に推進するほか、防衛力の能力発揮のための基盤の確立を図ることとしております。

7. 我が国の防衛力については、多様な活動を統合運用によりシームレスかつ状況に臨機に対応して機動的に行い得る実効的なものとしていくため、幅広い後方支援基盤の確立に配意しつつ、高度な技術力と情報・指揮通信能力に支えられ、ハード及びソフト両面における即応性、持続性、強靭性及び連接性も重視した「統合機動防衛力」を構築することとしております。

8.「中期防衛力整備計画（平成26年度～平成30年度）」は、新「防衛大綱」に定める我が国が保有すべき防衛力の水準をおおむね10年で達成するために策定したものであり、当初5年間に達成すべき計画であります。

9. 新「中期防」におきましては、「統合機動防衛力」を構築するため、統合機能の更なる充実に留意しつつ、特に、警戒監視能力、情報機能、輸送能力及び指揮統制・情報通信能力のほか、島嶼部に対する攻撃への対応、弾道ミサイル攻撃への対応、宇宙空間及びサイバー空間における対応、大規模災害等への対応並びに国際平和協力活動等への対応のための機能・能力を重視するとの方針の下、防衛力の役割を実効的に果たすための主要事業を掲げております。

10. 本計画の実施に必要な防衛力整備の水準に係る金額は、平成25年度価格でおおむね24兆6千7百億円程度を目途としております。本計画期間中、調達改革等を通じ、一層の効率化・合理化を徹底した防衛力整備に努め、おおむね7千億円程度の実質的な財源の確保を図り、本計画の下で実施される各年度の予算の編成に伴う防衛関係費は、おおむね23兆9千7百億円程度の枠内とすることとしております。

11. 我が国の安全保障を十全に確保するためには、これを支える国内基盤の強化と内外における理解の促進が不可欠であり、政府は、今回の決定を国会に御報告するとともに、積極的な情報発信に努めてまいります。

国民の皆様におかれましても、御理解と御協力を切に希望する次第であります。

「国家安全保障戦略」、「平成26年度以降に係る防衛計画の大綱」及び「中期防衛力整備計画(平成26年度～平成30年度)」について

(防衛大臣談話)

(平成25年12月17日)

1．本日、国家安全保障会議及び閣議において、我が国として初の「国家安全保障戦略」が策定され、これを踏まえ、新たな「防衛大綱」及び「中期防衛力整備計画」が決定されました。

2．「戦略」は、我が国の国益を長期的視点から見定めた上で、外交政策及び防衛政策を中心とした国家安全保障に関する基本方針を定めたものです。これは、国際協調主義に基づく積極的平和主義の立場から、我が国の安全及びアジア太平洋地域の平和と安定を実現しつつ、国際社会の平和と安定及び繁栄の確保にこれまで以上に積極的に寄与していくことを基本理念として明らかにしています。

「戦略」は、我が国の防衛力について国家安全保障の最終的な担保であるとの位置づけを明らかにしつつ、我が国を守り抜く総合的な防衛体制を構築することとしています。防衛省としては、「戦略」に基づき、実効性の高い統合的な防衛力を整備し、統合運用を基本とする柔軟かつ即応性の高い運用に努めるとともに、政府機関・地方公共団体・民間部門との連携を強化してまいります。

3．本「戦略」を踏まえた今後の我が国の防衛の在り方については、新「防衛大綱」において具体的に示されています。ここに示された我が国の防衛力の在り方の背景として、前「防衛大綱」が3年前に策定された時の安全保障環境と比較すると、現在の我が国を取り巻く安全保障環境は一層厳しさを増しています。特に、我が国周辺を含むアジア太平洋地域においては、領土や主権、海洋における経済権益等をめぐる、純然たる平時でも有事でもない、いわばグレーゾーンの事態が増加する傾向にあります。

特に、この一年間の情勢を見ても、北朝鮮は、弾道ミサイルの発射や核実験を強行し、また我が国の具体的地名を挙げ、ミサイルの射撃圏内にあるとするといった挑発的言動を行うなど、その核・ミサイル開発は、我が国の安全に対する重大かつ差し迫った脅威となっています。

また、中国も、力を背景とした現状変更を試みるなど、高圧的とも言える対応を示しています。例えば、中国政府機関の公船による断続的な我が国領海への侵入や中国機による我が国領空の侵犯が生起しています。これに加え、中国海軍艦艇による海上自衛隊護衛艦に対する火器管制レーダーの照射や、独自の主張に基づく「東シナ海防空識別区」の一方的な設定など、不測の事態を招きかねない危険な行為を引き起こしています。こうした中国の軍事動向等に対し、我が国は強く懸念しています。

4．このように厳しさを増す安全保障環境において、我が国自身の主権・独立を維持し、領域を保全し、我が国国民の生命・身体・財産の安全を確保して、我が国の平和を維持し、その存立を全うするための柱となるのは、①我が国自身の努力、②日米同盟の強化、③安全保障協力の積極的な推進の3点です。

5．第1に、我が国の平和と安全を守る根幹は、我が国が自ら行う努力にほかなりません。我が国を取り巻く安全保障環境は先に述べたとおり、一層厳しさを増しており、自衛隊の対応が求められる事態は急速に増加し、かつ長期化する傾向にあります。事態の深刻化を防止するとともに、万が一状況がエスカレートし、事態が発生した場合には、実効的に対処し、被害を最小化することが極めて重要です。このため、平素から、常時継続的な警戒監視等を実施し、各種兆候を早期に察知するとともに、状況の推移に応じて、訓練や演習を戦略的に実施します。また、部隊を機動的に展開するなど、状況に迅速かつ的確に対応できる態勢を構築します。

このような観点から、装備の運用水準を高め、その活動量を増加させ、統合運用による適切な活動を迅速かつ持続的に実施していくことに加え、各種活動を下支えする防衛力の「質」と「量」を必要かつ十分に確保し、抑止力及び対処力を高めていきます。

6．その具体的方策として、新「防衛大綱」では、島嶼部に対する攻撃への対応や弾道ミサイル攻撃への対応など、想定される各種事態に対してより実効的に対応できるよう、自衛隊全体の機能・能力に着目し、統合運用を踏まえた能力評価を実施し、総合的な観点から特に重視すべき機能·能力を導き出しました。

その上で、各自衛隊の体制整備に当たっての重視事項を明示し、限られた資源を重点的かつ柔軟に配分していくこととしています。これにより、防衛力整備の優先順位を明確化し、「質」と「量」を重視しつつ、これまで以上にメリハリのきいた防衛力の構築を目指します。

7．以上を踏まえ、今後の防衛力については、安全保障環境の変化を踏まえ、特に重視すべき機能・能力についての全体最適を図るとともに、多様な活動を統合運用によりシームレスかつ状況に臨機に即応して機動的に行い得る実効的なものとしていくことが必要です。このため、幅広い後方支援基盤の確立に配意しつつ、高度な技術力と情報・指揮通信能力に支えられ、ハード及びソフト両面における即応性、持続性、強靱性及び連接性も重視した「統合機動防衛力」を構築します。

8．第2に日米同盟を強化します。日米同盟は、我が国自身の努力とあいまって、我が国の安全保障の基軸であり、我が国の平和と安全の確保のみならず、地域及び国際社会の平和と安定及び繁栄に極めて重要な役割を担っています。

このため、「日米防衛協力のための指針」の見直しや、自衛隊と米軍との連携を強化するための取組を幅広く推進し、日米同盟の抑止力及び対処力を強化してまいります。また、在日米軍の円滑かつ効果的な駐留を支える施策を行うとともに、在日米軍再編を着実に進め、米軍の抑止力を維持しつつ、沖縄県を始めとする地元の負担軽減を図ってまいります。

9. 第3に、関係各国との安全保障協力を積極的に推進します。今日の国際社会においては、国際テロの拡大、海洋・宇宙空間・サイバー空間を巡る問題など、一国のみで対処することが極めて困難な安全保障上の課題が増加しています。

このため、国際協調主義に基づく積極的平和主義の立場から、二国間・多国間の安全保障協力を強化するとともに、国際平和協力活動等に積極的に取り組み、アジア太平洋地域の平和と安定を追求しつつ、世界の平和と安定及び繁栄の確保にこれまで以上に積極的に寄与してまいります。

10. 新「防衛大綱」はおおむね10年程度の期間を念頭に防衛力整備の目標水準を示しておりますが、新「中期防」は、その下で、最初の５年間の主要事業と経費を一体的に示したものです。これにより、実効性の高い統合的な防衛力を効率的に整備してまいります。その際、特に南西地域の防衛態勢の強化をはじめ、各種事態における実効的な抑止及び対処を実現するための前提となる海上優勢及び航空優勢を確実に維持するとともに、幅広い後方支援基盤の確立に配意しつつ、部隊を迅速に機動展開させて対処する能力も重視します。

新「中期防」に定める計画の実施に必要な防衛力整備の水準に係る金額は、平成25年度価格でおおむね24兆6,700億円程度を目途としており、前中期防の所要経費から約1兆2,800億円の増となっています。なお、新「中期防」の下での防衛力整備に当たっては、調達改革等を通じ、一層の効率化・合理化に努め、本計画期間中、おおむね7,000億円程度の実質的な財源の確保を図ります。防衛省としては引き続き全体最適に基づく効率的な資源配分に配意しつつ、「統合機動防衛力」の構築に向け、着実な防衛力の整備に努めて参ります。

11. 国の防衛は、国民一人ひとりの支援がなくては成り立ちません。国民の生命・財産と領土・領海・領空を守り抜き、国民の期待と信頼に応えられるよう、防衛省・自衛隊は今後とも全力を尽くしてまいる所存です。国民の皆様におかれましても、御理解と御協力を切に希望する次第であります。

3. 平成26年度以降に係る防衛計画の大綱について

平成26年度以降に係る防衛計画の大綱について

（平成25年12月17日
国家安全保障会議決定
閣議決定）

平成26年度以降に係る防衛計画の大綱について別紙のとおり定める。
これに伴い、「平成23年度以降に係る防衛計画の大綱について」（平成22年12月17日安全保障会議及び閣議決定）は、平成25年度限りで廃止する。

（別紙）

平成26年度以降に係る防衛計画の大綱

Ⅰ　策定の趣旨

我が国を取り巻く新たな安全保障環境の下、今後の我が国の防衛の在り方について、「平成25年度の防衛力整備等について」（平成25年1月25日安全保障会議及び閣議決定）に基づき、「国家安全保障戦略について」（平成25年12月17日国家安全保障会議及び閣議決定）を踏まえ、「平成26年度以降に係る防衛計画の大綱」として、新たな指針を示す。

Ⅱ　我が国を取り巻く安全保障環境

1．グローバルな安全保障環境においては、国家間の相互依存関係が一層拡大・深化し、一国・一地域で生じた混乱や安全保障上の問題が、直ちに国際社会全体が直面する安全保障上の課題や不安定要因に拡大するリスクが増大している。また、中国、インド等の更なる発展及び米国の影響力の相対的な変化に伴うパワーバランスの変化により、国際社会の多極化が進行しているものの、米国は、依然として世界最大の国力を有しており、世界の平和と安定のための役割を引き続き果たしていくと考えられる。

国家間では、地域紛争が引き続き発生していることに加え、領土や主権、海洋における経済権益等をめぐり、純然たる平時でも有事でもない事態、いわばグレーゾーンの事態が、増加する傾向にある。

大量破壊兵器や弾道ミサイルの拡散については、その防止に向けた国際社会の取組にもかかわらず、依然として大きな懸念となっている。また、統治機構が弱体化した国家や破綻国家の存在は、国際テロの拡大・拡散の温床となっている。これらは、引き続き差し迫った課題となっている。

海洋においては、各地で海賊行為等が発生していることに加え、沿岸国が海洋に関する国際法についての独自の主張に基づいて自国の権利を一方的に主張し、又は行動する事例が見られるようになっており、公海の自由が不当に侵害されるような状況が生じている。

また、技術革新の急速な進展を背景として、国際公共財としての宇宙空間・サイバー空間といった領域の安定的利用の確保が、我が国を含む国際社会の安全保障上の重要な課題となっている。さらに、精密誘導兵器関連技術、無人化技術、ステルス技術、ナノテクノロジー等の進歩や拡散が進んでおり、今後の軍事戦略や戦力バランスに大きな影響を与えるものとなっている。

2．我が国周辺を含むアジア太平洋地域においては、安全保障上の課題等の解決のため、国家間の協力関係の充実・強化が図られており、特に非伝統的安全保障分野を中心に、問題解決に向けた具体的かつ実践的な協力・連携の進展が見られる。他方、領土や主権、海洋における経済権益等をめぐるグレーゾーンの事態が長期化する傾向が生じており、これらがより重大な事態に転じる可能性が懸念されている。

北朝鮮は、軍事を重視する体制をとり、大規模な軍事力を展開している。また、核兵器を始めとする大量破壊兵器やその運搬手段となり得る弾道ミサイルの開発・配備・拡散等を進行させるとともに、大規模な特殊部隊を保持するなど、非対称的な軍事能力を引き続き維持・強化している。

さらに、北朝鮮は、朝鮮半島における軍事的な挑発行為や、我が国を含む関係国に対する挑発的言動を強め、地域の緊張を高める行為を繰り返してきている。こうした北朝鮮の軍事動向は、我が国はもとより、地域・国際社会の安全保障にとっても重大な不安定要因となっており、我が国として、今後も強い関心を持って注視していく必要がある。

特に、北朝鮮の弾道ミサイル開発は、累次にわたるミサイル発射により、長射程化や高精度化に資する技術の向上が図られており、新たな段階に入ったと考えられる。また、北朝鮮は、国際社会からの自制要求を顧みず、核実験を実施しており、核兵器の小型化・弾頭化の実現に至っている可能性も排除できない。こうした北朝鮮の核・ミサイル開発は、我が国に対するミサイル攻撃の示唆等の挑発的言動とあいまって、我が国の安全に対する重大かつ差し迫った脅威となっている。

中国は、地域と世界においてより協調的な形で積極的な役割を果たすことが強く期待されている一方、継続的に高い水準で国防費を増加させ、軍事力を広範かつ急速に強化している。また、中国は、その一環として、周辺地域への他国の軍事力の接近・展開を阻止し、当該地域での他国の軍事活動を阻害する非対称的な軍事能力の強化に取り組んでいると見られる。他方、中国は、このような軍事力の強化の目的や目標を明確にしておらず、軍事や安全保障に関する透明性が十分確保されていない。

また、中国は、東シナ海や南シナ海を始めとする海空域等における活動を急速に拡大･活発化させている。特に、海洋における利害が対立する問題をめぐっては、力を背景とした現状変更の試み等、高圧的とも言える対応を示しており、我が国周辺海空域において、我が国領海への断続的な侵入や我が国領空の侵犯等を行うとともに、独自の主張に基づく「東シナ海防空識別区」の設定といった公海上空の飛行の自由を妨げるような動きを含む、不測の事態を招きかねない危険な行為を引き起こしている。

これに加えて、中国は、軍の艦艇や航空機による太平洋への進出を常態化させ、我が国の北方を含む形で活動領域を一層拡大するなど、より前方の海空域における活動を拡大・活発化させている。

こうした中国の軍事動向等については、我が国として強く懸念しており、今後も強い関心を持って注視していく必要がある。また、地域・国際社会の安全保障上も懸念されるところとなっている。

ロシアは、軍改革を進展させ、即応態勢の強化とともに新型装備の導入等を中心とした軍事力の近代化に向けた取組が見られる。また、ロシア軍の活動は、引き続き活発化の傾向にある。

米国は、安全保障を含む戦略の重点をよりアジア太平洋地域に置くとの方針（アジア太平洋地域へのリバランス）を明確にし、財政面を始めとする様々な制約がある中でも、地域の安定・成長のため、同盟国との関係の強化や友好国との協力の拡大を図りつつ、地域への関与、プレゼンスの維持・強化を進めている。また、この地域における力を背景とした現状変更の試みに対しても、同盟国、友好国等と連携しつつ、これを阻止する姿勢を明確にしている。

3．四面環海の我が国は、長い海岸線、本土から離れた多くの島嶼及び広大な排他的経済水域を有している。海洋国家であり、資源や食料の多くを海外との貿易に依存する我が国にとって、法の支配、航行の自由等の基本的ルールに基づく、「開かれ安定した海洋」の秩序を強化し、海上交通及び航空交通の安全を確保することが、平和と繁栄の基礎である。

また、我が国は、自然災害が多発することに加え、都市部に産業・人口・情報基盤が集中するとともに、沿岸部に原子力発電所等の重要施設が多数存在しているという安全保障上の脆弱性を抱えている。東日本大震災のような大規模震災が発生した場合、極めて甚大な被害が生じ、その影響は、国内はもとより国際社会にも波及し得る。今後、南海トラフ巨大地震や首都直下型地震が発生する可能性があり、大規模災害等への対処に万全を期す必要性が増している。

4．以上を踏まえると、冷戦期に懸念されていたような主要国間の大規模武力紛争の蓋然性は、引き続き低いものと考えられるが、以上に述べたような、様々な安全保障上の課題や不安定要因がより顕在化・先鋭化してきており、「平成23年度以降に係る防衛計画の大綱について」（平成22年12月17日安全保障会議及び閣議決定）の策定以降、我が国を取り巻く安全保障環境は、一層厳しさを増している。こうした安全保障上の課題や不安定要因は、多様かつ広範であり、一国のみでは対応が困難である。こうした中、軍事部門と非軍事部門との連携とともに、それぞれの安全保障上の課題等への対応に利益を共有する各国が、地域・国際社会の安定のために協調しつつ積極的に対応する必要性が更に増大している。

Ⅲ　我が国の防衛の基本方針

1．基本方針

我が国は、国家安全保障戦略を踏まえ、国際協調主義に基づく積極的平和主義の観点から、我が国自身の外交力、防衛力等を強化し、自らが果たし得る役割の拡大を図るとともに、日米同盟を基軸として、各国との協力関係を拡大・深化させ、我が国の安全及びアジア太平洋地域の平和と安定を追求しつつ、世界の平和と安定及び繁栄の確保に、これまで以上に積極的に寄与していく。

かかる基本理念の下、総合的な防衛体制を構築し、各種事態の抑止・対処のための体制を強化するとともに、外交政策と密接な連携を図りながら、日米同盟を強化しつつ、諸外国との二国間・多国間の安全保障協力を積極的に推進するほか、防衛力の能力発揮のための基盤の確立を図る。

この際、我が国は、日本国憲法の下、専守防衛に徹し、他国に脅威を与えるような軍事大国にならないとの基本方針に従い、文民統制を確保し、非核三原則を守りつつ、実効性の高い統合的な防衛力を効率的に整備する。

核兵器の脅威に対しては、核抑止力を中心とする米国の拡大抑止は不可欠であり、その信頼性の維持・強化のために米国と緊密に協力していくとともに、併せて弾道ミサイル防衛や国民保護を含む我が国自身の取組により適切に対応する。同時に、長期的課題である核兵器のない世界の実現へ向けて、核軍縮・不拡散のための取組に積極的・能動的な役割を果たしていく。

2．我が国自身の努力

安全保障政策において、根幹となるのは自らが行う努力であるとの認識に基づき、同盟国、友好国その他の関係国（以下「同盟国等」という。）とも連携しつつ、国家安全保障会議の司令塔機能の下、平素から国として総力を挙げて主体的に取り組み、各種事態の抑止に努めるとともに、事態の発生に際しては、その推移に応じてシームレスに対応する。

(1)　総合的な防衛体制の構築

一層厳しさを増す安全保障環境の下、実効性の高い統合的な防衛力を効率的に整備し、統合運用を基本とする柔軟かつ即応性の高い運用に努めるとともに、平素から、関係機関が緊密な連携を確保する。また、各種事態の発生に際しては、政治の強力なリーダーシップにより、迅速かつ的確に意思決定を行い、地方公共団体、民間団体等とも連携を図りつつ、事態の推移に応じ、政府一体となってシームレスに対応し、国民の生命・財産と領土・領海・領空を確実に守り抜く。

また、各種災害への対応や国民の保護のための各種体制を引き続き整備するとともに、緊急事態において在外邦人等を迅速に退避させ、その安全を確保するために万全の態勢を整える。

以上の対応を的確に行うため、関連する各種計画等の体系化を図りつつ、それらの策定又は見直しを進めるとともに、シミュレーションや総合的な訓練・演習を拡充し、対処態勢の実効性を高める。

(2) 我が国の防衛力 — 統合機動防衛力の構築

防衛力は我が国の安全保障の最終的な担保であり、我が国に直接脅威が及ぶことを未然に防止し、脅威が及ぶ場合にはこれを排除するという我が国の意思と能力を表すものである。

今後の防衛力の在り方を検討するに当たっては、我が国を取り巻く安全保障環境が刻々と変化する中で、防衛力を不断に見直し、その変化に適応していかなければならない。このため、想定される各種事態への対応について、自衛隊全体の機能・能力に着目した統合運用の観点からの能力評価を実施し、総合的な観点から特に重視すべき機能・能力を導き出すことにより、限られた資源を重点的かつ柔軟に配分していく必要がある。

また、我が国を取り巻く安全保障環境が一層厳しさを増す中、平素の活動に加え、グレーゾーンの事態を含め、自衛隊の対応が求められる事態が増加しており、かつ、そのような事態における対応も長期化しつつある。このため、平素から、常時継続的な情報収集・警戒監視・偵察(ISR)活動(以下「常続監視」という。)を行うとともに、事態の推移に応じ、訓練・演習を戦略的に実施し、また、安全保障環境に即した部隊配置と部隊の機動展開を含む対処態勢の構築を迅速に行うことにより、我が国の防衛意思と高い能力を示し、事態の深刻化を防止する。また、各種事態が発生した場合には、事態に応じ、必要な海上優勢及び航空優勢を確保して実効的に対処し、被害を最小化することが、国民の生命・財産と領土・領海・領空を守り抜く上で重要である。

そのため、装備の運用水準を高め、その活動量を増加させ、統合運用による適切な活動を機動的かつ持続的に実施していくことに加え、防衛力をより強靭なものとするため、各種活動を下支えする防衛力の「質」及び「量」を必要かつ十分に確保し、抑止力及び対処力を高めていく。

同時に、国際協調主義に基づく積極的平和主義の立場から、我が国の安全保障と密接な関係を有するアジア太平洋地域の安定化に向け、二国間・多国間の協力関係を強化するとともに、防衛力の役割の多様化と増大を踏まえ、グローバルな安全保障上の課題等への取組として、国際平和協力活動(国連平和維持活動、人道支援・災害救援等の非伝統的安全保障問題への対応を始め、国際的な安全保障環境を改善するために国際社会が協力して行う活動をいう。以下同じ。)等をより積極的に実施していく。

以上の観点から、今後の防衛力については、安全保障環境の変化を踏まえ、特に重視すべき機能・能力についての全体最適を図るとともに、多様な活動を統合運用によりシームレスかつ状況に臨機に対応して機動的に行い得る実効的なものとしていくことが必要である。このため、幅広い後方支援基盤の確立に配意しつつ、高度な技術力と情報・指揮通信能力に支えられ、ハード及びソフト両面における即応性、持続性、強靱性及び連接性も重視した統合機動防衛力を構築する。

3．日米同盟の強化

日米安全保障条約に基づく日米安全保障体制は、我が国自身の努力とあいまって我が国の安全保障の基軸であり、また、日米安全保障体制を中核とする日米同盟は、我が国のみならず、アジア太平洋地域、さらには世界全体の安定と繁栄のための「公共財」として機能している。

米国は、アジア太平洋地域へのリバランス政策に基づき、我が国を始めとする同盟国等との連携･協力を強化しつつ、当該地域への関与、プレゼンスの維持･強化を進めている。その一方で、我が国を取り巻く安全保障環境は一層厳しさを増しており、日米同盟を強化し、よりバランスのとれた、より実効的なものとすることが我が国の安全の確保にとってこれまで以上に重要となっている。

(1) 日米同盟の抑止力及び対処力の強化

米国の我が国及びアジア太平洋地域に対するコミットメントを維持・強化し、我が国の安全を確保するため、我が国自身の能力を強化することを前提として、「日米防衛協力のための指針」の見直しを進め、日米防衛協力を更に強化し、日米同盟の抑止力及び対処力を強化していく。

同時に、一層厳しさを増す安全保障環境に対応するため、西太平洋における日米のプレゼンスを高めつつ、グレーゾーンの事態における協力を含め、平素から各種事態までのシームレスな協力態勢を構築する。

そのため、共同訓練・演習、共同の情報収集・警戒監視・偵察（ISR）活動及び米軍・自衛隊の施設・区域の共同使用の拡大を引き続き推進するとともに、弾道ミサイル防衛、計画検討作業、拡大抑止協議等、事態対処や中長期的な戦略を含め、各種の運用協力及び政策調整を一層緊密に推進する。

(2) 幅広い分野における協力の強化・拡大

海賊対処、能力構築支援、人道支援・災害救援、平和維持、テロ対策等の分野における協力のほか、海洋・宇宙・サイバー分野における協力を強化し、アジア太平洋地域を含む国際社会の平和と安定に寄与する。

災害対応に関しては、在日米軍施設・区域の存在を含め、米軍が国民の安全に大いに寄与した東日本大震災における事例を踏まえつつ、国内外における自衛隊と米軍との連携を一層強化する。

さらに、情報協力及び情報保全の取組、装備・技術面での協力等の幅広い分野での協力関係を不断に強化・拡大し、安定的かつ効果的な同盟関係を構築する。

(3) 在日米軍駐留に関する施策の着実な実施

接受国支援を始めとする様々な施策を通じ、在日米軍の円滑かつ効果的な駐留を安定的に支えるとともに、在日米軍再編を着実に進め、米軍の抑止力を維持しつつ、地元の負担を軽減していく。特に、沖縄県については、安全保障上極めて重要な位置にあり、米軍の駐留が日米同盟の抑止力に大きく寄与している一方、在日米軍施設・区域の多くが集中していることを踏まえ、普天間飛行場の移設を含む在沖縄米軍施設・区域の整理・統合・縮小、負担の分散等により、沖縄の負担軽減を図っていく。

4．安全保障協力の積極的な推進

(1) アジア太平洋地域における協力

アジア太平洋地域においては、災害救援を始めとする非伝統的安全保障分野を中心とする具体的な協力関係が進展していることに加え、ASEAN地域フォーラム（ARF）、拡大ASEAN国防相会議（ADMMプラス）、東アジア首脳会議（EAS）等の多国間枠組みや、ASEANによる地域統合への取組が進展してきているものの、特に北東アジアにおける安全保障上の課題等は深刻化している。このため、域内の対立的な機運や相互の警戒感を軽減するための協調的な各種取組を更に多層的に推進する。

我が国と共に北東アジアにおける米国のプレゼンスを支える立場にある韓国との緊密な連携を推進し、情報保護協定や物品役務相互提供協定（ACSA）の締結等、今後の連携の基盤の確立に努める。

また、安全保障上の利益を共有し我が国との安全保障協力が進展しているオーストラリアとの関係を一層深化させ、国際平和協力活動等の分野での協力を強化するとともに、共同訓練等を積極的に行い、相互運用性の向上を図る。

さらに、日米韓・日米豪の三国間の枠組みによる協力関係を強化し、この地域における米国の同盟国相互の連携を推進する。

中国の動向は地域の安全保障に大きな影響を与え得るため、相互理解の観点から、同国との安全保障対話や交流を推進するとともに、不測の事態を防止・回避するための信頼醸成措置の構築を進めていく。なお、同国による我が国周辺海空域等における活動の急速な拡大・活発化に関しては、冷静かつ毅然として対応していく。

ロシアに関しては、その軍の活動の意図に関する理解を深め、信頼関係の増進を図るため、外務・防衛閣僚協議（「2+2」）を始めとする安全保障対話、ハイレベル交流及び幅広い部隊間交流を推進するとともに、地域の安定に資するべく、共同訓練・演習を深化させる。

また、東南アジア諸国等の域内パートナー国との関係をより一層強化し、共同訓練・演習や能力構築支援等を積極的に推進するほか、この地域における災害の多発化・巨大化を踏まえ、防災面の協力を強化する。インドとは、海洋安全保障分野を始めとする幅広い分野において、共同訓練・演習、国際平和協力活動等の共同実施等を通じて関係の強化を図る。

能力構築支援は、今後の安全保障環境の安定化及び二国間の防衛協力強化に有効な取組であることから、ODAを含む外交政策との調整を十分に図りつつ、共同訓練·演習、国際平和協力活動等と連携しながら推進する。また、積極的に能力構築支援を実施している関係国との連携を強化しつつ、能力構築支援の対象国及び支援内容を拡充していく。

現在進展しつつある域内の多国間安全保障協力·対話において、米国やオーストラリアとも連携しながら、域内の協力関係の構築に主体的に貢献していく。また、多国間共同訓練・演習に積極的に参加していくとともに、ARF、ADMMプラス等の多国間枠組みも重視し域内諸国間の信頼醸成の強化に主要な役割を果たす。

(2) 国際社会との協力

グローバルな安全保障上の課題等は、一国のみで対応することが極めて困難である。また、近年、軍事力の役割が多様化し、紛争の抑止・対処や平和維持のみならず、紛争直後期の復興支援等の平和構築や国家間の信頼醸成・友好関係の増進において重要な役割を果たす機会が増大している。

このため、我が国は、平素から、国際社会と連携しつつ、グローバルな安全保障環境の改善のため、各種取組を推進する。

同盟国や安全保障上の利益を共有する関係国及び国際機関等と平素から協力しつつ、地域紛争、国際テロの拡大・拡散、破綻国家、大量破壊兵器等の拡散、海洋・宇宙空間・サイバー空間を巡る問題を始めとするグローバルな安全保障上の課題等に対応するため、軍備管理・軍縮、不拡散、能力構築支援等に関する各種取組を継続・強化する。

その際、特に欧州連合(EU)、北大西洋条約機構(NATO)及び欧州安全保障協力機構(OSCE)並びに英国及びフランスを始めとする欧州諸国との協力を一層強化し、これらの課題に連携して取り組むとともに、装備・技術面での協力·交流を推進する。

国際協調主義に基づく積極的平和主義の下、アジア太平洋地域の安全保障環境の一層の安定化とグローバルな安全保障環境の改善のため、防衛・外交当局間の密接な連携を保ちつつ、派遣の意義、派遣先国の情勢、我が国との政治・経済的関係等を総合的に勘案し、国際平和協力業務や国際緊急援助活動を始めとする国際平和協力活動等を積極的かつ多層的に推進する。

特に、国際平和協力活動等については、自衛隊の能力を活用した活動を引き続き積極的に実施するとともに、現地ミッション司令部や国連PKO局等における責任ある職域への自衛隊員の派遣を拡大する。また、幅広い分野における派遣を可能にするための各種課題について検討を行い、必要な措置を講ずる。併せて、自衛隊の経験・知見を活かし、国内及び諸外国の平和構築のための人材の育成に寄与する。

Ⅳ　防衛力の在り方

1．防衛力の役割

今後の我が国の防衛力については、上記Ⅲ2(2)の防衛力を構築するとの考え方の下、以下の分野において、求められる役割を実効的に果たし得るものとし、その役割に十分対応できる態勢を保持することとする。

(1)　各種事態における実効的な抑止及び対処

各種事態に適時・適切に対応し、国民の生命・財産と領土・領海・領空を確実に守り抜くため、平素から諸外国の軍事動向等を把握するとともに、各種兆候を早期に察知するため、我が国周辺を広域にわたり常続監視することで、情報優越を確保する。

このような活動等により、力による現状変更を許容しないとの我が国の意思を明示し、各種事態の発生を未然に防止する。

一方、グレーゾーンの事態を含む各種事態に対しては、その兆候段階からシームレスかつ機動的に対応し、その長期化にも持続的に対応し得る態勢を確保する。

また、複数の事態が連続的又は同時並行的に発生する場合においても、事態に応じ、実効的な対応を行う。

このような取組に際しては、特に以下の点を重視する。

ア　周辺海空域における安全確保

平素から我が国周辺を広域にわたり常続監視するとともに、領空侵犯に対して即時適切な措置を講じる。また、グレーゾーンの事態も含め、我が国の主権を侵害し得る行為に対して実効的かつ機動的に対応するとともに、当該行為が長期化･深刻化した場合にも、事態の推移に応じシームレスに対応し、我が国周辺海空域の防衛及び安全確保に万全を期す。

イ　島嶼部に対する攻撃への対応

島嶼部に対する攻撃に対しては、安全保障環境に即して配置された部隊に加え、侵攻阻止に必要な部隊を速やかに機動展開し、海上優勢及び航空優勢を確保しつつ、侵略を阻止・排除し、島嶼への侵攻があった場合には、これを奪回する。その際、弾道ミサイル、巡航ミサイル等による攻撃に対して的確に対応する。

ウ　弾道ミサイル攻撃への対応

弾道ミサイル発射に関する兆候を早期に察知し、多層的な防護態勢により、機動的かつ持続的に対応する。万が一被害が発生した場合には、これを局限する。また、弾道ミサイル攻撃に併せ、同時並行的にゲリラ･特殊部隊による攻撃が発生した場合には、原子力発電所等の重要施設の防護並びに侵入した部隊の捜索及び撃破を行う。

エ　宇宙空間及びサイバー空間における対応

宇宙空間及びサイバー空間に関しては、平素から、自衛隊の効率的な活動を妨げる行為を未然に防止するための常続監視態勢を構築するとともに、事態発生時には、速やかに事象を特定し、被害の局限等必要な措置をとりつつ、被害復旧等を迅速に行う。また、社会全般が宇宙空間及びサイバー空間への依存を高めていく傾向等を踏まえ、関係機関の連携強化と役割分担の明確化を図る中で、自衛隊の能力を活かし、政府全体としての総合的な取組に寄与する。

オ　大規模災害等への対応

大規模災害等の発生に際しては、所要の部隊を迅速に輸送・展開し、初動対応に万全を期すとともに、必要に応じ、対処態勢を長期間にわたり持続する。また、被災住民や被災した地方公共団体のニーズに丁寧に対応するとともに、関係機関、地方公共団体及び民間部門と適切に連携・協力し、人命救助、応急復旧、生活支援等を行う。

(2) アジア太平洋地域の安定化及びグローバルな安全保障環境の改善

我が国周辺において、常続監視や訓練・演習等の各種活動を適時・適切に実施することにより、我が国周辺を含むアジア太平洋地域の安全保障環境の安定を確保する。

また、同盟国等と連携しつつ、二国間・多国間の防衛協力・交流、共同訓練・演習、能力構築支援等を多層的に推進し、アジア太平洋地域の域内協力枠組みの構築・強化を含む安全保障環境の安定化のための取組において枢要な役割を実効的に果たす。

軍事力の役割が多様化する中、地域紛争、国際テロの拡大・拡散、破綻国家、大量破壊兵器等の拡散等といったグローバルな安全保障上の課題等に適切に対応するため、軍備管理・軍縮、不拡散に関する各種取組を強化するとともに、国際平和協力活動、海賊対処、能力構築支援等の各種活動を積極的に推進し、グローバルな安全保障環境の改善に取り組む。

以上の取組に際しては、特に以下の点を重視する。

ア　訓練・演習の実施

自衛隊による訓練・演習を適時・適切に実施するとともに、アジア太平洋地域における二国間・多国間による共同訓練・演習を推進し、積極的かつ目に見える形で、地域の安定化に向けた我が国の意思と高い能力を示すとともに、関係国との協力関係を構築・強化する。

イ　防衛協力・交流の推進

各国及び国際機関との相互理解及び信頼関係の増進は、安全保障環境の安定化の基礎である。これに加え、人道支援・災害救援、海洋・宇宙空間・サイバー空間の安定的利用の確保等、共通の関心を有する幅広い安全保障上の課題等について協力関係を構築・強化するなど多層的な防衛協力・交流を更に推進する。

ウ　能力構築支援の推進

自衛隊の能力を活用し、平素から継続的に人材育成や技術支援等を通じて途上国自身の能力を向上させることにより、主としてアジア太平洋地域における安定を積極的·能動的に創出し、安全保障環境の改善を図る。

エ　海洋安全保障の確保

海洋国家として、平和と繁栄の基礎である「開かれ安定した海洋」の秩序を強化することは極めて重要であることから、海上交通の安全確保に万全を期す。また、関係国と協力して海賊に対応するとともに、この分野における沿岸国自身の能力向上の支援、我が国周辺以外の海域における様々な機会を利用した共同訓練·演習の充実等、各種取組を推進する。

オ　国際平和協力活動の実施

関係機関や非政府組織等と連携しつつ、平和維持から平和構築まで多様なニーズを有する国際平和協力業務や国際緊急援助活動を始めとする国際平和協力活動に積極的に取り組むとともに、より主導的な役割を果たすことを重視する。その際、事態に応じて迅速に国外に派遣できるよう即応態勢を充実するとともに、海外での任務の長期化に備えて、持続的に対処し得る態勢を強化する。

カ　軍備管理・軍縮及び不拡散の努力への協力

国際連合等が行う軍備管理・軍縮の分野における諸活動に積極的に関与する。その際、人的貢献を含め、自衛隊の有する知見の積極的な活用を図る。また、大量破壊兵器及びその運搬手段となり得るミサイルの拡散や武器及び軍事転用可能な貨物・技術の拡散は、我が国を含む国際社会の平和と安定に対する重大な脅威であることから、関係国や国際機関等と協力しつつ、それらの不拡散のための取組を推進する。

2．自衛隊の体制整備に当たっての重視事項

(1)　基本的考え方

自衛隊は、上記の防衛力の役割を実効的に果たし得る体制を保持することとし、体制の整備に当たって、今後の防衛力整備において特に重視すべき機能・能力を明らかにするため、想定される各種事態について、統合運用の観点から能力評価を実施した。かかる能力評価の結果を踏まえ、南西地域の防衛態勢の強化を始め、各種事態における実効的な抑止及び対処を実現するための前提となる海上優勢及び航空優勢の確実な維持に向けた防衛力整備を優先することとし、幅広い後方支援基盤の確立に配意しつつ、機動展開能力の整備も重視する。

一方、主に冷戦期に想定されていた大規模な陸上兵力を動員した着上陸侵攻のような侵略事態への備えについては、不確実な将来情勢の変化に対応するための最小限の専門的知見や技能の維持・継承に必要な範囲に限り保持することとし、より一層の効率化・合理化を徹底する。

(2) 重視すべき機能・能力

効果的な防衛力を効率的に整備する観点から、米軍との相互運用性にも配意した統合機能の充実に留意しつつ、特に以下の機能・能力について重点的に強化する。

ア　警戒監視能力

各種事態への実効的な抑止及び対処を確保するため、無人装備も活用しつつ、我が国周辺海空域において航空機や艦艇等の目標に対する常続監視を広域にわたって実施するとともに、情勢の悪化に応じて態勢を柔軟に増強する。

イ　情報機能

各種事態等の兆候を早期に察知し迅速に対応するとともに、我が国周辺におけるものを始めとする中長期的な軍事動向等を踏まえた各種対応を行うため、情報の収集・処理体制及び収集した情報の分析・共有体制を強化する。

この際、人的情報、公開情報、電波情報、画像情報等に関する収集機能及び無人機による常続監視機能の拡充を図るほか、画像・地図上において各種情報を融合して高度に活用するための地理空間情報機能の統合的強化、能力の高い情報収集・分析要員の統合的かつ体系的な確保・育成のための体制の確立等を図る。

ウ　輸送能力

迅速かつ大規模な輸送・展開能力を確保し、所要の部隊を機動的に展開・移動させるため、平素から民間輸送力との連携を図りつつ、海上輸送力及び航空輸送力を含め、統合輸送能力を強化する。その際、多様な輸送手段の特性に応じ、役割分担を明確にし、機能の重複の回避を図る。

エ　指揮統制・情報通信能力

全国の部隊を機動的かつ統合的に運用し得る指揮統制の体制を確立するため、各自衛隊の主要司令部に所要の陸・海・空の自衛官を相互に配置し、それぞれの知識及び経験の活用を可能とするとともに、陸上自衛隊の各方面隊を束ねる統一司令部の新設と各方面総監部の指揮・管理機能の効率化・合理化等により、陸上自衛隊の作戦基本部隊（師団・旅団）等の迅速・柔軟な全国的運用を可能とする。

また、全国的運用を支えるための前提となる情報通信能力について、島嶼部における基盤通信網や各自衛隊間のデータリンク機能を始めとして、その充実・強化を図る。

オ　島嶼部に対する攻撃への対応

島嶼部への攻撃に対して実効的に対応するための前提となる海上優勢及び航空優勢を確実に維持するため、航空機や艦艇、ミサイル等による攻撃への対処能力を強化する。

また、島嶼部に対する侵攻を可能な限り洋上において阻止するための統合的な能力を強化するとともに、島嶼への侵攻があった場合に速やかに上陸・奪回・確保するための本格的な水陸両用作戦能力を新たに整備する。

さらに、南西地域における事態生起時に自衛隊の部隊が迅速かつ継続的に対応できるよう、後方支援能力を向上させる。

なお、太平洋側の島嶼部における防空態勢の在り方についても検討を行う。

カ　弾道ミサイル攻撃への対応

北朝鮮の弾道ミサイル能力の向上を踏まえ、我が国の弾道ミサイル対処能力の総合的な向上を図る。

弾道ミサイル防衛システムについては、我が国全域を防護し得る能力を強化するため、即応態勢、同時対処能力及び継続的に対処できる能力を強化する。

また、日米間の適切な役割分担に基づき、日米同盟全体の抑止力の強化のため、我が国自身の抑止・対処能力の強化を図るよう、弾道ミサイル発射手段等に対する対応能力の在り方についても検討の上、必要な措置を講ずる。

キ　宇宙空間及びサイバー空間における対応

様々なセンサーを有する各種の人工衛星を活用した情報収集能力や指揮統制・情報通信能力を強化するほか、宇宙状況監視の取組等を通じて衛星の抗たん性を高め、各種事態が発生した際にも継続的に能力を発揮できるよう、効果的かつ安定的な宇宙空間の利用を確保する。こうした取組に際しては、国内の関係機関や米国との有機的な連携を図る。

サイバー空間における対応については、自衛隊の効率的な活動を妨げる行為を防止するため、統合的な常続監視・対処能力を強化するとともに、専門的な知識・技術を持つ人材や最新の機材を継続的に強化・確保する。

ク　大規模災害等への対応

南海トラフ巨大地震等の大規模自然災害や原子力災害を始めとする特殊災害といった各種の災害に際しては、発災の初期段階における航空機等を活用した空中からの被害情報の収集、救助活動、応急復旧等の迅速な対応が死活的に重要であることを踏まえ、十分な規模の部隊を迅速に輸送・展開するとともに、統合運用を基本としつつ、要員のローテーション態勢を整備することで、長期間にわたり、持続可能な対処態勢を構築する。

ケ　国際平和協力活動等への対応

国際平和協力活動等において人員・部隊の安全を確保しつつ任務を遂行するために必要な防護能力を強化する。また、アフリカ等の遠隔地での長期間の活動も見据えた輸送・展開能力及び情報通信能力並びに円滑かつ継続的な活動実施のための補給・衛生等の体制整備に取り組む。

加えて、国際平和協力活動等を効果的に実施する観点から、海賊対処のために自衛隊がジブチに有する拠点を一層活用するための方策を検討する。

さらに、活動に必要な情報収集能力を強化するとともに、任務に応じた適切な能力を有する人材を継続的に派遣し得る教育・訓練・人事管理体制を強化する。

3．各自衛隊の体制

各自衛隊の体制については、(1)から(3)までのとおり整備することとする。また、将来の主要な編成、装備等の具体的規模については、別表のとおりとする。

(1) 陸上自衛隊

ア　島嶼部に対する攻撃を始めとする各種事態に即応し、実効的かつ機動的に対処し得るよう、高い機動力や警戒監視能力を備え、機動運用を基本とする作戦基本部隊(機動師団、機動旅団及び機甲師団)を保持するほか、空挺、水陸両用作戦、特殊作戦、航空輸送、特殊武器防護及び国際平和協力活動等を有効に実施し得るよう、専門的機能を備えた機動運用部隊を保持する。

この際、良好な訓練環境を踏まえ、2(2)ウに示す統合輸送能力により迅速に展開・移動させることを前提として、高い練度を維持した機動運用を基本とする作戦基本部隊の半数を北海道に保持する。

また、自衛隊配備の空白地域となっている島嶼部への部隊配備、上記の各種部隊の機動運用、海上自衛隊及び航空自衛隊との有機的な連携・ネットワーク化の確立等により、島嶼部における防衛態勢の充実・強化を図る。

イ　島嶼部等に対する侵攻を可能な限り洋上において阻止し得るよう、地対艦誘導弾部隊を保持する。

ウ　(3)エの地対空誘導弾部隊と連携し、作戦部隊及び重要地域の防空を有効に行い得るよう、地対空誘導弾部隊を保持する。

エ　アに示す機動運用を基本とする部隊以外の作戦基本部隊(師団・旅団)について、戦車及び火砲を中心として部隊の編成・装備を見直し、効率化・合理化を徹底した上で、地域の特性に応じて適切に配置する。

(2) 海上自衛隊

ア　常続監視や対潜戦等の各種作戦の効果的な遂行による周辺海域の防衛や海上交通の安全確保及び国際平和協力活動等を機動的に実施し得るよう、多様な任務への対応能力の向上と船体のコンパクト化を両立させた新たな護衛艦等により増強された護衛艦部隊及び艦載回転翼哨戒機部隊を保持する。

なお、当該護衛艦部隊は、(3)エの地対空誘導弾部隊とともに、弾道ミサイル攻撃から我が国を多層的に防護し得る機能を備えたイージス・システム搭載護衛艦を保持する。

イ　水中における情報収集・警戒監視を平素から我が国周辺海域で広域にわたり実施するとともに、周辺海域の哨戒及び防衛を有効に行い得るよう、増強された潜水艦部隊を保持する。

ウ　洋上における情報収集・警戒監視を平素から我が国周辺海域で広域にわたり実施するとともに、周辺海域の哨戒及び防衛を有効に行い得るよう、固定翼哨戒機部隊を保持する。

エ　アの多様な任務への対応能力の向上と船体のコンパクト化を両立させた新たな護衛艦と連携し、我が国周辺海域の掃海を有効に行い得るよう、掃海部隊を保持する。

(3)　航空自衛隊

ア　我が国周辺のほぼ全空域を常時継続的に警戒監視するとともに、我が国に飛来する弾道ミサイルを探知・追尾し得る地上警戒管制レーダーを備えた警戒管制部隊のほか、グレーゾーンの事態等の情勢緊迫時において、長期間にわたり空中における警戒監視・管制を有効に行い得る増強された警戒航空部隊からなる航空警戒管制部隊を保持する。

イ　戦闘機とその支援機能が一体となって我が国の防空等を総合的な態勢で行い得るよう、能力の高い戦闘機で増強された戦闘機部隊を保持する。また、戦闘機部隊、警戒航空部隊等が我が国周辺空域等で各種作戦を持続的に遂行し得るよう、増強された空中給油・輸送部隊を保持する。

ウ　陸上部隊等の機動展開や国際平和協力活動等を効果的に実施し得るよう、航空輸送部隊を保持する。

エ　(1)ウの地対空誘導弾部隊と連携し、重要地域の防空を実施するほか、(2)アのイージス・システム搭載護衛艦とともに、弾道ミサイル攻撃から我が国を多層的に防護し得る機能を備えた地対空誘導弾部隊を保持する。

V　防衛力の能力発揮のための基盤

防衛力に求められる多様な活動を適時・適切に行うためには、単に主要な編成、装備等を整備するだけでは十分ではなく、防衛力が最大限効果的に機能するよう、これを下支えする種々の基盤も併せて強化することが必要不可欠である。その主な事項は、以下のとおりである。

1．訓練・演習

平素から、訓練·演習を通じ、事態に対処するための各種計画を不断に検証し、見直すとともに、各自衛隊の戦術技量の向上のため、訓練・演習の充実・強化に努める。その際、北海道の良好な訓練環境を一層活用するとともに、関係機関や民間部門とも連携し、より実践的な訓練・演習を体系的かつ計画的に実施する。

自衛隊の演習場等に制約がある南西地域において、日米共同訓練・演習を含む適時・適切な訓練・演習を実施し得るよう、地元との関係に留意しつつ、米軍施設・区域の自衛隊による共同使用を進めること等により、良好な訓練環境を確保する。

2．運用基盤

部隊等が迅速に展開し、各種事態に効果的に対応し得るよう、その運用基盤である各種支援機能を維持する観点から、駐屯地・基地等の復旧能力を含めた抗たん性を高める。

また、各自衛隊施設について、その一部が老朽化している現状等も踏まえ、着実な整備に努めるとともに、各種事態に際しての迅速な参集のため、必要な宿舎の整備を進め、即応性を確保する。

民間空港及び港湾についても事態に応じて早期に自衛隊等の運用基盤として使用し得るよう、平素からの体制の在り方も含め、必要な検討を行う。さらに、任務に従事する隊員や留守家族の不安を軽減するよう、各種家族支援施策を実施する。

必要な弾薬を確保・備蓄するとともに、装備品の維持整備に万全を期すことにより、装備品の可動率の向上等、装備品の運用基盤の充実・強化を図る。

3．人事教育

近年、装備品が高度化･複雑化し、任務が多様化･国際化する中、技能、経験、体力、士気等の様々な要素を勘案しつつ、精強性を確保し、厳しい財政事情の下で人材を有効に活用する観点から、人事制度改革に関する施策を行う。

そのため、各自衛隊の任務や特性を踏まえつつ、適正な階級構成及び年齢構成を確保するための施策を実施する。

女性自衛官の更なる活用や再任用を含む人材を有効に活用するための施策及び栄典・礼遇に関する施策を推進する。また、統合運用体制を強化するため、教育・訓練の充実、統合幕僚監部及び関係府省等における勤務等を通じ、広い視野・発想や我が国の安全保障に関する幅広い経験を有し、政府の一員として各種事態等に柔軟に即応できる人材を十分に確保する。

社会の少子化・高学歴化に伴う募集環境の悪化を踏まえ、自衛隊が就職対象として広く意識されるよう、多様な募集施策を推進する。

さらに、一般の公務員より若年で退職を余儀なくされる自衛官の生活基盤を確保することは国の責務であることを踏まえ、地方公共団体や関係機関との連携を強化すること等により、再就職支援を推進する。

より多様化・長期化する事態における持続的な部隊運用を支えるため、航空機の操縦等の専門的技能を要するものを含め、幅広い分野で予備自衛官の活用を進めるとともに、予備自衛官等の充足向上等のための施策を実施する。

4．衛生

自衛隊員の壮健性を維持し、各種事態や国際平和協力活動等の多様な任務への対応能力を強化するため、自衛隊病院の拠点化・高機能化等を進め、防衛医科大学校病院等の運営の改善を含め効率的かつ質の高い医療体制を確立する。また医官・看護師・救急救命士等の確保・育成を一層重視する。

このほか、事態対処時における救急救命措置に係る制度改正を含めた検討を行い、第一線の救護能力の向上や統合機能の充実の観点を踏まえた迅速な後送態勢の整備を図る。

5．防衛生産・技術基盤

適切な水準の防衛生産・技術基盤は、装備品の生産・運用・維持整備のみならず、我が国の運用環境に適した装備品の研究開発にも不可欠であり、潜在的に抑止力の向上にも寄与するものである。

一方、厳しい財政事情や、装備品の高度化・複雑化に伴う単価の上昇等を背景に、各種装備品の調達数量は減少傾向にある。また、国外において、国境を越えた防衛産業の大規模な再編が進展した結果、海外企業の競争力が増しつつあるなど、我が国の防衛生産・技術基盤を取り巻く環境は厳しさを増している。

以上の状況の下、我が国の防衛生産・技術基盤の維持・強化を早急に図るため、我が国の防衛生産・技術基盤全体の将来ビジョンを示す戦略を策定するとともに、装備品の民間転用等を推進する。

また、平和貢献・国際協力において、自衛隊が携行する重機等の防衛装備品の活用や被災国等への供与（以下「防衛装備品の活用等」という。）を通じ、より効果的な協力ができる機会が増加している。また、防衛装備品の高性能化を実現しつつ、費用の高騰に対応するため、国際共同開発・生産が国際的主流となっている。こうした中、国際協調主義に基づく積極的平和主義の観点から、防衛装備品の活用等による平和貢献・国際協力に一層積極的に関与するとともに、防衛装備品等の共同開発・生産等に参画することが求められている。

こうした状況を踏まえ、武器輸出三原則等がこれまで果たしてきた役割にも十分配意した上で、移転を禁止する場合の明確化、移転を認め得る場合の限定及び厳格審査、目的外使用及び第三国移転に係る適正管理の確保等に留意しつつ、武器等の海外移転に関し、新たな安全保障環境に適合する明確な原則を定めることとする。

6．装備品の効率的な取得

研究開発を含め、装備品の効果的・効率的な取得を実現するため、プロジェクト・マネージャーの仕組みを制度化し、技術的視点も含め、装備品のライフサイクルを通じたプロジェクト管理を強化するとともに、更なる長期契約の導入の可否や企業の価格低減インセンティブを引き出すための契約制度の更なる整備を検討し、ライフサイクルを通じての費用対効果の向上を図る。

また、民間能力の有効活用等による補給態勢の改革により、即応性及び対処能力の向上を目指す。さらに、取得プロセスの透明化及び契約制度の適正化を不断に追求し、装備品を一層厳正な手続を経て取得するように努める。

7．研究開発

厳しい財政事情の下、自衛隊の運用に係るニーズに合致した研究開発の優先的な実施を担保するため、研究開発の開始に当たっては、防衛力整備上の優先順位との整合性を確保する。

また、新たな脅威に対応し、戦略的に重要な分野において技術的優位性を確保し得るよう、最新の科学技術動向、戦闘様相の変化、費用対効果、国際共同研究開発の可能性等も踏まえつつ、中長期的な視点に基づく研究開発を推進する。

安全保障の観点から、技術開発関連情報等、科学技術に関する動向を平素から把握し、産学官の力を結集させて、安全保障分野においても有効に活用し得るよう、先端技術等の流出を防ぐための技術管理機能を強化しつつ、大学や研究機関との連携の充実等により、防衛にも応用可能な民生技術（デュアルユース技術）の積極的な活用に努めるとともに、民生分野への防衛技術の展開を図る。

以上の取組の目的を達成するための防衛省の研究開発態勢について検討する。

8．地域コミュニティーとの連携

各種事態において自衛隊が的確に対処するため、地方公共団体、警察・消防機関等の関係機関との連携を一層強化する。こうした地方公共団体等との緊密な連携は、防衛施設の効果的な整備及び円滑な運営のみならず、自衛官の募集、再就職支援等の確保といった観点からも極めて重要である。

このため、防衛施設の整備・運営のための防衛施設周辺対策事業を引き続き推進するとともに、平素から地方公共団体や地元住民に対し、防衛省・自衛隊の政策や活動に関する積極的な広報等の各種施策を行い、その理解及び協力の獲得に努める。

地方によっては、自衛隊の部隊の存在が地域コミュニティーの維持・活性化に大きく貢献し、あるいは、自衛隊の救難機等による急患輸送が地域医療を支えている場合等が存在することを踏まえ、部隊の改編や駐屯地･基地等の配置に当たっては、地方公共団体や地元住民の理解を得られるよう、地域の特性に配慮する。同時に、駐屯地・基地等の運営に当たっては、地元経済への寄与に配慮する。

9．情報発信の強化

自衛隊の任務を効果的に遂行していく上で必要な国内外の理解を得るため、戦略的な広報活動を強化し、多様な情報媒体を活用して情報発信の充実に努める。

10．知的基盤の強化

国民の安全保障・危機管理に対する理解を促進するため、教育機関等における安全保障教育の推進に取り組む。また、防衛研究所を中心とする防衛省・自衛隊の研究体制を強化するとともに、政府内の他の研究教育機関や国内外の大学、シンクタンク等との教育・研究交流を含む各種連携を推進する。

11．防衛省改革の推進

文官と自衛官の一体感を醸成するとともに、防衛力整備の全体最適化、統合運用機能の強化、政策立案・情報発信機能の強化等を実現するため、防衛省の業務及び組織を不断に見直し、改革を推進する。

Ⅵ　留意事項

1．本大綱に定める防衛力の在り方は、おおむね10年程度の期間を念頭に置いたものであり、各種施策・計画の実施過程を通じ、国家安全保障会議において定期的に体系的な評価を行うとともに、統合運用を踏まえた能力評価に基づく検証も実施しつつ、適時・適切にこれを発展させていきながら、円滑・迅速・的確な移行を推進する。

2．評価・検証の中で、情勢に重要な変化が見込まれる場合には、その時点における安全保障環境等を勘案して検討を行い、所要の修正を行う。

3．格段に厳しさを増す財政事情を勘案し、防衛力整備の一層の効率化・合理化を図り、経費の抑制に努めるとともに、国の他の諸施策との調和を図りつつ、防衛力全体として円滑に十全な機能を果たし得るようにする。

別表

区分			現状(平成25年度末)	将来
陸上自衛隊	編成定数 常備自衛官定員 即応予備自衛官員数		約15万9千人 約15万1千人 約8千人	15万9千人 15万1千人 8千人
	基幹部隊	機動運用部隊	中央即応集団 1個機甲師団	3個機動師団 4個機動旅団 1個機甲師団 1個空挺団 1個水陸機動団 1個ヘリコプター団
		地域配備部隊	8個師団 6個旅団	5個師団 2個旅団
		地対艦誘導弾部隊	5個地対艦ミサイル連隊	5個地対艦ミサイル連隊
		地対空誘導弾部隊	8個高射特科群/連隊	7個高射特科群/連隊
海上自衛隊	基幹部隊	護衛艦部隊	4個護衛隊群(8個護衛隊) 5個護衛隊	4個護衛隊群(8個護衛隊) 6個護衛隊
		潜水艦部隊	5個潜水隊	6個潜水隊
		掃海部隊	1個掃海隊群	1個掃海隊群
		哨戒機部隊	9個航空隊	9個航空隊
	主要装備	護衛艦	47隻	54隻
		(イージスシステム搭載護衛艦)	(6隻)	(8隻)
		潜水艦	16隻	22隻
		作戦用航空機	約170機	約170機
航空自衛隊	基幹部隊	航空警戒管制部隊	8個警戒群 20個警戒隊 1個警戒航空隊(2個飛行隊)	28個警戒隊 1個警戒航空隊(3個飛行隊)
		戦闘機部隊	12個飛行隊	13個飛行隊
		航空偵察部隊	1個飛行隊	—
		空中給油・輸送部隊	1個飛行隊	2個飛行隊
		航空輸送部隊	3個飛行隊	3個飛行隊
		地対空誘導弾部隊	6個高射群	6個高射群
	主要装備	作戦用航空機	約340機	約360機
		うち戦闘機	約260機	約280機

注1：戦車及び火砲の現状(平成25年度末定数)の規模はそれぞれ約700両、約600両/門であるが、将来の規模はそれぞれ約300両、約300両/門とする。

注2：弾道ミサイル防衛にも使用し得る主要装備・基幹部隊については、上記の護衛艦(イージス・システム搭載艦)、航空警戒管制部隊及び地対空誘導弾部隊の範囲内で整備することとする。

4. 中期防衛力整備計画（平成26年度～平成30年度）

中期防衛力整備計画（平成26年度～平成30年度）について

（平成25年12月17日
国家安全保障会議決定
閣議決定）

平成26年度から平成30年度までを対象とする中期防衛力整備計画について、「平成26年度以降に係る防衛計画の大綱について」（平成25年12月17日国家安全保障会議及び閣議決定）に従い、別紙のとおり定める。

（別紙）

中期防衛力整備計画（平成26年度～平成30年度）

Ⅰ　計画の方針

平成26年度から平成30年度までの防衛力整備に当たっては、「平成26年度以降に係る防衛計画の大綱について」（平成25年12月17日国家安全保障会議及び閣議決定。以下「25大綱」という。）に従い、特に重視すべき機能・能力についての全体最適を図るとともに、多様な活動を統合運用によりシームレスかつ状況に臨機に対応して機動的に行い得る実効的な防衛力として統合機動防衛力を構築する。同時に、幅広い後方支援基盤の確立に配意しつつ、高度な技術力と情報・指揮通信能力に支えられ、ハード及びソフト両面における即応性、持続性、強靱性及び連接性も重視した防衛力とする。このため、自衛隊の体制強化に当たっては、想定される各種事態への対応について、自衛隊全体の機能・能力に着目した統合運用の観点からの能力評価等を踏まえ、総合的に導き出した特に重視すべき機能・能力の整備を優先し、実効性の高い統合的な防衛力を効率的に整備する。

以上を踏まえ、以下を計画の基本として、防衛力の整備、維持及び運用を効果的かつ効率的に行うこととする。

1．各種事態における実効的な抑止及び対処並びにアジア太平洋地域の安定化及びグローバルな安全保障環境の改善といった防衛力の役割にシームレスかつ機動的に対応し得るよう、統合機能の更なる充実に留意しつつ、特に、警戒監視能力、情報機能、輸送能力及び指揮統制・情報通信能力のほか、島嶼部に対する攻撃への対応、弾道ミサイル攻撃への対応、宇宙空間及びサイバー空間における対応、大規模災害等への対応並びに国際平和協力活動（国連平和維持活動、人道支援・災害救援等の非伝統的安全保障問題への対応を始め、国際的な安全保障環境を改善するために国際社会が協力して行う活動をいう。以下同じ。）等への対応のための機能・能力を重視する。また、これらの機能・能力の効果的な発揮のための基盤の着実な整備を図る。

2．その際、南西地域の防衛態勢の強化を始め、各種事態における実効的な抑止及び対処を実現するための前提となる海上優勢及び航空優勢の確実な維持に向けた防衛力の整備を優先することとし、機動展開能力の整備も重視する。

一方、主に冷戦期に想定されていた大規模な陸上兵力を動員した着上陸侵攻のような侵略事態への備えについては、不確実な将来情勢の変化に対応するための最小限の専門的知見や技能の維持・継承に必要な範囲に限り保持することとし、より一層の効率化・合理化を徹底する。

3．装備品の取得に当たっては、能力の高い新たな装備品の導入と既存の装備品の延命や能力向上等を適切に組み合わせることにより、必要かつ十分な「質」及び「量」の防衛力を効率的に確保する。その際、研究開発を含む装備品のライフサイクルを通じたプロジェクト管理の強化等によるライフサイクルコストの削減に努め、費用対効果の向上を図る。

4．装備品の高度化・複雑化や任務の多様化・国際化の中で、自衛隊の精強性を確保し、防衛力の根幹をなす人的資源を効果的に活用する観点から、女性自衛官や予備自衛官等の更なる活用を含め、人事制度改革に関する施策を推進する。

5．一層厳しさを増す安全保障環境に対応し、米国のアジア太平洋地域へのリバランスとあいまって、日米同盟の抑止力及び対処力を強化していくため、「日米防衛協力のための指針」の見直しを行うなど、幅広い分野における各種の協力や協議を一層充実させるほか、在日米軍の駐留をより円滑かつ効果的にするための取組等を積極的に推進する。

6．格段に厳しさを増す財政事情を勘案し、我が国の他の諸施策との調和を図りつつ、一層の効率化・合理化を徹底した防衛力整備に努める。

Ⅱ　基幹部隊の見直し等

1．陸上自衛隊については、我が国を取り巻く安全保障環境の変化を踏まえ、統合運用の下、作戦基本部隊（機動師団・機動旅団・機甲師団及び師団・旅団）や各種部隊等の迅速・柔軟な全国的運用を可能とするため、各方面総監部の指揮・管理機能を効率化・合理化するとともに、一部の方面総監部の機能を見直し、陸上総隊を新編する。その際、中央即応集団を廃止し、その隷下部隊を陸上総隊に編入する。

島嶼部に対する攻撃を始めとする各種事態に即応し、実効的かつ機動的に対処し得るよう、２個師団及び２個旅団について、高い機動力や警戒監視能力を備え、機動運用を基本とする２個機動師団及び２個機動旅団に改編する。また、沿岸監視部隊や初動を担任する警備部隊の新編等により、南西地域の島嶼部の部隊の態勢を強化する。島嶼への侵攻があった場合、速やかに上陸・奪回・確保するための本格的な水陸両用作戦能力を新たに整備するため、連隊規模の複数の水陸両用作戦専門部隊等から構成される水陸機動団を新編する。

また、大規模な陸上兵力を動員した着上陸侵攻のような侵略事態への備えのより一層の効率化・合理化を徹底しつつ、迅速かつ柔軟な運用を可能とする観点から、新たに導入する機動戦闘車を装備する部隊の順次新編と北海道及び九州以外に所在する作戦基本部隊が装備する戦車の廃止に向けた事業を着実に進めるとともに、九州に所在する戦車について、新編する西部方面隊直轄の戦車部隊に集約する。また、北海道以外に所在する作戦基本部隊が装備する火砲について、新編する各方面隊直轄の特科部隊への集約に向けた事業を着実に進める。

2．海上自衛隊については、常時継続的な情報収集・警戒監視・偵察（ISR）活動（以下「常続監視」という。）や対潜戦等の各種作戦の効果的な遂行により、周辺海域を防衛し、海上交通の安全を確保するとともに、国際平和協力活動等を機動的に実施し得るよう、1隻のヘリコプター搭載護衛艦（DDH）と2隻のイージス・システム搭載護衛艦（DDG）を中心として構成される4個の護衛隊群に加え、その他の護衛艦から構成される5個の護衛隊を保持する。また、潜水艦増勢のために必要な措置を引き続き講ずる。

3．航空自衛隊については、南西地域における防空態勢の充実のため、那覇基地に戦闘機部隊1個飛行隊を移動させる。また、警戒航空部隊に1個飛行隊を新編し、那覇基地に配備する。

我が国の防空能力の相対的低下を回避し、航空優勢を確実に維持できるよう、高度な戦術技量の一層効果的な向上のため、訓練支援機能を有する部隊を統合する。

4．陸上自衛隊の計画期間末の編成定数については、おおむね15万9千人程度、常備自衛官定数についてはおおむね15万1千人程度、即応予備自衛官員数についてはおおむね8千人程度を目途とする。また、海上自衛隊及び航空自衛隊の計画期間中の常備自衛官定数については、平成25年度末の水準を目途とする。

Ⅲ　自衛隊の能力等に関する主要事業

1．周辺海空域における安全確保

(1) 広域において常続監視を行い、各種兆候を早期に察知する態勢を強化するため、イージス・システム搭載護衛艦（DDG）、汎用護衛艦（DD）、潜水艦、固定翼哨戒機（P−1）及び哨戒ヘリコプター（SH−60K）の整備並びに既存の護衛艦、潜水艦、固定翼哨戒機（P−3C）及び哨戒ヘリコプター（SH−60J）の延命を行うほか、哨戒機能を有する艦載型無人機について検討の上、必要な措置を講ずる。また、護衛艦部隊の増勢に向け、多様な任務への対応能力の向上と船体のコンパクト化を両立させた新たな護衛艦を導入する。さらに、新たな早期警戒管制機又は早期警戒機のほか、固定式警戒管制レーダーを整備するとともに、引き続き、現有の早期警戒管制機（E−767）の改善を行う。加えて、広域における常続監視能力の強化のための共同の部隊の新編に向け、滞空型無人機を新たに導入する。このほか、海上自衛隊及び航空自衛隊が担う陸上配備の航空救難機能の航空自衛隊への一元化に向けた体制整備に着手する。

(2) 島嶼部に対する攻撃への対応

（ア）常続監視体制の整備

平素からの常続監視に必要な体制を整備し、各種事態発生時の迅速な対処を可能とするため、与那国島に陸上自衛隊の沿岸監視部隊を配備する。また、現有の早期警戒管制機(E－767)及び早期警戒機(E－2C)の運用状況等を踏まえ、前記(1)に示すとおり、新たな早期警戒管制機又は早期警戒機を整備するほか、前記Ⅱ3に示すとおり、警戒航空部隊に早期警戒機(E－2C)から構成される1個飛行隊を新編し、那覇基地に配備するとともに、移動式警戒管制レーダーの展開基盤を南西地域の島嶼部に整備することにより、隙のない警戒監視態勢を保持する。

(イ) 航空優勢の獲得・維持

巡航ミサイル対処能力を含む防空能力の総合的な向上を図るため、前記Ⅱ3に示すとおり、那覇基地における戦闘機部隊を1個飛行隊から2個飛行隊に増勢するほか、戦闘機(F－35A)の整備、戦闘機(F－15)の近代化改修、戦闘機(F－2)の空対空能力及びネットワーク機能の向上を引き続き推進するとともに、近代化改修に適さない戦闘機(F－15)について、能力の高い戦闘機に代替するための検討を行い、必要な措置を講ずる。また、中距離地対空誘導弾を引き続き整備するとともに、巡航ミサイルや航空機への対処と弾道ミサイル防衛の双方に対応可能な新たな能力向上型迎撃ミサイル(PAC－3MSE)を搭載するため、地対空誘導弾ペトリオットの更なる能力向上を図る。さらに、新たな空中給油・輸送機を整備するとともに、輸送機(C－130H)への空中給油機能の付加及び救難ヘリコプター(UH－60J)の整備を引き続き進める。なお、太平洋側の島嶼部における防空態勢の在り方についても検討を行う。

(ウ) 海上優勢の獲得・維持

常続監視や対潜戦等の各種作戦の効果的な遂行により、周辺海域を防衛し、海上交通の安全を確保するため、前記(1)に示すとおり、イージス・システム搭載護衛艦(DDG)、汎用護衛艦(DD)、潜水艦、固定翼哨戒機(P－1)及び哨戒ヘリコプター(SH－60K)の整備並びに既存の護衛艦、潜水艦、固定翼哨戒機(P－3C)及び哨戒ヘリコプター(SH－60J)の延命を行うほか、多様な任務への対応能力の向上と船体のコンパクト化を両立させた新たな護衛艦を導入する。また、護衛艦部隊が事態に応じた活動を持続的に行うために必要な多用途ヘリコプター(艦載型)を新たに導入するとともに、掃海艦、救難飛行艇(US－2)及び地対艦誘導弾を引き続き整備する。

(エ) 迅速な展開・対処能力の向上

迅速かつ大規模な輸送・展開能力を確保し、実効的な対処能力の向上を図るため、輸送機(C－2)及び輸送ヘリコプター(CH－47JA)を引き続き整備する。また、前記(ウ)に示す多用途ヘリコプター(艦載型)のほか、輸送ヘリコプター(CH－47JA)の輸送能力を巡航速度や航続距離等の観点から補完・強化し得るティルト・ローター機を新たに導入する。さらに、現有の多用途ヘリコプター(UH－1J)の後継となる新たな多用途ヘリコプターの在り方について検討の上、必要な措置を講ずる。こうした航空輸送力の整備に当たっては、役割分担を明確にし、機能の重複の回避を図る。

海上から島嶼等に部隊を上陸させるための水陸両用車の整備や現有の輸送艦の改修等により、輸送・展開能力等を強化する。また、水陸両用作戦等における指揮統制・大規模輸送・航空運用能力を兼ね備えた多機能艦艇の在り方について検討の上、結論を得る。さらに、自衛隊の輸送力と連携して大規模輸送を効率的に実施できるよう、民間事業者の資金や知見を利用する手法や予備自衛官の活用も含め、民間輸送力の積極的な活用について検討の上、必要な措置を講ずる。

前記Ⅱ１に示す機動運用を基本とする作戦基本部隊（機動師団・機動旅団）に、航空機等での輸送に適した機動戦闘車を導入し、各種事態に即応する即応機動連隊を新編するとともに、南西地域の島嶼部に初動を担任する警備部隊を新編等するほか、島嶼部への迅速な部隊展開に向けた機動展開訓練を実施する。また、精密誘導爆弾の誘導能力及び地対艦誘導弾を整備するとともに、艦対艦誘導弾について、射程の延伸を始めとする能力向上のための開発を推進する。

（オ）指揮統制・情報通信体制の整備

統合機能の充実の観点から、全国の部隊を機動的に運用し、島嶼部を始めとする所要の地域に迅速に集中できる指揮統制体制を確立するため、各自衛隊の主要司令部に所要の陸・海・空の自衛官を相互に配置し、それぞれの知見及び経験の活用を可能とするとともに、前記Ⅱ１に示すとおり、各方面総監部の指揮・管理機能を効率化・合理化するとともに、一部の方面総監部の機能を見直し、陸上総隊の新編を進める。

全国的運用を支えるための前提となる情報通信能力について、島嶼部における基盤通信網を強化するため、自衛隊専用回線を与那国島まで延伸するとともに、那覇基地に移動式多重通信装置を新たに配備する。また、各自衛隊間のデータリンク機能の充実や野外通信システムの能力向上を図るほか、引き続き、防衛分野での宇宙利用を促進し、高機能なXバンド衛星通信網を整備するとともに、当該通信網の一層の充実の必要性について検討の上、必要な措置を講ずる。

(3) 弾道ミサイル攻撃への対応

北朝鮮の弾道ミサイル能力の向上を踏まえ、我が国の弾道ミサイル対処能力の総合的な向上を図る。

弾道ミサイル攻撃に対し、我が国全体を多層的かつ持続的に防護する体制の強化に向け、イージス・システム搭載護衛艦（DDG）を整備するとともに、引き続き、現有のイージス・システム搭載護衛艦（DDG）の能力向上を行う。また、前記(2)（イ）に示すとおり、巡航ミサイルや航空機への対処と弾道ミサイル防衛の双方に対応可能な新たな能力向上型迎撃ミサイル（PAC－3MSE）を搭載するため、地対空誘導弾ペトリオットの更なる能力向上を図る。さらに、弾道ミサイルの探知・追尾能力を強化するため、自動警戒管制システムの能力向上や固定式警戒管制レーダー（FPS－7）の整備及び能力向上を推進する。

弾道ミサイル防衛用能力向上型迎撃ミサイル（SM－3ブロックⅡA）に関する日米共同開発を引き続き推進するとともに、その生産・配備段階への移行について検討の上、必要な措置を講ずる。また、日米共同の弾道ミサイル対処態勢の実効性向上のため共同訓練・演習を行うほか、弾道ミサイル対処の際の展開基盤の確保に努める。

弾道ミサイル防衛用の新たな装備品も含め、将来の弾道ミサイル防衛システム全体の在り方についての検討を行う。また、日米間の適切な役割分担に基づき、日米同盟全体の抑止力の強化のため、我が国自身の抑止・対処能力の強化を図るよう、弾道ミサイル発射手段等に対する対応能力の在り方についても検討の上、必要な措置を講ずる。

弾道ミサイル攻撃に併せ、同時並行的にゲリラ・特殊部隊による攻撃が発生した場合を考慮し、警戒監視態勢の向上、原子力発電所等の重要施設の防護及び侵入した部隊の捜索・撃破のため、引き続き、各種監視器材、軽装甲機動車、NBC偵察車、輸送ヘリコプター（CH－47JA）等を整備する。また、原子力発電所が多数立地する地域等において、関係機関と連携して訓練を実施し、連携要領を検証するとともに、原子力発電所の近傍における展開基盤の在り方について検討の上、必要な措置を講ずる。

(4) 宇宙空間及びサイバー空間における対応

(ア) 宇宙利用の推進

様々なセンサーを有する各種の人工衛星を活用した情報収集能力を引き続き充実させるほか、高機能なXバンド衛星通信網の着実な整備により、指揮統制・情報通信能力を強化する。また、各種事態発生時にも継続的にこれらの能力を利用できるよう、宇宙状況監視に係る取組や人工衛星の防護に係る研究を積極的に推進し、人工衛星の抗たん性の向上に努める。その際、国内の関係機関や米国に宇宙に係る最先端の技術・知見が蓄積されていることを踏まえ、人材の育成も含め、これらの機関等との協力を進める。

(イ) サイバー攻撃への対応

サイバー攻撃に対する十分なサイバー・セキュリティを常時確保できるよう、統合機能の充実と資源配分の効率化に配慮しつつ、自衛隊の各種の指揮統制システムや情報通信ネットワークの抗たん性の向上、情報収集機能や調査分析機能の強化、サイバー攻撃対処能力の検証が可能な実戦的な訓練環境の整備等、所要の態勢整備を行う。その際、攻撃側が圧倒的に優位であるサイバー空間での対処能力を確保するため、相手方によるサイバー空間の利用を妨げる能力の保有の可能性についても視野に入れる。また、民間部門との協力、同盟国等との戦略対話や共同演習等を通じ、サイバー・セキュリティに係る最新のリスク、対応策、技術動向等を常に把握するよう努める。

サイバー攻撃の手法が高度化・複雑化している中、専門的知見を備えた優秀な人材の安定的な確保が不可欠であることを踏まえ、部内における専門教育課程の拡充、国内外の高等教育機関等への積極的な派遣、専門性を高める人事管理の実施等により、優秀な人材を計画的に育成する。

サイバー攻撃に対しては、政府全体として総合的な対処を行い得るよう、平素から、防衛省・自衛隊の知見や人材の提供等を通じ、関係府省等との緊密な連携を強化するほか、訓練・演習の充実を図る。

(5) 大規模災害等への対応

南海トラフ巨大地震等の大規模自然災害や原子力災害を始めとする特殊災害といった各種の災害に際しては、十分な規模の部隊を迅速に輸送・展開して初動対応に万全を期すとともに、統合運用を基本としつつ、要員のローテーション態勢を整備することで、長期間にわたる対処態勢の持続を可能とする。その際、発災の初期段階における航空機等を活用した空中からの被害情報の収集や迅速な救助活動が人命を保護する上で死活的に重要であり、また、道路啓開等の速やかな応急復旧活動の実施が民間による円滑な救援物資の輸送等に不可欠であるといった東日本大震災の教訓を十分に踏まえるものとする。また、関係府省、地方公共団体及び民間部門と緊密に連携・協力しつつ、各種の訓練・演習の実施や計画の策定、被災時の代替機能や展開基盤の確保等の各種施策を推進する。

(6) 情報機能の強化

高度な情報機能は、防衛省・自衛隊がその役割を十分に果たしていくための基礎となるものであり、情報の収集・分析・共有・保全等の全ての段階において情報能力を総合的に強化する。

情報収集・分析機能については、安全保障環境の変化に伴うニーズに柔軟に対応できるよう、情報収集施設の整備や能力向上、宇宙空間や滞空型無人機の積極的活用等を進め、電波情報や画像情報を含む多様な情報源に関する情報収集能力を抜本的に強化する。その際、地理空間情報に関し、画像・地図上において各種情報を融合して情勢の可視化・将来予測等を行うなど、その高度な活用を実現するとともに、データ基盤の統合的かつ効率的な整備を行う。また、防衛駐在官の新規派遣のための増員を始めとして、人的情報収集機能の強化に資する措置を講ずるほか、同盟国等との協力や公開情報の収集態勢の強化等により、海外情報の収集・分析態勢を強化する。

情報収集・分析に携わる要員については、我が国を取り巻く安全保障環境が一層厳しさを増す中、政策部門・運用部門の複雑化・多様化するニーズに情報部門が適時かつ的確に応えられるよう、能力の高い分析官を確保するための採用方法及び人事構成の検討、複数の組織にまたがる情報に係る教育課程の統合・強化、情報部門の要員の政策部門・運用部門への一定期間の配置の着実な実施等を通じ、総合的な情報収集・分析能力を強化する。

厳しい財政事情の下、より効率的な情報収集を実現するため、効果的な収集管理態勢の充実を図るとともに、情報保全の重要性を踏まえつつ、関係府省を含め、知るべき者の間での情報共有を徹底し、高い相乗効果が期待できる総合分析を推進する。

2．アジア太平洋地域の安定化及びグローバルな安全保障環境の改善

国際協調主義に基づく積極的平和主義の立場から、アジア太平洋地域の安定化に向け、二国間・多国間の協力関係を強化し、訓練・演習等の各種活動を適時・適切に実施するとともに、グローバルな安全保障上の課題等に適切に対応するため、国際平和協力活動等をより積極的に実施する。その際、特に以下を重視する。

(1) 訓練・演習の実施

自衛隊による訓練・演習を適時・適切に実施するとともに、アジア太平洋地域における二国間・多国間による共同訓練・演習を積極的に推進し、積極的かつ目に見える形で、地域の安定化に向けた我が国の意思と高い能力を示すとともに、関係国との相互運用性の向上と実際的な協力関係の構築・強化を図る。

(2) 防衛協力・交流の推進

各国及び国際機関との相互理解及び信頼関係の増進は安全保障環境の安定化の基礎として重要である。これに加え、人道支援・災害救援、海洋安全保障、サイバー空間及び宇宙空間の安定的利用の確保等、共通の関心を有する安全保障上の課題等について具体的な協力関係を構築・強化するため、ハイレベル交流のみならず、部隊間交流を含む様々なレベルで二国間・多国間の防衛協力・交流を多層的に推進する。

(3) 能力構築支援の推進

自衛隊がこれまでに蓄積してきた能力を有効に活用することにより、人道支援・災害救援、地雷・不発弾処理、防衛医学等の分野における支援対象国の軍等の能力を強化し、安全保障環境の安定化を図るとともに、支援対象国の防衛当局との関係強化を推進する。また、能力構築支援を積極的に実施する米国、豪州等と連携するとともに、政府開発援助（ODA）を始めとする外交政策との調整を十分に図りつつ、効果的かつ効率的な能力構築支援の実施に努める。

(4) 海洋安全保障の確保

海洋国家である我が国の平和と繁栄の基礎である「開かれ安定した海洋」の秩序を強化し、海上交通の安全を確保するため、同盟国等とより緊密に協力し、ソマリア沖・アデン湾における海賊に対応するほか、沿岸国自身の能

力向上を支援する。また、インド洋や南シナ海等、我が国周辺以外の海域においても、様々な機会を利用して、海洋安全保障について認識を共有する諸外国との共同訓練・演習を充実する。

(5) 国際平和協力活動の実施

派遣先で迅速に活動を開始するため、初動態勢や輸送能力を強化するほか、長期にわたって安定的に活動を持続できるよう、派遣先での情報収集能力の強化や装備品の耐弾性の向上等により一層の安全確保に努めるとともに、引き続き、通信、補給、衛生、家族支援等に係る態勢の充実を図る。また、派遣先でのニーズが高い施設部隊の態勢の充実を図り、派遣先のニーズに一層即した国際平和協力活動の実施に努める。さらに、現地ミッション司令部や国連PKO局への自衛隊員の派遣を通じ、国際平和協力活動へのより効果的な参画を実現するとともに、かかる人材を安定的に確保するため、長期的視点に立った人材育成に取り組む。

国際平和協力センターにおける教育内容を拡充するとともに、国際平和協力活動等における関係府省や諸外国、非政府組織等との連携・協力の重要性を踏まえ、同センターにおける教育対象者を自衛隊員以外に拡大するなど、教育面での連携の充実を図る。

また、国連平和維持活動の実態を踏まえ、我が国の参加の在り方について引き続き検討する。

(6) 軍備管理・軍縮及び不拡散の努力への協力

国際連合等が行う軍備管理・軍縮の分野における諸活動に協力するため、引き続き、人的貢献を含め積極的に関与する。また、大量破壊兵器及びその運搬手段となり得るミサイルの拡散は、我が国を含む国際社会の平和と安定に対する重大な脅威であることから、関係国や国際機関と協力しつつ、拡散に対する安全保障構想(PSI)への参画等の不拡散のための取組を推進する。

3．防衛力の能力発揮のための基盤

(1) 訓練・演習

各種事態発生時に効果的に対処し、抑止力の実効性を高めるため、自衛隊の統合訓練・演習や日米の共同訓練・演習を計画的かつ目に見える形で実施するとともに、これらの訓練・演習の教訓等を踏まえ、事態に対処するための各種計画を不断に検証し、見直しを行う。その際、全国の部隊による北海道の良好な訓練環境の活用を拡大し、効果的な訓練・演習を行うほか、輸送艦や民間輸送力の積極的な活用や部隊の機動性の向上を進め、北海道に所在する練度を高めた部隊の全国への展開を可能とする。また、自衛隊の演習場等に制約がある南西地域における効果的な訓練・演習の実現のため、地元との関係に留意しつつ、米軍施設・区域の自衛隊による共同使用の拡大を図る。このほか、国内外において米海兵隊を始めとする米軍との共同訓練に積極的に取り組み、本格的な水陸両用作戦能力の速やかな整備に努める。

各種事態に国として一体的に対応し得るよう、警察、消防、海上保安庁等の関係機関との連携を強化するとともに、国民保護を含め、各種事態のシミュレーションや総合的な訓練・演習を平素から計画的に実施する。

(2) 運用基盤

各種事態発生時に迅速に展開・対処するとともに、対処態勢を長期間にわたり持続させる上で、駐屯地・基地等が不可欠の基盤となることを踏まえ、駐屯地・基地等の抗たん性を高める。特に、滑走路や情報通信基盤の維持、燃料の安定的供給の確保を始めとして、駐屯地・基地等の各種支援機能を迅速に復旧させる能力を強化する。また、各種事態発生時に民間空港・港湾の自衛隊による速やかな使用を可能とするため、特に、南西地域における展開基盤の確保に留意しつつ、各種施策を推進する。さらに、即応性を確保するため、所要の弾薬や補用部品等を運用上最適な場所に保管するとともに、駐屯地・基地等の近傍等において必要な宿舎の着実な整備を進める。このほか、対処態勢の長期にわたる持続を可能とする観点から、隊員の家族に配慮した各種の家族支援施策を推進する。

装備品の可動率をより低コストかつ高水準で維持できるよう、装備品の可動率の向上を阻む原因に係る調査を行うとともに、維持整備に係る成果の達成に応じて対価を支払う新たな契約方式(PBL:Performance Based Logistics)について、より長期の契約が予見可能性を増大させ、費用対効果の向上につながることを踏まえつつ、その活用の拡大を図る。

(3) 人事教育

近年、装備品が高度化・複雑化し、任務が多様化・国際化する中、技能、経験、体力、士気等の様々な要素を勘案しつつ、精強性を維持・向上するとともに、厳しい財政事情の下で人材を効果的に活用するため、長期的に実行可能な施策を推進する。

(ア) 階級構成及び年齢構成等

各部隊等の特性を踏まえた上で、各自衛隊の任務を最も適切かつ継続的に遂行できる階級構成を実現するため、所要の能力を有する幹部・准曹を適正な規模で確保・育成するとともに、質の高い士を計画的に確保するための施策を推進する。

適正な年齢構成を確保するため、60歳定年職域の定年の在り方を見直すとともに、中途退職制度の積極的な活用やより適切な士の人事管理等、幹部・准曹・士の各階層において年齢構成の適正化のための施策を講ずるほか、自衛官の身分保障に留意しつつ、諸外国の例も参考にしながら、新たな中途退職制度に関する研究を行う。また、航空機操縦士について、年齢構成の適正化を図るため民間部門に操縦士として再就職させる施策(以下「割愛」という。)を実施する。さらに、幹部や准曹の最終昇任率を見直すほか、精強性を維持するため、体力的要素にも配慮したより適切な人事管理を行う。

（イ）人材の有効活用等

一層効果的な人材活用を図るため、女性自衛官の更なる活用を進めるとともに、高度な知識・技能・経験を有する隊員について、総合的に精強性の向上に資すると認められる場合には、積極的に再任用を行う。

隊員が高い士気と誇りを持って任務を遂行するため、防衛功労章の拡充を始め、栄典・礼遇に関する施策を推進する。

統合運用体制を強化するため、教育・訓練の充実、統合幕僚監部及び関係府省等における勤務等を通じ、広い視野・発想や我が国の安全保障に関する幅広い経験を有し、政府の一員として各種事態等に柔軟に即応できる人材を十分に確保する。

（ウ）募集及び再就職支援

社会の少子化・高学歴化に伴い募集環境が悪化する中、優秀な人材を将来にわたり安定的に確保するため、自衛隊が就職対象として広く意識されるよう、国の防衛や安全保障に関する理解を促進するための環境整備、時代の変化に応じた効果的な募集広報、関係府省･地方公共団体等との連携･協力の強化等を推進する。

一般の公務員より若年で退職を余儀なくされる自衛官の生活基盤を確保することは国の責務であることを踏まえ、地方公共団体や関係機関との連携を強化しつつ、退職自衛官の知識・技能・経験を社会に還元するとの観点から、退職自衛官の雇用企業等に対するインセンティブを高めるための施策の検討や公的部門における退職自衛官の更なる活用等を進め、再就職環境の改善を図る。

（エ）予備自衛官等の活用

より多様化・長期化する事態における持続的な部隊運用を支えるため、即応予備自衛官及び予備自衛官の幅広い分野での活用を進める。このため、司令部等への勤務も想定した予備自衛官の任用とその専門的知識・技能に見合った職務への割当てを進めるとともに、招集訓練を充実させる。また、民間輸送力の積極的な活用に向け、艦船の乗組員としての経験を有する者を含む予備自衛官の活用について検討の上、必要な措置を講ずるほか、割愛により再就職する航空機操縦士等、専門的技能を要する予備自衛官の任用を推進する。このほか、多様な事態に応じた招集も含め、予備自衛官等の在り方について広く検討の上、必要な措置を講ずる。また、予備自衛官等の充足向上のため、制度の周知を図るとともに、予備自衛官等本人や雇用企業等に対するインセンティブを高めるための施策を実施する。

(4) 衛生

隊員の壮健性を維持し、各種事態や国際平和協力活動等の多様な任務に対応し得る衛生機能を強化するため、自衛隊病院の拠点化・高機能化や病院・

医務室間のネットワーク化を進め、地域医療にも貢献しつつ、防衛医科大学校病院等の運営の改善も含め効率的かつ質の高い医療体制の確立を図る。また、医官・看護師・救急救命士等の教育を強化し、より専門的かつ高度な技能を有する要員の確保に努める。このほか、事態対処時における救急救命措置に係る制度改正を含めた検討を行い、第一線の救護能力の向上や統合機能の充実の観点を踏まえた迅速な後送態勢の整備を図る。さらに、防衛医学の教育・研究拠点としての防衛医科大学校の機能を強化する。

(5) 防衛生産・技術基盤

適切な水準の防衛生産・技術基盤は、装備品の生産・運用・維持整備のみならず、我が国の運用環境に適した装備品の研究開発にも不可欠であり、潜在的に抑止力の向上にも寄与することを踏まえ、その維持･強化を図るため、我が国の防衛生産・技術基盤全体の将来ビジョンを示す戦略を策定する。

我が国の防衛生産・技術基盤の技術力の向上や生産性の改善を図り、国際競争力を強化するとの観点から、我が国として強みを有する技術分野を活かした、米国や英国を始めとする諸外国との国際共同開発･生産等の防衛装備･技術協力を積極的に進める。また、関係府省と連携の上、防衛省・自衛隊が開発した航空機を始めとする装備品の民間転用を進める。

その際、国際共同開発・生産等や民間転用の推進が製造事業者と国の双方に裨益するものとなるよう検討の上、これを推進する。

(6) 装備品の効率的な取得

装備品の効果的・効率的な取得を実現するため、プロジェクト・マネージャーの仕組みを制度化し、装備品の構想段階から、研究開発、量産取得、維持整備、能力向上等の段階を経て、廃棄段階に至るまでそのライフサイクルを通じ､技術的視点も含め､一貫したプロジェクト管理を強化する。その際、より適正な取得価格を独自に積算できるよう、過去の契約実績のデータベース化やそれに基づく価格推算シミュレーション・モデルの整備を行う。また、コスト分析の専門家等、装備品の取得業務に係る専門的な知識・技能・経験が必要とされる人材について、民間の知見も活用し、積極的に育成・配置する。さらに、このようにして分析したライフサイクルコストに係る見積と実績との間で一定以上の乖離が生じた場合には、仕様や事業計画の見直しを含めた検討を行う制度を整備する。

取得業務の迅速かつ効率的な実施のため、透明性・公平性を確保しつつ、随意契約が可能な対象を類型化・明確化し、その活用を図る。また、各種の装備品の効率的な取得を可能とする多様な契約を活用し得るよう、企業の価格低減インセンティブを引き出すための契約制度の更なる整備、企業の予見可能性を高め、コスト低減につながる更なる長期契約の導入の可否、国際競争力を有する各企業の技術の結集を可能とする共同企業体の活用といった柔軟な受注体制の構築等についても検討の上、必要な措置を講ずる。

(7) 研究開発

厳しい財政事情の下、費用対効果を踏まえつつ、自衛隊の運用に係るニーズに合致した研究開発を優先的に実施する。

防空能力の向上のため、陸上自衛隊の中距離地対空誘導弾と航空自衛隊の地対空誘導弾ペトリオットの能力を代替することも視野に入れ、将来地対空誘導弾の技術的検討を進めるほか、将来戦闘機に関し、国際共同開発の可能性も含め、戦闘機(F－2)の退役時期までに開発を選択肢として考慮できるよう、国内において戦闘機関連技術の蓄積・高度化を図るため、実証研究を含む戦略的な検討を推進し、必要な措置を講ずる。また、警戒監視能力の向上のため、電波情報収集機の開発のほか、新たな固定式警戒管制レーダーや複数のソーナーの同時並行的な利用により探知能力を向上させたソーナーの研究を推進する。加えて、大規模災害を含む各種事態発生時に柔軟な運用が可能な無人装備等の研究を行うほか、車両、艦船及び航空機といった既存装備品の能力向上に関する研究開発を推進する。

新たな脅威に対応し、戦略的に重要な分野において技術的優位性を確保できるよう、最新の科学技術動向、戦闘様相の変化、国際共同研究開発の可能性、主要装備品相互の効果的な統合運用の可能性等を勘案し、先進的な研究を中長期的な視点に基づいて体系的に行うため、主要な装備品ごとに中長期的な研究開発の方向性を定める将来装備ビジョンを策定する。

安全保障の視点から、技術開発関連情報等、科学技術に関する動向を平素から把握し、産学官の力を結集させて、安全保障分野においても有効に活用し得るよう、先端技術等の流出を防ぐための技術管理機能を強化しつつ、大学や研究機関との連携の充実等により、防衛にも応用可能な民生技術(デュアルユース技術)の積極的な活用に努めるとともに民生分野への防衛技術の展開を図る。

以上の点を踏まえた効果的・効率的な研究開発を実現するため、防衛省・自衛隊の研究開発態勢について改めて検討の上、必要な措置を講ずる。

(8) 地域コミュニティーとの連携

各種事態発生時の実効的な対処や自衛官の募集・再就職支援等における地方公共団体等との緊密な連携の重要性を踏まえ、防衛施設とその周辺地域とのより一層の調和を図るため、引き続き、防衛施設周辺対策事業を推進するとともに、防衛省・自衛隊の政策や活動に関する積極的な広報等により、地方公共団体や地元住民の理解及び協力の獲得に努める。

地方によっては、自衛隊の部隊の存在が地域コミュニティーの維持・活性化に大きく貢献し、あるいは、自衛隊の救難機等による急患輸送が地域医療を支えている場合等が存在することを踏まえ、部隊の改編や駐屯地・基地等の配置・運営に当たっては、地方公共団体や地元住民の理解を得られるよう、地域の特性に配慮する。その際、中小企業者に関する国等の契約の方針を踏まえ、効率性にも配慮しつつ、地元中小企業の受注機会の確保を図るなど、地元経済に寄与する各種施策を推進する。

(9) 情報発信の強化

自衛隊の任務の安定的な遂行には、何より国民や諸外国の理解と支持が不可欠であることを踏まえ、発信内容の整合性に留意しつつ、ソーシャルネットワーク等の多様な情報媒体の更なる活用も含め、積極的かつ効果的な情報発信の充実に努めるとともに、自衛隊の海外における活動を含む防衛省・自衛隊の取組について、英語版ホームページの充実等を通じ、諸外国に対する情報発信を強化する。

(10) 知的基盤の強化

国民の安全保障・危機管理に対する理解を促進するため、安全保障・危機管理の専門家としての職員の論文発表や講師としての派遣等を通じ、教育機関等における安全保障教育の推進に寄与する。また、防衛研究所について、市ヶ谷地区への移転による政策立案部門等との連携の促進、米国や豪州を始めとする諸外国の研究機関との研究交流の推進等により、防衛省のシンクタンクとしての機能を強化し、防衛省が直面する政策課題に適時・適切に対応できる組織運営に努める。

(11) 防衛省改革の推進

文官と自衛官の一体感を醸成するとともに、防衛力整備の全体最適化、統合運用機能の強化、政策立案・情報発信機能の強化等を実現するため、防衛省の業務及び組織を不断に見直し、改革を推進する。その際、防衛力整備の全体最適化が図られるよう、統合運用を踏まえた防衛力の能力評価を重視した防衛力整備の計画体系の確立等を行うとともに、外局の設置も視野に入れ、装備品取得の効率化・最適化に向けた取組を行う。また、自衛隊の運用の迅速性・効率性の向上のため、実際の部隊運用に関する業務を統合幕僚監部に一元化すること等により、内部部局及び統合幕僚監部の間の実態としての業務の重複を解消し、運用企画局の改廃を含めた組織の見直しを行う。

Ⅳ 日米同盟の強化のための施策

1．日米防衛協力の強化

米国の我が国及びアジア太平洋地域に対するコミットメントを維持・強化し、我が国の安全を確保するため、我が国自身の能力を強化することを前提として、「日米防衛協力のための指針」の見直しを進める。

同時に、共同訓練・演習、共同の情報収集・警戒監視・偵察(ISR)活動及び米軍・自衛隊の施設・区域の共同使用の拡大を推進するほか、弾道ミサイル防衛、計画検討作業、拡大抑止協議等の各種の運用協力や政策調整を一層緊密に進める。

また、海賊対処、能力構築支援、人道支援・災害救援、平和維持、テロ対策等の分野における協力のほか、海洋・宇宙・サイバー分野における協力を強化する。

さらに、情報協力及び情報保全の取組、装備・技術面での協力等の幅広い分野で日米の協力関係を強化・拡大する。

2．在日米軍の駐留をより円滑かつ効果的にするための取組

在日米軍の駐留をより円滑かつ効果的にするとの観点から、在日米軍駐留経費を安定的に確保する。

Ⅴ　整備規模

前記Ⅲに示す装備品のうち、主要なものの具体的整備規模は、別表のとおりとする。おおむね10年程度で25大綱の別表の体制を構築することを目指し、本計画期間においては、現下の状況に即応するための防衛力を着実に整備することとする。

Ⅵ　所要経費

1．この計画の実施に必要な防衛力整備の水準に係る金額は、平成25年度価格でおおむね24兆6,700億円程度を目途とする。

2．本計画期間中、国の他の諸施策との調和を図りつつ、調達改革等を通じ、一層の効率化・合理化を徹底した防衛力整備に努め、おおむね7,000億円程度の実質的な財源の確保を図り、本計画の下で実施される各年度の予算の編成に伴う防衛関係費は、おおむね23兆9,700億円程度の枠内とする。

3．この計画については、3年後には、その時点における国際情勢、情報通信技術を始めとする技術的水準の動向、財政事情等内外諸情勢を勘案し、必要に応じ見直しを行う。

Ⅶ　留意事項

米軍の抑止力を維持しつつ、沖縄県を始めとする地元の負担軽減を図るための在日米軍の兵力態勢見直し等についての具体的措置及びSACO（沖縄に関する特別行動委員会）関連事業については、着実に実施する。

別表

区分	種類	整備規模
陸上自衛隊	機動戦闘車	99両
	装甲車	24両
	水陸両用車	52両
	ティルト・ローター機	17機
	輸送ヘリコプター(CH－47JA)	6機
	地対艦誘導弾	9個中隊
	中距離地対空誘導弾	5個中隊
	戦車	44両
	火砲(迫撃砲を除く)	31両
海上自衛隊	護衛艦	5隻
	(イージス・システム搭載護衛艦)	(2隻)
	潜水艦	5隻
	その他	5隻
	自衛艦建造計	15隻
	(トン数)	(約5.2万トン)
	固定翼哨戒機(P－1)	23機
	哨戒ヘリコプター(SH－60K)	23機
	多用途ヘリコプター(艦載型)	9機
航空自衛隊	新早期警戒(管制)機	4機
	戦闘機(F－35A)	28機
	戦闘機(F－15)近代化改修	26機
	新空中給油・輸送機	3機
	輸送機(C－2)	10機
	地対空誘導弾ペトリオットの能力向上(PAC－3MSE)	2個群及び教育所要
共同の部隊	滞空型無人機	3機

注：哨戒機能を有する艦載型無人機については、上記の哨戒ヘリコプター(SH－60K)の機数の範囲内で、追加的な整備を行い得るものとする。

5. 国防の基本方針

昭和27年夏頃から長期防衛力整備計画の策定準備作業がなされていたが、昭和31年7月、国防に関する重要事項を審議する機関として、内閣に国防会議が設置されたことに伴い、ようやく計画策定の作業が軌道にのり、まず、わが国の国防諸施策の基本をなすものとして、「国防の基本方針」が決定された。

国防の基本方針（昭和32年5月20日国防会議及び閣議決定）

国防の目的は、直接及び間接の侵略を未然に防止し、万一侵略が行われるときはこれを排除し、もって民主主義を基調とするわが国の独立と平和を守ることにある。この目的を達成するための基本方針を次のとおり定める。

(1) 国際連合の活動を支持し、国際間の協調をはかり、世界平和の実現を期する。
(2) 民生を安定し、愛国心を高揚し、国家の安全を保障するに必要な基盤を確立する。
(3) 国力国情に応じ自衛のため必要な限度において、効率的な防衛力を漸進的に整備する。
(4) 外部からの侵略に対しては、将来国際連合が有効にこれを阻止する機能を果たし得るに至るまでは、米国との安全保障体制を基調としてこれに対処する。

6. 平成23年度以降に係る防衛計画の大綱について

平成23年度以降に係る防衛計画の大綱について

（平成22年12月17日　安全保障会議決定
平成22年12月17日　閣　議　決　定）

平成23年度以降に係る防衛計画の大綱について別紙のとおり定める。
これに伴い、平成16年12月10日付け閣議決定「平成17年度以降に係る防衛計画の大綱について」は、平成22年度限りで廃止する。

（別紙）

平成23年度以降に係る防衛計画の大綱

Ⅰ　策定の趣旨

我が国を取り巻く新たな安全保障環境の下、今後の我が国の安全保障及び防衛力の在り方について、「平成22年度の防衛力整備等について」（平成21年12月17日安全保障会議及び閣議決定）に基づき、「平成23年度以降に係る防衛計画の大綱」として、新たな指針を示す。

Ⅱ　我が国の安全保障における基本理念

我が国の安全保障の第一の目標は、我が国に直接脅威が及ぶことを防止し、脅威が及んだ場合にはこれを排除するとともに被害を最小化することであり、もって我が国の平和と安全及び国民の安心・安全を確保することである。第二の目標は、アジア太平洋地域の安全保障環境の一層の安定化とグローバルな安全保障環境の改善により脅威の発生を予防することであり、もって自由で開かれた国際秩序を維持強化して我が国の安全と繁栄を確保することである。そして、第三の目標は、世界の平和と安定及び人間の安全保障の確保に貢献することである。

これらの目標を達成するため、我が国の外交力、防衛力等をより積極的に用い、国際の平和と安全の維持に係る国際連合の活動を支持し、諸外国との良好な協調関係を確立するなどの外交努力を推進することを含め、我が国自身の努力、同盟国との協力、アジア太平洋地域における協力、グローバルな協力等多層的な安全保障協力を統合的に推進する。

我が国は、日本国憲法の下、専守防衛に徹し、他国に脅威を与えるような軍事大国とならないとの基本理念に従い、文民統制を確保し、非核三原則を守りつつ、節度ある防衛力を整備するとの我が国防衛の基本方針を引き続き堅持する。同時に、我が国は、国連平和維持活動や、人道支援・災害救援、海賊対処等の非伝統的安全保障問題への対応を始め、国際的な安全保障環境を改善するために国際社会が協力して行う活動(以下「国際平和協力活動」という。)により積極的に取り組む。

核兵器の脅威に対しては、長期的課題である核兵器のない世界の実現へ向けて、核軍縮・不拡散のための取組に積極的・能動的な役割を果たしていく。同時に、現実に核兵器が存在する間は、核抑止力を中心とする米国の拡大抑止は不可欠であり、その信頼性の維持・強化のために米国と緊密に協力していくとともに、併せて弾道ミサイル防衛や国民保護を含む我が国自身の取組により適切に対応する。

Ⅲ　我が国を取り巻く安全保障環境

1．グローバルな安全保障環境のすう勢は、相互依存関係の一層の進展により、主要国間の大規模戦争の蓋然性は低下する一方、一国で生じた混乱や安全保障上の問題の影響が直ちに世界に波及するリスクが高まっている。また、民族・宗教対立等による地域紛争に加え、領土や主権、経済権益等をめぐり、武力紛争には至らないような対立や紛争、言わばグレーゾーンの紛争は増加する傾向にある。

このような中、中国・インド・ロシア等の国力の増大ともあいまって、米国の影響力が相対的に変化しつつあり、グローバルなパワーバランスに変化が生じているが、米国は引き続き世界の平和と安定に最も大きな役割を果たしている。

我が国を含む国際社会にとって、大量破壊兵器や弾道ミサイルの拡散、国際テロ組織、海賊行為等への対応は引き続き差し迫った課題である。これらに加え、地域紛争や、統治機構が弱体化し、又は破綻した国家の存在もグローバルな安全保障環境に影響を与え得る課題であり、さらに、海洋、宇宙、サイバー空間の安定的利用に対するリスクが新たな課題となってきている。また、長期的には、気候変動の問題が安全保障環境にもたらす影響にも留意する必要がある。

こうしたグローバルな安全保障課題は、一国で対応することは極めて困難であり、利益を共有する国々が平素から協力することが重要となっている。

また、国際社会における軍事力の役割は一層多様化しており、武力紛争の抑止・対処、国家間の信頼醸成・友好関係の増進のほか、紛争の予防から復興支援等の平和構築、さらには非伝統的安全保障分野において、非軍事部門とも連携・協力しつつ、軍事力が重要な役割を果たす機会が増加している。

2．アジア太平洋地域においては、相互依存関係が拡大・深化する中、安全保障課題の解決のため、国家間の協力関係の充実・強化が図られており、特に非伝統的安全保障分野を中心に、問題解決に向けた具体的な協力が進展しつつある。

一方、グローバルなパワーバランスの変化はこの地域において顕著に表れている。我が国周辺地域には、依然として核戦力を含む大規模な軍事力が集中しており、多数の国が軍事力を近代化し、軍事的な活動を活発化させている。また、領土や海洋をめぐる問題や、朝鮮半島や台湾海峡等をめぐる問題が存在するなど不透明・不確実な要素が残されている。

この中で、北朝鮮は、大量破壊兵器や弾道ミサイルの開発、配備、拡散等を継続するとともに、大規模な特殊部隊を保持しているほか、朝鮮半島において軍事的な挑発行動を繰り返している。北朝鮮のこのような軍事的な動きは、我が国を含む地域の安全保障における喫緊かつ重大な不安定要因であるとともに、国際的な拡散防止の努力に対する深刻な課題となっている。

大国として成長を続ける中国は、世界と地域のために重要な役割を果たしつつある。他方で、中国は国防費を継続的に増加し、核・ミサイル戦力や海・空軍を中心とした軍事力の広範かつ急速な近代化を進め、戦力を遠方に投射する能力の強化に取り組んでいるほか、周辺海域において活動を拡大・活発化させており、このような動向は、中国の軍事や安全保障に関する透明性の不足とあいまって、地域・国際社会の懸念事項となっている。

ロシアについては、極東地域における軍事力の規模を冷戦終結以降大幅に縮減しているものの、軍事活動は引き続き活発化の傾向にある。

このような中、米国は、日本、韓国、オーストラリア等の同盟国及びパートナー国との協力を一層重視して、二国間・多国間の枠組みを活用した安全保障関係の強化を図るなど、この地域への関与を強めている。このような取組は、アジア太平洋地域の平和と安定に重要な役割を果たすとともに、米国がグローバルな安全保障課題に取り組むための基盤ともなっている。

3．一方、我が国は、広大な海域を有し、外国からの食糧・資源や海外の市場に多くを依存する貿易立国であり、我が国の繁栄には海洋の安全確保や国際秩序の安定等が不可欠である。また、我が国は、四方を海で囲まれ長大な海岸線と多くの島嶼（しょ）を有するという地理的要素を持つ一方、災害が発生しやすいことに加え、都市部に産業・人口・情報基盤が集中するうえ、沿岸部に重要施設を多数抱えるといった安全保障上の脆（ぜい）弱性を持っている。

4．以上を踏まえると、大規模着上陸侵攻等の我が国の存立を脅かすような本格的な侵略事態が生起する可能性は低いものの、我が国を取り巻く安全保障課題や不安定要因は、多様で複雑かつ重層的なものとなっており、我が国としては、これらに起因する様々な事態（以下「各種事態」という。）に的確に対応する必要がある。また、地域の安全保障課題とともに、グローバルな安全保障課題に対し、同盟国、友好国その他の関係各国（以下「同盟国等」という。）と協力して積極的に取り組むことが重要になっている。

Ⅳ　我が国の安全保障の基本方針

1．我が国自身の努力

(1)　基本的考え方

我が国の安全保障の目標を達成するための根幹となるのは自らが行う努力であるとの認識に基づき、我が国防衛の基本方針の下、同盟国等とも連携しつつ、平素から国として総力を挙げて取り組むとともに、各種事態の発生に際しては、事態の推移に応じてシームレスに対応する。

(2) 統合的かつ戦略的な取組

以下により、国として統合的かつ戦略的に取り組む。

ア　関係機関における情報収集・分析能力の向上に取り組むとともに、各府省が相互に協力しつつ、より緊密な情報共有を行うことができるよう、政府横断的な情報保全体制を強化する。その際、情報収集及び情報通信機能の強化等の観点から、宇宙の開発及び利用を推進する。また、サイバー空間の安定的利用のため、サイバー攻撃への対処態勢及び対応能力を総合的に強化する。

イ　平素より、内閣官房、防衛省・自衛隊、警察、海上保安庁、外務省、法務省その他の関係機関が連携し、各種事態の発生に際しては内閣総理大臣を中心とする内閣が迅速・的確に意思決定を行い、地方公共団体等とも連携しつつ、政府一体となって対応する。このため、各種事態のシミュレーションや総合的な訓練・演習を平素から実施するなど、政府の意思決定及び対処に係る機能・体制を検証し、法的側面を含めた必要な対応について検討する。

ウ　安全保障会議を含む、安全保障に関する内閣の組織・機能・体制等を検証した上で、首相官邸に国家安全保障に関し関係閣僚間の政策調整と内閣総理大臣への助言等を行う組織を設置する。

エ　各種災害への対応や国民の保護のための各種体制を引き続き整備するとともに、国と地方公共団体等が相互に緊密に連携し、万全の態勢を整える。

オ　国際平和協力活動を始めとするグローバルな安全保障環境の改善のための取組においては、関係機関の連携はもとより、非政府組織等とも連携・協力を図ることにより効率的かつ効果的に対応する。

また、国連平和維持活動の実態を踏まえ、ＰＫＯ参加五原則等我が国の参加の在り方を検討する。

カ　安全保障・防衛問題に関する国民の理解を得つつ国全体としての安全保障を確保するため、我が国の安全保障・防衛政策をより分かりやすくするための努力を行う。同時に、国際社会における我が国の安全保障・防衛政策への理解を一層促進するため対外情報発信を強化する。

(3) 我が国の防衛力—動的防衛力

防衛力は我が国の安全保障の最終的な担保であり、我が国に直接脅威が及ぶことを未然に防止し、脅威が及んだ場合にはこれを排除するという国家の意思と能力を表すものである。

今日の安全保障環境のすう勢下においては、安全保障課題に対し、実効的に対処し得る防衛力を構築することが重要である。特に、軍事科学技術の飛躍的な発展に伴い、兆候が現れてから各種事態が発生するまでの時間が短縮化される傾向にあること等から、事態に迅速かつシームレスに対応するためには、即応性を始めとする総合的な部隊運用能力が重要性を増してきている。また、防衛力を単に保持することではなく、平素から情報収集・警戒監視・偵察活動を含む適時・適切な運用を行い、我が国の意思と高い防衛能力を明示しておくことが、我が国周辺の安定に寄与するとともに、抑止力の信頼性を高める重要な要素となってきている。このため、装備の運用水準を高め、その活動量を増大させることによって、より大きな能力を発揮することが求められており、このような防衛力の運用に着眼した動的な抑止力を重視していく必要がある。

同時に、防衛力の役割は多様化しつつ増大しており、二国間・多国間の協力関係を強化し、国際平和協力活動を積極的に実施していくことなどが求められている。

以上の観点から、今後の防衛力については、防衛力の存在自体による抑止効果を重視した、従来の「基盤的防衛力構想」によることなく、各種事態に対し、より実効的な抑止と対処を可能とし、アジア太平洋地域の安全保障環境の一層の安定化とグローバルな安全保障環境の改善のための活動を能動的に行い得る動的なものとしていくことが必要である。このため、即応性、機動性、柔軟性、持続性及び多目的性を備え、軍事技術水準の動向を踏まえた高度な技術力と情報能力に支えられた動的防衛力を構築する。

一層厳しさを増す安全保障環境に対応するには、適切な規模の防衛力を着実に整備することが必要である。その際、厳しい財政事情を踏まえ、本格的な侵略事態への備えとして保持してきた装備・要員を始めとして自衛隊全体にわたる装備・人員・編成・配置等の抜本的見直しによる思い切った効率化・合理化を行った上で、真に必要な機能に資源を選択的に集中して防衛力の構造的な変革を図り、限られた資源でより多くの成果を達成する。また、人事制度の抜本的な見直しにより、人件費の抑制・効率化とともに若年化による精強性の向上等を推進し、人件費の比率が高く、自衛隊の活動経費を圧迫している防衛予算の構造の改善を図る。

2．同盟国との協力

我が国は、これまで、基本的な価値を共有する超大国である米国と日米安全保障体制を中核とする同盟関係を維持しており、我が国の平和と安全を確保するためには、今後とも日米同盟は必要不可欠である。また、我が国に駐留する米軍の軍事的プレゼンスは、地域における不測の事態の発生に対する抑止及び対処力として機能しており、アジア太平洋地域の諸国に大きな安心をもたらしている。さらに、日米同盟は、多国間の安全保障協力やグローバルな安全保障課題への対応を我が国が効果的に進める上でも重要である。

こうした日米同盟の意義を踏まえ、日米同盟を新たな安全保障環境にふさわしい形で深化・発展させていく。このため、日米間で安全保障環境の評価を行いつつ、共通の戦略目標及び役割・任務・能力に関する日米間の検討を引き続き行うなど、戦略的な対話及び具体的な政策調整に継続的に取り組む。また、情報協力、計画検討作業の深化、周辺事態における協力を含む各種の運用協力、弾道ミサイル防衛における協力、装備・技術協力といった従来の分野における協力や、拡大抑止の信頼性向上、情報保全のための協議を推進する。さらに、地域における不測の事態に対する米軍の抑止及び対処力の強化を目指し、日米協力の充実を図るための措置を検討する。加えて、共同訓練、施設の共同使用等の平素からの各種協力の強化を図るとともに、国際平和協力活動等を通じた協力や、宇宙、サイバー空間における対応、海上交通の安全確保等の国際 公共財の維持強化、さらには気候変動といった分野を含め、地域的及びグローバルな協力を推進する。

こうした取組と同時に、米軍の抑止力を維持しつつ、沖縄県を始めとする地元の負担軽減を図るため、在日米軍の兵力態勢の見直し等についての具体的措置を着実に実施する。また、接受国支援を始めとする在日米軍の駐留をより円滑・効果的にするための取組を積極的に推進する。

3．国際社会における多層的な安全保障協力

(1) アジア太平洋地域における協力

アジア太平洋地域において、二国間・多国間の安全保障協力を多層的に組み合わせてネットワーク化することは、日米同盟ともあいまって、同地域の安全保障環境の一層の安定化に効果的に取り組むために不可欠である。

特に、米国の同盟国であり、我が国と基本的な価値及び安全保障上の多くの利益を共有する韓国及びオーストラリアとは、二国間及び米国を含めた多国間での協力を強化する。そして、伝統的パートナーであるASEAN諸国との安全保障協力を維持・強化していく。また、アフリカ、中東から東アジアに至る海上交通の安全確保等に共通の利害を有するインドを始めとする関係各国との協力を強化する。

この地域の安全保障に大きな影響力を持つ中国やロシアとの間では、安全保障対話・交流等を通じて信頼関係を増進するとともに、非伝統的安全保障分野等における協力関係の構築・発展を図る。特に、中国との間では、戦略的互恵関係の構築の一環として、様々な分野で建設的な協力関係を強化することが極めて重要との認識の下、中国が国際社会において責任ある行動をとるよう、同盟国等とも協力して積極的な関与を行う。

多国間の安全保障協力については、ASEAN地域フォーラム（ARF）や拡大ASEAN国防相会議（ADMMプラス）等の枠組み等を通じ、非伝統的安全保障分野を中心として、域内の秩序や規範、実際的な協力関係の構築に向け、適切な役割を果たす。

(2) 国際社会の一員としての協力

グローバルな安全保障環境を改善し、我が国の安全と繁栄の確保に資するよう、紛争、テロ等の根本原因の解決等のために政府開発援助（ODA）を戦

略的・効果的に活用するなど外交活動を積極的に推進する。

このような外交活動と一体となって、国際平和協力活動に積極的に取り組む。その際、我が国の知識・経験等をいかした支援に努めるとともに、我が国が置かれた諸条件を総合的に勘案して、戦略的に実施するものとする。

さらに、グローバルな安全保障課題への取組に関し、欧州連合(EU)、北大西洋条約機構(NATO)や欧州諸国とも協力関係の強化を図るとともに、海洋、宇宙、サイバー空間の安定的利用といった国際公共財の維持・強化、大量破壊兵器やミサイル等の運搬手段に関する軍縮及び拡散防止のための国際的な取組に積極的な役割を果たす。このほか、大規模災害やパンデミックに際し、人道支援・災害救援等に積極的に取り組む。

21世紀の新たな諸課題に対して、国際社会が有効に対処するためには、普遍的かつ包括的な唯一の国際機関である国際連合の機構を実効性と信頼性を高める形で改革することが求められており、我が国としても引き続き積極的にこの問題に取り組む。

V　防衛力の在り方

1. 防衛力の役割

今後の我が国の防衛力については、上記の動的防衛力という考え方の下、以下の分野において、適切にその役割を果たし得るものとする。その際、平素からの関係機関との連携を確保する。

(1) 実効的な抑止及び対処

我が国周辺における各国の軍事動向を把握し、各種兆候を早期に察知するため、平素から我が国及びその周辺において常時継続的な情報収集・警戒監視・偵察活動(以下「常続監視」という。)による情報優越を確保するとともに、各種事態の展開に応じ迅速かつシームレスに対応する。また、本格的な侵略事態への備えについて、不確実な将来情勢の変化への必要最小限の備えを保持する。

その際、特に以下を重視する。

ア　周辺海空域の安全確保

周辺海空域において常続監視を行うなど同海空域の安全確保に努め、我が国の権益を侵害する行為に対して実効的に対応する。

イ　島嶼部に対する攻撃への対応

島嶼部への攻撃に対しては、機動運用可能な部隊を迅速に展開し、平素から配置している部隊と協力して侵略を阻止・排除する。その際、巡航ミサイル対処を含め島嶼周辺における防空態勢を確立するとともに、周辺海空域における航空優勢及び海上輸送路の安全を確保する。

ウ　サイバー攻撃への対応

サイバー攻撃に対しては、自衛隊の情報システムを防護するために必要な機能を統合的に運用して対処するとともに、サイバー攻撃に関する高度な知識・技能を集積し、政府全体として行う対応に寄与する。

エ　ゲリラや特殊部隊による攻撃への対応

ゲリラや特殊部隊による攻撃に対しては、機動性を重視しつつ即応性の高い部隊により迅速かつ柔軟に対応する。特に、沿岸部での潜入阻止のための警戒監視、重要施設の防護並びに侵入した部隊の捜索及び撃破を重視する。

オ　弾道ミサイル攻撃への対応

弾道ミサイル攻撃に対しては、常時継続的な警戒態勢を保持するとともに、多層的な防護態勢により迎撃回避能力を備えた弾道ミサイルにも実効的に対応する。また、万が一被害が発生した場合には、被害を局限すべく事後対処を行う。

カ　複合事態への対応

上記の事態については、複数の事態の連続的又は同時的生起も想定し、事態に応じ実効的な対応を行う。

キ　大規模・特殊災害等への対応

大規模・特殊災害等に対しては、地方公共団体等と連携・協力し、国内のどの地域においても災害救援を実施する。

(2)　アジア太平洋地域の安全保障環境の一層の安定化

我が国周辺において、常続監視や訓練・演習等の各種活動を適時・適切に実施することにより、我が国周辺の安全保障環境の安定を目指す。

また、アジア太平洋地域の安定化を図るため、日米同盟関係を深化させつつ、二国間・多国間の防衛協力・交流、共同訓練・演習を多層的に推進する。また、非伝統的安全保障分野において、地雷・不発弾処理等を含む自衛隊が有する能力を活用し、実際的な協力を推進するとともに、域内協力枠組みの構築・強化や域内諸国の能力構築支援に取り組む。

(3)　グローバルな安全保障環境の改善

人道復興支援を始めとする平和構築や停戦監視を含む国際平和協力活動に引き続き積極的に取り組む。また、国際連合等が行う軍備管理・軍縮、不拡散等の分野における諸活動や能力構築支援に積極的に関与するとともに、同盟国等と協力して、国際テロ対策、海上交通の安全確保や海洋秩序の維持のための取組等を積極的に推進する。

2．自衛隊の態勢

自衛隊は、１で述べた防衛力の役割を実効的に果たし得るよう、各種事態等への対応に必要な態勢に加え、以下に示す態勢を保持する。

(1)　即応態勢

待機態勢の保持、機動力の向上、練度・可動率の維持向上等を行い、部隊等の即応性を高め、これを適切かつ効率的に配置することにより、迅速かつ効果的に活動を行い得るようにする。また、自衛隊が動的防衛力として抑止・対処において有効に役割を果たせるよう、基地機能の抗たん性を確保するとともに、燃料、弾薬(訓練弾を含む)を確保し、維持整備に万全を期すものとする。

(2) 統合運用態勢

迅速かつ効果的な対処に必要な情報収集態勢を保持するほか、衛星通信を含む高度な情報通信ネットワークを活用した指揮統制機能及び情報共有態勢並びにサイバー攻撃対処態勢を保持することにより、統合運用を円滑に実施し得るようにする。

(3) 国際平和協力活動の態勢

多様な任務、迅速な派遣、長期の活動にも対応し得る能力、態勢等の充実を図ることにより、国際平和協力活動を積極的に実施し得るようにする。

3．自衛隊の体制

(1) 基本的な考え方

自衛隊は、2で述べた態勢を保持しつつ、1で述べた防衛力の役割を効果的に果たし得る体制を効率的に保持することとする。

その際、効果的・効率的な防衛力整備を行う観点から、各種の活動に活用し得る機能、非対称的な対応能力を有する機能及び非代替的な機能を優先的に整備する。具体的には、冷戦型の装備・編成を縮減し、部隊の地理的配置や各自衛隊の運用を適切に見直すとともに、南西地域も含め、警戒監視、洋上哨戒、防空、弾道ミサイル対処、輸送、指揮通信等の機能を重点的に整備し、防衛態勢の充実を図る。

さらに、各自衛隊に係る予算配分についても、安全保障環境の変化に応じ、前例にとらわれず、縦割りを排除し総合的な見地から思い切った見直しを行う。

また、統合運用の推進や日米共同による対処態勢構築の推進等の観点から、陸上自衛隊の作戦基本部隊(師団・旅団)及び方面隊の在り方について、指揮・管理機能の効率化にも留意しつつ、総合的に検討する。

なお、本格的な侵略事態への備えについては、不確実な将来情勢の変化に対応するための最小限の専門的知見や技能の維持に必要な範囲に限り保持することとする。

(2) 体制整備に当たっての重視事項

自衛隊の体制整備に当たっては、次の事項を重視する。

ア　統合の強化

統合の強化に向け、統合幕僚監部の機能の強化を始め、指揮統制、情報収集、教育訓練等の統合運用基盤を強化する。また、輸送、衛生、高射、救難、調達・補給・整備、駐屯地・基地業務等、各自衛隊に横断的な機能について、整理、共同部隊化、集約・拠点化等により、統合の観点から効果的かつ効率的な体制を整備する。

イ　島嶼部における対応能力の強化

自衛隊配備の空白地域となっている島嶼部について、必要最小限の部隊を新たに配置するとともに、部隊が活動を行う際の拠点、機動力、輸送能力及び実効的な対処能力を整備することにより、島嶼部への攻撃に対する対応や周辺海空域の安全確保に関する能力を強化する。

ウ　国際平和協力活動への対応能力の強化

各種装備品等の改修、海上及び航空輸送力の整備、後方支援態勢の強化を行うほか、施設・衛生等の機能や教育訓練体制の充実を図ることにより、国際平和協力活動への対応能力を強化する。

エ　情報機能の強化

各種事態の兆候を早期に察知し、情報収集・分析・共有等を適切に行うため、宇宙分野を含む技術動向等を踏まえた多様な情報収集能力や情報本部等の総合的な分析・評価能力等を強化し、情報・運用・政策の各部門を通じた情報共有体制を整備する。また、自衛隊の海外派遣部隊等が円滑かつ安全に任務を行い得るよう地理情報等の情報収集能力を強化するなど、遠隔地での活動に対する情報支援を適切に行う体制を整備する。さらに、関係国との情報協力・交流の拡大・強化に取り組む。

オ　科学技術の発展への対応

高度な技術力と情報能力に支えられた防衛力を整備するため、各種の技術革新の成果を防衛力に的確に反映させる。特に、高度な指揮通信システムや情報通信ネットワークを整備することにより、確実な指揮命令と迅速な情報共有を確保するとともに、サイバー攻撃対処を統合的に実施する体制を整備する。

カ　効率的・効果的な防衛力整備

格段に厳しさを増す財政事情を勘案し、一層の効率化・合理化を図り、経費を抑制するとともに、国の他の諸施策との調和を図りつつ防衛力全体として円滑に十全な機能を果たし得るようにする。このため、事業の優先順位を明確にして選択と集中を行うとともに、Ⅵの取組を推進する。

(3)　各自衛隊の体制

ア　陸上自衛隊

(ア)　各種の機能を有機的に連携させ、各種事態に有効に対応し得るよう、高い機動力や警戒監視能力を備え、各地に迅速に展開することが可能で、かつ国際平和協力活動等多様な任務を効果的に遂行し得る部隊を、地域の特性に応じて適切に配置する。この際、自衛隊配備の空白地域となっている島嶼部の防衛についても重視するとともに、部隊の編成及び人的構成を見直し、効率化・合理化を徹底する。

(イ)　航空輸送、空挺、特殊武器防護、特殊作戦及び国際平和協力活動等に有効に対応し得るよう、専門的機能を備えた機動運用部隊を保持する。

(ウ)　作戦部隊及び重要地域の防空を有効に行い得るよう、地対空誘導弾部隊を保持する。

イ　海上自衛隊

(ア) 平素からの情報収集・警戒監視、対潜戦等の各種作戦の効果的な遂行による周辺海域の防衛や海上交通の安全確保及び国際平和協力活動等を実施し得るよう、機動的に運用する護衛艦部隊及び艦載回転翼哨戒機部隊を保持する。また、当該艦艇部隊は、ウ(ウ)の地対空誘導弾部隊とともに、弾道ミサイル攻撃から我が国全体を多層的に防護し得る機能を備えたイージス・システム搭載護衛艦を保持する。

(イ) 水中における情報収集・警戒監視を平素から我が国周辺海域で広域にわたり実施するとともに、周辺海域の哨戒を有効に行い得るよう、増強された潜水艦部隊を保持する。

(ウ) 洋上における情報収集・警戒監視を平素から我が国周辺海域で広域にわたり実施するとともに、周辺海域の哨戒を有効に行い得るよう、固定翼哨戒機部隊を保持する。

(エ) 我が国周辺海域の掃海を有効に行い得るよう、掃海部隊を保持する。

ウ　航空自衛隊

(ア) 我が国周辺のほぼ全空域を常時継続的に警戒監視するとともに、我が国に飛来する弾道ミサイルを探知・追尾するほか、必要とする場合に警戒管制を有効に行い得るよう、航空警戒管制部隊を保持する。

(イ) 戦闘機とその支援機能が一体となって我が国の防空等を総合的な態勢で行い得るよう、(ア)の航空警戒管制部隊に加え、能力の高い新戦闘機を保有する戦闘機部隊、航空偵察部隊、国際平和協力活動等を効果的に実施し得る航空輸送部隊及び空中給油・輸送部隊を保持する。

(ウ) 重要地域の防空を実施するとともに、イ(ア)のイージス・システム搭載護衛艦とともに、弾道ミサイル攻撃から我が国全体を多層的に防護し得る機能を備えた地対空誘導弾部隊を保持する。

主要な編成、装備等の具体的規模は、別表のとおりとする。

Ⅵ　防衛力の能力発揮のための基盤

防衛力の整備、維持及び運用を効率的･効果的に行うため、以下を重視する。

(1) 人的資源の効果的な活用

隊員の高い士気及び厳正な規律の保持のための各種施策を推進する。社会の少子化・高学歴化と自衛隊の任務の多様化等に的確に対応し得るよう、質の高い人材の確保・育成を図り、必要な教育訓練を実施するとともに、隊員の壮健性維持に資する衛生基盤等を整備する。また、安全保障問題に関する研究・教育を推進し、同問題に係る知的基盤を充実・強化する。さらに、過酷又は危険な任務の遂行に対して適切な処遇が確保されるよう、制度全般について見直しを行う。

同時に、自衛隊全体の人員規模及び人員構成を適切に管理し、精強性を確保する。その際、自衛隊が遂行すべき任務や体力、経験、技能等のバランスに留意しつつ士を増勢し、幹部及び准曹の構成比率を引き下げ、階級及び年齢構成の在り方を見直す。さらに、人員配置の適正化の観点から自衛官の職務の再整理を行い、第一線部隊等に若年隊員を優先的に充当するとともに、その他の職務について最適化された給与等の処遇を適用するなど、国家公務員全体の人件費削減の方向性に沿った人事施策の見直しを含む人事制度改革を実施する。以上に加え、民間活力の一層の有効活用等により、後方業務の効率化等、人員の一層の合理化を進め、人件費を抑制することにより、厳しい財政事情の中で有効な防衛力を確保する。この際、社会における退職自衛官の有効活用を図り、公的部門での受入れを含む再就職援護や退職後の礼遇等に関する施策を推進し、これらと一体のものとして早期退職制度等の導入を図る。また、官民の協力や人的交流を積極的に進める。

(2) 装備品等の運用基盤の充実

　装備品等の維持整備を効率的かつ効果的に行い、可動率を高い水準で維持するなど防衛力の運用に不可欠な装備品等の運用基盤の充実を図る。

(3) 装備品取得の一層の効率化

　契約に係る制度全般の改善や短期集中調達・一括調達等効率的な調達方式の一層の採用を図るなど、調達価格を含むライフサイクルコストの抑制を更に徹底し、費用対効果を高める。また、外部監査制度の充実を進め、調達の透明性を向上させる。

(4) 防衛生産・技術基盤の維持・育成

　安全保障の重要性の観点から、防衛生産・技術基盤について、真に国内に保持すべき重要なものを特定し、その分野の維持・育成に注力して、選択と集中の実現により安定的かつ中長期的な防衛力の維持整備を行うため、防衛生産・技術基盤に関する戦略を策定する。

(5) 防衛装備品をめぐる国際的な環境変化に対する方策の検討

　平和への貢献や国際的な協力において、自衛隊が携行する重機等の装備品の活用や被災国等への装備品の供与を通じて、より効果的な協力ができる機会が増加している。また、国際共同開発・生産に参加することで、装備品の高性能化を実現しつつ、コストの高騰に対応することが先進諸国で主流になっている。このような大きな変化に対応するための方策について検討する。

(6) 防衛施設と周辺地域との調和

　関係地方公共団体との緊密な協力の下、防衛施設の効率的な維持及び整備を推進するため、当該施設の周辺地域とのより一層の調和を図るための諸施策を実施する。

Ⅶ　留意事項

1．この大綱に定める防衛力の在り方は、おおむね10年後までを念頭に置き、防衛力の変革を図るものであるが、情勢に重要な変化が生じた場合には、その時点における安全保障環境、技術水準の動向等を勘案し検討を行い、必要な修正を行う。

２．この大綱に定める防衛力へ円滑・迅速・的確な移行が行われるよう、計画的な移行管理を行うとともに、事後検証を行う。また、１の見直しに資するため、あるべき防衛力の姿について不断の検討を行う。

別表

陸上自衛隊	編成定数 常備自衛官定員 即応予備自衛官員数		１５万４千人 １４万７千人 ７千人
	基幹部隊	平素地域配備する部隊	８個師団 ６個旅団
		機動運用部隊	中央即応集団 １個機甲師団
		地対空誘導弾部隊	７個高射特科群／連隊
	主要装備	戦車 火砲	約４００両 約４００門／両
海上自衛隊	基幹部隊	護衛艦部隊	４個護衛隊群（８個護衛隊） ４個護衛隊
		潜水艦部隊	６個潜水隊
		掃海部隊	１個掃海隊群
		哨戒機部隊	９個航空隊
	主要装備	護衛艦 潜水艦 作戦用航空機	４８隻 ２２隻 約１５０機
航空自衛隊	基幹部隊	航空警戒管制部隊	４個警戒群 ２４個警戒隊 １個警戒航空隊（２個飛行隊）
		戦闘機部隊	１２個飛行隊
		航空偵察部隊	１個飛行隊
		航空輸送部隊	３個飛行隊
		空中給油・輸送部隊	１個飛行隊
		地対空誘導弾部隊	６個高射群
	主要装備	作戦用航空機 うち戦闘機	約３４０機 約２６０機
弾道ミサイル防衛にも使用し得る主要装備・基幹部隊		イージス・システム搭載護衛艦	６隻
		航空警戒管制部隊 地対空誘導弾部隊	１１個警戒群／隊 ６個高射群

注１：「弾道ミサイル防衛にも使用し得る主要装備・基幹部隊」は海上自衛隊の主要装備又は航空自衛隊の基幹部隊の内数。

注２：弾道ミサイル防衛機能を備えたイージス・システム搭載護衛艦については、弾道ミサイル防衛関連技術の進展、財政事情等を踏まえ、別途定める場合には、上記の護衛艦隻数の範囲内で、追加的な整備を行い得るものとする。

内閣官房長官談話

（平成22年12月17日）

1．政府は、本日、安全保障会議及び閣議において、「平成23年度以降に係る防衛計画の大綱について」及び「中期防衛力整備計画（平成23年度～平成27年度）について」を決定いたしました。

2．「平成17年度以降に係る防衛計画の大綱」の見直しについては、昨年12月に閣議決定された「平成22年度の防衛力整備等について」にあるとおり、昨年9月の政権交代という歴史的転換を経て、政府として十分な検討を行う必要があることから、平成22年中に結論を得ることとしたところであります。

3．政府としては、安全保障会議の場における検討等の結果、我が国を取り巻く安全保障課題や不安定要因が多様で複雑かつ重層的なものとなっている新たな安全保障環境の下で、今後の我が国の安全保障及び防衛力の在り方について、新たな指針を示すことが必要であると判断し、今般、「平成23年度以降に係る防衛計画の大綱」を策定いたしました。

4．この新「防衛大綱」においては、まず、我が国の安全保障と防衛力を考えるに当たっての前提となる基本理念を明らかにしました。我が国の安全保障の目標については、第1として、我が国に直接脅威が及ぶことを防止・排除し、もって我が国の平和と安全及び国民の安心・安全を確保すること、第2として、アジア太平洋地域の安全保障環境の一層の安定化とグローバルな安全保障環境の改善により脅威発生を予防し、もって自由で開かれた国際秩序を維持強化して我が国の安全と繁栄を確保すること、第3として、世界の平和と安定及び人間の安全保障の確保に貢献することの三つを掲げております。

これらの目標を達成するためには、我が国自身の努力、同盟国との協力及び国際社会における多層的な安全保障協力を統合的に組み合わせることが必要であるとしております。また、日本国憲法の下、専守防衛に徹し、他国に脅威を与えるような軍事大国とならないとの基本理念に従い、文民統制を確保し、非核三原則を守りつつ、節度ある防衛力を整備する、との我が国防衛の基本方針を引き続き堅持するとともに、非伝統的安全保障問題への対応を含む国際平和協力活動に積極的に取り組むこととしております。

5．新たな安全保障環境の下、我が国としては、各種事態に的確に対応するとともに、様々な安全保障課題に対し、同盟国等と協力して積極的に取り組むことが重要になっております。我が国の安全保障の目標を達成するための取組については、まず、我が国自身の努力として、平素から国として総力を挙げて取り組むとともに、各種事態の発生に際しては、事態の推移に応じてシームレスに対応することとしております。具体的には、統合的かつ戦略的な取組として、関係機関における情報収集・分析能力の向上、情報保全体制の強化、内閣の迅速・的確な意思決定を挙げ、政府の意思決定及び対処に係る機能・体制を検証し、必要な対応について検討すること、さらに、国家安全保障に関し内閣の組織・機能・

体制等を検証した上で、首相官邸に関係閣僚間の政策調整と内閣総理大臣への助言等を行う組織を設置する方針を明らかにしております。また、国際平和協力活動等に効率的かつ効果的に対応することや国連平和維持活動の実態を踏まえ、PKO参加五原則等我が国の参加の在り方を検討することを挙げております。

6．安全保障の最終的担保である我が国の防衛力については、安全保障環境の変化に対応して、防衛力の存在自体による抑止効果を重視した、従来の「基盤的防衛力構想」によることなく、「動的防衛力」を構築することを明らかにしており、これは今回の新「防衛大綱」の大きな特色の一つとなっております。

新たな安全保障環境のすう勢の下、今後の防衛力については、各種事態に対し実効的な抑止と対処を可能とし、アジア太平洋地域の安全保障環境の一層の安定化とグローバルな安全保障環境の改善のための活動を能動的に行い得る動的なものとしていくことが必要であります。このため、即応性、機動性、柔軟性、持続性及び多目的性を備え、軍事技術水準の動向を踏まえた高度な技術力と情報能力に支えられた動的防衛力を構築することとしております。

一層厳しさを増す安全保障環境に対応するには、適切な規模の防衛力を着実に整備することが必要です。その際、厳しい財政事情を踏まえ、本格的な侵略事態への備えとして保持してきた装備･要員を始めとして自衛隊全体にわたる装備･人員･編成･配置等の抜本的見直しによる思い切った効率化･合理化を行った上で、真に必要な機能に資源を選択的に集中して防衛力の構造的な変革を図ることとしております。また、人事制度の抜本的見直しにより、人件費の抑制・効率化とともに若年化による精強性の向上等を推進し、人件費の比率が高く、自衛隊の活動経費を圧迫している防衛予算の構造の改善を図ることとしております。

7．次に、同盟国との協力について、我が国は、これまで、基本的な価値を共有する超大国である米国と日米安全保障体制を中核とする日米同盟を維持しておりますが、その意義を踏まえ、日米同盟を新たな安全保障環境にふさわしい形で深化･発展させていくこととしております。このため、共通の戦略目標や役割･任務・能力に関する戦略的な対話等に取り組むとともに、情報協力、計画検討作業等の従来の分野における協力や拡大抑止の信頼性向上のための協議等を推進し、さらに、日米協力の充実を図るための措置を検討するとしております。これに加え、共同訓練、施設の共同使用等の平素からの各種協力の強化を図るとともに、宇宙、サイバー空間における対応といった新たな分野を含め、地域的及びグローバルな協力を推進するとしています。こうした取組と同時に、米軍の抑止力を維持しつつ、沖縄県を始めとする地元の負担軽減を図るため、在日米軍の兵力態勢の見直し等についての具体的措置を着実に実施し、また、接受国支援を始めとする在日米軍の駐留をより円滑・効果的にするための取組を積極的に推進するとしております。

8．さらに、国際社会における多層的な安全保障協力として、二国間・多国間の安全保障協力を多層的に組み合わせてネットワーク化することが、日米同盟ともあいまって、アジア太平洋地域の安全保障環境の一層の安定化に効果的に取り組む上で不可欠であるという考え方を明らかにしております。その上で、米国の同盟国である韓国及びオーストラリアとの協力、海上交通の安全確保等に共通の利害を有するインド等との協力、中国やロシアとの安全保障対話・交流等を通じた信頼関係増進等の具体的な取組の方向性を示しております。また、国際社会の一員として、政府開発援助（ODA）の戦略的な活用や国際平和協力活動への積極的取組を掲げるとともに、欧州連合、北大西洋条約機構等とも協力関係の強化を図ることとしております。

9．今後の防衛力の在り方については、動的防衛力という考え方の下、防衛力が果たすべき役割として、実効的な抑止及び対処、アジア太平洋地域の安全保障環境の一層の安定化及びグローバルな安全保障環境の改善を挙げております。このうち、実効的な抑止及び対処については、周辺海空域の安全確保やサイバー攻撃への対応を新たな役割として位置付けたほか、引き続き島嶼部に対する攻撃や弾道ミサイル攻撃に対応することとしております。また、アジア太平洋地域の安全保障環境の一層の安定化については、我が国周辺における常時継続的な警戒監視活動等の適時適切な実施、防衛協力・交流等の多層的な推進、非伝統的安全保障分野における実際的な協力の推進等を掲げております。さらに、グローバルな安全保障環境の改善については、国際平和協力活動に引き続き積極的に取り組むとともに、軍備管理・軍縮や不拡散等のほか、国際テロ対策等のための取組を推進することとしております。

これらの役割を実効的に果たすため、自衛隊は、即応態勢、統合運用態勢及び国際平和協力活動の態勢を重視することとしております。

10．次に、自衛隊の体制整備に当たっては、動的防衛力を効果的・効率的に構築する観点から、冷戦型の装備・編成を縮減するとともに、南西地域も含め、警戒監視、洋上哨戒、防空、弾道ミサイル対処等の機能を重点的に整備し、防衛態勢の充実を図ることとしております。さらに、縦割りを排除し各自衛隊に係る予算配分についても、安全保障環境の変化に応じ、総合的な見地から思い切った見直しを行うとしております。こうした言わばメリハリ付けも、新「防衛大綱」の特色となっております。

11．防衛力がその能力を十全に発揮できるためには、物的な基盤とともに人的な基盤を充実させることが重要となります。このような観点から、自衛隊の人員規模及び人員構成を適切に管理し、精強性を確保することとし、幹部及び准曹の構成比率の引下げ、階級や年齢構成の在り方の見直し等人事制度改革の実施について、踏み込んだ方針を明示したことも、新「防衛大綱」の特色であります。そのほか、契約制度や調達方式の改善による装備品取得の一層の効率化、防衛生産・技術基盤の維持・育成のための中長期的な戦略の策定、防衛装備品をめぐる国際的な環境変化に対する方策の検討等を明らかにしております。

なお、武器輸出三原則等については、国際紛争等を助長することを回避するという平和国家としての基本理念に基づくものであり、政府としては、この基本理念は引き続き堅持します。

12. 新「防衛大綱」における防衛力の目標水準の達成時期については、現大綱と同様におおむね10年後までを念頭に置くこととしました。また、情勢に重要な変化が生じた場合には、その時点における安全保障環境等を勘案して検討を行い、必要な見直しを行うことを明らかにするとともに、この見直しに資するため防衛力について不断の検討を行うこととしています。

13. 新「中期防」は、新「防衛大綱」に定める我が国が保有すべき防衛力の水準を達成するために策定したものであります。動的防衛力を構築するため、5年間で達成すべき計画として、各自衛隊の基幹部隊の見直しや計画期間末の自衛官の定数について明らかにするとともに、自衛隊の能力等に関する主要事業を掲げております。また、日米安保体制強化のための施策についても明らかにしており、このうち、在日米軍の駐留をより円滑かつ効果的に確保するための取組については、在日米軍駐留経費負担を今後5年間、一層効率的かつ計画的な執行を行うことを前提に、平成22年度予算額(1,881億円)の水準をおおむね維持することとします。

計画の実施に必要な防衛関係費の総額の限度は、将来における予見し難い事象への対応等に安全保障会議の承認を得て措置することができる額を含め、平成22年度価格でおおむね23兆4千9百億円程度をめどとしております。

14. 政府は、今回の決定を国会に御報告いたします。国民の皆様におかれましても、御理解と御協力を切に希望する次第であります。

「平成23年度以降に係る防衛計画の大綱」及び「中期防衛力整備計画(平成23年度～平成27年度)」の決定について

(防衛大臣談話)

(平成22年12月17日)

1. はじめに

本日、安全保障会議及び閣議において、「平成23年度以降に係る防衛計画の大綱について」及び「中期防衛力整備計画(平成23年度～平成27年度)について」が決定されました。

現「防衛大綱」は、策定から5年後に必要な修正を行うこととされていましたが、昨年9月の政権交代という歴史的転換を経て、防衛大綱の見直しという国家の安全保障にかかわる重要課題は、新しい政府として十分な検討を行う必要があることから、昨年12月の閣議において平成22年中に結論を得ることとしたものです。

防衛省としても、この閣議決定を受け、精力的な検討を行ってきたところであり、本年9月からは、安全保障会議や関係閣僚の間で、総合的な観点からの検討が行われてまいりました。これらの検討を経て、本日、新たな防衛大綱と中期防衛力整備計画の決定に至ったものであります。

2．新たな防衛力の構想

新「防衛大綱」では、実効的な抑止及び対処、アジア太平洋地域の安全保障環境の一層の安定化、グローバルな安全保障環境の改善を防衛力の役割としています。そして、これら三つの役割を果たすため、防衛力の存在自体による抑止効果を重視した、従来の「基盤的防衛力構想」によることなく、「動的防衛力」を構築することとしています。その内容は次の通りです。

(1) 基本的考え方

我が国はこれまで、我が国に対する軍事的脅威に直接対抗するよりも、自らが力の空白となって我が国周辺地域の不安定要因とならないよう、独立国としての必要最小限の基盤的な防衛力を保有するという「基盤的防衛力構想」の有効な部分を継承することとした現「防衛大綱」に従って、防衛力を整備してきました。この「基盤的防衛力構想」は、東西両陣営の対峙が国際関係の基本構造をなし、また、自衛隊の海外派遣が想定されなかった時代に案出されたものですが、我が国が置かれている状況は、当時から大きく変化しています。

現在の世界における多くの安全保障問題は地理的な境界を超えて広がるため、平素からの各国の連携・協力が重要となっています。この中で軍事力の役割は一層多様化し、人道支援・災害救援、平和維持、海賊対処等平素から常時継続的に軍事力を運用することが一般化しつつあります。自衛隊も、これまで国際平和協力活動を数多く実施してきており、自衛隊の海外での活動は日常化しております。

一方、我が国周辺においては、依然として核戦力を含む大規模な軍事力が存在するとともに、多くの国が軍事力を近代化し、また各種の活動を活発化させています。このような我が国周辺のすう勢下においては、防衛力の存在自体によって相手を抑止する、いわば静的な抑止のみならず、平素から各種の活動を適時・適切に行うことによって国家の意思や高い防衛能力を示す、いわば動的な抑止が重要となります。

このような状況を踏まえれば、新「防衛大綱」に定められた三つの役割を効果的に果たすための各種の活動を通じて、我が国の主権、平和と安全及び繁栄を確保することが重要になってきているといえます。このため、新「防衛大綱」では、防衛力の「運用」に焦点を当てた「動的防衛力」を構築することとし、装備の量と質の確保のみならず、自衛隊の活動量を増していくことを主眼としています。この考え方の下、防衛力の適切な整備、維持及び運用を行ってまいります。

その際、日本国憲法の下、従来からの防衛の基本方針は堅持するとともに、東西冷戦のような対立構造を前提とする、いわゆる脅威対抗のような考え方には立たず、我が国が置かれた安全保障環境において重視すべき事態への実効的な対応態勢を確保してまいります。

(2) 保有すべき防衛力の特性等

今後構築すべき動的防衛力は、即応性、機動性、柔軟性、持続性及び多目的性を備え、軍事技術水準の動向を踏まえた高度な技術力と情報能力に支えられたものとします。その際、優先して整備すべき機能・能力へ資源を適切に配分するほか、装備品等の維持整備を効果的かつ効率的に行い、その可動率を高い水準で維持するとともに、要員の練度を向上させるなど防衛力の運用に不可欠な基盤の充実も図ってまいります。

また、日頃の訓練や演習、シミュレーション等を通じて、防衛力の運用に関する計画・体制・制度を点検するとともに、関係機関や地方公共団体等との連携を強化し、必要な措置を講じてまいります。

(3) 動的防衛力の運用

新たな防衛力構想の下、以下の3点を重視して、防衛力を運用することといたします。

第一に、情報収集・警戒監視・偵察活動等の平素の活動の常時継続的かつ戦略的な実施です。我が国周辺で軍や関係機関による活動が活発化する中、こうした活動は、我が国周辺の環境が望ましくないものへ変化することの防止にも寄与するものになります。

第二に、各種の事態への迅速かつシームレスな対応です。軍事科学技術等の進展に伴い、兆候が現れてから事態が発生するまでの間は短縮化する傾向にあることなどから、国内外における突発的な事態に適切に対応することが重要となっています。

第三に、諸外国との協調的活動の多層的な推進です。これは、多様化・複雑化する安全保障上の課題や不安定要因への対応に不可欠であり、また、諸外国との協調的関係の発展や我が国の国際社会における存在感の高まりにも寄与するものです。

3．日米同盟の深化・発展

我が国の平和と安全を確保するため、今後とも日米同盟が不可欠であることに変わりはありません。加えて、今日では、日米同盟は、地域の国々に大きな安心をもたらす存在ともなっています。さらに、日米同盟に基礎を置く両国の緊密な関係は、政治、経済、社会等の幅広い分野における日米の包括的・総合的な友好協力関係の基盤となっており、また、安全保障に関する多国間対話の推進や国際社会の取組を効果的に進める上でも重要です。このように日米同盟は、我が国の、地域の、そしてグローバルな安全保障にとって重要な役割を担っています。そのため、我が国自身の防衛力の三つの役割と相乗効果を発揮するように、自衛隊と米軍との一層緊密な連携を実現し、新たな安全保障環境にふさわしい形で日米同盟を深化・発展させてまいります。

今後の日米防衛協力においては、日米両国が事態の推移に応じてシームレスに連携・協力できる態勢の強化や自衛隊と米軍の相互運用性を向上させることにより、日米両国の意思や高い防衛能力を示すことが重要です。このため、共同訓練及び施設の共同使用の拡大や装備技術協力の更なる進展といった、平素の日米共同の活動の活発化に努めてまいります。また、地域的課題やグローバルな課題の解決にも我が国が積極的な役割を果たすことができるよう、協力を強化してまいります。

4．国際社会の責任ある一員としての努力

(1) アジア太平洋地域の安全保障環境の一層の安定化

アジア太平洋地域においては、多国間の枠組等を活用して域内の規範構築や具体的な問題の解決に向けた協力を目指す動きが進んでいます。防衛省・自衛隊としても、このような動向の中で適切な役割を果たすことが重要であると認識しております。このため、非伝統的安全保障分野を中心に、地雷・不発弾処理等を含む自衛隊が有する能力を活用し、実際的な協力を推進するとともに、域内協力枠組の構築・強化や域内諸国の能力構築支援等に取り組んでまいります。また、これらの取組に当たっては、二国間・多国間の国際協力を多層的に組み合わせ、特に、韓国やオーストラリア等我が国と基本的な価値観や利益を共有し得る国との協力関係を一層強化するとともに、米国を含めた三国間の協力等も推進してまいります。こうした多層的な協調的活動を通じ、地域の一層の安定化に努力してまいります。

(2) グローバルな安全保障環境の改善

国際社会の平和と安定は、我が国の平和と安全と不可分となっており、かかる認識の下、国際社会の責任ある一員として、平和構築や停戦監視を含む国際平和協力活動にさらに主体的、積極的かつ戦略的に取り組むとともに、自衛隊の保有する能力を活かし、国際テロ対策、海上交通の安全確保や海洋秩序の維持、破綻国家等の能力構築支援等に取り組んでまいります。その際、効果的・効率的な活動を行う観点から、施設、衛生、輸送等ニーズの高い分野を中心とする活動基盤の強化を図ってまいります。

また、大量破壊兵器や弾道ミサイル等の運搬手段の拡散は、引き続き我が国を含む国際社会にとっての差し迫った課題です。このほか、各国の経済活動や軍事活動が海洋、宇宙、サイバー空間の利用に依存を深める中、新「防衛大綱」では、それらの安定的利用の維持･強化を図ることとしております。これらの国際社会の課題に対応するための様々な国際協力に積極的に取り組んでまいります。

さらに、近年、国際的な安全保障に多大な影響を与えかねない問題が新たに注目されており、防衛省としても、気候変動や資源の制約が安全保障環境や作戦環境に及ぼす影響について検討を行い、必要な措置を講じてまいります。

5．防衛装備品をめぐる諸課題への対応

安全保障上の重要性等の観点から、国内に保持すべき重要な防衛生産・技術基盤の維持・育成を重点的に実施するとともに、実効性ある防衛力整備を効率的に実施するとの観点も踏まえ、防衛生産・技術基盤に関する戦略を策定します。

また、自衛隊が携行する重機等の装備品の活用や被災国等への装備品の供与等を、より迅速かつ柔軟に行うことで、平和維持・平和構築、人道支援・災害救援等の平和への貢献や国際的な協力をより効果的に行える機会が増加しています。

さらに、装備品の技術が高度化し、開発費用が高騰する中、特に先端装備品の開発・生産における各国の連携が顕著であり、国際共同開発・生産に参加することで、装備品の高性能化を実現しつつ、コストの高騰に対応することが先進諸国で主流になっています。防衛省としても、このような大きな変化に対応するための方策について検討してまいります。

6．今後の防衛力整備

防衛省としては、新「防衛大綱」に従い、動的防衛力を構築するため、新「中期防」に基づいて防衛力を整備してまいります。その際、南西地域も含む防衛態勢の充実に向け、機動力の向上等優先整備すべき機能を重点化し選択的に資源を集中する一方、戦車・火砲を縮減するなど効率化・合理化を徹底し、従前の例にとらわれず縦割りを排除した横断的な視点に立って、メリハリのある防衛力整備を進めてまいります。

特に、動的防衛力の強化に資するため、島嶼部への攻撃に対する対応や周辺海空域の安全確保、さらには各種の事態が複合して発生した場合への対応においても、各自衛隊が一体となって有機的に対処し、国民の安全を確保できる体制を構築します。このため、統合的な観点から、各自衛隊における機動力、輸送能力及び実効的な対処能力の向上や、部隊の在り方について検討します。また、統合幕僚監部の機能強化をはじめとする指揮統制機能の向上についても検討します。検討に際しては、各自衛隊に横断的な機能の整理等を行い、実効的かつ効率的な体制を構築してまいります。

さらに、人事制度改革や装備品等の取得改革を推進するとともに、装備品の維持整備をはじめとする後方事業を重視してまいります。

これらの取組により、防衛力の構造的な変革を図り、限られた資源でより多くの成果を達成しつつ、防衛力の精強性・実効性の向上に努めてまいります。

なお、これらの課題への対応は、動的防衛力を強化し、新たな時代の防衛力を構築していく上で不可欠なものであり、こうした改革を総合的かつ集中的に推進するための体制を整備した上で、省を挙げて精力的に検討を行っていくこととしています。

新「中期防」に定める計画の実施に必要な防衛関係費の総額の限度は、将来における予見し難い事象への対応等に措置できる額を含め、23兆4千9百億円をめどとしており、平成22年度予算と比較した場合の平均伸率は0.1％増であります。厳しい財政事情の中にあっても、必要な経費はぎりぎり確保できたものと考えており、動的防衛力の構築に向け、防衛力整備を着実に進めてまいる所存です。

7．おわりに

国の防衛は、国家の最も基本的な施策であるとともに、国民一人ひとりによって支えられているものであり、自衛隊の活動も国民や社会の支援なくしては成り立ち得ません。防衛省としては、この新「防衛大綱」の下、国民各位の理解を得つつ、その期待と信頼に応え得るよう、全力を尽くしてまいる所存です。国民の皆様におかれましても、御理解と御協力を切に希望する次第であります。

7. 中期防衛力整備計画（平成23年度～平成27年度）

中期防衛力整備計画（平成23年度～平成27年度）について

（平成22年12月17日　安全保障会議決定
平成22年12月17日　閣　議　決　定）

平成23年度から平成27年度までを対象とする中期防衛力整備計画について、「平成23年度以降に係る防衛計画の大綱」（平成22年12月17日安全保障会議及び閣議決定）に従い、別紙のとおり定める。

（別紙）

中期防衛力整備計画（平成23年度～平成27年度）について

Ⅰ　計画の方針

平成23年度から平成27年度までの防衛力整備に当たっては、「平成23年度以降に係る防衛計画の大綱」（平成22年12月17日安全保障会議及び閣議決定）に従い、即応性、機動性、柔軟性、持続性及び多目的性を備え、軍事技術水準の動向を踏まえた高度な技術力と情報能力に支えられた動的防衛力を構築するため、以下を計画の基本として、防衛力の整備、維持及び運用を効果的かつ効率的に行うこととする。

1．実効的な抑止及び対処、アジア太平洋地域の安全保障環境の一層の安定化並びにグローバルな安全保障環境の改善のための各種の活動を迅速かつシームレスに実施できるよう、複合事態への対応にも留意しつつ、即応態勢、統合運用態勢及び国際平和協力活動を積極的に実施し得る態勢を整備する。この観点から、統合の強化、島嶼部における対応能力の強化、国際平和協力活動への対応能力の強化、情報機能の強化、科学技術の発展への対応を重視する。

2．防衛力の整備に当たっては、統合運用の実効性向上の観点も踏まえ、自衛隊が保有すべき各種の機能のうち、各種の活動に活用し得る機能、非対称的な対応能力を有する機能及び非代替的な機能を優先整備すべき機能として重点化し、適切な資源配分を行う。なお、本格的な侵略事態への備えについては、不確実な将来情勢の変化に対応するための最小限の専門的知見や技能の維持に必要な範囲に限り保持する。

3．装備品等の導入に当たっては、能力の高い新たな装備品等の導入と既存の装備品等の延命、能力向上等を組み合わせることにより、質の高い防衛力を効率的に整備する。

4．防衛力の能力発揮の基盤を効果的に整備するため、人事制度の抜本的な見直しにより、人件費の抑制・効率化を図るとともに若年化による精強性の向上等を推進し、人件費の比率が高く、自衛隊の活動経費を圧迫している防衛予算の構造の改善を図る。また、装備品等の取得改革をより一層推進し、部隊の運用水準の向上を図るほか、関係機関や地域社会との協力の強化を図る。

5．日米安全保障体制は、我が国の平和と安全にとって必要不可欠であり、また、米軍の軍事的プレゼンスは、地域の平和と安定の維持に不可欠である。新たな安全保障環境にふさわしい形で日米同盟を深化・発展させていくため、各種の協力や日米協議を推進するほか、在日米軍の駐留をより円滑かつ効果的にするための取組等を積極的に推進する。

6．格段に厳しさを増す財政事情を勘案し、国の他の諸施策との調和を図りつつ、一層の効率化・合理化を図り、経費を抑制する。その際、各自衛隊に係る予算配分についても、安全保障環境の変化に応じ、前例にとらわれず、縦割りを排除した総合的な見地から思い切った見直しを行う。また、自衛隊全体にわたる装備・人員・編成・配置等の抜本的な効率化・合理化を行った上で、事業の内容を精査の上、真に必要な機能に資源を選択的に集中して防衛力の構造的な変革を図り、限られた資源でより多くの成果を達成する。

Ⅱ　基幹部隊の見直し等

1．陸上自衛隊については、部隊の編成及び人的構成を見直し、効率化・合理化を徹底する中で、戦車及び火砲の縮減を図りつつ、即応性、機動性等を一層向上させるため、5個の師団及び1個の旅団について改編を実施する。また、1個高射特科群を廃止し、これに伴い1個の旅団内に高射特科連隊を新設するとともに、即応性、航空輸送力等を一層向上させるため、1個の旅団について改編を実施する。

　平素からの情報収集・警戒監視及び事態発生時の迅速な対処に必要な体制を整備するため、南西地域の島嶼部に、陸上自衛隊の沿岸監視部隊を新編し配置するとともに、初動を担任する部隊を新編するための事業に着手する。

　統合運用の推進や日米共同による対処態勢構築の推進等の観点から、指揮・管理機能の効率化にも留意しつつ、作戦基本部隊（師団・旅団）及び方面隊の在り方について検討の上、必要な措置を講ずる。

2．海上自衛隊については、情報収集・警戒監視、対潜戦等の各種作戦の効果的な遂行による周辺海域の防衛や海上交通の安全確保等に有効に対応するとともに、国際平和協力活動に柔軟に対応できるよう、護衛艦部隊（地域配備）を機動運用化する。その際、5個の護衛隊からなる護衛艦部隊（地域配備）を4個護衛隊とする。また、潜水艦増勢のために必要な措置を講ずる。

3．航空自衛隊については、南西地域における即応態勢を充実するため、那覇基地に戦闘機部隊1個飛行隊を移動させ、2個飛行隊とする改編を行うとともに、1個航空団を新設し、これに伴い既存の1個航空団を廃止する。また、米軍とのインターオペラビリティを向上するため、横田基地を新設し、航空総隊司令部等を移転する。

4．計画期間末の常備自衛官全体の定数は、平成22年度末の水準からおおむね2千人程度削減し、おおむね24万6千人程度とする。

(1) このうち、陸上自衛隊の計画期間末の編成定数については、おおむね15万7千人程度、常備自衛官定数についてはおおむね15万人程度、即応予備自衛官員数については、おおむね7千人をめどとする。
(2) また、海上自衛隊及び航空自衛隊の計画期間中の常備自衛官定数については、平成22年度末の水準をめどとする。
(3) なお、計画期間中においては、後方業務の抜本的な合理化・効率化を図ることにより、人員の一層の合理化を進めることとする。その際、精強性を高めるための第一線部隊の充足については、後方業務に関する新たな人事任用制度の導入に伴う人件費抑制や人員の配置転換により、人件費の追加的な負担を招かない範囲で措置することとする。

Ⅲ 自衛隊の能力等に関する主要事業

1．実効的な抑止及び対処

(1) 周辺海空域の安全確保

陸・海・空の各領域で常時継続的に情報収集・警戒監視を行い、各種兆候を早期察知する態勢を強化するため、ヘリコプター搭載護衛艦(DDH)、汎用護衛艦(DD)、潜水艦及び固定翼哨戒機(P－1)の整備並びに既存の護衛艦、潜水艦及び固定翼哨戒機(P－3C)の延命を行う。また、固定式3次元レーダー装置を整備するとともに、引き続き、早期警戒管制機(E－767)の改善を行う。

(2) 島嶼部に対する攻撃への対応

（ア）情報収集・警戒監視体制の整備等

平素からの情報収集・警戒監視を行うとともに、事態発生時の迅速な対処に必要な体制を整備するため、前記Ⅱ1に示すとおり、南西地域の島嶼部に陸上自衛隊の沿岸監視部隊を配置するとともに、初動を担任する部隊の新編に向けた事業に着手する。また、移動警戒レーダーを南西地域の島嶼部に展開することにより、隙のない警戒監視態勢を保持する。さらに、南西地域において早期警戒機(E－2C)の整備基盤を整備し、常時継続的に運用し得る態勢を確保する。

（イ）迅速な展開・対応能力の向上

迅速な展開能力を確保し、実効的な対応能力の向上を図るため、引き続き、輸送ヘリコプター(CH－47JA)を整備するとともに、現有の輸送機(C－1)の後継機として、新たな輸送機を整備する。また、部隊の迅速な展開に資するヘリコプター搭載護衛艦(DDH)を整備する。さらに、地対艦誘導弾を整備するほか、島嶼部への迅速な部隊展開に向けた機動展開訓練を実施する。

（ウ）防空能力の向上

巡航ミサイル対処を含む防空能力の向上を図るため、前記Ⅱ3に示すとおり、那覇基地における戦闘機部隊を1個飛行隊から2個飛行隊に改編する。

また、現有の戦闘機（F−4）の後継機として、新たな戦闘機を整備するとともに、引き続き、戦闘機（F−15）の近代化改修及び自己防御能力の向上、地対空誘導弾ペトリオットの改修、中距離地対空誘導弾の整備を推進する。加えて、戦闘機（F−15）に電子戦能力を付加するとともに、戦闘機（F−2）の空対空能力やネットワーク機能の向上を行う。さらに、現有の救難ヘリコプター（UH−60J）の後継機として、新たな救難ヘリコプターを整備するとともに、引き続き、救難ヘリコプターに対する空中給油機能を輸送機（C−130H）に付加し、救難能力の向上を図る。

（エ）海上交通の安全確保

南西地域等における情報収集・警戒監視態勢を充実し、対潜戦を始めとする各種作戦を効果的に行い、海上交通の安全を確保し得るよう、前記(1)に示すとおり、ヘリコプター搭載護衛艦（DDH）、汎用護衛艦（DD）、潜水艦及び固定翼哨戒機（P−1）の整備、既存の護衛艦、潜水艦及び固定翼哨戒機（P−3C）の延命を行うほか、哨戒ヘリコプター（SH−60K）、掃海艦艇、掃海・輸送ヘリコプター（MCH−101）を整備するとともに、哨戒ヘリコプター（SH−60J）の延命を行う。また、救難体制を効率化するとともに、救難飛行艇（US−2）を整備する。

(3) サイバー攻撃への対応

自衛隊の情報通信ネットワークを防護するための機能の向上に向け、自衛隊に対するサイバー攻撃への対処を統合的に実施するための体制を強化するほか、サイバー攻撃対処に関する研究や演習の充実を図るとともに、サイバー攻撃対処に関する高度な知見を有する人材を育成し、政府全体として行う対応に寄与する。

(4) ゲリラや特殊部隊による攻撃への対応

ゲリラや特殊部隊による攻撃に迅速かつ効果的に対応できるよう、部隊の即応性、機動性等を一層高めることとし、普通科部隊の強化を行うほか、引き続き、軽装甲機動車、多用途ヘリコプター（UH−60JA）及び戦闘ヘリコプター（AH−64D）を整備する。

また、核・生物・化学兵器による攻撃への対応能力の向上を図るため、引き続き、ＮＢＣ偵察車を整備する。

(5) 弾道ミサイル攻撃への対応

弾道ミサイル攻撃への対処体制の強化に向け、引き続き、イージス・システム搭載護衛艦及び地対空誘導弾ペトリオットの能力向上等を行う。

弾道ミサイル防衛用能力向上型迎撃ミサイルに関する日米共同開発を引き続き推進するとともに、その生産・配備段階への移行について検討の上、必要な措置を講ずる。

(6) 複合事態への対応

複数の事態が連続的又は同時に生起した場合にあっても、迅速かつ適切な対応を行えるよう、指揮統制、後方支援等の態勢を整備する。

(7) 大規模・特殊災害等への対応

大規模地震、原子力災害等、様々な大規模・特殊災害等に迅速かつ適切に対応し、国民の人命及び財産を保護するため、平素から関係機関と連携しつつ各種の訓練や計画の策定等の各種施策を推進する。

2．アジア太平洋地域の安全保障環境の一層の安定化

我が国周辺において、平素からの情報収集・警戒監視や訓練・演習等の部隊運用を適時・適切に行うことにより、我が国周辺の安全保障環境の安定を目指す。

アジア太平洋地域の不安定要因を除去し、安定化を図るため、引き続き各レベルにおいて二国間・多国間の安全保障対話、防衛協力・交流、各種の共同訓練・演習を多層的に推進するとともに、域内協力枠組みの構築・強化を促進する。また、より実際的な協力を推進するため、人道支援・災害救援等の非伝統的安全保障分野において防衛医学、地雷・不発弾処理等の自衛隊が保有する知識・経験を活用することで、同分野における域内諸国の対処能力向上や人材育成等の能力構築支援を実施する。

3．グローバルな安全保障環境の改善

国際平和協力活動に積極的に取り組む。国連平和維持活動の実態を踏まえ、PKO参加五原則等我が国の参加の在り方を検討する。

また、能力構築支援や、国際テロ対策、海上交通の安全確保や海洋秩序の維持のための取組等を積極的に推進する。さらに、気候変動や資源の制約が安全保障環境や作戦環境に及ぼす影響について検討を行い、諸外国と協力しつつ、所要の研究を推進するなど必要な措置を講ずる。

国際平和協力センターにおいて、国際平和協力活動等に関する知識普及に資するための教育及び専門的な教育を実施するとともに、教育対象者について、関係府省職員等自衛隊員以外に拡大することを検討の上、必要な措置を講ずる。

国際連合を含む国際機関等が行う軍備管理・軍縮分野における諸活動に対し、引き続き積極的に協力する。

4．体制整備に当たっての重視事項

(1) 統合の強化

島嶼部への攻撃に対する対応や周辺海空域の安全確保、複合事態への対応等に際し、各自衛隊が一体となって有機的に対処し、国民の安全を確保し得る体制を構築する。このため、統合的な観点から、各自衛隊が保有する機動力、輸送能力及び実効的な対処能力のほか、統合幕僚監部の機能強化を始めとして指揮統制機能を高めるとともに、各自衛隊に横断的な機能の整理等を行いつつ、動的防衛力の強化に資する実効的かつ効率的な組織・編成・業務の在り方について検討の上、必要な措置を講ずる。

統合運用基盤を強化するため、衛星通信を含む高度な情報通信ネットワークを活用した一元的な指揮統制、情報共有態勢の強化を図るとともに、自衛

隊における統合的なサイバー攻撃対処能力強化に向け、サイバー攻撃対処の中核となる組織の新設や専門的な人材育成に必要な事業を実施する。また、自衛隊統合訓練や日米共同訓練を始めとする各種訓練を実施する。

海上自衛隊及び航空自衛隊が担う陸上配備の航空救難機能の航空自衛隊への一元化に向けた体制整備に着手するとともに、陸上自衛隊及び航空自衛隊の高射部隊について統合の観点から効果的かつ効率的な体制整備に向けた検討を推進する。

(2) 国際平和協力活動への対応能力の強化

国際平和協力活動に迅速に部隊を派遣し、継続的に活動できるよう、待機態勢の強化を図るほか、陸上自衛隊の中央即応集団の機能の充実を図る。国際平和協力活動にも資する装備品として、ヘリコプター搭載護衛艦（DDH）や輸送機（C－1）の後継機等を整備し、海上及び航空輸送力を強化するほか、既存の装備品等を国際平和協力活動にも対応し得るよう改修し、各種の任務の遂行に必要な機能の充実を図る。

また、施設・衛生等の機能や教育訓練体制の充実を図るため、国際平和協力活動にも資する装備品等を整備する。

(3) 情報機能の強化

安全保障環境の変化に伴う情報のニーズに柔軟に対応できるよう、宇宙分野や無人機を含む新たな各種技術動向等を踏まえ、広域における総合的な警戒監視態勢の在り方について検討するとともに、情報収集施設・器材・装置等の整備、更新と能力向上に努める。また、情報部門の総合的な分析・評価能力等を強化するため、能力の高い要員を確保し、多様な分野に精通した情報の専門家を育成する。

自衛隊の海外派遣部隊等が円滑かつ安全に任務を行い得るよう地図・地誌の整備等を推進するなど、遠隔地での活動に対する情報支援を適切に行う体制を整備する。また、効果的かつ効率的な情報収集と要員の育成のため、関係国との情報協力・交流の拡大・強化に取り組む。

また、今後の航空偵察機能の在り方について、新たな戦闘機等が保有する情報収集能力も踏まえて検討の上、必要な措置を講ずる。

(4) 科学技術の発展への対応

(ア) 指揮通信能力等の強化

確実な指揮命令と迅速な情報共有に資するため、内外の優れた情報通信技術に対応し、高度な指揮通信システムや新野外通信システム等の情報通信ネットワークを整備する。その際、前記1 (3) に示すとおりサイバー攻撃対処能力を強化する。

指揮通信能力の強化に加え、防衛分野での宇宙利用の促進にも資する高機能なXバンド衛星通信網を構築する。その際、民間企業の資金、経営能力及び技術的能力を積極的に活用するなどして、我が国産業の振興にも資する効果的かつ効率的な事業形態を追求する。

(イ) 研究開発の推進

現有の多用途ヘリコプター(UH−1J)の後継機として、新たな多用途ヘリコプターの開発に着手する。また、機動戦闘車及び新空対艦誘導弾の開発や中距離地対空誘導弾の改善、潜水艦の能力向上、将来レーダー等の新規技術及び各種既存装備品の能力向上に関する研究開発を推進する。また、戦闘機(F−2)の後継機の取得を検討する所要の時期に、戦闘機の開発を選択肢として考慮できるよう、将来戦闘機のための戦略的検討を推進する。

研究開発を効果的かつ効率的に行うため、技術調査体制の強化を図りつつ、無人化・省人化を含む科学技術の動向等を踏まえ、中長期的な視点に立って優先整備すべき機能を重点化するとともに、コスト分析、リスク評価等の事業管理を的確に行う仕組みを整備する。また、国内研究機関等との交流による産学官の優れた技術の積極的導入、米国を始めとする諸外国との協力等を推進する。

(5) 衛生機能の強化

隊員の壮健性を維持し、国際平和協力活動等、多様な任務への対応能力を強化するため、自衛隊病院等を拠点化・高機能化し、統合後送体制、衛生資器材等を整備するとともに、海外派遣部隊等に対する医療支援機能を強化する。また、情報通信技術を活用し、メディカル・コントロール体制、病院・医務室間の情報ネットワーク等を整備する。また、医官教育の強化、看護師養成課程の4年制化、医療資格保有隊員への教育等を実施し、質の高い衛生要員の確保を図る。さらに、自衛隊病院等において質の高い医療サービスを提供する体制を整備し、地域医療にも貢献する。

5. 防衛力の能力発揮のための基盤

(1) 人的資源の効果的な活用

(ア) 人材の確保・育成等

引き続き進行する社会の少子化・高学歴化と自衛隊の任務の多様化・国際化、装備の高度化等に的確に対応し得るよう、質の高い人材の確保・育成を図るとともに、訓練基盤の充実を図りつつ、必要な教育訓練を充実する。また、防衛大学校改革を着実に推進する。

(イ) 人事施策の見直しを含む人事制度改革

自衛隊が遂行すべき任務や体力、経験、技能等のバランスに留意しつつ士を増勢し、幹部及び准曹の構成比率を引き下げ、階級及び年齢構成の在り方を見直し、一層の精強性を実現する。このため、自衛官の定員及び現員について階級別定数管理等の基本原則を確立の上、体系的な管理を行うための制度を構築する。その上で、第一線部隊等に若年隊員を優先的に充当するとともに、その他の職務について最適化された給与等の処遇を適用する制度を設計・導入するなどの人事制度改革を実施し、人件費の追加的な負担を招かない範囲で所要の実員を確保する。また、幹部・准曹・士の各階層の活性化を図るための施策を検討し、導入するほか、退職自衛官を社会で有効活用するための措置を着実に行いつつ、公的部門での受入れを含む再就職援護や退職後の礼遇等に関する施策を推進し、これらと一体のものとして自衛官の早期退職制度等を検討し、導入する。

(ウ) 後方業務の合理化・効率化の推進

自衛隊の駐屯地・基地業務等の後方業務について、民間活力の有効活用等により業務の質の向上を図るとともに合理化・効率化を推進し、人員の一層の合理化を進め、人件費を抑制し、第一線部隊等を中心に必要な人員を確保する。

(エ) 防衛研究所の研究・教育機能の活用

防衛研究所の調査研究、教育及び国際交流について、内部部局及び各自衛隊のニーズに即したより組織的かつ効率的・効果的な運営を追求し、その安全保障及び戦史に係る研究・教育機能の活用を図る。

(2) 防衛生産・技術基盤の維持・育成

安全保障上の重要性等の観点から、国内に保持すべき重要な防衛生産・技術基盤を特定し、その分野の維持・育成を重点的に実施するとともに、実効性のある防衛力整備を効率的に実現するとの観点も踏まえ、防衛生産・技術基盤に関する戦略を策定する。

(3) 防衛装備品をめぐる国際的な環境変化に対する方策の検討

平和への貢献や国際的な協力において、自衛隊が携行する重機等の装備品の活用や被災国等への装備品の供与を通じて、より効果的な協力ができる機会が増加している。また、国際共同開発・生産に参加することで、装備品の高性能化を実現しつつ、コストの高騰に対応することが先進諸国で主流になっている。このような大きな変化に対応するための方策について検討する。

(4) より一層の効果的かつ効率的な装備品等の取得の推進

より一層の効果的かつ効率的な装備品等の取得を推進するため、装備品の性能、価格等の総合的な観点から、必要な装備品等を適正な価格で調達するためコスト・マネジメントの手法の確立及びそのための体制の充実、強化を図る。

また、民間活力を効果的に引き出す調達手法を導入するとともに、短期集中調達・一括調達等効果的かつ効率的な装備品等調達を行うため、契約に係る制度の改善に取り組む。

(5) 装備品等の運用基盤の充実

装備品等の運用に不可欠な燃料、部品等の確保に留意しつつ、装備品等の可動率をより低コストかつ高水準で維持できるよう、装備品等の維持整備について、国内外の先進的な事例も参考にして、維持整備に係る成果の達成に応じて対価を支払う新たな契約方式(Performance Based Logistics)の導入を図るとともに、業務全体の質の維持向上及び効率化に向けた抜本的な取組等にも着手して運用基盤の充実を図る。

なお、こうした取組等を通じ、平成23年度から平成27年度までの各自衛隊の装備品等の維持整備等に係る経費の総額を、「Ⅲ 自衛隊の能力等に関する主要事業」に掲げる主要事業の整備が可能な水準にまで実質的に抑制するとともに、平成28年度以降の更なる経費の抑制につなげ、これにより、継続的かつ着実な防衛力整備を実現する。各自衛隊による経費抑制の実績については適時公表していくものとする。

(6)関係機関や地域社会との協力の推進

各種の事態に国として統合的に対応し得るよう、警察、消防、海上保安庁等の関係機関との連携を強化するとともに、国民保護法制も踏まえた地方公共団体、地域社会との協力を推進するほか、各種事態のシミュレーションや総合的な訓練・演習を平素から実施するなど、政府の意思決定及び対処に係る機能・体制を検証し、法的側面を含めた必要な対応について検討する。

また、防衛施設の効率的な維持及び整備を実施するとともに、関係地方公共団体との緊密な協力の下、防衛施設とその周辺地域との一層の調和を図るため、引き続き、基地周辺対策を推進する。

Ⅳ 日米安全保障体制の強化のための施策

1．戦略的な対話及び政策調整

日米間で安全保障環境の評価を行いつつ、共通の戦略目標及び役割・任務・能力に関する日米間の検討を引き続き行う。

2．日米防衛協力の強化

(1) 各種分野における協力の一層の推進

情報協力、計画検討作業の深化、周辺事態における協力を含む各種の運用協力、弾道ミサイル防衛における協力、装備・技術協力といった従来の分野における協力を進める。また、拡大抑止の信頼性向上、情報保全のための日米協議を実施する。さらに、地域における不測の事態に対する米軍の抑止及び対処力の強化を目指し、日米協力の充実を図るための措置を検討する。

(2) 日米防衛協力の深化

警戒監視活動における日米協力、日米二か国間、日米に他の一国を加えた三か国及び多国間の共同訓練の拡大、自衛隊施設と我が国及び米国に所在する米軍施設・区域の共同使用の拡大などによる平素からの各種協力の強化、国際平和協力業務、国際緊急援助活動、海賊対処行動等の地域及びグローバルな活動における日米協力の推進について日米間で協議を行い、日米協力の強化を図る。

さらに、宇宙、サイバー空間における対応、海上交通の安全確保、気候変動といったグローバルな課題についても、関係府省間で連携しつつ日米間で協議を行い、協力を進める。

3．在日米軍の駐留をより円滑かつ効果的にするための取組

在日米軍の駐留をより円滑かつ効果的にするとの観点から、一層の効率化・透明化を図りつつ在日米軍駐留経費を安定的に確保する。

Ⅴ　整備規模

前記Ⅲに示す装備品のうち、主要なものの具体的整備規模は、別表のとおりとする。

Ⅵ　所要経費

1．この計画の実施に必要な防衛関係費の総額の限度は、下記3の額を含め、平成22年度価格でおおむね23兆4,900億円程度をめどとする。

2．各年度の予算の編成に際しては、国の他の諸施策との調和を図りつつ、一層の効率化・合理化に努め、おおむね23兆3,900億円程度の枠内で決定するものとする。その際、「今後の防衛力整備について」（昭和62年1月24日安全保障会議及び閣議決定）に示された節度ある防衛力の整備を行うという精神は、引き続きこれを尊重するものとする。

3．将来における予見し難い事象への対応、地域及びグローバルな安全保障課題への対応等特に必要があると認める場合にあっては、安全保障会議の承認を得て、上記2の額の他、1,000億円を限度として、これら事業の実施について措置することができる。

4．この計画については、3年後には、その時点における国際情勢、情報通信技術を始めとする技術的水準の動向、財政事情等内外諸情勢を勘案し、上記1に定める額の範囲内において、必要に応じ見直しを行う。

Ⅶ　その他

1．防衛力の在り方について不断の検討を行うため、自衛隊の装備及び人員の配置や運用状況に関する情報を集約の上これを評価する体制を整備するとともに、防衛力の整備に係る諸計画の策定を行う体制を整備する。

2．米軍の抑止力を維持しつつ、沖縄県を始めとする地元の負担軽減を図るための在日米軍の兵力態勢見直し等についての具体的措置及びSACO（沖縄に関する特別行動委員会）関連事業については、着実に実施する。

別　表

区　　分	種　　　類	整備規模
陸上自衛隊	戦車	68両
	火砲（迫撃砲を除く。）	32両
	装甲車	75両
	地対艦誘導弾	18両
	戦闘ヘリコプター（AH−64D）	3機
	輸送ヘリコプター（CH−47JA）	5機
	中距離地対空誘導弾	4個中隊
海上自衛隊	イージス・システム搭載護衛艦の能力向上	2隻
	護衛艦	3隻
	潜水艦	5隻
	その他	5隻
	自衛艦建造計	13隻
	(トン数)	(約5.1万トン)
	固定翼哨戒機（P−1）	10機
	哨戒ヘリコプター（SH−60K）	26機
	掃海・輸送ヘリコプター（MCH−101）	5機
航空自衛隊	地対空誘導弾ペトリオットの能力向上	1個高射隊
	戦闘機（F−15）近代化改修	16機
	新戦闘機	12機
	新輸送機	10機

8. 防衛力整備に係る諸決定等

弾道ミサイル防衛システムの整備等について

（平成15年12月19日　安全保障会議決定
平成15年12月19日　閣　議　決　定）

(弾道ミサイル防衛システムの整備について)

1．弾道ミサイル防衛(BMD)については、大量破壊兵器及び弾道ミサイルの拡散の進展を踏まえ、我が国として主体的取組が必要であるとの認識の下、「中期防衛力整備計画(平成13年度～平成17年度)」(平成12年12月15日安全保障会議及び閣議決定。以下「現中期防」という。)において、「技術的な実現可能性等について検討の上、必要な措置を講ずる」こととされているが、最近の各種試験等を通じて、技術的な実現可能性が高いことが確認され、我が国としてのBMDシステムの構築が現有のイージス・システム搭載護衛艦及び地対空誘導弾ペトリオットの能力向上並びにその統合的運用によって可能となった。このようなBMDシステムは、弾道ミサイル攻撃に対して我が国国民の生命・財産を守るための純粋に防御的な、かつ、他に代替手段のない唯一の手段であり、専守防衛を旨とする我が国の防衛政策にふさわしいものであることから、政府として同システムを整備することとする。

(我が国の防衛力の見直し)

2．我が国をめぐる安全保障環境については、我が国に対する本格的な侵略事態生起の可能性は低下する一方、大量破壊兵器や弾道ミサイルの拡散の進展、国際テロ組織等の活動を含む新たな脅威や平和と安全に影響を与える多様な事態(以下「新たな脅威等」という。)への対応が国際社会の差し迫った課題となっており、我が国としても、我が国及び国際社会の平和と安定のため、日米安全保障体制を堅持しつつ、外交努力の推進及び防衛力の効果的な運用を含む諸施策の有機的な連携の下、総合的かつ迅速な対応によって、万全を期す必要がある。このような新たな安全保障環境やBMDシステムの導入を踏まえれば、防衛力全般について見直しが必要な状況が生じている。

このため、関係機関や地域社会との緊密な協力、日米安全保障体制を基調とする米国との協力関係の充実並びに周辺諸国をはじめとする関係諸国及び国際機関等との協力の推進を図りつつ、新たな脅威等に対して、その特性に応じて、実効的に対応するとともに、我が国を含む国際社会の平和と安定のための活動に主体的・積極的に取り組み得るよう、防衛力全般について見直しを行う。その際、テロや弾道ミサイル等の新たな脅威等に実効的に対応し得るなどの必要な体制を整備するとともに、本格的な侵略事態にも配意しつつ、従来の整備構想や装備体系について抜本的な見直しを行い適切に規模の縮小等を図ることとし、これらにより新たな安全保障環境に実効的に対応できる防衛力を構築する。

上記の考え方を踏まえ、自衛隊の新たな体制への転換に当たっては、即応性、機動性、柔軟性及び多目的性の向上、高度の技術力・情報能力を追求しつつ、既存の組織・装備等の抜本的な見直し、効率化を図る。その際、以下の事項を重視して実効的な体制を確立するものとする。

(1) 現在の組織等を見直して、統合運用を基本とした自衛隊の運用に必要な防衛庁長官の補佐機構等を設ける。

(2) 陸上、海上及び航空自衛隊の基幹部隊については、新たな脅威等により実効的に対処し得るよう、新たな編成等の考え方を構築する。

(3) 国際社会の平和と安定のための活動を実効的に実施し得るよう、所要の機能、組織及び装備を整備する。

(4) 将来の予測し難い情勢変化に備えるため、本格的な侵略事態に対処するための最も基盤的な部分は確保しつつも、我が国周辺地域の状況等を考慮し、

ア　陸上自衛隊については、対機甲戦を重視した整備構想を転換し、機動力等の向上により新たな脅威等に即応できる体制の整備を図る一方、戦車及び火砲等の在り方について見直しを行い適切に規模の縮小等を図る。

イ　海上自衛隊については、対潜戦を重視した整備構想を転換し、弾道ミサイル等新たな脅威等への対応体制の整備を図る一方、護衛艦、固定翼哨戒機等の在り方について見直しを行い適切に規模の縮小等を図る。

ウ　航空自衛隊については、対航空侵攻を重視した整備構想を転換し、弾道ミサイル等新たな脅威等への対応体制の整備を図る一方、作戦用航空機等の在り方について見直しを行い適切に規模の縮小等を図る。

(経費の取り扱い)

3．BMDシステムの整備という大規模な事業の実施に当たっては、上記2に基づく自衛隊の既存の組織・装備等の抜本的な見直し、効率化を行うとともに、我が国の厳しい経済財政事情等を勘案し、防衛関係費を抑制していくものとする。このような考え方の下、現中期防に代わる新たな中期防衛力整備計画を平成16年末までに策定し、その総額の限度を定めることとする。

(新たな防衛計画の大綱の策定)

4．新たな中期防衛力整備計画の策定の前提として、新たな安全保障環境を踏まえ、上記1及び2に述べた考え方に基づき、自衛隊の国際社会の平和と安定のための活動の位置付けを含む今後の防衛力の在り方を明らかにするため、「平成8年度以降に係る防衛計画の大綱について」(平成7年11月28日安全保障会議及び閣議決定)に代わる新たな防衛計画の大綱を前もって策定する。

内閣官房長官談話

(平成15年12月19日)

1．政府は、本日、安全保障会議及び閣議において、「弾道ミサイル防衛システムの整備等について」を決定いたしました。本決定は弾道ミサイル防衛(BMD)システムの導入の考え方を明らかにするとともに、BMDシステムの導入や新

たな安全保障環境を踏まえた我が国の防衛力の見直しの方向性を示すものであります。政府としては、本決定に基づき、平成16年末までに新たな防衛計画の大綱及び中期防衛力整備計画を策定することとしております。

2．政府は、大量破壊兵器及び弾道ミサイルの拡散が進展している状況の下、BMDシステムについて、近年関連技術が飛躍的に進歩し、我が国としても技術的に実現可能性が高いと判断し、また、BMDが専守防衛を旨とする我が国防衛政策にふさわしいものであることを踏まえ、我が国としてイージスBMDシステムとペトリオットPAC−3による多層防衛システムを整備することとしました。

3．BMDシステムの技術的な実現可能性については、米国における迎撃試験や各種性能試験等の結果を通じて、また、我が国独自のシミュレーションによっても、確認されています。したがって、これらのシステムは技術的信頼性が高く、米国も初期配備を決定したことなどにもみられるように、その導入が可能な技術水準に達しているものと判断されます。

4．BMDシステムは、弾道ミサイル攻撃に対し、我が国国民の生命・財産を守るための純粋に防御的な、かつ、他に代替手段のない唯一の手段として、専守防衛の理念に合致するものと考えております。したがって、これは周辺諸国に脅威を与えるものではなく、地域の安定に悪影響を与えるものではないと考えております。

5．集団的自衛権との関係については、今回我が国が導入するBMDシステムは、あくまでも我が国を防衛することを目的とするものであって、我が国自身の主体的判断に基づいて運用し、第三国の防衛のために用いられることはないことから、集団的自衛権の問題は生じません。なお、システム上も、迎撃の実施に当たっては、我が国自身のセンサでとらえた目標情報に基づき我が国自らが主体的に判断するものとなっています。

6．BMDシステムの運用にかかる法的な考え方としては、武力攻撃としての弾道ミサイル攻撃に対する迎撃は、あくまでも武力攻撃事態における防衛出動により対応することが基本です。なお、弾道ミサイルの特性等にかんがみ、適切に対応し得るよう、法的措置を含む所要の措置を具体的に検討する考えです。

7．現在実施中の日米共同技術研究は、今回導入されるシステムを対象としたものではなく、より将来的な迎撃ミサイルの能力向上を念頭においたものであり、我が国の防衛に万全を期すためには引き続き推進することが重要です。なお、その将来的な開発・配備段階への移行については、今後の国際情勢等を見極めつつ、別途判断を行う考えです。

8．我が国としては、BMDについて、今後とも透明性を確保しつつ国際的な認識を広げていくとともに、米国とも技術面や運用面等において一層の協力を行い、我が国の防衛と大量破壊兵器及び弾道ミサイルの拡散の防止に万全を期すべく努めていく所存です。

弾道ミサイル防衛能力の抜本的向上について

（平成29年12月19日
国家安全保障会議決定
閣　議　決　定）

（新たな弾道ミサイル防衛システムの整備について）

1．現在、弾道ミサイルの脅威に対しては、「平成26年度以降に係る防衛計画の大綱」（平成25年12月17日国家安全保障会議及び閣議決定）及び「中期防衛力整備計画（平成26年度～平成30年度）」（平成25年12月17日国家安全保障会議及び閣議決定。以下「中期防」という。）に基づき対応してきているが、北朝鮮の核・ミサイル開発は、我が国の安全に対する、より重大かつ差し迫った新たな段階の脅威となっており、平素から我が国を常時・持続的に防護できるよう弾道ミサイル防衛能力の抜本的な向上を図る必要がある。

2．このため、新たな弾道ミサイル防衛システムとして、弾道ミサイル攻撃から我が国を常時・持続的に防護し得る陸上配備型イージス・システム（イージス・アショア）2基を導入し、これを陸上自衛隊において保持する。これにより、イージス・システム搭載護衛艦及び地対空誘導弾（ペトリオット）部隊とともに弾道ミサイル攻撃から我が国を多層的に防護し得る能力の向上を図る。

（経費の取扱いについて）

3．平成29年度及び平成30年度における陸上配備型イージス・システム（イージス・アショア）の整備に要する経費については、中期防の総額の範囲内において措置する。

平成22年度の防衛力整備等について

（平成21年12月17日
安全保障会議決定
閣　議　決　定）

（「平成17年度以降に係る防衛計画の大綱」の見直し等について）

1．「平成17年度以降に係る防衛計画の大綱」（平成16年12月10日安全保障会議決定・閣議決定。以下「現大綱」という。）は、我が国の安全保障、防衛力の在り方等についての指針を示すものであり、策定から5年後には、その時点における安全保障環境、技術水準の動向等を勘案し検討を行い、必要な修正を行うこととされている。かかる現大綱の見直しについては、国家の安全保障にかかわる重要課題であり、政権交代という歴史的転換を経て、新しい政府として十分な検討を行う必要があることから、平成22年中に結論を得ることとする。その際には、国際情勢のすう勢や我が国を取り巻く安全保障環境、我が国の防衛力や自衛隊の現状等を分析、評価した上で、我が国の安全保障の基本方針を策定するとともに、効果的な防衛力の効率的な整備に向けて取り組むこととする。

また、「中期防衛力整備計画(平成17年度~平成21年度)」(平成16年12月10日安全保障会議決定・閣議決定)は、現大綱に定める防衛力の水準を達成するための中期的な整備計画、対象期間内の防衛関係費の総額の限度等を定めるものであるが、次期の中期的な防衛力の整備計画は、現大綱の見直しの結論を踏まえて策定することとする。

(平成22年度の防衛予算の編成の準拠となる方針)

2．現大綱の見直し等の結論は平成23年度以降に反映されることとなる中で、平成22年度の防衛予算を編成するに当たって、その準拠となる方針を別紙のとおり定め、平成22年度の防衛予算と現大綱との関係、中期的な防衛力の整備計画がない中で適切に防衛力の整備を行うための方針等を明らかにすることとする。

(別紙)

平成22年度の防衛予算の編成の準拠となる方針

1．考慮すべき環境

我が国を取り巻く安全保障環境については、基本的には現大綱が示す認識を前提としつつ、北朝鮮の核・弾道ミサイル問題の深刻化や周辺諸国の軍事力の拡充・近代化及び活動の活発化がみられる一方、アジア太平洋地域における安全保障協力や国際社会における平和と安定のための取組が進展するといった我が国の安全保障に影響を及ぼし得る新たな動向とともに、日米間の安全保障面での協力の深化も考慮する必要がある。

また、財政事情については、「平成22年度予算編成の方針」(平成21年9月29日閣議決定)において、「マニフェストに従い、新規施策を実現するため、全ての予算を組み替え、新たな財源を生み出す」こととされていることに配慮が必要である。

2．基本的考え方

平成22年度においては、現大綱が定める防衛力の役割を実効的に果たせるよう、現大綱の考え方に基づき防衛力を整備することとする。

その際、我が国を取り巻く安全保障環境を踏まえ、現下の喫緊の課題に対応するとともに、以下の事項を重視しつつ、老朽化した装備品の更新や旧式化しつつある現有装備の改修による有効利用を中心として防衛力整備を効率的に行うことを原則とする。また、自衛官の実員について、極力効率化を図りつつ、第一線部隊の充足を高め、即応性・精強性の向上を図る。

(1) 各種事態の抑止及び即応・実効的対応能力の確保

弾道ミサイル攻撃、特殊部隊攻撃、島嶼部における事態への対応、平素からの常時継続的な警戒監視・情報収集、大規模・特殊災害への対応等に必要な装備品等を整備し、これら事態等への対応能力等を確保する。

(2) 地域の安全保障環境の一層の安定化

アジア太平洋地域における安全保障環境の一層の安定化を図るため、人道支援・災害救援をはじめとする各種協力、二国間及び多国間の対話等をさらに推進する。

(3) グローバルな安全保障環境の改善に向けた取組の推進

大量破壊兵器や弾道ミサイルの拡散防止、テロ・海賊への対処、国連平和維持活動等国際社会が協力して行う各種の活動に主体的かつ積極的に対応するため、各種訓練への参加等を推進するとともに、国際平和協力活動に活用し得る装備品等を整備する。

(4) 効率化・合理化に向けた取組

厳しい財政事情の下、効果的・効率的な防衛力整備を行うため、事業の優先順位を明確にしつつ、人的資源の効果的・効率的活用、装備品等の効率的な取得等の取組を推進する。

3．弾道ミサイル攻撃への対応

平成22年度については、現大綱に定める体制の下、航空自衛隊の地対空誘導弾部隊のうち弾道ミサイル防衛にも使用し得る高射群について、弾道ミサイル対処能力の向上を図る。また、弾道ミサイル防衛能力を付加されていない高射群については、現有機能の維持に必要なシステム改修に取り組む。

4．留意事項

我が国を取り巻く安全保障環境の新たな動向に対応するため、以下の事項について特に留意する。

(1) 装備品等のライフサイクルコスト管理の活用の推進等を通じた調達コストの縮減その他装備取得の一層の効率化等を図るための取組を強化するとともに、中長期的な視点から我が国の防衛生産・技術基盤の在り方について検討すること。

(2) 人員を効率的・効果的に活用するため、可能な業務について部外委託等を行うほか、質の高い人材の確保・育成を図り、教育を充実するとともに、社会の少子化、高学歴化が進む中で自衛隊の任務の多様化等に対応し得る隊員の階級・年齢構成等の在り方について検討すること。

(3) 地域住民・地域社会との関係の緊密化に留意しつつ、陸海空自衛隊が全体として効果的・効率的に能力を発揮できる体制をめざす観点から、部隊等の効率化・合理化等について検討すること。

(4) 統合運用体制移行後の運用の実績等を踏まえつつ、自衛隊がその任務を実効的に果たし得るよう、統合運用を強化すること。

5．経費の取扱い

国の最も基本的な施策の一つである防衛の重要性を踏まえつつ、厳しさを増す財政事情を勘案し、歳出額及び新規後年度負担額を極力抑制する。

平成25年度の防衛力整備等について

（平成25年1月25日
安全保障会議決定
閣　議　決　定）

(「平成23年度以降に係る防衛計画の大綱」の見直し等について)

1.「平成23年度以降に係る防衛計画の大綱」(平成22年12月17日安全保障会議決定・閣議決定。以下「現大綱」という。)が策定されて以降、我が国周辺の安全保障環境は、一層厳しさを増している。北朝鮮は、「人工衛星」と称するミサイルの発射を行った。また、中国は、我が国領海侵入及び領空侵犯を含む我が国周辺海空域における活動を急速に拡大させている。

一方、米国は、新たな国防戦略指針の下、アジア太平洋地域におけるプレゼンスを強調し、我が国を含む同盟国等との連携・協力の強化を指向している。なお、東日本大震災における自衛隊の活動においても、対応が求められる教訓が得られている。

このような変化を踏まえ、日米同盟を更に強化するとともに、現下の状況に即応して我が国の防衛態勢を強化していく観点から現大綱を見直し、自衛隊が求められる役割に十分対応できる実効的な防衛力の効率的な整備に向けて取り組むこととし、平成25年中にその結論を得ることとする。

また、「中期防衛力整備計画(平成23年度～平成27年度)」(平成22年12月17日安全保障会議決定・閣議決定)は、これを廃止することとし、今後の中期的な防衛力の整備計画については、現大綱の見直しと併せて検討の上、必要な措置を講ずることとする。

(平成25年度の防衛予算の編成の準拠となる方針)

2．現大綱の見直し等の結論は平成26年度以降に反映されることとなる中で、平成25年度の防衛予算を編成するに当たっては、その準拠とする方針を別紙のとおり定め、上記の安全保障環境の変化への対応に必要な防衛力を整備することとする。

(別紙)

平成25年度の防衛予算の編成の準拠となる方針

1．考慮すべき環境

我が国周辺の安全保障環境については、北朝鮮が引き続き核・弾道ミサイルの開発を推進し、地域の重大な不安定要因であり続けているほか、周辺国による軍事力の近代化及び軍事的活動の活発化が継続している。また、最近の中国による領海侵入及び領空侵犯を含む我が国周辺海空域における活動の活発化については十分に考慮する必要がある。さらに、東日本大震災という未曽有の大災害の経験により、大規模災害に対する備えの重要性が改めて認識されている。

また、財政事情については、「平成25年度予算編成の基本方針」(平成25年1月24日閣議決定)において、「平成25年度予算は、緊急経済対策に基づく大型補正予算と一体的なものとして、いわゆる「15ヶ月予算」として編成する」、また、「財政状況の悪化を防ぐため、民主党政権時代の歳出の無駄を最大限縮減しつつ、中身を大胆に重点化する」こととされていることに配慮が必要である。

2．基本的考え方

平成25年度においては、「1.考慮すべき環境」に示した我が国周辺の安全保障環境を踏まえ、以下の事項を重視しつつ、我が国の領土、領海、領空及び国民の生命・財産を守る態勢の強化に取り組む。

(1) 各種事態への実効的な対応及び即応性の向上

南西地域を始めとする我が国周辺における情報収集・警戒監視及び安全確保に関する能力、島嶼防衛のための輸送力・機動力・防空能力、サイバー攻撃や弾道ミサイル攻撃への対応能力の向上に重点的に取り組む。また、かかる任務等の遂行に不可欠な情報機能や指揮通信能力を強化するとともに、装備品の可動率の向上等の即応性強化のための施策を推進する。

さらに、大規模自然災害や特殊な災害に際して、国民の生命･財産を守るため、東日本大震災の教訓を踏まえた自衛隊の災害対応能力を強化する。なお、自衛官の定数については、現大綱の見直し等の結論を得るまで変更しないこととする。

(2) 日米同盟の強化

我が国周辺の安全保障環境が一層厳しさを増していることから、「日米防衛協力のための指針」の見直しの検討を含め、日米防衛協力の実効性を更に強化するための施策を推進する。

米軍の抑止力を維持しつつ、沖縄県を始めとする地元の負担軽減を図るため、普天間飛行場の移設を含む在日米軍の兵力態勢の見直し等についての具体的措置を着実に実施する。

(3) 国際的な安全保障環境の一層の安定化への取組

アジア太平洋地域を始めとする国際的な安全保障環境の一層の安定化を図るため、人道支援・災害救援その他の分野における各種協力、二国間及び多国間の対話等を更に推進する。

また、大量破壊兵器や弾道ミサイルの拡散防止、テロ・海賊への対処、国連平和維持活動等の活動に主体的かつ積極的に対応するため、自衛隊による国際活動基盤の強化等に取り組む。

(4) 効果的・効率的な防衛力整備

厳しい財政事情を踏まえ、現下の安全保障環境における喫緊の課題への対応に重点的に取り組むとともに、精強性向上の観点から自衛官の階級・年齢構成の適正化など人的資源の効果的な活用を図るほか、装備品等の効率的な取得のための取組を推進する。

特に、ライフサイクルコストの抑制を徹底して費用対効果を高めるとともに、昨年の調達に係る不適切な事案を踏まえ、調達プロセスの透明化及び契約制度の適正化を推進する。

9. P－3Cの整備関係

(1) 次期対潜哨戒機の整備について

（昭和52年12月28日国防会議決定、同年12月29日閣議了解）

海上自衛隊の現用対潜哨戒機の減耗を補充し、その近代化を図るための次期対潜哨戒機については、昭和53年度以降、P－3C45機を国産（一部を輸入）により取得するものとする。

なお、各年度の具体的整備に際しては、そのときどきにおける経済財政事情等を勘案し、国の他の諸施策との調和を図りつつ、これを行うものとする。

(2) P－3Cの取得数の変更について

（昭和57年7月23日国防会議決定及び閣議了解）

昭和52年12月28日に国防会議において決定され、同月29日に閣議了解されたP－3Cの取得数45機を75機とする

(3) P－3Cの取得数の変更について

（昭和60年9月18日国防会議決定及び閣議了解）

昭和57年7月23日に国防会議において決定され、閣議了解されたP－3Cの取得数75機を100機とする。

(4) P－3Cの取得数の変更について

（平成2年12月20日安全保障会議決定及び閣議了解）

昭和60年9月18日に国防会議において決定され、閣議了解されたP－3Cの取得数100機を104機とする。

(5) P－3Cの取得数の変更について

（平成4年12月18日安全保障会議決定及び閣議了解）

平成2年12月20日に安全保障会議において決定され、閣議了解されたP－3Cの取得数104機を101機とする。

10. F－15の整備関係

(1) 新戦闘機の整備について

（昭和52年12月28日国防会議決定、昭和52年12月29日閣議了解）

航空自衛隊の現用要撃戦闘機の減耗を補充し、その近代化を図るための新戦闘機については、昭和53年度以降、F-15百機を国産（一部を輸入）により取得するものとする。

なお、各年度の具体的整備に際しては、そのときどきにおける経済財政事情等を勘案し、国の他の諸施策との調和を図りつつ、これを行うものとする。

(2) F－15の取得数の変更について

（昭和57年7月23日国防会議決定及び閣議了解）

昭和52年12月28日に国防会議において決定され、同月29日に閣議了解されたF-15の取得数100機を155機とする。

(3) F－15の取得数の変更について

（昭和60年9月18日国防会議決定及び閣議了解）

昭和57年7月23日に国防会議において決定され、閣議了解されたF-15の取得数155機を187機とする。

(4) F－15の取得数の変更について

（平成2年12月20日安全保障会議決定及び閣議了解）

昭和60年9月18日に国防会議において決定され、閣議了解されたF－15の取得数187機を223機とする。

(5) F－15の取得数の変更について

（平成4年12月18日安全保障会議決定及び閣議了解）

平成2年12月20日に安全保障会議において決定され、閣議了解されたF-15の取得数223機を210機とする。

(6) F－15の取得数の変更について

（平成7年12月14日安全保障会議決定、平成7年12月15日閣議了解）

平成4年12月18日に安全保障会議において決定され、閣議了解されたF-15の取得数210機を213機とする。

(参考1)

F－15及びP－3Cを保有することの可否について

(昭和53年2月14日　衆議院予算委員会要求資料)

1．憲法第9条第2項が保持を禁じている「戦力」は、自衛のための必要最小限度を超えるものである。

右の憲法上の制約の下において保持を許される防衛力の具体的な限度については、その時々の国際情勢、軍事技術の水準その他の諸条件により変わり得る相対的な面を有することは否定し得ない。もっとも、性能上専ら他国の国土の潰滅的破壊のためにのみ用いられる兵器(例えばICBM、長距離戦略爆撃機等)については、いかなる場合においても、これを保持することが許されないのはいうまでもない。

これらの点は、政府のかねがね申し述べてきた見解であり、今日においても変わりはない。

2．自衛隊の要撃戦闘機や対潜哨戒機は、我が国の自衛のための防空作戦や対潜作戦の諸機能の重要な要素として従来から保持してきたものであり、今回のF-15及びP-3Cの導入は、軍事技術の水準の変化にも配慮しつつ、これらの機能に係る現有兵器の減耗を補充するために行うものである。

3．F-15は、要撃性能に主眼がおかれた、専守防衛にふさわしい性格の戦闘機であり、その付随的に有する対地攻撃性能も限定的なものであること等から、他国に侵略的、攻撃的脅威を与えるようなものでないことは明らかであり、F-4の場合のような配慮を要するものではない。

また、P-3Cは、哨戒及び対潜作戦に使用するものであって、他国に侵略的、攻撃的脅威を与えるようなものでないことはいうまでもない。

4．したがって、F-15及びP-3Cを導入し、自衛隊がこれを保有しても、憲法が禁じている「戦力」にはならず、従来の政府の見解にもとるものではないと考える。

(参考2)

F－15の対地攻撃機能及び空中給油装置について

(昭和53年3月4日　衆議院予算委員会要求資料)

1．航空自衛隊の要撃戦闘機は、我が国を攻撃するために侵入する他国の航空機を速やかに迎え撃つ要撃戦闘の機能を主たる機能とするものであり、このために必要とされる要撃性能としては、速力や上昇力はもちろん、旋回性能その他空対空戦闘のための性能が極めて重要なものとなって来ている。

今回導入しようとするF－15は、このような要撃性能に主眼がおかれた、専守防衛にふさわしい性格の戦闘機である。

2．航空自衛隊は、要撃戦闘の機能のほか、侵略部隊が我が国に上陸してくるような場合に、陸上自衛隊又は海上自衛隊を支援するため、侵略部隊を空から攻撃する対地攻撃の機能を持つことも必要であるが、航空自衛隊の有する支援戦闘機の数は、必ずしも十分でないので、これを補うため、要撃戦闘機は、付随的に対地攻撃機能を有することを必要とし、従来とも限定的ではあるが、この機能を維持して来たものである。

F－15も、ある程度の対地攻撃機能を付随的に併有しているが、空対地誘導弾や核爆撃のための装置あるいは地形の変化に対応しつつ低空から目標地点に侵入するための装置をとう載しておらず、この機能は、主として目視による目標識別及び照準を行うことができる状況下において、通常爆弾による支援戦闘を行うための限定されたものである。なお、F－15は、対地攻撃専用の計算装置等を有しておらず、対地攻撃の機能に必要な情報処理等は、要撃戦闘に用いられる計算装置等を使用してなされるものである。

3．かつて、F－4の採用に当たっては、いわゆる「爆撃装置」すなわち爆弾投下用計算装置、核管制装置及びブルパップ誘導制御装置を同機から取りはずしたが、その背景には、これを取りはずす前のF－4は、要撃性能において優れているばかりでなく、その「爆撃装置」を用いる対地攻撃の機能においても当時としてはかなり優れた性能を有しており、そのような対地攻撃機能を重視してF－4を採用した国が多かったという事情があったものである。このような背景もあって、同機の行動半径の長さを勘案すればいわゆる「爆撃装置」を施したままでは他国に侵略的、攻撃的脅威を与えるようなものとの誤解を生じかねないとの配慮の下に、同機には同装置を施さないこととしたところであり、この点は、昭和47年11月7日の衆議院予算委員会において政府見解として述べたとおりである。

また、同日の同委員会において、増原防衛庁長官は、「周辺諸国の領海領空深く入っていけるものは、許容されざる足の長さ」と答弁したが、これは、当時論議の対象となったF－1（当時FST2改と称したもの）が対地攻撃のための性能に主眼がおかれた戦闘機であることを前提として申し述べたものである。

F－15は、F－1はもちろん、F－4に比しても行動半径が長いが、先に述べたように、要撃性能に主眼がおかれた戦闘機であって、そのとう載装置からみても、他国に侵略的、攻撃的脅威を与えるようなものではなく、また、F－4の場合のような配慮を要するものでもないと考えている。

4．F－4の空中給油装置については、昭和48年の国会における同装置の必要性に関する論議を踏まえて、これを地上給油用に改修した。当時の論議の中には、空中給油を行うことは専守防衛にもとるとの主張もあったが、政府としては、そのような見地からではなく、有事の際我が国の領空ないしその周辺において空中警戒待機の態勢をとることの有効性は認めつつも、F－4が我が国の主力戦闘機である期間においては、同装置を必要とするとは判断しなかったため、右の改修を行ったものである。

しかし、航空軍事技術の進歩は著しく、超低空侵入、高々度高速侵入等航空機による侵入能力は従前に比して更に高まるすう勢にある。このようなすう勢からみてF－15が我が国の主力戦闘機となるであろう時期（1980年代中期以降の時期）

においては、有事の際に空中警戒待機の態勢をとるため空中給油装置が必要となることが十分予想されるところである。

したがって、当面空中給油装置を使うことは考えていないが、将来の運用を配慮せずに現段階で同装置を取りはずしてしまうことは適当でないとの見地から、これを残置しておくこととしたものである。

5．政府としては、従来から憲法にのっとり、専守防衛の立場を堅持して来たが、今後もこの姿勢に変わりはなく、他国に侵略的、攻撃的脅威を与えるような兵器を保有することはない。

今回のF−15の導入は、前述のことから明らかなように、右の立場を何ら損なうものでない。

(参考3)

わが国の戦闘機の「爆撃装置」について

（衆・予算委昭和47年11月7日　増原防衛庁長官答弁資料）

1．わが国の防衛力として保有すべき装備は、憲法上の制約により、わが国の自衛のために必要最小限度のものに限られることはいうまでもない。

2．3次防に基づく新要撃戦闘機（F−X）の選定による係る国会の論議（43.10. 22衆議院内閣委員会）において増田防衛庁長官が将来選ぶべき戦闘機（F−X）には「爆撃装置」は施さないと答弁したのは、当時選定を予定していたF−Xは、要撃戦闘を任務とするものであるが、ある程度行動半径の長いもの（要撃戦闘上は滞空時間が長いということで利点がある。）を選定することとしていたので、「爆撃装置」を施すことによって他国に侵略的・攻撃的脅威を与えるようなものとの誤解を生じかねないとの配慮のもとに、同装置を施さない旨を申し述べたものと考える。

3．4次防で整備する新支援戦闘機FS−T2改は、わが国土及び沿岸海域において、わが国の防衛に必要な支援戦闘を実施することを主目的とする戦闘機であるので、この任務を効率的に遂行するために必要な器材として、「爆撃装置」をつけることにしている。しかしながら、同機の行動半径は短く、他国に侵略的・攻撃的脅威を与える恐れを生ずるようなものではない。

(参考4)

F−4EJの試改修に関する防衛庁長官答弁

（昭和57年3月9日　衆議院予算委員会）

○伊藤国務大臣　お答えを申し上げます。

昭和43年の増田元長官の答弁は、わが国は他国に侵略的・攻撃的脅威を与えるような装備はもたないという基本的な方針を述べ、このような観点に立ち、当時の軍事技術の水準等諸般の情勢を考慮して、次期戦闘機には他国に侵略的・攻撃的脅威を与えるものとの誤解を生じかねないような爆撃装置は施さない旨を述べたものと理解をしております。

今回のF−4EJの試改修は、同機の10年程度の延命にあわせ、低高度目標対処能力の改善、搭載ミサイルの拡大近代化等により要撃性能の向上を図ることを主眼としております。その際、新たにF−15と同じセントラルコンピューターを装備いたしますが、この活用により、現在パイロットの技量に依存をしております目視照準がこのコンピューターの計算によって正確なものとなるということで、付随的に爆撃機能が改善されることになるのでございます。この爆撃計算機能は、F−4EJの導入時に取り外しました専用の爆撃装置によるものとは異なっておりまして、限定的なものでございます。

今回の改修は、このような能力向上が実際可能であるかどうか、代表機1機に対して試改修を行うものでございまして、その結果、将来所期の成果が得られますならば、さらに費用対効果等を検討の上、その量産改修について国防会議に付議することになるのでございます。国防会議においてお認めをいただきますならば、F−4EJに爆撃計算機能を付与することになります。しかし、その機能は、最近における軍事技術の進歩等を考慮しますならば、他国に侵略的・攻撃的脅威を与えるという誤解を生ずるおそれは全くないものでもございます。

昭和43年の増田元長官の答弁を変更したか否かという点につきましては、政府は、他国に侵略的・攻撃的脅威を与えるような装備はもたないという基本的な方針を今日においても変更する考えはございません。しかし、以上の方針の枠内で保有することが許される装備は、軍事技術の進歩等の条件の変化に応じて変わり得るものでございます。

昭和43年当時から今日までの間に、各国の軍事技術が著しく進歩した等の条件の変化があることは疑いもない事実であり、十数年前には他国に侵略的・攻撃的脅威を与えるという誤解を生ずるおそれがあると判断された装備が、今日ではもはやそのようなおそれはないと判断されることは当然あり得ることでもございます。

現在、F−4EJに爆撃計算機能を付与することを検討しておりますが、これは他国に侵略的・攻撃的脅威を与えるような装備はもたないという基本的な方針の具体的な適用の態様は、軍事技術の進歩等の条件の変化に応じて変わり得ること、また、最近十数年間における軍事技術の進歩等を考慮しますならば、F−4EJへの爆撃計算機能の付与は他国に侵略的・攻撃的脅威を与えるという誤解を生ずるおそれの全くないものであると判断されますことを踏まえて行っているものでございます。

11. ペトリオットの整備関係

新地対空誘導弾の整備について

（昭和60年9月18日国防会議決定、閣議了解）

航空自衛隊の現用地対空誘導弾ナイキJの減耗を補充し、その近代化を図るための新地対空誘導弾については、昭和61年度以降、ペトリオット6個高射群を国産により取得するものとする。

なお、各年度の具体的整備に際しては、そのときどきにおける経済財政事情等を勘案し、国の他の諸施策との調和を図りつつ、これを行うものとする。

12. F－2の整備関係

(1) 次期支援戦闘機の整備について

（平成7年12月14日　安全保障会議決定、平成7年12月15日　閣議了解）

航空自衛隊の現用の支援戦闘機及び高等練習機の減耗を補充し、その近代化を図る等のための次期支援戦闘機については、平成8年度以降、F－2　130機を国産により取得するものとする。

なお、各年度の具体的整備に際しては、その時々における経済財政事情等を勘案し、国の他の諸施策との調和を図りつつ、これを行うものとする。

(2) F－2の取得数の変更について

（平成16年12月10日　安全保障会議決定及び閣議了解）

平成7年12月14日に安全保障会議において決定され、同月15日に閣議了解されたF－2の取得数130機を98機とする。

(3) F－2の取得数の変更について

（平成18年12月24日　安全保障会議決定及び閣議了解）

平成16年12月10日に安全保障会議において決定され、閣議了解されたF－2の取得数98機を94機とする。

13. P－1の整備関係

(1) 次期固定翼哨戒機の整備について

（平成19年12月24日　安全保障会議決定及び閣議了解）

海上自衛隊の現用固定翼哨戒機の減耗を補充し、その近代化を図るための次期固定翼哨戒機については、平成20年度以降、作戦用航空機として、P－1　65機を国産により取得するものとする。

なお、各年度の具体的整備に際しては、その時々における経済財政事情等を勘案し、国の他の諸施策との調和を図りつつ、これを行うものとする。

14. F－35Aの整備関係

(1) 次期戦闘機の整備について

（平成23年12月20日　安全保障会議決定及び閣議了解）

航空自衛隊の現用戦闘機の減耗を補完し,その近代化を図るための次期戦闘機については、平成24年度以降、F－35A42機を取得するものとする。

なお、一部の完成機輸入を除き、国内企業が製造に参画することとし、また、各年度の具体的整備に際しては、その時々における経済財政事情等を勘案し、国の他の諸施策との調和を図りつつ、これを行うものとする。

15. 空中給油機能について

(1) 平成12年12月14日の与党間合意について

「1. 次期防本文においては、次の旨を盛り込むこととする。

戦闘機の訓練の効率化、事故防止、基地周辺の騒音軽減及び人道支援等の国際協力活動の迅速な実施と多目的な輸送に資するとともに、我が国の防空能力の向上を図るため、空中に於ける航空機に対する給油機能及び国際協力活動にも利用できる輸送機能を有する航空機を整備する。

2．次期防別表においては、本件航空機の整備機数を4機とする。

3．この航空機の機種選定については、安全保障会議で慎重審議の上、平成13年度中に決定するものとする。

4．13年度予算において、本件航空機1機の調達を取りやめることとし、これに代えて、この航空機の整備に必要な事項の調査に要する経費を盛り込むこととする。」

(2) 空中給油・輸送機の機種選定について

（平成13年12月14日　安全保障会議了承）

「空中給油・輸送機の機種については、ボーイング767空中給油・輸送機とすることを了承する。」

16. 平成28年度以降の防衛力整備の主要な事項

(1) 平成28年度における防衛力整備内容のうちの主要な事項について

（平成27年12月24日国家安全保障会議決定）

平成28年度における防衛力整備内容のうちの主要な事項については、次のとおりとする。

装備についての種類及び数量

別表のとおり調達し、又は建造に着手する。

別　表

区　分	種　類	数　量
陸上自衛隊	機動戦闘車	36両
	輸送防護車	4両
	水陸両用車（AAV7）	11両
	ティルト・ローター機（V－22）	4機
	12式地対艦誘導弾	1式
	11式短距離地対空誘導弾	1式
	中距離多目的誘導弾	12セット
	10式戦車	6両
	99式自走155mm榴弾砲	6両
海上自衛隊	護衛艦（8,200トン型）	1隻
	潜水艦（2,900トン型）	1隻
	哨戒ヘリコプター（SH－60K）	17機
航空自衛隊	新早期警戒機（E－2D）	1機
	戦闘機（F－35A）	6機

（注）上記整備数量のほか、新空中給油・輸送機（KC－46A）について、1機分の機体構成品等を取得するとともに、共同の部隊の装備として、滞空型無人機（グローバルホーク）システムの一部を取得。

(2) 平成29年度における防衛力整備内容のうちの主要な事項について

（平成28年12月22日国家安全保障会議決定）

平成29年度における防衛力整備内容のうちの主要な事項については、次のとおりとする。

1．自衛隊法（昭和29年法律第165号）の改正を要する部隊の組織、編成又は配置の変更

(1) 中央即応集団を廃止し、陸上総隊（仮称）を新編する。

(2) 南西航空混成団を廃止し、南西航空方面隊（仮称）を新編する。

2．自衛官の定数の変更

自衛官の定数を次のとおり変更する。

陸上自衛隊　　7人減

海上自衛隊　　1人減

航空自衛隊　　2人増
共同の部隊　　6人増

3．装備についての種類及び数量
別表のとおり調達し、又は建造に着手する。
なお、弾道ミサイル防衛用能力向上型迎撃ミサイル（SM－3ブロックⅡA）については、共同生産・配備段階へ移行する。

4．開発項目
12式地対艦誘導弾（改）の開発に着手する。

別　表

区　分	種　類	数　量
陸上自衛隊	機動戦闘車 水陸両用車（AAV7） ティルト・ローター機（V－22） 輸送ヘリコプター(CH－47JA) 12式地対艦誘導弾 03式中距離地対空誘導弾（改） 12式短距離地対空誘導弾 中距離多目的誘導弾 10式戦車 99式自走155mm榴弾砲	33両 12両 4機 6機 1式 1個中隊 1式 5セット 6両 6両
海上自衛隊	潜水艦（3,000トン型） 掃海艦（690トン型） 音響測定艦（2,900トン型）	1隻 1隻 1隻
航空自衛隊	戦闘機（F－35A） 新空中給油・輸送機（KC－46A） 輸送機（C－2）	6機 1機 3機
共同の部隊	滞空型無人機（グローバルホーク）	1機

(3) 平成29年度における防衛力整備内容のうちの主要な事項について(第1次補正予算)

（平成29年12月22日国家安全保障会議決定）

我が国周辺の安全保障環境や頻発する自然災害へ対応するとともに、自衛隊の安定的な運用態勢を確保するために必要な装備品を平成29年度第1次補正予算において、別表のとおり、調達する。

別　表

区　分	種　類	数　量
陸上自衛隊	連絡偵察機（LR－2）	1機
航空自衛隊	新早期警戒機（E－2D） 基地防空用地対空誘導弾	1機 4式

(注) 上記整備数量のほか、陸上配備型イージス・システム（イージス・アショア）の整備に着手するために必要な予算を計上

(4) 平成30年度における防衛力整備内容のうちの主要な事項について

（平成29年12月22日国家安全保障会議決定）

平成30年度における防衛力整備内容のうちの主要な事項については、次のとおりとする。

1．自衛官の定数の変更

自衛官の定数を次のとおり変更する。

陸上自衛隊22人減

海上自衛隊3人減

航空自衛隊6人減

共同の部隊29人増

統合幕僚監部4人増

情報本部1人減

防衛装備庁1人減

2．装備についての種類及び数量

別表のとおり調達し、又は建造に着手する。

別表

区　分	種　類	数　量
陸上自衛隊	16式機動戦闘車 ティルト・ローター機（V－22） 12式地対艦誘導弾 03式中距離地対空誘導弾（改） 11式短距離地対空誘導弾 中距離多目的誘導弾 10式戦車 99式自走155mm榴弾砲	16両 4機 1式 1個中隊 1式 9セット 6両 7両
海上自衛隊	護衛艦（3,900トン型） 潜水艦（3,000トン型）	2隻 1隻
航空自衛隊	新早期警戒機（E－2D） 戦闘機（F－35A） 新空中給油・輸送機（KC－46A） 輸送機（C－2）	1機 6機 1機 2機
共同の部隊	滞空型無人機（グローバル・ホーク）	1機

(注) 上記整備数量のほか、陸上配備型イージス・システム（イージス・アショア）の整備に着手するために必要な予算を計上

17. 弾道ミサイル防衛（BMD:Ballistic Missile Defense）

1. BMDに関する政策面の要点

○防衛戦略上の意義

　BMDは、弾道ミサイル攻撃に対し、我が国の防衛能力を獲得するものであって、我が国国民の生命・財産を守るための純粋に防御的な手段として、専守防衛の理念に合致するもの。また、日米同盟関係の強化といった意義が挙げられる。

○安全保障環境への影響

・　BMDは、相手方が弾道ミサイルを発射しなければ応ずるものではなく、それ自体がいわゆる攻撃能力を有さない、純粋に防御的なシステムであり、周辺国に脅威を与えるものではない。

・　他方、周辺国・地域に対しては、本システムは特定の国・地域を対象としたものではなく、周辺地域の安定に悪影響を与えるものではない旨、必要に応じ説明し、透明性を確保しつつ、国際的な認識を広げていくことが重要。

○技術的実現可能性

・　2002年12月、米国は2004－2005年のBMD初期配備を決定・公表し、以降毎年1兆円近くの予算を計上。これは、レーガン政権からの研究開発が初めて実を結んだとの意義を有し、技術的基盤が既に確立してきていることを意味する。

・　特にペトリオットPAC－3は、良好な試験結果を経て、2003年のイラクに対する武力行使にも試験的に投入され、既に量産段階に至っており、イージス艦を用いたシステムも良好な試験結果の下、2004年9月から弾道ミサイル探知追尾能力を持ったイージス艦の配備が、2006年秋から迎撃能力を有するイージス艦の配備がそれぞれ開始されている。

○迎撃等に関する規定

・　2005年7月、防衛出動が下命されていない状況において、我が国に飛来する弾道ミサイル等を破壊できるよう、自衛隊法の改正法が成立。

　なお、同改正では、迅速かつ適切な対処とシビリアンコントロールの確保に留意。

○武器輸出三原則等との関係

・　2004年12月の新防衛大綱に関する官房長官談話の中で、武器輸出三原則等については、弾道ミサイル防衛（BMD）システムは、日米安保体制の効果的な運用に寄与し、我が国の安全保障に資するとの観点から、共同で開発・生産を行うこととなった場合には、厳格な管理を行う前提で武器輸出三原則等によらないこととした。なお、平成26年4月に策定された防衛装備移転三原則においても、引き続き、海外移転を認め得るものとされている。

2. 我が国のこれまでの取組と日米協力

○TMD日米作業グループ(平成5年12月以降)

米国のTMDプログラムの概要等について、事務レベルで情報交換を実施。

○我が国のBMDの在り方に関する検討

BMDシステムの具体的な内容、技術的実現可能性等多岐にわたり、総合的見地から十分に検討することが必要であるとの観点から、米側の協力も得ながら、平成7年度より「我が国の防空システムの在り方に関する総合的調査研究」を実施。

○日米弾道ミサイル防衛共同研究(平成7年～9年)

弾道ミサイルの特性やBMDシステムの技術的可能性等について、日米の専門家レベルで研究作業等を実施。

○日米共同技術研究

・ 平成10年10月25日に安全保障会議が開催され、「弾道ミサイル防衛(BMD)に係る日米共同技術研究」について審議を行い、弾道ミサイル防衛に対する認識及び政策上考慮すべき要素の検討結果を踏まえ、平成11年度より海上配備型システムを対象とした日米共同技術研究に着手すること等について了承し、政府として着手を決定。平成11年度から平成18年度までに関連経費として約269億円を計上してきた。

・ 平成11年8月13日の閣議決定を経て、同8月16日に弾道ミサイル防衛(BMD)に係る日米共同技術研究に関する書簡が外務大臣と駐日米国大使との間で交換されたことを受け、防衛庁と米国防省との間で、同研究を実施するための了解覚書(MOU)を署名。

○弾道ミサイル防衛に関する包括的協力枠組み

・ 平成16年12月14日の閣議決定を経て、同日に弾道ミサイル防衛協力に関する書簡が外務大臣と駐日米国大使との間で取り交わされたことを受け、防衛庁と米国防省との間で「弾道ミサイル防衛に関する了解覚書(日/米BMD MOU)」を締結。

○能力向上型迎撃ミサイル(SM－3ブロックⅡA)に関する日米共同開発への移行

・ 平成17年12月、これまで行ってきた海上配備型上層システムの主要4構成品(ノーズコーン、第2段ロケットモーター、キネティック弾頭、赤外線シーカー)について、要素技術の確認が終了し、技術的な課題解明の見通しを得たことを受け、安全保障会議及び閣議において共同開発へ移行することを決定。平成18年6月、日米両政府間で正式に合意され、日米共同開発が開始。

○SM－3ブロックⅡAの共同生産・配備段階への移行

・ 平成28年12月22日、国家安全保障会議(NSC)9大臣会合において、SM－3ブロックⅡAの共同生産・配備段階への移行が決定された。

能力向上型迎撃ミサイルの概要

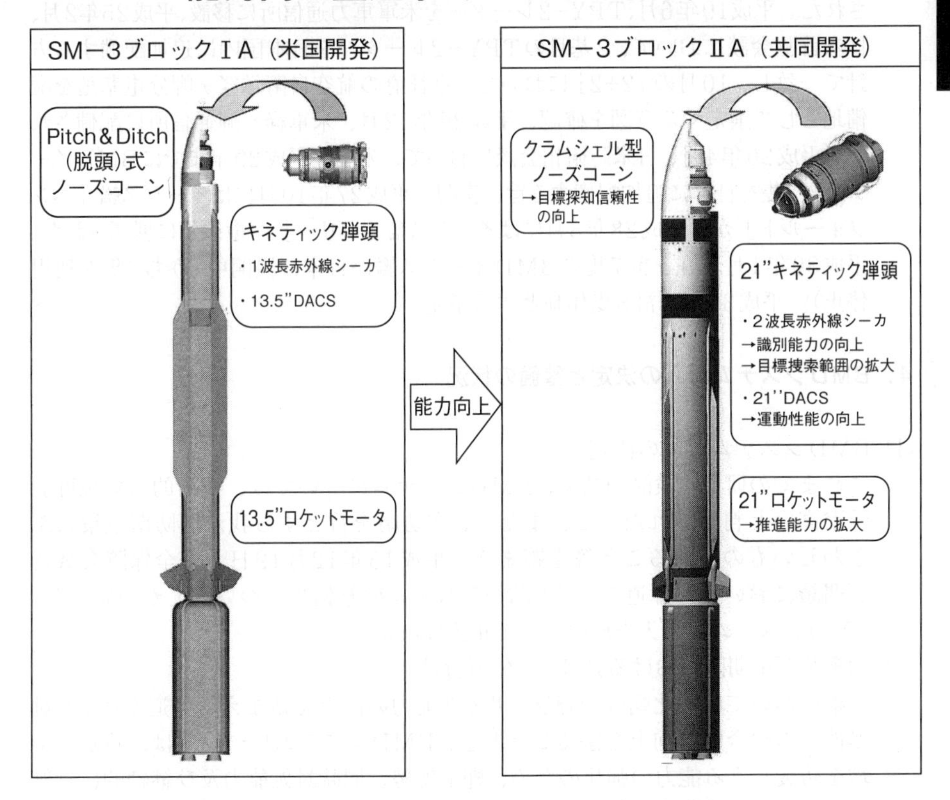

3．米国BMDシステムの初期配備の決定及び日本周辺への展開

○平成13年12月17日にブッシュ大統領は抑止態勢の新たな3本柱の1つである防衛システムの一部と位置付けられたミサイル防衛について、2004年から2005年までの間に、地上配備型ミッドコース防衛システム・海上配備型ミッドコース防衛システム（イージスBMDシステム）及びペトリオットPAC−3からなるBMDシステムの初期配備を決定した。平成17年10月及び平成18年5月の「2+2」において合意された共同文書において、米国は適切な場合に、日本及びその周辺に補完的な能力を追加的に展開し、日本のミサイル防衛を支援するためにその運用につき調整すること、新たな米軍のXバンドレーダーを航空自衛隊車力分屯基地に配備すること、米国の条約上のコミットメントを支援するため、米国は、適切な場合に、ペトリオットPAC−3やスタンダード・ミサイル（SM−3）といった積極防御能力を展開すること等が決定された。この決定に基づき、平成18年6月、TPY−2レーダーを青森県の航空自衛隊車力分屯基地に配備し、8月にはミッドコースでの弾道ミサイル迎撃能力を保有するイージス艦「シャイロー」が横須賀に展開。

9月には、米軍のペトリオットPAC－3が、沖縄県の在日米軍嘉手納基地に配備された。平成19年6月、TPY－2レーダーを米軍車力通信所に移設、平成25年2月、日米首脳会談において、2基目のTPY－2レーダーを日本国内に追加配備する方針で一致し、10月の「2+2」において、京都府の航空自衛隊経ヶ岬分屯基地を配備地として選定する意図を確認、平成26年12月、米軍経ヶ岬通信所に配備された。平成26年4月、日米防衛相会談において、米国が平成29年までにBMDイージス艦2隻を日本に追加配備する旨、表明。平成27年10月にはイージス艦「ベンフォールド」が、平成28年3月にはイージス艦「バリー」が横須賀に展開された。平成30年1月現在、計7隻のBMDイージス艦が日本に展開中（うち2隻が運用停止）。平成30年に計8隻体制とする予定。

4．BMDシステム導入の決定と整備の状況

(1) BMDシステム導入の決定

○これまでの研究・検討の結果、BMDシステムについては、技術的に実現可能性が高いと判断されたこと、また、専守防衛を旨とする我が国防衛政策にふさわしいものであること等を踏まえ、平成15年12月19日、安全保障会議及び閣議において「弾道ミサイル防衛システムの整備等について」が決定され、BMDシステムの導入を政府として正式に決定。

(2) 大綱及び中期防におけるBMDの位置付け

○大綱においては、北朝鮮の弾道ミサイル能力の向上を踏まえ、弾道ミサイル対処能力の総合的な向上を図ることとし、BMDシステムについては、我が国全域を防護しうる能力の強化のため、即応態勢、同時対処能力及び継続的に対処できる能力を強化することとされた。

○中期防においても、イージス・システム搭載護衛艦（DDG）の整備、現有のイージス・システム護衛艦（DDG）の能力向上、巡航ミサイルや航空機への対処と弾道ミサイル防衛の双方に対応可能な新たな能力向上型迎撃ミサイル（PAC－3 MSE）を搭載するための地対空誘導弾ペトリオットの更なる能力向上、自動警戒管制システムの能力向上や固定式警戒管制レーダー（FPS－7）の整備・能力向上及びBMD用能力向上型迎撃ミサイル（SM－3ブロックⅡA）の開発推進等のBMDシステム強化のための施策が明記された。

(3)陸上配備型イージス・システム（イージス・アショア）の導入等について

○北朝鮮の核・ミサイル開発は、我が国の安全に対する、より重大かつ差し迫った新たな段階の脅威となっており、平素から我が国を常時・持続的に防護できるよう弾道ミサイル防衛能力の技術的な向上を図る必要があり、平成29年12月19日、「弾道ミサイル防衛能力の抜本的向上について」を国家安全保障会議（NSC）9大臣会合及び閣議で決定。新たな弾道ミサイル防衛システムとして弾道ミサイル攻撃から我が国を常時・持続的に防護し得る陸上配備型イージス・

システム（イージス・アショア）2基を導入し、これを陸上自衛隊において保持することとした。

○現大綱・中期防との関係について、現大綱・中期防は、弾道ミサイル防衛にも使用し得る主要装備・基幹部隊として、海自イージス艦及び空自PAC−3等を明記していることから、現大綱・中期防による防衛力整備に加え、新たにイージス・アショアを導入し、陸上自衛隊に運用させるためには、現大綱・中期防との関係を整理することとした。

○イージス・アショアとした理由については、イージス・アショアは、広域の防衛を目的としたアセットであり、2基で我が国を常時・持続的に防護することが可能であり、イージス艦の整備体制や教育体制を活用することが可能であることから、費用対効果や可及的速やかに導入する観点を踏まえたもの。

○陸上自衛隊においてイージス・アショアを保持する理由としては、北朝鮮は弾道ミサイル能力の増強を進めており、我が国に対するこれまでにない重大かつ差し迫った新たな段階の脅威となっている中、陸海空自衛隊がそれぞれ持てる資源を最大限活用し、陸海空自衛隊の総力を結集する形で統合運用を一層進め、北朝鮮の弾道ミサイルから防衛する態勢を構築することが必要であること、また、イージス・アショアは、陸上に迎撃用の装備品を固定的に設置するものであり、このことから、平素の施設警備について高い能力が必要であることを総合的に勘案したもの。

［25大綱別表（抜粋）］

区分			現状（平成25年度末）	将来
海上自衛隊	主要装備	（イージス・システム搭載護衛艦）	（6隻）	（8隻）
航空自衛隊	基幹部隊	航空警戒管制部隊	8個警戒群 20個警戒隊 1個警戒航空隊 （2個飛行隊）	28個警戒隊 1個警戒航空隊 （3個飛行隊）
		地対空誘導弾部隊	6個高射群	6個高射群

注：弾道ミサイル防衛にも使用しうる主要装備・基幹部隊については、上記の護衛艦（イージス・システム搭載護衛艦）、航空警戒管制部隊及び地対空誘導弾部隊の範囲内で整備することとされた。

(4) 予算の状況

○平成16年度予算：約1,068億円（契約ベースの金額。以下同じ。）

○平成17年度予算：約1,198億円

○平成18年度予算：約1,399億円（当初予算）

○平成18年度補正予算：約142億円

○平成19年度予算：約1,826億円

○平成20年度予算：約1,132億円

○平成21年度予算：約1,112億円

○平成22年度予算：約538億円
○平成23年度予算：約473億円
○平成24年度予算：約570億円
○平成24年度補正予算：約109億円
○平成25年度予算：約283億円
○平成26年度予算：約606億円
○平成27年度予算：約2,449億円
○平成28年度予算：約2,193億円
○平成28年度補正予算：約1,491億円
○平成29年度予算：約649億円
○平成29年度補正予算案：約768億円
○平成30年度予算案：約1,365億円

(5) これまでのBMDシステムの整備状況

○16大綱におけるBMDシステム整備計画

16大綱におけるBMD整備計画については、イージス艦4隻へのBMD能力の付与、3個高射群及び教育所要（※16個高射隊）のペトリオットPAC－3、4基のFPS－5及び7基のFPS－3改（能力向上型）を整備することとし、平成23年度（平成16年度から8年間）をもって、16大綱の整備目標を達成した。

※第1、2、4高射群（12個高射隊）＋教育所要としての高射教導隊（3個高射隊）、第2術科学校（1個高射隊）で計16個高射隊となる。

○22大綱におけるBMDシステム整備計画

22大綱においては、常続的な待機体制を強化し、弾道ミサイル対処能力全般の更なる強化を図るため、イージス艦については、新たに「あたご」型2隻にBMD能力を付与し、ペトリオットPAC－3については、新たに1個高射隊をPAC－3化するとともに、全国にPAC－3を再配置することとした。（平成29年度予算案における「あしがら」のBMD能力付与に必要な経費の計上により、平成30年度をもって整備目標を達成する見込み。）

米国が世界に配備している弾道ミサイル防衛網 (2017年12月現在)

米国や同盟国・友好国の弾道ミサイル防衛のため、米軍は9ヵ国に部隊を展開
(さらにポーランドへの地上発射型迎撃ミサイルを建設中)

◇米軍が世界に配備している弾道ミサイル防衛網の概要

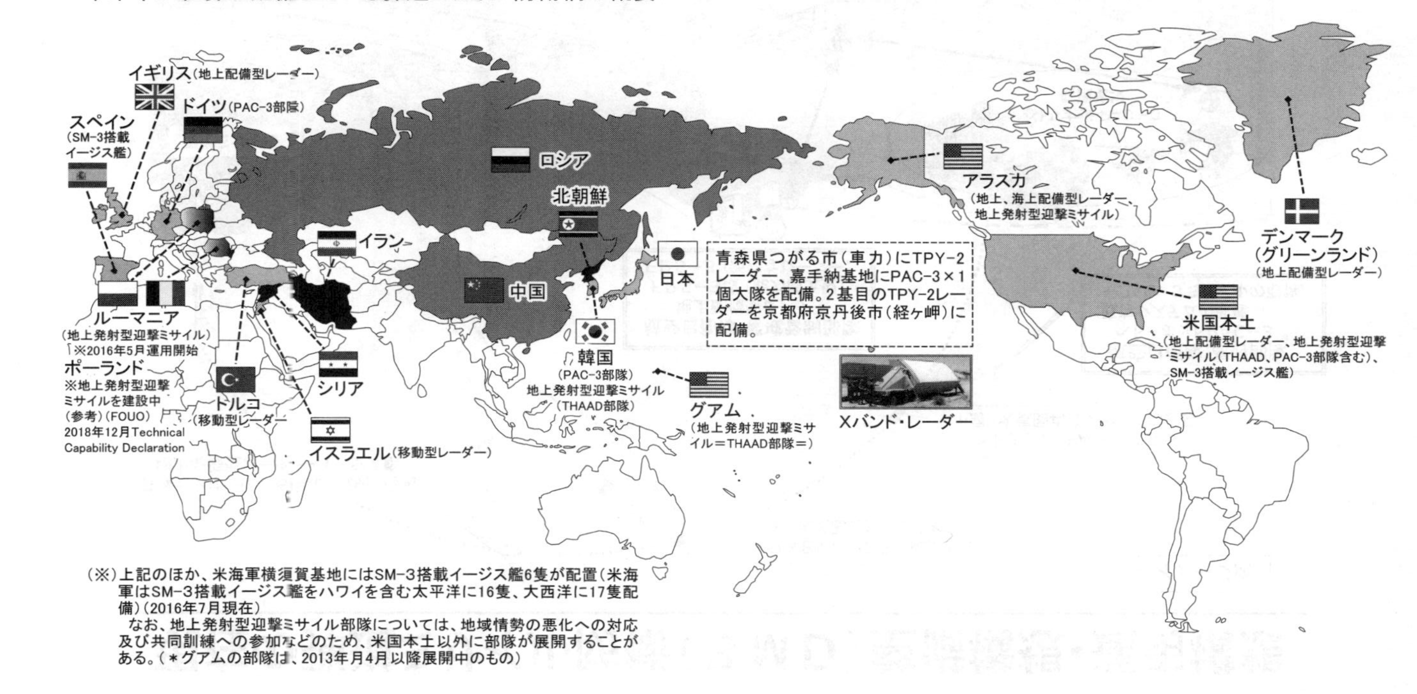

(※)上記のほか、米海軍横須賀基地にはSM-3搭載イージス艦6隻が配置(米海軍はSM-3搭載イージス艦をハワイを含む太平洋に16隻、大西洋に17隻配備)(2016年7月現在)
　なお、地上発射型迎撃ミサイル部隊については、地域情勢の悪化への対応及び共同訓練への参加などのため、米国本土以外に部隊が展開することがある。(＊グアムの部隊は、2013年月4月以降展開中のもの)

現在の弾道ミサイル防衛（ＢＭＤ）整備構想・運用構想

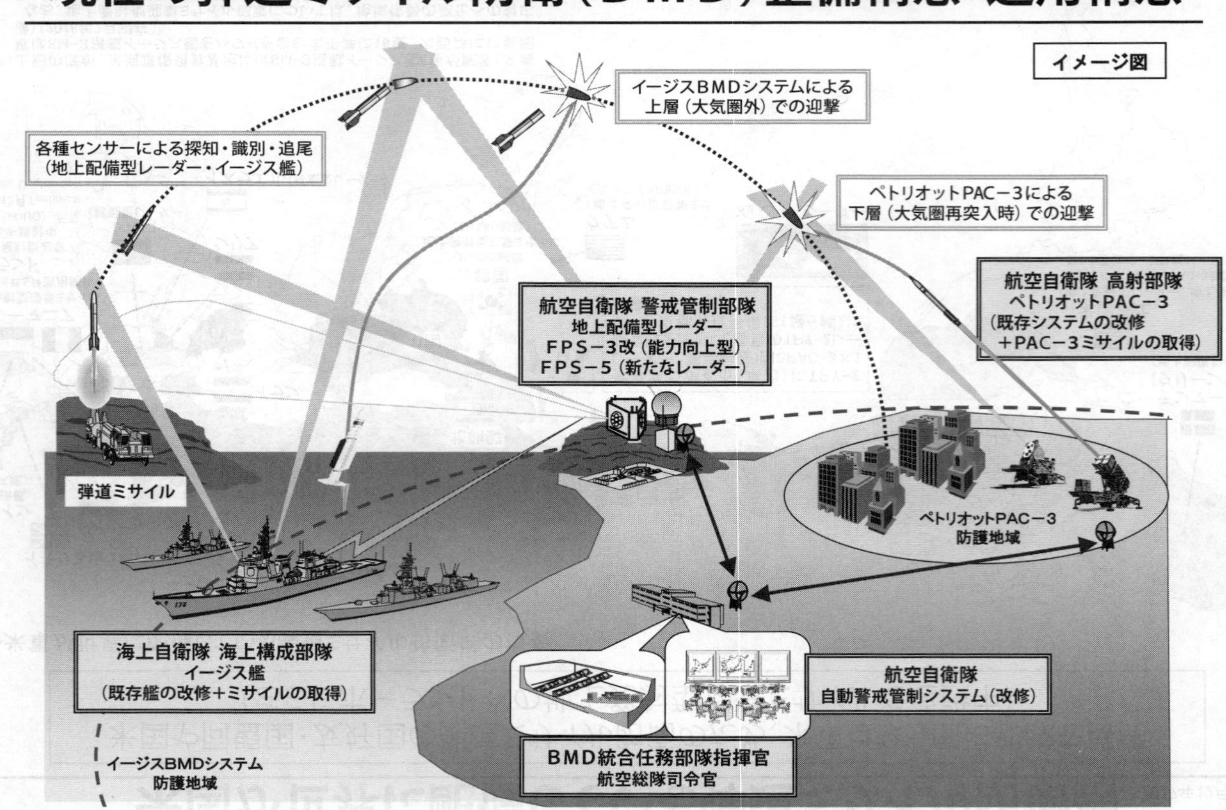

18. 防衛力整備の推移

(1) 防衛力整備の推移 (平成24～29年度)

		24年度	25年度	26年度	27年度	28年度	29年度
陸上自衛隊	編成定数	159,238人	159,238人	159,198人	158,938人	158,938人	158,931人
	常備自衛官定数	151,063人	151,063人	151,023人	150,863人	150,863人	150,856人
	即応予備自衛官員数	8,175人	8,175人	8,175人	8,075人	8,075人	8,075人
	予備自衛官	46,000人	46,000人	46,000人	46,000人	46,000人	46,000人
	予備自衛官補	4,600人	4,600人	4,600人	4,600人	4,600人	4,600人
	基幹部隊	5個方面隊	5個方面隊	5個方面隊	5個方面隊	5個方面隊	5個方面隊
		9個師団	9個師団	9個師団	9個師団	9個師団	9個師団
		6個旅団	6個旅団	6個旅団	6個旅団	6個旅団	6個旅団
		中央即応集団	中央即応集団	中央即応集団	中央即応集団	中央即応集団	陸上総隊
	地対空誘導弾部隊	8個群	7個群/1個連隊	7個群/1個連隊	7個群/1個連隊	7個群/1個連隊	6個群/1個連隊
海上自衛隊	艦艇	約452,000トン	約453,000トン	約467,000トン	約469,000トン	約479,000トン	約488,000トン
	航空機	約290機	約290機	約300機	約290機	約280機	約280機
	基幹部隊						
	護衛隊群	4群	4群	4群	4群	4群	4群
	掃海隊群	1群	1群	1群	1群	1群	1群
	潜水隊群	2群	2群	2群	2群	2群	2群
	航空群	7群	7群	7群	7群	7群	7群
	地方隊	5隊	5隊	5隊	5隊	5隊	5隊
航空自衛隊	航空機	約790機	約790機	約780機	約770機	約780機	約780機
	基幹部隊						
	飛行部隊	19隊	19隊	20隊	20隊	20隊	20隊
	戦闘機部隊	12隊	12隊	12隊	12隊	12隊	12隊
	偵察機部隊	1隊	1隊	1隊	1隊	1隊	1隊
	輸送機部隊	3隊	3隊	3隊	3隊	3隊	3隊
	空中給油・輸送機部隊	1隊	1隊	1隊	1隊	1隊	1隊
	警戒飛行部隊	2隊	2隊	3隊	3隊	3隊	3隊
	航空警戒管制部隊	8群	8群	8群	8群	8群	8群
		20隊	20隊	20隊	20隊	20隊	20隊
	地対空誘導弾部隊	6群	6群	6群	6群	6群	6群

(2) 平成30年度の主要な事項関連勢力推移 (平成29.12.24現在)

主要装備等			29年度予算案完成時見込(注)	30年度予算案による増加	30年度予算案完成時見込(注)	備考
自衛官定数等		陸上自衛隊	158,931人	△22人	158,909人	
		常備自衛官定数	150,856人	△22人	150,834人	
		即応予備自衛官員数	8,075人	—	8,075人	
		海上自衛隊	45,363人	△3人	45,360人	
		航空自衛隊	46,942人	△6人	46,936人	
		共同の部隊	1,259人	29人	1,288人	
		統合幕僚監部	368人	4人	372人	
		情報本部	1,911人	△1人	1,910人	
		内部部局	48人	—	48人	
		防衛装備庁	407人	△1人	406人	
		計	255,229人 (247,154人)	0 0	255,229人 (247,154人)	
予備自衛官員数			47,900人	—	47,900人	
予備自衛官補員数			4,621人	—	4,621人	
主要装備	陸上自衛隊	装甲車	約980両	—	約980両	
		水陸両用車	約52両	—	52両	
		作戦用航空機	約320機	約4機	約320機	
		地対艦誘導弾部隊	5個連隊	—	5個連隊	
		地対空誘導弾	6個群/1個連隊	—	6個群/1個連隊	
		戦車	約570両	約10両	約500両	
		主要火砲	約360門/両	約10門/両	約370門/両	
		機動戦闘車	69両	18両	87両	
	海上自衛隊	艦艇	137隻	—	139隻	
		護衛艦	45隻	2隻	47隻	
		潜水艦	22隻	1隻	22隻	
		その他艦艇	70隻	—	70隻	
		作戦用航空機	約150機	—	約150機	
	航空自衛隊	作戦用航空機	約340機	10機	約330機	
		戦闘機	約270機	6機	約270機	
		偵察機	—	—	—	
		輸送機	約50機	2機	約50機	
		空中給油・輸送機	約10機	※2機	約10機	
		早期警戒管制機等	約20機	1機	約20機	
		地対空誘導弾	6群	—	6群	

(注)1 完成時見込は、自衛官定数及び予備自衛官員数については当該年度末であるが、主要装備については、その調達に2年以上を要するものが大部分であるので、その調達所要期間に応じた調達完了年度の見込を示しており、一律の年度ではない。
(注)2 自衛官定数等の計の下段( )内は、即応予備自衛官の員数を除いた自衛官の定数である。
(注)3 29年度補正予算を含む。

19. 自衛隊の任務と行動

(1) 自衛隊の任務

1．自衛隊は、我が国の平和と独立を守り、国の安全を保つため、我が国を防衛することを主たる任務とし、必要に応じ、公共の秩序の維持に当たるものとする。

2．自衛隊は、前項に規定するもののほか、同項の主たる任務の遂行に支障を生じない限度において、かつ、武力による威嚇又は武力の行使に当たらない範囲において、次に掲げる活動であつて、別に法律で定めるところにより自衛隊が実施することとされるものを行うことを任務とする。

(一) 我が国の平和及び安全に重要な影響を与える事態に対応して行う我が国の平和及び安全の確保に資する活動

(二) 国際連合を中心とした国際平和のための取組への寄与その他の国際協力の推進を通じて我が国を含む国際社会の平和及び安全の維持に資する活動

(自衛隊法第３条第１項、第２項)

(2) 自衛隊の行動

自衛隊が任務遂行のため行う行動の概要は下表のとおりである。

区分／項目	防衛出動	同待機	防御施設構築の措置	防衛出動下令前の行動関連措置
自衛隊法等上の根拠	76条	77条	77条の2	77条の3及び米軍等行動関連措置法
対象事態	わが国に対する外部からの武力攻撃が発生した事態又は武力攻撃が発生する明白な危険が切迫していると認められるに至った事態及び我が国と密接な関係にある他国に対する武力攻撃が発生し、これにより我が国の存立が脅かされ、国民の生命、自由及び幸福追求の権利が根底から覆される明白な危険がある事態に際して、わが国を防衛するため必要があると認める場合	事態が緊迫し、防衛出動命令が発せられることが予測される場合において、これに対処するため必要があると認めるとき	事態が緊迫し、防衛出動命令（武力攻撃事態におけるものに限る）が発せられることが予測される場合において、出動を命ぜられた自衛隊の部隊を展開させることが見込まれ、かつ、防備をあらかじめ強化しておく必要があると認める地域（展開予定地域）があるとき	事態が緊迫し、防衛出動命令が発せられることが予測される場合
手続き等	国会（又は緊急集会）の承認。ただし緊急時は命令後直ちにその承認を求める	国会の承認（対処基本方針の閣議決定後）。内閣総理大臣の承認	国会の承認（対処基本方針の閣議決定後）。内閣総理大臣の承認	（物品提供） － （役務提供） 国会の承認（対処基本方針の閣議決定後）。内閣総理大臣の承認
命令権者	内閣総理大臣	防衛大臣	防衛大臣	（物品提供） 防衛大臣又はその委任を受けた者 （役務提供） 防衛大臣
内容	自衛隊の全部又は一部の出動	自衛隊の全部又は一部の出動待機	陣地その他の防御のための施設の構築	行動関連措置としての物品及び役務の提供

項目＼区分	国民保護派遣	命令による治安出動	同　待　機	治安出動下令前に行う情報収集
自衛隊法等上の根拠	77条の4	78条	79条	79条の2
対象事態	国民保護法の規定により国民保護措置を円滑に実施するため必要があるとして都道府県知事から要請を受けた場合において事態やむを得ないと認めるとき、又は武力攻撃事態等対策本部長（緊急対処事態対策本部長）から求めがあったとき	間接侵略その他の緊急事態に際して、一般の警察力をもっては治安を維持することができないと認められる場合	事態が緊迫し、治安出動命令が発せられることが予測される場合において、これに対処するため必要があると認めるとき	治安出動が下令されること及び小銃、機関銃などの強力な武器を所持した者による不法行為が行われることが予測される場合において、当該事態の状況の把握に資する情報の収集を行うため特別の必要があると認めるとき
手続き等	都道府県知事の要請又は対策本部長の求め及び内閣総理大臣の承認	出動を命じた日から20日以内に国会に付議、その承認を求める	内閣総理大臣の承認	国家公安委員会と協議の上、内閣総理大臣の承認
命令権者	防衛大臣	内閣総理大臣	防衛大臣	防衛大臣
内容	部隊等の派遣	自衛隊の全部又は一部の出動	自衛隊の全部又は一部の出動待機	武器を携行する自衛隊の部隊による情報の収集

区分 項目	要請による治安出動	警護出動	海上における警備行動	海賊対処行動
自衛隊法等上の根拠	81条	81条の2	82条	82条の2及び海賊対処法
対象事態	都道府県知事が治安維持上重大な事態につきやむを得ないと認め、かつ内閣総理大臣が事態やむを得ないと認める場合	自衛隊の施設や在日米軍の施設・区域において大規模なテロ攻撃が行われるおそれがあり、かつ、その被害を防止するため特別の必要があると認める場合	海上における人命若しくは財産の保護又は治安の維持のため特別の必要がある場合	海賊行為に対処するための特別の必要がある場合
手続き等	都道府県知事が公安委員会と協議の上、内閣総理大臣に要請	道府県知事の意見聴取、防衛大臣と国家公安委員会との間で協議させた上で、警護を行うべき施設等及び期間を指定	内閣総理大臣の承認	関係行政機関の長と協議して、対処要項を作成し、内閣総理大臣に提出した上で、内閣総理大臣の承認を得る
命令権者	内閣総理大臣	内閣総理大臣	防衛大臣	防衛大臣
内容	部隊等の出動	自衛隊施設又は在日米軍の施設及び区域の警護	自衛隊の部隊の海上における必要な行動	自衛隊の部隊による海賊対処行動

区分／項目	弾道ミサイル等に対する破壊措置	災害派遣	地震防災派遣	原子力災害派遣
自衛隊法等上の根拠	82条の3	83条	83条の2	83条の3
対象事態	弾道ミサイル等が我が国に飛来するおそれがあり、その落下による我が国領域における人命又は財産に対する被害を防止するため必要があると認めるとき（第1項）、又は事態が急変し、総理の承認を得るいとまがない緊急の場合（第3項）	都道府県知事その他政令で定める者から天災地変その他の災害に際して、人命又は財産の保護のために必要があるとして要請を受けた場合において、事態やむを得ないと認めるとき	大規模地震対策特別措置法の規定により地震応急対策を的確かつ迅速に実施する必要があるとして地震災害警戒本部長から要請を受けたとき	原子力災害対策特別措置法の規定により原子力災害対策を的確かつ迅速に実施する必要があるとして原子力災害対策本部長から要請を受けたとき
手続き等	内閣総理大臣の承認（第1項） 防衛大臣が作成し、内閣総理大臣の承認を受けた緊急対処要領に従う（第3項）	都道府県知事その他政令で定める者の要請（ただし緊急を要する場合は要請を待たない）	地震災害警戒本部長（内閣総理大臣）の要請	原子力災害対策本部長（内閣総理大臣）の要請
命令権者	防衛大臣	防衛大臣又はその指定する者	防衛大臣	防衛大臣
内容	我が国に向けて飛来する弾道ミサイル等を我が国領域又は公海（海洋法に関する国際連合条約に規定する排他的経済水域を含む。）の上空において破壊する措置	部隊等の派遣	部隊等の派遣	

区分 ＼ 項目	対領空侵犯措置	機雷等の除去	在外邦人等の保護措置	在外邦人等の輸送
自衛隊法等上の根拠	84条	84条の2	84条の3	84条の4
対象事態	外国の航空機が国際法規又は航空法その他の法令の規定に違反してわが国の領域の上空に侵入したとき		外国における緊急事態	外国における災害、騒乱その他の緊急事態
手続き等			外務大臣からの生命又は身体に危害が加えられるおそれがある邦人の警護、救出その他の当該邦人の生命又は身体の保護のための措置を行うことの依頼。外務大臣と当該措置についての協議の上、内閣総理大臣の承認。	外務大臣からの生命又は身体の保護を要する邦人の輸送の依頼。外務大臣と当該輸送において予想される危険及びこれを避けるための方策についての協議。
命令権者	防衛大臣	防衛大臣	防衛大臣	防衛大臣
内容	領空侵犯機を着陸させ、又は退去させるために必要な自衛隊の部隊の措置	海上における機雷その他の爆発性の危険物の除去及びこれらの処理	在外邦人等の警護、救出その他の当該邦人の生命又は身体の保護のための措置(輸送を含む。)	在外邦人等の輸送

項目＼区分	後方支援活動等	協力支援活動等	国際緊急援助活動	国際平和協力業務
自衛隊法等上の根拠	84条の5、重要影響事態安全確保法及び船舶検査活動法	84条の5、国際平和支援法及び船舶検査活動法	84条の5及び国際緊急援助隊法	84条の5及び国際平和協力法
対象事態	我が国の平和及び安全に重要な影響を与える事態	国際社会の平和及び安全を脅かす事態であって、その脅威を除去するために国際社会が国際連合憲章の目的に従い共同して対処する活動を行い、かつ、我が国が国際社会の一員としてこれに主体的かつ積極的に寄与する必要があるもの	海外の地域。特に開発途上にある海外の地域において大規模な災害が発生し、又は発生しようとしている場合	
手続き等	国会の承認（基本計画の閣議決定後。原則事前承認）。内閣総理大臣の承認（実施要項）。	国会の承認（基本計画の閣議決定後。例外なき事前承認）。内閣総理大臣の承認（実施要項）。	被災国政府等より国際緊急援助隊派遣の要請があった場合で特に必要と認める場合、外務大臣との協議。	国際平和協力本部長（内閣総理大臣）の要請。自衛隊の部隊等が国際連合平和維持活動又は国際連携平和安全活動のために平和維持隊の本隊業務又は安全確保業務を行う場合に限り、国会の承認（原則事前承認）。
命令権者	（物品提供） 防衛大臣又はその委任を受けた者 （役務提供、捜索救助活動、船舶検査活動） 防衛大臣	（物品提供） 防衛大臣又はその委任を受けた者 （役務提供、捜索救助活動、船舶検査活動） 防衛大臣	防衛大臣	防衛大臣
内容	後方支援活動：合衆国軍隊等に対する物品及び役務の提供、便宜の供与その他の支援措置 捜索救助活動：重要影響事態において行われた戦闘行為によって遭難した戦闘参加者について、その捜索又は救助を行う活動（救助した者の輸送を含む。） 船舶検査活動：船舶の積荷及び目的地を検査し、確認する活動並びに必要に応じ当該船舶の航路又は目的港もしくは目的地の変更を要請する活動	協力支援活動：諸外国の軍隊等に対する物品及び役務の提供 捜索救助活動：諸外国の軍隊等の活動に際して行われた戦闘行為によって遭難した戦闘参加者について、その捜索又は救助を行う活動（救助した者の輸送を含む。） 船舶検査活動：船舶の積荷及び目的地を検査し、確認する活動並びに必要に応じ当該船舶の航路又は目的港もしくは目的地の変更を要請する活動	国際緊急援助活動及び当該活動に係る輸送	部隊等による国際平和協力業務、委託に基づく輸送等

20. 不審船への対応

(1) 能登半島沖不審船事案

① 能登半島沖不審船事案の経緯

平成11年3月23日(火):

0642～ P－3Cが、佐渡島西方約10海里の領海内において、不審船らしいものを視認した。「はるな」を確認に向かわせた。

0925 P－3Cが、能登半島東方約25海里の領海内において、不審船らしいものを視認した。

1100 能登半島東方沖に進出した「はるな」が、不審船らしいものの船名(第二大和丸ほか1隻)を確認し、海上保安庁に通報した。

1210 佐渡島西方に移動した「はるな」が、不審船らしいものの船名(第一大西丸)を確認した。

1303 「はるな」が、さらに1隻の不審な漁船(第一大西丸)を発見した旨、海上保安庁に通報した。

1306 「みょうこう」が、第二大和丸の追尾を開始した。

2347 「はるな」は、レーダーにより、第一大西丸の停船を確認した。

3月24日(水):

0009 「はるな」は、第一大西丸の航行再開を確認した。

0030 運輸大臣から、防衛庁長官に対し、海上保安庁の能力を超える事態に至ったので、この後は内閣において判断されるべきものである旨の連絡があった。防衛庁長官は、内閣総理大臣に対して、海上における警備行動の承認の申請を行った。

0045 内閣総理大臣は、海上警備行動を承認した。(安全保障会議、閣議決定)

0050 防衛庁長官により海上警備行動が発令された。

0100 「はるな」が、第1大西丸に停船命令(無線及び発光信号)を実施した。

0118 「みょうこう」が、第2大西丸に停船命令(無線及び発光信号)を実施した。

0119～0224 「みょうこう」が、第2大西丸に13回(計13発)警告射撃を実施した。

0132～0438 「はるな」が、第1大西丸に12回(計22発)警告射撃を実施した。

0312～0313 P－3Cが、第二大和丸の周辺に爆弾(4発)を警告投下した。

0320 第二大和丸が防空識別圏を通過し、同船への追尾を終了した。

0401 別のP－3Cが、第一大西丸の周辺に爆弾(4発)を警告投下した。

0541 上記2機と異なるP－3Cが、第一大西丸の周辺に爆弾(4発)を警告投下した。

0606 第一大西丸が防空識別圏を通過し、同船への追尾を終了した。

1530 防衛庁長官より、海上警備行動の終結が発令された。

② 衆議院運輸委員会における柳澤運用局長報告（平成11年3月30日）

1. 能登半島沖で発見された2隻の不審船舶に対する自衛隊の対応について御報告申し上げます。

3月23日、警戒監視活動を実施中の海上自衛隊の航空機P−3Cが、2隻の不審船舶を発見しました。このため、訓練に向かっていた護衛艦を現場に向かわせ不審船舶を確認し海上保安庁に通報しました。当該不審船舶に対しては海上保安庁の航空機及び巡視船艇が停船命令を発するとともに、巡視船艇が威嚇射撃を実施する等の必要な措置が講じられましたが、不審船が速度をあげたために海上保安庁の巡視船艇等による追尾が困難となり、24日未明に持ち回りの安全保障会議及び閣議を経て、防衛庁長官が自衛隊法第82条の規定に基づく海上における警備行動を発令いたしました。

2. 海上警備行動下令後の経過の概要について申し上げますと、2隻の不審船舶に対し、海上自衛隊の護衛艦及び航空機（P−3C）により追跡、停船命令、警告射撃等を行いました。しかしながら、不審船舶は、これらの停船命令等を無視し、我が国の防空識別圏を越えて北朝鮮方向に逃走したので、それ以上の追跡は相手国を刺激し、事態の拡大を招く恐れがあると判断し、追尾を中止したところであります。その後、不審船舶は我が国の防空識別圏において活動中の航空機（P−3C）から探知できなくなるほど遠くへ移動し、我が国周辺海域においても特異事象が見られないことから、24日15時30分をもって今回の海上警備行動を終結することとしたものであります。

なお、防衛庁におきまして、入手した種々の情報を総合的に分析した結果、本件不審船舶は、25日早朝までに北朝鮮北部の港湾に到達したものと判断されます。

3. 今回の自衛隊の行動については、残念ながら不審船の逃走を許すという結果となりました。防衛庁としては、海上保安庁との緊密な連携の在り方等について、今後、今回の経験を踏まえ、遺漏の無きよう、万全を期して参りたいと考えております。

③ 能登半島沖不審船事案における教訓・反省事項

（平成11年6月4日　関係閣僚会議とりまとめ）

1. 関係省庁間の情報連絡や協力の在り方
   - ① 海上保安庁及び防衛庁は、不審船を視認した場合には、速やかに相互通報するとともに、他の関係省庁へ連絡。内閣官房は、情報の一元化を図りつつ、官邸への報告及び関係省庁への伝達を迅速に実施
   - ② 民間関係者から不審船情報を速やかに入手できる体制の強化など
2. 海上保安庁及び自衛隊の対応能力の整備
   - ① 海上保安庁の対応能力の整備（巡視船艇の能力の強化、航空機の能力の強化、既存の高速小型巡視船の配備の見直し、新たな捕捉手法の検討）
   - ② 海上自衛隊の対応能力の整備（艦艇の能力の強化、航空機の能力の強化、

立入検査用装備の整備、新たな捕捉手法の検討)
③ 海上保安庁と自衛隊間の相互の情報通信体制の強化など
3．海上警備行動の迅速かつ適切な発令の在り方
状況により、官邸対策室を設置するとともに、必要に応じ関係閣僚会議を開催し、海上警備行動の発令を含め対応について協議。海上警備行動の発令が必要となった場合には、安全保障会議及び閣議を迅速に開催
4．実際の対応に当たっての問題点
① 不審船に対しては、漁業法、関税法等で対応。今後、各種の事案を想定しつつ、具体的な運用要領の充実を実施。所要の法整備の必要性の有無については、更に検討
② 停船手段、停船後の措置についての運用研究及びマニュアルの作成
③ 海上保安庁・自衛隊の間の共同対処マニュアルの整備
④ 要員の養成及び訓練の実施など
5．適切な武器使用の在り方
不審船への対応については、警察機関としての活動であることを考慮すれば、警察官職務執行法の準用による武器の使用が基本。但し、不審船を停船させ、立入検査を行うという目的を十分達成するとの観点から、対応能力の整備や運用要領の充実に加え、危害射撃の在り方を中心に法的な整理を含め検討
6．各国との連携の在り方
① 平素からの関係国との連絡体制の整備
② 関係国への適時適切な情報の提供及び協力の要請など
7．広報等の在り方
国民の理解を得るため、迅速かつ十分な対外公表を実施

④ 不審船に係る共同対処マニュアルの概要

平成11年3月23日に発生した能登半島沖不審船事案を受けて、内閣安全保障・危機管理室によりとりまとめられ、6月4日に関係閣僚会議において了承された「能登半島沖不審船事案における教訓・反省事項について」において、自衛隊と海上保安庁の間の共同対処マニュアルの整備が指摘された。

これを受け、防衛庁と海上保安庁の間で不審船に係る具体的な連携の考え方について整理し、防衛庁長官及び海上保安庁長官の決裁を得た上で、12月27日に運用局長及び海上保安庁次長が「不審船に係る共同対処マニュアル」に調印した。

(概要)
1．基本的考え方
○不審船への対処は、警察機関たる海上保安庁が第一に対処
○海上保安庁では対処することが不可能又は著しく困難と認められる事態に至った場合には、防衛庁は、内閣総理大臣の承認を得て、迅速に海上警備行動を発令

○防衛庁は、海上保安庁と連携、共同して不審船に対処

2．情報連絡体制等

○海上保安庁及び防衛庁は、所定の情報連絡体制を確立し、初動段階から行動終了まで的確な連絡通報を実施

3．海上警備行動発令前における共同対処

○海上保安庁が必要な勢力を投入し、第一に不審船に対処

○海上自衛隊は、海上保安庁からの求めに応じ可能な協力を実施

4．海上警備行動発令下における共同対処

○海上警備行動が発令された場合には、海上自衛隊は、海上保安庁と連携、共同して停船のための措置等を実施

5．共同訓練等

○防衛庁及び海上保安庁は、定期的な相互研修、情報交換及び共同訓練等を実施

(2) 九州南西海域不審船事案

① 九州南西海域不審船事案の経緯

平成13年12月21日(金)：

1418　海上自衛隊鹿屋基地所属のP－3Cが、通常の警戒監視活動のために鹿屋基地を離陸。以後、多数の船舶を識別。この過程で16時半頃、一般の外国漁船と判断される船舶を視認。念のため17時過ぎに再視認、写真撮影を実施

1830　上記P－3C哨戒機が、鹿屋基地に帰投。以後、鹿屋基地で上記P－3Cが撮影した全画像の識別を開始。この過程で、同船について、上級機関の精緻な解析を求める必要があるものと判断

2000頃　鹿屋基地より海上幕僚監部等に同船の写真を電送開始

2206　海上幕僚監部にて、同船の写真の出力開始。以後、海上幕僚監部の専門家が写真解析を開始

12月22日(土)：

0030頃　防衛庁としては、北朝鮮の工作船の可能性が高い不審な船舶と判断。
総理等秘書官及び内閣官房（内調）に連絡

0110　防衛庁から海上保安庁に連絡

1120　護衛艦「こんごう」佐世保基地を出港

1132　護衛艦「やまぎり」佐世保基地を出港

1312～　巡視船「いなさ」及び海保航空機により繰り返し停船命令を実施

1422　巡視船「いなさ」が射撃警告を開始

1436～　巡視船「いなさ」が威嚇攻撃(上空、海面)を実施

1613～　巡視船「いなさ」「みずき」が威嚇のための船体射撃を実施

1724　同船より出火後、停船

1753　同船は再び逃走を開始。以後、停船、逃走を繰り返す
1852　巡視船「きりしま」が同船に接舷を実施
2135～巡視船「みずき」が威嚇のための船体射撃を実施
2200　巡視船「あまみ」「きりしま」が同船に対し挟撃(接舷)を開始
2209頃　同船からの攻撃により、巡視船「あまみ」、「きりしま」、「いなせ」が被弾(海上保安官3名が負傷)。巡視船「あまみ」「いなさ」が正当防衛のため、同船に対して射撃を実施
2213　同船沈没。以後、同船乗組員及び漂流物の捜索・救助を実施
12月23日(日)：
0015頃　護衛艦「こんごう」現場到着。以後、周辺の警戒監視活動を実施
0035頃　護衛艦「やまぎり」現場到着。以後、周辺の警戒監視活動を実施
1020　第10管区海上保安本部長から海自第1航空群司令(鹿屋)に災害派遣要請(航空機による捜索依頼)。P－3C哨戒機1機により捜索を実施
1600頃　護衛艦2隻は、現場を離脱

②　これまでの不審船事案を踏まえた対応について

1．装備・組織面における対応について

Ⅰ　これまでの対応

平成11年3月の能登半島沖不審船事案を踏まえ、不審船を有効に停船させるために必要な装備の整備等、海上自衛隊の不審船に対する対応能力の向上を図ってきたところである。装備・組織の面において、これまで実施してきた主要な事業は、以下の通り。

1．組織等の充実　強化

○特別警備隊の新編

不審船の武装解除・無力化を実施するための部隊を平成13年3月に江田島に新編。約70名。

○充足率の向上

立ち入り検査活動を円滑に行うための艦艇要員確保のため、充足率を向上

【平成12年度】0.50％増（234人の増員）
【平成13年度】0.48％増（215人の増員）

2．教育・訓練器材の充実

○特別警備隊の射撃訓練用の映像射撃シミュレーターを整備
○高速の不審船を想定した自走式水上標的を整備

3．装備の充実・近代化

○ミサイル艇の能力向上

11年度のミサイル艇整備に当たり、高速の不審船を追尾するため速力を向上（約44ノット）。15年度末までに佐世保、舞鶴に3隻ずつ配備予定

○立入検査用器材の整備
護衛艦に立入検査用器材を整備（酸素濃度計、ガス探知機、携帯無線機、防弾救命胴衣等）
○強制停船措置用装備品の研究を実施。その結果として、有効な停船措置である平頭弾の装備化に平成14年度より着手
※先端部を平坦にし、跳弾を防止した無炸薬の76ミリ砲用弾薬。射撃指揮装置により定点を射撃可能
○艦艇・航空機の能力強化
護衛艦・哨戒ヘリコプターへの機関銃の搭載等、艦艇・航空機の能力強化（平成12年度より実施）

II　今後の対応

九州南西海域不審船事案を踏まえ、防衛庁としては、装備の側面において、以下1. のような措置を講じていくこととした。また、以下2. の通り、それまでに講じてきた措置についても、引き続き着実に進展させていくこととしたところ。

1．不審船の発見・分析能力の向上
○P−3Cから基地への船舶の画像伝送能力の強化
P−3Cが滞空のまま画像を基地まで伝送する能力を強化するため、P−3C用に静止画像伝送装置及び衛星通信装置の整備を加速化
基地に航空地球局の整備
※鹿屋、那覇基地への機動展開用の静止画像伝送装置を13年度末に緊急取得
○基地から海上幕僚監部等への画像伝送時間短縮のため、13年末にマニュアル整備、メール用回線の高速化を緊急に措置

2．現場隊員の安全を確保しつつ対処するための装備の充実
○不審船事案に対応する可能性のある船舶等の防弾対策
艦橋等への防弾措置を実施した新型ミサイル艇の就役（13年度末に舞鶴に2隻配備、14年度末2隻、15年度末2隻）
○遠距離から正確な射撃を行うための武器の整備
護衛艦等の射撃精度の向上、「平頭弾」の整備の推進等

2．海上自衛隊及び海上保安庁による不審船共同対処等に係る訓練について

○射撃訓練（平成11年10月7日）
①　場　　所：房総半島沖
②　参加部隊：海自：護衛艦×10隻、P−3C×2機
　　　　　　　海保：巡視船×2隻
③　概　　要：海保と海自の連携強化の一環として、各々の不審船対処の参考とするため、除籍した支援船を標的として警告射撃及び航行不能化射撃並びに警告としての爆弾投下の能力及び

要領を相互に展示し、射撃効果を確認

○共同対処マニュアル策定のための共同訓練（図上訓練）（平成11年10月20日）
① 場　　所：海上幕僚監部、海上保安庁本庁、自衛艦隊司令部等
② 参加部隊：海自：海上幕僚監部、自衛艦隊司令部等
　　　　　　海　保：海上保安庁本庁、第九管区海上保安本部等
③ 概　　要：策定中の共同対処マニュアルの実効性を検証するため、不審船が発見された場合の初動対処、海上警備行動発令前後における両者の役割分担や共同対処要領等について演練

○共同対処マニュアル策定のための共同訓練（実動訓練）（平成11年11月30日）
① 場　　所：能登半島東方海域
② 参加部隊：海自：海上幕僚監部、自衛艦隊、舞鶴地方総監部
　　　　　　護衛艦×3隻、P-3C×1機、艦載ヘリ×1機
　　　　　　海保：海上保安庁本庁、第九管区海上保安本部
　　　　　　巡視船艇×6隻、航空機×2機
③ 概　　要：10月20日に実施された図上訓練を踏まえ、当該マニュアルの実効性の実動による検証のため、不審船が発見された場合の初動対処、海上警備行動発令前後における両者の役割分担や共同対処要領等について演練

○平成12年度海上保安庁観閲式及び展示訓練（平成12年4月29、30日）
① 場　　所：東京湾羽田沖
② 参加部隊：海自：護衛艦×1隻
　　　　　　海保：巡視船艇×4隻、ヘリコプター×2機
③ 概　　要：海保巡視船艇等及び海自護衛艦による不審船の捕捉訓練展示実施

○不審船対処に係る共同訓練（図上演習）（平成12年9月27日）
① 場　　所：海上自衛隊幹部学校
② 参加部隊：海自：海上幕僚監部、自衛艦隊司令部、護衛艦隊司令部等約70名
　　　　　　海保：海上保安庁本庁、第八、第九管区海上保安本部等約20名
③ 概　　要：「不審船に係る共同対処マニュアル」に基づき、不審船対処の初動から海上警備行動の終結までの一連の流れにおける情報交換要領、情勢認識の共有化等の訓練につき図演装置を使用して演練

○平成13年度海上保安庁観閲式及び展示訓練（平成13年5月26、27日）
① 場　　所：東京湾羽田沖
② 参加部隊：海自：護衛艦×1隻
　　　　　　海保：巡視船艇×4隻、航空機×2機

③　概　　要：海保巡視船艇及び海自護衛艦による不審船の捕捉訓練展示実施

○舞鶴地方隊と第八管区海上保安本部との共同訓練（実動訓練）（平成14年7月17日）

①　場　　所：若狭湾
②　参加部隊：海自：ミサイル艇×2隻
　　　　　　　海保：巡視船×1隻
③　概　　要：不審船事案発生時の相互連携の強化を図るため、高速航行時の運動要領等を訓練

○海上自衛隊創設50周年舞鶴地方隊展示訓練（平成14年7月27日、28日）

①　場　　所：若狭湾
②　参加部隊：海自：ミサイル艇×2隻
　　　　　　　海保：巡視船×1隻
③　概　　要：海自ミサイル艇及び保安庁高速特殊警備船の航行展示実施

○平成14年度海上保安庁観閲式及び展示訓練（平成14年9月28日、29日）

①　場　　所：東京湾羽田沖
②　参加部隊：海自：護衛艦×1隻
　　　　　　　海保：巡視船艇×4隻、航空機×1機
③　概　　要：海保巡視船艇及び海自護衛艦による不審船の捕捉訓練展示実施

○平成15年度海上保安庁観閲式及び展示訓練（平成15年5月24日、25日）

①　場　　所：東京湾羽田沖
②　参加部隊：海自：護衛艦×1隻
　　　　　　　海保：巡視船艇×4隻、航空機×1機
③　概　　要：海保巡視船艇等及び海自護衛艦による不審船の捕捉訓練展示実施

○平成15年度呉地方隊総合訓練（平成15年6月24日）

①　場　　所：四国南方海域
②　参加部隊：海自：呉地方総監部、護衛艦×3隻
　　　　　　　海保：第五管区海上保安本部、巡視船×1隻
③　概　　要：不審船対処マニュアルに基づく、呉地方総監部・第五管区海上保安本部間、護衛艦・巡視船間の情報交換要領について訓練

○平成16年度海上保安庁観閲式及び総合訓練（平成16年5月29日、30日）

①　場　　所：東京湾羽田沖
②　参加部隊：海自：護衛艦×1隻
　　　　　　　海保：巡視船×3隻
③　概　　要：海保巡視船艇等及び海自護衛艦間の連携運動要領について訓練

○平成17年度海上保安庁観閲式及び総合訓練（平成17年5月28日、29日）

① 場　　所：東京湾羽田沖
② 参加部隊：海自：護衛艦×1隻
　　　　　　海保：巡視船×7隻
③ 概　　要：海保巡視船艇等及び海自護衛艦による不審船の捕捉訓練展示を実施

○不審船対処に係る共同訓練（平成18年2月28日）
① 場　　所：若狭湾
② 参加部隊：海自：護衛艦×1隻、ミサイル艇×1隻、
　　　　　　　　　P－3C×1機、SH－60J×1機
　　　　　　海保：巡視船艇×4隻、航空機×1機
③ 概　　要：海保巡視船艇等及び海自護衛艦等による不審船の捕捉訓練展示を実施

○平成18年度海上保安庁観閲式及び総合訓練（平成18年5月27日、28日）
① 場　　所：東京湾羽田沖
② 参加部隊：海自：護衛艦×1隻
　　　　　　海保：巡視船×6隻、航空機×1機
③ 概　　要：海保巡視船艇等及び海自護衛艦による不審船の捕捉訓練展示を実施

○不審船対処に係る共同訓練（平成19年3月12日）
① 場　　所：佐世保沖
② 参加部隊：海自：護衛艦×1隻、ミサイル艇×1隻、P－3C×1隻、SH－60J×1機
　　　　　　海保：巡視船艇×3隻、航空機×1機
③ 概　　要：海保巡視船艇等及び海自護衛艦による不審船の追跡・監視訓練を実施

○平成19年度海上保安庁観閲式及び総合訓練（平成19年5月26日、27日）
① 場　　所：東京湾羽田沖
② 参加部隊：海自：護衛艦×1隻
　　　　　　海保：巡視船×5隻、航空機×1機
③ 概　　要：海保巡視船艇等及び海自護衛艦による不審船の捕捉訓練展示を実施

○平成20年度海上保安庁観閲式及び総合訓練（平成20年5月17日、18日）
① 場　　所：東京湾羽田沖
② 参加部隊：海自：護衛艦×1隻
　　　　　　海保：巡視船×4隻、航空機×1機
③ 概　　要：海保巡視船等及び海自護衛艦による不審船の捕捉訓練展示を実施

○ソマリア沖･アデン湾における海賊対処のための準備訓練(平成21年2月20日)

① 場　　所：広島湾
② 参加部隊：海自：護衛艦×1
　　　　　　海保：巡視船×2
③ 概　　要：海保巡視船等及び海自護衛艦による海賊船・拘束した海賊への対応訓練を実施

○不審船対処に係る共同訓練（平成21年3月18日）
① 場　　所：東シナ海
② 参加部隊：海自：P−3C×1機
　　　　　　海保：巡視船艇×2隻、航空機×1機
③ 概　　要：海保巡視船艇等及び海自P−3C哨戒機による不審船の捕捉訓練展示を実施

○平成21年度海上保安庁観閲式及び総合訓練（平成21年4月25、26日）
① 場　　所：東京湾羽田沖
② 参加部隊：海自：護衛艦×1隻
　　　　　　海保：巡視船×5隻、航空機×1機
③ 概　　要：海保巡視船等及び海自護衛艦による不審船の捕捉訓練展示を実施

○平成22年度海上保安庁観閲式及び総合訓練（平成22年5月29、30日）
① 場　　所：東京湾羽田沖
② 参加部隊：海自：護衛艦×1隻
　　　　　　海保：巡視船×6隻、航空機×1機
③ 概　　要：海保巡視船等及び海自護衛艦による不審船の捕捉訓練展示を実施

○不審船対処に係る共同訓練（実動訓練）（平成24年3月12日）
① 場所：若狭湾
② 参加部隊：海自：舞鶴地方総監部等
　　　　　　海保：第8管区海上保安本部等

○不審船対処に係る共同訓練（実動訓練）（平成24年10月24日）
① 場所：若狭湾
② 参加部隊：海自：護衛艦×1、ミサイル艇×1、艦載ヘリ×1
　　　　　　海保：巡視船艇×4、ヘリコプター×1

○不審船対処に係る共同訓練（実動訓練）（平成25年12月11日）
① 場　　所：新潟港から佐渡島付近の海域
② 参加部隊：海自：護衛艦×1、ミサイル艇×1、艦載ヘリ×1
　　　　　　海保：巡視船艇×3、ヘリコプター×1

○不審船対処に係る共同訓練（実動訓練）（平成26年12月4日）
① 場　　所：若狭湾
② 参加部隊：海自：護衛艦×1、ミサイル艇×1、艦載ヘリ×1

海保：巡視船艇×2

○不審船対処に係る共同訓練（実動訓練）（平成28年2月23日）

① 場　　所：玄界灘

② 参加部隊：海自：ミサイル艇×1、艦載ヘリ×2

海保：巡視船艇×4、航空機×1

○不審船対処に係る共同訓練（実動訓練）（平成28年10月18日）

① 場　　所：若狭湾

② 参加部隊：海自：ミサイル艇×1、多用途支援艦×1、艦載ヘリ×1

海保：巡視船艇×2、航空機×1

※海保との通信訓練

平成11年3月の能登半島沖不審船事案を契機として、海自と海保との通信連絡体制の強化の一環として、平成11年8月以来、HF、VHF通信及び船舶電話等を利用し、航空機、艦艇、巡視船及び各陸上施設の間の通信訓練を年間を通じて実施している。

③ 九州南西海域不審船事案対処の検証結果について

平成14年4月
内閣官房
海上保安庁
防衛庁
外務省

1．不審船の発見・分析

(1) 自衛隊哨戒機から基地への船舶の画像の伝送

○自衛隊哨戒機から基地への画像伝送能力を強化するため、静止画像伝送装置（航空機搭載用）及び航空地球局（基地に設置）の整備等を推進。

(2) 基地から海上幕僚監部等への画像の伝送

○基地から海上幕僚監部等への画像伝送時間短縮のためのマニュアル整備、メール用回線の高速化（措置済み）。

2．不審船情報の連絡

(1) 防衛庁から海上保安庁等への不審船情報の連絡

○対処体制を早期に整えるため、不確実であっても早い段階から、内閣官房・防衛庁・海上保安庁間で不審船情報を適切に共有。

(2) 内閣官房から関係省庁への不審船情報の連絡

○現行の連絡体制に基づき、不審船情報をその他の関係省庁に確実に連絡。

3．停船のための対応

(1) EEZ（排他的経済水域）で発見した不審船を取り締まる法的根拠

○EEZにおける沿岸国の権利は、国際法上、漁業、鉱物資源、環境保護等に限定される。EEZで発見した不審船を取り締まる法的根拠については、国際法上の制約を踏まえ、また、外国の事例等も研究しつつ、さらに検討。

(2) EEZで発見した不審船に対する武器使用権限

○EEZで発見した不審船に対する武器使用要件の緩和については、国際法を踏まえつつ、慎重に検討。

(3) 海上保安庁巡視船艇・航空機の不審船追跡能力等

○荒天の影響を受けにくい高速大型巡視船を整備。

○能登半島沖事案後進めた高速特殊警備船の整備をさらに推進。

○特殊警備隊を活用して不審船に対処するため航空輸送能力等を強化。

(4) 海上保安庁巡視船・航空機の情報・通信・監視能力

○現場の状況を本庁・官邸等でも的確に把握するため、画像情報を含む情報通信システムの整備を推進。

○現場職員の安全確保と夜間・荒天下等における対処能力の強化のため、巡視船艇・航空機の昼夜間の監視能力を強化。

(5) 職員・隊員の安全確保

○不審船事案に対応する船舶及び航空機の防弾対策。

・巡視船艇等の防弾対策（海上保安庁）

・艦橋等へ防弾措置を講じた新型ミサイル艇の就役（防衛庁）

○遠距離からの正確な射撃を行うための武器の整備、訓練等の推進。

・巡視船搭載武器の高機能化等（海上保安庁）

・護衛艦等の射撃精度の向上、跳弾しにくい「平頭弾」の整備等（防衛庁）

(6) 自衛隊艦艇の派遣

○不審船に対しては、海上保安庁と自衛隊が連携して的確に対処。警察機関たる海上保安庁がまず第一に対処し、海上保安庁では対処することが不可能若しくは著しく困難と認められる場合には、機を失することなく海上警備行動を発令し、自衛隊が対処。

○工作船の可能性の高い不審船については、不測の事態に備え、政府の方針として、当初から自衛隊の艦艇を派遣。

4．停船後の対応

(1) 停船した不審船への対処

○職員・隊員の安全を確保しつつ効果的に対処するため、停船した不審船に対する戦術、装備等を改善。

5．全般

(1) 政府全体の対応方針と対応体制

○早い段階から情報を分析・評価し、政府の初動の方針を確認。

○事態の進展に応じて、政府としての対応について適切に判断。

○政府としての武装不審船に対する対応要領を策定し、不審船対処の基本、情報の集約・評価、対応体制等について定める。

(2) 関係国との連絡

○関係国との連絡の重要性に鑑み、引き続き日頃から関係国との連絡体制を維持。
○事案発生時には、関係国への適時適切な情報提供及び協力要請を実施。
(3) 広報
○事態対処官庁が対応状況について、内閣官房か政府の基本方針等について広報に当たる。

以上

(3) 日本海中部事案

平成14年9月13日
内閣官房
防衛庁
海上保安庁
警察庁
外務省

不審船の疑いのある船舶への対応経過の概要

9月4日

16:02	警戒監視活動を実施していた海自P－3Cが不審船の疑いのある船舶を能登半島の北北西約400km（我が国の排他的経済水域外）において視認（北緯40度20分、東経134度49分、針路250度、速力6ノット）。引き続き、確認作業を実施
16:02頃～35頃	P－3Cが当該船舶の航跡や形状の確認を継続。航跡が不正確に見えること、船尾に観音開きらしい扉が見えたことから不審船の可能性があると判断
17:00すぎ	不審船である可能性があると考えられる船舶についての報告を受けた防衛庁本庁は、関係省庁に所要の連絡を実施。また、P－3Cによる追尾を継続するとともに、佐渡（両津）にて訓練中の護衛艦「あまぎり」を派遣
17:15	連絡を受けた海上保安庁は、本庁に海上保安庁日本海中部海域不審船対策室、第二・七・九管区海上保安本部に不審船対策室を設置。高速特殊警備船「つるぎ」、「のりくら」等計15隻の巡視船を発動
17:30	官房長官秘書官から、官房長官に状況を報告
18:00	総理秘書官を通じて、総理に状況を報告
18:00	警察庁は、関係各県警察に対し関連情報の収集と沿岸部の警戒を指示
18:00頃	海上自衛隊厚木基地を出発したP－3Cが当該船舶の撮影を実施。その後、厚木基地に向けて静止画像を電送
18:15	内閣危機管理監の下で関係省庁局長級会議を開催し、状況の

把握と動向を監視する方針を確認

18：30	第八管区海上保安本部に不審船対策室を設置
19：20	当該船舶はEEZ外を西南西に向け航行を継続（北緯40度16分、東経134度12分、針路260度、速力約9ノット）。P－3Cは引き続き当該船舶を把握しながら必要な警戒監視を継続
21：15	官邸危機管理センターから公表資料「不審船の疑いのある船舶への対応について」を貼り出し
22：35	巡視船「のりくら」が当該船舶らしき船影をレーダー映像で確認（北緯40度16分、東経133度30分）。以後、当該船舶を追尾。当該船舶は西に向け速力約10ノット（時速約19キロ）で航行を継続

9月5日

00：37	当該船舶が防空識別圏（ADIZライン）を西方に向け通過（北緯40度17分、東経133度00分）
03：19	巡視船「のりくら」のレーダーから当該船舶の船影が消滅。引き続き監視活動を実施
09：26	P－3Cのレーダーから当該船舶の船影が消滅。引き続き監視活動を実施
11：50	特異な事象が見られないことから当該船舶に対する対処を終結
12：30	海上保安庁は、海上保安庁日本海中部海域不審船対策室を解散
12：45	官邸危機管理センターから公表資料「不審船の疑いのある船舶への対応について（最終報）」を貼り出し

(4) 潜水艦探知事案について

(平成16年11月17日
内閣官房・防衛庁・外務省)

1. 平成16年11月10日午前8時45分、内閣総理大臣の承認を得て、防衛庁長官が海上警備行動を発令した。これは、同日早朝から国籍不明の潜水艦が先島群島周辺海域の我が国の領海内を南方向から北方向へ向け潜水航行しているのを海上自衛隊の対潜哨戒機（P−3C）が確認したことから、当該潜没潜水艦に対して海面上を航行し、かつ、その旗を掲げる旨要求すること及び当該潜水艦がこれに応じない場合には我が国の領海外への退去要求を行うために発令したものである。

その後、対潜哨戒機に加え、対潜ヘリコプター(SH−60J)及び護衛艦により所要の追尾を行ってきたところである。

2. 12日午後1時頃までに、防空識別圏（ADIZ）を越え、東シナ海の公海上（沖縄本島の北西約500km）まで、追尾を行った結果、当該潜水艦が我が国周辺海域から離れて航行していった方向（概ね北北西の方向）を把握できたこと、及び、当該潜水艦が当面再度我が国領海に戻ってくるおそれはないと判断したことから、同日午後3時50分に、防衛庁長官が、今般の海上警備行動の終結命令を発した。

3. 政府としては、当該潜水艦が我が国周辺海域から離れて航行していった方向や、当該潜水艦は原子力潜水艦であると考えられることをはじめとする諸情報を総合的に勘案した結果、当該潜水艦は中国海軍に属するものであると判断した。

4. この判断に基づき、12日夕方、町村外務大臣より程永華在京中国大使館公使に抗議を行った。

21. 領空侵犯に対する措置

(1) 領空侵犯に対する警戒待機態勢（自衛隊法第84条）

航空方面隊等	基地	航空団等	地上待機の態勢
北部	千歳	第2航空団	昼夜間待機
	三沢	第3航空団	
中部	百里	第7航空団	同上
	小松	第6航空団	
西部	新田原	第5航空団	同上
	築城	第8航空団	
南西	那覇	第9航空団	同上
航空総隊	浜松	警戒航空隊	同上

(2) 緊急発進（スクランブル）の実績（過去10年間）

（平成29.9.30現在）

年度	平成20	21	22	23	24	25	26	27	28	29
件数	237	299	386	425	567	810	943	873	1,168	561

22. ACSA、GSOMIA等締結状況

(1) 物品役務相互提供協定（ACSA）締結状況

正式名称	署名年月日	日本側署名者	相手国側署名者	備考
日本国の自衛隊とアメリカ合衆国軍隊との間における後方支援，物品又は役務の相互の提供に関する日本国政府とアメリカ合衆国政府との間の協定（略称：日・米物品役務相互提供協定＝日米ACSA）	平成28年9月26日	岸田文雄外務大臣	キャロライン・B・ケネディ駐日大使	※平成8年締結、平成11、16年改正。平和安全法制成立を受けて平成28年改正、署名。
日本国の自衛隊とオーストラリア国防軍との間における物品又は役務の相互の提供に関する日本国政府とオーストラリア政府との間の協定（略称：日・豪物品役務相互提供協定＝日豪ACSA）	平成29年1月14日	草賀純男駐豪州大使	ブルース・ミラー駐日豪大使	平成22年署名。平和安全法制成立を受けて平成29年新たなACSAに署名。
日本国の自衛隊とグレートブリテン及び北アイルランド連合王国の軍隊との間における物品又は役務の相互の提供に関する日本国政府とグレートブリテン及び北アイルランド連合王国政府との間の協定（略称：日・英物品役務相互提供協定＝日英ACSA）	平成29年1月26日	鶴岡公二駐英国大使	ボリス・ジョンソン英国外務・英連邦大臣	

※日米 ACSA については 522 ページ参照。

(2) 軍事情報包括保護協定(GSOMIA)／情報保護協定(GSOIA)締結状況

正式名称	署名年月日	日本側署名者	相手国側署名者
秘密軍事情報の保護のための秘密保持の措置に関する日本国政府とアメリカ合衆国政府との間の協定(日米軍事情報包括保護協定)	平成19年8月10日	麻生太郎外務大臣	ジョン・トーマス・シーファー駐日米国大使
情報及び資料の保護に関する日本国政府と北大西洋条約機構との間の協定(日・NATO情報保護協定)	平成22年6月25日	横田淳駐ベルギー大使	アナス・フォー・ラスムセンNATO事務総長
情報の保護に関する日本国政府とフランス共和国政府との間の協定(日仏情報保護協定)	平成23年10月24日	玄葉光一郎外務大臣	フランソワ＝グザヴィエ・レジェ駐日フランス共和国臨時代理大使
情報の保護に関する日本国政府とオーストラリア政府との間の協定(日豪情報保護協定)	平成24年5月17日	玄葉光一郎外務大臣	ボブ・カー外相
情報の保護に関する日本国政府とグレートブリテン及び北アイルランド連合王国政府との間の協定(日英情報保護協定)	平成25年7月4日	林景一駐英大使	ウィリアム・ヘーグ外相
秘密軍事情報の保護のための秘密保持の措置に関する日本国政府とインド共和国政府との間の協定(日印秘密軍事情報保護協定)	平成27年12月12日	平松賢司駐インド大使	G. モハン・クマール・インド国防次官
情報の保護に関する日本国政府とイタリア共和国政府との間の協定(日伊情報保護協定)	平成28年3月19日	岸田文雄外務大臣	パオロ・ジェンティロー二外務・国際協力大臣
秘密軍事情報の保護に関する日本国政府と大韓民国政府との間の協定(日韓秘密軍事情報保護協定)	平成28年11月23日	長嶺安政駐韓国日本大使	韓民求(ハン・ミング)韓国国防部長官

第2章　組織・編成

1．防衛省・自衛隊組織図（平成30.3.31現在）

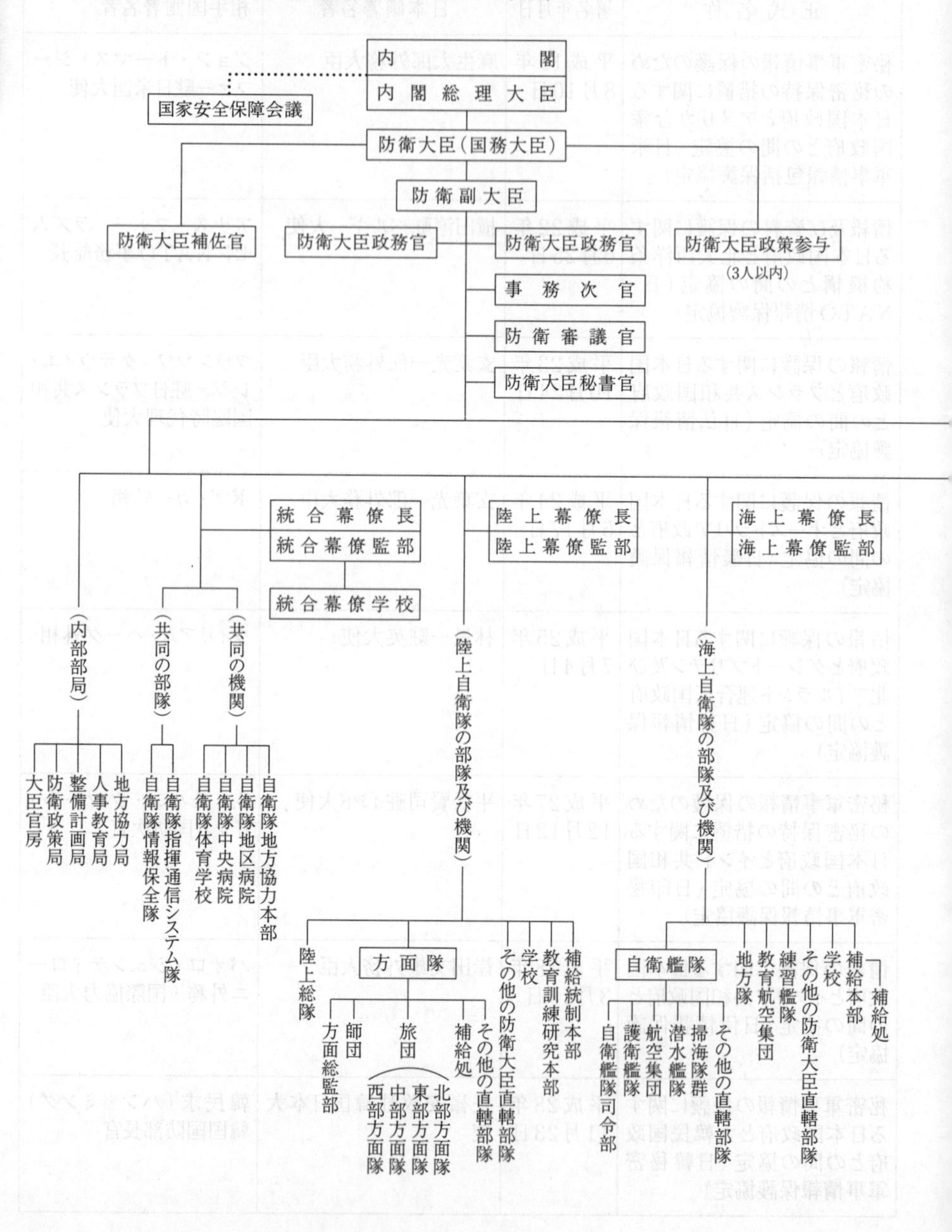

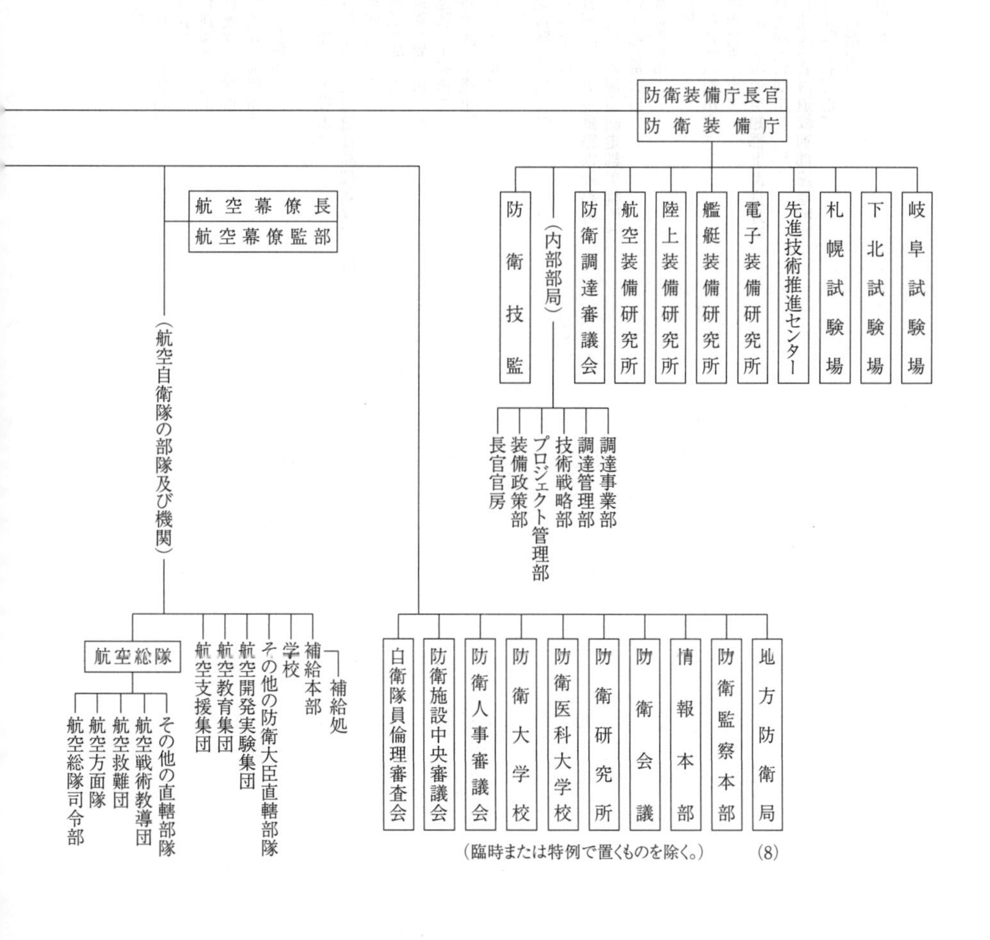

（臨時または特例で置くものを除く。） (8)

2. 陸上自衛隊の組織及び編成（平成30.3.31見込）

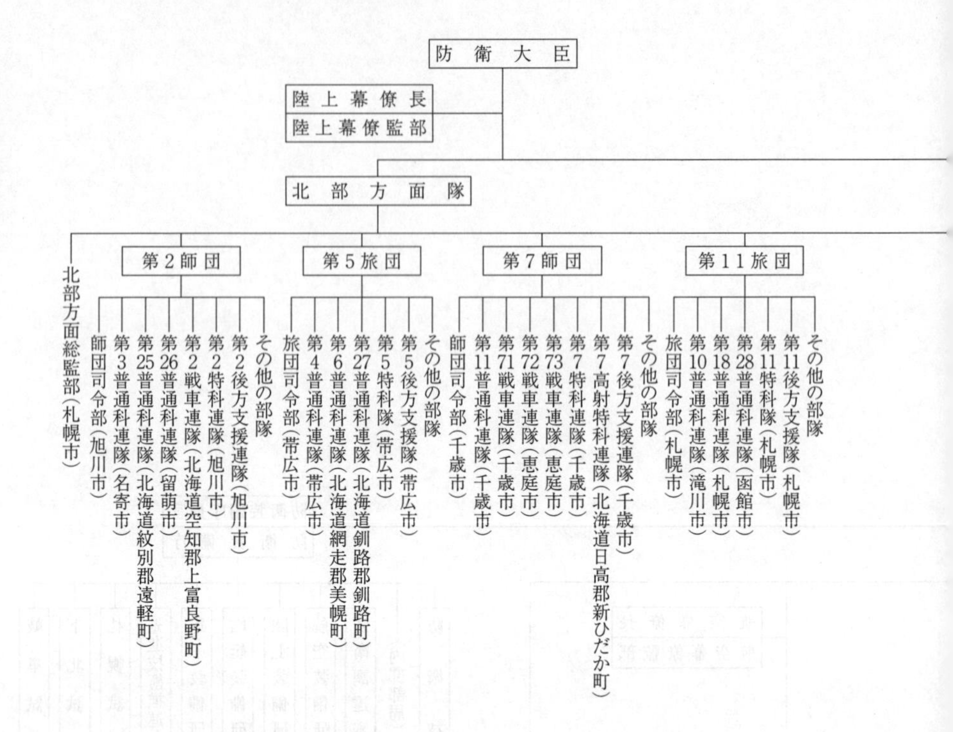

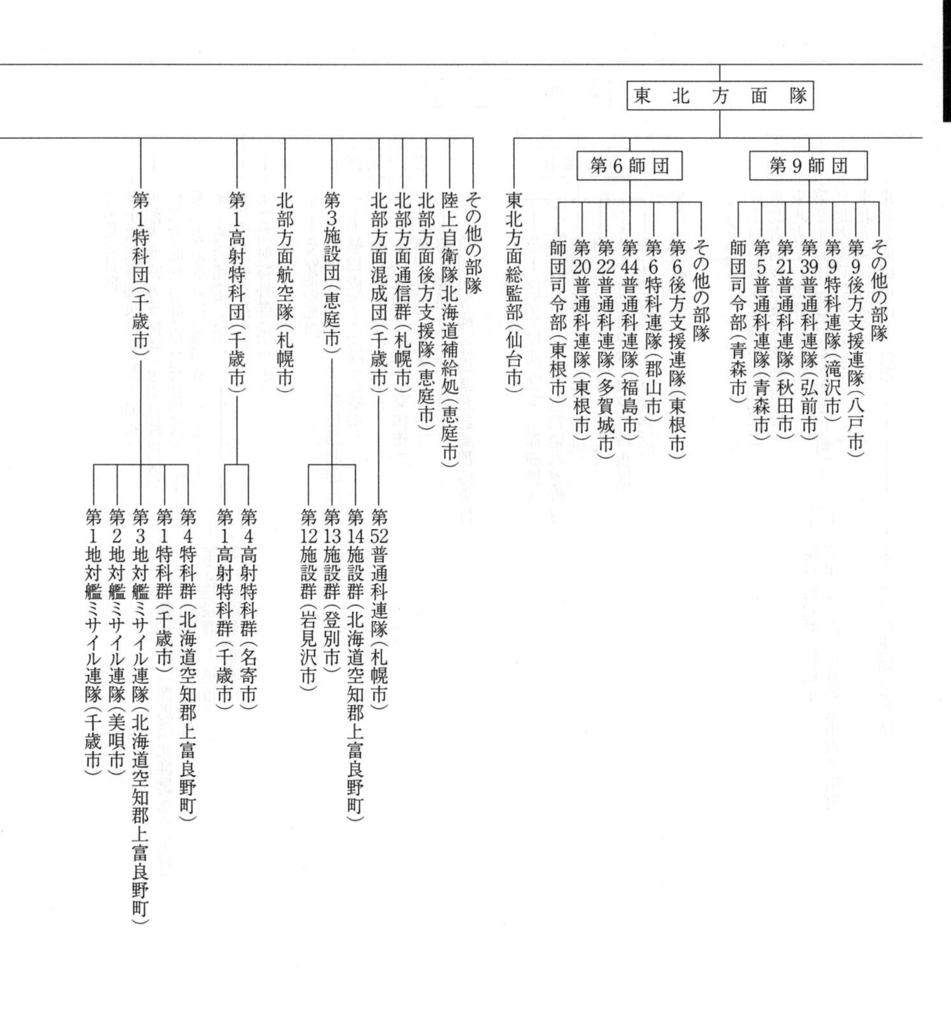
東北方面隊
第9師団
その他の部隊
第9後方支援連隊(八戸市)
第9特科連隊(滝沢市)
第39普通科連隊(弘前市)
第21普通科連隊(秋田市)
第5普通科連隊(青森市)
師団司令部(青森市)
第6師団
その他の部隊
第6後方支援連隊(東根市)
第6特科連隊(郡山市)
第44普通科連隊(福島市)
第22普通科連隊(多賀城市)
第20普通科連隊(東根市)
師団司令部(東根市)
東北方面総監部(仙台市)
その他の部隊
陸上自衛隊北海道補給処(恵庭市)
北部方面後方支援隊(恵庭市)
北部方面通信群(札幌市)
北部方面混成団(千歳市)
第52普通科連隊(札幌市)
第3施設団(恵庭市)
第14施設群(北海道空知郡上富良野町)
第13施設群(登別市)
第12施設群(岩見沢市)
北部方面航空隊(札幌市)
第1高射特科団(千歳市)
第4高射特科群(名寄市)
第1高射特科群(千歳市)
第1特科団(千歳市)
第4特科群(北海道空知郡上富良野町)
第1特科群(千歳市)
第3地対艦ミサイル連隊(北海道空知郡上富良野町)
第2地対艦ミサイル連隊(美唄市)
第1地対艦ミサイル連隊(千歳市)

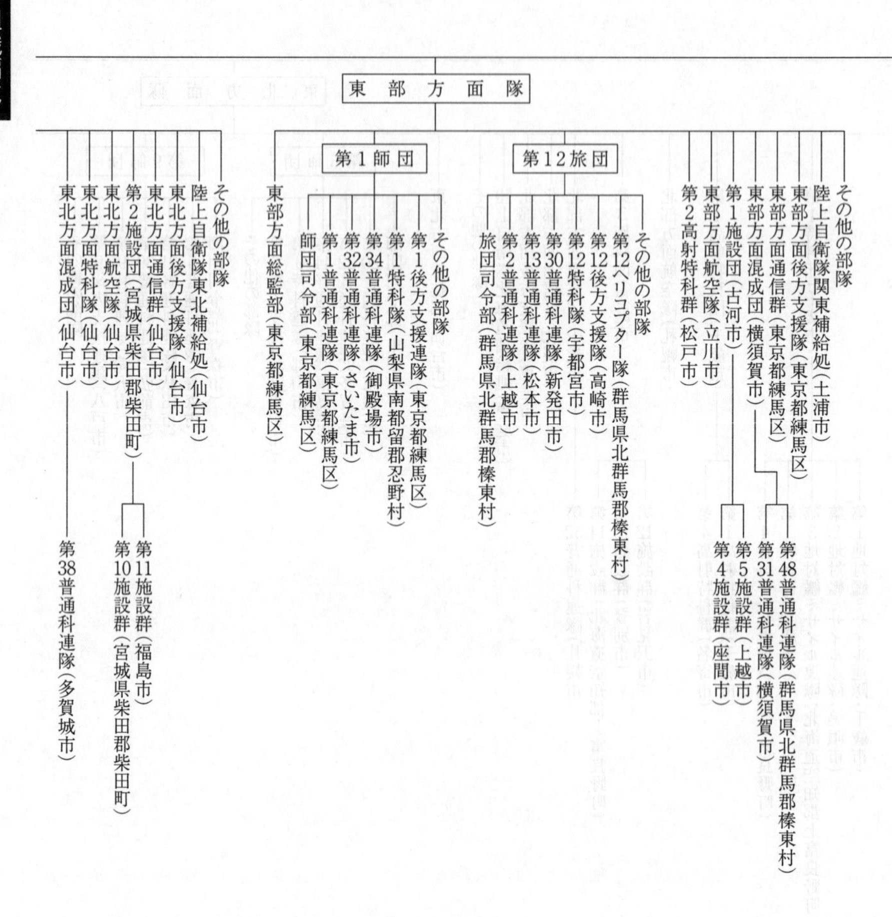
東部方面隊
その他の部隊
陸上自衛隊関東補給処(土浦市)
東部方面後方支援隊(東京都練馬区)
東部方面通信群(東京都練馬区)
東部方面混成団(横須賀市)
第48普通科連隊(群馬県北群馬郡榛東村)
第31普通科連隊(横須賀市)
第1施設団(古河市)
第5施設群(上越市)
第4施設群(座間市)
東部方面航空隊(立川市)
第2高射特科群(松戸市)
第12旅団
その他の部隊
第12ヘリコプター隊(群馬県北群馬郡榛東村)
第12後方支援隊(高崎市)
第12特科隊(宇都宮市)
第30普通科連隊(新発田市)
第13普通科連隊(松本市)
第2普通科連隊(上越市)
旅団司令部(群馬県北群馬郡榛東村)
第1師団
その他の部隊
第1後方支援連隊(東京都練馬区)
第1特科隊(山梨県南都留郡忍野村)
第34普通科連隊(御殿場市)
第32普通科連隊(さいたま市)
第1普通科連隊(東京都練馬区)
師団司令部(東京都練馬区)
東部方面総監部(東京都練馬区)
その他の部隊
陸上自衛隊東北補給処(仙台市)
東北方面後方支援隊(仙台市)
東北方面通信群(仙台市)
第2施設団(宮城県柴田郡柴田町)
第11施設群(福島市)
第10施設群(宮城県柴田郡柴田町)
東北方面航空隊(仙台市)
東北方面特科隊(仙台市)
東北方面混成団(仙台市)
第38普通科連隊(多賀城市)

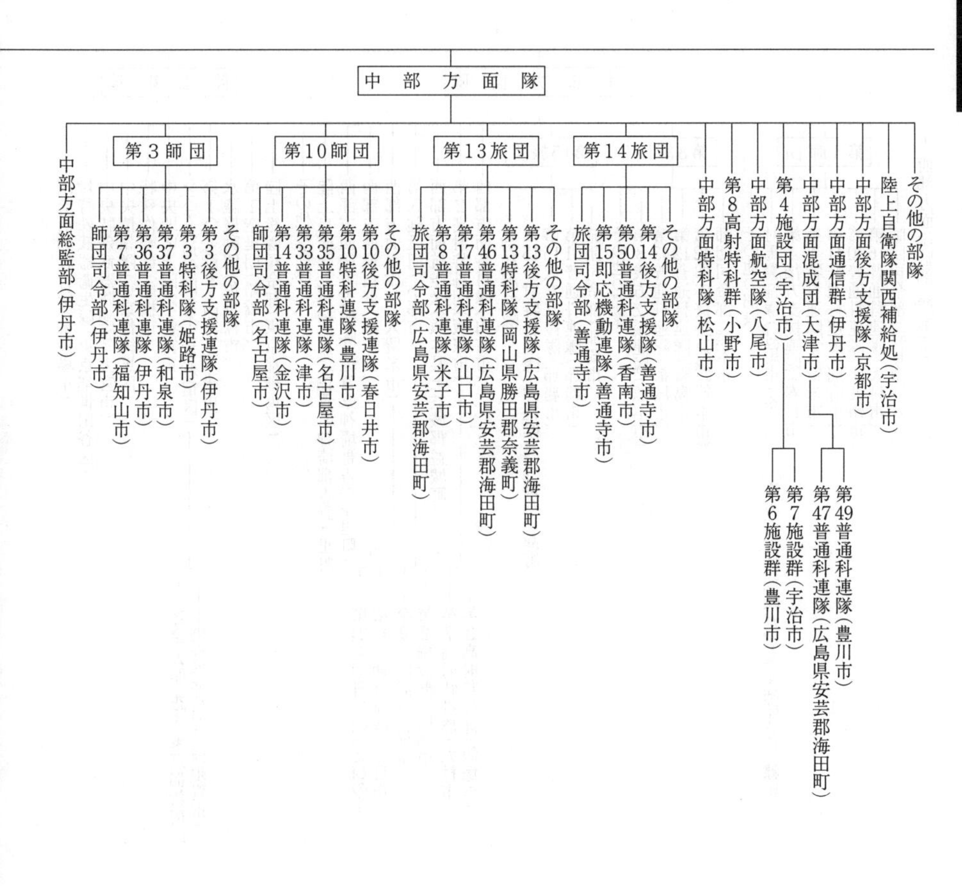

中部方面隊
中部方面総監部(伊丹市)
第3師団
師団司令部(伊丹市)
第7普通科連隊(福知山市)
第36普通科連隊(伊丹市)
第37普通科連隊(和泉市)
第3特科隊(姫路市)
第3後方支援連隊(伊丹市)
その他の部隊
第10師団
師団司令部(名古屋市)
第14普通科連隊(金沢市)
第33普通科連隊(津市)
第35普通科連隊(名古屋市)
第10特科連隊(豊川市)
第10後方支援連隊(春日井市)
その他の部隊
第13旅団
旅団司令部(広島県安芸郡海田町)
第8普通科連隊(米子市)
第17普通科連隊(山口市)
第46普通科連隊(広島県安芸郡海田町)
第13特科隊(岡山県勝田郡奈義町)
第13後方支援隊(広島県安芸郡海田町)
その他の部隊
第14旅団
旅団司令部(善通寺市)
第15即応機動連隊(善通寺市)
第50普通科連隊(香南市)
第14後方支援隊(善通寺市)
その他の部隊
中部方面特科隊(松山市)
第8高射特科群(小野市)
中部方面航空隊(八尾市)
第4施設団(宇治市)
第6施設群(豊川市)
第7施設群(宇治市)
中部方面混成団(大津市)
第47普通科連隊(広島県安芸郡海田町)
第49普通科連隊(豊川市)
中部方面通信群(伊丹市)
中部方面後方支援隊(京都市)
陸上自衛隊関西補給処(宇治市)
その他の部隊

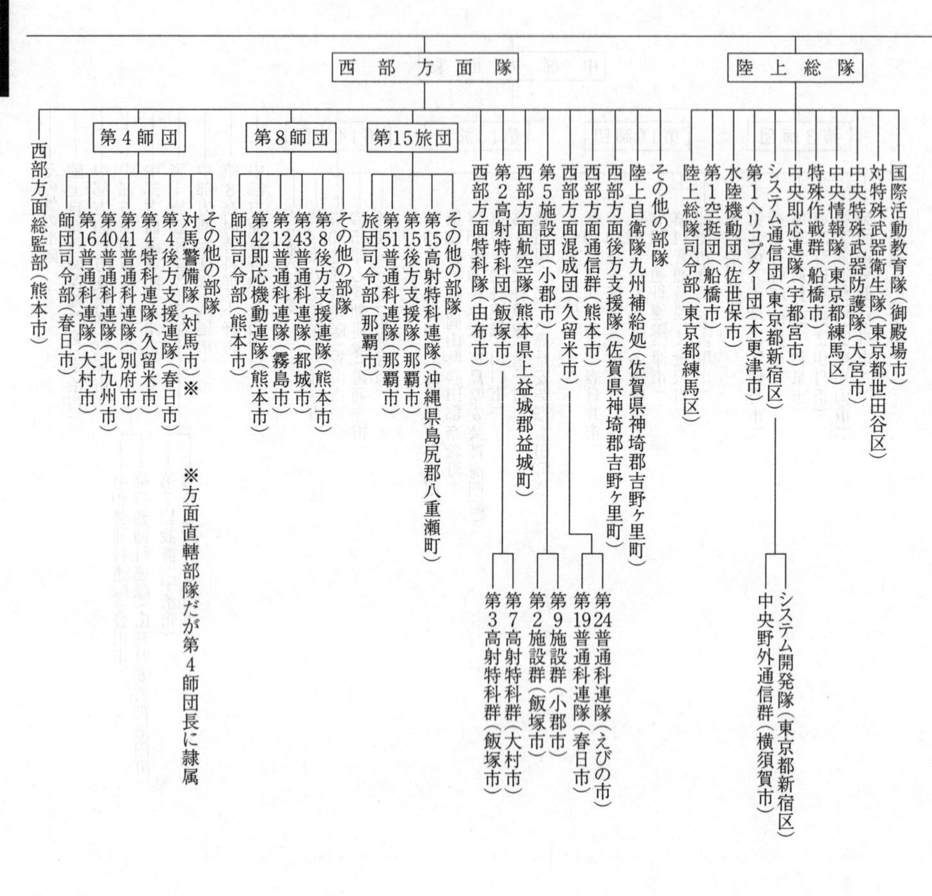
陸上総隊
国際活動教育隊（御殿場市）
対特殊武器衛生隊（東京都世田谷区）
中央特殊武器防護隊（大宮市）
中央情報隊（東京都練馬区）
特殊作戦群（船橋市）
中央即応連隊（宇都宮市）
システム通信団（東京都新宿区）
システム開発隊（東京都新宿区）
中央野外通信群（横須賀市）
第1ヘリコプター団（木更津市）
水陸機動団（佐世保市）
第1空挺団（船橋市）
陸上総隊司令部（東京都練馬区）
西部方面隊
その他の部隊
陸上自衛隊九州補給処（佐賀県神埼郡吉野ヶ里町）
西部方面後方支援隊（佐賀県神埼郡吉野ヶ里町）
西部方面通信群（熊本市）
西部方面混成団（久留米市）
第24普通科連隊（えびの市）
第19普通科連隊（春日市）
第5施設団（小郡市）
第9施設群（小郡市）
第2施設群（飯塚市）
西部方面航空隊（熊本県上益城郡益城町）
第2高射特科団（飯塚市）
第7高射特科群（大村市）
第3高射特科群（飯塚市）
西部方面特科隊（由布市）
第15旅団
その他の部隊
第15高射特科連隊（沖縄県島尻郡八重瀬町）
第15後方支援隊（那覇市）
第51普通科連隊（那覇市）
旅団司令部（那覇市）
第8師団
その他の部隊
第8後方支援連隊（熊本市）
第43普通科連隊（都城市）
第12普通科連隊（霧島市）
第42即応機動連隊（熊本市）
師団司令部（熊本市）
第4師団
その他の部隊
対馬警備隊（対馬市）※
第4後方支援連隊（春日市）
第4特科連隊（久留米市）
第41普通科連隊（別府市）
第40普通科連隊（北九州市）
第16普通科連隊（大村市）
師団司令部（春日市）
西部方面総監部（熊本市）
※方面直轄部隊だが第4師団長に隷属

（共同機関）

自衛隊地方協力本部（都道府県庁所在地（北海道は札幌市、旭川市、帯広市、函館市））
自衛隊別府病院（別府市）
自衛隊熊本病院（熊本市）
自衛隊福岡病院（春日市）
自衛隊阪神病院（川西市）
自衛隊富士病院（静岡県駿東郡小山町）
自衛隊仙台病院（仙台市）
自衛隊札幌病院（札幌市）
自衛隊中央病院（東京都世田谷区）
自衛隊体育学校（東京都練馬区）

その他の防衛大臣直轄部隊
陸上自衛隊補給統制本部（東京都北区）
陸上自衛隊教育訓練研究本部（東京都目黒区）――陸上自衛隊開発実験団（静岡県駿東郡小山町）
陸上自衛隊高等工科学校（横須賀市）
陸上自衛隊化学学校（さいたま市）
陸上自衛隊衛生学校（東京都世田谷区）
陸上自衛隊小平学校（小平市）
陸上自衛隊輸送学校（東京都練馬区）
陸上自衛隊需品学校（松戸市）
陸上自衛隊武器学校（茨城県稲敷郡阿見町）
陸上自衛隊通信学校（横須賀市）
陸上自衛隊施設学校（ひたちなか市）
陸上自衛隊航空学校（伊勢市）
陸上自衛隊情報学校（静岡県駿東郡小山町）
陸上自衛隊高射学校（千葉市）
陸上自衛隊富士学校（静岡県駿東郡小山町）…富士教導団（静岡県駿東郡小山町）※…普通科教導連隊（御殿場市）
陸上自衛隊幹部候補生学校（久留米市）
警務隊（東京都新宿区）

※防衛大臣直轄部隊だが、陸上自衛隊富士学校長に隷属

3. 海上自衛隊の組織及び編成 (平成30.3.31見込)

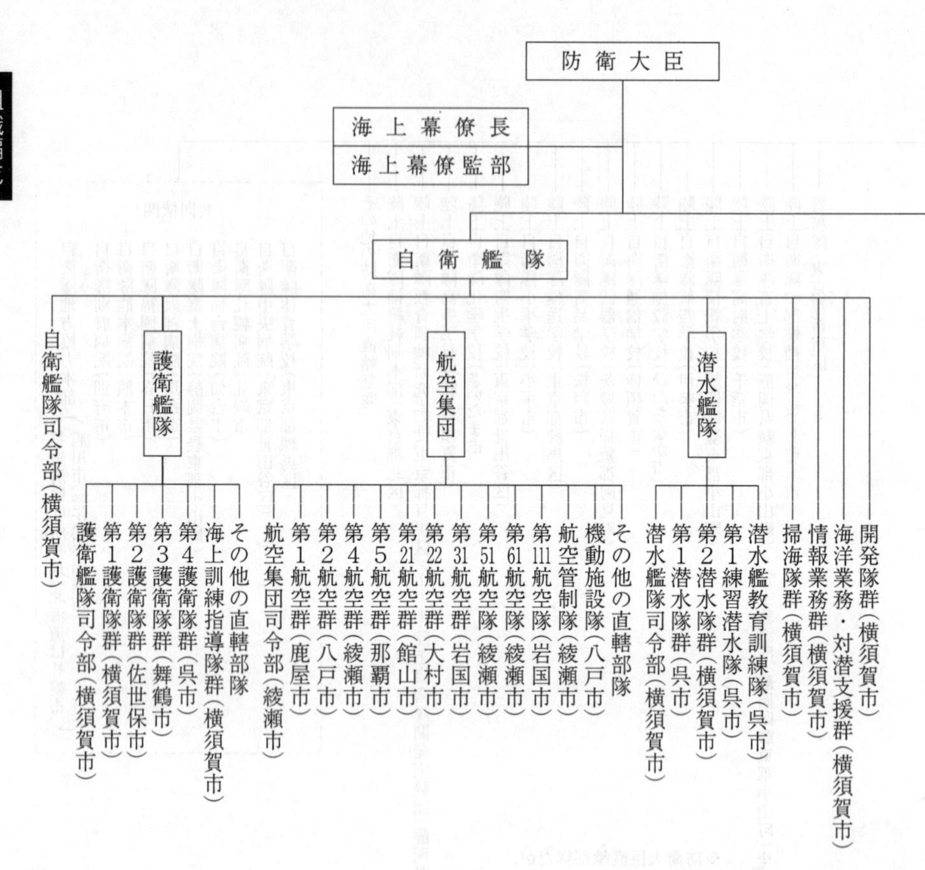

（共同機関）
自衛隊佐世保病院（佐世保市）
自衛隊呉病院（呉市）
自衛隊舞鶴病院（舞鶴市）
自衛隊横須賀病院（横須賀市）
自衛隊大湊病院（むつ市）

その他の防衛大臣直轄部隊
- 海上自衛隊航空補給処（木更津市）
- 海上自衛隊艦船補給処（横須賀市）

海上自衛隊補給本部（東京都北区）
海上自衛隊第４術科学校（舞鶴市）
海上自衛隊第３術科学校（柏市）
海上自衛隊第２術科学校（横須賀市）
海上自衛隊第１術科学校（江田島市）
海上自衛隊幹部候補生学校（江田島市）
海上自衛隊幹部学校（東京都目黒区）
システム通信隊群（東京都新宿区）
練習艦隊（呉市）

教育航空集団
- その他の直轄部隊
- 小月教育航空群（下関市）
- 徳島教育航空群（徳島県板野郡松茂町）
- 下総教育航空群（柏市）
- 教育航空集団司令部（柏市）

大湊地方隊（むつ市）
舞鶴地方隊（舞鶴市）
佐世保地方隊（佐世保市）
呉地方隊（呉市）
横須賀地方隊（横須賀市）

4. 航空自衛隊の組織及び編成（平成30.3.31見込）

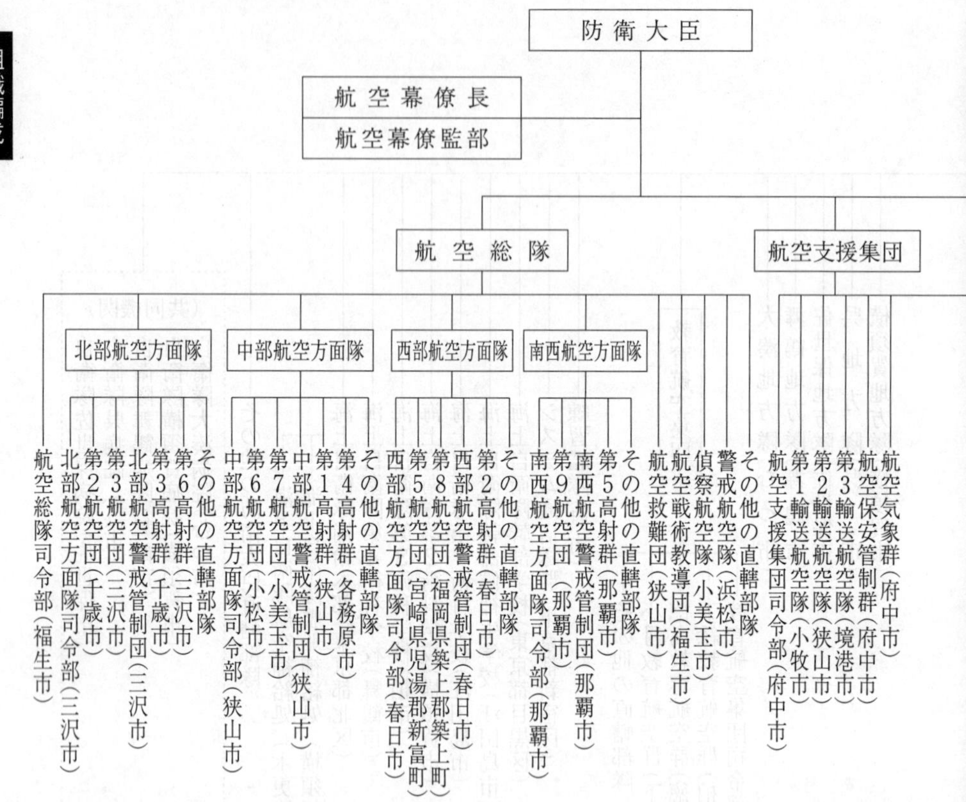

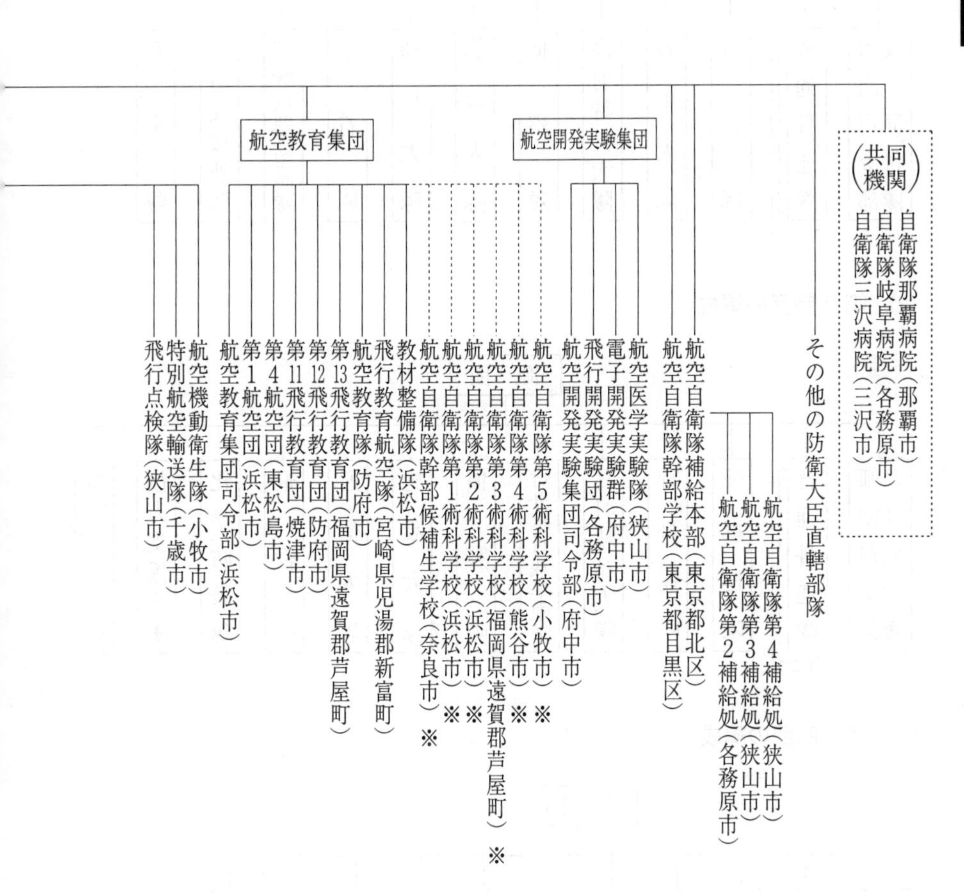
航空教育集団
航空開発実験集団
共同機関
自衛隊那覇病院（那覇市）
自衛隊岐阜病院（各務原市）
自衛隊三沢病院（三沢市）
その他の防衛大臣直轄部隊
航空自衛隊補給本部（東京都北区）
航空自衛隊第4補給処（狭山市）
航空自衛隊第3補給処（狭山市）
航空自衛隊第2補給処（各務原市）
航空自衛隊幹部学校（東京都目黒区）
航空医学実験隊（狭山市）
電子開発実験群（府中市）
飛行開発実験団（各務原市）
航空開発実験集団司令部（府中市）
航空自衛隊第5術科学校（小牧市）※
航空自衛隊第4術科学校（熊谷市）※
航空自衛隊第3術科学校（福岡県遠賀郡芦屋町）※
航空自衛隊第2術科学校（浜松市）※
航空自衛隊第1術科学校（浜松市）※
航空自衛隊幹部候補生学校（奈良市）※
教材整備隊（浜松市）
飛行教育航空隊（宮崎県児湯郡新富町）
航空教育隊（防府市）
第13飛行教育団（福岡県遠賀郡芦屋町）
第12飛行教育団（防府市）
第11飛行教育団（焼津市）
第4航空団（東松島市）
第1航空団（浜松市）
航空教育集団司令部（浜松市）
航空機動衛生隊（小牧市）
特別航空輸送隊（千歳市）
飛行点検隊（狭山市）
※航空教育集団司令官の
指揮監督を受ける機関（学校）

5. 主要部隊の編成（陸上自衛隊）（平成30.3.31見込）

(1) 第1、3師団の編成

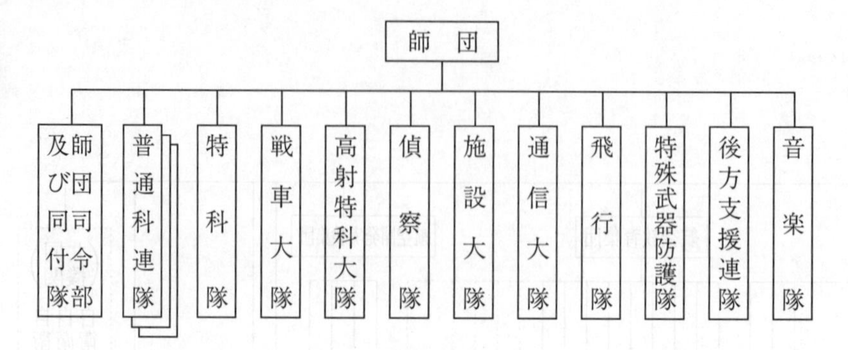

(2) 第2師団の編成

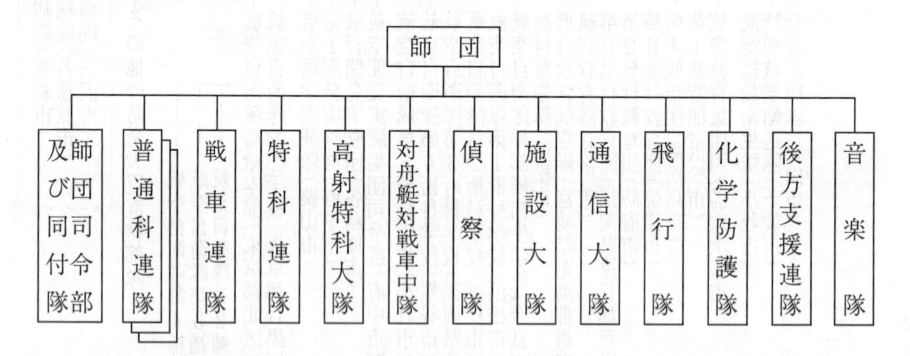

(3) 第8師団の編成

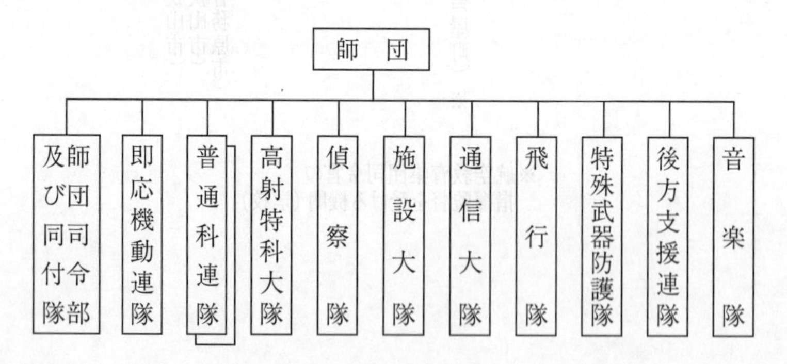

⑷　第４、６、９、10師団の編成

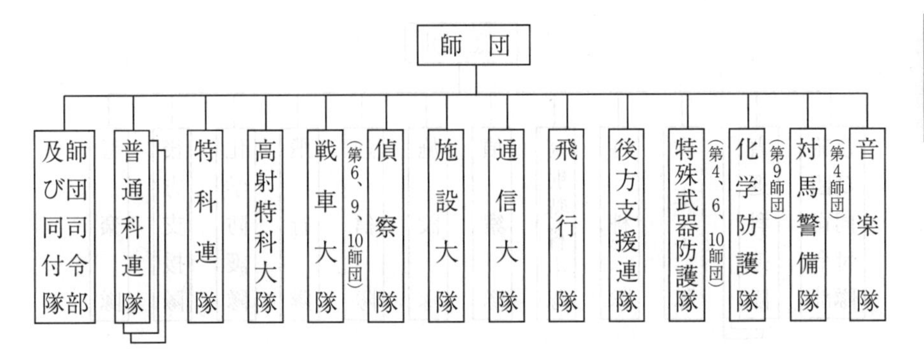

⑸　第７師団の編成

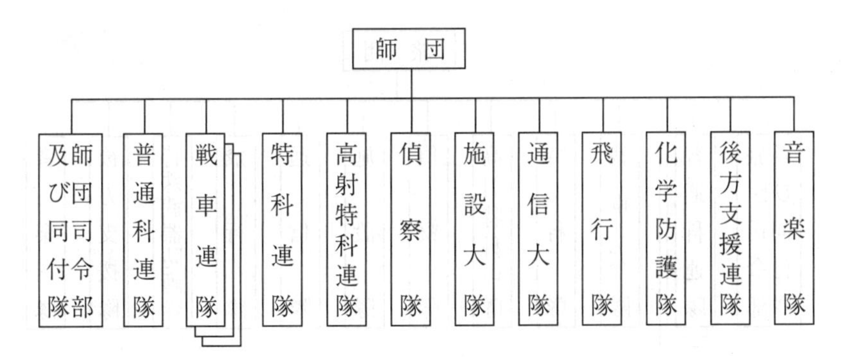

⑹　普通科連隊の編成

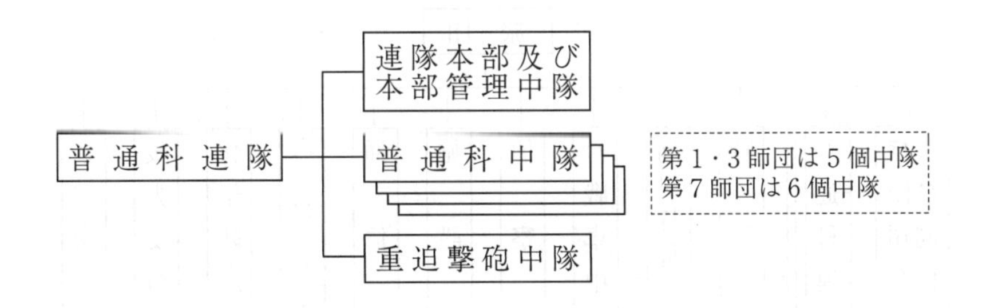

⑺　第5旅団の編成

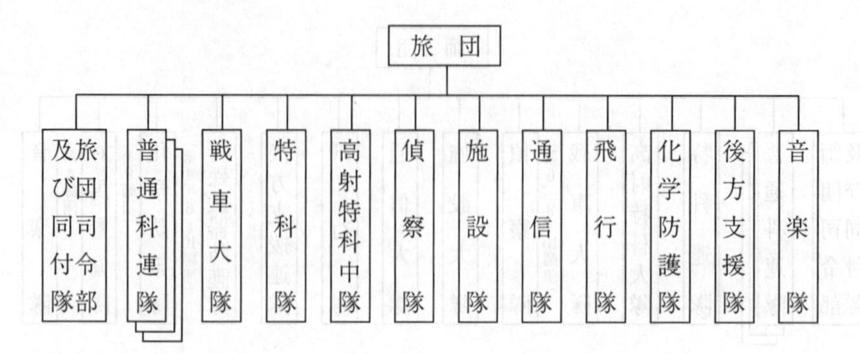

⑻　第11旅団の編成

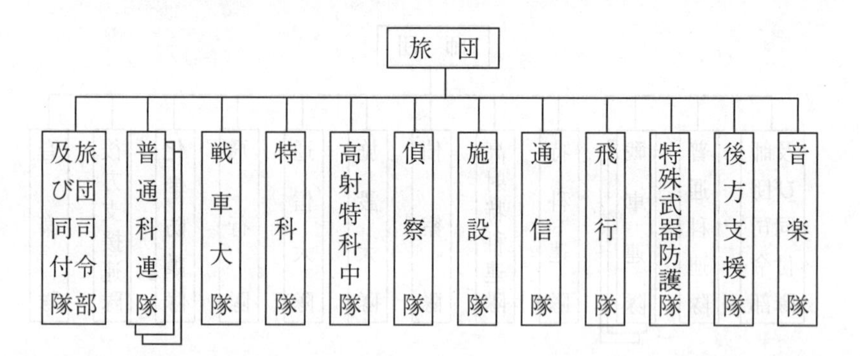

⑼　第12旅団の編成

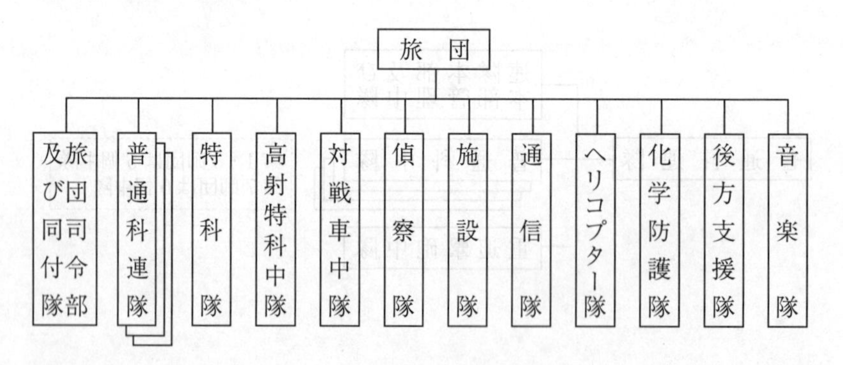

⑽ 第 13 旅団の編成

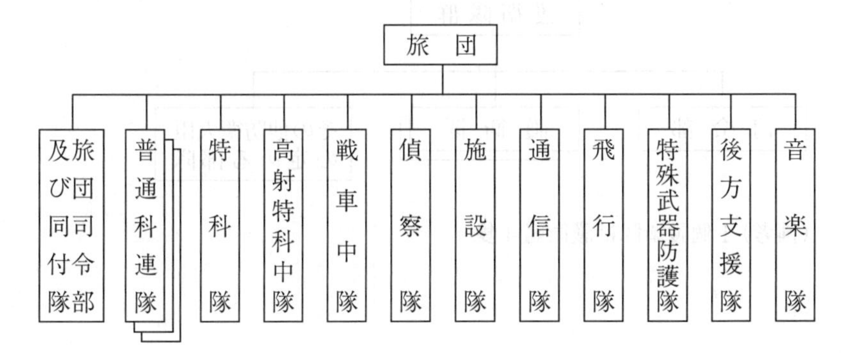

⑾ 第 14 旅団の編成

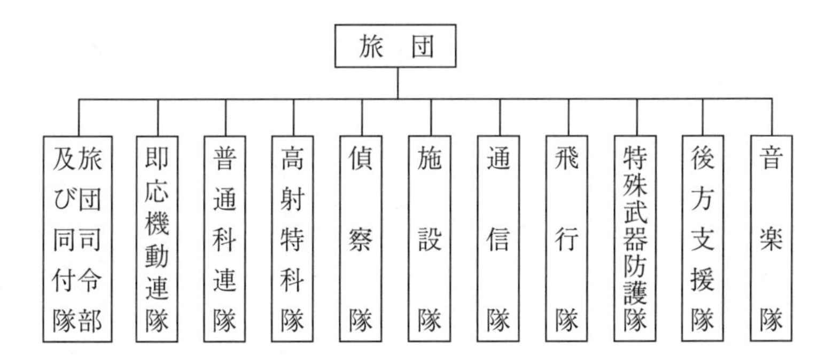

⑿ 第 15 旅団の編成

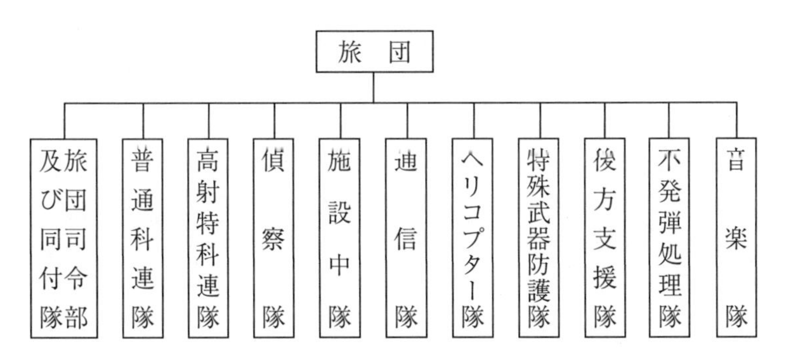

6. 護衛隊群の編成（海上自衛隊）（平成30.3.31見込）

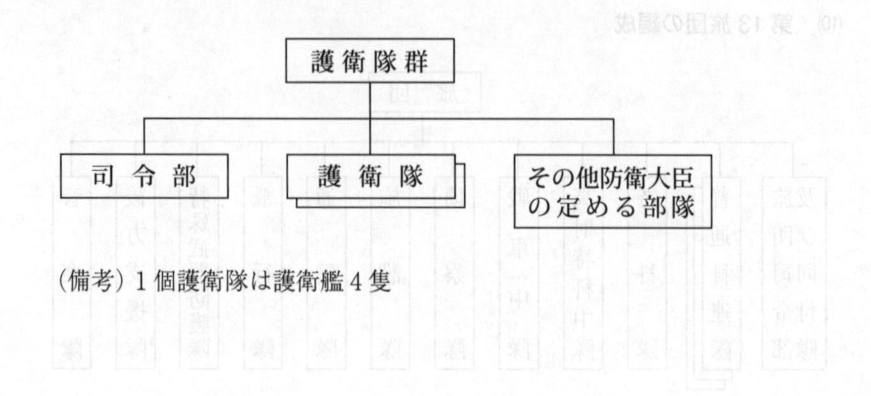

（備考）1個護衛隊は護衛艦4隻

7. 航空団の編成（一例）（航空自衛隊）(平成30.3.31見込)

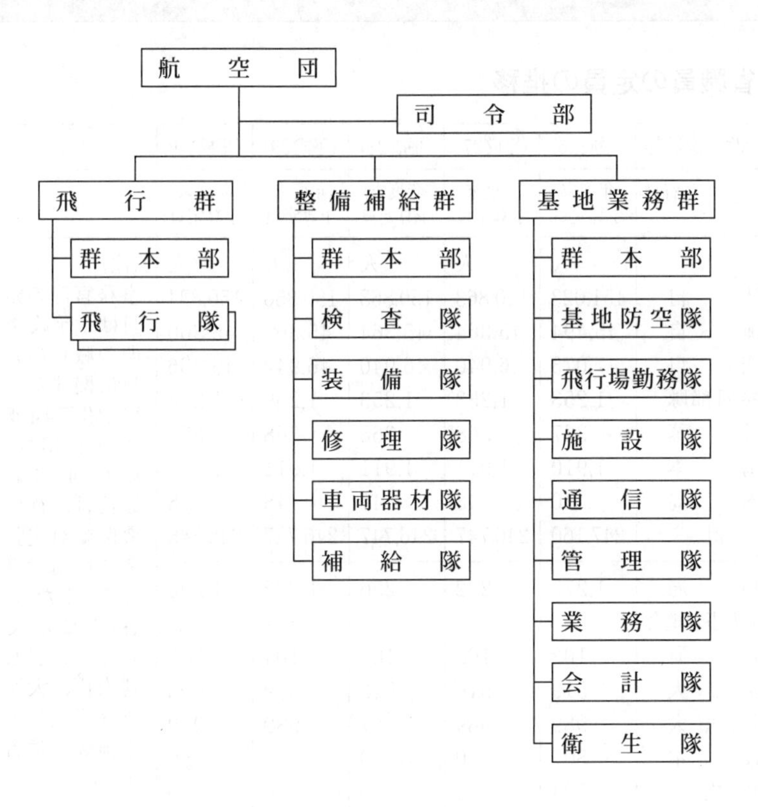

第3章　人　事

1.　防衛省職員の定員の推移

組織別等		改正次数等／施行日	(平成26) 年度末予算定員	(平成27) 年度末予算定員	(平成28) 年度末予算定員	(平成29) 年度末予算定員	(平成30) 年度末予算定員	
防衛省本省	自衛官		人	人	人	人	人	(注) 事務官等の定員は、行政機関の職員の定員に関する法律（昭和44年法律第33号）施行（44.4.1）以後は、行政機関職員定員令により定められているため、各年度によって異なる。大臣、副大臣、大臣政務官及び大臣補佐官は含まない。
		陸自	151,023	150,863	150,863	150,856	150,834	
		海自	45,494	45,364	45,364	45,363	45,360	
		空自	47,073	46,940	46,940	46,942	46,936	
		共同部隊	1,253	1,253	1,253	1,259	1,288	
		統幕	367	368	368	368	372	
		情本	1,910	1,911	1,911	1,911	1,910	
		内局	40	48	48	48	48	
		計	247,160	246,747	246,747	246,747	246,748	
	事務官等	内局	1,272	1,232	1,250	1,272	1,290	
		防衛人事審議会		1	1	1	1	
		防研	102	103	103	104	103	
		防大	519	516	512	509	505	
		防医大	989	989	987	989	989	
		技本	807	0	0	0	0	
		装施本	524	0	0	0	0	
		陸自	7,828	7,752	7,689	7,624	7,568	
		海自	3,057	3,012	2,974	2,942	2,914	
		空自	3,096	3,050	3,011	2,971	2,938	
		統幕	116	159	163	169	180	
		情本	559	564	573	577	592	
		防監本	34	36	36	36	36	
		地防局	2,375	2,374	2,383	2,394	2,403	
		計	21,278	19,788	19,682	19,588	19,519	
防衛装備庁		自衛官		407	407	407	406	
		事務官等		1,373	1,379	1,386	1,388	

（※）平成25年度以前は既年版を参照。
（※）平成27年度に、防衛装備庁を新設し、技術研究本部及び装備施設本部を廃止した。

2. 自衛官現員の推移

（平成29.3.31現在）

隊別／年度	陸　自	海　自	空　自	統幕等	計
平成元	156,100	43,967	46,317	160	246,544
2	148,413	42,245	43,359	160	234,177
3	151,176	43,538	45,392	160	240,266
4	150,339	42,238	44,820	160	237,557
5	146,114	43,032	44,512	160	233,818
6	151,155	43,748	44,574	160	239,637
7	152,515	44,135	45,883	160	242,693
8	152,371	43,668	45,336	1,334	242,709
9	151,836	43,842	45,606	1,356	242,640
10	145,928	43,838	45,223	1,379	236,368
11	148,557	42,655	44,207	1,402	236,821
12	148,676	44,227	45,377	1,527	239,807
13	148,197	44,404	45,582	1,656	239,839
14	148,226	44,375	45,483	1,722	239,806
15	146,960	44,390	45,459	1,770	238,579
16	147,737	44,327	45,517	1,849	239,430
17	148,302	44,528	45,913	2,069	240,812
18	148,631	44,495	45,733	2,111	240,970
19	138,422	44,088	45,594	2,187	230,291
20	140,251	42,431	43,652	2,202	228,536
21	140,536	42,131	43,506	3,184	229,357
22	140,278	41,755	42,748	3,169	227,950
23	139,323	42,117	43,192	3,216	227,848
24	136,573	42,007	42,733	3,213	224,526
25	137,850	41,907	42,751	3,204	225,712
26	138,168	42,209	43,099	3,266	226,742
27	138,610	42,052	43,027	3,650	227,339
28	135,713	42,136	42,939	3,634	224,422

人事

3. 医官等の定員と現員

(平成29.3.31現在)

		陸自	海自	空自	計
医官等	定員	713	221	172	1,106
	現員	557	189	150	896
歯科医官等	定員	163	49	40	252
	現員	139	44	36	219

(注) 1.定員は、予算定員である。
2.現員には、休職人員を含まない。
3.非自衛官を含む。

4. 女性自衛官の現員

(平成29.3.31現在)

区分	幹部	准・曹	士	計
陸	1,451 (509)	4,767 (4,630)	1,933 (1,933)	8,151 (7,072)
海	370 (322)	1,669 (1,669)	520 (520)	2,559 (2,511)
空	329 (301)	1,510 (1,510)	1,158 (1,158)	2,997 (2,629)
計	2,150 (1,132)	7,946 (7,809)	3,611 (3,611)	13,707 (12,552)

注：(　)は、医官、歯科医官、看護を除いた一般自衛官の数

5. 即応予備自衛官の員数と現員

(平成29.3.31現在)

年度	員　数	現　員
平成19	8,425	5,873
20	8,408	5,853
21	8,467	5,815
22	8,479	5,772
23	8,479	5,767
24	8,175	5,387
25	8,175	5,085
26	8,175	4,875
27	8,075	4,513
28	8,075	4,402

6. 予備自衛官の員数と現員

(平成29.3.31現在)

年度	区分	員数	現員
平成24	陸	46,000	31,297
	海	1,100	682
	空	800	587
	計	47,900	32,556
25	陸	46,000	31,111
	海	1,100	622
	空	800	568
	計	47,900	32,301
26	陸	46,000	31,274
	海	1,100	561
	空	800	561
	計	47,900	32,396
27	陸	46,000	31,485
	海	1,100	525
	空	800	544
	計	47,900	32,554
28	陸	46,000	32,062
	海	1,100	528
	空	800	552
	計	47,900	33,142

7. 自衛官等の応募及び採用状況の推移

（平成29.3.31現在）

(1) 一般・技術幹部候補生（男子）

年度	隊別	応募者数	採用者数
平成24	陸	4,347	107
	海	1,273	75
	空	1,497	54
	計	7,117	236
25	陸	3,901	103
	海	1,584	77
	空	2,306	53
	計	7,791	233
26	陸	3,410	141
	海	1,685	80
	空	2,194	45
	計	7,289	266
27	陸	2,767	151
	海	1,455	97
	空	1,944	42
	計	6,166	290
28	陸	2,480	185
	海	1,320	98
	空	1,649	58
	計	5,449	341

(2) 一般・技術幹部候補生（女子）

年度	隊別	応募者数	採用者数
平成24	陸	704	10
	海	333	16
	空	270	12
	計	1,307	38
25	陸	564	10
	海	297	11
	空	425	7
	計	1,286	28
26	陸	512	9
	海	261	5
	空	453	12
	計	1,226	26
27	陸	434	14
	海	259	14
	空	475	4
	計	1,168	32
28	陸	399	21
	海	207	22
	空	456	11
	計	1,062	54

※応募者数及び採用者数は募集年度に対応するものである。

(3) 医科・歯科・薬剤科幹部候補生

年度	隊別	応募者数	採用者数
平成24	陸	100	9
	海	28	4
	空	35	4
	計	163	17
25	陸	83	8
	海	25	2
	空	27	4
	計	135	14
26	陸	61	11
	海	23	7
	空	26	2
	計	110	20
27	陸	46	7
	海	23	5
	空	18	4
	計	87	16
28	陸	39	16
	海	20	4
	空	19	3
	計	78	23

(4) 防衛大学校学生

年度	期別	隊別	応募者数	採用者数
平成24	61	人社	6,126	97
		理工	10,831	353
		計	16,957	450
25	62	人社	6,586	128
		理工	10,602	442
		計	17,188	570
26	63	人社	6,696	119
		理工	10,433	424
		計	17,129	543
27	64	人社	6,932	112
		理工	9,835	381
		計	16,767	493
28	65	人社	7,090	107
		理工	9,781	364
		計	16,871	471

(5) 防衛医科大学校医学科学生

年度	期別	応募者数	採用者数
平成24	40	7,595	84
25	41	8,012	76
26	42	7,240	85
27	43	6,723	85
28	44	6,815	84

(6) 防衛医科大学校看護学科学生
(自衛官候補看護学生)

年度	期別	応募者数	採用者数
平成26	2	2,654	75
27	3	2,302	75
28	4	2,207	74

(7) 航空学生

年度	隊別	応募者数	採用者数
平成24	海	1,186	68
	空	3,062	49
	計	4,248	117
25	海	916	74
	空	3,114	45
	計	4,030	119
26	海	948	82
	空	2,908	50
	計	3,856	132
27	海	606	83
	空	2,820	52
	計	3,426	135
28	海	597	71
	空	2,833	66
	計	3,430	137

※応募者数及び採用者数は募集年度に対応するものである。

(8) 一般曹候補生

年度	隊別	応募者数	採用者数
平成24	陸	23,452	2,095
	海	4,798	975
	空	5,873	783
	計	34,123	3,853
25	陸	22,415	2,091
	海	5,056	972
	空	7,063	721
	計	34,534	3,784
26	陸	18,887	2,655
	海	4,967	1,001
	空	7,291	780
	計	31,145	4,436
27	陸	13,939	2,638
	海	4,183	993
	空	6,970	697
	計	25,092	4,328
28	陸	13,485	2,991
	海	3,927	1,263
	空	6,900	757
	計	24,312	5,011

(9) 自衛官候補生（男子）

年度	隊別	応募者数	採用者数
平成24	陸	21,779	7,127
	海	3,540	805
	空	4,421	1,293
	計	29,740	9,225
25	陸	19,916	5,908
	海	4,312	1,162
	空	5,029	1,408
	計	29,257	8,478
26	陸	18,742	5,449
	海	3,829	710
	空	4,748	1,232
	計	27,319	7,391
27	陸	15,904	4,651
	海	3,903	908
	空	4,845	1,465
	計	24,652	7,024
28	陸	16,182	4,415
	海	4,285	892
	空	4,714	1,357
	計	25,181	6,664

※応募者数及び採用者数は募集年度に対応するものである。

(10) 自衛官候補生（女子）

年度	隊別	応募者数	採用者数
平成24	陸	2,957	523
	海	660	81
	空	681	134
	計	4,298	738
25	陸	2,664	499
	海	743	79
	空	870	132
	計	4,277	710
26	陸	2,482	499
	海	622	79
	空	938	270
	計	4,042	848
27	陸	2,114	564
	海	486	79
	空	885	171
	計	3,485	814
28	陸	2,485	749
	海	519	116
	空	882	81
	計	3,886	946

※応募者数及び採用者数は募集年度に対応するものである。

(11) 陸上自衛隊高等工科学校生徒

年度	隊別	応募者数	採用者数
平成24	陸	4,799	326
25	陸	4,777	327
26	陸	3,796	328
27	陸	3,160	346
28	陸	2,721	315

8. 自衛官等の募集要項

(1) 平成29年度募集要項

<table>
<tr><th colspan="3" rowspan="2">区　分</th><th rowspan="2">資　格</th><th>第1次試験</th><th>第2次試験</th><th rowspan="2">受付場所</th></tr>
<tr><th colspan="2">内　容</th></tr>
<tr><td rowspan="3">幹部候補生</td><td rowspan="2">一般</td><td>大卒程度試験</td><td>22歳以上26歳未満の者(20歳以上22歳未満の者は大卒(見込含)、修士課程修了者等(見込含)は28歳未満)</td><td rowspan="2">・筆記試験(大学教養課程修了程度の一般教養科目、同課程・大学専門課程修了程度の専門科目)
・筆記式操縦適性検査(飛行要員希望者のみ)</td><td rowspan="3">・小論文試験
・口述試験
・身体検査(飛行要員希望者のみ航空身体検査)
・音楽適性検査(陸上自衛隊音楽要員希望者のみ)

第3次試験(海上、航空の飛行要員のみ)
・航空身体検査の一部(海上)
・操縦適性検査及び医学適性検査(航空)</td><td rowspan="7">自衛隊地方協力本部</td></tr>
<tr><td>院卒者試験</td><td>修士課程修了者等(見込含)で、20歳以上28歳未満の者</td></tr>
<tr><td colspan="2">歯科・薬剤科</td><td>専門の大卒(見込含)20歳以上30歳未満の者(薬剤科は20歳以上28歳未満の者)</td><td>・筆記試験(大学教養課程修了程度の一般教養科目、大学専門課程修了程度の専門科目)</td></tr>
<tr><td colspan="3">医科・歯科幹部</td><td>医師・歯科医師の免許取得者</td><td colspan="2">・筆記試験(小論文)
・口述試験
・身体検査</td></tr>
<tr><td colspan="3">技術海上・航空幹部</td><td>大卒38歳未満の者</td><td colspan="2">・筆記試験(一般教養及び小論文)
・口述試験
・身体検査</td></tr>
<tr><td colspan="3">技術海曹・空曹</td><td>20歳以上の者で国家免許資格所有者</td><td colspan="2">・筆記試験(一般教養及び作文)
・口述試験
・身体検査</td></tr>
<tr><td colspan="3">航空学生</td><td>海:高卒(見込含)又は高専3年次修了(見込含)18歳以上23歳未満の者

空:高卒(見込含)又は高専3年次修了(見込含)18歳以上21歳未満の者</td><td>・筆記試験(国語、数学、英語及び世界史A、日本史A、地理A、現代社会、倫理、政治経済、物理基礎、化学基礎、生物基礎、地学基礎のうちから1科目選択)
・適性検査</td><td>・航空身体検査
・口述試験
・適性検査

第3次試験
・航空身体検査の一部(海上)
・操縦適性検査及び医学適性検査(航空)</td></tr>
</table>

<table>
<tr><th colspan="2" rowspan="2">区　分</th><th rowspan="2">資　格</th><th colspan="2">第１次試験</th><th>第２次試験</th><th rowspan="2">受付場所</th></tr>
<tr><th colspan="3">内　容</th></tr>
<tr><td colspan="2">一般曹候補生</td><td>18歳以上27歳未満の者</td><td colspan="2">・筆記試験（国語、数学、英語、作文）
・適性検査</td><td>・口述試験
・身体検査</td><td rowspan="10">自衛隊地方協力本部</td></tr>
<tr><td colspan="2">自衛官候補生</td><td>18歳以上27歳未満の者</td><td colspan="2">・筆記試験（国語、数学、社会、作文）
・口述試験
・適性検査及び身体検査</td><td></td></tr>
<tr><td rowspan="8">防衛大学校学生</td><td rowspan="2">推薦</td><td rowspan="2">高卒（見込含）21歳未満の、成績優秀かつ生徒会活動等に顕著な実績を修め、学校長が推薦できる者</td><td>専攻 人文・社会科学</td><td colspan="2">・学力試験（英語、小論文）
・口述試験
・身体検査</td></tr>
<tr><td>専攻 理工学</td><td colspan="2">・学力試験（英語、数学及び理科（物理・化学）
・口述試験
・身体検査</td></tr>
<tr><td rowspan="2">総合選抜</td><td rowspan="2">高卒（見込含）21歳未満の者（自衛官は23歳未満）</td><td>専攻 人文・社会科学</td><td>・学力試験（英語、小論文）</td><td rowspan="2">・適応能力試験
・問題解決能力試験
・基礎体力試験
・口述試験
・身体検査</td></tr>
<tr><td>専攻 理工学</td><td>・学力試験（英語、数学及び理科（物理・化学））</td></tr>
<tr><td rowspan="2">一般（前期）</td><td rowspan="2">高卒（見込含）21歳未満の者（自衛官は23歳未満）</td><td>専攻 人文・社会科学</td><td>・学力試験（英語、数学･社会より1科目選択、国語、小論文）</td><td rowspan="2">・口述試験
・身体検査</td></tr>
<tr><td>専攻 理工学</td><td>・学力試験（英語、数学、理科（物理･化学から1科目選択）、小論文）</td></tr>
<tr><td rowspan="2">一般（後期）</td><td rowspan="2">高卒（見込含）21歳未満の者（自衛官は23歳未満）</td><td>専攻 人文・社会科学</td><td>・学力試験（英語、数学、国語）</td><td rowspan="2">・口述試験
・身体検査</td></tr>
<tr><td>専攻 理工学</td><td>・学力試験（英語、数学、国語）</td></tr>
</table>

区分		資格	第1次試験（内容）	第2次試験（内容）	受付場所
防衛医科大学校医学科学生		高卒（見込含）21歳未満の者	・筆記試験（国語、数学、英語、理科）	・口述試験 ・小論文 ・身体検査	自衛隊地方協力本部
防衛医科大学校看護学科学生（自衛官候補看護学生）		高卒（見込含）21歳未満の者	・筆記試験（国語、英語、数学、理科、小論文）	・口述試験 ・身体検査	
陸上自衛隊高等工科学校生徒	推薦	男子で中卒（見込含）17歳未満の、成績優秀かつ生徒会活動等に顕著な実績を修め、学校長が推薦できる者	・口述試験 ・筆記試験（作文を含む） ・身体検査		
	一般	男子で中卒（見込含）17歳未満の者	・筆記試験（国語、社会、数学、理科、英語、作文）	・口述試験（個別面接） ・身体検査	
貸費学生	技術	大学の理学部、工学部の3・4年次または大学院（専門職大学院を除く）修士課程在学（正規の修業年限を終わる年の4月1日現在で26歳未満（大学院修士課程在学者は28歳未満）	・筆記試験（英語、数学、物理、化学、小論文） ・口述試験 ・身体検査		
予備自衛官補	一般	18歳以上34歳未満の者	・筆記試験（国語、数学、理科、社会、英語、作文） ・口述試験（個別面接） ・適性検査（予備自衛官補としての適性を判定する検査） ・身体検査		
	技能	18歳以上で国家免許資格等を有する者（資格により53歳未満〜55歳未満の者）	・筆記試験（小論文） ・口述試験（個別面接） ・適性検査（予備自衛官補としての適性を判定する検査） ・身体検査		

注）資格欄中の「高卒」は、中等教育学校卒業者を含む。

(2) 教育等の内容及び将来

区　分	教育等の内容及び将来
一般幹部候補生 (陸・海・空)	一般大学等出身の幹部自衛官候補者。採用とともに陸・海・空曹長に任命され、幹部候補生として約1年間の教育を受けた後、3等陸・海・空尉（大学院修士課程修了者は2尉）に昇任し、幹部自衛官となる。
医科・歯科・薬剤科幹部候補生 (陸・海・空)	自衛隊の衛生分野において、医療衛生業務に従事する幹部自衛官となる。
自衛隊貸費学生 (陸・海・空)	医科、歯科又は理工系の大学又は大学院に在学する者で卒業後自衛隊に勤務しようとするものに学資金(月額54,000円)を貸与するもの。大学卒業または大学院修了後は陸・海・空曹長に任命され、幹部候補生として教育を受けた後、2～3等陸・海・空尉に昇任し幹部自衛官となる。なお、一定期間勤務した者は、学資金の返還が免除される。
防衛大学校学生	幹部自衛官になるために必要な識見及び能力を与え、かつ伸展性のある資質を育成する。学生舎で共同生活を送るのが特徴で学生手当等も支給される。卒業後は、陸・海・空曹長に任命され、幹部候補生として約1年間の教育を受けた後、3等陸・海・空尉に昇任し幹部自衛官となる。
防衛医科大学校学生	医師である幹部自衛官になるために必要な識見及び能力を与え、かつ伸展性のある資質を育成する。学生舎で共同生活を送るのが特徴で、学生手当等も支給される。卒業後は、陸・海・空曹長に任命され、幹部候補生として約6週間の教育を受け、医師国家試験に合格した後、2等陸・海・空尉に昇任し幹部自衛官となる。そして、引き続き2年間の臨床研修の後、医官として勤務する。なお、卒業後9年間を超えて勤続しない場合は、償還金を償還しなければならない。
防衛医科大学校 看護学科学生 (自衛官候補看護学生)	保健師、看護師である幹部自衛官となるべき者を育成する課程で、4年間の教育を受け保健師・看護師の国家資格の取得を目指す。免許取得後は陸・海・空各幹部候補生学校に入校し、幹部自衛官に必要な知識と技能を学び、自衛隊看護官として全国の自衛隊病院や衛生科部隊で勤務する。
航空学生(海・空)	海・空自衛隊のパイロット及び戦術航空士(海上自衛隊)となるための基礎教育を約2年間受ける。2士として採用されるが、約6年で3尉に昇任し、幹部自衛官となる。

区　　分	教育等の内容及び将来
一般曹候補生 (陸・海・空)	採用後所要の教育を修了すると各種部隊に勤務し、部隊勤務を通じて曹としての教育を受け採用後約2年9か月経過以降、選抜により3曹に昇任する。また将来幹部への道も開かれている。
自衛官候補生 (陸・海・空)	任期制士となる者については、自衛官候補生(防衛省職員の定員外。自衛隊員)として採用される。自衛官候補生は、約3月間、任期制士として必要な知識及び技能等の修得のため教育訓練に専従する。この間、隊務には従事しない。自衛官候補生としての教育訓練の修了後、2士に任官する。任期制士の任期は、自衛官候補生の期間を通じ原則として陸2年、海空3年である。希望者には、選考により2年を任期として継続任用の道が開かれており、さらに本人の努力次第で選抜試験により曹・幹部に昇任することができる。職域に関連した資格を取る機会もあり、夜間又は通信教育による上級学校への進学も隊務に支障なくかつ許可された場合、可能である。
陸上自衛隊 高等工科学校生徒	技術関係の業務に従事する陸曹の将来の基幹要員となるために必要な知識及び技能を養う。生徒舎での共同生活を送り、陸上自衛隊高等工科学校において高等学校の教育に相当する一般教育や通信・情報分野における専門教育を受ける。(卒業後は、高等学校卒業の資格が与えられる。)生徒である期間中は生徒手当が支給される。卒業後は、陸士長に任命され、生徒陸曹候補生として約1年間の教育を受けた後、3等陸曹に昇任する。また幹部への道も開かれている。なお、陸上自衛隊高等工科学校での修業期間は3年である。
技術海曹 技術空曹	海・空自衛隊の技術曹として、現業技術部門等において部隊勤務する。幹部への道も開かれている。
予備自衛官補	予備自衛官としての素養を養うとともに、予備自衛官として必要な知識及び技能をそれぞれ修得するため、予備自衛官補(一般)は3年以内に50日、予備自衛官補(技能)は2年以内に10日の教育訓練を受け、教育訓練修了の翌日に、予備自衛官に任用される。

9. 本籍都道府県別階級別自衛官数

（平成29.10.31現在）

本籍＼区分	幹部計	准尉	曹士計	合計
北海道	4,513	874	26,745	32,132
青　森	1,202	289	8,532	10,023
岩　手	414	70	3,393	3,877
宮　城	1,075	182	5,520	6,777
秋　田	363	63	3,007	3,433
山　形	479	85	2,964	3,528
福　島	638	104	4,147	4,889
茨　城	716	79	3,313	4,108
栃　木	384	40	1,759	2,183
群　馬	466	62	2,017	2,545
埼　玉	1,655	120	4,879	6,654
千　葉	1,380	100	4,387	5,867
東　京	2,772	101	6,162	9,035
神奈川	1,999	161	5,901	8,061
新　潟	485	61	2,916	3,462
富　山	205	12	765	982
石　川	412	33	1,753	2,198
福　井	238	16	854	1,108
山　梨	151	24	726	901
長　野	316	27	1,508	1,851
岐　阜	510	49	1,839	2,398
静　岡	912	95	3,702	4,709
愛　知	1,158	73	4,293	5,524
三　重	357	30	1,547	1,934
滋　賀	210	19	936	1,165
京　都	704	72	2,837	3,613
大　阪	1,154	49	4,397	5,600
兵　庫	1,276	75	4,276	5,627
奈　良	243	11	832	1,086
和歌山	227	25	1,137	1,389
鳥　取	249	36	1,261	1,546
島　根	262	30	1,452	1,744
岡　山	470	38	1,699	2,207
広　島	1,143	110	4,516	5,769
山　口	774	63	2,689	3,526
徳　島	265	21	1,281	1,567
香　川	339	34	1,216	1,589
愛　媛	537	45	1,924	2,506
高　知	253	32	1,394	1,679
福　岡	2,595	224	9,309	12,128
佐　賀	705	67	3,040	3,812
長　崎	1,580	195	7,955	9,730
熊　本	1,995	267	7,928	10,190
大　分	851	99	3,362	4,312
宮　崎	1,293	166	6,060	7,519
鹿児島	1,745	175	7,590	9,510
沖　縄	266	49	2,689	3,004
計	41,936	4,652	182,409	228,997

10. 学歴別自衛官数

（平成29.10.31現在）

区分＼学歴	大学	短大	高校	中学	防大	防医大	計
幹部計	8,616	1,304	20,719	666	9,709	922	41,936
准　尉	71	48	4,257	276	0	0	4,652
曹士計	20,363	7,811	148,442	5,445	339	9	182,409
合　計	29,050	9,163	173,418	6,387	10,048	931	228,997

11. 防衛省職員の給与の種目及び支給基準

給与の区分＼職員の区分	定員内					定員外						概要
	指定職	事務官等	常勤の防衛大臣政策参与	将・将補（一）	自衛官	自衛官候補生	学生	生徒	即応予備自衛官	予備自衛官	予備自衛官補	
俸給	○	○	○	○	○							自衛隊教官俸給表、自衛官俸給表、一般職給与法並びに一般職任期付研究員法及び一般職任期付職員法の俸給表（事務官等）。
俸給の調整額		○										結核病棟又は精神病棟等勤務の看護師等（調整基本額×調整数（1～3））。
俸給の特別調整額		○			○							管理又は監督の地位にある官職を占める職員の属する職務の級・階級における最高の号俸による俸給月額の25/100を超えない範囲内で、級・階級ごと、種別ごとの定額を支給する。
本府省業務調整手当		○			○							本府省内部部局又はこれに相当する組織の業務に従事する職員（管理職員を除く）に対して支給。支給額は役職段階別・職務の級別の定額制。
扶養手当		○			○	○						配偶者及び父母等6,500円、子10,000円。配偶者及び父母等に係る手当については、本府省課長級は不支給、本府省室長級は3,500円。ただし、扶養親族たる子のうち満16歳の年度初めから満22歳の年度末までの間にある子がいる場合は、それぞれ5,000円加算。 ※平成31年までは、異なる額が適用される場合あり。
初任給調整手当		○			○							1. 医療職俸給表（一）の適用を受ける事務官等及び医師又は歯科医師である自衛官には35か年支給。勤務地の区分により、初年度月414,300円（僻地）～184,500円（大都市）、いずれも16年間据置、17年目以降逓減。 2. 医療職俸給表（一）以外の適用を受ける医師又は歯科医師である事務官等には35か年支給。初年度月50,700円、6年間据置、7年目以降逓減。

給与の区分＼職員の区分	定員内					定員外						概要
	指定職	事務官等	常勤の防衛大臣政策参与	将 将補（一）	自衛官	自衛官候補生	学生	生徒	即応予備自衛官	予備自衛官	予備自衛官補	
地域手当	○	○	○	○	○							1. 自衛官以外は（俸給＋扶養＋俸給の特別調整額＋専門スタッフ職調整手当）の20%、16%、15%、12%、10%、6%、3%。 2. 自衛官は（俸給＋扶養＋俸給の特別調整額＋営外手当）の20%、16%、15%、12%、10%、6%、3%。
広域異動手当	○	○		○	○							官署を異にして異動をした場合等に、異動前後の官署間の距離及び住居と異動後の官署の距離いずれも60km以上であるとき、俸給等に次の支給割合を乗じた額を3年間支給。 異動距離 60km以上300km未満：5% 300km以上：10%
住居手当		○			○							借家・借間居住者に対しては家賃月額が12, 000円を超え23, 000円以下の場合には家賃月額から12, 000円を控除した額、家賃月額が23, 000円を超える場合には家賃月額から23, 000円を控除した額の1/ 2の額を11, 000円に加算した額（月額27, 000円で打切り）。転勤者に対する特例措置として、単身赴任手当受給者の留守家族の居住する借家・借間に対し、現行手当額の2分の1を支給。
専門スタッフ職調整手当		○										専門スタッフ職俸給表3級の職員が重要度・困難度が特に高い業務に従事する場合に支給（俸給月額の10%）。
通勤手当	○	○	○	○	○							交通機関等利用者には運賃相当額月額55,000円まで全額、6ケ月定期等に相当する額を当初に一括支給。自動車等利用者には2,000円～31, 600円。転勤者に対する特例措置として、異動等に伴い新幹線等を利用することが必要となった職員に対し、特急料金等の2分の1の額を2万円を限度として加算。

職員の区分／給与の区分	定員内					定員外						概要
	指定職	事務官等	常勤の防衛大臣政策参与	将 将補（一）	自衛官	自衛官候補生	学生	生徒	即応予備自衛官	予備自衛官	予備自衛官補	
単身赴任手当	○	○		○	○							基礎額:月額30,000円。職員の住居から家族の住居までの距離に応じて8,000円～70,000円加算。
特地勤務手当	○	○		○	○							特地官署への異動又は採用の日において受けていた俸給及び扶養手当の月額の合計額の1/2と現に受ける俸給及び扶養手当の月額の合計額の1/2を合算した額に支給割合を乗じた額。支給割合は級別区分（1～6級）により（事務官等）25%～4%（自衛官）23%～4%。
寒冷地手当	○	○		○	○							事務官等及び自衛官ともに一般職と同じ。ただし営内者等は1/2。
国際平和協力手当		○			○							国際平和協力業務が行われる派遣先国の勤務環境及びその業務の特質に応じ、政令でその都度規定。
超過勤務手当		○										時間当たり、勤務1時間当たりの給与額の125%又は135%（深夜は150%又は160%）、月60時間を超える超過勤務に係る支給割合150%（深夜は175%）。
休日給		○										時間当たり、勤務1時間当たりの給与額の135%。
夜勤手当		○										午後10時～翌日午前5時までの正規勤務に対し時間当たり、勤務1時間当たりの給与額の25%。
宿日直手当		○										一般の当直1回につき、4,200円等。医師の当直1回につき、20,000円等。
管理職員特別勤務手当	○	○		○	○							週休日等の勤務1回につき6,000円～18,000円（6時間を超える場合は50%増） 週休日等以外の午前0時から午前5時の勤務1回につき3,000円～6,000円（指定職は除く）。

給与の区分＼職員の区分	定員内					定員外						概要
	指定職	事務官等	常勤の防衛大臣政策参与	将 将補(一)	自衛官	自衛官候補生	学生	生徒	即応予備自衛官	予備自衛官	予備自衛官補	
航空手当				○	○							戦闘機等の乗員：初号による俸給月額(将補(二)～3佐は当該額に84.5%～94.2%を乗じて得た額)の80%～15%。 上記以外の乗員：初号による俸給月額(将補(二)～3佐は当該額に84.5%～94.2%を乗じて得た額)の60%～15%。
乗組手当				○	○							俸給月額の33%(潜水艦45.5%、特務艇27.5%)、輸送艇・支援船等は初号による俸給月額(将補(二)～3佐は当該額に84.5%～94.2%を乗じて得た額)の26.4%又は16.5%。
落下傘隊員手当				○	○							初号による俸給月額(将補(二)～3佐は当該額に84.5%～94.2%を乗じて得た額)の30.25%～24%。
特殊作戦隊員手当				○	○							初号による俸給月額(将補(二)～3佐は当該額に84.5%～94.2%を乗じて得た額)の49.5%～6.875%。
特別警備隊員手当				○	○							初号による俸給月額(将補(二)～3佐は当該額に84.5%～94.2%を乗じて得た額)の49.5%又は39.6%。
航海手当				○	○							水域(1区～4区)別に階級により日額1区590円～1,410円…4区1,670円～3,980円、南極2,120円～3,980円。
営外手当(曹士)					○							月額6,350円。

給与の区分 ＼ 職員の区分	定員内					定員外						概要
	指定職	事務官等	常勤の防衛大臣政策参与	将 将補(一)	自衛官	自衛官候補生	学生	生徒	即応予備自衛官	予備自衛官	予備自衛官補	
期末手当	○	○	○	○	○		○	○				(1) ㋐12月1.375月分、6月1.225月分〔基礎:俸給+扶養手当+地域手当+広域異動手当+営外手当〕。㋑特定管理職員においては、12月1.175月分、6月1.025月分〔基礎:俸給+扶養手当+専門スタッフ職調整手当+地域手当+広域異動手当〕。㋒指定職及び将、将補(一)においては、12月0.775月分、6月0.625月分(俸給+地域手当+広域異動手当)。㋓学生においては12月1.65月分、6月1.65月分。㋔生徒においては、12月1.65月分、6月1.65月分。㋕常勤の防衛大臣補佐官においては、12月1.65月分、6月1.65月分。 (2) 官職の職制上の段階を考慮した加算を受ける者は、(1)の合計額に俸給+地域手当+広域異動手当+営外手当の20%～5%加えたもの(㋑の職員については俸給+専門スタッフ職調整手当+地域手当+広域異動手当)。自衛官は20%、18%、14%、9%、5%、事務官等は20%、15%、10%、5%。 (3) 管理監督の地位にある者は、(2)の合計額に俸給月額の25%～5%を加えたもの。自衛官は21%、11%、5%、事務官等は25%、15%、10%。

給与の区分＼職員の区分	定員内					定員外						概要
	指定職	事務官等	常勤の防衛大臣政策参与	将 将補(一)	自衛官	自衛官候補生	学生	生徒	即応予備自衛官	予備自衛官	予備自衛官補	
勤勉手当	○	○		○	○							(1)㋐12月0.9月分、6月0.9月分〔基礎:俸給＋専門スタッフ職調整手当＋地域手当＋広域異動手当＋営外手当〕。㋑特定管理職員においては、12月1.1月分、6月1.1月分(俸給＋専門スタッフ職調整手当＋地域手当＋広域異動手当)。㋒指定職及び将、将補(一)においては、12月0.95月分、6月0.95月分(俸給＋地域手当＋広域異動手当)。 (2) 官職の職制上の段階を考慮した加算を受ける者は(1)の合計額に俸給＋地域手当＋広域異動手当＋営外手当の20％～5％を加えたもの(㋑の職員については、俸給＋専門スタッフ職調整手当＋地域手当)。自衛官は20％、18％、14％、9％、5％。事務官等は20％、15％、10％、5％。 (3) 管理監督の地位にある者は、(2)の合計額に俸給月額の25％～5％を加えたもの。自衛官は21％、11％、5％、事務官等は25％、15％、10％。
任期付研究員業績手当		○										12月1日(基準日)に在職する任期付研究員のうち任期付研究員として採用された日から基準日までの間にその者の研究業績に関し、特に顕著な研究業績を挙げたと認められる場合に期末手当の支給日に俸給月額に相当する額を「任期付研究員業績手当」として支給。
特定任期付職員業績手当		○										12月1日(基準日)に在職する特定任期付職員のうち特定任期付職員として採用された日から基準日までの間にその者の特定任期付職員としての業務に関し、特に顕著な業績を挙げたと認められる場合に期末手当の支給日に支給。
予備自衛官手当										○		月額4,000円。

給与の区分＼職員の区分	定員内					定員外						概要
	指定職	事務官等	常勤の防衛大臣政策参与	将 将補（一）	自衛官	自衛官候補生	学生	生徒	即応予備自衛官	予備自衛官	予備自衛官補	
即応予備自衛官手当									○			月額16,000円。
訓練招集手当									○	○		教育訓練招集に応じた期間1日につき 区分／階級／日額 予備自衛官／一律／8,100円 即応予備自衛官／2尉／14,200円 即応予備自衛官／3尉／13,700円 即応予備自衛官／准尉／13,200円 即応予備自衛官／曹長／13,200円 即応予備自衛官／1曹／13,200円 即応予備自衛官／2曹／12,600円 即応予備自衛官／3曹／11,300円 即応予備自衛官／士長／10,400円 即応予備自衛官／1士／10,400円
教育訓練招集手当											○	教育訓練招集に応じた期間1日につき日額7,900円。
学生手当							○					月額114,300円。
自衛官候補生手当						○						月額131,800円。
生徒手当								○				月額101,000円。

給与の区分 ＼ 職員の区分		指定職	事務官等	常勤の防衛大臣政策参与	将 将補（一）	自衛官	自衛官候補生	学生	生徒	即応予備自衛官	予備自衛官	予備自衛官補	概要
		定員内					定員外						
特殊勤務手当	爆発物取扱作業等手当		○			○							(1) 不発弾その他爆発のおそれのある物件の取扱いの業務等　日額250円～10,400円 (2) X線等の放射能を人体に対して照射する作業等　月額7,000円
	航空作業手当		○			○							(1) 航空機に搭乗して行う航空作業　日額1,200円～5,100円 (2) 危険な飛行を行う航空機に搭乗して行う航空作業　日額620円～3,400円。
	異常圧力内作業等手当		○			○							(1) 低圧室内における航空生理訓練等又は高圧室内における飽和潜水作業等 低圧：1回900円～2,400円 高圧：時間210円～7,350円 (2) 潜水器具を着用して行う潜水作業等　時間310円～11,200円、潜水艦救難潜水装置に乗り組んで行う作業　日額1,400円 (3) 潜水艦により長期間潜航する作業等　日額500円～1,750円 (4) 航空医学のために行う加速度実験の業務　日額900円～2,100円
	落下傘降下作業手当					○							落下傘降下の作業 1回2,800円～12,600円
	駐留軍関係業務手当		○			○							駐留軍に対する施設・区域の提供等のための利害関係人等との折衝等の作業 日額650円
	南極手当		○			○							南緯55度以南の地域における南極地域への輸送業務　日額1,800円～4,100円
	夜間看護等手当		○			○							看護師等が行う深夜における患者看護等の業務　1回1,620円～6,800円
	除雪手当		○			○							夜間における自衛隊専用道路又は暴風雪警報発令下における除雪作業　日額300円又は450円
	小笠原手当		○			○							小笠原諸島に所在する官署における業務 日額300円～5,510円
	死体処理手当		○			○							医療施設での死体処理又は災害派遣における死体収容等の業務　日額1,000円～3,200円

給与の区分＼職員の区分		定員内					定員外						概要
		指定職	事務官等	常勤の防衛大臣政策参与	将 将補(一)	自衛官	自衛官候補生	学生	生徒	即応予備自衛官	予備自衛官	予備自衛官補	
特殊勤務手当	災害派遣等手当		○			○							大規模な災害が発生した場合において行う遭難者の救助等の業務　日額1,620円又は3,240円
	対空警戒対処等手当					○							(1) 弾道ミサイル等対処時に屋外に展開して行う業務等　日額1,100円 (2) 所在する基地を離れて長期間にわたり行う航空警戒管制に関する業務　日額560円
	夜間特殊業務手当		○			○							正規の勤務時間の一部又は全部にわたり深夜において行う通信設備の保守等の業務（深夜における勤務時間が2時間に満たないものを除く）　1回490円～1,100円
	航空管制手当					○							航空機の管制に関する業務に必要な技能を有すると認定された者が行う当該業務　日額340円～770円
	国際緊急援助等手当		○			○							(1) 国際緊急援助活動が行われる海外の地域における当該業務　日額1,400円～4,000円 (2) 在外邦人等の輸送が行われる海外の地域における当該業務　日額1,400円～7,500円 (3) 在外邦人等の保護措置のうち警護業務（輸送を含む）が行われる海外の地域における当該業務　日額1,400円～15,000円
	海上警備等手当		○			○							(1) 特別警備業務、特別海賊対処業務及び特別警備隊員輸送業務　日額7,700円 (2) 不審船舶への立入検査業務又は海賊対処立入検査業務（(1)の業務を除く）　日額2,000円 (3) 海賊行為から航行中の船舶を防護するために海外の地域において行う業務　日額400円～4,000円 (4) 自衛艦に乗り組んで行う我が国の防衛に資する情報収集業務のうち困難なもの　日額1,100円
	分べん取扱手当		○			○							出生証明書又は死産証明書を作成することとなる分べんの取扱いに従事する業務　1件10,000円
	感染症看護等手当		○			○							自衛隊の病院において感染症の患者を入院させる病棟に配置されて看護等に従事する業務　日額290円（俸給の調整額を受ける者を除く。）

12. 防衛省職員俸給表

(1) 自衛隊教官俸給表

職員の区分	職務の級 号俸	1級 俸給月額	2級 俸給月額
		円	円
再任用職員以外の職員	1	200,600	329,200
	2	202,300	331,400
	3	204,000	333,700
	4	205,700	335,800
	5	207,500	338,100
	6	209,200	340,300
	7	210,900	342,600
	8	212,500	344,900
	9	214,300	346,700
	10	216,200	348,800
	11	218,100	350,900
	12	220,000	353,000
	13	221,700	355,100
	14	223,700	357,100
	15	225,700	359,100
	16	227,700	361,100
	17	229,600	362,900
	18	232,300	364,800
	19	235,000	366,600
	20	237,700	368,600
	21	240,300	370,200
	22	243,100	372,100
	23	245,700	374,000
	24	248,400	375,900
	25	250,900	377,200
	26	253,400	379,000
	27	255,900	380,800
	28	258,200	382,700
	29	260,900	384,600
	30	263,300	386,500
	31	265,500	388,400
	32	267,700	390,400
	33	269,800	392,100
	34	272,000	393,800
	35	274,200	395,400
	36	276,200	397,200
	37	278,500	398,400
	38	280,500	399,900
	39	282,400	401,300
	40	284,400	402,700
	41	286,200	404,400
	42	288,600	405,800
	43	290,900	407,100
	44	293,400	408,600
	45	295,500	410,200
	46	298,000	411,500
	47	300,300	413,000
	48	303,000	414,600
	49	305,400	416,300
	50	307,800	417,700
	51	310,300	419,300
	52	312,600	420,800
	53	314,900	422,500
	54	317,100	424,000
	55	319,200	425,600
	56	321,400	427,200
	57	323,500	428,700
	58	325,600	430,200
	59	327,700	431,400
	60	329,700	432,600
	61	331,800	433,800
	62	333,900	435,100
	63	336,100	436,400
	64	338,300	437,600
	65	340,100	438,800
	66	342,300	440,000
	67	344,300	441,200
	68	346,500	442,400
	69	348,300	443,600
	70	350,200	444,800
	71	352,300	446,000
	72	354,300	447,200
	73	355,900	448,300
	74	357,800	448,900
	75	359,600	449,400
	76	361,500	449,900
	77	363,400	450,400
	78	365,100	
	79	366,800	
	80	368,400	
	81	369,900	
	82	371,400	
	83	372,900	
	84	374,300	
	85	375,400	
	86	376,800	
	87	378,200	
	88	379,500	
	89	380,800	
	90	382,100	
	91	383,300	
	92	384,600	
	93	385,900	
	94	387,000	
	95	388,300	
	96	389,500	
	97	390,900	
	98	391,900	
	99	393,000	
	100	394,000	
	101	394,900	
	102	395,900	
	103	397,000	
	104	398,100	
	105	398,800	
	106	399,700	
	107	400,600	
	108	401,500	
	109	402,300	
	110	403,200	
	111	404,000	
	112	404,800	
	113	405,400	
	114	406,100	
	115	406,800	
	116	407,500	
	117	408,100	
	118	408,600	
	119	409,000	
	120	409,400	
	121	409,800	
	122	410,100	
	123	410,400	
	124	410,600	
	125	410,800	
	126	411,100	
	127	411,400	
	128	411,600	
	129	411,800	
	130	412,100	
	131	412,400	
	132	412,600	
	133	412,800	
	134	413,100	
	135	413,400	
	136	413,600	
	137	413,800	
	138	414,100	
	139	414,400	
	140	414,600	
	141	414,800	
	142	415,100	
	143	415,400	
	144	415,600	
	145	415,800	
再任用職員		273,900	330,700

(2) 自衛官俸給表

職員の区分	階級 / 号俸	陸将 海将 空将	陸将補 海将補 空将補		1等陸佐 1等海佐 1等空佐			2等陸佐 2等海佐 2等空佐	3等陸佐 3等海佐 3等空佐	1等陸尉 1等海尉 1等空尉	2等陸尉 2等海尉 2等空尉	3等陸尉 3等海尉 3等空尉	准陸尉 准海尉 准空尉	陸曹長 海曹長 空曹長	1等陸曹 1等海曹 1等空曹	2等陸曹 2等海曹 2等空曹	3等陸曹 3等海曹 3等空曹	陸士長 海士長 空士長	1等陸士 1等海士 1等空士	2等陸士 2等海士 2等空士
		棒給月額	棒給月額		棒給月額			棒給月額	棒給月額	棒給月額	棒給月額	棒給月額	棒給月額	棒給月額	棒給月額	棒給月額	棒給月額	棒給月額	棒給月額	棒給月額
			(一)	(二)	(一)	(二)	(三)													
		円	円	円	円	円	円	円	円	円	円	円	円	円	円	円	円	円	円	円
再任用職員以外の職員	1	706,000	706,000	513,100	462,100	449,800	395,600	344,600	318,600	278,500	252,800	244,800	236,200	229,700	229,500	220,900	197,800	182,500	182,500	167,700
	2	761,000	761,000	516,300	465,100	451,800	398,300	347,200	320,700	280,400	254,800	245,800	238,400	231,900	231,700	223,100	200,800	184,400	184,400	169,500
	3	818,000	818,000	519,500	468,100	453,800	401,000	349,800	322,800	282,300	256,800	246,800	240,600	234,100	233,900	225,300	203,800	186,300	186,300	171,300
	4	895,000	895,000	522,700	471,100	455,800	403,700	352,400	324,900	284,200	258,800	247,800	242,800	236,300	236,100	227,500	206,800	188,200	188,200	173,100
	5	965,000		526,000	474,200	457,600	406,400	354,800	326,800	285,900	260,900	248,700	244,800	238,400	238,200	229,500	209,800	190,000	190,000	174,800
	6	1,035,000		529,200	477,200	459,600	409,100	357,700	329,200	287,500	262,900	249,700	246,800	240,400	240,200	231,700	212,500	191,900	191,000	175,800
	7	1,107,000		532,400	480,200	461,600	411,800	360,600	331,600	289,100	264,900	250,700	248,800	242,400	242,200	233,900	215,200	193,800	192,000	176,800
	8	1,175,000		535,600	483,200	463,600	414,500	363,500	334,000	290,700	266,900	251,700	250,800	244,400	244,200	236,100	217,900	195,700	193,000	177,800
	9			538,900	486,200	465,700	417,100	366,200	336,200	292,300	269,000	252,800	252,600	246,200	246,100	238,200	220,400	197,700	194,000	178,900
	10			541,400	489,000	467,600	419,800	368,900	338,700	293,700	270,900	254,800	254,600	248,200	248,100	240,200	222,500	200,000	195,100	
	11			543,900	491,800	469,500	422,500	371,600	341,200	295,200	272,800	256,800	256,600	250,200	250,100	242,200	224,600	202,300	196,200	
	12			546,400	494,600	471,400	425,200	374,300	343,700	296,700	274,700	258,800	258,600	252,200	252,100	244,200	226,700	204,600	197,200	
	13			548,800	497,200	473,200	428,000	376,800	346,200	298,000	276,600	260,800	260,500	254,000	253,900	246,000	228,900	206,900	198,200	
	14			550,300	499,800	475,200	430,300	379,300	348,600	299,400	278,100	262,700	262,500	256,000	255,900	248,000	230,900	209,400		
	15			551,800	502,400	477,200	432,600	381,800	351,000	300,800	279,600	264,600	264,500	258,000	257,900	250,000	232,900	211,900		
	16			553,300	505,000	479,200	434,900	384,400	353,400	302,200	281,100	266,500	266,500	260,000	259,900	252,000	234,900	214,400		
	17			554,900	507,600	481,000	437,100	386,800	355,600	303,400	282,600	268,300	268,300	261,800	261,700	253,800	236,700	216,700		
	18			556,400	510,200	482,900	439,100	389,200	358,100	304,900	284,100	269,900	269,700	263,200	263,100	255,800	238,600	218,700		
	19			557,900	512,800	484,800	441,100	391,600	360,600	306,400	285,600	271,500	271,100	264,600	264,500	257,800	240,500	220,700		
	20			559,400	515,400	486,700	443,100	394,000	363,100	307,900	287,100	273,100	272,500	266,000	265,900	259,800	242,400	222,700		
	21			560,900	517,900	488,600	445,100	396,200	365,400	309,200	288,400	274,500	273,700	267,300	267,200	261,500	244,300	224,500		
	22			562,500	519,800	490,200	446,900	398,600	367,800	311,100	289,700	275,800	275,100	268,700	268,600	262,900	246,200	226,300		
	23			564,100	521,700	491,800	448,700	401,000	370,200	313,000	291,000	277,200	276,500	270,100	270,000	264,300	248,100	228,100		
	24			565,700	523,600	493,400	450,500	403,400	372,600	315,000	292,300	278,600	277,900	271,500	271,400	265,700	250,000	229,900		
	25			567,200	525,300	494,800	452,400	405,600	374,900	316,800	293,500	279,800	279,200	272,800	272,700	267,100	252,000	231,500		
	26			568,700	526,500	496,200	454,200	407,800	377,200	318,800	294,800	281,000	280,400	274,000	273,900	268,500	253,800	233,300		
	27			570,200	527,700	497,600	456,000	410,000	379,500	320,800	296,100	282,200	281,600	275,200	275,100	269,900	255,600	235,100		
	28			571,700	528,900	499,000	457,800	412,200	381,800	322,800	297,400	283,400	282,800	276,400	276,300	271,300	257,400	236,900		
	29			573,200	529,900	500,300	459,500	414,300	383,900	324,900	298,700	284,400	283,900	277,500	277,400	272,600	259,000	238,500		

職員の区分	階級／号俸	陸将 海将 空将	陸将補 海将補 空将補		1等陸佐 1等海佐 1等空佐			2等陸佐 2等海佐 2等空佐	3等陸佐 3等海佐 3等空佐	1等陸尉 1等海尉 1等空尉	2等陸尉 2等海尉 2等空尉	3等陸尉 3等海尉 3等空尉	准陸尉 准海尉 准空尉	陸曹長 海曹長 空曹長	1等陸曹 1等海曹 1等空曹	2等陸曹 2等海曹 2等空曹	3等陸曹 3等海曹 3等空曹	陸士長 海士長 空士長	1等陸士 1等海士 1等空士	2等陸士 2等海士 2等空士
		俸給月額	俸給月額		俸給月額			俸給月額	俸給月額	俸給月額	俸給月額	俸給月額	俸給月額	俸給月額	俸給月額	俸給月額	俸給月額	俸給月額	俸給月額	俸給月額
			(一)	(二)	(一)	(二)	(三)													
		円	円	円	円	円	円	円	円	円	円	円	円	円	円	円	円	円	円	円
	30			574,600	531,000	501,100	460,800	416,400	386,100	326,900	300,100	285,600	285,100	278,700	278,600	273,800	260,400	239,600		
	31			576,000	532,100	501,900	462,100	418,600	388,300	328,900	301,500	286,800	286,300	279,900	279,800	275,000	261,800	240,700		
	32			577,400	533,200	502,700	463,400	420,800	390,600	331,000	302,900	288,000	287,500	281,100	281,000	276,200	263,200	241,800		
	33			578,600	534,200	503,500	464,600	422,800	392,700	332,900	304,300	289,000	288,700	282,300	282,200	277,300	264,500	242,800		
	34			580,000	535,200	504,300	465,900	425,000	394,800	335,000	306,200	290,200	289,800	283,400	283,300	278,500	265,800			
	35			581,400	536,200	505,100	467,200	427,200	396,900	337,100	308,100	291,400	290,900	284,500	284,400	279,700	267,100			
	36			582,800	537,200	505,900	468,500	429,400	399,000	339,200	310,000	292,600	292,000	285,600	285,500	280,900	268,400			
	37			584,000	538,000	506,500	469,600	431,400	401,000	341,200	311,800	293,600	293,100	286,600	286,500	282,000	269,500			
	38			585,200	538,900	507,300	470,400	433,400	403,100	343,300	313,700	295,000	294,500	288,000	287,900	283,100	270,700			
	39			586,400	539,800	508,100	471,200	435,400	405,200	345,400	315,600	296,400	295,900	289,400	289,300	284,200	271,900			
	40			587,600	540,700	508,900	472,000	437,400	407,400	347,500	317,600	297,800	297,300	290,800	290,700	285,400	273,100			
再任用職員以外の職員	41			588,700	541,400	509,500	472,800	439,300	409,400	349,400	319,400	299,100	298,500	292,100	291,900	286,400	274,100			
	42			589,700	542,300	510,000	473,600	441,200	411,500	351,500	321,400	301,000	300,300	293,900	293,700	287,700	275,200			
	43			590,700	543,200	510,500	474,400	443,100	413,600	353,600	323,400	302,900	302,100	295,700	295,500	289,000	276,300			
	44			591,700	544,100	511,000	475,200	445,000	415,700	355,700	325,400	304,800	303,900	297,500	297,300	290,300	277,400			
	45			592,500	544,800	511,400	475,800	446,800	417,800	357,600	327,300	306,500	305,500	299,100	298,900	291,400	278,400			
	46					511,900	476,600	448,400	419,800	359,400	329,400	308,400	307,200	300,800	300,600	293,200	279,600			
	47					512,400	477,400	450,000	421,800	361,200	331,500	310,300	308,900	302,500	302,300	295,000	280,800			
	48					512,900	478,200	451,600	423,800	363,000	333,600	312,200	310,700	304,300	304,100	296,800	282,000			
	49					513,200	478,800	453,200	425,800	364,700	335,600	314,000	312,400	305,900	305,800	298,400	283,000			
	50					513,700	479,500	454,400	427,000	366,600	337,600	315,900	314,200	307,700	307,600	300,100	284,200			
	51					514,200	480,200	455,600	428,200	368,500	339,600	317,800	316,000	309,500	309,400	301,800	285,400			
	52					514,700	480,900	456,800	429,400	370,400	341,600	319,700	317,800	311,300	311,200	303,500	286,600			
	53					515,000	481,500	458,100	430,400	372,100	343,400	321,500	319,600	313,100	313,000	305,100	287,700			
	54					515,400	482,100	459,300	431,300	373,800	345,300	323,400	321,400	314,900	314,700	306,700	289,100			
	55					515,800	482,700	460,500	432,200	375,600	347,300	325,300	323,200	316,700	316,400	308,400	290,500			
	56					516,200	483,300	461,700	433,100	377,400	349,300	327,300	325,000	318,500	318,100	310,100	291,900			
	57					516,700	484,000	462,800	434,100	378,900	351,100	329,200	326,600	320,000	319,600	311,600	293,200			
	58						484,600	463,700	435,100	380,700	352,800	331,100	328,500	321,800	321,400	313,200	294,600			
	59						485,200	464,600	436,100	382,600	354,500	333,000	330,400	323,600	323,200	314,800	296,000			
	60						485,800	465,500	437,100	384,500	356,200	334,900	332,300	325,400	325,000	316,400	297,400			

職員の区分	階級 / 号棒	陸将 海将 空将	陸将補 海将補 空将補		1等陸佐 1等海佐 1等空佐			2等陸佐 2等海佐 2等空佐	3等陸佐 3等海佐 3等空佐	1等陸尉 1等海尉 1等空尉	2等陸尉 2等海尉 2等空尉	3等陸尉 3等海尉 3等空尉	准陸尉 准海尉 准空尉	陸曹長 海曹長 空曹長	1等陸曹 1等海曹 1等空曹	2等陸曹 2等海曹 2等空曹	3等陸曹 3等海曹 3等空曹	陸士長 海士長 空士長	1等陸士 1等海士 1等空士	2等陸士 2等海士 2等空士
		棒給月額	棒給月額		棒給月額			棒給月額	棒給月額	棒給月額	棒給月額	棒給月額	棒給月額	棒給月額	棒給月額	棒給月額	棒給月額	棒給月額	棒給月額	棒給月額
			(一)	(二)	(一)	(二)	(三)													
再任用職員以外の職員		円	円	円	円	円	円	円	円	円	円	円	円	円	円	円	円	円	円	円
	61						486,400	466,500	437,900	386,200	358,000	336,800	334,300	327,000	326,600	317,900	298,600			
	62						486,900	467,100	438,700	388,000	359,700	338,700	336,200	328,900	328,300	319,400	299,900			
	63						487,400	467,700	439,500	389,800	361,400	340,600	338,100	330,800	330,000	320,900	301,200			
	64						487,900	468,300	440,300	391,600	363,100	342,500	340,100	332,800	331,800	322,400	302,500			
	65						488,400	468,900	440,900	393,200	364,600	344,400	341,700	334,400	333,500	323,800	303,600			
	66						488,900	469,400	441,700	394,800	366,300	346,200	343,300	336,000	335,000	325,200	304,700			
	67						489,400	469,900	442,500	396,400	368,000	348,000	345,000	337,700	336,600	326,600	305,800			
	68						489,900	470,400	443,300	398,000	369,700	349,800	346,700	339,400	338,200	328,000	307,000			
	69						490,400	470,900	444,000	399,600	371,300	351,700	348,100	340,800	339,700	329,300	308,000			
	70						490,900	471,400	444,800	400,900	373,000	353,300	349,900	342,500	341,400	330,700	308,800			
	71						491,400	471,900	445,600	402,200	374,800	354,900	351,700	344,200	343,100	332,100	309,600			
	72						491,900	472,400	446,400	403,500	376,600	356,600	353,500	345,900	344,800	333,500	310,400			
	73						492,400	472,900	447,000	404,700	378,200	358,200	355,100	347,600	346,300	334,900	311,100			
	74						492,900	473,400	447,800	405,900	380,000	359,900	356,900	349,300	348,100	336,300				
	75						493,400	473,900	448,600	407,100	381,800	361,600	358,700	351,000	349,900	337,700				
	76						493,900	474,400	449,400	408,300	383,600	363,300	360,500	352,700	351,700	339,100				
	77						494,400	474,900	450,000	409,300	385,400	365,000	362,200	354,500	353,300	340,500				
	78						494,900	475,400	450,700	410,400	387,100	366,700	363,900	356,200	354,900	342,000				
	79						495,400	475,900	451,400	411,500	388,800	368,400	365,600	357,900	356,500	343,500				
	80						495,900	476,400	452,100	412,600	390,500	370,100	367,300	359,600	358,100	345,000				
	81						496,200	476,900	452,700	413,600	392,000	371,800	368,900	361,100	359,800	346,300				
	82							477,400	453,300	414,400	393,500	373,600	370,400	362,700	361,200	347,700				
	83							477,900	453,900	415,200	395,000	375,400	371,900	364,300	362,600	349,100				
	84							478,400	454,500	416,000	396,500	377,200	373,400	365,900	364,000	350,500				
	85							478,900	455,000	416,600	398,100	378,800	374,800	367,300	365,500	351,800				
	86							479,400	455,600	417,400	399,400	380,400	376,200	368,700	366,800	353,100				
	87							479,900	456,200	418,200	400,700	382,000	377,600	370,100	368,100	354,400				
	88							480,400	456,800	419,000	402,000	383,600	379,000	371,500	369,400	355,700				
	89							480,900	457,200	419,700	403,100	385,000	380,400	372,900	370,700	356,900				
	90							481,400	457,700	420,600	404,300	386,500	381,900	374,400	372,300	358,100				
	91							481,900	458,200	421,500	405,500	388,000	383,400	375,900	373,900	359,300				

職員の区分	階級 / 号俸	陸将 海将 空将	陸将補 海将補 空将補		1等陸佐 1等海佐 1等空佐			2等陸佐 2等海佐 2等空佐	3等陸佐 3等海佐 3等空佐	1等陸尉 1等海尉 1等空尉	2等陸尉 2等海尉 2等空尉	3等陸尉 3等海尉 3等空尉	准陸尉 准海尉 准空尉	陸曹長 海曹長 空曹長	1等陸曹 1等海曹 1等空曹	2等陸曹 2等海曹 2等空曹	3等陸曹 3等海曹 3等空曹	陸士長 海士長 空士長	1等陸士 1等海士 1等空士	2等陸士 2等海士 2等空士
		棒給月額	棒給月額		棒給月額			棒給月額	棒給月額	棒給月額	棒給月額	棒給月額	棒給月額	棒給月額	棒給月額	棒給月額	棒給月額	棒給月額	棒給月額	棒給月額
			(一)	(二)	(一)	(二)	(三)													
		円	円	円	円	円	円	円	円	円	円	円	円	円	円	円	円	円	円	円
再任用職員以外の職員	92							482,400	458,700	422,400	406,700	389,500	384,900	377,400	375,500	360,500				
	93							482,900	459,200	423,100	407,900	391,100	386,400	378,800	376,900	361,600				
	94							483,400	459,700	423,900	408,800	392,600	388,100	380,400	378,400	362,800				
	95							483,900	460,200	424,700	409,700	394,100	389,800	382,000	379,900	364,000				
	96							484,400	460,700	425,500	410,600	395,600	391,500	383,600	381,400	365,200				
	97							484,900	461,200	426,100	411,500	397,000	393,000	385,300	382,900	366,400				
	98							485,400	461,700	426,800	412,400	398,400	394,300	386,600	384,100	367,400				
	99							485,900	462,200	427,500	413,300	399,800	395,600	387,900	385,300	368,400				
	100							486,400	462,700	428,200	414,200	401,200	396,900	389,200	386,500	369,400				
	101							486,700	463,200	428,900	415,000	402,400	398,100	390,300	387,500	370,200				
	102							487,200	463,700	429,600	415,800	403,400	399,100	391,400	388,300	371,100				
	103							487,700	464,200	430,300	416,600	404,400	400,100	392,500	389,100	372,000				
	104							488,200	464,700	431,000	417,400	405,400	401,100	393,600	389,900	372,900				
	105							488,500	465,200	431,800	418,200	406,200	402,100	394,500	390,700	373,800				
	106								465,700	432,400	419,100	407,200	403,200	395,500	391,500	374,700				
	107								466,200	433,000	420,000	408,200	404,300	396,500	392,300	375,600				
	108								466,700	433,600	420,900	409,200	405,400	397,500	393,100	376,500				
	109								467,000	434,200	421,600	410,100	406,300	398,600	393,900	377,200				
	110								467,500	434,800	422,400	411,000	407,200	399,400	394,700	378,000				
	111								468,000	435,400	423,200	411,900	408,100	400,200	395,500	378,800				
	112								468,500	436,000	424,000	412,800	409,000	401,000	396,300	379,600				
	113								468,800	436,500	424,600	413,700	410,000	401,900	397,100	380,500				
	114									437,100	425,300	414,600	411,000	402,700	397,900					
	115									437,700	426,000	415,500	412,000	403,500	398,700					
	116									438,300	426,700	416,400	413,000	404,300	399,500					
	117									438,800	427,400	417,200	413,800	405,200	400,300					
	118									439,400	428,100	418,000	414,700	406,000	401,100					
	119									440,000	428,800	418,800	415,600	406,800	401,900					
	120									440,600	429,500	419,600	416,500	407,600	402,700					
	121									441,100	430,100	420,400	417,200	408,500	403,500					

職員の区分	階級 / 号俸	陸将 海将 空将	陸将補 海将補 空将補		1等陸佐 1等海佐 1等空佐			2等陸佐 2等海佐 2等空佐	3等陸佐 3等海佐 3等空佐	1等陸尉 1等海尉 1等空尉	2等陸尉 2等海尉 2等空尉	3等陸尉 3等海尉 3等空尉	准陸尉 准海尉 准空尉	陸曹長 海曹長 空曹長	1等陸曹 1等海曹 1等空曹	2等陸曹 2等海曹 2等空曹	3等陸曹 3等海曹 3等空曹	陸士長 海士長 空士長	1等陸士 1等海士 1等空士	2等陸士 2等海士 2等空士
		俸給月額	俸給月額 (一)	俸給月額 (二)	俸給月額 (一)	俸給月額 (二)	俸給月額 (三)	俸給月額	俸給月額	俸給月額	俸給月額	俸給月額	俸給月額	俸給月額	俸給月額	俸給月額	俸給月額	俸給月額	俸給月額	俸給月額
		円	円	円	円	円	円	円	円	円	円	円	円	円	円	円	円	円	円	円
再任用職員以外の職員	122									441,700	430,800	421,200	418,000	409,300	404,300					
	123									442,300	431,500	422,000	418,800	410,100	405,100					
	124									442,900	432,200	422,800	419,600	410,900	405,900					
	125									443,400	432,800	423,400	420,500	411,800	406,700					
	126									444,000	433,500	424,100	421,300	412,600	407,600					
	127									444,600	434,200	424,800	422,100	413,400	408,500					
	128									445,200	434,900	425,500	422,900	414,200	409,400					
	129									445,700	435,500	426,300	423,800	415,100	410,100					
	130										436,200	427,100	424,600	415,900						
	131										436,900	427,900	425,400	416,700						
	132										437,600	428,700	426,200	417,500						
	133										438,200	429,600	427,100	418,400						
	134										438,900	430,400	427,900	419,200						
	135										439,600	431,200	428,700	420,000						
	136										440,300	432,000	429,500	420,800						
	137										440,900	432,700	430,300	421,700						
	138											433,600	431,100	422,500						
	139											434,500	431,900	423,300						
	140											435,400	432,700	424,100						
	141											436,100	433,500	424,900						
	142											436,900	434,300							
	143											437,700	435,100							
	144											438,500	435,900							
	145											439,200	436,700							
再任用職員		—	—	505,600	462,200	447,200	392,200	353,700	336,000	304,900	287,700	282,000	281,800	275,000	273,500	265,300	248,200	—	—	—

備考(一)　統合幕僚長その他の政令で定める官職以外の官職を占める者で陸将、海将又は空将であるものについては、この表の規定にかかわらず、陸将補、海将補及び空将補の(二)欄に定める額の俸給を支給するものとする。

(二)　この表の陸将補、海将補及び空将補の(一)欄に定める額の俸給の支給を受ける職員は、備考(一)の政令で定める官職に準ずる官職を占める者で政令で定めるものとする。

(三)　この表の1等陸佐、1等海佐及び1等空佐の(一)欄又は(二)欄に定める額の俸給の支給を受ける職員の範囲は、官職及び一般職に属する国家公務員との均衡を考慮して、政令で定める。

(四)　退職の日に昇任した職員（その者の事情によらないで引き続いて勤続することを困難とする理由により退職した職員で政令で定めるものを除く。）については、この表の規定にかかわらず、その者の退職の日の前日に属していた階級の欄に定める額の俸給を支給するものとする。

(3)　行政職俸給表（一）

職員の区分	職務の級	1級	2級	3級	4級	5級	6級	7級	8級	9級	10級
	号俸	俸給月額	俸給月額	俸給月額	俸給月額	俸給月額	俸給月額	俸給月額	俸給月額	俸給月額	俸給月額
再任用職員以外の職員		円	円	円	円	円	円	円	円	円	円
	1	142,600	192,700	228,900	262,000	288,000	318,500	362,300	407,700	458,000	521,300
	2	143,700	194,500	230,500	263,900	290,200	320,700	364,900	410,100	461,100	524,200
	3	144,900	196,300	232,000	265,700	292,500	323,000	367,400	412,600	464,100	527,300
	4	146,000	198,100	233,600	267,800	294,600	325,200	370,000	415,000	467,100	530,400
	5	147,100	199,700	235,100	269,600	296,600	327,400	371,900	416,900	470,100	533,500
	6	148,200	201,500	236,800	271,500	298,900	329,400	374,400	419,200	473,100	535,800
	7	149,300	203,300	238,300	273,400	301,200	331,600	376,700	421,300	476,100	538,300
	8	150,400	205,100	239,900	275,500	303,400	333,800	379,200	423,500	479,200	540,700
	9	151,500	206,800	241,200	277,600	305,400	335,800	381,700	425,500	481,900	543,100
	10	152,900	208,600	242,700	279,600	307,700	338,000	384,400	427,600	485,000	544,900
	11	154,200	210,400	244,300	281,700	309,900	340,000	387,000	429,700	488,000	546,700
	12	155,500	212,200	245,700	283,700	312,200	342,200	389,700	431,800	491,100	548,600
	13	156,800	213,600	247,200	285,700	314,300	344,000	392,100	433,500	493,800	550,300
	14	158,300	215,400	248,700	287,800	316,400	346,000	394,400	435,300	496,100	551,700
	15	159,800	217,100	250,000	289,800	318,600	348,100	396,600	437,300	498,400	553,000
	16	161,400	218,900	251,400	291,800	320,700	350,100	399,000	439,300	500,700	554,100
	17	162,700	220,600	252,900	293,700	322,700	351,800	400,800	441,200	502,800	555,400
	18	164,200	222,300	254,600	295,700	324,700	353,800	402,800	443,000	504,200	556,400
	19	165,700	223,900	256,300	297,800	326,700	355,600	404,700	444,800	505,700	557,300
	20	167,200	225,500	258,100	299,800	328,700	357,500	406,500	446,500	507,100	558,200
	21	168,600	227,000	259,700	301,800	330,500	359,500	408,400	448,300	508,300	559,100
	22	171,300	228,700	261,500	303,900	332,600	361,400	410,200	449,800	509,700	
	23	173,900	230,300	263,200	305,900	334,600	363,400	412,000	451,200	511,200	
	24	176,500	231,900	264,900	308,000	336,700	365,300	413,900	452,700	512,700	
	25	179,200	233,100	266,900	309,700	338,100	367,300	415,700	454,100	513,800	
	26	180,900	234,600	268,800	311,800	340,000	369,200	417,200	455,400	514,900	
	27	182,600	236,000	270,600	313,800	341,900	371,200	418,700	456,700	516,100	
	28	184,300	237,300	272,400	315,800	343,800	373,200	420,300	457,900	517,300	
	29	185,800	238,600	274,100	317,600	345,500	374,700	421,900	458,900	518,300	
	30	187,600	239,800	276,000	319,600	347,400	376,500	423,200	459,600	519,200	
	31	189,400	240,800	277,900	321,700	349,300	378,300	424,500	460,400	520,100	
	32	191,100	242,000	279,600	323,800	351,100	379,900	425,700	461,100	521,000	
	33	192,700	243,300	281,200	325,100	353,000	381,700	426,900	461,800	521,800	
	34	194,200	244,500	283,100	327,100	354,800	383,100	428,200	462,600	522,700	
	35	195,700	245,700	284,900	329,000	356,600	384,600	429,500	463,300	523,400	
	36	197,200	247,000	286,800	331,100	358,300	386,200	430,700	463,900	523,900	
	37	198,500	247,900	288,400	333,000	359,700	387,600	431,900	464,400	524,600	
	38	199,800	249,300	290,100	334,900	361,000	388,800	432,700	465,000	525,200	
	39	201,100	250,700	291,900	336,900	362,400	390,000	433,500	465,600	526,000	
	40	202,400	252,200	293,700	338,800	363,800	391,100	434,300	466,200	526,600	
	41	203,700	253,600	295,300	340,700	365,100	392,200	434,900	466,700	527,100	
	42	205,000	255,000	297,000	342,600	366,000	393,400	435,600	467,200		
	43	206,300	256,400	298,500	344,400	367,100	394,600	436,300	467,600		
	44	207,600	257,700	300,100	346,300	368,200	395,700	437,000	467,900		
	45	208,800	258,900	301,700	347,800	369,000	396,400	437,800	468,200		
	46	210,100	260,200	303,400	349,200	369,900	397,100	438,600			
	47	211,400	261,600	305,000	350,700	370,800	397,800	439,000			
	48	212,700	262,900	306,700	352,200	371,700	398,500	439,700			
	49	213,800	264,100	307,700	353,800	372,600	399,100	440,200			
	50	214,900	265,200	309,200	354,600	373,400	399,700	440,600			
	51	215,900	266,500	310,700	355,800	374,200	400,200	441,000			
	52	217,000	267,800	312,300	356,800	375,000	400,600	441,400			
	53	218,100	268,800	313,900	357,700	375,700	401,000	441,800			
	54	219,100	269,900	315,500	358,800	376,400	401,300	442,200			
	55	220,000	271,200	317,100	359,700	377,100	401,600	442,600			
	56	221,000	272,500	318,600	360,800	377,800	401,900	442,900			
	57	221,500	273,500	320,100	361,700	378,300	402,200	443,200			
	58	222,400	274,500	321,300	362,400	378,900	402,500	443,600			
	59	223,200	275,400	322,500	363,100	379,500	402,800	443,900			
	60	224,100	276,500	323,700	363,800	380,200	403,100	444,200			
	61	224,800	277,600	324,400	364,200	380,600	403,400	444,500			
	62	225,800	278,600	325,300	364,800	381,300	403,700				
	63	226,600	279,500	326,100	365,500	381,900	404,000				
	64	227,500	280,500	326,900	366,200	382,500	404,300				
	65	228,200	281,100	327,800	366,500	382,900	404,600				
	66	229,000	282,000	328,200	367,200	383,500	404,900				
	67	229,900	282,700	328,900	367,900	384,100	405,200				
	68	231,000	283,600	329,700	368,600	384,700	405,500				

職員の区分	職務の級	1級	2級	3級	4級	5級	6級	7級	8級	9級	10級
	号棒	棒給月額	棒給月額	棒給月額	棒給月額	棒給月額	棒給月額	棒給月額	棒給月額	棒給月額	棒給月額
再任用職員以外の職員		円	円	円	円	円	円	円	円	円	円
	69	231,700	284,600	330,500	368,900	385,100	405,700				
	70	232,400	285,400	331,200	369,500	385,600	406,000				
	71	233,000	286,200	331,900	370,200	386,100	406,300				
	72	233,800	287,000	332,600	370,800	386,700	406,600				
	73	234,600	287,800	333,100	371,100	387,000	406,800				
	74	235,300	288,300	333,700	371,700	387,400	407,100				
	75	236,000	288,700	334,200	372,400	387,800	407,400				
	76	236,600	289,200	334,800	373,000	388,200	407,600				
	77	237,300	289,300	335,100	373,400	388,500	407,800				
	78	238,100	289,700	335,600	373,900	388,800	408,100				
	79	238,900	289,900	336,000	374,500	389,100	408,400				
	80	239,600	290,300	336,500	375,000	389,400	408,600				
	81	240,200	290,500	336,900	375,500	389,600	408,800				
	82	240,900	290,700	337,400	376,100	389,900	409,100				
	83	241,600	291,100	337,900	376,600	390,200	409,400				
	84	242,300	291,400	338,400	376,900	390,400	409,600				
	85	242,900	291,700	338,700	377,300	390,600	409,800				
	86	243,600	292,000	339,100	377,800	390,900					
	87	244,300	292,300	339,600	378,200	391,200					
	88	245,000	292,700	340,000	378,600	391,400					
	89	245,600	293,000	340,300	379,000	391,600					
	90	246,100	293,400	340,700	379,500	391,900					
	91	246,400	293,700	341,200	379,900	392,200					
	92	246,800	294,100	341,600	380,300	392,400					
	93	247,100	294,200	341,800	380,600	392,600					
	94		294,400	342,200							
	95		294,800	342,700							
	96		295,200	343,100							
	97		295,400	343,200							
	98		295,700	343,700							
	99		296,100	344,100							
	100		296,500	344,400							
	101		296,700	344,700							
	102		297,000	345,100							
	103		297,400	345,500							
	104		297,700	345,900							
	105		297,900	346,400							
	106		298,200	346,800							
	107		298,600	347,200							
	108		298,900	347,600							
	109		299,100	348,100							
	110		299,500	348,500							
	111		299,900	348,800							
	112		300,200	349,100							
	113		300,300	349,600							
	114		300,600								
	115		300,900								
	116		301,300								
	117		301,500								
	118		301,700								
	119		302,000								
	120		302,300								
	121		302,700								
	122		302,900								
	123		303,200								
	124		303,500								
	125		303,800								
再任用職員		187,300	214,800	254,800	274,200	289,300	314,700	356,400	389,500	440,600	521,000

備考㈠　この表は、他の俸給表の適用を受けないすべての職員に適用する。 ただし、第二十二条及び附則第三項に規定する職員を除く。

㈡　２級の１号俸を受ける職員のうち、新たにこの表の適用を受けることとなった職員で人事院規則で定めるものの俸給月額は、この表の額にかかわらず、183,700円とする。

(4) 研究職俸給表

職員の区分	職務の級 号棒	1級	2級	3級	4級	5級	6級
		棒給月額	棒給月額	棒給月額	棒給月額	棒給月額	棒給月額
		円	円	円	円	円	円
再任用職員以の職員	1	142,800	192,500	279,100	330,500	388,200	522,900
	2	143,900	195,100	281,500	332,700	391,100	526,000
	3	145,100	197,500	283,900	334,900	393,800	529,100
	4	146,200	199,900	286,300	336,900	396,600	532,200
	5	147,300	202,400	288,600	338,800	398,700	535,300
	6	148,600	204,700	290,800	340,900	401,400	537,700
	7	149,900	207,000	292,800	343,000	404,100	540,100
	8	151,200	209,200	294,800	345,000	406,800	542,500
	9	152,300	211,300	296,900	346,800	409,400	544,900
	10	154,000	213,600	299,500	348,800	412,000	546,600
	11	155,600	216,100	302,100	350,900	414,700	548,500
	12	157,200	218,400	304,900	352,800	417,500	550,400
	13	158,700	220,600	307,100	354,800	420,100	552,100
	14	160,600	223,000	309,700	356,700	422,800	553,400
	15	162,500	225,400	312,200	358,500	425,600	554,600
	16	164,500	227,800	315,000	360,400	428,300	555,600
	17	166,300	230,100	317,600	362,300	430,800	556,700
	18	168,500	232,900	319,800	364,200	433,400	557,400
	19	170,700	235,800	322,000	365,900	435,900	558,000
	20	172,800	238,700	324,100	367,900	438,500	558,600
	21	175,000	241,200	326,400	369,400	441,000	559,300
	22	177,400	243,900	328,400	371,400	443,600	
	23	179,700	246,400	330,400	373,200	446,200	
	24	182,000	249,100	332,400	375,100	448,700	
	25	184,100	251,800	334,400	376,500	450,900	
	26	186,300	254,200	336,300	378,200	453,200	
	27	188,400	256,500	338,100	380,100	455,700	
	28	190,500	258,700	339,900	382,000	458,200	
	29	192,600	261,400	341,800	383,800	460,700	
	30	194,300	263,600	343,500	385,700	463,200	
	31	196,100	265,500	345,000	387,600	465,700	
	32	197,800	267,600	346,700	389,500	468,200	
	33	199,600	269,400	348,100	391,100	470,500	
	34	201,500	271,400	349,500	392,900	472,900	
	35	203,400	273,500	350,800	394,500	475,300	
	36	205,300	275,400	352,300	396,300	477,800	
	37	207,000	277,300	353,500	397,500	480,200	
	38	208,900	278,800	354,900	399,000	482,700	
	39	210,800	280,000	356,200	400,400	485,100	
	40	212,700	281,500	357,600	401,800	487,600	
	41	214,600	282,900	358,300	403,200	489,900	
	42	216,500	283,900	359,400	404,500	492,100	
	43	218,400	284,900	360,600	406,000	494,300	
	44	220,300	285,900	361,700	407,600	496,500	
	45	222,000	286,600	362,900	409,000	498,200	
	46	223,900	287,800	364,100	410,200	499,700	
	47	225,700	289,000	365,400	411,800	501,300	
	48	227,500	290,200	366,500	413,400	502,800	
	49	229,200	291,600	367,600	414,700	504,500	
	50	231,000	292,900	368,900	416,100	505,900	
	51	232,700	294,000	370,200	417,600	507,300	
	52	234,400	295,100	371,500	419,000	508,800	
	53	235,900	296,300	372,200	420,400	509,900	
	54	237,700	297,500	373,200	421,800	511,100	
	55	239,400	298,800	374,100	423,200	512,300	
	56	241,000	299,900	375,100	424,600	513,500	
	57	242,300	300,900	375,900	425,700	514,400	
	58	243,500	302,000	376,700	427,000	515,400	
	59	244,500	303,200	377,400	428,400	516,400	
	60	245,600	304,300	378,100	429,700	517,400	
	61	246,700	305,200	378,700	430,500	518,500	
	62	247,800	306,300	379,400	431,400	519,400	
	63	248,700	307,400	380,300	432,400	520,100	
	64	249,800	308,500	381,200	433,300	520,800	

職員の区分	職務の級	1級	2級	3級	4級	5級	6級
	号棒	棒給月額	棒給月額	棒給月額	棒給月額	棒給月額	棒給月額
再任用職員以の職員		円	円	円	円	円	円
	65	251,000	309,400	381,800	434,200	521,600	
	66	252,100	310,500	382,600	435,000	522,400	
	67	253,200	311,400	383,400	435,600	523,200	
	68	254,100	312,400	384,200	436,400	524,000	
	69	255,000	313,400	384,800	436,800	524,700	
	70	256,400	314,400	385,500	437,400	525,500	
	71	257,900	315,500	386,200	437,900	526,300	
	72	259,300	316,600	386,900	438,400	527,100	
	73	260,700	317,200	387,600	438,900	527,800	
	74	262,100	318,200	388,200			
	75	263,500	319,300	388,800			
	76	264,600	320,400	389,500			
	77	265,700	321,500	390,200			
	78	266,900	322,500	390,800			
	79	268,200	323,400	391,400			
	80	269,300	324,300	392,000			
	81	270,600	325,400	392,600			
	82	271,900	326,200	393,200			
	83	273,200	326,900	393,800			
	84	274,400	327,700	394,400			
	85	275,500	328,200	394,900			
	86	276,600	328,700	395,400			
	87	277,900	329,200	395,900			
	88	279,100	329,700	396,600			
	89	280,000	330,000	397,000			
	90	281,200	330,500				
	91	282,200	331,000				
	92	283,400	331,500				
	93	284,300	331,800				
	94	285,300	332,200				
	95	286,300	332,700				
	96	287,300	333,200				
	97	287,700	333,700				
	98	288,600	334,200				
	99	289,300	334,700				
	100	290,200	335,200				
	101	291,100	335,700				
	102	291,800	336,200				
	103	292,500	336,700				
	104	293,200	337,200				
	105	293,900	337,700				
	106	294,400	338,100				
	107	294,900	338,600				
	108	295,400	339,000				
	109	295,600	339,500				
	110	296,000	339,900				
	111	296,300	340,400				
	112	296,600	340,800				
	113	296,900	341,300				
	114	297,200	341,700				
	115	297,500	342,200				
	116	297,800	342,600				
	117	298,100	343,100				
	118	298,500	343,500				
	119	298,800	343,900				
	120	299,200	344,300				
	121	299,500	344,700				
再任用職員		217,100	258,300	283,100	325,500	384,000	522,700

備考　この表は、試験所、研究所等で人事院の指定するものに勤務し、試験研究又は調査研究業務に従事する職員で人事院規則で定めるものに適用する。

13. 任期制隊員に対する特例の退職手当

任期	第1任期		第2任期	第3任期	第4任期以降
	2年	3年			
支給日数	87日	137日	200日	150日	75日

（注）任期制隊員が希望した場合には、任期満了のつど当該隊員に対する特例の退職手当を支給しないで、その後の勤続期間に対するものと合わせて退職時に一括して支給される。

14. 定年一覧

(1) 自衛官と各国軍人の定年比較

<table>
<tr><th>区分
階級</th><th>自衛官</th><th>アメリカ</th><th>フランス</th><th>イギリス</th><th colspan="2">ドイツ</th></tr>
<tr><td>大将</td><td rowspan="3">60</td><td rowspan="3">64</td><td rowspan="4">63</td><td rowspan="12">60</td><td colspan="2" rowspan="4">62</td></tr>
<tr><td>中将</td></tr>
<tr><td>少将</td></tr>
<tr><td>准将</td><td>—</td><td rowspan="9">62</td></tr>
<tr><td rowspan="2">大佐</td><td rowspan="2">56</td><td rowspan="8">59</td><td>A</td><td>61</td></tr>
<tr><td>B</td><td>60</td></tr>
<tr><td>中佐</td><td rowspan="2">55</td><td colspan="2">59</td></tr>
<tr><td>少佐</td><td colspan="2">57</td></tr>
<tr><td rowspan="2">大尉</td><td rowspan="4">54</td><td>上級大尉</td><td>57</td></tr>
<tr><td>大尉</td><td>55</td></tr>
<tr><td>中尉</td><td colspan="2" rowspan="2">55</td></tr>
<tr><td>少尉</td></tr>
</table>

（注）1. この表の定年年齢は標準であって、医官、音楽職種、その他特別の配置によって特例がある。
2. この表における国別の階級は、代表的なものを記載している。また、自衛官の階級は各国と異なり、大将、中佐、少尉等の名称は用いないが、便宜上各国の階級と同一にしてある。
3. アメリカの場合、このほかに勤務年数による制限等がある。
4. イギリスの場合、恩給制度改革（1999年）前に入隊した者等については、50～65歳で定年年齢が設定されている。
5. ドイツ軍の大佐は俸給表（A,B）の適用の違いによって、定年年齢が異なる。
6. イギリスの定年年齢は平成26年5月、ドイツの定年年齢は平成25年3月、その他の国々の定年年齢は平成24年9月調査による。

(2) 自衛官と旧軍人の定年

階級／区分	自衛官	旧陸軍			旧海軍	
将	60	大将		65		65
		中将		62		62
将補	60	少将	(60)	58	(60)	58
1佐	56	大佐	(56)	55	(60)	54
2佐	55	中佐	(54)	53	(56)	50
3佐	55	少佐	(52)	50	(52)	47
1尉	54	大尉	(52)	50	(54) (49)	45
2尉	54	中尉	(47)	46	(52) (47)	40
3尉	54	少尉	(47)	46	(52) (42)	40
准尉	54	准尉	(48)	40		48
曹長	54	曹長	(45)	40		40
1曹	54					
2曹	53	軍曹	(45)	40		40
3曹	53	伍長	(45)	40		40

1.旧陸軍の(　)内は、各部(技術、経理、衛生等)
2.旧海軍の上段(　)内は、特務士官、下段(　)内は将校担当官(軍医、主計、法務等)
3.医師・歯科医師・薬剤師たる自衛官並びに音楽、警務又は通信情報の業務に従事する自衛官の定年は60歳である。
4.統合幕僚長、陸上幕僚長、海上幕僚長又は航空幕僚長については、定年は62歳である。
5.自衛隊と旧軍とでは制度が異なるため正確な対比はできない。特に、自衛隊の将及び将補と旧軍の大将、中将、少将並びに自衛隊の曹長以下と旧軍の下士官の対比は困難である。

15. 階級の推移

	S.25.8.10～ 警察予備隊			S.27.8.1～ 保安庁		S.29.7.1～ 防衛庁　H.19.1.9～ 防衛省			
	(25.8.24～)	(27.3.11～)	海上警備隊 (27.4.26～)	保安隊 (27.10.15～)	警備隊 (27.8.1～)	自衛隊 (29.7.1～)	(45.5.25～)	(55.11.29～)	(22.10.1～)
階級	警察監	警察監	海上警備監	保安監	警備監	将	将	将	将
	警察監補	警察監補	海上警備監補	保安監補	警備監補	将補	将補	将補	将補
	1等警察正	1等警察正	1等海上警備正	1等保安正	1等警備正	1佐	1佐	1佐	1佐
	2等警察正	2等警察正	2等海上警備正	2等保安正	2等警備正	2佐	2佐	2佐	2佐
	警察士長	3等警察正	3等海上警備正	3等保安正	3等警備正	3佐	3佐	3佐	3佐
	1等警察士	1等警察士	1等海上警備士	1等保安士	1等警備士	1尉	1尉	1尉	1尉
	2等警察士	2等警察士	2等海上警備士	2等保安士	2等警備士	2尉	2尉	2尉	2尉
	—	3等警察士	3等海上警備士	3等保安士	3等警備士	3尉	3尉	3尉	3尉
	—	—	—	—	—	—	准尉	准尉	准尉
	—	—	—	—	—	—	—	曹長	曹長
	1等警察士補	1等警察士補	1等海上警備士補	1等保安士補	1等警備士補	1曹	1曹	1曹	1曹
	2等警察士補	2等警察士補	2等海上警備士補	2等保安士補	2等警備士補	2曹	2曹	2曹	2曹
	3等警察士補	3等警察士補	3等海上警備士補	3等保安士補	3等警備士補	3曹	3曹	3曹	3曹
	警査長	警査長	海上警備員長	保査長	警査長	士長	士長	士長	士長
	1等警査	1等警査	1等海上警備員	1等保査	1等警査	1士	1士	1士	1士
	2等警査	2等警査	2等海上警備員	2等保査	2等警査	2士	2士	2士	2士
	—	—	3等海上警備員	—	3等警査	3士	3士	3士	—

16. 防衛駐在官の派遣状況

(平成30.1.1現在)

地域	国名	人員		備考
アジア	インド	3	(陸海空各1)	バングラデシュ兼轄
	インドネシア	1	(海)	※1
	シンガポール	1	(海)	
	タイ	1	(陸)	
	大韓民国	3	(陸海空各1)	
	中華人民共和国	3	(陸海空各1)	
	パキスタン	1	(陸)	
	フィリピン	1	(空)	29年度中に1名追加派遣予定(海)
	ベトナム	1	(陸)	カンボジア、ラオス兼轄※2
	マレーシア	1	(陸)	
	ミャンマー	1	(陸)	
	モンゴル	1	(陸)	
大洋州	オーストラリア	3	(陸海空各1)	※3
北米	アメリカ合衆国	6	(陸海空各2)	カナダ兼轄※4
中南米	ブラジル	1	(陸)	
欧州	イタリア	1	(海)	アルバニア、マルタ兼轄
	ウクライナ	1	(海)	モルドバ兼轄
	英国	2	(陸1、海1)	
	オーストリア	1	(陸)	※5
	オランダ	1	(陸)	
	カザフスタン	1	(陸)	キルギス、ジョージア、タジキスタン兼轄
	スウェーデン	1	(陸)	ノルウェー、フィンランド兼轄
	ドイツ	2	(陸1、空1)	
	フィンランド	—		29年度中に1名再派遣予定(陸)
	フランス	2	(海1、空1)	
	ベルギー	1	(空)	
	ポーランド	1	(陸)	
	ロシア	3	(陸海空各1)	※6
中東	アフガニスタン	1	(陸)	
	アラブ首長国連邦	1	(海)	
	イスラエル	1	(空)	
	イラン	1	(陸)	
	クウェート	1	(空)	イラク、カタール兼轄
	サウジアラビア	1	(海)	オマーン兼轄
	トルコ	1	(海)	
	ヨルダン	1	(陸)	
	レバノン	1	(陸)	
アフリカ	アルジェリア	1	(空)	チュニジア兼轄
	エジプト	1	(陸)	
	エチオピア	1	(陸)	スーダン、南スーダン兼轄
	ケニア	1	(海)	ウガンダ、ソマリア、タンザニア兼轄
	ジブチ	1	(海)	
	ナイジェリア	1	(陸)	
	南アフリカ	1	(陸)	
	モロッコ	1	(空)	セネガル、モーリタニア兼轄
代表部	国際連合日本政府代表部	1	(陸)	(在ニューヨーク)
	軍縮会議日本政府代表部	1	(空)	(在ジュネーブ)
合計	44大使館及び2政府代表部	64名		

※1 ASEAN日本政府代表部、東ティモール兼轄
※2 29年度中に1名追加派遣予定(空)
※3 ニュージーランド、パプアニューギニア兼轄
※4 在米防衛駐在官6名のうち3名が在カナダ防衛駐在官併任
※5 コソボ、マケドニア旧ユーゴスラビア共和国、セルビア、モンテネグロ兼轄
※6 アゼルバイジャン、アルメニア、ウズベキスタン、トルクメニスタン、ベラルーシ兼轄

17. 歴代大臣、副大臣、大臣政務官、事務次官、統幕長、陸海空幕長一覧

（平成30.1.15現在）

年	総理大臣	防衛庁長官	政務次官	事務次官
昭和 25	23.10.15 ～	（警察予備隊本部長官） 8.14 増原惠吉 ①		（警察予備隊本部次長） 8.14 江口見登留 ①
26		26.1.23～27.7.31 警察予備隊担当国務大臣 大橋武夫		
27	吉田 茂	（保安庁長官事務取扱） 8.1 吉田 茂 ② （保安庁長官） 10.30 木村篤太郎 ③	8.1 平井太郎 ① 11.10 岡田五郎 ②	（保安庁次長と改称） 8.1 増原惠吉 ②
28			5.25 前田正男 ③	
29		7.1 （防衛庁長官と改称） 12.10 大村清一 ④	8.4 江藤夏雄 ④ 12.14 高橋禎一 ⑤	7.1 （防衛庁次長と改称）
30	12.10～ 鳩山一郎	3.19 杉原荒太 ⑤ 7.31 砂田重政 ⑥ 11.22 船田 中 ⑦	3.22 田中久雄 ⑥ 11.25 永山忠則 ⑦	
31		（事務取扱） 12.23 石橋湛山 ⑧		
32	12.23～ 石橋湛山 1.31～ ※岸信介	（事務代理） 1.31 岸 信介 ⑨ 2.2 小滝 彬 ⑩ 7.10 津島寿一 ⑪	1.30 高橋 等 ⑧ 7.16 小山長規 ⑨	（代 理） 6.3 門叶宗雄 6.15 今井 久 ③ 8.1 （防衛事務次官と改称）
33		6.12 左藤義詮 ⑫	6.17 辻 寛一 ⑩	
34		1.12 伊能繁次郎 ⑬ 6.18 赤城宗徳 ⑭	6.30 小幡治和 ⑪	
35		7.19 江崎真澄 ⑮ 12.8 西村直己 ⑯	7.22 塩見俊二 ⑫ 12.9 白浜仁吉 ⑬	12.27 門叶宗雄 ④
36	7.19～ 池田勇人	7.18 藤枝泉介 ⑰	7.25 笹本一雄 ⑭	
37		7.18 志賀健次郎 ⑱	7.27 生田宏一 ⑮	
38		7.18 福田篤泰 ⑲	7.30 井原岸高 ⑯	8.2 加藤陽三 ⑤
39	11.19～	7.18 小泉純也 ⑳	7.24 高橋清一郎 ⑰	11.17 三輪良雄 ⑥

※＝1.31～2.25は臨時代理

統合幕僚会議議長	陸上幕僚長	海上幕僚長	航空幕僚長
	(警察予備隊中央本部長・改称) 10.9　林　敬三 ① 12.29 (総隊総監と改称)		
		(海上警備隊総監) 27.4.26 山崎小五郎 ①	
	8.1 (第1幕僚長と改称)	8.1 (第2幕僚長と改称)	
7.1　林　敬三 ①	(陸上幕僚長と改称) 7.1　筒井竹雄 ②	7.1 (海上幕僚長と改称) 8.3　長沢　浩 ②	7.1　上村健太郎①
			7.3　佐薙　毅 ②
	8.2　杉山　茂 ③		
		8.15 庵原　貢 ③	
			7.18　源田　実 ③
	3.11　杉田一次 ④		
		8.15　中山定義 ④	
	3.12 大森　寛 ⑤		4.7　松田　武 ④
		7.1　杉江一三 ⑤	
8.14　杉江一三 ②		8.14　西村友晴 ⑥	4.17　浦　　茂 ⑤

人事

年	総理大臣	防衛庁長官	政務次官	事務次官
昭和40	39.11.9～	6.3 松野頼三 ㉑	6.8 井村重雄 ⑱	
41		8.1 上林山栄吉㉒ 12.3 増田甲子七㉓	8.2 長谷川仁 ⑲	
42			2.17 浦野幸男 ⑳ 11.28 三原朝雄 ㉑	12.5 小幡久男 ⑦
43	佐藤栄作	11.30 有田喜一 ㉔	12.3 坂村吉正 ㉒	
44				
45		1.14 中曽根康弘㉕	1.20 土屋義彦 ㉓	11.20 内海 倫 ⑧
46		7.5 増原恵吉 ㉖ 8.2 西村直己 ㉗ 12.3 江崎真澄 ㉘	7.9 野呂恭一 ㉔	
47		7.7 増原恵吉 ㉙	7.12 古内広雄 ㉕ 10.17 箕輪 登 ㉖	5.23 島田 豊 ⑨
48	7.7～ 田中角栄	5.29 山中貞則 ㉚	11.27 木野晴夫 ㉗	
49		11.11 宇野宗佑 ㉛ 12.9 坂田道太 ㉜	11.15 棚辺四郎 ㉘	6.7 田代一正 ⑩
50	12.9～ 三木武夫		12.26 加藤陽三 ㉙	7.15 久保卓也 ⑪
51		12.24 三原朝雄 ㉝	9.20 中村弘海 ㉚ 12.27 浜田幸一 ㉛	7.16 丸山 昂 ⑫
52	12.24～ 福田赳夫	11.28 金丸 信 ㉞	11.30 竹中修一 ㉜	
53		12.7 山下元利 ㉟	12.12 有馬元治 ㉝	11.1 亘理 彰 ⑬
54	12.7～ 大平正芳	11.9 久保田円次㊱	11.13 染谷 誠 ㉞	
55	※ 7.17～	2.4 細田吉蔵 ㊲ 7.17 大村襄治 ㊳	7.18 山崎 拓 ㉟	6.6 原 徹 ⑭

※=6.12～伊東正義(臨時代理)

統合幕僚 会議議長	陸上幕僚長	海上幕僚長	航空幕僚長
	1.16　天野良英 ⑥		4.7　松田　武 ④
4.30　天野良英 ③	4.30　吉江誠一 ⑦	4.30　板谷隆一 ⑦	4.30　牟田弘國 ⑥
11.15 牟田弘國 ④			11.15 大室　孟 ⑦
	3.14　山田正雄 ⑧		
7.1　板谷隆一 ⑤		7.1　内田一臣 ⑧	4.25　緒方景俊 ⑧
	7.1　衣笠駿雄 ⑨		
7.1　衣笠駿雄 ⑥	7.1　中村龍平 ⑩		7.1　上田泰弘 ⑨ 8.10　石川貫之 ⑩
		3.16　石田捨雄 ⑨	
2.1　中村龍平 ⑦	2.1　曲　壽郎 ⑪	12.1　鮫島博一 ⑩	7.1　白川元春 ⑪
7.1　白川元春 ⑧	7.1　三好秀男 ⑫		7.1　角田義隆 ⑫
3.16　鮫島博一 ⑨	10.15 栗栖弘臣 ⑬	3.16　中村悌次 ⑪	10.15 平野　晃 ⑬
10.20 栗栖弘臣 ⑩	10.20 高品武彦 ⑭	9.1　大賀良平 ⑫	
7.28　高品武彦 ⑪	7.28　永野茂門 ⑮		3.16　竹田五郎 ⑭
8.1　竹田五郎 ⑫			8.1　山田良市 ⑮
	2.12　鈴木敏通 ⑯	2.15　矢田次夫 ⑬	

年	総理大臣	防衛庁長官	政務次官	事務次官
昭和56	55.7.17～ 鈴木善幸	11.30 伊藤宗一郎 ㊴	12.2 堀之内久男 ㊱	
57		11.27 谷川和穂 ㊵	11.30 林　大幹 ㊲	7.9 吉野　實 ⑮
58	11.27～ 中曽根康弘	12.27 栗原祐幸 ㊶	12.28 中村喜四郎 ㊳	6.29 夏目晴雄 ⑯
59		11.1 加藤紘一 ㊷	11.2 村上正邦 ㊴	
60			12.28 北口　博 ㊵	6.25 矢﨑新二 ⑰
61		7.22 栗原祐幸 ㊸	7.23 森　　清 ㊶	
62		11.6 瓦　　力 ㊹	11.10 高村正彦 ㊷	6.23 宍倉宗夫 ⑱
63	11.6～ 竹下　登	8.24 田澤吉郎 ㊺	12.28 榎本和平 ㊸	6.14 西廣整輝 ⑲
平成1	6.3～ 宇野宗佑	6.3 山崎　拓 ㊻ 8.10 松本十郎 ㊼	6.3 鈴木宗男 ㊹ 8.11 鈴木宗男 ㊺	
2	1.8.10～ 海部俊樹	2.28 石川要三 ㊽ 12.29 池田行彦 ㊾	2.28 谷垣禎一 ㊻ 12.29 江口一雄 ㊼	7.2 依田智治 ⑳
3		11.5 宮下創平 ㊿	11.6 魚住汎英 ㊽	10.18 日吉　章 ㉑
4	11.5～ 宮澤喜一	12.12 中山利生 51	12.26 三原朝彦 ㊾	
5		8.9 中西啓介 52 12.2 愛知和男 53	6.22 鈴木宗男 ㊿ 8.12 山口那津男 51	6.25 畠山　蕃 ㉒
6	8.9～ 細川護煕 4.28～ 羽田　孜	4.28 神田　厚 54 6.30 玉澤徳一郎 55	5.10 東　順治 52 7.1 渡瀬憲明 53	
7	6.30～ 村山富市	8.8 衛藤征士郎 56	8.10 矢野哲朗 54	4.21 村田直昭 ㉓

統合幕僚会議議長	陸上幕僚長	海上幕僚長	航空幕僚長
2.16　矢田次夫　⑬	6.1　村井澄夫　⑰	2.16　前田　優　⑭	2.17　生田目修　⑯
3.16　村井澄夫　⑭	3.16　渡部敬太郎⑱	4.26　吉田　学　⑮	4.26　森　繁弘　⑰
7.1　渡部敬太郎⑮	7.1　中村守雄　⑲		
		8.1　長田　博　⑯	
2.6　森　繁弘　⑯	3.17　石井政雄　⑳		2.6　大村　平　⑱
12.11　石井政雄　⑰	12.11　寺島泰三　㉑	7.7　東山収一郎⑰	12.11　米川忠吉　⑲
		8.31　佐久間一　⑱	
3.16　寺島泰三　⑱	3.16　志摩　篤　㉒		7.9　鈴木昭雄　⑳
7.1　佐久間一　⑲		7.1　岡部文雄　⑲	
	3.16　西元徹也　㉓		6.16　石塚　勲　㉑
7.1　西元徹也　⑳	7.1　冨澤　暉　㉔	7.1　林崎千明　⑳	
		12.15　福地建夫　㉑	7.1　杉山　蕃　㉒
	6.30　渡邊信利　㉕		

年	総理大臣	防衛庁長官	総括政務次官	政務次官	事務次官
8	11.1～ 橋本龍太郎	1.11 臼井日出男(57) 11.7 久間章生 (58)		1.12 中島洋次郎(55) 11.8 浅野勝人(56)	
9				9.12 栗原裕康 (57)	7.1 秋山昌廣 ㉔
10	7.30～ 小渕恵三	7.30 額賀福志郎(59) 11.20 野呂田芳成(60)		7.31 浜田靖一 (58)	11.20 江間清二 ㉕
11		10.5 瓦　　力 (61)	10.5 依田智治①	10.5 西村　悟 (59) 10.20 西川太一郎(60)	
12	4.5～ 森　喜朗	7.4 虎島和夫 (62) 12.5 斉藤斗志二(63)	7.4 仲村正治② 12.6 石破　茂③	7.4 鈴木正孝 (61) (～12.6)	1.18 佐藤　謙 ㉖

年	総理大臣	防衛庁長官	副　長　官	長官政務官(2)	事務次官
13	森　喜朗 4.26～ 小泉純一郎	斉藤斗志二(63) 4.26 中谷　元 (64)	1.6 石破　茂① 5.1 萩山教嚴②	1.6 米田建三 ① 岩屋　毅 ① 5.7 嘉数知賢 ② 平沢勝栄 ②	佐藤　謙 ㉖
14		9.30 石破　茂 (65)	10.2 赤城徳彦③	1.8 木村太郎 ③ 山下善彦 ③ 10.4 小島敏男 ④ 佐藤昭郎 ④	1.18 伊藤康成 ㉗
15			9.25 浜田靖一④	9.25 嘉数知賢 ⑤ 中島啓雄 ⑤	8.1 守屋武昌 ㉘
16		9.27 大野功統 (66)	9.29 今津　寛⑤	9.30 北村誠吾 ⑥ 柏村武昭 ⑥	
17		10.31 額賀福志郎 (67)	11.2 木村太郎⑥	9.22 愛知治郎 ⑦ 11.2 木　毅 ⑦	
18	9.26～ 安倍晋三	9.26 久間章生 (68)	9.27 木村隆秀⑦	9.27 大前繁雄 ⑧ 北川イッセイ⑧	

年	総理大臣	防衛大臣	副大臣	大臣政務官	事務次官
19	18.9.26～ 安倍晋三 9.26～ 福田康夫	1.9 (防衛大臣と改称) 久間章生 ① 7.4 小池百合子② 8.27 高村正彦 ③ 9.26 石破　茂 ④	1.9 (副大臣と改称) 木村隆秀 ① 8.29 江渡聡徳 ② 9.27 江渡聡徳 ③	1.9 (大臣政務官と改称) 大前繁雄 ① 北川イッセイ① 8.30 寺田　稔 ② 秋元　司 ② 9.27 寺田　稔 ③ 秋元　司 ③	9.1 増田好平 ㉙
20	9.24～ 麻生太郎	8.2 林　芳正 ⑤ 9.24 浜田靖一 ⑥	8.5 北村誠吾 ④ 9.29 北村誠吾 ⑤	8.6 武田良太 ④ 岸　信夫 ④ 9.29 武田良太 ⑤ 岸　信夫 ⑤	

統合幕僚会議議長	陸上幕僚長	海上幕僚長	航空幕僚長
3.25 杉山　蕃 ㉑		3.25 夏川和也 ㉒	3.25 村木鴻二 ㉓
10.13 夏川和也 ㉒	7.1 藤縄祐爾 ㉖	10.13 山本安正 ㉓	12.8 平岡裕治 ㉔
3.31 藤縄祐爾 ㉓	3.31 磯島恒夫 ㉗	3.31 藤田幸生 ㉔	7.9 竹河内捷次 ㉕

統合幕僚長	陸上幕僚長	海上幕僚長	航空幕僚長
（統合幕僚会議議長） 藤縄祐爾 ㉓ （統合幕僚会議議長） 3.27 竹河内捷次 ㉔	1.11 中谷正寛 ㉘	藤田幸生 ㉔ 3.27 石川　亨 ㉕	竹河内捷次 ㉕ 3.27 遠竹郁夫 ㉖
	12.2 先崎　一 ㉙		
（統合幕僚会議議長） 1.28 石川　亨 ㉕		1.28 古庄幸一 ㉖	3.27 津曲義光 ㉗
（統合幕僚会議議長） 8.30 先崎　一 ㉖	8.30 森　勉 ㉚		
		1.12 齋藤　隆 ㉗	1.12 吉田　正 ㉘
3.27（統合幕僚長と改称） 8.4 齋藤　隆 ②		8.4 吉川榮治 ㉘	

統合幕僚長	陸上幕僚長	海上幕僚長	航空幕僚長
18.8.4 齋藤　隆 ②	3.28 折木良一 ㉛	18.8.4 吉川榮治 ㉘	3.28 田母神俊雄 ㉙
		3.28 赤星慶治 ㉙	11.7 外薗健一朗 ㉚

人事

年	総理大臣	防衛大臣	副大臣	大臣政務官	事務次官
21	9.16～ 鳩山由紀夫	9.16 北澤俊美 ⑦	9.18 榛葉賀津也⑥	9.18 楠田大蔵 ⑥ 長島昭久 ⑥	8.25 中江公人 ㉚
22	6.8～ 菅直人	6.8 北澤俊美 ⑧	6.9 榛葉賀津也⑦ 9.21 安住 淳 ⑧	6.9 楠田大蔵 ⑦ 長島昭久 ⑦ 9.21 松本大輔 ⑧ 広田 一 ⑧	
23	9.2～ 野田佳彦	9.2 一川保夫 ⑨	1.18 小川勝也 ⑨ 9.5 渡辺 周 ⑩	9.5 下條光康 ⑨ （下条みつ） 9.5 神風英男 ⑨	
24	12.26～ 安倍晋三	1.13 田中直紀 ⑩ 6.4 森本 敏 ⑪ 12.26 小野寺五典 ⑫	1.13 渡辺 周 ⑩ 10.2 長島昭久 ⑪ 12.27 江渡聡徳 ⑫	9.5 下條光康 ⑨ （下条みつ） 9.5 神風英男 ⑨ 10.2 宮島大典 ⑩ 大野元裕 ⑩ 12.27 左藤 章 ⑪ 佐藤正久 ⑪	1.10 金澤博範 ㉛
25			9.30 武田良太 ⑬	9.30 若宮健嗣 ⑫ 木原 稔 ⑫	4.1 西 正典 ㉜
26		9.3 江渡聡徳 ⑬ 12.24 中谷 元 ⑭	9.4 左藤 章 ⑭ 12.25 左藤 章 ⑮	9.4 原田憲治 ⑬ 石川博崇 ⑬ 12.25 原田憲治 ⑭ 石川博崇 ⑭	
27			10.9 若宮健嗣 ⑯	10.9 藤丸 敏 ⑮ 熊田裕通 ⑮	10.1 黒江哲郎 ㉝
28		8.3 稲田朋美 ⑮		8.5 宮澤博行 ⑯ 小林鷹之 ⑯	
29		7.28 岸田文雄 ⑯ 8.3 小野寺五典⑰ 11.1 小野寺五典⑱	8.4 山本ともひろ⑰ 11.1 山本ともひろ⑱	8.4 福田達夫 ⑰ 大野敬太郎⑰ 11.1 福田達夫 ⑱ 大野敬太郎⑱	7.28 豊田 硬 ㉞

統合幕僚長	陸上幕僚長	海上幕僚長	航空幕僚長
3.24～ 折木良一 ③	3.24　火箱芳文 ㉜		
		7.26　杉本正彦 ㉚	12.24 岩﨑　茂　㉛
	8.5　君塚栄治 ㉝		
1.31　岩﨑　茂 ④		7.26　河野克俊 ㉛	1.31 片岡晴彦　㉜
	8.27　岩田清文 ㉞		8.22 齊藤治和　㉝
10.14　河野克俊 ⑤		10.14　武居智久 ㉜	
	7.1　岡部俊哉 ㉟		12.1 杉山良行　㉞
		12.22 村川　豊 ㉝	
	8.8　山崎幸二 ㊱		12.20　丸茂吉成 ㉟

第４章　教育訓練

1.　自衛官の心がまえ（昭和36年6月28日制定）

古い歴史とすぐれた伝統をもつわが国は、多くの試練を経て、民主主義を基調とする国家として発展しつつある。

その理想は、自由と平和を愛し、社会福祉を増進し、正義と秩序を基とする世界平和に寄与することにある。これがためには民主主義を基調とするわが国の平和と独立を守り、国の存立と安全を確保することが必要である。

世界の現実をみるとき、国際協力による戦争の防止のための努力はますます強まっており、他方において、巨大な破壊力をもつ兵器の開発は大規模な戦争の発生を困難にし、これを抑制する力を強めている。しかしながら国際間の紛争は依然としてあとを絶たず、各国はそれぞれ自国の平和と独立を守るため、必要な防衛態勢を整えてその存立と安全をはかっている。

日本国民は、人類の英知と諸国民の協力により、世界に恒久の平和が実現することを心から願いつつ、みずから守るため今日の自衛隊を築きあげた。

自衛隊の使命は、わが国の平和と独立を守り、国の安全を保つことにある。

自衛隊は、わが国に対する直接及び間接の侵略を未然に防止し、万一侵略が行なわれるときは、これを排除することを主たる任務とする。

自衛隊は、つねに国民とともに存在する。したがって民主政治の原則により、その最高指揮官は内閣の代表としての内閣総理大臣であり、その運営の基本については国会の統制を受けるものである。

自衛官は、有事においてはもちろん平時においても、つねに国民の心を自己の心とし、一身の利害を越えて公につくすことに誇りをもたなければならない。

自衛官の精神の基盤となるものは健全な国民精神である。わけても自己を高め、人を愛し、民族と祖国をおもう心は、正しい民族愛、祖国愛としてつねに自衛官の精神の基調となるものである。

われわれは自衛官の本質にかえりみ、政治的活動に関与せず、自衛官としての名誉ある使命に深く思いをいたし、高い誇りをもち、次に掲げるところを基本として日夜訓練に励み、修養を怠らず、ことに臨んでは、身をもって職責を完遂する覚悟がなくてはならない。

1　使命の自覚

(1) 祖先より受けつぎ、これを充実発展せしめて次の世代に伝える日本の国、その国民と国土を外部の侵略から守る。

(2) 自由と責任の上に築かれる国民生活の平和と秩序を守る。

2　個人の充実

(1) 積極的でかたよりのない立派な社会人としての性格の形成に努め、正しい判断力を養う。

(2) 知性、自発率先、信頼性及び体力等の諸要素について、ひろく調和のとれた個性を伸展する。

3 責任の遂行

(1) 勇気と忍耐をもって、責任の命ずるところ、身をていして任務を遂行する。

(2) 僚友互いに真愛の情をもって結び、公に奉ずる心を基とし、その持場を守りぬく。

4 規律の厳守

(1) 規律を部隊の生命とし、法令の遵守と命令に対する服従は、誠実厳正に行なう。

(2) 命令を適切にするとともに、自覚に基づく積極的な服従の習性を育成する。

5 団結の強化

(1) 卓越した統率と情味ある結合のなかに、苦難と試練に耐える集団としての確信をつちかう。

(2) 陸、海、空、心を一にして精強に励み、祖国と民族の存立のため、全力をつくしてその負託にこたえる。

2. 教育組織図（平成30．3．31見込）

- 防衛研究所（新宿区）
- 防衛医科大学校（所沢市）
- 防衛大学校（横須賀市）
- 統合幕僚長 ― 統合幕僚学校（目黒区）

- 護衛艦隊（横須賀市）
  - 海上訓練指導隊群（横須賀市）
    - 横須賀海上訓練指導隊（横須賀市）
    - 誘導武器教育訓練隊（横須賀市）
  - 第１輸送隊（呉市）
- 航空集団（綾瀬市）
  - 第51航空隊（綾瀬市）
  - 第31航空群（岩国市）
    - 標的機整備隊（江田島市）
  - 航空管制隊（綾瀬市）
- 潜水艦隊（横須賀市）
  - 潜水艦教育訓練隊（呉市）
  - 横須賀潜水艦教育訓練分遣隊（横須賀市）
- 海洋業務・対潜支援群（横須賀市）
  - 対潜資料隊（横須賀市）
- 開発隊群（横須賀市）
  - 指揮通信開発隊（横須賀市）
  - 艦艇開発隊（横須賀市）
  - 航空プログラム開発隊（綾瀬市）
- 情報業務群（横須賀市）
  - 電子情報支援隊（横須賀市）

- 航空幕僚長
  - 人事教育部長
    - 教育課
  - 運用支援・情報部長
    - 運用支援課
  - 航空総隊（福生市） ― 航空方面隊③（三沢市、狭山市、春日市）
    - 第3航空団（三沢市）
    - 第5航空団（宮崎県新富町）
    - 第6航空団（小松市）
    - 航空救難団（狭山市）
      - 整備群（小牧市）
      - 救難教育隊（小牧市）
      - 入間ヘリコプター空輸隊（狭山市）
    - 航空戦術教導団（福生市）
      - 航空支援隊（三沢市）
    - 偵察航空隊（小美玉市）
    - 警戒航空隊（三沢市、浜松市、那覇市）
  - 航空支援集団（府中市）
    - 第1輸送航空隊（小牧市）
    - 第2輸送航空隊（狭山市）
    - 第3輸送航空隊（境港市）
    - 特別航空輸送隊（千歳市）
    - 飛行点検隊（狭山市）
  - 航空教育集団（浜松市）
    - 第1航空団（浜松市）
    - 第4航空団（東松島市）
    - 第11飛行教育団（焼津市）
    - 第12飛行教育団（防府市） ― 航空学生教育群（防府市）
    - 第13飛行教育団（福岡県芦屋町）
    - 飛行教育航空隊（宮崎県新富町）
    - 航空教育隊（防府市） ― 第1教育群（防府市）、第2教育群（熊谷市）
    - 幹部候補生学校（奈良市）
    - 第1術科学校（浜松市）
    - 第2術科学校（浜松市）
    - 第3術科学校（福岡県芦屋町）
    - 第4術科学校（熊谷市）
    - 第5術科学校（小牧市）
  - 航空開発実験集団（府中市）
    - 飛行開発実験団（各務原市）
    - 航空医学実験隊（狭山市）
  - 航空安全管理隊（立川市）
  - 幹部学校（目黒区）
  - 補給本部（北区） ― 第4補給処東北支処（青森県東北町）
  - 自衛隊岐阜病院（各務原市）

3. 陸上自衛隊教育体系（平成30.3.31見込）

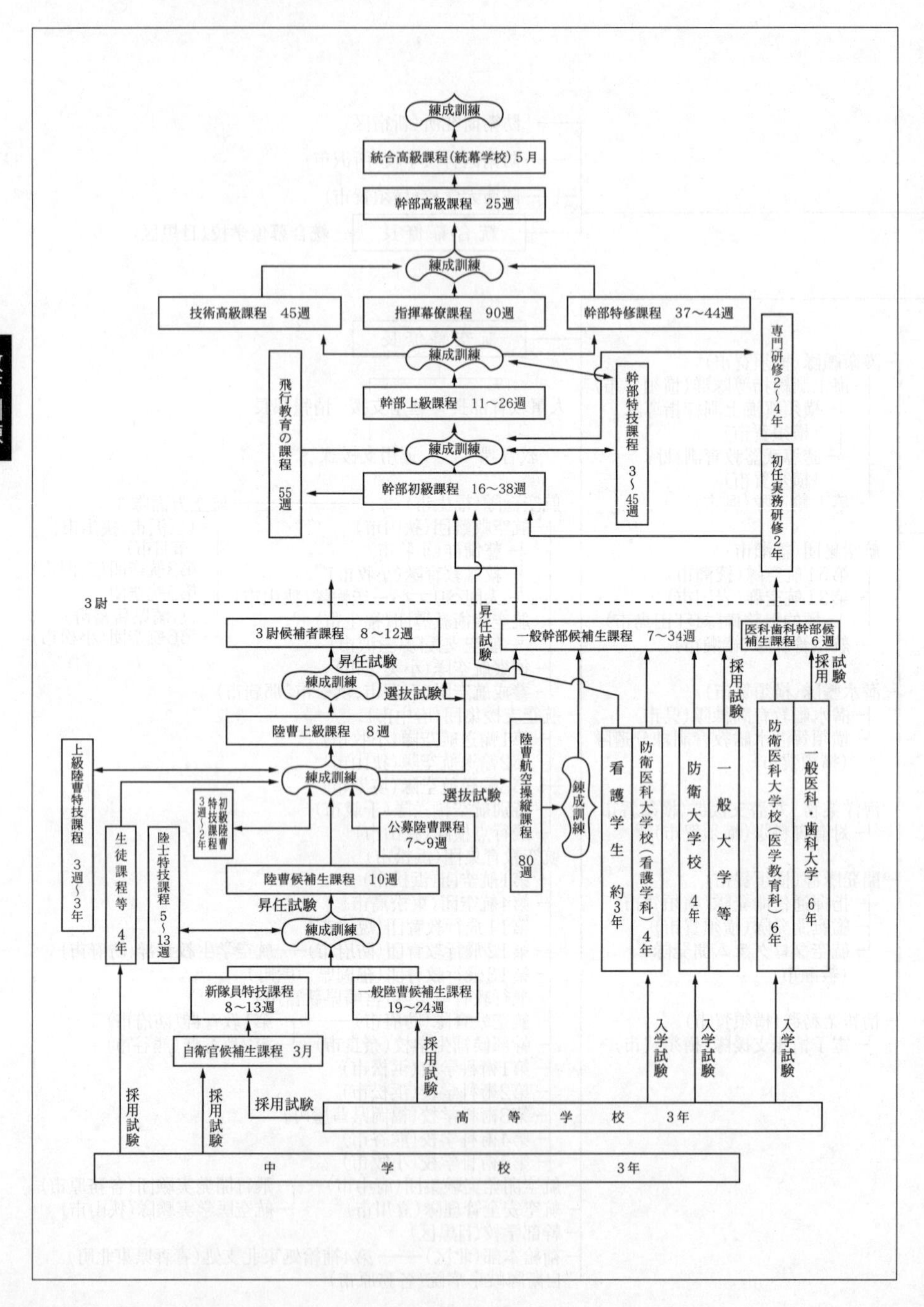

4. 海上自衛隊教育体系（平成30.3.31見込）

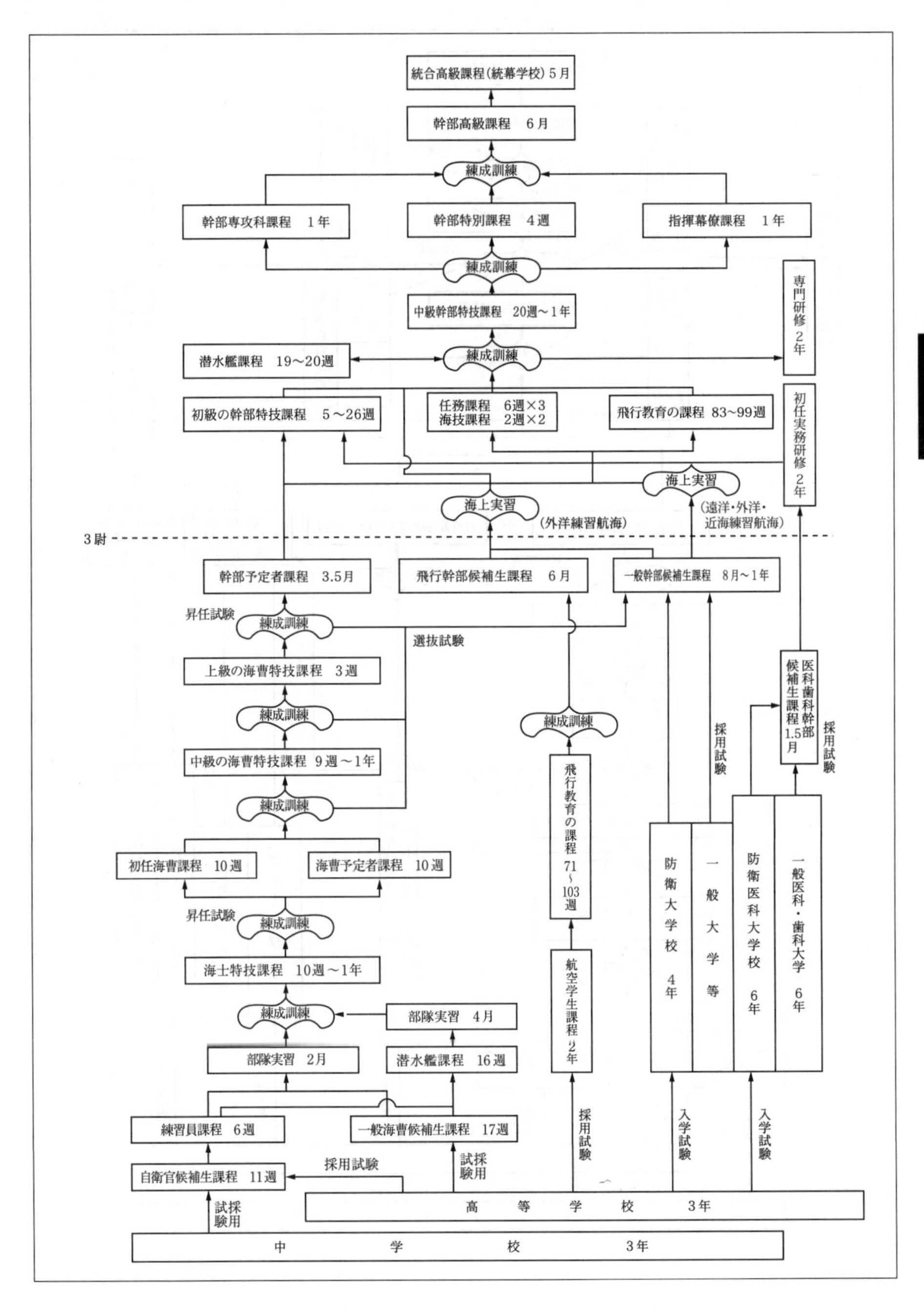

5. 航空自衛隊教育体系（平成30.3.31見込）

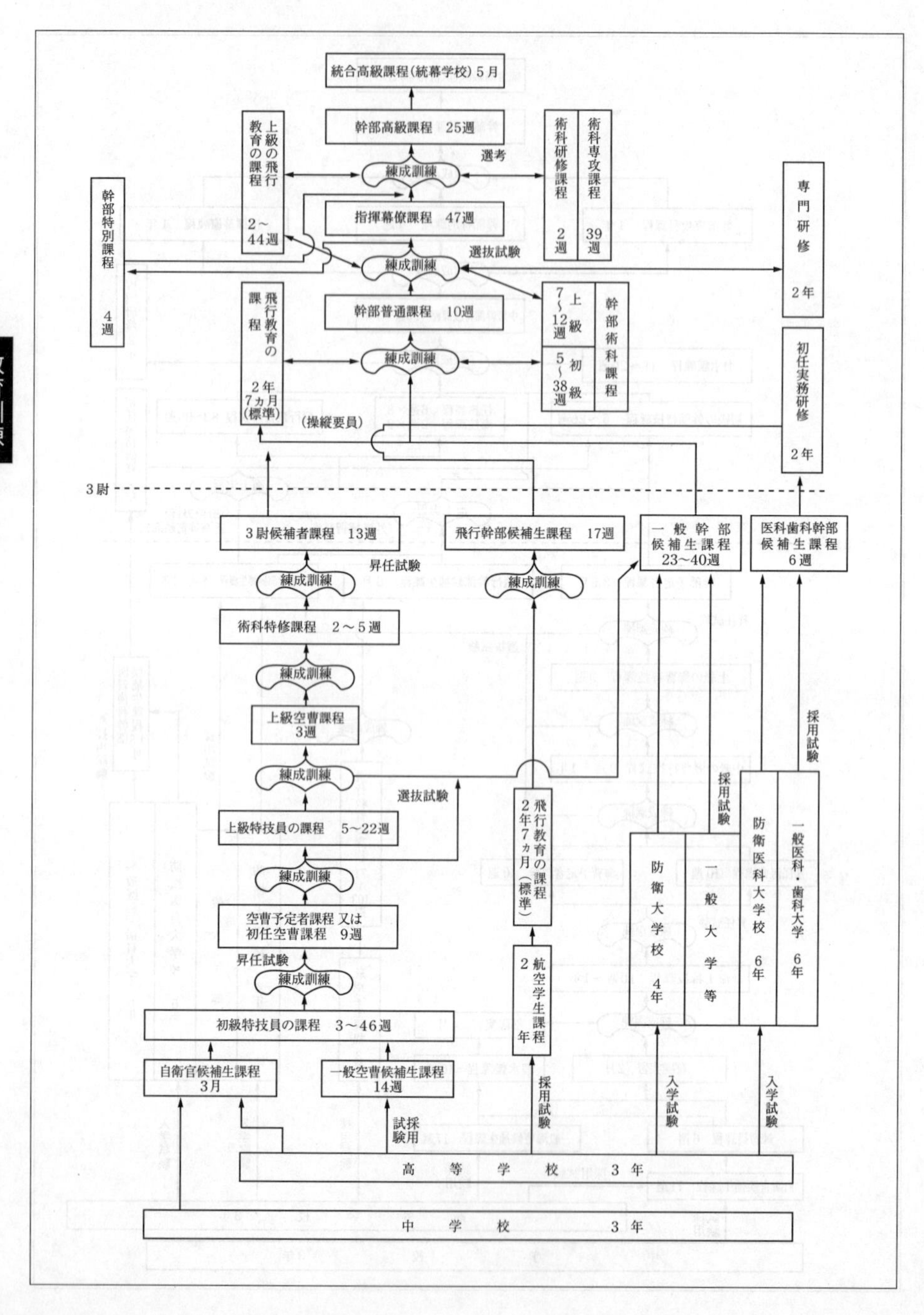

教育訓練

6. 海上自衛隊遠洋練習航海の実績

（平成21年度以前は既年版参照）

回次（年度）	参加艦艇	参加人員（実習員）	期日（日）（航程:マイル）	主要訪問方面	訪問国
54 平成（22）	練習艦2 護衛艦1	約730（約190）	156（約29,000）	北米 欧州 中東	米国、メキシコ、ドミニカ、ポルトガル、イタリア、エジプト、トルコ、ジブチ、オマーン、インドネシア、韓国
55（23）	練習艦2 護衛艦1	約730（約180）	156（約29,000）	北米 南米西岸	米国、カナダ、メキシコ、パナマ、ペルー、チリ
56（24）	練習艦2 護衛艦1	約760（約190）	154（約28,000）	中東 南アジア	フィリピン、タイ、インド、モルディブ、ジブチ、サウジアラビア、トルコ、タンザニア、セーシェル、オマーン、パキスタン、イスラム、スリランカ、バングラデシュ、カンボジア
57（25）	練習艦2 護衛艦1	約730（約170）	162（約32,000）	欧州	米国、メキシコ、パナマ、カナダ、英国、フィンランド、ロシア、ポーランド、ドイツ、フランス、スペイン、イタリア、クロアチア、ジブチ、スリランカ、ミャンマー、カンボジア、ベトナム
58（26）	練習艦2 護衛艦1	約720（約170）	156（約32,000）	環太平洋 カリブ海	米国、パナマ、キューバ、トリニダード・トバゴ、ジャマイカ、メキシコ、仏領ポリネシア、ニュージーランド、オーストラリア、ソロモン諸島、パプアニューギニア、インドネシア、フィリピン
59（27）	練習艦2 護衛艦1	約700（約170）	160（約32,000）	中米 南米	米国、グアテマラ、コロンビア、ホンジュラス、ドミニカ、ブラジル、ウルグアイ、アルゼンチン、チリ、ペルー、ニカラグア、メキシコ
60（28）	練習艦2 護衛艦1	約740（約190）	169（約33,000）	北米 欧州	米国、パナマ、フランス、英国、リトアニア、ドイツ、ベルギー、マルタ、イタリア、ジブチ、ケニア、スリランカ、フィリピン
61（29）	練習艦1 護衛艦1	約580（約190）	164（約33,000）	北米 中南米	米国、メキシコ、キューバ、チリ、エクアドル、カナダ、ロシア、韓国

7. 防衛大学校教育課程と大学設置基準の対比表 （平成30.1.1現在）

科目区分			防衛大学校 卒業に必要な単位数 人文・社会科学専攻 単位	%	理工学専攻 単位	%	大学設置基準に規定する卒業に必要な最低単位数
教養教育			24	15.8	24	15.8	124単位以上
外国語	英語 英語以外の外国語 （独・仏・露・中国・朝鮮・アラビア・ポルトガル語）		12 2 } 14	9.2	12 2 } 14	9.2	
体育			6	3.9	6	3.9	
専門基礎			18	11.8	30	19.7	
専門	人文・社会科学専攻	人間文化学科 公共政策学科 国際関係学科	66	43.4			
専門	理工学専攻	応用物理学科 応用化学科 地球海洋学科 電気電子工学科 通信工学科 情報工学科 機能材料工学科 機械工学科 機械システム工学科 航空宇宙工学科 建設環境工学科			54	35.5	
防衛学			24	15.8	24	15.8	
合計			152	100.0	152	100.0	

（注）％については四捨五入により合計と合致しないものがある。

8. 防衛医科大学校教育課程と大学設置基準の対比表 （平成30.1.1現在）

防衛医科大学校（医学科） 授業科目				開設単位数	卒業に必要な修得単位数又は時間数 単位数又は時間数	%	大学設置基準に規定する卒業に必要な最低単位数
進学課程	一般教育科目	人文	倫理学	2	必修		188単位以上
			心理学	1	7単位	17.3	
			哲学	2			
			史学	2			
			国語・国文学	4			
		社会	社会学	2	6単位	11.5	
			政治学	2			
			法学	2			
			経済学	2			
			人文地理	2			

防衛医科大学校（医学科）							大学設置基準に規定する卒業に必要な最低単位数
授業科目				開設単位数	卒業に必要な修得単位数又は時間数		
					単位数又は時間数	%	
進学課程	一般教育科目	総合	教養講座	1	8単位	15.4	188単位以上
			コミュニケーション技法	1			
			数理論理学	2			
			数理科学	1			
			統合ゼミ	2			
			情報技術	2			
	外国語科目		英語	6	必修	15.4	
			英会話	2	2単位		
			独語	2			
			仏語	2			
			中国語	2			
	保健体育科目		体育理論	4	必修	7.7	
			体育実技				
	基礎教育科目		数学	2	必修	32.7	
			物理学	5			
			化学	5			
			生物学	5			
	進学課程計			65単位	52単位	100	
専門課程	専門教育科目		社会医学系	6	必修	100	
			形態医学系	12			
			血液・造血器・リンパ系	3			
			神経系	6			
			感覚器系	5			
			運動器系	3			
			循環器系	4			
			呼吸器系	3			
			消化器系	7			
			腎・尿路系	3			
			精神系	2			
			生殖機能系	3			
			内分泌・代謝・成長発育系	3			
			感染症系	5			
			免疫・アレルギー・膠原病系	4			
			救急・総合医学系	9			
			機能医学系	17			
			防衛医学系	4			
			基本的診療技能実習	2			
			内科系臨床実習	38			
			外科系臨床実習	34			
	専門課程計			173単位	173単位	100	

（注）%については四捨五入により合計と合致しないものがある。

9. 砕氷艦の南極地域観測協力実績

回次 (年度)	期　間	行動 日数	南極圏 行動日数	物資 輸送量	観測 隊員	越冬 隊員	総航程 (海里)
第47次 (平成17年度)	17.11.14 ～18.4.13	151日	99日	約1,080 トン	53人	37人	約22,000
第48次 (18年度)	18.11.14 ～19.4.13	151日	99日	約1,110 トン	56人	36人	約21,000
第49次 (19年度)	19.11.14 ～20.4.12	151日	99日	約870 トン	49人	35人	約20,000
第51次 (21年度)	21.11.10 ～22.4.9	151日	99日	約1,130 トン	48人	28人	約21,000
第52次 (22年度)	22.11.11 ～23.4.5	146日	99日	約1,310 トン	60人	28人	約20,000
第53次 (23年度)	23.11.11 ～24.4.9	151日	98日	約820 トン	56人	30人	約19,000
第54次 (24年度)	24.11.11 ～25.4.10	151日	99日	約680 トン	55人	31人	約21,000
第55次 (25年度)	25.11.8 ～ 26.4.7	151日	99日	約 1,160 トン	46人	30人	約20,000
第56次 (26年度)	26.11.11 ～27.4.10	151日	99日	約 1,017 トン	53人	24人	約18,000
第57次 (27年度)	27.11.16 ～28.4.14	151日	89日	約 1,040 トン	52人	30人	約24,000
第58次 (28年度)	28.11.11 ～29.4.10	151日	99日	約 1,060 トン	62人	33人	約20,000
第59次 (29年度)	29.11.12 ～30.4.11	151日	99日	約 1,000 トン	59人	27人	約20,000

※第50次(20年度)は、協力を行っていない。　(平成16年度以前は既年版参照)
※第59次(29年度)は、計画値。

10. 国民体育大会の協力実績

（平成18年以前は既年版参照）

開催年次	回数	大会季別	開催県	協力担当	協力・支援規模				
					人員	車両	艦艇	航空機	通信機
平成19	62	冬	秋　田	陸自	1,540	210			
		秋	秋　田	陸自・海自	1,436	176	6		240
20	63	冬	長　野	陸自	44	14			
		秋	大　分	陸自・海自	333	37	1		104
21	64	冬	新　潟	陸自	240	39			5
		秋	新　潟	陸自・海自	202	35			24
22	65	冬	北海道	陸自	61	3			
		秋	千　葉	陸自・空自	109	23		6	
23	66	冬	秋　田	陸自	95	9			6
		夏	山　口	陸自・海自	301	43	1		115
24	67	冬	岐　阜	陸自	101				7
		夏	岐　阜	陸自	248	15			38
25	68	冬	秋　田	陸自	95	9			6
		夏	東　京	陸自・空自	138	18	5	6	10
26	69	冬	山　形	陸自	1,621	136			36
		夏	長　崎	陸自・海自・空自	361	29	19	6	11
27	70	冬	群　馬	陸自	680	16			3
		秋	和歌山	陸自・空自	2,179	387		6	264
28	71	冬	岩　手	陸自	216	29			
		秋	岩　手	陸自・海自	121	29			22

（注）1.協力の範囲（自衛隊法施行令第126条の13）(1)式典に関すること　(2)通信に関すること(3)輸送に関すること　(4)奏楽に関すること　(5)医療及び救急に関すること　(6)会場内外の整理に関すること　(7)前各号に掲げるもののほか、運動競技会の運営の事務に関すること

教育訓練

11. オリンピック大会・アジア大会・世界選手権大会の入賞者一覧

（平成25年度以降）

年度	大会名	入賞者		成績				備考
		階級	氏名	種	目	記録	順位	
25	世界選手権大会	3陸曹	山中詩乃	近代五種	女子リレー	4,810点	9	
		陸士長	島津玲奈					
	世界選手権大会	3陸尉	倉本一真	レスリング	グレコ60kg級		7	
26	第17回アジア大会（仁川）	1陸尉	鶴巻宰	レスリング	グレコローマン80kg級		2	
		2陸曹	藤村義		グレコローマン71kg級		5	
		2陸曹	高塚紀行		フリー61kg級		3	
		2陸尉	川内将嗣	ボクシング	ライトウエルター級		3	
		2陸尉	鈴木康弘		ウエルター級		5	
		1陸尉	山下敏和	射撃	50mライフル3姿勢個人	420.6点	5	
					50mライフル3姿勢団体	1167点	3	団体3位（3481点）
		2陸尉	松本崇志			1160点	18	
		2陸尉	谷島緑			1154点	10	
		2空曹	谷井孝行	競歩	50km	3時間40分19秒	1	
		2海尉	原田蘭丸	水泳	400m自由形リレー	3分14秒38	2	第2泳者
					100m自由形	49秒47	4	

年度	大会名	入賞者		成績				備考
		階級	氏名	種目		記録	順位	
26	第17回アジア大会（仁川）	3陸曹	三口智也	近代五種	男子個人・団体	1323点	12	団体2位（5503点）
		3陸曹	藤井真也			1381点	11	
		3陸曹	岩元勝平			1423点	3	
		3陸曹	山中詩乃		女子個人・団体	1267点	7	団体2位（4760点）
		3陸曹	島津玲奈			1278点	5	
		2海曹	伊谷温子			942点	16	
		2陸曹	坂本圭右	フェンシング	エペ団体		2	
	世界選手権大会	3空曹	清水博之	レスリング	グレコローマン74kg級		5	
	世界選手権大会	2陸曹	濱田尚里	サンボ	サンボ80kg級		1	
27	世界陸上競技選手権大会	2陸曹	荒井広宙	競歩	50km	3時間43分44秒	4	
		2空曹	谷井孝行			3時間42分55秒	3	
	世界選手権大会	2陸曹	鴨居正和	レスリング	フリー61kg級		5	
28	第31回オリンピック大会（リオ・デ・ジャネイロ）	3陸尉	荒井広宙	競歩	50km	3時間41分24秒	3	
		2陸曹	江原騎士	水泳	4×200mフリーリレー	7分03秒50	3	第2泳者
29	世界選手権大会	3陸尉	高尾宏明	重量挙げ	男子62kg級	S：126kg J：160kg T：286kg	8	
	世界陸上競技選手権大会	3陸尉	荒井広宙	競歩	50km	3時間41分17秒	2	
	世界選手権大会	3陸曹	山中詩乃	近代五種	女子リレー	1,238点	3	
		3陸曹	島津玲奈					

12. 自衛隊単独の主要演習実績（平成27～29年度）

(1) 統合訓練

（平成29年12月末現在）

年度	演習名	期間	場所	参加部隊等	演習内容
平成27	自衛隊統合演習（実動演習）	27.10.23～11.13	我が国周辺海空域、自衛隊駐屯地・基地及び米軍基地並びに同周辺地域	統合幕僚監部、陸海空各幕僚監部、情報本部、各方面隊、中央即応集団、自衛艦隊、各地方隊、航空総隊、航空支援集団等	武力攻撃事態に際しての自衛隊の統合運用について演練し、能力の維持・向上を図る。
	在外邦人等輸送訓練	27.12.17～12.18	防衛省市ヶ谷地区、相馬原演習場、府中基地、入間基地、相馬原演習場から入間基地を結ぶ経路及び入間基地から相模湾に至る海空域	東部方面隊、中央即応集団、自衛艦隊、航空総隊、航空支援集団、航空教育集団等 人員 約450名 航空機 3機 艦艇 1隻	在外邦人等の輸送に係る統合運用能力の向上及び自衛隊と関係機関との連携の強化を図る。
平成28	第1回在外邦人等輸送訓練	28.8.23～9.1	宇都宮駐屯地、小牧基地及びジブチ共和国並びに宇都宮駐屯地から小牧基地を結ぶ経路及び日本からジブチ共和国に至る空域	各幕僚監部、情報本部、中央即応集団、航空支援集団等 人員 約150名 航空機 1機	在外邦人等輸送に係る部隊の国外展開及び活動能力の向上並びに自衛隊と米軍との連携強化を図る。
	国内における統合訓練	28.10.13～10.15	海上自衛隊佐世保地区	統合幕僚監部、西部方面隊、掃海隊群、航空総隊	島嶼防衛に係る自衛隊の統合運用要領を指揮所訓練により演練し、その能力の維持・向上を図る。
	在外邦人等保護措置訓練	28.12.12～12.16	防衛省市ヶ谷地区、相馬原演習場、入間基地。相馬原演習場から入間基地を結ぶ経路及び入間基地から相模湾に至る海空域	東部方面隊、中央即応集団、自衛艦隊、航空総隊、航空支援集団、航空教育集団等 人員 約490名 航空機 3機 艦艇 1隻 車両 約20両	在外邦人等の保護措置に係る統合運用能力の向上及び自衛隊と関係機関との連携の強化を図る。
平成29	自衛隊統合演習（指揮所演習）	29.1.23～1.27	防衛省市ヶ谷地区及びその他の演習参加部隊等の所在地	内部部局、各幕僚監部、情報本部、各方面隊、中央即応集団、自衛艦隊、各地方隊、航空総隊、航空支援集団等	自衛隊の統合運用について検証・演練し、自衛隊の統合運用能力の維持・向上を図る。
	在外邦人等保護措置訓練（国外）	29.9.25～10.2	宇都宮駐屯地、小牧基地及びジブチ共和国等	統合幕僚監部、陸上幕僚監部、航空幕僚監部、情報本部、中央即応集団、航空支援集団等 人員 約110名	在外邦人等の保護措置に係る統合運用能力の向上及び自衛隊と関係機関との連携の強化を図る。
	自衛隊統合演習（実動演習）	29.11.6～11.24	沼津海浜訓練場、種子島及び対馬周辺区域、自衛隊施設並びに我が国周辺海空域	内部部局、各幕僚監部、各方面隊、中央即応集団、自衛艦隊、各地方隊、航空総隊、航空支援集団、自衛隊指揮通信システム隊、自衛隊中央病院等	我が国の防衛に係る自衛隊の統合運用について演練し、その能力の維持・向上を図る。
	在外邦人等保護措置訓練（国内）	29.12.11～12.15	防衛省市ヶ谷地区、相馬原演習場、入間基地、相馬原演習場から入間基地を結ぶ経路	西部方面隊、中央即応集団、警務隊、航空総隊、航空支援集団、航空教育集団、航空警務隊及び航空自衛隊補給本部 人員 約390名	在外邦人等の保護措置に係る統合運用能力の向上及び自衛隊と関係機関との連携の強化を図る。

(2) 陸上自衛隊

（平成29年12月末現在）

年度	演習名	期間	場所	参加部隊等	演習内容
平成27	協同転地演習（師団等転地）	27.6.22 ～ 7.16	中部方面区～北部方面区（浜大樹訓練場、矢臼別演習場等）	第13旅団基幹 人　員　約2,000名 車　両　約600両 航空機　約10機	長距離機動訓練等
	協同転地演習（連隊等転地）	27.9.29 ～ 10.19	東部方面区～北部方面区（北海道大演習場等）	第12旅団の1個普通科連隊基幹 人　員　約1,000名 車　両　約350両 航空機　5機	長距離機動訓練等
	協同転地演習（連隊等転地）	27.9.30 ～ 10.19	中部方面区～東部方面区（東･北富士演習場等）	第14旅団の1個普通科連隊基幹 人　員　約890名 車　両　約190両	長距離機動訓練等
	方面隊実動演習（北部方面隊）	27.10.1 ～ 10.12	北海道大演習場	北部方面総監部、第7師団、第1特科団、第1高射特科団等 人　員　約4,500名 車　両　約900両 航空機　約15機	方面隊の各種事態における対処能力向上
	方面隊実動演習（西部方面隊）	27.10.19 ～ 11.19	西部方面区の演習場、自衛隊施設等	西部方面隊、中央即応集団 人　員　約15,000名 車　両　約3,500両 航空機　約75機	方面隊の各種事態における対処能力向上
	協同転地演習（連隊等転地）	27.10.20 ～ 11.17	北部方面区～西部方面区（大矢野原演習場、霧島演習場等）	第2師団の1個普通科連隊基幹 第5旅団の1個普通科連隊基幹 第1特科団、北部方面施設隊等 人　員　約1,600名 車　両　約500両 航空機　2機	長距離機動訓練等
	方面隊実動演習（東部方面隊）	27.12.6 ～ 12.19	東富士演習場、相馬原演習場、朝霞訓練場、自衛隊中央病院等	東部方面総監部、第1師団、第12旅団、第1施設団、東部方面混成団等 人　員　約4,000名 車　両　約700両 航空機　約5機	方面隊の各種事態における対処能力向上
平成28	協同転地演習（師団等転地）	28.6.21 ～ 8.2	中部方面区～北部方面区（矢臼別演習場、浜大樹訓練場等）	第14旅団基幹 人　員　約1,800名 車両等　約640両 航空機　8機	長距離機動訓練等
	協同転地演習（連隊等転地）	28.9.21 ～ 10.11	東北方面区～北部方面区（矢臼別演習場）	第9師団の1個普通科連隊基幹 人　員　約1,000名 車両等　約200両	長距離機動訓練等

教育訓練

年度	演習名	期間	場所	参加部隊等	演習内容
平成28	方面隊実動演習（北部方面隊）	28.9.26～10.5	北部方面総監部・各司令部（札幌市、旭川市、帯広市、千歳市等）、北海道大演習場、上富良野演習場、然別演習場、矢臼別演習場等	北部方面総監部、第7師団、第2師団、第1特科団、第1高射特科団、海上自衛隊、航空自衛隊等 人員 約12,000名 車両 約3,000両 航空機 約40機 艦船 3隻	方面隊の各種事態における対処能力向上
	協同転地演習（連隊等転地）	28.10.4～11.6	東北方面区～西部方面区（日出生台演習場、種子島、奄美大島等）	第6師団の普通科連隊、第2施設団、東北方面特科隊、第5高射特科群等 人員 約500名 車両等 約150両	長距離機動訓練等
	協同転地演習（連隊等転地）	28.10.12～11.15	北部方面区～西部方面区（日出生台演習場、種子島、奄美大島等）	第2師団の1個戦車連隊基幹、第1特科団、北部方面施設隊等 人員 約700名 車両等 約300両	長距離機動訓練等
平成29	協同転地演習（師団等転地）	29.6.27～7.31	中部方面区～北部方面区（浜大樹訓練場、矢臼別演習場等）	第10師団基幹 人員 約2,600名 車両等 約1,000両 航空機 3機	長距離機動訓練
	協同転地演習（連隊等転地）	29.9.2～9.28	東部方面区～北部方面区（北海道大演習場等）	第12旅団基幹の1個普通科連隊基幹 人員 約900名 車両等 約260両 航空機 6機	長距離機動訓練
	方面隊実動演習（北部方面隊）	29.9.16～9.28	北海道大演習場、矢臼別演習場、札幌駐屯地、東千歳駐屯地、札幌市、小樽市、釧路市、稚内市、石狩市等	北部方面隊等 人員 約17,000名 車両 約3,200両 航空機 約50機 艦船 2隻	方面隊の各種事態における対処能力向上
	協同転地演習（連隊等転地：第2師団、第5旅団）	29.10.14～12.4	北部方面区～西部方面区（日出生台演習場、十文字原演習場、奄美大島等）	第2師団の1個普通科連隊基幹 人員 約1,200名 車両 約400両 航空機 4機 第5旅団の1個普通科連隊基幹 人員 約650名 車両 約300両 航空機 2機	長距離機動訓練
	方面隊実動演習（西部方面隊）	29.10.23～11.22	西部方面区域内各駐屯地・基地・演習場、民有地等	西部方面隊等 人員 約14,000名 車両 約3,800両 航空機 約60機	方面隊の各種事態における対処能力向上

(3) 海上自衛隊

（平成29年12月末現在）

年度	演習名	期間	場所	参加部隊等	演習内容
平成27	海上自衛隊演習（図上演習）	27.8.31～9.4	海上自衛隊幹部学校及びその他参加部隊所在地	自衛艦隊の各司令部、各地方総監部、補給本部等の人員	上級指揮官の情勢判断、部隊運用等
	海上自衛隊演習（実動演習）	27.11.16～11.25	我が国周辺海空域	自衛艦隊等 艦艇　約25隻 航空機　約60機	上級指揮官の情勢判断、部隊運用等
平成28	海上自衛隊演習（図上演習）	28.9.26～10.9	海上自衛隊幹部学校及びその他参加部隊所在地	自衛艦隊の各司令部、各地方総監部、補給本部等の人員	上級指揮官の情勢判断、部隊運用等
平成29	海上自衛隊演習（図上演習）	29.10.31～11.9	海上自衛隊幹部学校（目黒）及びその他参加部隊所在地	自衛艦隊の各司令部、各地方総監部、補給本部等 人　員　約3,200名	上級指揮官の情勢判断、部隊運用要領等
	海上自衛隊演習（実動演習）	29.11.10～11.26	我が国周辺海空域	自衛艦隊 艦船　約25隻 航空機　約60機	対潜戦、対水上戦及び対空戦

13. 自衛隊の米国派遣訓練実績（平成27～29年度）

(1) ペトリオット・ホーク等年次射撃訓練（過去3カ年）

（平成29年12月末現在）

年度	演習名	期間	場所	参加部隊等	演習内容
平成27	ホーク・中SAM部隊実射訓練	27.10.5～12.14	米国ニューメキシコ州マクレガー射場	第15高射特科連隊、第1、2、4、5、7、8高射特科群、高射教導隊 人　員　約470名	実射訓練等
	地対艦ミサイル部隊実射訓練	27.10.9～10.30	米国カリフォルニア州ポイントマグー射場	第1特科団、各方面特科隊等 人　員　約240名	実射訓練等
平成28	高射部隊年次射撃訓練	28.8.31～11.18	米国ニューメキシコ州マクレガー射場	6個高射群及び高射教導群等 人　員　約370名	実射訓練等
	地対艦ミサイル部隊実射訓練	28.10.1～11.1	米国カリフォルニア州ポイントマグー射場	各地対艦ミサイル連隊等 人　員　約220名	実射訓練等
	ホーク・中SAM部隊実射訓練	28.10.11～12.21	米国ニューメキシコ州マクレガー射場	各高射特科群、高射教導隊等 人　員　約530名	実射訓練等
平成29	高射部隊実弾射撃訓練	29.8.30～11.17	米国ニューメキシコ州マクレガー射場	6個高射群及び高射教導群等 人　員　約370名	実射訓練等

(2) 海上自衛隊米国派遣訓練

ア　護衛艦等

（平成29年12月末現在）

年度	演習名	期間	場所	参加部隊等
平成27	米国派遣訓練	27.9.15～10.20	ハワイ周辺海空域	(1) 護衛艦部隊 護衛艦　2隻 (2) 航空部隊 P-3C哨戒機　2機
平成28	米国派遣訓練	28.6.7～8.23	ハワイ及び米国西海岸並びにこれらの周辺海空域	(1) 護衛艦部隊 護衛艦　2隻 (2) 航空部隊 P-3C哨戒機　2機
平成29	米国派遣訓練	29.10.13～11.25	ハワイ周辺海域	護衛艦部隊 護衛艦　1隻

イ　潜水艦

年度	演習名	期間	場所	参加部隊等
平成27	米国派遣訓練（潜水艦）	27.9.23～12.19	ハワイ及びグアム周辺海域	潜水艦　1隻
平成28	米国派遣訓練（潜水艦）	28.7.22～10.21	ハワイ周辺海域	潜水艦　1隻
	米国派遣訓練（潜水艦）	28.10.14～29.1.14	ハワイ周辺海域	潜水艦　1隻
平成29	米国派遣訓練（潜水艦）	29.7.1～10.3	ハワイ周辺海域	潜水艦　1隻

ウ　敷設艦

年度	演習名	期間	場所	参加部隊等
平成27	グアム島方面派遣訓練（敷設艦）	27.7.31～9.24	グアム島方面	敷設艦　1隻
平成28	グアム島方面派遣訓練（敷設艦）	28.7.1～8.18	グアム島方面	敷設艦　1隻

エ　航空機等

年度	演習名	期間	場所	参加部隊等
平成27	米国派遣訓練（航空機）	27.8.10～8.24	日本からグアム島に至る空域及グアム島周辺空域	P-3C哨戒機　2機
平成29	米国派遣訓練（航空機）	29.7.5～8.12	ハワイ諸島及びグアム島周辺空域	P-3C哨戒機　2機

オ　護衛隊群

年度	演習名	期間	場所	参加部隊等
平成27	護衛隊群米国派遣訓練	28.1.9～1.30	日本からグアム島に至る海空域	(1) 護衛艦部隊　護衛艦　7隻 (2) 航空部隊　固定翼多用機　1機
	護衛隊群米国派遣訓練	28.2.28～3.20	日本からグアム島に至る海空域	(1) 護衛艦部隊　護衛艦等　4隻

(3) 航空自衛隊米国派遣訓練（過去3カ年）

ア　米空軍演習（レッド・フラッグ・アラスカ）等への参加（過去3カ年）（平成29年12月末現在）

年度	演習名	期間	場所	参加部隊等	演習内容
平成27	米空軍演習（レッド・フラッグ・アラスカ）への参加	27.7.27～8.28	米国アラスカ州アイルソン空軍基地及びエレメンドルフ－リチャードソン米軍統合基地並びに同周辺空域等	航空総隊 （F－15×6　E－767×1） 航空支援集団 （C－130H×3　KC－767×2） 人員　約310名	防空戦闘訓練 空中給油訓練 戦術空輸訓練
平成28	米空軍演習（レッド・フラッグ・アラスカ）への参加	28.5.24～6.24	米国アラスカ州アイルソン空軍基地及びエレメンドルフ・リチャードソン米軍統合基地並びに同周辺空域等	航空総隊 （F－15×6　E－767×1） 航空支援集団 （C－130H×3　KC－767×2） 人員　約310名	防空戦闘訓練 空中給油訓練 戦術空輸訓練
平成29	米空軍演習（レッド・フラッグ・アラスカ）への参加	29.5.25～7.1	米国アラスカ州アイルソン空軍基地及びエレメンドルフ・リチャードソン統合基地並びに同周辺空域等	航空総隊 （F－15×6　E－767×1） 航空支援集団 （C－130H×2　KC－767×2） 人員　約300名	防空戦闘訓練 空中給油訓練 戦術空輸訓練

イ　グアムにおける日米豪共同訓練（平成29年12月末現在）

年度	演習名	期間	場所	参加部隊等	演習内容
平成27	ミクロネシア連邦等における日米豪人道支援・災害救援共同訓練	27.12.4～12.11	米国グアム島アンダーセン空軍基地、ミクロネシア連邦、パラオ共和国、北マリアナ諸島及び同周辺空域	航空支援集団 （C－130H×1） 人員　約25名	航空輸送訓練、物料梱包訓練、物料投下訓練
平成27	グアムにおける日米豪共同訓練等	28.1.26～3.8	米国グアム島アンダーセン空軍基地、北マリアナ諸島サイパン島、テニアン島、ロタ島及びファラロン・デ・メディニラ空対地射場並びに同周辺空域	航空総隊 （F－15J/DJ×8　F－2A×6　U－125A×2　E－2C×2） 航空支援集団 （C－130H×2　KC－767×2） 人員　約470名	防空戦闘訓練、えん護戦闘訓練、戦闘機戦闘訓練、空対地射爆撃訓練、電子戦訓練、空中給油訓練、戦術空輸訓練、捜索訓練及び人道支援・災害救援共同訓練
平成28	ミクロネシア連邦等における日米豪人道支援・災害救援共同訓練	28.12.2～12.10	グアム、ミクロネシア、パラオ及び北マリアナ諸島並びに同周辺空域	航空支援集団 （C－130H×1） 人員　22名	航空輸送訓練、物料梱包訓練、物料投下訓練
平成28	グアムにおける日米豪共同訓練	29.1.30～3.19	グアム、北マリアナ諸島サイパン島、テニアン島、ロタ島及びファラロン・デ・メディニラ空対地射場並びに同周辺空域	航空総隊 （F－15J/DJ×8　F－2A×6　U－125A×2　E－2C×2） 航空支援集団 （C－130H×2　KC－767×2）	防空戦闘訓練、掩護戦闘訓練、戦闘機戦闘訓練、空対地射爆撃訓練、電子戦訓練、空中給油訓練、戦術空輸訓練、捜索訓練
平成29	ミクロネシア連邦等における日米豪人道支援・災害救援共同訓練	29.12.6～12.16	グアム、ミクロネシア、パラオ及び北マリアナ諸島並びに同周辺空域	航空支援集団第1輸送航空隊 （C－130H×1） 人員　25名	航空輸送、物料梱包及び物料投下訓練

ウ　米国高等空輸戦術訓練センターにおける訓練（過去3カ年）（平成29年12月末現在）

年度	演習名	期間	場所	参加部隊等	演習内容
平成28	米国高等空輸戦術訓練センターにおける訓練	28.10.7 ～ 10.26	米国ミズーリ州セント・ジョセフ（ローズ・クランス州空軍基地）並びにアリゾナ州シエラ・ビスタ（リビー陸軍飛行場）並びに同周辺空域	第1輸送航空隊（C－130H×1）	戦術空輸訓練

14. 日米共同訓練実績（平成27～29年度）

(1) 統合訓練

（平成29年12月末現在）

年度	演習名	期間	場所	参加部隊等		演習内容
				日本側	米国側	
平成27	米国における統合訓練（実動訓練）	27.7.20～10.20	米国カリフォルニア州キャンプ・ペンデルトン、米海軍サンクレメンテ島訓練場及び同周辺海・空域	統合幕僚監部、西部方面隊、中央即応集団、掃海隊群、航空総隊等 人員　約1,100名 艦艇　3隻 ヘリコプター　7機	第3艦隊、第1海兵機動展開部隊等	水陸両用作戦に係る一連の行動（着上陸部隊に対する補給等の支援を含む）及び水陸両用作戦に係る指揮幕僚活動について訓練
	日米共同統合演習（指揮所演習）	28.1.12～2.2	防衛省市ヶ谷地区その他演習参加部隊等の所在地及び在日米軍横田基地等	内部部局、各幕僚監部、各方面隊、中央即応集団、自衛艦隊、各地方隊、航空総隊、航空支援集団、情報本部等	太平洋軍司令部、在日米軍司令部、在日米陸軍、在日米海軍在日米空軍、在日米海兵隊等	連携要領の演練
平成28	日米共同統合演習（実動演習）	28.10.30～11.11	我が国周辺海空域、自衛隊及び在日米軍基地並びに米国グアム、北マリアナ諸島自治連邦区及びその周辺海空域	各幕僚監部、各方面隊、中央即応集団、自衛艦隊、航空総隊、航空支援集団、情報本部等 人員　約25,000名 艦艇　約20隻 航空機　約260機	在日米軍司令部、第5空軍、在日米海軍、在日米陸軍、第3海兵遠征軍及び第7水陸両用艦隊等 人員　約11,000名	自衛隊の統合運用要領、米軍との共同対処要領等

(2) 陸上自衛隊

（平成29年12月末現在）

年度	演習名	期間	場所	参加部隊等		演習内容
				日本側	米国側	
平成27	日米共同方面隊指揮所演習（米国）	27.6.1～6.13	米国ハワイ州フォート・シャフター	中部方面隊等 約150名	太平洋陸軍司令部、第1軍団等 約100名	方面隊以下の指揮幕僚活動の能力の維持・向上
	米海兵隊との実動訓練	27.7.7～7.21	オーストラリア連邦ブラッドショー演習場等	西部方面普通科連隊等 約40名	第31海兵機動展開隊 約3,000名	島嶼部に対する侵略への対応のための訓練
	米陸軍との実動訓練	27.7.27～8.28	アラスカ州エレメンドルフ・リチャードソン統合基地及び周辺訓練場等	第1空挺団 約50名	アラスカ陸軍4－25歩兵旅団戦闘団1－501大隊基幹 約120名	連携要領の訓練、相互運用性向上
	米陸軍との実動訓練	27.8.23～10.4	米国ワシントン州ヤキマ演習場	第10師団第33普通科連隊基幹 約300名	第2－2ストライカー旅団戦闘団第4－23歩兵大隊基幹 約350名	連携要領の訓練、相互運用性向上
	米海兵隊との実動訓練	27.9.6～9.18	饗庭野演習場、日本原演習場	第14旅団第50普通科連隊の1個中隊基幹 約350名	第2海兵連隊第1大隊の1個中隊基幹 約200名	連携要領の訓練、相互運用性向上

年度	演習名	期間	場所	参加部隊等		演習内容
				日本側	米国側	
平成27	米陸軍との実動訓練	27.9.10～9.21	王城寺原演習場	第6師団第44普通科連隊 約1,280名	第1－25ストライカー旅団戦闘団第5－1歩兵大隊基幹 約400名	連携要領の訓練、相互運用性向上
	日米共同方面隊指揮所演習（日本）	27.12.1～12.13	伊丹駐屯地等	中部方面隊等 約4,500名	第1軍団、第3海兵機動展開旅団、在日米陸軍司令部等 約2,000名	方面隊以下の指揮幕僚活動の能力の維持・向上
	米海兵隊との実動訓練	28.1.18～3.7	米国カリフォルニア州キャンプ・ペンデルトン、米海軍サンクレメンテ島訓練場及び米海兵隊空地戦闘センター等	西部方面総監部、西部方面普通科連隊等 約310名	第1海兵機動展開部隊第11海兵機動展開隊 約500名	連携要領の訓練、相互運用性向上
	米海兵隊との実動訓練	28.1.26～2.6	矢臼別演習場、然別演習場及び帯広駐屯地	第5旅団第27普通科連隊基幹 約400名	第5海兵連隊第3大隊の1個中隊基幹 約340名	連携要領の訓練、相互運用性向上
平成28	米陸軍との実動訓練	28.5.31～6.16	米国アラスカ州エレメンドルフ・リチャードソン統合基地及び周辺訓練場	第1空挺団 約80名	第4－25歩兵旅団戦闘団基幹 約120名	連携要領の訓練、相互運用性向上
	日米共同方面隊指揮所演習（米国）	28.6.12～6.22	米国ワシントン州ルイス・マッコード統合基地	西部方面隊、陸上幕僚監部等 約150名	第1軍団、米太平洋陸軍司令部等 約2,000名	方面隊以下の指揮幕僚活動の能力の維持・向上
	米海兵隊との実動訓練（RIMPAC2016）	28.6.24～8.8	米国ハワイ州オアフ島カネオヘ・ベイ米海兵隊基地、ハワイ島ポハクロア訓練場及びこれらの周辺海空域	西部方面総監部、西部方面普通科連隊、中央即応集団等 約50名	太平洋海兵隊司令部、第3海兵連隊等 約600名	連携要領の訓練、相互運用性、HA/DRに係る幕僚能力の向上
	米海兵隊との実動訓練	28.8.29～9.8	王城寺原演習場	第6師団第22普通科連隊基幹 約400名	第3海兵連隊第3大隊の1個中隊基幹 約200名	連携要領の訓練、相互運用性向上
	米陸軍との実動訓練	28.8.29～9.21	あいば野演習場及び今津駐屯地	第3師団第36普通科連隊基幹 約900名	第3－25旅団第2－27大隊基幹 約450名	連携要領の訓練、相互運用性向上
	米陸軍との実動訓練	28.9.6～9.23	米国ワシントン州ヤキマ演習場	第8師団第12普通科連隊基幹 約300名	第2－2ストライカー旅団戦闘団第2－1歩兵大隊基幹 約230名	連携要領の訓練、相互運用性向上
	日米共同方面隊指揮所演習（日本）	28.11.30～12.13	健軍駐屯地等	西部方面隊、東北方面隊、陸上幕僚監部、研究本部等 約5,000名	第1軍団、第3海兵機動展開旅団、在日米陸軍司令部等 約1,600名	方面隊以下の指揮幕僚活動の能力の維持・向上
	米海兵隊との実動訓練	29.1.30～3.10	米国カリフォルニア州キャンプ・ペンデルトン及び米海軍サンクレメンテ島訓練場	西部方面総監部、西部方面普通科連隊等 約350名	第1海兵機動展開部隊第13海兵機動展開隊 約500名	連携要領の訓練、相互運用性向上

年度	演習名	期間	場所	参加部隊等		演習内容
				日本側	米国側	
平成28	米海兵隊との実動訓練	29.3.6 ～ 3.17	関山演習場、相馬原演習場及び相馬原駐屯地	第12旅団第30普通科連隊基幹等 約300名	第4海兵連隊の1個中隊基幹等 約450名	連携要領の訓練、相互運用性向上
平成29	米陸軍との実動訓練	29.5.28 ～ 6.30	米国アラスカ州エレメンドルフ・リチャードソン統合基地及び周辺訓練場	第1空挺団 約100名	第4－25歩兵旅団戦闘団基幹 約100名	連携要領の訓練、相互運用性向上
	日米共同方面隊指揮所演習（米国）	29.6.4 ～ 6.13	米国ハワイ州フォート・シャフター米陸軍基地	東北方面隊、陸上幕僚監部等 約180名	第1軍団、米太平洋陸軍司令部等 約150名	方面隊以下の指揮幕僚活動の能力の維持・向上
	豪州における米軍との実動訓練	29.7.7 ～ 7.19	豪州クイーンズランド州ショールウォーターベイ演習場	第1空挺団 約60名	第4－25歩兵旅団戦闘団（空挺）1個大隊基幹 約300名	連携要領の訓練、相互運用性向上
	米海兵隊との実動訓練	29.8.10 ～ 8.28	北海道大演習場、矢臼別演習場、上富良野演習場等	第11旅団第28普通科連隊、第11特科隊等 約1,300名	第3海兵師団第4海兵連隊の1個大隊、第12海兵連隊（砲兵）の1個大隊等 約2,000名	連携要領の訓練、相互運用性向上
	米陸軍との実動訓練	29.9.5 ～ 9.22	米国ワシントン州ヤキマ演習場	第6師団第20普通科連隊基幹 約320名	第1－2ストライカー旅団戦闘団第2－3歩兵大隊基幹 約230名	連携要領の訓練、相互運用性向上
	米陸軍との実動訓練	29.9.8 ～ 9.25	東富士演習場、王城寺原演習場、滝ヶ原駐屯地等	第1師団第34普通科連隊基幹 約1,200名	第1－25旅団戦闘団第3－21大隊基幹 約1,200名	連携要領の訓練、相互運用性向上
	米海兵隊との実動訓練	29.10.7 ～ 11.4	米国カリフォルニア州キャンプ・ペンデルトン及び米海軍サンクレメンテ島訓練場	西部方面普通科連隊等 約100名	第1海兵機動展開部隊、第3艦隊	連携要領の訓練、相互運用性向上
	日米共同方面隊指揮所演習（日本）	29.11.29 ～12.13	仙台駐屯地等	東北方面隊、陸上幕僚監部、中央即応集団、研究本部等 約5,000名	第1軍団、第3海兵機動展開旅団、在日米陸軍司令部等 約1,600名	方面隊以下の指揮幕僚活動の能力の維持・向上
	米海兵隊との実動訓練	29.12.8 ～12.20	大矢野原演習場、高遊原分屯地等	第8師団第43普通科連隊基幹 約350名	第3海兵師団第4海兵連隊第2－1大隊基幹 約400名	連携要領の訓練、相互運用性向上

(3) 海上自衛隊

（平成29年12月末現在）

年度	演習名	期間	場所	参加部隊等		演習内容
				日本側	米国側	
平成27	掃海特別訓練	27.7.18～7.30	陸奥湾	艦艇 18隻 航空機 9機	艦艇 2隻 航空機 3機 水中処分員 約8名	掃海訓練
	衛生特別訓練	27.9.14	各部隊及び米海軍横須賀病院管理エリア等	横須賀地方隊等 約360名	米海軍横須賀病院等 約70名	衛生分野における連携要領の演練
	対潜特別訓練	27.9.20～9.24	沖縄周辺海域	艦艇 2隻 航空機 数機		対潜戦訓練
	掃海特別訓練	27.11.20～11.30	日向灘	掃海艇 23隻 航空機 2機	水中処分員 約6名	掃海訓練
	対潜特別訓練	28.1.26～2.2	東海沖	艦艇 12隻 航空機 約30機		対潜戦訓練
	日米共同指揮所演習	28.2.16～2.25	米海軍大学校	海幕等 約35名	在日米海軍司令部、第7艦隊司令部等 約60名	日米協力における指揮幕僚活動の演練
	BMD特別訓練	28.2.22～2.26	横須賀基地及び佐世保基地内等	自衛艦隊司令部 艦艇 2隻	米海軍第7艦隊司令部、艦艇等	弾道ミサイル対処
平成28	掃海特別訓練	28.7.18～7.30	陸奥湾	艦艇 23隻 航空機 9機	艦艇 1隻 航空機 3機 水中処分員 約7名	対潜訓練
	対潜特別訓練	28.8.22～8.26	九州南方海域	艦艇 2隻 航空機 数機		対潜戦訓練
	衛生特別訓練	28.10.20	米海軍横須賀基地内バーキー球場、横須賀米海軍病院、自衛隊中央病院及び自衛隊横須賀病院	横須賀地方総監部、自衛隊横須賀病院、横須賀基地業務隊、横須賀衛生隊 約150名	米海軍横須賀基地司令部、米海軍横須賀病院等 約300名	衛生分野における連携要領の演練
	掃海特別訓練	28.11.20～11.30	日向灘	艦艇 21隻 航空機 2機	艦艇 1隻 水中処分員 約10名	掃海訓練
	日米共同指揮所演習	29.2.6～2.16	米海軍大学校	海幕等 約40名	在日米海軍司令部、第7艦隊司令部等 約60名	日米協力における指揮幕僚活動の演練
	BMD特別訓練	29.2.17、2.21～2.24	横須賀、佐世保等	自衛艦隊司令部 艦艇 1隻	米海軍第7艦隊司令部、艦艇等	弾道ミサイル対処
	共同巡航訓練	29.3.7～3.10	東シナ海周辺海域	艦艇 2隻	空母等 数隻	各種戦術訓練
	共同巡航訓練	29.3.27～3.29	東シナ海周辺海域	艦艇 5隻	空母等 数隻	各種戦術訓練
平成29	共同巡航訓練	29.4.23～4.29	西太平洋	艦艇 2隻	空母等 数隻	各種戦術訓練

年度	演習名	期間	場所	参加部隊等		演習内容
				日本側	米国側	
平成29	日米共同訓練	29.4.25	日本海	艦艇 1隻	艦艇 1隻	各種戦術訓練
	米海軍との共同訓練	29.4.28	沖縄東方海域	艦艇 2隻	空母等 数隻 艦載機 2機	各種戦術訓練
	米海軍との共同訓練	29.5.1 ～ 5.3	関東南方沖から南西諸島東方沖	艦艇 2隻	艦艇 1隻	戦術運動、発着艦訓練、模擬洋上補給等
	共同巡航訓練	29.5.7 ～ 5.10	南シナ海	艦艇 2隻	艦艇 2隻	各種戦術訓練
	日米共同訓練	29.5.18	シンガポール共和国周辺海域	艦艇 2隻	艦艇 1隻	各種戦術訓練
	共同巡航訓練	29.5.26 ～ 5.27	南シナ海	艦艇 2隻	艦艇 1隻	各種戦術訓練
	米海軍との共同訓練	29.6.1 ～ 6.3	日本海及び日本海側空域	艦艇 2隻	空母等 数隻 艦載機 数機	各種戦術訓練
	米海軍との共同訓練	29.6.3 ～ 6.9	日本海から沖縄東方に至る海域	艦艇 2隻	空母等 数隻 艦載機 数機	各種戦術訓練
	共同巡航訓練	29.6.13 ～ 6.15	南シナ海	艦艇 2隻	空母等 数隻	各種戦術訓練
	掃海特別訓練	29.7.18 ～ 7.30	陸奥湾	艦艇 16隻 航空機 12機	艦艇 2隻 航空機 4機 水中処分員 約10名	掃海訓練、潜水訓練
	米海軍との共同訓練	29.7.26	日本海	艦艇 2隻	艦艇 1隻	対潜戦訓練等
	米海軍との共同訓練	29.7.26	陸奥湾	艦艇 1隻	艦艇 1隻	通信訓練等
	米海軍との共同訓練	29.9.6	東シナ海	航空機 2機	航空機 1機	情報交換訓練
	共同巡航訓練	29.9.11 ～ 9.28	関東南方から沖縄周辺に至る海域	艦艇 3隻	空母等 数隻	各種戦術訓練
	共同巡航訓練	29.9.29 ～ 10.1	沖縄周辺からバシー海峡周辺に至る海空域	艦艇 1隻	空母等 数隻	各種戦術訓練
	共同巡航訓練	29.10.7 ～ 10.16	バシー海峡周辺から沖縄周辺を経て九州北方に至る海空域	艦艇 1隻	空母等 数隻	各種戦術訓練
	衛生特別訓練	29.10.17	横須賀地方総監部長浦G駐車場、自衛隊横須賀病院及び横須賀米海軍病院	横須賀地方総監部、自衛隊横須賀病院、横須賀基地業務隊、横須賀衛生隊 約160名	米海軍横須賀基地司令部、米海軍横須賀病院等 約350名	衛生分野における連携要領の演練

年度	演習名	期間	場所	参加部隊等		演習内容
				日本側	米国側	
平成29	米海軍との共同訓練	29.10.26～11.12	日本海、東シナ海及び沖縄周辺海空域	艦艇 3隻	空母等 数隻 艦載機 2機	各種戦術訓練
	共同巡航訓練	29.11.12～11.16	日本海から東シナ海を経て沖縄周辺に至る海空域	艦艇 1隻	空母等 数隻	各種戦術訓練
	掃海特別訓練	29.11.20～11.30	日向灘	艦艇 22隻 航空機 数機	艦艇 1隻 航空機 2機 水中処分員約10名	掃海訓練、潜水訓練

(4) 航空自衛隊

(平成29年12月末現在)

年度	訓練名	期間	場所	参加部隊等	
				日本側	米国側
平成27	戦闘機戦闘訓練等	27.8.21～9.3	九州西方空域	航空機約14機	航空機 12機
	戦闘機戦闘訓練等	27.9.7～9.18	百里沖空域	航空機約8機	航空機 5機
	戦闘機戦闘訓練等	27.12.1～12.18	三沢東方空域	航空機 8機	航空機 18機
	戦闘機戦闘訓練等	27.12.8～12.11	九州西方空域	航空機 6機	航空機 4機
	戦闘機戦闘訓練等	28.1.12～1.22	北海道西方及び三沢東方空域	航空機約5機	航空機 5機
	空中受油訓練	28.2.22～3.1	沖縄周辺空域	航空機 2機	航空機 1機
	戦闘機戦闘訓練等	28.3.7～3.18	小松沖空域	航空機 6機	航空機 6機
平成28	防空戦闘訓練	28.7.15～7.19	沖縄周辺空域	航空機 4機	航空機 10機
	戦闘機戦闘訓練等	28.7.25～7.29	小松沖空域	航空機 6機	航空機 5機
	要撃戦闘訓練	28.9.13	九州周辺空域	航空機 2機	航空機 2機
	防空戦闘訓練	28.10.12	沖縄周辺空域	航空機 8機	航空機 10機
	航空救難事態対処	28.10.17～10.21	浮原島訓練場及び浮原島周辺空海域	航空機 4機	航空機 3機
	戦闘機戦闘訓練等	28.12.5～12.16	北海道西方空域及び三沢沖空域	航空機 4機	航空機 4機
	防空戦闘訓練 捜索救難訓練 空中給油訓練	28.12.16	沖縄周辺空域	航空機 11機	航空機 27機
	要撃戦闘訓練 編隊航法訓練	29.3.22	九州周辺空域	航空機 6機	航空機 1機
平成29	防空戦闘訓練	29.4.16～4.21	北海道西方空域	航空機 13機	航空機約10機
	編隊航法訓練	29.4.25	九州周辺空域	航空機 2機	航空機 2機

年度	訓練名	期間	場所	参加部隊等	
				日本側	米国側
平成29	米海軍との共同訓練	29.4.28	沖縄東方空域	航空機　2機	空母等　数隻 艦載機　2機
	編隊航法訓練	29.5.1	九州周辺空域	航空機　2機	航空機　2機
	搭載訓練等	29.5.17、18	嘉手納空軍基地	AMG　1機 人員 約20名	航空機　1機 ペトリオット 1基 人員 約30名
	編隊航法訓練	29.5.29	九州周辺空域	航空機　2機	航空機　2機
	米海軍との共同訓練	29.6.1～6.2	日本海及び日本海側空域	航空機	空母等　数隻 艦載機　数機
	米海軍との共同訓練	29.6.6	沖縄東方空域	航空機	空母等　数隻 艦載機　数機
	編隊航法訓練	29.6.20	九州周辺空域	航空機　2機	航空機　2機
	編隊航法訓練	29.7.6	東シナ海上空	航空機　2機	航空機　2機
	編隊航法訓練	29.7.8	九州周辺空域	航空機　2機	航空機　2機
	編隊航法訓練	29.7.30	九州周辺空域	航空機　2機	航空機　2機
	編隊航法訓練	29.8.8	九州周辺空域	航空機　2機	航空機　2機
	編隊航法訓練	29.8.16	東シナ海上空	航空機　2機	航空機　2機
	編隊航法訓練	29.8.31	九州周辺空域	航空機　2機	航空機　6機
	編隊航法訓練	29.9.9	東シナ海上空	航空機　2機	航空機　2機
	編隊航法訓練	29.9.18	九州周辺空域	航空機　2機	航空機　6機
	編隊航法訓練	29.10.10	九州周辺空域	航空機　2機	航空機　2機
	編隊航法訓練	29.10.31	九州周辺空域	航空機　2機	航空機　2機
	米海軍との共同訓練	29.11.10	日本海、東シナ海及び沖縄周辺海空域	航空機　2機	空母等　数隻 艦載機　2機
	米海軍との共同訓練	29.11.13	日本海空域	航空機　4機	空母等　数隻 艦載機　3機
	対戦闘機戦闘訓練等	29.11.29～12.1	九州周辺空域	航空機　2機	航空機　2機
	対戦闘機戦闘訓練	29.12.4	日本海空域及び沖縄周辺空域	航空機　4機	航空機　4機
	編隊航法訓練	29.12.6	九州周辺空域	航空機　2機	航空機　1機
	編隊航法訓練	29.12.12	沖縄周辺空域	航空機　5機	航空機　11機

15. 多国間共同訓練（平成27～29年度）

（平成29年12月末現在）

年度	訓練名	期間	場所	参加国	自衛隊参加部隊等	訓練内容
平成27	豪陸軍主催射撃競技会	27.5.5～5.22	豪州	日本、豪州等	富士学校等 約30名	小火器射撃に関する各種射撃訓練
	日米仏共同訓練	27.5.16～5.17、23	九州西方海域	日本、米国、フランス	航空機 3機 艦艇 1隻	航空機相互発着艦、揚陸艇の発進・揚収訓練等
	ARF災害救援実動演習	27.5.20～5.23	マレーシア	日本、米国、マレーシア、中国、カンボジア、インド、ラオス、モンゴル、フィリピン、シンガポール、タイ、ベトナム等	人員 約10名	災害救援に係る机上訓練及び実動訓練
	豪陸軍主催日米豪共同訓練	27.5.21～6.19	豪州	日本、米国、豪州	東部方面隊 約50名	小火器射撃訓練及び戦闘訓練
	豪州における日米共同訓練（タリスマン・セイバー15）	27.7.7～7.21	豪州	日本、米国	西方普通科連隊等 約40名	水陸両用作戦に係る訓練
	カーン・クエスト15	27.6.20～7.1	モンゴル	日本、米国、モンゴル、豪州、バングラデシュ、ベラルーシ、カンボジア、カナダ、中国、チェコ、フランス、ドイツ、インド、インドネシア、韓国、ネパール、パキスタン、フィリピン、ポーランド、タジキスタン、タイ、トルコ、イギリス	中央即応集団等 約40名	国連PKOに係る実動訓練
	GPOIキャップストーン演習（クリス・アマン）	27.8.11～8.24	マレーシア	日本、米国、マレーシア、豪州、バングラデシュ、ブラジル、ブルネイ、カンボジア、カナダ、フィジー、インド、インドネシア、ヨルダン、韓国、マラウィ、モンゴル、ネパール、ニュージーランド、ノルウェー、パキスタン、ペルー、フィリピン、シンガポール、スリランカ、スウェーデン、タイ、ウガンダ、ウルグアイ、ベトナム	人員 5名	国連平和維持活動に関する実動訓練及び幕僚訓練

教育訓練

年度	訓練名	期間	場所	参加国	自衛隊参加部隊等	訓練内容
平成27	第6回西太平洋掃海訓練	27.8.25～8.31	シンガポール及びインドネシア周辺海域	日本、米国、インドネシア、シンガポール、豪州、バングラデシュ、ブルネイ、カナダ、チリ、韓国、マレーシア、ニュージーランド、ペルー、フィリピン、タイ、ベトナム	艦艇 3隻	掃海訓練、潜水訓練
	マラバール15	27.9.26～11.10	インド及びインド東方海空域	日本、米国、インド	艦艇 1隻	各種戦術訓練、射撃訓練、捜索・救難訓練
	ニューカレドニア駐留仏軍主催多国間訓練「赤道15」	27.9.28～10.7	ニューカレドニア	日本、米国、フランス、豪州、バヌアツ、カナダ、チリ、フィジー、ニュージーランド、パプアニューギニア、シンガポール、トンガ、イギリス	人員 約10名	災害救援に係る指揮所演習
	拡散に対する安全保障構想(PSI)阻止訓練(MARU15)	27.11.16～11.19	ニュージーランド	日本、米国、ニュージーランド、豪州、カナダ、韓国、シンガポール等	人員 2名	PSI阻止活動に係る机上訓練等
	ミクロネシア連邦等における日米豪人道支援・災害救援共同訓練	27.12.4～12.11	グアム、ミクロネシア、パラオ及び北マリアナ諸島並びに同周辺空域	日本、米国、豪州	航空機 1機	航空輸送訓練、物料梱包訓練、物料投下訓練
	コブラ・ゴールド16	28.1.19～2.19	タイ	日本、米国、タイ、中国、インド、インドネシア、韓国、マレーシア、シンガポール	艦艇 1隻 航空機 1機 人員 約300名	指揮所演習、在外邦人等輸送訓練及び人道・民生支援活動（衛生）に係る訓練
	グアムにおける日米豪共同訓練等	28.1.26～3.8	グアム等	日本、米国、豪州	航空機 22機 人員 約470名	戦闘機戦闘訓練、防空戦闘訓練、電子戦訓練、人道支援・災害救援共同訓練等
平成28	米主催第4回国際掃海訓練	28.4.4～4.26	バーレーン周辺海域	日本、米国等	艦艇 2隻	掃海訓練、潜水訓練
	コモド2016	28.4.12～4.16	インドネシア・パダン周辺海空域	インドネシア、米国、豪州、中国、ロシア、インド、フランス、タイ等	艦艇 1隻	捜索・救難訓練、指揮所訓練、机上訓練
	日米豪共同海外巡航訓練	28.4.17～4.19	インドネシア・パダンから同国ボルネオ島西部に至る海空域	日本、米国、豪州	艦艇 1隻	各種戦術訓練

年度	訓練名	期間	場所	参加国	自衛隊参加部隊等	訓練内容
平成28	ADMMプラス海洋安全保障実動演習	28.5.1～5.12	ブルネイからシンガポールに至る海空域	ADMMプラス構成国（18カ国）	艦艇 1隻	立入検査訓練、船団護衛訓練、停船及び乗船訓練、捜索救難訓練
	カーン・クエスト16・GPOIキャップストーン演習	28.5.22～6.4	モンゴル	日本、米国、モンゴル	統合幕僚監部、中央即応集団、東北方面隊等 約50名	国連PKOに係る指揮所・実動訓練、幕僚訓練
	第7回西太平洋潜水艦救難訓練	28.5.25～6.3	済州島東方海域等	日本、米国、シンガポール、豪州、韓国、マレーシア等	艦艇 2隻	潜水艦救難訓練
	豪陸軍主催射撃競技会	28.4.30～5.25	豪州	日本、豪州等	富士学校等 約30名	小火器射撃に関する各種射撃訓練
	豪陸軍主催日米豪共同訓練	28.5.13～6.4	豪州	日本、米国、豪州、	東部方面隊 約50名	小火器射撃訓練及び戦闘訓練
	RIMPAC2016	28.6.30～8.4	ハワイ及び米国西海岸並びにこれらの周辺海空域	日本、米国、豪州、インド、インドネシア、マレーシア、ニュージーランド、中国、韓国、フィリピン、シンガポール等（27カ国）	艦艇 2隻 航空機 2機	対潜戦・対水上戦・対空戦・対機雷戦等各種戦術訓練、ミサイル発射訓練、人道支援・災害救援訓練等
	マラバール2016	28.6.10～6.17	佐世保から沖縄東方海域	日本、米国、インド	艦艇 1隻 航空機 3機	対潜戦、対水上戦、対空戦、捜索・救難訓練等
	日米韓ミサイル警戒演習	28.6.28	ハワイ周辺海空域	日本、米国、韓国	艦艇 1隻	弾道ミサイル標的の追尾に係る情報共有
	カカドゥ16	28.9.12～9.24	豪州ダーウィン周辺海域	日本、豪州、米国、シンガポール、インドネシア、パキスタン、マレーシア、パプアニューギニア、カナダ、フランス、フィジー、インド、ニュージーランド、フィリピン、韓国、タイ、東ティモール、トンガ、ベトナム	艦艇 1隻 航空機 2機	対空戦、対潜戦、対水上戦、戦術運動、射撃訓練
	ADMMプラス人道支援・災害救援及び防衛医学実動演習	28.9.3～9.9	タイ	ADMMプラス構成国（18カ国）	艦艇 1隻 航空機 1機 人員 約210名	国際緊急援助活動に係る指揮所演習及び実動演習
	拡散に対する安全保障構想（PSI）阻止訓練（MARU15）	28.9.27～9.30	シンガポール	日本、米国、ニュージーランド、豪州、韓国、シンガポール等（21カ国）	人員 1名	机上訓練

年度	訓練名	期間	場所	参加国	自衛隊参加部隊等	訓練内容
平成28	日米韓共同訓練（海上阻止訓練）	28.10.22、23	九州西方海域	日本、米国、韓国	艦艇　1隻	捜索・追尾訓練、立入検査訓練等
	ADMMプラス海洋安全保障実動訓練マヒ・タンガロア	28.11.13～11.16	ニュージーランドオークランド周辺海空域	日本、ニュージーランド、豪州、ブルネイ、中国、インドネシア、シンガポール、米国	艦艇　1隻	立入検査訓練
	ニュージーランド海軍主催多国間共同訓練ナタヒ	28.11.13～11.16	ニュージーランドオークランド周辺海空域	日本、ニュージーランド等	航空機　2機	対潜戦訓練
	日米韓共同訓練	28.11.9、10	我が国周辺海域	日本、米国、韓国	艦艇　1隻	弾道ミサイル情報の共有
	ニューカレドニア駐留仏軍主催多国間訓練「南十字星16」	28.11.13～11.15	ニューカレドニア	日本、米国、フランス、豪州、バヌアツ、カナダ、チリ、フィジー、ニュージーランド、パプアニューギニア、トンガ、イギリス	人員　5名	国際緊急援助活動に係る実動訓練
	ミクロネシア連邦等における日米豪人道支援・災害救援共同訓練	28.12.2～12.10	グアム、ミクロネシア、パラオ及び北マリアナ諸島並びに同周辺空域	日本、米国、豪州	航空機　1機	航空輸送訓練、物料梱包訓練、物料投下訓練
	コブラ・ゴールド17	29.1.24～2.24	タイ	日本、米国、タイ、中国、インド、インドネシア、韓国、マレーシア	航空機　1機 人員　約130名	指揮所演習、在外邦人等輸送訓練及び人道・民生支援活動（衛生・建設）に係る訓練
	日米韓共同訓練	29.1.20～1.22	我が国周辺海域	日本、米国、韓国	艦艇　1隻	弾道ミサイル情報の共有
	アマン17	29.2.10～2.14	パキスタン及び同周辺空域	日本、パキスタン等	航空機　2機 人員　約40名	対潜戦訓練、捜索・救難訓練、展示飛行（観艦式）
	GPOIキャップストーン演習（シャンティ・プラヤ3）	29.3.20～4.3	ネパール連邦民主共和国	日本、ネパール、米国、マレーシア、カンボジア、インドネシア、フィリピン、インド、韓国、豪州等	人員　2名	国連平和維持活動に関する実動訓練への教官派遣
平成29	日米韓共同訓練（対潜戦訓練）	29.4.3～4.5	九州西方海域	日本、米国、韓国	艦艇　1隻 航空機　1機	対潜戦訓練
	多国間共同訓練	29.4.20	アデン湾	日本、米国、英国、韓国	艦艇　1隻 航空機　1機	通信訓練、立入検査訓練等
	米国主催国際海上訓練	29.5.2～5.18	バーレーン王国	日本、米国等	人員　数名	多国籍軍司令部における情報共有要領等
	豪陸軍主催射撃競技会	29.5.13～5.26	豪州	日本、豪州等	富士学校等 人員　約20名	小火器射撃に関する各種射撃訓練

年度	訓練名	期間	場所	参加国	自衛隊参加部隊等	訓練内容
平成29	日仏英米共同訓練	29.5.3～5.22	本邦～グアム～北マリアナ諸島及びそれぞれの周辺海空域	日本、仏国、英国、米国	統合幕僚監部、陸上幕僚監部、西部方面隊、通信団、中央輸送業務隊、海上幕僚監部、自衛艦隊及び横須賀地方隊 人員 約220名 航空機 1機 艦艇 1隻	洋上訓練、水陸両用作戦訓練
	豪陸軍主催日米豪共同訓練	29.5.17～5.28	豪州	日本、米国、豪州	中部方面隊 約100名	小火器射撃訓練及び戦闘訓練
	第7回西太平洋掃海訓練	29.6.5～6.16	グアム島周辺海域	日本、米国等	人員 5名	潜水訓練
	日米豪加共同巡航訓練	29.6.9～6.10	南シナ海	日本、米国、豪州、カナダ	艦艇 2隻	各種戦術訓練
	パシフィック・ガーディアン	29.6.15～6.18	四国南方海域	日本、カナダ、ニュージーランド	艦艇 1隻	対潜戦訓練、対水上訓練射撃等
	マラバール2017	29.7.10～7.17	インド及び同国周辺海域	日本、インド、米国	艦艇 2隻	対潜戦、水上対空戦訓練等
	カーンクエスト17	29.7.23～8.5	モンゴル	日本、米国、モンゴル等	人員 46名	国連PKOに関する実動訓練
	赤道17	29.9.4～9.15	ニューカレドニア	日本、仏国、豪州、トンガ、ニュージーランド、バヌアツ、パプアニューギニア、フィジー、米国、英国	人員 1名	島嶼における災害救援活動を通じた多国間指揮所訓練
	パシフィック・プロテクター17	29.9.6～9.9	豪州	日本、米国、シンガポール、豪州、韓国、ニュージーランド	人員 約20名	机上訓練、容疑船舶の捜索、追尾
	カマンダグ2017	29.9.6～10.12	フィリピン	日本、米国、フィリピン	人員 14名	指揮所演習、人道民生支援
	日米豪共同訓練	29.9.12～9.19	本州南方海域	日本、米国、豪州	航空機 30機 艦艇 4隻 潜水艦 4隻	対潜訓練
	日米韓共同訓練	29.10.24、25	我が国周辺海域	日本、米国、韓国	艦艇 2隻	弾道ミサイル情報の共有
	日米印共同訓練	29.11.3～11.6	日本海	日本、米国、インド	艦艇 1隻	通信訓練等
	日米韓共同訓練	29.12.11、12	我が国周辺海域	日本、米国、韓国	艦艇 1隻	弾道ミサイル情報の共有
	ミクロネシア連邦等における日米豪人道支援・災害救援共同訓練	29.12.6～12.16	グアム、ミクロネシア、パラオ及び北マリアナ諸島並びに同周辺空域	日本、米国、豪州	航空支援集団第1輸送航空隊 (C-130H×1) 人員 25名	航空輸送、物料梱包及び物料投下訓練

※下線部は主催国

第５章　災害派遣・民生協力

1. 災害派遣実績（昭和26～平成28年度）

陸海空別 / 年度	陸上自衛隊				海上自衛隊				
	件数	人員	車両	航空機	件数	人員	車両	航空機	艦艇
昭和26～63	11,930	3,640,820	423,903	18,912	5,277	455,138	4,651	7,356	8,798
平成元	324	9,807	1,258	427	319	8,878	41	367	74
2	296	11,742	2,160	402	280	4,016	36	290	18
3	290	91,995	26,813	2,680	363	6,300	59	436	31
4	335	364,114	46,773	2,980	321	3,894	24	320	21
5	369	82,557	17,992	1,879	324	16,766	27	485	228
6	375	1,335,203	285,444	6,875	359	218,469	760	1,819	768
7	338	445,663	91,889	2,517	347	48,074	267	617	21
8	400	86,567	14,763	916	416	82,202	76	683	947
9	385	15,215	2,240	435	368	17,801	95	463	210
10	351	19,670	3,177	499	400	3,248	27	456	9
11	373	21,814	2,000	537	356	3,705	61	427	20
12	367	133,029	43,973	1,898	401	40,279	66	622	421
13	412	16,753	2,732	592	313	26,185	41	436	270
14	430	10,288	1,399	478	334	2,742	26	394	10
15	387	18,516	3,693	525	325	3,723	13	381	19
16	435	148,706	41,746	1,215	340	3,539	18	408	18
17	445	29,676	5,492	834	322	3,308	44	366	5
18	396	17,174	4,004	624	312	5,968	23	326	86
19	284	91,098	34,895	1,537	285	8,656	194	320	117
20	266	37,104	9,451	915	266	2,803	45	353	26
21	272	24,644	3,815	436	215	8,419	41	368	126
22	266	34,698	6,224	317	217	1,664	37	253	2
23	270	40,211	12,013	539	250	2,182	12	332	2
24	259	10,163	1,996	347	206	1,625	16	257	1
25	305	86,574	7,840	945	176	1,619	7	241	51
26	284	63,207	9,568	900	182	1,634	21	227	0
27	277	27,529	5,092	539	196	1,638	0	258	2
28	275	29,515	5,775	425	183	3,084	11	226	0
計	21,396	6,944,052	1,118,120	52,125	13,653	987,559	6,739	19,487	12,301

（注）主な活動内容　1.台風・豪雨・豪雪・地震などによる被災地への救援（防疫を含む。）
2.遭難した人や航空機・船舶などの捜索救助
3.重症患者の空輸
4.断水や水不足の地域への給水
5.民家火災や山火事などの消火
※ 東日本大震災及び平成28年熊本地震は除く

陸海空別／年度	航空自衛隊				計				
	件数	人員	車両	航空機	件数	人員	車両	航空機	艦艇
昭和26~63	2,463	86,060	5,525	5,747	19,670	4,182,018	434,079	32,015	8,798
平成元	90	978	57	133	733	19,663	1,356	927	74
2	88	1,078	39	170	664	16,836	2,235	862	18
3	94	1,669	140	122	747	99,964	27,012	3,238	31
4	95	9,933	59	115	751	377,941	46,856	3,415	21
5	102	6,763	729	196	795	106,086	18,748	2,560	228
6	96	19,012	3,543	411	830	1,572,684	289,747	9,105	768
7	90	875	60	112	775	494,612	92,216	3,246	21
8	82	7,058	583	223	898	175,827	15,422	1,822	947
9	104	1,372	89	999	857	34,388	2,424	1,897	210
10	112	1,308	110	119	863	24,226	3,314	1,074	9
11	86	848	93	69	815	26,367	2,154	1,033	20
12	110	4,127	1,083	425	878	177,435	45,122	2,945	421
13	120	1,107	108	89	845	44,045	2,881	1,117	270
14	104	988	122	77	868	14,018	1,547	949	10
15	99	1,715	186	104	811	23,954	3,892	1,010	19
16	109	9,545	2,615	262	884	161,790	44,379	1,885	18
17	125	1,042	124	71	892	34,026	5,660	1,271	5
18	104	1,133	103	59	812	24,275	4,130	1,009	86
19	110	5,626	1,891	115	679	105,380	36,980	1,972	117
20	74	1,284	89	142	606	41,191	9,585	1,410	26
21	72	637	53	81	559	33,700	3,909	885	126
22	46	3,284	376	79	529	39,646	6,637	649	2
23	66	1,101	152	97	586	43,494	12,177	968	2
24	55	622	56	80	520	12,410	2,068	684	1
25	74	856	102	69	555	89,049	7,949	1,255	51
26	55	1,426	32	105	521	66,267	9,621	1,232	0
27	68	868	78	91	541	30,035	5,170	888	2
28	57	524	38	74	515	33,123	5,824	40	0
計	4,950	172,839	15,623	10,436	39,484	8,104,450	1,140,482	81,363	12,301

東日本大震災に係る自衛隊災害派遣実績（平成22～23年度）

	人　員	航空機	艦　艇
計	延べ約1,066万人	延べ50,179機	延べ4,818隻

平成28年熊本地震に係る自衛隊災害派遣実績（平成28年度）

	人　員	航空機	艦　艇
計	延べ約814,200人	延べ2,618機	延べ300隻

2. 災害派遣の主な事案

（平成18年以前は既年版参照）

事業名	時期	派遣先	人員	車両	航空機	艦艇
平成19年能登半島地震	19.3.25～4.8	石川県	2,730	1,060	60	
台風4号及び梅雨前線による大雨	19.7.6～7.20	熊本県、宮崎県	440	150	5	
平成19年新潟県中越沖地震	19.7.16～8.29	新潟県	92,400	35,100	1,184	95
平成20年岩手・宮城内陸地震	20.6.14～8.2	岩手県、宮城県	26,293	7,968	583	
岩手県沿岸北部を震源とする地震	20.7.24～7.25	青森県、岩手県	1,808	271	38	
愛媛県今治市における山林火災	20.8.25～8.26	愛媛県	1,580	115	28	
愛知県岡崎市における大雨	20.8.28～8.29	愛知県	220	49	1	
長崎県平戸沖における行方不明者捜索	21.4.14～4.27	長崎県平戸沖	5,202	0	45	85
平成21年台風9号	21.8.9～8.23	兵庫県、岡山県	2,989	333		
駿河湾を震源とする地震	21.8.11～.8.12	静岡県	350	46	19	
平成21年中国・九州北部豪雨	21.7.21～7.31	山口県、福岡県、長崎県	9,692	1,624	16	19
宮崎県において発生した口蹄疫対応	22.5.1～7.27	宮崎県	約18,720	約4,140		
奄美大島での大雨被害	22.10.21～10.31	鹿児島県	約1,440	約440	24	
大雪被害に係る災害派遣	22.12.26～12.27 23.1.1～1.2 23.1.31～2.1 23.2.3～2.6	福島県 鳥取県・島根県 福井県 新潟県	約1,230	約290		
鳥インフルエンザへの対応に係る災害派遣	23.1.24～2.2 23.2.5～2.14 23.2.15～2.17 23.2.26～3.3	宮崎県 和歌山県 三重県	約3,770	約700		
東日本大震災	23.3.11～12.26	―	10,664,870	集計なし	50,179	4,818
平成23年台風12号	23.9.3～9.29 23.9.4～9.14 23.9.4～10.14	和歌山県 三重県 奈良県	約28,790	約8,190	180	
平成23年台風15号	23.9.20～9.21 23.9.21～9.22 23.9.22	愛知県 宮城県 福島県	約690	約130		
大雪被害に係る災害派遣	24.1.17～1.22 24.2.2 24.2.2～2.3 24.2.14～2.16	北海道 青森県 滋賀県 北海道	1,622	609	1	
茨城県等における突風災害に係る災害派遣	24.5.6～24.5.8	茨城県	160	53		

事　業　名	時　期	派　遣　先	人　員	車　両	航空機	艦艇
平成24年7月九州北部豪雨に係る災害派遣	24.7.12～24.7.21	熊本県、大分県、福岡県	5,348	1,279	35	
北海道における暴風雪に伴う人命救助等に係る災害派遣	25.3.2～25.3.3	北海道	93	15		
平成25年台風26号に係る災害派遣	25.10.16～11.8	東京都	64,013	4,631	335	51
平成26年2月豪雪に係る災害派遣	26.2.15～2.23	宮城県、東京都、福島県、山梨県、群馬県、静岡県、長野県、埼玉県	5,056	985	131	
広島県広島市における人命救助に係る災害派遣	26.8.20～9.11	広島県	約14,970	約3,240	66	
御嶽山における噴火に係る災害派遣	26.9.27～10.16	長野県	約7,150	約1,840	298	
口永良部島の噴火に係る災害派遣	27.5.29～6.1	鹿児島県	約430	約20	44	0
御嶽山噴火における行方不明者再捜索に係る災害派遣	27.7.22～7.25 27.7.29～8.7	長野県	約1,160	約210	48	0
平成27年9月関東・東北豪雨に係る災害派遣	27.9.10～9.19	茨城県	約7,535	約2,150	105	0
大雪等による給水支援に係る災害派遣	28.1.25～2.1	島根県、広島県、福岡県、佐賀県、長崎県、大分県、宮崎県、鹿児島県	約1,860	約340	0	0
平成28年熊本地震に係る災害派遣	28.4.14～5.30	熊本県 大分県	約814,200	集計なし	2,618	300
台風10号に伴う大雨に係る災害派遣	28.8.30～9.18	北海道 岩手県	約3,795	約1,480	96	5
鳥取県中部を震源とする地震に係る災害派遣	28.10.21～10.28	鳥取県	約620	約140	13	0
鳥インフルエンザに係る災害派遣	28.11.28～12.4 28.12.16～12.22 28.12.19～12.21 28.12.27～12.28 29.1.14～1.16 29.1.24～1.26 29.2.4～2.6 29.3.24～3.25 29.3.24～3.27	新潟県 北海道 宮崎県 熊本県 岐阜県 宮崎県 佐賀県 千葉県 宮城県	約9,105	約1,510	0	0

注１　長期災害派遣は雲仙岳噴火の1,658日である。
注２　過去の最大の災害派遣は23年3月11日の東日本大震災に関するもので、派遣人員延べ約1,066万人（派遣日数291日）である。
注３　派遣規模は延べ数。

3. 爆発物の処理

(1) 不発弾処理
（自衛隊法附則第４項）

（平成29.3.31現在）

年　度	件　数	トン数
昭和33～63	81,859	5,176
平成元	2,150	108
2	1,888	102
3	1,970	113
4	1,782	71
5	2,298	93
6	2,012	100
7	1,732	84
8	1,595	98
9	1,698	70
10	2,374	94
11	2,359	79
12	2,233	66
13	2,121	61
14	2,580	69
15	3,052	60
16	2,560	146
17	2,228	69
18	2,403	63
19	1,310	36
20	1,416	42
21	1,668	66
22	1,589	50
23	1,578	38
24	1,430	46
25	1,560	57
26	1,379	57
27	1,392	43
28	1,379	42
合　計	135,595	6,199

(2) 掃海
（自衛隊法第84条の2）

（平成29.3.31現在）

年　度	感応機雷	浮遊機雷	掃海海面
	個	個	平方キロ
昭和63年以前	6,157	745	32038.7
平成元	5	0	0
2	4	0	0
3	3	0	0
4	3	0	0
5	5	0	0
6	1	0	0
7	10	0	0
8	7	0	0
9	4	0	0
10	3	0	0
11	8	0	0
12	9	0	0
13	2	0	0
14	3	0	0
15	3	0	0
16	2	0	0
17	2	0	0
18	7	0	0
19	3	0	0
20	2	0	0
21	0	0	0
22	3	0	0
23	1	0	0
24	1	0	0
25	1	0	0
26	1	0	0
27	0	0	0
28	0	1	0
合　計	6,250	746	32,039

（注）その他、平成3年度には、ペルシャ湾において機雷34個を処分。

4. 部外土木工事

（平成29.3.31現在）

年度	工事別実施件数				
	計	整地	道路	除雪	その他
昭和63年以前	7,987	5,152	2,208	307	320
平成元	39	33	4	2	0
2	40	33	5	2	0
3	29	23	6	0	0
4	27	23	4	0	0
5	25	22	2	0	1
6	20	19	1	0	0
7	20	15	5	0	0
8	10	7	3	0	0
9	11	9	2	0	0
10	13	11	2	0	0
11	12	10	1	0	1
12	10	9	1	0	0
13	7	6	1	0	0
14	5	5	0	0	0
15	3	3	0	0	0
16	2	2	0	0	0
17	1	1	0	0	0
18	0	0	0	0	0
19	0	0	0	0	0
20	2	2	0	0	0
21	0	0	0	0	0
22	0	0	0	0	0
23	1	1	0	0	0
24	0	0	0	0	0
25	1	0	1	0	0
26	2	0	2	0	0
27	1	1	0	0	0
28	1	0	1	0	0
計	8,269	5,387	2,249	311	322

第6章　予　　算

1. 防衛関係費の推移

（単位：億円）

区分＼年度	21	22	23	24	25
1　防衛関係費〔A〕	47,028	46,826	46,625	46,453	46,804
(1) 防衛本省	46,836	46,640	46,441	46,264	46,624
(2) 地方防衛局	191	185	184	186	174
(3) 防衛装備庁	—	—	—	—	—
(4) 財務本省	—	—	—	3	6
2　国内総生産〔B〕	5,102,000	4,752,000	4,838,000	4,796,000	4,877,000
3　一般会計歳出〔C〕	885,480	922,992	924,116	903,339	926,115
4　比率（%）					
(1) $\frac{A}{B}$	0.922	0.985	0.964	0.969	0.960
(2) $\frac{A}{C}$	5.31	5.07	5.07	5.14	5.05

区分＼年度	26	27	28	29	30
1　防衛関係費〔A〕	47,838	48,221	48,607	48,996	49,388
(1) 防衛本省	47,642	47,338	47,152	47,325	47,893
(2) 地方防衛局	186	186	193	198	199
(3) 防衛装備庁	—	698	1,263	1,473	1,296
(4) 財務本省	10	—	—	—	—
2　国内総生産〔B〕	5,004,000	5,049,000	5,188,000	5,535,000	5,643,000
3　一般会計歳出〔C〕	958,823	963,420	967,218	974,547	977,128
4　比率（%）					
(1) $\frac{A}{B}$	0.956	0.955	0.937	0.885	0.875
(2) $\frac{A}{C}$	4.99	5.01	5.03	5.03	5.05

（注）1. 予算は当初予算。平成30年度は政府案。
2. 国内総生産は当初見通し。
3. 安全保障会議の経費については、平成20年度より「その他の事項経費」として組み替え要求しているため、平成20年度以降の防衛関係費には含まれていない。
4. 計数は四捨五入によっているので計と符合しないことがある。
5. SACO関係経費、米軍再編関係経費のうち地元負担軽減分及び新たな政府専用機導入に伴う経費を除く。

2. 一般会計主要経費の推移（平成21年度以前は既年版参照）

（単位：億円、%）

事項＼年度	22			23			24		
	予算	伸び率	構成比	予算	伸び率	構成比	予算	伸び率	構成比
一般会計歳出	922,992	4.2	100	924,116	1.1	100	903,339	△ 2.2	100
社会保障関係費	272,686	9.8	29.5	287,079	5.3	31.1	263,901	△ 8.1	29.2
文教及び科学振興費	55,860	5.2	6.1	55,100	△1.4	6.0	54,057	△ 1.9	6.0
公共事業関係費	57,731	△18.3	6.3	49,743	△13.8	5.4	45,734	△ 8.1	5.1
防衛関係費	46,826	△ 0.4	5.1	46,625	△0.4	5.0	46,453	△ 0.4	5.1

事項＼年度	25			26			27		
	予算	伸び率	構成比	予算	伸び率	構成比	予算	伸び率	構成比
一般会計歳出	926,115	2.5	100	958,823	3.5	100	963,420	0.5	100
社会保障関係費	291,224	10.4	31.45	305,175	4.8	31.83	315,297	3.3	32.73
文教及び科学振興費	53,687	△0.8	5.80	54,421	1.4	5.68	53,613	△ 1.3	5.56
公共事業関係費	52,853	15.6	5.71	59,685	12.9	6.22	59,711	0.0	6.20
防衛関係費	46,804	0.8	5.05	47,838	2.2	4.99	48,221	0.8	5.01

事項＼年度	28			29			30		
	予算	伸び率	構成比	予算	伸び率	構成比	予算	伸び率	構成比
一般会計歳出	967,218	0.4	100	974,547	0.8	100	977,128	0.3	100
社会保障関係費	319,738	1.4	33.06	324,735	1.5	33.32	329,732	1.5	33.75
文教及び科学振興費	53,580	△ 0.0	5.54	53,567	△0.0	5.50	53,646	0.1	5.49
公共事業関係費	59,737	0.0	6.18	59,763	0.0	6.13	59,789	0.0	6.12
防衛関係費	48,607	0.8	5.03	48,996	0.8	5.03	49,388	0.8	5.05

（注）1．予算は当初予算。平成30年度は、政府案である。
2．安全保障会議の経費については、平成20年度より「その他の事項経費」として組み替え要求しているため、平成20年度以降の防衛関係費には含まれていない。
3．SACO関係経費、米軍再編関係経費のうち地元負担軽減分及び新たな政府専用機導入に伴う経費を除く。

3. ジェットパイロット1人当たり養成経費（平成30年度）

（単位：千円）

区　　　分	F－2操縦者	F－15操縦者
階　　　級	2士→1曹	2士→1曹
標準養成期間	5年0.00ヶ月	4年11.50ヶ月
養　成　経　費	501,559	500,363

（注）1．本経費は、航空学生出身者の場合で計算した。
（注）2．本経費の基礎数値は、平成30年度政府案である。

予算

4. 使途別予算の推移（平成20年度以前は既年版参照）

（単位：億円、％）

区分＼年度	21		22		23		24		25	
	金 額	構成比	金 額	構成比	金 額	構成比	金 額	構成比	金 額	構成比
人件・糧食費	20,773	44.2	20,850	44.5	20,916	44.9	20,701	44.6	19,896	42.5
物件費	26,255	55.8	25,975	55.5	25,709	55.1	25,751	55.4	26,908	57.5
装備品等購入費	8,252	17.5	7,738	16.5	7,799	16.7	7,565	16.3	7,442	15.9
研究開発費	1,198	2.5	1,588	3.4	851	1.8	944	2.0	1,541	3.3
施設整備費	1,325	2.8	1,343	2.9	1,198	2.6	999	2.2	950	2.0
営舎費・被服費等	1,134	2.4	1,146	2.4	1,161	2.6	1,204	2.6	1,224	2.6
訓練活動経費	9,202	19.6	9,035	19.3	9,553	20.5	9,853	21.2	9,909	21.2
基地対策	4,399	9.4	4,365	9.3	4,337	9.3	4,418	9.5	4,381	9.4
その他	746	1.6	760	1.6	810	1.7	769	1.7	1,460	3.1
合計	47,028	100.0	46,826	100.0	46,625	100.0	46,453	100.0	46,804	100.0

区分＼年度	26		27		28		29		30	
	金 額	構成比	金 額	構成比	金 額	構成比	金 額	構成比	金 額	構成比
人件・糧食費	20,930	43.8	21,121	43.8	21,473	44.2	21,662	44.2	21,850	44.2
物件費	26,909	56.2	27,100	56.2	27,135	55.8	27,334	55.8	27,538	55.8
装備品等購入費	7,964	16.6	7,404	15.4	7,659	15.8	8,406	17.2	8,191	16.6
研究開発費	1,477	3.1	1,411	2.9	1,055	2.2	1,217	2.5	1,034	2.1
施設整備費	950	2.0	1,293	2.7	1,461	3.0	1,571	3.2	1,752	3.5
営舎費・被服費等	1,258	2.6	1,292	2.7	1,260	2.6	1,233	2.5	1,252	2.5
訓練活動経費	10,102	21.1	10,516	21.8	10,447	21.5	9,655	19.7	10,091	20.4
基地対策	4,397	9.2	4,425	9.2	4,509	9.3	4,529	9.2	4,449	9.0
その他	760	1.6	758	1.6	744	1.5	723	1.5	768	1.6
合計	47,838	100.0	48,221	100.0	48,607	100.0	48,996	100.0	49,388	100.0

（注）1．予算は当初予算。平成30年度は政府案。
2．装備品等購入費は、武器車両等の購入費、航空機購入費、艦船建造費である。
3．安全保障会議の経費については、平成20年度より「その他の事項経費」として組み替え要求しているため、平成20年度以降の防衛関係費には含まれていない。
4．計数は四捨五入によっているので計と符合しないことがある。
5．SACO関係経費、米軍再編関係経費のうち地元負担軽減分及び新たな政府専用機導入に伴う経費を除く。

予算

第7章　装備

1. 防衛生産・技術基盤

(1) 防衛生産・技術基盤戦略
～防衛力と積極的平和主義を支える基盤の強化に向けて～

平成26年6月19日
総合取得改革推進委員会決定

1. 防衛生産・技術基盤戦略策定の背景

(1) 防衛生産・技術基盤戦略策定の背景とその位置付け

我が国の防衛生産・技術基盤は、終戦に伴いその大部分が喪失されたが、昭和29年の自衛隊創設後、米国からの供与・貸与に依存する時期を経て、徐々に防衛装備品の国産化に取り組み、昭和45年に策定された装備の生産及び開発に関する基本方針等（いわゆる「国産化方針」）[(1)]に基づいて官民で連携し、主要防衛装備品のライセンス国産や研究開発を通じた国産化に取り組み、防衛生産・技術基盤の強化に努めてきた結果、所要の基盤を保持する状況となっている。

他方で、いわゆる冷戦が終結した1990年代以降の約25年間において、我が国を取り巻く厳しい財政事情、高度化・複雑化に伴う単価や維持・整備経費の上昇、海外企業の競争力強化など防衛装備品を取り巻く環境は大きく変化した。平成25年12月に、我が国として初めて策定された「国家安全保障戦略」では、「限られた資源で防衛力を安定的かつ中長期的に整備、維持及び運用していくため、防衛装備品の効果的・効率的な取得に努めるとともに、国際競争力の強化を含めた我が国の防衛生産･技術基盤を維持･強化していく」とされ、これを受けて、「平成26年度以降に係る防衛計画の大綱（以下「大綱」という。）」においては、「我が国の防衛生産・技術基盤の維持・強化を早急に図るため、我が国の防衛生産・技術基盤全体の将来ビジョンを示す戦略を策定する」とされた。

本戦略は、以上を踏まえ、「国産化方針」に代わり、今後の防衛生産・技術基盤の維持・強化の方向性を新たに示し、防衛力と積極的平和主義を支える基盤の強化を行うための新たな指針とする。

防衛生産・技術基盤は、防衛装備品の研究開発、生産、運用、維持・整備等を通じて、防衛力を支える重要かつ不可欠な要素であり、その存在は、潜在的な抑止力及び対外的なバーゲニング・パワーの維持・向上にも寄与するものである。また、その基盤に支えられる防衛装備品は、防衛装備・技術協力等を通じて、世界と地域の平和と安定に貢献するためのツールともなる。さらに、防衛技術からのスピンオフ等を通じて、産業全般への波及も期待される等、我が国の産業力・技術力を牽引する潜在力を有するものである。このため、本戦略の具体化にあたっては、防衛生産・技術基盤の維持・強化が我が国の安全保障の主体性確保のための防衛政策であると同時に、防衛装備品の生産という民間企業の経済活動に波及効果のある産業政策の要素も併せ有していることに鑑み、防衛省のみならず関係府省が連携して取り組む必要がある。

本戦略は、大綱と同じくおおむね今後10年程度の期間を念頭に置くが、昨今の安全保障環境等の変化が著しく速いことを踏まえつつ、今後の防衛生産・技術基盤の状況変化も考慮し、国家安全保障会議に防衛省から必要な報告を行った上で、適宜見直しを実施していく。

(2) 防衛生産・技術基盤の特性

我が国の防衛生産・技術基盤は諸外国における基盤及び我が国のその他の産業基盤とは異なる独自の特徴を有する。

まず、我が国には工廠（国営武器工場）が存在せず、防衛省・自衛隊の防衛装備品は、生産の基盤と技術の基盤に加え、維持・整備の基盤の多くの部分を民間企業である防衛産業に依存している。防衛装備品の開発・製造には一般的な民生品とは異なった特殊かつ高度な技能、技術力及び設備が必要となり、防衛需要に対応してこれらに投資するためには、一定の予見可能性が求められる。そして、一旦その基盤を喪失すると回復には長い年月と膨大な費用が必要となる。加えて、防衛装備品の多くは、防衛省と直接契約を行うプライム企業の下に広がる中小企業を中心とした広範多重な関連企業に依存している。一方で、防衛装備の海外移転については、昭和42年の佐藤総理による国会答弁（武器輸出三原則）により一定の対象地域[(2)]への輸出が禁止された上、昭和51年の三木内閣の政府統一見解によって武器輸出三原則の禁止対象地域以外の地域についても武器の輸出を慎むものとしたことから、実質的には全ての地域に対して輸出を認めないこととなった。その結果、防衛産業にとっての市場は国内の防衛需要に限定されてきた。

このような特性に鑑みると、我が国の防衛力を支える防衛生産・技術基盤の維持・強化は、他の民生需要を市場とする産業とは異なり、市場メカニズム、市場競争のみに委ねることはできず、これを適切に補完すべく防衛省及び関係府省が連携し、必要な施策を講じることが必要となる。

(3) 防衛生産・技術基盤を取り巻く環境変化

我が国を取り巻く安全保障環境が一層厳しさを増している中、実効性の高い統合的な防衛力を効率的に整備し、各種事態の抑止・対処のための体制を強化していく必要がある。また、我が国の国益を守り、国際社会において我が国に見合った責任を果たすため、国際協調主義に基づく積極的平和主義の立場から、積極的な対応が不可欠となっている。

これらの目標を実現するための国内基盤の一つである我が国の防衛生産・技術基盤については、生産基盤・技術基盤の脆弱化という課題に直面するとともに、欧米企業の再編と国際共同開発の進展という国際的な環境変化に晒されている。他方で、平成26年4月に新たに決定された防衛装備移転三原則[(3)]に基づく、防衛装備の海外移転という新たな制度環境の変化も生まれている。

① 生産基盤・技術基盤の脆弱化

近年の防衛装備品の高度化・複雑化等により、調達単価は大きく上昇し、防衛装備品の維持・整備に要する経費が増加している。防衛予算が平成24年度まで減少傾向にあった中、単価の上昇、維持・整備経費の増大は、調達経費を圧迫し、調達数量の減少を招来している。その減少は、防衛産業における仕事量及び作業量の減少となり、若手技術者の採用抑制、育成機会の減少が生じている。その結果、高い技能をもつ熟練技術者の維持･育成、熟練技術者から若手技術者への技能伝承が行えない等の問題が生じている。また、調達数量の減少の結果、その影響への対応が不可能となった中小企業を含めた一部企業においては、防衛事業からの撤退等が生じている。

企業の技術基盤を維持するためのリソースの一部となる防衛省の研究開発費についても、防衛装備品の高性能化等により、研究開発コストは上昇傾向にあるが、防衛関係費に占める研究開発費の割合は、近年横ばいである。防衛省による研究開発事業は、企業の技術力の維持・向上にとって不可欠なものであるが、民生需要のみによる技術基盤の維持が期待できない防衛装備品分野においては、研究開発費の動向や研究開発事業の有無により、企業の技術者の育成、ひいては、技術基盤の維持に影響しうる。

② 欧米企業の再編と国際共同開発・生産の進展

1990年代以降、冷戦終結に伴う防衛予算の頭打ちをきっかけに、欧米諸国においては、国境を越えた防衛産業の再編により規模の拡大、更なる競争力の強化を指向している。これに加え、防衛装備品に係る技術革新や開発コスト高騰等により、欧米主要国においても一国で全ての防衛生産・技術基盤を維持・強化することは、資金的にも技術的にも困難となっており、航空機などについては、国際共同開発・生産が主流となっている。

他方で、我が国は防衛装備の海外移転については、武器輸出三原則等に基づき慎重に対処することを基本としてきた。このような方針は、我が国が平和国家としての道を歩む中で一定の役割を果たしてきたが、防衛生産・技術基盤を取り巻く環境変化に対し、武器輸出三原則等の我が国の特有の事情により乗り遅れ、我が国の技術は、最新鋭戦闘機やミサイル防衛システムなどの一部先端装備システム等において米国等に大きく劣後する状況となっている。

③ 防衛装備移転三原則の策定

先述したとおり、我が国は武器輸出三原則等により、実質的には全ての地域に対して防衛装備の輸出を認めないこととなったため、政府は、個別の必要性に応じて例外化措置を重ねてきており、平成23年12月には、平和貢献･国際協力に伴う案件と我が国の安全保障に資する防衛装備品等の国際共同開発・生産に伴う案件については、厳格な管理を前提として、武器輸出三原則等の例外化措置を講じた。

本年閣議決定された防衛装備移転三原則においては、これまで積み重ねてきた例外化の実例を踏まえ、これを包括的に整理し、移転を禁止する場合が明確化されるとともに、平和貢献・国際協力の積極的な推進に資する場合又は我が国の安全保障に資する場合については、適正な管理を前提に、移転を認め得ることとされた。

防衛装備の適切な海外移転は、国際平和協力等を通じた平和への貢献や、国際的な協力の機動的かつ効果的な実施を通じた国際的な平和と安全の維持の一層積極的な推進に資するものであり、また、同盟国である米国及びそれ以外の諸国との安全保障・防衛分野における協力の強化に資するものである。さらに、国際共同開発・生産は、防衛装備品の高性能化を実現しつつ開発・生産費用の高騰に対応することを可能とするために、国際的に主流となっており、また、我が国の防衛生産・技術基盤の維持・強化、ひいては、我が国の防衛力の向上に資するものである。

今後、我が国の防衛生産・技術基盤の維持・強化を図るためには、上記の環境変化を踏まえた上で、それぞれの防衛装備品の特性等に合致した調達方法を戦略的に採用するとともに、適切な施策の充実・強化を図る必要がある。

2. 防衛生産・技術基盤の維持・強化の目標・意義

本戦略に基づく防衛生産・技術基盤の維持・強化を通じ、(1) 安全保障の主体性の確保、(2) 抑止力向上への潜在的な寄与及びバーゲニング・パワーの維持・向上、ひいては、(3) 先端技術による国内産業高度化への寄与を図るものとする。

(1) 安全保障の主体性の確保

我が国の国土の特性、政策などに適合した運用構想に基づく要求性能を有する防衛装備品の取得を実施することが重要であり、コスト、スケジュール等の条件を満たす場合には、我が国の状況に精通した国内企業から取得することが望ましい。また、国内の基盤は、部隊の能力発揮に必要な防衛装備品の維持・整備、改善・改修、技術的支援、部品供給等の運用支援を実現するための基盤となる。さらに、機密保持の観点から国産でなければ支障が生じうる防衛装備品及び各国が国防上の理由により輸出を制限している等、入手が困難な技術を伴う防衛装備品を調達するには、国内における基盤維持が必須となる。このように、国内において防衛装備品を供給し、維持・整備等の運用支援基盤の提供を可能ならしめる一定の防衛生産・技術基盤を保持することで、我が国の安全保障の主体性の確保を図る。

(2) 抑止力向上への潜在的な寄与及びバーゲニング・パワーの維持・向上

前述のとおり、防衛生産・技術基盤を保持することは実際の防衛装備品の供給源を確保することとなるが、その基盤の存在自体が対外的に安全保障上有益な効果をもたらす。我が国の製造業は戦後の我が国の復興及び成長の大きな原動力となり、その産業基盤及び技術基盤の先進性は広く世界に認知されているところ、我が国の防衛産業が有する防衛生産・技術基盤をベースに、防衛力を自らの意思で、一定の迅速性を持って構築できる能力（顕在化力）を持つことで、抑止力の向上にも潜在的に寄与することができる。

さらに、仮に防衛装備品を外国からの輸入により取得する場合も、国内に一定の基盤を保持し、国内開発の可能性を示すことで、価格交渉等を有利に進めることを可能とする。また、他国と国際共同開発・生産を含む防衛装備・技術協力を実施するためには、相手国に見合う能力を持つ国内基盤の存在が必要不可欠であり、さらに、我が国が国際的に比較優位にある技術を保持していればより有利な条件で交渉を進めることができる。このように、防衛生産・技術基盤を維持・強化することで、抑止力向上に潜在的に寄与し、またバーゲニング・パワーの維持・向上を図る。

(3) 先端技術による国内産業高度化への寄与

防衛産業は先端技術が牽引する摺合せ型の産業であり、幅広い裾野産業を必要とし、その安定的な活動は国内雇用の受け皿となるほか、地域や国全体に対して経済効果を及ぼすことが期待される。さらに、防衛技術と民生技術との間でデュアル・ユース化、ボーダーレス化が進展している中、両者の相乗効果が生じることがより一層期待される状況となっている。

今後、防衛生産・技術基盤の維持・強化のために民生技術を積極的に活用する施策を推進するが、それと軌を一にして防衛関連事業で得られた成果等を民生技術に活用することを積極的に推進することは、我が国の産業力及び技術力向上を牽引し、産業全般への波及効果をもたらすことも期待できる。

これらの3つの目標・意義に鑑み、我が国がこれまでに培った我が国の防衛生産・技術基盤を、防衛装備品取得の効率化・最適化との両立を図りつつ、保持していくこととする。

3. 施策推進に際しての基本的視点

防衛生産・技術基盤の維持・強化を図るにあたっては、(1) 官民の長期的パートナーシップの構築、(2) 国際競争力の強化、(3) 防衛装備品取得の効率化・最適化との両立、といった基本的視点を踏まえ、必要な施策を推進する必要がある。

(1) 官民の長期的パートナーシップの構築

防衛装備品の開発等を担う企業側には、その特殊なニーズを満たすために必要な特殊な専用技術を持つ技術者及び技能者と、設備に対する投資が必要となる。また、防衛装備品は、これまで武器輸出三原則等のもと、買手が原則として防衛省・自衛隊のみに限定されるという我が国特有の環境の下におかれていた。

このため、防衛生産・技術基盤の維持・強化を図るためには、市場メカニズムのみに委ねることはできず、それを適切に補完する必要があるところ、公正性・透明性に配慮しつつ、適切で緊張感のある長期的な官民のパートナーシップの構築を実現する必要がある。そのためには、防衛省・自衛隊として、将来的な装備政策の方向性を示し、企業の予見可能性の向上を図り、企業が長期的な視点からの投資、研究開発、人材育成に取り組める環境を整える必要がある。他方で、契約履行等に係る企業のガバナンスの強化及びコンプライアンスの遵守については、企業側の不断の取組が求められるとともに、防衛省としても、適切な関係を構築するための措置を講じていく必要がある。

(2) 国際競争力の強化

欧米諸国においては、国境を越えた防衛産業の大規模な再編・統合等により、技術と資金のある国際競争力をもった巨大企業が出現し、先端装備システムをグローバルに供給している。防衛省・自衛隊としても安全保障環境の急速な変化の中で、我が国の防衛産業が劣後、欠落する防衛装備品分野については、海外からの導入を選択せざるを得ない状況となっている。このような中、我が国の防衛産業が勝ち残るためには、それらの環境変化に対応し、国際競争力をつけていくことが必要となる。このため、ライセンス国産による技術移転の可能性が年々厳しくなる中、我が国に比較優位がある分野（強み）を育成し、劣後する分野や欠落する分野（弱み）を必要に応じ補完するため、その強みや弱みを明らかにし、研究開発事業、国際共同開発やデュアル・ユース技術の活用を、メリハリを付けて戦略的に行う必要がある。

(3) 防衛装備品取得の効率化・最適化との両立

防衛生産・技術基盤の維持・強化のためには、防衛産業の再投資を可能とする適正な利益が確保される必要があるが、かかる利益を確保しつつも、ユーザー側である自衛隊の適正な運用要求に過不足なく応え、同時に、最も効率的な取得を行うことを追求する必要がある。

装
備

4. 防衛装備品の取得方法

防衛装備品の取得については、現在、国内開発、ライセンス国産及び輸入といった複数の取得方法を採用しているが、その取得方法の在り方は、防衛生産・技術基盤に直接的な影響を及ぼす。今後、防衛生産・技術基盤の維持・強化を効果的・効率的に行うためには、新たに策定された防衛装備移転三原則によって、より機動的・弾力的な取組が可能となった国際共同開発・生産を含め、防衛装備品の特性に応じ、それぞれの取得方法を適切に選択することが必要となるため、その基本的な考え方を示す。

(1) 国内開発が望ましいと考えられる分野

国内開発は防衛生産・技術基盤の維持・強化に直結する取得方法であるところ、自衛隊の要求性能、運用支援、ライフサイクルコスト、導入スケジュール等の条件を既存の国内技術で満たすことのできるものについては、基本的には国内開発を選択することとする。また、要求性能を明らかにすると我が国の安全保障が脅かされるため、外国に依存すべきでない分野といった理由から、海外からの導入が困難なものについては国内開発を基本とする。

他方で、国内開発には技術的リスク、開発費及び調達価格の上昇リスク等を伴うことに留意する。

(2) 国際共同開発・生産が望ましいと考えられる分野

国際共同開発・生産に参加することのメリットとしては、①他の参加国が保有する先端技術へのアクセスを通じ、その技術を取り込むことで、国内の技術の向上が図れること、②参加国間の相互依存が高まることによって同盟・友好関係が強化され、防衛装備品の相互運用性の向上が期待されること、③参加国間で開発・生産コストの低減と開発に係るリスク負担が期待できることがある。

我が国として比較優位がある分野（強み）、無い分野（弱み）を考慮し、国際共同開発・生産への参加により、上記のメリットがもたらされる場合については、国際共同開発・生産による取得を検討する。

他方で、国際共同開発・生産については、参加国の思惑が事業に影響するため、国家間の調整や事業管理に多大な労力が必要となる場合が多い。さらに、要求性能については、参加国のニーズを集約の上、その内容を決定する必要があることから、我が国が求める要求性能が十分に満たされない可能性がある。また、技術的リスク、開発費及び調達価格の上昇リスク等を伴うことについても留意する必要がある。

(3) ライセンス国産が望ましいと考えられる分野

防衛装備品の要求性能を満たすために必要な技術が我が国には無いため、当面の間、国内開発できないもの、または、開発のために膨大な経費を要するもので、維持・整備といった運用支援基盤の確保のため国内に防衛生産・技術基盤を保持しておく必要があるものについては、ライセンス国産を追求する。なお、ライセンス国産を選択する場合は、コスト、スケジュール等の観点から国際共同開発・生産という選択肢をとることが難しい場合を前提とする。また、ライセンス国産を実施する場合には、それを通じて国内に技術を蓄積し、将来的に国内開発の選択肢を確保しうるようにする。

他方で、ライセンス国産は輸入に比べて調達価格が割高になる傾向があり、また、我が国独自の防衛装備品改善はライセンスの条件により困難な場合がある。加えて、近年、ライセンス国産による技術移転の可能性は厳しくなる方向であることにも留意する必要がある。

(4) 民生品等の活用

防衛装備品に要求される技術が防衛需要に特化しておらず、民生部門における技術向上において要求性能が満たされるものについては、民生品をベースにした上で、防衛装備品の仕様に変更するといったことをより積極的に行う等、民生部門における成果の活用を推進する。

その場合は、民生品のライフサイクルは市場のニーズに迅速に合致させる必要等から、防衛装備品のライフサイクルに比べて相対的に短いため、部品供給の枯渇の可能性があるなど、維持・整備の面で留意が必要となる。

(5) 輸入

我が国の防衛生産・技術基盤が保持する技術が劣後する機能・防衛装備品であって一定期間内に整備が必要なもので、性能、ライフサイクルコスト、導入スケジュール等の面で問題がないもの、また、少量・特殊な防衛装備品である等の理由により取得するものについては、輸入を通じ取得する。

他方で、当該防衛装備品の戦略性が将来的に高まると見込まれるものについては、将来的に国内開発を選択しうる潜在的な国内技術基盤を失うことがないよう、技術研究の継続的な実施及び維持・整備の態勢を国内に保持することなどについて検討する。また、供給国側の都合により、調達価格の上昇、納期遅延、維持・整備の継続についてのリスクがあることにも留意する必要がある。

5. 防衛生産・技術基盤の維持・強化のための諸施策

防衛生産・技術基盤の維持・強化を図るためには、それぞれの特性に合致した取得方法を効率的に組み合わせるとともに、基盤の維持・強化のための施策を推進することとなるが、その際には、第一に防衛装備品に関する技術分野全般について、我が国に比較優位がある分野と劣後する分野を個別具体的に明らかにし、第二に防衛技術の動向を勘案し、将来の防衛装備品が備えるべき機能・性能を想定することで、そのために必要となる技術の方向性を見極めた上で、これと合致する基盤を有する企業や大学等研究機関に支援を行うなど、厳しい財政事情を勘案してメリハリと効率性を重視した諸施策を展開する必要がある。

このような考え方を基本とし、今後、(1) 契約制度等の改善、(2) 研究開発に係る施策、(3) 防衛装備・技術協力等、(4) 防衛産業組織に関する取組、(5) 防衛省における体制の強化、(6) 関係府省と連携した取組、について推進していく。

(1) 契約制度等の改善

防衛装備品の取得に係る契約の在り方は、企業の人員·設備に係る投資判断や、投資回収など、企業の経営判断、行動に大きな影響を与える。このため、契約制度の在り方に関しては、防衛装備品を担う企業の特性等を考慮しつつ、官民の長期的パートナーシップの構築を実現し、防衛装備品取得の効率化・最適化との両立が図れるよう、以下に記述する契約制度等の改善を推進していく必要がある。

① 随意契約の活用

防衛装備品を含めた公共調達については、競争性及び透明性を確保する観点から、平成18年以降、一般競争入札を原則とすることが再確認された[(4)]。このため、防衛装備品分野においても、一般競争入札を原則とした契約を行うこととしたが、防衛装備品の特性等によりその多くが1者応募·応札となるなど、手続が事実上形骸化しているという状況となっていた。このため、法令等の制約や事業の性格から、およそ競争性が期待できない防衛装備品の調達や、防衛省の制度を利用してコストダウンに取り組む企業の調達について、随意契約の対象類型として拡大してきたところである。今後も、取得業務の迅速かつ効率

装備

的な実施及び防衛産業側の予見可能性の向上のため、透明性・公平性を確保しつつ、引き続き随意契約の対象を類型化・明確化するための整理を行い、その活用を推進する。

② 更なる長期契約（複数年度一括調達）

国の契約については、財政法の規定により、契約の期間は、原則として5年を上限とすることとされている。他方、防衛装備品については、企業の将来の予見可能性を高め、安定的・効率的な設備投資や人員配置の実現及び部品・材料に係るスケールメリットの追求等により、調達コスト低減にもつながることが見込まれる場合もあり、更なる長期契約の導入の可否に向けて検討を進める。

③ ジョイント・ベンチャー（JV）型等の柔軟な受注体制の構築

防衛省では、技術的に最適な防衛装備品の取得、防衛生産・技術基盤の強化などの観点から、いわゆる「長官指示(5)」により、調達の相手方を選定してきたが、平成18年以降、先述の「公共調達の適正化」の趣旨に鑑みて、基本的に、長官指示に基づく調達の相手方の選定を自粛していた。一方で、再編・統合を繰り返し、競争力を強化している欧米諸国の防衛産業の技術力に鑑みると、我が国も、各企業が保持する強みをいかした方策が必要となるところ、各企業の最も優れた技術を結集させ、国際競争力を有する防衛装備品の取得を可能とする企業選定方式と、要すれば共同企業体という枠組みを用いて、透明性・公平性を確保しつつより最適な受注体制の構築に関して検討の上、必要な措置を講じる。その際には、従来実施された「長官指示」の趣旨もいかすことを検討する。

④ 調達価格の低減と企業のコストダウン意欲の向上

防衛装備品の調達においては、市場価格の存在しないものが多数存在するという特殊性があることを踏まえ、調達価格の低減と企業のコストダウン意欲の向上を同時に達成することが必要である。このため、防衛省においては、実際に要した原価が監査され、これに応じて最終的な支払金額を確定する特約を付した契約（原価監査付契約）により、契約履行後に企業に生じた超過利益の返納を求めるなど、調達価格の低減に努めてきているところである。他方、超過利益返納条項については、契約金額の支払後に年度末の決算をまたいで返納を求めるなど、企業のコストダウン・インセンティブが働きにくいとの指摘もあることから、企業のコストダウン・インセンティブがより働きやすい契約手法についても、防衛装備品の効率的な調達の実現という視点を踏まえつつ、検討を進める。また、より適正な取得価格を独自に積算し、契約価格の妥当性の説明責任を果たすために必要となる、防衛装備品調達に係るコストデータベースを企業の協力の下に構築することや、プロジェクト管理を進めるに際してコストの当初見積もりと実績が乖離する場合には事業を中止するなどの仕組みについても検討する。

⑤ **ライフサイクルを通じたプロジェクト管理の強化**

防衛装備品のライフサイクル全体を通じて、防衛省・自衛隊が必要とする防衛装備品のパフォーマンスを適切なコストにてスケジュールの遅延なく確保するため、主要な防衛装備品の取得について、プロジェクト・マネージャー（PM）の下、組織横断的な統合プロジェクトチーム（IPT：Integrated Project Team）を設置し、構想から廃棄までのプロジェクト管理を一元的に実施する体制を整備する。

(2) 研究開発に係る施策

戦後の我が国の防衛生産・技術基盤の維持・強化は、ライセンス国産を通じての技術導入に加えて、我が国独自の研究開発によって実現されてきた。研究開発事業は、我が国の国土の特性、政策などに適合した防衛装備品を開発するという第一義的な役割を有するが、それを通じて、我が国の防衛産業の国際競争力の強化を図るとともに、企業の技術力の維持・向上にも寄与するものである。他方で、防衛装備品の高性能化等により、研究開発コストは上昇傾向にあり、格段に厳しさを増す財政事情を勘案して、より効果的・効率的な研究開発を進めていく必要がある。

同時に、国内のどの分野で、どの企業・大学等が、防衛装備品に適用可能などのような防衛生産・技術基盤を有しているかの全体像を企業・大学等の協力を得て把握（マッピング）できるよう努めた上で、国としてそれらの分野についての重要性や将来性についての評価（マッチング）を行って、その結果に応じたメリハリのある施策を行うことが重要である。

① **研究開発ビジョンの策定**

将来的に主要な防衛装備品について中長期的な研究開発の方向性を定める研究開発ビジョンを策定し、将来を見据えた防衛装備品のコンセプトとそれに向けた研究開発のロードマップを提示し、効果的・効率的な研究開発を実現するとともに、企業にとっての予見可能性を向上させる。研究開発ビジョンを策定する対象防衛装備品は、統合運用を踏まえた将来の戦い方、能力見積り及び戦闘様相の変化等を踏まえ、おおむね20年後までに我が国の主要な防衛装備品となり得るものを対象とし、スマート化(6)、ネットワーク化(7)、無人化といった防衛技術の動向を踏まえ、必要となる技術基盤の育成・向上が必要なものを選定する。また、策定した研究開発ビジョンについては、防衛省として公表し、中長期的な研究開発計画を防衛産業側とも共有した上で、企業にとって予見可能性を向上させ、安定的・効率的な設備投資や人員配置を促すと共に、研究開発ビジョンにのっとり、より効果的で効率的な研究開発の実現に努める。

② **民生先進技術も含めた技術調査能力の向上**

防衛技術と民生技術との差異が減少している現在の状況下において、防衛装備品の効果的・効率的な取得のためには、外部から防衛技術に適用できる優れた民生先進技術（潜在的シーズ）を適切に取り込んでいく必要がある。そのため、デュアル・ユース技術活用の促進や、企業等における先進的な防衛装備品

装備

を目指した研究（芽出し研究）育成のため、民生先進技術の調査範囲を拡大し、技術調査能力の向上を図り、民生技術の動向も踏まえた中長期的な技術戦略（中長期技術見積り）を策定し、公表する。

③ 大学や研究機関との連携強化

我が国の大学及び独立行政法人の研究機関等の中には、世界でも屈指の技術及び研究環境を持つ組織があるが、米国等の諸外国に比べ、それらの機関と防衛省の連携は必ずしも進んでいない。今後、独立行政法人の研究機関や大学等との連携を深めることで、防衛装備品にも応用可能な民生技術の積極的な活用に努める。

④ デュアル・ユース技術を含む研究開発プログラムとの連携・活用

デュアル・ユース技術活用の効率的な推進のためには、大学や研究機関との連携強化を図るとともに、政府等が主導する個別の研究開発プログラム等を活用していく必要がある。平成25年12月には研究開発力強化法(8)が改正され、我が国の安全に係る研究開発等を推進することの重要性に鑑み、これらに必要な資源の配分を行うこととされた。今後、平成26年に開始された「革新的研究開発推進プログラム（ImPACT）」など、他府省が推進する国内先進技術育成プログラムを注視し、デュアル・ユース技術として利用できる研究開発の成果を活用するなど積極的に連携を推進する。

⑤ 防衛用途として将来有望な先進的な研究に関するファンディング

防衛装備品への適用面から着目される大学、独立行政法人の研究機関や企業等における独創的な研究を発掘し、将来有望である芽出し研究を育成するため、その成果を将来活用することを目指して、防衛省独自のファンディング制度について、競争的資金(9)制度をひな形に検討を行う。

⑥ 海外との連携強化

防衛装備品に係る技術や、デュアル・ユース技術を活用するため我が国の技術基盤の効果的な維持・強化を図る観点から、情報交換や共同研究などの国際協力を積極的に進める。

(3) 防衛装備・技術協力等

先述したとおり、平成26年4月に防衛装備移転三原則が策定されたところ、それに基づき、防衛生産・技術基盤の維持・強化及び平和貢献・国際協力の推進に資するよう政府主導の下に積極的・戦略的に国際共同開発・生産等の防衛装備・技術協力を推進するための必要な措置を講じる。

① 米国との防衛装備・技術協力関係の深化

米国との間では、既に昭和58年の対米武器技術供与取極の締結以降、同取極及びその後の対米武器・武器技術供与取極に基づき、協力を行ってきたところであり、装備・技術問題に関する意見交換の場である日米装備・技術定期協議(10)等を通じて装備及び技術に関する二国間の協力を深化する。

現在、日米間で進めている弾道ミサイル防衛用能力向上型迎撃ミサイル（SM

－3ブロックIIA）の共同開発については、我が国の防衛生産・技術基盤の維持·強化を考慮に入れた上で、必要な国内生産基盤の在り方も含め、その生産·配備段階への移行について検討の上、必要な措置を講ずる。

また、平成24年度から調達を開始したＦ－35Ａ戦闘機については、平成25年度以降は国内企業が製造に参画した機体を取得することとしており、平成25年度に、機体の最終組立・検査（FACO：Final Assembly and Check Out）のほか、エンジン部品やレーダー部品について国内企業の製造参画を開始し、また、平成26年度は、エンジンの最終組立・検査（エンジンFACO）等に係る予算を計上した。平成27年度以降の国内企業参画の範囲については、防衛生産・技術基盤の維持・強化といった国内企業参画の意義、米国政府等との調整状況、我が国の財政状況等を勘案して、検討を行う。

また、将来的な防衛装備・技術協力の円滑化を図るため、米国が同盟国及び友好国との間で、防衛装備品の規格化や相互運用を促進することを目的に作成している互恵的な防衛調達に係る枠組み(11)についても調整を進める。

② 新たな防衛装備・技術協力関係の構築

英国との間では、平成25年7月、防衛装備品等の共同開発等に係る政府間枠組みを締結し、化学・生物防護技術に係る共同研究を開始した。フランスとの間では、平成26年1月、防衛装備品協力及び輸出管理措置に関するそれぞれの対話の枠組みを設置し、同年5月には、防衛装備移転に関する協定の交渉を開始したところであるが、今後このような枠組みのもと、競争力ある防衛産業を擁する欧州主要国との防衛装備・技術協力関係の構築・深化を通じ、我が国の防衛産業の競争力向上を図る。

また、豪州との間では、平成26年6月、防衛装備品及び技術の移転に係る協定に実質合意するとともに、船舶の流体力学分野に関する共同研究について、平成27年度からの事業開始に向けて調整を進めているところであるが、その豪州を含め、インド、東南アジアなどアジア太平洋地域の友好国との間でも、我が国との防衛装備・技術協力に係る関心や期待が寄せられているところであり、海洋安全保障や災害救助、海賊対処など非伝統的安全保障の分野等において防衛装備・技術協力の関係構築を積極的に図る。

③ 国際的な後方支援面での貢献

近年、欧米においては、防衛装備品の開発にとどまらず、Ｆ－35のALGS(12)のように、維持・整備においても、共通の防衛装備品を運用する諸国で部品等の融通を行うといったグローバルな枠組みの構築が進んでいる。このような中、日本企業の強み（センサー、半導体等の部材、複合材や先端材料、高品質·納期遵守のものづくり力等）や、これまでの企業間のライセンス契約などの蓄積をいかして、補給部品の供給などを通じ、グローバルロジスティクス、特にアジア太平洋地域における整備拠点としての後方支援面での貢献を拡大する。

④ **防衛装備・技術協力のための基盤整備**

新たな防衛装備･技術協力を進めていく際には、協力の前提となる「枠組み」が必要となる。近年の国際共同開発・生産の多くが多国間で実施されていることも踏まえ、国際共同開発・生産等の相手国となる可能性が高い国々については、相手国や企業の予見可能性を高め、協力を促進していくためにも、防衛装備品の移転を可能とする枠組みの策定を進めていく。

また、防衛装備品の移転に際しては、移転に際しての相手国政府から提示される条件等との調整や防衛装備品の運用に係る教育・訓練や維持・整備等について、防衛省が保有する情報等を相手国や関連事業者へ移転することも必要となる場合もあることから、移転する防衛装備品のライフサイクルを通じて、政府の関与と管理の下、円滑に協力を進めるための体制・仕組みについて検討を行う。

⑤ **民間転用の推進**

民間転用 (13) については、これを推進することにより、我が国の防衛装備品の市場拡大が期待でき、防衛生産・技術基盤の維持・強化に資するとともに、量産効果により、防衛装備品の費用低減が期待できる。防衛省においては、現在までに化学防護衣等のNBC器材及びソフトウェア無線機を活用した移動型の野外通信システムについて他府省にも提供した実績があり、海外に関しては、捜索・救難飛行艇の導入を検討しているインド政府との間で海上自衛隊の救難飛行艇US－2についての協議の枠組みを設けるなど、開発成果の多面的な活用を検討している。今後、外国政府、他府省、自治体、民間企業等に対する防衛装備品の民間転用を推進するため、防衛省の組織・体制及び関係府省との連携をより一層強化する。また、国と企業の双方にメリットがあるような形で、航空機分野 (14) 以外においても国が保有する技術資料の利用料の在り方等についての制度設計を進める。

⑥ **技術管理・秘密保全**

今後、産学官連携を強化し、国際的な防衛装備・技術協力を推進するに際しては、防衛技術の機微性・戦略性を適正に評価し、我が国の「強み」として、守るべき技術は、これを守るとともに、デュアル・ユース技術の機微性・戦略性を適切に評価し、我が国の安全保障への影響を念頭に、関係国とも連携しつつ懸念国での武器転用のリスクを回避するなど、技術管理機能を強化する必要がある。今後、経済産業省との連携を推進するとともに防衛装備移転三原則における厳格審査及び適正管理への寄与を図る。防衛装備・技術協力を推進するにあたっては、保護を必要とする機微な技術情報の共有の基盤となる情報保護協定の締結や特許制度の特例 (15) が必要となる場合もあることから、必要に応じ関係府省に協力するなど連携の上、検討していくこととする。

(4) 防衛産業組織に関する取組

我が国の防衛産業組織の特徴としては、欧米のような巨大な防衛専業企業は存

装備

在せず、また、企業の中での防衛事業のシェアは総じて低く、企業の経営トップへの影響力は一般的に少ない状況にあり、欧米諸国と比べて、企業の再編も進んでいない。他方で、企業によっては収益性・成長性等の観点か ら防衛事業から撤退しているところもあり、防衛生産・技術基盤のサプライチェーンの維持の観点からの問題が懸念されている状況となっている。そのような状況下において、企業の経営トップが、防衛事業の重要性・意義を理解することを促進し、また、企業にとっては、他社と相互に補完し合うことによる国際競争力の強化、防衛省にとっては調達の効率化・安定化という観点から事業連携、部門統合等の産業組織再編・連携（アライアンス）[16]は有効な手段であるところ、その防衛産業組織の在り方について、今後検討していく必要がある。

① 防衛事業・防衛産業の重要性に対する理解促進

企業の経営トップが、収益性のみならず、我が国の防衛力を支える重要な要素であるといった防衛事業の重要性・意義を適切に認識、評価しうる環境整備について検討する。また、広く国民に対しても、防衛産業が我が国の安全保障に果たす重要性・意義について、防衛白書などを活用し、理解の促進に努める。

② 強靱なサプライチェーンの維持

防衛産業は、プライム企業を頂点とする重層的なサプライチェーンからなる。そのサプライチェーンの中で、他社では代替不能な技術・技能を有する企業が撤退すれば、チェーンが寸断されることになる。このため、国とプライム企業が連携して主要防衛装備品におけるサプライチェーンの実態を適切に把握するとともに、その維持についての方策を検討する。その際、開発段階からサプライチェーンを考慮することにより、強靱な生産・技術基盤を構築することについても検討する。また、サプライチェーンの中でのスパイウェアの混入の防止等のセキュリティ面についても必要な措置を検討する。

さらに、限られた防衛予算の中で、平時・有事を問わず効率的な維持・補給を行うため、民間企業が保有するサプライチェーンマネジメントのノウハウを活用したPBL契約[17]の拡大等、維持・補給の在り方の検討を行う。

③ 産業組織と契約制度の運用

防衛装備品の生産は、その特殊性から、技術と資本について、相当の蓄積を必要とする。その中で、類似の機能を有する複数の企業が競争入札において、過度の価格競争を行った場合、結果として、落札した企業においては、利益の減少という状況に、また落札できなかった企業においても、人員の再配置化・設備の稼働率の低下という状況に陥ることとなり、我が国の防衛生産・技術基盤の弱体化が生じうる。このような分野では、企業の「強み」を結集できるような企業選定方式の導入や、複数年一括契約による契約対象企業の絞り込み等の契約制度の運用を含め、産業組織の適正化を検討する。

(5) 防衛省における体制の強化

防衛省においては、不祥事再発防止策はもとより、厳しい安全保障環境の下、シビリアン・コントロールを貫徹しつつ、自衛隊をより積極的・効率的に機能させるとの観点から、防衛省の業務や組織の在り方の改革に取り組んでいるところである。その一環として、防衛装備品に関しては、ライフサイクルを通じたプロジェクト管理について、組織的にも適切に実施でき、また、防衛力整備の全体最適化や防衛生産·技術基盤の維持·強化にも寄与するよう、内部部局、各幕僚監部、技術研究本部及び装備施設本部の装備取得関連部門を統合し、外局の設置を視野に入れた組織改編を行うべく検討を実施している。同改革においては、ライフサイクルを通じたプロジェクト管理に加え、関係府省と連携して本戦略に示された防衛装備・技術協力等の施策を組織的に適切に実施できるよう検討を進める。その際、調達について更なる公正を期するための監査機能の強化及びプロジェクト管理・調達に関する人材の育成についても検討する。

(6) 関係府省と連携した取組

防衛産業の強化には、防衛省における契約制度、研究開発等の取組のほか、他府省の施策を利用した支援策についても、あわせて検討する必要がある。例えば、各種税制・補助金の利用等に関し、経済産業省との連携を強化し、中小企業を含めた防衛産業がそのような支援スキームを円滑に利用できるような取組を行うことが効果的である。さらに、企業による防衛装備品の海外移転等の防衛生産・技術基盤の維持・強化に資する取組に対する財政投融資などを活用した支援策についても今後検討の上、必要な措置を講じる。また、防衛産業に関係する法規制についても不断の検証を行う。

6. 各防衛装備品分野の現状及び今後の方向性

本節では、主な防衛装備品分野（陸上装備、需品等、艦船、航空機、弾火薬、誘導武器、通信電子・指揮統制システム、無人装備、サイバー・宇宙）の防衛生産・技術基盤の現状を分析するとともに、前節までに示された防衛生産・技術基盤の維持・強化に係る考え方及び方針、防衛大綱で示された自衛隊の体制整備にあたっての重視事項等を踏まえ、それぞれの分野における防衛生産・技術基盤の維持・強化及びそれぞれの防衛装備品の取得の今後の方向性を示し、防衛省としての方針とするとともに、企業側にとっての予見可能性の向上を図る。

(1) 陸上装備について

① 陸上装備の防衛生産・技術基盤の現状

車両、火器等の陸上装備は多種多様な数多くの防衛装備品からなるのが特性であるが、我が国の高度な工業力に支えられており、少量生産である等の我が国の特殊な事情により、諸外国における同等の防衛装備品と比して割高となっているものの、基本的には、高い技術水準の防衛装備品の生産が可能な基盤を保持している。また、防衛需要に特化する企業が多く存在し、防衛省・自衛隊の調達数量が、その経営及びそれらが保持する基盤に直接的な影響を及ぼす。

技術の水準に関しては、例えば、戦車については、10式戦車に代表される

装備

ように先進性を有している分野である。特に、小型・低燃費、高出力の動力装置（伝達装置を含む。）技術や自動装填技術は世界的に見ても高い水準にある。また、移動目標へのスラローム走行間射撃や多目標同時追尾を行える射撃統制装置も高い水準を保持しており、現在開発中の機動戦闘車にいかされている。

なお、水陸両用車については、一部の要素技術については強みを有するものの、防衛装備品トータルとしては、その基盤を有していない。

火器等については、小火器や火砲等の多くはライセンス国産を通じて、国際水準の生産基盤を保持するに至っている。また、小銃など一部小火器については、国内開発・生産基盤を保持している。

② 今後の方向性

戦車・火砲については、技術・技能の維持・継承により、不確実な将来情勢の変化に対応するため、世界的に高い水準にある強みをいかし、適切な水準の生産・技術基盤の維持に努める。また、各種事態に対する迅速かつ柔軟な対応を可能とする機動戦闘車など、我が国を取り巻く安全保障環境の変化に対応した陸上装備の生産・技術基盤の構築を目指す。

装輪車両については、防衛省から広範多岐にわたる機能・性能が求められているため、多品種少量生産の傾向にあるが、仕様の更なる共通化（ファミリー化）の推進などを通じて防衛装備品の効果的・効率的な取得を図り、生産・技術基盤の維持・強化を図る。

今後は、島嶼部に対する侵攻に対処するために、その重要性を増す水陸両用機能など、我が国が技術的に弱みとする面を必要に応じて補強するとともに、強みをいかした防衛装備・技術協力等を推進する。また、企業の予見可能性を高めるなどの努力により、技術・技能の維持・継承など基盤の維持を図る。

(2) 需品等について

① 需品等の防衛生産・技術基盤の現状

本分野については、個人装備から部隊装備まで多岐にわたる防衛装備品の生産・技術基盤を有しており、防弾チョッキ等、防衛需要に特化したものから、民生分野の技術を活用している被服などまで幅広く国内からの調達が可能となっている。その中でも繊維などの素材に関する技術に強みがある。

② 今後の方向性

日本人の身体特性等への人間工学的な適合性に加え、隊員個人の身近にあるものが中心であることから、隊員の安全性及び隊員の士気といった点も踏まえると、基本的には、今後も引き続き国内企業からの調達を行うことを可能にするため、基盤の維持が図れるよう企業の予見可能性を高める等の方策を推進する。また、化学防護装備といった我が国の強みをいかせる分野については、民間転用や防衛装備・技術協力等を検討する。

(3) 艦船について

① 艦船の防衛生産・技術基盤の現状

我が国の艦船建造基盤は、長い歴史に培われた高い品質管理、コスト削減、工程管理の能力を有する国内造船所の建造基盤及び高度な特殊技術を有する中小の下請負メーカーの能力を活用して成り立っている。また、軍事用の艦船基盤は民間船の技術とは乖離があるため、防衛省・自衛隊の調達数量が、基盤の状況に直接的な影響を及ぼす。

護衛艦は、軽量高強度の高張力薄板鋼板を用い、民間船に比べ高密度ぎ装を施し、砲、発射装置、各種センサーなどの武器等、民間船では必要とされない高度な設計、建造技術を用いて建造されている。

潜水艦は、高水圧環境下での運用に対応した固有技術が多く、超高張力鋼材を用い、護衛艦よりもさらに高密度なぎ装を施し、潜水艦用部品等の専業下請負メーカーの協力の下、民間船に無い設計、建造技術を用いて建造されており、その生産には水上艦の基盤に加え潜水艦固有の基盤が必要となる。

艦船分野は国際的にも高い水準にあり、その強みは、護衛艦の建造に係る高張力薄板鋼板技術、溶接技術、潜水艦の建造に係る超高張力鋼材技術、溶接技術、艦船全般の高密度ぎ装技術、戦闘指揮システムと各種センサーシステムとの最適な連接を行うシステムインテグレーション技術、特殊部品の製造を支える下請負メーカーの存在が挙げられる。

② 今後の方向性

海上優勢の獲得・維持の観点から、常続監視や対潜戦等の各種作戦の効果的な遂行により、周辺海域を防衛し、海上交通の安全を確保するにあたり、艦艇はその中核を担う重要な防衛装備品である。現在、艦艇については、一部の国で輸出や技術移転が実施されているものの、最新鋭のものを取得することは難しく、ステルス性能等の最新技術に対応できるよう、複数のプライム企業が参入した形で生産・技術基盤を維持・強化していくことが必要である。

護衛艦については、各種作戦の効果的な遂行による周辺海域の防衛や海上交通の安全確保及び国際平和協力活動等を機動的に実施し得るよう、建造技術基盤及び艦船修理基盤の維持・強化等に留意しつつ、設計の共通化が図られた複数艦一括発注を検討する。その際、価格低減効果を念頭に契約の在り方の見直しを検討する。

潜水艦については、周辺海空域における安全確保のため、平素より広域において常続監視を行い、各種兆候を早期に察知する態勢を強化するため、引き続き22隻に増勢することとしている。我が国の潜水艦の造船技術は国際的に見ても高い水準にあり、我が国の強みでもあることから、今後も引き続き、能力向上に向けた研究開発等を行いつつ、現有の基盤を維持・強化する。

また、維持・整備の面においては、艦船の可動率を維持・向上させるため、財政上の制約条件を踏まえつつ、可能な限りの検査・修理の効率化等を検討することが必要である。

我が国企業の強みをいかし、海洋安全保障分野などを含め、防衛装備・技術協力を推進する。

(4) 航空機について

① 航空機の防衛生産・技術基盤の現状

我が国は戦後、国内開発、ライセンス国産及び国際共同開発・生産を通じて航空機の生産・技術基盤を確立してきた。

戦闘機については、F－4等のライセンス国産を経て、米国との間でF－2の共同開発・国内生産を実施したところであるが、平成23年で国内生産は終了している。平成24年度から取得を開始したF－35Aについては、武器輸出三原則等の制約があった中、国際共同開発のパートナー国とはなっていないため、国内企業の製造参画は一部にとどまり、防衛生産・技術基盤の維持・強化の観点から、関連する企業の経営資源の防衛事業への投下を維持することが課題となっている。また、国際的競争力の面では、一部の部品、素材等については国際的に比較優位があるが、システム全体としては比較優位が無い状況となっている。

輸送機や哨戒機、救難機及び回転翼については、ライセンス国産を通じて技術を蓄積した結果、一部の機種の国内開発を実現してきたところであり、これらについては、国際的にみても遜色ない水準となっている。

航空機の開発・生産については、技術の高度化・開発費の高価格化の影響により、国際的には、国際共同開発・生産が主流となっているとともに、維持・整備を含む後方支援の面でもグローバル化が推進されていく見込みである。

② 今後の方向性

航空優勢の獲得・維持の観点から、防空能力の総合的な向上を図ることとしており、F－35Aの整備等を推進することとしている。F－35Aの取得においては、生産・技術基盤の維持・高度化の観点から国内企業の製造参画を戦略的に推進し、将来的にアジア太平洋地域のリージョナルな維持・整備拠点を我が国へ設置することも視野に入れ、関係国等との調整に努める。

将来戦闘機については、国際共同開発の可能性も含め、F-2の退役時期までに開発を選択肢として考慮できるよう、国内において戦闘機関連技術の蓄積・高度化を図るため、実証研究を含む戦略的な検討を推進し、必要な措置を講じる。

輸送機、救難飛行艇等については、民間転用や諸外国との防衛装備・技術協力の可能性など開発成果の多面的な活用を推進する。

回転翼機に関しては、ライセンス国産を通じた海外からの技術導入及び国内開発により培った技術をもとに、今後は、民生需要と防衛需要の双方も見据え、国際共同開発・生産も選択肢の一つとして考慮する。

航空機の維持・整備は、PBLのような新たな契約方式やF－35のALGSのような国際的な後方支援システムの導入といった効率性等を向上させるための新たな取組が進められている分野であり、我が国企業の取組を促進するための施策を検討の上、必要な措置を講じる。

(5) 弾火薬について

① 弾火薬の防衛生産・技術基盤の現状

弾火薬については、ライセンス国産も含め、国内に生産・技術基盤を保持している。また、本分野は、防衛需要に特化するものであり、防衛依存度が高い企業が多く、防衛省・自衛隊の調達数量が、企業の経営、基盤の状況に直接的な影響を及ぼす。

弾火薬の製造に関しては、例えば、弾殻、発射薬、信管、てん薬及び組立について、製造企業が異なっている場合が通常であり、主要な各企業が相互に補完しあってサプライチェーンが形成されている。このため、弾火薬企業1社の事故・倒産などが、業界全体へ波及する危険性をはらんでいる。

魚雷の取得及び研究開発は、継続的に行われており、生産・技術基盤は安定的に維持されている。技術的には、高速で静粛性の高い魚雷用エンジンを可能にした動力推進技術や、誘導制御部の音響センサーの広帯域化や音響画像処理を用いた誘導制御技術は世界的に見ても優れている。

② 今後の方向性

弾火薬は継戦能力の基本であり、その基盤の維持は、我が国の防衛の主体性を確保する上で重要な要素である。今後とも、効率的な取得との両立を図り、国内企業からの一定規模の調達を継続することを可能にし、各種の事態に際して、多様な調達手段と併せ、必要な規模の弾火薬の確保を可能とする基盤を維持する。あわせて、官民双方にとっての将来的な予見可能性を向上するための施策を検討の上、必要な措置を講じる。

魚雷については、動力装置の更なる静粛化、誘導制御部の広帯域化、浅海域対応など、今後も継続的に研究開発を実施し、魚雷の能力向上及び技術基盤の向上を行う。

(6) 誘導武器について

① 誘導武器の防衛生産・技術基盤の現状

本分野については、戦後当初の輸入による取得からライセンス国産を経て技術力を高めた結果、現在は、少量生産である等の理由により、諸外国における同等の防衛装備品と比して割高となっているものの、多くの誘導弾については国産での取得が可能な生産・技術基盤を保持している。

技術基盤については、我が国の高度な半導体技術、赤外線センサー技術、固体ロケット技術や、米国との共同研究開発により、世界的に見ても高度な誘導技術や推進技術等を有している。また、民生需要が存在しない分野であるため、防衛専用の特殊な技術開発や生産基盤が必要となり、防衛省・自衛隊の調達数量が、基盤の状況に直接的な影響を及ぼす。

② 今後の方向性

対象脅威の能力向上に迅速に対応し、技術的優位性を確保するため、一定の誘導武器について今後も国内開発を継続できる基盤を維持・強化していく。

防空能力の向上のため、陸上自衛隊の中距離地対空誘導弾と航空自衛隊の地対空誘導弾ペトリオットの能力を代替することも視野に入れ、将来地対空誘導弾の技術的検討を進めることにより、更なる技術基盤の強化を図る。また、新たな脅威に対応し、効果的な運用を確保できるよう、各種誘導武器の射程延伸等の能力向上に必要な固体ロケットモーター等の推進装置を含め、将来の誘導武器の技術的検討を実施するための研究開発ビジョンを策定する。

本分野では、国際的に国際共同開発・生産の事例が増加してきているところであり、状況に応じて、国際共同開発への参加を一つのオプションとし、同盟・友好関係国との相互運用性の向上という点も踏まえ、効率的な取得方法を選択する。また、SM－3ブロックIIAについては、日米共同開発を引き続き推進し、生産・技術基盤の維持・強化を考慮し、その生産・配備段階への移行について検討の上、必要な措置を講ずる。

(7) 通信電子・指揮統制システムについて

① 通信電子・指揮統制システムの防衛生産・技術基盤の現状

レーダー装置、データ通信装置、指揮統制システムなどに代表される通信電子分野は、警戒監視、情報収集、指揮統制能力などの中核をなす戦略的に重要な分野である。我が国は、これまでの旺盛な民生需要を背景として、防衛装備品に関する技術力の向上に努めた結果、国内の複数企業が優れた開発・製造能力を保有するに至っている。

防衛装備品用として主流となっているアクティブ・フェーズド・アレイ・レーダーは、戦闘機用として我が国が世界で初めて実用化を達成したものであり、2波長赤外線センサーや高出力半導体などは世界的に高い水準にあるなど、レーダーやセンサー素子について世界的に高い技術力を保持している。

また、ソーナーについては、潜水艦のえい航式ソーナーや護衛艦用アクティブソーナーなどに使用される光ファイバー受波器や圧電素子を使用した広帯域化送受波器は世界的に高い水準にある。

指揮統制システムは、民間における情報処理システムの技術と共通する部分が多いところ、これまでの旺盛な民生需要を背景として、システムに関する技術力の向上に努めた結果、国内の複数企業が優れた開発・製造能力を保有するに至っている。

② 今後の方向性

我が国の防衛にとって戦略的に重要な警戒監視能力、情報機能の能力向上は、通信電子の技術力によるところが大きい。通信電子技術は民生需要をベースとすることが多いが、その中でも、固定式警戒管制レーダー装置の探知能力向上や、複数のソーナーの同時並行的な利用による探知能力向上など、防衛需要ベースの先進技術に関する研究開発を重点的に実施していくとともに、民生先端技術の適用可能性を追求する等により技術基盤を維持・強化していく。

今後の指揮統制システムにおいては、統合運用を円滑に行うためのシステムの統合化、指揮官の意思決定を支援する機能の強化などネットワーク・データ中心の戦いに対応したシステムが必要となる。このため、最新の技術水準を反映した適時のシステム換装が可能になるよう、統合的なシステム構築技術、データ処理技術等の進展の著しい民生技術基盤の活用を図る。

ソフトウェア無線技術や高出力半導体を用いたレーダー技術等の防衛需要ベースの技術であって、我が国が強みを有する分野については、生産・技術基盤の強化の観点からも、防衛装備・技術協力や民間転用等を推進する。

(8) 無人装備について

① 無人装備の防衛生産・技術基盤の現状

我が国は、農業用または観測用の無人回転翼機、海洋探査用の水中無人探査機、またはレスキュー用無人機など遠隔操縦式の無人機においては、民生の分野で優れた技術基盤を保有する。防衛用においては、民生技術を適用し、爆発物処理用ロボットなど、無人機の研究開発を実施したものの、その適用例は限定的である。また、小型の固定翼無人機については、現在、国内開発を通じ、自律飛行制御技術等の蓄積を実施しているが、当該分野の先進国と比較すると大きく遅れている。

② 今後の方向性

本分野は、今後の軍事戦略や戦力バランスに大きな影響を与え得るものである。現時点においては、自衛隊の現有防衛装備品は少ないが、世界的に開発が進んでいる分野であり、我が国においても積極的に技術基盤の向上に努めていく必要がある。しかし、他の分野の防衛装備品に比べ、要求される機能・性能やその運用方法について未確定なことも多く、将来戦闘様相及びスマート化やネットワーク化のような防衛技術の動向を踏まえ、統合運用の観点に留意しつつ、自律型等の将来の無人航空機などの無人装備の方向性を示すために、研究開発ビジョンを策定するとともに、積極的な研究を行い、技術基盤の向上を図る。

また、民生に優れた技術を有する研究機関も多く、防衛用途に使い得るロボットまたは無人機関連の要素技術研究に対して、研究機関との研究協力を推進し、無人機関連技術の底上げに努める。さらに、本分野は、諸外国において先進的な研究開発や防衛装備品の運用がなされているところであり、それらの諸外国との共同研究開発といった防衛装備・技術協力を進め、我が国として、早期の技術基盤の高度化を図るよう努める。

(9) サイバー・宇宙について

① サイバー・宇宙の防衛生産・技術基盤の現状

サイバー・宇宙は、近年、防衛省として取組を強化していくこととしている分野である。サイバー分野は、サイバー攻撃の態様が一層複雑・巧妙化するなど、サイバー空間を取り巻くリスクが深刻化していることから、サイバー攻撃対処能力向上の重要性が高まっている。また、宇宙分野は、情報収集及び警戒監視機能を強化するために重要となっている。これらの状況を踏まえ、民生部門における技術を活用しつつ、防衛需要に対応しているところである。

② 今後の方向性

防衛省におけるサイバー攻撃対処能力向上への取組及び宇宙開発利用に係る方針と連携しつつ、我が国の防衛の観点から、将来的に必要とされる防衛生産・技術基盤の在り方を検討していく。

（1）「装備の生産及び開発に関する基本方針、防衛産業整備方針並びに研究開発振興方針について（通達）」（防装管第1535号。45.7.16）

（2）(1) 共産圏諸国向けの場合、(2) 国連安保理決議により武器等の輸出を禁止されている国向けの場合、(3) 国際紛争の当事国又はそのおそれのある国向けの場合については、武器輸出は認められないとされた。

（3）原則1：移転を禁止する場合を明確化し、次に掲げる場合は移転しない。
①我が国が締結した条約その他の国際約束に基づく義務に違反する場合、②国連安保理の決議に基づく義務に違反する場合、③紛争当事国への移転となる場合。
原則2：移転を認め得る場合を次の場合に限定し、透明性を確保しつつ、厳格審査。
①平和貢献・国際協力の積極的な推進に資する場合、②我が国の安全保障に資する場合。
原則3：目的外使用及び第三国移転について適正管理が確保される場合に限定。

（4）平成17年6月の橋梁談合問題、平成18年1月から2月に発覚した防衛施設庁官製談合問題、防衛施設技術協会、建設弘済会等との随意契約問題等を背景とし、平成18年8月に「公共調達の適正化について（財務大臣通知）」が発出され、防衛省においてもライセンス国産等を除き、一般競争入札等、競争性のある方式へ移行した。

（5）長官指示：防衛庁長官（平成19年の省移行後は「防衛大臣」。）が、「装備品等及び役務 の調達実施に関する訓令（昭和49年防衛庁訓令第4号）」に基づき、新たに、法令に基づく製造に関する許可又はライセンスの取得を必要とする場合や、航空機における適切な開発体制を構築する場合などに、契約に先立って、調達の相手方を選定することをいう。

（6）スマート化：情報通信技術を駆使した情報収集と、コンピュータによる高度な制御・処理能力を有すること。

（7）ネットワーク化：複数、異種の装備システムがデータリンク等を介して有機的に連携すること。

（8）研究開発システムの改革の推進等による研究開発能力の強化及び研究開発等の効率的推進等に関する法律（平成20年法律第63号）

（9）競争的資金：資源配分主体が、広く研究開発課題等を募り、提案された課題の中から、専門家を含む複数の者による科学的・技術的な観点を中心とした評価に基づいて実施すべき課題を採択し、研究者等に配分する研究開発資金。

（10）昭和55年5月、防衛庁において亘理事務次官（当時）と米国防総省ペリー次官（技術開発・調達担当、当時）との間で、装備・技術問題に関し、日米相互の意志疎通の緊密化を図るため、双方の装備技術の責任者が定期的に意見の交換を行う場として日米装備・技術定期協議（S&TF：Systems and Technology Forum）を設けることについて合意がなされ、同年9月に第1回S&TFが開催され、平成25年8月までの間に26回開催された。

（11）米国は同盟国及び友好国との間で、相互に防衛装備品の調達を効率化すること等を促進するため、RDP MOU（Reciprocal Defense Procurement Memorandum of Understanding）という文書をこれまでに欧州主要国等23カ国と作成している。

（12）ALGS：F－35の後方支援システムであり、徹底的なコスト削減の観点から、米国 政府の一元的な管理の下、F－35ユーザー国間で部品等を融通し合う多国間の枠組み。 各国はALGS（Autonomic Logistics Global Sustainment）に参加することで、米国政府 が管理する共通の部品・構成品のプールから必要な時に速やかに補修修理を受ける。

（13）民間転用とは、防衛装備品の開発過程で得られた技術成果等について、開発担当企業が自社製品として、外国政府、他府省、自治体、民間企業等向けに製品を開発・生産・販売すること。

（14）防衛省開発航空機については、民間転用に必要な技術資料の利用に関する手続き及び利用料の算定についての計算式等のルールを策定済み（技術資料の利用に関する手続き（平成23年4月）及び利用料の算定要領（平成24年6月）についてそれぞれ定め、民間転用機による利益が発生した際に企業から国に対して一定割合の利用料を支払う要領を策定した。）。

（15）例えば、多くの先進諸国においては、秘密保護法制の一環として、安全保障上の機密技術について国防関連省庁の判断に基づいて出願後公開を行わない、いわゆる秘密特許制度が導入されている。

（16）アライアンスの形態としては、合併、合弁会社、共同出資会社、ジョイント・ベンチャー（JV）、コンソーシアム等が挙げられる。

（17）PBL（Performance Based Logistics）契約：防衛装備品の維持・整備に係る業務について、部品の個数や役務の工数に応じた契約を結ぶのではなく、役務提供等により得られる成果（可動率の維持、修理時間の短縮、安定在庫の確保等）に主眼を置いて包括的な業務範囲に対し長期契約を結ぶもの。

(2) 装備の生産及び開発に関する基本方針、防衛産業整備方針並びに研究開発振興方針について

・装備の生産及び開発に関する基本方針

1. 防衛力の充実にあたっては、装備面からみた防衛力は工業力を中心とするその国の産業力を基盤としているという観点に立ってわが国の防衛に必要な装備を充実するとともに、生産体制の整備について配意するものとする。
2. 防衛の本質からみて、国を守るべき装備はわが国の国情に適したものを自ら整えるべきものであるので、装備の自主的な開発及び国産を推進する。
3. 装備の開発及び生産は、主として民間企業の開発力及び技術力を活用してこれにあたらせるものとする。
4. 装備の開発及び生産は、長期的観点に立ち、その効率性、経済性及び安定性を考慮しつつ、計画的に推進するものとする。
5. 民間企業における開発力及び技術力の向上並びに適正価格の形成は、適正な競争により促進されることにかんがみ、装備の開発及び生産には、積極的に競争原理の導入を行いその確立に努めるものとする。

・防衛産業整備方針

1. 適正な競争原理の導入
   競争原理の導入にあたっては、各分野において適正規模、適正数の民間企業が存在し、それらの間において適正な競争原理が働くことが必要であるが、(1) 防衛はその特殊性から、技術と資本について相当の蓄積を必要とするので、競争を適正に維持しうる限度において各分野における民間企業の数は少数に限定するとともに、(2) 競争基盤の乏しい分野については、競争原理を導入しうる基盤の育成を図るものとする。
2. 適正価格による調達
   装備の調達は、適正価格による調達が基本である。そのためには、計画立案、予算要求、契約締結及び履行等の各段階について、機構、制度等の確立を図るものとする。
3. 適正な生産規模の確保
   防衛生産の規模は、当面、直接必要とする防衛力の維持と、緊急時において一般工業力を防衛生産に顕在化しうる顕在化力の維持とを考慮して、適正規模を維持するものとする。
4. 武器の輸出
   装備の開発及び生産は、もっぱらわが国防衛上の見地を中心に考慮するものとし、特に武器に該当するものの輸出は、内外の情勢にかんがみ、慎重に処理するものとする。
5. 秘密保全措置の徹底
   装備については、その特質上秘密保全を必要とするものが多いが、自主的な開発及び国産の推進に際しては、特に民間企業における今後の開発、生

産態勢を考慮した秘密保全に留意し、その措置の徹底を期するものとする。

6. 適正な防衛生産基盤の確立

装備の開発及び生産にあたっては、特定企業に集中することのないよう配慮し、適正な防衛生産基盤の確立に留意するものとする。

7. 自国産業による開発、生産

自主防衛の見地から、わが国を防衛すべき装備の開発及び生産は、わが国産業自らがあたることが望ましいので、今後の装備の開発及び生産は、原則として自国産業に限定するものとする。

・研究開発振興方針

1. 重点的な研究開発の実施

装備の研究開発は、主要装備について重点的に行うものとする。当面、主として航空機、誘導武器及び電子機器等の分野において開発を進めることが必要である。

2. 長期開発計画の策定

装備の研究開発は、わが国の長期的な防衛構想に立脚した長期開発計画を策定し、これに基づき計画的に実施するものとする。

長期開発計画の策定にあたっては、各自衛隊間の重複、間隙を避け、効果的な開発を行うため、任務別装備体系を考慮する。

3. 研究開発の選択可能性の拡大

研究開発基盤の向上を図り、装備開発の選択可能性を拡大するため、装備に関するざん新な構想、考案等を積極的に引き出しうるよう、資金の確保を図る等所要措置について推進する。

4. 競争原理の導入による開発能力の向上

競争原理の導入にあたっては、(1) 設計、試作等研究開発の各段階に適した競争方式を採るものとし、(2) 競争基盤のある分野については、適正な競争の維持を図り、(3) 競争基盤の乏しい分野については、競争原理を導入しうる基盤の育成を図るとともに、(4) 競争試作を必要とするものについては、複数企業の競争試作を可能とする開発経費の確保に努めるものとする。

5. 開発成果の国への帰属

民間企業に委託する装備の開発試作とその量産は分離するものとし、民間企業に委託する研究開発の成果は、原則として国に帰属する方向で推進するものとする。このため、民間企業に委託する設計、試作等研究開発の各段階においてその適正経費を確保する。

6. 開発体制の整備、充実

国が行う装備の研究開発は、開発部門を重視し、開発の計画、試験及び審査の能力及び施設等の充実並びに弾力的開発体制の確立に努める。

7. 研究開発の評価の徹底

民間及び国の行う研究開発の実施にあたっては、計画、設計、試作等の各段階における評価の徹底を図り、各段階において研究開発の継続、中止等の適確な措置をとるものとする。

8. 技術情報能力の確保

装備の研究開発は、科学技術の予測を行うとともに、その進歩に即応することが防衛上不可欠であるので、防衛技術情報能力の整備、向上、確保に努めるものとする。このため、(1) 海外主要国への技術駐在官の設置を考慮するとともに、(2) 国の内外における最新の技術資料及び技術情報の収集整理、集中管理及び効率的活用を図る。

9. 研究開発要員の充実

研究開発における要員の重要性にかんがみ、研究開発要員の確保とその質的向上を図るものとする。

このため、国内留学及び外国留学の充実に努めるとともに、研究開発要員の地位及び給与については、技術能力を十分生かしうるよう特別の配慮を行う等の措置をとるものとする。

2. 防衛装備品等の海外移転について

(1) 防衛装備移転三原則

1. 防衛装備移転三原則の概要

国家安全保障戦略(平成25年12月17日閣議決定)に基づき、平成26年4月1日、防衛装備の海外移転に関する新たな原則として、「防衛装備移転三原則」を閣議決定した。

国際連合憲章を遵守するとの平和国家としての基本理念及びこれまでの平和国家としての歩みを引き続き堅持しつつ、今後は次の三つの原則に基づき防衛装備の海外移転の管理を行うこととした。

1) 移転を禁止する場合の明確化（第一原則）

移転を禁止する場合を①わが国が締結した条約その他の国際約束に基づく義務に違反する場合、②国連安保理の決議に基づく義務に違反する場合および③紛争当事国（武力攻撃が発生し、国際の平和および安全を維持または回復するため、国連安全保障理事会がとっている措置の対象国をいう。）への移転となる場合とに明確化した。

2) 移転を認め得る場合の限定並びに厳格審査および情報公開（第二原則）

移転を認め得る場合を①平和貢献・国際協力の積極的な推進に資する場合および②わが国の安全保障に資する場合などに限定した。また、移転先の適切性や安全保障上の懸念などを個別に厳格に審査するとともに、審査基準や手続きなどについても、明確化・透明化を図り、国家安全保障会議での審議を含め、政府全体として厳格な審査体制を構築することとした。

装備

3) **目的外使用および第三国移転にかかる適正管理の確保（第三原則）**

防衛装備の海外移転に際しては、適正管理が確保される場合に限定するとして、具体的には、原則として目的外使用および第三国移転についてわが国の事前同意を相手国政府に義務付けることとした。ただし、平和貢献・国際協力の積極的な推進のため適切と判断される場合、部品などを融通し合う国際的なシステムに参加する場合、部品などをライセンス元に納入する場合などにおいては、仕向先の管理体制の確認をもって適正な管理を確保することも可能とした。

2. 防衛装備移転三原則

（平成26年4月1日
国家安全保障会議決定
閣　議　決　定）

政府は、これまで防衛装備の海外移転については、昭和42年の佐藤総理による国会答弁（以下「武器輸出三原則」という。）及び昭和51年の三木内閣の政府統一見解によって慎重に対処することを基本としてきた。このような方針は、我が国が平和国家としての道を歩む中で一定の役割を果たしてきたが、一方で、共産圏諸国向けの場合は武器の輸出は認めないとするなど時代にそぐわないものとなっていた。また、武器輸出三原則の対象地域以外の地域についても武器の輸出を慎むものとした結果、実質的には全ての地域に対して輸出を認めないこととなったため、政府は、これまで個別の必要性に応じて例外化措置を重ねてきた。

我が国は、戦後一貫して平和国家としての道を歩んできた。専守防衛に徹し、他国に脅威を与えるような軍事大国とはならず、非核三原則を守るとの基本原則を堅持してきた。他方、現在、我が国を取り巻く安全保障環境が一層厳しさを増していることや我が国が複雑かつ重大な国家安全保障上の課題に直面していることに鑑みれば、国際協調主義の観点からも、より積極的な対応が不可欠となっている。我が国の平和と安全は我が国一国では確保できず、国際社会もまた、我が国がその国力にふさわしい形で一層積極的な役割を果たすことを期待している。これらを踏まえ、我が国は、今後の安全保障環境の下で、平和国家としての歩みを引き続き堅持し、また、国際政治経済の主要プレーヤーとして、国際協調主義に基づく積極的平和主義の立場から、我が国の安全及びアジア太平洋地域の平和と安定を実現しつつ、国際社会の平和と安定及び繁栄の確保にこれまで以上に積極的に寄与していくこととしている。

こうした我が国が掲げる国家安全保障の基本理念を具体的政策として実現するとの観点から、「国家安全保障戦略について」（平成25年12月17日国家安全保障会議及び閣議決定）に基づき、防衛装備の海外移転に係るこれまでの政府の方針につき改めて検討を行い、これまでの方針が果たしてきた役割に十分配意した上で、新たな安全保障環境に適合するよう、これまでの例外化の経緯を踏まえ、包括的に整理し、明確な原則を定めることとした。

防衛装備の適切な海外移転は、国際平和協力、国際緊急援助、人道支援及び国際テロ・海賊問題への対処や途上国の能力構築といった平和への貢献や国際的な協力（以下「平和貢献・国際協力」という。）の機動的かつ効果的な実施を通じた国際的な平和と安全の維持の一層積極的な推進に資するものであり、また、同盟国である米国及びそれ以外の諸国との安全保障・防衛分野における協力の強化に資するものである。さらに、防衛装備品の高性能化を実現しつつ、費用の高騰に対応するため、国際共同開発・生産が国際的主流となっていることに鑑み、我が国の防衛生産・技術基盤の維持・強化、ひいては我が国の防衛力の向上に資するものである。

他方、防衛装備の流通は、国際社会への安全保障上、社会上、経済上及び人道上の影響が大きいことから、各国政府が様々な観点を考慮しつつ責任ある形で防衛装備の移転を管理する必要性が認識されている。

以上を踏まえ、我が国としては、国際連合憲章を遵守するとの平和国家としての基本理念及びこれまでの平和国家としての歩みを引き続き堅持しつつ、今後は次の三つの原則に基づき防衛装備の海外移転の管理を行うこととする。また、武器製造関連設備の海外移転については、これまでと同様、防衛装備に準じて取り扱うものとする。

1．移転を禁止する場合の明確化

次に掲げる場合は、防衛装備の海外移転を認めないこととする。

① 当該移転が我が国の締結した条約その他の国際約束に基づく義務に違反する場合、

② 当該移転が国際連合安全保障理事会の決議に基づく義務に違反する場合、又は

③ 紛争当事国（武力攻撃が発生し、国際の平和及び安全を維持し又は回復するため、国際連合安全保障理事会がとっている措置の対象国をいう。）への移転となる場合

2．移転を認め得る場合の限定並びに厳格審査及び情報公開

上記1以外の場合は、移転を認め得る場合を次の場合に限定し、透明性を確保しつつ、厳格審査を行う。具体的には、防衛装備の海外移転は、平和貢献・国際協力の積極的な推進に資する場合、同盟国たる米国を始め我が国との間で安全保障面での協力関係がある諸国（以下「同盟国等」という。）との国際共同開発・生産の実施、同盟国等との安全保障・防衛分野における協力の強化並びに装備品の維持を含む自衛隊の活動及び邦人の安全確保の観点から我が国の安全保障に資する場合等に認め得るものとし、仕向先及び最終需要者の適切性並びに当該防衛装備の移転が我が国の安全保障上及ぼす懸念の程度を厳格に審査し、国際輸出管理レジームのガイドラインも踏まえ、輸出審査時点において利用可能な情報に基づいて、総合的に判断する。

また、我が国の安全保障の観点から、特に慎重な検討を要する重要な案件に

ついては、国家安全保障会議において審議するものとする。国家安全保障会議で審議された案件については、行政機関の保有する情報の公開に関する法律（平成11年法律第42号）を踏まえ、政府として情報の公開を図ることとする。

3．目的外使用及び第三国移転に係る適正管理の確保

上記2を満たす防衛装備の海外移転に際しては、適正管理が確保される場合に限定する。具体的には、原則として目的外使用及び第三国移転について我が国の事前同意を相手国政府に義務付けることとする。ただし、平和貢献・国際協力の積極的な推進のため適切と判断される場合、部品等を融通し合う国際的なシステムに参加する場合、部品等をライセンス元に納入する場合等においては、仕向先の管理体制の確認をもって適正な管理を確保することも可能とする。

以上の方針の運用指針については、国家安全保障会議において決定し、その決定に従い、経済産業大臣は、外国為替及び外国貿易法（昭和24年法律第228号）の運用を適切に行う。

本原則において「防衛装備」とは、武器及び武器技術をいう。「武器」とは、輸出貿易管理令（昭和24年政令第378号）別表第1の1の項に掲げるもののうち、軍隊が使用するものであって、直接戦闘の用に供されるものをいい、「武器技術」とは、武器の設計、製造又は使用に係る技術をいう。

政府としては、国際協調主義に基づく積極的平和主義の立場から、国際社会の平和と安定のために積極的に寄与していく考えであり、防衛装備並びに機微な汎用品及び汎用技術の管理の分野において、武器貿易条約の早期発効及び国際輸出管理レジームの更なる強化に向けて、一層積極的に取り組んでいく考えである。

3. 防衛装備移転三原則の運用指針

（平成26年4月1日
国家安全保障会議決定
平成27年11月24日
一部改正
平成28年3月22日
一部改正）

防衛装備移転三原則（平成26年4月1日閣議決定。以下「三原則」という。）に基づき、三原則の運用指針（以下「運用指針」という。）を次のとおり定める。

（注）用語の定義は三原則によるほか、6のとおりとする。

1．防衛装備の海外移転を認め得る案件

防衛装備の海外移転を認め得る案件は、次に掲げるものとする。

(1) 平和貢献・国際協力の積極的な推進に資する海外移転として次に掲げるもの（平和貢献・国際協力の観点から積極的な意義がある場合に限る。）

ア　移転先が外国政府である場合

イ　移転先が国際連合若しくはその関連機関、国連決議に基づいて活動を行う機関、国際機関の要請に基づいて活動を行う機関又は活動が行われる地域の属する国の要請があってかつ国際連合の主要機関のいずれかの支持を受けた活動を行う機関である場合

(2)　我が国の安全保障に資する海外移転として次に掲げるもの（我が国の安全保障の観点から積極的な意義がある場合に限る。）

ア　米国を始め我が国との間で安全保障面での協力関係がある諸国との国際共同開発・生産に関する海外移転

イ　米国を始め我が国との間で安全保障面での協力関係がある諸国との安全保障・防衛協力の強化に資する海外移転であって、次に掲げるもの

(ア)　法律に基づき自衛隊が実施する物品又は役務の提供に含まれる防衛装備の海外移転

(イ)　米国との相互技術交流の一環としての武器技術の提供

(ウ)　米国からのライセンス生産品に係る部品や役務の提供、米軍への修理等の役務提供

(エ)　我が国との間で安全保障面での協力関係がある国に対する救難、輸送、警戒、監視及び掃海に係る協力に関する防衛装備の海外移転

ウ　自衛隊を含む政府機関（以下「自衛隊等」という。）の活動（自衛隊等の活動に関する外国政府又は民間団体等の活動を含む。以下同じ。）又は邦人の安全確保のために必要な海外移転であって、次に掲げるもの

(ア)　自衛隊等の活動に係る、装備品の一時的な輸出、購入した装備品の返送及び技術情報の提供（要修理品を良品と交換する場合を含む。）

(イ)　公人警護又は公人の自己保存のための装備品の輸出

(ウ)　危険地域で活動する邦人の自己保存のための装備品の輸出

(3)　誤送品の返送、返送を前提とする見本品の輸出、海外政府機関の警察官により持ち込まれた装備品の再輸出等の我が国の安全保障上の観点から影響が極めて小さいと判断される場合の海外移転

2．海外移転の厳格審査の視点

個別案件の輸出許可に当たっては、1に掲げる防衛装備の海外移転を認め得る案件に該当するものについて、

・仕向先及び最終需要者の適切性

・当該防衛装備の海外移転が我が国の安全保障上及ぼす懸念の程度

の２つの視点を複合的に考慮して、移転の可否を厳格に審査するものとする。

の2つの視点を複合的に考慮して、移転の可否を厳格に審査するものとする。

具体的には、仕向先の適切性については、仕向国・地域が国際的な平和及び安全並びに我が国の安全保障にどのような影響を与えているか等を踏

まえて検討し、最終需要者の適切性については、最終需要者による防衛装備の使用状況及び適正管理の確実性等を考慮して検討する。

また、安全保障上の懸念の程度については、移転される防衛装備の性質、技術的機微性、用途（目的）、数量、形態（完成品又は部品か、貨物又は技術かを含む。）並びに目的外使用及び第三国移転の可能性等を考慮して検討する。

なお、最終的な移転を認めるか否かについては、国際輸出管理レジームのガイドラインも踏まえ、移転時点において利用可能な情報に基づいて、上述の要素を含む視点から総合的に判断することとする。

3．適正管理の確保

防衛装備の海外移転に当たっては、海外移転後の適正な管理を確保するため、原則として目的外使用及び第三国移転について我が国の事前同意を相手国政府に義務付けることとする。ただし、次に掲げる場合には、仕向先の管理体制の確認をもって適正な管理を確保することも可能とする。

(1) 平和貢献・国際協力の積極的推進のため適切と判断される場合として、次のいずれかに該当する場合
　ア　緊急性・人道性が高い場合
　イ　移転先が国際連合若しくはその関連機関又は国連決議に基づいて活動を行う機関である場合
　ウ　国際入札の参加に必要となる技術情報又は試験品の提供を行う場合
　エ　金額が少額かつ数が少量で、安全保障上の懸念が小さいと考えられる場合
(2) 部品等を融通し合う国際的なシステムに参加する場合
(3) 部品等をライセンス元に納入する場合
(4) 我が国から移転する部品及び技術の、相手国への貢献が相当程度小さいと判断できる場合
(5) 自衛隊等の活動又は邦人の安全確保に必要な海外移転である場合
(6) 誤送品の返送、返送を前提とする見本品の輸出、貨物の仮陸揚げ等の我が国の安全保障上の観点から影響が極めて小さいと判断される場合

仕向先の管理体制の確認に当たっては、合理的である限りにおいて、政府又は移転する防衛装備の管理に責任を有する者等の誓約書等の文書による確認を実施することとする。そのほか、移転先の防衛装備の管理の実態、管理する組織の信頼性、移転先の国又は地域の輸出管理制度やその運用実態等についても、移転時点において利用可能な情報に基づいて確認するものとする。

なお、海外移転後の防衛装備が適切に管理されていないことが判明した場合、当該防衛装備を移転した者等に対する外国為替及び外国貿易法（昭和24年法律第228号。以下「外為法」という。）に基づく罰則の適用を含め、厳正に対処することとする。

4．審査に当たっての手続

(1) 国家安全保障会議での審議

防衛装備の海外移転に関し、次の場合は、国家安全保障会議で審議するものとする。イ又はウに該当する防衛装備の海外移転について外為法に基づく経済産業大臣の許可の可否を判断するに当たっては、当該審議を踏まえるものとする。

ア　基本的な方針について検討するとき。

イ　移転を認める条件の適用について特に慎重な検討を要するとき

ウ　仕向先等の適切性、安全保障上の懸念の程度等について特に慎重な検討を要するとき。

エ　防衛装備の海外移転の状況について報告を行うとき。

(2) 国家安全保障会議幹事会での審議

防衛装備の海外移転に関し、次の場合には、国家安全保障会議幹事会で審議するものとする。イに該当する防衛装備の海外移転について外為法に基づく経済産業大臣の許可の可否を判断するに当たっては、当該審議を踏まえるものとする。

ア　基本的な方針について検討するとき。

イ　同様の類型について、過去に政府として海外移転を認め得るとの判断を行った実績がないとき。

ウ　防衛装備の海外移転の状況について報告を行うとき。

(3) 関係省庁間での連携

防衛装備の海外移転の可否の判断においては、総合的な判断が必要であることを踏まえ、防衛装備の海外移転案件に係る調整、適正管理の在り方において、関係省庁が緊密に連携して対応することとし、各関係省庁の連絡窓口は、次のとおりとする。ただし、個別案件ごとの連絡窓口は必要に応じて別の部局とすることができるものとする。

ア　内閣官房国家安全保障局

イ　外務省総合外交政策局安全保障政策課

ウ　経済産業省貿易経済協力局貿易管理部安全保障貿易管理課

エ　防衛省防衛装備庁装備政策部国際装備課

5．定期的な報告及び情報の公開

(1) 定期的な報告

経済産業大臣は、防衛装備の海外移転の許可の状況につき、年次報告書を作成し、国家安全保障会議において報告の上、公表するものとする。

(2) 情報の公開

4 (1)の規定により国家安全保障会議で審議された案件については、行政機関の保有する情報の公開に関する法律（平成11年法律第42号）を踏まえ、政府として情報の公開を図ることとする。情報の公開に当たっては、従来個別に例外化措置を講じてきた場合に比べて透明性に欠けることのないよう留意する。

6．その他

(1) 定義

「国際共同開発・生産」とは、我が国の政府又は企業が参加する国際共同開発（国際共同研究を含む。以下同じ。）又は国際共同生産であって、以下のものを含む。

ア　我が国政府と外国政府との間で行う国際共同開発

イ　外国政府による防衛装備の開発への我が国企業の参画

ウ　外国からのライセンス生産であって、我が国企業が外国企業と共同して行うもの

エ　我が国の技術及び外国からの技術を用いて我が国企業が外国企業と共同して行う開発又は生産

オ　部品等を融通し合う国際的なシステムへの参加

カ　国際共同開発又は国際共同生産の実現可能性の調査のための技術情報又は試験品の提供

(2) これまでの武器輸出三原則等との整理

三原則は、これまでの武器輸出三原則等を整理しつつ新しく定められた原則であることから、今後の防衛装備の海外移転に当たっては三原則を踏まえて外為法に基づく審査を行うものとする。三原則の決定前に、武器輸出三原則等の下で講じられてきた例外化措置については、引き続き三原則の下で海外移転を認め得るものと整理して審査を行うこととする。

(3) 施行期日

この運用指針は、平成26年4月1日から施行する。

(4) 改正

三原則は外為法の運用基準であることを踏まえ、この運用指針の改正は、経済産業省が内閣官房、外務省及び防衛省と協議して案を作成し、国家安全保障会議で決定することにより行う。

附 則

この運用指針は、平成28年3月29日から施行する。

(2) 防衛装備移転三原則の下で海外移転を認め得るとされた案件

1. ペトリオットPAC－2の部品（シーカージャイロ）の米国への移転
2. 英国との共同開発のためのシーカーに関する技術情報の移転
3. 豪州との潜水艦の共同開発・生産の実現可能性の調査のための技術情報の移転
4. イージス・システムに係るソフトウェア及び部品等の米国への移転
5. 豪州将来潜水艦の共同開発・生産を我が国が実施することとなった場合の構

成品等の豪州への移転
6. TC－90等のフィリピンへの移転
7. F100エンジン部品の米国への移転

(3) 諸外国との防衛装備・技術協力に係る政府間の枠組み

1. 米国

米国政府から、日米間の防衛分野における技術の相互交流の要請があったことを背景として、昭和58年1月に中曽根内閣が官房長官談話により、米国への武器技術供与を例外化。同年11月に米国との間で対米武器技術供与取極（※）を締結。

平成18年6月に対米武器技術供与取極の下で米国へ供与が行われてきた武器技術に加え、弾道ミサイル防衛（BMD）の分野に関する日米共同開発・生産等に必要な武器及び武器技術の米国への供与を実施するため、対米武器・武器技術供与取極（※）を締結。

※正式名称

―「日本国とアメリカ合衆国との間の相互防衛援助協定に基づくアメリカ合衆国に対する武器技術の供与に関する交換公文」

―「日本国とアメリカ合衆国との間の相互防衛援助協定に基づくアメリカ合衆国に対する武器及び武器技術の供与に関する交換公文」

2. 英国

平成24年4月の日英首脳会談において、防衛装備品の第三国移転等に係る厳格な管理を確保する政府間の取決めについて検討することを決定。翌25年6月の日英首脳会談において、防衛装備品協力のための枠組みにつき実質的に合意。同年7月、防衛装備品等の共同開発等に係る政府間枠組み（※）を締結。

※正式名称「防衛装備品及び他の関連物品の共同研究、共同開発及び共同生産を実施するために必要な武器及び武器技術の移転に関する日本国政府とグレートブリテン及び北アイルランド連合王国政府との間の協定」

3. 豪州

平成26年4月の日豪首脳会談において、防衛装備・技術分野における枠組の合意に向けて交渉を開始することを決定。同年4月の日豪防衛相会談において、防衛装備・技術協力の枠組の協議を加速させることで一致。同年6月の日豪2+2において、防衛装備品・技術移転協定交渉の実質合意を確認。同年7月の日豪首脳会談において、両首脳が日豪防衛装備品・技術移転協定（※）に署名し、同年12月に発効。

※正式名称「防衛装備品及び技術の移転に関する日本国政府とオーストラリア政府との間の協定」

4. 仏国

平成26年5月の日仏首脳会談において、防衛装備に関する協力の枠組みとな

装備

る政府間協定の締結に向けた交渉を開始。平成27年3月の日仏2+2において、両防衛相が日仏防衛装備品·技術移転協定（※）に署名し、平成28年12月に発効。

※正式名称「防衛装備品及び技術の移転に関する日本国政府とフランス共和国政府との間の協定」

5. インド

平成26年9月の日印首脳会談において、今後の装備・技術協力を促進するための事務レベル協議の開始について合意。平成27年3月の日印防衛相会談において、「US－2と防衛装備協力について早期進展を図る」ことで一致。同年12月の日印首脳会談において防衛装備移転協定（※）に署名し、平成28年3月に発効。

※正式名称

―「防衛装備品及び技術の移転に関する日本国政府とインド共和国政府との間の協定」

6. フィリピン

平成27年1月の日比防衛相会談において、「防衛装備・技術協力の可能性を検討するため、事務レベルでの議論を開始する」ことで合意。同年6月には、日比首脳会談において、防衛装備移転協定（※）の交渉開始で合意。平成28年2月に同協定に署名し、同年4月に発効。

※正式名称

―「防衛装備品及び技術の移転に関する日本国政府とフィリピン共和国政府との間の協定」

7. イタリア

平成29年3月、日伊首脳会談において、防衛装備品・技術移転協定の交渉の開始について合意。同年5月に同協定に署名。

※正式名称

―「防衛装備品及び技術の移転に関する日本国政府とイタリア共和国政府との間の協定」

(4) 武器輸出三原則等

1. 武器輸出三原則（昭和42年4月　佐藤総理答弁）

政府の運用方針として、次の場合には武器の輸出を認めない。

①共産圏諸国向けの場合

②国連決議により武器等の輸出が禁止されている国向けの場合

③国際紛争当事国又はそのおそれのある国向けの場合

2. 武器輸出に関する政府統一見解（昭和51年2月　三木総理答弁）

「武器」の輸出については、（中略）今後とも、次の方針により処理するものとし、その輸出を促進することはしない。

①三原則対象地域については、「武器」の輸出を認めない。

②三原則対象地域以外の地域については、憲法及び外国為替及び外国貿易管理法の精神にのっとり、「武器」の輸出を慎むものとする。

③武器製造関連設備の輸出については「武器」に準じて取り扱うものとする。

3. 武器輸出三原則等に準ずるもの

①武器技術（昭和51年6月　河本通産大臣答弁）

武器技術についても、武器輸出三原則に照らして処理する。

②投資〈昭和52年（1977年）10月　福田総理答弁〉

武器輸出三原則の精神にもとるような投資は厳に抑制する。

③建設工事〈昭和56年（1981年）2月　斉藤建設大臣〉

軍事施設の建設に関わる工事請負については武器輸出に関する政府方針に沿って対処している。

(5) 武器輸出三原則等の例外化措置

1. 対米武器技術供与

米国政府から日米間の防衛分野における技術の相互交流の要請があったことを背景として、昭和58年1月に中曽根内閣が、官房長官談話により、米国への武器技術供与を例外化。供与した技術について、厳格な管理（注：目的外使用や第三国移転は、我が国の事前同意がない限り認められない）を行う前提で武器輸出三原則等によらないこととした。

2. 以下の事例において個別に例外化措置を実施

・国際平和協力業務等※（平成3年）
・国際緊急援助隊への自衛隊参加※（平成3年）
・日米物品役務相互援助協定（平成8年、平成10年、平成16年）
・人道的な対人地雷除去活動（平成9年）
・在外邦人等の輸送※（平成10年）
・弾道ミサイル防衛（BMD）に係る日米共同技術研究（平成10年）
・中国遺棄化学兵器処理事業（平成12年）
・テロ対策特別措置法（平成13年）
・イラク人道復興支援特別措置法（平成15年）
・弾道ミサイル防衛（BMD）システムに関する米国との共同開発・生産（平成16年）
・平成17年度以降に係る防衛大綱（平成16年）
・ODAによるインドネシアへの巡視船の輸出（平成18年）
・補給支援特別措置法（平成19年）
・海賊対処法等（平成21年）
・日豪物品役務相互提供協定（平成22年）
・防衛装備品等の海外移転に関する基準（平成23年）
・F－35の製造等に係る国内企業の参画（平成25年）
・国連南スーダンミッションに係る物資協力（平成25年）

※関係する法律制定に伴う、関係省庁了解を根拠とした例外化。その他は官房長官談話によるもの。

(6) 開発途上国装備協力規定の新設

経済規模や財政事情により独力では十分な装備品を調達することができない友好国の中には、以前から、不用となった自衛隊の装備品を活用したいとのニーズがあったものの、自衛隊の装備品を含む国の財産を他国に譲渡又は貸し付ける場合には、財政法第9条第1項の規定により、適正な対価を得なければならないこととされているため、無償又は時価よりも低い対価での譲渡は、法律に基づく場合を除き認められていなかった。

こうした中、友好国のニーズに応えていくため、自衛隊で不用となった装備品を、開発途上地域の政府に対し無償又は時価よりも低い対価で譲渡できるよう、財政法第9条第1項15の特例規定を自衛隊法に新設した（当該規定を含む防衛省設置法等の一部を改正する法律は17（同29）年5月に成立）。

なお、この規定により無償又は時価よりも低い対価で譲渡できるようになった場合においても、いかなる場合にいかなる政府に対して装備品の譲渡などを行うかについては、防衛装備移転三原則などを踏まえ、個別具体的に判断されることとなる。また、譲渡した装備品のわが国の事前の同意を得ない目的外使用や第三者移転を防ぐため、相手国政府との間では国際約束を締結する必要がある。

自衛隊法（昭和二十九年第百六十五号）（抜粋）

（開発途上地域の政府に対する不用装備品等の譲渡に係る財政法の特例）

第百十六条の三　防衛大臣は、開発途上にある海外の地域の政府から当該地域の軍隊が行う災害応急対策のための活動、情報の収集のための活動、教育訓練その他の活動（国際連合憲章の目的と両立しないものを除く。）の用に供するために装備品等（装備品、船舶、航空機又は需品をいい、武器（弾薬を含む。）を除く。以下この条において同じ。）の譲渡を求める旨の申出があつた場合において、当該軍隊の当該活動に係る能力の向上を支援するため必要と認めるときは、当該政府との間の装備品等の譲渡に関する国際約束（我が国から譲渡された装備品等が、我が国の同意を得ないで、我が国との間で合意をした用途以外の用途に使用され、又は第三者に移転されることがないようにするための規定を有するものに限る。）に基づいて、自衛隊の任務遂行に支障を生じない限度において、自衛隊の用に供されていた装備品等であつて行政財産の用途を廃止したもの又は物品の不用の決定をしたものを、当該政府に対して譲与し、又は時価よりも低い対価で譲渡することができる。

3. 陸上自衛隊の主要火器の性能諸元

（平成29.9.30現在）

品　　目	口径（mm）	全長（m）	重量（kg）	給弾方式
89式556mm小銃	5.56	0.92	3.5	弾倉式
64式762mm小銃	7.62	0.99	4.4	弾倉式
62式762mm機関銃	7.62	1.2	10.7	ベルト給弾
556mm機関銃MINIMI	5.56	1.0	7.0	弾倉／ベルト
12,7mm重機関銃	12.7	1.65	38.1（脚なし）	リンク給弾
96式40mm自動てき弾銃	40	0.98	24.5	リンクベルト給弾
対人狙撃銃	7.62	1.09	5.5	弾倉式
1mm迫撃砲L16	81	1.28	38	手動／単発
84mm無反動砲（M2）	84	1.1	16.1	手動／単発
155mmりゅう弾砲FH70	155	12.4（射撃時）	約9,600	自動装填
120mm迫撃砲RT	120	2.1	600	手動／単発

4. 陸上自衛隊の主要車両の性能諸元

（平成29.9.30現在）

品　　目	全長（m）	全幅（m）	全高（m）	車両総重量（t）	最高速度（km/h）	乗員（人）	主要搭載火器
	約	約	約	約	約	約	
74式戦車	9.4	3.2	2.3	38	53	4	05mm戦車砲
90式戦車	9.8	3.4	2.3	50	70	3	120mm戦車砲
10式戦車	9.5	3.1	2.3	44	70	3	120mm戦車砲
73式装甲車	5.8	2.9	2.2	13	60	12	12.7mm重機関銃
96式装輪装甲車	6.8	2.5	1.9	15	100	10	40mm自動てき弾銃または12.7mm重機関銃
82式指揮通信車	5.7	2.5	2.4	14	100	8	12.7mm重機関銃
87式偵察警戒車	6.0	2.5	2.8	15	100	5	25mm機関砲
軽装甲機動車	4.4	2.0	1.9	4.5	100	4	
輸送防護車	7.2	2.5	2.7	14.5	100	10	
16式機動戦闘車	8.5	3.0	2.9	26.0	100	4	105mm戦車砲
203mm自走りゅう弾砲	10.7	3.2	3.1	28.5	54	5	203mmりゅう弾砲
99式自走155mmりゅう弾砲	12.2	3.2	3.9	40.0	47	4	155mmりゅう弾砲
多連装ロケットシステムMLRS	7.0	3.0	2.6	25.0	65	3	ロケット弾発射装置

5. 海上自衛隊の主要艦艇の性能諸元

（平成29.9.30現在）

種別	型別	現有数	基準排水量（トン）	速力（ノット）	主要装備
護衛艦	ひゅうが型	2	13,950	30	高性能20ミリ機関砲×2、VLS装置×1、短魚雷発射管×2、哨戒ヘリコプター×3
	いずも型	2	19,950	30	高性能20ミリ機関砲×2、対艦ミサイル防御装置×2、魚雷防御装置一式、哨戒ヘリコプター×7、輸送・救難ヘリコプター×2
	はたかぜ型	2	{4,600 / 4,650}	30	5インチ砲×2、高性能20ミリ機関砲×2、ターター装置×1、SSM装置×1、アスロック装置×1、短魚雷発射管×2
	こんごう型	4	7,250	30	127ミリ砲×1、高性能20ミリ機関砲×2、イージス装置×1、VLS装置×1、SSM装置×1、短魚雷発射管×2
	あたご型	2	7,750	30	5インチ砲×1、高性能20ミリ機関砲×2、イージス装置×1、VLS装置×1、SSM装置×1、短魚雷発射管×2
	はつゆき型	2	3,050	30	76ミリ砲×1、高性能20ミリ機関砲×2、短SAM装置×1、SSM装置×1、アスロック装置×1、短魚雷発射管×2、哨戒ヘリコプター×1
	あさぎり型	8	{3,500 / 3,550}	30	76ミリ砲×1、高性能20ミリ機関砲×2、短SAM装置×1、SSM装置×1、アスロック装置×1、短魚雷発射管×2、哨戒ヘリコプター×1
	むらさめ型	9	4,550	30	76ミリ砲×1、高性能20ミリ機関砲×2、VLS装置×1、SSM装置×1、短魚雷発射管×2、哨戒ヘリコプター×1
	たかなみ型	5	4,650	30	127ミリ砲×1、高性能20ミリ機関砲×2、VLS装置×1、短魚雷発射管×2、SSM装置×1、哨戒ヘリコプター×1
	あぶくま型	6	2,000	27	76ミリ砲×1、高性能20ミリ機関砲×1SSM装置×1、アスロック装置×1、短魚雷発射管×2
	あきづき型	4	{5,050 / 5,100}	30	5インチ砲×1、高性能20ミリ機関砲×2、VLS装置×1、SSM装置×1、短魚雷発射管×2、哨戒ヘリコプター×1
潜水艦	おやしお型	9	2,750	（水中）20	水中発射管一式
	そうりゅう型	8	2,950	（水中）20	水中発射管一式

装備

種別	型別	現有数	基準排水量（トン）	速力（ノット）	主要装備
掃海艦	あわじ型	1	690	14	20ミリ機関砲×1、深深度掃海装置一式
掃海艇	うわじま型	1	490	14	20ミリ機関砲×1、掃海装置一式
	すがしま型	12	510	14	20ミリ機関砲×1、掃海装置一式
	ひらしま型	3	570	14	20ミリ機関砲×1、掃海装置一式
	えのしま型	3	570	14	20ミリ機関砲×1、掃海装置一式
掃海母艦	うらが型	2	{5,650 / 5,700}	22	機雷敷設装置一式、76ミリ砲（「ぶんご」のみ）
掃海管制艇	いえしま型	2	490	14	遠隔操縦式掃海具操縦装置一式
ミサイル艇	はやぶさ型	6	200	44	76ミリ砲×1、SSM装置×1
輸送艦	おおすみ型	3	8,900	22	高性能20ミリ機関砲×2、輸送用エアクッション艇×2
輸送艇	輸送艇1号型	2	420	12	20ミリ機関砲×1
エアクッション艇	エアクッション艇1号型	6	85	40	
練習艦	かしま型	1	4,050	25	76ミリ砲×1、水上発射管×2
	しまゆき型	3	3,050	30	76ミリ砲×1、高性能20ミリ機関砲×2、短SAM装置×1、SSM装置×1、アスロック装置×1、短魚雷発射管×2、哨戒ヘリコプター×1
練習潜水艦	おやしお型	2	2,750	（水中）20	水中発射管一式
訓練支援艦	くろべ型	1	2,200	20	76ミリ砲×1、対空射撃訓練支援装置一式
	てんりゅう型	1	2,450	22	76ミリ砲×1、対空射撃訓練支援装置一式
多用途支援艦	ひうち型	5	980	15	えい航装置
海洋観測艦	ふたみ型	1	2,050	16	各種海洋観測装置一式
	にちなん型	1	3,350	18	各種海洋観測装置一式
	しょうなん型	1	2,950	16	各種海洋観測装置一式
音響測定艦	ひびき型	2	2,850	11	サータス装置一式
砕氷艦	しらせ型	1	12,650	19	各種洋上観測装置×1
敷設艦	むろと型	1	4,950	16	埋設装置一式、海洋観測装置一式

装備

種別	型別	現有数	基準排水量（トン）	速力（ノット）	主要装備
潜水艦救難艦	ちはや型	1	5,450	21	深海救難装置一式
潜水艦救難母艦	ちよだ型	1	3,650	17	深海救難艇、深海潜水装置一式
試験艦	あすか型	1	4,250	27	
補給艦	とわだ型	3	{8,100 8,150}	22	洋上補給装置一式、 補給品艦内移送装置一式
	ましゅう型	2	13,500	24	洋上補給装置一式、 補給品艦内移送装置一式
特務艦(艇)	はしだて型	1	400	20	

（注）同型艦の性能諸元及び主要装備には、多少の違いがある。

6. 海上自衛隊の就役艦船の隻数及び総トン数

（平成29.9.30現在）

区分		数	トン数（千トン）
自衛艦	護衛艦	46	252
	潜水艦	17	48
	機雷艦艇	24	23
	哨戒艦艇	6	1
	輸送艦艇	11	28
	補助艦艇	29	125
	計	133	478
支援船		291	25
計		424	503

（注）トン数は単位未満を四捨五入したので計と符合しないことがある。

7. 陸・海・空自衛隊の主要航空機の現有数・性能諸元 （平成29.9.30現在）

所属	型式	機種	用途	現有数	最大速度（ノット）	乗員（名）	全長（m）	全幅（m）	エンジン（型式）	取得方法
陸上自衛隊	固定翼	LR-2	連絡偵察	7	300	2 (8)	14	18	ターボプロップ	輸入
	回転翼	AH-1S	対戦車	57	120	2	14	3	ターボシャフト	ラ国
		AH-64D	戦闘	13	150	2	18	6	ターボシャフト	ラ国
		OH-6D	観測	36	140	1 (3)	7	2	ターボシャフト	ラ国
		OH-1	観測	37	140	2	12	3	ターボシャフト	国産
		UH-1H/J	多用途	131	120/130	2 (11)	12/13	3	ターボシャフト	ラ国
		UH-60JA	多用途	40	150	2 (12)	16	3	ターボシャフト	ラ国
		CH-47J/JA	輸送	56	150/140	3 (55)	16	4/5	ターボシャフト	ラ国
海上自衛隊	固定翼	P-3C	哨戒	62	400	11	36	30	ターボプロップ	FMS・ラ国
		P-1	哨戒	12	450	11	38	35	ターボファン	国産
		US-1A	救難	1	265	12	33	33	ターボプロップ	国産
		US-2	救難	5	315	11	33	33	ターボプロップ	国産
	回転翼	MCH-101	掃海・輸送	10	150	4	20	5	ターボシャフト	ラ国
		SH-60J/K	哨戒	87	150/140	3/4	15/16	3	ターボシャフト	輸入・ラ国
航空自衛隊	固定翼	F-15J/DJ	戦闘	201	2.5マッハ	1/2	19	13	ターボファン	FMS・ラ国
		F-4EJ/改	戦闘	52	2.2マッハ	2	19	12	ターボジェット	ラ国
		F-2A/B	戦闘	92	2.0マッハ	1/2	16	11	ターボファン	国産
		RF-4E/EJ	偵察	13	2.2マッハ	2	19	12	ターボジェット	輸入・改修
		C-1	輸送	16	440	5 (60)	29	31	ターボファン	国産
		C-130H	輸送	14	340	6 (92)	30	40	ターボプロップ	FMS
		E-2C	早期警戒	13	330	5	18	25	ターボプロップ	FMS
		E-767	早期警戒管制	4	450	20	49	48	ターボファン	輸入・FMS
	回転翼	UH-60J	救難	37	140	5 (12)	16	5	ターボシャフト	ラ国
		CH-47J	輸送	15	150	3 (55)	16	4	ターボシャフト	ラ国

注１．現有数は国有財産台帳による。
注２．ラ国はライセンス国産、FMSは有償援助の略。
注３．乗員欄の（　）は輸送人員を示す。

8. 誘導弾の性能諸元

（平成29.9.30現在）

用途	名称	所属	重量（kg）	全長（m）	直径（cm）	誘導方式
対弾道弾	SM−3	海	約1,500	約6.6	約35	指令＋赤外線画像ホーミング
	ペトリオット（PAC−3）	空	約300	約5.2	約26	プログラム＋指令＋ レーダー・ホーミング
対航空機	改良ホーク	陸	約640	約5.0	約36	レーダー・ホーミング
	03式中距離地対空誘導弾		約570	約4.9	約32	レーダー・ホーミング
	81式短距離地対空 誘導弾（改）（SAM−1C）		約100	約2.7/ 2.9	約16	画像＋赤外線ホーミング レーダー・ホーミング
	81式短距離地対空誘導弾 （SAM−1）	陸空	約100	約2.7	約16	赤外線ホーミング
	91式携帯地対空 誘導弾（SAM−2）	陸	約12	約1.4	約8	画像＋赤外線ホーミング
	91式携帯地対空誘導弾（B） （SAM−2B）		約13	約1.5	約8	赤外線画像ホーミング
	93式近距離地対空 誘導弾（SAM−3）		約12	約1.4	約8	画像＋赤外線ホーミング
	11式短距離地対空誘導弾		約100	約2.9	約16	レーダー・ホーミング
	基地防空用地対空誘導弾	空	約100	約2.9	約16	レーダー・ホーミング
	スタンダード（SM−1）	海	約590	約4.6	約34	レーダー・ホーミング
	スタンダード（SM−2）		約710	約4.7	約30	指令＋ レーダー・ホーミング
	シースパロー（RIM−7F/M）		約230	約3.7	約20	レーダー・ホーミング
	シースパロー（RIM−162）		約300	約3.8	約25	レーダー・ホーミング
	RAM（RIM−116）		約73	約2.8	約13	パッシブ・レーダー・ホーミング+赤外線ホーミング
	スパロー（AIM−7E/F/M）	空	約230	約3.7	約20	レーダー・ホーミング
	99式空対空誘導弾（AAM−4）		約220	約3.7	約20	レーダー・ホーミング
	99式空対空誘導弾（B） （AAM−4B）		約220	約3.7	約20	レーダー・ホーミング
	サイドワインダー（AIM−9L）		約89	約2.9	約13	赤外線ホーミング

用途	名称	所属	重量（kg）	全長（m）	直径（cm）	誘導方式
対航空機	90式空対空誘導弾（AAM−3）	空	約91	約3.0	約13	赤外線ホーミング
	04式空対空誘導弾（AAM−5）		約95	約3.1	約13	赤外線画像ホーミング
	ペトリオット（PAC−2）		約900	約5.3	約41	プログラム＋指令＋TVM
対艦船	88式地対艦誘導弾（SSM−1）	陸	約660	約5.1	約35	慣性誘導＋レーダー・ホーミング
	12式地対艦誘導弾		約700	約5.0	約35	慣性誘導＋レーダーホーミング＋GPS
	ハープーン（SSM）	海	約680	約4.6	約34	慣性誘導＋レーダー・ホーミング
	ハープーン（USM）		約680	約4.6	約34	慣性誘導＋レーダー・ホーミング
	ハープーン（ASM）		約530	約3.8	約34	慣性誘導＋レーダー・ホーミング
	90式艦対艦誘導弾（SSM−1B）		約660	約5.1	約35	慣性誘導＋レーダー・ホーミング
	91式空対艦誘導弾（ASM−1C）		約510	約4.0	約35	慣性誘導＋レーダー・ホーミング
	マーベリック		約300	約2.5	約31	赤外線画像ホーミング
	80式空対艦誘導弾（ASM−1）	空	約600	約4.0	約35	慣性誘導＋レーダー・ホーミング
	93式空対艦誘導弾（ASM−2）		約540	約4.0	約35	慣性誘導＋赤外線画像ホーミング
	93式空対艦誘導弾（B）（ASM−2B）		約530	約4.0	約35	慣性誘導＋赤外線画像ホーミング＋GPS
対戦車	87式対戦車誘導弾	陸	約12	約1.1	約11	レーザー・ホーミング
	01式軽対戦車誘導弾		約11	約0.9	約12	赤外線画像ホーミング
	TOW		約18	約1.2	約15	赤外線半自動有線誘導
対舟艇対戦車	79式対舟艇対戦車誘導弾	陸	約33	約1.6	約15	赤外線半自動有線誘導
	96式多目的誘導弾システム（MPMS）		約59	約2.0	約16	慣性誘導＋赤外線画像光ファイバーTVM
	中距離多目的誘導弾		約26	約1.4	約14	赤外線画像ホーミング、レーザー・ホーミング
	ヘルファイア	陸海	約47	約1.6	約18	レーザー・ホーミング

9. 国内で開発した主要な装備品等

項　　　目	主　契　約　会　社
高等練習機(T−2)	三菱重工業
支援戦闘機(F−1)	三菱重工業
中等練習機(T−4)	川崎重工業
支援戦闘機(F−2)	三菱重工業
哨戒ヘリコプター (SH−60J)	三菱重工業
哨戒ヘリコプター (SH−60K)	三菱重工業
観測ヘリコプター (OH−1)	川崎重工業
87式対戦車誘導弾(ATM−3)	川崎重工業
88式地対艦誘導弾(SSM−1)	三菱重工業
90式艦対艦誘導弾(SSM−1B)	三菱重工業
90式空対空誘導弾(AAM−3)	三菱重工業
91式空対艦誘導弾(ASM−1C)	三菱重工業
91式携帯地対空誘導弾(SAM−2)	東芝
91式携帯地対空誘導弾(B)(SAM−2B)	東芝
93式近距離地対空誘導弾(SAM−3)	東芝
93式空対艦誘導弾(ASM−2)	三菱重工業
99式空対空誘導弾(AAM−4)	三菱電機
01式軽対戦車誘導弾	川崎重工業
03式中距離地対空誘導弾(中SAM)	三菱電機
04式空対空誘導弾(AAM−5)	三菱重工業
81式短距離地対空誘導弾(改)(SAM−1C)	東芝
96式多目的誘導弾システム(MPMS)	川崎重工業
中距離多目的誘導弾	川崎重工業
99式空対空誘導弾(B)(AAM−4B)	三菱電機
11式短距離地対空誘導弾	東芝
基地防空用地対空誘導弾	東芝
12式地対艦誘導弾	三菱重工業
87式自走高射機関砲	三菱重工業・日本製鋼所
73式装甲車	三菱重工業・小松製作所
74式戦車	三菱重工業
82式指揮通信車	小松製作所
87式偵察警戒車	小松製作所
軽装甲機動車	小松製作所
89式装甲戦闘車	三菱重工業
90式戦車	三菱重工業
96式装輪装甲車	小松製作所
99式自走155mmりゅう弾砲	日本製鋼所
10式戦車	三菱重工業
16式機動戦闘車	三菱重工業
97式魚雷	三菱重工業
12式魚雷	三菱重工業
86式えい航式パッシブソーナー(OQR−1)	沖電気工業
固定式警戒管制レーダ(J/FPS−5)	三菱電機
対空戦闘指揮統制システム	三菱電機
火力戦闘指揮統制システム	東芝
掃海艇用ディーゼル機関	三菱重工業

10. わが国工業生産における防衛生産の地位（平成27年度）

（単位：百万円）

品目＼項目	防衛省向け生産額（A）	工業生産総額（B）	比率（%）（A／B）
船舶	196,677	3,497,540	5.62
航空機	478,165	1,781,717	26.84
車両	28,846	57,809,567	0.05
武器弾薬	480,593	577,971	83.15
電気通信機器	411,730	40,806,025	1.01
石油製品	102,501	14,332,935	0.72
繊維製品	26,909	3,969,986	0.68
医薬品	3,807	8,362,082	0.05
糧食	30,598	34,512,728	0.09
その他	270,419	147,478,012	0.18
合計	2,030,245	313,128,563	0.65

（注）1.「防衛省向け生産額」は、「装備品等の統計調査に関する訓令」（昭和34年防衛庁訓令第69号）により実施された「平成27年度装備品等調達契約額調査」による。ただし「航空機」については、経済産業省大臣官房調査統計グループ編「平成27年経済産業省生産動態統計年報　機械統計編」による。

2.「工業生産額」は、経済産業省大臣官房調査統計グループ編「平成28年経済センサス―活動調査　産業別集計（製造業）産業編」による。ただし、「航空機」については、「平成27年経済産業省生産動態統計年報　機械統計編」による。

3.「比率」は、小数点第3位で四捨五入している。

第8章　施　　設

1. 防衛省所管国有財産現在高

（平成29.3.31現在）

区分及び種目＼数量価格＼年度	平成28年度末現在高	
	数　量	価　格
土　　　　　地	1,000,404千㎡	3,971,373百万円
立　　木　　竹	—	13,187百万円
建　　　　　物	延17,411千㎡	870,919百万円
工　　作　　物	—	467,846百万円
機　械　器　具	—	—
船　　　　　舶	471隻	1,192,288百万円
航　　空　　機	1,496機	673,081百万円
地　上　権　等	534千㎡	690百万円
特　許　権　等	564件	19百万円
政　府　出　資　等	—	—
不動産の信託の受益権	—	—
合　　　　　計		7,189,403百万円

（注）1．上記国有財産は、すべて行政財産である。
　　　2．単位未満を四捨五入したので計と符合しないことがある。

2. 自衛隊施設（土地・建物）推移表

面積単位：万平方メートル（平成29.3.31現在）

年度末区分	施設件数	土地面積				建物延面積			
		行政財産	他省庁財産	民公有財産	合計	行政財産	他省庁財産	民公有財産	合計
平成2	2,916	92,358	2,043	12,184	106,585	1,091	35	140	1,265
3	2,893	93,044	1,765	12,114	106,922	1,118	42	142	1,302
4	2,882	93,186	1,757	12,077	107,020	1,168	42	145	1,354
5	2,911	93,371	1,719	12,128	107,217	1,219	36	147	1,401
6	2,917	93,445	1,718	12,132	107,296	1,260	35	151	1,446
7	2,904	93,586	1,718	12,079	107,383	1,302	34	153	1,489
8	2,939	93,704	1,724	12,068	107,495	1,349	34	159	1,542
9	2,947	93,887	1,719	12,057	107,662	1,384	33	162	1,579
10	2,932	93,987	1,707	12,030	107,723	1,414	33	163	1,610
11	2,940	94,074	1,701	12,016	107,790	1,468	33	163	1,663
12	2,895	94,151	1,696	12,004	107,851	1,493	22	162	1,677
13	2,831	94,589	1,426	12,009	108,024	1,539	3	159	1,701
14	2,775	94,644	1,431	11,995	108,070	1,556	3	157	1,716
15	2,727	94,731	1,435	11,984	108,150	1,580	3	155	1,739
16	2,793	94,783	1,446	12,081	108,309	1,596	3	149	1,748
17	2,748	94,917	1,434	12,082	108,434	1,615	3	148	1,766
18	2,675	94,972	1,440	12,128	108,540	1,622	3	147	1,772
19	2,676	95,024	1,421	12,030	108,476	1,636	2	146	1,784
20	2,641	95,044	1,420	12,008	108,471	1,650	2	146	1,798
21	2,635	95,233	1,423	11,989	108,644	1,669	5	145	1,819
22	2,636	95,276	1,425	11,986	108,686	1,685	5	140	1,830
23	2,590	95,277	1,442	11,954	108,673	1,700	5	133	1,838
24	2,549	95,277	1,437	11,984	108,698	1,712	5	128	1,844
25	2,539	95,273	1,433	12,017	108,723	1,729	5	121	1,855
26	2,452	95,280	1,423	12,016	108,719	1,745	5	113	1,863
27	2,332	95,353	1,413	12,011	108,778	1,733	5	109	1,847
28	2,348	95,508	1,420	12,033	108,961	1,741	5	106	1,853

注1：平成18年度までの数値には、防衛施設庁、防衛施設局の庁舎、宿舎は含まれていない。
注2：単位未満を四捨五入したので計と符合しないことがある。

3. 自衛隊施設

面積　土地：千平方メートル
建物：延千平方メートル（平成29.3.31現在）

用　　途	施設件数	面　積				建　物			
		行政財産	他省庁財産	民公有財産	計	行政財産	他省庁財産	民公有財産	計
総　　計	2,348	955,078	14,200	120,334	1,089,612	17,409	52	1,063	18,525
(1) 営舎施設	149	51,651	307	2,076	54,034	6,020	0	0	6,020
(2) 演習場施設	72	704,661	5,818	103,069	813,548	161	—	—	161
(3) 射撃場施設	76	24,277	115	1,932	26,324	108	—	—	108
(4) 訓練場施設	66	10,917	542	3,689	15,147	338	—	0	338
(5) 港湾施設	33	464	—	0	464	77	—	—	77
(6) 飛行場施設	46	66,597	6,775	7,394	80,766	3,490	2	—	3,491
(7) 着陸場施設	9	4,024	140	13	4,177	3	—	—	3
(8) 通信施設	193	13,888	147	1,509	15,543	479	—	0	479
(9) 教育研究施設	50	24,802	0	2	24,804	2,145	—	—	2,145
(10) 補給施設	74	47,135	3	567	47,705	1,543	—	—	1,543
(11) 医療施設	15	414	—	0	414	184	—	—	184
(12) 事務所施設	427	310	0	6	316	412	51	40	502
(13) 宿舎施設	1,003	4,519	339	43	4,901	2,354	—	1,023	3,377
(14) その他の施設	135	1,421	13	35	1,470	98	—	—	98

注1：単位未満を四捨五入したので計と符合しないことがある。
注2：「0」は単位未満を、「—」は該当数量のないことを示す。

4. 演習場一覧

単位：千平方メートル（平成29.3.31現在）

区分	名称	所在地	土地面積 行政財産	土地面積 他省庁財産	土地面積 民公有財産	土地面積 合計	備考
大演習場	矢臼別	北海道	168,134	—	15	168,149	有明、西岡、島松、島松着弾地、恵庭、千歳、東千歳の7地区
	北海道	〃	95,805	143	9	95,957	
	王城寺原	宮城	42,487	11	4,059	46,557	
	北富士	山梨	19,659	6	26,930	46,595	
	東富士	静岡	29,338	5,139	53,831	88,308	
	日出生台	大分	49,870	—	—	49,870	
	計 6件		405,292	5,299	84,845	495,436	
中演習場	鬼志別	北海道	14,925	—	—	14,925	
	上富良野	〃	42,851	3	14	42,867	
	然別	〃	33,288	—	4	33,292	
	岩手山	岩手	22,891	—	0	22,891	
	白河布引山	福島	18,108	1	1,716	19,825	
	相馬原	群馬	6,312	—	2,725	9,036	
	関山	新潟	15,854	—	2,994	18,848	
	饗庭野	滋賀	22,510	—	2,235	24,745	
	青野ケ原	兵庫	6,085	—	—	6,085	
	日本原	岡山	14,661	—	4,982	19,643	
	大野原	長崎、佐賀	5,992	—	83	6,075	
	大矢野原	熊本	16,328	12	—	16,340	
	十文字原	大分	6,328	—	79	6,407	
	霧島	宮崎、鹿児島	11,054	5	—	11,059	
	計 14件		237,188	22	14,831	252,041	
小演習場	52件		62,180	498	3,393	66,072	
合計	72件		704,661	5,818	103,069	813,548	

注1：単位未満を四捨五入したので計と符合しないことがある。
注2：「0」は単位未満を、「—」は該当数量のないことを示す。

5. 飛行場及び主要着陸場一覧

(平成29.12.31現在)

区　分	隊別	施設名	滑走路規模 長さ(m)×幅(m)	備　考
(1) 防衛大臣または防衛庁長官(当時)が設置告示した飛行場	陸	旭川飛行場	800×50	
		十勝〃	1,500×45	
		札幌〃	1,500×45	公共用指定、米軍と共同使用(2-4-b)
		霞目〃	708×30	米軍と共同使用(2-4-b)
		宇都宮〃	1,700×45	
		相馬原〃	500×30	ヘリポート
		霞ヶ浦〃	550×15	
		立川〃	900×45	
		明野〃	500×30 500×30	
		目達原〃	660×30	
	海	大湊飛行場	600×45	
		八戸〃	2,250×45	米軍と共同使用(2-4-b)
		館山〃	300×45 270×270	ヘリポート
		下総〃	2,250×45	
		厚木〃	2,438×45	米軍と共同使用(2-4-b)
		硫黄島〃	2,650×60	米軍と共同使用(2-4-b)
		舞鶴〃	400×45	ヘリポート
		徳島〃	2,500×45	公共用指定
		小松島〃	250×45	ヘリポート
		小月〃	1,200×60 900×45	
		大村〃	1,200×30	
		鹿屋〃	2,250×45 1,200×40	
	空	千歳飛行場	3,000×60 2,700×45	公共用指定、米軍と共同使用(2-4-b)
		松島〃	2,700×45 1,500×45	
		百里〃	2,700×45 2,700×45	公共用指定、米軍と共同使用(2-4-b)
		入間〃	2,000×45	
		静浜〃	1,500×45	
		浜松〃	2,550×60	
		小松〃	2,700×45	公共用指定、米軍と共同使用(2-4-b)
		岐阜〃	2,700×45	米軍と共同使用(2-4-b)
		美保〃	2,500×45	公共用指定、米軍と共同使用(2-4-b)
		防府〃	1,480×45 1,180×45	陸自と共用
		芦屋〃	1,640×45	
		築城〃	2,400×45	米軍と共同使用(2-4-b)
		新田原〃	2,700×45	米軍と共同使用(2-4-b)
(2) 自衛隊が共用する民間空港	陸	山形空港	2,000×45	
		八尾〃	1,490×45 1,200×30	
		熊本〃	3,000×45	
	空	秋田空港	2,500×60	
		新潟〃	1,314×45 2,500×45	
		名古屋飛行場	2,740×45	
		福岡空港	2,800×60	
		那覇〃	3,000×45	陸・海自と共用
(3) 自衛隊の飛行部隊が共同使用する米軍飛行場	陸	木更津飛行場	1,830×45	
	海	岩国飛行場	2,440×60	公共用指定
	空	三沢飛行場	3,048×46	公共用指定

6. 防衛施設周辺整備の概要

自衛隊施設及び在日米軍施設・区域の周辺の生活環境の整備等については、「防衛施設周辺の生活環境の整備等に関する法律」（昭和49年法律第101号）に基づき、次のような施策を実施している。

(1) 障害防止工事の助成

自衛隊等の機甲車両その他重車両の頻繁な使用、射爆撃等の頻繁な実施等の行為により生ずる障害を防止し、又は軽減するため、地方公共団体その他の者が農業用施設、道路、河川、防砂施設、水道、下水道等について必要な工事を行うときは、その者に対し、その費用の全部又は一部を補助する。

(2) 学校、病院等の防音工事の助成

自衛隊等の航空機の離着陸等の頻繁な実施等により生ずる音響で著しいものを防止し、又は軽減するため、地方公共団体その他の者が学校、病院、診療所、助産所、保育所、障害児入所施設等について必要な工事（防音工事）を行うときは、その者に対し、その費用の全部又は一部を補助する。

(3) 飛行場等周辺の航空機騒音対策

自衛隊等の飛行場及び射爆撃場の周辺地域における航空機の離着陸等の頻繁な実施により生ずる音響に起因する障害の程度を音響の強度、発生回数及び時刻等を考慮して定めた算定方法によって算定し、その程度により防衛大臣が第一種区域、第二種区域及び第三種区域を指定する。

注：平成24年度以前の区域指定にあっては、第一種区域はWECPNL値75以上の区域、第二種区域はWECPNL値90以上の区域、第三種区域はWECPNL値95以上の区域。平成25年度以降の区域指定にあっては、第一種区域はLden値62以上の区域、第二種区域はLden値73以上の区域、第三種区域はLden値76以上の区域。

ア　住宅の防音工事の助成

第一種区域内の住宅の防音工事について助成を行う。

イ　移転の補償等

第二種区域から建物等を移転し、又は除却する者に対する移転等の補償、土地の買入れ、買い入れた土地の無償使用を行うほか、地方公共団体その他の者が移転先地において行う道路、水道、排水施設等の公共施設の整備について助成する。

ウ　緑地帯の整備等

第三種区域内に所在する土地について、緑地帯その他の緩衝地帯として整備する。

(4) 民生安定施設の整備の助成

防衛施設の設置又は運用により周辺地域の住民の生活又は事業活動が阻害されると認められる場合において、その障害の緩和に資するため、生活環境施設（道路、

施設

消防施設、公園、水道、し尿処理施設、ごみ処理施設、公民館、体育館、図書館等）又は事業経営の安定に寄与する施設（農林漁業用施設等）の整備について必要な措置をとる地方公共団体に対し、その整備に要する費用の一部を補助する。

(5) 特定防衛施設周辺整備調整交付金の交付

ジェット機が離着陸する飛行場、砲撃又は航空機による射爆撃が実施される演習場、港湾、大規模な弾薬庫等のうち、その設置又は運用が周辺地域における生活環境又はその周辺地域の開発に及ぼす影響の程度及び範囲その他の事情を考慮し、当該周辺地域を管轄する市町村がその区域内において行う公共用の施設の整備又はその他の生活環境の改善若しくは開発の円滑な実施に寄与する事業について特に配慮する必要があると認められる防衛施設があるときは、当該防衛施設を特定防衛施設として、また、当該市町村を特定防衛施設関連市町村として、それぞれ指定し、指定した市町村に対し、公共用の施設の整備又はその他の生活環境の改善若しくは開発の円滑な実施に寄与する事業を行うための費用に充てさせるため、特定防衛施設周辺整備調整交付金を交付する。

(6) その他

以上の施策のほか、航空機の離着陸等の頻繁な実施等の自衛隊の行為による農林漁業等の事業経営上の損失の補償、障害防止工事を行う者又は民生安定施設の整備を行う地方公共団体への資金の融通又はあっせん、普通財産の譲渡又は貸付け等の規定が設けられている。

以上の施策を表に示すと以下のようになる。

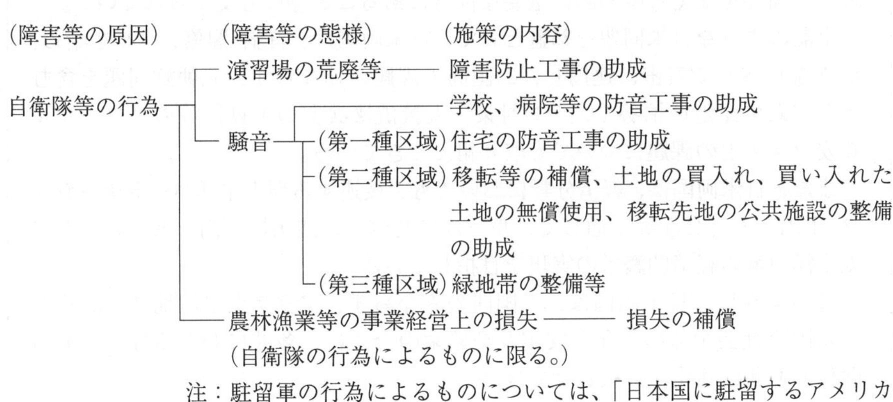

注：駐留軍の行為によるものについては、「日本国に駐留するアメリカ合衆国軍隊等の行為による特別損失の補償に関する法律」（昭和28年法律第246号）により損失の補償を行っている。

防衛施設の設置・運用
- 生活又は事業活動の阻害 ―― 民生安定施設の整備の助成
- 生活環境又は開発に及ぼす影響 ―― 特定防衛施設周辺整備調整交付金の交付

第９章　日米安全保障体制

1. 日米安全保障体制の意義

(1) 意義

平成25年12月に策定された国家安全保障戦略において、日米安保体制については次のように規定されている。(抜粋)

日米安全保障体制を中核とする日米同盟は、過去60年余にわたり、我が国の平和と安全及びアジア太平洋地域の平和と安定に不可欠な役割を果たすとともに、近年では、国際社会の平和と安定及び繁栄にもより重要な役割を果たしてきた。

日米同盟は、国家安全保障の基軸である。米国にとっても、韓国、オーストラリア、タイ、フィリピンといった地域諸国との同盟のネットワークにおける中核的な要素として、同国のアジア太平洋戦略の基盤であり続けてきた。

こうした日米の緊密な同盟関係は、日米両国が自由、民主主義、基本的人権の尊重、法の支配といった普遍的価値や戦略的利益を共有していることによって支えられている。また、我が国が地理的にも、米国のアジア太平洋地域への関与を支える戦略的に重要な位置にあること等にも支えられている。

上記のような日米同盟を基盤として、日米両国は、首脳·閣僚レベルを始め、様々なレベルで緊密に連携し、二国間の課題のみならず、北朝鮮問題を含むアジア太平洋地域情勢や、テロ対策、大量破壊兵器の不拡散等のグローバルな安全保障上の課題についても取り組んできている。

また、日米両国は、経済分野においても、後述する環太平洋パートナーシップ(TPP)協定交渉等を通じて、ルールに基づく、透明性が高い形でのアジア太平洋地域の経済的繁栄の実現を目指している。

このように、日米両国は、二国間のみならず、アジア太平洋地域を始めとする国際社会全体の平和と安定及び繁栄のために、多岐にわたる分野で協力関係を不断に強化・拡大させてきた。

また、我が国が上述したとおり安全保障面での取組を強化する一方で、米国としても、アジア太平洋地域を重視する国防戦略の下、同地域におけるプレゼンスの充実、さらには、我が国を始めとする同盟国等との連携・協力の強化を志向している。

(略)

(2) 日米安保共同宣言

日米両国は、冷戦終結後の新たな時代における日米安保体制の意義などについて閣僚や事務レベルの対話を精力的に行い、平成8年4月17日にその成果を首脳レベルの日米安全保障共同宣言という形で総括した。

その後、同宣言を踏まえ、同年12月にSACO最終報告が取りまとめられたほか、平成9年9月に新たな「日米防衛協力のための指針」が策定された。

日米安全保障共同宣言

—21世紀に向けての同盟—

(仮訳)

1. 本日、総理大臣と大統領は、歴史上最も成功している二国間関係の一つである日米関係を祝した。両首脳は、この関係が世界の平和と地域の安定並びに繁栄に深甚かつ積極的な貢献を行ってきたことを誇りとした。日本と米国との間の堅固な同盟関係は、冷戦の期間中、アジア太平洋地域の平和と安全の確保に役立った。我々の同盟関係は、この地域の力強い経済成長の土台であり続ける。両首脳は、日米両国の将来の安全と繁栄がアジア太平洋地域の将来と密接に結びついていることで意見が一致した。

   この同盟関係がもたらす平和と繁栄の利益は、両国政府のコミットメントのみによるものではなく、自由と民主主義を確保するための負担を分担してきた日米両国民の貢献にもよるものである。総理大臣と大統領は、この同盟関係を支えている人々、とりわけ、米軍を受け入れている日本の地域社会及び、故郷を遠く離れて平和と自由を守るために身を捧げている米国の人々に対し、深い感謝の気持ちを表明した。

2. 両国政府は、過去一年余、変わりつつあるアジア太平洋地域の政治及び安全保障情勢並びに両国間の安全保障面の関係の様々な側面について集中的な検討を行ってきた。この検討に基づいて、総理大臣と大統領は、両国の政策を方向づける深遠な共通の価値、即ち自由の維持、民主主義の追求、及び人権の尊重に対するコミットメントを再確認した。両者は、日米間の協力の基盤は引き続き堅固であり、21世紀においてもパートナーシップが引き続き極めて重要であることで意見が一致した。

地域情勢

3. 冷戦の終結以来、世界的な規模の武力紛争が生起する可能性は遠のいている。ここ数年来、この地域の諸国の間で政治及び安全保障についての対話が拡大してきている。民主主義の諸原則が益々尊重されてきている。歴史上かつてないほど繁栄が広がり、アジア太平洋という地域社会が出現しつつある。アジア太平洋地域は、今や世界で最も活力ある地域となっている。

しかし同時に、この地域には依然として不安定性及び不確実性が存在する。朝鮮半島における緊張は続いている。核兵器を含む軍事力が依然大量に集中している。未解決の領土問題、潜在的な地域紛争、大量破壊兵器及びその運搬手段の拡散は全て地域の不安定化をもたらす要因である。

日米同盟関係と相互協力及び安全保障条約

4．総理大臣と大統領は、この地域の安定を促進し、日米両国が直面する安全保障上の課題に対処していくことの重要性を強調した。

これに関連して総理大臣と大統領は、日本と米国との間の同盟関係が持つ重要な価値を再確認した。両者は、「日本国とアメリカ合衆国との間の相互協力及び安全保障条約」（以下、日米安保条約）を基盤とする両国間の安全保障面の関係が、共通の安全保障上の目標を達成するとともに、21世紀に向けてアジア太平洋地域において安定的で繁栄した情勢を維持するための基礎であり続けることを再確認した。

(a) 総理大臣は、冷戦後の安全保障情勢の下で日本の防衛力が適切な役割を果たすべきことを強調する1995年11月策定の新防衛大綱において明記された日本の基本的な防衛政策を確認した。総理大臣と大統領は、日本の防衛のための最も効果的な枠組みは、日米両国間の緊密な防衛協力であるとの点で意見が一致した。この協力は、自衛隊の適切な防衛能力と日米安保体制の組み合わせに基づくものである。両首脳は、日米安保条約に基づく米国の抑止力は引き続き日本の安全保障の拠り所であることを改めて確認した。

(b) 総理大臣と大統領は、米国が引き続き軍事的プレゼンスを維持することは、アジア太平洋地域の平和と安定の維持のためにも不可欠であることで意見が一致した。両首脳は、日米間の安全保障面の関係は、この地域における米国の肯定的な関与を支える極めて重要な柱の一つとなっているとの認識を共有した。

大統領は、日本の防衛及びアジア太平洋地域の平和と安定に対する米国のコミットメントを強調した。大統領は、冷戦の終結以来、アジア太平洋地域における米軍戦力について一定の調整が行われたことに言及した。米国は、周到な評価に基づき、現在の安全保障情勢の下で米国のコミットメントを守るためには、日本におけるほぼ現在の水準を含め、この地域において、約10万人の前方展開軍事要員からなる現在の兵力構成を維持することが必要であることを再確認した。

(c) 総理大臣は、この地域において安定的かつ揺るぎのない存在であり続けるとの米国の決意を歓迎した。総理大臣は、日本における米軍の維持のために、日本が、日米安保条約に基づく施設及び区域の提供並びに接受国支援等を通じ適切な寄与を継続することを再確認した。大統領は、米国は日本の寄与を評価することを表明し、日本に駐留する米軍に対し財政的支援を提供する新特別協定が締結されたことを歓迎した。

日米間の安全保障面の関係に基づく二国間協力

5．総理大臣と大統領は、この極めて重要な安全保障面での関係の信頼性を強化することを目的として、以下の分野での協力を前進させるために努力を払うことで意見が一致した。

(a) 両国政府は、両国間の緊密な防衛協力が日米同盟関係の中心的要素であることを認識した上で、緊密な協議を継続することが不可欠であることで意見が一致した。両国政府は、国際情勢、とりわけアジア太平洋地域についての情報及び意見の交換を一層強化する。同時に、国際的な安全保障情勢において起こりうる変化に対応して、両国政府の必要性を最も良く満たすような防衛政策並びに日本における米軍の兵力構成を含む軍事態勢について引き続き緊密に協議する。

(b) 総理大臣と大統領は、日本と米国との間に既に構築されている緊密な協力関係を増進するため、1978年の「日米防衛協力のための指針」の見直しを開始することで意見が一致した。

両首脳は、日本周辺地域において発生しうる事態で日本の平和と安全に重要な影響を与える場合における日米間の協力に関する研究をはじめ、日米間の政策調整を促進する必要性につき意見が一致した。

(c) 総理大臣と大統領は、「日本国の自衛隊とアメリカ合衆国軍隊との間の後方支援、物品又は役務の相互の提供に関する日本国政府とアメリカ合衆国政府との間の協定」が1996年4月15日署名されたことを歓迎し、この協定が日米間の協力関係を一層促進するものとなるよう期待を表明した。

(d) 両国政府は、自衛隊と米軍との間の協力のあらゆる側面における相互運用性の重要性に留意し、次期支援戦闘機（F－2）等の装備に関する日米共同研究開発をはじめとする技術と装備の分野における相互交流を充実する。

(e) 両国政府は、大量破壊兵器及びその運搬手段の拡散は、両国の共通の安全保障にとり重要な意味合いを有するものであることを認識した。両国政府は、拡散を防止するため共に行動していくとともに、既に進行中の弾道ミサイル防衛に関する研究において引き続き協力を行う。

6．総理大臣と大統領は、日米安保体制の中核的要素である米軍の円滑な日本駐留にとり、広範な日本国民の支持と理解が不可欠であることを認識した。両首脳は、両国政府が、米軍の存在と地位に関連する諸問題に対応するためあらゆる努力を行うことで意見が一致した。両首脳は、また、米軍と日本の地域社会との間の相互理解を深めるため、一層努力を払うことで意見が一致した。

特に、米軍の施設及び区域が高度に集中している沖縄について、総理大臣と大統領は、日米安保条約の目的との調和を図りつつ、米軍の施設及び区域を整理し、統合し、縮小するために必要な方策を実施する決意を再確認した。このような観点から、両首脳は、「沖縄に関する特別行動委員会」(SACO) を通じてこれまで得られた重要な進展に満足の意を表するとともに、1996年4月15日のSACO中間報告で示された広範な措置を歓迎した。両首脳は、1996年11月までに、SACOの作業を成功裡に結実させるとの確固たるコミットメントを表明した。

地域における協力

7. 総理大臣と大統領は、両国政府が、アジア太平洋地域の安全保障情勢をより平和的で安定的なものとするため、共同でも個別にも努力することで意見が一致した。これに関連して、両首脳は、日米間の安全保障面の関係に支えられたこの地域への米国の関与が、こうした努力の基盤となっていることを認識した。

両首脳は、この地域における諸問題の平和的解決の重要性を強調した。両首脳は、この地域の安定と繁栄にとり、中国が肯定的かつ建設的な役割を果たすことが極めて重要であることを強調し、この関連で、両国は中国との協力を更に深めていくことに関心を有することを強調した。ロシアにおいて進行中の改革のプロセスは、地域及び世界の安定に寄与するものであり、引き続き慫慂し、協力するに足るものである。両首脳は、また、アジア太平洋地域の平和と安定にとり、東京宣言に基づく日露関係の完全な正常化が重要である旨述べた。両者は、朝鮮半島の安定が日米両国にとり極めて重要であることにも留意し、そのために両国が、韓国と緊密に協力しつつ、引き続きあらゆる努力を払っていくことを再確認した。

総理大臣と大統領は、ASEAN地域フォーラムや、将来的には北東アジアに関する安全保障対話のような、多数国間の地域的安全保障についての対話及び協力の仕組みを更に発展させるため、両国政府が共同して、及び地域内の他の国々と共に、作業を継続することを再確認した。

安保体制

地球的規模での協力

8. 総理大臣と大統領は、日米安保条約が日米同盟関係の中核であり、地球的規模の問題についての日米協力の基盤たる相互信頼関係の土台となっていることを認識した。

総理大臣と大統領は、両国政府が平和維持活動や人道的な国際救援活動等を通じ、国際連合その他の国際機関を支援するための協力を強化することで意見が一致した。

両国政府は、全面的核実験禁止条約(CTBT)交渉の促進並びに大量破壊兵器及びその運搬手段の拡散の防止を含め、軍備管理及び軍縮等の問題についての政策調整及び協力を行う。両首脳は、国連及びAPECにおける協力や、北朝鮮の核開発問題、中東和平プロセス及び旧ユーゴスラヴィアにおける和平執行プロセス等の問題についての協力を行うことが、両国が共有する利益及び基本的価値が一層確保されるような世界を構築する一助となるとの点で意見が一致した。

結語

9．最後に、総理大臣と大統領は、安全保障、政治及び経済という日米関係の三本の柱は全て両国の共有する価値観及び利益に基づいており、また、日米安保条約により体現された相互信頼の基盤の上に成り立っているとの点で意見が一致した。総理大臣と大統領は、21世紀を目前に控え、成功を収めてきた安全保障協力の歴史の上に立って、将来の世代のために平和と繁栄を確保すべく共に手を携えて行動していくとの強い決意を再確認した。

1996年4月17日
東京
日本国内閣総理大臣　　　　アメリカ合衆国大統領

(3) 日米安保体制をとり巻く環境

これまでの安全保障環境においては、9・11テロに代表される国際テロや大量破壊兵器及びその運搬手段である弾道ミサイルの拡散などの新たな脅威の台頭やグローバル化などの変化が見られ、このような変化に対応するため、日米間で日米同盟の将来に関する協議が行われ、その成果として、2005年2月の日米安全保障協議委員会(「2+2」)において、この日米協議の第1段階である共通の戦略目標を確認するとともに、第2段階の日米間の役割・任務・能力、第3段階の在日米軍の兵力構成見直しについて、数ヶ月間集中的に協議することとされた。また、同年10月に実施された「2+2」会合においては、これまでの検討をとりまとめた共同文書が承認された。

さらに、2006年5月に実施された「2+2」会合において、それまでの一連の協議の成果として、「再編の実施のための日米ロードマップ」が承認され、兵力態勢の再編の取りまとめがなされた。2007年5月の「2+2」においては、再編に係る進展を確認・評価した。

2010年1月の「2＋2」共同発表以降、日米両国は日米安保50周年を契機に、新たな安全保障環境にふさわしい形で日米同盟を深化・発展させるための協議を行ってきた。この結果、2011年6月の「2＋2」共同発表において、2005年及び2007年の共通の戦略目標の見直し及び再確認を行い、日米間の安全保障・防衛協力を深化・発展させることとした。また、併せて2010年5月及び今回の「2＋2」共同発表によって補完されたロードマップにおいて述べられている再編案の着実な実施を確認するとともに、東日本大震災及び原発事故における自衛隊と米軍の連携・協力を踏まえ、日米の多様な事態へ対処する能力強化を図ることで一致した。

2012年1月、オバマ政権は、新たな国防戦略指針を公表し、将来の米軍について、より小規模で引き締まったものとすると同時に、より柔軟で、展開性に富み、技術的に優れたものとする旨表明した。さらに、米国の安全保障戦略を、アジア太平洋地域により重点を置くとし、同盟国との関係強化に触れている。2012年4月の「2＋2」共同発表において、我が国政府は、このようなアジア太平洋重視の意図及び米国の取組を歓迎する旨表明した。また、同共同発表では、再編のロードマップに示された計画を調整することを決定し、抑止力を維持しつつ地元への米軍の影響を軽減する取組みを推進することにしている。

近年のわが国を取り巻く安全保障環境は、周辺国の軍事活動などの活発化、国際テロ組織などの新たな脅威の発生、海洋・宇宙・サイバー空間といった国際公共財の安定的利用に対するリスクの顕在化など、様々な課題や不安定要因が顕在化・先鋭化・深刻化している。加えて、海賊対処活動、PKO、国際緊急援助活動のように自衛隊の活動もグローバルな規模に拡大してきている。

このような安全保障環境の変化を背景として、13(平成25)年2月の日米首脳会談において、安全保障とアジア太平洋地域情勢についての意見交換がなされ、安倍内閣総理大臣からオバマ米大統領に対し、「安全保障環境の変化を踏まえ、日米の役割・任務・能力(RMC＝Role Mission Capability)の考え方についての議論を通じ、「指針」の見直しの検討を進めたい」旨述べた。

以上のような経緯を経て、13(平成25)年10月の「2＋2」会合において、防衛協力小委員会(SDC＝Subcommittee for Defense Cooperation)に対して、現「指針」の変更に関する勧告を作成するよう指示され、14(同26)年末までに「指針」を見直すこととなった。

日米間で精力的に見直し作業を行ってきた結果、15(平成27)年4月27日に行われた「2+2」会合において、日米安全保障協議委員会(SCC)は、防衛協力小委員会(SDC)が勧告した新ガイドラインを了承した。これにより、13(平成25)年10月に閣僚から示されたガイドラインの見直しの目的が達成された。97ガイドラインに代わる新ガイドラインは、日米両国の役割及び任務についての一般的な大枠及び政策的な方向性を更新するとともに、同盟を現代に適合したものとし、また、平時から緊急事態までのあらゆる段階における抑止力及び対処力を強化することで、より力強い同盟とより大きな責任の共有のための戦略的な構想を明らかにするものである。

2. 日米安全保障条約の経緯の概要

(1) 旧日米安全保障条約（正式名称：日本国とアメリカ合衆国との間の安全保障条約）はサンフランシスコ講和条約とともに1951年9月8日に締結された（署名者は、日本側は吉田首相、米国側はアチソン国務長官以下4名）。

(2) この旧条約は、講和成立当時の特殊な事態の下に締結されたものであるため、日本の自主性その他の面で幾つかの不備があった。このため、1957年の岸首相の訪米を端緒として改定交渉が行われた結果1960年1月19日、ワシントンにおいて、現行の日米安全保障条約（正式名称：日本国とアメリカ合衆国との間の相互協力及び安全保障条約）が締結された（署名者は、日本側は岸首相以下5名、米国側ハーター国務長官以下3名）。

(3) 現行条約は、発効後10年の固定期間が経過した後は、一方の終了通告があれば、1年後に終了する旨規定している。右10年の期間は、1970年6月22日に経過したが、日本政府は同日、引き続きこの条約を堅持する旨の声明を発表し、その後今日まで自動継続されてきている。

3. 日米安全保障条約の仕組みの概要

(1) 日米安保条約は、単に軍事面における協力だけでなく、平和的かつ友好的な国際関係の発展に対する貢献や両国間の経済的協力の促進についての規定（前文及び第2条）をも含んでおり、いわば日米関係全体のあり方を示したものと言うこともできるが、安全保障の観点からその核心を構成しているのは、第5条及び第6条である。

(2) 第5条は「各締約国は、日本国の施政の下にある領域における、いずれか一方に対する攻撃が、自国の平和及び安全を危うくするものであることを認め、自国の憲法上の規定及び手続に従って共通の危険に対処するように行動することを宣言する。」旨規定している。

(3) 第6条は、「日本国の安全に寄与し、並びに極東における国際の平和及び安全の維持に寄与するため、アメリカ合衆国は、その陸軍・空軍及び海軍が日本国において施設及び区域を使用することを許される。」旨規定している。

イ．極東の範囲

○政府統一見解（抜粋）

（昭和35年2月26日）

一般的な用語としてつかわれる『極東』は、別に地理学上正確に画定されたものではない。しかし、日米両国が、条約にいうとおり共通の関心をもっているのは、極東における国際の平和及び安全の維持ということである。この意味で実際問題として両国共通の関心の的となる極東の区域は、この条約に関する限り、在日米軍が日本の施設及び区域を使用して武力攻撃に対する防衛に寄与しうる区域である。かかる区域は、大体において、フィリピン以北並びに日本及びその周辺の地域であって、韓国及び中華民国の支配下にある地域もこれに含まれている。（「中華民国の支配下にある地域」は「台湾地域」と読み替えている。）

新（安保）条約の基本的な考え方は、右のとおりであるが、この区域に対して武力攻撃が行われ、あるいは、この区域の安全が周辺地域に起こった事情のため脅威されるような場合、米国がこれに対処するため執ることのある行動の範囲は、その攻撃又は脅威の性質いかんにかかるのであって、必ずしも前記の区域に局限されるわけではない。

しかしながら米国の行動には、基本的な制約がある。すなわち米国の行動は常に国際連合憲章の認める個別的又は集団的自衛権の行使として、侵略に抵抗するためにのみ執られることとなっているからである。

ロ．事前協議

○条約第6条の実施に関する岸総理とハーター国務長官との間の交換公文（抜粋）

（昭和35年1月19日）

合衆国軍隊の日本国への配置における重要な変更、同軍隊の装備における重要な変更並びに日本国から行われる戦闘作戦行動(前記の条約第5条の規定に基づいて行なわれるものを除く。)のための基地としての日本国内の施設及び区域の使用は、日本国政府との事前の協議の主題とする。

○岸・アイゼンハウァー共同声明第2項(抜粋)(昭和35年1月19日)

大統領は、総理大臣に対し、同条約の下における事前協議にかかる事項については米国政府は日本国政府の意思に反して行動する意図のないことを保証した。

○日米安保条約上の事前協議について

日本政府は、次のような場合に日米安保条約上の事前協議が行なわれるものと了解している。

① 「配置における重要な変更」の場合

陸上部隊の場合は1個師団程度、空軍の場合はこれに相当するもの、海軍の場合は1機動部隊程度の配置

②「装備における重要な変更」の場合

核弾頭及び中・長距離ミサイルの持込み並びにそれらの基地の建設

③ わが国から行なわれる戦闘作戦行動(条約第5条に基づいて行なわれるものを除く。)のための基地としての日本国内の施設・区域の使用

(4) 日米安保条約は、上記の他、両国の防衛力の維持・発展(第3条)や条約の実施に関する随時協議及び脅威が生じた際の協議(第4条)などの条項を含んでいる。

4. 安全保障問題等に関する日米間の主な協議の場

（2018年1月現在）

協議の場	根　拠	目　的	構成員又は参加者	
			日本側	米国側
日米安全保障協議委員会（SCC）（「2+2」会合）	安保条約第4条を根拠とし、昭35. 1. 19付内閣総理大臣と米国国務長官との往復書簡に基づき設置（2. 12. 26書簡交換によって米側の構成員を国務長官及び国防長官とした）	日米両政府間の理解の促進に役立ち、及び安全保障の分野における協力関係の強化に貢献するような問題で安全保障の基盤をなし、かつ、これに関連するものについて検討	外務大臣 防衛大臣	国務長官 国防長官 （平2. 12. 26以前は駐日米大使、太平洋軍司令官）
日米安全保障高級事務レベル協議（SSC）	安保条約第4条	日米相互にとって関心のある安全保障上の諸問題について意見交換	参加者は一定していない（両国次官・局長クラス等事務レベル要人より適宜行なわれている）	
日米合同委員会	地位協定第25条	地位協定の実施に関して協議	外務省北米局長 防衛省地方協力局長等	在日米大使館公使・参事官 在日米軍副司令官等
防衛協力小委員会（SDC）	昭51. 7. 8第16回安全保障協議委員会において同委員会の下部機構として設置。平成9年9月23日の日米安全保障協議委員会で、日本側の構成員に防衛庁の運用局長（当時）を加えた	緊急時における自衛隊と米軍との間の整合のとれた共同対処行動を確保するために取るべき措置に関する指針を含め、日米間の協力のあり方に関する研究協議	外務省北米局長 防衛省防衛政策局長 統合幕僚監部の代表	国務次官補 国防次官補 在日米大使館、在日米軍、統参本部等の代表
日米装備・技術定期協議（S&TF）	防衛事務次官と米国防次官（研究・技術担当）との合意に基づき設置	日米間の装備・技術分野における諸問題について意見交換	防衛装備庁長官 整備計画局長	国防次官（取得・技術及び兵站）

日米安全保障協議委員会共同発表（仮訳）

（2002年12月16日、於ワシントン）

1．2002年12月16日、ワシントンにおいて、日米安全保障協議委員会（SCC）が開催され、パウエル国務長官及びウォルフォビッツ国防副長官は、川口外務大臣及び石破防衛庁長官を同委員会の場で迎えた。閣僚は、昨年9月11日の米国における同時多発テロ発生後の新たな安全保障環境において日米両国が直面している安全保障上の問題及び日米同盟に係る問題、並びに両国関係に関するその他の問題について協議を行った。

2．閣僚は、昨年9月11日の米国同時多発テロが、自由と民主主義という両国が共有する基本的価値を侵害するものであり、日米両国のみならず国際社会全体に対し重大な脅威を及ぼしたことにつき一致した。閣僚は、本年10月のバリ島における悲惨な爆弾テロ事件に見られるように、アジア太平洋地域を含む国際社会が依然として国際テロリズムに脆弱であるとの認識を示した。

閣僚は、昨年9月11日の米国同時多発テロ以降の国際社会の一致したテロリズムへの対応が国際テロ行為の防止及び減少に大きく寄与したが、今後も行動と協力を継続することが依然として最も重要であることにつき一致した。閣僚はテロリズムへの対処のために各々の国が行っている包括的な取組を評価した。

閣僚は、「不朽の自由作戦」における活動に加えて、テロ資金供与の防止並びに情報交換及び法執行措置の強化のための努力を含むその他の措置が継続され、強化されなければならないとの見解で一致した。閣僚は、アフガニスタンの復興及び安定に対する国際社会の支持が重要であることについて強調した。閣僚は、双方が国際テロリズムの根絶のための断固たる取組において引き続き緊密に協力していくことを確認した。

3．閣僚は、大量破壊兵器及び弾道ミサイルを含むその運搬システムの拡散によりもたらされている脅威を除去するための取組につき協議を行った。閣僚は、国家のみならず国際テロ組織が大量破壊兵器及びその運搬システムを取得し、使用することが益々可能となっており、国際社会に対する脅威が悪化していることについて深刻な懸念を表明した。閣僚は、不拡散・軍備管理体制の強化を含め、このような脅威に対抗するための防衛と抑止に関する新たなアプローチを構築する上で緊密な協力を維持する意思を確認した。

4．閣僚は、国連安保理決議第1441号に基づくイラクにおける査察及び武装解除のプロセスに対して安全な支持を表明した。閣僚は、イラクによる同決議の完全かつ無条件の遵守を強く要請した。閣僚は、イラクがこれまでの安保理決議の重大な違反を続けていることを憂慮した。閣僚は、安保理決議第1441号が関連安保理決議の下での武装解除の義務を遵守する最後の機会をイラクに与えていることを想起した。また、閣僚は、イラクが自らの義務不遵守の結果、深刻な結果に直面するとの警告をも想起した。閣僚は、国連監視検証査察委員会(UNMOVIC)及び国際原子力機関(IAEA)により実施されている査察が、イラクの武装解除に関する問題の平和的な解決をもたらすのであれば望ましいことを強調した。しかしながら、閣僚は、イラクの行動により、国際社会が安保理決議第1441号に沿った形で更なる行動をとることを求められるのであれば、日米両国がより一層緊密に協調して行動することを確認した。

5. 閣僚は、アジア太平洋地域における軍事力の拡充及び近代化の動き並びに緊張の継続を含め、この地域において引き続き存在する不安定性及び不確実性の問題について協議を行った。また、閣僚は、アジア太平洋地域において大量破壊兵器及びその運搬システムの拡散が生じ、国際テロリストの活動が行われているとの認識を示した。閣僚は、地域の安全保障問題に対処するために、双方が個別に行う取組や両国が日米安保体制等の下で連携して行う取組を補完するものとして、地域の安全保障問題に関与しているASEAN地域フォーラム等の多数国間枠組みの役割の重要性を表明した。閣僚は、この地域の安定と繁栄を増大させる上で、中国が積極的かつ建設的な役割を果たすことの重要性を再確認した。

6. 閣僚は、北朝鮮が引き続き地域の安全保障と安定に対する脅威となっていることにつき重大な懸念を表明した。閣僚は、核施設の稼動と建設を再開することを計画しているとの北朝鮮の最近のIAEAへの書簡及び対外発表につき、強い遺憾の意を表明し、北朝鮮のかかる決定は、北朝鮮当局がそのすべてのコミットメントを履行しなければならず、特に、核兵器プログラムを撤廃しなければならないとの国際的コンセンサスを甚だしく無視するものであることにつき一致した。また、閣僚は、北朝鮮の核兵器能力の追求は、「合意された枠組み」、核不拡散条約、北朝鮮とIAEAとの保障措置協定及び南北非核化共同宣言の違反であることにつき一致した。閣僚は、北朝鮮と世界との関係はその核兵器プログラムを撤廃する意思にかかっていることを国際社会が明確にしてきていることを強調した。閣僚は、北朝鮮に対し、そのすべての国際的義務を遵守するために、あらゆる核兵器プログラムを迅速かつ検証可能な方法で放棄するよう要請した。また、閣僚は、北朝鮮の弾道ミサイル・プログラムに対する深刻な懸念を表明し、北朝鮮に対し、弾道ミサイル、関連技術及びノウハウの開発、実験、輸出及び配備を含む、すべての弾道ミサイルに関連する活動を停止するよう要請した。また、閣僚は、北朝鮮の生物兵器禁止条約の完全な遵守及び化学兵器禁止条約への加入を要請した。閣僚は、北朝鮮による核兵器、化学兵器及び生物兵器という大量破壊兵器の使用があれば最も重大な結果を招くであろうことを強調した。

閣僚は、日米安保条約の下でのコミットメントを再確認し、北朝鮮に関係する安全保障上の問題を平和的に解決することに対し、強い関心を改めて表明した。米側は、米国が原則として常に対話を行う用意があることを再確認した。閣僚は、日朝平壌宣言に基づく日朝国交正常化交渉及び日朝完全保障協議が安全保障上の問題及び拉致問題を解決する上で重要なチャネルとして有益であることを再確認した。閣僚は、これらの問題の迅速な解決を求めた。

7. 双方は、弾道ミサイルの拡散により増大しつつある脅威についての共通の認識に基づき、このような拡散に対処するため、防衛システム及び外交的イニシアチブの双方を含む包括的戦略の必要性を強調した。

日本側は、弾道ミサイル防衛システムは専守防衛を旨とする日本の防衛政策上の重要な検討課題であることを再確認した。日本側は、弾道ミサイル防衛システムは我が国における人命及び財産を守ための純粋に防御的な、かつ、代替手段のない唯一の手段であることに留意した。また、日本側は、弾道ミサイル防衛計画のすべての要素に関する急速な技術的進展を踏まえて、我が国の防衛の在り方についての検討の中で、この課題に主体的に取り組んでいくとの意思を表明した。閣僚は、現行の弾道ミサイル防衛に係る日米共同技術研究を引き続き進めつつ、ミサイル防衛に関する協議及び協力を強化する必要性を認めた。

8. 閣僚は、日米防衛協力のための指針の下での日本に対する武力攻撃に際しての共同作戦計画についての検討及び周辺事態に際しての相互協力計画についての検討が引き続き進展していることを歓迎した。閣僚は、計画についての検討の更なる充実を追求していくことを決定した。

9. 双方は、両国間の安全保障体制がアジア太平洋地域の平和と安定を維持するための礎石として果たしている重要な役割を再確認し、この安保体制へのコミットメントを再確認した。閣僚は、この地域における米国の軍事的プレゼンスが地域の安定に不可欠であることを確認した。閣僚は、日本の接受国支援がかかるプレゼンスのために死活的に重要であることを改めて強調した。

閣僚は、日米安保体制の円滑かつ効果的な運用のため、米軍と地域社会との間の「良き隣人」関係を促進するための努力を含め、在日米軍の駐留に関する諸課題の解決のために両政府が真剣な努力を継続する必要があることにつき認識を共有した。閣僚は、地位協定の効果的な運用が両国にとり重要であることを強調した。

閣僚は、2000年9月のSCCで発出された共同発表の原則の下で、環境保護のための協力を強化していくことへのコミットメントを再確認し、環境分野において更なる努力を行うことの重要性を確認した。双方は、在日米軍に関連したポリ塩化ビフェニル(PCB)問題の解決へ向けた進展を歓迎し、合同委員会において環境分野での建設的な協力を継続することの重要性を強調した。

日本側は、1999年12月の閣議決定に従い、在沖縄海兵隊の普天間飛行場の移設と同施設が現在占めている土地の地元への返還に係る問題を取り上げた。閣僚は、沖縄に関する特別行動委員会(SACO)最終報告の実施に関する両政府のコミットメントを再確認した。閣僚は、普天間飛行場代替施設の基本計画策定に際して、在日米軍の能力及び即応態勢を十分に維持しながら沖縄県における米軍施設及び区域を整理、統合、縮小するとのSACO最終報告の目的に沿って、両政府が緊密な協議を行ったことを評価した。閣僚は、2002年7月の基本計画の策定を沖縄県民の負担を軽減するために両政府がとった一つの重要なステップとして歓迎し、同計画に基づいて、迅速に移設を進めることを確認した。

10. 閣僚は、防衛及び国家安全保障に関する戦略につき協議を行うとともに、国際テロリズム及び大量破壊兵器の拡散が深刻な脅威をもたらす中で、新たな安全保障環境における日米両国の各々の防衛態勢を見直す必要性につき協議した。閣僚は、各々の自国での取組を効果的に強化し得る協力分野を探求するため、両国間の安全保障に関する協議を強化することを決定した。かかる協議においては、両国の役割及び任務、兵力及び兵力構成、地域の課題やグローバルな課題への対処における二国間協力、国際的な平和維持活動その他の多数国間の取組への参画、ミサイル防衛についての更なる協議と協力、在日米軍の施設・区域に係る諸問題解決に向けた進展といった問題が議論され得る。閣僚は、日米安全保障高級事務レベル協議(SSC)に対し、かかる協議の進捗に関してSCCへ報告するよう指示した。

日米安全保障協議委員会共同発表

(2005年2月19日、於ワシントン)

1. 2005年2月19日、ワシントンにおいて、日米安全保障協議委員会(SCC)が開催され、ライス国務長官及びラムズフェルド国防長官、町村外務大臣及び大野防衛庁長官を同委員会の場で迎えた、閣僚は、日米両国が直面している安全保障上の問題及び日米同盟に係る問題並びに両国関係に関するその他の問題について協議を行った。

今日の世界が直面する課題に対する共同の取組

2. 閣僚は、日米両国間の協力関係が、安全保障、政治、経済といった幅広い分野で極めて良好であることに留意した。閣僚は、日米安全保障体制を中核とする日米同盟関係が日米両国の安全と繁栄を確保し、また、地域及び世界の平和と安定を高める上で死活的に重要な役割を果たし続けることを認識し、この協力関係を拡大することを確認した。

3. 閣僚は、既に成果を生み出している、アフガニスタン、イラク及び中東全体に対する国際的支援の供与における日米両国のリーダーシップの重要性を強調した。閣僚は、インド洋における地震及びそれに続く津波災害の被害者に対する幅広い支援を行うに当たり、日米間の協力が他の国の参加を得て成功裡に行われていることを賞賛した。

4. 閣僚は、不拡散、特に拡散に対する安全保障構想(PSI)を推進する上で、日米両国間の協力と協議が中枢的な重要性を有してきたことを認識した。閣僚は、日本、米国及び他の国が主催した多数国間の阻止訓練が成功裡に行われたことを歓迎した。

5. 閣僚は、弾道ミサイル防衛(BMD)が弾道ミサイル攻撃に対する日米の防衛と抑止の能力を向上させるとともに、他者による弾道ミサイルへの投資を抑制することについての確信を表明した。閣僚は、日本による弾道ミサイル防衛システムの導入決定や武器輸出三原則等に関する最近の立場表明といったミサイル防衛協力における成果に留意しつつ、政策面及び運用面での緊密な協力や、弾道ミサイル防衛に係る日米共同技術研究を共同開発の可能性を視野に入れて前進させるとのコミットメントを再確認した。

共通の戦略目標

6．閣僚は、国際テロや大量破壊兵器及びその運搬手段の拡散といった新たに発生している脅威が共通の課題として浮かび上がってきた新たな安全保障環境について討議した。閣僚は、グローバル化した世界において諸国間の相互依存が深まっていることは、このような脅威が日本及び米国を含む世界中の国々の安全に影響を及ぼし得ることを認識した。

7．閣僚は、アジア太平洋地域においてもこのような脅威が発生しつつあることに留意し、依然として存在する課題が引き続き不透明性や不確実性を生み出していることを強調した。さらに、閣僚は、地域における軍事力の近代化にも注意を払う必要があることに留意した。

8．閣僚は、北朝鮮が六者会合に速やかにかつ無条件で復帰するとともに、検証の下、透明性のある形でのすべての核計画の完全な廃棄に応じるよう強く要求した。

9．国際的な安全保障環境に関するこのような理解に基づき、閣僚は、両政府が各々の努力、日米安保体制の実施及び同盟関係を基調とする協力を通じて共通の戦略目標を追求するために緊密に協力する必要があることで一致した。双方は、これらの共通の戦略目標に沿って政策を調整するため、また安全保障環境に応じてこれらの目標を見直すため、定期的に協議することを決定した。

10．地域における共通の戦略目標には、以下が含まれる。

・日本の安全を確保し、アジア太平洋地域における平和と安定を強化するとともに、日米両国に影響を与える事態に対処するための能力を維持する。
・朝鮮半島の平和的な統一を支持する。
・核計画、弾道ミサイルに係る活動、不法活動、北朝鮮による日本人拉致といった人道問題を含む、北朝鮮に関連する諸懸案の平和的解決を追求する。
・中国が地域及び世界において責任ある建設的な役割を果たすことを歓迎し、中国との協力関係を発展させる。
・台湾海峡を巡る問題の対話を通じた平和的解決を促す。
・中国が軍事分野における透明性を高めるよう促す。
・アジア太平洋地域におけるロシアの建設的な関与を促す。
・北方領土問題の解決を通じて日露関係を完全に正常化する。
・平和で、安定し、活力のある東南アジアを支援する。
・地域メカニズムの開放性、包含性及び透明性の重要さを強調しつつ、様々な形態の地域協力の発展を歓迎する。

・不安定を招くような武器及び軍事技術の売却及び移転をしないように促す。
・海上交通の安全を維持する。

11. 世界における共通の戦略目標には、以下が含まれる。
・国際社会における基本的人権、民主主義、法の支配といった基本的な価値を推進する。
・世界的な平和、安定及び繁栄を推進するために、国際平和協力活動や開発支援における日米のパートナーシップを更に強化する。
・NPT、IAEAその他のレジーム及びPSI等のイニシアティブの信頼性及び実効性を向上させること等を通じて、大量破壊兵器及びその運搬手段の削減と不拡散を推進する。
・テロを防止し、根絶する。
・現在の機運を最大限に活用して日本の常任理事国入りへの希望を実現することにより、国連安全保障理事会の実効性を向上させるための努力を連携させる。
・世界のエネルギー供給の安定性を維持・向上させる。

日米の安全保障及び防衛協力の強化

12. 閣僚は、日米双方の安全保障及び防衛政策の発展のための努力に対し、支持と評価を表明した。日本の新たな防衛計画の大綱は、新たな脅威や多様な事態に実効的に対応する能力、国際的な安全保障環境を改善するための積極的な取組及び日米同盟関係の重要性を強調している。米国は、幅広い国防の変革努力の中心的な要素の一つとして、不確実な安全保障環境において適切かつ戦略的な能力を保持し得るように世界的な軍事態勢の見直し及び強化を進めている。閣僚は、日米両国が共通の戦略目標を追求する上で、これらの努力が実効的な安全保障及び防衛協力を確保し、強化するものであることを確認した。

13. この文脈で、閣僚は、自衛隊及び米軍が多様な課題に対して十分に調整しつつ実効的に対処するための役割、任務、能力について、検討を継続する必要性を強調した。この検討は、日本の新たな防衛計画の大綱や有事法制、及び改正ACSAや弾道ミサイル防衛における協力の進展といった最近の成果と発展を考慮して行われる。閣僚は、また、自衛隊と米軍との間の相互運用性を向上させることの重要性を強調した。

14. 閣僚は、この検討が在日米軍の兵力構成見直しに関する協議に資するべきものであるとの点で一致した。閣僚は、日本の安全の基盤及び地域の安定の礎石としての日米同盟を強化するために行われる包括的な努力の一環として、在日米軍の兵力構成見直しに関する協議を強化することを決定した。この文脈で、双方は、沖縄を含む地元の負担を軽減しつつ在日米軍の抑止力を維持するとのコミットメントを確認した。閣僚は、事務当局に対して、これらの協議の結果について速やかに報告するよう指示した。

15. 閣僚は、また、地域社会と米軍との間の良好な関係を推進するための継続的な努力の重要性を強調した。閣僚は、環境への適切な配慮を含む日米地位協定の運用改善や沖縄に関する特別行動委員会（SACO）最終報告の着実な実施が、在日米軍の安定的なプレゼンスにとって重要であることを強調した。

16. 閣僚は、現行の特別措置協定が2006年3月に終了することに留意しつつ、特別措置協定が在日米軍のプレゼンスを支援する上で果たす重要な役割にかんがみて、接受国支援を適切な水準で提供するための今後の措置について協議を開始することを決定した。

日米同盟：
未来のための変革と再編
（仮訳）

2005年10月29日

ライス国務長官
ラムズフェルド国防長官
町村外務大臣
大野防衛庁長官

I．概観

日米安全保障体制を中核とする日米同盟は、日本の安全とアジア太平洋地域の平和と安定のために不可欠な基礎である。同盟に基づいた緊密かつ協力的な関係は、世界における課題に効果的に対処する上で重要な役割を果たしており、安全保障環境の変化に応じて発展しなければならない。以上を踏まえ、2002年12月の安全保障協議委員会以降、日本及び米国は、日米同盟の方向性を検証し、地域及び世界の安全保障環境の変化に同盟を適応させるための選択肢を作成するため、日米それぞれの安全保障及び防衛政策について精力的に協議した。

2005年2月19日の安全保障協議委員会において、閣僚は、共通の戦略目標についての理解に到達し、それらの目標を追求する上での自衛隊及び米軍の役割・任務・能力に関する検討を継続する必要性を強調した。また、閣僚は、在日米軍の兵力構成見直しに関する協議を強化することとし、事務当局に対して、これらの協議の結果について速やかに報告するよう指示した。

本日、安全保障協議委員会の構成員たる閣僚は、新たに発生している脅威が、日本及び米国を含む世界中の国々の安全に影響を及ぼし得る共通の課題として浮かび上がってきた、安全保障環境に関する共通の見解を再確認した。また、閣僚は、アジア太平洋地域において不透明性や不確実性を生み出す課題が引き続き存在していることを改めて強調し、地域における軍事力の近代化に注意を払う必要があることを強調した。この文脈で、双方は、2005年2月19日の共同発表において確認された地域及び世界における共通の戦略目標を追求するために緊密に協力するとのコミットメントを改めて強調した。

閣僚は、役割・任務・能力に関する検討内容及び勧告を承認した。また、閣僚は、この報告に含まれた再編に関する勧告を承認した。これらの措置は、新たな脅威や多様な事態に対応するための同盟の能力を向上させるためのものであり、全体として地元に与える負担を軽減するものである。これによって、安全保障が強化され、同盟が地域の安定の礎石であり続けることが確保される。

Ⅱ．役割・任務・能力

テロとの闘い、拡散に対する安全保障構想(PSI)、イラクへの支援、インド洋における津波や南アジアにおける地震後の災害支援をはじめとする国際的活動における二国間協力や、2004年12月の日本の防衛計画の大綱、弾道ミサイル防衛(BMD)における協力の進展、日本の有事法制、自衛隊の新たな統合運用体制への移行計画、米軍の変革と世界的な態制の見直しといった、日米の役割・任務・能力に関連する安全保障及び防衛政策における最近の成果と発展を、双方は認識した。

1．重点分野

この文脈で、日本及び米国は、以下の二つの分野に重点を置いて、今日の安全保障環境における多様な課題に対応するための二国間、特に自衛隊と米軍の役割·任務·能力を検討した。

・日本の防衛及び周辺事態への対応(新たな脅威や多様な事態への対応を含む)
・国際平和協力活動への参加をはじめとする国際的な安全保障環境の改善のための取組

2．役割・任務・能力について基本的考え方

双方は、二国間の防衛協力に関連するいくつかの基本的考え方を確認した。日本の防衛及び周辺事態への対応に関連するこれらの考え方には以下が含まれる。

● 二国間の防衛協力は、日本の安全と地域の平和と安定にとって引き続き死活的に重要である。
● 日本は、弾道ミサイル攻撃やゲリラ、特殊部隊による攻撃、島嶼部への侵略といった、新たな脅威や多様な事態への対処を含めて、自らを防衛し、周辺事態に対応する。これらの目的のために、日本の防衛態勢は、2004年の防衛計画の大綱に従って強化される。
● 米国は、日本の防衛のため、及び、周辺事態を抑止し、これに対応するため、前方展開兵力を維持し、必要に応じて兵力を増強する。米国は、日本の防衛のために必要なあらゆる支援を提供する。
● 周辺事態が日本に対する武力攻撃に波及する可能性のある場合、又は、両者が同時に生起する場合に適切に対応し得るよう、日本の防衛及び周辺事態への対応に際しての日米の活動は整合を図るものとする。
● 日本は、米軍のための施設・区域(以下、「米軍施設・区域」)を含めた接受国支援を引き続き提供する。また、日本は、日本の有事法制に基づく支援を含め、米軍の活動に対して、事態の進展に応じて切れ目のない支援を提供するための

適切な措置をとる。双方は、在日米軍のプレゼンス及び活動に対する安定的な支持を確保するために地元と協力する。
- 米国の打撃力及び米国によって提供される核抑止力は、日本の防衛を確保する上で、引き続き日本の防衛力を補完する不可欠のものであり、地域の平和と安全に寄与する。

また、双方は、国際的な安全保障環境の改善の分野における役割・任務・能力に関連するいくつかの基本的考え方を以下のとおり確認した。

- 地域及び世界における共通の戦略目的を達成するため、国際的な安全保障環境を改善する上での二国間協力は、同盟の重要な要素となった。この目的のため、日本及び米国は、それぞれの能力に基づいて適切な貢献を行うとともに、実効的な態勢を確立するための必要な措置をとる。
- 迅速かつ実効的な対応のためには柔軟な能力が必要である。緊密な日米の二国間協力及び政策調整は、これに資する。第三国との間で行われるものを含む定期的な演習によって、このような能力を向上し得る。
- 自衛隊及び米軍は、国際的な安全保障環境を改善するための国際的な活動に寄与するため、他国との協力を強化する。

加えて、双方は、新たな脅威や多様な事態に対処すること、及び、国際的な安全保障環境を改善することの重要性が増していることにより、双方がそれぞれの防衛力を向上し、かつ、技術革新の成果を最大限に活用することが求められていることを強調した。

3．二国間の安全保障・防衛協力において向上すべき活動の例

双方は、あらゆる側面での二国間協力が、関連の安全保障政策及び法律並びに日米間の取極に従って強化されなければならないことを再確認した。役割・任務・能力の検討を通じ、双方は、いくつかの個別分野において協力を向上させることの重要性を強調した。

- 防空
- 弾道ミサイル防衛
- 拡散に対する安全保障構想(PSI)といった拡散阻止活動
- テロ対策
- 海上交通の安全を維持するための機雷掃海、海上阻止行動その他の活動
- 捜索・救難活動
- 無人機(UAV)や哨戒機により活動の能力と実効性を増大することを含めた、情報、監視、偵察(ISR)活動
- 人道救援活動
- 復興支援活動
- 平和維持活動及び平和維持のための他国の取組の能力構築
- 在日米軍施設・区域を含む重要インフラの警護
- 大量破壊兵器(WMD)の廃棄及び除染を含む、大量破壊兵器による攻撃への対応

● 補給、整備、輸送といった相互の後方支援活動。補給協力には空中及び海上における給油を相互に行うことが含まれる。輸送協力には航空輸送及び高速輸送艦(HSV)の能力によるものを含めた海上輸送を拡大し、共に実施することが含まれる。

● 非戦闘員退避活動(NEO)のための輸送、施設の使用、医療支援その他関連する活動

● 港湾・空港、道路、水域・空域及び周波数帯の使用

双方は、以上に明記されていない他の活動分野も同盟の能力にとって引き続き重要であることを強調した。上述の項目は、更なる向上のための鍵となる分野を強調したものであり、可能な協力分野を包括的に列挙することを意図したものではない。

4.二国間の安全保障・防衛協力の態勢を強化するための不可欠な措置

上述の役割・任務・能力に関する検討に基づき、双方は、更に、新たな安全保障環境において多様な課題に対処するため、二国間の安全保障・防衛協力の態勢を強化する目的で平時からとり得る不可欠な措置を以下のとおり特定した。また、双方は、実効的な二国間の協力を確保するため、これまでの進捗に基づき、役割・任務・能力を引き続き検討することの重要性を強調した。

● 緊密かつ継続的な政策及び運用面の調整

双方は、定期的な政策及び運用面の調整が、戦略環境の将来の変化や緊急事態に対する同盟の適時かつ実効的な対応を向上させることを認識した。部隊戦術レベルから戦略的な協議まで、政府のあらゆるレベルで緊密かつ継続的な政策及び運用面の調整を行うことは、不安定化をもたらす軍事力増強を抑制し、侵略を抑止し、多様な安全保障上の課題に対応する上で不可欠である。米軍及び自衛隊の間で共通の運用画面を共有することは、運用面での調整を強化するものであり、可能な場合に追求されるべきである。防衛当局と他の関係当局との間のより緊密な協力もますます必要となっている。この文脈で、双方は、1997年の日米防衛協力のための指針の下での包括的メカニズムと調整メカニズムの実効性を、両者の機能を整理することを通じて向上させる必要性を再確認した。

● 計画検討作業の進展

1997年の日米防衛協力のための指針が共同作戦計画についての検討及び相互協力計画についての検討の基礎となっていることを想起しつつ、双方は、安全保障環境の変化を十分に踏まえた上で、これらの検討作業が引き続き必要であることを確認した。この検討作業は、空港及び港湾を含む日本の施設を自衛隊及び米軍が緊急時に使用するための基礎が強化された日本の有事法制を反映するものとなる。双方は、この検討作業を拡大することとし、そのために、検討作業により具体性を持たせ、関連政府機関及び地方当局と緊密に調整し、二国間の枠組みや計画手法を向上させ、一般及び自衛隊の飛行場及び港湾の詳細な調査を実施し、二国間演習プログラムを強化することを通じて検討作業を確認する。

● 情報共有及び情報協力の向上

双方は、良く連携がとれた協力のためには共通の情勢認識が鍵であることを認

識しつつ、部隊戦術レベルから国家戦略レベルに至るまで情報共有及び情報協力をあらゆる範囲で向上させる。この相互活動を円滑化するため、双方は、関連当局の間でより幅広い情報共有が促進されるよう、共有された秘密情報を保護するために必要な追加的措置をとる。

● 相互運用性の向上

自衛隊が統合運用体制に移行するのに際して円滑な協力を確保するため、自衛隊及び米軍は、相互運用性の維持・強化するため定期的な協議を維持する。共同の運用のための計画作業や演習における継続的な協力は、自衛隊と米軍の指令部間の連接性を強化するものであり、安全な通信能力の向上はこのような協力に資する。

● 日本及び米国における訓練機会の拡大

双方は、相互運用性の向上、能力の向上、即応性の向上、地元の間での訓練の影響のより公平な分散及び共同の活動の実効性の増大のため、共同訓練及び演習の機会を拡大する。これらの措置には、日本における自衛隊及び米軍の訓練施設・区域の相互使用を増大することが含まれる。また、自衛隊要員及び部隊のグアム、アラスカ、ハワイ及び米本土における訓練も拡大される。

○特に、グアムにおける訓練施設を拡張するとの米国の計画は、グアムにおける自衛隊の訓練機会の増大をもたらす。

○また、双方は、多国間の訓練及び演習への自衛隊及び米軍の参加により、国際的な安全保障環境の改善に対する貢献が高まるものであることを認識した。

● 自衛隊及び米軍による施設の共同使用

双方は、自衛隊及び米軍による施設の共同使用が、共同の活動におけるより緊密な連携や相互運用性の向上に寄与することを認識した。施設の共同使用のための具体的な機会については、兵力態勢の再編に関する勧告の中で述べられる（下記参照）。

● 弾道ミサイル防衛（BMD）

BMDが、弾道ミサイル攻撃を抑止し、これに対して防御する上で決定的に重要な役割を果たすとともに、他者による弾道ミサイルの開発及び拡散を抑制することができることを強調しつつ、双方は、それぞれのBMD能力の向上を緊密に連携させることの意義を強調した。これらのBMDシステムを支援するため、弾道ミサイルの脅威に対応するための時間が限りなく短いことにかんがみ、双方は、不断の情報収集及び共有並びに高い即応性及び相互運用性の維持が決定的に重要であることを強調した。米国は、適切な場合に、日本及びその周辺に補完的な能力を追加的に展開し、日本のミサイル防衛を支援するためにその運用につき調整する。それぞれのBMDの指揮・統制システムの間の緊密な連携は、実効的なミサイル防衛にとって決定的に重要となる。

双方は、1997年の日米防衛協力のための指針の下での二国間協力及び、適切な場合には、現在指針で取り上げられていない追加的な分野における二国間協力の実効性を強化し、改善することを確約した。

Ⅲ. 兵力態勢の再編

双方は、沖縄を含む地元の負担を軽減しつつ抑止力を維持するとの共通のコミットメントにかんがみて、在日米軍及び関連する自衛隊の態勢について検討した。安全保障同盟に対する日本及び米国にける国民一般の支持は、日本の施設・区域における米軍の持続的なプレゼンスに寄与するものであり、双方は、このような支持を強化することの重要性を認識した。

1．指針となる考え方

検討に当たっては、双方は、二国間の役割・任務・能力についての検討を十分に念頭に置きつつ、日本における兵力態勢の再編の指針となるいくつかの考え方を設定した。

- アジア太平洋地域における米軍のプレゼンスは、地域の平和と安全にとって不可欠であり、かつ、日米両国にとって決定的に重要な中核的能力である。日本は、自らの防衛について主導的な役割を果たしつつ、米軍によって提供される能力に対して追加的かつ補完的な能力を提供する。米軍及び自衛隊のプレゼンスは、地域及び世界における安全保障環境の変化や同盟における役割及び任務についての双方の評価に伴って進展しなければならない。
- 再編及び役割・任務・能力の調整を通じて、能力は強化される。これらの能力は、日本の防衛と地域の平和と安全に対する米国のコミットメントの信頼性を支えるものである。
- 柔軟かつ即応性のある指揮・統制のための司令部間の連携向上や相互運用性の向上は、日本及び米国にとって決定的に重要な中核的能力である。この文脈で、双方は、在日米軍司令部が二国間の連携を強化する上で引き続き重要であることを認識した。
- 定期的な訓練及び演習や、これらの目的のための施設・区域の確保は、兵力の即応性、運用能力及び相互運用性を確保する上で不可欠である。軍事上の任務及び運用上の所要と整合的な場合には、訓練を分散して行うことによって、訓練機会の多様性を増大することができるとともに、訓練が地元に与える負担を軽減するとの付随的な利益を得ることができる。
- 自衛隊及び米軍の施設・区域の軍事上の共同使用は、二国間協力の実効性を向上させ、効率性を高める上で有意義である。
- 米軍施設・区域には十分な収容能力が必要であり、また、平時における日常的な使用水準以上の収容能力は、緊急時の所要を満たす上で決定的に重要かつ戦略的な役割を果たす。この収容能力は、災害救援や被害対処の状況など、緊急時における地元の必要性を満たす上で不可欠かつ決定的に重要な能力を提供する。
- 米軍施設・区域が人口密集地域に集中している場所では、兵力構成の再編の可能性について特別の注意が払われる。

● 米軍施設・区域の軍民共同使用を導入する機会は、適切な場合に検討される。このような軍民共同使用の実施は、軍事上の任務及び運用上の所要と両立するものでなければならない。

2．再編に関する勧告

これまでに実施された精力的な協議に基づき、また、これらの基本的考え方に従って、日米安全保障条約及び関連取極を遵守しつつ、以下の具体案について国内及び二国間の調整が速やかに行われる。閣僚は、地元との調整を完了することを確約するとともに、事務当局に対して、これらの個別的かつ相互に関連する具体案を最終的に取りまとめ、具体的な実施日程を含めた計画を2006年3月までに作成するよう指示した。これらの具体案は、統一的なパッケージの要素となるものであり、パッケージ全体について合意され次第、実施が開始されるものである。双方は、これらの具体案の迅速な実施に求められる必要な措置をとることの重要性を強調した。

● 共同統合運用調整の強化

自衛隊を統合運用体制に変革するとの日本国政府の意思を認識しつつ、在日米軍司令部は、横田飛行場に共同統合運用調整所を設置する。この調整所の共同使用により、自衛隊と在日米軍の間の連接性、調整及び相互運用性が不断に確保される。

● 米陸軍司令部能力の改善

キャンプ座間の在日米陸軍司令部の能力は、展開可能で統合任務が可能な作戦司令部組織に近代化される。改編された司令部は、日本防衛や他の事態において迅速に対応するための追加的能力を有することになる。この新たな陸軍司令部とその不可分の能力を収容するため、在日米軍施設·区域について調整が行われる。また、機道運用部隊や専門部隊を一元的に運用する陸上自衛隊中央即応集団司令部をキャンプ座間に設置することが追求される。これにより司令部間の連携が強化される。この再編との関連で、キャンプ座間及び相模総合補給廠のより効果的かつ効率的な使用の可能性が探求される。

● 航空司令部の併置

現在府中に所在する日本の航空自衛隊航空総隊司令部及び関連部隊は、横田飛行場において米第5空軍司令部と併置されることにより、防空及びミサイル防衛の司令部組織間の連携が強化されるとともに、上記の共同統合運用調整所を通じて関連するセンサー情報が共有される。

● 横田飛行場及び空域

2009年に予定されている羽田空港拡張を念頭に置きつつ、横田空域における民間航空機の航行を円滑化するための措置が探求される。検討される選択肢には、米軍が管制を行っている空域の削減や、横田飛行場への日本の管制官の併置が含まれる。加えて、双方は、嘉手納のレーダー進入管制業務の移管プロセスの進捗を考慮する。あり得べき軍民共同使用のための具体的な条件や態様が、共同使用が横田飛行場の運用上の能力を損なってはならないことに留意しつつ、検討される。

●ミサイル防衛

新たな米軍のXバンド・レーダー・システムの日本における最適な展開地が検討される。このレーダーは、適時の情報共有を通じて、日本に向かうミサイルを迎撃する能力、及び、日本の国民保護や被害対処のための能力を支援する。さらに、米国の条約上のコミットメントを支援するため、米国は、適切な場合に、パトリオットPAC−3やスタンダード・ミサイル(SM−3)といった積極防御能力を展開する。

●柔軟な危機対応のための地域における米海兵隊の再編

世界的な態勢見直しの取組の一環として、米国は、太平洋における兵力構成を強化するためのいくつかの変更を行ってきている。これらの変更には、海兵隊の緊急事態への対応能力の強化や、それらの能力のハワイ、グアム及び沖縄の間での再分配が含まれる。これによって、個別の事態の性質や場所に応じて、適切な能力を伴った対応がより柔軟になる。また、これらの変更は、地域の諸国との戦域的な安全保障協力の増進を可能とするものであり、これにより、安全保障環境全般が改善される。この再編との関連で、双方は、沖縄の負担を大幅に軽減することにもなる相互に関連する総合的な措置を特定した。

○普天間飛行場移設の加速：沖縄住民が米海兵隊普天間飛行場の早期返還を強く要望し、いかなる普天間飛行場代替施設であっても沖縄県外での設置を希望していることを念頭に置きつつ、双方は、将来も必要であり続ける抑止力を維持しながらこれらの要望を満たす選択肢について検討した。双方は、米海兵隊兵力のプレゼンスが提供する緊急事態への迅速な対応能力は、双方が地域に維持することを望む、決定的に重要な同盟の能力である、と判断した。さらに、双方は、航空、陸、後方支援及び司令部組織から成るこれらの能力を維持するためには、定期的な訓練、演習及び作戦においてこれらの組織が相互に連携し合うことが必要であり続けるということを認識した。このような理由から、双方は、普天間飛行場代替施設は、普天間飛行場に現在駐留する回転翼機が、日常的に活動をともにする他の組織の近くに位置するよう、沖縄県内に設けられなければならないと結論付けた。

○双方は、海の深い部分にある珊瑚礁上の軍民共用施設に普天間飛行場を移設するという、1996年の沖縄に関する特別行動委員会(SACO)の計画に関連する多くの問題のために、普天間飛行場の移設が大幅に遅延していることを認識し、運用上の能力を維持しつつ、普天間飛行場の返還を加速できるような、沖縄県内での移設のあり得べき他の多くの選択肢を検討した。双方は、この作業において、以下を含む複数の要素を考慮した。

・近接する地域及び軍要員の安全
・普天間飛行場代替施設の近隣で起こり得る、将来的な住宅及び商業開発の態様を考慮した、地元への騒音の影響
・環境に対する悪影響の極小化
・平時及び緊急時において運用上及び任務上の所要を支援するための普天間

飛行場代替施設の能力
・地元住民の生活に悪影響を与えかねない交通渋滞その他の諸問題の発生を避けるために、普天間飛行場代替施設の中に必要な運用上の支援施設、宿泊及び関連の施設を含めること

○このような要素に留意しつつ、双方は、キャンプ・シュワブの海岸線の区域とこれに近接する大浦湾の水域を結ぶL字型に普天間代替施設を設置する。同施設の滑走路部分は、大浦湾から、キャンプ・シュワブの南側海岸線に沿った水域へと辺野古崎を横切ることになる。北東から南西の方向に配置される同施設の下方部分は、滑走路及びオーバーランを含み、護岸を除いた合計の長さが1800メートルとなる。格納庫、整備施設、燃料補給用の桟橋及び関連施設、並びに新たな施設の運用上必要なその他の航空支援活動は、代替施設のうち大浦湾内に建設される予定の区域に置かれる。さらに、キャンプ・シュワブ区域内の施設は、普天間飛行場に関連する活動の移転を受け入れるために、必要に応じて、再編成される。

○両政府は、普天間飛行場に現在ある他の能力が、以下の調整が行われた上で、SACO最終報告にあるとおり、移設され、維持されることで一致した。
・SACO最終報告において普天間飛行場から岩国飛行場に移駐されることとなっているKC－130については、他の移駐先として、海上自衛隊鹿屋基地が優先して、検討される。双方は、最終的な配置の在り方については、現在行われている運用上及び技術上の検討を基に決定することとなる。
・緊急時における航空自衛隊新田原基地及び築城基地の米軍による使用が強化される。この緊急時の使用を支援するため、これらの基地の運用施設が整備される。また、整備後の施設は、この報告の役割・任務・能力の部分で記載されている、拡大された二国間の訓練活動を支援することとなる。
・普天間飛行場代替施設では確保されない長い滑走路を用いた活動のため、緊急時における米軍による民間施設の使用を改善する。

○双方は、上述の措置を早期に実現することが、長期にわたり望まれてきた普天間飛行場返還の実現に加えて、沖縄における海兵隊のプレゼンスを再編する上で不可欠の要素であることを認識した。

○兵力削減：上記の太平洋地域における米海兵隊の能力再編に関連し、第3海兵機動展開部隊（ⅢMEF）司令部はグアム及び他の場所に移転され、また、残りの在沖縄海兵隊部隊は再編されて海兵機動展開旅団（MEB）に縮小される。この沖縄における再編は、約7000名の海兵隊将校及び兵員、並びにその家族の沖縄外への移転を含む。これらの要員は、海兵隊航空団、戦務支援群及び第3海兵師団の一部を含む、海兵隊の能力（航空、陸、後方支援及び司令部）の各組織の部隊から移転される。

○日本国政府は、このような兵力の移転が早期に実現されることへの沖縄住民の強い希望を認識しつつ、米国政府と協力して、これらのグアムへの移転を

実現可能とするための適切な資金的その他の措置を見出すための検討を行う。

○土地の返還及び施設の共同使用：上記の普天間飛行場移設及び兵力削減が成功裡に行われることが、兵力の更なる統合及び土地の返還を可能にすることを認識しつつ、双方は、沖縄に残る海兵隊部隊を、土地の総面積を縮小するよう統合する構想について議論した。これは、嘉手納飛行場以南の人口が集中している地域にある相当規模の土地の返還を可能にする。米国は、日本国政府と協力して、この構想の具体的な計画を作成し、実施する意思を強調した。

○さらに、自衛隊がアクセスを有する沖縄の施設が限られており、またその大半が都市部にあることを認識しつつ、米国は、日本国政府と協力して、嘉手納飛行場、キャンプ・ハンセンその他の沖縄にある米軍施設・区域の共同使用を実施する意思も強調した。このような共同使用は、この報告の役割・任務・能力の部分に記述されているように、共同訓練並びに自衛隊及び米軍の間の相互運用性を促進し、それにより、全体的な同盟の能力を強化するものと双方は考える。

○SACO最終報告の着実な実施：双方は、この文書における勧告によって変更されない限りにおいて、SACO最終報告の着実な実施の重要性を確認した。

● 空母艦載機の厚木飛行場から岩国飛行場への移駐

米空母及び艦載機の長期にわたる前方展開の能力を確保するため、空母艦載ジェット機及びE－2C飛行隊は、厚木飛行場から、滑走路移設事業終了後には周辺地域の生活環境への影響がより少ない形で安全かつ効果的な航空機の運用のために必要な施設及び訓練空域を備えることとなる岩国飛行場に移駐される。岩国飛行場における運用の増大による影響を緩和するため、以下の関連措置がとられる。

○海上自衛隊EP－3、OP－3、UP－3飛行隊等の岩国飛行場から厚木飛行場への移駐。

○すべての米海軍及び米海兵隊航空機の十分な即応性の水準の維持を確保するための訓練空域の調整。

○空母艦載機離発着訓練のための恒常的な訓練施設の特定。それまでの間、現在の暫定的な措置に従い、米国は引き続き硫黄島で空母艦載機離発着訓練を実施する。日本国政府、米海軍航空兵力の空母艦載機離発着訓練のために受け入れ可能な恒常的な訓練施設を提供するとのコミットメントを再確認する。

○KC－130を受け入れるために海上自衛隊鹿屋基地において必要な施設の整備。これらの施設は、同盟の能力及び柔軟性を増大するために、日本の他の場所からの追加的な自衛隊又は米軍のC－130又はP－3航空機の一時的な展開を支援するためにも活用される。

○岩国飛行場に配置される米海軍及び米海兵隊部隊、並びに民間航空の活動を支援するために必要な追加的施設、インフラ及び訓練区域の整備。

● 訓練の移転

この報告で議論された二国間の相互運用性を向上させる必要性に従うとともに、訓練活動の影響を軽減するとの目標を念頭に、嘉手納飛行場を始めとして、三沢飛行場や岩国飛行場といった米軍航空施設から他の軍用施設への訓練の分散を拡大することに改めて注意が払われる。

● 在日米軍施設の収容能力の効率的使用

在日米軍施設の収容能力の効率的使用に関連して、米国と日本国政府及び地元との協力を強化するための機会が、運用上の要請及び安全性と整合的な場合に追求される。例えば、双方は、災害救援や被害対処といった緊急時における地元の必要性を満たすため、相模総合補給廠の収容能力を活用する可能性を探求する。

この報告の他の部分で取り扱われなかった米軍施設・区域及び兵力構成における将来の変更は、日米安全保障条約及びその関連取極の下での現在の慣行に従って取り扱われる。

日米安全保障協議委員会共同発表（仮訳）

2006年5月1日

ライス国務長官
ラムズフェルド国防長官
麻生外務大臣
額賀防衛庁長官

日米安全保障関係を中核とする日米同盟は、日本の安全及びアジア太平洋地域における平和と安定にとって不可欠の基礎であり、地域における米国の安全保障政策の要である。この強力なパートナーシップは、グローバルな課題に対応し、また、基本的人権、自由、民主主義及び法の支配といった両国が共有する基本的な価値を促進する上で、ますます極めて重要となってきている。この同盟関係は、地域及び世界の安全保障環境における変化に成功裡に適応してきており、引き続き将来の課題に対応するため、より深く、より幅広く、発展していく必要がある。このパートナーシップが、強固であり続けるためには、両国の国民一般の確固とした支持を引き続き得ることにより強化されなければならない。

本日の会合において、閣僚は、新たに発生している脅威が、世界中の国々の安全に影響を及ぼす共通の課題を生み出しているとの見解を共有し、幅広い問題に関する二国間のますます緊密な協力に留意した。閣僚は、日米同盟が、地域及び世界の平和と安全を高める上で極めて重要な役割を引き続き果たすよう、協力を拡大したいと考えていることを確認した。閣僚は、イラク及びアフガニスタンを再建し、これらの国々において民主主義を強化するとともに、より広い中東における改革の努力を支援するための、日米の努力の重要性に留意した。閣僚は、イランに対しすべての濃縮関連活動を停止し、IAEAの査察に全面的に協力するよう説得する努力において、緊密に協力することを確約するとともに、国連安全保障理事会の行動が協調してとらえる必要性につき合意した。

アジア太平洋地域も、世界の他の地域と同様、不透明性や不確実性を生み出す課題に引き続き直面している。閣僚は、六者会合の共同声明への一致したコミットメントを再確認し、北朝鮮に対して、無条件かつ即時に六者会合の場に戻ること、完全、検証可能かつ不可逆的な形で核計画を廃棄すること、また、すべての不法な活動や拡散の活動を中止することを求めた。閣僚は、外交努力を通じて地域紛争を解決することの重要性を再確認し、地域における軍事力の近代化に関してより一層の透明性を求めた。

このような安全保障環境の中で、閣僚は、2005年2月に安全保障協議委員会が特定した共通戦略目標を実現するに当たり、緊密に協力するとのコミットメントを確認した。閣僚は、2005年10月の安全保障協議委員会文書に記されている両国間の役割・任務・能力に関する勧告に示されているように、弾道ミサイル防衛、両国間の計画検討作業、情報共有と情報協力や国際平和協力活動といった分野で、二国間の安全保障・防衛協力の実効性を強化し、改善することの必要性や、自衛隊と米軍の相互運用性を向上することの重要性を強調した。この文脈で、閣僚は、変化する地域及び世界の安全保障環境において、確固たる同盟関係を確保するとともに、様々な課題に対応するよう同盟の能力を向上するために、安全保障・防衛協力の在り方を検討する重要性を強調した。

本日開催された安全保障協議委員会において、閣僚は、本日の同委員会文書「再編の実施のための日米ロードマップ」※に記されている、2005年10月の再編案の実施の詳細を承認した。閣僚は、これらの再編案の実施により、同盟関係における協力は新たな段階に入るものであり、また、地域における同盟関係の能力強化につながるものであることを認識した。今後実施される措置は、日米安全保障条約の下での日米双方のコミットメントを強化すると同時に、沖縄を含む地元の負担を軽減するとの日米双方の決意を示すものである。これは、安全保障上の同盟関係に対する国民一般の支持を高める基礎を提供するものである。閣僚は、日本国政府による地元との調整を認識し、再編案が実現可能であることを確認した。また、閣僚は、これらの再編案を完了させることが同盟関係の変革の基礎を強化するために不可欠であることを認識し、日米安全保障条約及び関連取極を遵守しつつ、この計画を速やかに、かつ、徹底して実施していくことを確約した。

※561ページ参照。

共同発表
日米安全保障協議委員会

同盟の変革：
日米の安全保障及び防衛協力の進展
（仮訳）

2007年5月1日

ライス国務長官
ゲイツ国防長官
麻生外務大臣
久間防衛大臣

Ⅰ.概観

日米安全保障関係は、日本の防衛の基盤であり、アジア太平洋地域の平和及び安全の要である。安全保障協議委員会（SCC）の構成員たる閣僚は、過去2年間の安全保障協議委員会の会合及び発表文において示された展望に従って、二国間の安全保障及び防衛協力が近年進展していることを歓迎した。2006年7月のミサイル発射及び同年10月の核実験を含む北朝鮮による挑発は、常に変化する安全保障環境において同盟が引き続き有効であることを確保するためには、日米同盟の変革が重要であるということを明確に認識させるものである。

閣僚は、現在の拡大する日米協力が、数年前に始まった同盟の更新及び強化のためのこれまでの努力によって可能となったように、両国が現在同盟に対して行う投資によって、平和及び安全に対する将来の課題に対して、同盟が効果的に対応することが可能となることを認識した。

さらに、閣僚は、相互協力及び安全保障条約の伝統的な役割の重要性を強調した。同条約は、日本政府に対する米国の安全保障を確かなものとしつつ、同盟関係にとって死活的に重要な在日米軍のプレゼンスを可能としてきた。米国の拡大抑止は、日本の防衛及び地域の安全保障を支えるものである。米国は、あらゆる種類の米国の軍事力（核及び非核の双方の打撃力及び防衛能力を含む。）が、拡大抑止の中核を形成し、日本の防衛に対する米国のコミットメントを裏付けることを再確認した。

この文脈において、閣僚は、新たに発生している安全保障上の課題に対して、より効果的に対応するために、二国間の情報協力及び情報共有を拡大し深化する必要性を強調した。閣僚は、また、秘密を保護するためのメカニズムを強化することとした。

安倍晋三総理大臣及びジョージ・W・ブッシュ大統領は、2006年11月18日に会談し、日米二国間の安全保障協力、特に弾道ミサイル防衛（BMD）の分野における協力の検討を求め、2007年4月27日の首脳会談においてその重要性を改めて強調した。閣僚は、本日、共通戦略目標及び同盟の変革の文脈において、この議題に焦点を当てた。

閣僚は、また、日本の防衛組織の庁から省への移行及び自衛隊の国際平和協力活動の本来任務化を歓迎した。

Ⅱ．共通戦略目標

日本及び米国は、国際社会において基本的人権、民主主義、法の支配といった基本的価値を促進することを確約している。2005年2月19日、閣僚は、二国間の協力を進展させるための広範な基礎となる共通戦略目標を特定した。

本日の会合において、閣僚は、現在の国際安全保障環境を考慮しつつ、これらの共通戦略目標へのコミットメントを再確認した。この文脈において、閣僚は、2007年2月13日、第5回六者会合において採択された「共同声明の実施のための初期段階の措置」を歓迎し、北朝鮮が同文書に記されたコミットメントを速やかに実施するよう促した。

閣僚は、今般の協議において、両国の利益を進展させる以下の戦略目標を強調した。

- 六者会合を通じて朝鮮半島の非核化を達成し、また、その他の分野での進展を展望した2005年9月19日の共同声明を完全に実施する。これには、北朝鮮と米国及び日本との国交正常化、拉致問題といった人道上の問題の解決、北東アジアの恒久的な平和及び安定のための共同の努力に対する六者すべてのコミットメントが含まれる。
- すべての国連加盟国が国連憲章第7章下の決議である国連安保理決議第1718号の規定を遵守する義務を引き続き有していることに留意しつつ、同決議の迅速かつ完全な実施を達成する。
- 地域及び世界の安全保障に対する中国の貢献の重要性を認識しつつ、中国に対して、責任ある国際的なステークホルダーとして行動すること、軍事分野における透明性を高めること、及び、表明した政策と行動との間の一貫性を維持することを更に促す。
- アジア太平洋経済協力（APEC）が地域の安定、安全及び繁栄の促進において果たす極めて重要な役割を認識し、APECを卓越した地域経済フォーラムとして強化するための協力を増進する。
- 東南アジアにおいて民主的価値、良き統治、法の支配、人権、基本的自由及び統合された市場経済を促進するとの東南アジア諸国連合（ASEAN）の努力を支援し、また、二国間及びASEAN地域フォーラムを通じ、非伝統的及び国境を越える重大な安全保障上の問題についての地域の能力及び協力を構築する。
- 共有する民主的価値及び利益に基づき、安全保障及び防衛の分野を含め、地域及び世界において、米国、日本及び豪州の三国間協力を更に強化する。
- インドの継続的な成長が地域の繁栄、自由及び安全に密接に繋がっていることを認識しつつ、共通の利益の分野を進展させ協力を強化するため、インドとのパートナーシップを引き続き強化する。
- アフガニスタンの成功裡の経済復興及び政治的安定を確保する。これは、より広範な地域の安全の確保及びテロリズムの打破のために不可欠である。その目的のため、日米両国は、復興、開発及び安全保障を必要とするアフガニスタンの移行を支援することを確約している。
- 自らを統治し、防衛し、持続させる能力を持ち、テロとの闘いの同盟国にとどまる、統一された民主的なイラクの建設に貢献する。
- イランに国際原子力機関(IAEA)の要求を完全に遵守させることを目的とする国連安保理決議第1737号及び第1747号の迅速かつ完全な実施を達成する。両国は、中東におけるイランの行動に関して国際社会が引き続き有する懸念に留意しつつ、イランがテロの問題に関して責任ある姿勢を示すことにより国際社会においてより積極的な役割を果たすべきであるとの見解で一致している。
- 北大西洋条約機構(NATO)の平和及び安全への世界的な貢献と日米同盟の共通戦略目標とが一致し、かつ、補完的であることを認識しつつ、より広範な日本とNATOとの協力を達成する。

Ⅲ. 役割・任務・能力

2005年10月29日、安全保障協議委員会は、自衛隊及び米軍の役割・任務・能力に関するイニシアティブを示した文書「日米同盟:未来のための変革と再編」を承認した。同文書に示された安全保障に関する事項を遂行することは、現在の安全保障環境における多様な課題に対応する同盟の能力にとって不可欠である。

閣僚は、この同盟の変革に関する構想に沿った役割・任務・能力の進展を確認するとともに、以下を強調した。

- 自衛隊による国際平和維持活動、国際緊急援助活動及び周辺事態への対応の本来任務化。これは、国際安全保障環境の改善への日本の貢献の重要性に対する関心の高まりを反映するものである。この文脈において、閣僚は、イラクの復興努力に対する自衛隊の支援及びインド洋で活動する諸外国の軍隊等に対する自衛隊の支援につき議論した。
- 変化する安全保障環境を反映し、また、地域の危機において共に行動する自衛隊及び米軍がより良い態勢をとるための、より具体的な計画検討作業の持続的な進展。そのような計画検討作業には広範な機能及び分野において更なる調整が必要とされることから、関係省庁の計画検討作業過程への積極的な参加が引き続き極めて重要である。
- 軍事情報包括保護協定(GSOMIA)としても知られる、秘密軍事情報の保護のための秘密保持の措置に関する両政府間の実質的合意。GSOMIAは、情報交換を円滑化し、情報並びに防衛装備計画及び運用情報の共有に資する情報保全のための共通の基礎を確立するものである。
- 二国間の化学・生物・放射線・核(CBRN)防護作業部会の設立。これは、大量破壊兵器による攻撃を受けた場合に運用能力の持続を確保するべく、CBRN兵器に対する自衛隊及び米軍部隊の即応態勢及び相互運用性を改善することに関し着実な進展を図るものである。
- 危機及びそれ以前における、政策、運用、情報及び広報に係る方針を調整するための、柔軟な二国間の省庁間調整メカニズムの構築。

- 相互運用性を強化し同盟の役割・任務・能力を推進させるための、二国間の共同訓練の実施。
- 閣僚は、日本及び地域の安全保障にとって米軍のプレゼンスが重要性を増していることを認識しつつ、同盟の変革の成功を確保するための適切な資源が必要であることを強調した。両同盟国は、また、同盟の能力を改善し、かつ、在日米軍のプレゼンスを維持するための資源を確保すべく最善の努力を払う。

Ⅳ. 再編ロードマップの実施

閣僚は、2006年5月の安全保障協議委員会文書「再編の実施のための日米ロードマップ」に記されている再編案を着実に実施する決意を再確認した。これらの再編案は、実施されれば、安全保障同盟に対する日米両国民一般の支持を強化することになる。

閣僚は、「ロードマップ」に記されている以下を含む再編案に係るこれまでの進展を確認し、評価した。

- 2006年6月の再編案の実施を総括する二国間調整メカニズムの創設。
- 再編案の早期実施を円滑化するために必要な法案及び予算に関する日本の国会の審議等。
- 普天間飛行場代替施設の専門技術的設計に関する取組及びキャンプ・シュワブ沖での海域調査の開始。
- 以下のような第3海兵機動展開部隊の要員及びその家族の2014年までの沖縄からグアムへの移転に向けた重要な協力。
  - ○ グアムにおける施設の計画及び開発を統括するグアム統合計画室の米国による設置及び予算措置。
  - ○ 米海兵隊の沖縄からグアムへの移転に向けた環境影響評価書の準備のための計画通知(Notice of Intent)を含む、米国の環境影響評価手続の開始。
  - ○ 第3海兵機動展開部隊の要員及びその家族の沖縄からグアムへの移転に関連する日本の資金的コミットメントの一部を実現するために、日本政府の指示の下、適切な措置をとる権限を国際協力銀行(JBIC)に付与する上述の法案の日本の国会への提出。
- 2007年3月の航空機の訓練移転の開始。
- 横田空域の柔軟な使用に関する措置の2006年9月の実施、並びに、2008年9月までに管制業務を日本に返還する横田空域の範囲及び横田レーダー進入管制業務における自衛隊管制官併置に関する2006年10月の合意。これらの措置は、軍事運用上の所要を満たしつつ、横田空域における民間航空機の航行の円滑化を促進するものである。
- 「ロードマップ」に明示されている横田飛行場のあり得べき軍民共同使用の具体的な条件や態様に関するスタディ・グループの2006年10月の立ち上げ。

閣僚は、「ロードマップ」に従って、目標の2014年までに普天間飛行場代替施設を完成させることが、第3海兵機動展開部隊のグアムへの移転及びそれに続く沖縄に残る施設・区域の統合を含む、沖縄における再編全体の成功裡かつ時宜に適った実施のための鍵であることを再確認した。閣僚は、統合のための詳細な計画に関する重要な進展を認識し、その完成に向けて引き続き緊密に協議するよう事務当局に指示した。

閣僚は、また、1996年の沖縄に関する特別行動委員会（SACO）最終報告の合意事項の実施が継続的に進展していることを評価した。これには、2006年9月の瀬名波通信施設の返還並びに2006年12月の楚辺通信施設及び読谷補助飛行場の返還が含まれており、これは合計で300ヘクタール（750エーカー）以上になる。

Ⅴ．BMD及び運用協力の強化

同盟のBMD能力は、同盟の全体的な抑止の態勢に貢献するものであり、日米のシステムが効果的に共同運用できる程度に応じて強化される。閣僚は、両国が能力を整備し、配備するに際して、戦術面、運用面及び戦略面での調整を確保するためにあらゆる努力が払われなければならないことを確認した。そうした観点から、日米は、同盟の利益に対する弾道ミサイルの脅威に対処するに当たって、緊密に調整しつつ適切な措置をとる。

この文脈において、閣僚は、以下の分野の運用協力を強調した。

- 運用協力を強化するため、二国間の計画検討作業は、今日及び予見可能な将来におけるミサイル防衛能力を考慮しなければならない。この目的のため、米軍及び自衛隊は、弾道ミサイルの脅威に対するミサイル防衛及び関連作戦の実施に当たっての構想、役割及び任務を相互に明確にする。同時に、政策レベルで、BMDの運用に係る政策指針が明確かつ最新のものとなっていることを確保する。
- 2005年10月29日、安全保障協議委員会は、共同統合運用調整所の構築を指示した。2006年6月－7月の北朝鮮のミサイルによる挑発が行われている間、日米は、自衛隊の連絡官が配された横田飛行場の暫定的な調整施設を通じてのものを含め、適時に情報を交換した。変化する状況につき双方が共通の認識を持つことを確保するに当たって、この施設が収めた成功は、横田飛行場における共同統合運用調整所の設置を通じたものを含め、二国間の政策・運用調整の継続的な向上の重要性を実証した。
- 自衛隊及び米軍の状況認識を改善する重要性を認識しつつ、双方は、BMD運用情報及び関連情報を直接相互にリアルタイムで、常時共有することを確約している。双方は、また、二国間の共通の運用画面を構築する。
- 双方は、同盟の役割・任務・能力の支援のために共有されるべき、より広範な運用情報及びデータを特定するために、包括的な情報共有ロードマップを策定する。

Ⅵ．BMDシステム能力の向上

閣僚は、ミサイル防衛に関する過去の同盟の決定が、近年の加速化された協力と相まって、地域におけるBMD能力を強化してきたことを評価した。

閣僚は、以下を含む、重要な進展を強調した。

- 米国Xバンド・レーダー・システムの日本の航空自衛隊車力分屯基地への配備及び運用。これは、米国によるレーダー・データの自衛隊への提供を伴う。
- 日本の嘉手納飛行場への米国PAC－3大隊の配備及び運用。
- 米太平洋艦隊の前方展開された海軍部隊に対するスタンダード・ミサイル(SM－3)防衛能力の最近及び今後の継続的な追加。
- 日本のイージス艦へのSM－3能力付与のための改修を促進するとの日本の決定。日本は、護衛艦「こんごう」の改修を2007年末までに完了するほか、護衛艦「ちょうかい」、「みょうこう」及び「きりしま」の改修についても前倒しを図る。
- PAC－3配備の前倒しを図るとの日本の決定。これにより、最初のPAC－3高射隊が2007年3月に配備され、16個のPAC－3高射隊が2010年初頭までに配備されるとの見通しが得られた。
- 次世代型SM－3迎撃ミサイルの日米共同開発についての優先的な取扱い。技術の移転に関する枠組みについて双方が基本的に合意したことにより、この計画及び将来の日米の技術協力計画の進展を促進することになる。

閣僚は、安全保障及び防衛協力のための同盟の変革を進展させることが、地域及び世界の平和及び安全に貢献することを確認した。

「日本国とアメリカ合衆国との間の相互協力及び安全保障条約」
(日米安全保障条約)
署名50周年に当たっての日米安全保障協議委員会の共同発表
(仮訳)

平成22年1月19日

岡田外務大臣
北澤防衛大臣
クリントン国務長官
ゲイツ国防長官

「日本国とアメリカ合衆国との間の相互協力及び安全保障条約」(日米安全保障条約)の署名50周年に当たり、日米安全保障協議委員会(SCC)の構成員たる閣僚は、日米同盟が、日米両国の安全と繁栄とともに、地域の平和と安定の確保にも不可欠な役割を果たしていることを確認する。日米同盟は、日米両国が共有する価値、民主的理念、人権の尊重、法の支配、そして共通の利益を基礎としている。日米同盟は、過去半世紀にわたり、日米両国の安全と繁栄の基盤として機能してきており、閣僚は、日米同盟が引き続き21世紀の諸課題に有効に対応するよう万全を期して取り組む決意である。日米安保体制は、アジア太平洋地域における繁栄を促すとともに、グローバル及び地域の幅広い諸課題に関する協力を下支えするものである。閣僚は、この体制をさらに発展させ、新たな分野での協力に拡大していくことを決意している。

過去半世紀の間、冷戦の終焉及び国境を越えた脅威の顕在化に示されるように、国際的な安全保障環境は劇的に変化した。アジア太平洋地域において、不確実性・不安定性は依然として存在しており、国際社会全体においても、テロ、大量破壊兵器とその運搬手段の拡散といった新たな脅威が生じている。このような安全保障環境の下、日米安保体制は、引き続き日本の安全とともにアジア太平洋地域の平和と安定を維持するために不可欠な役割を果たしていく。閣僚は、同盟に対する国民の強固な支持を維持していくことを特に重視している。閣僚は、沖縄を含む地元の基地負担を軽減するとともに、変化する安全保障環境の中で米軍の適切な駐留を含む抑止力を維持する現在進行中の努力を支持し、これによって、安全保障を強化し、同盟が引き続き地域の安定の礎石であり続けることを確保する。

日米同盟は、すべての東アジア諸国の発展・繁栄のもととなった平和と安定を東アジアに提供している。あらゆる種類の顕在化する21世紀の脅威や地域及びグローバルな継続的課題に直面する中、日米同盟は、注意深く、柔軟であり、かつ、対応可能であり続ける。この地域における最も重要な共通戦略目標は、日本の安全を保障し、この地域の平和と安定を維持することである。日本及び米国は、これらの目標を脅かし得る事態に対処する能力を強化し続ける。日本と米国は、北朝鮮の核・ミサイル計画による脅威に対処するとともに、人道上の問題に取り組むため、日米で緊密に協力するとともに、六者会合を含む様々な国際的な場を通じて日米のパートナーとも協力している。閣僚は、中国が国際場裡において責任ある建設的な役割を果たすことを歓迎し、日本及び米国が中国との協力関係を発展させるために努力することを強調する。日本及び米国はまた、アジア太平洋地域における地域的協力を強化していく。日本及び米国は、この地域及びそれを超えて、自然災害に対処し、人道支援を行っていくために協力していく。日本及び米国は、変化する安全保障環境の中で、共通の利益を有する幅広い分野において、米軍と日本の自衛隊との間の協力を含め、協力を深化させていく。

閣僚は、グローバルな文脈における日米同盟の重要性を認識し、様々なグローバルな脅威に対処していく上で、緊密に協力していく決意であることを改めて確認する。日本及び米国は、必要な抑止力を維持しつつ、大量破壊兵器の拡散を防止し、核兵器のない世界の平和と安全を追求する努力を強化する。日本及び米国は、国際テロに対する闘いにおいて緊密に協力することも決意している。日本と米国による現在進行中の海賊対処に関する取組と協力は、航行の自由と船員の安全を維持し続けるために不可欠である。

日米安全保障条約署名50周年に当たり、閣僚は、過去に日米同盟が直面してきた課題から学び、さらに揺るぎない日米同盟を築き、21世紀の変化する環境にふさわしいものとすることを改めて決意する。このため、閣僚は、幅広い分野における日米安保協力をさらに推進し、深化するために行っている対話を強化する。

日本及び米国は、国際的に認められた人権水準、国際連合憲章の目的と原則、そして、この条約の目的、すなわち、相互協力及び安全保障を促進し、日米両国の間に存在する平和及び友好の関係を強化し、民主主義の諸原則、個人の自由及び法の支配を擁護することに改めてコミットする。

〈仮訳〉

共同発表

日米安全保障協議委員会

2010年5月28日

岡田外務大臣

北澤防衛大臣

クリントン国務長官

ゲイツ国防長官

2010年5月28日、日米安全保障協議委員会(SCC)の構成員たる閣僚は、日米安全保障条約の署名50周年に当たる本年、日米同盟が日本の防衛のみならず、アジア太平洋地域の平和、安全及び繁栄にとっても引き続き不可欠であることを再確認した。北東アジアにおける安全保障情勢の最近の展開により、日米同盟の意義が再確認された。この点に関し、米国は、日本の安全に対する米国の揺るぎない決意を再確認した。日本は、地域の平和及び安定に寄与する上で積極的な役割を果たすとの決意を再確認した。さらに、SCCの構成員たる閣僚は、沖縄を含む日本における米軍の堅固な前方のプレゼンスが、日本を防衛し、地域の安定を維持するために必要な抑止力と能力を提供することを認識した。SCCの構成員たる閣僚は、日米同盟を21世紀の新たな課題にふさわしいものとすることができるよう幅広い分野における安全保障協力を推進し、深化させていくことを決意した。

閣僚は、沖縄を含む地元への影響を軽減するとの決意を再確認し、これによって日本における米軍の持続的なプレゼンスを確保していく。この文脈において、SCCの構成員たる閣僚は、同盟の変革と再編のプロセスの一環として、普天間飛行場を移設し、同飛行場を日本に返還するとの共通の決意を表明した。

閣僚は、このSCC発表によって補完された、2006年5月1日のSCC文書「再編の実施のための日米ロードマップ」に記された再編案を着実に実施する決意を確認した。

閣僚は、2009年2月17日の在沖縄海兵隊のグアム移転に係る協定(グアム協定)に定められたように、第三海兵機動展開部隊(MEF)の要員約8000人及びその家族約9000人の沖縄からグアムへの移転は、代替の施設の完成に向けての具体的な進展にかかっていることを再確認した。グアムへの移転は、嘉手納以南の大部分の施設の統合及び返還を実現するものである。

このことを念頭に、両政府は、この普天間飛行場の移設計画が、安全性、運用上の所要、騒音による影響、環境面の考慮、地元への影響等の要素を適切に考慮しているものとなるよう、これを検証し、確認する意図を有する。

両政府は、オーバーランを含み、護岸を除いて1800Mの長さの滑走路を持つ代替の施設をキャンプ・シュワブ辺野古崎地区及びこれに隣接する水域に設置する意図を確認した。

普天間飛行場のできる限り速やかな返還を実現するために、閣僚は、代替の施設の位置、配置及び工法に関する専門家による検討を速やかに(いかなる場合でも2010年8月末日までに)完了させ、検証及び確認を次回のSCCまでに完了させることを決定した。

両政府は、代替の施設の環境影響評価手続及び建設が著しい遅延がなく完了できることを確保するような方法で、代替の施設を設置し、配置し、建設する意図を確認した。

閣僚は、沖縄の人々が、米軍のプレゼンスに関連して過重な負担を負っており、その懸念にこたえることの重要性を認識し、また、共有された同盟の責任のより衡平な分担が、同盟の持続的な発展に不可欠であることを認識した。上記の認識に基づき、閣僚は、代替の施設に係る進展に従い、次の分野における具体的な措置が速やかにとられるよう指示した。

1．訓練移転

両政府は、二国間及び単独の訓練を含め、米軍の活動の沖縄県外への移転を拡充することを決意した。この関連で、適切な施設が整備されることを条件として、徳之島の活用が検討される。日本本土の自衛隊の施設・区域も活用され得る。両政府は、また、グアム等日本国外への訓練の移転を検討することを決意した。

2．環境

環境保全に対する共有された責任の観点から、閣僚は、日米両国が我々の基地及び環境に対して、「緑の同盟」のアプローチをとる可能性について議論するように事務当局に指示した。「緑の同盟」に関する日米の協力により、日本国内及びグアムにおいて整備中の米国の基地に再生可能エネルギーの技術を導入する方法を、在日米軍駐留経費負担(HNS)の一構成要素とすることを含め、検討することになる。閣僚は、環境関連事故の際の米軍施設・区域への合理的な立入り、返還前の環境調査のための米軍施設・区域への合理的な立入りを含む環境に関する合意を速やかに、かつ、真剣に検討することを、事務当局に指示した。

3．施設の共同使用

両政府は、二国間のより緊密な運用調整、相互運用性の改善及び地元とのより強固な関係に寄与するような米軍と自衛隊との間の施設の共同使用を拡大する機会を検討する意図を有する。

4．訓練区域

両政府は、ホテル・ホテル訓練区域の使用制限の一部解除を決定し、その他の措置についての協議を継続することを決意した。

5．グアム移転

両政府は、2009年2月17日のグアム協定に従い、Ⅲ MEFの要員約8000人及びその家族約9000人の沖縄からグアムへの移転が着実に実施されることを確認した。このグアムへの移転は、代替の施設の完成に向けての日本政府による具体的な進展にかかっている。米側は、地元の懸念に配慮しつつ、抑止力を含む地域の安全保障全般の文脈において、沖縄に残留するⅢ MEFの要員の部隊構成を検討する。
6．嘉手納以南の施設・区域の返還の促進
　両政府は、嘉手納以南の施設・区域の返還が、「再編の実施のための日米ロードマップ」に従って着実に実施されることを確認した。加えて、両政府は、キャンプ瑞慶覧（キャンプ・フォスター）の「インダストリアル・コリドー」及び牧港補給地区（キャンプ・キンザー）の一部が早期返還における優先分野であることを決定した。
7．嘉手納の騒音軽減
　両政府は、航空訓練移転プログラムの改善を含む沖縄県外における二国間及び単独の訓練の拡充、沖縄に関する特別行動委員会（SACO）の最終報告の着実な実施等の措置を通じた、嘉手納における更なる騒音軽減への決意を確認した。
8．沖縄の自治体との意思疎通及び協力
　両政府は、米軍のプレゼンスに関連する諸問題について、沖縄の自治体との意思疎通を強化する意図を確認した。両政府は、ITイニシアチブ、文化交流、教育プログラム、研究パートナーシップ等の分野における協力を探究することを決意した。

安全保障協力を深化させるための努力の一部として、SCCの構成員たる閣僚は、地域の安全保障環境及び共通の戦略目標を推進するに当たっての日米同盟の役割に関する共通の理解を確保することの重要性を強調した。この目的のため、SCCの構成員たる閣僚は、現在進行中の両国間の安全保障に係る対話を強化することを決意した。この安全保障に係る対話においては、伝統的な安全保障上の脅威に取り組むとともに、新たな協力分野にも焦点を当てる。

〈仮訳〉

日米安全保障協議委員会共同発表

より深化し、拡大する日米同盟に向けて：50年間のパートナーシップの基盤の上に

2011年6月21日

クリントン国務長官
ゲイツ国防長官
松本外務大臣
北澤防衛大臣

Ⅰ．序文
日米同盟が第二の半世紀に入るに当たり、日米安全保障協議委員会（SCC）の構成員たる閣僚は、日米同盟が日本及び米国の安全保障並びに21世紀のアジア太平洋

地域の平和、安定及び経済的繁栄にとって引き続き不可欠であることを確認した。

閣僚は2011年6月21日に会し、3月11日の地震、津波及び原子力の非常事態に対応した日本政府及び米国政府の間の緊密な協力について議論した。自衛隊と米軍によるかつてない共同の運用を含むこの協力は、本日のSCC会合において発出されたSCC文書「東日本大震災への対応における協力」において述べられているように、日米同盟に対する信頼を新たにし、日本と米国が過去半世紀にわたり築いてきた友情を深めた。日本は、米国から提供された広範な支援に対する心からの謝意を表明し、米国政府は、日本の復興のための支援を継続することを誓った。

SCCの構成員たる閣僚は、ますます不確実になっている安全保障環境によってもたらされる課題に継続して取り組む必要性を認識した。これには、地域における軍事能力及び活動の拡大、北朝鮮の核・ミサイル計画及び挑発的行動、非伝統的な安全保障上の懸念の顕在化並びに宇宙,公海及びサイバー空間などに対するその他の変化する脅威が含まれる。閣僚は、また、アフガニスタン及び中東における過激主義に対する継続中の取組を含む、増大するグローバルな課題に留意した。これらの課題は、地域の安全及び安定の維持における日米同盟の不可欠な役割のみならず、日米両国が協力を深化させ、拡大させる必要性を強調するものである。日米の共有された価値、すなわち民主主義の理想、共通の利益並びに人権及び法の支配の尊重は、引き続き日米同盟の基礎である。これらの現存する又は顕在化しつつある課題に対処するために、閣僚は、日米の協力を適応させ、日米の部隊を近代化し、相互運用性を向上し、新たな技術の開発において協力することによって、日米同盟の能力を強化し続ける必要性に留意した。

米国政府は、核及び通常戦力の双方のあらゆる種類の米国の軍事力によることを含め、日本の防衛並びに地域の平和及び安全へのコミットメントを再確認した。日本政府は、米軍による施設及び区域の安定的な使用を提供し、在日米軍駐留経費負担の提供を通じて米軍の円滑な運用を支援するとのコミットメントを再確認した。日米双方は、本日のSCC会合において発出されたSCC文書「在日米軍駐留経費負担」において述べられたように、在日米軍駐留経費負担に関する新たな協定が成功裡に締結されたことを歓迎した。

SCCの構成員たる閣僚は、2010年5月28日のSCC共同発表及び本日のSCC会合において発出されたSCC文書「在日米軍の再編の進展」によって補完された2006年5月1日のSCC文書「再編の実施のための日米ロードマップ」において述べられている再編案を着実に実施する決意を再確認した。

2010年1月19日のSCCの共同発表に基づき、日米両政府は、変化する安全保障環境の中、共通の利益を有する幅広い分野において、日米同盟の深化に関する精力的な協議を実施した。閣僚は、次のようなこれらの協議の結果を支持した。

Ⅱ. 共通の戦略目標

変化する安全保障環境に関する評価に基づき、閣僚は、2005年及び2007年の日米同盟の共通の戦略目標を再確認し、更新した。閣僚は、次のものが日米同盟の共通の戦略目標を示すと決定した。

- 日本の安全を確保し、アジア太平洋地域における平和と安定を強化する。
- 日米両国に影響を与える多様な事態に対処する能力を向上させる。
- 北朝鮮による挑発を抑止する。六者のプロセス、そして不可逆的な措置を通じて、ウラン濃縮計画を含む北朝鮮の完全かつ検証可能な非核化を達成する。拡散、弾道ミサイル、不法活動及び北朝鮮による拉致の問題を含む人道上の懸念に関連する課題を解決する。国際連合安全保障理事会決議及び2005年9月の六者会合の共同声明を完全に実施する。平和的な統一を支持する。
- 豪州及び韓国の双方のそれぞれとの間で、三か国間の安全保障及び防衛協力を強化する。
- 日本、米国及び中国の間の信頼関係を構築しつつ、地域の安定及び繁栄における中国の責任ある建設的な役割、グローバルな課題における中国の協力並びに中国による国際的な行動規範の遵守を促す。中国の軍事上の近代化及び活動に関する開放性及び透明性を高め、信頼醸成の措置を強化する。
- 両岸関係の改善に関するこれまでの進捗を歓迎しつつ、対話を通じた両岸問題の平和的な解決を促す。
- アジア太平洋地域におけるロシアの建設的な関与を促す。北方領土問題の解決を通じた日露関係の完全な正常化を実現する。
- 地域の安全保障環境を不安定にし得る軍事上の能力を追求・獲得しないよう促す。
- 日本、米国及び東南アジア諸国連合(ASEAN)間の安全保障協力を強化し、民主的価値及び統合された市場経済を促進するとのASEANの努力を支援する。
- 強く揺るぎないアジア太平洋のパートナーとしてインドを歓迎し、インドの更なる地域への関与及び地域的枠組みへの参加を促す。日米印三か国間の対話を促進する。
- ASEAN地域フォーラム(ARF)、ASEAN拡大国防相会議(ADMM+)、アジア太平洋経済協力(APEC)及び東アジア首脳会議(EAS)を含む、開放的かつ多層的な地域のネットワーク及びルール作りのメカニズムを通じた効果的な協力を促進する。
- 脆弱な国家を支援し、人間の安全保障を促進するために、人道支援、ガバナンス及び能力構築、平和維持活動並びに開発援助の分野における日米協力を強化する。
- テロを防止し、根絶する。
- 必要な抑止力を維持しつつ、核兵器のない世界における平和及び安全を追求する。大量破壊兵器及びその運搬手段の不拡散及び削減を推進し、各国に不拡散上の義務の違反について責任を果たさせる。
- 海賊の防止及び根絶、自由で開放的な貿易及び商業の確保並びに関連する慣習国際法及び国際約束の促進を含む、航行の自由の原則を守ることにより海上交通の安全及び海洋における安全保障を維持する。

- 我々が利益を共有する宇宙及びサイバー空間の保護並びにそれらへのアクセスに関する日米の協力を維持する。情報及び宇宙のシステムの安全を含む、死活的に重要なインフラの抗堪性を促進する。
- 災害予防及び災害救援における国際的な協力を強化する。
- 民生用の原子力計画における最高水準の安全を促進し、原子力事故に対処するための能力を向上させる。
- エネルギー及びレア・アースを含む死活的に重要な資源及び原料の供給の多様化についての対話を促進する。
- 日本を常任理事国として含む国連安全保障理事会の拡大を期待しつつ、国連安全保障理事会が、改革を通じて、その任務を果たし、新しい世紀の課題に効果的に対処する能力を向上させるための努力につき協議する。
- 民主的改革を支持し、促す機会を追求することで、中東及び北アフリカにおける安定及び繁栄を促進する。
- イランの国際的義務の完全な遵守及び核計画に関するP5+1との真剣な交渉への復帰を確保する。デュアル・トラック・アプローチの一部として、日本及び米国は国際連合安全保障理事会決議の着実な実施を継続する。
- アフガニスタンにおける治安権限委譲の開始を歓迎しつつ、アフガニスタン治安部隊(ANSF)への継続的な支援を通じて持続的な進展を確保し、効果的なガバナンスと開発を促進するための民生面での努力を強化する。
- 文民統治の強化及び経済改革の実施のためのパキスタンの努力を支持する。

Ⅲ．日米同盟の安全保障及び防衛協力の強化

変化する地域及び世界の安全保障環境に対処するため、SCCの構成員たる閣僚は、二国間の安全保障及び防衛協力の更なる向上を追求することを決定した。

日本政府は、2010年に、新たな防衛計画の大綱を策定した。新たな防衛計画の大綱は、高い即応性、機動性、柔軟性、持続性及び多目的性を特徴とし、高度の技術力と情報能力によって強化された「動的防衛力」の構築を目的とする。米国政府は、地域における抑止力を強化し、アジア太平洋地域における軍事的プレゼンスを維持・強化するとの2010年の「4年ごとの米国国防政策の見直し」(QDR)にあるコミットメントを再確認し、また、核技術及び戦域弾道ミサイルの拡散、アクセス拒否／エリア拒否能力並びに宇宙、公海及びサイバー空間などに対するその他の変化する脅威といった課題に対処するよう地域の防衛態勢を適合させる意図を確認した。

上記の新たに策定された国家安全保障戦略を反映しつつ、閣僚は以下のとおり重点分野を特定した。

1．抑止及び緊急時の対処の強化

- 閣僚は、二国間の計画検討作業のこれまでの進展を歓迎し、日米同盟が日本をよりよく防衛し、様々な地域の課題に対処できるよう、二国間の計画を精緻化

する努力を行うことを再確認した。この努力は、平時及び危機における調整のための二国間の政府全体のメカニズムを強化し、米軍及び自衛隊による日本国内の施設への緊急時のアクセスを改善することを目的とする。

- 閣僚は、日本及び米国の役割、任務及び能力を継続的に検討する必要性を強調し、運用面での協力をより強化する分野を特定するとのこのプロセスの目的を確認した。
- 閣僚は、非戦闘員退避活動における二国間の協力を加速することを決定した。
- 閣僚は、能動的、迅速かつシームレスに地域の多様な事態を抑止し、それらに対処するために、共同訓練・演習を拡大し、施設の共同使用を更に検討し、情報共有や共同の情報収集・警戒監視・偵察(ISR)活動の拡大といった協力を促進することを決定した。
- 閣僚は、弾道ミサイル防衛に係る協力について両国が達成した進展を歓迎した。SM－3ブロックⅡＡの共同開発事業に関し、閣僚は、生産及び配備段階に移行する場合に備え、将来の課題を検討することを決定した。この観点から、米国政府から今後要請され得るSM－3ブロックⅡＡの第三国への移転は、当該移転が日本の安全保障に資する場合や国際の平和及び安定に資する場合であって、かつ、当該第三国がSM－3ブロックⅡＡの更なる移転を防ぐための十分な政策を有しているときには、米国に対する武器及び武器技術の供与に関する2006年6月23日の交換公文に従い、認められ得る。閣僚は、武器・武器技術共同委員会(JAMTC)をそのような将来の第三国移転に関する協議の機関に指定した。
- 閣僚は、短期的及び長期的に地域の安定を向上させる最も効果的な方法(核能力によるものを含む。)を決定する協議の機関として、定期的な二国間の拡大抑止協議が立ち上げられたことを歓迎した。
- 閣僚は、安全保障分野における日米宇宙協議及び宇宙状況監視、測位衛星システム、宇宙を利用した海洋監視、デュアルユースのセンサーの活用といった諸分野におけるあり得べき将来の協力を通じ、日米二国間の宇宙における安全保障に関するパートナーシップを深化させる最近の進展があったことを認識した。
- 閣僚は、サイバー空間における増大する脅威によってもたらされる課題に日本及び米国が立ち向かうための新たな方法について協議することを決意し、サイバー・セキュリティに関する二国間の戦略的政策協議の設置を歓迎した。閣僚は、サイバー・セキュリティに関する効果的な二国間協力には、政府全体による解決及び民間部門との調整が必要であることを認識した。

2．地域及びグローバルな場での日米同盟の協力

- 閣僚は、前述の三か国間の安全保障協力を含め、地域において共通の価値を共有する諸国と安全保障及び防衛協力を促進することの重要性を強調した。閣僚は、状況が許す場合には共同演習及び相互の後方支援を通じて、人道支援・災害救援及びその他の活動での三か国間及び多国間の協力を促進するための努

力を奨励した。

- 閣僚は、また、地域の人道支援・災害救援分野の後方支援の拠点を日本に設置することの重要性につき一致した。
- 閣僚は、災害救援、平和維持、復興及びテロ対策を含む国際的な活動における更なる協力の重要性を強調した。
- 閣僚は、航行の自由を保護し、安全で確実なシーレーンを確保するため、海洋安全保障及び海賊対処において更に協力する意図を確認した。
- 閣僚は、自衛隊及び米軍に関連する環境面での課題について協力を継続することを決定した。

3．日米同盟の基盤の強化

- 閣僚は、これまでの進展を歓迎しつつ、情報保全についての日米協議で議論されてきたとおり、政府横断的なセキュリティ・クリアランスの導入やカウンター・インテリジェンスに関する措置の向上を含む、情報保全制度の更なる改善の重要性を強調した。閣僚は、また、情報保全のための法的枠組みの強化に関する日本政府の努力を歓迎し、そのような努力が情報共有の向上につながることを期待した。
- 閣僚は、運用面での協力についてより効果的で、顕在化しつつある安全保障上の課題により適合したものとし、様々な事態により良く対応することができるよう二国間の枠組みを継続的に検討し、強化していくことの重要性を認識した。
- 閣僚は、日米間のより緊密な装備・技術協力は、強固な同盟の基礎となる要素であることを確認した。特に、先進諸国が国際共同開発・生産を通じて、装備品の高性能化を実現しつつ、コストの高騰に対応している中、日本政府はそのような流れに対応するために現在行っている検討を促進する。米国政府は、この日本政府の努力を奨励する。

閣僚は、日米同盟の過去50年を顧みて、達成された全てに大いに満足した。同時に、閣僚は、日米同盟がかつてないほど重要であり、また、かつてないほど重要な課題に直面していることを認識した。この文脈において、双方は、地域及び世界が直面するあらゆる安全保障面、戦略面及び政治面の課題に関する協議及び調整をより充実させるため引き続き取り組んでいく必要性を認識した。

〈仮訳〉

日米安全保障協議委員会文書
在日米軍の再編の進展

2011年6月21日

クリントン国務長官
ゲイツ国防長官
松本外務大臣
北澤防衛大臣

閣僚は、現下の変化する地域の安全保障環境に鑑み、抑止力を維持し、日米同盟の能力を強化するために、沖縄を含む日本における米軍のプレゼンスの重要性が高まっていることを強調した。

閣僚は、沖縄を含む地元への影響を軽減するとのコミットメントを再確認した。それは、日本における米軍の持続的なプレゼンスの確保に寄与することとなる。

閣僚は、2006年の再編のロードマップ以降多くの分野において達成された重要な成果を賞賛し、その目的の実現に向けた進展を継続していくことを決意した。

1. 沖縄における再編

(a) 普天間飛行場の代替の施設

- SCCの構成員たる閣僚は、ロードマップの鍵となる要素である普天間飛行場の代替の施設の重要性を再確認した。
- 閣僚は、2010年5月28日のSCC共同発表において確認されたように代替の施設はキャンプ・シュワブ辺野古崎地区及びこれに隣接する水域に設置されることを想起しつつ、普天間飛行場の代替の施設に係る専門家検討会合(以下「専門家会合」という。)の分析に基づき、位置、配置及び工法の検証及び確認を完了した。
- 閣僚は、代替の施設を、海面の埋立てを主要な工法として、専門家会合によって記されたようなV字型に配置される2本の滑走路を有するものとすることを決定した。それぞれの滑走路部分は、オーバーランを含み、護岸を除いて、均一の荷重支持能力を備えて、1800mの長さを有する。閣僚は、環境影響評価手続及び建設が著しい遅延がなく完了できる限り、この計画の微修正を考慮し得ることを決定した。

(b) 沖縄における兵力削減及び第三海兵機動展開部隊(ⅢMEF)の要員のグアムへの移転

- SCCの構成員たる閣僚は、西太平洋において米軍が地理的に分散し、運用面での抗堪性があり、かつ、政治的に持続可能な態勢を実現するための、より広範な戦略の一部として、ⅢMEFの要員約8000人及びその家族約9000人を沖縄からグアムに移転するとのコミットメントを再確認した。

- 閣僚は、2009年2月17日のグアム協定の締結及び日米双方がとった財政措置を含むこれまでの具体的な進展に留意した。閣僚は、ロードマップ及びグアム協定の規定及び条件に従って移転を着実に実施するために必要な資金を確保するとのコミットメントを確認した。
- 米側は、地元の懸念に配慮しつつ、抑止力を含む地域の安全保障全般の文脈において、沖縄に残留するⅢMEFの要員の部隊構成を引き続き検討する。

(c) 閣僚は、普天間飛行場の代替の施設及び海兵隊の移転の完了が従前に目標時期とされていた2014年には達成されないことに留意するとともに、日米同盟の能力を維持しつつ、普天間飛行場の固定化を避けるために、上記の計画を2014年より後のできる限り早い時期に完了させるとのコミットメントを確認した。

(d) 土地の返還

- SCCの構成員たる閣僚は、嘉手納以南の施設及び区域の返還はロードマップに記されたように着実に実施されることを再確認した。
- 閣僚は、沖縄に残留するⅢMEFの要員の部隊構成の検討の結果を反映して、できるだけ早く、統合のための詳細な計画を完成させ、公表することを決定した。
- 閣僚は、沖縄に関する特別行動委員会（SACO）最終報告の計画及び措置を着実に実施することの重要性を更に強調した。

(e) 再編案間の関係

- SCCの構成員たる閣僚は、沖縄からグアムへのⅢMEFの要員及びその家族の移転は、普天間飛行場の代替の施設の完成に向けての具体的な進展にかかっていることを再確認した。グアムへの移転は、嘉手納以南の大部分の施設の統合及び返還を実現するものである。

(f) 閣僚は、双方がホテル・ホテル訓練区域に関する更なる措置を含む沖縄における影響の緩和のための更なる方法を引き続き探求することを決定した。

(g) 嘉手納における騒音の軽減

- SCCの構成員たる閣僚は、嘉手納飛行場の主要滑走路の反対側に海軍駐機場を移転する計画の進展を歓迎し、また、騒音規制に関する1996年の合同委員会合意へのコミットメントを再確認した。

2．米陸軍司令部能力の改善

- SCCの構成員たる閣僚は、第1軍団（前方）の発足を含めたキャンプ座間における米陸軍司令部の改編を歓迎した。
- 閣僚は、また、日本の2012会計年度までの陸上自衛隊中央即応集団司令部のキャンプ座間への移転についての、これまでの着実な進展を歓迎した。
- これらの進展は、米陸軍及び陸上自衛隊による調整された司令部能力の向上に寄与することとなる。

3．横田飛行場

- 閣僚は、共同統合運用調整所（BJOCC）が、日本の2011会計年度末までに運用を開始することに留意した。これは、情報共有を含め、二国間の司令部の調整の強化における重要な前進となるものである。

- 閣僚は、航空自衛隊航空総隊司令部の横田への移転の重要な進展を歓迎した。
- 閣僚は、横田空域の一部について、2008年に管制業務が日本側に返還されたことを歓迎した。

4．厚木飛行場から岩国飛行場への空母艦載機部隊の移駐

- 閣僚は、空母艦載機の岩国飛行場への移駐に必要となる施設の整備及び航空管制の手続を含む訓練空域の調整に関するこれまでの進展を歓迎した。
- SCCの構成員たる閣僚は、日本の2012会計年度中の岩国飛行場における民間航空の再開に向けて作業することを決定した。
- 日本政府は、新たな自衛隊の施設のため、馬毛島が検討対象となる旨地元に説明することとしている。南西地域における防衛態勢の充実の観点から、同施設は、大規模災害を含む各種事態に対処する際の活動を支援するとともに、通常の訓練等のために使用され、併せて米軍の空母艦載機離発着訓練の恒久的な施設として使用されることになる。閣僚は、長年にわたる問題の解決は、同盟への極めて重要な前向きな貢献となると認識した。

5．訓練移転

- 閣僚は、移転先にグアムを含める2011年1月の航空機の訓練移転に関する合同委員会合意を歓迎した。
- 閣僚は、日本国内及びグアム等の日本国外において、二国間及び単独の訓練の拡大も含め訓練移転の更なる選択肢を検討することを決定した。

6．施設の共同使用

- SCCの構成員たる閣僚は、沖縄を含む日本国及び太平洋地域にある米国の施政下にある領域において日米の施設への二国間のアクセスの拡大を促進するための共同使用に関する作業部会の設置を歓迎した。このステップは、より緊密な二国間の調整、相互運用性の向上及び地元とのより強固な関係に寄与する。

7．環境

- 閣僚は、環境に関する合意に係る作業部会の設置を歓迎し、返還前の環境調査のための米軍施設・区域への合理的な立入りに関する合意の検討を加速することを決定した。

〈仮訳〉

日米安全保障協議委員会文書

東日本大震災への対応における協力

2011年6月21日

クリントン国務長官
ゲイツ国防長官
松本外務大臣
北澤防衛大臣

2011年3月11日、日本はこれまでに経験したことのない最大の地震に見舞われた。激しい地震は巨大な津波を引き起こし、福島第一原子力発電所での深刻な非常事態をもたらした。このような未曾有の多元的な災害は、国際社会への重要な教訓となる。日本の経験に鑑み、複合的な非常事態に対応し、そのような事態において相互に支援できるよう、より良い備えをしておくことは、全ての国にとっての責務である。特に重要なのは、原子力発電所に影響を与える災害に対する非常時の計画の整備である。

閣僚は、今次の災害への対処における日米間の緊密かつ効果的な協力は、二国間の特別な絆を証明し、同盟の深化に寄与したとの点で一致した。閣僚は、特に、以下の分野における協力を強調した。

- 自衛隊は、その歴史上、最大の災害救援活動に従事している。この努力を支援するため、米国は、「トモダチ作戦」の下、人道支援、災害救援及びその他の活動を実施した。この大規模な共同対処の成功は、長年にわたる二国間の訓練、演習及び計画の成果を実証した。
- 自衛隊及び米軍は、市ヶ谷、横田及び仙台に、日米両国の要員が配置され、意思疎通及び運用調整の中心としての機能を果たした日米調整所を立ち上げた。この経験は、将来のあらゆる事態への対応のモデルとなる。
- 原子力発電所事故への対応には、両国の政府及び民間部門の専門家並びに日米両政府の複数の省庁が関与した。その経験は、リアルタイムの情報共有、効果的な調整及び複合的な非常事態への包括的な政府全体としての対応を促進するための二国間及び多国間のメカニズムの重要性を示した。
- 福島第一原子力発電所事故への二国間の対応は、情報共有、防護、除染及び被害局限といった分野における政策協調及び協力のための場としての化学・生物・放射線・核(CBRN)防護作業部会の強化が重要であることを示した。
- 閣僚は、地方公共団体によって実施される防災訓練への米軍の参加が、米軍及び基地を受け入れているコミュニティとの間の関係の強化に資するとの認識を共有した。

閣僚は、この経験から学び、将来における多様な事態に対応するための日米両国の能力を向上させる決意を共有した。

〈仮訳〉

日米安全保障協議委員会文書

在日米軍駐留経費負担

2011年6月21日

クリントン国務長官
ゲイツ国防長官
松本外務大臣
北澤防衛大臣

閣僚は、在日米軍駐留経費負担の包括的な見直しの結果及びそれに続く2011年4月の在日米軍駐留経費負担に係る現行の特別協定の発効を歓迎した。これは日米同盟の柱の一つとなるものである。

閣僚は、現行の特別協定の有効期間である5年の間、在日米軍駐留経費負担全体の水準が日本の2010会計年度の水準(日本の2010会計年度予算額1,881億円が目安)に維持されることを確認した。閣僚は、日米両政府が、現行の特別協定の期間中、日本側が負担する労務費及び光熱水料等の段階的な削減を実施するとともに、当該減額分を提供施設整備費に充当することを確認した(現行特別協定の期間中の提供施設整備費の水準は各年度206億円を下回らないこととする。)。

SCCの構成員たる閣僚は、エネルギー効率をより高めるとともに、米国の運用上及び任務上の所要に対応するため、提供施設整備をより効率的、安定的及び透明性のあるものにするよう、合同委員会を通じて作業する意図を確認した。

閣僚は、労務費を削減しつつも、駐留軍等労働者の安定的な雇用を維持するために引き続き最大限努力することで一致した。

〈仮訳〉

日米安全保障協議委員会文書共同発表

2012年4月27日

玄葉外務大臣
田中防衛大臣
クリントン国務長官
パネッタ国防長官

日米安全保障協議委員会(SCC)は、在沖縄米海兵隊の兵力を含む、日本における米軍の堅固なプレゼンスに支えられた日米同盟が、日本を防衛し、アジア太平洋地域の平和、安全及び経済的繁栄を維持するために必要な抑止力と能力を引き続き提供することを再確認した。

ますます不確実となっているアジア太平洋地域の安全保障環境に鑑み、閣僚は、

2011年6月21日のSCC共同発表に掲げる共通の戦略目標を進展させるとのコミットメントを強調した。また、閣僚は、その共同発表に沿って二国間の安全保障及び防衛協力を強化し、アジア太平洋地域の諸国への関与を強化するための方途を明らかにするとの意図を表明した。

日本国政府は、2012年1月に米国政府により国防省の新たな戦略指針が発表され、アジア太平洋地域に防衛上の優先度を移すとの米国の意図が示されたことを歓迎した。また、日本国政府は、同地域における外交的関与を推進しようとする米国の取組を歓迎した。

SCCは、両国間に共有されるパートナーシップの目標を達成するため、2006年5月1日のSCC文書「再編の実施のための日米ロードマップ」(再編のロードマップ)に示された計画を調整することを決定した。閣僚は、これらの調整の一部として、第3海兵機動展開部隊(Ⅲ. MEF)の要員の沖縄からグアムへの移転及びその結果として生ずる嘉手納飛行場以南の土地の返還の双方を、普天間飛行場の代替施設に関する進展から切り離すことを決定した。

閣僚は、これらの調整が、アジア太平洋地域において、地理的により分散し、運用面でより抗堪性があり、政治的により持続可能な米軍の態勢を実現するために必要であることを確認した。これらの調整は、抑止力を維持し、地元への米軍の影響を軽減するとの再編のロードマップの基本的な目標を変更するものではない。また、これらの調整は、米軍と自衛隊の相互運用性を強化し、戦略的な拠点としてのグアムの発展を促進するものである。

また、閣僚は、第I部に示す部隊構成が日米同盟の抑止力を強化するものであることを確認した。さらに、閣僚は、同盟の抑止力が、動的防衛力の発展及び南西諸島を含む地域における防衛態勢の強化といった日本の取組によって強化されることを強調した。また、閣僚は、適時かつ効果的な共同訓練、共同の警戒監視・偵察活動及び施設の共同使用を含む二国間の動的防衛協力が抑止力を強化することに留意した。

Ⅰ. グアム及び沖縄における部隊構成

閣僚は、沖縄及びグアムにおける米海兵隊の部隊構成を調整するとの意図を表明した。再編のロードマップの後、在沖縄米海兵隊の兵力の定員が若干増加したことから、また、移転する部隊及び残留する部隊の運用能力を最大化するため、両政府は、グアム及び沖縄における米海兵隊の兵力の最終的な構成に関する一定の調整を決定した。 米国は、地域における米海兵隊の兵力の前方プレゼンスを引き続き維持しつつ、地理的に分散された兵力態勢を構築するため、海兵空地任務部隊(MAGTF)を沖縄、グアム及びハワイに置くことを計画しており、ローテーションによるプレゼンスを豪州に構築する意図を有する。この見直された態勢により、より高い能力を有する米海兵隊のプレゼンスが各々の場所において確保され、抑止力が強化されるとともに、様々な緊急の事態に対して柔軟かつ迅速な対応を行うことが可能となる。閣僚は、これらの措置が日本の防衛、そしてアジア太平洋地域全体の平和及び安定に寄与することを確認した。
閣僚は、約9000人の米海兵隊の要員がその家族と共に沖縄から日本国外の場所に移転されることを確認した。沖縄に残留する米海兵隊の兵力は、第3海兵機動展開部隊司令部、第1海兵航空団司令部、第3海兵後方支援群司令部、第31海兵機動展開隊及び海兵隊太平洋基地の基地維持要員の他、必要な航空、陸上及び支援部隊から構成されることとなる。閣僚は、沖縄における米海兵隊の最終的なプレゼンスを再編のロードマップに示された水準に従ったものとするとのコミットメントを再確認した。米国政府は、日本国政府に対し、同盟に関するこれまでの協議の例により、沖縄における米海兵隊部隊の組織構成の変更を伝達することとなる。
米国は、第3海兵機動展開旅団司令部、第4海兵連隊並びに第3海兵機動展開部隊の航空、陸上及び支援部隊の要素から構成される、機動的な米海兵隊のプレゼンスをグアムに構築するため作業を行っている。グアムには基地維持要員も設置される。グアムにおける米海兵隊の兵力の定員は、約5000人になる。
これらの調整に関連し、米国政府は、日本国政府に対し、ローテーションによる米海兵隊のプレゼンスを豪州に構築しつつあり、また、ハワイにおける運用能力の強化のために米海兵隊の他の要員を同地に移転することを報告した。これらの移転を実施するに当たって、米国政府は、西太平洋地域において、同政府の現在の軍事的プレゼンスを維持し、軍事的な能力を強化するとの同政府のコミットメントを再確認した。
沖縄における米軍のプレゼンスの長期的な持続可能性を強化するため、適切な受入施設が利用可能となる際に、前述の沖縄からの米海兵隊部隊の移転が実現する。沖縄の住民の強い希望を認識し、これらの移転は、そのプロセスを通じて運用能力を確保しつつ、可能な限り早急に完了させる。
前述の海兵隊の要員のグアムへの移転に係る米国政府による暫定的な費用見積りは、米国の2012会計年度ドルで86億米ドルである。グアムにおける機動的な米海兵隊のプレゼンスの構築を促進するため、また、前述の部隊構成を考慮して、両政府は、日本の財政的コミットメントが、2009年のグアム協定の第1条に規定された直接的な資金の提供となることを再確認した。両政府は、グアム移転のための日本による他の形態での財政支援は利用しないことを確認した。第㈼部に示す訓練場の整備のための日本からの貢献がある場合、これは、前述のコミットメントの一部となる。残りの費用及びあり得べき追加的な費用は、米国政府が負担する。2009年のグアム協定の下で日本国政府から米国政府に対し既に移転された資金は、この日本による資金の提供の一部となる。両政府は、二国間で費用内訳を完成させる。両政府は、2009年のグアム協定に鑑みてとるべき更なる措置についても協議する。閣僚は、これらのイニシアティブの計画上及び技術上の詳細に関して引き続き双方において立法府と協議することの重要性に留意した。

Ⅱ．地域の平和、安定及び繁栄を促進するための新たなイニシアティブ
閣僚は、アジア太平洋地域における平和、安定及び繁栄の促進のために協力する

安保体制

こと並びに効果的、効率的、創造的な協力を強化することが極めて重要であることを確認した。

この文脈で、米国政府は、訓練や演習を通じてこの地域の同盟国及びパートナー国がその能力を構築することを引き続き支援する考えである。一方、日本国政府は、例えば沿岸国への巡視船の提供といった政府開発援助（ODA）の戦略的な活用を含むこの地域の安全の増進のための様々な措置をとる考えである。

両政府は、戦略的な拠点としてグアムを発展させ、また、米軍のプレゼンスの地元への影響を軽減するため、変化する安全保障環境についての評価に基づき、地域における二国間の動的防衛協力を促進する新たな取組を探求する考えである。両政府は、グアム及び北マリアナ諸島連邦における自衛隊及び米軍が共同使用する施設としての訓練場の整備につき協力することを検討する。両政府は、2012年末までにこの点に関する具体的な協力分野を特定する。

Ⅲ．沖縄における基地の統合及び土地の返還

以下の6つの施設・区域の全面的又は部分的な返還について、再編のロードマップから変更はない。

- キャンプ桑江（キャンプ・レスター）：全面返還。
- キャンプ瑞慶覧（キャンプ・フォスター）：部分返還及び残りの施設とインフラの可能な限りの統合。
- 普天間飛行場:全面返還。
- 牧港補給地区（キャンプ・キンザー）：全面返還。
- 那覇港湾施設：全面返還（浦添に建設される新たな施設（追加的な集積場を含む。）に移設）。
- 陸軍貯油施設第1桑江タンク・ファーム：全面返還。

米国は、対象となっている米海兵隊の兵力が沖縄から移転し、また、沖縄の中で移転する部隊等の機関のための施設が使用可能となるに伴い、土地を返還することにコミットした。日本国政府は、残留する米海兵隊の部隊のための必要な住宅を含め、返還対象となる施設に所在し、沖縄に残留する部隊が必要とする全ての機能及び能力を米国政府と調整しつつ移設する責任に留意した。必要に応じて地元との調整が行われる。

前述の施設・区域の土地は、可能になり次第返還される。沖縄に関する特別行動委員会（SACO）による移設・返還計画は、再評価が必要となる可能性がある。沖縄における米軍による影響をできる限り早期に軽減するため、両政府は、米軍により使用されている以下の区域が返還可能となることを確認した。

- 閣僚は、以下の区域が、必要な手続の完了後に速やかに返還可能となることを確認した。
- キャンプ瑞慶覧（キャンプ・フォスター）の西普天間住宅地区
- 牧港補給地区（キャンプ・キンザー）の北側進入路

- ●牧港補給地区の第5ゲート付近の区域
- ●キャンプ瑞慶覧の施設技術部地区内の倉庫地区の一部（他の場所での代替の倉庫の提供後）
- ●閣僚は、以下の区域が、沖縄において代替施設が提供され次第、返還可能となることを確認した。
- ●キャンプ桑江（キャンプ・レスター）
- ●キャンプ瑞慶覧のロウワー・プラザ住宅地区、喜舎場住宅地区の一部及びインダストリアル・コリドー
- ●牧港補給地区の倉庫地区の大半を含む部分
- ●那覇港湾施設
- ●陸軍貯油施設第1桑江タンク・ファーム
- ●閣僚は、以下の区域が、米海兵隊の兵力が沖縄から日本国外の場所に移転するに伴い、返還可能となることを確認した。
- ●キャンプ瑞慶覧の追加的な部分
- ●牧港補給地区の残余の部分

移設に係る措置の順序を含む沖縄に残る施設・区域に関する統合計画を、キャンプ瑞慶覧（キャンプ・フォスター）の最終的な在り方を決定することに特に焦点を当てつつ、2012年末までに共同で作成する。この取組においては、今般見直された部隊構成により必要とされるキャンプ瑞慶覧における土地の使用及び沖縄における施設の共同使用によって生じ得る影響についても検討する。閣僚は、施設の共同使用が再編のロードマップの重要な目標の一つであることに留意した。この統合計画はできる限り速やかに公表される。閣僚は、この統合計画を作成し、また監督するための、本国の適切な担当者も参加する作業部会の設置を歓迎した。

Ⅳ.普天間飛行場の代替施設及び普天間飛行場

閣僚は、運用上有効であり、政治的に実現可能であり、財政的に負担可能であって、戦略的に妥当であるとの基準を満たす方法で、普天間飛行場の移設に向けて引き続き取り組むことを決意する。閣僚は、キャンプ・シュワブ辺野古崎地区及びこれに隣接する水域に建設することが計画されている普天間飛行場の代替施設が、引き続き、これまでに特定された唯一の有効な解決策であるとの認識を再確認した。

閣僚は、同盟の能力を維持しつつ、普天間飛行場の固定化を避けるため、普天間飛行場の代替施設に係る課題をできる限り速やかに解決するとのコミットメントを確認した。

両政府は、普天間飛行場において、同飛行場の代替施設が完全に運用可能となるまでの安全な任務能力の保持、環境の保全等の目的のための必要な補修事業について、個々の案件に応じ、また、在日米軍駐留経費負担を含め、既存の二国間の取決めに従って、相互に貢献するとのコミットメントを表明した。個別の補修事業に関する二国間の協議は、再編案に関する協議のためのものとは別のチャネルを通じて

安保体制

行われ、初期の補修事業は2012年末までに特定される。

結び

閣僚は、この共同発表において緊密かつ有益な協力が具体化されたことを歓迎し、調整された再編のパッケージを双方において立法府と協議しつつ、速やかに実施するよう指示した。さらに、閣僚は、このパッケージがより深化し拡大する日米同盟の強固な基盤となるとの確信を表明した。閣僚は、普天間飛行場の代替施設の環境影響評価プロセスの進展、グアムへの航空機訓練移転計画の拡充、航空自衛隊航空総隊司令部の横田飛行場への移転、陸上自衛隊中央即応集団司令部のキャンプ座間への移転の進展を含む、2011年6月に行われた前回のSCC会合以降の再編案に関する多くの重要な進展に留意した。閣僚は、変化していく地域及び世界の安全保障環境の課題に対し、日米同盟を強化するために、再編に関する目標に向けて更なる進展を達成し、また、より広い観点から、日米同盟における役割・任務・能力(RMC)を検証する意図を表明した。

〈仮訳〉

日米安全保障協議委員会共同発表

より力強い同盟とより大きな責任の共有に向けて

2013年10月3日

岸田外務大臣

小野寺防衛大臣

ケリー国務長官

ヘーゲル国防長官

I. 概観

2013年10月3日、日米安全保障協議委員会(SCC)は、日本の外務大臣及び防衛大臣並びに米国の国務長官及び国防長官の出席を得て、東京で開催された。この歴史的な会合の機会に、SCCは、国際の平和と安全の維持のために両国が果たす不可欠な役割を再確認し、核及び通常戦力を含むあらゆる種類の米国の軍事力による日本の安全に対する同盟のコミットメントを再確認した。双方はまた、民主主義、法の支配、自由で開放的な市場及び人権の尊重という両国が共有する価値を反映し、アジア太平洋地域において平和、安全、安定及び経済的な繁栄を効果的に促進する戦略的な構想を明らかにした。

SCC会合において、閣僚は、アジア太平洋地域において変化する安全保障環境について意見を交換し、日米同盟の能力を大きく向上させるためのいくつかの措置を決定した。より力強い同盟とより大きな責任の共有のための両国の戦略的な構想は、1997年の日米防衛協力のための指針の見直し、アジア太平洋地域及びこれを超えた地域における安全保障及び防衛協力の拡大、並びに在日米軍の再編を支える新たな措置の承認を基礎としていく。米国はまた、地域及び世界の平和と安全に対してより積極的に貢献するとの日本の決意を歓迎した。閣僚は、地域及び国際社会におけるパートナーとの多国間の協力の重要性を強調した。

米国は、アジア太平洋地域重視の取組を引き続き進めており、同盟が、宇宙及びサイバー空間といった新たな戦略的領域におけるものを含め、将来の世界及び地域の安全保障上の課題に対処することができるよう、軍事力を強化する意図を有する。閣僚は、在日米軍の再編が、米国のプレゼンスについて、抑止力を維持し、日本の防衛と地域の緊急事態への対処のための能力を提供し、同時に政治的に持続可能であり続けることを確保するものであることを強調した。この文脈で、閣僚は、普天間飛行場の代替施設(FRF)の建設及び米海兵隊のグアムへの移転を含め、在日米軍の再編に関する合意を完遂するという継続的な共通のコミットメントを改めて表明し、これに関する進展を歓迎した。

日本の安全保障政策は、地域及び世界の平和と安定に対する日本の長年にわたるコミットメントや、国際社会が直面する課題への対処に一層積極的に貢献する意図を反映し続ける。同時に、日本は、日米同盟の枠組みにおける日本の役割を拡大するため、米国との緊密な調整を継続する。日本はまた、国家安全保障会議の設置及び国家安全保障戦略の策定の準備を進めている。さらに日本は、集団的自衛権の行使に関する事項を含む自国の安全保障の法的基盤の再検討、防衛予算の増額、防衛計画の大綱の見直し、自国の主権の下にある領域を防衛する能力の強化及び東南アジア諸国に対する能力構築のための取組を含む地域への貢献の拡大を行っている。米国は、これらの取組を歓迎し、日本と緊密に連携していくとのコミットメントを改めて表明した。

閣僚は、地域の複雑な安全保障環境を背景として両国が共有する同盟に関する戦略的な構想を実現する上で、同盟が地域における平和と安全の礎であることを認めた。今後十年にわたり、同盟は、緊密な協力を通じ、また、両国が手を携えて機敏に緊急事態対応や危機管理を行うことを可能とする相互運用性及び柔軟性が強化された兵力態勢を通じ、引き続き安全保障上の課題に対処する意図を有する。閣僚は、平和と安全に対する持続する、及び新たに発生する様々な脅威や国際的な規範への挑戦に同盟が対処するため、引き続き十分な用意ができていなければならないことを確認した。これらには、北朝鮮の核・ミサイル計画や人道上の懸念、海洋における力による安定を損ねる行動、宇宙及びサイバー空間におけるかく乱をもたらす活動、大量破壊兵器(WMD)の拡散、並びに人為的災害及び自然災害が含まれる。2011年のSCC共同発表において示されたとおり、閣僚は、中国に対し、地域の安定及び繁栄において責任ある建設的な役割を果たし、国際的な行動規範を遵守し、急速に拡大する軍事面での資源の投入を伴う軍事上の近代化に関する開放性及び透明性を向上させるよう引き続き促していく。

日本及び米国は、最先端の能力のために資源を投入し、相互運用性を向上させ、兵力構成を近代化し、同盟における役割及び任務を現在及び将来の安全保障の現実に適合させることにより、両国が21世紀の地域及び世界の課題に共同して的確に立ち向かうことが可能となるよう、同盟をよりバランスのとれた、より実効的なものとし、十全なパートナーとなる決意である。このため、両国の同盟は、その広範な課題について協力を拡大、深化させることを目的として、情報保全、装備·技術、サイバーセキュリティ、宇宙の安全等における協力及び調整の向上に注力しなければならない。

Ⅱ. 二国間の安全保障及び防衛協力

閣僚は、引き続き同盟を深化させることを誓い、将来にわたって同盟の信頼性を確実なものとするため、力強い取組を進めるよう指示した。同盟に関する広範な課題について協力を拡大するために両国が取り組むべきものとしては、日米防衛協力のための指針の見直し、弾道ミサイル防衛の能力の拡大、宇宙及びサイバー空間といった新たな戦略的領域における協力の向上、情報保全及び装備取得に関する連携の強化等が挙げられる。

・日米防衛協力のための指針

閣僚は、変化する地域及び世界の安全保障環境がもたらす影響を認識し、防衛協力小委員会(SDC)に対し、紛争を抑止し、平和と安全を促進する上で同盟が引き続き不可欠な役割を果たすことを確保するため、1997年の日米防衛協力のための指針の変更に関する勧告を作成するよう指示した。閣僚は、この見直しについていくつかの目的を明確にした。それには次のものが含まれる。

- 日米防衛協力の中核的要素として、日本に対する武力攻撃に対処するための同盟の能力を確保すること。
- 日米同盟のグローバルな性質を反映させるため、テロ対策、海賊対策、平和維持、能力構築、人道支援・災害救援、装備・技術の強化といった分野を包含するよう協力の範囲を拡大すること。
- 共有された目標及び価値を推進するため、地域の他のパートナーとのより緊密な安全保障協力を促進すること。
- 協議及び調整のための同盟のメカニズムを、より柔軟で、機動的で、対応能力を備えたものとし、あらゆる状況においてシームレスな二国間の協力を可能とするよう強化すること。
- 相互の能力の強化に基づく二国間の防衛協力における適切な役割分担を示すこと。
- 宇宙及びサイバー空間といった新たな戦略的領域における課題を含む変化する

安全保障環境における効果的、効率的かつシームレスな同盟の対応を確保するため、緊急事態における二国間の防衛協力の指針となる概念を評価すること。
● 共有された目標を達成するため、将来において同盟の強化を可能とする追加的な方策を探求すること。

閣僚は、このSDCの作業を2014年末までに完了させるよう指示した。

・弾道ミサイル防衛協力

閣僚は、両国の弾道ミサイル防衛（BMD）の能力を強化するとのコミットメントを確認し、SM－3ブロックⅡAの共同開発事業を含め、この分野における最近の進展を歓迎した。閣僚は、2006年5月1日のSCC文書「再編の実施のための日米ロードマップ」に従い、二基目のAN/TPY－2レーダー（Xバンド・レーダー）システムの配備先として航空自衛隊経ヶ岬分屯基地を選定する意図を確認した。SCCの構成員たる閣僚はまた、この分野における二国間の協力を拡大していくとの継続的な目標を確認した。

・サイバー空間における協力

2013年5月に開催された第1回日米サイバー対話は、日本及び米国が、国際的なサイバー協議の場において、特にサイバー空間における国家の責任ある行動に関する規範の適用を始めとする、共通の目標を共有していることを確認した。閣僚は、サイバー空間の安全で確実な利用に対する挑戦に対処するに当たり、民間部門と緊密に調整する必要があることを強調した。特に、閣僚は、サイバー空間における共通の脅威に対しては政府一体となっての取組を促進する必要があることを認識した。

閣僚は、日米それぞれのサイバー能力及び自衛隊と米軍との間の相互運用性の向上を伴うサイバー防衛協力の強化を促進することを任務とする新たなサイバー防衛政策作業部会（CDPWG）の実施要領への署名を歓迎した。このことは、サイバーセキュリティに関する政府一体となっての取組に資するものでもある。

・宇宙における協力

閣僚は、宇宙状況監視（SSA）及び宇宙を利用した海洋監視に関して、二国間の情報の収集と共有を向上させるためにその能力を活用することの重要性を強調した。特に、閣僚は、日米宇宙状況監視協力取極の締結を歓迎し、SSA情報の双方向の共有に向けた取組における進展を強調した。この文脈で、閣僚は、宇宙航空研究開発機構（JAXA）によるSSA情報の米国への提供の早期実現への両国のコミットメントを歓迎した。

SCCの構成員たる閣僚はまた、衛星能力を活用することによって海洋監視を向上させるとの希望を表明し、この課題に関する今後の政府一体となっての演習及び対話を期待する。閣僚は、宇宙における長期的な持続性、安定性、安全性及び安全保障を促進する戦略レベルでの協力を調整するための、宇宙に関する包括的日米対話の設置を歓迎した。閣僚はまた、宇宙活動に関する国際行動規範を策定するための多国間の取組を引き続き支持することを確認した。

・共同の情報収集・警戒監視・偵察(ISR)活動

閣僚は、両国の防衛当局間の情報収集・警戒監視・偵察(ISR)作業部会の設置を歓迎し、同盟のより緊密な相互運用性及び自衛隊と米軍との間の情報共有を促進するというこの作業部会の任務を再確認した。閣僚は、平時及び緊急事態における二国間のISR活動に向けた更なる進展を歓迎した。

・施設の共同使用

同盟の柔軟性及び強靱性を向上させ、日本の南西諸島を含む地域における自衛隊の態勢を強化するため、閣僚は、共同使用に関する作業部会の取組を歓迎した。日本及び米国の施設及び区域の共同使用の実現における進展は、地元とのより堅固な関係を構築しつつ、同盟の抑止力を強化する。

・二国間の計画検討作業

閣僚は、二国間の計画検討作業に関する進展を歓迎するとともに、変化する安全保障環境において、日米同盟が日本を一層効果的に防衛し、地域の様々な課題に一層効果的に対処することができるよう、二国間の計画を精緻化するための取組を行うことを再確認した。この取組の鍵となる要素には、平時及び危機における調整のための二国間の政府全体のメカニズムを強化すること、並びに自衛隊及び米軍による日本国内の施設への緊急時のアクセスを改善することが含まれる。

・防衛装備・技術協力

閣僚は、日米装備・技術定期協議における二国間の議論と役割・任務・能力に関する対話との間に新たに構築された連携を歓迎した。これは、同盟の戦略上及び能力上のニーズを踏まえた防衛システムの取得における協力の強化を可能とすることにより、地域及び世界の安全保障環境における変化する課題に対応するものである。また、日本が武器輸出三原則等について検討を行っているところ、F－35の製造への日本企業による参画といった連携を通じて、装備及び技術に関する二国間の協力は深化される。

・拡大抑止協議

閣僚は、二国間の拡大抑止協議の有意義な成果を満足の意をもって留意した。このプロセスは、核及び通常戦力に係る議論によることを含め、米国による日本の防衛に係るコミットメントの信頼性を強化し、短期的及び長期的に地域の安定の促進に寄与する。閣僚はまた、この協議を定期的に開催するとの両政府の継続的なコミットメントを確認した。

・情報保全

情報保全の強化により、二国間の信頼関係は引き続き強化され、両国間の情報共有が質量双方の面でより幅広いものとなり続ける。閣僚は、情報保全が同盟関係における協力において死活的に重要な役割を果たすことを確認し、情報保全に関する日米協議を通じて達成された秘密情報の保護に関する政策、慣行及び手続の強化に関する相当な進展を想起した。SCCの構成員たる閣僚は、特に、情報保全を一層確実なものとするための法的枠組みの構築における日本の真剣な取組を歓迎し、より緊密な連携の重要性を強調した。最終的な目的は、両政府が、活発で保全された情報交換を通じて、様々な機会及び危機の双方に対応するために、リアルタイムでやり取りを行うことを可能とすることにある。

・共同訓練・演習

自衛隊及び米軍の運用の実効性、相互運用性、即応性、機動性及び持続性を強化し及び向上し、並びに日米同盟の抑止力を強化するため、閣僚は、時宜を得た、かつ、効果的な二国間の訓練の拡大といった平時における二国間の防衛協力の進展を歓迎した。日本において、又は日本国外で行われた二国間及び多国間の訓練は、相互運用性を向上するとともに、侵略を抑止し、日本を防衛し、地域の平和と安全を維持するための両国の能力を向上させている。閣僚は、在沖縄米軍の沖縄県外の場所における訓練を継続するための重要な取組を認識した。

閣僚は、同盟の抑止力を維持しつつ、日本本土を含め沖縄県外における訓練を増加させるため、次の機会を活用することを決定した。

- 人道支援・災害救援(HA/DR)訓練
- 航空機訓練移転(ATR)プログラムといった枠組みを通じた飛行訓練
- 現在及び将来の緊急時の状況をよりよく反映するための改善について協議を行っている沖縄県道104号線越え実弾射撃訓練の移転
- その他の二国間、又はアジア太平洋地域におけるパートナーとの間の三か国間及び多国間の訓練
- 特有の能力を備えたMV－22オスプレイの沖縄における駐留及び訓練の時間を削減する、日本本土及び地域における様々な運用への参加。このような訓練に加えて、閣僚は、例えば、MV－22オスプレイのフォレスト・ライト訓練への参加や低空飛行訓練、空中給油訓練、後方支援訓練といったMV－22オスプレイによる飛行訓練に留意した。

・在日米軍駐留経費負担

閣僚は、日本の防衛及び地域の平和と安全の維持のために同盟が効果的なもの

であり続ける上で、日本による在日米軍駐留経費負担（HNS）が引き続き重要であることを確認した。

Ⅲ．地域への関与

閣僚は、一層統合を強めるグローバル経済において、三か国間及び多国間の協力が不可欠であることに留意した。閣僚は、今後十年の間に、同盟が、平和で繁栄し、かつ安全なアジア太平洋地域を維持し及び促進する国際的なパートナーシップ及び多国間の協力の体制を強化していくことを確認した。日本及び米国は、東南アジア及び世界において安全保障上の能力を強化するために共に取り組むことをコミットしている。両国の相互協力は、今後拡大していくものであり、閣僚は、持続可能な協力の形態を構築するため志を同じくする他の国々と連携して取り組むことをコミットしている。

・地域における能力構築

SCCの構成員たる閣僚は、アジア太平洋地域におけるパートナーシップに基づく能力構築事業において、これまでの取組を基に連携していくことを決定した。これらの取組における協力は、地域のパートナーの安全保障上の能力を高め、他国による防衛上及び法執行上の能力の構築を支援することにより、地域の安定の確保に寄与する。閣僚は、地域のパートナーに対する海上安全のための沿岸巡視船や訓練の提供といった日本による政府開発援助の戦略的活用を歓迎し、地域の平和と安定を促進する上でこのような取組が重要であることを認識した。

・海洋安全保障

閣僚は、航行の自由を保護し、安全で確実なシーレーンを確保し、並びに関連の国際慣習法及び国際約束を促進するため、海洋安全保障及び海賊対策において更に協力する意図を確認した。

・人道支援・災害救援

閣僚は、世界中で近年発生した人道に関わる自然災害に対する日本及び米国による迅速かつ効果的な対応を想起しつつ、共同演習及び相互の後方支援を通じ、二国間の協力を拡大するとともに、国際的な人道支援・災害救援（HA/DR）、及び、状況が許す場合にはその他の活動において三か国間及び多国間の協力を促進することを奨励した。

・三か国間協力

閣僚は、地域における同盟国及びパートナーの間での安全保障及び防衛協力の重要性を確認し、特に豪州及び韓国との間で定期的に実施されている三か国間の対話の成功に留意した。これらの三か国間の対話は、両国が共有する安全保障上の利益を増進し、共通の価値を促進し、アジア太平洋地域の安全保障環境を改善する。

三か国間協力は、地域の平和と安定を維持するために人道支援・災害救援を含む地域の安全保障及び防衛能力の向上を追求し、航行の自由及び地域における海洋安全保障に寄与し、並びに地域において信頼を構築し透明性を促進することによって地域を安定させる存在として機能する。閣僚は、三か国間協力の取組を一層拡大するため、作戦、計画、演習及び能力に関する情報を含め、地域の同盟国の間での情報共有の強化を求めた。

・多国間協力

閣僚は、地域の他のパートナーと共に、国際的に受け入れられている規則及び規範に基づき経済及び安全保障協力を促進する枠組みである東アジア首脳会議(EAS)、アジア太平洋経済協力(APEC)、東南アジア諸国連合(ASEAN)地域フォーラム(ARF)及び拡大ASEAN国防相会議(ADMMプラス)等を強化するために共に取り組むことの重要性に留意した。

Ⅳ. 在日米軍再編

閣僚は、在日米軍の再編に関する合意が、そのプロセスを通じて訓練能力を含む運用能力を確保しつつ、可能な限り速やかに実施されるべきことを確認した。閣僚は、2013年4月の沖縄における在日米軍施設・区域に関する統合計画に示された、施設及び区域の返還を確保するとのコミットメントを再確認した。閣僚は、約9,000人の米海兵隊の要員が沖縄から日本国外の場所に移転されることを再確認した。

閣僚は、2012年のSCC共同発表に示す再編計画が、地理的に分散し、運用面で抗たん性があり、政治的に持続可能な米軍の態勢を実現するものであることを再確認した。この再編計画は、地元への米軍の影響を軽減しつつ、将来の課題と脅威に効果的に対処するための兵力、柔軟性及び抑止力を与えるものである。

・沖縄における再編

閣僚は、2013年4月の統合計画に基づく土地の返還に関する進展を歓迎し、その実施に向けて引き続き取り組むとの決意を強調した。特に、閣僚は、2013年8月に完了した牧港補給地区(キャンプ・キンザー)の北側進入路の土地の返還、並びに、牧港補給地区(キャンプ・キンザー)の第5ゲート付近の区域、キャンプ瑞慶覧(キャンプ・フォスター)の西普天間住宅地区、施設技術部地区内の倉庫地区の一部及び白比川沿岸区域に関する日米合同委員会合意を歓迎した。これらの返還は、予定よりも早く進んでいる。日本は、統合計画において示された、2012年4月のSCC共同発表において特定された内容を超えて追加的な土地の返還を行うこととした米国の積極的な取組を歓迎した。キャンプ瑞慶覧(キャンプ・フォスター）の白比川沿岸区域の返還により、地元が同地域においてより良い洪水対策措置をとることが可能となる。

この取組の重要な要素として、閣僚は、普天間飛行場の代替施設（FRF）をキャンプ・シュワブ辺野古崎地区及びこれに隣接する水域に建設することが、運用上、政治上、財政上及び戦略上の懸念に対処し、普天間飛行場の継続的な使用を回避するための唯一の解決策であることを確認した。SCCの構成員たる閣僚は、この計画に対する両政府の強いコミットメントを再確認し、長期にわたり望まれてきた普天間飛行場の日本への返還を可能とする同計画を完了させるとの決意を強調した。米国は、2013年3月の日本政府による沖縄県への公有水面埋立承認願書の提出を含む最近の進展を歓迎した。

閣僚は、日米合同委員会に対し、2013年11月末までに、これまでのSCC共同発表において決定されたとおり、沖縄の東方沖合のホテル・ホテル訓練区域の一部における使用制限の一部解除について、原則的な取決めを作成するよう指示した。双方は、その他のあり得べき措置についての協議を継続することにコミットした。

閣僚は、環境保護のための協力を強化していくことへのコミットメントを再確認し、環境上の課題について更なる取組を行うことの重要性を確認した。この点に留意しつつ、閣僚は、地方公共団体が土地の返還前にその利用計画を策定することを円滑にすることを目的として、2013年11月末までに、返還を予定している米軍の施設及び区域への立入りに関する枠組みについての実質的な了解を達成することを決定した。

・岩国

岩国飛行場に関し、閣僚は、普天間飛行場から岩国飛行場へのKC－130飛行隊の移駐に関する二国間の協議を加速し、この協議を可能な限り速やかに完了させることを確認した。さらに、SCCの構成員たる閣僚は、海上自衛隊が岩国飛行場に維持されることを確認した。閣僚はまた、厚木飛行場から岩国飛行場への第5空母航空団（CVW－5）の諸部隊の移駐が2017年頃までに完了することを認識した。

・グアム

閣僚は、沖縄からグアムを含む日本国外の場所への米海兵隊の要員の移転が、沖縄への影響を軽減しつつ、米軍の前方プレゼンスを維持することに寄与し、グアムの戦略的な拠点としての発展を促進することを確認した。

閣僚は、本日、移転に関するこれらの目標を達成するために必要な二国間協力の基礎となる、2009年のグアム協定を改正する議定書への署名を発表した。

閣僚は、グアム及び北マリアナ諸島連邦における訓練場の整備に対する日本の資金提供の重要性に留意した。この資金提供は、米海兵隊部隊のグアムへの移転を支え、自衛隊及び米軍によるこれらの訓練場の共同使用を可能とするものであり、同盟にとり有益なものである。閣僚は、このような使用の条件に関する協議を本年中に開始するよう指示した。

閣僚はまた、米海兵隊の移転を支えるための、グアム及び北マリアナ諸島連邦における施設（訓練場を含む。）及び基盤の整備に関する費用の内訳を示す作業を完了した。

閣僚は、2012年のSCC共同発表において示された移転計画を再確認した。同計画の下で、米海兵隊部隊の沖縄からグアムへの移転は、2020年代前半に開始されることとなる。閣僚は、この計画の進展が、適当な資金を確保するために両政府がとる措置を含む種々の要因にかかっていることを確認した。この計画はまた、2013年4月の沖縄における在日米軍施設・区域に関する統合計画の実施の進展を促進するものである。

・高度な能力

閣僚は、より高度な能力を日本国内に配備することが、戦略的な重要性を有し、日本及び地域の安全に一層寄与することを確認した。米国は、能力の近代化を継続する意図を有する。これらの高度な能力は、次のものを含む（ただし、これらに限定されない。）。

- 米海兵隊によるCH－46ヘリコプターの換装のためのMV－22航空機の2個飛行隊の導入。
- 米海軍による、P－3哨戒機の段階的な換装の一環として、2013年12月から開始されるP－8哨戒機の米国外への初の配備。
- 2014年春から、グローバル・ホーク無人機のローテーションによる展開を開始するとの米空軍の計画。
- 米海兵隊によるF－35Bの米国外における初の前方配備となる、2017年の同機種の配備の開始。

日米安全保障協議委員会共同発表
変化する安全保障環境のためのより力強い同盟
新たな日米防衛協力のための指針

2015年4月27日

岸田外務大臣
中谷防衛大臣
ケリー国務長官
カーター国防長官

Ⅰ．概観

2015年4月27日、ニューヨークにおいて、岸田文雄外務大臣、中谷元防衛大臣、ジョン・ケリー国務長官及びアシュトン・カーター国防長官は、日米安全保障協議委員会(SCC)を開催した。変化する安全保障環境に鑑み、閣僚は、日本の安全並びに国際の平和及び安全の維持に対する同盟のコミットメントを再確認した。

閣僚は、見直し後の新たな「日米防衛協力のための指針」(以下「指針」という。)の了承及び発出を公表した。この指針は、日米両国の役割及び任務を更新し、21世紀において新たに発生している安全保障上の課題に対処するための、よりバランスのとれた、より実効的な同盟を促進するものである。閣僚は、様々な地域の及びグローバルな課題、二国間の安全保障及び防衛協力を多様な分野において強化するためのイニシアティブ、地域協力の強化の推進並びに在日米軍の再編の前進について議論した。

2015年の米国国家安全保障戦略において明記されているとおり、米国はアジア太平洋地域へのリバランスを積極的に実施している。核及び通常戦力を含むあらゆる種類の米国の軍事力による、日本の防衛に対する米国の揺るぎないコミットメントがこの取組の中心にある。日本は、この地域における米国の関与を高く評価する。この文脈において、閣僚は、地域の平和、安全及び繁栄の推進における日米同盟の不可欠な役割を再確認した。

日本が国際協調主義に基づく「積極的平和主義」の政策を継続する中で、米国は、日本の最近の重要な成果を歓迎し、支持する。これらの成果には、切れ目のない安全保障法制の整備のための2014年7月1日の日本政府の閣議決定、国家安全保障会議の設置、防衛装備移転三原則、特定秘密保護法、サイバーセキュリティ基本法、新「宇宙基本計画」及び開発協力大綱が含まれる。

閣僚は、新たな指針並びに日米各国の安全保障及び防衛政策によって強化された日米同盟が、アジア太平洋地域の平和及び安全の礎として、また、より平和で安定した国際安全保障環境を推進するための基盤として役割を果たし続けることを確認した。

閣僚はまた、尖閣諸島が日本の施政の下にある領域であり、したがって日米安全保障条約第5条の下でのコミットメントの範囲に含まれること、及び同諸島に対する日本の施政を損なおうとするいかなる一方的な行動にも反対することを再確認した。

Ⅱ. 新たな日米防衛協力のための指針

1978年11月27日に初めて了承され、1997年9月23日に見直しが行われた指針は、日米両国の役割及び任務並びに協力及び調整の在り方についての一般的な大枠及び政策的な方向性を示してきた。2013年10月3日に東京で開催されたSCCにおいて、閣僚は、変化する安全保障環境に関する見解を共有し、防衛協力小委員会(SDC)に対し、紛争を抑止し並びに平和及び安全を促進する上で同盟が引き続き不可欠な役割を果たすことを確保するため、1997年の指針の変更に関する勧告を作成するよう指示した。
本日、SCCは、SDCが勧告した新たな指針を了承した。これにより、2013年10月に閣僚から示された指針の見直しの目的が達成される。1997年の指針に代わる新たな指針は、日米両国の役割及び任務についての一般的な大枠及び政策的な方向性を更新するとともに、同盟を現代に適合したものとし、また、平時から緊急事態までのあらゆる段階における抑止力及び対処力を強化することで、より力強い同盟とより大きな責任の共有のための戦略的な構想を明らかにする。
新たな指針と切れ目のない安全保障法制を整備するための日本の取組との整合性を確保することの重要性を認識し、閣僚は、当該法制が、新たな指針の下での二国間の取組をより実効的なものとすることを認識した。米国は、日本の「積極的平和主義」の政策及び2014年7月の閣議決定を反映する当該法制を整備するために現在行われている取組を歓迎し、支持する。
指針の中核は、引き続き、日本の平和及び安全に対する揺るぎないコミットメントである。新たな指針は、日米両政府が、二国間協力を次の様々な分野にもわたって拡大しつつ、切れ目のない、力強い、柔軟かつ実効的な同盟としての対応を通じてそのコミットメントを果たすための能力を強化し続けるための方法及び手段を詳述する。
同盟調整メカニズム：新たな指針の下で、日米両国は、平時から緊急事態までのあらゆる段階における切れ目のない対応を可能とする、平時から利用可能な、政府全体にわたる同盟内の調整のためのメカニズムを設置する。
地域的な及びグローバルな協力：新たな指針は、同盟が、適切な場合に、日本の国内法令に従った方法により、平和維持活動、海洋安全保障及び後方支援等の国際的な安全保障上の取組に対して一層大きな貢献を行うことを可能とする。閣僚は、地域の及び他のパートナー並びに国際機関と協力することの重要性を改めて表明した。
新たな戦略的な協力：変化する世界は現代的な同盟を必要としており、新たな指針は、日米両国が、宇宙及びサイバー空間において、また、領域を横断する形で効果をもたらすことを意図した活動を行うに当たり、協力を行うための基盤を構築する。
人道支援・災害救援：新たな指針は、日本及び世界各地における大規模災害への対処における二国間協力の実効性を一層向上させるために日米両政府が協働し得る方法を示す。
力強い基盤：新たな指針はまた、防衛装備・技術協力、情報協力・情報保全及び教育・研究交流を含む、二国間協力のあらゆる側面に貢献する取組及び活動を示す。
閣僚は、新たな指針の下での共同の取組に着手するとの意図を確認した。この文脈において、SCCは、SDCに対し、平時から利用可能な同盟調整メカニズムの設置及び共同計画策定メカニズムの改良並びにこれによる共同計画の策定の強化を含め、新たな指針を実施するよう指示した。閣僚はまた、新たな指針が展望する後方支援に係る相互協力を実施するための物品役務相互提供協定を迅速に交渉するとの意図を表明した。

Ⅲ．二国間の安全保障及び防衛協力

閣僚は、様々な分野における二国間の安全保障及び防衛協力を強化することによって同盟の抑止力及び対処力を強化するための現在も見られる進捗について、満足の意をもって留意する。閣僚は、

・最も現代的かつ高度な米国の能力を日本に配備することの戦略的重要性を確認した。当該配備は同盟の抑止力を強化し、日本及びアジア太平洋地域の安全に寄与する。この文脈において、閣僚は、米海軍によるP－8哨戒機の嘉手納飛行場への配備、米空軍によるグローバル・ホーク無人機の三沢飛行場へのローテーション展開、改良された輸送揚陸艦であるグリーン・ベイの配備及び2017年に米海兵隊F－35Bを日本に配備するとの米国の計画を歓迎した。さらに、閣僚は、2017年までに横須賀海軍施設にイージス艦を追加配備するとの米国の計画、及び本年後半に空母ジョージ・ワシントンをより高度な空母ロナルド・レーガンに交代させることを歓迎した。

・核及び通常戦力についての議論を通じたものを含め、日本に対する米国の防衛上のコミットメントの信頼性を強化する日米拡大抑止協議を通じた取組を継続することを決意した。

・弾道ミサイル防衛（BMD）能力の向上における協力を維持すること、特に2014年12月のAN/TPY－2レーダー（Xバンド・レーダー）システムの経ヶ岬への配備及び2017年までに予定されている2隻のBMD駆逐艦の日本への追加配備の重要性を強調した。これらのアセットは、連携の下で運用され、日米両国の防衛に直接的に寄与する。

・宇宙安全保障、特に、政府一体となっての取組である宇宙に関する包括的日米対話及び安全保障分野における日米宇宙協議を通じた、抗たん性及び能力向上分野における協力の強化を強調した。閣僚はまた、宇宙航空研究開発機構による宇宙状況監視（SSA）情報の米国への提供及び両国の防衛当局間で宇宙に関連した事項を議論するための新たな枠組みの設置による協力の強化を強調した。

・サイバー空間に係る諸課題に関する協力、特に、政府一体となっての取組である日米サイバー対話及び日米サイバー防衛政策作業部会を通じた、脅威情報の

共有及び任務保証並びに重要インフラ防護分野における協力での継続的な進展を求めた。

・情報収集、警戒監視及び偵察(ISR)協力の強化、特に米空軍によるグローバル・ホーク無人機の三沢飛行場へのローテーション展開及び日本による高度なISR基盤の調達計画を賞賛した。

・日本の新たな防衛装備移転三原則、及びF−35の地域における整備・修理・オーバーホール・アップグレード能力の日本での確立に係る最近の米国の決定に示された、後方支援及び防衛装備協力の拡大を賞賛した。閣僚は、高度な能力に係る共同研究・開発を促進する日米装備・技術定期協議(S&TF)と同盟の役割・任務・能力(RMC)に関する対話の連携を通じた防衛装備協力の強化を強調した。

・情報保全に関する日米協議を通じた継続的な進展及び日本の特定秘密保護法の施行により示された、情報保全協力の強化の重要性を確認した。この法律により、日本政府は、平時及び緊急事態における機微な情報の安全な交換を円滑にするために必要な政策、慣行及び手続を整備した。

さらに、閣僚は、在日米軍駐留経費負担が、複雑さを増す安全保障環境において日本の平和及び安全に資するものである前方展開した在日米軍のプレセンスに対する日本の継続的な支援を示してきたことを確認した。閣僚は、2011年6月のSCC文書に示す現行の在日米軍駐留経費負担のコミットメントが2016年3月に終了することに留意し、適切な水準の在日米軍駐留経費負担を行う将来の取決めに関する協議を開始する意図を表明した。

共同の活動の範囲が拡大していることを認識し、閣僚は、同盟管理プロセスの効率性及び実効性を強化する適切な二国間協議の枠組みを可及的速やかに検討するとの意図を確認した。

安保体制

Ⅳ. 地域的及び国際的な協力

日米同盟がアジア太平洋地域の平和及び安全の礎であり、また、より平和で安定した国際安全保障環境を推進するための基盤であることを認識し、閣僚は、次の分野における最近の進展を強調した。

・2013年11月のフィリピンにおける台風への対処における緊密な調整に示された、人道支援・災害救援活動における協力の強化。

・沿岸巡視船の提供及びその他の海洋安全保障能力の構築のための取組によるものを含め、特に東南アジアでのパートナーに対する能力構築における継続的かつ緊密な連携。

・特に韓国及び豪州並びに東南アジア諸国連合等の主要なパートナーとの三か国及び多国間協力の拡大。閣僚は、北朝鮮による核及びミサイルの脅威に関する韓国との三者間情報共有取決めの最近の署名を強調し、この枠組みを将来に向けた三か国協力の拡大のための基盤として活用していくことを決意した。閣僚はまた、日米豪安全保障・防衛協力会合を通じ、東南アジアにおける能力構築のための活動並びに安全保障及び防衛に係る事項について、豪州とのより緊密な協力を追求するとの意図を確認した。

V．在日米軍再編

閣僚は、在日米軍の再編の過程を通じて訓練能力を含む運用能力を確保しつつ、在日米軍の再編に係る既存の取決めを可能な限り速やかに実施することに対する日米両政府の継続的なコミットメントを再確認した。閣僚は、地元への米軍の影響を軽減しつつ、将来の課題及び脅威に効果的に対処するための能力を強化することで抑止力が強化される強固かつ柔軟な兵力態勢を維持することに対するコミットメントを強調した。この文脈で、閣僚は、普天間飛行場から岩国飛行場へのKC—130飛行隊の移駐を歓迎し、訓練場及び施設の整備等の取組を通じた、沖縄県外の場所への移転を含む、航空機訓練移転を継続することに対するコミットメントを確認した。

この取組の重要な要素として、閣僚は、普天間飛行場の代替施設(FRF)をキャンプ・シュワブ辺野古崎地区及びこれに隣接する水域に建設することが、運用上、政治上、財政上及び戦略上の懸念に対処し、普天間飛行場の継続的な使用を回避するための唯一の解決策であることを再確認した。閣僚は、この計画に対する日米両政府の揺るぎないコミットメントを再確認し、同計画の完了及び長期にわたり望まれてきた普天間飛行場の日本への返還を達成するとの強い決意を強調した。米国は、FRF建設事業の着実かつ継続的な進展を歓迎する。

閣僚はまた、2006年の「ロードマップ」及び2013年4月の統合計画に基づく嘉手納飛行場以南の土地の返還の重要性を再確認し、同計画の実施に引き続き取り組むとの日米両政府の決意を改めて表明し、2016年春までに同計画が更新されることを期待した。閣僚は、この計画に従ってこれまでに完了した土地の返還のうち最も重要な本年3月31日のキャンプ瑞慶覧西普天間住宅地区の計画どおりの返還を強調した。

閣僚は、日米両政府が、改正されたグアム協定に基づき、沖縄からグアムを含む日本国外の場所への米海兵隊の要員の移転を着実に実施していることを確認した。

閣僚は、環境保護のための協力を強化することへのコミットメントを再確認し、環境上の課題について更なる取組を行うことの重要性を確認した。この目的のため、閣僚は、環境の管理の分野における協力に関する補足協定についての進展を歓迎し、可能な限り迅速に同協定に付随する文書の交渉を継続する意図を確認した。

〈仮訳〉

日米安全保障協議委員会共同発表

2017年8月17日

河野外務大臣
小野寺防衛大臣
ティラソン国務長官
マティス国防長官

Ⅰ．概観

日米同盟（以下「同盟」という。）は、アジア太平洋地域の平和、繁栄及び自由の礎である。また、このダイナミックなパートナーシップは、自由、民主主義、平和、人権、自由かつ公正な市場及び法の支配を含む、両国が共有する価値を促進する上で、一層重要になっている。閣僚は、厳しい安全保障環境の中で、ルールに基づく国際秩序を堅持していく決意を新たにした。

本日、日米安全保障協議委員会（以下「SCC」という。）は、2017年2月10日の両国首脳の共同声明に基づき、地域の平和及び安全に対する挑戦である現在の及び新たに発生する脅威に対処するに当たって同盟が進むべき道筋を示した。SCCは、2015年の「日米防衛協力のための指針」を実施すること及び同盟を強化する更なる方策を追求することに対するコミットメントを再確認した。閣僚は、米国の核戦力を含むあらゆる種類の能力を通じた、日本の安全に対する同盟のコミットメントを再確認した。

Ⅱ．地域の戦略環境

閣僚は、北朝鮮による度重なる挑発並びに核及び弾道ミサイル能力の開発を最も強い表現で非難した。これらは、新たな段階に入っており、地域及び国際の平和と安定に対する増大する脅威となっている。閣僚は、これらの脅威を抑止し、対処するため、同盟の能力を強化することにコミットした。閣僚はまた、北朝鮮に対し、核及び弾道ミサイル計画を終了し、完全な、検証可能な、かつ、不可逆的な朝鮮半島の非核化を実現するための具体的な行動を北朝鮮にとらせるべく、他国と協力して、北朝鮮に対する圧力をかけ続けることで一致した。

閣僚は、国際社会に対し、新たに採択された決議第2371号を含む国際連合安全保障理事会決議を包括的かつ完全に履行するよう求めた。閣僚は、中国に対し、北朝鮮に一連の行動を改めさせるよう断固とした措置をとることを強く促した。閣僚は、北朝鮮に対し、組織的な人権侵害を止めるとともに、日本の拉致被害者及び米国市民を含む北朝鮮に拘束されている全ての外国人を即時に解放するよう求めた。

閣僚は、東シナ海における安全保障環境に関し、継続的な懸念を表明した。閣僚はまた、2016年8月初旬の状況を想起した。閣僚は、東シナ海の平和と安定を確保するために協働することの重要性を再確認するとともに、日米安全保障条約第５条が尖閣諸島に適用されること、また、日米両国は、同諸島に対する日本の施政を損なおうとするいかなる一方的な行動にも反対することを再確認した。

閣僚は、南シナ海における状況について深刻な懸念を表明し、埋立て及び係争ある地形の軍事化を含め、現状を変更し緊張を高める、関係当事者による威圧的な一方的行動への反対を再確認した。閣僚は、仲裁を含む法的及び外交的プロセスの完全な尊重を通じた海洋紛争の平和的な解決、並びに、航行及び上空飛行の自由その他の適法な海洋の利用の尊重を含め、海洋法に関する国際連合条約に反映されている海洋に関する国際法の遵守の重要性を改めて表明した。この関連で、閣僚は、2016年7月12日付けの仲裁裁判所の判断を想起した。閣僚は、南シナ海における行動規範(COC)の枠組みに関する承認を認識し、有意義で実効的で法的拘束力がある行動規範の妥結を期待する。閣僚は、航行の自由を支える各々の活動、二国間及び多数国間の訓練及び演習並びに調整された能力構築支援を通じたものを含め、南シナ海に対する継続的な関与の意義を強調した。

Ⅲ. 安全保障及び防衛協力の強化

(1)同盟としての対応

閣僚は、厳しさを増す地域の安全保障環境において、あらゆる事態において同盟としての切れ目のない対応を確保するために、役割・任務・能力の見直しを通じたものも含め、日米同盟を更に強化する具体的な方策及び行動を立案するとの共通の意図を確認した。この目的のため、日本は、中期防衛力整備計画の次期計画期間を見据え、同盟における日本の役割を拡大し、防衛能力を強化させる意図を有する。米国は、最新鋭の能力を日本に展開することに引き続きコミットする。閣僚は、この点に関し既に進めている作業を加速させるため、事務当局に次の指針を示した。

- 2015年の「日米防衛協力のための指針」の実施を加速し、日本の平和安全法制の下での更なる協力の形態を追求すること
- 情報収集、警戒監視及び偵察、訓練及び演習、研究開発、能力構築並びに施設の共同使用等の様々な分野における新たな、かつ、拡大した行動を探求すること

(2)2015年の「日米防衛協力のための指針」の実施

閣僚は、2015年の「日米防衛協力のための指針」を引き続き実施していくこと

についての日米両政府の揺るぎないコミットメントを再確認した。閣僚は、二国間の防衛協力の強化における節目として、相互のアセットの防護の運用を開始し、物品役務相互提供協定(ACSA)を発効させるという同盟における重要なステップを歓迎した。閣僚は、地域の事案に対応するために、同盟調整メカニズム(ACM)が成功裏に活用されていることに留意した。閣僚は、日本の安全並びにアジア太平洋地域の平和と安定を確保するに当たって米国の拡大抑止が果たす不可欠な役割を再確認し、拡大抑止協議を通じて本件における関与を深める意図を表明した。閣僚はまた、共同計画、防空及びミサイル防衛、非戦闘員を退避させるための活動、防衛装備・技術協力、情報協力及び情報保全等の分野における協力を強化し、加速することに対する共通のコミットメントを確認した。閣僚は、宇宙、特に、抗たん性、宇宙状況監視、ホステッド・ペイロード及び衛星通信に係る二国間協力の拡大に対する希望を確認した。閣僚は、同盟の抑止及び防衛を一層強化することの死活的な重要性を強調しつつ、適時に、深刻なサイバー事案への同盟としての対応に関する協議を深めることを求めた。

Ⅳ. 三か国及び多数国間の協力

閣僚は、地域における他のパートナー、特に、韓国、オーストラリア、インド及び東南アジア諸国との間で、三か国及び多数国間の安全保障及び防衛協力を進めるために同盟が現在行っている取組を強調した。閣僚は、地域における力強いプレゼンスを維持することに対する米国の継続的なコミットメント及び「自由で開かれたインド太平洋戦略」によって示された日本のイニシアティブに留意しつつ、ルールに基づく国際秩序を促進するために協力することの重要性を強調した。

閣僚は、韓国との協力に関し、ミサイル警戒並びに対潜作戦及び海上阻止作戦訓練を含む三か国間の訓練を拡大すること及び情報共有を強化することの必要性を強調した。

閣僚は、東南アジア諸国との協力に関し、海洋安全保障、防衛制度の構築、並びに人道支援及び災害救援(HA／DR)を含む分野における能力構築プログラム及び防衛装備・技術移転を一層強化する意図を確認した。閣僚は、この地域における海洋秩序を維持することの重要性を認識し、この点に関連する既存の取組を包含するような、政府全体にわたる、海洋安全保障に係る能力構築に関する対話を立ち上げることについての共通のコミットメントを確認した。

Ⅴ. 日本における米軍のプレゼンス

(1)在日米軍再編

閣僚は、在日米軍の強固なプレゼンスを維持する観点から、在日米軍再編のための既存の取決めを実施することについての日米両政府のコミットメントを再確認した。これらの取決めは、厳しさを増す安全保障環境において、地元への影響を軽減し、在日米軍のプレゼンス及び活動に対する地元の支持を高めると同時に、運用能力及び抑止力を維持することを目的としている。

閣僚は、この取組の不可欠な要素として、普天間飛行場の代替施設（FRF）の建設の再開を歓迎し、FRFをキャンプ・シュワブ辺野古崎地区及びこれに隣接する水域に建設する計画が、運用上、政治上、財政上及び戦略上の懸念に対処し、普天間飛行場の継続的な使用を回避するための唯一の解決策であることを再確認した。閣僚は、この計画に対する日米両政府の揺るぎないコミットメントを再確認し、同計画の可能な限り早期の完了及び長期にわたり望まれてきた普天間飛行場の日本への返還を達成するとの強い決意を強調した。この文脈で、閣僚は、一層の遅延が平和及び安全を提供する同盟の能力に及ぼす悪影響に留意しつつ、この建設計画の着実な実施を求めた。

閣僚は、2016年に北部訓練場の過半が返還されたことを歓迎した。これは、1972年より後の、沖縄における単独では最大の土地の返還である。閣僚は、2015年12月に発表された土地の返還の進捗に留意し、それらの返還が更に実施されるよう求めた。閣僚はまた、沖縄における在日米軍施設・区域に関する統合計画を着実に実施することの重要性及び同計画を可能な限り早期に更新することに対するコミットメントを再確認した。

閣僚はまた、合計約9,000人の米海兵隊要員の、家族を伴った、沖縄からグアムを含む日本国外の場所への移転が進展していることを歓迎した。閣僚は、グアム協定の着実な実施を確認した。

閣僚は、恒久的な艦載機着陸訓練用の施設を可能な限り早期に確保するための最大限の努力をすることに対する日本のコミットメントを歓迎した。

閣僚は、ティルトローター機／回転翼機の訓練の移転を含む航空機訓練移転を引き続き促進する意図を確認した。このような移転は、訓練活動が沖縄に及ぼす影響の軽減に寄与してきた。

(2)在日米軍駐留経費負担(HNS)

閣僚は、在日米軍駐留経費負担に係る現行の特別協定が2016年4月にその効力を発生したことを歓迎した。これは、同盟の柱の一つとなるものであり、日本における米軍のプレゼンスに対する日本の継続的な支援の象徴である。閣僚は、在日米軍駐留経費負担全体の水準が、日本の2015会計年度とおおむね同じ水準に維持されることを確認した。閣僚は、現行の特別協定の期間中の提供施設整備費は、各年度予算額で206億円を下回らないことを再確認した。

(3)その他の事項

閣僚は、相互運用性及び抑止力を強化し、地元とのより強い関係を構築するとともに、日本の南西諸島におけるものも含め自衛隊の態勢を強化するために、日米両政府が共同使用を促進することを再確認した。

閣僚は、相互の協議を通じて地位協定（SOFA）に関する課題に対処する決意を強調した。閣僚は、環境の管理及び軍属に関する補足協定の効力発生を歓迎し、これらの協定を着実に実施することの重要性を改めて表明した。閣僚は、米国が、日米地位協定上の地位を有する人員に対する教育・研修のプロセスを強化したことを認識した。

日米防衛相（首脳）会談等の開催状況及び概要

① 日米防衛相（首脳）会談実施状況（昭和50年1月以降）

年	月　日	会談者	場　所	備　考
50	8.29	坂田・シュレジンジャー	東京	
51				7.8　日米防衛協力小委員会設置 10.29 防衛計画の大綱策定
52	7.27 9.13	三原・ブラウン 三原・ブラウン	東京 ワシントン	
53	6.20 11.9	金丸・ブラウン 金丸・ブラウン	ワシントン 東京	11.27 日米防協力のために指針に合意
54	8.16 10.20	山下・ブラウン 山下・ブラウン	ワシントン 東京	7.17　53中業（55－59）策定 12.27 ソ連のアフガニスタン侵攻
55	1.14 12.12	久保田・ブラウン 大村・ブラウン	東京 東京	2.26　リムパック初参加
56	6.29	大村・ワインバーガー	ワシントン	5.8　鈴木・レーガン共同声明 夏　共同作戦計画の研究概成
57	3.27 9.30	伊藤・ワインバーガー 伊藤・ワインバーガー	東京 ワシントン	7.23　56中業（58－62）策定
58	8.22 9.24	谷川・ワインバーガー 谷川・ワインバーガー	ワシントン 東京	1.14　対米武器技術供与に途を開く旨決定 3.20　シーレーン防衛共同研究開始
59	5.11 9.24	栗原・ワインバーガー 栗原・ワインバーガー	東京 ワシントン	12.26 共同作戦計画の研究に一応の区切り
60	6.10	加藤・ワインバーガー	ワシントン	9.18　中期防衛力整備計画（61－65）策定
61	4.5 9.4	加藤・ワインバーガー 栗原・ワインバーガー	東京 ワシントン	10.　初の日米共同統合実動演習 12.24 シーレーン防衛共同研究終了
62	6.28～29 10.2	栗原・ワインバーガー 栗原・ワインバーガー	東京 ワシントン	1.24　「今後の防衛力整備について」
63	1.19 6.2～3	瓦・カールーチ 瓦・カールーチ	ワシントン 東京	
元				
2	2.22	松本・チェイニー	東京	12.19「平成３年度以降の防衛計画の基本的考え方について」 12.20 中期防衛力整備計画（平成３年度～平成７年度）策定
3	4.30 11.22	池田・チェイニー 宮下・チェイニー	ワシントン 東京	
4				12.18「中期防衛力整備計画(平成３年度～平成７年度)の修正について」

安保体制

年	月　日	会談者	場　所	備　考
5	5.3 9.27 11.2	中山・アスピン 中西・アスピン 中西・アスピン	ワシントン ワシントン 東京	
6	4.21 9.15 10.22	愛知・ペリー 玉沢・ペリー 玉沢・ペリー	東京 ワシントン 東京	
7	5.2 9.1 11.1	玉沢・ペリー 衛藤・ペリー 衛藤・ペリー	ワシントン ホノルル 東京	11.28 新防衛大綱策定 12.15 中期防衛力整備計画（平成8年度～平成12年度）策定
8	4.14～15 9.19 12.2	臼井・ペリー 臼井・ペリー 久間・ペリー	東京 ワシントン 東京	4.17 日米安全保障共同宣言
9	4.7 9.24	久間・コーエン 久間・コーエン	東京 ワシントン	9.23 新日米防衛協力のための指針策定
10	1.20 9.21	久間・コーエン 額賀・コーエン	東京 ワシントン	1.20 包括的メカニズムの構築
11	1.13 7.28	野呂田・コーエン 野呂田・コーエン	東京 東京	
12	1.5 3.16 9.12 9.22	瓦・コーエン 瓦・コーエン 虎島・コーエン 虎島・コーエン	ワシントン 東京 ワシントン 東京	9.10 調整メカニズムの構築 11.30 船舶検査活動法成立
13	6.22 12.10	中谷・ラムズフェルド 中谷・ラムズフェルド	ワシントン ワシントン	10.29 テロ対策特措法成立
14	12.17	石破・ラムズフェルド	ワシントン	
15	11.15	石破・ラムズフェルド	東京	8.1 イラク特措法成立 10.21 テロ対策特措法延長 12.19 弾道ミサイル防衛システムの整備等について 閣議決定・安全保障会議決定
16	11.19	大野・ラムズフェルド	ワシントン	12.10 新防衛大綱策定 中期防衛力整備計画（平成17年度～平成21年度）策定
17	2.19 6.4	大野・ラムズフェルド 大野・ラムズフェルド	ワシントン シンガポール	10.26 テロ対策特措法延長
18	1.17 4.23 5.3 6.4	額賀・ラムズフェルド 額賀・ラムズフェルド 額賀・ラムズフェルド 額賀・ラムズフェルド	ワシントン ワシントン ワシントン シンガポール	1.6 在日米軍駐留経費負担に係る新特別協定署名 5.1 「再編実施のための日米のロードマップ」発表 6.29 「新世紀の日米同盟」発表 10.27 テロ対策特措法延長

安保体制

年	月　日	会談者	場　所	備　考
19	4.30 8.8 11.8	久間・ゲイツ 小池・ゲイツ 石破・ゲイツ	ワシントン ワシントン 東京	5.23 米軍再編特措法成立 6.20 イラク特措法延長 11.1 テロ対策特措法失効
20	5.31	石破・ゲイツ	シンガポール	1.11 補給支援特措法成立 1.25 在日米軍駐留経費負担に係る新特別協定署名 12.12 補給支援特措法延長
21	5.1 5.30 10.21	浜田・ゲイツ 浜田・ゲイツ 北澤・ゲイツ	ワシントン シンガポール 東京	2.17 在沖縄海兵隊のグアム移転に係る協定署名 6.24 海賊対処法成立
22	5.25 10.11	北澤・ゲイツ 北澤・ゲイツ	ワシントン ハノイ	1.15 補給支援特措法失効 12.17 新防衛大綱策定 中期防衛力整備計画（平成23年度~平成27年度）策定
23	1.13 6.3 10.25	北澤・ゲイツ 北澤・ゲイツ 一川・パネッタ	東京 シンガポール 東京	1.21 在日米軍駐留経費負担に係る新特別協定署名
24	8.3 9.17	森本・パネッタ 森本・パネッタ	ワシントン 東京	
25	4.29 8.28 10.3	小野寺・ヘーゲル 小野寺・ヘーゲル 小野寺・ヘーゲル	ワシントン ブルネイ 東京	
26	4.6 5.31 7.11	小野寺・ヘーゲル 小野寺・ヘーゲル 小野寺・ヘーゲル	東京 シンガポール ワシントン	
27	4.8 4.28 5.30 11.3	中谷・カーター 中谷・カーター 中谷・カーター 中谷・カーター	東京 ワシントン シンガポール クアラルンプール	4.27 新「日米防衛協力のための指針」公表 11.3 同盟調整メカニズム（ACM）及び共同計画策定メカニズム（BPM）の設置
28	6.4 9.15 12.7	中谷・カーター 稲田・カーター 稲田・カーター	シンガポール ワシントン 東京	1.22 在日米軍駐留経費負担に係る新特別協定署名 9.26 日米物品役務相互提供協定署名
29	2.4 6.3 8.17 10.23	稲田・マティス 稲田・マティス 小野寺・マティス 小野寺・マティス	東京 シンガポール ワシントン フィリピン	

※平成18年6月4日に開催された会談までは、「日米防衛首脳会談」との呼称が用いられている。

日米防衛相会談の概要

〔平成25年4月29日
防　　衛　　省〕

平成25年4月29日、小野寺防衛大臣とヘーゲル米国防長官は、米国防省において会談を行ったところ、概要次のとおり。

1．総論、地域情勢

冒頭、両閣僚は、日米同盟が、我が国の安全と地域の安定の確保のために引き続き重要であることを確認するとともに、2月の日米首脳会談での成果も受け、日米の協力関係を新たな段階に高めていくことが重要であることで一致した。

両閣僚は、アジア太平洋地域における安全保障環境について意見交換し、北朝鮮情勢については、小野寺大臣から、北朝鮮の挑発的な言動に振り回されることなく、必要な対応に万全を期していることを説明し、日米間で緊密に連携していくことを確認した。また、尖閣諸島については、小野寺大臣から、我が国固有の領土であることは歴史的にも国際法上も明らかである旨の我が国の基本的立場を説明し、断固として領土・領海・領空を守り抜く覚悟である旨説明した。ヘーゲル長官からは、同諸島に日米安保条約第5条が適用されること、同諸島をめぐる現状の変更を試みる如何なる力による一方的な行為にも反対する旨の発言があった。

2．日米防衛協力

(1) ガイドラインの見直し

両閣僚は、変化する安全保障環境に対応し、地域の安全保障を強化していくため、両国間の防衛協力や役割分担のあり方を検討していくことの重要性を強調した。この点に関し、両閣僚は、ガイドライン見直し作業の前提となる日米間の戦略環境認識に関する議論が進展していることを歓迎し、引き続き精力的に議論を行っていくことで一致した。

(2) ISR作業部会の設置

両閣僚は、日米の防衛当局間においてISR（情報収集・警戒監視・偵察）作業部会が設置され、共同の警戒監視活動等平素からの協力に関する検討が進展していることを歓迎した。

(3) TPY－2レーダー

両閣僚は、深刻な北朝鮮のミサイルの脅威も踏まえ、2基目のTPY－2レーダーの配備候補地として経ヶ岬分屯基地が選定されたことを受けて、日米双方が、引き続き緊密に連携しながら、早期配備に向けた作業を加速化することで一致した。

3．在日米軍再編

両閣僚は、普天間飛行場の移設に関する埋立申請及び嘉手納以南の土地の返還に関する統合計画の策定が沖縄の大きな負担軽減に向けた重要なステップであることを確認し、引き続き、在沖海兵隊のグアム移転の着実な進展を含め、日米双方が在日米軍の再編を着実に進めていくことで一致した。

4．オスプレイ

小野寺大臣から、MV－22の運用について、引き続き昨年9月の日米合同委員会合意に基づく運用の徹底を求めるとともに、日本本土への訓練移転に関する日米間の議論を加速するよう要請した。

ヘーゲル長官及び小野寺大臣は、昨年の接受国通報の中で言及されている2番目のMV－22飛行隊の日本配備については、本年夏に12機のMV－22を岩国飛行場に陸揚げし、その後、普天間飛行場に移動させることとなる旨確認した。

5．次回「2+2」の開催

両閣僚は、年内の適切な時期に「2+2」を開催し、日米の防衛・外務関係閣僚により、日米同盟の強化に向けた取組に関して議論を行う方針で一致した。

日米防衛相会談の概要

〔平成25年8月28日
防　　衛　　省〕

平成25年8月28日、小野寺防衛大臣とヘーゲル米国防長官は、第2回拡大ASEAN国防相会議（ADMMプラス）の機会に、ブルネイにおいて会談を行ったところ、概要次のとおり。

1．総論、地域情勢

両閣僚は、日米同盟が、我が国の安全と地域の平和と安定の確保のために引き続き重要であることを確認するとともに、年内に開催予定の次回「２＋２」へ向けて、日米同盟の強化に向けた二国間の議論を精力的に行っていくことで一致した。

両閣僚は、アジア太平洋地域における安全保障環境について意見交換した。小野寺大臣から、領海をめぐる挑発など、安全保障環境が一層厳しさを増す中、領土・領海・領空を断固として守り抜くとともに、力による現状変更を認めず、法の支配に基づく、自由で開かれた海の秩序を守る覚悟である旨発言した。両閣僚は、尖閣諸島に関して米国がこれまで示してきた立場を改めて確認するとともに、引き続き、北朝鮮情勢も含めた我が国を取り巻く情勢について、日米間で緊密に連携していくことを確認した。

2．日米防衛協力

(1) サイバー

両閣僚は、サイバー空間の安定的利用に対するリスクが日米共通の安全保障上の課題となっていることを踏まえ、サイバー・セキュリティ分野における日米防衛協力を一層促進することの重要性につき一致した。

そのため、両閣僚は、それぞれの事務当局に対して、サイバー·セキュリティに関する防衛当局間の協力の新たな枠組みを検討するよう指示した。

(2) ガイドラインの見直し

両閣僚は、変化する安全保障環境に対応し、地域の安全保障を強化していくため、両国間の防衛協力や、同盟の役割、任務、能力の将来について可能な限り早期に検討していくことの重要性を強調した。この点に関し、両閣僚は、ガイドライン見直し作業の前提となる日米間の戦略環境認識に関する議論が進展していることを歓迎し、引き続き精力的に議論を行っていくことで一致した。

3．在日米軍再編

両閣僚は、普天間飛行場の移設、在沖海兵隊のグアム移転、嘉手納以南の土地の返還に関する統合計画の実施を含め、日米双方が一層緊密に連携し、在日米軍の再編を早期かつ着実に進めていくことで一致した。

4．HH－60墜落事故

小野寺大臣から、HH－60ヘリコプターの沖縄での墜落事故を受け、我が国の防衛のために任務に従事していた要員の犠牲にお悔やみを表明するとともに、地元の懸念を十分に踏まえ、公共の安全への妥当な配慮、万全の安全対策及び今般の事故原因の究明等を要請した。

ヘーゲル長官からは、周辺地域と米軍関係者双方の安全性を最大限確保していく、現在、今般の事故原因に関する徹底した調査が行われており、調査報告書ができれば日本側に提供する、との発言があった。

5．オスプレイ

ヘーゲル長官から、米国ネバダ州におけるMV－22オスプレイの事故について、日本側への必要な情報提供を行っていく旨の発言があった。

安保体制

日米防衛相会談の概要

〔平成25年10月3日
防　　衛　　省〕

平成25年10月3日、小野寺防衛大臣とヘーゲル米国防長官は、日米安全保障協議委員会(「２＋２」)に先立ち、防衛省において会談を行ったところ、概要次のとおり。

1．総論、地域情勢

両閣僚は、日米同盟が、我が国の安全と地域の平和と安定の確保のために引き続き重要であることを確認するとともに、本日の「2+2」会合を契機として、日米同盟の強化に向けて一層緊密に連携していくことで一致した。

両閣僚は、アジア太平洋地域における安全保障環境について意見交換した。小野寺大臣から、領海をめぐる挑発など、安全保障環境が一層厳しさを増す中、領土・領海・領空を断固として守り抜くとともに、力による現状変更を認めず、法の支配に基づく、自由で開かれた海の秩序を守る覚悟である旨発言した。両閣僚は、尖閣諸島に関して米国がこれまで示してきた立場を改めて確認するとともに、引き続き、北朝鮮情勢も含めた我が国を取り巻く情勢について、日米二国間の緊密な連携に加えて、豪州や韓国も含めた3カ国の協力を進展させていくことを確認した。

2．日米防衛協力

(1) サイバー

両閣僚は、サイバー・セキュリティ分野における自衛隊と米軍それぞれの能力強化と、相互運用性の向上をはじめとする日米防衛協力の一層の促進が、日米同盟の実効性を高め、抑止力を向上させる上で重要であると認識し、引き続き連携を強化していくことを確認した。

これに関連し、両閣僚は、両国防衛当局間における協力の新たな枠組みとなる「サイバー防衛政策ワーキンググループ」が設置されたことを歓迎した。

(2) ガイドラインの見直し

両閣僚は、変化する安全保障環境に対応し、地域の安全保障を強化していくため、可能な限り早期に検討していくことの重要性を強調した。

両閣僚は、本日の「2+2」会合での議論も踏まえ、今後とも精力的に議論を行っていくことで一致した。

(3) TPY－2レーダー

小野寺大臣から、先日、2基目のTPY-2レーダーの配備候補地の地元首長による協力の表明があった旨述べた。両閣僚は、この表明が、同レーダーの早期配備へ向けた重要なステップとなることを歓迎し、日米双方が、引き続き緊密に連携しながら、早期配備に向けた作業を加速化することで一致した。

3．在日米軍再編

両閣僚は、普天間飛行場の移設、在沖海兵隊のグアム移転、嘉手納以南の土地の返還に関する統合計画の実施を含め、日米双方が一層緊密に連携し、在日米軍の再編を早期かつ着実に進めていくことで一致した。

4. オスプレイ

小野寺大臣から、MV－22オスプレイについて、2個目飛行隊の配備も受け、引き続き昨年9月の日米合同委員会合意に基づく運用の徹底を求めた。ヘーゲル長官からは、引き続き安全な運用に配慮する旨の発言があった。

日米防衛相会談の概要

〔平成26年4月6日
防　　衛　　省〕

平成26年4月6日、小野寺防衛大臣とヘーゲル米国防長官は、防衛省において会談を行ったところ、概要次のとおり。

1. 総論、地域情勢

両閣僚は、日米同盟が、我が国の安全と地域の平和と安定の確保のために引き続き重要であることを確認した。

両閣僚は、アジア太平洋地域における安全保障環境について意見交換した。両閣僚は、尖閣諸島に関して米国がこれまで示してきた立場を確認するとともに、東シナ海等における力を背景とした現状変更の試みに反対することで一致した。

両閣僚は、北朝鮮が核開発を継続するとともに、弾道ミサイルを連続して発射するなど、この地域の安全保障環境がより厳しさを増していることなどを踏まえ、引き続き、日米二国間の緊密な連携に加えて、日米韓や日米豪といった3カ国の協力を進展させていくことで一致した。また、両閣僚は、アジア太平洋地域の平和と安定に寄与するとの観点から、東南アジア諸国との協力を今後強化させていくことで一致した。

2. 日米の防衛政策、日米防衛協力

(1) 日米の防衛政策、ガイドラインの見直し

両閣僚は、「防衛計画の大綱」や先月公表された「四年毎の国防計画の見直し」(QDR)に基づく双方の取組を緊密に連携させつつ、昨年10月の日米安全保障協議委員会(「2+2」)共同発表において本年末までに作業を完了するとされている「日米防衛協力のための指針」の見直しを始めとする幅広い日米間の防衛協力を着実に進め、日米同盟の抑止力及び対処力を強化していくことで一致した。

ヘーゲル長官から、QDRにも示されているとおり、米国はアジア太平洋地域重視の政策を継続しており、その一環として、2017年までに弾道ミサイル防衛機能を備えたイージス艦2隻を日本へ追加的に配備することを計画しているとの発言があった。

(2)防衛装備移転三原則

小野寺大臣から、防衛装備移転三原則の趣旨につき説明し、ヘーゲル長官から、このような我が国の取組を歓迎する旨発言があった。両閣僚は、引き続き、二国間の装備・技術協力を深化させていくことで一致した。

3．在日米軍再編

小野寺大臣から、普天間飛行場の5年以内の運用停止をはじめとする沖縄における基地負担の軽減に関する沖縄県の要望と、これに対する日本側の取組につき説明した。ヘーゲル長官から、沖縄県民の思いを理解しつつ、日本側の取組に対して引き続き協力していく旨の発言があった。両閣僚は、沖縄の負担軽減の取組につき認識の一致をみたことも踏まえ、具体的な協力を一層進展させていくことを確認した。また、両閣僚は、在日米軍再編をめぐる最近の進展を改めて歓迎した。

日米防衛相会談の概要

〔平成26年5月31日
防　　衛　　省〕

平成26年5月31日、小野寺防衛大臣とヘーゲル米国防長官は、第13回IISSシャングリラ会合の機会に、シンガポールにおいて会談を行ったところ、概要次のとおり。

1．地域情勢

冒頭、小野寺大臣から、シャングリラ会合におけるヘーゲル長官のスピーチについて、東アジアの安定に資する力強いメッセージとなった旨発言した。

両閣僚は、アジア太平洋地域における安全保障環境について意見交換した。小野寺大臣から、先般の中国軍戦闘機による自衛隊機への異常な接近について、偶発的事故に繋がりかねない危険な行為であり、誠に遺憾である旨発言した。両閣僚は、東シナ海を含めいかなる地域においても力による現状変更の試みに反対することで一致した。両閣僚は、地域の平和と安定のため、引き続き、日米間で緊密に連携していくことを確認した。

この点に関して、小野寺大臣から、今月に開始された米空軍グローバル・ホークの三沢飛行場への一時展開や、2基目のTPY－2レーダーの日本への追加配備は、我が国の安全及び地域の平和と安定にも寄与するものであり、歓迎したい旨述べた。

両閣僚は、東南アジア諸国との協力を引き続き強化させていくことで一致した。

2．日本の安全保障政策

小野寺大臣から、先般提出された「安全保障の法的基盤の再構築に関する懇談会」の報告書を受け、政府としては、総理が示した今後の検討の進め方についての基本的方向性に基づき、国内で議論が開始されている旨発言した。ヘーゲル長官から、日本のこうした取組を歓迎し、支持するとの発言があった。

3．日米防衛協力

両閣僚は、昨年10月の日米安全保障協議委員会（「2+2」）共同発表において本年末までに完了するとされている「日米防衛協力のための指針」の見直しの作業を引き続き推進していくとともに、幅広い日米間の防衛協力を着実に進めることを通じて、日米同盟の抑止力及び対処力を強化していくことで一致した。

4．在日米軍再編等

両閣僚は、普天間飛行場代替施設の建設工事など、在日米軍の再編を早期かつ着実に進めることで一致した。

特に、沖縄の負担軽減に関して、小野寺大臣から、沖縄県の要望については、できることはすべて行うとの姿勢で臨んでいる旨改めて説明した。両閣僚は、日米防衛協力の強化にもつながるMV−22オスプレイの沖縄県外における訓練の増加の実現など、日米双方が引き続き緊密に連携して沖縄の負担軽減に係る具体的な協力を進展させていくことを確認した。

日米防衛相会談の概要

〔平成26年7月11日
防　　　衛　　　省〕

平成26年7月11日、小野寺防衛大臣とヘーゲル米国防長官は、米国防省において会談を行ったところ、概要次のとおり。

1．総論、地域情勢

両閣僚は、日米同盟が、我が国の安全と地域の平和と安定の確保のために引き続き重要であることを確認し、同盟を一層強化すべく、引き続き緊密に連携していくことを確認した。

両閣僚は、アジア太平洋地域における安全保障環境について意見交換した。両閣僚は、尖閣諸島に関する米国の立場を確認するとともに、引き続き、東シナ海等における力を背景とした現状変更の試みに反対することで一致した。

また、小野寺大臣から、最近の日朝関係の動きについて説明し、我が国としては、核・ミサイル等の安全保障上の問題を重視する立場に変わりはない旨述べた。

両閣僚は、この地域の安全保障環境が一層厳しさを増していることを踏まえ、引き続き、日米二国間の緊密な連携に加えて、日米韓、日米豪といった3か国間の協力を進展させていくことで一致した。

2．我が国の安全保障政策

小野寺大臣から、先般の新たな安全保障法制の整備に関する閣議決定の趣旨を説明した。具体的には、憲法第9条の下で許容される自衛の措置や、我が国の防衛に資する活動に現に従事している米軍部隊の武器等の防護に係る法整備、米軍に対する後方支援活動に係る法整備などについて、米軍と自衛隊が緊密に連携して切れ目なく対応するといった観点も踏まえつつ、政府一体となって法案作成作業を進めていくことを述べた。ヘーゲル長官は、日米同盟における我が国の役割を強化し、地域の平和と安定に資する日本のこうした取組を歓迎し、支持した。

3．「日米防衛協力のための指針」の見直し

両閣僚は、日本における先般の閣議決定も踏まえ、「日米防衛協力のための指針」の見直しの作業を引き続き進めていくことで一致した。

また、両閣僚は、見直し作業に関して、しかるべきタイミングで中間報告を行うことで一致した。

4．日米装備・技術協力

両閣僚は、本年4月に策定された「防衛装備移転三原則」を踏まえ、今後、具体的な二国間の装備・技術協力を更に深化させていくことで一致した。

5．在日米軍再編・沖縄の負担軽減

小野寺大臣から、普天間飛行場代替施設建設事業の進捗状況を説明した。両閣僚は、普天間飛行場のキャンプ・シュワブへの移設を含め、在日米軍の再編を早期かつ着実に進めることで一致した。

沖縄の負担軽減に関し、両閣僚は、日米双方が引き続き緊密に連携して、この点に係る具体的な協力を進展させていくことを確認した。両閣僚は、KC－130飛行隊の普天間飛行場から岩国飛行場への移駐を歓迎した。この文脈で、小野寺大臣から、普天間飛行場における外来機の飛来による騒音等の問題を提起した。ヘーゲル長官から、米国としても、沖縄における米軍のプレゼンスの影響を緩和する措置の検討にコミットしているとの立場が示された。

日米防衛相会談（概要）

（平成27年4月8日）

平成27年4月8日、9時55分から約80分間、中谷防衛大臣とカーター米国防長官は、防衛省において会談を行ったところ、概要次のとおり。

1．総論、地域情勢

両閣僚は、日米同盟が、我が国の安全と地域の平和と安定の確保のために引き続き重要であることを確認し、同盟を一層強化すべく、緊密に連携していくことを確認した。

両閣僚は、アジア太平洋地域における安全保障環境について意見交換した。両閣僚は、尖閣諸島に関する米国の立場を確認するとともに、引き続き、東シナ海を含めいかなる地域においても力による現状変更の試みに反対することで一致した。両閣僚は、北朝鮮が弾道ミサイルを連続して発射するなど、この地域の安全保障環境がより厳しさを増していることを踏まえ、引き続き両国が緊密に連携していくことで一致した。

2．日米防衛協力のための指針、安全保障法制及び日米宇宙・サイバー協力

両閣僚は、「日米防衛協力のための指針」の見直しについて、早期の見直し完了に向けて、引き続き精力的に作業を進めていくことで一致した。両閣僚は、この見直し作業を通じて日米同盟を更に強化していくとの強い意思を確認した。

また、中谷大臣から、安全保障法制の整備に係る検討状況を説明し、カーター長官から、日本のこうした取組を歓迎し、支持するとの発言があった。

さらに、両閣僚は、宇宙・サイバー空間の安定的利用に対するリスクが日米共通の安全保障上の課題となっていることを踏まえ、日米間の協力の強化を確認するとともに、それぞれの事務当局に対して、宇宙に関する防衛当局間の協力の新たな枠組みを検討するよう指示した。

3．日米装備・技術協力

両閣僚は、F−35戦闘機の整備拠点（リージョナル・デポ）を日本に設置する米国の決定といった日米共通の整備基盤構築に向けた取組の進展を歓迎するとともに、二国間の装備・技術協力を更に深化させていくことで一致した。

4．米軍再編

中谷大臣から、一日も早い普天間飛行場の返還とキャンプ・シュワブへの移設に向けて、引き続き全力で取り組んでいく旨説明した。両閣僚は、キャンプ・シュワブへの移設が普天間飛行場の継続的な使用を回避するための唯一の解決策であることを再確認した。

両閣僚は、沖縄の負担軽減の重要性を確認し、在沖海兵隊のグアム移転に向けた取組の加速化や安全に行われてきたオスプレイの沖縄県外における訓練、さらに、西普天間住宅地区の返還等の負担軽減に向けた取組の進展を歓迎した。中谷大臣から、沖縄の負担軽減について引き続きの協力を要請し、カーター長官から、米国としても、沖縄における米軍のプレゼンスの影響を緩和する措置の検討にコミットしているとの立場が示された。

日米防衛相会談の概要

〔平成27年4月28日
防　　衛　　省〕

平成27年4月28日、15時20分から約60分間（米国東部時間）、中谷防衛大臣とカーター米国防長官は、米国防省において会談を行ったところ、概要次のとおり。

1．総論、地域情勢

両閣僚は、日米同盟が、我が国の安全と地域の平和と安定の確保のために引き続き重要であることを確認した。

両閣僚は、アジア太平洋地域における安全保障環境について意見交換した。両閣僚は、南シナ海情勢について意見交換し、東南アジア諸国との協力を引き続き強化させていくことで一致した。

また、両閣僚は、アジア太平洋地域における安全保障環境が厳しさを増していることなどを踏まえ、日米韓防衛協力を更に進展させていくことで一致した。両閣僚は、来月にシンガポールで開催されるシャングリラ会合において、日米韓防衛相会談の開催を追求することで一致した。

2．新ガイドライン策定後の取組等と安全保障法制

両閣僚は、新ガイドラインが日米同盟の抑止力と対処力を強化するものであること及び新ガイドラインを直ちに実施していくことの重要性を確認した。両閣僚は、そのために、新しい同盟調整メカニズムの設置、共同計画の策定、訓練・演習の強化、物品役務相互提供協定の迅速な交渉等に向けて取組を進めることで一致した。

また、中谷大臣から、安全保障法制の整備について説明し、カーター長官から、日本のこうした取組を歓迎し、支持するとの発言があった。

さらに、両閣僚は、宇宙・サイバー空間における日米間の協力の強化を確認するとともに、宇宙に関する両国防衛当局間における協力の枠組みとなる「宇宙協力ワーキンググループ」が設置されたことを歓迎した。

3．米軍再編

中谷大臣から、一日も早い普天間飛行場の返還とキャンプ・シュワブへの移設に向けて、引き続き全力で取り組んでいく旨説明した。両閣僚は、キャンプ・シュワブへの移設が普天間飛行場の継続的な使用を回避するための唯一の解決策であることを再確認した。

中谷大臣から、沖縄の負担軽減の重要性について説明した上で協力を要請し、カーター長官から、沖縄の基地統合に係る二国間の計画の実現などの努力を継続していく旨の発言があった。

4．防衛装備・技術協力

両閣僚は、互恵的な防衛調達のための枠組みの早期合意を目指すとともに、二国間の装備・技術協力を更に深化させていくことで一致した。

日米防衛相会談の概要

〔平成27年5月30日
防　衛　省〕

平成27年5月30日、11時40分から約30分間（現地時間）、中谷防衛大臣とカーター米国防長官は、第14回IISSシャングリラ会合の機会にシンガポールにおいて会談を行ったところ、概要次のとおり。

1．総論、地域情勢

両閣僚は、アジア太平洋地域における安全保障環境について意見交換した。両閣僚は、東シナ海、南シナ海等における力を背景とした現状変更の試みに反対することで一致した。

また、両閣僚は、アジア太平洋地域における安全保障環境が厳しさを増していることを踏まえ、日米韓、日米豪といった3か国間の防衛協力を更に進展させていくことで一致した。さらに、両閣僚は、アジア太平洋地域の平和と安定に寄与するとの観点から、能力構築支援等の東南アジア諸国との協力を引き続き強化させていくことで一致した。

2．新ガイドラインの実効性確保と平和安全法制

中谷大臣から、平和安全法制が先般閣議決定され、国会での審議が始まった旨説明した。両閣僚は、今般の法制が新ガイドラインの実効性の確保につながることを確認した。また、両閣僚は、新しい同盟調整メカニズムの設置、共同計画の策定、物品役務相互提供協定の迅速な交渉といった、新ガイドラインの実効性確保のための取組を引き続きしっかりと進めていくことを確認した。

さらに、両閣僚は、「サイバー防衛政策ワーキンググループ」におけるこれまでの検討の成果がとりまとめられたことを歓迎し、サイバー空間に関する日米協力を一層強化していくことで一致した。

3．米軍再編

中谷大臣から、一日も早い普天間飛行場の返還とキャンプ・シュワブへの移設に向けて引き続き全力で取組んでいる旨説明するとともに、キャンプ・シュワブへの移設が普天間飛行場の継続的な使用を回避するための唯一の解決策である旨発言した。また、中谷大臣から、沖縄の負担軽減の重要性について説明した上で

協力を要請し、カーター長官から、沖縄の負担軽減について引き続き協力していく旨の発言があった。

4．オスプレイ

中谷大臣から、2017年からのCV－22オスプレイの日本への配備について、日米同盟の抑止力・対処力を向上させ、アジア太平洋地域の安定に資するものであるとして国民に説明をしているところであるが、ハワイで事故が発生したこともあり、今回の事故に係るものを含め、安全性の確保の観点から必要な情報提供を要請した。カーター長官からは、必要な情報提供を行っていく、既に配備されているMV－22を含め、オスプレイの安全な運用を改めて徹底する、との発言があった。

日米防衛相会談の概要

（平成27年11月3日
防衛省）

平成27年11月3日、13時5分から約60分間（現地時間）、中谷防衛大臣とカーター米国防長官は、拡大ASEAN国防相会議の機会にクアラルンプールにおいて会談を行ったところ、概要次のとおり。

1．総論、地域情勢

両閣僚は、厳しさを増しているアジア太平洋地域における安全保障環境について意見交換し、東シナ海及び南シナ海における力を背景とした現状変更の試みに反対することで一致し、国際法に則って海洋における活動を行うことを確認した。中谷大臣から、南シナ海における米軍の行動を支持する旨発言し、両閣僚は、今後も日米共同訓練を実施していくとともに、能力構築支援や海洋安全保障等に係る東南アジア諸国との協力を引き続き強化していくことを確認した。両閣僚は、北朝鮮が長距離弾道ミサイルの発射活動を継続する姿勢を示していることを踏まえ、引き続き日米二国間で緊密に連携していくことを確認した。さらに、両閣僚は、日米韓、日米豪、日米印、日米比といった3か国間の防衛協力を強化していくことで一致した。

2．平和安全法制と新ガイドラインの実効性確保に向けた取組

中谷大臣から、平和安全法制が先般成立した旨説明し、この法制の下、日米同盟の抑止力・対処力を一層強化していきたい旨発言した。カーター長官からは、平和安全法制の成立を支持・歓迎する旨の発言があった。

両閣僚は、新ガイドラインの実効性確保のための取組の重要な第一歩である、新しい同盟調整メカニズム（ACM）及び共同計画策定メカニズム（BPM）の設置を

歓迎した。両閣僚は、宇宙・サイバー等における協力の強化等の新ガイドラインの実効性確保のための取組を引き続きしっかりと進めていくことを確認した。

3．米軍再編

中谷大臣から、一日も早い普天間飛行場の返還とキャンプ・シュワブへの移設に向けて引き続き全力で取り組んでいる旨説明した。両閣僚は、キャンプ・シュワブへの移設が普天間飛行場の継続的な使用を回避するための唯一の解決策であることを再確認した。中谷大臣から、在沖米海兵隊のグアム移転や沖縄県外での訓練等の実施を含めた沖縄の負担軽減の重要性について説明した上で協力を要請し、カーター長官から、引き続き協力していく旨の発言があった。

また、中谷大臣から、米軍の運用に伴う周辺住民への影響の最小化と米軍の安全面等への配慮を要請し、カーター長官からは、地元と米軍関係者双方の安全性を常に最大限確保する、との発言があった。

4．在日米軍駐留経費負担(HNS)

両閣僚は、引き続き日米両政府間で協議を行い、早期の合意達成に向け努力することで一致した。

5．防衛装備・技術協力

両閣僚は、防衛装備庁の設置を踏まえ、二国間の装備・技術協力を更に深化させていくことで一致した。また、両閣僚は、海兵隊オスプレイの整備に係る今般の米国の決定は、新ガイドラインに掲げる共通装備品の修理及び整備の基盤の強化につながることを確認した。

日米防衛相会談の概要

〔平成28年6月4日
防　衛　省〕

平成28年6月4日、17時00分から約55分間(現地時間)、中谷防衛大臣とカーター米国防長官は、シャングリラ会合の機会に会談を行ったところ、概要次のとおり。

1．米軍属逮捕事件

中谷大臣とカーター長官は、類似の事件・事故の実効的な再発防止策を策定するために、引き続き緊密に連携していく意図を確認した。再発防止策は、①軍属を含む日米地位協定上の地位を有する米国人の扱いの見直し、②軍属を含む日米地位協定上の地位を有する米国人の現状のモニタリングの強化、③軍属を含む日米地位協定上の地位を有する米国人の教育・研修の強化等の分野を対象とすることで一致した。中谷大臣とカーター長官は、ともにスピード感をもちつつ、両国の防衛・外務当局間のハイレベルで作業を加速化し、可能な限り早急に作業を終える意図を確認した。

2．地域情勢

両閣僚は、東シナ海及び南シナ海における力を背景とした一方的な現状変更の試みに反対することで一致し、特に南シナ海における拠点構築やその軍事目的の利用は、地域の緊張を高める一方的な行動として国際社会の懸念事項であるとの認識で一致した。両閣僚は、今後も南シナ海において日米共同訓練等を実施していくとともに、能力構築支援や海洋安全保障等に係る東南アジア諸国との協力において連携し、この海域における日米のプレゼンスを強化していくことを確認した。また、両閣僚は、北朝鮮が核実験や弾道ミサイルの発射活動を継続する姿勢を示していることを踏まえ、引き続き同盟調整メカニズム（ACM）の活用を含め、日米二国間で緊密に連携していくことを確認した。さらに、両閣僚は、日米韓、日米豪、日米印の3か国間の防衛協力を強化していくことを確認した。

3．平和安全法制と新ガイドラインの実効性確保に向けた取組

中谷大臣から、平和安全法制が先般施行され、新たな任務を遂行するための準備を進めている旨説明し、カーター長官からは、これを支持・歓迎する旨の発言があった。また、両閣僚は、北朝鮮による一連の挑発行為や熊本地震等でACMが効果的に機能していることを確認し、同メカニズムを一層強化していくことで一致した。さらに、両閣僚は、この法制の下、日米同盟の抑止力・対処力を一層強化していくことを確認するとともに、新ガイドラインの実効性確保のための取組を引き続き進めていくことを確認した。

4．防衛装備・技術協力

両閣僚は、相互の防衛調達に係る覚書（RDP-MOU）が今般署名されたことを歓迎し、これを受けて日米装備・技術協力を更に深化させていくことで一致した。

また、中谷大臣から、海洋安全保障に係る能力向上のため、海自練習機TC－90のフィリピンへの移転などの協力を具体化していく旨説明し、カーター長官からは、これを歓迎する、フィリピンとの能力構築支援及び装備協力について日米で緊密に連携していきたいとの発言があった。

また、両閣僚は、第三のオフセット戦略も含め、将来の安全保障環境を見据えた防衛戦略や技術戦略について、今後協議を行っていくことで一致した。

5．米軍再編

中谷大臣から、辺野古埋立承認に関する訴訟の和解について説明するとともに、辺野古が唯一の解決策であるとの立場は不変であると述べた。カーター長官

からは、日本政府の考えを十分に理解する、引き続き緊密に協力していきたいとの発言があった。中谷大臣から、沖縄県外での訓練等の実施などによる沖縄の負担軽減について協力を要請した。カーター長官から、引き続き協力していく旨の発言があり、両閣僚は、嘉手納以南の施設・区域や北部訓練場の過半の早期返還に向けて取り組むことで一致した。

日米防衛相会談の概要

〔平成28年9月16日
防　　　衛　　　省〕

平成28年9月15日、14時30分（米国東部時間）から約45分間、稲田防衛大臣とカーター米国防長官は、米国防省において会談を行ったところ、概要次のとおり。

1．地域情勢

稲田大臣から、尖閣諸島周辺海域において継続的に行われている中国公船による我が国領海への侵入は我が国主権の侵害であり、我が国として断固受入れられない旨説明し、両閣僚は、尖閣諸島が日本の施政の下にある領域であり、日米安保条約第５条の下でのコミットメントの範囲に含まれること、及び同諸島に対する日本の施政を損なおうとするいかなる一方的な行動にも反対することを再確認した。また、両閣僚は、南シナ海情勢に関し、本年７月の仲裁裁判所の仲裁判断が最終的かつ紛争当事国を法的に拘束するものであること、また、これを踏まえ、国際法に則って海洋における活動を行うことの重要性を再確認し、拠点構築やその軍事目的の利用は、地域の緊張を高める一方的な行動として国際社会の懸念事項であるとの認識で一致した。また、両閣僚は、地域の安定化に資する取組として、南シナ海沿岸国に対する能力構築支援を、日米で連携して進めていくことで一致した。

また、両閣僚は、９月９日のものを含む北朝鮮の度重なる核実験や弾道ミサイルの発射活動は、明白な安保理決議違反であり、断固非難する、日米両国に対する安全保障上の重大な脅威であるとの認識で一致した。カーター長官からは、日本に対する拡大抑止のコミットメントについて改めて確認する旨の発言があった。また、北朝鮮がこれらの活動を継続する姿勢を示していることを踏まえ、引き続き同盟調整メカニズム（ACM）の活用を含め、日米二国間で緊密に連携していくことを確認した。さらに、両閣僚は、日米韓、日米豪、日米印、日米比の三か国間の防衛協力のほか、多国間の枠組みによる協力を強化していくことを確認した。

2．日米同盟の抑止力・対処力の強化

稲田大臣から、平和安全法制に基づく新たな任務に係る訓練を開始した旨説明し、カーター長官からは、これを支持・歓迎する旨の発言があった。また、両閣僚は、北朝鮮による一連の挑発行為への対応等でACMが効果的に機能していることを確認し、同メカニズムを一層活用していくことで一致した。さらに、新ガイドラインの実効性確保のための取組の進捗を確認した。

また、両閣僚は、日本の弾道ミサイル対処能力の総合的な向上や米国の第3のオフセット戦略に係る日米防衛当局間の緊密な協力が、アジア太平洋地域における日米同盟の抑止力・対処力の一層の強化に資することを確認するとともに、協力を加速化させることで一致した。

3．在日米軍関係者による事件・事故の再発防止、米軍再編

稲田大臣とカーター長官は、本年7月の共同発表を踏まえ、引き続き事務レベルの協議を行っていくことを確認した。

また、稲田大臣から、辺野古が唯一の解決策であるとの立場は不変であると述べた。カーター長官からは、米国も日本政府と同じ立場を共有しており、引き続き緊密に協力していきたいとの発言があった。また、稲田大臣から、オスプレイ等の沖縄県外での訓練の実施などによる沖縄の負担軽減について協力を要請した。カーター長官から、引き続き協力していく旨の発言があり、両閣僚は、嘉手納以南の施設・区域や北部訓練場の過半の早期返還に向けて取り組むことで一致した。

日米防衛相会談の概要

〔平成28年12月7日
防　　衛　　省〕

平成28年12月7日、9時5分から約50分間、稲田防衛大臣とカーター米国防長官は、防衛省において会談を行ったところ、概要次のとおり。

1．総論

稲田大臣から、カーター長官の在任中の日米同盟への尽力に敬意と感謝を伝え、カーター長官からは、日米同盟にとって重要な時期に多くの課題について取り組むことができたのは大変有意義であった旨発言があり、両閣僚は、我が国とアジア太平洋地域の平和と安定を確保する上での日米同盟の重要性について一致した。両閣僚は、北朝鮮の核・ミサイル開発や東シナ海・南シナ海における力を背景とした現状変更の試みなど、地域情勢への認識を共有し、尖閣諸島が日本の施政の下にある領域であり、日米安保条約第5条の適用範囲に含まれること及び同諸島に対する日本の施政を損なおうとするいかなる一方的な動きにも反対するとの点や、日本に対する米国の拡大抑止の揺るぎないコミットメントを改めて確認した。また、両閣僚は、日米韓をはじめとする3か国間の防衛協力のほか、多国間の枠組みによる協力を強化していくことで一致した。

両閣僚は、同盟強化に係る取組の成果を確認するとともに、現在の強固な日米

同盟を基盤として、日米が引き続き緊密に連携していくことで一致した。

2．日米同盟の抑止力・対処力の強化

両閣僚は、日米ACSAの署名及び平和安全法制に基づく日米共同訓練が開始されるなど新ガイドライン及び平和安全法制の下で進められている取組を歓迎した。また、両閣僚は、新ガイドラインの下、同盟調整メカニズム（ACM）の活用を含め、日米間で緊密に連携していくことを確認した。

また、両閣僚は、日本の弾道ミサイル対処能力の総合的な向上や、技術分野における更なる協力を含む米国の第3のオフセット戦略に係る日米防衛当局間の緊密な協力が、アジア太平洋地域における日米同盟の抑止力・対処力の一層の強化に資することを確認するとともに、協力を加速化させることで一致した。

3．軍属等の地位協定上の扱い、米軍再編

両閣僚は、本年7月の軍属等の日米地位協定上の扱いの見直しに関する日米共同発表に基づき、引き続き事務レベルの協議を行っていくことを確認した。

両閣僚は、北部訓練場の過半、4,000ヘクタールについて、今月22日の返還を実現するため日米が協力することを確認した。両閣僚は、普天間飛行場代替施設に関し、辺野古への移設が唯一の解決策であるとの立場を共有し、引き続き緊密に協力することで一致した。また、稲田大臣から、沖縄の負担軽減について協力を要請し、カーター長官から、引き続き協力していく旨の発言があった。

日米防衛相会談の概要

〔平成29年2月4日
防　衛　省〕

平成29年2月4日、9時15分から約85分間、稲田防衛大臣とマティス米国防長官は、防衛省において会談を行ったところ、概要次のとおり。

1．地域情勢

両閣僚は、地域情勢について意見交換し、東シナ海・南シナ海における中国の活動は、アジア太平洋地域における安全保障上の懸念であるとの認識を共有した。また、両閣僚は、北朝鮮による核・ミサイル開発の進展は、日米両国と地域の安定に対する安全保障上の重大な脅威であるとの認識で一致した。

マティス長官から、尖閣諸島は日本の施政下にある領域であり、日米安全保障条約第5条の適用範囲である、米国は尖閣諸島に対する日本の施政を損なおうとするいかなる一方的な行動にも反対する旨表明しました。稲田大臣から、南シナ海における米軍の行動は法に基づく海洋秩序の維持に資するものであり、米軍による取組を支持する旨述べ、両閣僚は、能力構築支援などを通して、南シナ海への関与を強化していくことで一致した。また、両閣僚は、日米韓をはじめとする３か国間の防衛協力のほか、ASEANを含む多国間の枠組みによる協力を強化していくことで一致した。

２．日米同盟の抑止力・対処力の強化

稲田大臣から、地域の平和と安定のため、我が国として積極的に役割を果たしていくこと、そのために防衛力を強化し、同盟における我が国の役割を拡大していく旨述べた。

マティス長官から、米国は日本の防衛に引き続きコミットしている旨述べ、米国にとってアジア太平洋地域は優先地域であり、米軍の継続したプレゼンスを通して同地域への米国のコミットメントを強化していく旨強調した。

両閣僚は、我が国とアジア太平洋地域の平和と安定を確保する上での、米国の拡大抑止の揺るぎないコミットメントを含む日米同盟の重要性を確認し、厳しさを増す安全保障環境を踏まえ、一昨年策定されたガイドラインを踏まえつつ日米同盟の抑止力・対処力を一層強化する必要があるとの認識で一致した。

３．沖縄・米軍再編

稲田大臣から、在日米軍再編は、米軍の抑止力を維持しつつ、地元の基地負担を軽減する極めて重要な事業である旨述べ、着実な進展に向けた協力を要請し、マティス国防長官からは、在日米軍再編について日米で連携して進めていきたい旨の発言があった。

稲田大臣から、普天間飛行場の一日も早い移設及び返還を実現する必要がある旨述べ、両閣僚は、辺野古への移設が唯一の解決策であるとの立場を共有し、引き続き緊密に協力することで一致した。また、稲田大臣から、沖縄の負担軽減について協力を要請し、両閣僚は、在日米軍の安定的な駐留を確保するため協力することで一致した。

日米防衛相会談の概要

〔平成29年6月3日
防　　衛　　省〕

平成29年6月3日、12時35分から約30分間（現地時間）、稲田防衛大臣とマティス米国防長官は、シャングリラ会合の機会に会談を行ったところ、概要次のとおり。

１．地域情勢

両閣僚は、北朝鮮による核・ミサイル開発の進展及び運用能力の向上について意見交換し、度重なる弾道ミサイル発射等は、日米両国と地域の平和と安定に対する明らかな挑発であり、断じて容認できないとの認識で一致した。稲田大臣から、空母打撃群の派遣を含む米国による地域の平和及び安定への目に見えるコミットメントを高く評価するとともに、北朝鮮に対する圧力を強化していくことが重要である旨述べ、両閣僚は、日米に加え日米韓が緊密な連携を継続していくことが重要との認識で一致した。

両閣僚は、東シナ海・南シナ海の情勢について意見交換し、日米安全保障条約第5条が尖閣諸島に適用されることを改めて確認した。両閣僚は、東シナ海の平和と安定の確保や南シナ海への関与について、日米間の協力を深化させていくことを確認した。

2．日米同盟の抑止力・対処力の強化

両閣僚は、厳しさを増す安全保障環境を踏まえ、日米同盟の抑止力・対処力を一層強化する必要があるとの認識で一致し、また、日本海で実施されている自衛隊と空母打撃群との共同訓練をこれに資するものとして歓迎した。両閣僚は、日米安全保障協議委員会（SCC）の早期開催に向け引き続き調整を進めることで一致した。

3．沖縄・米軍再編

両閣僚は、在日米軍再編計画を着実に進展させることで一致し、マティス国防長官からは、引き続き、日米で緊密に協力していくことへのコミットメントが表明された。

普天間飛行場の一日も早い移設及び返還を実現するため、両閣僚は、辺野古への移設が唯一の解決策であるとの立場を共有し、引き続き緊密に協力することで一致した。また、稲田大臣から、沖縄の負担軽減について協力を要請し、両閣僚は、在日米軍の安定的な駐留を確保するため協力することで一致した。

日米防衛相会談の概要

〔平成29年8月17日
防　　衛　　省〕

平成29年８月17日、14時10分から約50分間（現地時間）、小野寺防衛大臣とマティス米国防長官は、日米「2＋2」会合の機会に会談を行ったところ、概要次のとおり。

1．地域情勢

両閣僚は、日米両国の国防当局のトップの間の信頼関係の確立の重要性や、協力して日米同盟強化に取り組むことで一致した。

2．北朝鮮問題への対応
　両閣僚は、喫緊の課題である北朝鮮の問題について意見交換し、小野寺大臣から、今は圧力を強化すべき時であること、今後も米軍と連携してあらゆる事態に万全を期すために必要な措置を講じる旨を述べた。
　両閣僚は、北朝鮮の問題への対応については、日米の緊密な意思疎通と連携が不可欠であることを確認し、北朝鮮への圧力を一層強化していくことや、北朝鮮の脅威を抑止するため防衛態勢と能力の向上に取り組むことで一致した。

3．日米同盟の抑止力・対処力の強化
　両閣僚は、厳しさを増す安全保障環境を踏まえ、日米双方が能力向上に取り組むとともに、ガイドラインの実効性確保の取組を進め、日米同盟の抑止力・対処力を一層強化していくことで一致した。

日米防衛相会談の概要

（平成29年10月23日
防　衛　省）

　平成29年10月23日、12時45分から約65分間（現地時間）、小野寺防衛大臣とマティス米国防長官は、拡大ASEAN防衛相会議（ADMMプラス）の機会に会談を行ったところ、概要次のとおり。

1．北朝鮮問題への対応
　両閣僚は、北朝鮮の核・ミサイル開発の状況・見通しについて情報を共有し、小野寺大臣から、我が国を含む地域の安全に対するこれまでにない重大かつ差し迫った脅威となっていることを踏まえ、いかなる事態にも同盟として連携した対応がとれるよう、マティス長官としっかりと議論していく必要がある旨述べた。マティス長官からも同様の立場が示され、米国の拡大抑止のコミットメントを含め、日本の防衛に対する強い決意が改めて示された。
　両閣僚は、北朝鮮の弾道ミサイルの脅威の高まりを踏まえ、万全の防衛態勢を確保することで一致し、イージス・アショアを中心とした新規BMDアセットの導入について日米が協力していくことを確認したほか、イージス艦を含む日米のアセットによる運用面での連携を一層緊密なものとしていくことで一致した。
　両閣僚は、累次の北朝鮮の挑発行動に際しての電話会談等を通じ、高いレベルのコミュニケーションが確保されていることを歓迎し、引き続き日米間で緊密に情報共有していくことを確認した。また、北朝鮮に対する目に見える形での圧力をかけ続けていくことや、今後の対応における日米の緊密な連携の重要性を確認した。

さらに、両閣僚は、日米韓三か国での緊密な協力を進めることを改めて確認した。

2．地域情勢等

両閣僚は、東シナ海の情勢を引き続き注視し、その平和と安定のため、日米が協力していくことで一致した。

また、両閣僚は、南シナ海の情勢も踏まえた東南アジア地域への関与の重要性を確認し、ADMMプラスの枠組みによる域内の多国間安全保障協力・対話の発展を歓迎した。小野寺大臣から、日ASEAN防衛協力の指針「ビエンチャン・ビジョン」に基づきASEANの能力向上のための取組を進めていく旨述べた。両閣僚は、能力構築支援をはじめ、日米が連携して東南アジア諸国との防衛協力を推進していくことで一致した。

さらに、CH－53Eの事故については、マティス長官から、飛行の安全の重要性に係る認識が示され、小野寺大臣から、在日米軍の安定的な駐留を確保するためには、地元の理解を得ることが不可欠であり、安全な運用を心がけて頂くよう伝達した。

日米首脳会談の概要

〔平成25年2月22日
外　　務　　省〕

2月22日、米国出張中の安倍総理は、約1時間45分にわたり、オバマ大統領との間で首脳会談及びワーキングランチを行ったところ、概要以下のとおり（首脳会談後に発表された「日米の共同声明」を別添）。

1．総論、地域情勢

(1) 総論

(ア) 冒頭、オバマ大統領からの歓迎の挨拶の後、安倍総理より、日本外交の基本方針を説明し、日米同盟の強化は我が国の外交の基軸である旨述べた。また、より強い日本は米国にとっての利益であり、より強い米国は日本にとっての利益であることから、日本として、防衛力の強化や力強い経済の再生に取り組むと同時に、幅広い分野で日米間の協力を強化していきたい旨述べた。

(イ) 安倍総理より、アジア太平洋地域の安全保障環境が厳しくなっている中、日米同盟を一層強化していくことが重要であるとの認識を示した上で、外交は世界地図を俯瞰して考えるべきと思っており、日米同盟を基盤としつつ、地域の諸国とも連携を深めることが重要と考えている旨述べた。また、日米の協力関係はグローバルな課題への対応でも力を発揮すべきものであり、テロ対策、アフガニスタン、イランといった課題についても、協力を強化していきたいと述べた。

(ウ) 安倍総理より、オバマ大統領を日本に招待したい旨述べ、これに対しオバマ大統領より、日本は大好きな国である旨の反応があった。

(2) 安全保障

(ア) 安倍総理より、厳しさを増す安全保障環境を踏まえ、我が国は米国と共に責任を果たす考えである旨述べ、防衛費の増額、防衛大綱の見直し等、我が国自身の防衛力の強化に取り組んでおり、また、集団的自衛権についての検討を開始し、これらの取組を同盟強化に役立つものにしていく考えを説明した。また、総理より、日米安保体制の抑止力向上のため、幅広い分野で協力を進めていきたいと述べ、安全保障環境の変化を踏まえ、日米の役割・任務・能力の考え方についての議論を通じ、ガイドラインの見直しの検討を進めたい旨述べた。オバマ大統領より、日米同盟は日本にとってのみならず、太平洋国家としての米国にとっても極めて重要である旨述べ、同盟強化に向けた日本の取組を歓迎した。両首脳は、双方の外務・防衛閣僚に、「2+2会合」も活用し、安全保障上の重要課題をフォローアップするよう指示することで一致した。

(イ) 安倍総理より、米軍再編については、現行の日米合意に従って作業を進め、抑止力を維持しつつ、沖縄の負担軽減を実現していく旨述べた。両首脳は、また、普天間飛行場の移設及び嘉手納以南の土地の返還計画を早期に進めていくことで一致した。

(ウ) 安倍総理より、宇宙・サイバーの分野で、日米の包括的対話を立ち上げることになったことを歓迎する旨述べた。

2．アジア太平洋地域情勢

(1) 中国

(ア) 安倍総理より、中国との関係は日本にとり最も重要な二国間関係の一つであり、個別の問題をめぐり対立があっても、「戦略的互恵」の観点から win－winの関係を構築していきたい旨述べた。

(イ) 両首脳は、尖閣諸島を含む状況について議論を行った。安倍総理より、日本は中国に対して冷静に対応してきている旨述べるとともに、政治レベルを含め、中国と対話を継続していく考えを述べ、日米同盟を基礎としつつ、この地域を力ではなくルールが支配する地域にすべく協力していくことで一致した。

(2) 北朝鮮

(ア) 両首脳は、北朝鮮の情勢について意見を交換し、先般の北朝鮮の核実験に対する懸念を共有した。また、総理より、このような北朝鮮の挑発行為は容認すべきではないし、報償を与えるべきではない、これまでの様々な働きかけにもかかわらず、北朝鮮は核開発、ミサイル開発を進めてきており、この現実に対して、改めて日米韓が一致結束して対応する必要がある旨述べた。

(イ) 安倍総理より、国連安保理決議を通じて、国際社会が明確なメッセージを発するべきであり、安保理が新たな強い決議を採択し、制裁の追加・強化を実施することが重要である、日本としても協力していきたいと述べた。また、総理より、安保理以外の制裁も含め、日米で協力していきたい旨述べた。両首脳はこの問題での協力を確認した。

(ウ) 両首脳は、北朝鮮の核・ミサイル活動も踏まえ、弾道ミサイル防衛協力を進め、米軍のTPY－2レーダーを我が国に追加配備する方針で一致した。

(エ) 北朝鮮による拉致問題について、安倍総理より、自分の政権のうちに完全に解決するとの決意を表明し、これまでの米国の理解と支持に感謝を述べた。

(3) 韓国との協力

(ア) 安倍総理より、韓国は価値観と利益を日本と共有する最も重要な隣国である旨述べ、両国間には難しい問題も存在するが、大局的な観点から、朴槿恵次期大統領との間で、未来志向で重層的な日韓関係を構築するために共に努力していきたい旨述べた。

(イ) 両首脳は、現下の北朝鮮情勢等を踏まえ、日米韓の連携がこれまでにも増して重要になっているとの認識を共有した。安倍総理より、日本としては、安保分野を含め、日韓、日米韓の連携を強化していきたい旨述べた。

3．中東・北アフリカ情勢

(1) 両首脳は、日米両国民に犠牲者が出たアルジェリアのテロ事件を受け、双方に対しお悔やみを述べあった上で、日米間でテロ対策協力を強化し、米国主導のグローバル・テロ対策フォーラム(GCTF)での連携、日米テロ協議の開催等を通じ、地域諸国のテロ対策能力強化支援等の具体的協力を進めていくことで一致した。

(2) オバマ大統領より、アフガニスタン、イランに関する日本の取組に対して感謝の意が表明された。これに対し安倍総理より、日本はアフガニスタンへの支援を継続する旨述べるとともに、イランについては、日本は引き続きイラン産原油の輸入量を削減していくと同時に、日本が有する対話のチャネルを通じて、建設的対応に応じるようイランへの説得を試みる旨述べた。

4．経済

(1) 総論

オバマ大統領より、安倍総理の行っている大胆な経済政策については日本国民が評価していると承知していると賞賛した。

(2) ＴＰＰ

(ア) 安倍総理より、日米が協力して、アジア太平洋における貿易・投資に関する高い水準のルール・秩序を作っていくことの意義は大きい、一方、TPP交渉に関しては、先の衆院選では、「『聖域なき関税撤廃』を前提にする限り、TPP交渉参加に反対する」という公約を掲げ、また、自民党はそれ以外にも

５つの判断基準を示し、政権復帰を果たした等の状況を説明した。

(イ) その上で、安倍総理から、①日本には一定の農産品、米国には一定の工業製品というように，両国ともに二国間貿易上のセンシティビティが存在すること、②最終的な結果は交渉の中で決まっていくものであること、③ＴＰＰ交渉参加に際し、一方的に全ての関税を撤廃することをあらかじめ約束することは求められないこと、の三点について述べ、これらについてオバマ大統領との間で明示的に確認された。

(ウ) こうした点を含め、両首脳間でじっくりと議論が行われ、その結果、日米の共同声明(別添)にある事項について首脳間で認識が一致した。

(3) エネルギー

(ア) 安倍総理より、震災後、我が国では増大する燃料費の削減が喫緊の課題であり、米国産の液化天然ガス(LNG)の対日輸出が早期に承認されるよう改めてお願いする旨述べた。これに対しオバマ大統領より、米国における輸出許可についての審査はまだ続いているが、同盟国としての日本の重要性は常に念頭に置いている旨述べた。

(イ) 安倍総理より、低炭素社会実現のため、これまで両国間で取り組んできたクリーンエネルギー開発・普及に向けた協力に加え、ファイナンス等のビジネス分野に協力範囲を拡充していきたい旨述べた。

(ウ) 安倍総理より、我が国の原子力政策について、「2030年代に原発稼働ゼロを可能とする」との前政権の方針は、ゼロベースで見直し、責任あるエネルギー政策を構築する旨述べるとともに、米国とは国際的な原子力協力のパートナーとして様々なレベルで緊密に連携していきたいと述べた。これに対しオバマ大統領より、クリーンエネルギーや原子力の分野で、日米間の協力を進めていきたい旨の反応があった。

(4) 気候変動

安倍総理より、気候変動に関する2020年以降の新たな国際枠組みは、全ての国が参加する公平で実効的なものであることが不可欠であり、そのために、中国等の新興国をどのように参加させるかが大きな課題である旨述べた。また、総理は、日本は技術で世界に貢献していくとの考えを説明した。両首脳は、日米間で緊密に協力していくことを確認した。

(5) 超電導リニア技術（マグレブ）

安倍総理より、オバマ大統領の推進する高速輸送鉄道網の計画を賞賛し、高速鉄道の意義に言及しつつ、我が国で既に確認走行段階に入りつつある超電導リニア技術の米国への導入を日米協力の象徴として提案した。オバマ大統領及び同席のバイデン副大統領は、この提案を関心を持って聞いていた。

５．その他（子の親権）

安倍総理より、子の親権に関するハーグ条約及び条約実施法の国会提出を目指し、先日与党内プロセスを終了したことを説明し、国会での承認が得られるよう取り組んでいく旨述べた。

日米の共同声明

両政府は、日本が環太平洋パートナーシップ(TPP)交渉に参加する場合には、全ての物品が交渉の対象とされること、及び、日本が他の交渉参加国とともに、2011年11月12日にTPP首脳によって表明された「TPPの輪郭(アウトライン)」において示された包括的で高い水準の協定を達成していくことになることを確認する。

日本には一定の農産品、米国には一定の工業製品というように、両国ともに二国間貿易上のセンシティビティが存在することを認識しつつ、両政府は、最終的な結果は交渉の中で決まっていくものであることから、TPP交渉参加に際し、一方的に全ての関税を撤廃することをあらかじめ約束することを求められるものではないことを確認する。

両政府は、TPP参加への日本のあり得べき関心についての二国間協議を継続する。これらの協議は進展を見せているが、自動車部門や保険部門に関する残された懸案事項に対処し、その他の非関税措置に対処し、及びTPPの高い水準を満たすことについて作業を完了することを含め、なされるべき更なる作業が残されている。

日米首脳会談(概要)

〔平成25年9月5日
外　　務　　省〕

5日、G20サミットのためサンクトペテルブルクを訪問中の安倍総理は、午後3時15分頃(現地時間)より約1時間、オバマ米大統領と首脳会談を行ったところ、概要以下のとおり。

1. 冒頭

(1) 冒頭、安倍総理より、G20サミットの機会にオバマ大統領とお会いでき嬉しい、一昨日大統領とシリア情勢を中心に電話会談を行えたことは非常に有意義であった、本件については引き続き大統領と緊密に連携し、事態を改善していきたい旨述べた。また、2月の日米首脳会談以来、自分はTPP交渉への参加等の重要課題について決断をしてきた、その後、先般の参院選で国民の信任を得たことを踏まえ、今後は安定的な勢力の下で、経済や安全保障上の課題に腰を据えて取り組みたい、本日はこうした課題に関する中長期的な日米協力の方向性についても話し合いたい旨述べた。

(2) これに対しオバマ大統領より、自分も安倍総理に会えて嬉しい、以前にも述べたとおり、日米同盟は日米両国の安全の礎であるのみならず、世界の多くの国にとって安全の礎である旨述べた。また、オバマ大統領より、G20サミットは経済を議論する場であるので、成長や雇用の問題が話し合われることになるが、安倍総理は成長戦略に取り組んでおられると承知している、我々はTPP交渉を年内に終えることにコミットしており、世界で最も活力のある地域を開かれたものにするという意味でもTPPは重要である旨述べた。さらにオバマ大統領より、一連の安全保障の問題についても議論したい、朝鮮半島の核化の懸念や、北朝鮮が国際法に違反している問題もある、シリア情勢についても掘り下げた議論を行いたい、シリアにおける化学兵器使用の問題に対する懸念を日米両国は共有している旨述べた。

2. シリア情勢

(1) 安倍総理より、シリアにおいて化学兵器が使用された可能性が極めて高いことを強く懸念する、化学兵器の使用はいかなる場合も断じて許されない、この問題はシリアにとどまらず北朝鮮等の大量破壊兵器を保有する国との関係にも波及する、シリア情勢の悪化の責任は、人道状況の悪化を顧みないアサド政権にあるのは明らかである旨述べた。また、安倍総理より、一昨日の電話会談で伺った大統領のお考えは十分理解しており、重い決意だと受け止めている、米国こそ非人道的行為を食い止める責任を果たしており、心から敬意を表する、国際社会が一致しているということについての明確なメッセージを発することが重要である、国際社会の幅広いコンセンサスを得ようとする大統領の努力を評価する旨述べた。さらに安倍総理より、日本としても、米国をはじめとする国際社会と緊密に連携し、シリア情勢の改善・正常化のため、ジュネーブ2会議を始めとするプロセスに積極的に参加していきたい、難民支援や周辺国支援にも一層積極的に取り組み、役割を果たしていきたい、今回のG20サミットで可能な限り国際社会が一致結束していることを示すべきであり、オバマ大統領と協力していきたい旨述べた。

(2) これに対しオバマ大統領より、シリアの問題に関する米国の考え方について改めて説明した上で、この問題に対する国際社会の連携が重要であるとの安倍総理の発言に賛意が示された。

(3) 両首脳は、今回のG20サミットで各国のリーダーが揃うという環境の中で、シリアの問題に関して様々な議論が行われることについて、日米両国がしっかりと連携していくことを確認した。

3. 日米関係

(1)経済

(ア)安倍総理より、政権の最優先課題は経済の再生であり、雇用・医療・農業分野の制度・規制改革、特区での規制改革を通じた対内直接投資の拡大等、成長戦略の諸施策を着実に実施していく決意である、力強い日本経済の成長は力強い日米同盟につながるものと確信している旨述べた。

(イ)安倍総理より、TPPは戦略的観点からも重要である旨述べ、両首脳は、交渉の年内妥結に向けて緊密に協力していくことを確認した。

(ウ)安倍総理より、先般の米国から日本へのLNG輸出が承認されたことを歓迎する、日本企業が関与する他の2件の事業の早期承認についても大統領の配慮を得たいと述べた。

(2)安全保障

(ア)安倍総理より、地域・国際社会の平和と安定にこれまで以上に積極的に取り組む決意を述べ、今後、NSCの設置、防衛大綱の見直し、情報の保全、集団的自衛権の行使に関する検討に取り組むことを説明した。また、安倍総理より、日米同盟の抑止力を高めるため、在日米軍再編を着実に推進していく必要があり、普天間問題をめぐる難局も打開する決意である旨述べるとともに、「2+2」開催を実現し、安保・防衛協力の具体化につなげ、力強い日米同盟の方向性を内外に示したいと述べた。さらに安倍総理より、戦後日本はアジアの平和と安定に貢献してきた、こうした日本の取組は平和主義が前提であり、近隣諸国にも丁寧に説明していく考えであることを説明した。

(イ)これに対しオバマ大統領より、日米同盟の強化は最優先課題であり、協力して懸案を解決し、未来志向の同盟にしていきたい旨述べた。また、オバマ大統領より、「2+2」を開催して防衛に関するビジョンを打ち出すことに賛成である旨述べた。

(3) オバマ大統領の訪日招請

安倍総理より、改めてオバマ大統領の訪日を招請し、都合の良い時期をお知らせ頂きたい旨述べた。これに対しオバマ大統領より、日本は何度か訪問したがその度に楽しい時間を過ごした、是非調整したい旨述べた。

4. アジア太平洋地域情勢

(1) 北朝鮮

安倍総理より、北朝鮮が非核化に向けた行動をとるよう圧力を継続すべきである旨述べ、日本は米国と緊密に連携し、8月30日に北朝鮮に対する追加金融制裁措置を発表したことを説明した。両首脳は、引き続き日米、日米韓で連携していくことを確認した。

(2) 中国

両首脳は、中国に対して日米両国が協力していくことが非常に重要であるということを確認した。安倍総理より、日中関係は最も重要な二国間関係の一つであり、大局的な見地に立って戦略的互恵関係の原点に戻る必要がある、対話のドアは常にオープンである旨述べ、オバマ大統領もこれに賛意を示した。

5．結語

(1) 両首脳は、今回の首脳会談が非常に有意義な会談であったことを確認し、可能であればAPEC首脳会議の際に改めて会談することで一致した。

(2) 最後にオバマ大統領より、2020年のオリンピック・パラリンピック開催地に東京が立候補していることについて、グッドラックと述べた。

日米首脳会談(概要)

〔平成26年4月24日
外　務　省〕

4月24日10時30分より約1時間45分、安倍総理は国賓として訪日中のオバマ大統領との間で日米首脳会談を行ったところ、概要以下のとおり。

1．日米関係

(1) 総論

(ア) 冒頭、安倍総理より、オバマ大統領に対する歓迎の言葉を述べた上で、東日本大震災に際し、2万名以上の米兵が参加したトモダチ作戦を始めとする米国からの支援に対し、改めてお礼を述べた。

(イ) 続けて、安倍総理から以下のとおり述べた。

- 戦後約70年間、日本は一貫して平和国家としての道を歩んできた。自由と民主主義という基本的価値と戦略的利益を共有する日米両国の同盟関係は、アジア太平洋地域の平和と繁栄の礎として、かけがえのないもの。
- 今般のオバマ大統領のアジア歴訪は、この地域への関与を重視する米国のリバランス政策を裏付けるもの。地域の平和と繁栄に大きく貢献するものであり、日本として強く支持し、歓迎したい。
- 安倍政権は、国際協調主義に基づく「積極的平和主義」に立ち、地域の平和と安定にこれまで以上に積極的に貢献している。

(ウ) 両首脳は、日米両国として、「平和で繁栄するアジア太平洋を確実にするための日米同盟の主導的役割」を確認した。

(2) 安全保障

(ア) 安倍総理より、先般、「防衛装備移転三原則」を策定したことを説明した。また、集団的自衛権等と憲法との関係の検討について、今後有識者報告書が提出される見込みであり、その後政府見解を示したいと述べた。これに対しオバマ大統領より、日本のこうした取組について歓迎と支持が示された。

(イ) また、両首脳は、本年末までのガイドライン見直しを始め、幅広い安保・防衛協力を進めることを確認した。

(ウ) 米軍再編に関し、安倍総理より、グアム協定改正議定書が国会で承認されたことを説明し、在沖縄海兵隊のグアム移転を着実に進めたいと述べた。
(エ) また、普天間飛行場移設に関し、安倍総理より、普天間飛行場の移設は強い意志をもって工事を早期かつ着実に進める、同飛行場の5年以内の運用停止を含む沖縄県知事からの要望には、我が国としてできることは全て行うとの姿勢で対応する考えであるので、米国と十分に意思疎通しつつ検討を進めていきたい、日本政府としては、まずはオスプレイの沖縄県外における訓練の増加に向けた取組を行っており、これを進めていく上では、米側の協力が不可欠である旨述べた。
(オ) さらに、安倍総理より、日米地位協定の環境補足協定について、成熟した同盟関係にふさわしい充実した内容にする必要があり、米側の協力をお願いしたい旨述べた。
(カ) これに対しオバマ大統領より、在日米軍の円滑な運用を図りつつ、沖縄の負担軽減に引き続き取り組みたい旨述べた。
(3) 経済
(ア) TPP
両首脳は、TPPは成長センターであるアジア太平洋地域に一つの経済圏を作り、自由、民主主義、法の支配といった基本的価値観を共有する国々と新たなルールを作り上げるものであり、戦略的に重要であるとの認識で完全に一致した。また、今回の日米首脳会談を一つの節目として、日米間の懸案を解決すべく、甘利大臣とフローマン通商代表との間で、精力的かつ真摯な交渉を継続することとした。安倍総理及びオバマ大統領から、両閣僚に対し、交渉を加速化させ、早期にTPP交渉全体を妥結させるよう指示を出した。オバマ大統領から、TPPは日米両国にとっても、アジア太平洋地域にとっても、通商及び成長に重要であり、引き続き閣僚間で交渉させたい旨述べた。
(イ) エネルギー・気候変動
(A) 安倍総理より、先般、エネルギー基本計画を決定し、その中で、安全性の確保を前提に原子力利用を進める旨記載したことを説明し、民生用原子力の協力を進めたい旨述べた。また、安倍総理より、日本企業が関与する液化天然ガス(LNG)事業のすべてにつき輸出承認が得られたことを歓迎し、輸出開始に向け引き続き協力をお願いしたい旨述べた。これに対し、オバマ大統領から、エネルギー協力の重要性につき賛意が示された。
(B) オバマ大統領より気候変動について提起があったのに対し、安倍総理より、COP21において2020年以降の枠組みにつき合意したい旨述べた。
(ウ) 超電導リニア(マグレブ)
安倍総理より、先日、ケネディ駐日大使と共に試乗したことを紹介しつつ、北東回廊へのマグレブ技術の導入を改めて提案し、日米協力の象徴となる本事業に協力を得たい旨述べた。

(エ)医療・保健協力

安倍総理より、今般、日米のがん研究機関の間で協力が合意されたことを歓迎する旨述べた。

(4) 人的交流

安倍総理より、日米間の人的交流は、戦後の同盟発展の支柱であり、未来に向け一層強化したいと述べた。その上で、安倍総理より、政府の支援により、今年度日本の学生・生徒6千人を米国に派遣することとした旨紹介した。

2．ウクライナ情勢

(1) 安倍総理より以下のとおり述べた。

● ウクライナ問題を巡る米国の強いイニシアティブを評価する。現代の国際社会において、力による現状変更は許されない。これは一地域の問題ではなく、国際社会全体にとっての問題。
● 四者協議によるジュネーブ宣言は、問題の平和的・外交的解決に向けた重要な一歩。宣言の内容が着実かつ円滑に実施されることが重要。しかし、分離主義勢力による行政府の占拠が継続しており、深刻な懸念と憂慮をもって注視している。全ての当事者に対し、事態を沈静化させるため働きかけていく必要がある。
● 日本としては、ウクライナの安定のために引き続きできる限りの支援を行っていく所存である。経済改善のため、既に発表した約15億ドルの支援を実施していく。

(2) 両首脳は、G7諸国で連携していくことで一致した。

3．アジア太平洋地域情勢

(1) 総論

アジア太平洋地域全体に関する認識として、両首脳は、日米を中核とし、関係諸国とも協力しつつ自由で開かれたアジア太平洋を維持し、そこに中国を関与させていくことが重要であるとの点で一致した。そのために、両者は、日米同盟の強化、米国のリバランス政策の継続をしっかりと示していくことが重要であることを確認した。

(2) 北朝鮮

(ア)安倍総理より、北朝鮮の核開発を止めさせるために引き続き圧力を加えるべきである旨述べ、両首脳は、日米韓で引き続き緊密に連携していくことを確認した。

(イ)また、安倍総理より、拉致問題に関して、オバマ大統領の引き続きの理解と協力を期待する旨述べ、オバマ大統領からは支持が表明された。

(ウ)この関連で、安倍総理より、本年3月、国連人権理事会において、これまで以上に強い内容の北朝鮮人権状況決議が採択された、本件決議のフォローアップにつき、安保理常任理事国たる米国と引き続き緊密に連携していきたい旨述べた。

(3) 日韓関係

日韓関係に関し、安倍総理より、オバマ大統領のリーダーシップにより開催されたハーグでの日米韓首脳会談は極めて有意義であった旨述べた。また、安倍総理より、良好な日韓関係はアジア太平洋地域の平和と安定にとり不可欠であり、今後も大局的観点から韓国と様々なレベルで意思疎通を図り、未来志向の協力関係の構築に向け努力していく旨述べた。

(4) 中国(含:南シナ海問題)

(ア) 安倍総理より、日中両国は地域と国際社会の平和と安定のために責任を共有している、様々な懸案はあるが、日本は「戦略的互恵関係」の精神に則り対応しており、中国に対し積極的に対話を働きかけている旨述べた。

(イ) 安倍総理より、他方で中国は力による現状変更の試みを継続している、尖閣諸島に関して我が国は引き続き冷静かつ毅然として対処している、南シナ海も含む中国のこうした試みに対しては、明確に反対を表明し、強固な日米同盟と米国のアジアへの強いコミットメントを示すことが重要である旨述べた。オバマ大統領からは、日本の施政下にある領域は日米安保条約第5条の適用対象であり、尖閣諸島もそれに含まれる旨述べた。また、米国は尖閣諸島に対する施政を損なおうとするいかなる一方的な行動にも反対するとの考えを確認した。

(ウ) 両首脳は、対中政策に関して、今後とも日米の様々なレベルで緊密に意見交換を行い、連携を維持していくことを確認した。

(エ) また、南シナ海問題を巡り、両首脳は、フィリピンの仲裁手続支持を含め、法の支配のためのASEANの一体的な対応を日米で支援していくことで一致した。

4．その他の地域情勢、グローバルな課題

(1) 安倍総理より、日米同盟を軸に、日米韓、日米豪、日米印の三カ国協力を推進したい旨述べた。

(2) 中東地域に関し、安倍総理より、イラン核問題やシリア情勢への対応、中東和平支援等、中東地域の安定に向けた米国の努力に敬意を表す旨述べた。その上で、同地域での日米協力が進展しており、日本も引き続き米国と連携して貢献していきたい旨述べた。

(3) この他、女性のエンパワーメント、核セキュリティ、軍縮・不拡散等のグローバルな課題につき意見交換が行われた。

日米首脳会談（概要）

〔平成26年11月16日
外　　　務　　　省〕

11月16日9時45分から約25分間、豪州のブリスベン出張中の安倍総理は、オバマ米大統領との間で日米首脳会談を行ったところ、概要以下のとおり。

1．日米関係

(1) 冒頭、安倍総理より、今般のオバマ大統領のアジア太平洋地域訪問は、アジア太平洋地域重視政策、いわゆるリバランス政策を継続する米国の姿勢を改めて示すものであるとして歓迎の意を示し、米国のアジア政策について行われた昨日のオバマ大統領演説も素晴らしかったと述べた。

(2) また、安倍総理より、日米両国がアジア太平洋地域で主導的役割を果たしていく上で、日米同盟に基づく協力を堅持し、強化していくことが重要であると述べた。更に、安倍総理より、在日米軍再編にも強い決意で取り組む、沖縄の負担軽減につき、引き続き米側の協力を得たいと述べた。

(3) これに対しオバマ大統領より、安倍総理が指摘された諸点については、米側も安全保障チームを中心に協力していきたいと述べ、両者は、ガイドライン見直しを始め、引き続き幅広い分野で安保・防衛協力を進めることで一致した。

2．気候変動

(1) 安倍総理より、緑の気候基金（GCF）に対し、国会での承認が得られれば、各国の拠出額を勘案しつつ、最大15億ドル拠出する旨発表予定であると述べた。これに対し、オバマ大統領より謝意が表明された。

(2) 両者は、こうした日米両国による貢献が、気候変動に関する新たな枠組への合意に向けた大きな推進力となるとの認識で一致した。このような認識の下に、両国は、GCFへの拠出に関する日米共同発表を行うこととした。

3．TPP

両者は、TPPについても議論を行い、引き続き交渉の早期妥結に向けて一層の努力をしていくことで一致した。

4．日韓関係

日韓関係に関しては、安倍総理より、日中韓会合の実現に向けた朴槿恵大統領の発言に同意し、自分も早期実現を目指したいと説明した。オバマ大統領からは、日韓関係改善に向けた取組を評価し、期待するとの反応があった。

日米首脳会談（概要）

〔平成27年4月28日
外　務　省〕

4月28日9時50分から約2時間、ワシントンDC出張中の安倍総理は、オバマ大統領との間で日米首脳会談を行ったところ、概要以下のとおり。今回の機会に、①日米共同ビジョン声明、②核兵器不拡散条約（NPT）に関する日米共同声明、③より繁栄し安定した世界のための日米協力に関するファクトシートを発出した。

1．冒頭発言

(1) オバマ大統領より、安倍総理は日本経済を前進させ、再活性化しようとしており、米国はその努力を支持している旨述べた。また、オバマ大統領より、日米間では安全保障関係を更に活性化するための試みが行われており、日米両国がこの地域において様々な課題に取り組む上で同盟の強化が重要である、様々な国際場裡やグローバルな課題への取組において、日本ほど心強いパートナーは存在しない、安倍総理の勇気と強さは、米国にとっても世界にとっても重要である旨述べた。

(2) これに対し安倍総理より、今回の訪米は戦後70年の節目の年の訪米であり、歴史的意義を有する、公式訪問の招請に感謝する旨述べた。また、安倍総理より、2年前の安倍総理の訪米、1年前のオバマ大統領の国賓訪日、そして今回の公式訪問と、そのたびごとに日米同盟は格段に強化されてきた、本日の会談を通じて、自由、民主主義、人権、法の支配といった基本的価値の上に立つ日米同盟が、アジア太平洋や世界の平和と繁栄に主導的な役割を果たしていくとの力強いメッセージを内外に向けて発信したいと述べた。

2．日米関係

(1) 安全保障

(ア)安保・防衛協力

両首脳は、4月27日に行われた日米「2＋2」の成功を評価し、そこで発表された新ガイドラインの下、同盟の抑止力・対処力が一層強化されることを確認した。

また、安倍総理より、日本の安保法制整備につき、精力的に作業中であることを説明した。これに対しオバマ大統領より、日本の取組を支持する旨の発言があった。

(イ)米軍再編

安倍総理より、普天間飛行場の移設に関し、先般翁長沖縄県知事と初めて会談し、知事は辺野古移設に反対していた、しかし辺野古移設が唯一の解決策との政府の立場は揺るぎない、沖縄の理解を得るべく対話を継続する旨述べた。また、安倍総理より、そのためにも、県外のオスプレイ訓練増加、嘉手納以南の土地返還等、沖縄の負担軽減は政府の優先課題である、普天間飛行場の5年以内の運用停止については、日米「2＋2」の場で岸田外務大臣からケリー国務長官に対して伝えた、環境補足協定も早期に署名したい、日米同盟への国民の支持を得るため協力頂きたい旨述べた。これに対しオバマ大統領より、沖縄の負担軽減に引き続き協力していく旨述べた。

さらに、安倍総理より、在沖縄海兵隊のグアム移転は、グアムの戦略的拠点としての発展を促し、米国のリバランス政策にも資する、連携して着実に進めたい旨述べた。

(2) TPP

(ア) 安倍総理より、米議会でのTPAの審議が進展していることを歓迎し、オバマ大統領の努力を評価する旨述べた。両首脳は、TPPは地域の経済的繁栄のみならず、安全保障にも資するなど、戦略的意義を持つことを改めて確認した。

(イ) 安倍総理より、先日行われた甘利TPP担当大臣とフローマン通商代表の交渉に触れ、日米間の残された課題について前進があったことを歓迎する旨述べた。両首脳は、日米間の協議の進展はTPP全体の妥結の大きな推進力となることを確認し、日米が交渉をリードし、早期妥結に導いていくことで一致した。

3．地域情勢

(1) アジア情勢

(ア) 安倍総理より、先般のバンドン会議で行われた日中首脳会談を紹介した。

(イ) 両首脳は、日米が中核となり、法の支配に基づく自由で開かれたアジア太平洋地域を維持・発展させ、そこに中国を取り込むよう連携していくことで一致した。また、中国のいかなる一方的な現状変更の試みにも反対することを確認した。オバマ大統領からは、日米安保条約第5条が尖閣諸島を含む日本の施政下にある全ての領域に適用される旨改めて発言があった。

(ウ) 両首脳は、南シナ海の問題に関し、ASEANの一体的対応の支持等、日米で様々な取組を推進していくことを確認した。

(エ) 両首脳は、AIIBに関して日米両国の基本的な立場を確認した。安倍総理からは、アジアには膨大なインフラ需要があるが、AIIBのような金融機関を作るのであれば、公正なガバナンスが必要となる、この観点から日米で協力し、中国と対話していくとの考えを述べた。

(オ) 安倍総理より、日韓関係改善に向けた日本の努力につき説明した。オバマ大統領からは、そうした日本の努力を支持する旨述べた。

(カ) 北朝鮮に関し、安倍総理より、日本は、核、ミサイル、拉致といった諸懸案の包括的解決を目指すとの方針で一貫していることを説明した。両首脳は、北朝鮮の核・ミサイル問題への対応で日米韓の連携を改めて確認した。また、安倍総理から、拉致問題の早期解決に向けた決意を述べ、オバマ大統領からは、改めて理解と支持の表明があった。

(2) ウクライナ情勢

安倍総理より、ウクライナ現地情勢を注視し、G7の連帯を重視しつつ、問題の平和的・外交的解決に向け、ロシアへの働きかけを含め適切に対応する旨述べた。両首脳は、引き続きウクライナの改革努力を支援していくことで一致した。

(3) イラン

安倍総理より、イランの核問題交渉における先般の合意を歓迎する、オバマ大統領の政策を完全に支持する旨述べた。また、安倍総理より、先般のバンドン会議で行われた日イラン首脳会談につき紹介し、引き続きイランに働きかけ、独自の役割を果たしていく旨説明した。

4．グローバルな課題

(1) 両首脳は、同盟でのグローバルな協力の重要性が向上しているとの認識で一致するとともに、気候変動、感染症対策につき議論した。

(2) このうち、気候変動に関しては、安倍総理より、日本はCOP21での全ての国が参加する枠組みの採択に向け積極的に貢献していく旨述べた。また、安倍総理より、排出削減に関する日本の取組については、G7サミットの際に、国際的に遜色のない野心的な目標に関する日本の考え方をしっかりと説明したいと考えている旨述べた。

日米首脳会談（概要）

〔平成27年11月19日
外　　務　　省〕

11月19日午後6時40分（日本時間では午後7時40分）から約90分間、マニラ出張中の安倍総理は、オバマ大統領との間で日米首脳会談を行ったところ、概要以下のとおり。

1．冒頭発言

安倍総理から、4月の訪米の際に日米同盟が盤石であることを確認し、その後経済面においてもエネルギーやインフラ分野等での協力が進展していることは喜ばしい旨、また、日本の「積極的平和主義」と米国の「リバランス政策」の連携に言及し、本日の会談は、この盤石な日米同盟をアジア太平洋地域、ひいては国際社会の平和と安定、繁栄のために有効活用していく新たな日米協力の序章としたい旨述べた。

これに対し、オバマ大統領から、日米同盟は米国の安全保障の基軸でもある旨述べつつ、平和安全法制の成立に祝意を表し、同法制は日本の防衛能力を高めるものであり、地域、世界において日米連携を更に広げていくことが可能となった旨の発言があった。

2．日米関係

(1)総論

安倍総理から、日米協力を更に進める上で、自由・民主主義・法の支配等の基本的価値を共有する国々との連携が不可欠であり、日米同盟を基軸とする平和と繁栄のためのネットワークをアジア太平洋地域において共に作っていきたい旨述べた。

これに対し、オバマ大統領から、平和安全法制の成立は歴史的業績であり、また、TPPは地域における貿易のあり方を一変させるものである、日米は海洋法を含む国際規範と法の支配を地域において確立するために努力する必要があると指摘し、ネットワークを作っていくとの安倍総理の考えを支持する旨の発言があった。

(2)日米安保

安倍総理から、新ガイドラインの下での日米安保防衛協力を具体化したい、普天間移設は辺野古が唯一の解決策であり、断固たる決意で進める旨述べつつ、米軍の安定的駐留のためにも沖縄の負担軽減に共に取り組みたいと述べた。

これに対し、オバマ大統領から、普天間移設に向けた安倍総理の努力について謝意が示され、米国としても沖縄の負担軽減のための努力に協力していく旨述べた。同時に、オバマ大統領から、HNS協定の見直しについて言及があり、これに対し安倍総理から、新しいHNS協定を適切な内容とすべく引き続き協議していきたい旨述べた。

3．TPP

オバマ大統領から、高水準のルールをTPPで確立することができた旨述べつつ、安倍総理のリーダーシップに感謝するとともに、今後、幾世代にもわたる価値のあるものであるとの発言があった。

安倍総理から、TPPの大筋合意は日米が主導したからこそ達成できた旨述べつつ、早期署名・発効に向けて日米連携を強めたい旨述べたのに対し、オバマ大統領から、これからTPPの発効・実施を最優先課題として取り組んでいく考えであると述べた。

4．東アジア情勢

オバマ大統領から、日本と中国、韓国との話し合いに勇気づけられており、米国として支持していきたい旨の発言があり、これに対し安倍総理から感謝する旨述べた。

(1)中国

安倍総理から、今後も戦略的互恵関係を推進していく旨述べつつ、東シナ海では中国公船による領海侵入と一方的資源開発が継続するとともに、中国海軍艦艇が尖閣諸島周辺海域に接近する事案も発生しており、エスカレーションを懸念する旨述べた。

また、オバマ大統領から、サイバー問題について、商業関係でのサイバー窃取を行わないことに米中間では合意したが、実施が重要であると述べた。

(2)南シナ海

安倍総理から、南シナ海における米軍の「航行の自由」作戦を支持する旨述べた上で、南シナ海における自衛隊の活動については、情勢が日本の安全保障に与える影響を注視しつつ検討を行うとの従来の立場を説明するとともに、ODA、自衛隊による能力構築支援、防衛装備協力等の支援を組み合わせ、関係各国を支援していく旨述べた。さらに安倍総理は、現状を変更し、緊張を高める一方的行為全てに反対である旨述べた。これに対しオバマ大統領から、「航行の自由」作戦については日常の行動として実施していく旨の発言があった。

(3)韓国

安倍総理から、日韓首脳会談では朴槿惠大統領と率直かつ建設的な意見交換を行った旨説明しつつ、韓国は、日米同盟を基軸として地域における協力関係を構築していく上で最も重要なパートナーである旨述べた。これに対し、オバマ大統領からは、朴槿惠大統領との対話を強く支持する旨の発言があった。

(4)北朝鮮

安倍総理から、北朝鮮の核ミサイル問題を踏まえると、日米・日米韓の安保協力は重要であり、これは日本の安全保障にとっても重要な問題である旨述べた。また、日米・日米韓の連携を強化し、挑発行動の自制を強く求めたい旨述べつつ、拉致問題について、引き続き米国の理解と協力を期待する旨述べた。

オバマ大統領から、北朝鮮問題に対応する意味でも日米韓の協力が不可欠である旨の発言があった。

5．地域における日米協力

安倍総理から、ASEANとの連携は不可欠である旨述べるとともに、豪州及びインドとの関係は戦略的に重要であり、日米印連携を一層深めていきたい旨述べた。同時に、EAS自体の機構を強化し、名実共にEASを地域のプレミアフォーラムとするため、米国と連携したい旨述べた。

オバマ大統領からは、日米同盟を基軸として平和と繁栄のためのネットワークを地域において作っていくという安倍総理の考えを支持し協力する旨の発言があり、ASEANとの協力についても協議を進めていきたい旨述べた。また、インドや豪州との戦略的対話を進めることも支持したい旨述べた。

6．シリア

安倍総理から、テロ対策の上でもシリア危機の解決は重要である、和平に向けた政治プロセスに強い関心を持っている旨、また、人道支援を始め、積極的に貢献したい旨述べた。これに対しオバマ大統領から、シリアに関しては、プロセスは構築されたが、解決に至るにはまだ努力が必要である旨述べた。

7．国際場裡における協力

(1)気候変動

安倍総理から、COP21に参加する、途上国も含む全ての国が参加する枠組みを構築すべく日米で緊密に連携したいと述べた。これに対しオバマ大統領から、気候変動については、日米の足並みはきっちりと揃っている、石炭火力発電への公的信用供与に関しOECD輸出信用作業部会で「輸出信用アレンジメント」の改正に基本合意したことや、クリーンエネルギーや環境問題での日本のリーダーシップに感謝すると述べた。

(2)サイバー

オバマ大統領から、サイバー問題についてはG20のコミュニケにも含まれており、今後ともサイバー規範を推進したいと述べ、これに対し安倍総理から、サイバー攻撃への対応は国家の安全保障・危機管理上の重要な課題であり、今後とも様々な機会を通じ日米が緊密に連携して強いメッセージを発していきたいと述べた。

(3)健康分野

オバマ大統領から、世界健康安全保障アジェンダについても安倍総理と連携していきたい、日本は健康問題に関してハイレベルの取組をしている旨述べた。これに対し安倍総理から、健康分野は日本にとっても重要である、来年のG7議長国として、健康分野に一層貢献していきたいと述べた。

(4)核セキュリティ・サミット

オバマ大統領から、核セキュリティ・サミットについて、来年が最後の年になる、一貫して日本はすばらしいパートナーであり続けてくれた、成果を上げるために安倍総理と協力していきたい旨述べた。これに対し安倍総理から、日米で緊密に連携していきたい旨述べた。また、安倍総理から、ハーグ核セキュリティ・サミットの機会に発表した高速炉臨界実験装置(FCA)の核物質の全量撤去処分に関する米国の協力に感謝する旨述べた。

日米首脳会談（概要）

〔平成28年3月31日
外　　務　　省〕

3月31日午後12時07分（日本時間では4月1日午前1時07分）から約30分間、ワシントンDC出張中の安倍総理は、オバマ大統領との間で日米首脳会談を行ったところ、概要以下のとおり。

1．G7伊勢志摩サミット

オバマ大統領から、安倍総理が議長として準備を進めていることに感謝している、米国としても日本が設定する議題を支持しており、G7の場でリーダーシップを発揮してもらいたいとの発言があった。これに対し、安倍総理から、G7伊勢志摩サミットの議長国として、世界経済とテロが最大のテーマとなるとしつつ、特に世界経済の持続的な成長に寄与すべく明確なメッセージを出したい旨発言した。両者は、G7伊勢志摩サミットへ向けて経済成長の可能性を探ることが重要との認識で一致した。

2.日米安保

安倍総理から、辺野古埋立て承認に関する訴訟について、辺野古が唯一の解決策とする立場は不変であり、「急がば回れ」の考えの下、和解を決断したものである旨説明した上で、辺野古移設を一日も早く完了することにより、普天間返還を実現したい旨述べるとともに、沖縄の負担軽減について、引き続き共に取り組んでいきたい旨述べた。これに対し、オバマ大統領からは、普天間飛行場の辺野古移設に関する訴訟の和解について、安倍総理の戦略的な判断として理解している、引き続き緊密に協力して取り組んでいきたい旨述べた。

3.TPP

オバマ大統領から、TPPは最優先の議会案件として取り組んでいる旨の発言があり、両者は、TPP協定の早期発効を実現すべく、共に努力を続けていくことで一致した。

4.日韓関係

安倍総理から、昨年末の日韓合意に関する一貫した支持を米国政府が公にしていることに感謝する旨述べた。これに対しオバマ大統領から、日韓合意について、改めて支持が表明された。

日米首脳会談（概要）

〔平成28年5月
外　務　省〕

25日夜、安倍総理は、G7伊勢志摩サミットのため訪日中のオバマ大統領との間で、21時40分から約20分間、少人数の会談を行い、22時から約35分間、全体会談を行ったところ、概要以下のとおり。

1．少人数会談

(1) 少人数会合では、全ての時間を割いて沖縄で発生した事件を議論し、安倍総理からオバマ大統領に対し、①事件は身勝手で卑劣極まりない犯罪であり、非常に憤りを覚える、日本の総理として強く抗議したい、②沖縄だけではなく、日本全体に大きな衝撃を与えている、こうした日本国民の感情をしっかりと受け止めてほしい、③自分には日本国民の生命と財産を守る責任がある、④実効的な再発防止策の徹底など、厳正な対応を求めたい旨述べた。

(2) これに対し、オバマ大統領からは、①心からの哀悼と深い遺憾の意が表明されるとともに、米軍関係者の起こした犯罪に責任を深く受け止めている、②日本の捜査に全面的に協力する、正義が実現するためにあらゆる協力を惜しまないとの発言があった。

(3) 両者は、日米でよく協議して実効的な再発防止策を追求することで一致し、また、日米で協力して失われた信頼を回復し、沖縄の負担軽減に全力を尽くしていくことで一致した。

2．全体会合

(1) 冒頭

全体会合においては、冒頭、安倍総理から、風光明媚な伊勢志摩でお会いができて嬉しいと述べつつ、「熊本地震」への米国の温かいお見舞いと迅速かつ力強い支援に心から感謝する旨述べた。

また、安倍総理から、オバマ大統領の広島訪問という歴史的決断を心から歓迎する旨述べ、両首脳は、「核兵器のない世界」に向けて力強いメッセージを発信したいという思いを共有した。

さらに、G7サミットに向けて、日米が緊密に連携し、国際社会や地域の課題について、G7の揺るぎない決意と対応を示していくことで一致した。

(2) 世界経済

世界経済については、不透明さを増す現下の世界経済の状況を踏まえ、強固で、持続可能な、かつ均衡ある成長を実現するために日米で協力していくことで一致した。

(3) TPP

安倍総理から、TPPを含むメガFTA等の推進についても、サミットで力強いメッセージを出したい旨述べ、両首脳はTPPの早期の承認に向け努力を続けていくことで一致した。

(4) 北朝鮮

安倍総理から、北朝鮮の「核保有」の既成事実化は容認できない、G7の明確なメッセージが重要である旨述べ、両首脳は、日米韓の連携が重要であるとの認識を改めて共有した。

拉致問題について、安倍総理から、米国の協力に感謝の意を伝えつつ、引き続き、米国の理解と協力を求めたい旨述べた。

(5) 東アジア情勢

安倍総理から、日米同盟を基軸とした平和と繁栄のネットワークを更に強化したい、オバマ大統領が直前に訪問したベトナムやフィリピンを始めASEANとの協力強化が急務である旨発言した。両首脳は、海上における法の支配の重要性について国際社会の中できちんと役割を果たしていくことを確認した。

(6) 気候変動

オバマ大統領から、COP21で採択されたパリ協定について、早期発効に向けて安倍総理のリーダーシップを期待したい旨発言し、両首脳は、本件について前向きに努力をしていくことを確認した。

日米首脳会談(概要)

〔平成29年2月10日
外　　　務　　　省〕

2月10日、ワシントンD.C.出張中の安倍晋三内閣総理大臣は、ドナルド・トランプ米国大統領との間で、午後12時10分頃から約40分間、日米首脳会談を行い、その後の共同記者会見に引き続き、午後1時40分過ぎから約1時間、ワーキングランチを行ったところ、概要以下のとおり。また、両首脳は共同声明を発出した。

1. 日米首脳会談

(1) 冒頭・総論

安倍総理から、就任後の早い時期に首脳会談ができ、再会を大変嬉しく思うと述べ、本日、エアフォースワンで一緒にフロリダに行き、トランプ大統領と長い時間を過ごすことができるのは大変楽しみである旨述べた。これに対しトランプ大統領から、再びお目にかかれて嬉しい、総理の訪米を歓迎する旨の発言があった。

また、安倍総理から、トランプ大統領が掲げる偉大な米国、強い米国を歓迎し、両首脳は、日米同盟の絆を一層強固にするとともに、アジア太平洋地域と世界の平和と繁栄のために、日米両国で主導的役割を果たしていくことを確認した。

(2) 地域の安全保障環境と日米同盟

両首脳は、新たな段階の脅威となっている北朝鮮の核・ミサイル開発や東シナ海・南シナ海における一方的な現状変更の試みを含め、一層厳しさを増すアジア太平洋地域の安全保障環境について議論し、懸念を共有するとともに、こうした状況において、日米安全保障条約と地位協定に基づく在日米軍の存在が重要であり、日米同盟を不断に強化していく必要があること、さらに、日米同盟を基軸として、同盟国･有志国との間で重層的な協力関係を強化し、同盟ネットワークを構築していくことが重要であるとの認識を共有した。

また、安倍総理から、これまでの安全保障に関する日本の役割や取組について、しっかりと説明し、両首脳は、共同声明にある認識で一致した。

(3) 日米経済

両首脳は、幅広い分野を含む日米の経済関係を更に高め、協力をしていくことにより、双方にとって利益のある関係を構築してくことができるのかについて、率直かつ建設的な議論を行った。

安倍総理からは、日本企業による米国における投資や雇用の実績など、日米経済関係の現状についての考えも説明し、両首脳は、日米経済関係の重要性について認識を共有した。また、両首脳は、今後、日米経済関係を更に大きく飛躍させ、日米両国、アジア太平洋地域、ひいては世界の力強い経済成長をリードしていくために対話と協力を更に深めていくことで一致し、麻生副総理とペンス副大統領の下で経済対話を立ち上げることを決定した。

2. 共同声明

安倍総理とトランプ大統領は、日米同盟及び経済関係を一層強化するための強い決意を確認する共同声明を発出した。

政治・安全保障分野に関しては、両首脳は、アジア太平洋地域の安全保障環境が厳しさを増す中で、同地域における平和、繁栄及び自由の礎である日米同盟の取組を一層強化する強い決意を確認した。特に今回、(1) 拡大抑止へのコミットメントへの具体的な言及や、(2) 日米安全保障条約第5条の尖閣諸島への適用、そして (3) 普天間飛行場の辺野古移設が唯一の解決策であることを文書で確認した。

経済については、日米両国が、自由で公正な貿易のルールに基づいて、両国間及び地域における経済関係を強化することに引き続きコミットしていくことを確認したほか、双方の利益となる個別分野での協力を積極的に推進していくことでも一致した。これらの課題に取り組んでいく観点から、両首脳は、麻生副総理とペンス副大統領の下で経済対話を立ち上げることを確認した。

3. ワーキングランチ

アジア太平洋地域の平和と繁栄の礎である日米同盟は、防衛・安保のみならず、経済によっても支えられており、「摩擦」という言葉に象徴された日米経済関係は遠い過去であることを確認した。この文脈で、安倍総理からトランプ大統領に対して、日本企業は現地生産を通じて米国に多くの雇用・投資を生み、米国の良き企業市民として米国と常に共に歩み、摩擦を乗り越えてきたことについても伝えた。これに対してトランプ大統領からは、日本企業による米国への投資への評価・歓迎の意が表され、両首脳は、ウィンウィンの関係を作っていくことで一致した。

また、安倍総理から、数年間に及ぶ困難な交渉を経て結実したTPP協定は最先端の貿易・投資ルールであり、21世紀のスタンダードとなるとの考えを踏まえつつ、同協定の経済的・戦略的意義について説明し、両首脳は、日米両国は戦後一貫して自由貿易を堅固に支持し、率先して推進し、そして現在の繁栄を実現してきたとの認識で一致した。

両首脳は、活力ある日米経済関係は、日米両国、アジア太平洋地域、ひいては世界経済の力強い成長の原動力かつ雇用創出の源泉であり、この両国の経済関係を更なる高みに発展させることで一致した。その上で、麻生副総理とペンス副大統領の下での経済対話においては、経済政策、インフラ投資やエネルギー分野での協力、貿易・投資ルールの3つを柱とすることで一致した。

共同声明

（2017年2月10日）

本日、安倍晋三内閣総理大臣とドナルド・J・トランプ大統領は、ワシントンDCで最初の首脳会談を行い、日米同盟及び経済関係を一層強化するための強い決意を確認した。

日米同盟

揺らぐことのない日米同盟はアジア太平洋地域における平和、繁栄及び自由の礎である。核及び通常戦力の双方によるあらゆる種類の米国の軍事力を使った日本の防衛に対する米国のコミットメントは揺るぎない。アジア太平洋地域において厳しさを増す安全保障環境の中で、米国は地域におけるプレゼンスを強化し、日本は同盟におけるより大きな役割及び責任を果たす。日米両国は、2015年の「日米防衛協力のための指針」で示されたように、引き続き防衛協力を実施し、拡大する。日米両国は、地域における同盟国及びパートナーとの協力を更に強化する。両首脳は、法の支配に基づく国際秩序を維持することの重要性を強調した。

両首脳は、長期的で持続可能な米軍のプレゼンスを確かなものにするために、在日米軍の再編に対する日米のコミットメントを確認した。両首脳は、日米両国がキャンプ・シュワブ辺野古崎地区及びこれに隣接する水域に普天間飛行場の代替施設を建設する計画にコミットしていることを確認した。これは、普天間飛行場の継続的な使用を回避するための唯一の解決策である。

両首脳は、日米安全保障条約第5条が尖閣諸島に適用されることを確認した。両首脳は、同諸島に対する日本の施政を損なおうとするいかなる一方的な行動にも反対する。日米両国は、東シナ海の平和と安定を確保するための協力を深める。両首脳は、航行及び上空飛行並びにその他の適法な海洋の利用の自由を含む国際法に基づく海洋秩序を維持することの重要性を強調した。日米両国は、威嚇、強制又は力によって海洋に関する権利を主張しようとするいかなる試みにも反対する。日米両国はまた、関係国に対し、拠点の軍事化を含め、南シナ海における緊張を高め得る行動を避け、国際法に従って行動することを求める。

日米両国は、北朝鮮に対し、核及び弾道ミサイル計画を放棄し、更なる挑発行動を行わないよう強く求める。日米同盟は日本の安全を確保する完全な能力を有している。米国は、あらゆる種類の米国の軍事力による自国の領土、軍及び同盟国の防衛に完全にコミットしている。両首脳は、拉致問題の早期解決の重要性を確認した。両首脳はまた、日米韓の三か国協力の重要性を確認した。さらに、日米両国は、北朝鮮に関する国連安保理決議の厳格な履行にコミットしている。

日米両国は、変化する安全保障上の課題に対応するため、防衛イノベーションに関する二国間の技術協力を強化する。日米両国はまた、宇宙及びサイバー空間の分野における二国間の安全保障協力を拡大する。さらに、日米両国は、あらゆる形態のテロリズムの行為を強く非難し、グローバルな脅威を与えているテロ集団との闘いのための両国の協力を強化する。

両首脳は、外務・防衛担当閣僚に対し、日米両国の各々の役割、任務及び能力の見直しを通じたものを含め、日米同盟を更に強化するための方策を特定するため、日米安全保障協議委員会(SCC:「2+2」)を開催するよう指示した。

日米経済関係

日本及び米国は、世界のGDPの30パーセントを占め、力強い世界経済の維持、金融の安定性の確保及び雇用機会の増大という利益を共有する。これらの利益を促進するために、総理及び大統領は、国内及び世界の経済需要を強化するために相互補完的な財政、金融及び構造政策という3本の矢のアプローチを用いていくとのコミットメントを再確認した。

両首脳は、各々の経済が直面する機会及び課題、また、両国、アジア太平洋地域及び世界における包摂的成長及び繁栄を促進する必要性について議論した。両首脳は、自由で公正な貿易のルールに基づいて、日米両国間及び地域における経済関係を強化することに引き続き完全にコミットしていることを強調した。これは、アジア太平洋地域における、貿易及び投資に関する高い基準の設定、市場障壁の削減、また、経済及び雇用の成長の機会の拡大を含むものである。

日本及び米国は、両国間の貿易・投資関係双方の深化と、アジア太平洋地域における貿易、経済成長及び高い基準の促進に向けた両国の継続的努力の重要性を再確認した。この目的のため、また、米国が環太平洋パートナーシップ（TPP）から離脱した点に留意し、両首脳は、これらの共有された目的を達成するための最善の方法を探求することを誓約した。これには、日米間で二国間の枠組みに関して議論を行うこと、また、日本が既存のイニシアティブを基礎として地域レベルの進展を引き続き推進することを含む。

さらに、両首脳は、日本及び米国の相互の経済的利益を促進する様々な分野にわたる協力を探求していくことにつき関心を表明した。

両首脳は、上記及びその他の課題を議論するための経済対話に両国が従事することを決定した。また、両首脳は、地域及び国際場裏における協力を継続する意図も再確認した。

訪日の招待

安倍総理大臣はトランプ大統領に対して本年中に日本を公式訪問するよう招待し、また、ペンス副大統領の早期の東京訪問を歓迎した。トランプ大統領は、これらの招待を受け入れた。

日米首脳会談（概要）

〔平成29年5月
外　　務　　省〕

5月26日午前10時35分頃から約55分間、イタリアのタオルミーナ出張中の安倍晋三内閣総理大臣は、ドナルド・トランプ米国大統領との間で日米首脳会談を行ったところ、概要以下のとおり。

1．冒頭

トランプ大統領から、安倍総理は私の友人であり、いい関係を構築することができた、北朝鮮について話すこともあるし、テロの問題について話すこともある、特に北朝鮮の問題は世界的な問題であり、絶対解決しなければならない問題である旨述べた。

これに対して安倍総理から、再会でき嬉しい、トランプ大統領の中東とNATO訪問の成功に祝意を表する、トランプ大統領が世界の安全保障に力強くコミットしている姿勢を示したことを評価している、国際社会の課題について日米の連携を確認したい旨述べた。

2.テロ

両首脳は、英国のマンチェスター劇場で発生した恐ろしいテロ攻撃に際し、テロの脅威に結束して対応していく決意を新たにした。

3. 地域情勢

(1)北朝鮮

両首脳は、北朝鮮問題に関して政策のすりあわせを行い、今は対話ではなく圧力をかけていくことが必要であること、中国の役割が重要であることを改めて確認した。

また、両首脳は、韓国を始めとする関係諸国と連携しつつ、更なる制裁や国連安保理での緊密な連携を通じて北朝鮮に対する圧力を強化することの重要性を改めて確認した。

さらに、両首脳は、北朝鮮の脅威を抑止するため、日米は防衛態勢と能力の向上を図るべく具体的行動をとることで一致した。

同時に両首脳は、日米両国が北朝鮮の非核化を実現するためにすべての国々と協働していくことで一致した。

また、安倍総理からは、地域の安全保障の観点からは、この地域における米軍の強力なプレゼンスが重要であり、米側の協力を期待している旨述べた。

(2)海洋

安倍総理から、米国の抑止力が東南アジアを含む地域安定の鍵である旨述べ、南シナ海に関し、米海軍のプレゼンスの向上を評価し、「航行の自由」作戦を強く支持する、トランプ大統領のAPECとEASへの参加表明は、米国の強い意思を示すものである旨述べた。また、両首脳は、東シナ海における日米間の緊密な連携を改めて確認した。

(3)中国

安倍総理からは、日中間の対話を強化していきたい旨述べ、今後の日中関係の取り進め方についても説明した。

4. G7サミット

安倍総理から、北朝鮮の動き等は、G7が支えてきた国際秩序に対する挑戦であり、G7の結束が揺らがぬことを示すべく、トランプ大統領と連携したい、経済に関し、自由で公正な貿易の重要性について、G7首脳会合で発言する考えである、国際的な問題の解決のため、ロシアとの対話が重要であると述べたのに対し、トランプ大統領からは、安倍総理の発言全体に対する同意が示され、特に、自由で公正な貿易の重要性について支持するとの発言があった。

日米首脳会談（概要）

〔平成29年7月
外　　務　　省〕

7月8日、G20ハンブルク・サミット出席のためドイツ・ハンブルクを訪問中の安倍晋三内閣総理大臣は、現地時間午後2時48分から約30分間、ドナルド・トランプ米国大統領との間で日米首脳会談を行ったところ、概要以下のとおり。

1．冒頭、トランプ大統領から、ハンブルクで様々な議論をしてきた、安倍総理とは北朝鮮問題を中心に議論してきたが、北朝鮮の核・ミサイルは大きな脅威であり、引き続きこのような議論を続けていきたいとの発言があった。これに対し、安倍総理から、トランプ大統領と個別に会談できて嬉しい、北朝鮮を含む地域の安全保障環境は一層厳しい、国際社会が直面する課題を議論し、日米同盟の強固な絆を改めて世界に示したい旨述べた。

2．北朝鮮問題について、安倍総理から、北朝鮮に対する圧力を一段階引き上げる必要があることを強調しつつ、先日の日米韓首脳会談において、3か国首脳で一致した立場を確認したことは有意義であった旨述べ、両首脳は、引き続き緊密に連携することで一致した。

3．両首脳は、今回それぞれが地域のパートナーとの間で行った会談を踏まえて、地域情勢について意見交換を行った。安倍総理から、日中関係が正しい道筋に戻りつつあることを説明し、これに対して、トランプ大統領から、安定した日中関係は地域の平和と安定に資するものであり歓迎するとの趣旨が表明された。

4．両首脳は、こうした地域情勢についての議論を踏まえた上で、両者の強固な絆と盤石な日米同盟が、周辺各国との関係を両国がそれぞれ改善・強化していく基盤となっていることが、今回のG20に際しての一連の会談で確認されたとの認識を共有した。両首脳は、両国がこうして各国と個別に関係を強化する中で、両国がこれら各国から前向きな関与を引き出していくこと、そして、このような形で両首脳間の絆と日米同盟が地域と世界の平和・繁栄に貢献していくことになるとの認識を共有した。

安保体制

5．経済関係について、安倍総理から、年内に開催予定の第2回日米経済対話において、今後も日米経済関係に関して建設的な議論を行いたい旨述べ、トヨタ、ホンダ、ダイキン等、日本企業の新規投資が活発である点を述べた。トランプ大統領からは、日米二国間貿易赤字の問題と相互的なマーケットアクセスの重要性に言及があり、安倍総理から、麻生副総理とペンス副大統領の間で、日米がウィンウィンの経済関係を一層深めていくために、しっかりと議論していきたい旨述べた。

6．安倍総理から、トランプ大統領の訪日を楽しみにしている旨述べたのに対し、トランプ大統領からも、早期に訪日することを楽しみにしている旨の発言があった。

日米首脳会談（概要）

〔平成29年9月
外　務　省〕

9月21日、国連総会出席のためニューヨークを訪問中の安倍晋三内閣総理大臣は、現地時間午後1時30分頃から約1時間、ドナルド・トランプ米国大統領との間で日米首脳会談を行ったところ、概要以下のとおり。

1．1冒頭、トランプ大統領から、安倍総理は日本国民のために非常に良い仕事をしている、日米間では、北朝鮮問題や貿易分野で既に多くの進展があり、日米関係は、これまでになく緊密である旨述べた。

2．これに対し安倍総理から、トランプ大統領が一昨日の一般討論演説において横田めぐみさんに言及したことについて、めぐみさんの御両親、拉致被害者御家族を非常に勇気づけるメッセージであり、大変感謝する、北朝鮮問題においては、北朝鮮に政策を変えさせることが鍵となる、対話のための対話では意味がない、北朝鮮に対して更なる圧力をかけていくことが重要であり、これまでトランプ大統領と共に我々の強い意思を示すことができている、このことが国際社会による一致団結した対応につながる、本日は議論を更に深めていきたい旨述べた。

3．両首脳は、北朝鮮情勢について議論し、北朝鮮による8月29日及び9月15日の日本上空を通過する形での弾道ミサイルの発射や、9月3日の核実験の実施等一連の挑発行動は、日本を含む国際社会全体に対するこれまでにない重大かつ差し迫った脅威であるという認識を改めて共有するとともに、核及び通常戦力の双方によるあらゆる種類の米国の軍事力を使った日本の防衛に対する米国のコミットメントが揺るぎないこと、日米両国が100パーセント共にあることを改めて確認した。

4．また、両首脳は、全会一致で採択された新たな安保理決議第2375号を歓迎するとともに、関連安保理決議の完全な履行を確保し、また、北朝鮮に対し最大限の圧力をかけるべく、中国、ロシアを含む関係国への働きかけを含め、日米、日米韓で引き続き連携していくことを確認した。さらに、両首脳は、北朝鮮籍海外労働者が多く存在する地域や北朝鮮との貿易を依然維持する地域に対し、北朝鮮への資金の流れを絶つように働きかけること、北朝鮮と「外交」関係を有する国々に対して北朝鮮との関係を見直すよう日米で連携して働きかけていくことで一致した。また、安倍総理から、拉致問題の早期解決に向けた支持と協力を求め、トランプ大統領の支持を得た。

5．両首脳は、経済についても議論を行い、年内に開催予定の第2回日米経済対話に向けて調整を加速することを確認した。

6．さらに、両首脳は、トランプ大統領の年内の訪日に向け、調整を加速することで一致した。

日米首脳ワーキングランチ及び日米首脳会談（概要）

〔平成29年11月6日
外　　務　　省〕

6日、安倍晋三内閣総理大臣は、ドナルド・トランプ米国大統領（The Honorable Donald Trump、President of the United States of America）と日米首脳ワーキングランチ及び日米首脳会談を行ったところ、概要は以下のとおり。

1．日米首脳ワーキングランチ

(1) 6日午後12時10分頃から約70分間、安倍総理は、トランプ米国大統領とワーキングランチを行った。日本側から、河野外務大臣、西村官房副長官、谷内国家安全保障局長、佐々江駐米大使ら、先方から、ティラソン国務長官、ケリー大統領首席補佐官、ライトハイザー通商代表、マクマスター大統領補佐官、ハガティ駐日米国大使らが出席した。

(2) 冒頭、安倍総理から以下の旨を述べた。

テキサスでの銃乱射事件で命を奪われた方々、負傷された方々、そして大統領に対し、心から哀悼とお見舞いを申し上げる。改めてトランプ大統領とメラニア夫人の訪日を心から歓迎したい。昨日は大統領とゴルフを楽しみ、そして夕食を共にすることができ、大変楽しい一日を過ごすことができた。本日は北朝鮮の問題を始め、世界の様々な課題について率直な議論をしたい。日米同盟はアジア太平洋地域、そして世界の平和と安定の礎である。今回の大統領の訪日を機会に、日米同盟を更に確固たる、揺るぎないものにしていきたい。

(3) これを受け、トランプ大統領から以下の旨を述べた。

この二日間は、本当に素晴らしい二日間になった。安倍総理とは非常に親しい友達となることができた。安倍総理、昭恵夫人と一緒に過ごすことはとても特別である。松山選手を交えてゴルフをプレーできたのは本当に楽しかった。一緒に過ごした時間はとても生産的で楽しかった。これから貿易、北朝鮮等について議論したい。この二日間は本当に特別だった。アメリカを代表して総理始め日本に対し、感謝を申し上げたい。これから関係が更によくなることを期待している。

(4) 引き続き両首脳は、北朝鮮、地域情勢、沖縄を含む二国間の安保情勢について議論を行った。

2．日米首脳会談

(1) 6ワーキングランチに続いて、午後1時30分頃から約35分間、日米首脳会談が開催された。ワーキングランチの出席者に加え、日本側から、麻生副総理、世耕経産大臣らが出席した。

(2) 冒頭、安倍総理から、先ほどのワーキングランチでは、北朝鮮問題、国際的な問題について深い議論をすることができた、この首脳会談では引き続き地域情勢や経済問題、二国間関係について議論したい旨を述べた。

(3) これを受け、トランプ大統領から、先ほどのワーキングランチでは、北朝鮮や貿易等について、非常に生産的な議論ができ、非常にいい会合であった、貿易の不均衡の是正等が実現することを確信している、日本とは素晴らしい友好関係を有している旨の発言があった。

(4) 首脳会談では、ワーキングランチに引き続き、地域・国際情勢について議論されるとともに、経済についても議論された。

3．成果

日米首脳ワーキングランチ及び日米首脳会談の成果は以下のとおり。

(1)北朝鮮

ア　総論

両首脳は、日米両国が北朝鮮問題に関し100パーセント共にあること、日米同盟に基づくプレゼンスを基盤とする地域への米国のコミットメントは揺らぎないことを確認するとともに、核及び通常戦力の双方によるあらゆる種類の米国の軍事力を通じた日本の防衛に対する米国の揺るぎないコミットメントを改めて確認した。

イ　圧力強化

両首脳は、今は対話ではなく北朝鮮に最大限の圧力をかける局面であるとの考えで一致するとともに、北朝鮮が朝鮮半島の非核化に向けて政策を変更しない限り、北朝鮮に明るい未来はないとの認識を共有した。

安倍総理から、我が国として更なる対北朝鮮措置をとる考えである旨述べ、トランプ大統領は、これを歓迎した。

両首脳は、より多くの国々が、北朝鮮との「外交」関係や経済関係を縮小し、北朝鮮籍海外労働者の受入れなどを減らすための措置を取ったことを高く評価するとともに、引き続き緊密に連携して働きかけることで一致した。

両首脳は、日米韓3か国の連携が深まっていることを歓迎するとともに、こうした協力を更に前に進めていくことを確認した。

両首脳は、北朝鮮に関する関連安保理決議の完全な履行が不可欠であるとの認識を改めて確認し、各々の相手方への直接の関与を含め、中国、ロシアを含む関係国に働きかけ、国際社会全体で北朝鮮に対する圧力を最大限まで強化していくことを確認した。

(2) 地域・国際情勢

ア　自由で開かれたインド太平洋戦略

両首脳は、法の支配に基づく自由で開かれた海洋秩序が、国際社会の安定と繁栄の基礎であることを確認するとともに、全ての国に、航行及び飛行の自由並びに国際法に適法な海洋の利用を尊重することを求め、両国が、国際法で認められる飛行、航行及び行動を行うことを再確認した。両首脳は、莫大な人口と経済的ダイナミズム等の観点から、世界の活力の中核であるインド太平洋地域が有する重要性を強調した。

また、両首脳は、日米が主導してインド太平洋を自由で開かれたものとすることにより、この地域全体の平和と繁栄を確保していくため、以下の三本柱の施策を進めることを確認し、関連する閣僚、機関に具体的な協力策の検討を指示した。

(ｱ) 法の支配、航行の自由等の基本的価値の普及・定着

(ｲ) 連結性の向上等による経済的繁栄の追求

(ｳ) 海上法執行能力構築支援等の平和と安定のための取組

両首脳は、こうした考え方に賛同するいずれの国とも協働して重層的な協力関係を構築していくことを確認した。

イ　東シナ海及び南シナ海

両首脳は、東シナ海及び南シナ海における状況について懸念を表明し、現状を変更し緊張を高める、威圧的な一方的行動への反対を再確認した。両首脳は、海洋紛争が国際法に基づき平和的に解決されなければならないことを再確認した。両首脳は、南シナ海における行動規範(COC)に関する議論の進展に留意し、南シナ海の係争ある地形の非軍事化の重要性を強調した。

ウ　中国

両首脳は、中国が地域及び国際社会の平和と繁栄のため積極的に貢献していくことを歓迎し、中国政府と建設的な対話を継続することの重要性を確認し

安保体制

た。

エ　国連安保理改革

トランプ大統領は、改革された国連安全保障理事会において日本が常任理事国となることに対し、米国の変わらぬ支持を表明した。

(3)日米関係

ア　安全保障

両首脳は、地域の安全保障環境が厳しさを増す中、日米同盟の抑止力・対処力の強化に引き続き取り組んでいくことで一致した。その観点から、両首脳は、8月に開催された日米安全保障協議委員会（日米「2＋2」）の成果を評価するとともに、関係閣僚に対して、その成果の着実なフォローアップを指示した。両首脳は、在日米軍の運用能力及び抑止力を維持する観点から、これまでの取決めに従って在日米軍再編を進めるとのコミットメントを改めて確認した。特に、普天間飛行場の辺野古崎沖への移設が同飛行場の継続的な使用を回避するための唯一の解決策であることを確認するとともに、一層の遅延が平和及び安全を提供する能力に及ぼす悪影響に留意しつつ、普天間飛行場代替施設（FRF）の建設計画の着実な実施を求めた。また、安倍総理は、事件・事故等に関する地元の懸念に対応することが重要であると述べ、両首脳は、地元に訓練の目的について周知し、安全に対する懸念を軽減する重要性を再確認した。

イ　経済

両首脳は、10月16日に開催された日米経済対話第2回会合において、麻生副総理及びペンス副大統領が二国間の経済、貿易及び投資関係強化の重要性を確認したことを歓迎し、日米両国が、地域に広がる高い基準の貿易投資ルール作りを主導し、第三国の不公正な貿易慣行に対するエンフォースメントに係る協力を進め、地域、ひいては世界における開発及び投資に関する支援の面で力強くリードしていく考えであることで一致した。

加えて、両首脳は、日米経済関係を更に強化するために、貿易・投資分野において、以下のとおり取り組むことを確認した。

- 自動車分野に関し、両国は、二国間で、また、必要に応じて、自動車基準調和世界フォーラム（WP29）を含む国際的フォーラムにおいて、基準と、規制に関する良い慣行の促進において協力を強化することを確認した。加えて、米国安全基準のうち日本より緩やかでないと認めた項目については日本の基準を満たすものとみなすとともに、輸入自動車特別取扱制度下での輸入車に政府の財政的インセンティブの同等の機会を提供することとした。
- ライフサイエンス・イノベーションに関し、日本側は、中央社会保険医療協議会における業界団体の意見陳述時間を延長する等国内制度において透明性を高めることとした。
- また、米側は、蒸留酒の容器容量に係る規制を改正することを検討してい

安保体制

ることを確認した。

両首脳は、日米経済対話の枠組みの中で、「日米戦略エネルギーパートナーシップ」を進めていくとの認識で一致した。また、両首脳は、新興市場における開発を支援するため、エネルギー、インフラその他の重要な分野における投資機会に関し協力するとのコミットメントを強調した。また、両首脳は、第三国のインフラ整備を共同で進めるための関連機関の連携で一致した。

さらに、両首脳は、日本企業から米国への投資が高い水準で推移していることを歓迎し、日米双方向で投資を促進していくことで一致した。

両首脳は、保健分野及び高齢者の住まいに関する分野における協力覚書の署名に留意した。また、両首脳は、日米間の宇宙協力を認識し、来年3月に東京で開催される「第2回国際宇宙探査フォーラム」に留意した。両首脳は、宇宙探査、保健、「エイジング・イン・プレイス」等の分野における更なる協力を推進していくとの認識で一致した。

ウ　グラスルーツの取組

両首脳は、米国各地における草の根レベルの交流や情報発信を更に強化していくことで一致した。

安保体制

5. 日米防衛協力のための指針

日米安全保障協議委員会が了承した防衛協力小委員会の報告

（昭和53年11月27日）

昭和51年7月8日に開催された日米安全保障協議委員会で設置された防衛協力小委員会は、今日まで8回の会合を行った。防衛協力小委員会は、日米安全保障協議委員会によって付託された任務を遂行するに当たり、次の前提条件及び研究・協議事項に合意した。

1．前提条件

(1) 事前協議に関する諸問題、日本の憲法上の制約に関する諸問題及び非核３原則は、研究・協議の対象としない。

(2) 研究・協議の結論は、日米安全保障協議委員会に報告し、その取扱いは、日米両国政府のそれぞれの判断に委ねられるものとする。この結論は、両国政府の立法、予算ないし行政上の措置を義務づけるものではない。

2．研究・協議事項

(1) 日本に武力攻撃がなされた場合又はそのおそれのある場合の諸問題

(2) (1) 以外の極東における事態で日本の安全に重要な影響を与える場合の諸問題

(3) その他（共同演習・訓練等）

防衛協力小委員会は、研究・協議を進めるに当たり、日本に対する武力攻撃に際しての日米安保条約に基づく日米間の防衛協力のあり方についての日本政府の基本的な構想を聴取し、これを研究・協議の基礎として作業を進めることとした。防衛協力小委員会は、小委員会における研究･協議の進捗を図るため、下部機構として、作戦、情報及び後方支援の3部会を設置した。これらの部会は、専門的な立場から研究・協議を行なった。更に、防衛協力小委員会は、その任務内にあるその他の日米間の協力に関する諸問題についても研究・協議を行った。

防衛協力小委員会がここに日米安全保障協議委員会の了承を得るため報告する「日米防衛協力のための指針」は、以上のような防衛協力小委員会の結果である。

日米防衛協力のための指針

この指針は、日米安保条約及びその関連取極に基づいて日米両国間が有している権利及び義務に何ら影響を与えるものと解されてはならない。

この指針が記述する米国に対する日本の便宜供与及び支援の実施は、日本の関係法令に従うことが了解される。

Ⅰ．侵略を未然に防止するための態勢

1．日本は、その防衛政策として自衛のため必要な範囲内において適切な規模の防衛力を保有するとともに、その最も効率的な運用を確保するための態勢を整備・

維持し、また、地位協定に従い、米軍による在日施設・区域の安定的かつ効果的な使用を確保する。また、米国は、核抑止力を保持するとともに、即応部隊を前方展開し、及び来援し得るその他の兵力を保持する。

2．日米両国は日本に対する武力攻撃がなされた場合に共同対処行動を円滑に実施し得るよう、作戦、情報、後方支援等の分野における自衛隊と米軍との間の協力態勢の整備に努める。このため、

(1) 自衛隊及び米軍は、日本防衛のための整合のとれた作戦を円滑かつ効果的に共同して実施するため、共同作戦計画についての研究を行う。また、必要な共同演習及び共同訓練を適時実施する。

更に、自衛隊及び米軍は、作戦を円滑に共同して実施するため作戦上必要と認める共通の実施要領をあらかじめ研究し、準備しておく。この実施要領には、作戦、情報及び後方支援に関する事項が含まれる。また、通信電子活動は指揮及び連絡の実施に不可欠であるので、自衛隊及び米軍は、通信電子活動に関しても相互に必要な事項をあらかじめ定めておく。

(2) 自衛隊及び米軍は、日本防衛に必要な情報を作成し、交換する。自衛隊及び米軍は、情報の交換を円滑に実施するため、交換する情報の種類並びに交換の任務に当たる自衛隊及び米軍の部隊を調整して定めておく。また、自衛隊及び米軍は、相互間の通信連絡体系の整備等所要の措置を講ずることにより緊密な情報協力態勢の充実を図る。

(3) 自衛隊及び米軍は、日米両国がそれぞれ自国の自衛隊又は軍の後方支援について責任を有するとの基本原則を踏まえつつ、適時、適切に相互支援を実施し得るよう、補給、輸送、整備、施設等の各機能について、あらかじめ緊密に相互に調整し又は研究を行う。この相互支援に必要な細目は、共同の研究及び計画作業を通じて明らかにされる。特に、自衛隊及び米軍は、予想される不足補給品目、数量、補完の優先順位、緊急取得要領等についてあらかじめ調整しておくとともに、自衛隊の基地及び米軍の施設・区域の経済的かつ効率的な利用のあり方について研究する。

Ⅱ．日本に対する武力攻撃に際しての対処行動等

1．日本に対する武力攻撃がなされるおそれのある場合

日米両国は、連絡を一層密にして、それぞれ所要の措置をとるとともに、情勢の変化に応じて必要と認めるときは、自衛隊と米軍との間の調整機関の開設を含め、整合のとれた共同対処行動を確保するために必要な準備を行う。

自衛隊及び米軍は、それぞれが実施する作戦準備に関し、日米両国が整合のとれた共通の準備段階を選択し自衛隊及び米軍がそれぞれ効果的な作戦準備を協力して行うことを確保することができるよう、共通の基準をあらかじめ定めておく。

この共通の基準は、情報活動、部隊の行動準備、移動、後方支援その他の作戦準備に係る事項に関し、部隊の警戒監視のための態勢の強化から部隊の戦闘

準備の態勢の最大限の強化にいたるまでの準備段階を区分して示す。

自衛隊及び米軍は、それぞれ、日米両国政府の合意によって選択された準備段階に従い必要と認める作戦準備を実施する。

2．日本に対する武力攻撃がなされた場合

(1) 日本は、原則として、限定的かつ小規模な侵略を独力で排除する。侵略の規模、態様等により独力で排除することが困難な場合には、米国の協力をまって、これを排除する。

(2) 自衛隊及び米軍が日本防衛のための作戦を共同して実施する場合には、双方は、相互に緊密な調整を図り、それぞれの防衛力を適時かつ効果的に運用する。

(イ) 作戦構想

自衛隊は主として日本の領域及びその周辺海空域において防勢作戦を行い、米軍は自衛隊の行う作戦を支援する。米軍は、また自衛隊の能力の及ばない機能を補完するための作戦を実施する。

自衛隊及び米軍は、陸上作戦、海上作戦及び航空作戦を次のとおり共同して実施する。

(a) 陸上作戦

陸上自衛隊及び米陸上部隊は、日本防衛のための陸上作戦を共同して実施する。

陸上自衛隊は、阻止、持久及び反撃のための作戦を実施する。

米陸上部隊は、必要に応じ来援し、反撃のための作戦を中心に陸上自衛隊と共同して作戦を実施する。

(b) 海上作戦

海上自衛隊及び米海軍は、周辺海域の防衛のための海上作戦及び海上交通の保護のための海上作戦を共同して実施する。

海上自衛隊は、日本の重要な港湾及び海峡の防備のための作戦並びに周辺海域における対潜作戦、船舶の保護のための作戦その他の作戦を主体となって実施する。

米海軍部隊は、海上自衛隊の行う作戦を支援し、及び機動打撃力を有する任務部隊の使用を伴うような作戦を含め、侵攻兵力を撃退するための作戦を実施する。

(c) 航空作戦

航空自衛隊及び米空軍は、日本防衛のための航空作戦を共同して実施する。

航空自衛隊は、防空、着上陸侵攻阻止、対地支援、航空偵察、航空輸送等の航空作戦を実施する。

米空軍部隊は、航空自衛隊の行う作戦を支援し、及び航空打撃力を有する航空部隊の使用を伴うような作戦を含め、侵攻兵力を撃退するための作戦を実施する。

(d) 陸上作戦、海上作戦及び航空作戦を実施するに当たり、自衛隊及び米軍は、情報、後方支援等の作戦に係る諸活動について必要な支援を相互に与える。

(ロ) 指揮及び調整

自衛隊及び米軍は、緊密な協力の下にそれぞれの指揮系統に従って行動する。自衛隊及び米軍は、整合のとれた作戦を共同して効果的に実施することができるよう、あらかじめ調整された作戦運用上の手続に従って行動する。

(ハ) 調整機関

自衛隊及び米軍は、効果的な作戦を共同して実施するため、調整機関を通じ、作戦、情報及び後方支援について相互に緊密な調整を図る。

(ニ) 情報活動

自衛隊及び米軍は、それぞれの情報組織を運営しつつ、効果的な作戦を共同して遂行することに資するため緊密に協力して情報活動を実施する。このため、自衛隊及び米軍は、情報の要求、収集、処理及び配布の各段階につき情報活動を緊密に調整する。自衛隊及び米軍は、保全に関しそれぞれ責任を負う。

(ホ) 後方支援活動

自衛隊及び米軍は、日米両国間の関係取極に従い、効率的かつ適切な後方支援活動を緊密に協力して実施する。

このため、日本及び米国は、後方支援の各機能の効率性を向上し及びそれぞれの能力不足を軽減するよう、相互支援活動を次のとおり実施する。

(a) 補給

米国は、米国製の装備品等の補給品の取得を支援し、日本は、日本国内における補給品の取得を支援する。

(b) 輸送

日本及び米国は、米国から日本への補給品の航空輸送及び海上輸送を含む輸送活動を緊密に協力して実施する。

(c) 整備

米国は、米国製の品目の整備であって日本の整備能力が及ばないものを支援し、日本は、日本国内において米軍の装備品の整備を支援する。整備支援には、必要な整備要員の技術指導を含める。関連活動として、日本は、日本国内におけるサルベージ及び回収に関する米軍の需要についても支援を与える。

(d) 施設

米軍は、必要なときは、日米安保条約及びその関連取極に従って新たな施設・区域を提供される。また、効果的かつ経済的な使用を向上するため自衛隊の基地及び米軍の施設・区域の共同使用を考慮することが必要な場合には、自衛隊及び米軍は、同条約及び取極に従って、共同使用を実施する。

Ⅲ. 日本以外の極東における事態で日本の安全に重要な影響を与える場合の日米間の協力

日米両政府は、情勢の変化に応じ随時協議する。

日本以外の極東における事態で日本の安全に重要な影響を与える場合に日本が米軍に対して行う便宜供与のあり方は、日米安保条約、その関連取極、その他の日米間の関係取極及び日本の関係法令によって規律される。日米両政府は、日本が上記の法的枠組みの範囲内において米軍に対し行う便宜供与のあり方について、あらかじめ相互に研究を行う。このような研究には、米軍による自衛隊の基地の共同使用その他の便宜供与のあり方に関する研究が含まれる。

「指針」に基づく研究

防衛庁では、「指針」に基づいて、現在、共同作戦計画の研究その他の研究作業を実施している。

(1) 主な研究項目

「指針」で予定されている主要な研究項目は、大略、次のとおりである。

ア.「指針」第1項及び第2項に基づく研究項目

(ア) 共同作戦計画
(イ) 作戦上必要な共通の実施要領
(ウ) 調整機関のあり方
(エ) 作戦準備の段階区分と共通の基準
(オ) 作戦運用上の手続
(カ) 指揮及び連絡の実施に必要な通信電子活動に関し相互に必要な事項
(キ) 情報交換に関する事項
(ク) 補給、輸送、整備、施設等後方支援に関する事項

イ.「指針」第3項に基づく研究項目

日本以外の極東における事態で、日本の安全に重要な影響を与える場合の米軍に対する便宜供与のあり方

(2)「指針」第1項及び第2項に基づく研究の進捗状況

ア.「指針」に基づき、自衛隊が米軍との間で実施することが予定されている共同作戦計画の研究その他の研究作業については、防衛庁と米軍との間で、これまで、統合幕僚会議事務局と在日米軍司令部が中心となって実施してきた。

これまでの研究作業においては、共同作戦計画の研究を優先して進め、わが国に対する侵略の一つの態様を想定の上、研究を行い、昭和56年夏に一応の概成をみた。以後、この研究を補備充実する作業を実施し、昭和59年末、一応の区切りがつき、現在は情勢に応じた見直しなどの作業を行っている。また、新たな研究については、従来から日米間で話し合いが行われ、昭和63年夏頃から具体的に研究を行い、平成7年4月に一応の区切りをみた。

イ．昭和57年の第14回日米安全保障事務レベル協議において、シーレーン防衛に関する研究を「指針」に基づく共同作戦計画の研究の一環として行っていくことで日米両国間に意見の一致をみた。これを受け、昭和58年3月に開催された第9回日米防衛協力小委員会において、同研究の前提条件等研究の基本的な枠組の確認が行われ、研究作業に着手した。

本研究は、「指針」作成の際の前提条件及び「指針」に示されている基本的な制約、条件、構想等の範囲内において、日本に武力攻撃がなされた場合、シーレーン防衛のための日米共同対処をいかに効果的に行うかを研究するものである。本研究によりわが国のシーレーン防衛についての自衛隊と米軍との具体的な協力のあり方が現在以上に明確になり、日米安全保障体制の効果的な運用に資することになるものと考えられている。この研究については、脅威の分析、シナリオの設定等を終え、現在、日米の作戦能力の分析作業を行っている。

その他の日米調整機関、情報交換に関する事項、共通の作戦準備等の研究作業についても、逐次研究を実施しているところである。

なお、日米間のインターオペラビリティ（相互運用性）の問題についても、「指針」に基づく各種の研究を実施するに当たって考慮をしてきているが、平成元年9月、通信面を対象とした研究に一応の区切りがついたところである。

(3)「指針」第3項に基づく研究について

日本以外の極東における事態で、日本の安全に重要な影響を与える場合の米軍に対する便宜供与のあり方の研究については、昭和57年1月に開催された日米安全保障協議委員会において、研究を開始することで意見の一致が見られ、現在、日米両国間で研究作業が進められているところである。

I．旧「指針」の見直し

① 防衛協力小委員会（SDC）の改組について

（平成8年6月28日）

1996年4月17日に発表された日米安保共同宣言に従って、日米両国政府は、1978年の「日米防衛協力のための指針」の見直しを行うため、安全保障協議委員会（SCC、"2+2"）の下部機構である防衛協力小委員会（SDC）を下記のとおり改組した上で、見直しの為の作業を行うこととしている。

1．構成員

(1) 小委員会の構成は次のとおり。

○日本側：外務省北米局長（共同議長）、防衛庁防衛局長（共同議長）、統合幕僚会議の代表

○米側：国務次官補（東アジア担当）（共同議長）、国防次官補（国際安全保障政策担当）（共同議長）、在日米国大使館、在日米軍、統合参謀本部、太平洋軍の代表

(2) 審議官・次官補代理レベルの代理会議を設ける。

2.「指針」見直しにかかる主な研究・協議事項

○平素から行う協議：

情報交換、政策調整等の平素から行うべき日米間の協力の緊密化について研究・協議を行う。

○日本に対する武力攻撃に際しての対処行動等（武力攻撃が差し迫った場合も含む）：

現行「指針」策定後の日米防衛協力の進展等を踏まえ、共同対処行動等のあり方の充実を図るための研究・協議を行う。

○日本周辺地域において発生し得る事態で日本の平和と安全に重要な影響を与える場合の協力：

日米間の協力体制の構築を目指し、上述の事態に際しての協力のあり方について研究・協議を行う。その際には、現在日本政府部内で進められている緊急事態対応策の検討をも念頭に置く。

②「日米防衛協力のための指針」の見直しの進捗状況報告（平成8年9月19日）

「日米防衛協力のための指針」の見直しの進捗状況報告（仮訳）

1996年9月19日

日米安全保障協議委員会

於　ワシントン

橋本総理とクリントン大統領は1996年4月17日に東京において署名した日米安全保障共同宣言において、日本と米国との間に既に構築されている緊密な協力関係を増進するため、1978年の「日米防衛協力のための指針」（以下「指針」）の見直しを開始することで意見が一致した。また、両首脳は、日本周辺地域において発生しうる事態で日本の平和と安全に重要な影響を与える場合における日米間の協力に関する研究をはじめ、日米間の政策調整を促進する必要性につき意見が一致した。

1996年6月28日、日米両国政府は、日米安全保障協議委員会（SCC）の下部機構である防衛協力小委員会（SDC）を改組することとした。この小委員会は、見直しを有効に行うための方法として次の構成をとることとした。

(1) 平素から行う協力

(2) 日本に対する武力攻撃に際しての対処行動等（武力攻撃が差し迫った場合も含む）

(3) 日本周辺地域において発生しうる事態で日本の平和と安全に重要な影響を与える場合の協力

防衛協力小委員会は、この見直し作業の取り進め方について一連の協議を行った。これらの協議に基づき、防衛協力小委員会は、この見直し作業に際しての目的、基本的考え方及び研究・協議事項について、次のとおりSCCに勧告し、同委員会はこれを了承した。SCCは防衛協力小委員会に対し、1997年秋に終了することを目途に見直し作業を進めるよう指示した。

1.「指針」見直しの基本的目的及び考え方

(1) この「指針」見直しは、新防衛大綱及び日米安全保障共同宣言を踏まえ、現行「指針」の下で進められてきた日米間の防衛協力を基礎として、新しい時代におけるより効果的な日米の防衛協力関係を構築することを目的として行われる。

(2) 日米双方は、次の目標を設定した。

(イ) アジア太平洋地域情勢をはじめ、安全保障環境の諸般の変化を踏まえて、新しい時代における日米防衛協力のあり方について内外に明らかにすること。

(ロ) より効果的な協力関係の基盤を構築することを目的として行われる共同研究等各種の共同作業の円滑化・促進を図るため、そのような作業が行われるべき大枠ないし方向性を示すこと。

(3) 日米双方は、「指針」見直しは次の基本的考え方に従って行われることについて意見が一致した。

(イ)「指針」見直しは、日米安全保障条約及びその関連取極に基づく権利及び義務を変更するものではない。

(ロ)「指針」見直しは、日米同盟関係の基本的枠組みを変更しようとするものではない。

(ハ)「指針」見直しは、日本国憲法の枠内で行われる。

2. 主な研究・協議事項

(1) 平素から行う協力

より安定した安全保障環境を構築するとともに、日本に対する武力攻撃を未然に防止するために、日米両国が平素から緊密な協力体制を維持することは極めて重要である。また、各種の分野及び様々なレベルにおいて協議を充実していくことが重要である。これには、次の分野における協力及び協議の拡充が含まれる。

(イ) 情報交換

(ロ) 防衛政策及び軍事態勢

(ハ) 共同研究、共同演習及び共同訓練

(ニ) 国際社会の平和と安定のために日米両国が採る政策についての調整

(ホ) 防衛・安全保障対話

(2) 日本に対する武力攻撃に際しての対処行動等（武力攻撃が差し迫った場合も含む）

日本に対する武力攻撃に際しての日米の共同対処行動等は、引き続き日米防衛協力の中核的要素である。この分野においては、現行「指針」の下で既に緊密な協力が行われてきたが、今後、このような協力を一層強化していく必要がある。両国は、これまでの実績の積み重ねを基礎としつつ、現行「指針」策定後の諸情勢の変化も踏まえ、所要の見直しを行うこととする。防衛協力小委員会は、日本の新防衛大綱や米国の東アジア戦略報告に明示されているような冷戦終結後の両国の安全保障政策を勘案しつつ、今後協力の対象となり得る新たな分野について、検討・整理していくものとする。

(3) 日本周辺地域において発生しうる事態で日本の平和と安全に重要な影響を与える場合の協力

日米両国がこのような事態に対応するため円滑かつ効果的な枠組みを構築することは極めて重要である。両国は、このような枠組みにより、危険発生前から危機終了後の全段階を通じて、このような事態をより効果的に未然に防止し、その拡大を抑制するとともに、その収拾を図り得ることとなる。

防衛協力小委員会は、日米両国の防衛政策や保有する装備等を踏まえつつ、両国のニーズを考慮するとともに、日本国内で行われている緊急事態対応策についての検討作業の進捗を勘案して、日米防衛協力の今後の在り方について検討を行う。この日米防衛協力の対象となり得る機能及び分野には次のものが含まれる。

(イ) 人道的援助活動
(ロ) 非戦闘員を退避させるための活動
(ハ) 米軍による施設の使用
(ニ) 米軍活動に対する後方地域支援
(ホ) 自衛隊の運用と米軍の運用

③ 日米防衛協力のための指針の見直しに関する中間とりまとめ

1997年6月7日

防衛協力小委員会
於　ハワイ州ホノルル

I.「日米防衛協力のための指針」の見直しの背景

日米同盟関係は、日本の安全の確保にとって必要不可欠なものであり、また、アジア太平洋地域における平和と安定を維持するために引き続き重要な役割を果たしている。また、日米同盟関係は、この地域における米国の肯定的な関与を支えるものである。この同盟関係は、自由、民主主義及び人権の尊重等の共通の価値観を反映するとともに、より安定した国際的な安全保障環境の構築のための日米共同の努力をはじめとする広範な協力の政治的な基礎となっている。

1996年4月に橋本総理大臣とクリントン大統領により発表された「日米安全保障共同宣言」は、日米安全保障関係が、共通の安全保障上の目標を達成するとともに、21世紀に向けてアジア太平洋地域において安定的で繁栄した情勢を維持するための基礎であり続けることを再確認した。この同盟関係によって醸成された安定的で繁栄した情勢は、この地域のすべての者の利益となる。

1978年11月27日の第17回日米安全保障協議委員会（SCC）で了承された「日米防衛協力のための指針」（「指針」）は、防衛の分野における包括的な協力態勢に関する研究・協議の結果として策定された。その後、日米両国の関係者は、共同作戦計画についての研究をはじめ、各種の共同の取組みを進めてきた。これらの共同の取組みは、日米安全保障体制の信頼性を増進させた。

冷戦の終結にもかかわらず、この地域には不安定性と不確実性が依然として存在しており、日本周辺地域における平和と安定の維持は、日本の安全のために一層重要になっている。日米両国政府は、冷戦後の情勢の変化に鑑み、「指針」の下での成果を基礎として、日米防衛協力を強化するための方途を検討することを決定し、以下の分野について検討を行ってきている。

平素から行う協力

日本に対する武力攻撃に際しての対処行動等

日本周辺地域における事態で日本の平和と安全に重要な影響を与える場合（「周辺事態」）の協力

Ⅱ．新たな指針の目的

新たな指針の最も重要な目的の一つは、日本に対する武力攻撃又は周辺事態に際して、日米が協力して効果的にこれに対応しうる態勢を構築することである。新たな指針は、平素からの及び緊急事態における日米各々の役割並びに相互間の協力及び調整の在り方について、一般的な大枠及び方向性を示すものであり、今年秋の策定後に日米両国の関係者が行うこととなる共同の取組みに対するガイダンスを与えるものである。

Ⅲ．「指針」見直しの経緯と現況/基本的な前提及び考え方

1996年6月、日米両国政府は、1995年11月の日本の「防衛計画の大綱」及び「日米安全保障共同宣言」を踏まえて「指針」の見直しを行うため、SCCの下にある防衛協力小委員会（SDC）を改組した。1996年7月以降、日米両国政府の代表者は、種々のレベルで見直しを行ってきた。1996年9月、SCCは、SDCが提出した「日米防衛協力のための指針の見直しの進捗状況報告」を了承し、SDCに対して1997年秋に終了することを目途に見直し作業を進めるよう指示した。

「指針」見直し及び新たな指針の下での取組みは、以下の基本的な前提及び考え方に従って行われる。

1．日米安全保障条約及びその関連取極に基づく権利及び義務並びに日米同盟関係の基本的な枠組みは、変更されない。

2．日本のすべての行為は、日本の憲法上の制約の範囲内において、専守防衛、非核三原則等の日本の基本的な方針に従って行われる。

3．日米両国のすべての行為は、紛争の平和的解決及び主権平等を含む国際法の基本原則並びに国際連合憲章をはじめとする関連する国際約束に合致するものである。
4．「指針」見直し及び新たな指針の下での作業は、いずれの政府にも、立法上、予算上又は行政上の措置をとることを義務づけるものではない。しかしながら、日米協力のための効果的な態勢の構築が「指針」見直し及び新たな指針の下での作業の目標であることから、日米両国政府が、各々の判断に従い、このような努力の結果を各々の具体的な政策や措置に適切な形で反映することが期待される。日本のすべての行為は、その時々において適用のある国内法令に従う。

Ⅳ．新たな指針の下における日米協力に関するSDC協議の概要

SDCは、より効果的な日米協力に資するような考え方及び具体的な項目を洗い出すことを目標として検討を行ってきた。SDCは、その作業の概要を公に明らかにするものとして、この中間とりまとめを発表する。この中間とりまとめは、見直しに対する理解を促進すること及び国内における議論の基礎を提供することを目的とするものである。この中間とりまとめに示された考え方及び具体的な項目の取扱いについては、日米両国内における更なる検討に委ねられる。この検討には、これらの考え方及び具体的な項目に関する法的及び政策的な側面の検討が含まれる。

新たな指針の下における日米協力に関するSDCの協議の概要は、以下のとおりである。なお、以下の考え方や具体的な協力項目は、これまでのSDCの作業に基づくものであり、今後の更なる作業の結果、修正・追加があり得る。

1．平素から行う協力

(1) 基本的な防衛態勢

日米両国は、日米安全保障体制を堅持する。日本は、「防衛計画の大綱」に則り、自衛のために必要な範囲内で防衛力を保持する。米国は、そのコミットメントを達成するため、核抑止力を保持するとともに、アジア太平洋地域における前方展開兵力を維持し、かつ、来援しうるその他の兵力を保持する。

(2) 情報交換及び政策協議

正確な情報及び的確な分析は安全保障の基礎である。日米両国政府は、アジア太平洋地域の情勢を中心として両国が関心を有する国際情勢についての情報及び意見の交換を強化するとともに、防衛政策及び軍事態勢についての緊密な協議を継続する。

このような情報交換及び政策協議は、SCC及び日米安全保障高級事務レベル協議（SSC）を含むあらゆる機会をとらえ、できる限り広範なレベル及び分野において行われる。

(3) 安全保障面での種々の協力

日米両国政府は、この地域における安全保障対話・防衛交流及び国際的な軍備管理・軍縮の推進のため各々努力し、また、必要に応じて協力する。

日米いずれかの又は両国の政府が国際連合平和維持活動又は人道的な国際

救援活動に参加する場合には、日米両国政府は、必要に応じて、相互支援のため密接に協力する。日米両国政府は、輸送、医療、情報交換及び教育訓練等の分野における協力の要領を準備する。

大規模災害の発生を受け、日米いずれかの又は両国の政府が関係政府又は国際機関の要請に応じて緊急援助活動を行う場合には、日米両国政府は、必要に応じて密接に協力する。

(4) 日米共同の取組み

日米両国政府は、日本に対する武力攻撃及び周辺事態に際して効果的な協力が行われるよう、計画についての検討を含む共同作業を進め、日米協力の基礎を構築する。

日米両国政府は、このような共同作業を検証するとともに、自衛隊及び米軍をはじめとする日米両国の関係機関による円滑かつ効果的な対応を可能とするため、共同演習・訓練を強化する。また、日米両国の関係機関の関与を得て、両国間の調整メカニズムを平素から構築しておく。

2. 日本に対する武力攻撃に際しての対処行動等

(1) 日本に対する武力攻撃が差し迫っている場合

日米両国政府は、情報交換及び政策協議を強化するとともに、日米両国間の調整メカニズムの運用を早期に開始する。日米両国政府は、適切に協力しつつ、合意によって選択された準備段階に従い、整合のとれた対応を確保するために必要な準備を行う。また、日米両国政府は、情勢の変化に応じ、情報収集、警戒監視及び不法行為対処の態勢を強化するとともに、事態の拡大を抑制するための措置を講ずる。

なお、周辺事態の推移によって日本に対する武力攻撃が差し迫ったものとなるような場合には、日本の防衛のための準備と周辺事態への対応又はその準備との間の密接な相互関係に留意する。

(2) 日本に対する武力攻撃がなされた場合

日本は、日本に対する武力攻撃に即応して主体的に行動し、極力早期に侵略を排除する。その際、米国は、日本に対して適切に協力する。このような日米協力の在り方、武力攻撃の規模、態様、事態の推移その他の要素により異なるが、これには、共同対処行動の実施、そのための準備、事態の拡大を抑制するための措置、警戒監視及び情報交換についての協力が含まれ得る。

自衛隊及び米軍が作戦を共同して実施する場合には、双方は、整合性を確保しつつ、適時かつ適切な形で、各々の防衛力を運用する。その際、自衛隊は、主として日本の領域及びその周辺海空域において防勢作戦を行い、米軍は、自衛隊の行う作戦を支援する。米軍は、また、自衛隊の能力の及ばない機能を補完するための作戦を実施する。

共同で実施する作戦については、新たな作戦の考え方装備技術の進展、弾道ミサイルによる攻撃等の新たな様相の脅威等の要素を勘案しつつ、「指針」に示された「作戦の構想」及び前記の共同対処の基本的な考え方を踏まえて構想を検討する。特に、自衛隊及び米軍の各々の統合運用の重要性に留意する。

その際、「指針」を踏まえつつ、以下の機能に関する協力及び調整を強化する。

(イ) 指揮及び調整

(ロ) 調整メカニズム

(ハ) 通信電子活動

(ニ) 情報活動

(ホ) 後方支援活動(補給、輸送、整備、施設及び医療を含む。)

また、自衛隊及び米軍が果たす役割に加え、その他の政府機関が果たす役割も考慮するとともに、近年におけるC4Iシステム(指揮、統制、通信、コンピューター及び情報のシステム)の向上も考慮する。

3. 周辺事態における協力

(1) 対応の準備及び事態の拡大を抑制するための措置

周辺事態が予想される場合、日米両国政府は、情報交換及び政策協議を強化するとともに、日米両国間の調整メカニズムの運用を早期に開始する。日米両国政府は、適切に協力しつつ、合意によって選択された準備段階に従い、整合のとれた対応を確保するために必要な準備を行う。また、日米両国政府は、情勢の変化に応じ、情報収集、警戒監視及び不法行為対処の態勢を強化するとともに、事態の拡大を抑制するための措置を講ずる。

(2) 日米協力の機能及び分野

周辺事態に際して、日米両国政府は、適切な対応措置を講ずる。日米両国政府は、適切な取決めに従って、相互支援のための活動を行う。SDCがこれまでに協議した協力検討項目の例は、以下に整理し、別表に列挙するとおりである。なお、この別表は、すべての協力項目を網羅的に示すものではなく、今後の更なる作業の結果、修正・追加があり得る。

(イ) 人道的活動

日米両国政府は、現地当局の同意と協力を得つつ、各々の判断の下に、人道的な救援活動を行う。日米両国政府は、各々の能力を勘案しつつ、必要に応じて協力する。

日米両国政府は、必要に応じて、避難民の取扱いについて協力する。避難民が日本の領域に流入してくる場合については、主として日本が責任をもってこれに対応し、米国は適切な支援を行う。

(ロ) 捜索・救難

日本両国政府は、日本周辺海域における捜索・救難活動について適切に協力する。

(ハ) 国際の平和と安定の維持を目的とする経済制裁の実効性を確保するための活動

日米両国政府は、国際の平和と安定の維持を目的とする経済制裁の実効

安保体制

性を確保するための活動に対し、各々の判断の下に寄与するとともに、各々の能力を勘案しつつ、適切に協力する。

(ニ) 非戦闘員を退避させるための活動

緊急事態に際して、日米両国政府は、状況が許す限り、各々の国民を安全な地域に退避させる。日米両国政府は、自国の国民の退避及び現地当局との関係について各々責任を有するが、日米両国政府は、いずれか一方の政府の要請に基づき、適切な場合には、所要及び能力に関する情報を交換する。

(ホ) 米軍の活動に対する日本の支援

(i) 施設の使用

日米安全保障条約及びその関連取極に基づき、日本は、施設・区域の追加提供を適時かつ適切に行うとともに、米軍による自衛隊施設及び民間空港・港湾の一時的使用を確保する。

(ii) 後方地域支援

日本は、日米安全保障条約の目的の達成のため活動する米軍に対して、後方地域支援を行う。この後方地域支援は、米軍が施設の使用及び種々の活動を効果的に行うことを可能とすることを主眼とするものである。そのような性質から、後方地域支援は、主として日本の領域において行われるが、戦闘行動が行われている地域とは一線を画される日本周辺の公海及びその上空において行われることもあると考えられる。

後方地域支援を行うに当たって、日本は、中央政府及び地方公共団体の機関が有する権限及び能力並びに民間が有する能力を適切に活用する。自衛隊は、日本の防衛及び公共の秩序維持のための任務の遂行と整合を図りつつ、適切にこのような支援を行う。

(ヘ) 運用面における日米協力

周辺事態は、日本の平和と安全に重要な影響を与えており、自衛隊は、生命・財産の保護及び航行の安全確保のため、情報収集、警戒監視、機雷の除去等の活動を行う。米軍は、日本周辺地域における平和と安全の回復のための活動を行う。

関係機関の関与を得つつ協力及び調整を行うことにより、自衛隊及び米軍の双方の活動の実効性は大きく高められる。

Ⅴ．新たな指針策定後の取組み

1．共同作業

日米両国の関係者は、今年秋に新たな指針が策定された後、日本に対する武力攻撃及び周辺事態に際しての日米協力に関し、新たな指針が示す一般的な大枠及び方向性の中で、以下の共同作業を行う。これに関連して、日米両国政府は、共同作業のための体制を引き続き維持しかつ改善する。このため、日米両国政府は、共同作業の実効性が確保されるよう、自衛隊及び米軍のみならず、各々の政府のその他の関係機関の関与を得て包括的なメカニズムを構築する。このような作業は、計画的かつ効率的に進めることとし、その際、SCC及びSDCは、日米間の調整に重要な役割を果たす。その進捗及び結果は、節目節目に適切な形でSCC及びSDCに対して報告される。

(1) 共同作戦計画についての検討及び相互協力計画についての検討

共同作戦計画についての検討及び相互協力計画についての検討は、その結果が日米両国政府の各々の計画に適切に反映されることが期待されるという前提の下で、種々の状況を想定しつつ行われる。

日米両国政府は、日本に対する武力攻撃に際して共同対処行動を円滑かつ効果的に実施しうるよう、引き続き平素から協力する。自衛隊及び米軍は、作戦、情報、後方支援等の分野において協力することとし、このため、情報の変化を踏まえて、共同作戦計画についての検討を行う。

また、日米両国政府は、周辺事態に円滑かつ効果的に対応しうるよう、相互協力計画についての検討を行う。日米両国政府は、共同作戦計画についての検討と相互協力計画についての検討との間の整合を図るよう留意することにより、周辺事態が日本に対する武力攻撃に波及する可能性のある場合又は両者が同時に生起する場合にも適切に対応しうるようにする。

(2) 準備のための共通の基準の確立

日米両国政府は、日本の防衛のための準備に関し、合意により共通の準備段階を選択しうるよう、共通の基準を平素から確立する。この準備段階は、自衛隊、米軍その他の関係機関による日本の防衛のための準備に反映される。日米両国政府は、また、周辺事態における協力措置の準備に関し、合意により共通の準備段階を選択しうるよう、共通の基準を確立する。

(3) 共通の実施要領等の確立

日米両国政府は、日本の防衛のために必要な共通の実施要領等を予め準備しておく。この実施要領等には、作戦、情報及び後方支援に関する事項並びに日米の部隊間の相撃を防止するための調整要領に関する事項とともに、各々の部隊の活動を適切に律するための基準が含まれる。自衛隊及び米軍は、また、相互運用性の重要性に留意しつつ、通信電子活動等に関し、相互に必要な事項を予め予定しておく。

2．日米両国間の調整メカニズム

日米両国政府は、日本に対する武力攻撃及び周辺事態に際して日米が各々行う活動の間の整合を図るとともに適切な日米協力を確保するため、日米両国の関係機関の関与を得て、両国間の調整メカニズムを平素から構築しておく。

Ⅵ．新たな指針の適時かつ適切な見直し

新たな指針は、日米安全保障関係を取り巻く諸情勢の変化に適切に対応しうるよう、必要に応じて適時かつ適切な形で見直されうるものとする。

（別　表）

周辺事態における協力検討項目の例

機能及び分野			検討項目例
人道的活動			○被災地への人員及び補給品の輸送 ○被災地における医療、通信及び輸送 ○避難民の救助及び移送並びに避難民に対する応急物資の支給
捜索・救難			○日本周辺海域における捜索・救難活動及びこれに関する情報の交換
国際の平和と安定の維持を目的とする経済制裁の実効性を確保するための活動			○船舶の検査及び関連する活動 ○情報の交換
非戦闘員を退避させるための活動			○情報の交換（所要及び能力） ○自衛隊施設及び民間港湾・空港の使用 ○日本入国時の通関、出入国管理及び検疫 ○日本国内における一時的な宿泊、輸送及び医療に係る支援
米軍の活動に対する日本の支援	施設の使用		○補給等を目的とする自衛隊施設及び民間港湾・空港の使用 ○自衛隊施設及び民間港湾・空港における人員及び物資の積卸しに必要な場所及び保管施設の確保 ○自衛隊施設及び民間港湾・空港の運用時間の延長 ○米航空機による自衛隊の飛行場の使用 ○訓練・演習区域の提供 ○米軍施設・区域内における暫定的構築物の建設
	後方地域支援	補給	○自衛隊施設及び民間港湾・空港での米艦船・航空機への物資（武器・弾薬を除く。）及び燃料・油脂・潤滑油の提供 ○人員、物資及び燃料・油脂・潤滑油の輸送のための車輌及びクレーンの利用 ○米軍施設・区域に対する物資（武器・弾薬を除く。）及び燃料・油脂・潤滑油の提供
		輸送	○人員、物資及び燃料・油脂・潤滑油の日本国内における陸上・海上・航空輸送 ○公海上の米艦船に対する海上輸送
		整備	○米艦船・航空機・車輌の修理・整備 ○修理部品の提供 ○整備用資器材の一時提供
		医療	○日本に後送された傷病者の治療 ○日本国内における傷病者の移送 ○医薬品及び衛生機具の提供
		警備	○米軍施設・区域（共同施設・区域を含む。）の警備 ○米軍施設・区域周辺海域の警戒監視 ○日本国内の輸送経路上の警備 ○日本国内の治安に関する情報の提供
		通信	○日本の関係機関の間の通信のための周波数（衛星通信用を含む。）及び器材の提供
		その他	○米艦船の出入港に対する支援 ○自衛隊施設及び民間港湾・空港における物資の積卸し作業 ○米軍施設・区域内における汚水処理、給水、給電等 ○米軍従業員の一時増員
運用面における日米協力	警戒監視		○情報の交換
	機雷除去		○日本領域及び日本周辺公海上における機雷除去並びに機雷に関する情報の交換
	海・空域調整		○日本周辺海域での交通量の増大に対応した海上運航調整 ○日本周辺空域での航空交通管制及び空域調整

④ 共同発表

日米安全保障協議委員会
日米防衛協力のための指針の見直しの終了

1997年9月23日

於　ニューヨーク

日米同盟関係は、日本の安全の確保にとって必要不可欠なものであり、また、アジア太平洋地域における平和と安定を維持するために引き続き重要な役割を果たしている。日米同盟関係は、この地域における米国の肯定的な関与を促進するものである。この同盟関係は、自由、民主主義及び人権の尊重等の共通の価値観を反映するとともに、より安定した国際的な安全保障環境の構築のための努力を始めとする広範な日米間の協力の政治的な基礎となっている。このような努力が成果を挙げることは、この地域のすべての者の利益となる。

1978年11月27日の第17回日米安全保障協議委員会(SCC)で了承された「日米防衛協力のための指針」(「指針」)は、防衛の分野における包括的な協力態勢に関する研究・協議の結果として策定された。指針の下で行われたより緊密な防衛協力のための作業の成果には顕著なものがあり、これは、日米安全保障体制の信頼性を増進させた。

冷戦の終結にもかかわらず、アジア太平洋地域には潜在的な不安定性と不確実性が依然として存在しており、この地域における平和と安定の維持は、日本の安全のために一層重要になっている。

1996年4月に橋本総理大臣とクリントン大統領により発表された「日米安全保障共同宣言」は、日米安全保障関係が、共通の安全保障上の目標を達成するとともに、21世紀に向けてアジア太平洋地域において安定的で繁栄した情勢を維持するための基礎であり続けることを再確認した。また、総理大臣と大統領は、日本と米国の間に既に構築されている緊密な協力関係を増進するため、1978年の指針の見直しを開始することで意見が一致した。

1996年6月、日米両国政府は、1995年11月の日本の「防衛計画の大綱」及び「日米安全保障共同宣言」を踏まえて指針の見直し(「見直し」)を行うため、日米安全保障協議委員会の下にある防衛協力小委員会(SDC)を改組した。防衛協力小委員会は、冷戦後の情勢の変化にかんがみ、指針の下での成果を基礎として、以下の分野について検討を行ってきた。

○平素から行う協力

○日本に対する武力攻撃に際しての対処行動等

○日本周辺地域における事態で日本の平和と安全に重要な影響を与える場合(「周辺事態」)の協力

これらの検討は、平素からの及び緊急事態における日米両国の役割並びに協力及び調整の在り方について、一般的な大枠及び方向性を示すことを目的としたものでである。見直しは、特定の地域における事態を議論して行ったものではない。

防衛協力小委員会は、1996年9月の日米安全保障協議委員会による指示を受け、1997年秋に終了することを目途に、より効果的な日米協力に資するような考え方及び具体的な項目を洗い出すことを目標として見直しを行った。見直しの過程で防衛協力小委員会において行われた議論は、1996年9月の「日米防衛協力のための指針の見直しの進捗状況報告」及び1997年6月の「日米防衛協力のための指針の見直しに関する中間とりまとめ」に整理されている。

防衛協力小委員会は、新たな「日米防衛協力のための指針」を作成し、これを日米安全保障協議委員会に報告した。日米安全保障協議委員会は、以下に示す指針を了承し、公表した。この指針は、1978年の指針に代わるものである。

日米防衛協力のための指針

Ⅰ．指針の目的

この指針の目的は、平素から並びに日本に対する武力攻撃及び周辺事態に際してより効果的かつ信頼性のある日米協力を行うための、堅固な基礎を構築することである。また、指針は、平素からの及び緊急事態における日米両国の役割並びに協力及び調整の在り方について、一般的な大枠及び方向性を示すものである。

Ⅱ．基本的な前提及び考え方

指針及びその下で行われる取組みは、以下の基本的な前提及び考え方に従う。

1．日米安全保障条約及びその関連取極に基づく権利及び義務並びに日米同盟関係の基本的な枠組みは、変更されない。

2．日本のすべての行為は、日本の憲法上の制約の範囲内において、専守防衛、非核三原則等の日本の基本的な方針に従って行われる。

3．日米両国のすべての行為は、紛争の平和的解決及び主権平等を含む国際法の基本原則並びに国際連合憲章を始めとする関連する国際約束に合致するものである。

4．指針及びその下で行われる取組みは、いずれの政府にも、立法上、予算上又は行政上の措置をとることを義務づけるものではない。しかしながら、日米協力のための効果的な態勢の構築が指針及びその下で行われる取組みの目標であることから、日米両国政府が、各々の判断に従い、このような努力の結果を各々の具体的な政策や措置に適切な形で反映することが期待される。日本のすべての行為は、その時々において適用のある国内法令に従う。

Ⅲ．平素から行う協力

日米両国政府は、現在の日米安全保障体制を堅持し、また、各々所要の防衛態勢の維持に努める。日本は、「防衛計画の大綱」にのっとり、自衛のために必要な範囲内で防衛力を保持する。米国は、そのコミットメントを達成するため、核抑止力を保持するとともに、アジア太平洋地域における前方展開兵力を維持し、かつ、来援し得るその他の兵力を保持する。

日米両国政府は、各々の政策を基礎としつつ、日本の防衛及びより安定した国際的な安全保障環境の構築のため、平素から密接な協力を維持する。

日米両国政府は、平素から様々な分野での協力を充実する。この協力には、日米物品役務相互提供協定及び日米相互防衛援助協定並びにこれらの関連取決めに基づく相互支援活動が含まれる。

1．情報交換及び政策協議

日米両国政府は、正確な情報及び的確な分析が安全保障の基礎であると認識し、アジア太平洋地域の情勢を中心として、双方が関心を有する国際情勢についての情報及び意見の交換を強化するとともに、防衛政策及び軍事態勢についての緊密な協議を継続する。

このような情報交換及び政策協議は、日米安全保障協議委員会及び日米安全保障高級事務レベル協議（SSC）を含むあらゆる機会をとらえ、できる限り広範なレベル及び分野において行われる。

2．安全保障面での種々の協力

安全保障面での地域的な及び地球的規模の諸活動を促進するための日米協力は、より安定した国際的な安全保障環境の構築に寄与する。

日米両国政府は、この地域における安全保障対話・防衛交流及び国際的な軍備管理・軍縮の意義と重要性を認識し、これらの活動を促進するとともに、必要に応じて協力する。

日米いずれかの政府又は両国政府が国際連合平和維持活動又は人道的な国際救援活動に参加する場合には、日米両国政府は、必要に応じて、相互支援のために密接に協力する。日米両国政府は、輸送、衛生、情報交換、教育訓練等の分野における協力の要領を準備する。

大規模災害の発生を受け、日米いずれかの政府又は両国政府が関係政府又は国際機関の要請に応じて緊急援助活動を行う場合には、日米両国政府は、必要に応じて密接に協力する。

3．日米共同の取組み

日米両国政府は、日本に対する武力攻撃に際しての共同作戦計画についての検討及び周辺事態に際しての相互協力計画についての検討を含む共同作業を行う。このような努力は、双方の関係機関の関与を得た包括的なメカニズムにおいて行われ、日米協力の基礎を構築する。

日米両国政府は、このような共同作業を検証するとともに、自衛隊及び米軍を始めとする日米両国の公的機関及び民間の機関による円滑かつ効果的な対応を可能とするため、共同演習・訓練を強化する。また、日米両国政府は、緊急事態において関係機関の関与を得て運用される日米間の調整メカニズムを平素から構築しておく。

Ⅳ．日本に対する武力攻撃に際しての対処行動等

日本に対する武力攻撃に際しての共同対処行動等は、引き続き日米防衛協力の中核的要素である。

日本に対する武力攻撃が差し迫っている場合には、日米両国政府は、事態の拡大を抑制するための措置をとるとともに、日本の防衛のために必要な準備を行う。日本に対する武力攻撃がなされた場合には、日米両国政府は、適切に共同して対処し、極力早期にこれを排除する。

1．日本に対する武力攻撃が差し迫っている場合

日米両国政府は、情報交換及び政策協議を強化するとともに、日米間の調整メカニズムの運用を早期に開始する。日米両国政府は、適切に協力しつつ、合意によって選択された準備段階に従い、整合のとれた対応を確保するために必要な準備を行う。日本は、米軍の来援基盤を構築し、維持する。また、日米両国政府は、情勢の変化に応じ、情報収集及び警戒監視を強化するとともに、日本に対する武力攻撃に発展し得る行為に対応するための準備を行う。

日米両国政府は、事態の拡大を抑制するため、外交上のものを含むあらゆる努力を払う。

なお、日米両国政府は、周辺事態の推移によっては日本に対する武力攻撃が差し迫ったものとなるような場合もあり得ることを念頭に置きつつ、日本の防衛のための準備の周辺事態への対応又はそのための準備との間の密接な相互関係に留意する。

2．日本に対する武力攻撃がなされた場合

(1) 整合のとれた共同対処行動のための基本的な考え方

(イ) 日本は、日本に対する武力攻撃に即応して主体的に行動し、極力早期にこれを排除する。その際、米国は、日本に対して適切に協力する。このような日米協力の在り方は、武力攻撃の規模、態様、事態の推移その他の要素により異なるが、これには、整合のとれた共同の作戦の実施及びそのための準備、事態の拡大を抑制するための措置、警戒監視並びに情報交換についての協力が含まれ得る。

(ロ) 自衛隊及び米軍が作戦を共同して実施する場合には、双方は、整合性を確保しつつ、適時かつ適切な形で、各々の防衛力を運用する。その際、双方は、各々の陸・海・空部隊の効果的な統合運用を行う。自衛隊は、主として日本の領域及びその周辺海空域において防勢作戦を行い、米軍は、自衛隊の行う作戦を支援する。米軍は、また、自衛隊の能力を補充するための作戦を実施する。

(ハ) 米国は、兵力を適時に来援させ、日本は、これを促進するための基盤を構築し、維持する。

(2) 作戦構想

(イ) 日本に対する航空侵攻に対処するための作戦

自衛隊及び米軍は、日本に対する航空侵攻に対処するための作戦を共同して実施する。

自衛隊は、防空のための作戦を主体的に実施する。

米軍は、自衛隊の行う作戦を支援するとともに、打撃力の使用を伴うような作戦を含め、自衛隊の能力を補完するための作戦を実施する。

(ロ) 日本周辺海域の防衛及び海上交通の保護のための作戦

自衛隊及び米軍は、日本周辺海域の防衛のための作戦及び海上交通の保護のための作戦を共同して実施する。

自衛隊は、日本の重要な港湾及び海峡の防備、日本周辺海域における船舶の保護並びにその他の作戦を主体的に実施する。

米軍は、自衛隊の行う作戦を支援するとともに、機動打撃力の使用を伴うような作戦を含め、自衛隊の能力を補完するための作戦を実施する。

(ハ) 日本に対する着上陸侵攻に対処するための作戦

自衛隊及び米軍は、日本に対する着上陸侵攻に対処するための作戦を共同して実施する。

自衛隊は、日本に対する着上陸侵攻を阻止し排除するための作戦を主体的に実施する。

米軍は、主として自衛隊の能力を補完するための作戦を実施する。その際、米国は、侵攻の規模、態様その他の要素に応じ、極力早期に兵力を来援させ、自衛隊の行う作戦を支援する。

(ニ) その他の脅威への対応

(i) 自衛隊は、ゲリラ・コマンドウ攻撃等日本領域に軍事力を潜入させて行う不正規型の攻撃を極力早期に阻止し排除するための作戦を主体的に実施する。その際、関係機関と密接に協力し調整するとともに、事態に応じて米軍の適切な支援を得る。

(ii) 自衛隊及び米軍は、弾道ミサイル攻撃に対応するために密接に協力し調整する。米軍は、日本に対し必要な情報を提供するとともに、必要に応じ、打撃力を有する部隊の使用を考慮する。

(3) 作戦に係る諸活動及びそれに必要な事項

(イ) 指揮及び調整

自衛隊及び米軍は、緊密な協力の下、各々の指揮系統に従って行動する。自衛隊及び米軍は、効果的な作戦を共同して実施するため、役割分担の決定、作戦行動の整合性の確保等についての手続をあらかじめ定めておく。

(ロ) 日米間の調整メカニズム

日米両国の関係機関の間における必要な調整は、日米間の調整メカニズムを通じて行われる。自衛隊及び米軍は、効果的な作戦を共同して実施するため、作戦、情報活動及び後方支援について、日米共同調整所の活用を含め、この調整メカニズムを通じて相互に緊密に調整する。

(ハ) 通信電子活動

日米両国政府は、通信電子能力の効果的な活用を確保するため、相互に支援する。

(ニ) 情報活動

日米両国政府は、効果的な作戦を共同して実施するため、情報活動について協力する。これには、情報の要求、収集、処理及び配布についての調整が含まれる。その際、日米両国政府は、共有した情報の保全に関し各々責任を負う。

(ホ) 後方支援活動

自衛隊及び米軍は、日米間の適切な取決めに従い、効率的かつ適切に後方支援活動を実施する。

日米両国政府は、後方支援の効率性を向上させ、かつ、各々の能力不足を軽減するよう、中央政府及び地方公共団体が有する権限及び能力並びに民間が有する能力を適切に活用しつつ、相互支援活動を実施する。その際、特に次の事項に配慮する。

(i) 補給

米国は、米国製の装備品等の補給品の取得を支援し、日本は、日本国内における補給品の取得を支援する。

(ii) 輸送

日米両国政府は、米国から日本への補給品の航空輸送及び海上輸送を含む輸送活動について、緊密に協力する。

(iii) 整備

日本は、日本国内において米軍の装備品の整備を支援し、米国は、米国製の品目の整備であって日本の整備能力が及ばないものについて支援を行う。整備の支援には、必要に応じ、整備要員の技術指導を含む。また、日本は、サルベージ及び回収に関する米軍の需要についても支援を行う。

(iv) 施設

日本は、必要に応じ、日米安全保障条約及びその関連取極に従って新たな施設・区域を提供する。また、作戦を効果的かつ効率的に実施するために必要な場合には、自衛隊及び米軍は、同条約及びその関連取極に従って、自衛隊の施設及び米軍の施設・区域の共同使用を実施する。

(v) 衛生

日米両国政府は、衛生の分野において、傷病者の治療及び後送等の相互支援を行う。

V．日本周辺地域における事態で日本の平和と安全に重要な影響を与える場合（周辺事態）の協力

周辺事態は、日本の平和と安全に重要な影響を与える事態である。周辺事態の概念は、地理的なものではなく、事態の性質に着目したものである。日米両国政府は、周辺事態が発生することのないよう、外交上のものを含むあらゆる努力を払う。日米両国政府は、個々の事態の状況について共通の認識に到達した場合に、各々の行う活動を効果的に調整する。なお、周辺事態に対応する際にとられる措置は、情勢に応じて異なり得るものである。

1．周辺事態が予想される場合

周辺事態が予想される場合には、日米両国政府は、その事態について共通の認識に到達するための努力を含め、情報交換及び政策協議を強化する。

同時に、日米両国政府は、事態の拡大を抑制するため、外交上のものを含むあらゆる努力を払うとともに、日米共同調整所の活用を含め、日米間の調整メカニズムの運用を早期に開始する。また、日米両国政府は、適切に協力しつつ、合意によって選択された準備段階に従い、整合のとれた対応を確保するために必要な準備を行う。更に、日米両国政府は、情勢の変化に応じ、情報収集及び警戒監視を強化するとともに、情勢に対応するための即応態勢を強化する。

2．周辺事態への対応

周辺事態への対応に際しては、日米両国政府は、事態の拡大の抑制のためのものを含む適切な措置をとる。これらの措置は、上記Ⅱに掲げられた基本的な前提及び考え方に従い、かつ、各々の判断に基づいてとられる。日米両国政府は、適切な取決めに従って、必要に応じて相互支援を行う。

協力の対象となる機能及び分野並びに協力項目例は、以下に整理し、別表に示すとおりである。

(1) 日米両国政府が各々主体的に行う活動における協力

日米両国政府は、以下の活動を各々の判断の下に実施することができるが、日米間の協力は、その実効性を高めることとなる。

(イ) 救援活動及び避難民への対応のための措置

日米両国政府は、被災地の現地当局の同意と協力を得つつ、救援活動を行う。日米両国政府は、各々の能力を勘案しつつ、必要に応じて協力する。

日米両国政府は、避難民の取扱いについて、必要に応じて協力する。避難民が日本の領域に流入してくる場合については、日本がその対応の在り方を決定するとともに、主として日本が責任を持ってこれに対応し、米国は適切な支援を行う。

(ロ) 捜索・救難

日米両国政府は、捜索・救難活動について協力する。日本は、日本領域及び戦闘行動が行われている地域とは一線を画される日本の周囲の海域において捜索・救難活動を実施する。米国は、米軍が活動している際には、活

動区域内及びその付近での捜索・救難活動を実施する。

(ハ) 非戦闘員を退避させるための活動

日本国民又は米国国民である非戦闘員を第三国から安全な地域に退避させる必要が生じる場合には、日米両国政府は、自国の国民の退避及び現地当局との関係について各々責任を有する。日米両国政府は、各々が適切であると判断する場合には、各々の有する能力を相互補完的に使用しつつ、輸送手段の確保、輸送及び施設の使用に係るものを含め、これらの非戦闘員の退避に関して、計画に際して調整し、また、実施に際して協力する。日本国民又は米国国民以外の非戦闘員について同様の必要が生じる場合には、日米両国が、各々の基準に従って、第三国の国民に対して退避に係る援助を行うことを検討することもある。

(ニ) 国際の平和と安定の維持を目的とする経済制裁の実効性を確保するための活動

日米両国政府は、国際の平和と安定の維持を目的とする経済制裁の実効性を確保するための活動に対し、各々の基準に従って寄与する。

また、日米両国政府は、各々の能力を勘案しつつ、適切に協力する。そのような協力には、情報交換、及び国際連合安全保障理事会決議に基づく船舶の検査に際しての協力が含まれる。

(2) 米軍の活動に対する日本の支援

(イ) 施設の使用

日米安全保障条約及びその関連取極に基づき、日本は、必要に応じ、新たな施設・区域の提供を適時かつ適切に行うとともに、米軍による自衛隊施設及び民間空港・港湾の一時的使用を確保する。

(ロ) 後方地域支援

日本は、日米安全保障条約の目的の達成のため活動する米軍に対して、後方地域支援を行う。この後方地域支援は、米軍が施設の使用及び種々の活動を効果的に行うことを可能とすることを主眼とするものである。そのような性質から、後方地域支援は、主として日本の領域において行われるが、戦闘行動が行われている地域とは一線を画される日本の周囲の公海及びその上空において行われることもあると考えられる。

後方地域支援を行うに当たって、日本は、中央政府及び地方公共団体が有する権限及び能力並びに民間が有する能力を適切に活用する。自衛隊は、日本の防衛及び公共の秩序維持のための任務の遂行と整合を図りつつ、適切にこのような支援を行う。

(3) 運用面における日米協力

周辺事態は、日本の平和と安全に重要な影響を与えることから、自衛隊は、生命・財産の保護及び航行の安全確保を目的として、情報収集、警戒監視、機雷の除去等の活動を行う。米軍は、周辺事態により影響を受けた平和と安全の回復のための活動を行う。

自衛隊及び米軍の双方の活動の実効性は、関係機関の関与を得た協力及び調整により、大きく高められる。

Ⅵ. 指針の下で行われる効果的な防衛協力のための日米共同の取組み

指針の下での日米防衛協力を効果的に進めるためには、平素、日本に対する武力攻撃及び周辺事態という安全保障上の種々の状況を通じ、日米両国が協議を行うことが必要である。日米防衛協力が確実に成果を挙げていくためには、双方が様々なレベルにおいて十分な情報の提供を受けつつ、調整を行うことが不可欠である。このため、日米両国政府は、日米安全保障協議委員会及び日米安全保障高級事務レベル協議を含むあらゆる機会をとらえて情報交換及び政策協議を充実させていくほか、協議の促進、政策調整及び作戦・活動分野の調整のための以下の2つのメカニズムを構築する。

第一に、日米両国政府は、計画についての検討を行うとともに共通の基準及び実施要領等を確立するため、包括的なメカニズムを構築する。これには、自衛隊及び米軍のみならず、各々の政府のその他の関係機関が関与する。

日米両国政府は、この包括的なメカニズムの在り方を必要に応じて改善する。日米安全保障協議委員会は、このメカニズムの行う作業に関する政策的な方向性を示す上で引き続き重要な役割を有する。日米安全保障協議委員会は、方針を提示し、作業の進捗を確認し、必要に応じて指示を発出する責任を有する。防衛協力小委員会は、共同作業において、日米安全保障協議委員会を補佐する。

第二に、日米両国政府は、緊急事態において各々の活動に関する調整を行うため、両国の関係機関を含む日米間の調整メカニズムを平素から構築しておく。

1. 計画についての検討並びに共通の基準及び実施要領等の確立のための共同作業

双方の関係機関の関与を得て構築される包括的なメカニズムにおいては、以下に掲げる共同作業を計画的かつ効率的に進める。これらの作業の進捗及び結果は、節目節目に日米安全保障協議委員会及び防衛協力小委員会に対して報告される。

(1) 共同作戦計画についての検討及び相互協力計画についての検討

自衛隊及び米軍は、日本に対する武力攻撃に際して整合のとれた行動を円滑かつ効果的に実施し得るよう、平素から共同作戦計画についての検討を行う。また、日米両国政府は、周辺事態に円滑かつ効果的に対応し得るよう、平素から相互協力計画についての検討を行う。

共同作戦計画についての検討及び相互協力計画についての検討は、その結果が日米両国政府の各々の計画に適切に反映されることが期待されるという前提の下で、種々の状況を想定しつつ行われる。日米両国政府は、実際の状況に照らして、日米両国各々の計画を調整する。日米両国政府は、共同作戦計画についての検討と相互協力計画についての検討との間の整合を図るよう留意することにより、周辺事態が日本に対する武力攻撃に波及する可能性のある場合又は両者が同時に生起する場合に適切に対応し得るようにする。
(2) 準備のための共通の基準の確立

日米両国政府は、日本の防衛のための準備に関し、共通の基準を平素から確立する。この基準は、各々の準備段階における情報活動、部隊の活動、移動、後方支援その他の事項を明らかにするものである。日本に対する武力攻撃が差し迫っている場合には、日米両国政府の合意により共通の準備段階が選択され、これが、自衛隊、米軍その他の関係機関による日本の防衛のための準備のレベルに反映される。

同様に、日米両国政府は、周辺事態における協力措置の準備に関しても、合意により共通の準備段階を選択し得るよう、共通の基準を確立する。
(3) 共通の実施要領等の確立

日米両国政府は、自衛隊及び米軍が日本の防衛のための整合のとれた作戦を円滑かつ効果的に実施できるよう、共通の実施要領等をあらかじめ準備しておく。これには、通信、目標位置の伝達、情報活動及び後方支援並びに相撃防止のための要領とともに、各々の部隊の活動を適切に律するための基準が含まれる。また、自衛隊及び米軍は、通信電子活動等に関する相互運用性の重要性を考慮し、相互に必要な事項をあらかじめ定めておく。

2．日米間の調整メカニズム

日米両国政府は、日米両国の関係機関の関与を得て、日米間の調整メカニズムを平素から構築し、日本に対する武力攻撃及び周辺事態に際して各々が行う活動の間の調整を行う。

調整の要領は、調整すべき事項及び関与する関係機関に応じて異なる。調整の要領には、調整会議の開催、連絡員の相互派遣及び連絡窓口の指定が含まれる。自衛隊及び米軍は、この調整メカニズムの一環として、双方の活動について調整するため、必要なハードウェア及びソフトウェアを備えた日米共同調整所を平素から準備しておく。

Ⅶ．指針の適時かつ適切な見直し

日米安全保障関係に関連する諸情勢に変化が生じ、その時の状況に照らして必要と判断される場合には、日米両国政府は、適時かつ適切な形でこの指針を見直す。

（別　表）　周辺事態における協力の対象となる機能及び分野並びに協力項目例

機能及び分野			検討項目例
日米両国政府が各々主体的に行う活動における協力	救援活動及び避難民への対応のための措置		○被災地への人員及び補給品の輸送 ○被災地における衛生、通信及び輸送 ○避難民の救援及び輸送のための活動並びに避難民に対する応急物資の支給
	捜索・救難		○日本領域及び日本の周囲の海域における捜索・救難活動並びにこれに関する情報の交換
	非戦闘員を退避させるための活動		○情報の交換並びに非戦闘員との連絡及び非戦闘員の集結・輸送 ○非戦闘員の輸送のための米航空機・船舶による自衛隊施設及び民間空港・港湾の使用 ○非戦闘員の日本入国時の通関、出入国管理及び検疫 ○日本国内における一時的な宿泊、輸送及び衛生に係る非戦闘員への援助
	国際の平和と安定の維持を目的とする経済制裁の実効性を確保するための活動		○経済制裁の実効性を確保するために国際連合安全保障理事会決議に基づいて行われる船舶の検査及びこのような検査に関連する活動 ○情報の交換
米軍の活動に対する日本の支援	施設の使用		○補給等を目的とする米航空機・船舶による自衛隊施設及び民間空港・港湾の使用 ○自衛隊施設及び民間空港・港湾における米国による人員及び物資の積卸しに必要な場所及び保管施設の確保 ○米航空機・船舶による使用のための自衛隊施設及び民間空港・港湾の運用時間の延長 ○米航空機による自衛隊の飛行場の使用 ○訓練・演習区域の提供 ○米軍施設・区域内における事務所・宿泊所等の建設
	後方地域支援	補給	○自衛隊施設及び民間空港・港湾における米航空機・船舶に対する物資（武器・弾薬を除く。）及び燃料・油脂・潤滑油の提供 ○米軍施設・区域に対する物資（武器・弾薬を除く。）及び燃料・油脂・潤滑油の提供
		輸送	○人員、物資及び燃料・油脂・潤滑油の日本国内における陸上・海上・航空輸送 ○公海上の米船舶に対する人員、物資及び燃料・油脂・潤滑油の海上輸送 ○人員、物資及び燃料・油脂・潤滑油の輸送のための車両及びクレーンの使用
		整備	○米航空機・船舶・車両の修理・整備 ○修理部品の提供 ○整備用資器材の一時提供
		衛生	○日本国内における傷病者の治療 ○日本国内における傷病者の輸送 ○医薬品及び衛生機具の提供
		警備	○米軍施設・区域の警備 ○米軍施設・区域の周囲の海域の警戒監視 ○日本国内の輸送経路上の警備 ○情報の交換
		通信	○日米両国の関係機関の間の通信のための周波数（衛星通信用を含む。）の確保及び器材の提供
		その他	○米船舶の出入港に対する支援 ○自衛隊施設及び民間空港・港湾における物資の積卸し ○米軍施設・区域内における汚水処理、給水、給電等 ○米軍施設・区域従業員の一時増員
運用面における日米協力	警戒監視		○情報の交換
	機雷除去		○日本領域及び日本の周囲の公海における機雷の除去並びに機雷に関する情報の交換
	海・空域調整		○日本領域及び周囲の海域における交通量の増大に対応した海上運航調整 ○日本領域及び周囲の空域における航空交通管制及び空域調整

⑤「指針」見直しの経緯

年 月 日	会談・協議等	備 考
8.4.17	日米首脳会談	「日米安保共同宣言」 見直し開始を明記
8.6.28	防衛協力小委員会(SDC)の改組	見直し作業開始
8.7.18	第1回SDC	SDCの下に代理会合を設置
8.8.2	第1回SDC代理会合	
8.9.13	第2回SDC代理会合	作業班の設置
8.9.17	第2回SDC	
8.9.19	日米安全保障協議委員会(2+2)	「進捗状況報告」了承
≀	専門家を含めた作業班(SDCワークショップ)を中心として作業を実施	
9.5.19	第3回SDC代理会合	
9.6.3	第4回SDC代理会合	
9.6.7	第3回SDC	「中間とりまとめ」公表
9.7.29	第5回SDC代理会合	
9.8.29	第4回SDC	
9.9.9	第6回SDC代理会合	
9.9.19	第7回SDC代理会合	
9.9.22	第5回SDC	
9.9.23	日米安全保障協議委員会(2+2)	新「指針」了承

SDC：防衛協力小委員会（Subcommittee for Defense Cooperation）

⑥ 日米防衛協力のための指針の実効性の確保について

（平成9年9月29日閣議決定）

1．日米両国政府は、「平成8年度以降に係る防衛計画の大綱」（平成7年11月28日閣議決定）及び「日米安全保障共同宣言」（平成8年4月17日）を踏まえて、日本と米国との間に既に構築されている緊密な協力関係を増進するため、昭和53年に日米安全保障協議委員会により了承された日米防衛協力のための指針の見直しを行ってきた。

去る9月23日午前（日本時間24日未明）、日米両国政府は、ニュー・ヨークで日米安全保障協議委員会を開催し、同会議において、かかる見直し作業の成果として、従来の指針に代わるものとして、新たな日米防衛協力のための指針が了承され、本日、安全保障会議の了承を経て、外務大臣及び防衛庁長官から閣議報告された。

2．政府としては、これまでも、我が国の平和と安全を確保するため、我が国に対する武力攻撃をはじめとする危機の発生を防止するとともに、万一危機が発生した場合にこれに適切に対処し得るよう各種の施策を推進してきたところであるが、今般了承された新たな日米防衛協力のための指針は、平素からの、並びに日本に対する武力攻撃及び日本周辺地域における事態で日本の平和と安全に重要な影響を与える場合に際しての、より効果的かつ信頼性のある日米協力のための堅固な基礎を構築することを目的としており、同指針の実効性を確保することは、我が国の平和と安全を確保するための態勢の充実を図る上で重要である。

3．このような観点から、今後、同指針に示された共同作戦計画及び相互協力計画についての検討を含む日米両国政府間の共同作業を円滑かつ効果的に実施していくため、政府全体が協力して作業を行うことが必要である。また、政府として、引き続き我が国の平和と安全を確保するための施策を推進するに当たっては、これらの共同作業の状況も踏まえつつ行っていくことが必要である。

4．以上のような考え方を踏まえ、新たな日米防衛協力のための指針の実効性を確保し、もって我が国の平和と安全を確保するための態勢の充実を図るため、法的側面を含め、政府全体として検討の上、必要な措置を適切に講ずることとする。

⑦「指針」実効性確保のための措置の経緯

年　月　日	会談・協議等	備　考
9.9.29	「日米防衛協力のための指針の実効性の確保について」閣議決定	
9.10.17	第8回SDC代理会合	
9.11.10	第9回SDC代理会合	
10.1.17	第10回SDC代理会合	
10.1.20	第6回SDC	
10.1.20	日米防衛外務閣僚級会合 (久間・小渕・コーエン)	包括的なメカニズムの構築を了承
10.3.13	第11回SDC代理会合	
10.4.28	周辺事態に際して我が国の平和及び安全を確保するための措置に関する法律案(周辺事態安全確保法案)及び自衛隊法の一部を改正する法律案を閣議決定の上国会提出。	
10.4.28	日米物品役務相互提供協定改正協定を閣議決定の上署名。	
10.4.30	日米物品役務相互提供協定改正協定を閣議決定の上国会に提出。	
11.5.24	周辺事態安全確保法、自衛隊法の一部を改正する法律が国会で成立。日米物品役務相互提供協定改正協定が国会で承認。	
11.5.28	周辺事態安全確保法公布。自衛隊法の一部を改正する法律公布・施行。	
11.8.25	周辺事態安全確保法施行。	
11.9.25	日米物品役務相互提供協定改正協定発効。	
12.1.21	第12回SDC代理会合	
12.9.10	第7回SDC	調整メカニズムの構築
12.9.11	日米安全保障協議委員会 (河野・虎島・オルブライト・コーエン)	調整メカニズムの構築を歓迎
12.10.27	船舶検査活動法案を閣議決定の上、国会提出	
12.11.30	船舶検査活動法成立	
12.12.6	船舶検査活動法公布	

SDC：防衛協力小委員会（Subcommittee for Defense Cooperation）

周辺事態に対する対応の手順

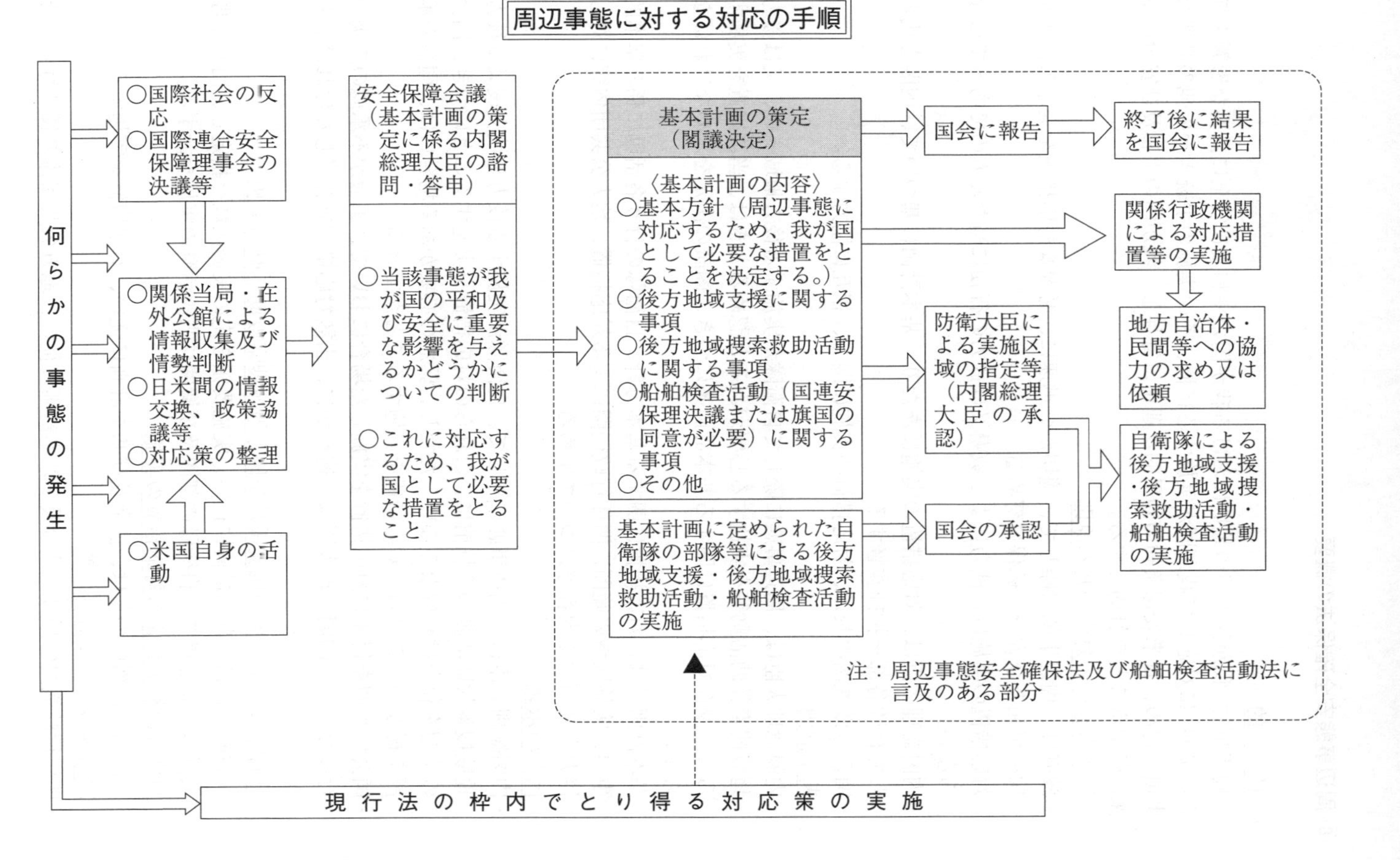

⑧ 周辺事態安全確保法の概要

○ 目　　的

周辺事態（我が国周辺の地域における我が国の平和及び安全に重要な影響を与える事態）に対応して我が国が実施する措置、その実施の手続きその他の必要な事項を定め、日米安保条約の効果的な運用に寄与し、我が国の平和及び安全の確保に資することを目的とする。

○ 周辺事態への対応の基本原則

・政府は、周辺事態に際して、適切かつ迅速に、必要な対応措置を実施し、我が国の平和及び安全の確保に努める。
・対応措置の実施は、武力による威嚇又は武力の行使に当たるものであってはならない。
・内閣総理大臣は、対応措置の実施にあたり、基本計画に基づいて、内閣を代表して行政各部を指揮監督する。
・関係行政機関の長は、対応措置の実施に関し、相互に協力する。

○ 基本計画

・内閣総理大臣は、周辺事態に際して自衛隊が実施する後方地域支援、又は後方地域捜索救助活動等を実施する必要があると認めるときは、当該措置を実施すること及び対応措置に関する基本計画案につき、閣議の決定を求めなければならない。
・基本計画では、対応措置に関する基本方針、自衛隊の行う各活動に係る基本的事項、実施区域の範囲、関係行政機関による対応措置、地方公共団体等に対し協力を要請する内容等について定める。

○ 国会の承認

・内閣総理大臣は、周辺事態に際して、自衛隊が実施する後方地域支援又は後方地域捜索救助活動の実施前に、これらの対応措置を実施することにつき、国会の承認を得なければならない。ただし、緊急の必要がある場合には、国会の承認を得ないでこれらの対応措置を実施することができる。
・国会の承認を得ずに対応措置を実施した場合において、国会が不承認の議決を行った場合、内閣総理大臣は、速やかに、当該対応措置を終了しなければならない。

○ 自衛隊による後方地域支援及び後方地域捜索救助活動の実施

防衛大臣は、基本計画に従い、実施要領を定め実施区域を指定し、内閣総理大臣の承認を得て、自衛隊の部隊及び機関に当該活動の実施を命ずる。

○ 関係行政機関による対応措置の実施

関係行政機関の長は、法令及び基本計画に従い、対応措置を実施する。

○ 国以外の者による協力等

・関係行政機関の長は、法令及び基本計画に従い、地方公共団体の長に対し、その有する権限の行使について必要な協力を求めることができる。
・関係行政機関の長は、法令及び基本計画に従い、国以外の者に対し、必要な協力を依頼することができる。
・政府は、協力を求められ又は協力を依頼された国以外の者が、その協力により損失を受けた場合には、その損失に関し、必要な財政上の措置を講ずる。

○ 国会への報告

内閣総理大臣は、基本計画の決定又は変更があったときは、その内容を、基本計画に定める対応措置が終了したときは、その結果を、遅滞なく国会に報告しなければならない。

○ 武器の使用

後方地域支援としての自衛隊の役務の提供の実施又は後方地域捜索救助活動の実施を命ぜられた自衛隊の部隊等の自衛官は、以下の場合に、自己又は自己と共に当該職務に従事する者の生命又は身体の防護のためやむを得ない必要があると認める相当の理由がある場合には、その事態に応じ合理的に必要と判断される限度で武器を使用することができる。

1) 後方地域支援としての自衛隊の役務の提供を実施する場合：その職務を行うに際し
2) 後方地域捜索救助活動を実施する場合：遭難者の救助の職務を行うに際し

安保体制

⑨ 船舶検査活動法の概要

○ 目的

この法律は、周辺事態安全確保法第一条に規定する周辺事態に対応して我が国が実施する船舶検査活動に関し、その実施の態様、手続その他の必要な事項を定め、周辺事態安全確保法と相まって、日米安保条約の効果的な運用に寄与し、我が国の平和及び安全の確保に資することを目的とする。

○ 定義

「船舶検査活動」とは、周辺事態に際し、貿易その他の経済活動に係る規則措置であって我が国が参加するものの厳格な実施を確保する目的で、当該厳格な実施を確保するために必要な措置を執ることを要請する国際連合安全保障理事会の決議に基づいて、又は旗国の同意を得て、船舶(軍艦等を除く。)の積荷及び目的地を検査し、確認する活動並びに必要に応じ当該船舶の航路又は目的港若しくは目的地の変更を要請する活動であって、我が国領海又は我が国周辺の公海(排他的経済水域を含む。)において我が国が実施するものをいう。

○ 船舶検査活動の実施

船舶検査活動は、自衛隊の部隊等が実施する。この場合において、船舶検査活動を行う自衛隊の部隊等において、その実施に伴い、当該活動に相当する活動を行う日米安保条約の目的の達成に寄与する活動を行っているアメリカ合衆国の軍隊の部隊に対して後方地域支援として行う自衛隊に属する物品の提供及び自衛隊による役務の提供は、周辺事態安全確保法別表第二に掲げるものとする。

○ 周辺事態安全確保法に規定する基本計画に定める事項

船舶検査活動の実施に際しては、次に掲げる事項を周辺事態安全確保法第四条第一項に規定する基本計画(以下「基本計画」という。)に定めるものとすること。

- 当該船舶検査活動に係る基本的事項
- 当該船舶検査活動を行う自衛隊の部隊等の規模等
- 当該船舶検査活動を実施する区域の範囲及び当該区域の指定に関する事項
- 規制措置の対象物品の範囲
- 当該船舶検査活動の実施に伴う第三の後方地域支援を行う場合におけるその実施に関する重要事項(当該後方地域支援を実施する区域の範囲及び当該区域の指定に関する事項を含む。)
- その他当該船舶検査活動の実施に関する重要事項

○ 船舶検査活動の実施の態様等

- 防衛大臣は、基本計画に従い、船舶検査活動について、実施要項を定め、これについて内閣総理大臣の承認を得て、自衛隊の部隊等にその実施を命ずる。実施要項(実施区域を縮小する変更を除く。)の変更についても同様とする。
- 防衛大臣は、実施要項において、当該船舶検査活動を実施する区域を指定すること。この場合において、実施区域は、外国による船舶検査活動に相当する活動と混交して行われることがないよう、明確に区別して指定しなければならない。

・船舶検査活動の実施の態様は、船舶の航行状況の監視、船舶の名称等の照会、船長等の承諾を得ての乗船検査・確認、航路等の変更の要請等とする。
・実施区域の指定の変更及び活動の中断については、周辺事態安全確保法第六条第四項の規定を準用する。
・後方地域支援については、周辺事態安全確保法第六条の規定を準用する。

○　武器の使用

・船舶検査活動の実施を命ぜられた自衛隊の部隊等の自衛官は、当該船舶検査活動の対象船舶に乗船してその職務を行うに際し、自己又は自己と共に当該職務に従事する者の生命又は身体の防護のためやむを得ない必要があると認める相当の理由がある場合には、合理的に必要と判断される限度で武器を使用することができる。
・武器の使用に際しては、刑法第三十六条又は第三十七条に該当する場合のほか、人に危害を与えてはならない。

Ⅱ．前「指針」の見直し

日米防衛協力のための指針の見直しに関する中間報告

2014年10月8日

Ⅰ．序文

2013年10月3日に東京で開催された「2＋2」日米安全保障協議委員会（SCC）会合において、日米両国の閣僚は、複雑な地域環境と変化する世界における、より力強い同盟のための戦略的な構想を明らかにした。閣僚は、日本の安全に対する同盟の揺るぎない決意を再確認し、アジア太平洋地域における平和と安全の維持のために日米両国が果たす不可欠な役割を再確認した。閣僚はまた、同盟がアジア太平洋及びこれを越えた地域に対して前向きに貢献し続ける国際的な協力の基盤であることを認めた。より広範なパートナーシップのためのこの戦略的な構想は、能力の強化とより大きな責任の共有を必要としており、閣僚は、1997年の日米防衛協力のための指針の見直しを求めた。

指針の見直しは、日米両国の戦略的な目標及び利益と完全に一致し、アジア太平洋及びこれを越えた地域の利益となる。米国にとって、指針の見直しは、米国政府全体としてのアジア太平洋地域へのリバランスと整合する。日本にとって、指針の見直しは、その領域と国民を守るための取組及び国際協調主義に基づく「積極的平和主義」に対応する。切れ目のない安全保障法制の整備のための2014年7月1日の日本政府の閣議決定は、日本国憲法に従った自衛隊の活動の拡大を視野に入れている。指針の見直しは、この閣議決定の内容を適切に反映し、同盟を強化し、抑止力を強化する。見直し後の指針はまた、日米両国が、国際の平和と安全に対し、より広く寄与することを可能とする。

(1) 見直しプロセスの内容

2013年10月3日のSCC会合において、日米両国の閣僚は、防衛協力小委員会（SDC）に対し、日本を取り巻く変化する安全保障環境に対処するため、1997年の指針の変更に関する勧告を作成するよう指示した。議論は、自衛隊及び米軍各々の適切な役割及び任務を検討するための運用レベルの協議から、防衛協力に焦点を当てた政策レベルの対話にまで及んでいる。

(2) 中間報告の概観

SDCは、見直しについての国内外の理解を促進するため、SCCの指示の下で実施されてきた作業を要約し、この中間報告を発出する。今後の更なる作業の結果、修正や追加があり得る。

この中間報告は、見直し後の指針についての枠組み及び目的を明確にかつ透明性をもって示すためのものである。準備作業の過程で、日米両政府は、次の事項の重要性について共通認識に達した。

・切れ目のない、実効的な、政府全体にわたる同盟内の調整

・日本の安全が損なわれることを防ぐための措置をとること
・より平和で安定した国際的な安全保障環境を醸成するための日米協力の強化
・同盟の文脈での宇宙及びサイバー空間における協力
・適時かつ実効的な相互支援

この中間報告は、いずれの政府にも法的権利又は義務を生じさせるものではない。

Ⅱ．指針及び日米防衛協力の目的

SDCは、新たに発生している、及び将来の安全保障上の課題によって、よりバランスのとれた、より実効的な同盟が必要となっていることを認識し、平時から緊急事態までのいかなる状況においても日本の平和と安全を確保するとともに、アジア太平洋及びこれを越えた地域が安定し、平和で繁栄したものとなるよう、相互の能力及び相互運用性の強化に基づく日米両国の適切な役割及び任務について議論を行ってきた。

将来の日米防衛協力は次の事項を強調する。

- 切れ目のない、力強い、柔軟かつ実効的な日米共同の対応
- 日米同盟のグローバルな性質
- 地域の他のパートナーとの協力
- 日米両政府の国家安全保障政策間の相乗効果
- 政府一体となっての同盟としての取組

将来を見据え、見直し後の指針は、日米両国の役割及び任務並びに協力及び調整の在り方についての一般的な大枠及び政策的な方向性を更新する。指針はまた、平和と安全を促進し、あり得べき紛争を抑止する。これにより、指針は日米安全保障体制についての国内外の理解を促進する。

Ⅲ．基本的な前提及び考え方

見直し後の指針及びその下で行われる取組は、次の基本的な前提及び考え方に従う。

- 日米安全保障条約及びその関連取極に基づく権利及び義務並びに日米同盟関係の基本的な枠組みは変更されない。
- 日米両国の全ての行為は、紛争の平和的解決及び主権平等を含む国際法の基本原則並びに国際連合憲章を始めとする関連する国際約束に合致するものである。
- 日米両国の全ての行為は、各々の憲法及びその時々において適用のある国内法令並びに国家安全保障政策の基本的な方針に従って行われる。日本の行為は、専守防衛、非核三原則等の日本の基本的な方針に従って行われる。
- 指針及びその下で行われる取組は、いずれの政府にも立法上、予算上又は行政上の措置をとることを義務付けるものではなく、また、指針は、いずれの政府にも法的権利又は義務を生じさせるものではない。しかしながら、日米協力のための実効的な態勢の構築が指針及びその下で行われる取組の目標であることから、日米両政府が、各々の判断に従い、このような努力の結果を各々の具

体的な政策や措置に適切な形で反映することが期待される。

Ⅳ．強化された同盟内の調整

日米両政府は、日本の平和と安全に影響を及ぼす状況、地域の及びグローバルな安定を脅かす状況、又は同盟の対応を必要とする可能性があるその他の状況に対処するため、全ての関係機関の関与を得る、切れ目のない、実効的な政府全体にわたる同盟内の調整を確保する。このため、日米両政府は、同盟内の調整の枠組みを改善し、適時の情報共有並びに政策面及び運用面の調整を可能とする。

日米両政府は、各々の政府の全ての関係機関の関与を確保する、強化された計画検討のメカニズムを通じ、日本の平和と安全に関連する共同の計画検討を強化する。

Ⅴ．日本の平和及び安全の切れ目のない確保

現在の安全保障環境の下で、持続する、及び新たに発生する国際的な脅威は、日本の平和と安全に対し深刻かつ即時の影響をもたらし得る。また、日本に対する武力攻撃を伴わないときでも、日本の平和と安全を確保するために迅速で力強い対応が必要となる場合もある。このような複雑な安全保障環境に鑑み、日米両政府は、平時から緊急事態までのいかなる段階においても、切れ目のない形で、日本の安全が損なわれることを防ぐための措置をとる。見直し後の指 針に記述されるそれらの措置は、次のものを含み得るが、これに限定されない。

- 情報収集、警戒監視及び偵察
- 訓練・演習
- 施設・区域の使用
- 後方支援
- アセット(装備品等)の防護
- 防空及びミサイル防衛
- 施設・区域の防護
- 捜索・救難
- 経済制裁の実効性を確保するための活動
- 非戦闘員を退避させるための活動
- 避難民への対応のための措置
- 海洋安全保障

日本に対する武力攻撃の場合、日本は、当該攻撃を主体的に排除する。米国は、適切な場合の打撃作戦を含め、協力を行う。

見直し後の指針は、日本に対する武力攻撃を伴う状況及び、日本と密接な関係にある国に対する武力攻撃が発生し、日本国憲法の下、2014年7月1日の日本政府の閣議決定の内容に従って日本の武力の行使が許容される場合における日米両政府間の協力について詳述する。

東日本大震災への対応から得られた教訓に鑑み、見直し後の指針は、日本におけ

る大規模災害の場合についての日米両政府間の協力について記述する。

Ⅵ. 地域の及びグローバルな平和と安全のための協力

地域の及びグローバルな変化する安全保障環境の影響を認識し、日米両政府は、日米同盟のグローバルな性質を反映するため、協力の範 を拡大する。日米両政府は、より平和で安定した国際的な安全保障環境を醸成するため、様々な分野において二国間協力を強化する。二国間協力をより実効的なものとするため、日米両政府は、地域の同盟国やパートナーとの三か国間及び多国間の安全保障及び防衛協力を推進する。見直し後の指針は、国際法と国際的に受け入れられた規範に基づいて安全保障及び防衛協力を推進するための日米両政府の協力の在り方を示す。当該協力の対象分野は、次のものを含み得るが、これに限定されない。

- 平和維持活動
- 国際的な人道支援・災害救援
- 海洋安全保障
- 能力構築
- 情報収集、警戒監視及び偵察
- 後方支援
- 非戦闘員を退避させるための活動

Ⅶ. 新たな戦略的領域における日米共同の対応

近年、宇宙及びサイバー空間の利用及びこれらへの自由なアクセスを妨げ得るリスクが拡散し、より深刻になっている。日米両政府は、これらの新たに発生している安全保障上の課題に切れ目なく、実効的かつ適時に対処することによって、宇宙及びサイバー空間の安定及び安全を強化する決意を共有する。特に、自衛隊及び米軍は、それらの任務を達成するために依存している重要インフラのサイバーセキュリティを改善することを含め、宇宙及びサイバー空間の安全かつ安定的な利用を確保するための政府一体となっての取組に寄与しつつ、関連する宇宙アセット並びに各々のネットワーク及びシステムの抗たん性を確保するよう取り組む。

見直し後の指針は、宇宙及びサイバー空間における協力を記述する。宇宙に関する協力は、宇宙の安全かつ安定的な利用を妨げかねない行動や事象及び宇宙における抗たん性を構築するための協力方法に関する情報共有を含む。サイバー空間に関する協力は、平時から緊急事態までのサイバー脅威及び脆弱性についての情報共有並びに任務保証のためのサイバーセキュリティの強化を含む。

Ⅷ. 日米共同の取組

日米両政府は、様々な分野における緊密な協議を実施し、双方が関心を有する国際情勢についての情報共有を強化し、意見交換を継続する。日米両政府はまた、次のものを含み得るが、これに限定されない分野の安全保障及び防衛協力を強化し、発展させ続ける。

- •防衛装備・技術協力
- •情報保全
- •教育・研究交流

Ⅸ. 見直しのための手順

見直し後の指針は、将来の指針の見直し及び更新のための手順を記述する。

Ⅲ．日米防衛協力のための指針

日米防衛協力のための指針

2015年4月27日

Ⅰ．防衛協力と指針の目的

平時から緊急事態までのいかなる状況においても日本の平和及び安全を確保するため、また、アジア太平洋地域及びこれを越えた地域が安定し、平和で繁栄したものとなるよう、日米両国間の安全保障及び防衛協力は、次の事項を強調する。

- 切れ目のない、力強い、柔軟かつ実効的な日米共同の対応
- 日米両政府の国家安全保障政策間の相乗効果
- 政府一体となっての同盟としての取組
- 地域の及び他のパートナー並びに国際機関との協力
- 日米同盟のグローバルな性質

日米両政府は、日米同盟を継続的に強化する。各政府は、その国家安全保障政策に基づき、各自の防衛態勢を維持する。日本は、「国家安全保障戦略」及び「防衛計画の大綱」に基づき防衛力を保持する。米国は、引き続き、その核戦力を含むあらゆる種類の能力を通じ、日本に対して拡大抑止を提供する。米国はまた、引き続き、アジア太平洋地域において即応態勢にある戦力を前方展開するとともに、それらの戦力を迅速に増強する能力を維持する。

日米防衛協力のための指針（以下「指針」という。）は、二国間の安全保障及び防衛協力の実効性を向上させるため、日米両国の役割及び任務並びに協力及び調整の在り方についての一般的な大枠及び政策的な方向性を示す。これにより、指針は、平和及び安全を促進し、紛争を抑止し、経済的な繁栄の基盤を確実なものとし、日米同盟の重要性についての国内外の理解を促進する。

Ⅱ．基本的な前提及び考え方

指針並びにその下での行動及び活動は、次の基本的な前提及び考え方に従う。

A. 日本国とアメリカ合衆国との間の相互協力及び安全保障条約（日米安全保障条約）及びその関連取極に基づく権利及び義務並びに日米同盟関係の基本的な枠組みは、変更されない。

B. 日本及び米国により指針の下で行われる全ての行動及び活動は、紛争の平和的解決及び国家の主権平等に関するものその他の国際連合憲章の規定並びにその他の関連する国際約束を含む国際法に合致するものである。

C. 日本及び米国により行われる全ての行動及び活動は、各々の憲法及びその時々において適用のある国内法令並びに国家安全保障政策の基本的な方針に従って行われる。日本の行動及び活動は、専守防衛、非核三原則等の日本の基本的な方針に従って行われる。

D. 指針は、いずれの政府にも立法上、予算上、行政上又はその他の措置をとることを義務付けるものではなく、また、指針は、いずれの政府にも法的権利又は義務を生じさせるものではない。しかしながら、二国間協力のための実効的な態勢の構築が指針の目標であることから、日米両政府が、各々の判断に従い、このような努力の結果を各々の具体的な政策及び措置に適切な形で反映することが期待される。

Ⅲ. 強化された同盟内の調整

指針の下での実効的な二国間協力のため、平時から緊急事態まで、日米両政府が緊密な協議並びに政策面及び運用面の的確な調整を行うことが必要となる。

二国間の安全保障及び防衛協力の成功を確かなものとするため、日米両政府は、十分な情報を得て、様々なレベルにおいて調整を行うことが必要となる。この目標に向かって、日米両政府は、情報共有を強化し、切れ目のない、実効的な、全ての関係機関を含む政府全体にわたる同盟内の調整を確保するため、あらゆる経路を活用する。この目的のため、日米両政府は、新たな、平時から利用可能な同盟調整メカニズムを設置し、運用面の調整を強化し、共同計画の策定を強化する。

A. 同盟調整メカニズム

持続する、及び発生する脅威は、日米両国の平和及び安全に対し深刻かつ即時の影響を与え得る。日米両政府は、日本の平和及び安全に影響を与える状況その他の同盟としての対応を必要とする可能性があるあらゆる状況に切れ目のない形で実効的に対処するため、同盟調整メカニズムを活用する。このメカニズムは、平時から緊急事態までのあらゆる段階において自衛隊及び米軍により実施される活動に関連した政策面及び運用面の調整を強化する。このメカニズムはまた、適時の情報共有並びに共通の情勢認識の構築及び維持に寄与する。日米両政府は、実効的な調整を確保するため、必要な手順及び基盤(施設及び情報通信システムを含む。)を確立するとともに、定期的な訓練·演習を実施する。

日米両政府は、同盟調整メカニズムにおける調整の手順及び参加機関の構成の詳細を状況に応じたものとする。この手順の一環として、平時から、連絡窓口に係る情報が共有され及び保持される。

B. 強化された運用面の調整

柔軟かつ即応性のある指揮・統制のための強化された二国間の運用面の調整は、日米両国にとって決定的に重要な中核的能力である。この文脈において、日米両政府は、自衛隊と米軍との間の協力を強化するため、運用面の調整機能が併置されることが引き続き重要であることを認識する。

自衛隊及び米軍は、緊密な情報共有を確保し、平時から緊急事態までの調整を円滑にし及び国際的な活動を支援するため、要員の交換を行う。自衛隊及び米軍は、緊密に協力し及び調整しつつ、各々の指揮系統を通じて行動する。

C. 共同計画の策定

日米両政府は、自衛隊及び米軍による整合のとれた運用を円滑かつ実効的に行うことを確保するため、引き続き、共同計画を策定し及び更新する。日米両政府は、計画の実効性及び柔軟、適時かつ適切な対処能力を確保するため、適切な場合に、運用面及び後方支援面の所要並びにこれを満たす方策をあらかじめ特定することを含め、関連情報を交換する。

日米両政府は、平時において、日本の平和及び安全に関連する緊急事態について、各々の政府の関係機関を含む改良された共同計画策定メカニズムを通じ、共同計画の策定を行う。共同計画は、適切な場合に、関係機関からの情報を得つつ策定される。日米安全保障協議委員会は、引き続き、方向性の提示、このメカニズムの下での計画の策定に係る進捗の確認及び必要に応じた指示の発出について責任を有する。日米安全保障協議委員会は、適切な下部組織により補佐される。

共同計画は、日米両政府双方の計画に適切に反映される。

Ⅳ. 日本の平和及び安全の切れ目のない確保

持続する、及び発生する脅威は、日本の平和及び安全に対し深刻かつ即時の影響を与え得る。この複雑さを増す安全保障環境において、日米両政府は、日本に対する武力攻撃を伴わない時の状況を含め、平時から緊急事態までのいかなる段階においても、切れ目のない形で、日本の平和及び安全を確保するための措置をとる。この文脈において、日米両政府はまた、パートナーとの更なる協力を推進する。

日米両政府は、これらの措置が、各状況に応じた柔軟、適時かつ実効的な二国間の調整に基づいてとられる必要があること、及び同盟としての適切な対応のためには省庁間調整が不可欠であることを認識する。したがって、日米両政府は、適切な場合に、次の目的のために政府全体にわたる同盟調整メカニズムを活用する。

- 状況を評価すること
- 情報を共有すること、及び
- 柔軟に選択される抑止措置及び事態の緩和を目的とした行動を含む同盟としての適切な対応を実施するための方法を立案すること

日米両政府はまた、これらの二国間の取組を支えるため、日本の平和及び安全に影響を与える可能性がある事項に関する適切な経路を通じた戦略的な情報発信を調整する。

A. 平時からの協力措置

日米両政府は、日本の平和及び安全の維持を確保するため、日米同盟の抑止力及び能力を強化するための、外交努力によるものを含む広範な分野にわたる協力を推進する。

自衛隊及び米軍は、あらゆるあり得べき状況に備えるため、相互運用性、即応性及び警戒態勢を強化する。このため、日米両政府は、次のものを含むが、これに限られない措置をとる。

1．情報収集、警戒監視及び偵察

日米両政府は、日本の平和及び安全に対する脅威のあらゆる兆候を極力早期に特定し並びに情報収集及び分析における決定的な優越を確保するため、共通の情勢認識を構築し及び維持しつつ、情報を共有し及び保護する。これには、関係機関間の調整及び協力の強化を含む。

自衛隊及び米軍は、各々のアセットの能力及び利用可能性に応じ、情報収集、警戒監視及び偵察（ISR）活動を行う。これには、日本の平和及び安全に影響を与え得る状況の推移を常続的に監視することを確保するため、相互に支援する形で共同のISR活動を行うことを含む。

2．防空及びミサイル防衛

自衛隊及び米軍は、弾道ミサイル発射及び経空の侵入に対する抑止及び防衛態勢を維持し及び強化する。日米両政府は、早期警戒能力、相互運用性、ネットワーク化による監視範囲及びリアルタイムの情報交換を拡大するため並びに弾道ミサイル対処能力の総合的な向上を図るため、協力する。さらに、日米両政府は、引き続き、挑発的なミサイル発射及びその他の航空活動に対処するに当たり緊密に調整する。

3．海洋安全保障

日米両政府は、航行の自由を含む国際法に基づく海洋秩序を維持するための措置に関し、相互に緊密に協力する。自衛隊及び米軍は、必要に応じて関係機関との調整によるものを含め、海洋監視情報の共有を更に構築し及び強化しつつ、適切な場合に、ISR及び訓練・演習を通じた海洋における日米両国のプレゼンスの維持及び強化等の様々な取組において協力する。

4．アセット（装備品等）の防護

自衛隊及び米軍は、訓練・演習中を含め、連携して日本の防衛に資する活動に現に従事している場合であって適切なときは、各々のアセット（装備品等）を相互に防護する。

5．訓練・演習

自衛隊及び米軍は、相互運用性、持続性及び即応性を強化するため、日本国内外双方において、実効的な二国間及び多国間の訓練・演習を実施する。適時かつ実践的な訓練・演習は、抑止を強化する。日米両政府は、これらの活動を支えるため、訓練場、施設及び関連装備品が利用可能、アクセス可能かつ現代的なものであることを確保するために協力する。

6．後方支援

日本及び米国は、いかなる段階においても、各々自衛隊及び米軍に対する後方支援の実施を主体的に行う。自衛隊及び米軍は、日本国の自衛隊とアメリカ合衆国軍隊との間における後方支援、物品又は役務の相互の提供に関する日本国政府とアメリカ合衆国政府との間の協定（日米物品役務相互提供協定）及びその関連取決めに規定する活動について、適切な場合に、補給、整備、輸送、施設及び衛生を含むが、これらに限らない後方支援を相互に行う。

7．施設の使用

日米両政府は、自衛隊及び米軍の相互運用性を拡大し並びに柔軟性及び抗たん性を向上させるため、施設・区域の共同使用を強化し、施設・区域の安全の確保に当たって協力する。日米両政府はまた、緊急事態へ備えることの重要性を認識し、適切な場合に、民間の空港及び港湾を含む施設の実地調査の実施に当たって協力する。

B．日本の平和及び安全に対して発生する脅威への対処

同盟は、日本の平和及び安全に重要な影響を与える事態に対処する。当該事態については地理的に定めることはできない。この節に示す措置は、当該事態にいまだ至ってない状況において、両国の各々の国内法令に従ってとり得るものを含む。早期の状況把握及び二国間の行動に関する状況に合わせた断固たる意思決定は、当該事態の抑止及び緩和に寄与する。

日米両政府は、日本の平和及び安全を確保するため、平時からの協力的措置を継続することに加え、外交努力を含むあらゆる手段を追求する。日米両政府は、同盟調整メカニズムを活用しつつ、各々の決定により、次に掲げるものを含むが、これらに限らない追加的措置をとる。

1．非戦闘員を退避させるための活動

日本国民又は米国国民である非戦闘員を第三国から安全な地域に退避させる必要がある場合、各政府は、自国民の退避及び現地当局との関係の処理について責任を有する。日米両政府は、適切な場合に、日本国民又は米国国民である非戦闘員の退避を計画するに当たり調整し及び当該非戦闘員の退避の実施に当たって協力する。これらの退避活動は、輸送手段、施設等の各国の能力を相互補完的に使用して実施される。日米両政府は、各々、第三国の非戦闘員に対して退避に係る援助を行うことを検討することができる。

日米両政府は、退避者の安全、輸送手段及び施設、通関、出入国管理及び検疫、安全な地域、衛生等の分野において協力を実施するため、適切な場合に、同盟調整メカニズムを通じ初期段階からの調整を行う。日米両政府は、適切な場合に、訓練・演習の実施によるものを含め、非戦闘員を退避させるための活動における調整を平時から強化する。

2．海洋安全保障

日米両政府は、各々の能力を考慮しつつ、海洋安全保障を強化するため、緊密に協力する。協力的措置には、情報共有及び国際連合安全保障理事会決議その他の国際法上の根拠に基づく船舶の検査を含み得るが、これらに限らない。

3．避難民への対応のための措置

日米両政府は、日本への避難民の流入が発生するおそれがある又は実際に始まるような状況に至る場合には、国際法上の関係する義務に従った人

道的な方法で避難民を扱いつつ、日本の平和及び安全を維持するために協力する。当該避難民への対応については、日本が主体的に実施する。米国は、日本からの要請に基づき、適切な支援を行う。

4．捜索・救難

日米両政府は、適切な場合に、捜索・救難活動において協力し及び相互に支援する。自衛隊は、日本の国内法令に従い、適切な場合に、関係機関と協力しつつ、米国による戦闘捜索・救難活動に対して支援を行う。

5．施設・区域の警護

自衛隊及び米軍は、各々の施設・区域を関係当局と協力して警護する責任を有する。日本は、米国からの要請に基づき、米軍と緊密に協力し及び調整しつつ、日本国内の施設・区域の追加的な警護を実施する。

6．後方支援

日米両政府は、実効的かつ効率的な活動を可能とするため、適切な場合に、相互の後方支援(補給、整備、輸送、施設及び衛生を含むが、これらに限らない。)を強化する。これらには、運用面及び後方支援面の所要の迅速な確認並びにこれを満たす方策の実施を含む。日本政府は、中央政府及び地方公共団体の機関が有する権限及び能力並びに民間が有する能力を適切に活用する。日本政府は、自国の国内法令に従い、適切な場合に、後方支援及び関連支援を行う。

7．施設の使用

日本政府は、日米安全保障条約及びその関連取極に従い、必要に応じて、民間の空港及び港湾を含む施設を一時的な使用に供する。日米両政府は、施設・区域の共同使用における協力を強化する。

C．日本に対する武力攻撃への対処行動

日本に対する武力攻撃への共同対処行動は、引き続き、日米間の安全保障及び防衛協力の中核的要素である。

日本に対する武力攻撃が予測される場合、日米両政府は、日本の防衛のために必要な準備を行いつつ、武力攻撃を抑止し及び事態を緩和するための措置をとる。

日本に対する武力攻撃が発生した場合、日米両政府は、極力早期にこれを排除し及び更なる攻撃を抑止するため、適切な共同対処行動を実施する。日米両政府はまた、第Ⅳ章に掲げるものを含む必要な措置をとる。

1．日本に対する武力攻撃が予測される場合

日本に対する武力攻撃が予測される場合、日米両政府は、攻撃を抑止し及び事態を緩和するため、包括的かつ強固な政府一体となっての取組を通じ、情報共有及び政策面の協議を強化し、外交努力を含むあらゆる手段を追求する。

自衛隊及び米軍は、必要な部隊展開の実施を含め、共同作戦のための適切

な態勢をとる。日本は、米軍の部隊展開を支援するための基盤を確立し及び維持する。日米両政府による準備には、施設·区域の共同使用、補給、整備、輸送、施設及び衛生を含むが、これらに限らない相互の後方支援及び日本国内の米国の施設・区域の警護の強化を含み得る。

2．日本に対する武力攻撃が発生した場合

a．整合のとれた対処行動のための基本的考え方

外交努力及び抑止にもかかわらず、日本に対する武力攻撃が発生した場合、日米両国は、迅速に武力攻撃を排除し及び更なる攻撃を抑止するために協力し、日本の平和及び安全を回復する。当該整合のとれた行動は、この地域の平和及び安全の回復に寄与する。

日本は、日本の国民及び領域の防衛を引き続き主体的に実施し、日本に対する武力攻撃を極力早期に排除するため直ちに行動する。自衛隊は、日本及びその周辺海空域並びに海空域の接近経路における防勢作戦を主体的に実施する。米国は、日本と緊密に調整し、適切な支援を行う。米軍は、日本を防衛するため、自衛隊を支援し及び補完する。米国は、日本の防衛を支援し並びに平和及び安全を回復するような方法で、この地域の環境を形成するための行動をとる。

日米両政府は、日本を防衛するためには国力の全ての手段が必要となることを認識し、同盟調整メカニズムを通じて行動を調整するため、各々の指揮系統を活用しつつ、各々政府一体となっての取組を進める。

米国は、日本に駐留する兵力を含む前方展開兵力を運用し、所要に応じその他のあらゆる地域からの増援兵力を投入する。日本は、これらの部隊展開を円滑にするために必要な基盤を確立し及び維持する。

日米両政府は、日本に対する武力攻撃への対処において、各々米軍又は自衛隊及びその施設を防護するための適切な行動をとる。

b．作戦構想

i．空域を防衛するための作戦

自衛隊及び米軍は、日本の上空及び周辺空域を防衛するため、共同作戦を実施する。

自衛隊は、航空優勢を確保しつつ、防空作戦を主体的に実施する。このため、自衛隊は、航空機及び巡航ミサイルによる攻撃に対する防衛を含むが、これに限られない必要な行動をとる。

米軍は、自衛隊の作戦を支援し及び補完するための作戦を実施する。

ii．弾道ミサイル攻撃に対処するための作戦

自衛隊及び米軍は、日本に対する弾道ミサイル攻撃に対処するため、共同作戦を実施する。

自衛隊及び米軍は、弾道ミサイル発射を早期に探知するため、リアルタイムの情報交換を行う。弾道ミサイル攻撃の兆候がある場合、自衛隊及び

米軍は、日本に向けられた弾道ミサイル攻撃に対して防衛し、弾道ミサイル防衛作戦に従事する部隊を防護するための実効的な態勢を維持する。

自衛隊は、日本を防衛するため、弾道ミサイル防衛作戦を主体的に実施する。

米軍は、自衛隊の作戦を支援し及び補完するための作戦を実施する。

iii. 海域を防衛するための作戦

自衛隊及び米軍は、日本の周辺海域を防衛し及び海上交通の安全を確保するため、共同作戦を実施する。

自衛隊は、日本における主要な港湾及び海峡の防備、日本周辺海域における艦船の防護並びにその他の関連する作戦を主体的に実施する。このため、自衛隊は、沿岸防衛、対水上戦、対潜戦、機雷戦、対空戦及び航空阻止を含むが、これに限られない必要な行動をとる。

米軍は、自衛隊の作戦を支援し及び補完するための作戦を実施する。

自衛隊及び米軍は、当該武力攻撃に関与している敵に支援を行う船舶活動の阻止において協力する。

こうした活動の実効性は、関係機関間の情報共有その他の形態の協力を通じて強化される。

iv. 陸上攻撃に対処するための作戦

自衛隊及び米軍は、日本に対する陸上攻撃に対処するため、陸、海、空又は水陸両用部隊を用いて、共同作戦を実施する。

自衛隊は、島嶼に対するものを含む陸上攻撃を阻止し、排除するための作戦を主体的に実施する。必要が生じた場合、自衛隊は島嶼を奪回するための作戦を実施する。このため、自衛隊は、着上陸侵攻を阻止し排除するための作戦、水陸両用作戦及び迅速な部隊展開を含むが、これに限られない必要な行動をとる。

自衛隊はまた、関係機関と協力しつつ、潜入を伴うものを含め、日本における特殊作戦部隊による攻撃等の不正規型の攻撃を主体的に撃破する。

米軍は、自衛隊の作戦を支援し及び補完するための作戦を実施する。

v. 領域横断的な作戦

自衛隊及び米軍は、日本に対する武力攻撃を排除し及び更なる攻撃を抑止するため、領域横断的な共同作戦を実施する。これらの作戦は、複数の領域を横断して同時に効果を達成することを目的とする。

領域横断的な協力の例には、次に示す行動を含む。

自衛隊及び米軍は、適切な場合に、関係機関と協力しつつ、各々のＩＳＲ態勢を強化し、情報共有を促進し及び各々のＩＳＲアセットを防護する。

米軍は、自衛隊を支援し及び補完するため、打撃力の使用を伴う作戦を実施することができる。米軍がそのような作戦を実施する場合、自衛隊は、必要に応じ、支援を行うことができる。これらの作戦は、適切な場合に、緊密な二国間調整に基づいて実施される。

日米両政府は、第Ⅵ章に示す二国間協力に従い、宇宙及びサイバー空間における脅威に対処するために協力する。

自衛隊及び米軍の特殊作戦部隊は、作戦実施中、適切に協力する。

c．作戦支援活動

日米両政府は、共同作戦を支援するため、次の活動において協力する。

ⅰ．通信電子活動

日米両政府は、適切な場合に、通信電子能力の効果的な活用を確保するため、相互に支援する。

自衛隊及び米軍は、共通の状況認識の下での共同作戦のため、自衛隊と米軍との間の効果的な通信を確保し、共通作戦状況図を維持する。

ⅱ．捜索・救難

自衛隊及び米軍は、適切な場合に、関係機関と協力しつつ、戦闘捜索・救難活動を含む捜索・救難活動において、協力し及び相互に支援する。

ⅲ．後方支援

作戦上各々の後方支援能力の補完が必要となる場合、自衛隊及び米軍は、各々の能力及び利用可能性に基づき、柔軟かつ適時の後方支援を相互に行う。

日米両政府は、支援を行うため、中央政府及び地方公共団体の機関が有する権限及び能力並びに民間が有する能力を適切に活用する。

ⅳ．施設の使用

日本政府は、必要に応じ、日米安全保障条約及びその関連取極に従い、施設の追加提供を行う。日米両政府は、施設・区域の共同使用における協力を強化する。

ⅴ．ＣＢＲＮ（化学・生物・放射線・核）防護

日本政府は、日本国内でのＣＢＲＮ事案及び攻撃に引き続き主体的に対処する。米国は、日本における米軍の任務遂行能力を主体的に維持し回復する。日本からの要請に基づき、米国は、日本の防護を確実にするため、ＣＢＲＮ事案及び攻撃の予防並びに対処関連活動において、適切に日本を支援する。

D．日本以外の国に対する武力攻撃への対処行動

日米両国が、各々、米国又は第三国に対する武力攻撃に対処するため、主権の十分な尊重を含む国際法並びに各々の憲法及び国内法に従い、武力の行使を伴う行動をとることを決定する場合であって、日本が武力攻撃を受けるに至っていないとき、日米両国は、当該武力攻撃への対処及び更なる攻撃の抑止において緊密に協力する。共同対処は、政府全体にわたる同盟調整メカニズムを通じて調整される。

日米両国は、当該武力攻撃への対処行動をとっている他国と適切に協力する。

自衛隊は、日本と密接な関係にある他国に対する武力攻撃が発生し、これにより日本の存立が脅かされ、国民の生命、自由及び幸福追求の権利が根底から覆される明白な危険がある事態に対処し、日本の存立を全うし、日本国民を守るため、武力の行使を伴う適切な作戦を実施する。

協力して行う作戦の例は、次に概要を示すとおりである。

1．アセットの防護

自衛隊及び米軍は、適切な場合に、アセットの防護において協力する。当該協力には、非戦闘員の退避のための活動又は弾道ミサイル防衛等の作戦に従事しているアセットの防護を含むが、これに限らない。

2．捜索・救難

自衛隊及び米軍は、適切な場合に、関係機関と協力しつつ、戦闘捜索・救難活動を含む捜索・救難活動において、協力し及び支援を行う。

3．海上作戦

自衛隊及び米軍は、適切な場合に、海上交通の安全を確保することを目的とするものを含む機雷掃海において協力する。

自衛隊及び米軍は、適切な場合に、関係機関と協力しつつ、艦船を防護するための護衛作戦において協力する。

自衛隊及び米軍は、適切な場合に、関係機関と協力しつつ、当該武力攻撃に関与している敵に支援を行う船舶活動の阻止において協力する。

4．弾道ミサイル攻撃に対処するための作戦

自衛隊及び米軍は、各々の能力に基づき、適切な場合に、弾道ミサイルの迎撃において協力する。日米両政府は、弾道ミサイル発射の早期探知を確実に行うため、情報交換を行う。

5．後方支援

作戦上各々の後方支援能力の補完が必要となる場合、自衛隊及び米軍は、各々の能力及び利用可能性に基づき、柔軟かつ適時に後方支援を相互に行う。

日米両政府は、支援を行うため、中央政府及び地方公共団体の機関が有する権限及び能力並びに民間が有する能力を適切に活用する。

E. 日本における大規模災害への対処における協力

日本において大規模災害が発生した場合、日本は主体的に当該災害に対処する。自衛隊は、関係機関、地方公共団体及び民間主体と協力しつつ、災害救援活動を実施する。日本における大規模災害からの迅速な復旧が日本の平和及び安全の確保に不可欠であること、及び当該災害が日本における米軍の活動に影響を与える可能性があることを認識し、米国は、自国の基準に従い、日本の活動に対する適切な支援を行う。当該支援には、捜索･救難、輸送、補給、衛生、状況把握及び評価並びにその他の専門的能力を含み得る。日米両政府は、適切な場合に、同盟調整メカニズムを通じて活動を調整する。

日米両政府は、日本における人道支援・災害救援活動に際しての米軍による

協力の実効性を高めるため、情報共有によるものを含め、緊密に協力する。さらに、米軍は、災害関連訓練に参加することができ、これにより、大規模災害への対処に当たっての相互理解が深まる。

V．地域の及びグローバルな平和と安全のための協力

相互の関係を深める世界において、日米両国は、アジア太平洋地域及びこれを越えた地域の平和、安全、安定及び経済的な繁栄の基盤を提供するため、パートナーと協力しつつ、主導的役割を果たす。半世紀をはるかに上回る間、日米両国は、世界の様々な地域における課題に対して実効的な解決策を実行するため協力してきた。

日米両政府の各々がアジア太平洋地域及びこれを越えた地域の平和及び安全のための国際的な活動に参加することを決定する場合、自衛隊及び米軍を含む日米両政府は、適切なときは、次に示す活動等において、相互に及びパートナーと緊密に協力する。この協力はまた、日米両国の平和及び安全に寄与する。

A．国際的な活動における協力

日米両政府は、各々の判断に基づき、国際的な活動に参加する。共に活動を行う場合、自衛隊及び米軍は、実行可能な限り最大限協力する。

日米両政府は、適切な場合に、同盟調整メカニズムを通じ、当該活動の調整を行うことができ、また、これらの活動において三か国及び多国間の協力を追求する。自衛隊及び米軍は、円滑かつ実効的な協力のため、適切な場合に、手順及びベストプラクティスを共有する。日米両政府は、引き続き、この指針に必ずしも明示的には含まれない広範な事項について協力する一方で、地域的及び国際的な活動における日米両政府による一般的な協力分野は次のものを含む。

1．平和維持活動

日米両政府が国際連合憲章に従って国際連合により権限を与えられた平和維持活動に参加する場合、日米両政府は、適切なときは、自衛隊と米軍との間の相互運用性を最大限に活用するため、緊密に協力する。日米両政府はまた、適切な場合に、同じ任務に従事する国際連合その他の要員に対する後方支援の提供及び保護において協力することができる。

2．国際的な人道支援・災害救援

日米両政府が、大規模な人道災害及び自然災害の発生を受けた関係国政府又は国際機関からの要請に応じて、国際的な人道支援・災害救援活動を実施する場合、日米両政府は、適切なときは、参加する自衛隊と米軍との間の相互運用性を最大限に活用しつつ、相互に支援を行うため緊密に協力する。協力して行う活動の例には、相互の後方支援、運用面の調整、計画策定及び実施を含み得る。

3．海洋安全保障

日米両政府が海洋安全保障のための活動を実施する場合、日米両政府は、

適切なときは、緊密に協力する。協力して行う活動の例には、海賊対処、機雷掃海等の安全な海上交通のための取組、大量破壊兵器の不拡散のための取組及びテロ対策活動のための取組を含み得る。

4．パートナーの能力構築支援

パートナーとの積極的な協力は、地域及び国際の平和及び安全の維持及び強化に寄与する。変化する安全保障上の課題に対処するためのパートナーの能力を強化することを目的として、日米両政府は、適切な場合に、各々の能力及び経験を最大限に活用することにより、能力構築支援活動において協力する。協力して行う活動の例には、海洋安全保障、防衛医学、防衛組織の構築、人道支援・災害救援又は平和維持活動のための部隊の即応性の向上を含み得る。

5．非戦闘員を退避させるための活動

非戦闘員の退避のために国際的な行動が必要となる状況において、日米両政府は、適切な場合に、日本国民及び米国国民を含む非戦闘員の安全を確保するため、外交努力を含むあらゆる手段を活用する。

6．情報収集、警戒監視及び偵察

日米両政府が国際的な活動に参加する場合、自衛隊及び米軍は、各々のアセットの能力及び利用可能性に基づき、適切なときは、ＩＳＲ活動において協力する。

7．訓練・演習

自衛隊及び米軍は、国際的な活動の実効性を強化するため、適切な場合に、共同訓練・演習を実施し及びこれに参加し、相互運用性、持続性及び即応性を強化する。また、日米両政府は、引き続き、同盟との相互運用性の強化並びに共通の戦術、技術及び手順の構築に寄与するため、訓練・演習においてパートナーと協力する機会を追求する。

8．後方支援

日米両政府は、国際的な活動に参加する場合、相互に後方支援を行うために協力する。日本政府は、自国の国内法令に従い、適切な場合に、後方支援を行う。

B. 三か国及び多国間協力

日米両政府は、三か国及び多国間の安全保障及び防衛協力を推進し及び強化する。特に、日米両政府は、地域の及び他のパートナー並びに国際機関と協力するための取組を強化し、並びにそのための更なる機会を追求する。

日米両政府はまた、国際法及び国際的な基準に基づく協力を推進すべく、地域及び国際機関を強化するために協力する。

Ⅵ. 宇宙及びサイバー空間に関する協力

A. 宇宙に関する協力

日米両政府は、宇宙空間の安全保障の側面を認識し、責任ある、平和的かつ安全な宇宙の利用を確実なものとするための両政府の連携を維持し及び強化する。

当該取組の一環として、日米両政府は、各々の宇宙システムの抗たん性を確保し及び宇宙状況監視に係る協力を強化する。日米両政府は、能力を確立し向上させるため、適切な場合に、相互に支援し、宇宙空間の安全及び安定に影響を与え、その利用を妨げ得る行動や事象についての情報を共有する。日米両政府はまた、宇宙システムに対して発生する脅威に対応するために情報を共有し、また、海洋監視並びに宇宙システムの能力及び抗たん性を強化する宇宙関係の装備・技術(ホステッド・ペイロードを含む。)における協力の機会を追求する。

自衛隊及び米軍は、各々の任務を実効的かつ効率的に達成するため、宇宙の利用に当たって、引き続き、早期警戒、ＩＳＲ、測位、航法及びタイミング、宇宙状況監視、気象観測、指揮、統制及び通信並びに任務保証のために不可欠な関係する宇宙システムの抗たん性の確保等の分野において協力し、かつ政府一体となっての取組に寄与する。各々の宇宙システムが脅威にさらされた場合、自衛隊及び米軍は、適切なときは、危険の軽減及び被害の回避において協力する。被害が発生した場合、自衛隊及び米軍は、適切なときは、関係能力の再構築において協力する。

B. サイバー空間に関する協力

日米両政府は、サイバー空間の安全かつ安定的な利用の確保に資するため、適切な場合に、サイバー空間における脅威及び脆弱性に関する情報を適時かつ適切な方法で共有する。また、日米両政府は、適切な場合に、訓練及び教育に関するベストプラクティスの交換を含め、サイバー空間における各種能力の向上に関する情報を共有する。日米両政府は、適切な場合に、民間との情報共有によるものを含め、自衛隊及び米軍が任務を達成する上で依拠する重要インフラ及びサービスを防護するために協力する。

自衛隊及び米軍は、次の措置をとる。

- 各々のネットワーク及びシステムを監視する態勢を維持すること
- サイバーセキュリティに関する知見を共有し、教育交流を行うこと
- 任務保証を達成するために各々のネットワーク及びシステムの抗たん性を確保すること
- サイバーセキュリティを向上させるための政府一体となっての取組に寄与すること
- 平時から緊急事態までのいかなる状況においてもサイバーセキュリティのための実効的な協力を確実に行うため、共同演習を実施すること

自衛隊及び日本における米軍が利用する重要インフラ及びサービスに対するものを含め、日本に対するサイバー事案が発生した場合、日本は主体的に対処し、緊密な二国間調整に基づき、米国は日本に対し適切な支援を行う。日米両政府はまた、関連情報を迅速かつ適切に共有する。日本が武力攻撃を受けている場

合に発生するものを含め、日本の安全に影響を与える深刻なサイバー事案が発生した場合、日米両政府は、緊密に協議し、適切な協力行動をとり対処する。

Ⅶ. 日米共同の取組

日米両政府は、二国間協力の実効性を更に向上させるため、安全保障及び防衛協力の基盤として、次の分野を発展させ及び強化する。

A. 防衛装備・技術協力

日米両政府は、相互運用性を強化し、効率的な取得及び整備を推進するため、次の取組を行う。

- 装備品の共同研究、開発、生産、試験評価並びに共通装備品の構成品及び役務の相互提供において協力する。
- 相互の効率性及び即応性のため、共通装備品の修理及び整備の基盤を強化する。
- 効率的な取得、相互運用性及び防衛装備・技術協力を強化するため、互恵的な防衛調達を促進する。
- 防衛装備・技術に関するパートナーとの協力の機会を探求する。

B. 情報協力・情報保全

- 日米両政府は、共通の情勢認識が不可欠であることを認識し、国家戦略レベルを含むあらゆるレベルにおける情報協力及び情報共有を強化する。
- 日米両政府は、緊密な情報協力及び情報共有を可能とするため、引き続き、秘密情報の保護に関連した政策、慣行及び手続の強化における協力を推進する。
- 日米両政府はまた、情報共有に関してパートナーとの協力の機会を探求する。

C. 教育・研究交流

日米両政府は、安全保障及び防衛に関する知的協力の重要性を認識し、関係機関の構成員の交流を深め、各々の研究・教育機関間の意思疎通を強化する。そのような取組は、安全保障・防衛当局者が知識を共有し協力を強化するための恒久的な基盤となる。

Ⅷ. 見直しのための手順

日米安全保障協議委員会は、適切な下部組織の補佐を得て、この指針が変化する情況に照らして適切なものであるか否かを定期的に評価する。日米同盟関係に関連する諸情勢に変化が生じ、その時の状況を踏まえて必要と認める場合には、日米両政府は、適時かつ適切な形でこの指針を更新する。

6. シーレーン防衛問題

(1) 一般的に、「シーレーン防衛」とは、わが国に対する武力攻撃が発生した際、哨戒、船団護衛、港湾、海峡の防備等、その時の事態に応じた各種作戦の組み合わせによる累積効果によって、海上交通の安全を確保することを指している。わが国の「シーレーン防衛」については、日米共同対処によりわが国に対する武力攻撃が発生した場合における海上交通の安全を図ることとしており、具体的には、海上自衛隊が個別的自衛権の範囲内において、わが国の重要な港湾及び海峡の防備のための作戦並びに周辺海域における対潜作戦、船舶の保護のための作戦、その他の作戦を主体となって行い、米海軍部隊が自衛隊の行う作戦を支援し、また、機動打撃力を有する任務部隊の使用を伴うような作戦を含め、侵攻兵力を撃退するための作戦を行うこととしている。

(2) **海上防衛力整備の前提になる海上作戦の地理的範囲について**

わが国は「大綱」策定以前から、わが国に対する武力攻撃が発生した場合において、わが国周辺数百海里、航路帯を設ける場合にはおおむね1,000海里程度の海域において海上交通保護を行い得ることを目標に、逐年海上防衛力の整備を進めてきている。

なお、憲法上、わが国が自衛のための実力の行使を行い得る地理的範囲は、必ずしもわが国の領土、領海、領空に限らず、公海及びその上空にも及び得るが、その具体的範囲については、そのときの状況にもよるので一概に述べることはできない。しかしながら、海上防衛力の整備を前述のような目標の下に進めていることから、その範囲は、能力的にみておのずから限度があると考えており、1,000海里以遠の海上交通保護については、一般に米軍に期待することとしている。

(3) **米艦艇の防護の問題について**

わが国に対する武力攻撃がない場合において、自衛隊が、米艦艇に対する攻撃を排除するため実力を行使することはできないことはいうまでもない。

わが国に対する武力攻撃が発生し、自衛隊が個別的自衛権の範囲内で日米安全保障条約に基づき米軍と共同対処行動をとっている場合に、わが国の防衛のために行動している米艦隊が相手国からの攻撃を受けたとき、自衛隊がわが国を防衛するための共同対処行動の一環として、当該攻撃を排除することは、わが国を防衛するための必要な限度内と認められる以上、わが国の自衛の範囲に入るものであり、集団的自衛権の行使につながるものではない。

(4) **わが国向けの物資を輸送している外国船舶の防護について**

国際法上、公海で船舶が攻撃を受けた場合、個別的自衛権の行使として、その攻撃を排除し得る立場にあるのは、原則として当該船舶の旗国である。したがって、わが国は、公海上において外国船舶が攻撃を受けた場合、その船舶がわが国向けの物資を輸送していることのみを理由として自衛権を行使することはできない。わが国に対する武力攻撃が発生して、わが国が自衛権を行使し、その一環として海上交通の保護に当たっている場合に、外国船舶がわが国向けの物資の輸送にどの程度従事することとなるかは不明であり、どのような外国船舶がいかなる状況において攻撃を受けるかをあらかじめ想定することは困難である。

しかし、理論上の問題としていえば、わが国に対する武力攻撃が発生し、わが国が自衛権を行使している場合において、わが国を攻撃している相手国が、わが国向けの物資を輸送する第三国船舶に対し、その輸送を阻止するために無差別に攻撃を加えるという可能性を否定することはできない。そのような事態が発生した場合において、例えば、その物資がわが国に対する武力攻撃を排除するため、あるいは、わが国民の生存を確保するため必要不可欠な物資であるとすれば、自衛隊がわが国を防衛するための行動の一環として、その攻撃を排除することは、わが国を防衛するため必要最小限度のものである以上、個別的自衛権の行使の範囲に含まれるものと考える。

いずれにせよ、事態の様相は千差万別なので、わが国の自衛権行使の態様については、そのときどきの情勢に応じ、個別的に判断せざるを得ないものと考える。

(5) 海峡防備について

わが国に対する武力攻撃が発生した場合、わが国を防衛するため必要最小限度の範囲内で、わが国に対して武力攻撃を加えている相手国に属する艦船の通峡を自衛隊が阻止することもあり得るものと考えている。

通峡阻止を行う際、一般的には潜水艦、水上艦艇、航空機等を有機的に組み合わせて用いることとなろうが、その際状況によっては、機雷を敷設することも考えられる。機雷の敷設は、その与える影響も大きいところから、仮にこれを行う場合でも、そのときの脅威の様相等諸般の状況を慎重に検討して、わが国の防衛のため必要最小限度の範囲内で行うこととなろう。

なお、わが国が通峡阻止を行うのは、あくまでわが国に対する武力攻撃が発生した場合に限られ、わが国に対する武力攻撃が発生していない場合において、仮に米国からの要請があっても、自衛隊が通峡阻止のための実力行使を行うことは、憲法上認められずあり得ない。

(伊藤防衛庁長官の総合安全保障関係閣議会議における発言要旨57. 5. 20)

(1) 海上交通保護、いわゆるシーレーン防衛の問題について申し上げます。

資源、エネルギー、食糧等の必要な物資の多くを海外に依存しているわが国の繁栄と存立にとって、先程来、御指摘のあった、必要物資の備蓄の増大、経済協力の推進、国際紛争の防止等のための外交施策等の努力が重要であることはもとよりでありますが、これらの努力にかかわらず、わが国が侵略されるといったいわゆる有事における海上交通保護を有効に実施する体制を整備しておくことが、必要不可欠であります。

また、わが国が周辺海域における海上交通保護を行いうることは、日米安保体制の有効性の維持にも寄与するものと考えます。

(2) わが国の海上交通の安全にとっての軍事的脅威に対しては、わが国の防衛力と日米安保体制によりこれを抑止し、また、有効に対処することとしているのは御承知のとおりであります。

ア. 防衛省としては、有事においてわが国の海上交通の安全を確保するため、わが国周辺数百海里、航路帯を設ける場合にあっては概ね千海里程度の海域において自衛隊が海上交通保護を行いうる防衛力を保有し、これを効果的に運用し得る防衛体制を整備しておくことが必要であるとの考え方に立ち、艦艇・航空機による対潜哨戒及び護衛能力並びに海峡、港湾等の防備及び掃海能力等の整備に努力しているところであります。

イ. また、わが国の海上輸送の広がりからみて、この海域において必要な措置を講ずるとともに、これを超える海域におけるわが国の輸送船舶の安全についても考慮すべきところでありますが、広範な海上交通路の安全を一国だけで確保することは不可能なことでありますから、これについては、一般に、日米安保体制によって結ばれている米国のシーコントロールに期待することとしております。

(3) 海上交通の安全を確保するためには、このような防衛力の整備とあいまって、有事における船団の編成や航行ルートの指定などを円滑に実施するための体制や所要輸送量や輸送手段の確保などについて、政府として総合的な観点から、国民の理解を得つつ鋭意検討する必要があると考えられます。防衛省としても積極的に協力して参る所存であります。

7. 日米物品役務相互提供協定改正協定

日米物品役務相互提供協定（ACSA）は、日米安保条約の円滑かつ効果的な運用と国連を中心とした国際平和のための努力に対して積極的に寄与することを目的とし、共同訓練、国連平和維持活動及び人道的な国際救援活動において自衛隊と米軍との間で、いずれか一方が物品又は役務の提供を要請した場合には、他方はその物品又は役務を提供できることを基本原則とするもので、平成8年4月に署名、10月に発効した。

提供の対象となる物品又は役務は、食料、水、宿泊、輸送（空輸を含む。）、燃料·油脂·潤滑油、被服、通信、衛生業務、基地支援、保管、施設の利用、訓練業務、部品·構成品、修理·整備及び空港·港湾業務の各項目に係るものである。

本協定発効後は、日米共同訓練において、自衛隊と米軍との間で食事、輸送、燃料などの相互の提供が行われてきたところである。

なお、新たな「日米防衛協力のための指針」の実効性を確保する観点から、平成10年4月改正協定が署名され、ACSAが適用される活動の対象に「周辺事態に対応する活動」が加えられた。この改正協定は平成11年5月に国会において承認され、9月に発効した。

また、武力攻撃事態等、国際の平和及び安全に寄与するための国際社会の努力の促進、大規模災害への対処その他の目的のための活動に適用できるようにするための改正協定が、平成16年6月に国会において承認され、同年7月に効力を発生した。

さらに、平和安全法制により、自衛隊から米軍に対して実施し得る物品·役務提供の内容が拡大されたところ、現行の決裁手続等と同様の枠組みを適用できるようにするため、平和安全法制の内容を反映した新協定が平成28年9月に署名された。この新協定は平成29年4月に国会において承認され、同月発効した。

8. 日米装備・技術定期協議(US/Japan Systems and Technology Forum(S&TF))について

1. 昭和55年5月28日、防衛庁において亘理事務次官(当時)と米国防総省Dr.W.ペリー次官(技術開発・調達担当)との間で、装備・技術問題に関し、日米相互の意思疎通の緊密化を図るため、双方の装備技術の責任者が定期的に年2回程度、意見交換を行う場を設けることについて合意がなされた。

2. 平成24年12月、S&TFの活動を、日米「2+2」におけるRMC(役割・任務・能力)に関する議論と連携させること、及び、共同研究・開発についてだけでなく取得等を含めた装備・技術協力全般について議論していくことに合意し、これまでS&TFは経理装備局長を日本側議長として行われてきたところ、新たに防衛力整備を所掌する防衛政策局長を日本側議長に加えることとした。

3. 平成25年8月、東京において、約7年ぶりにS&TFを開催し、安全保障環境の変化を踏まえた装備・技術協力の在り方や、日米共同研究開発事業の実施状況について議論を行った。

4. 平成27年10月の防衛装備庁の設置に伴い、防衛装備庁長官を日本側議長とし、平成28年2月、東京においてS&TFを開催し、平成27年4月に公表された日米防衛協力のための指針も踏まえた、日米間の防衛装備・技術協力の発展及び強化に係る諸課題について議論を行った。

第10章　米軍関係

1. 主な在日米軍兵力の現況（本土）

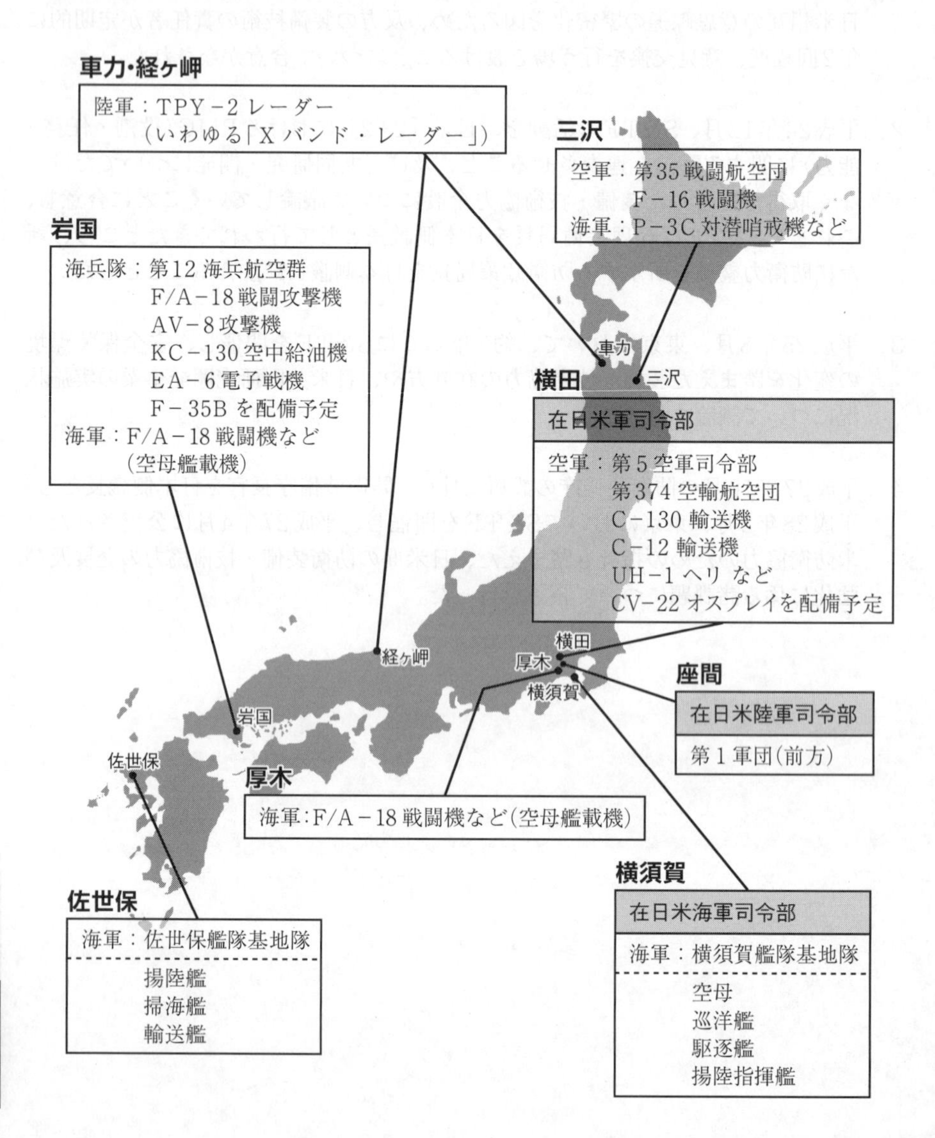

2.　在日米軍提供施設・区域配置図（本土）

（平成29. 3. 31現在）

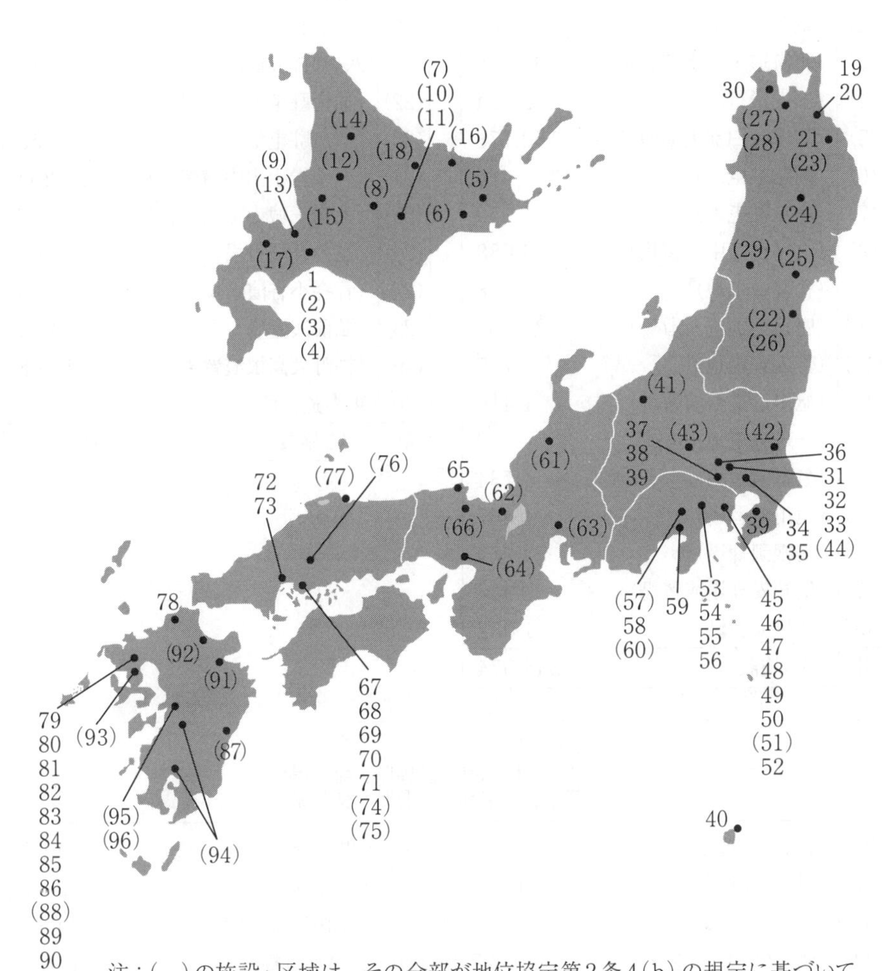

注：(　)の施設・区域は、その全部が地位協定第2条4(b)の規定に基づいて一時使用されているものである。

米軍

凡例：| ・ | 施　設　名 | 面　積（千㎡）|
└─図面との符号番号

北海道防衛局管内（北　海　道）		
1	キャンプ千歳	4,274
(2)	（東千歳駐屯地）	81
(3)	（北海道・千歳演習場）	92,288
(4)	（千歳飛行場）	2,584
(5)	（別海矢臼別大演習場）	168,178
(6)	（釧路駐屯地）	26
(7)	（鹿追駐屯地）	59
(8)	（上富良野中演習場）	34,688
(9)	（札幌駐屯地）	8
(10)	（鹿追然別中演習場）	32,832
(11)	（帯広駐屯地）	757
(12)	（旭川近文台演習場）	1,416
(13)	（丘珠駐屯地）	2
(14)	（名寄演習場）	1,734
(15)	（滝川演習場）	1,367
(16)	（美幌訓練場）	2,269
(17)	（倶知安高嶺演習場）	928
(18)	（遠軽演習場）	1,082
計	18施設	344,574

東北防衛局管内（青森県、岩手県、宮城県 秋田県、山形県、福島県）		
19	三沢対地射爆撃場	7,655
20	三沢飛行場	15,968
21	八戸貯油施設	173
(22)	（仙台駐屯地）	51
(23)	（八戸駐屯地）	53
(24)	（岩手岩手山中演習場）	23,264
(25)	（大和王城寺原大演習場）	45,377
(26)	（霞の目飛行場）	260
(27)	（青森小谷演習場）	3,183
(28)	（弘前演習場）	4,904
(29)	（神町大高根演習場）	1,308
30	車力通信所	135
計	12施設	102,330

北関東防衛局管内（茨城県、栃木県、群馬県、埼玉県 千葉県、東京都、新潟県、長野県）					
31	所沢通信施設	966	39	木更津飛行場	2,095
32	大和田通信所	1,198	40	（硫黄島通信所）	6,631
33	キャンプ朝霞	118	(41)	（高田関山演習場）	14,080
34	赤坂プレス・センター	27	(42)	（百里飛行場）	1,078
35	ニューサンノー米軍センター	7	(43)	（相馬原演習場）	5,796
36	横田飛行場	7,139	(44)	（朝霞駐屯地）	17
37	府中通信施設	17	計	15施設	41,125
38	多摩サービス補助施設	1,957			

南関東防衛局管内（神奈川県、山梨県、静岡県）					
45	根岸住宅地区	429	(51)	(長坂小銃射撃場)	97
46	横浜ノース・ドック	524	52	池子住宅地区及び海軍補助施設	2,884
47	鶴見貯油施設	184	53	相模原住宅地区	593
48	横須賀海軍施設	2,363	54	相模総合補給廠	1,967
49	吾妻倉庫地区	802	55	厚木海軍飛行場	5,069
50	浦郷倉庫地区	194	56	キャンプ座間	2,292
			(57)	(富士演習場)	133,925
			58	富士営舎地区	1,177
			59	沼津海浜訓練場	28
			(60)	(滝ヶ原駐屯地)	8
			計	16施設	152,536

近畿中部防衛局管内（富山県、石川県、福井県、岐阜県、愛知県、三重県 滋賀県、京都府、大阪府、兵庫県、奈良県、和歌山県）					
(61)	(小松飛行場)	1,606	(64)	(伊丹駐屯地)	20
(62)	(今津饗庭野中演習場)	24,090	65	経ヶ岬通信所	35
(63)	(岐阜飛行場)	1,626	(66)	(福知山射撃場)	55
			計	5施設	27,432

中国四国防衛局管内（鳥取県、島根県、岡山県、広島県、山口県、徳島県、香川県、愛媛県、高知県）					
67	呉第6突堤	14	73	祖生通信所	24
68	灰ヶ峰通信施設	1	(74)	(第一術科学校訓練施設)	建物
69	広弾薬庫	359	(75)	(原村演習場)	1,687
70	川上弾薬庫	2,604	(76)	(日本原中演習場)	18,803
71	秋月弾薬庫	559	(77)	(美保飛行場)	778
72	岩国飛行場	8,646	計	11施設	33,475

九州防衛局管内 （福岡県、佐賀県、長崎県、熊本県 大分県、宮崎県、鹿児島県）					
78	板付飛行場	509	(87)	(新田原飛行場)	1,833
79	赤崎貯油所	754	(88)	(崎辺小銃射撃場)	建物
80	庵崎貯油所	227	89	崎辺海軍補助施設	129
81	横瀬貯油所	679	90	針尾住宅地区	354
82	立神港区	135	(91)	(日出生台·十文字原演習場)	56,317
83	佐世保海軍施設	496	(92)	(築城飛行場)	906
84	佐世保ドライ·ドック地区	83	(93)	(大村飛行場)	建物
85	佐世保弾薬補給所	582	(94)	(大矢野原・霧島演習場)	26,965
86	針尾島弾薬集積所	1,297	(95)	(北熊本駐屯地)	21
			(96)	(健軍駐屯地)	39
			計	19施設	91,326

(注1) 単位未満を四捨五入したので計と符合しないことがある。
(注2) ( )の施設・区域は、その全部が地位協定第2条4(b)の規定に基づいて一時使用されているものである。

米軍

3. 主な在日米軍兵力の現況（沖縄）

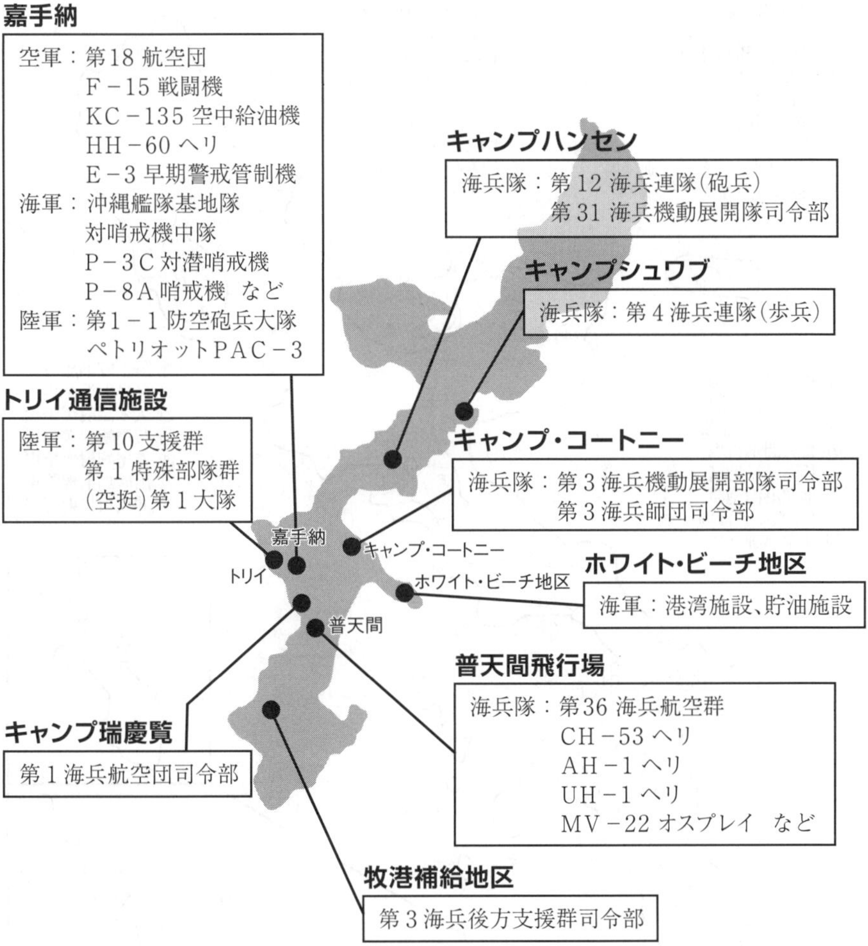

嘉手納

空軍：第18 航空団
F－15 戦闘機
KC－135 空中給油機
HH－60 ヘリ
E－3 早期警戒管制機
海軍：沖縄艦隊基地隊
対哨戒機中隊
P－3C 対潜哨戒機
P－8A 哨戒機　など
陸軍：第1－1 防空砲兵大隊
ペトリオットPAC－3

トリイ通信施設

陸軍：第10 支援群
第1 特殊部隊群
（空挺）第1 大隊

キャンプハンセン

海兵隊：第12 海兵連隊（砲兵）
第31 海兵機動展開隊司令部

キャンプシュワブ

海兵隊：第4 海兵連隊（歩兵）

キャンプ・コートニー

海兵隊：第3 海兵機動展開部隊司令部
第3 海兵師団司令部

ホワイト・ビーチ地区

海軍：港湾施設、貯油施設

普天間飛行場

海兵隊：第36 海兵航空群
CH－53 ヘリ
AH－1 ヘリ
UH－1 ヘリ
MV－22 オスプレイ　など

キャンプ瑞慶覧

第1 海兵航空団司令部

牧港補給地区

第3 海兵後方支援群司令部

嘉手納
トリイ
キャンプ・コートニー
ホワイト・ビーチ地区
普天間

4. 在日米軍提供施設・区域配置図（沖縄）

（平成29. 3. 31現在）

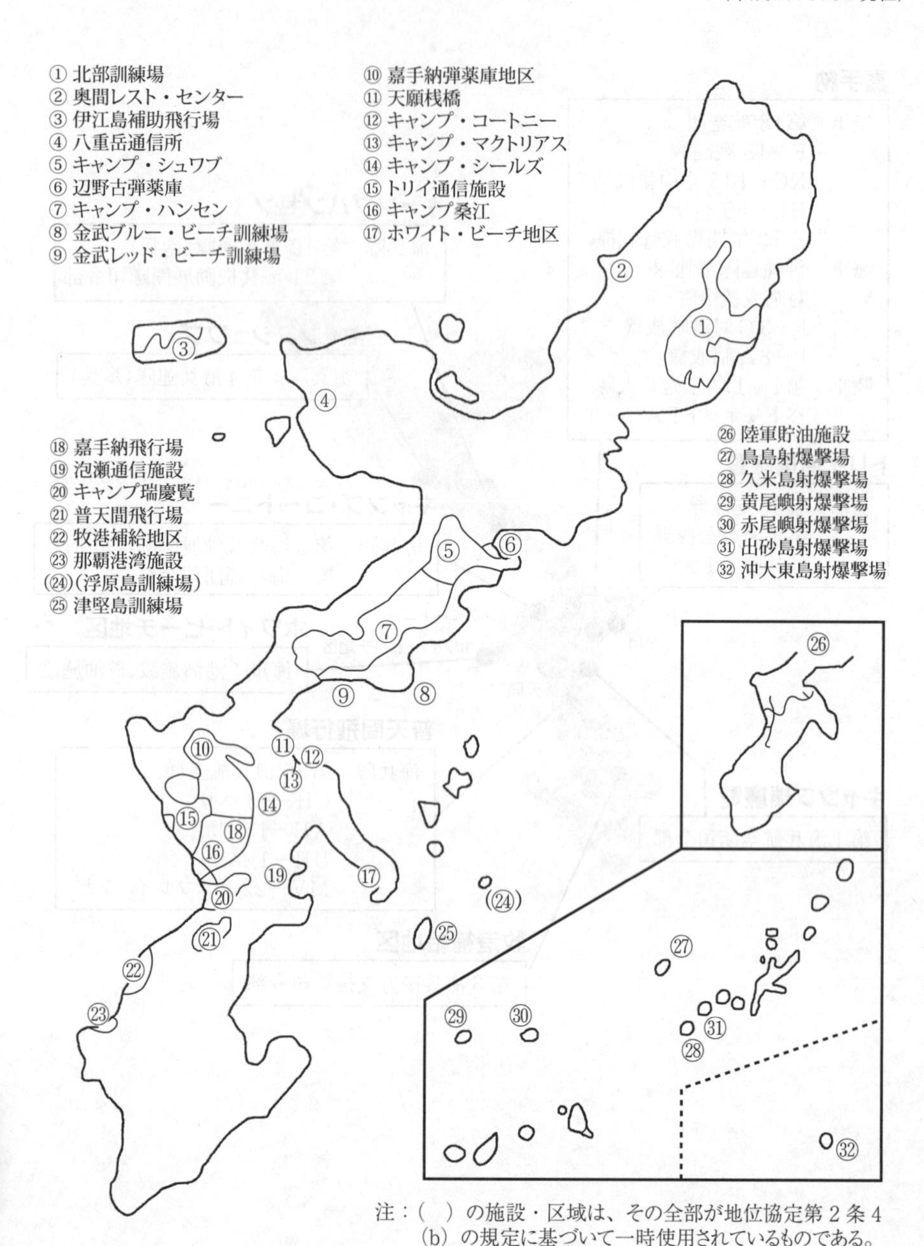

注：（　）の施設・区域は、その全部が地位協定第２条４(b)の規定に基づいて一時使用されているものである。

米軍

凡例：

・	施設名	面　積（千㎡）

└── 図面との符号番号

沖 縄 防 衛 局 管 内 （沖縄県）		
1	北部訓練場	36,584
2	奥間レスト・センター	546
3	伊江島補助飛行場	8,015
4	八重岳通信所	37
5	キャンプ・シュワブ	20,626
6	辺野古弾薬庫	1,214
7	キャンプ・ハンセン	49,785
8	金武ブルー・ビーチ訓練場	381
9	金武レッド・ビーチ訓練場	14
10	嘉手納弾薬庫地区	26,585
11	天願桟橋	31
12	キャンプ・コートニー	1,339
13	キャンプ・マクトリアス	379
14	キャンプ・シールズ	700
15	トリイ通信施設	1,895
16	キャンプ桑江	675
17	ホワイト・ビーチ地区	1,568
18	嘉手納飛行場	19,855
19	泡瀬通信施設	552
20	キャンプ瑞慶覧	5,450
21	普天間飛行場	4,806
22	牧港補給地区	2,727
23	那覇港湾施設	559
24	（浮原島訓練場）	254
25	津堅島訓練場	16
26	陸軍貯油施設	1,277
27	鳥島射爆撃場	41
28	久米島射爆撃場	2
29	黄尾嶼射爆撃場	874
30	赤尾嶼射爆撃場	41
31	出砂島射爆撃場	245
32	沖大東島射爆撃場	1,147
計	32施設	188,222

（注1）単位未満を四捨五入したので計と符合しないことがある。
（注2）（　）の施設・区域は、その全部が地位協定第2条4(b)の規定に基づいて一時使用されているものである。

5. SACO・米軍再編（Special Action Committee on facilities and areas in Okinawa：沖縄における施設及び区域に関する特別行動委員会）

(1) SACO中間報告

1996年4月15日　　　　**SACO中間報告**（仮訳）
池田外務大臣
臼井防衛庁長官
ペリー国防長官
モンデール駐日大使

沖縄に関する特別行動委員会(SACO)は、1995年11月に、日本国政府及び米国政府によって設置された。両国政府は、沖縄県民の負担を軽減し、それにより日米同盟関係を強化するために、SACOのプロセスに着手した。

この共同の努力に着手するに当たり、SACOのプロセスの付託事項及び指針が日米両国政府により合意された。すなわち、日米双方は、日米安保条約及び関連取極の下におけるそれぞれの義務との両立を図りつつ、沖縄県における米軍の施設及び区域を整理、統合、縮小し、また、沖縄県における米軍の運用の方法を調整する方策について、SACOが日米安全保障協議委員会(SCC)に対し勧告を作成することに合意した。このようなSACOの作業は、1年で完了するものとされている。

SACOは、日米合同委員会とともに作業しつつ、一連の集中的かつ綿密な協議を行ってきた。これらの協議の結果、SACO及び日米合同委員会は、これまでに騒音軽減のイニシアティヴ及び運用の方法の調整などの地位協定に関連する事項に対処するためのいくつかの具体的な措置を公表した。

本日、SCCにおいて、池田大臣、臼井長官、ペリー長官及びモンデール大使は、これまでにSACOにおいて行われてきた協議に基づき、いくつかの重要なイニシアティヴに合意した。これらの措置は、実施されれば、在日米軍の能力及び即応態勢を十分に維持しつつ、沖縄県の地域社会に対する米軍の活動の影響を軽減することとなろう。沖縄県における米軍の施設及び区域の総面積は、約20パーセント減少すると見積もられる。

SCCは、これらの措置を遅滞なく、適時に実施することの重要性を強調し、SACOに対し、1996年11月までに、具体的な実施スケジュールを付した計画を完成し、勧告するよう指示した。米軍の活動の沖縄に対する影響を最小限にするため、日本国政府及び米国政府は以下を実施するため協力する。

土地の返還
▷普天間飛行場を返還する。

今後5～7年以内に、十分な代替施設が完成した後、普天間飛行場を返還する。施設の移設を通じて、同飛行場の極めて重要な軍事上の機能及び能力は維持される。このためには、沖縄県における他の米軍の施設及び区域におけるヘリポートの建設、嘉手納飛行場における追加的な施設の整備、KC−130航空機の岩国飛行場への移駐(騒音軽減イニシアティヴの実施を参照。)及び危険に際しての施設の緊急使用についての日米共同の研究が必要となる。
▷海への出入りを確保した上で北部訓練場の過半を返還する。
▷米軍による安波訓練場(陸上部分)の共同使用を解除する。
▷ギンバル訓練場を返還する。
　施設は沖縄県における他の米軍の施設及び区域に移設する。
▷楚辺通信所を返還する。
　今後5年の間にキャンプ・ハンセン(中部訓練場)に新たな通信所が建設された後に楚辺通信所を返還する。
▷読谷補助飛行場を返還する。
　パラシュート降下訓練は、移転する。
▷キャンプ桑江の大部分を返還する。
　海軍病院及びキャンプ桑江内のその他の施設を沖縄県における他の米軍の施設及び区域に移設する。
▷瀬名波通信施設を返還する。
　瀬名波通信施設及びこれに関連する施設をトリイ通信所及び沖縄県における他の米軍の施設及び区域に移設し、土地の返還を可能にする。
▷牧港補給地区の一部を返還する。
　国道58号に隣接する土地を返還する。
▷住宅地区の統合により土地を返還する。
　沖縄県における米軍住宅地区を統合するための共同計画を作成し、それによって、キャンプ桑江(レスター)及びキャンプ瑞慶覧(フォスター)を含む古い住宅地区の土地の相当な部分の返還を可能にする。
▷那覇港湾施設の返還を加速化する。
　浦添に新たな港湾施設を建設し、那覇港湾施設の返還を可能にする。

訓練及び運用の方法の調整
▷県道104号線越え実弾砲兵射撃訓練を取りやめる。但し、危機の際に必要な砲兵射撃は除く。155ミリ実弾砲兵射撃訓練は日本本土に移転する。
▷パラシュート降下訓練を伊江島に移転する。
▷沖縄県の公道における行軍を取りやめる。

騒音軽減のイニシアティヴの実施
▷日米合同委員会によって公表された嘉手納飛行場及び普天間飛行場における航空機騒音規制措置に関する合意を実施する。
▷KC−130(ハーキュリーズ)航空機を移駐し、その支援施設を移設し、また、AV−8(ハリアー）航空機を移駐する。

現在普天間飛行場に配備されているKC−130航空機を岩国飛行場に移駐し、その支援施設を岩国飛行場に移設するとともに、ほぼ同数のハリアー航空機を米国へ移駐する。

▷嘉手納飛行場における海軍のP−3航空機の運用及び支援施設を海軍駐機場から主要滑走路の反対側へ移転し、MC−130航空機の運用を海軍駐機場から移転する。
▷嘉手納飛行場に新たな遮音壁を設置する。
▷普天間飛行場における夜間飛行訓練の運用を制限する。

地位協定の運用の改善

▷米軍航空機の事故についての情報を適時に提供するための新たな手続を確立する。
▷日米合同委員会の合意を一層公表することを追求する。
▷米軍の施設及び区域への立入りについてのガイドラインを再点検し、公表する。
▷米軍の公用車両の表示に関する措置についての合意を実施する。
▷任意自動車保険に関する教育計画を拡充する。
▷検疫に関する手続を再点検し、公表する。
▷キャンプ・ハンセンにおける使用済み弾薬類の除去についてのガイドラインを公表する。

日米双方は、米軍のレクリエーション施設を含め、追加的な事項につき引き続き検討することに合意した。

(2) SACO最終報告

平成8年12月2日

SACO最終報告（仮訳）

池田外務大臣
久間防衛庁長官
ペリー国防長官
モンデール駐日大使

沖縄に関する特別行動委員会（SACO）は、平成7年11月に、日本国政府及び米国政府によって設置された。両国政府は、沖縄県民の負担を軽減し、それにより日米同盟関係を強化するために、SACOのプロセスに着手した。

この共同の努力に着手するに当たり、SACOのプロセスの付託事項及び指針が日米両国政府により定められた。すなわち、日米双方は、日米安全保障条約及び関連取極の下におけるそれぞれの義務との両立を図りつつ、沖縄県における米軍の施設及び区域を整理、統合、縮小し、また、沖縄県における米軍の運用の方法を調整する方策について、SACOが日米安全保障協議委員会（SCC）に対し勧告を作成することを決定した。このようなSACOの作業は、1年で完了するものとされた。

平成8年4月15日に開催されたSCCは、いくつかの重要なイニシアティヴを含むSACO中間報告を承認し、SACOに対し、平成8年11月までに具体的な実施スケジュールを付した計画を完成し、勧告するよう指示した。

SACOは、日米合同委員会とともに、一連の集中的かつ綿密な協議を行い、中間報告に盛り込まれた勧告を実施するための具体的な計画及び措置をとりまとめた。

本日、SCCにおいて、池田大臣、久間長官、ペリー長官及びモンデール大使は、このSACO最終報告を承認した。この最終報告に盛り込まれた計画及び措置は、実施されれば、沖縄県の地域社会に対する米軍活動の影響を軽減することとなろう。同時に、これらの措置は、安全及び部隊の防護の必要性に応えつつ、在日米軍の能力及び即応態勢を十分に維持することとなろう。沖縄県における米軍の施設及び区域の総面積(共同使用の施設及び区域を除く。)の約21パーセント(約5,002ヘクタール)が返還される。

SCCの構成員は、このSACO最終報告を承認するにあたり、一年間にわたるSACOのプロセスの成功裡の結実を歓迎し、また、SACO最終報告の計画及び措置の着実かつ迅速な実施を確保するために共同の努力を継続するとの堅い決意を強調した。このような理解の下、SCCは、各案件を実現するための具体的な条件を取り扱う実施段階における両国間の主たる調整の場として、日米合同委員会を指定した。地域社会との所要の調整が行われる。

また、SCCは、米軍の存在及び地位に関連する諸問題に対応し、米軍と日本の地域社会との間の相互理解を深めるために、あらゆる努力を行うとの両国政府のコミットメントを再確認した。これに関連して、SCCは、主として日米合同委員会における調整を通じ、これらの目的のための努力を継続すべきことに合意した。

SCCの構成員は、SCC自体と日米安全保障高級事務レベル協議(SSC)が、前記の日米合同委員会における調整を監督し、適宜指針を与えることに合意した。また、SCCは、SSCに対し、最重要課題の一つとして沖縄に関連する問題に真剣に取り組み、この課題につき定期的にSCCに報告するよう指示した。

平成8年4月の日米安全保障共同宣言に従い、SCCは、国際情勢、防衛政策及び軍事態勢についての緊密な協議、両国間の政策調整並びにより平和的で安定的なアジア太平洋地域の安全保障情勢に向けた努力の重要性を強調した。SCCは、SSCに対し、これらの目的を追求し、同時に、沖縄に関連する問題に取り組むよう指示した。

土地の返還

▷普天間飛行場　付属文書のとおり

▷北部訓練場

以下の条件の下で、平成14年度末までを目途に、北部訓練場の過半(約3,987ヘクタール)を返還し、また、特定の貯水池(約159ヘクタール)についての米軍の共同使用を解除する。

・北部訓練場の残余の部分から海への出入を確保するため、平成9年度末までを目途に、土地(約38ヘクタール)及び水域(約121ヘクタール)を提供する。
・ヘリコプター着陸帯を、返還される区域から北部訓練場の残余の部分に移設する。
▷安波訓練場
北部訓練場から海への出入のための土地及び水域が提供された後に、平成9年度末までを目途に、安波訓練場(約480ヘクタール)についての米軍の共同使用を解除し、また、水域(約7,895ヘクタール)についての米軍の共同使用を解除する。
▷ギンバル訓練場
ヘリコプター着陸帯が金武ブルー・ビーチ訓練場に移設され、また、その他の施設がキャンプ・ハンセンに移設された後に、平成9年度末までを目途に、ギンバル訓練場(約60ヘクタール)を返還する。
▷楚辺通信所
アンテナ施設及び関連支援施設がキャンプ・ハンセンに移設された後に、平成12年度末までを目途に、楚辺通信所(約53ヘクタール)を返還する。
▷読谷補助飛行場
パラシュート降下訓練が伊江島補助飛行場に移転され、また、楚辺通信所が移設された後に、平成12年度末までを目途に、読谷補助飛行場(約191ヘクタール)を返還する。
▷キャンプ桑江
海軍病院がキャンプ瑞慶覧に移設され、キャンプ桑江内の残余の施設がキャンプ瑞慶覧又は沖縄県の他の米軍の施設及び区域に移設された後に、平成19年度末までを目途に、キャンプ桑江の大部分(約99ヘクタール)を返還する。
▷瀬名波通信施設
アンテナ施設及び関連支援施設がトリイ通信所に移設された後に、平成12年度末までを目途に、瀬名波通信施設(約61ヘクタール)を返還する。ただし、マイクロ・ウエーブ塔部分(約0.1ヘクタール)は、保持される。
▷牧港補給地区
国道58号を拡幅するため、返還により影響を受ける施設が牧港補給地区の残余の部分に移設された後に、同国道に隣接する土地(約3ヘクタール)を返還する。
▷那覇港湾施設
浦添埠頭地区(約35ヘクタール)への移設と関連して、那覇港湾施設(約57ヘクタール)の返還を加速化するため最大限の努力を共同で継続する。
▷住宅統合(キャンプ桑江及びキャンプ瑞慶覧)
平成19年度末までを目途に、キャンプ桑江及びキャンプ瑞慶覧の米軍住宅地区を統合し、これらの施設及び区域内の住宅地区の土地の一部を返還する。(キャンプ瑞慶覧については約83ヘクタール、さらにキャンプ桑江については35ヘクタールが、それぞれ住宅統合により返還される。このキャンプ桑江についての土地面積は、上記のキャンプ桑江の項の返還面積に含まれている。)

訓練及び運用の方法の調整

▷県道104号線越え実弾砲兵射撃訓練

平成9年度中にこの訓練が日本本土の演習場に移転された後に、危機の際に必要な砲兵射撃を除き、県道104号線越え実弾砲兵射撃訓練を取り止める。

▷パラシュート降下訓練

パラシュート降下訓練を伊江島補助飛行場に移転する。

▷公道における行軍

公道における行軍は既に取り止められている。

騒音軽減イニシアティヴの実施

▷嘉手納飛行場及び普天間飛行場における航空機騒音規制措置

平成8年3月に日米合同委員会により発表された嘉手納飛行場及び普天間飛行場における航空機騒音規制措置に関する合意は、既に実施されている。

▷KC－130ハーキュリーズ航空機及びAV－8ハリアー航空機の移駐

現在普天間飛行場に配備されている12機のKC－130航空機を、適切な施設が提供された後、岩国飛行場に移駐する。岩国飛行場から米国への14機のAV－8航空機の移駐は完了した。

▷嘉手納飛行場における海軍航空機及びMC－130航空機の運用の移転　嘉手納飛行場における海軍航空機の運用及び支援施設を、海軍駐機場から主要滑走路の反対側に移転する。これらの措置の実施スケジュールは、普天間飛行場の返還に必要な嘉手納飛行場における追加的な施設の整備の実施スケジュールを踏まえて決定される。嘉手納飛行場におけるMC－130航空機を平成8年12月末までに海軍駐機場から主要滑走路の北西隅に移転する。

▷嘉手納飛行場における遮音壁

平成9年度末までを目途に、嘉手納飛行場の北側に新たな遮音壁を建設する。

▷普天間飛行場における夜間飛行訓練の運用の制限

米軍の運用上の即応態勢と両立する範囲内で、最大限可能な限り、普天間飛行場における夜間飛行訓練の運用を制限する。

地位協定の運用の改善

▷事故報告

平成8年12月2日に発表された米軍航空機事故の調査報告書の提供手続に関する新しい日米合同委員会合意を実施する。

さらに、良き隣人たらんとの米軍の方針の一環として、米軍の部隊・装備品等及び施設に関係する全ての主要な事故につき、日本政府及び適当な地方公共団体の職員に対しての適時の通報が確保されるようあらゆる努力が払われる。

▷日米合同委員会合意の公表

日米合同委員会合意を一層公表することを追求する。

▷米軍の施設及び区域への立入

平成8年12月2日に日米合同委員会により発表された米軍の施設及び区域への立入に関する新しい手続を実施する。

▷米軍の公用車両の表示

米軍の公用車両の表示に関する措置についての合意を実施する。全ての非戦闘用米軍車両には平成9年1月までに、その他の全ての米軍車両には平成9年10月までに、ナンバー・プレートが取り付けられる。

▷任意自動車保険

任意自動車保険に関する教育計画が拡充された。さらに、米側は、自己の発意により、平成9年1月から、地位協定の下にある全ての人員を任意自動車保険に加入させることを決定した。

▷請求に対する支払い

次の方法により、地位協定第18条6項の下の請求に関する支払い手続を改善するよう共同の努力を行う。

・前払いの請求は、日米両国政府がそれぞれの手続を活用しつつ、速やかに処理し、また、評価する。前払いは、米国の法令によって認められる場合には常に、可能な限り迅速になされる。

・米国当局による請求の最終的な裁定がなされる前に、日本側当局が、必要に応じ、請求者に対し無利子の融資を提供するとの新たな制度が、平成9年度末までに導入される。

・米国政府による支払いが裁判所の確定判決による額に満たない過去の事例は極めて少ない。しかし、仮に将来そのような事例が生じた場合には、日本政府は、必要に応じてその差額を埋めるため、請求者に対し支払いを行うよう努力する。

▷検疫手続

12月2日に日米合同委員会により発表された更改された合意を実施する。

▷キャンプ・ハンセンにおける不発弾除去

キャンプ・ハンセンにおいては、米国における米軍の射場に適用されている手続と同等のものである米海兵隊の不発弾除去手続を引き続き実施する。

▷日米合同委員会において、地位協定の運用を改善するための努力を継続する。

普天間飛行場に関するSACO最終報告（仮訳）

（この文書は、SACO最終報告の不可分の一部をなすものである）

於　東京

平成8年12月2日

1．はじめに

(a) 平成8年12月2日に開催された日米安全保障協議委員会（SCC）において、池田外務大臣、久間防衛庁長官、ペリー国防長官及びモンデール大使は、平成8年4月15日の沖縄に関する特別行動委員会（SACO）中間報告及び同年9月19日の

SACO現状報告に対するコミットメントを再確認した。両政府は、SACO中間報告を踏まえ、普天間飛行場の重要な軍事的機能及び能力を維持しつつ、同飛行場の返還及び同飛行場に所在する部隊・装備等の沖縄県における他の米軍施設及び区域への移転について適切な方策を決定するための作業を行ってきた。SACO現状報告は、普天間に関する特別作業班に対し、3つの具体的代替案、すなわち(1)ヘリポートの嘉手納飛行場への集約、(2)キャンプ・シュワブにおけるヘリポートの建設、並びに(3)海上施設の開発及び建設について検討するよう求めた。

(b) 平成8年12月2日、SCCは、海上施設案を追求するとのSACOの勧告を承認した。海上施設は、他の2案に比べて、米軍の運用能力を維持するとともに、沖縄県民の安全及び生活の質にも配意するとの観点から、最善の選択であると判断される。さらに、海上施設は、軍事施設として使用する間は固定施設として機能し得る一方、その必要性が失われたときには撤去可能なものである。

(c) SCCは、日米安全保障高級事務レベル協議(SSC)の監督の下に置かれ、技術専門家のチームにより支援される日米の作業班(普天間実施委員会(FIG：Futenma Implementation Group)と称する。)を設置する。FIGは、日米合同委員会とともに作業を進め、遅くとも平成9年12月までに実施計画を作成する。この実施計画についてSCCの承認を得た上で、FIGは、日米合同委員会と協力しつつ、設計、建設、試験並びに部隊・装備等の移転について監督する。このプロセスを通じ、FIGはその作業の現状について定期的にSSCに報告する。

2．SCCの決定

(a) 海上施設の建設を追求し、普天間飛行場のヘリコプター運用機能の殆どを吸収する。この施設の長さは約1,500メートルとし、計器飛行への対応能力を備えた滑走路(長さ約1,300メートル)、航空機の運用のための直接支援、並びに司令部、整備、後方支援、厚生機能及び基地業務支援等の間接支援基盤を含む普天間飛行場における飛行活動の大半を支援するものとする。海上施設は、ヘリコプターに係る部隊・装備等の駐留を支援するよう設計され、短距離で離発着できる航空機の運用をも支援する能力を有する。

(b) 岩国飛行場に12機のKC−130航空機を移駐する。これらの航空機及びその任務の支援のための関連基盤を確保すべく、同飛行場に追加施設を建設する。

(c) 現在の普天間飛行場における航空機、整備及び後方支援に係る活動であって、海上施設又は岩国飛行場に移転されないものを支援するための施設については、嘉手納飛行場において追加的に整備を行う。

(d) 危機の際に必要となる可能性のある代替施設の緊急時における使用について研究を行う。この研究は、普天間飛行場から海上施設への機能移転により、現有の運用上の柔軟性が低下することから必要となるものである。

(e) 今後5乃至7年以内に、十分な代替施設が完成し運用可能になった後、普天間飛行場を返還する。

3．準拠すべき方針

(a) 普天間飛行場の重要な軍事的機能及び能力は今後とも維持することとし、人員及び装備の移転、並びに施設の移設が完了するまでの間も、現行水準の即応性を保ちつつ活動を継続する。

(b) 普天間飛行場の運用及び活動は、最大限可能な限り、海上施設に移転する。海上施設の滑走路が短いため同施設では対応できない運用上の能力及び緊急事態対処計画の柔軟性（戦略空輸、後方支援、緊急代替飛行場機能及び緊急時中継機能等）は、他の施設によって十分に支援されなければならない。運用、経費又は生活条件の観点から海上施設に設置することが不可能な施設があれば、現存の米軍施設及び区域内に設置する。

(c) 海上施設は、沖縄本島の東海岸沖に建設するものとし、桟橋又はコーズウェイ（連絡路）により陸地と接続することが考えられる。建設場所の選定においては、運用上の所要、空域又は海上交通路における衝突の回避、漁船の出入、環境との調和、経済への影響、騒音規制、残存性、保安、並びに他の米国の軍事施設又は住宅地区への人員アクセスについての利便性及び受入可能性を考慮する。

(d) 海上施設の設計においては、荒天や海象に対する上部構造物、航空機、装備及び人員の残存性、海上施設及び当該施設に所在するあらゆる装備についての腐食対策・予防措置、安全性、並びに上部構造物の保安を確保するため、十分な対策を盛り込むこととする。支援には、信頼性があり、かつ、安定的な燃料供給、電気、真水その他のユーティリティ及び消耗資材を含めるものとする。さらに、海上施設は、短期間の緊急事態対処活動において十分な独立的活動能力を有するものとする。

(e) 日本政府は、日米安全保障条約及び地位協定に基づき、海上施設その他の移転施設を米軍の使用に供するものとする。また、日米両政府は、海上施設の設計及び取得に係る決定に際し、ライフ・サイクル・コストに係るあらゆる側面について十分な考慮を払うものとする。

(f) 日本政府は、沖縄県民に対し、海上施設の構想、建設場所及び実施日程を含めこの計画の進捗状況について継続的に明らかにしていくものとする。

4．ありうべき海上施設の工法

日本政府の技術者等からなる「技術支援グループ」（TSG）は、政府部外の大学教授その他の専門家からなる「技術アドバイザリー・グループ」（TAG）の助言を得つつ、本件について検討を行ってきた。この検討の結果、次の3つの工法がいずれも技術的に実現可能とされた。

(a) 杭式桟橋方式（浮体工法）：海底に固定した多数の鋼管により上部構造物を支持する方式。

(b) 箱（ポンツーン）方式：鋼製の箱形ユニットからなる上部構造物を防波堤内の静かな海域に設置する方式。

(c) 半潜水（セミサブ）方式：潜没状態にある下部構造物の浮力により上部構造物

米軍

を波の影響を受けない高さに支持する方式。

5．今後の段取り

(a) FIGは、SCCに対し海上施設の建設のための候補水域を可能な限り早期に勧告するとともに、遅くとも平成9年12月までに詳細な実施計画を作成する。この計画の作成に当たり、構想の具体化・運用所要の明確化、技術的性能諸元及び工法、現地調査、環境分析、並びに最終的な構想の確定及び建設地の選定という項目についての作業を完了することとする。

(b) FIGは、施設移設先において、運用上の能力を確保するため、施設の設計、建設、所要施設等の設置、実用試験及び新施設への運用の移転を含む段階及び日程を定めるものとする。

(c) FIGは、定期的な見直しを行うとともに、重要な節目において海上施設計画の実現可能性について所要の決定を行うものとする。

(3) 沖縄県における米軍の施設・区域に関連する問題の解決促進について

（平成8年4月16日　閣議決定）

1．日米両国政府は、我が国に所在する米軍の施設及び区域の多くが沖縄県に集中していることに留意し、これに関連する諸問題の検討を行うため、昨年11月、日米安全保障協議委員会の下に沖縄における施設及び区域に関する特別行動委員会を設置した。両国政府は、爾来、日米安全保障条約の目的達成との調和を図りつつ、これら施設及び区域に係る問題の改善及びその整理・統合・縮小を実効的に進めるための方策について、真剣かつ精力的に検討を行ってきた。

昨15日に開催された日米安全保障協議委員会において、特別行動委員会から、これまでの検討で得られた進展をまとめるものとして中間報告が行われ、了承された。

2．特別行動委員会においては、引き続き検討が重ねられ、今秋までに施設及び区域の整理・統合・縮小についての具体的措置を含む最終的なとりまとめを行い、日米安全保障協議委員会に報告することとされている。

政府としては、こうした検討を一層促進するとともに、特別行動委員会でとりまとめられる具体的措置の的確かつ迅速な実施を確保するための方策について、法制面及び経費面を含め総合的な観点から早急に検討を行い、十分かつ適切な措置を講ずることとする。

3．政府としては、日米安全保障条約を堅持するとの立場に立って、必要な施設及び区域の提供という同条約上の義務を履行するために引き続き所要の措置をとっていくこととする。また、我が国周辺地域において我が国の平和と安全に重要な影響を与えるような事態に対処するため、憲法及び関係法令に従い、日米の効果的な協力態勢の構築に務めるとともに、あわせて地域的な多国間の安全保障に関する対話・協力のために日米両国が緊密な協力を積極的に進める。

(4) 沖縄に関する特別行動委員会の最終報告に盛り込まれた措置の実施の促進について

（平成8年12月3日
閣　議　決　定）

1．政府は、平成8年4月15日に日米安全保障協議委員会が了承した沖縄に関する特別行動委員会の中間報告を踏まえた本年4月16日の閣議決定「沖縄県における米軍の施設・区域に関連する問題の解決促進について」に基づき、日米間で真剣な協議を継続するとともに、所要の措置を講じてきたところである。

2．昨日、日米両国政府は、日米安全保障協議委員会を開催し、特別行動委員会の最終報告を了承した。

また、この最終報告に盛り込まれた措置に係る両国間の調整は、日米安全保障協議委員会及び日米安全保障高級事務レベル協議で定められる方針に従い、普天間飛行場代替ヘリポート案件については日米安全保障協議委員会において設置が決定された日米間の作業部会において、その他の案件については主として日米合同委員会においてそれぞれ処理されることとされている。

3．この最終報告は、沖縄県における米軍の施設及び区域に関する問題についての日米間の共同作業に一つの区切りを示すものであるが、ここに盛り込まれた措置について期限を踏まえつつ着実に実施していくためには、米国との整理が不可欠であるとともに、国内においても、引き続き政府全体が協力して、あらゆる努力を行っていくことが必要である。

このような考え方の下、成功裡に結実したこの最終報告に盛り込まれた措置を的確かつ迅速に実施するため、法制面及び経費面を含め、政府全体として十分かつ適切な措置を講ずることとする。

(5) 普天間実施委員会（FIG）について

（平成9年1月31日
防衛庁・外務省）

1月31日、「沖縄に関する特別行動委員会」（SACO）最終報告に基づき、普天間飛行場の返還に伴う代替施設に関する日米共同の作業班として「普天間実施委員会」（FIG：Futenma Implementation Group）が設置された。

1．構成

(1) FIGは調整・監督委員会とその下に必要に応じて設置される分野毎の部会で構成される。

(2) 調整・監督委員会の構成

○日本側：防衛庁防衛審議官、外務省北米局審議官（以上共同議長）
防衛庁、防衛施設庁、統合幕僚会議事務局及び外務省等の関係者

○米国側：国防次官補代理（議長）
統合参謀本部、太平洋軍、在日米軍及び在京米大等の関係者

(3) 部会は、両国政府の各分野の関係者で構成され、各分野に関する細部の詰めを行う。

2．活動

(1) 調整・監督委員会は、FIGとしての意思決定を行い、各部会の活動の調整及び監督を行う。

(2) 部会は、運用上の所要、技術、設備・建設等の各分野の問題の詳細につき協議する。

(3) 調整・監督委員会は、日常的な連絡・調整等については、時宜に応じて両国政府(我が方は防衛庁及び外務省、米国側は在日米軍司令部)の課長クラスを議長代行として開催する。(重要な節目においては、両国議長が調整・監督委員会に出席し直接その任に当たる。)

3．FIGは、日米安全保障高級事務レベル協議(SSC：Security Subcommittee、日本側：防衛庁防衛局長及び外務省北米局長ほか、米国側：国防次官補及び国務次官補ほか)の監督の下に置かれる。

4．FIGは、日米合同委員会(日米地位協定25条に基づく協議機関。日本側代表：外務省北米局長、米国側代表：在日米軍参謀長)とともに作業を進め、遅くとも平成9年12月までに実施計画を作成する。

5．FIGは、実施計画について日米安全保障協議委員会(SCC：Security Consultative Committee、日本側：防衛庁長官及び外務大臣、米国側：国防長官及び国務長官)の承認を得た上で、日米合同委員会と協力しつつ、設計、建設、試験並びに部隊・装備等の移転について監督する。FIGは、このような作業の現状について定期的にSSCに報告する。

6．両国議長は、随時、自国政府の関係者をオブザーバーとしてFIGの会合に出席せしめることができる。

(6) 普天間飛行場の移設に係る政府方針

(平成11年12月28日
閣　議　決　定)

政府においては、沖縄県における米軍施設・区域の負担を軽減するため、「沖縄に関する特別行動委員会」(以下「SACO」という)最終報告の着実な実現に向けて、全力で取り組んできたところである。

SACO最終報告において大きな課題となっている普天間飛行場の移設・返還について、平成11年11月22日、沖縄県知事は移設候補地を「キャンプ・シュワブ水域内名護市辺野古沿岸域」とする旨表明し、更に12月27日、名護市長から同飛行場代替施設に係る受け入れの表明が行われた。

こうした中で、沖縄県及び地元から、住民生活や自然環境への特別の配慮、移設先及び周辺地域の振興、沖縄県北部地域の振興及び駐留軍用地跡地の利用の促進等の要請が寄せられてきたところである。

政府としては、こうした経緯及び要請に基づき、本件に係る12月17日の第14回沖縄政策協議会の了解を踏まえつつ、今後下記の方針に基づき取り組むこととする。

記

Ⅰ　普天間飛行場代替施設について

普天間飛行場代替施設(以下「代替施設」という)については、軍民共用空港を念頭に整備を図ることとし、米国とも緊密に協議しつつ、以下の諸点を踏まえて取り組むこととする。

1．基本計画の策定

建設地点を「キャンプ・シュワブ水域内名護市辺野古沿岸域」とし、今後、代替施設の工法及び具体的建設場所の検討を含めて基本計画の策定を行う。基本計画の策定に当たっては、移設先及び周辺地域(以下「地域」という)の住民生活に著しい影響を与えない施設計画となるよう取り組むものとする。

代替施設の工法及び具体的建設場所については、地域住民の意向を尊重すべく、沖縄県及び地元地方公共団体とよく相談を行い、最善の方法をもって対処することとする。

2．安全・環境対策

(1) 基本方針

地域の住民生活及び自然環境に著しい影響を及ぼすことのないよう最大限の努力を行うものとする。

(2) 代替施設の機能及び規模

代替施設については、SACO最終報告における普天間飛行場移設に伴う機能及び民間飛行場としての機能の双方の確保を図る中で、安全性や自然環境に配慮した最小限の規模とする。

(3) 環境影響評価の実施等

① 環境影響評価を実施するとともに、その影響を最小限に止めるための適切な対策を講じる。

② 必要に応じて、新たな代替環境の積極的醸成に努めることとし、そのために必要な研究機関等の設置に努める。

(4) 代替施設の使用に関する協定の締結

地域の安全対策及び代替施設から発生する諸問題の対策等を講じるため、①飛行ルート、②飛行時間の設定、③騒音対策、④航空機の夜間飛行及び夜間飛行訓練、廃弾処理等、名護市における既存施設・区域の使用に関する対策、⑤その他環境問題、⑥代替施設内への地方公共団体の立入りにつき、地方公共団体の意見が反映したものとなるよう、政府は誠意をもって米国政府と協議を行い、政府関係当局と名護市との間で協定を締結し、沖縄県が立ち会うものとする。

(5) 協議機関等の設置

代替施設の基本計画の策定に当たっては、政府、沖縄県及び地元地方公共団体の間で協議機関を設置し、協議を行うこととする。

また、航空機騒音や航空機の運用に伴う事故防止等、生活環境や安全性、自然環境への影響等について、専門的な考察による客観的な分析・評価を行えるよう、政府において、適切な体制を確保することとする。

(6) 実施体制の確立

代替施設の基本計画に基づく建設及びその後の運用段階においても、適切な協議機関等を設置し、地域の住民生活に著しい影響を及ぼさないよう取り組むこととする。また、協議機関においては、代替施設の使用に関する協定及び環境問題についての定期的なフォローアップを行うこととする。

3．使用期限問題

政府としては、代替施設の使用期限については、国際情勢もあり厳しい問題があるとの認識を有しているが、沖縄県知事及び名護市長から要請がなされたことを重く受け止め、これを米国政府との話し合いの中で取り上げるとともに、国際情勢の変化に対応して、本代替施設を含め、在沖縄米軍の兵力構成等の軍事態勢につき、米国政府と協議していくこととする。

4．関連事項

(1) 米軍施設・区域の整理・統合・縮小への取組

沖縄県における米軍施設・区域の負担を軽減するため、県民の理解と協力を得ながら、SACO最終報告を踏まえ、さらなる米軍施設・区域の計画的、段階的な整理・統合・縮小に向けて取り組む。

(2) 日米地位協定の改善

地位協定の運用改善について、誠意をもって取り組み、必要な改善に努める。

(3) 名護市内の既存の米軍施設・区域に係る事項

① キャンプ・シュワブ内の廃弾処理については、市民生活への影響に配慮し、所要の対策について取り組む。

② 辺野古弾薬庫の危険区域の問題について取り組む。

③ キャンプ・シュワブ内の兵站地区に現存するヘリポートの普天間飛行場代替施設への移設については、米国との話し合いに取り組む。

Ⅱ　地域の振興について

1．普天間飛行場移設先及び周辺地域の振興

代替施設の受入れに伴い新たな負担を担うこととなる地域の振興については、平成11年12月17日の第14回沖縄政策協議会の了解を踏まえ、今後、別紙1の方針により、確実な実施を図ることとする。

2．沖縄県北部地域の振興

沖縄県北部地域の振興については、上記第14回沖縄政策協議会の了解を踏まえ、今後、別紙2の方針により、確実な実施を図ることとする。

米軍

3．駐留軍用地跡地利用の促進及び円滑化等

沖縄における駐留軍用地跡地利用の促進及び円滑化等については、上記第14回沖縄政策協議会の了解を踏まえ、今後、別紙3の方針により、確実な実施を図ることとする。

別紙1

普天間飛行場移設先及び周辺地域の振興に関する方針

市街地の中心部に位置する普天間飛行場の返還は、沖縄県民多数の願いであり、この問題の解決促進のため、沖縄県にあっては苦渋の決断として、キャンプ・シュワブ水域内名護市辺野古沿岸域を移設候補地として選定され、また、名護市においてその受入れが表明されたところである。

地元において新たな負担を伴うこの普天間飛行場にかかる代替施設建設の課題について、その平和と安全への大きな貢献に応えるべく政府として最大限の配慮をなすべきものと考える。

もとより国民に平和と安全をもたらす安全保障体制の確保は全国民的課題であり、衡平と公正の見地から、政府として、全国民に対し、現下の国際情勢の下で代替施設の受入れにかかる地域が新たな負担を担うことについての深い理解を求めるとともに、当該地域の発展への地元の期待に対して、全力を上げてこれに応えるべきものと考える。

こうした観点から、政府においては、平成11年12月13日に県から提示された「普天間飛行場移設先及び周辺地域の振興に関する要望」、「沖縄問題についての内閣総理大臣談話」（平成8年9月10日閣議決定）及び「沖縄問題に関する特別行動委員会の最終報告に盛り込まれた措置の実施の促進について」（平成8年12月3日閣議決定）を踏まえ、下記の方針に基づき、移設先及び周辺地域の振興・発展に向けて全力で取り組むこととする。

記

1．基本認識

(1) 移設先及び周辺地域（以下「地元地域」という）における住民の福利の増進を図るべく、総合的な地域活性化方策を確立し、実行性のある政策の積極的かつ計画的展開を図るべきであること。

(2) 若者が将来展望を持って地域に定着できるよう、魅力のある雇用機会の創出に努めることが大きな課題であること。

(3) 雇用機会の創出に向けて、新しい産業の集積とともに農業、漁業の振興など、既存産業の活性化を図りつつ、産業基盤の整備を進める必要があること。

(4) 自然環境との調和の視点とともに、複数世代の共生できる多様性の視点をあわせて重視した魅力のある定住条件の整備が課題であること。

(5) 優れた環境の維持に努めるとともに、自然環境の積極的醸成に向けた取組みが行われるべきこと。

2．政策の具体化の方向

(1) 空港活用型産業の育成・誘致等

軍民共用空港を念頭に置いた新空港が地元地域の発展にとって真に有意義なものとなるよう、民間空港として利用するためのターミナル等空港利用施設の整備に向けた諸条件の整備を進めるとともに、空港関連産業の育成・誘致及び空港を活用した諸産業の発展のための諸条件の検討に早期に取り組み、その結果に基づいた具体的な事業展開を図る。

(2) 空港の経済波及効果を高めるための道路整備　空港の利便性を広範な経済波及効果に結びつけるため、空港へのアクセス道路を含め、地元地域における道路網の整備を進める。

(3) 産業の育成・誘致のための条件整備　地元地域において、新たな産業の立地や企業誘致による雇用機会の創出を図るため、産業業務施設を含む産業団地の造成、研究開発拠点施設や情報通信基盤の整備等産業の育成や誘致のための条件整備を行う。また、農林水産業をはじめとする既存産業の振興を図る。

(4) 国際情報特区構想の展開　沖縄経済特区21世紀プラン中間報告において新たに提唱された同構想が地元地域において展開されるよう、同構想の検討・実現の中で取り組む。

(5) 国際交流等の推進　アジア・太平洋地域との産業・経済・文化等の国際交流・貢献を具体的に展開する拠点施設や、同地域の発展に寄与する施設の誘致を図るとともに、既存の国際交流機能の拡充・強化を図る。また、九州・沖縄サミットを契機とした国際交流の一層の促進を図るため、アジア・太平洋地域の有数のコンベンション都市としてのポテンシャルを内外にアピールし、国際会議等の誘致に努める。

(6) 人材の育成　国際的な視野を持つ21世紀を担う人材を育成するとともに、アジア・太平洋地域からの留学生・研修生の受入れや、実践的な技術・知識を有する人材を育成するための高等教育機関の強化及び設置支援並びに研修施設の誘致等に努める。

(7) 地域の定住と交流を促進するための生活環境施設の整備　地元地域の要望を踏まえ、生活環境や住民福祉の向上、利便性の確保につながる施設整備を進めるとともに、広域的な観点から設置される公園や港湾、市街地開発等の整備や公共機関の設置に努める。

(8) 自然環境の保全と活用　優れた自然環境の創造的醸成を図る事業の推進や、それに必要な研究機関の設置に努める。

3．振興事業の具体化に当たっての留意事項

振興事業の具体化に当たっては、次の諸点に留意することとする。

(1) 上記の基本認識及び政策の具体化の方向を当面の基本としつつ、今後策定され

る基本方針に沿って国、県及び地元地域自治体相互の連携と協力により振興事業の具体化に鋭意取り組むこと。

(2) 振興事業の検討に当たっては、地元の創意と工夫が反映されるよう県及び地元地域自治体の協力を得て、地域を代表する農林水産業、商工業等の関係団体と協議を行うなど有益な意見の収集に努めること。

(3) 地元地域にあって、移設先地域とともに、その周辺地域に対して均衡のとれた配慮を行うこと。

(4) 周辺地域を含む地域の諸計画との整合性に配慮すること。

4．振興事業の実現のための枠組みの確保

振興策が確実に実現されることを担保する枠組みとして、以下の対応を図ることとする。

(1) 協議機関の設置

振興事業の推進にかかる基本方針の策定、事業の具体化に向けた協議及び事業実施にかかるフォローアップを行う機関として、国、県、及び地元地域自治体からなる「協議機関」を新たに設置する。

なお、同協議機関は、県及び地元地域自治体の協力を得て極力早期に発足させることとする。

(2) 振興事業の具体化に向けた取組

同協議機関の協議においては、熟度の高い事業を中心に早急に予算へ反映されるよう勤めるとともに、振興事業の実施に向けた中長期的対応をあわせて検討することとする。

(3) 新たな法制の整備

振興事業の具体化の着実な実現を図るため、新たな法制の整備に取り組むこととする。このため、ポスト三次振計の今後の総合的検討においても、地元地域のこの要望を踏まえて検討を行うこととする。

(4) 財源の確保

本振興事業については、国、県の行う事業を含め予算上の特別な配慮を行うこととする。また、平成12年度において新たに確保する特別の予算措置、新たに発足させる「北部振興事業制度」(仮称)等においては、地元地域を重視した制度運営上の工夫を地元地域の意見を踏まえて行うこととする。

これらの対応にSACO関連経費をはじめとする各種交付金等による対応が更に加わることにより、本振興事業の財源の確保及び一般財源の充実にかかる要望に的確に対処する。

(5) 事務局体制の確保

振興事業の着実な推進のため、政府部内の事務局体制を確保する。

別紙2

沖縄県北部地域の振興に関する方針

Ⅰ　現状認識及び政策の基本方向

1．人口動態にみる現状

「沖縄県北部地域の振興についての要望(以下、「要望」と略す。)にもあるように、復帰前の昭和45年と比較した人口増加率では、中南部地域が7～9割の増加を示してきたのに対し、北部地域はほぼ横ばいにとどまっており、県内における人口比率を大幅に低下させてきた。

北部地域における出生者数は過去10年間で14,228人であり、これを人口千人当たりでみると、約115人となっており、他地域(同時期の人口10万人当たり中部地域約129人、南部地域約137人、八重山・宮古地域約120人)と比較して出生者比率については、それほど遜色はない。それにもかかわらずこうした北部地域の人口比率低下が生じているのは、他地域に比べて高齢者の比率が高いことと合わせて、明らかに地域外への人口の流出が大きな原因となっている。

ちなみに、北部地域における人口の定着率(生まれた人口がどの程度その地域にとどまるかを示すもの。)を年齢別にみると、義務教育修了前の5～9歳及び10～14歳については、ほぼ100%とどまっており、また、高校進学期と大学進学期を挟む15～19歳でも91.8%と、県全体の95.6%に比べて若干の開きにとどまっている。この開きは20歳以上で決定的となり、20～24歳が69.0%(全県では85.7%)、25～29歳が61.9%(同84.5)、30～34歳が54.8%(同82.7%)となる。

このように、北部地域の人口は、特に就業段階において極端に減少していく姿が浮き彫りになっており、新たな雇用機会の創出が必要不可欠の課題となっていることを示している。

2．政策の基本方向

(1) 基本認識

沖縄県及び北部12市町村は、「20万人広域圏」あるいは当面の課題としての「15万人の圏域人口」を掲げている。人口動態の現状認識に立てば、定住人口の増加こそが、北部地域の活性化、ひいては県土の均衡ある発展を図る上での基礎的な課題であり、要望の中の目標もそうした認識に立脚するものと理解する。こうした目標の設定に当たっては、相当長期にわたる努力の継続が前提となるものと考えられ、容易な課題ではないが、北部地域関係者の危機感を踏まえたとき、これまでの人口潮流に変化を与えるような実効性のある取組が行われるよう、政府においても最大限の支援を行っていくことが求められているものと認識する。

平成10年3月に策定した新しい全国総合開発計画(平成10年3月31日閣議決定)において、「特に北部圏については、沖縄本島の一体的な発展を図る上でその果たす役割は大きく、地域特性を活かしつつ今後とも振興に向けての着実な取組を進める。」とされているところである。政府においては、この新全総の考え方を基本認識として位置づけ、沖縄県北部地域の振興に全力を挙げていて取り組むこととする。

(2) 政策の基本方向

〈定住人口の増加を目指して〉

北部地域における定住人口の増加を目指すとき、まず第一に、人口の社会的流出の傾向に歯止めをかける必要がある。そのとき、地域の若者が定住できる雇用機会の創出が最大の課題となる。

第二に、定住人口の増加に向けた諸般の取組が、地域の若者の定住を促進するだけでなく、これと併せて、企業進出等を通じて地域外の人々が北部地域に定着するような成果にも結びつくことが期待される。すなわち、魅力ある雇用機会の創出や生活環境の整備によって人口の社会的「流入」を自然な形で実現していくことが併せて求められるところである。

〈人と産業の定住条件の整備〉

こうした成果を発揮するための対策は一言で言えば、「人と産業の定住条件の整備」である。

産業の振興は、雇用機会の創出と表裏一体の課題であり、そのためには、企業誘致の促進と内発的な産業育成が車の両輪の課題となる。観光関連や農林水産業を含めた地場産業のさらなる発展を図るための地域産業おこしの取組が企業誘致とともに併せて重要である。

また、「産業の定住条件の整備」と平行して、「人と定住条件の整備」が併せて課題となる。生活環境をより魅力あるものに整備し、複数世代が共生できる地域づくりの展開が期待される。その場合、雇用機会と併せて、若者に魅力ある都市的機能が北部地域により一層集積し、定住効果を発揮していく必要がある。

〈地域間バランスへの配慮〉

要望にもあるとおり、政策の展開を図るに当たっては、圏域内のそれぞれの地域間のバランス、とりわけ西海岸地域と東海岸地域、本島と離島それぞれのバランスに配慮する必要がある。そうした配慮の中で、北部地域全体のポテンシャルが地域そのものの振興に活かされるとともに、沖縄全体の発展のために役立てられるものと考える。

なお、若者の定住を図る上で、都市的機能の集積は避けて通れない課題であるが、要望にある地域間バランスの視点に立つとき、こうした課題が北部地域の中の南北格差、ミニ一極集中に拍車をかけることにならないよう、都市的機能の広域的分担の考え方を極力確保することやインフラ整備を通じた人の流れへの配慮などが求められる。

〈要望の考え方の重視〉

上記の諸点とともに、要望において「基本戦略」として示された「地域資源を活用した特色ある産業広域圏の創造」、「多様な交流と情報発信を促進する交流広域圏の創造」及び「人と自然が共生する環境広域圏の創造」の各戦略的観点についても、政府の施策展開に当たっての基本方向として重視することとする。

Ⅱ　施策の具体化の方向

北部地域の振興に当たっては、北部の地域資源や特性を、その基盤となる自然環境に配慮しつつ、積極的に活かすことによって、効果的な展開が可能となり、また、他地域との相互補完関係の中での取組として、県全体の経済発展につながっていくものと考える。

そうした視点から、自然環境をはじめとする観光資源の豊かな北部地域にあって、観光・リゾート産業の一層の発展が強く期待されるところである。また、「地域資源型」とも言うべき、地場の製造業や農林水産業のさらなる発展が追求されるべきである。

商業分野については、地域住民にとっての魅力ある都市的機能としての位置づけとともに、観光・リゾート地としての関連においても活かしていくことが期待される。

また、大きな可能性が期待される情報通信産業については、名護を中心に北部地域において企業立地に一定の成果が得られつつあるところであり、今後、さらなる集積を図ることは可能と考えられ、その振興についても重点的に取り組むこととする。

以上のような考え方のもとで各産業分野の振興に努めるとともに、そのためのインフラストラクチャーとしての人材の育成、研究開発・国際交流の促進、北部新空港をはじめとする交通基盤の整備、企業立地基盤の整備等に取り組むこととする。

さらに、北部振興の基本的課題が「人と産業の定住条件の整備」であることに留意し、産業振興の基盤整備と併せて、人の定住条件の整備として、潤いとやすらぎのある生活環境の整備や長寿福祉社会の実現に向けた取組などに努めることとする。

1．活力ある地域経済を目指す産業の振興

(1) 観光・リゾート産業の振興

観光・リゾート産業は、それ自身のためだけでなく、他の地域産業の発展の牽引役として、積極的に位置づけるとともに、観光産業をNIRA研究会報告にいう「文化交流型産業」といったより広い視野から再定義し、新たな視点からのアプローチに努め、観光振興地域制度等を活用した観光拠点の重点的整備を促進する。

観光・リゾート産業の振興のためには、人々が安価で容易に移動できる環境を提供しなければならない。そのため、本土・那覇間の路線の航空運賃の引下げに係る措置及び沖縄自動車道の通行料金の割引に係る措置については、その延長措置の実現に向けて取り組むものとする。また、県外から北部地域への直接のアクセスのため、軍民共用空港を念頭に北部地域における新空港の整備に向けて取り組む。

さらに、やんばる地域のすぐれた自然環境や文化財を保全するという観点も踏まえつつ、地域における観光拠点の周遊ルート化や新たな観光スポットの開発と併せ、自然をテーマとするエコツーリズム、あるいは観光・長寿をテーマとする沖縄ウェルネス計画の推進等の体験型・周遊型・滞在型観光等、地域の人々とのふれあいが可能となるような、新たな視点からの観光開発も推進することとする。

① 観光振興地域や重点整備地区における、市町村等によるアクセス道路、駐車場、上下水道等の総合的整備の推進
② エコツーリズムや、グリーン・ツーリズム、ブルー・ツーリズムなど自然環境や伝統文化等を体験し、地域住民との交流を促進するような滞在型・参加型・体験型観光の促進
③「ツールドおきなわ」等の各種イベントの定着化やスポーツ・リハビリ機能を備えた施設整備等を通したイベント・スポーツ観光の促進
④ 世界文化遺産に推薦している遺産群等をつなぐ琉球歴史回廊のルート化や新水族館の整備等による国営沖縄記念公園海洋博覧会地区の魅力向上など、北部観光の独自性の創造と観光資源の整備
⑤ 赤土対策や陸域・海域生態系の保全等の環境保全策を通した観光資源の質の維持・向上の促進　など

(2) 情報通信関連産業の集積促進

過疎化、高齢化、産業の集積度の低さなどは、互いに原因結果となっており、北部地域の産業振興を図る上で大きな阻害要因となっている。

北部地域の産業振興を強力に推し進めるためには、雇用吸収力の大きい産業を誘致するとともに、産業の集積度が高められるような企業を立地することが重要である。このため、「沖縄経済振興21世紀プラン」の中間報告における情報通信関連産業の誘致等は有効な手段であり、産業振興の大きな柱として積極的に推進する。

情報通信関連産業の誘致を円滑に推進するため、企業誘致のためのインセンティブの創出や通信コストの低減化等に資する研究開発環境の充実等企業活動の活性化を図るための措置に加え、これからの高度情報通信社会への対応や21世紀へ向けた新たな産業創出のためにも情報通信社会インフラの整備が必要である。

① 国際情報特区構想の推進による情報通信関連産業の集積促進
② 通信コストの軽減につながる総合的な対策の推進
③ ギガビットネットワークの研究開発環境の整備
④ 亜熱帯地球環境計測技術に関する研究機関の整備
⑤ 地方公共団体による地域インターネットの整備や地域イントラネットの構築等をはじめとする情報通信インフラの整備　など

(3) 農林水産業の振興

農業粗生産額において他地域に比較して優位にあり、大量消費者であるリゾー

トホテル等の立地も視野に入れた北部地域での農林水産業の可能性を追求しつつ、技術開発や市場競争力の強化を図るなど、その振興を総合的に推進する。

また、国際化の進展に伴う海外農林水産物などとの競合の激化等、外部環境の変化に対し対応し得る新規品目の開発や既存品目の改良を推進するため、試験研究の拡充・強化を図る。

① 農業生産基盤の設備の推進等

亜熱帯農業の拠点産地形成を目指し、農業用水の確保、ほ場整備等の農業生産の基礎的な条件整備や農業の機械化、設備の近代化を図り、農業経営の近代化・合理化を促進する。また、既存品目の量産体制の確立、新規品目の導入等により、特色ある産地形成を図るとともに、農林水産物の高付加価値化を推進する。

② 地理的・自然的特性を活かした漁業生産基盤の整備

漁港・漁場等の生産基盤の整備をすすめるとともに、放流技術・新規養殖魚種の開発等を通じて、熱帯海域における特色ある栽培漁業や養殖業など「つくり育てる漁業」の実現を支援するとともに資源管理型漁業を推進する。

③ 森林資源の利活用

本県における木材生産拠点機能の強化を図るため、生産団地化等の推進、機械・装備の高度化及び生産施設の整備を図るとともに、県産材の需要喚起を図る。また、森林地域の保全・活用のための施策を総合的に推進する。

(4) 商工業の活性化

北部地域には、ビール、セメント、製糖などの県を代表する企業が立地し、これまで地域経済を支えてきたところであり、こうした既存産業のより一層の振興を図る観点から、産業の協業化の推進や資金融資等の既存の産業振興制度の積極的な活用を図るとともに、産業集積度の低い北部地域における戦略的な産業集積の在り方について今後とも調査研究し、戦略的な産業集積の構築を図る。

一方、商業についてみると、消費者ニーズの多様化、流通構造の変化、モータリゼーションの進展、それに伴う郊外型・大規模商業施設の立地等により、かつての中心市街地の空洞化が進行していることから、中心市街地の再活性化を図り、魅力ある商店街の再構築に努めるとともに、観光･リゾート振興の見地からも、魅力ある商業・アミューズメント施設の集積促進を図る。

2．魅力ある地域と産業を支える基盤の整備

(1) 長期発展の基盤のための人材の育成

産業技術が日進月歩で進歩していく中、その技術に適切に対応できる人材、新たな技術を研究開発し得る人材は、地域の産業創出・育成に重要な役割を果たしていることから、各面にわたる人材の育成を図る必要がある。

このため、新たな教育機関や国際的水準の研究機関の整備や誘致を促進し、

研究開発拠点を形成するとともに、産業を支える高度・専門的な人材の育成・確保を図る。また、新たな産業展開のための知的資本の充実を図るため、産官学が連携する人材育成を推進する。

① 国立高等専門学校設置の確実な実現
② 起業のための環境整備としての人材育成資金等の助成
③ 情報通信分野における人材の育成
④ 高等教育機関等における人材育成の充実　など

(2) 研究開発と国際交流の促進

学術、文化、スポーツ等における国際交流・協力は、世界の様々な人々が互いに理解し合う上で大きな役割を果たしている。特に、沖縄の有する地理的・自然的特性を活かした研究開発や独自の伝統文化及び国際性豊かな県民性は、アジア・太平洋地域の経済社会及び文化等の発展に貢献できる可能性を秘めている。

その可能性の実現に向けて、研究開発や国際交流・貢献を推進するとともに国際交流・貢献施設の充実等諸条件の整備を進める。

研究開発の面では、情報通信関連産業等の新たな産業展開のための知的資本の充実を図るため、産官学が連携する研究開発を推進するとともに、新事業創出促進法(平成10年法律第152号)に基づき策定された「沖縄県基本構想」において、今後発展する産業として位置づけられている健康・医薬関連産業、食品産業、バイオ関連産業、環境関連産業などの産業化のための研究を推進する。

国際交流を促進する観点からは、特に国際コンベンション都市の形成に重点を置くべきであり、九州・沖縄サミットの開催をチャンスと捉え、各種国際会議の誘致に継続的に取り組むことが重要である。そのため、アジア・太平洋地域における有数の国際コンベンション都市としてのポテンシャルや国際観光地としての魅力のPR等に努める。

(3) 潤いとやすらぎのある生活環境の整備と長寿福祉社会の実現

地域社会において、高齢者から子供までの幅広い世代が、安心して生き生きと暮らせることは、豊かな長寿福祉社会の実現と活力ある快適な生活の実現を図るものであり、北部地域についても、すべての世代が豊かさを享受できる社会として形成されるよう環境整備を促進する。

このため、少子・高齢化が進展する中で、高齢者等が住み慣れた地域で安心して生活を営むことができるよう諸施策を推進するとともに、地域において安心して子供を生み育てることができるよう子育て支援体制の整備・充実を図るなど、地域社会の条件整備を進める。

若者にとって魅力ある地域になるよう、所得機会の確保や生活基盤の整備を促進するとともに、循環型社会の実現に向けて快適な生活環境を形成する。

また、アメニティに富み、活力に満ちた地域社会が形成されるよう、上下水道、集落排水等、廃棄物処理施設及び公営住宅等の整備・拡充を図るなど、生活環境基盤正義を総合的に推進する。

沖縄本島の水源地としての機能を重視し、水源の安定的な涵養を図るため、水源基金が設置され、水源地域振興事業の展開が図られており、政府としても、水源涵養等の公益的機能の高度発揮を図るための諸施策を推進することとする。

さらに、多様な生態系を形成しているやんばる地域の国立公園化を視野に入れながら、貴重な野生生物の保護を図るなど、森林地域の保全のための諸施策を総合的に推進する。

(4) 交通体系及び企業立地基盤の整備

道路、空港、港湾等の交通基盤は、地域住民の生活の向上をもたらすだけでなく、訪れる人々にも便利さや快適さを提供するものである。これらの交通基盤の充実は、北部と中・南部との移動を容易にし、両地域の相互補完を可能にするものであることから、交通基盤の整備に当たっては、常に他の圏域との有機的な連携を念頭に総合的な観点から取り組む必要がある。

また、交通体系の整備に当たっては、交通基盤が産業を支えるインフラとしての側面を有しており、物の輸送の効率化や関連産業の誘致の面からも道路・空港・港湾等の整備が特に重視されなければならない。

このため、交通基盤の整備の促進や交通ネットワークの強化を図りつつ、離島と本島との交通アクセスの確保・向上や本島内の陸上交通の利便性の向上に向け、新たな交通の在り方について検討を進める。

軍民共用空港を念頭に置いた北部地域における新空港(以下、「新空港」という。)については、同新空港を活用した空港関連産業や空港利用産業の立地及び発展可能性についても併せてその検討を行うこととする。

また、企業誘致及び内発型の産業育成双方の見地から、企業立地の促進のため、流通コストの低減化等企業活動の活性化を図るための措置に加え、低利融資制度の活用等、起業のための環境整備に努める必要がある。

このため、地域プラットフォームの活用など新事業創出促進法による企業立地に向けた総合的支援策を講じるのに加え、現在検討を進めている「新規事業創出促進支援体制の総合的検討」の具体化に向けて、北部振興の観点からも検討を加えることとする。

① 新規の高い幹線道路ネットワークの形成
② 他の経済圏域とのネットワーク強化のための新空港の整備に向けた取組
③ コミューター・ネットワークの拡大を通じた離島を含む県内移動の円滑化
④ 国際クルーズ船や本土定期便船等の寄港の促進や物流機能の再構築のために必要な拠点となる港湾の整備
⑤ 本島・離島間の海上交通の拡充
⑥ 新空港整備に併せた関連産業の立地促進
⑦ 産業団地等、新たな企業立地の受皿の整備
⑧ 流通コストの軽減につながる総合的な対策の推進
⑨ 低利融資制度等、起業促進のための総合的な対策

⑩ 地域の雇用開発に関する助成金の活用など総合的な雇用対策を実施
など
Ⅲ 実現に向けた取組方針
1．当面の課題の実現
施策の基本方向に沿った施策・事業の実施に向け、速やかな取組を行っていくこととする。
このため、要望のあった「北部振興基金」については、現行の北部産業振興のための基金を平成12年度中に拡充・発展させ、実現できるよう取り組む。また、当面実施可能な施策・事業を推進するため、平成12年度において、このための特別の予算措置を行うこととする。
さらに、「沖縄経済振興21世紀プラン」の中間報告において「今後の検討課題」とされた「国際情報特区構想」や「ゼロエミッション・アイランド沖縄構想」などの具体化に当たっては、最終報告に向けて、北部振興の観点からも検討を深めていくこととする。
2．中長期の取組に向けた枠組みの確保
北部地域の振興を図る上で、当面の施策・事業の早期実現とともに、中長期的には従来と異なった視点での政策的支援が不可欠であるとの認識のもと、本案に係る施策・事業が確実に実現されることを担保する枠組みとして、平成12年度における対応に加え、以下の対応を図ることとする。
(1)「新たな沖縄振興計画」における位置づけ
新たな沖縄振興計画の策定とともに、新たな沖縄振興法の制定実現が要望されていることにかんがみ、政府としては、新たな時代に向けた沖縄振興新法の実現を目指すこととし、その具体的検討をポスト3次振計の検討の中で行うこととする。同法制において、21世紀の沖縄の持続的発展を図る上で地域連携を軸とする分散型の県土構造の構築が不可欠であるとの認識の下に、圏域別の計画としてこれまで以上に北部振興について積極的な位置づけが行われるよう取り組むこととする。
(2) 財政的な措置
本案に係る施策・事業を着実に推進する上で、相当規模の予算を要することから、今後、本案に係る施策・事業の具体化に当たっては、その進捗に応じて予算上の特別の配慮を行うこととする。
また、本案に係る施策・事業の着実な進捗及び市町村の財政的負担の軽減が併せ求められていることにかんがみ、市町村事業を中心として支援できるよう新たに「北部振興事業制度」(仮称)を創設し、これに対して所要の地方財政上の配慮を併せて行うこととする。
(3) 推進体制の整備
北部地域を振興するための施策・事業の円滑な推進に当たって、地域の自治体と県及び政府との緊密な連携・協力を図るため、国、県、地元が一体となって検討、調整及びフォローアップを行う新たな協議機関を設置する。本案に係る施策・事業の具体化については、同協議機関を活用し、今後、国、県、地元が一体となって具体的事業の検討を行うこととする。

別紙3

駐留軍用地跡地利用の促進及び円滑化等に関する方針

沖縄県における米軍施設・区域の整理・統合・縮小を着実に推進するなかで、返還跡地の利用の促進及び円滑化は、沖縄の将来発展の視点と共に、駐留軍用地の地主をはじめとする住民生活安定の視点からも課題となってきている。また、米軍施設・区域の整理・統合・縮小に伴って、駐留軍従業員の雇用の安定確保が求められるところである。

こうしたなか、本問題の解決に向け、沖縄県知事から、「駐留軍用地跡地の利用の円滑な推進に関する要望書」が提出され、また、第十三回沖縄政策協議会においても、同じく関連要望がなされたところである。

本問題については、沖縄における米軍施設·区域の成立の経緯等にも留意しつつ、また、沖縄における米軍施設・区域の整理・統合・縮小の着実な推進を図る観点から、新たな制度的枠組の確保を含む的確な対応が不可欠であるとの認識のもと、下記の方針で対処する。

記

1．跡地利用の促進及び円滑化のための措置

(1) 調整機関の設置

国、沖縄県、関係市町村相互の協力のもとで、跡地利用の計画の策定及びその具体化の促進に向けた国、沖縄県及び関係市町村間の総合調整等の機能を果たす調整機関を新たに設置する。

(2) 共通措置

調整機関の設置に加え、駐留軍用地跡地全体に共通する跡地利用の促進のための施策として次の措置をとる。

[1]「調査・測量」の早期実施への対応

駐留軍用地の返還後の跡地利用事業を早期に立ち上げるため、極力早期に返還合意が得られるよう最大限に努力するとともに、「調査・測量」の実施に関してのあっせんの申請があった場合は、個別の事案に即しつつ、最大限の配慮を払う。

[2]「国有財産の活用」の措置

駐留軍用地跡地内の国有財産について、沖縄振興開発計画に基づき公共の用に供する施設に関する事業を実施するため必要があると認められるときは、国有財産を関係地方公共団体等に対して、無償または時価より低い価額で譲渡し、又は貸し付けることが出来るよう対処する。

[3]「返還実施計画に定める事項」の明示

返還合意後速やかに策定する「返還実施計画」において、国が行う汚染物質の調査及び除去、不発弾の調査及び除去並びに建物その他の工作物の撤去を定めるべく、予め政令上「返還実施計画に定める事項」として明示する。

(3) 大規模駐留軍用地跡地の利用の促進に関する特例措置

必要となる再開発に相当の困難が予想される大規模な駐留軍用地の跡地（以下、「大規模駐留軍用地跡地」という。）にあっては、上記による努力だけでは対処できないものと考えられることから、再開発事業を迅速かつ的確に推進するため、次の措置を講ずることとする。

[1] 国の取組にかかる方針の策定

大規模駐留軍用地跡地にあっては、困難の多い再開発事業を迅速かつ的確に推進するうえで国の積極的関与が特に不可欠であるとの認識のもと、新たな根拠法令に基づき、行財政上の措置を含めた国の取組に関する具体的方針を定めることとする。

[2] 事業執行主体にかかる業務の特例等

迅速かつ的確に跡地再開発を推進するため、跡地利用計画を踏まえて沖縄県と協議し、大規模駐留軍用地跡地にかかる跡地整備事業等を担当する事業実施主体を早急に明確にし、併せて事業の迅速化及び円滑化のための業務の特例、人材や事業資金などの資源の優先配分、資金ソースの工夫等の措置を講じることが出来るよう制度を整備する。

(4) 給付金支給にかかる特例措置

給付金支給に関して、駐留軍用地跡地の性格等を踏まえ、次のとおり特例措置を認めることとする。

[1] 大規模駐留軍用地跡地にかかる特例措置

大規模駐留軍用地跡地については、その再開発事業の困難性等に鑑み、給付金の支給期間現行三年を特例措置として延長する。

[2] その他の特例

上記大規模駐留軍用地跡地以外の駐留軍用地跡地において、物件撤去等に通常予想される以上の期間を要する場合にあっては、その範囲のなかで、給付金支給にかかる特例措置を認める。

2．法制の整備

跡地利用の促進及び円滑化にかかる上記1の(3)及び(4)の措置については、新たな法制の整備により対応することとし、所要の法案が極力早期に提出されるよう準備を進める。

3．駐留軍従業員の雇用の安定の確保

米軍施設・区域の整理・統合・縮小の推進により影響を受ける駐留軍従業員の雇用対策については、出来る限り移設先又は既存施設への配置転換により雇用の機会を図ることを基本としつつ、雇用の安定的確保に向けて知識技能の習得のための職業訓練対策の強化を図るなど、米軍及び沖縄県とも連携を図りつつ、雇用の安定の確保に最大限の努力を行う。

(7) 普天間飛行場代替施設の基本計画について

〔平成14年7月29日〕

「普天間飛行場の移設に係る政府方針」(平成11年12月28日閣議決定)に基づき、普天間飛行場代替施設の基本計画を次のとおり定める。

1．規模

(1) 滑走路

ア．普天間飛行場代替施設(以下「代替施設」という。)の滑走路の数は、1本とする。

イ．滑走路の方向は、おおむね真方位N55° Eとする。

ウ．滑走路の長さは、2,000メートルとする。

(2) 面積及び形状

ア．代替施設本体の面積は、最大約184ヘクタールとする。

イ．代替施設本体の形状は、おおむね長方形とする。長さ約2,500メートル、幅約730メートルとする。

2．工法

代替施設の建設は、埋立工法で行うものとする。

3．具体的建設場所

代替施設の具体的建設場所は、辺野古集落の中心(辺野古交番)から滑走路中心線までの最短距離が約2.2キロメートル、平島から代替施設本体までの最短距離が約0.6キロメートルの位置とする。(別図参照)※別図については省略

なお、同位置については、海底地形調査に基づく設計上の考慮や環境影響評価等を踏まえ、最終的に確定する。

4．環境対策

代替施設の建設に当たっては、環境影響評価を実施するとともに、その影響を最小限に止めるための適切な対策を講じる。

(8) 在日米軍の兵力構成見直し等に関する政府の取組について

(平成18年5月30日
閣　議　決　定)

1．日米両国政府は、自衛隊及び米軍の役割・任務・能力並びに在日米軍の兵力構成見直しについて協議を進め、平成17年10月29日の日米安全保障協議委員会において、これらに関する勧告が承認された。日米両国政府は、引き続き協議を進め、平成18年5月1日の日米安全保障協議委員会において、在日米軍の兵力構成見直し等についての具体的措置(以下「再編関連措置」という。)を含む最終取りまとめが承認された。

2．新たな安全保障環境において、引き続き我が国の安全を確保し、アジア太平洋

地域の平和と安定を維持していくためには、日米安全保障体制を維持・発展させていくことが重要である。在日米軍の駐留は日米安全保障体制の中核であり、米軍の使用する施設・区域の安定的な使用を確保する必要がある。

米軍の使用する施設・区域が沖縄県に集中し、また、本土においても施設・区域の周辺で市街化が進み、住民の生活環境や地域振興に大きな影響を及ぼしている。こうした現状を踏まえると、幅広い国民の理解と協力を得て今後とも施設・区域の安定的な使用を確保し、日米安全保障体制を維持・発展させるためには、抑止力を維持しつつ地元の負担を軽減することが重要である。

3．最終取りまとめには、米軍の使用する施設・区域が集中する沖縄県からの約8000名の海兵隊要員の削減、普天間飛行場のキャンプ・シュワブへの移設、嘉手納飛行場以南の人口が密集している地域の相当規模の土地の返還（普天間飛行場、牧港補給地区、那覇港湾施設等の全面返還を含む。）、横田飛行場における航空自衛隊航空総隊司令部の併置等による司令部間の連携強化、キャンプ座間における在日米陸軍司令部の改編、航空自衛隊車力分屯基地への弾道ミサイル防衛のための米軍のレーダー・システムの配置、厚木飛行場から岩国飛行場への空母艦載機の移駐、キャンプ座間及び相模総合補給廠の一部返還、訓練の移転等の具体的な措置が盛り込まれている。

これらの再編関連措置については、最終取りまとめに示された実施時期を踏まえつつ、着実に実施していくものとする。

4．我が国の平和と安全を保つための安全保障体制の確保は政府の最も重要な施策の一つであり、政府が責任をもって取り組む必要がある。その上で、再編関連措置を実施する際に、地元地方公共団体において新たな負担を伴うものについては、かかる負担を担う地元地方公共団体の要望に配慮し、我が国の平和と安全への大きな貢献にこたえるよう、地域振興策等の措置を実施するものとする。

また、返還跡地の利用の促進及び駐留軍従業員の雇用の安定確保等について、引き続き、全力で取り組むものとする。

5．沖縄県に所在する海兵隊部隊のグアムへの移転については、米軍の使用する施設・区域が集中する沖縄県の負担の軽減にとって極めて重要であり、我が国としても所要の経費を分担し、これを早期に実現するものとする。

6．政府としては、このような考え方の下、法制面及び経費面を含め、再編関連措置を的確かつ迅速に実施するための措置を講ずることとする。他方、厳しい財政事情の下、政府全体として一層の経費の節減合理化を行う中で、防衛関係費においても、更に思い切った合理化・効率化を行い、効率的な防衛力整備に努める。「中期防衛力整備計画（平成17年度〜平成21年度）」（平成16年12月10日閣議決定）については、在日米軍の兵力構成見直し等の具体的な内容を踏まえ、再編関連措置に要する経費全体の見積もりが明確となり次第、見直すものとする。

7．普天間飛行場の移設については、平成18年5月1日に日米安全保障協議委員会において承認された案を基本として、政府、沖縄県及び関係地方公共団体の立場並びに普天間飛行場の移設に係る施設、使用協定、地域振興等に関するこれまでの協議の経緯を踏まえて、普天間飛行場の危険性の除去、周辺住民の生活の安全、自然環境の保全及び事業の実行可能性に留意して進めることとし、早急に代替施設の建設計画を策定するものとする。

具体的な代替施設の建設計画、安全・環境対策及び地域振興については、沖縄県及び関係地方公共団体と協議機関を設置して協議し、対応するものとする。

これに伴い、「普天間飛行場の移設に係る政府方針」(平成11年12月28日閣議決定)は廃止するものとする。

なお、平成18年度においては、上記の政府方針に定める「II　地域の振興について」に基づく事業については実施するものとする。

(9) 再編実施のための日米のロードマップ(仮訳)

平成18年5月1日

ライス国務長官
ラムズフェルド国防長官
麻生外務大臣
額賀防衛庁長官

I. 概観

2005年10月29日、日米安全保障協議委員会の構成員たる閣僚は、その文書「日米同盟：未来のための変革と再編」において、在日米軍及び関連する自衛隊の再編に関する勧告を承認した。その文書において、閣僚は、それぞれの事務当局に対して、「これらの個別的かつ相互に関連する具体案を最終的に取りまとめ、具体的な実施日程を含めた計画を2006年3月までに作成するよう」指示した。この作業は完了し、この文書に反映されている。

II. 再編案の最終取りまとめ

個別の再編案は統一的なパッケージとなっている。これらの再編を実施することにより、同盟関係にとって死活的に重要な在日米軍のプレゼンスが確保されることとなる。

これらの案の実施における施設整備に要する建設費その他の費用は、明示されない限り日本国政府が負担するものである。米国政府は、これらの案の実施により生ずる運用上の費用を負担する。両政府は、再編に関連する費用を、地元の負担を軽減しつつ抑止力を維持するという、2005年10月29日の日米安全保障協議委員会文書におけるコミットメントに従って負担する。

III. 実施に関する主な詳細

個別の再編案は統一的なパッケージとなっている。これらの再編を実施することにより、同盟関係にとって死活的に重要な在日米軍のプレゼンスが確保されることとなる。

1．沖縄における再編

(a) 普天間飛行場代替施設

● 日本及び米国は、普天間飛行場代替施設を、辺野古岬とこれに隣接する大浦湾と辺野古湾の水域を結ぶ形で設置し、V字型に配置される2本の滑走路はそれぞれ1600メートルの長さを有し、2つの100メートルのオーバーランを有する。各滑走路の在る部分の施設の長さは、護岸を除いて1800メートルとなる。この施設は、合意された運用上の能力を確保するとともに、安全性、騒音及び環境への影響という問題に対処するものである。

● 合意された支援施設を含めた普天間飛行場代替施設をキャンプ・シュワブ区域に設置するため、キャンプ・シュワブの施設及び隣接する水域の再編成などの必要な調整が行われる。

● 普天間飛行場代替施設の建設は、2014年までの完成が目標とされる。

● 普天間飛行場代替施設への移設は、同施設が完全に運用上の能力を備えた時に実施される。

● 普天間飛行場の能力を代替することに関連する、航空自衛隊新田原基地及び築城基地の緊急時の使用のための施設整備は、実地調査実施の後、普天間飛行場の返還の前に、必要に応じて、行われる。

● 民間施設の緊急時における使用を改善するための所要が、二国間の計画検討作業の文脈で検討され、普天間飛行場の返還を実現するために適切な措置がとられる。

● 普天間飛行場代替施設の工法は、原則として、埋立てとなる。

● 米国政府は、この施設から戦闘機を運用する計画を有していない。

(b) 兵力削減とグアムへの移転

● 約8000名の第3海兵機動展開部隊の要員と、その家族約9000名は、部隊の一体性を維持するような形で2014年までに沖縄からグアムに移転する。移転する部隊は、第3海兵機動展開部隊の指揮部隊、第3海兵師団司令部、第3海兵後方群（戦務支援群から改称）司令部、第1海兵航空団司令部及び第12海兵連隊司令部を含む。

● 対象となる部隊は、キャンプ・コートニー、キャンプ・ハンセン、普天間飛行場、キャンプ瑞慶覧及び牧港補給地区といった施設から移転する。

● 沖縄に残る米海兵隊の兵力は、司令部、陸上、航空、戦闘支援及び基地支援能力といった海兵空地任務部隊の要素から構成される。

● 第3海兵機動展開部隊のグアムへの移転のための施設及びインフラの整備費算定額102.7億ドルのうち、日本は、これらの兵力の移転が早期に実現されることへの沖縄住民の強い希望を認識しつつ、これらの兵力の移転が可能となるよう、グアムにおける施設及びインフラ整備のため、28億ドルの直接的な財政支援を含め、60.9億ドル（2008米会計年度の価格）を提供する。米国は、グアムへの移転のための施設及びインフラ整備費の残りを負担する。これは、2008米会計年度の価格で算定して、財政支出31.8億ドルと道路のための約10億ドルから成る。

(c) 土地の返還及び施設の共同使用

- 普天間飛行場代替施設への移転、普天間飛行場の返還及びグアムへの第3海兵機動展開部隊要員の移転に続いて、沖縄に残る施設・区域が統合され、嘉手納飛行場以南の相当規模の土地の返還が可能となる。
- 双方は、2007年3月までに、統合のための詳細な計画を作成する。この計画においては、以下の6つの候補施設について、全面的又は部分的な返還が検討される。
  - ○ キャンプ桑江：全面返還。
  - ○ キャンプ瑞慶覧：部分返還及び残りの施設とインフラの可能な限りの統合。
  - ○ 普天間飛行場：全面返還(上記の普天間飛行場代替施設の項を参照)。
  - ○ 牧港補給地区：全面返還。
  - ○ 那覇港湾施設：全面返還(浦添に建設される新たな施設(追加的な集積場を含む。)に移設)。
  - ○ 陸軍貯油施設第1桑江タンク・ファーム：全面返還。
- 返還対象となる施設に所在する機能及び能力で、沖縄に残る部隊が必要とするすべてのものは、沖縄の中で移設される。これらの移設は、対象施設の返還前に実施される。
- SACO最終報告の着実な実施の重要性を強調しつつ、SACOによる移設・返還計画については、再評価が必要となる可能性がある。
- キャンプ・ハンセンは、陸上自衛隊の訓練に使用される。施設整備を必要としない共同使用は、2006年から可能となる。
- 航空自衛隊は、地元への騒音の影響を考慮しつつ、米軍との共同訓練のために嘉手納飛行場を使用する。

(d) 再編案間の関係

- 全体的なパッケージの中で、沖縄に関連する再編案は、相互に結びついている。
- 特に、嘉手納以南の統合及び土地の返還は、第3海兵機動展開部隊要員及びその家族の沖縄からグアムへの移転完了に懸かっている。
- 沖縄からグアムへの第3海兵機動展開部隊の移転は、(1)普天間飛行場代替施設の完成に向けた具体的な進展、(2)グアムにおける所要の施設及びインフラ整備のための日本の資金的貢献に懸かっている。

2．米陸軍司令部能力の改善

- キャンプ座間の米陸軍司令部は、2008米会計年度までに改編される。その後、陸上自衛隊中央即応集団司令部が、2012年度(以下、日本国の会計年度)までにキャンプ座間に移転する。自衛隊のヘリコプターは、キャンプ座間のキャスナー・ヘリポートに出入りすることができる。
- 在日米陸軍司令部の改編に伴い、戦闘指揮訓練センターその他の支援施設が、米国の資金で相模総合補給廠内に建設される。

● この改編に関連して、キャンプ座間及び相模総合補給廠の効率的かつ効果的な使用のための以下の措置が実施される。

○ 相模総合補給廠の一部は、地元の再開発のため(約15ヘクタール)、また、道路及び地下を通る線路のため(約2ヘクタール)に返還される。影響を受ける住宅は相模原住宅地区に移設される。

○ 相模総合補給廠の北西部の野積場の特定の部分(約35ヘクタール)は、緊急時や訓練目的に必要である時を除き、地元の使用に供される。

○ キャンプ座間のチャペル・ヒル住宅地区の一部(1.1ヘクタール)は、影響を受ける住宅のキャンプ座間内での移設後に、日本国政府に返還される。チャペル・ヒル住宅地区における、あり得べき追加的な土地返還に関する更なる協議は、適切に行われる。

3．横田飛行場及び空域

● 航空自衛隊航空総隊司令部及び関連部隊は、2010年度に横田飛行場に移転する。施設の使用に関する共同の全体計画は、施設及びインフラの所要を確保するよう作成される。

● 横田飛行場の共同統合運用調整所は、防空及びミサイル防衛に関する調整を併置して行う機能を含む。日本国政府及び米国政府は、自らが必要とする装備やシステムにつきそれぞれ資金負担するとともに、双方は、共用する装備やシステムの適切な資金負担について調整する。

● 軍事運用上の所要を満たしつつ、横田空域における民間航空機の航行を円滑化するため、以下の措置が追求される。

○ 民間航空の事業者に対して、横田空域を通過するための既存の手続について情報提供するプログラムを2006年度に立ち上げる。

○ 横田空域の一部について、2008年9月までに管制業務を日本に返還する。返還される空域は、2006年10月までに特定される。

○ 横田空域の一部について、軍事上の目的に必要でないときに管制業務の責任を一時的に日本国の当局に移管するための手続を2006年度に作成する。

○ 日本における空域の使用に関する、民間及び(日本及び米国の)軍事上の所要の将来の在り方を満たすような、関連空域の再編成や航空管制手続の変更のための選択肢を包括的に検討する一環として、横田空域全体のあり得べき返還に必要な条件を検討する。この検討は、嘉手納レーダー進入管制業務の移管の経験から得られる教訓や、在日米軍と日本の管制官の併置の経験から得られる教訓を考慮する。この検討は2009年度に完了する。

● 日本国政府及び米国政府は、横田飛行場のあり得べき軍民共同使用の具体的な条件や態様に関する検討を実施し、開始から12か月以内に終了する。

○ この検討は、共同使用が横田飛行場の軍事上の運用や安全及び軍事運用上の能力を損なってはならないとの共通の理解の下で行われる。

○ 両政府は、この検討の結果に基づき協議し、その上で軍民共同使用に関する適切な決定を行う。

4．厚木飛行場から岩国飛行場への空母艦載機の移駐

- 第5空母航空団の厚木飛行場から岩国飛行場への移駐は、F/A－18、EA－6B、E－2C及びC－2航空機から構成され、(1)必要な施設が完成し、(2)訓練空域及び岩国レーダー進入管制空域の調整が行われた後、2014年までに完了する。
- 厚木飛行場から行われる継続的な米軍の運用の所要を考慮しつつ、厚木飛行場において、海上自衛隊EP－3、OP－3、UP－3飛行隊等の岩国飛行場からの移駐を受け入れるための必要な施設が整備される。
- KC－130飛行隊は、司令部、整備支援施設及び家族支援施設とともに、岩国飛行場を拠点とする。航空機は、訓練及び運用のため、海上自衛隊鹿屋基地及びグアムに定期的にローテーションで展開する。KC－130航空機の展開を支援するため、鹿屋基地において必要な施設が整備される。
- 海兵隊CH－53Dヘリは、第3海兵機動展開部隊の要員が沖縄からグアムに移転する際に、岩国飛行場からグアムに移転する。
- 訓練空域及び岩国レーダー進入管制空域は、米軍、自衛隊及び民間航空機（隣接する空域内のものを含む）の訓練及び運用上の所要を安全に満たすよう、合同委員会を通じて、調整される。
- 恒常的な空母艦載機離発着訓練施設について検討を行うための二国間の枠組みが設けられ、恒常的な施設を2009年7月又はその後のできるだけ早い時期に選定することを目標とする。
- 将来の民間航空施設の一部が岩国飛行場に設けられる。

5．訓練移転

- 双方が追加的な能力を展開し、それぞれの弾道ミサイル防衛能力を向上させることに応じて、緊密な連携が継続される。
- 新たな米軍のXバンド・レーダー・システムの最適な展開地として航空自衛隊車力分屯基地が選定された。レーダーが運用可能となる2006年夏までに、必要な措置や米側の資金負担による施設改修が行われる。
- 米国政府は、Xバンド・レーダーのデータを日本国政府と共有する。
- 米軍のパトリオットPAC－3能力が、日本における既存の米軍施設・区域に展開され、可能な限り早い時期に運用可能となる。

6．ミサイル防衛

- 双方は、2007年度からの共同訓練に関する年間計画を作成する。必要に応じて、2006年度における補足的な計画が作成され得る。
- 当分の間、嘉手納飛行場、三沢飛行場及び岩国飛行場の3つの米軍施設からの航空機が、千歳、三沢、百里、小松、築城及び新田原の自衛隊施設から行われる移転訓練に参加する。双方は、将来の共同訓練・演習のための自衛隊施設の使用拡大に向けて取り組む。

● 日本国政府は、実地調査を行った上で、必要に応じて、自衛隊施設における訓練移転のためのインフラを改善する。
● 移転される訓練については、施設や訓練の所要を考慮して、在日米軍が現在得ることのできる訓練の質を低下させることはない。
● 一般に、共同訓練は、1回につき1～5機の航空機が1～7日間参加するものから始め、いずれ、6～12機の航空機が8～14日間参加するものへと発展させる。
● 共同使用の条件が合同委員会合意で定められている自衛隊施設については、共同訓練の回数に関する制限を撤廃する。各自衛隊施設の共同使用の合計日数及び1回の訓練の期間に関する制限は維持される。

日本国政府及び米国政府は、即応性の維持が優先されることに留意しつつ、共同訓練の費用を適切に分担する。

(10) 普天間飛行場代替施設の建設に係る基本合意書

普天間飛行場代替施設の建設に係る基本合意書（名護市）

普天間飛行場代替施設については、平成11年12月28日に閣議決定された「普天間飛行場の移設に係る政府方針」に基づき、政府、沖縄県及び関係地方公共団体が、協力して普天間飛行場代替施設の基本計画を作成し、その実施に取り組んできた。このような中で、普天間飛行場に近接した民間地域で、普天間飛行場所属大型ヘリコプターの墜落事故が発生した。一日も早い同飛行場の移設を実現することが、この問題の当初の目的にかなうものであるとの共通認識から、政府及び名護市は、下記の事項について合意する。政府は、沖縄県及び関係地方公共団体のすべての了解を得ることとする。

記

1. 防衛庁と名護市は普天間飛行場代替施設の建設に当たっては、名護市の要求する辺野古地区、豊原地区及び安部地区の上空の飛行ルートを回避する方向で対応することに合意する。（別図参照）
2. 防衛庁と名護市は普天間飛行場代替施設の建設場所について、平成17年10月29日に日米安全保障協議委員会に於いて承認された政府案を基本に、①周辺住民の生活の安全、②自然環境の保全、③同事業の実行可能性に留意して建設することに合意する。
3. 今後、防衛庁と沖縄県、名護市及び関係地方公共団体は、この合意をもとに、普天間飛行場の代替施設の建設計画について誠意をもって継続的に協議し、結論を得ることとする。
4. 政府は、平成14年7月29日に合意した「代替施設の使用協定に係る基本合意書」を踏まえ、使用協定を締結するものとする。
5. 政府は、米軍再編の日米合意を実施するための閣議決定を行う際には、平成11年12月28日の「普天間飛行場の移設に係る政府方針」（閣議決定）を踏まえ、沖縄県・名護市及び関係地方公共団体と事前にその内容について、協議することに合意する。

平成18年4月7日
防衛庁長官　額賀福志郎
名 護 市 長　島袋吉和

普天間飛行場代替施設の建設に係る基本合意書(宜野座村)

普天間飛行場代替施設については、平成11年12月28日に閣議決定された「普天間飛行場の移設に係る政府方針」に基づき、政府、沖縄県及び関係地方公共団体が、協力して普天間飛行場代替施設の基本計画を作成し、その実施に取り組んできた。このような中で、普天間飛行場に近接した民間地域で、普天間飛行場所属大型ヘリコプターの墜落事故が発生した。一日も早い同飛行場の移設を実現することが、この問題の当初の目的にかなうものであるとの共通認識から、政府及び宜野座村は、下記の事項について合意する。政府は、沖縄県及び関係地方公共団体のすべての了解を得ることとする。

記

1. 防衛庁と宜野座村は普天間飛行場代替施設の建設に当たっては、宜野座村の要求する宜野座村の上空の飛行ルートを回避する方向で対応することに合意する。(別図参照)
2. 防衛庁と宜野座村は普天間飛行場代替施設の建設場所について、平成17年10月29日に日米安全保障協議委員会に於いて承認された政府案を基本に、①周辺住民の生活の安全、②自然環境の保全、③同事業の実行可能性に留意して建設することに合意する。
3. 今後、防衛庁と沖縄県、宜野座村及び関係地方公共団体は、この合意をもとに、普天間飛行場の代替施設の建設計画について移設先として認識し、誠意をもって継続的に協議し、結論を得ることとする。

   また、具体的な建設案のイメージは、この合意した図面に示すよう、政府側が示した沿岸案を基本とし、東宜野座村長の要請である、周辺地域の上空を飛行しないとの観点から、2本の滑走路を設置する事としたものである。

   メイン滑走路とサブの滑走路からなり、サブ滑走路の飛行コースは海側に設定され、離陸専用の滑走路として設置される。
4. 政府は、米軍再編の日米合意を実施するための閣議決定を行う際には、平成11年12月28日の「普天間飛行場の移設に係る政府方針」(閣議決定)を踏まえ、沖縄県・宜野座村及び関係地方公共団体と事前にその内容について、協議することに合意する。

平成18年4月7日
防衛庁長官　額賀福志郎
宜野座村長　東肇

別図　**滑走路２本案（V字型）**

(11) 在沖米軍再編に係る基本確認書

普天間飛行場代替施設については、平成11年12月28日に閣議決定された「普天間飛行場の移設に係る政府方針」に基づき、政府、沖縄県、名護市及び関係地方公共団体が協力して普天間飛行場代替施設の基本計画を作成し、その実施に誠実に取り組んできた。

このような中で、普天間飛行場に近接した民間地域で、普天間飛行場所属大型ヘリコプターの墜落事故が発生した。一日も早い同飛行場の危険性を除去することが、この問題の当初の目的にかなうものであるとの共通認識から、政府及び沖縄県は、下記の事項について確認する。

記

1．政府と沖縄県は、在沖米軍の再編の実施に当たっては、戦後61年の長期にわたる過重な基地負担に苦しんだ沖縄県民の労苦に鑑み、日本の安全及びアジア太平洋地域における平和と安定に寄与する在日米軍の抑止力の維持と沖縄の負担軽減が両立する方向で対応することに合意する。

2．防衛庁と沖縄県は、平成18年5月1日に日米安全保障協議委員会において承認された政府案を基本として、①普天間飛行場の危険性の除去、②周辺住民の生活の安全、③自然環境の保全、④同事業の実行可能性—に留意して、対応することに合意する。

3．今後、防衛庁、沖縄県、名護市及び関係地方公共団体は、この確認書をもとに、普天間飛行場代替施設の建設計画について誠意を持って継続的に協議するものとする。
4．政府は、在日米軍再編の日米合意を実施するための閣議決定を行う際には、平成11年12月28日の「普天間飛行場の移設に係る政府方針」閣議決定を踏まえ、沖縄県、名護市及び関係地方公共団体と事前にその内容について、協議することに合意する。
5．政府は、沖縄県及び渉外知事会が、日米地位協定の見直しを要求していることを踏まえ、一層の運用の改善等、対応を検討する。

平成18年5月11日
防衛庁長官　額賀福志郎
沖縄県知事　稲嶺恵一

(12) 平成22年5月28日に日米安全保障協議委員会において承認された事項に関する当面の政府の取組について

（平成22年5月28日 閣議決定）

1．日米両国政府は、平成18年5月1日の日米安全保障協議委員会において承認された「再編の実施のための日米ロードマップ」（以下「ロードマップ」という。）に示された普天間飛行場代替施設について検討を行い、ロードマップに一部追加・補完をし、ロードマップに示された在日米軍の兵力構成見直し等についての具体的措置を着実に実施していくことを再確認した。

これに伴い、「在日米軍の兵力構成見直し等に関する政府の取組について」（平成18年5月30日閣議決定）を見直すこととする。
2．日米安全保障条約は署名50周年を迎えたが、特に最近の北東アジアの安全保障情勢にかんがみれば、日米同盟は、引き続き日本の防衛のみならず、アア太平洋地域の平和、安全及び繁栄にとっても不可欠である。このような日米同盟を21世紀の新たな課題にふさわしいものとすることができるように、幅広い分野における安全保障協力を推進し、深化させていかなければならない。同時に、沖縄県を含む地元の負担を軽減していくことが重要である。

このため、日米両国政府は、普天間飛行場を早期に移設・返還するために、代替の施設をキャンプシュワブ辺野古崎地区及びこれに隣接する水域に設置することとし、必要な作業を進めていくとともに、日本国内において同盟の責任をより衡平に分担することが重要であるとの観点から、代替の施設に係る進展に従い、沖縄県外への訓練移転、環境面での措置、米軍と自衛隊との間の施設の共同使用等の具体的措置を速やかに採るべきこと等を内容とする日米安全保障協議委員会の共同発表を発出した。
3．政府としては、上記共同発表に基づき、普天間飛行場の移設計画の検証・確認

米軍

を進めていくこととする。また、沖縄県に集中している基地負担を軽減し、同盟の責任を我が国全体で受け止めるとともに、日米同盟を更に深化させるため、基地負担の沖縄県外又は国外への分散及び在日米軍基地の整理・縮小に引き続き取り組むものとする。さらに、沖縄県外への訓練移転、環境面での措置、米軍と自衛隊との間の施設の共同使用等の具体的措置を速やかに実施するものとする。その際、沖縄県を始めとする関係地方公共団体等の理解を得るべく一層の努力を行うものとする。

(13) 在日米軍再編に関する日米共同報道発表

（2012年2月8日）

日本と米国は、日本の安全及びアジア太平洋地域の平和と安全を維持するため、両国の間の強固な安全保障同盟を強化することを強く決意している。両国は、沖縄における米軍の影響を軽減するとともに、普天間飛行場の代替施設をキャンプ・シュワブ辺野古崎地区及びこれに隣接する水域に建設することに引き続きコミットしている。両国は、普天間飛行場の代替施設に関する現在の計画が、唯一の有効な進め方であると信じている。

両国は、グアムが、沖縄から移転される海兵隊員を含め機動的な海兵隊のプレゼンスを持つ戦略的な拠点として発展することが、日米同盟におけるアジア太平洋戦略の不可欠な要素であり続けることを強調する。

米国は、地理的により分散し、運用面でより抗堪性があり、かつ、政治的により持続可能な米軍の態勢を地域において達成するために、アジアにおける防衛の態勢に関する戦略的な見直しを行ってきた。日本はこのイニシアティブを歓迎する。

このような共同の努力の一環として、両国政府は、再編のロードマップに示されている現行の態勢に関する計画の調整について、特に、海兵隊のグアムへの移転及びその結果として生ずる嘉手納以南の土地の返還の双方を普天間飛行場の代替施設に関する進展から切り離すことについて、公式な議論を開始した。両国は、グアムに移転する海兵隊の部隊構成及び人数についても見直しを行っているが、最終的に沖縄に残留する海兵隊のプレゼンスは、再編のロードマップに沿ったものとなることを引き続き確保していく。

今後数週間ないし数か月の間に、両国政府は、このような調整を行う際の複数の課題に取り組むべく作業を行っていく。この共同の努力は、日米同盟の戦略目標を進展させるものであり、また、アジア太平洋地域における平和と安全の維持のための日米共通のヴィジョンを反映したものである。

(14) 沖縄における在日米軍施設・区域に関する統合計画

（平成25年4月）

第1 はじめに

I. 概観

沖縄における米軍の再編（統合を含む。）は、2005年10月29日の日米安全保障協議委員会（SCC）文書「日米同盟：未来のための変革と再編」にあるとおり、安全保障同盟に対する日本及び米国における国民一般の支持が、日本の施設・区域における米軍の持続的なプレゼンスに寄与するものであって、このような支持を強化することが重要であると認識する日米両政府による重要な取組である。

2006年5月1日のSCC文書「再編の実施のための日米ロードマップ」（再編のロードマップ）にあるとおり、再編を実施することにより、同盟関係にとって死活的に重要な在日米軍のプレゼンスが確保され、また、抑止力を維持し、地元への米軍の影響を軽減することとなる。

再編を実現するため、日米両政府は、この統合計画を作成したのであり、これを実施していく。措置の順序を含むこの統合計画は、沖縄に残る施設・区域に関して共同で作成された。

日米両政府は、再編を着実に実施するとのコミットメントを再確認する。

米国政府は、対象となっている米海兵隊の兵力が沖縄から移転し、また、沖縄の中で移転する部隊等の機関のための施設が使用可能となるに伴い、土地を返還することに引き続きコミットしている。

日本国政府は、残留する米海兵隊の部隊のための必要な住宅を含め、返還対象となる施設に所在し、沖縄に残留する部隊が必要とする全ての機能及び能力を米国政府と調整しつつ移設する責任に留意した。

日米両政府は、2012年4月27日のSCC共同発表において、再編のロードマップにおいて指定された6つの施設・区域の全面的又は部分的な返還に変更はなく、米軍により使用されている前述の施設・区域の土地は以下の3つの区分で返還可能となることを確認した。

I　必要な手続の完了後に速やかに返還可能となる区域
II　沖縄において代替施設が提供され次第、返還可能となる区域
III　米海兵隊の兵力が沖縄から日本国外の場所に移転するに伴い、返還可能となる区域

この統合計画は、定期的な訓練及び演習や、これらの目的のための施設・区域の確保は米軍の即応性、運用能力及び相互運用性を確保する上で不可欠であり、米軍施設・区域には十分な収容能力が必要であり、また、平時における日常的な使用水準以上の収容能力は、緊急時の所要を満たす上で決定的に重要かつ戦略的な役割を果たすとの考え方を反映して作成された。この収容能力は、災害救援や被害対処の状況など、緊急時における地元の必要性を満たす上で不可欠かつ決定的に重要な能力を提供することができる。

さらに、2012年4月27日のSCC共同発表において、この統合計画を作成する取組においては、沖縄における施設の共同使用によって生じ得る影響について検討すること、また、施設の共同使用が再編のロードマップの重要な目標の一つであることが留意された。日米両政府は、自衛隊による共同使用について、2010年12月に設置された共同使用に関する作業部会を含む種々の場において、引き続き協議され

ることを確認した。この作業部会における協議は、この統合計画を実施するための沖縄に残る施設・区域のマスタープランの作成過程に反映される。

この統合計画の実施を完了する時期は、各手順の実施状況に影響される。沖縄の住民の強い希望を認識し、この統合計画は、そのプロセスを通じて運用能力(訓練能力を含む。)を確保しつつ、可能な限り早急に実施される。日米両政府は、予見可能な将来において、更なる著しい変更は必要とされないことに同意する。米国政府は、「日本国とアメリカ合衆国との間の相互協力及び安全保障条約第六条に基づく施設及び区域並びに日本国における合衆国軍隊の地位に関する協定」(日米地位協定)の目的のための施設・区域の必要性をたえず検討することを含め、日米地位協定に従って、この統合計画を実施する。付表Aにおける施設・区域の返還時期は、日米両政府により、3年ごとに更新され、公表される。

Ⅱ.留意事項

1:地図(略)に示された返還区域及び「返還区域」に記載された区域の広さは、日米両政府間で現在合意されたものを示す。正確な面積は、将来行われる測量調査等の結果に基づき微修正されることがある。

2:「移設を要する主要施設」は、土地の返還のために移設その他の措置(ユーティリティの使用の確保等)が必要となる主要な建物を示す。移設を必要とする追加的な機能は、マスタープランの作成過程において特定される。

3:この統合計画に示された時期及び年は、日米両政府による必要な措置及び手続の完了後、特定の施設・区域が返還される時期に関する最善のケースの見込みである。これらの時期は、沖縄における移設を準備するための日本国政府の取組の進展、及び米海兵隊を日本国外の場所に移転するための米国政府の取組の進展といった要素に応じて遅延する場合がある。

4:各施設の「返還・移設手順」は、2013年度(日本国の平成25会計年度)以降に土地の返還のために必要となる主要な手続を示す。他の施設の返還・移設手順との連関は必ずしも考慮されていない。キャンプ瑞慶覧(キャンプ・フォスター)、キャンプ・ハンセン、キャンプ・コートニー及びキャンプ・シュワブへの機能の移設は、区域に現在配置されている部隊の日本国外の場所への移転後に実施が必要となる可能性がある。また、これらは移設の進展に応じて更に調整されることがある。

5:文化財調査、環境影響評価等は、実施が予想されるものについて、返還・移設手順に記載されている。したがって、返還・移設手順に文化財調査等が示されていない場合でも、将来行われる実地調査の結果によっては、文化財調査等の実施が必要となり、おおよその返還時期に遅延が生じる可能性がある。

6:「移設先」は、主要な施設が移設されることが在計画されている区域を示すものであり、米国政府によって実施されるマスタープランの作成過程において変更されることがある。

第２　土地の返還

Ⅲ. 必要な手続の完了後に速やかに返還可能となる区域

１．キャンプ瑞慶覧（キャンプ・フォスター）の西普天間住宅地区

①返還区域　返還区域は、約52ヘクタール。

②返還時期　返還のための必要な手続の完了後、2014年度（日本国の平成26会計年度）又はその後に返還可能。

２．牧港補給地区（キャンプ・キンザー）の北側進入路

①返還区域　返還区域は、約1ヘクタール。

②返還時期　返還のための必要な手続の完了後、2013年度（日本国の平成25会計年度）又はその後に返還可能。

３．牧港補給地区（キャンプ・キンザー）の第5ゲート付近の区域

①返還区域　返還区域は、約2ヘクタール。

②返還時期　返還のための必要な手続の完了後、2014年度（日本国の平成26会計年度）又はその後に返還可能。

４．キャンプ瑞慶覧（キャンプ・フォスター）の施設技術部地区内の倉庫地区の一部

①返還区域　返還区域は、約10ヘクタール。

注：白比川沿岸区域については、2012年4月27日のSCC共同発表の時点では返還が合意されていなかったが、地元の要請に基づく追加的な土地の返還区域とすることとする。

②返還条件　海兵隊コミュニティサービスの庁舎（管理事務所、整備工場、倉庫等を含む。）のキャンプ・ハンセンへの移設。

③返還時期　返還条件が満たされ、返還のための必要な手続の完了後、2019年度（日本国の平成31会計年度）又はその後に返還可能。

Ⅳ. 沖縄において代替施設が提供され次第、返還可能となる区域

１．キャンプ桑江（キャンプ・レスター）

①返還区域　返還区域は、約68ヘクタール（全面返還）。

②返還条件

・海軍病院及び中学校のキャンプ瑞慶覧（キャンプ・フォスター）への移設。

・沖縄住宅統合（OHC）の下での家族住宅（375戸）のキャンプ瑞慶覧（キャンプ・フォスター）への移設。

注：沖縄に関する特別行動委員会（SACO）の下でのOHC計画を再評価し、沖縄における米軍再編後の家族住宅の所要に基づき、既に建設が合意されている56戸に加えて、家族住宅約910戸（整備区域において撤去される住宅の代替を含む。）を建設する。

③返還時期　返還条件が満たされ、返還のための必要な手続の完了後、2025年度（日本国の平成37会計年度）又はその後に返還可能。

2．キャンプ瑞慶覧(キャンプ・フォスター)

(1)ロウワー・プラザ住宅地区

①返還区域　返還区域は、約23ヘクタール。

②返還条件　OHCでの下での家族住宅(102戸)のキャンプ瑞慶覧(キャンプ・フォスター)内への移設。

注：SACOの下でのOHC計画を再評価し、沖縄における米軍再編後の家族住宅の所要に基づき、既に建設が合意されている56戸に加えて、家族住宅約910戸(整備区域において撤去される住宅の代替を含む。)を建設する。

③返還時期　返還条件が満たされ、返還のための必要な手続の完了後、2024年度(日本国の平成36会計年度)又はその後に返還可能。

(2)喜舎場住宅地区の一部

①返還区域　返還区域は、約5ヘクタール。

注1：返還区域は、地元の要請に基づき、SACO最終報告で合意された区域(破線部分)から修正されている。

注2：SACOの下でのOHC計画を再評価し、沖縄における米軍再編後の家族住宅の所要に基づき、既に建設が合意されている56 戸に加えて、家族住宅約910戸(整備区域において撤去される住宅の代替を含む。)を建設する。

②返還条件　OHCの下での家族住宅(32戸)のキャンプ瑞慶覧(キャンプ・フォスター)内への移設。

③返還時期　返還条件が満たされ、返還のための必要な手続の完了後、2024年度(日本国の平成36会計年度)又はその後に返還可能。

(3)インダストリアル・コリドー

①返還区域　返還区域は、約62ヘクタール。

②返還条件

・陸軍倉庫のトリイ通信施設への移設。

・スクールバスサービス関連施設の嘉手納弾薬庫地区の知花地区への移設。

・海兵隊輸送関連施設等のキャンプ・ハンセンへの移設。

・リサイクルセンター等のキャンプ・ハンセンへの移設。

・コミュニティ支援施設等のキャンプ瑞慶覧(キャンプ・フォスター)内への移設。

・海兵隊航空支援関連施設のキャンプ・シュワブへの移設。

・海兵隊通信関連施設のキャンプ・コートニーへの移設。

・海兵隊後方支援部隊の日本国外の場所への移転。

③返還時期　返還条件が満たされ、返還のための必要な手続の完了後、2024年度(日本国の平成36会計年度)又はその後に返還可能。

(注) インダストリアル・コリドー南側部分の返還をできる限り早期に行う取組を、段階的返還を考慮することにより行う。

3．牧港補給地区(キャンプ・キンザー)の倉庫地区の大半を含む部分

①返還区域　返還区域は、約129ヘクタール。

②返還条件
・陸軍倉庫のトリイ通信施設への移設。
・国防省支援機関の施設の嘉手納弾薬庫地区の知花地区への移設。
・海兵隊の倉庫、工場等のキャンプ・ハンセンへの移設。
・海兵隊郵便局等のキャンプ瑞慶覧(キャンプ・フォスター)への移設。
③返還時期　返還条件が満たされ、返還のための必要な手続の完了後、2025年度(日本国の平成37会計年度)又はその後に返還可能。

4．那覇港湾施設
①返還区域　返還区域は、約56ヘクタール(全面返還)。
②返還条件　那覇港湾施設の機能の浦添ふ頭地区に建設される約49ヘクタールの代替施設(追加的な集積場を含む。)への移設。
③返還時期　返還条件が満たされ、返還のための必要な手続の完了後、2028年度(日本国の平成40会計年度)又はその後に返還可能。

5．陸軍貯油施設第1桑江タンク・ファーム
①返還区域　返還区域は、約16ヘクタール(全面返還)。
②返還条件
・普天間飛行場の運用支援施設・機能のキャンプ・シュワブへの移設。
・嘉手納飛行場の運用支援施設・機能の陸軍貯油施設第2金武湾タンク・ファームへの移設。
・管理棟及び車両燃料ポイントの陸軍貯油施設第2桑江タンク・ファームへの移設。
③返還時期　返還条件が満たされ、返還のための必要な手続の完了後、2022年度(日本国の平成34会計年度)又はその後に返還可能。

6．普天間飛行場
①返還区域　返還区域は、約481ヘクタール(全面返還)。
②返還条件
・海兵隊飛行場関連施設等のキャンプ・シュワブへの移設。
・海兵隊の航空部隊・司令部機能及び関連施設のキャンプ・シュワブへの移設。
・普天間飛行場の能力の代替に関連する、航空自衛隊新田原基地及び築城基地の緊急時の使用のための施設整備は、必要に応じ、実施。
・普天間飛行場代替施設では確保されない長い滑走路を用いた活動のための緊急時における民間施設の使用の改善。
・地元住民の生活の質を損じかねない交通渋滞及び関連する諸問題の発生の回避。
・隣接する水域の必要な調整の実施。
・施設の完全な運用上の能力の取得。
・KC－130飛行隊による岩国飛行場の本拠地化。
③返還時期　返還条件が満たされ、返還のための必要な手続の完了後、2022年度(日本国の平成34会計年度)又はその後に返還可能。

米軍

Ⅴ. 米海兵隊の兵力が沖縄から日本国外の場所に移転するに伴い、返還可能となる区域

1．キャンプ瑞慶覧(キャンプ・フォスター)の追加的な部分

マスタープランの作成過程における優先事項は、キャンプ瑞慶覧(キャンプ・フォスター)が日本国とアメリカ合衆国との間の相互協力及び日米安全保障条約の下で効果的かつ効率的な基地であり続けることを引き続き確保することである。日米両政府は、米軍による地元への影響を軽減するため、移設に係る措置の順序を含むこの統合計画を、キャンプ瑞慶覧（キャンプ・フォスター）の最終的な在り方を決定することに特に焦点を当てつつ、作成した。この取組においては、見直された海兵隊の部隊構成により必要とされるキャンプ瑞慶覧(キャンプ・フォスター)における土地の使用について検討し、また、沖縄における施設の共同使用によって生じ得る影響は、この取組に影響する。

2012年4月27日のSCC共同発表においては、キャンプ瑞慶覧（キャンプ・フォスター)の残りの施設とインフラの可能な限りの統合が図られること及び米海兵隊の兵力が沖縄から日本国外の場所に移転するに伴い、キャンプ瑞慶覧の追加的な部分が返還可能となることが述べられている。日米両政府は、この統合計画の作成過程において、この統合計画のVIに示されたキャンプ瑞慶覧(キャンプ・フォスター)の追加的な部分の返還を特定し、合意した。また、インダストリアル・コリドーに隣接する区域については、沖縄に残る施設・区域のマスタープランの作成過程を通じて、追加的な返還が可能かどうかを特定するために検討される。米国政府は、現行の地位協定の義務に従って、この統合計画の公表後に地位協定の目的のために必要でないことが明らかになったキャンプ瑞慶覧(キャンプ・フォスター)の施設・区域を返還することに引き続きコミットする。

2．牧港補給地区(キャンプ・キンザー)の残余の部分

①返還区域　返還区域は、約142ヘクタール(全面返還)

②返還条件

・海兵隊管理棟等のキャンプ瑞慶覧(キャンプ・フォスター)への移設。

・米軍放送網(AFN)の送信施設のキャンプ・コートニーへの移設。

・日本国外の場所に移転する部隊を支援する機能の解除。

③返還時期　返還条件が満たされ、返還のための必要な手続が完了し、海兵隊の国外移転完了後、2024年度(日本国の平成36会計年度)又はその後に返還可能。

第3　2012年4月27日のSCC共同発表以降の進展

Ⅵ. 追加的な土地の返還区域

1．キャンプ瑞慶覧(キャンプ・フォスター)の白比川沿岸区域

①返還区域　返還区域は、約0.4ヘクタール。

注：白比川沿岸区域については、2012年4月27日のSCC共同発表の時点では返

還が合意されていなかったが、地元の要請に基づく追加的な土地の返還区域とすることとする。

②返還条件　海兵隊コミュニティサービスの庁舎(管理事務所、整備工場、倉庫等を含む。)のキャンプ・ハンセンへの移設。

③返還時期　返還条件が満たされ、返還のための必要な手続の完了後、2019年度(日本国の平成31会計年度)又はその後に返還可能。

2．キャンプ瑞慶覧（キャンプ・フォスター）のインダストリアル・コリドー南側部分に隣接する区域

①返還区域　返還区域は、約0.5ヘクタール。

注：インダストリアル・コリドー南側部分に隣接する地区については、2012年4月27日のSCC共同発表の時点では返還が合意されていなかったが、追加的な土地の返還区域とすることとする。

②返還条件 インダストリアル・コリドーに所在する下記の施設等の移設。

・陸軍倉庫のトリイ通信施設への移設。
・スクールバスサービス関連施設の嘉手納弾薬庫地区の知花地区への移設。
・海兵隊輸送関連施設等のキャンプ・ハンセンへの移設。
・リサイクルセンター等のキャンプ・ハンセンへの移設。
・コミュニティ支援施設等のキャンプ瑞慶覧(キャンプ・フォスター)内への移設。
・海兵隊航空支援関連施設のキャンプ・シュワブへの移設。
・海兵隊通信関連施設のキャンプ・コートニーへの移設。
・海兵隊後方支援部隊の日本国外の場所への移転。

③返還時期　返還条件が満たされ、返還のための必要な手続の完了後、2024年度(日本国の平成36会計年度)又はその後に返還可能。

(15) 日米共同報道発表

(平成26年10月20日)

日本及び米国は、絶えず変化する地域の及びグローバルな安全保障環境の中で、我々の安全保障同盟を強化することに強くコミットしている。この目的のため、日米両政府は、米軍の強固な前方プレゼンスを維持すること、並びに日本の防衛及び地域の平和と安定の維持のために必要な同盟の能力を強化することに取り組んできた。これらの取組と並んで、我々は、米軍施設・区域を受け入れている沖縄を始めとする日本国中の地元の心情に配慮してきた。したがって、日米両政府は、米軍のプレゼンスの政治的な持続可能性を確保するため、米軍による影響を軽減することに取り組んできた。

この文脈において、日米両政府は、日米地位協定を補足する在日米軍に関連する環境の管理の分野における協力に関する協定につき実質合意に至ったことを発表する。この補足協定は、環境保護の重要性を認識するより広範な枠組みの一部であり、2013年12月の共同発表に定める二国間の目標を満たすものである。双方は、今後、

この枠組み全体を完成させる技術的な事項に関する一連の付随する文書をまとめることを目指す。
補足協定の規定は、次の事項を取り扱う。
1．環境基準：米国政府は、自国の政策に従って、「日本環境管理基準(JEGS)」を発出し、維持する。同基準は、日本の基準、米国の基準又は国際約束の基準のうち、より厳しいものを一般的に採用し、漏出への対応及び防止のための規定を含む。
2．立入り：次の2つの場合において、日本の当局が米軍施設・区域への適切な立入りを行うための手続を作成し、維持する。
(1) 現に発生した環境事故(漏出)後の立入り。
(2) 土地の返還に関連する現地調査(文化財調査を含む。)のための立入り。
3．財政措置：日本政府は、環境に配慮した施設を米軍に提供するとともに、環境に配慮した種々の事業及び活動の費用を支払うために資金を提供する。
4．情報共有：日米両政府は、利用可能かつ適切な情報を共有する。
この成果は、政治的に持続可能であり、また運用面で抗たん性がある在日米軍の態勢を再編計画を通じて確保するための成功裡の取組と完全に整合するものである。再編の不可欠な要素として、日米両政府は、普天間飛行場の代替施設(FRF)をキャンプ・シュワブ辺野古崎地区及びこれに隣接する水域に建設する計画が、普天間飛行場の継続的な使用を回避する唯一の解決策であることを再確認する。我々は、この計画への強いコミットメントを再確認し、長きにわたり切望されてきた普天間飛行場の返還をもたらすこととなるこの計画の完了を達成する決意を強調する。2013年12月27日の沖縄県からの埋立承認の取得及び建設を可能とする諸活動の開始を含む、FRFの整備を可能にするための重要な進展が達成されてきた。FRFの建設及び2013年4月の統合計画に示す返還のための条件を満たすことは、統合計画に基づく普天間飛行場の返還のための手順の不可欠の要素である。
また、日米両政府は、2006年の「ロードマップ」及び2013年4月の統合計画に基づく嘉手納飛行場以南の土地の返還の重要性を再確認し、その実施に向けた取組を継続する決意を強調する。これらの取組により、速やかに返還されることとされた4つの土地(西普天間住宅地区を含む。)に関する昨年の日米合同委員会の決定が得られ、また、日米両政府は、これらの土地の返還の完了についての現行の二国間の計画の下での二国間の協力の重要性を強調する。これらの取組の一環として、日本政府は、米国政府との緊密な調整の下、土地の返還のためのプロセス(特に牧港補給地区(キャンプ・キンザー)におけるもの)の実施を加速化するための取組を継続し、強化する。
日米両政府は、2013年10月3日の「2+2」共同発表以降の再編及び影響軽減に関するその他の成果を歓迎する。これらの成果は、普天間飛行場における航空機の運用を減らし、沖縄における訓練時間を更に減らしてきた、KC−130飛行隊の普天間飛行場から岩国飛行場への移駐の完了、沖縄の東方沖合のホテル・ホテル訓練区域の一部における使用制限の一部解除、及び三沢における空対地訓練の航空機訓練移転計画への追加を含む。2006年の「ロードマップ」及び2013年4月の統合計画に基づき、追加的な影響軽減措置が実施される。

日米両政府は、2009年のグアム協定を改正する議定書の発効及び同協定の下での二国間の協力を認識する。沖縄から日本国外のグアムを含む場所への米海兵隊の要員の移転の完了は、米軍の前方プレゼンスの維持に資することとなり、2013年4月の統合計画に基づく沖縄における土地の返還を促進する。米国政府は、在沖縄の米海兵隊の部隊がこの地域の他の場所における訓練活動を増加させるための方法を探求することを計画している。

日本は、MV−22を含む航空機の訓練の沖縄県外の場所への移転をこれまでの「2+2」共同発表に基づいて促進するための米国の取組を歓迎する。日米両政府は、米軍機の運用の安全性を認識し、この地域及び日本全土にわたる米軍の即応性及び対処能力を高めつつ、同盟の抑止力の信頼性を強化する運用上重要な訓練を移転するための二国間の取組を継続する意図を再確認する。将来的なティルト・ローター機のための日本本土における施設の建設に向けた陸上自衛隊の取組を考慮し、日米両政府は、米国の運用上の所要を満たす利用可能な施設・区域があることを条件として、日本国内の他の場所において訓練を実施するための同様の方法を検討する。

(16) 日本国とアメリカ合衆国との間の相互協力及び安全保障条約第六条に基づく施設及び区域並びに日本国における合衆国軍隊の地位に関する協定を補足する日本国における合衆国軍隊に関連する環境の管理の分野における協力に関する日本国とアメリカ合衆国との間の協定

(平成27年9月28日)

日本国及びアメリカ合衆国(以下「合衆国」という。)(以下「両締約国」と総称する。)は、

共に千九百六十年一月十九日にワシントンで署名された日本国とアメリカ合衆国との間の相互協力及び安全保障条約(以下「条約」という。)及び日本国とアメリカ合衆国との間の相互協力及び安全保障条約第六条に基づく施設及び区域並びに日本国における合衆国軍隊の地位に関する協定(以下「地位協定」という。)に基づく日本国における合衆国軍隊(以下「合衆国軍隊」という。)は、日本国の安全並びに極東における国際の平和及び安全の維持に寄与していることを確認し、

環境の管理の重要性及び当該管理が合衆国軍隊の駐留に関連する公共の安全に対する危険の管理(条約第六条の規定に基づいて合衆国が使用を許される日本国内の施設及び区域(以下「施設及び区域」という。)又は当該施設及び区域に隣接する地域若しくは当該施設及び区域の近傍における汚染の防止を含む。)に貢献することを認め、

両締約国が環境の管理のために成功裡に取り組んできたこと(地位協定第二十五条1に規定する合同委員会(以下「合同委員会」という。)及び合同委員会の環境分科委員会その他の関連する分科委員会において長期間にわたり緊密に協力してきたことを含む。)を認識し、

二千年九月十一日に両締約国により発表された「環境原則に関する共同発表」(合衆国軍隊により引き起こされた汚染の影響への対処についての合衆国の政策及び施設及び区域外の発生源により引き起こされた重大な汚染に対し関係法令に従い適切に対応するとの日本国の政策に言及していることを含む。)が成功裡に実施されていることを再確認し、

地位協定第三条3の規定に従い施設及び区域における作業が公共の安全に妥当な考慮を払って引き続き行われていることを再確認し、

地位協定を補足するこの協定を含む枠組みを設けることにより、環境の管理の分野における両締約国間の協力を強化することを希望して、

次のとおり協定した。

第一条

この協定は、合衆国軍隊に関連する環境の管理のための両締約国間の協力を促進することを目的とする。

第二条

両締約国は、施設及び区域又は当該施設及び区域に隣接する地域若しくは当該施設及び区域の近傍における公共の安全(人の健康及び安全を含む。)に影響を及ぼすおそれのある事態に関する入手可能かつ適当な情報を相互に提供するため、合同委員会の枠組みを通じて引き続き十分に協力する。

第三条

1. 合衆国は、自国の政策に従い、施設及び区域内における合衆国軍隊の活動に関する環境適合基準を定める確定した環境管理基準(日本国については、「日本環境管理基準」(以下「JEGS」という。)という。)を発出し、及び維持する。JEGSは、漏出への対応及び漏出の予防に関する規定を含む。合衆国は、当該環境適合基準についての政策を定める責任を負う。
2. JEGSは、適用可能な合衆国の基準、日本国の基準又は国際約束の基準のうち最も保護的なものを一般的に採用する。
3. 両締約国は、合衆国がJEGSの改定を発出する前に、又はJEGSの改定が円滑に行われるために日本国が要請したときはいつでも、JEGSに関連して合衆国が日本国の基準を正しく、かつ、正確に理解していることを確保するため、合同委員会の環境分科委員会において、協力し、及び当該基準について協議する。

第四条

両締約国は、特定された日本国の当局が次に掲げる場合における施設及び区域

への適切な立入りを行うことができるよう合同委員会が手続を定め、及び維持することに合意する。

(a) 環境に影響を及ぼす事故（すなわち、漏出）が現に発生した場合

(b) 施設及び区域（二千十三年十月三日付けの日米安全保障協議委員会の共同発表において言及されている日本国へ返還される施設及び区域を含む。）の日本国への返還に関連する現地調査（文化財調査を含む。）を行う場合

第五条

1．両締約国は、いずれか一方の締約国の要請があった場合には、この協定の実施に関するいかなる事項についても合同委員会の枠組みを通じて協議を開始する。

2．両締約国は、この協定の実施に関連して両締約国の間に紛争が生じた場合には、地位協定第二十五条に定める問題を解決するための手続に従い当該紛争を解決する。

第六条

1．この協定は、署名の日に効力を生ずる。

2．この協定は、地位協定が有効である限り効力を有する。

3．２の規定にかかわらず、いずれの一方の締約国も、外交上の経路を通じて一年前に他方の締約国に対して書面による通告を行うことにより、この協定を終了させることができる。

以上の証拠として、下名は、署名のために正当に委任を受けてこの協定に署名した。

二千十五年九月二十八日にワシントンで、ひとしく正文である日本語及び英語により本書二通を作成した。

日本国のために

アメリカ合衆国のために

(17) 沖縄における在日米軍施設・区域の統合のための日米両国の計画の実施 日米共同報道発表

（平成27年12月4日）

1．日本政府及び合衆国政府は、強固で安定的な在日米軍の前方プレゼンスによって、日米同盟が日本の防衛及び地域の平和と安全のために必要な抑止力及び能力を提供することが可能となることを再確認した。その上で、日米両政府は、次の措置に基づき更新される2013年4月の「沖縄における在日米軍施設・区域に関する統合計画」において更に精緻なものとされた、2006年5月の「再編実施のための日米のロードマップ」における再編案を実施するとのコミットメントを再確

認した。

2．日米両政府は、地元への米軍の影響を軽減しつつ、地域全体の将来の課題及び運用に関わる緊急事態に効果的に対応することができる兵力態勢の維持を目的とした、沖縄における米軍の統合のプロセスを前進させるため、沖縄における在日米軍施設・区域の返還又は共同使用に関する次の措置について一致した。

普天間飛行場

3．日米両政府は、普天間飛行場の代替施設（ＦＲＦ）をキャンプ・シュワブ辺野古崎地区及びこれに隣接する水域に建設することが、運用上、政治上、財政上及び戦略上の懸念に対処し、普天間飛行場の継続的な使用を回避するための唯一の解決策であることを再確認した。日米両政府は、この計画に対する両政府の揺るぎないコミットメントを再確認した。

4．日米両政府は、1990年6月の日米合同委員会で確認された、普天間飛行場の東側沿いの土地（約4ヘクタール）の返還に向けた作業を加速することを確認した。日米両政府の意図は、日本政府による必要な措置及び手続の完了を条件として、この返還を2017年度（以下、日本国の会計年度）中に実現することである。この返還は、「沖縄における在日米軍施設・区域に関する統合計画」の3年ごとの更新に反映される。

キャンプ瑞慶覧（キャンプ・フォスター）のインダストリアル・コリドー

5．日米両政府は、統合の取組の一環として、宜野湾市が、国道58号と西普天間住宅地区跡地を接続するためにキャンプ瑞慶覧（キャンプ・フォスター）の一部区域の上に高架式道路を設置する工事を2017年度中に開始できるよう、速やかに共同使用の合意を行うことで一致した。このため、日米両政府は、2016年に開始される調査を含む必要な作業のための宜野湾市による当該区域への立入りを支援する。

6．日米両政府は、キャンプ瑞慶覧（キャンプ・フォスター）について、「返還の条件が満たされ、返還のための必要な手続の完了後、（中略）返還可能」、「インダストリアル・コリドー南側部分の返還をできる限り早期に行う取組を、段階的返還を考慮することにより行う。」と記載する「沖縄における在日米軍施設・区域の統合計画」に従って、取組を継続する意図を改めて表明した。また、日米両政府は、統合計画の一貫した、かつ包括的な実施を維持するために、キャンプ瑞慶覧（キャンプ・フォスター）の段階的返還に係る更なる議論は、「沖縄における在日米軍施設・区域に関する統合計画」の3年ごとの更新の文脈で行うと理解する。

牧港補給地区（キャンプ・キンザー）

7．日米両政府は、国道58号を拡幅し、交通渋滞を緩和するため、国道58号に隣接する牧港補給地区（キャンプ・キンザー）の土地（約3ヘクタール）の返還を2017年度中に実現するために、速やかに必要な作業を開始することで一致した。この返還は、米軍の安全基準を満たすインフラの建設及び米軍の安全基準を満たすその他の手段を含む、日米両政府による必要な措置及び手続の完了を条件とする。

8．日米両政府は、「沖縄における在日米軍施設・区域に関する統合計画」に基づき、牧港補給地区（キャンプ・キンザー）の全面返還に向け、引き続き積極的に取り組む意図を確認した。また、日米両政府は、統合計画の一貫した、かつ包括的な実施を維持するために、牧港補給地区（キャンプ・キンザー）の返還に係る更なる議論は、「沖縄における在日米軍施設・区域に関する統合計画」の3年ごとの更新の文脈で行うと理解する。

北部訓練場

9．日米両政府は、1996年のSACO最終報告で確認された北部訓練場の過半（約3,987ヘクタール）の返還の意義及び緊急性を再確認した。その上で、日米両政府は、北部訓練場の迅速な返還を促進するために必要な、二国間で合意された条件を満たすとのコミットメントを再確認した。

6. 在日米軍施設・区域件数・土地面積の推移

（平成29.3.31現在）

単位：千平方メートル

区分 年月日	施設件数	土地面積
平成元.3.31	105 (33)	324,753 (642,904)
〃 2.3.31	105 (37)	324,699 (658,893)
〃 3.3.31	105 (38)	324,593 (661,937)
〃 4.3.31	104 (39)	324,520 (664,250)
〃 5.3.31	101 (41)	319,720 (665,194)
〃 6.3.31	97 (41)	317,987 (665,116)
〃 7.3.31	94 (41)	315,583 (665,078)
〃 8.3.31	91 (42)	314,201 (670,672)
〃 9.3.31	90 (42)	313,999 (675,182)
〃 10.3.31	90 (42)	314,002 (676,202)
〃 11.3.31	90 (43)	313,590 (697,310)
〃 12.3.31	89 (44)	313,524 (696,646)
〃 13.3.31	89 (45)	313,492 (696,632)
〃 14.3.31	89 (45)	312,636 (698,182)
〃 15.3.31	88 (47)	312,253 (699,235)
〃 16.3.31	88 (47)	312,193 (699,166)
〃 17.3.31	88 (47)	312,067 (699,064)
〃 18.3.31	87 (48)	312,201 (713,167)
〃 19.3.31	85 (48)	308,809 (713,236)
〃 20.3.31	85 (49)	308,825 (718,224)
〃 21.3.31	85 (49)	310,055 (718,212)
〃 22.3.31	84 (49)	310,053 (718,172)
〃 23.3.31	84 (49)	309,641 (718,174)
〃 24.3.31	83 (49)	308,938 (718,159)
〃 25.3.31	83 (49)	308,991 (718,162)
〃 26.3.31	84 (49)	308,237 (718,174)
〃 27.3.31	82 (49)	306,226 (718,175)
〃 28.3.31	79 (49)	303,690 (718,175)
〃 29.3.31	78 (50)	264,343 (716,678)

注：(　)内の数字は、一時使用施設・区域（地位協定第２条４(b)適用施設・区域）で外数である。

7. 駐留軍等労働者数の推移

（平成元～29年度）

区分／年度	基本労務契約及び船員契約関係（MLC・MC）				諸機関労務協約関係（IHA）				合計（人）
	陸軍（人）	海軍（人）	空軍（人）	計（人）	陸軍（人）	海軍（人）	空軍（人）	計（人）	
平成元	3,371	9,162	4,571	17,104	318	2,085	2,571	4,974	22,078
2	3,278	9,024	4,499	16,801	365	2,258	2,623	5,246	22,047
3	3,477	9,098	4,425	17,000	394	2,171	2,765	5,330	22,330
4	3,341	9,290	4,433	17,064	356	2,188	2,704	5,248	22,312
5	3,451	9,470	4,466	17,387	394	2,136	2,777	5,307	22,694
6	3,394	9,371	4,364	17,129	311	2,106	2,758	5,175	22,304
7	3,523	9,590	4,704	17,817	345	2,153	2,908	5,406	23,223
8	3,590	9,941	4,756	18,287	315	2,351	2,924	5,590	23,877
9	3,494	10,092	4,905	18,491	332	2,380	3,000	5,712	24,203
10	3,474	10,244	4,933	18,651	327	2,409	2,968	5,704	24,355
11	3,466	10,256	4,944	18,666	321	2,453	3,036	5,810	24,476
12	3,420	10,347	4,843	18,610	316	2,381	3,155	5,852	24,462
13	3,402	10,779	4,841	19,022	316	2,425	3,135	5,876	24,898
14	3,370	10,839	4,799	19,008	323	2,453	3,190	5,966	24,974
15	3,408	10,933	4,830	19,171	324	2,379	3,240	5,943	25,114
16	3,395	10,876	4,853	19,124	329	2,340	3,248	5,917	25,041
17	3,377	10,873	4,859	19,109	327	2,528	3,292	6,147	25,256
18	3,359	10,855	4,840	19,054	319	2,653	3,322	6,294	25,348
19	3,358	10,802	4,850	19,010	322	2,673	3,255	6,250	25,260
20	3,394	10,883	4,889	19,166	320	2,714	3,299	6,333	25,499
21	3,427	10,954	4,918	19,299	332	2,754	3,427	6,513	25,812
22	3,496	10,995	4,916	19,407	229	2,722	3,501	6,452	25,859
23	3,475	10,965	4,885	19,325	226	2,654	3,340	6,220	25,545
24	3,480	10,986	4,858	19,324	247	2,601	3,201	6,049	25,373
25	3,467	11,047	4,830	19,344	255	2,536	3,138	5,929	25,273
26	3,477	11,100	4,802	19,379	234	2,549	3,018	5,801	25,180
27	3,465	11,255	4,898	19,618	231	2,515	2,955	5,701	25,319
28	3,511	11,507	4,922	19,940	223	2,424	2,920	5,567	25,507
29	(3,448)	(11,227)	(5,064)	(19,739)	(227)	(2,354)	(2,640)	(5,221)	(24,960)

（注1）各年度とも3月末日現在の労働者数である。ただし、平成29年度の（　）については平成29年12月末日現在である。
（注2）「MLC」とは、地位協定に基づき在日米軍に労務を充足するため日米間で締結している基本労務契約により雇用されている者をいう。
（注3）「MC」とは、地位協定に基づき在日米軍に労務を充足するため日米間で締結している船員契約により雇用されている者をいう。
（注4）「IHA」とは、地位協定に基づき諸機関に労務を充足するため日米間で締結している諸機関労務協約により雇用されている者をいう。

8. 在日米軍兵力の推移

年	人員	備考
27	260,000	4月 日米安全保障条約
30	150,000	12月末現在
35	46,000	6月 新安保条約発効
40	34,700	11月現在
45	37,500	11月現在
47	65,000	5月15日 沖縄復帰
50	50,500	12月末現在
55	46,000	9月末現在
56	46,200	9月末現在
57	51,000	9月末現在
58	48,700	9月末現在
59	45,800	9月末現在
60	46,900	9月末現在
61	48,100	9月末現在
62	49,800	9月末現在
63	49,700	9月末現在
平成元	49,900	9月末現在
2	46,600	9月末現在
3	44,600	9月末現在
4	45,900	9月末現在
5	46,100	9月末現在
6	45,400	9月末現在
7	39,100	9月末現在

年	人員	備考
8	43,000	9月末現在
9	41,300	9月末現在
10	40,400	9月末現在
11	40,300	9月末現在
12	40,200	9月末現在
13	40,200	9月末現在
14	41,800	9月末現在
15	40,500	9月末現在
16	36,400	9月末現在
17	35,600	9月末現在
18	33,500	9月末現在
19	32,800	9月末現在
20	33,300	9月末現在
21	36,000	9月末現在
22	34,400	9月末現在
23	39,200	9月末現在
24	50,900	9月末現在
25	50,100	9月末現在
26	49,500	9月末現在
27	52,100	9月末現在
28	38,800	9月末現在
29	44,500	9月末現在

(注1) 米国防省資料「Total Military Personnel and Dependent EndStrength By Service, Regional Area, and Country」による。
(注2) 46年までは本土のみ、47年以降は沖縄を含む。
(注3) 平成7年のデータは入手不可能であったため、平成8年2月10日現在のデータを掲載。
(注4) 百未満を四捨五入している。

9. 東アジア・太平洋地域米軍展開状況

（平成29.9.30現在:実員ベース）

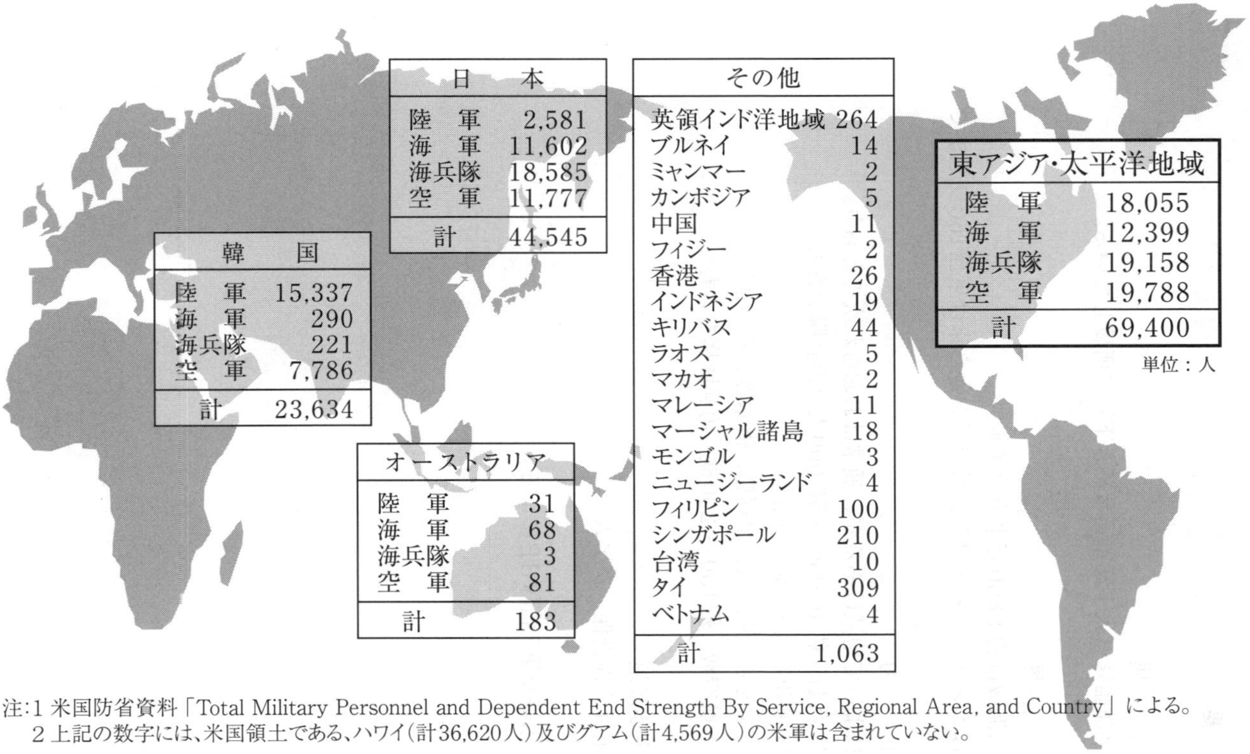

韓国	
陸軍	15,337
海軍	290
海兵隊	221
空軍	7,786
計	23,634

日本	
陸軍	2,581
海軍	11,602
海兵隊	18,585
空軍	11,777
計	44,545

オーストラリア	
陸軍	31
海軍	68
海兵隊	3
空軍	81
計	183

その他	
英領インド洋地域	264
ブルネイ	14
ミャンマー	2
カンボジア	5
中国	11
フィジー	2
香港	26
インドネシア	19
キリバス	44
ラオス	5
マカオ	2
マレーシア	11
マーシャル諸島	18
モンゴル	3
ニュージーランド	4
フィリピン	100
シンガポール	210
台湾	10
タイ	309
ベトナム	4
計	1,063

東アジア･太平洋地域	
陸軍	18,055
海軍	12,399
海兵隊	19,158
空軍	19,788
計	69,400

単位：人

注:1 米国防省資料「Total Military Personnel and Dependent End Strength By Service, Regional Area, and Country」による。
2 上記の数字には、米国領土である、ハワイ（計36,620人）及びグアム（計4,569人）の米軍は含まれていない。

10.　米海軍第７艦隊

概　　要

ア．所　　属

太平洋艦隊（太平洋軍司令部き下）に所属している。

イ．担当海域

担当海域は約4,800万平方マイル。

西はインド・パキスタン国境ラインから東は東径160度線まで。

ウ．兵　　力

時によって増減はあるが、通常はおおむね次のとおり。

（ア）兵員　約40,000～50,000人（海兵隊を含む）

（イ）艦艇　約80隻～100隻

（空母、巡洋艦、駆逐艦、潜水艦、その他）

（ウ）航空機　約150～200機（海兵隊機を含む）

エ．主要基地

横須賀、佐世保、グアム

（注）米海軍第7艦隊HPによる。

第11章　諸外国の防衛体制

1. 国際連合

(1) **成立年月日**　1945年6月26日国連憲章に50ヵ国が署名
同年10月24日　〃　発効（国連デー）

(2) **目　　的**　（憲章第1章第1条）

ア. 国際の平和及び安全を維持すること。そのために、平和に対する脅威の防止及び除去と侵略行為その他の平和の破壊の鎮圧のため有効な集団的措置をとること並びに平和を破壊するに至る虞のある国際的な紛争又は事態の調整又は解決を平和的手段によって且つ正義及び国際法の原則に従って実現すること。

イ. 人民の同権及び自決の原則の尊重に基礎をおく諸国間の友好関係を発展させること並びに世界平和を強化するために他の適当な措置をとること。

ウ. 経済的、社会的、文化的又は人道的性質を有する国際問題を解決することについて、並びに人種、性、言語又は宗教による差別なくすべての者のために人権及び基本的自由を尊重するように助長奨励することについて、国際協力を達成すること。

エ. これらの共通の目的の達成に当って諸国の行動を調和するための中心となること。

(3) **諸原則**（憲章第1章第2条要約）

ア. 加盟国の主権平等。

イ. 憲章上の義務の履行。

ウ. 国際紛争の平和的手段による解決。

エ. 武力による威嚇又は武力の行使の禁止。

オ. 国際連合の行動に対するあらゆる援助の供与。

カ. 非加盟国が必要に応じてこれらの原則に従って行動することの確保。

キ. いずれかの国の国内管轄権内にある事項への不干渉。（憲章第7章に基づく強制措置の適用の場合を除く）

(4) **国際連合加盟国**（2017年12月現在）

国連加盟国数　193

場所　本部　ニューヨーク

(5) 国際連合機構図（国連の主要機関）

国際司法裁判所　安全保障理事会　総　会　＊信託統治理事会　経済社会理事会　事務局

補助機関（安全保障理事会）
テロ対策委員会
ルワンダ国際刑事裁判所（ICTR）
旧ユーゴスラビア国際刑事裁判所（ICTY）
国際刑事裁判所のためのメカニズム（MICT）
軍事参謀委員会
平和維持活動・政治ミッション
制裁委員会（アドホック）
常設委員会及びアドホック組織

諮問的補助機関
平和構築委員会

関連機関
包括的核実験禁止条約機関準備委員会（CTBTO-PrepCom）
国際原子力機関（IAEA）
国際刑事裁判所（ICC）
国際海底機構（ISA）
国際海洋法裁判所（ITLOS）
化学兵器禁止機関（OPCW）
世界貿易機関（WTO）

補助機関（総会）
主要委員会及びその他の会期委員会
軍縮委員会
人権理事会
国際法委員会
常設委員会及びアドホック組織

計画と基金
国連開発計画（UNDP）
・国連資本開発基金（UNCDF）
・国連ボランティア計画（UNV）
国連環境計画（UNEP）
国連人口基金（UNFPA）
国連人間居住計画（UN-HABITAT）
国連児童基金（UNICEF）
国連世界食糧計画（WFP）[UN/FAO]

調査及び研修所
国連軍縮研究所（UNIDIR）
国連訓練調査研究所（UNITAR）
国連システム・スタッフ・カレッジ（UNSSC）
国連大学（UNU）

その他の国連機関
国際貿易センター（ITC）[UN/WTO]
国連貿易開発会議（UNCTAD）
国連難民高等弁務官事務所（UNHCR）
国連プロジェクトサービス機関（UNOPS）
国連パレスチナ難民救済事業機関（UNRWA）
ジェンダー平等と女性のエンパワーメントのための国連機関（UN-Women）

持続可能な開発に関するハイレベル政治フォーラム（HLPF）

機能委員会
犯罪防止刑事司法委員会
麻薬委員会
人口開発委員会
開発のための科学技術委員会
社会開発委員会
統計委員会
女性の地位委員会
国連森林フォーラム

地域委員会
アフリカ経済委員会（ECA）
ヨーロッパ経済委員会（ECE）
ラテンアメリカ・カリブ経済委員会（ECLAC）
アジア太平洋経済社会委員会（ESCAP）
西アジア経済社会委員会（ESCWA）

その他の機関
開発政策委員会
行政専門家委員会
非政府組織委員会
先住民問題に関する常設フォーラム
国連エイズ合同計画（UNAIDS）
地理学的名称に関する国連専門家グループ（UNGEGN）

調査及び研修所
国連地域犯罪司法研究所（UNICRI）
国連社会開発研究所（UNRISD）

専門機関
国連食糧農業機関（FAO）
国際民間航空機関（ICAO）
国際農業開発基金（IFAD）
国際労働機関（ILO）
国際通貨基金（IMF）
国際海事機関（IMO）
国際電気通信連合（ITU）
国連教育科学文化機関（UNESCO）
国連工業開発機関（UNIDO）
世界観光機関（UNWTO）
万国郵便連合（UPU）
世界保健機関（WHO）
世界知的所有権機関（WIPO）
世界気象機関（WMO）
世界銀行グループ（World Bank Group）
・国際復興開発銀行（IBRD）
・国際開発協会（IDA）
・国際金融公社（IFC）

各部局及び各事業所
事務総長室（EOSG）
経済社会局（DESA）
フィールド支援局（DFS）
総会・会議管理局（DGACM）
管理局（DM）
政治局（DPA）
広報局（DPI）
平和維持活動局（DPKO）
安全保安局（DSS）
人道問題調整事務所（OCHA）
国連人権高等弁務官事務所（OHCHR）
内部監査室（OIOS）
法務局（OLA）
アフリカ担当事務総長特別顧問室（OSAA）
平和構築支援事務所（PBSO）
子どもと武力紛争に関する国連事務総長特別代表事務所（SRSG/CAAC）
紛争下の性的暴力に関する事務総長特別代表事務所（SRSG/SVC）
国連国際防災戦略事務局（UNISDR）
軍縮部（UNODA）
国連薬物犯罪事務所（UNODC）
国連ジュネーブ事務所（UNOG）
後発開発途上国、内陸開発途上国、小島嶼国開発途上国担当上級代表事務所（UN-OHRLLS）
国連ナイロビ事務所（UNON）
国連パートナーシップ事務所（UNOP）
国連ウィーン事務所（UNOV）

＊信託統治理事会は最後の国連信託統治領パラオの独立に伴い、1994 年 11 月 1 日以降活動を停止している。

2. 安全保障理事会

(1) 地　　位

安全保障理事会は、「国際の平和及び安全の維持に関する主要な責任」を負い、この責任に基づく義務を果たすに当たっては、加盟国に代わって行動する（憲章24条）。このように安保理は平和及び安全の維持に関する限り総会に優先する責任を与えられており、このため安保理が紛争または事態について任務を遂行している間は、総会は安保理が要請しない限りこの紛争または事態について勧告することが出来ないこととなっている（12条1項）。

(2) 構　　成

安保理は5常任理事国（中国、フランス、ロシア、英国、米国）と10の非常任理事国から構成されている。非常任理事国は総会において選挙されるが、選挙にあたっては、平和及び安全の維持等国連の目的に対する貢献や衡平な地理的分配が考慮されなければならない。任期は2年で、退任理事国は引き続いて再選される資格がない（23条）。

非常任理事国の地域別配分はＡＡ5（アジア2、アフリカ3）、東欧1、ラ米2、西欧その他2である（総会決議1991Ａ（ＸＶＩＩＩ））。

安保理の決定は、手続き事項に関しては9理事国の賛成投票によって行われるが、その他のすべての事項については、全ての常任理事国を含む9理事国の賛成投票を必要とする（27条2、3項）。すなわちこれらの事項については常任理事国の反対投票は拒否権行使となる（欠席、棄権は拒否権行使とはならないことが慣行となっている）。

※非常任理事国＝エジプト、日本、セネガル、ウクライナ、ウルグアイ（以上2017年末まで）、ボリビア、エチオピア、イタリア、カザフスタン、スウェーデン（以上2018年末まで）。

(3) 任務と権限

安保理の任務と権限として特に重要なものは、憲章第6章（紛争の平和的解決）と第7章（平和に対する脅威、平和の破壊及び侵略行為に関する行動）に規定するものである。

ア．憲章第6章関係

（ア）必要と認めるときは紛争当事者に対して紛争を平和的手段によって解決するよう要請すること。（33条2項）

（イ）紛争または事態の継続が国際の平和及び安全の維持を危うくするおそれがあるかどうかを決定するため調査すること。（34条）

（ウ）紛争または事態につき適当な調整の手続きまたは方法を勧告すること。（36条1項）

（エ）紛争の継続が国際の平和及び安全の維持を危くする虞が実際にあると認めるときに適当と認める解決条件を勧告すること。(37条2項)

イ．憲章第7章関係

（ア）平和に対する脅威、平和の破壊又は侵略行為の存在を決定すること。(39条)

（イ）事態の悪化を防ぐため、必要または望ましいと認める暫定措置に従うよう当事者に要請すること。(40条)

（ウ）平和と安全の維持と回復のために勧告を行うこと。(39条)

（エ）非軍事的措置を決定すること。(41条)

（オ）軍事的措置を決定すること。(42条)

〔安保理の決定は拘束力を有し、全ての加盟国はこれを受諾し、履行しなければならない。(25条)〕

ウ．その他

（ア）新規加盟（4条)、安保理の防止行動または強制行動の対象となった加盟国の権利と特権の行使の停止（5条)、除名（6条）につき総会に勧告すること。

（イ）信託統治地域の戦略地区における国連の任務を行うこと。(83条)

（ウ）総会とともに国際司法裁判所裁判官を選挙すること（国際司法裁判所規程8条)

（エ）総会に事務総長の任命を勧告すること。(97条)

(4) 安保理改革問題

国連は、第2次世界大戦終了時、当時の連合国を中心として戦後の国際の平和と安全の維持のために設立されたが、国連設立後、東西対立が激化したこともあり、国連憲章に規定された平和維持の制度は必ずしも十分に機能しなかった。冷戦の終結により、国際の平和と安全を維持する国連の役割に対する期待が高まったが、最近では多様化する脅威に効果的に対処できるよう、組織面を含めた国連の改革について議論が行われている。

とりわけ、安保理の改革が必要となってきた背景には、①常任理事国の国力が相対的に低下してきたこと、②国連の加盟国数が創設時の3倍以上に増加したにもかかわらず、非常任理事国数が6か国から10か国に増加されたにすぎないこと、③安保理の議席配分が欧州偏重となっていること等が指摘されている。

2004年11月30日には、ハイレベル委員会が国連改革のための報告書を公表し、安保理改革に関し「A」「B」の2モデルを提示した。モデル「A」は新たに6つの常任理事国をつくり、拒否権は与えず、地域的振り分けはアフリカ2、アジア2、欧州1、米州1である。また、非常任理事国も新たに3カ国増やす。一方、モデル「B」は新たな常任理事国はつくらず、任期4年で改選可能な新たなカテゴリーとして8カ国を加える。地域的振り分けは、アフリカ2、アジア2、欧州2、米州2である。さらに非常任理事国（改選不可）を1カ国増やす。いずれのモデルにおいても、総会はPKOや財政などで貢献した各地域の上位3カ国を理事国選出にあたり優先し、拒否権の新たな付与や既存の安保理理事国に関する国連憲章の改正は含まないとしている。また、同報告書は2020年に安保理構成を見直すことも提言している。

さらに2005年3月21日には、アナン国連事務総長が“In Larger Freedom”と題する報告書を発表した。この中で、同事務総長は、ハイレベル委員会の報告書で示された安保理改革の原則への支持を表明し、加盟国に対し、モデル「A」、「B」、または他の実現可能な案を考慮するとともに、同年9月の国連首脳会議までに、安保理改革について決定を下すことに同意するよう求めた。また、安保理改革は、加盟国の総意(consensus)によって行われることが望ましいが、総意に到達できなかったからといって、そのことが先延ばしの口実になってはならないと主張した。

同年7月6日、日本・ドイツ・インド・ブラジルの4カ国(G4)は、安保理改革の枠組み決議案を国連事務局に提出した。同案は、常任理事国を6カ国、非常任理事国を4カ国追加するとともに、新常任理事国の拒否権については、15年後に見直しを行うまで凍結するとした。しかし、その後の国連総会における審議において、米国・ロシア・中国等が同案への反対を表明し、イタリア・韓国・パキスタン等からなる「コンセンサス・グループ」は、非常任理事国のみを10カ国拡大する対案を提出、さらにアフリカ連合(AU)も、アフリカへの拒否権付きの常任理事国2カ国の割り当てを求める独自の決議案を提出した。G4はAUとの決議案一本化を図ったが、AU内部での意見の対立によって失敗に終わり、G4案は結局、同年9月の総会閉幕に伴い廃案となった。

一方、同年9月の国連首脳会議では、包括的な国連改革の方向性を示す「成果文書」が採択された。同文書は、平和構築委員会および人権理事会の設置や事務局改革などを提言、2006年6月には平和構築委員会及び人権理事会の初会合が開かれている。

その後、安保理改革に関する具体的な進展は見られないが、2007年2月には、「常任・非常任のカテゴリ」「拒否権」「地域配分」「拡大規模」「安保理のあり方・総会との関係」の5分野について、それぞれの検討を行う調整者(facilitators)5人が国連総会議長により指名され、同年4月に、調整者から国連総会議長に対して、安保理改革をめぐる現状と提案を盛り込んだ報告書が提出された。改革の方向性については、加盟国の多様な立場を考慮し、暫定的アプローチの採用を提案している。

また、同年5月には新たに2人の調整者が指名され、6月に報告書が提出された。報告書は、暫定的アプローチの重要性を踏まえたうえで、カテゴリや拒否権など6つの分野について具体的な選択肢を提示している。

2008年9月には、安保理改革についての政府間交渉を2009年2月から開始するとの国連総会決定が採択された。これを受け、2009年2月から国連総会非公式本会議において政府間交渉が始まり、現在、①新理事国のカテゴリー(常任・非常任などの議席を拡大するか)、②拒否権、③地域ごとの代表性、④拡大数と安保理の作業方法、⑤安保理と総会の関係といった安保理改革の様々な要素について、活発な議論が行われている。

3. 国連平和維持活動（PKO）

(1) 冷戦後のPKO

PKOは、伝統的には、停戦の合意が成立した後に、停戦監視などを中心として、紛争の再発防止を主たる目的として行われてきた。このような活動を行う中で、紛争当事者間で停戦の合意があること、紛争当事者の受け入れ同意があること、中立性を保つこと、武器の使用は自衛の場合に限ることなどの原則が慣行として確立した。

冷戦の終結により、地域紛争の処理や予防に関して、安保理を中心とする国連の役割に対する期待が高まるとともに、国際社会が対応を迫られる紛争の多くが国家間の紛争から一国内における紛争へと変わった結果、PKOの任務は、武装解除の監視、治安部門の改革、選挙や行政監視、難民帰還などの人道支援など、文民の活動を含む幅広い分野にわたるようになり、活動の規模も拡大した。また、国連憲章第7章の下で、武装解除などに関し強制措置をとり得るとされる活動や、紛争を未然に防止する目的を持った活動も行われるようになった。

2016年12月末現在、PKOの文民要員を除いた要員数は約9万9千人となっている。

(2) PKOの課題と国連・関係国による対応

PKOは、要員や機材の確保の問題、要員の安全確保の問題（PKOにおける国連要員の犠牲者数は、2011年12月9日までで総計2,960人）に加え、関係国間の利害対立により対応策の合意が必ずしも形成されないことなど多くの課題を抱えており、国連と関係国は、これらの課題に対する方策について議論を行ってきた。

2000年8月には、国連平和活動検討パネルが、紛争予防、平和維持、平和構築からなる一連の平和活動を国連がより効率的、実効的に行えるよう、様々な角度から勧告する報告書（いわゆるブラヒミ報告書）を公表した。報告書の勧告には、要員派遣国との協力強化を図る協議、PKO局の人員増強などが含まれていた。国連PKO局・フィールド支援局は、09（平成21）年7月、国連PKOが直面する政策面および戦略面の主要なジレンマを評価し、関係者の間で解決策を論じるために「新たなパートナーシップ・アジェンダ：国連PKOのニュー・ホライズン計画」を作成した。国連はこの文書を土台にいわゆるニュー・ホライズン・プロセスと呼ばれる検討を開始し、10（同22）年10月、同プロセスの進捗状況に関する報告書を発表した。この報告書の中で、これまで規模が拡大してきたPKOが整理・統合に向かっている可能性があること、PKO改革の課題として、文民保護や平和構築など重要分野における指針の策定、任務実施に必要な能力の向上などの分野に関し、集中的に取組が行われたことなどが指摘された。

現在の国連平和維持活動（2017年12月末現在）

名　称	設立年月	派遣場所
国連休戦監視機構（UNTSO）	1948.5	エジプト、レバノン、ヨルダン、シリア、イスラエル
国連インド・パキスタン軍事監視団（UNMOGIP）	1949.1	ジャム・カシミール、印パ停戦ライン
国連キプロス平和維持隊（UNFICYP）	1964.3	キプロス
国連兵力引き離し監視隊（UNDOF）	1974.5	ゴラン高原
国連レバノン暫定隊（UNIFIL）	1978.3	南部レバノン
国連西サハラ住民投票監視団（MINURSO）	1991.4	西サハラ
国連コソヴォ暫定行政ミッション（UNMIK）	1999.6	コソヴォ
国連リベリアミッション（UNMIL）	2003.9	リベリア
国連コートジボワール活動（UNOCI）	2004.4	コートジボワール
国連ハイチ安定化ミッション（MINUSTAH）	2004.6	ハイチ
ダルフール国連・アフリカ連合合同ミッション（UNAMID）	2007.7	ダルフール（スーダン）
国連コンゴ民主共和国安定化ミッション（MONUSCO）	2010.7	コンゴ
国連アビエ暫定治安部隊（UNISFA）	2011.6	アビエ
国連南スーダンミッション（UNMISS）	2011.7	南スーダン
国連マリ多面的統合安定化ミッション（MINUSMA）	2013.4	マリ
国連中央アフリカ多面的統合安定化ミッション（MINUSCA）	2014.4	中央アフリカ

4. 世界の主要な集団安全保障条約等

（平成29年12月末現在）

条約名	発効年（署名年）	期間	当事者	備考
北大西洋条約	1949 (1949)	20年間効力を存続した後は、1年の事前通告により脱退できる	ベルギー、ブルガリア、カナダ、チェコ、デンマーク、エストニア、フランス、ドイツ、ギリシャ、ハンガリー、アイスランド、イタリア、ラトビア、リトアニア、ルクセンブルグ、オランダ、ノルウェー、ポーランド、ポルトガル、ルーマニア、スロバキア、スロベニア、スペイン、トルコ、英国、米国、アルバニア、クロアチア	1966. 7 フランス、軍事機構から脱退 1974. 8 ギリシャ、軍事機構から脱退 （1980. 10復帰） 1982. 5 スペイン加盟（軍事機構には入らず） 1995. 12 フランス、軍事機構への一部復帰表明 1996. 11 スペイン、軍事機構への全面参加決定 1999. 3 ポーランド、チェッコ、ハンガリーの3カ国が加盟 2004. 3 エストニア、ラトビア、リトアニア、スロバキア、スロバニア、ブルガリア、ルーマニアの7カ国が加盟 2009. 4 フランス、軍事機構へ完全復帰 2009. 4 アルバニア、クロアチアの2カ国が加盟
ブラッセル条約	1948 (1948) 1955 改正	50年間効力を存続した後は、1年の事前通告により脱退できる	英国、フランス、ドイツ、イタリア、ベルギー、オランダ、ルクセンブルグ、スペイン、ポルトガル、ギリシャ	2000. 11 閣僚理事会はマルセイユ宣言を採択、WEUを縮小しその機構の一部をEUに引き継ぐこと、WEU残存機構により武力攻撃に際しての相互援助規定を維持していくことを決定
米州相互援助条約（リオ条約）	1948 (1947)	無期限に有効。2年の事前通告により脱退できる	米国及び中南米諸国計23カ国	09年に停止処分解除
オーストラリア・ニュージーランド・米国間３国安全保障条約（ANZUS条約）	1952 (1951)	無期限に有効。1年の事前通告により脱退できる	オーストラリア・ニュージーランド・米国	1986. 8以来、米国は対NZ防衛義務停止

条約名	発効年(署名年)	期間	当事者	備考
米国・フィリピン相互防衛条約	1952(1951)	無期限に有効。1年の事前通告により条約終了	米国、フィリピン	
米国・韓国相互防衛条約	1954(1953)	無期限に有効。1年の事前通告により条約終了	米国、韓国	共同演習を実施
東南アジア集団防衛条約	1955(1954)	無期限に有効。1年の事前通告により脱退できる	オーストラリア、ニュージーランド、フィリピン、タイ、英国、米国	条約運用機構は、1977.6に解体。ただし、条約は継続
5カ国防衛取決め(FPDA)	1971(1971)	無期限に有効。1年の事前通告により条約終了	マレーシア、シンガポール、英国、オーストラリア、ニュージーランド	共同演習等を実施
米国・パキスタン協力協定	1959(1959)	無期限に有効。1年の事前通告により協定終了	米国、パキスタン	
日本・米国相互協力及び安全保障条約	1960(1960)	10年間効力を存続した後は、1年の事前通告により条約終了	日本、米国	旧安保条約は、1951.9署名
米国・スペイン防衛協力協定	1989(1988)	8年間有効。期間終了後は、6カ月の事前通告により協定終了	米国、スペイン	
CIS集団安全保障条約	1994(1992)	5年。6カ月前の事前通告により脱退できる	ロシア、カザフスタン、キルギス、タジキスタン、アルメニア、ベラルーシ、ウズベキスタン	
ロシア・アゼルバイジャン友好協力相互安全保障条約	1998(1997)	10年。期間満了の6カ月前までに廃棄通告のない場合は、更に5年間自動延長	ロシア、アゼルバイジャン	
ロシア・アルメニア友好協力相互安全保障条約	1998(1997)	10年。期間満了の1年前までに廃棄通告のない場合は、更に10年間自動延長	ロシア、アルメニア	
ロシア・カザフスタン友好協力相互援助条約	1992(1992)	10年。期間満了の6カ月前までに廃棄通告のない場合は、更に10年間自動延長	ロシア、カザフスタン	

条約名	発効年 (署名年)	期間	当事者	備考
ロシア・キルギス友好協力相互援助条約	(1992)	10年。期間満了の6カ月前までに廃棄通告のない場合は、更に10年間自動延長	ロシア、キルギス	
ロシア・タジキスタン友好協力相互援助条約	1993 (1993)	5年。期間満了の6カ月前までに廃棄通告のない場合は、更に5年間自動延長	ロシア、タジキスタン	
ロシア・ベラルーシ連邦条約	1997 (1997)	無期限。12カ月前の事前通告により脱退可能	ロシア、ベラルーシ	
中国・北朝鮮友好、協力及び相互援助条約	1961 (1961)	無期限に有効。改正又は終了について合意したとき、条約は終了する	中国、北朝鮮	
中露善隣友好協力条約	2002 (2001)	20年。一方が有効期限の1年以上前にもう一方に対し終了する旨を通報しない限り5年毎に自動延長	中国、ロシア	
ロシア・ウズベキスタン同盟関係条約	2006 (2005)	一方がもう一方に対し文書で停止する旨を通知した日から12カ月が経過するまで有効	ロシア、ウズベキスタン	

(注)　条約名は、仮訳名ないし略称。

諸外国

5. 各国・地域の軍備状況

米国	陸　　軍 約48万人 海　　軍 約893隻 （空母10、巡洋艦23、駆逐艦等62、潜水艦68（すべて原潜）等） 海 兵 隊 約18万人 航空戦力 作戦機約3,581機
ロシア	陸　　軍 約27万人 海　　軍 約1,054隻（空母1、巡洋艦5、駆逐艦等15、潜水艦62等） 海 兵 隊 約3.5万人 航空戦力 作戦機約1,325機
英国	陸　　軍 約8.7万人 海　　軍 約136隻（駆逐艦等19、潜水艦11等） 海 兵 隊 約6,800人 航空戦力 作戦機約308機
ドイツ	陸　　軍 約6万人 海　　軍 約125隻（駆逐艦等15、潜水艦6等） 航空戦力 作戦機約217機
フランス	陸　　軍 約11万人 海　　軍 約288隻（空母1、駆逐艦等23、潜水艦10（すべて原潜）等） 海 兵 隊 約2,000人 航空戦力 作戦機約408機
イタリア	陸　　軍 約10.2万人 海　　軍 約181隻（空母2、駆逐艦等17、潜水艦7等） 海 兵 隊 約3,000人 航空戦力 作戦機約268機
エジプト	陸　　軍 約31万人 防 空 軍 8万人 海　　軍 約131隻（駆逐艦等17、潜水艦4等） 航空戦力 作戦機約603機
イスラエル	陸　　軍 約13.3万人（動員時兵力約53万人） 海　　軍 約64隻（潜水艦5等） 海 兵 隊 約300人（推定）（コマンド） 航空戦力 作戦機約473機
イラン	陸　　軍 約35万人 海　　軍 約153隻（コルベット7、潜水艦29等） 海 兵 隊 約2,600人 航空戦力 作戦機約335機 革命防衛隊 約12.5万人
シリア	陸　　軍 約9万人 海　　軍 約43隻（コルベット2等） 防 空 軍 約2万人

諸外国

インド	陸　　軍　約120万人 海　　軍　約286隻（空母2、潜水艦14等） 海 兵 隊　約1,200人 航空戦力　作戦機約917機
パキスタン	陸　　軍　約56万人 海　　軍　約51隻（フリゲート等10、潜水艦8等） 海 兵 隊　約3,200人（推定） 航空戦力　作戦機約471機
タイ	陸　　軍　約25万人 海　　軍　約183隻（空母1、フリゲート10等） 海 兵 隊　約2.3万人 航空戦力　作戦機約153機
オーストラリア	陸　　軍　約2.9万人 海　　軍　約103隻（フリゲート11、潜水艦6等） 航空戦力　作戦機約147機
インドネシア	陸　　軍　約30万人 海　　軍　約171隻（フリゲート12、潜水艦2等） 海 兵 隊　約2万人（推定） 航空戦力　作戦機約129機
台湾	陸　　軍　約13万人 海　　軍　約390隻（フリゲート約22、潜水艦4等） 海 兵 隊　約1万人 航空戦力　作戦機約510機
中国	陸　　軍　約115万人 海　　軍　約744隻（空母1、駆逐艦等19、潜水艦約57等） 海 兵 隊　約1万人 航空戦力　作戦機約2,722機
韓国	陸　　軍　約50万人 海　　軍　約240隻（駆逐艦等23、潜水艦23等） 海 兵 隊　約2.9万人 航空戦力　作戦機約618機
北朝鮮	陸　　軍　約102万人 海　　軍　約790隻（フリゲート2、潜水艦20等） 航空戦力　作戦機約563機

（注1）　ミリタリー・バランス（2017）等による。

（注2）　「作戦機」とは、爆撃機、戦闘機、攻撃機、偵察機、対ゲリラ戦機等の総称であり、ヘリコプターは含まれない。

6. 主要国・地域の正規軍及び予備兵力（概数）

国名など	兵役制	正規軍(万人)		予備兵力(万人)
米国	志願		138	84
ロシア	徴兵志願		83	200
英国	志願		15	8
フランス	志願		20	3
ドイツ	志願		18	3
イタリア	志願		17	2
インド	志願		140	116
中国	徴兵		218	51
北朝鮮	徴兵		119	60
韓国	徴兵		63	450
エジプト	徴兵		44	48
イスラエル	徴兵		18	47
日本	志願	陸	14	3.2(0.4)
		海	4.2	0.05
		空	4.3	0.06

（注1）　資料は、「ミリタリー・バランス(2017)」などによる。
（注2）　日本は、平成28年度末における各自衛隊の実勢力を示す。（　）内は即応予備自衛官の現員数であり、外数
（注3）　ロシアは、従来の徴兵制に契約勤務制（一種の志願制）を加えた人員補充制度をとっている。
（注4）　ドイツにおいては、11（平成23）年4月に成立した改正軍事法により、徴兵制は同年7月1日に運用が停止され、代わって新しい志願兵制が導入された。
（注5）　中国は、人民解放軍勢力を17（平成29）年末までに30万人削減することを発表している。

7. 主要国・地域兵力一覧（概数）

陸上兵力		海上兵力			航空兵力	
国名など	陸上兵力（万人）	国名など	トン数（万トン）	隻数	国名など	機数
インド	120	米国	625.2	893	米国	3,581
中国	115	ロシア	205.2	1,054	中国	2,722
北朝鮮	102	中国	163.0	744	ロシア	1,325
パキスタン	56	英国	61.3	136	インド	917
韓国	50	インド	49.0	286	韓国	618
米国	48	フランス	37.7	288	エジプト	603
ベトナム	41	インドネシア	26.2	171	北朝鮮	563
ミャンマー	38	イタリア	22.9	181	台湾	507
イラン	35	トルコ	21.7	208	イスラエル	473
エジプト	31	韓国	21.3	240	パキスタン	471
インドネシア	30	ドイツ	20.7	125	フランス	408
ロシア	27	オーストラリア	20.6	103	トルコ	377
トルコ	26	台湾	20.5	392	サウジアラビア	349
タイ	25	スペイン	18.9	172	イラン	335
スーダン	24	ブラジル	18.0	110	英国	308
日本	14	日本	47.9	134	日本	400

（注）1．資料は、陸、空については「ミリタリー・バランス（2017）」など、海については「ジェーン年鑑（2016～2017）」などによる。
2．日本は、平成28年度末における各自衛隊の実勢力を示し、作戦機数（航空兵力）は航空自衛隊の作戦機（輸送機を除く。）及び海上自衛隊の作戦機（固定翼のみ）の合計である。
3．配列は兵力の大きい順（海上兵力はトン数の大きい順）になっている。

8. 中国・台湾の軍事力

		中　国	台　湾
総　兵　力		約220万人	約22万人
陸上戦力	陸上兵力	約115万人	約13万人
	戦車等	99/A 型、98A 型、96/A 型、88A/B型など 約7,400両	M－60A、M－48A/Hなど 約1,200両
海上戦力	艦　艇	約740隻　163.0万トン	約390隻　21.0万トン
	空母・駆逐艦・フリゲート	約80隻	約20隻
	潜水艦	約60隻	4隻
	海兵隊	約1万人	約1万人
航空戦力	作戦機	約2,720機	約510機
	近代的戦闘機	J－19×346機 Su－27/J－11×329機 Su－30×97機 J－15×13機 J－16×2機（試験中） J－20×2機（試験中） （第4･5世代戦闘機　合計789機）	ミラージュ2000×56機 F－16×144機 経国×128機 （第4世代戦闘機　合計328機）
参考	人　口	約13億8000万人	約2,300万人
	兵　役	2年	1年

（注）「平成29年版日本の防衛」（防衛白書）より

9. 中国人民解放軍の配置　（出典：平成29年版防衛白書）

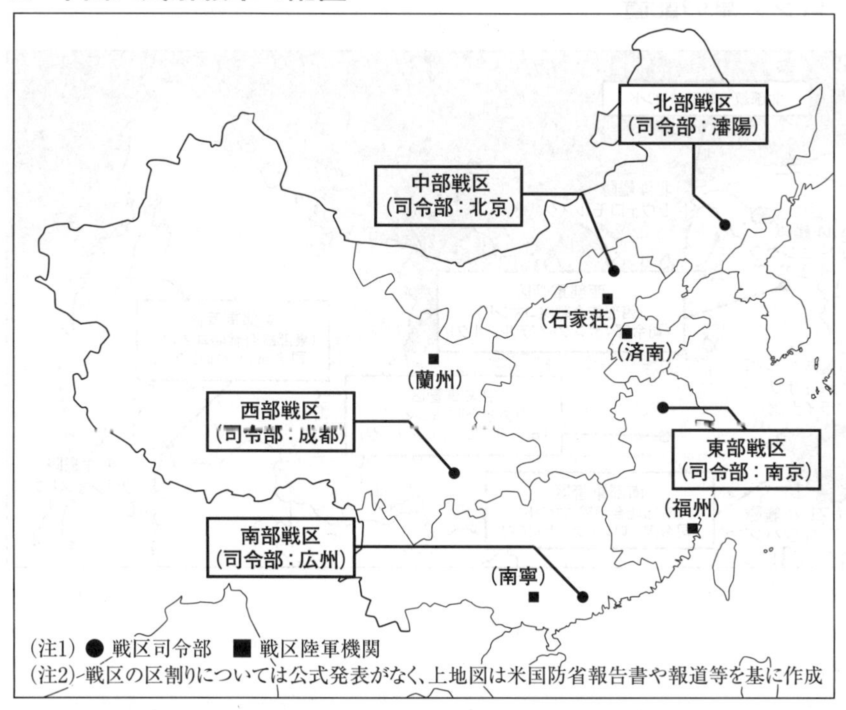

10. ロシア軍の兵力

総兵力		約83万人
陸上戦力	陸上兵力	約32万人
	戦車	T－90、T－80、T－72など　約2,700両 （保管状態のものを含まず。保管状態のものを含めると約20,200両）
海上戦力	艦艇	約1,050隻　約205.2万トン
	空母	1隻
	巡洋艦	4隻
	駆逐艦	14隻
	フリゲート	32隻
	潜水艦	72隻
	海兵隊	約35,000人
航空戦力	作戦機	約1,330機
	近代的戦闘機	MiG－29×135機　Su－30×91機　MiG－31×112機　Su－33×18機 Su－25×200機　Su－34×86機　Su－27×139機　Su－35×52機 （第4世代戦闘機　合計833機）
	爆撃機	Tu－160×16機　Tu－95×60機　Tu－22M×63機
参考	人口	約1億4236万人
	兵役	1年（徴集以外に、契約勤務制度がある）

（注）「平成29年版日本の防衛」（防衛白書）より

11. ロシア軍の配置

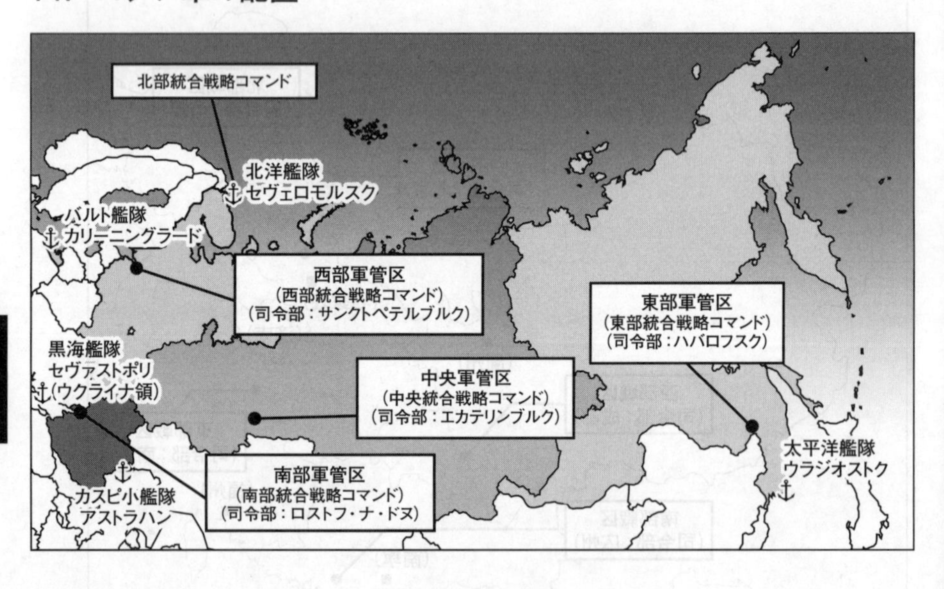

12. 朝鮮半島の軍事力

朝鮮半島における軍事力の対峙

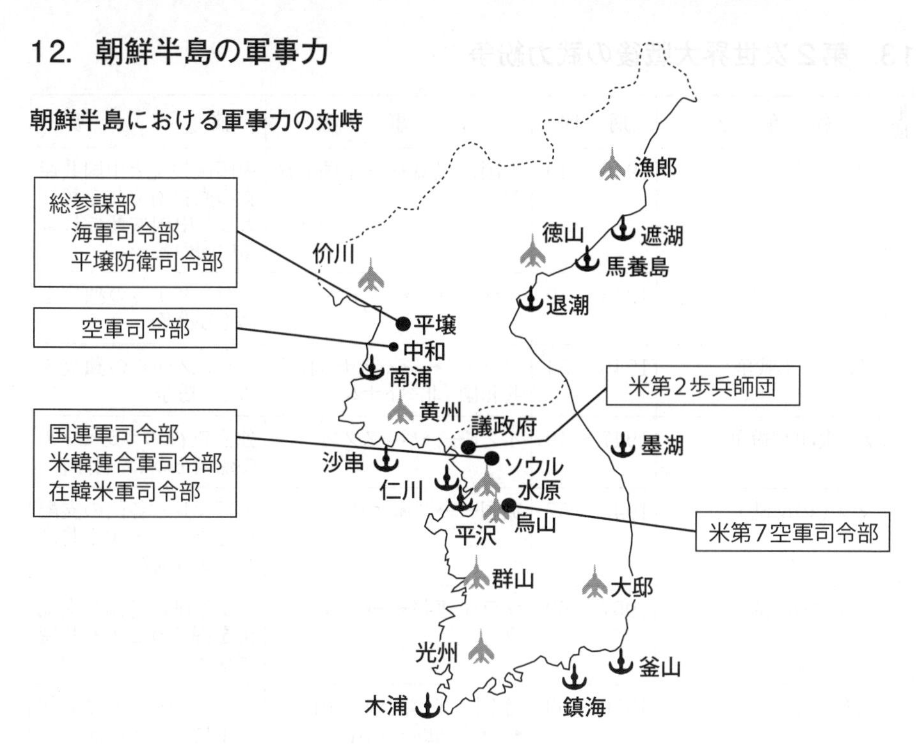

		北朝鮮	韓国	在韓米軍
総兵力		約119万人	約63.0万人	約2.3万人
陸軍	陸上兵力	約102万人	約49.5万人	約1.5万人
	戦車	T-62、T-54/-55など 約3,500両	M-48、K-1、T-80など 約2,400両	M-1
海軍	艦艇	約780隻　10.4万トン	約240隻　21.3万トン	支援部隊のみ
	駆逐艦		12隻	
	フリゲート	4隻	10隻	
	潜水艦	20隻	13隻	
	海兵隊		約2.9万人	
空軍	作戦機	約560機	約620機	約80機
	第3/4世代戦闘機	Mig-23×56機 Mig-29×18機 Su-25×34機	F-4×70機 F-16×163機 F-15×60機	F-16×60機
参考	人口	約2,510万人	約5,090万人	
	兵役	男性　12年 女性　7年	陸軍　21ヵ月 海軍　23ヵ月 空軍　24ヵ月	

(注)「平成29年版日本の防衛」(防衛白書) より

13. 第２次世界大戦後の武力紛争

地域	紛争名	期間	当事者	摘要
アジア	国共内戦	1945～49	中国国民党←→中国共産党	中国国民党と中国共産党の直接対立化を契機とした中国共産党による中国の統一
	インドネシア独立戦争	1945～49	オランダ←→インドネシア	オランダからの独立をめぐる紛争
	インドシナ戦争	1946～54	フランス←→ベトナム民主共和国（北ベトナム）	フランスからの独立をめぐる紛争
	第1次印パ紛争	1947～49	インド←→パキスタン	独立直後のカシミールの帰属をめぐる紛争
	マラヤの反乱	1948～57	英国←→共産ゲリラ	英領マレー各州の支配権を握ろうとする共産ゲリラの試み
	マラヤの反乱	1957～60	マラヤ連邦←→共産ゲリラ	マラヤ連邦各州の支配権を握ろうとする共産ゲリラの試み
	朝鮮戦争	1950～53	韓国・米国など（国連）←→北朝鮮・中国	北朝鮮の武力による朝鮮半島の統一の試み
	金門・馬祖砲撃	1954～78	台湾←→中国	金門・馬祖両島をめぐる砲撃、宣伝戦
	ラオス内戦	1959～75	ラオス政府（右派、中立派）←→パテト・ラオ（左派）、北ベトナム	ラオス政府と北ベトナムの支援を受けたパテト・ラオ軍との間の紛争
	チベット反乱	1959	ダライ・ラマ派←→中国政府	チベット問題をめぐるダライ・ラマ派の反乱
	中印国境紛争	1959～62	インド←→中国	国境線をめぐる紛争
	ベトナム戦争	1960～75	南ベトナム・米国など←→南ベトナム民族解放戦線、北ベトナム	米国の支援を受けた南ベトナム政府と北ベトナム及び南ベトナム民族解放戦線との間の紛争
	ゴア紛争	1961	インド←→ポルトガル	インドによるポルトガル領ゴアなどの植民地の併合
	西イリアン紛争	1961～62	インドネシア←→オランダ	西ニューギニアの領有をめぐる紛争

地域	紛　争　名	期　間	当　事　者	摘　　要
アジア	マレーシア紛争	1963～66	英国、マレーシア←→フィリピン	北ボルネオの領有をめぐる紛争
	マレーシア紛争	1963～66	英国、マレーシア←→インドネシア	マレーシア結成に反対したインドネシアの対決政策
	第2次印パ紛争	1965～66	インド←→パキスタン	カシミールの帰属をめぐる紛争
	中ソ国境紛争	1969	中国←→ソ連	国境をめぐって珍宝島（ダマンスキー島）、新疆裕民地区などで衝突が発生
	カンボジア内戦	1970～75	カンボジア政府←→カンプチア民族統一戦線	政府（ロンノル派）と民族統一戦線(シアヌーク派・カンボジア共産党）との内戦
	第3次印パ紛争	1971	インド、バングラデシュ←→パキスタン	バングラデシュ（東パキスタン）の独立を契機とした紛争;西沙群島紛争
	西沙諸島紛争	1974	南ベトナム←→中国	西沙群島の領有をめぐる紛争;ティモール内戦
	ティモール内戦	1975～78	親インドネシア派・インドネシア（義勇兵）←→即時独立派（左派）	ポルトガルの非植民地化政策に伴う内戦
	ベトナム・カンボジア紛争	1977～91	ベトナム←→カンボジア	ベトナムとカンボジアとの国境紛争とベトナムのカンボジアへの軍事介入
	中越紛争	1979	中国←→ベトナム	ベトナムのカンボジアへの軍事介入に反対する中国とベトナムとの紛争
	南沙諸島紛争	1988	中国←→ベトナム	南沙群島の領有をめぐる紛争
	タジク紛争	1992～97	タジキスタン政府←→ＵＴＯ（統一タジク反対派）	1992年の内戦後、アフガン領内に流出したイスラム系武装勢力とタジク政府との間のタジク・アフガン国境地域での紛争 1997.6和平協定成立

地域	紛争名	期間	当事者	摘要
アジア	カンボジア武力衝突	1997～98	ラナリット第1首相（当時）派部隊←→フン・セン第2首相派部隊	政府の主導権を握るラナリット第1首相（当時）派部隊とフン・セン第2首相派部隊との武力衝突
	ジャム・カシミール地方における戦闘	1999	インド←→イスラム武装勢力	ジャム・カシミール地方（カルギル）における、パキスタンから侵入した武装勢力とインド軍との戦闘
中東・北アフリカ	第1次中東戦争	1948～49	イスラエル←→エジプト、シリア、ヨルダン、レバノン、イラク	イスラエル国家の独立を否定するアラブ諸国の試み
	アルジェリア戦争	1954～62	フランス政府←→FLN（アルジェリア民族解放戦線）	フランスからの独立をめぐる紛争
	キプロス紛争	1955～59	英国政府←→EOKA（キプロス戦士全国組織）	英国の支配を排除してキプロスをギリシャと併合させようとしたギリシャ系住民の試み
	第2次中東戦争	1956	英国、フランス、イスラエル←→エジプト	スエズ運河をめぐるエジプトと英仏間の紛争、イスラエルは英仏側で参戦
	レバノン出兵	1958	レバノン政府、米国←→レバノン反乱派	キリスト教徒大統領シャムーンが再度就任しようとしたため、反乱が発生。米国はレバノン政府の要請で派兵
	クウェート出兵	1961	クウェート、英国←→イラク	イラクがクウェート併合を図ったため、英国が派兵
	イエメン内戦	1962～69	イエメン政府、エジプト←→イエメン王党派	共和政府に対する王党派の闘争
	キプロス内戦	1963～64	キプロス政府、ギリシャ←→トルコ系キプロス人、トルコ	ギリシャ系キプロス人の権力強化に反対するトルコ系キプロス人の反発
	アルジェリア・モロッコ国境紛争	1963～88	アルジェリア←→モロッコ	国境地区の領有をめぐる紛争
	第3次中東戦争	1967	イスラエル←→エジプト、シリア、ヨルダン	イスラエルの独立保持をめぐる紛争

地域	紛争名	期間	当事者	摘要
中東・北アフリカ	第4次中東戦争	1973	イスラエル←→エジプト、シリア	エジプトとシリアが第3次中東戦争によってイスラエルに占領された失地の回復を企図した紛争
	西サハラ紛争	1973～	モロッコ政府、モーリタニア政府(1978年、モーリタニアはポリサリオ解放戦線と平和協定を締結)←→ポリサリオ解放戦線(アルジェリアが支援)	スペイン領サハラ(西サハラ)からスペイン撤退後の主権をめぐる紛争 1988年8月モロッコとポリサリオ解放戦線は帰属を住民投票で決定することで合意(その後、住民投票は実施されず) 1997年9月モロッコとポリサリオ解放戦線は、8年の合意の実施を妨げていた諸問題につき原則合意
	キプロス紛争	1974～	キプロス←→トルコ	中立派大統領(マカリオス)の追放によるキプロスのギリシャへの併合阻止及びトルコ系住民の保護のためトルコが軍事介入
	南北イエメン紛争	1978～79	北イエメン←→南イエメン、反北イエメン政府グループ	政府軍と北イエメン民族解放戦線などの反政府グループ、南イエメン軍による国境付近における紛争
	アフガニスタン紛争	1979～89	カルマル政権、ソ連←→反カルマル・反ソ勢力 1986年5月以降、ナジブラ政権、ソ連←→反ナジブラ・反ソ勢力	タラキ・アミン政権の土地改革などに対する反抗が国内で続いていたが、ソ連がこれに軍事介入。 1989年2月、ソ連軍撤退完了
	イラン・イラク戦争	1980～88	イラン←→イラク	国境河川の領有権などをめぐる紛争。 1988年2月停戦成立

諸外国

地域	紛争名	期間	当事者	摘要
中東・北アフリカ	レバノン内戦	1975～91	キリスト教徒右派（イスラエル、イラク支援）←→アラブ平和維持軍（シリア軍）・イスラム教徒左派	キリスト教徒右派とイスラム教徒左派との抗争にシリアが介入 1989年ターイフ合意（国民和解憲章）成立 1991年内戦終結
	レバノン侵攻	1982	イスラエル←→PLO、シリア	PLO制圧のため、イスラエル軍レバノンに侵攻（2000年撤退完了）
	スーダン南北内戦	1983～2005	スーダン中央政府←→反政府勢力（スーダン人民解放軍など）	スーダン中央政府によるイスラム法の全土適用に反発する南部反政府勢力との間の紛争が発端 2005年包括和平協定締結
	スーダン・ダルフール紛争	2003～	スーダン中央政府←→反政府勢力 （スーダン解放軍など）	スーダン西部ダルフール地方におけるアラブ系同国中央政府とアフリカ系反政府勢力による内戦。隣国チャド及び中央アフリカ共和国へ紛争が波及しているとみられている
	アフガニスタン内戦	1989～2001	1989年2月以降、ナジブラ政権←→反ナジブラ政府勢力 1992年6月以降、ラバニ政権←→反ラバニ政府勢力 1996年9月以降、タリバーン政権←→反タリバーン政府勢力	ソ連軍撤退後も内戦が継続したが、2001年、タリバーン政権崩壊により終結
	湾岸危機	1990～91	イラク←→クウェート、米国、英国、サウジアラビア、エジプトなど	イラクがクウェートに侵攻、米国、英国等28か国が国連決議を受けて派兵 1991年4月正式停戦
	イエメン内戦	1994	サーレハ大統領（北）とベイド副大統領（南）を中心とする旧南北政治指導者	統一後の政治運営をめぐり旧南北指導者層間での対立が激化、旧南北両軍の衝突で内戦に突入。北軍のアデン制圧で内戦終結

諸外国

地域	紛争名	期間	当事者	摘要
中東・北アフリカ	アフガニスタン軍事作戦	2001.10～	タリバーン、アルカイダ←→米国、英国、フランス、カナダ、豪州などの各国及び北部同盟などの反タリバーン勢力	米国同時多発テロを行ったアルカイダ及びこれをかくまったタリバーンをアフガニスタンから排除するための米英や北部同盟などによる軍事作戦2001.12 カンダハル陥落 現在もタリバーン、アルカイダの掃討作戦を継続中
	イラク軍事作戦	2003.3～	イラク←→英米など	イラクのフセイン政権に対する米英などによる武力行使（2003年5月ブッシュ大統領、戦闘の終結宣言） 現在は治安維持対策等を実施 2011年12月、米国軍及びNATO軍は、イラクから撤退
	イスラエル・レバノン紛争	2006	イスラエル←→ヒズボラ	ヒズボラがイスラエル兵を拉致したことを契機に、イスラエルがレバノンへ侵攻。2006年8月に国連安保理が停戦決議を採択し、10月にイスラエル軍はレバノン南部から撤退
	シリア内戦	2011～	シリア政府軍←→シリア反体制派、過激派組織「イスラム国」（ISIL）など	アサド大統領退陣を求める抗議運動と弾圧が拡大。ヌスラ戦線、ISIL等の国際テロ組織が参戦、米、露、仏なども空爆に参加
中部・南部アフリカ	コンゴ動乱	1960～63	コンゴ政府←→分離派、ベルギー	コンゴの統一保持に対する分離独立派の反乱、国連による調停で国家統一保持
	チャド・リビア紛争	1960～94	チャド←→リビア	政権をめぐる部族間の対立とアオゾウ地区の領有をめぐるチャド・リビア間の対立 1994年5月リビア軍がアオゾウ地区から完全撤収

地域	紛争名	期間	当事者	摘要
中部・南部アフリカ	エチオピア内戦	1962～93	エチオピア政府←→エリトリア・ティグレ解放勢力	政府とエリトリア州・ティグレ州の分離独立を要求する反政府勢力との紛争 1993年5月エリトリア独立
	南ローデシア紛争	1965～79	南ローデシア政府←→ZANU（ジンバブエ・アフリカ民族同盟）、ZAPU（ジンバブエ・アフリカ人民同盟）	スミス白人政権と黒人ゲリラ組織との紛争
	ナイジェリア内戦	1967～70	ナイジェリア政府←→ビアフラ州	ナイジェリアの統一保持に対する分離独立派による紛争
	リビア軍事作戦	2011	リビア←→米英仏等	リビアのカダフィ政権に対する多国籍軍による武力行使。2011年8月に首都トリポリが陥落、10月にはカダフィ氏死亡を受け軍事作戦終了
	ナミビア独立紛争	1975～90	南アフリカ政府←→SWAPO（南西アフリカ人民機構）	ナミビアの独立を求めるSWAPOと南アフリカ政府との対立
	アンゴラ内戦	1975～94	MPLA（アンゴラ解放人民運動）←→FNLA（アンゴラ民族解放戦線）、UNITA（アンゴラ全面独立民族同盟）FNLAはアンゴラ独立後弱体化	ポルトガルからの独立（1975年11月）に伴った解放グループ間の対立抗争
	モザンビーク内戦	1975～91	モザンビーク解放戦線（FRELIMO）←→反政府組織モザンビーク民族抵抗運動（RENAMO）	1975年のポルトガルからの独立以来続いた社会主義路線を歩む政府勢力FRELIMOと南アフリカ共和国の支援を受けたRENAMOとの紛争
	エチオピア・ソマリア紛争	1977～78	エチオピア←→西ソマリア解放戦線、ソマリア	オガデン地方をめぐる紛争
	ソマリア内戦	1988～	バーレ政権←→反政府勢力、その後複数の武装勢力間	北部で激化したバーレ政権と反政府ゲリラとの間の戦闘が、全国に波及し、複数勢力間の内戦に発展

地域	紛争名	期間	当事者	摘要
中部・南部アフリカ	リベリア内戦	1989～2003	ドウ政権←→NPFL（国民愛国戦線）、その後複数の武装勢力間	ドウ政権とNPFLとの間の武力闘争が発展・複雑化した、複数勢力間の内戦。テーラー大統領が選出されるも、反政府勢力との戦闘が継続。2003年8月和平協定調印
	ルワンダ内戦	1990～94	ルワンダ政府←→RPF（ルワンダ愛国戦線）	フツ族による政権とツチ族主導のRPFとの間の紛争
	ザイール内戦	1996～97	モブツ政権←→コンゴ・ザイール解放民主勢力連盟（ADFL）等	ザイール東部地域のツチ族系住民バニャムレンゲが、武装蜂起したことを契機に始まった、モブツ大統領の独裁政権とそれに反対する勢力の武力闘争 1997年5月コンゴ・ザイール解放民主勢力連盟（ADFL）が「コンゴ民主共和国」への国名変更を宣言
	シエラレオネ紛争	1997～98	AFRC（軍事革命評議会）←→ECOMOG（西アフリカ諸国経済共同体平和維持軍）	下級兵士のクデーター（民選のカバ大統領を追放）により発足したAFRC政権と民政回復を求めたナイジェリア・ECOMOGとの紛争。1998年5月カバ大統領が帰国
	コンゴ共和国内戦	1997	政府軍←→前大統領派（アンゴラが支援）	大統領選挙をめぐってリスバ大統領派（政府軍）とサス・ンゲソ前大統領派の私兵が衝突。1997年10月サス・ンゲソ前大統領が大統領に復帰

地域	紛争名	期間	当事者	摘要
中部・南部アフリカ	エチオピア・エリトリア紛争	1998～2000	エチオピア←→エリトリア	両国間の未確定の国境線をめぐる紛争 2000.6 両国が休戦合意受け入れ
	ギニア・ビサオ内戦	1998～	政府軍←→元参謀長派	大統領派と元参謀長派との紛争
	コンゴ民主共和国内戦	1998～99	カビラ政権（アンゴラ等が支援）←→DRC（コンゴ民主連合）等の反政府勢力（ルワンダ等が支援）	ツチ族とフツ族の対立に起因する、カビラ大統領率いる政府軍と反政府勢力との紛争。周辺諸国を巻き込んで拡大。 1999.8 紛争の停戦合意が成立
	シエラレオネ内戦	1998～99	ECOMOG（西アフリカ諸国経済共同体平和維持軍）←→RUF（革命統一戦線）	政府を支援するナイジェリア主導のECOMOGと旧軍事政権の兵士が合流した反政府勢力RUFとの紛争 1999.7 政府とRUFとの間で和平合意成立
	アンゴラ内戦	1998～2002	政府軍←→UNITA（アンゴラ全面独立民族同盟）	政府軍と反政府勢力UNITAとの紛争。 2002.3 両者が停戦協定に調印
	コートジボワール内戦	2002.9～2003.7	コートジボワール政府←→MPCI（コートジボワール愛国運動）など	退役を拒否する軍人らの烽起を契機に内戦状態に突入 2003年7月、内戦終結宣言
欧州	ギリシャ内戦	1946～49	ギリシャ政府←→ELAS（ギリシャ人民解放軍）	共産党が反乱軍を指導して山岳を利用したゲリラ戦を展開
	ベルリン封鎖	1948～49	英国、米国、フランス←→ソ連	ソ連による西ベルリンへの交通路遮断をめぐる紛争

地域	紛 争 名	期 間	当 事 者	摘 要
欧州	ハンガリー動乱	1956	ハンガリー政府、ソ連←→ハンガリー民族主義派	ハンガリー国民の民族革命的運動に対するソ連の介入、これに対する運動
	チェコ事件	1968	チェコ・スロバキア←→ソ連を含むワルシャワ条約機構加盟5カ国	チェコ・スロバキアの自由化を阻止するための武力介入
	北アイルランド紛争	1969～98	カトリック系過激派組織←→プロテスタント系過激派組織	北アイルランドの少数派であるカトリック系住民の地位向上と独立をめぐる紛争。1998年に和平合意
	ナゴルノ・カラバフ紛争	1988～	アゼルバイジャン←→アルメニア武装勢力	アゼルバイジャン領ナゴルノ・カラバフ自治州のアルメニア系住民がアルメニアへの帰属換えを要求し、アゼルバイジャン軍と武力衝突
	ルーマニア政変	1989	チャウシェスク政権（国内軍・秘密警察）←→ルーマニア民主化グループ（ルーマニア人民軍）	独裁、抑圧政策を強行するチャウシェスク政権を民主化運動グループ及び市民側を支持する人民軍が打倒
	アブハジア紛争	1992～	アブハジア←→グルジア	グルジア共和国アブハジア自治共和国が「アブハジア共和国」として独立宣言。グルジア政府と武力紛争
	スロベニア内戦	1991	スロベニア←→旧ユーゴー連邦軍	旧ユーゴー連邦から独立を目指すスロベニアとそれを阻止すべく介入した連邦軍側との紛争1991年7月停戦成立
	クロアチア内戦	1991～95	クロアチア←→旧ユーゴ連邦軍、セルビア人武装勢力	旧ユーゴ連邦からの独立を目指すクロアチアとそれを阻止すべく介入した連邦軍側との紛争旧ユーゴ連邦解体後もセルビア人武装勢力との内戦が継続1995年11月に和平協定成立

地域	紛争名	期間	当事者	摘要
欧州	ボスニア・ヘルツェゴビナ内戦	1992～95	ムスリム政府（武装）勢力、クロアチア人武装勢力←→セルビア人武装勢力	ボスニア・ヘルツェゴビナの旧ユーゴからの独立問題を契機としたムスリム、セルビア人、クロアチア人３民族間の勢力争い 1995年12月に和平協定成立
	チェチェン紛争	1994～96 1999～2009	ロシア政府←→チェチェン武装勢力	ロシアからの独立を目指すチェチェン共和国武装勢力とそれを阻止しようとするロシア政府との紛争 1996年に停戦合意 1999年から武力衝突、2009年対テロ作戦地域指定解除
	コソボ紛争	1998～99	ユーゴ連邦政府、セルビア共和国政府←→アルバニア系武装勢力	ユーゴ連邦からの独立を目指すアルバニア系武装勢力とそれを阻止しようとするユーゴ連邦政府及びセルビア共和国政府との紛争 1999年　ユーゴスラビア連邦政府、米欧露提示の和平案を受諾
	グルジア紛争	2008	ロシア←→グルジア	グルジアと南オセチアとの武力衝突をきっかけに、ロシアが大規模な武力介入
米州	グアテマラの反革命	1954	グアテマラ政府←→反革命派	政府の農地改革などに反抗した保守勢力のクーデターで政権が交代
	キューバ革命	1956～59	バチスタ政権←→反政府派	極端な弾圧政策のため国民の支持を失ったバチスタ政権を、反政府派が打倒
	キューバ進攻	1961	キューバ政府←→キューバ亡命者	在米キューバ人がキューバに進攻して敗退

地域	紛争名	期間	当事者	摘要
米州	キューバ危機	1962	米国←→ソ連、キューバ	ソ連の中距離ミサイルがキューバに持ち込まれたことから起きた危機
	ベネズエラの反乱活動	1962～63	ベネズエラ政府←→反乱派	社会改革の穏健派の政権に対する共産党、MIRなどの反乱活動
	ドミニカ共和国内乱	1965	ドミニカ政府、米国←→反乱派	若手将校グループが立憲主義復帰を目指して反乱を起こしたことから内戦状態に発展、米軍及び米州機構平和維持軍が介入
	ニカラグア内戦	1979～90	ニカラグア政府←→反政府派	サンディニスタ民族解放戦線（FSLN）などによる革命・政権樹立後、同政権の左傾化に反対する勢力（コントラ）がゲリラ戦を展開
	エルサルバドル内戦	1979～92	エルサルバドル政府←→反政府派	ファラブンド・マルチ民族解放戦線（FMLN）が現政府打倒のためゲリラ戦を展開
	フォークランド（マルビーナス）紛争	1982	英国←→アルゼンチン	フォークランド（マルビーナス）諸島の領有権をめぐる軍事衝突
	グレナダ派兵	1983	グレナダ反乱派←→米国、ジャマイカ、バルバドス、東カリブ海諸国	東カリブ海諸国機構設立条約加盟国が同条約に基づく集団措置として、また、米国などが上記措置への支援の要請に応じて、グレナダに派兵
	パナマ派兵	1989	米国←→パナマ	パナマの実権を握るノリエガ国防軍最高司令官と米国との間の対立

14. 欧州通常戦力（CFE）条約と同条約適合合意の比較

（Conventional Armed Forces in Europe（CFE）Treaty）

項　目	CFE条約（1990年）	適合合意（1999年）
目的	欧州の通常戦略バランスをより低い水準で均衡させ、奇襲攻撃や大規模攻勢能力を除去	同様（冷戦終結後の安全保障環境に適合させるための概念を導入）
締約国	30カ国（1990年時点でNATO16カ国、旧WPO14カ国）	同様（加入条項が設けられ、全OSCE諸国に開放）
署名及び発効年月日	署　名　1990年11月19日 暫定発効　1992年7月17日 正式発効　1992年11月9日	署　名　1999年11月19日 （ロシア、カザフスタン、ウクライナ、ベラルーシのみの批准のため、未発効）
適用地域	大西洋からウラル山脈までの締約国の領土	同様
対象兵器	戦車、装甲戦闘車両、火砲、戦闘航空機、攻撃ヘリの5カテゴリー	同様
兵器の保有制限の設定単位及びその方法	○東西対峙を前提に地域別（東西両地域）に保有上限を設定 ○欧州全土をドイツ等を中心に同心円を描くような形で東西それぞれ4つの地域に分け、中心部は厳しく保有制限し、周辺部にかけて緩やかに制限	○国別の保有上限及び領域別の保有上限（国別保有上限＋領域内の外国駐留軍の兵器量）を設定 ○NATO新規加盟国（ポーランド、チェッコ、ハンガリー）の国別・領域別上限を同じにするなどロシアの懸念に配慮
削減方法	発効後40カ月以内に3段階に分け破壊又は民生転用などの方法で削減	ほぼ同様であるが削減期限等はない（ほぼ各国とも現行の兵器量が国別の保有上限を下回っており、実際上削減の必要なし）
締約国全体の兵器保有数量	戦車　4万（NATO、WPO各々2万） 装甲戦闘車両　6万（各々3万） 火砲　4万（各々2万） 戦闘航空機　13,600（各々6,800） 攻撃ヘリ　4,000（各々2,000）	戦車　35,600 装甲戦闘車両　56,600 火砲　36,300 戦闘航空機　13,200 攻撃ヘリ　4,000

諸外国

15. 各国の主要な核戦力

		米　国	ロシア	英　国	フランス	中　国
ミサイル	ICBM（大陸間弾道ミサイル）	450基 ミニットマンIII 450	324基 SS-18 54 SS-19 30 SS-25 90 SS-27 78 RS-24 72	——	——	52基 DF-5（CSS-4） 20 DF-31（CSS-10） 32
	IRBM MRBM	——	——	——	——	160基 DF-4（CSS-3） 10 DF-21（CSS-5） 134 DF-26 16
	SLBM（潜水艦発射弾頭ミサイル）	336基 トライデントD-5 336	192基 SS-N-18 48 SS-N-23 96 SS-N-32 48	48基 トライデントD-5 48	64基 M-45 16 M-51 48	48基 JL-2（CSS-NX-14） 48
弾道ミサイル搭載原子力潜水艦		14	13	4	4	4
航空機		78機 B-2 20 B-52 58	76機 Tu-95（ベア） 60 Tu-160（ブラックジャック）16	——	63機 ミラージュ2000N 23 ラファール 40	60機 H-6K 60
弾頭数		約4,500	約4,490（うち戦術核約2,000）	215	300	約260

（注）1. 資料は、ミリタリー・バランス（2017）、SIPRI Yearbook 2016 などによる。
2. 17（平成29）年1月、米国は米露間の新たな戦略兵器削減条約を踏まえた16年9月1日現在の数値として、米国の配備戦略弾頭は1,367発、配備運搬手段は681基・機であり、ロシアの配備戦略弾頭は1,796発、配備運搬手段は508基・機であると公表した。ただし、SIPRIデータベースによれば、16（同28）年1月時点で米国の核弾頭のうち、配備数は約1,930発（うち戦術核180発）とされている。
3. 15（平成27）年11月、英国の「戦略防衛・安全保障見直し」（SDSR）は、配備核弾頭数を120発以下に、保有核弾頭数を180発以下にするとしている。
4. なお、SIPRIデータベースによれば、インドは100～120発、パキスタンは110～130発、イスラエルは80発、北朝鮮は10発の核弾頭を保有しているとされている。

16. 主要各国の主要装備の性能諸元（資料源：「ジェーン年鑑」等）

(1) 各国主要戦車性能諸元

国別	名称	装備重量(トン)	エンジン馬力種類	最高速度(km/h)	行動距離(km)	装備	乗員(人)	備考
米国	M1A2	63.1	1500/ガスタービン	67.6	426	120ミリ滑腔砲×1 12.7ミリ機関銃×1 7.62ミリ機関銃×2	4	M1A1の改良型（装甲・射統装置の改良）NBC防護、冷暖房装置
ロシア	T−72	46.5	840/多種燃料ディーゼル	60	480 (550)	125ミリ滑腔砲(2A46M)×1 12.7ミリ機関銃×1 7.62ミリ機関銃×1	3	自動装填装置リアクティブアーマー、NBC防護
	T−80U	46	1250/ガスタービン	70	335	125ミリ滑腔砲×1 （対戦車ミサイル発射可能） 12.7ミリ機関銃×1 7.62ミリ機関銃×1	3	T−80の改良型（エンジン、装甲等を改良）自動装填、NBC防護
	T−90	46.5	840/多種燃料ディーゼル	65	550	125ミリ滑腔砲(2A46M−4)×1 12.7ミリ機関銃×1 7.62ミリ機関銃×1	3	自動装填装置、リアクティブアーマー、NBC防護、防護システム（シトラー1）
中国	Type 59	36	520/ディーゼル	50	420 (600)	100ミリ施線砲×1 12.7ミリ機関銃×1 7.62ミリ機関銃×2	4	ソ連のT−54の中国版
	Type 79	37.5	730/ディーゼル	50	—	105ミリ砲×1 12.7ミリ機関銃×1 7.62ミリ機関銃×1	4 (推定)	Type 69−Ⅱを改造
	Type−98A/98	50	1200/ディーゼル	65	500 (650)	125ミリ滑腔砲×1 12.7ミリ機関銃×1 7.62ミリ機関銃×1	3	複合装甲、NBC防護
フランス	ルクレール	56.5	1500/ディーゼル	72	450 (550)	120ミリ滑腔砲×1 12.7ミリ機関銃×1 7.62ミリ機関銃×1	3	複合装甲、NBC防護
イギリス	チャレンジャー2	62.5	1200/ディーゼル	56	450	120ミリ施線砲×1 7.62ミリ機関銃×2	4	油気圧懸架、NBC防護
	チャレンジャー2E	62.5	1500/ディーゼル	65以上	550以上	120ミリ施線砲×1 7.62ミリ機関銃×1 7.62ミリ機関銃又は12.7ミリ機関銃	4	NBC防護

国別	名称	装備重量(トン)	エンジン馬力種類	最高速度(km/h)	行動距離(km)	装備	乗員(人)	備考
ドイツ	レオパルド2	55.2	1500/ディーゼル	72	550	120 ミリ滑腔砲×1 7.62 ミリ機関銃×2	4	NBC防護
	レオパルド2A6EX	62.4	1500/ディーゼル	72	450	120 ミリ滑腔砲×1 7.62 ミリ機関銃×2	4	レオパルト2の改良型（装甲、射統装置等を改良）、NBC防護
イスラエル	メルカバMk1	60	900/ディーゼル	46	400	105 ミリ施線砲×1 7.62 ミリ機関銃×3 60 ミリ迫撃砲×1	4	NBC防護
	メルカバMk2	61	900/ディーゼル	—	500	105 ミリ施線砲×1 7.62 ミリ機関銃×3 60 ミリ迫撃砲×1	4	メルカバMk1の改良型
	メルカバMk3	65	1200/ディーゼル	60	500	120 ミリ滑腔砲×1 7.62 ミリ機関銃×3 60 ミリ迫撃砲×1	4	メルカバMk2の大幅改良（装甲、射統装置、懸架装置等の改良）、NBC防護
	メルカバMK4	65	1500/ディーゼル	60	500	120 ミリ滑腔砲×1 12.7 ミリ重機関銃×1 7.62 ミリ機関銃×2 60 ミリ迫撃砲×1	4	トロフィーアクティブ防護システム、NBC防護
スイス	レオパルド2	62	1500/ディーゼル	72	470	120 ミリ滑腔砲×1 7.62 ミリ機関銃×2	4	NBC防護
スウェーデン	レオパルド2	62	1500/ディーゼル	72	470	120 ミリ滑腔砲×1 7.62 ミリ機関銃×2	4	NBC防護
韓国	K1	51.1	1200/ディーゼル	65	500	105 ミリ施線砲×1 12.7 ミリ機関銃×1 7.62 ミリ機関銃×2	4	米国の設計、主要構成要素は輸入、NBC防護
	K1A1	51.1	1200/ディーゼル	65	500	105 ミリ施線砲×1 12.7 ミリ重機関銃×1 7.62 ミリ機関銃×2	4	複合装甲、NBC防護
	K2	55	1500/ディーゼル	70	450	120 ミリ滑腔砲×1 12.7 ミリ重機関銃×1 7.62 ミリ機関銃×1	3	複合装甲、NBC防護

国別	名称	装備重量(トン)	エンジン馬力種類	最高速度(km/h)	行動距離(km)	装備	乗員(人)	備考
インド	ヴィジャンタ	40.4	535/ディーゼル	48.3	354	105 ミリ施線砲×1等	4 推定	英国の設計
	アルジュン	58.5	1400/ディーゼル	70	450 (推定)	120 ミリ施線砲×1 12.7 ミリ機関銃×1 7.62 ミリ機関銃×1	4	外国製構成品を多数導入、NBC防護
	T－72	41.5	780/ディーゼル	45～60	450～600	125 ミリ滑腔砲×1 12.7 ミリ機関銃×1 7.62 ミリ機関銃×1	3	複合装甲
	T－90	46.5	1000/ディーゼル	45～65	375～550	125 ミリ滑腔砲×1 12.7 ミリ機関銃×1 7.62 ミリ機関銃×1	3	爆発反応装甲、自動装填装置
イタリア	アリエテ	54	1275/ディーゼル	65 (以上)	550 (以上)	120 ミリ滑腔砲×1 7.62 ミリ機関銃×2	4	NBC防護
	レオパルド1A5	42.4	830/多種燃料ディーゼル	65	450～600	105 ミリ施線砲×1 7.62 ミリ機関銃×2	4	NBC防護
ポーランド	PT－91	45.9	850/ディーゼル	60	650	125 ミリ滑腔砲×1 7.62 ミリ機関銃×1 12.7 ミリ機関銃×1	3	T－72M1の改良型 爆発反応装甲、射撃統制装置等の改良、NBC防護
	レオパルド2A4	55.2	1500/ディーゼル	72	550	120 ミリ滑腔砲×1 7.62 ミリ機関銃×2	4	NBC防護
ウクライナ	T－84	46	1200/多種燃料ディーゼル	65	540	125 ミリ滑腔砲×1 7.62 ミリ機関銃×1 12.7 ミリ機関銃×1	3	T－80UD改良型 リアクティブアーマー、NBC防護、防護システム（シトラー1）
南アフリカ	オリファントMk1 A	56	750/ディーゼル	45	500	105 ミリ施線砲×1 7.62 ミリ機関銃×2	4	

（注）　行動距離の（　）内の数字は、燃料タンクを追加した時の最大行動距離を示す。

(2) 各国主要艦艇性能諸元

ア．航空母艦等

国別	艦種	艦名	隻数	排水量(トン)		速力(ノット)	装備	乗員(人)	備考
				基準	満載				
米国	CVN	ニミッツ(級) (ニミッツ、アイゼンハワー、カール・ビンソン) (ルーズベルト) (リンカーン、ワシントン、ステニス、トルーマン、ロナルド・レーガン、ジョージ・ブッシュ)	3 1 6	74,086 75,160 75,160	92,955 97,933 103,637	30以上	航空機×52～53機、ヘリコプター×15、シー・スパロー(SAM)×2～3、RIM116×2、20mmファランクス(CIWS)×4(リンカーン、ステニス、トルーマンは3)	5,750 〔2,480〕	原子力艦
ロシア	CV	クズネツォフ(級)	1	46,637	59,439	30	航空機×20、ヘリコプター×17 SS－N－19シップレック(SSM)用VLS×12、SA－N－9ガントレット用VLS(SAM)(6)×4、CADS－N－1(CIWS)×8(各々30mmガトリング砲(2)×1及びSA－N－11グリソン(SAM)×8)、30mm AK630ガトリング砲(CIWS)×4	2,586 〔626〕	
フランス	CVN	シャルル・ド・ゴール(級)	1	37,680	43,182	27	航空機×約32、ヘリコプター×4 アスター15(SAW)用VLS(8)×4、サドラル(SAM)(6)×2、20mm機銃×4	1,862 〔542〕	原子力艦
イタリア	CVS	ジュゼッペ・ガリバルディ(級)	1	10,262	14,072	30	航空機×15もしくはヘリコプター×18 アルバトロス(SAM)(8)×2 40mm砲(2)×2、324mm魚雷発射管(3)×2	812 〔230〕	V/STOL機搭載
	CV	カブール(級)	1	—	27,535	28	航空機×8、ヘリコプター×12、アスター15(4×8セル)×32、76mm砲×2	696 〔168〕	V/STOL機搭載
インド	CVM	エルメス(級) (ヴィラート)	1	24,284	29,161	28	航空機×8、ヘリコプター×7、ラファエル・バラックVLS×2 30mm AK230×2	1,350	V/STOL機搭載
	CVM	キエフ(級) (ヴィクラマーディティア)	1	—	46,129	29	航空機×12、ヘリコプター×6 バラック8(SAM)、30mm砲×4	1,326	2005年3月にロシアより購入
タイ	CVM	チャクリ・ナルエベト(級)	1	—	11,669	26	航空機×6、ヘリコプター×6 LCHR8セルVLS×1、サドラル発射管(6)×4	601 〔146〕	V/STOL機搭載
ブラジル	CVM	クレマンソー(級) (サン・パウロ)	1	27,745	34,213	30	航空機×10～17、ヘリコプター×4～6、 12.7mm機銃×5、サラドル(SAM)×2	1,578 〔358〕	2000年11月にフランスより購入

〔注〕隻数（　）内は建造中　乗員〔　〕内は航空要員　ミサイル等（　）内は連装数

諸外国

イ．巡洋艦等

国別	艦種	艦名	隻数	排水量(トン)		速力(ノット)	装備	乗員(人)	備考
				基準	満載				
米国	CG	タイコンデロガ(級)	22		10,117	30以上	Mk41垂直発射システム(スタンダード・ミサイル、垂直発射型アスロック、トマホーク)、ハープーン(SSM)(4)×2、127㎜砲×2、20㎜ファランクス(CIWS)×2、25㎜機銃×2、324㎜魚雷発射管(3)×2、ヘリコプター×2	330	イージス艦
ロシア	CG	キーロフ(級)	1	19,305	24,690	30	SS-N-19シップレック(SSM)用VLS×20、SA-N-20ガーゴイル(SAM)用VLS(12)×1、SA-N-4ゲッコー(2)×2、SA-N-9ガントレット用VLS(8)×2、CADS-N1(CIWS)×6(各々30㎜ガトリング砲(2)×1とSA-N-11グリソン(SAM)×8からなる)、対潜用SS-N-15スターフィッシュ×1、130㎜砲(2)×1、533㎜魚雷発射管(5)×2、RBU12,000対潜ロケット発射機×1、ヘリコプター×3	744〔18〕	原子力艦
	CG	スラヴァ(級)	3	9,531	11,674	32	SS-N-12サンドボックス(SSM)×16、SA-N-6グランブル(SAM)用VLS(8)×8、SA-N-4ゲッコー(2)×2、130㎜砲(2)×1、30㎜AK650ガトリング砲(CIWS)×6、533㎜魚雷発射管(5)×2、RBU6,000対潜ロケット発射機(2)×2、ヘリコプター×1	476	

ウ．駆逐艦・フリゲート

国別	艦種	艦名	隻数	排水量(トン)		速力(ノット)	装備	乗員(人)	備考
				基準	満載				
米国	DDG	アーレイ・バーク(級)(FLIGHTS I，II)	28		8,364/8,814	32	Mk41垂直発射システム(スタンダード・ミサイル、垂直発射アスロック､トマホーク)、ハープーン(SSM)(4)×2、127㎜砲×1、20㎜ファランクス(CIWS)×2、324㎜魚雷発射管(3)×2	283～286	イージス艦
	DDG	アーレイ・バーク(級)(FLIGHTS II A)	43+3		9,425	31	Mk41垂直発射システム(スタンダード・ミサイル、垂直発射アスロック、トマホーク)、ハープーン(SSM)(4)×2、127㎜砲×1、20㎜ファランクス(CIWS)×2、324㎜魚雷発射管(3)×2、ヘリコプター×2	276～279	イージス艦
	DDG	ズムウォルト	1+2	14,564	15,995	30	Mk57ミサイル発射システム(シースパロー、トマホーク)、155mm機関砲､30mm機関砲、ヘリコプター×2	175	
ロシア	DDG	ソブレメンヌイ(級)	7	6,604	8,067	32	SS－N－22サンバーン(SSM)(4)×2、SA－N－7グリズリー(SAM)×2、130㎜砲×2、30㎜AK630ガトリング砲(CIWS)×4、533㎜魚雷発射管(2)×2、RBU1,000対潜ロケット発射機(6)×2、ヘリコプター×1	296+60(予備)	
	DDG	ウダロイ(級)	7	6,808	8,636	29	SA－N－9ガントレット(SAM)用VLS×8、SS－N－14サイレックス(SSM)(4)×2、100㎜砲×2、30㎜AK630(CIWS)×4、533㎜魚雷発射管(4)×2、RBU6,000対潜ロケット発射機(12)×2、ヘリコプター×2	249	
	DDG	ウダロイII(級)	1	7,824	9,043	28	SS－N－22サンバーン(SSM)(4)×2、SA－N－9ガントレット(SAM)用VLS×8、CADS－N－1(CIWS)×2(各々30㎜ガトリング砲(2)×1とSA－N－11グリソン(SAM)×8からなる)、130㎜砲(2)×1、SS－N－15スターフィッシュ×1、RBU6,000対潜ロケット発射機(12)×2、533㎜魚雷発射管(4)×2、ヘリコプター×2	249	

国別	艦種	艦名	隻数	排水量(トン)		速力(ノット)	装備	乗員(人)	備考
				基準	満載				
ロシア	DDG	カシン(級)	1	4,074	4,826	32	SS－N－25スウィッチブレード(SSM)砲(4)×2、SA－N－1ゴア(2)×2、76㎜砲(2)×2、RBU6,000対潜ロケット発射機(12)×2、533㎜魚雷発射管(5)×1	280	
	FFH	ネウストラシムイ(級)	2	3,505	4,318	30	SA－N－9ガントレット(SAM)用VLS(8)×4、SS－N－15/16(SSM)、100㎜砲×1、CADS－N－1(CIWS)×2(各々30㎜ガトリング砲(2)×1とSA－N－11グリソン(SAM)×8からなる)、533㎜魚雷発射管×4、RBU12,000対潜ロケット発射機(10)×1、ヘリコプター×1	210	SS－N－25(4)×4搭載可
	FFM	クリバック(級)	2	3,150	3,709	32	SS－N－14サイレックス(4)×1、SA－N－4ゲッコー(2)×2(Ⅰ、Ⅱ)、SS－N－25スウィッチブレード(SSM)(4)×2、76㎜砲(1)×2(Ⅰ)、100㎜砲×2(Ⅱ)、RBU6,000対潜ロケット発射機(12)×2、533㎜魚雷発射管(4)×2	194	
	FFL	グリシャ(級) グリシャⅢ グリシャⅤ	21	965	1,219	30	SA－N－4ゲッコー(2)×1、57㎜砲(2)×1、76㎜砲×1(Ⅴ)、30㎜ガトリング砲(CIWS)×1(Ⅲ、Ⅴ)、533㎜魚雷発射管(2)×2、RBU6,000対潜ロケット発射機(12)×2(Ⅴには1のみ)	70	
	FFGM	ゲパルト(級)	2	1,585	1,961	26	ズベズダSS－N－25スウィッチブレード(2)×8、SA－N－4ゲッコー(2)×1、76㎜砲×1、30㎜AK630ガトリング砲(CIWS)×2、533㎜魚雷発射管(2)×2、RBU6,000対潜ロケット発射機(12)×1	103 +28 (予備)	
英国	DDG	タイプ45 デアリング(級)	6	5,893	7,570	31	シーバイパー(SAM)用VLS×1、30㎜砲×2、20㎜ファランクス(CIWS)×2、ヘリコプター×1	191 +41 (予備)	
	FFG	デューク(級)	13	3,556	4.267	28	シーウルフ(SAM)用VLS×1、ハープーン(4)×2、114㎜砲×1、30㎜機銃×2、324㎜魚雷発射管(2)×2、ヘリコプター×1	181	

国別	艦種	艦名	隻数	排水量(トン)		速力(ノット)	装備	乗員(人)	備考
				基準	満載				
フランス	DDG	カサール(級)	2	4,298	5,080	29.5	エグゾセ(SSM)(4)×2、スタンダード(SAM)×1、サドラル(SAM)(6)×1、100㎜砲×1、20㎜機関銃×2、KD59E魚雷発射管×2、ヘリコプター×1	250	
	DDG	ジョルジュ・レイグ(級)	2	3,942	4,908	30	エグゾセ(SSM)×4、クロタル(SAM)(8)×1、100㎜砲×1、シンバッド(SAM)(2)×2、サドラル×2(前期3艦)、30㎜機関砲×2(前期4艦)、20㎜機銃×2(後期3艦)、12.7㎜機銃×4、MU90魚雷発射管×2、ヘリコプター×2	235	
	FFG	ラ・ファイエット(級)	5	3,353	3,810	25	エグゾセ(SSM)(4)×2、クロタル(SAM)(8)×1、100㎜砲×1、20㎜機銃×2、ヘリコプター×1	178	
	FFG	デチアン・ドルヴ(級)	9	1,194	1,270〜1,351	24〜25	シンバッド(SAM)(2)×1、100㎜砲×1、20㎜機銃×2、魚雷発射管×4	108	
	FFG	フロレアル(級)	6	2,642	2,997	20	エグゾセ(SSM)×2、100㎜砲×1、20㎜機銃×2、ヘリコプター×1	83+24(海兵隊員)+13(予備)	
イタリア	DDG	デ・ラ・ペンネ(級)	2	4,615	5,869	31	テセオ(SSM)(2.4)×2、ミラス×1、スタンダード(SAM)×40、アスピーデ(SAM)(8)×2、127㎜砲×1、76㎜砲×3、324㎜魚雷発射管(3)×2、ヘリコプター×2	331	
	FFG	アルティリエーレ(級)	2	2,243	2,566	35	テセオ(SSM)×8、アスピーデ(SAM)(8)×1、127㎜砲×1、40㎜砲×2、ヘリコプター×1	177	
	FFG	マエストラーレ(級)	8	2,540	3,251	32	テセオ(SSM)×4、アスピーデ(SAM)(8)×2、127㎜砲×1、40㎜砲×2、ヘリコプター×2	205	

国別	艦種	艦名	隻数	排水量(トン)		速力(ノット)	装備	乗員(人)	備考
				基準	満載				
中国	DDG	ソブレメンヌイ(級)	4		8,067	32	SS-N-22サンバーン(SSM)(4)×2、SA-N-7ガドフライ(SAM)×2、130㎜砲×2、CADS-N-1近接防御システム(30㎜ガトリング機銃及びSA-N-11×8 艦番号138、139)、30㎜ガトリング砲(CIWS)×4(艦番号136、137)、魚雷発射管(6)×2、RBU1,000×2、ヘリコプター×1	296 +60 (予備)	
	DDG	ルフ(級)	2		4,674	31	サッケイド(SSM)×16、クロタル(SAM)(8)×1、100㎜砲×1、37㎜対空機関砲(2)×4、324㎜魚雷発射管(3)×2、FQF2,500対潜ロケット発射機×2、ヘリコプター×2	266	
	DDG	ルーハイ(級)	1		6,096	29	サッケイド(YJ-83)(SSM)×16、クロタル(HQ-7)(SAM)(8)×1、100㎜砲×1、37㎜対空機関砲×4、324㎜魚雷発射管(3)×2、ヘリコプター×2	250	
	DDG	ルダⅣ(級)	4	3,302	3,790	32	サッケイド(YJ-83)(SSM)×16、クロタル(HQ-7)(SSM)×1、130/100mm砲、324mm魚雷発射管(3)×2	280	
	DDG	ルーヤンⅠ(級)	2		7,112	29	サッケイド(YJ-83/C)(SSM)×4、グリズリーSA-N-12(SAM)×1、100㎜砲×1、30㎜機関砲×2、多連装ランチャー×4、ヘリコプター×1	280	
	DDG	ルーヤンⅡ(級)	6		7,112	29	YJ-62(SSM)(4)×2、HHQ-9(SAM)×8、100㎜砲×1、30㎜機関砲×2、ヘリコプター×2	280	

国別	艦種	艦名	隻数	排水量(トン)		速力(ノット)	装備	乗員(人)	備考
				基準	満載				
中国	FFG	ジャンウェイⅡ(級)	10		2,286	27	サッケイド(YJ－83)(SSM)(4)×2、クロタル(HQ－7)(SAM)(8)×1、100mm砲×1、37mm対空機関砲(2)×4、RBU1,200対潜ロケット発射機(5)×2、ヘリコプター×2	170	
	FFG	ジャンフⅠ、Ⅰ改、Ⅴ(級)	16	1,448	1,729	26	シアサッカー(HY－2)(SSM)(2)×2、100mm砲×2もしくは(2)×2、37mm対空機関砲(6)×2(数隻は(4)×2)、RBU1,200対潜ロケット発射機(5)×2	200	
	FFG	ジャンフⅢ(級)	1		1,955	26	サッケイド(YJ－83/C5S－N－8)(SSM)(2)×2、100mm砲(2)×2、37mm対空機関砲(2)×4、RBU1,200対潜ロケット発射機対潜ロケット発射機(5)×2	200	
	FFG	ジャンカイⅠ(級)	2	3,556	3,963	27	サッケイド(YJ－83)(SSM)×8、クロタル(HQ－7)(SAM)×1、100mm砲×1、30mm AK630(CIWS)×4、324mm魚雷発射管(3)×2、ヘリコプター×1	190	
	FFG	ジャンカイⅡ(級)	22+2	3,556	3,963	27	サッケイド(YJ－83)(SSM)×2、HHQ－16(SAM)×1(32セル)、76mm砲×1、30mm機関砲(タイプ730A)×2、324mm魚雷発射管(3)×2、ヘリコプター×1	190	

エ．ミサイル潜水艦等

国別	艦種	艦名	隻数	水上排水量（トン）	水中排水量（トン）	水上速力（ノット）	水中速力（ノット）	装備	乗員（人）	備考
米国	SSBN	オハイオ（級）	14	17,033	19,000	—	24	トライデントII（SLBM）発射管×24、533㎜魚雷発射管×4（トマホーク等）	155	原子力艦
	SSGN	オハイオ（級）	4	17,033	19,000		25	トマホーク（SLCM）用VLS、533㎜魚雷発射管×4	159	原子力艦
	SSN	シーウルフ（級）	3	8,189	9,285	—	39	660㎜魚雷発射管×8、（ハープーン、トマホーク等）	140	原子力艦
	SSN	ロサンゼルス（級）	36	7,011	7,124	—	33	533㎜魚雷発射管×4、（ハープーン、トマホーク等）	143	原子力艦 SSN719以降VLS（トマホーク）装備
	SSN	バージニア（級）	12+16	—	7,925	—	34	533㎜魚雷発射管×4、（ハープーン、トマホーク等）	132	原子力艦
ロシア	SSBN	タイフーン（級）	1	18,797	26,925	12	25	SS−NX−32ブラバ（SLBM）発射管×20、SA−N−8（SAM）（浮上時）、533㎜魚雷発射管×6	175	原子力艦
	SSBN	デルタIV（級）	6	10,973	13,717	14	24	SS−N−15スターフィッシュ（SSM）、SS−N−23シネヴ（SLBM）発射管×16、533㎜魚雷発射管×4	130	原子力艦
	SSBN	デルタIII（級）	3	10,719	13,463	14	24	SS−N−18スティングレイ（SLBM）発射管×16、533㎜/400㎜魚雷発射管×4/2	130	原子力艦
	SSGN	オスカーII（級）	8	14,123	18,594	15	28	SS−N−19シップレック（SSM）発射管×24、533㎜/650㎜魚雷発射管×4/2（SS−N−15スターフィッシュ/16スタリオン（SSM）等）	107	原子力艦
	SSN	アクラ（級） アクラI アクラII	 9 2	 7,620 7,620	 9,246 9,652	 10 10	 28 28	533㎜/650㎜魚雷発射管×4/4、（SS−N−21サンプソン（SLCM）、SS−N−15スターフィッシュ/16スタリオン等）、SA−N−5/8ストレラ（SAM）発射管	62	原子力艦
	SSN	シエラI（級）	2	7,316	8,230	10	34	533㎜/650㎜魚雷発射管×4/4、（SS−N−21サンプソン（SLCM）、SS−N−15スターフィッシュ/16スタリオン（SSM）等）	61	原子力艦

国別	艦種	艦名	隻数	水上排水量（トン）	水中排水量（トン）	水上速力（ノット）	水中速力（ノット）	装備	乗員（人）	備考
ロシア	SSN	シエラII（級）	2	7,722	9,246	10	32	533mm/650mm魚雷発射管×4/4、（SS－N－21サンプソン（SLCM）、SA－N－5/8ストレラ（SAM）×1、SS－N－15スターフィッシ/16スタリオン（SSM）等）	61	原子力艦
	SSN	ビクターIII（級）	4	4,928	6,401	10	30	533mm/650mm魚雷発射管×4/2、（SS－N－21サンプソン（SLCM）、SS－N－15スターフィッシ/16スタリオン（SSM）等）	98	原子力艦
	SSK	キロ（級）	22+2	2,362	3,125	10	17	SA－N－5/8×6－8ストレラ（SAM）、533mm魚雷発射管×6	52	ディーゼル
	SSK	ラダ（級）	1+(2)	1,793	2,693	10	17	533mm魚雷発射管×6	37	ディーゼル
英国	SSBN	バンガード（級）	4	—	16,236	—	25	トライデント2（D5）（SLBM）発射管×16、533mm魚雷発射管×4	135	原子力艦
	SSN	トラファルガー（級）	4	4,816	5,292	—	32	533mm魚雷発射管×5（ハープーン、トマホーク等）	130	原子力艦
フランス	SSBN	ル・トリオンファン（級）	4	12,843	14,565	—	25	M－45（SLBM）発射管×16、533mm魚雷発射管×4（エグゾセ等）	111	原子力艦
	SSN	リュビ（級）	6	2,449	2,713	—	25	533mm魚雷発射管×4（エグゾセ等）	68	原子力艦
イタリア	SSK	トーダロ（級）	3+1	1,450	1,830	12	20	533mm魚雷発射管×6	27	（AIP搭載）
	SSK	サウロ（級）	4	1,500～1,680	1,689～1,892	11	19	533mm魚雷発射管×6	51	ディーゼル
中国	SSBN	ジン（級）	5+1	8,000	10,000	—	—	JL－2（CSS－NX－5）（SLBM）発射管×12、533mm魚雷発射管×6	140	原子力艦
	SSN	ハン（級）	3	4,572	5,639	12	25	533mm魚雷発射管×6、YJ－82（SSM）	75	原子力艦
	SSN	シャン（級）	2+4	—	6,096	—	30	533mm魚雷発射管×6、YJ－82（SSM）	100	原子力艦
	SSG	キロ（級）	12	2,362	3,125	10	17	533mm魚雷発射管×6、SS－N－27（SLCM）	52	ロシアから輸入
	SS	ミン（級）	14	1,609	2,147	15	18	533mm魚雷発射管×8	57	
	SSG	ソン（級）	13	1,727	2,286	15	22	533mm魚雷発射管×6、YJ－82（SSM）	60	
	SSG	ユアン（級）	14+2	2,900	—	—	—	533mm魚雷発射管×6、YJ－82（SSM）	—	

国別	艦種	艦名	隻数	水上排水量（トン）	水中排水量（トン）	水上速力（ノット）	水中速力（ノット）	装備	乗員（人）	備考
韓国	SSK	チャン・ボゴ（級）	9	1,118	1,306	11	22	533㎜魚雷発射管×8（ハープーン等） 533㎜魚雷発射管×8	33	ディーゼル
	SSK	ソン・ウォンイル（級）	4 +5	1,727	1,890	12	20	533㎜魚雷発射管×8（ハープーン等）	27	（AIP搭載）
台湾	SSK	ハイルン（級）	2	2,414	2,703	12	20	533㎜魚雷発射管×6	67	ディーゼル
	SS	グッピーⅡ（級）	2	1,900	2,459	18	15	533㎜魚雷発射管×10	75	ディーゼル

オ．コルベット

国別	艦種	艦名	隻数	排水量（トン）		速力（ノット）	装備	乗員（人）	備考
				基準	満載				
ロシア	FSG	ナヌチカ（級）	13		671	33	SS－N－9サイレン（SSM）（3）×2、SA－N－4ゲッコー（SAM）（2）×1、30㎜砲×1、76㎜砲×1	42	
	PGGJM	シヴーチ（級）	2		1,067	53	SS－N－22サンバーン（SSM）（4）×2、SA－N－4ゲッコー（SAM）（2）×176㎜砲×1、30㎜ガトリング砲（CIWS）×2	67	
	FSG	タラントゥル（級）	25	391	462	36	SS－N－2Dスティックス（SSM）（2）×2、SS－N－22サンバーン（SSM）（2）×2、SA－N－5グレイル（SAM）（4）×1、76㎜砲×1、30㎜ガトリング砲（CIWS）×2	34	

カ．揚陸艦等

国別	艦種	艦名	隻数	排水量（トン）		速力（ノット）	装備	乗員（人）	備考
				基準	満載				
米国	LCC	ブルーリッジ（級） ブルーリッジ マウントホイットニー	 1 1	 13,287 12,635	 19,963 17,766	23	20㎜ファランクス（CIWS）×2、ヘリコプター×1	 599 562	揚陸指揮艦 輸送能力：兵員700人、LCP×3、LCVP×2
	LHD	ワスプ（級）	8		41,302 /41,006 /42,330	22	Mk－29（SAM）×2、シースパロー（SAM）（8）×2、RAM（SAM）×2、20㎜ファランクス（CIWS）×2、25㎜機銃×3、V/STOL機×6－8（最大20）、ヘリコプター×42	1,123	強襲揚陸艦 輸送能力：兵員1,687人、LCAC×3若しくはLCM6×12、航空機燃料1,232ﾄﾝ
	LPD	サン・アントニオ（級）	9+3		24,900	22	RAM（SAM）×2、30㎜機銃×2、12.7㎜機銃×4、ヘリコプター×1～2	374 +22 （予備）	ドッグ型輸送揚陸艦 輸送能力：兵員699人、LCAC×2
	LCD	ホイットビーアイランド（級） ハーパーズフェリー（級）	8 4	11,304	16,195 17,009	22	Mk49ミサイル発射システム（RAM）、20㎜ファランクス（CIWS）×2、25㎜機銃×2	413	ドック型揚陸艦 輸送能力：5,000立方フィートの貨物スペース、12,500平方フィートの車両スペース（LCAC×4含む）
ロシア	LST	ロプーチャ（級）	15		4,471	17.5	SA－N－5グレイル（SAM）（4）×4、57㎜砲×4、76㎜砲×1、30㎜AK630ガトリング砲（CIWS）×2、122㎜ロケットランチャー×2	95	戦車揚陸艦 輸送能力：MBT×10と兵員190人、若しくはAFV×24と兵員170人
	LST	アリゲーター（級）	4	3,455	4,775	18	SA－N－5グレイル（SAM）（2）×2－3、57㎜砲（2）×1、25㎜機銃（2）×2、122㎜ロケットランチャー×1	100	戦車揚陸艦 輸送能力：兵員300人、戦車×20、AFV×40
	ACV	ポモルニク（級）	2		559	63	SA－N－5グレイル（SAM）（4）×2、30㎜AK630ガトリング砲（CIWS）×2、140㎜ロケットランチャー×2	31	エアクッション型揚陸艇 輸送能力：MBT×3若しくは兵員輸送車×10、兵員230人（合計130ﾄﾝ）

国別	艦種	艦名	隻数	排水量(トン)		速力(ノット)	装備	乗員(人)	備考
				基準	満載				
中国	LPD	ユージャオ(級)	4+1	19,855		25	76mm砲×1、30mm AK630ガトリング砲(CIWS)×4	156	強襲型揚陸艦 輸送能力:エアクッション型揚陸艇×4、水陸両用戦闘車両×15～20、兵員500～800人
	LST	ユティンI(級)	10	3,830	4,877	17	37mm機関砲×6	120	輸送能力:戦車×10、LCVP×4、兵員250人
	LST	ユティンII(級)	11+6	3,830	4,877	17	37mm機関砲×2	120	輸送能力:戦車×10、LCVP×4、兵員250人
	LST	ユカン(級)	7	3,160	4,237	18	57mm砲×2、25mm機銃×2	109	輸送能力:戦車×10、LCVP×2、兵員200人

諸外国

(3) 各国主要航空機性能諸元

ア．戦闘機／攻撃機

国別	名称	最大離陸重量(トン)	全幅×全長(メートル)	エンジン推力×基数(トン)	最大速度(マッハ/高度メートル)	航続距離〔又は行動半径〕(キロメートル)	武装	乗員(人)	備考
米国	A-10A サンダーボルトII	21.5	17.5×16.3	4.1×2	833 km/h	4,259（フェリー、無風）	30mm機関砲（7銃回転式）×1、爆弾、AGM-65マーベリック、AIM-9 搭載量：7.3トン	1	
	F-15C/D イーグル	30.8	13.0×19.4	10.7×2	2.5	4,630以上（フェリー、増槽）	20mm機関砲×1、AIM-9/-7/-120、爆弾、ロケット、ECM装置	1	D型は複座
	F-15E ストライクイーグル	36.7	13.0×19.4	11.3～13.2×2	2.5	4,444（フェリー、増槽）	20mm機関砲×1、AIM-9/-7/-120、ASM、爆弾、ロケット、核兵器	1	I型はイスラエル、S型はサウジアラビア、K型は韓国向け輸出型
	F-16A ファイティング・ファルコン	19.2	9.5×15.0	12.3×1	2.0	3,889以上（フェリー、増槽）{行動半径:1,361以上}	20mm機関砲×1、AAM、ASM、爆弾、ロケット	1	D型は複座
	F/A-18C/D ホーネット	23.5	13.5×16.8	8.0×2	1.7以上	2,844以上（フェリー、増槽、AIM-9×2）{行動半径：537}	20mm機関砲、AIM-9/-7/-120、ASM、爆弾、搭載量：7トン	1	D型は複座
	F/A-18E/F スーパーホーネット	30.2	13.7×18.4	10.0×2	1.6以上	3,074（フェリー、増槽、AIM-9×2）	20mm機関砲×1、AIM-9/-7/-120、ASM、爆弾、ロケット	1	F型は複座
	F-22A ラプター	27.2	13.6×18.9	15.9×2	1.7/9,144	2,960以上（増槽）	20mm機関砲×1、AIM-9/-120、爆弾	1	ステルス戦闘機
ロシア	MiG-29 フルクラム	18.5	11.4×17.3	8.3×2	2.3	2,898以上（フェリー、増槽）	30mm機関砲×1、AAM、爆弾、ロケット	1	
	MiG-31 フォックスハウンド	46.2	13.5×22.7	15.5×2	2.83/高高度	3,300（フェリー、増槽）〔行動半径:1,448（増槽）〕	23mm機関砲×1、AAM	2	
	Su-24M フェンサーD	39.7	10.4～17.6（可変）×24.6	11.2×2	1.35/高高度 1.08/低高度	2,500（フェリー）{行動半径 1,046（増槽）}	AAM、ASM、爆弾 23mm機関砲×1 爆弾搭載量：8.1トン	2	Su-24MR型は偵察機、Su-24MP型は電子戦機

国別	名称	最大離陸重量(トン)	全幅×全長(メートル)	エンジン推力×基数(トン)	最大速度(マッハ/高度メートル)	航続距離〔又は行動半径〕(キロメートル)	武装	乗員(人)	備考
ロシア	Su-25 フロッグフット A	17.6	14.4 ×15.5	4.0×2	0.8	750(低空、増槽) 1,250(高空、増槽)	30㎜機関砲×1、ASM、爆弾、ロケット、AAM	1	対地攻撃機
英国	シーハリアー FA・Mk2	11.9	7.7 ×14.2	9.8×1	1.25/高高度	〔行動半径:750〕	固定武装なし 30㎜機関砲、ロケット、爆弾(核爆弾含む)、AAM	1	V/STOL機、偵察機、攻撃機
	ホーク200	9.1	9.4 ×11.4	2.6×1	1.2	2,528以上(フェリー)	固定武装なし	1	
フランス	ミラージュ 2000	17	9.1 ×14.4	9.7×1	2.2/高高度 1.2/低高度	3,333(増槽)	30㎜機関砲×2、AAM、ASM、ロケット、爆弾搭載量:6.3トン	1	
	シュペール エタンダール	12	9.6 ×14.3	5.0×1	1.0/高高度	行動半径 850 (増槽)	30㎜機関砲×2、AAM、ASM、ロケット、爆弾、戦術核	1	艦載攻撃機
	ラファール /B/C/M	24.0 ~ 24.5	10.9 ×15.3	7.4×2	1.8/高高度	行動半径 1.759 (増槽)	30㎜機関砲×1、AAM、ASMP(核兵器)、ASM、爆弾	1	B型は複座 C型は単座 M型は艦載機
米英	AV-8B(米) ハリアー GR.Mk7(英)	8.1 ~ 14.1	9.3 ×14.1	10.8×1	0.98/高高度 0.87/低高度	3,641 (フェリー、増槽) 〔行動半径:1,101(増槽)〕	25㎜機関砲ポッド×1、AAM、ASM、ロケット、爆弾	1	V/STOL機 ハリアーⅡプラス開発中(AMRAAM搭載可能)
英独伊	トーネード F.Mk3 (要撃機型)	28.0	8.6 ~ 13.9 (可変) ×16.7	7.5×2	2.2/高高度	行動半径 560以上 (超音速要撃) 1,900以上 (亜音速要撃)	27㎜機関砲×1、AAM	2	
	トーネードIDS (侵攻/攻撃型)	27.9	8.6 ~ 13.9 (可変) ×16.7	6.8×2	2.2/高高度	約3,889以上 (フェリー) 〔行動半径:1,389〕	27㎜機関砲×2、AAM、ASM、爆弾(含核爆弾、誘導爆弾)、MW-1ディスペンサーなど 搭載量:9トン以上	1	トーネードECRは独、伊の電子戦/偵察型
英国、独、スペイン、伊	ユーロファイター タイフーン	21	11.1 ×16.0	12.4×1	2.0	〔行動半径:1,389〕	27㎜機関砲×1、AAM、空対地兵器	1	

国別	名称	最大離陸重量(トン)	全幅×全長(メートル)	エンジン推力×基数(トン)	最大速度(マッハ/高度メートル)	航続距離〔又は行動半径〕(キロメートル)	武装	乗員(人)	備考
スウェーデン	AJS－37 ビゲン	20.5	8.4 ×14.1	8.2×1	2以上/ 高高度	〔行動半径：1,100〕	30㎜機関砲、AAM、ASM、ロケット	1	
	JAS－39 グリペン	14.0	8.4 ×14.1	2.6×1	2.0/ 高空	〔行動半径:800以上〕	27㎜機関砲×1、AAM、ASM、ディスペンサー	1	
伊ブラジル	AMX	13.0	8.9 ×13.2	5.0×1	0.86/ 高空	3,333(フェリー、増槽) 〔行動半径：926〕	爆弾、AAM、ASM、ロケット、20㎜機関砲×1	1	
中国	J－7/F－7	7.5 以上	8.3/7.2 ×14.9	6.6×1	2.35/ 12,500 ～ 18,500	1,739以上 (ミサイル、増槽) 〔行動半径：370～850〕	30㎜機関砲×2、AAM、爆弾、ロケット	1	中国製 MiG－21
	FC－1	12.4	8.5 ×14.3	8.3×1	1.6	2,037(フェリー) 〔行動半径：700～1,200〕	23㎜機関砲×1、AAM、ASM、爆弾、ロケット	1	
	J－8B フィンバックB	18.9	9.3 ×21.4	6.7×2	2.2	1,900(フェリー) 〔行動半径：800〕	23㎜機関砲×1、AAM、爆弾、ロケット	1	J－8BはJ－8を大幅に改造した発展型
	Q－5 ファンタン	11.8	9.7 ×15.7	3.2×2	1.1	1,820(増槽) 〔行動半径：400〕	23㎜機関砲×1、ロケット、AAM、爆弾、対艦ミサイル	1	MIG－19の改良型
	JH－7	28.5	12.7 ×21	9.3×2	1.7/ 11,000	3,650(フェリー) 〔行動半径：1,650〕	23㎜機関砲×1、AAM、対艦ミサイル	2	
	J－10A	18.6	9.8 ×16.4	12.5×1	1.8	1,648 (フェリー、増槽) 〔行動半径：555〕	AAM、ASM(推定)、爆弾、23㎜機関砲等	1	
	Su－27 (J－10)	33.0 ～ 33.5	14.7× 21.9	12.3× 2	2.17～ 2.35/ 高高度	3,000～5,198 〔行動半径：1,500～1,560〕	30㎜機関砲×1、AAM、爆弾、ロケット	1	
台湾	F－CK－1 (経国)	12.2	8.5 ×13.2	4.2×2	1,296 km/h 約11,000	1,500以上	20㎜機関砲×1、AAM、ASM、対艦ミサイル、爆弾、ロケット	1	

イ．爆撃機

国別	名称	最大離陸重量（トン）	全幅×全長（メートル）	エンジン推力×基数（トン）	最大速度（マッハ/高度メートル）	航続距離〔又は行動半径〕（キロメートル）	武装	乗員（人）	備考
米国	B－52H ストラトフォートレス	221.4 以上	56.4×49.0	7.7×8	0.9/高高度	16,084	爆弾、核兵器、AGM－84/－86/－129/－142 搭載量：約31.5トン	6	
	B－1B ランサー	216.4	41.7～23.8（可変）×44.8	13.6×4	約1.25	約12,000	爆弾、AGM－86/－154	4	
	B－2A スピリット	152.6	52.4×21.0	7.9×4	high subsonic	11,667（16.9トン搭載、HHH） 8,148（16.9トン搭載、HLH）	爆弾、核兵器、AGM－129 SRAM	2	ステルス爆撃機
ロシア	Tu－142M ベアF Tu－95MS ベアH	185.0	50.0×49.1	15,000馬力×4	828 km/h	〔行動半径:6,400〕	ASM ALCM（ベアH）	10（F型） 7（H型）	戦略ASM搭載機（ベアH） 偵察/対潜型（ベアF）
	Tu－22M3 バックファイアC	124～126	34.3～23.3（可変）×42.5	24.5×2	1.88/高高度 0.86/低高度	行動半径：2,410（亜音速、12トン搭載、HLH）	爆弾、23㎜機関砲、ASM、SRAM 搭載量：24トン	4	
	Tu－160 ブラックジャック	275	55.7～35.6（可変）×54.1	24.5×4	2.05/高高度	12,300〔行動半径:2,000〕	爆弾、ALCM、SRAM 搭載量：40トン	4	
中国	H－6	72～75.8	34.2×34.8	9.5×2	785 km/h	6,000〔行動半径:1,800〕	機関砲、爆弾、対艦/巡航ミサイル	6	Tu－16（バジャー）をライセンス生産

ウ．偵察機・哨戒機等

国別	名称	最大離陸重量(トン)	全幅×全長(メートル)	エンジン推力×基数(トン)	最大速度(マッハ/高度メートル)	航続距離〔又は行動半径〕(キロメートル)	武装	乗員(人)	備考
米国	EA-6B プロウラー	29.5	15.9×18.2	4.7×2	1,048 km/h	3,250（フェリー、増槽）	電子妨害装置、AGM-88	4	電子妨害機
米国	E-2C ホークアイ	24.7	24.6×17.6	5,100馬力×2	648 km/h	2,707（フェリー、増槽）	早期警戒用各装置	5	空中警戒機
米国	E-3B/C セントリー	156.2	44.0×39.7	9.5×4	842 km/h 12,200m	9,250以上	早期警戒用レーダー及び各種指揮通信器材	17〜23	AWACS機
米国	P-3C オライオン	64.4	30.4×35.6	2.1×4	761 km/h	〔行動半径:3,833〕滞空3時間（進出2,492km）	機雷、爆弾、AGM-65/-84 積載量:9.1トン	11	対潜哨戒機
米国	S-3B バイキング	23.9	20.9×16.3	4.2×2	0.79（巡航）	3,700（ペイロード最大）	機雷、爆雷、魚雷、爆弾、ロケット、AGM-65/-84	3	対潜哨戒機（艦載）
米国	E-6B マーキュリー	155	45.2×46.6	10.0×4	843 km/h（巡航）	11,760（無給油）滞空15.4時間	VLF通信器材	22	長距離通信中継機
米国	E-8 Joint STARS	152.4	44.4×46.6	8.7×4	0.84	滞空11時間	サイドルッキングレーダー	4〜15	地上目標捜索監視機
ロシア	Iℓ-38 メイ	66.0	37.4×40.1	4,190馬力×4	722 km/h/高高度	9,500(最大燃料) 滞空12時間（最大燃料）	機雷、爆弾、ソノブイ、MAD	7〜8	対潜哨戒機
ロシア	A-50 メインスティ	190	50.5×46.6	12.0×4	787 km/h	1,000km先の空域で4時間の警戒飛行	Iℓ-76の胴体上部に大型レーダーアンテナ搭載	15	空中警戒管制機
ロシア	A-40 アルバトロス	86	41.6×43.8	15.0×2	720 km/h	5,500(最大燃料)	—	8	哨戒飛行艇
英国	ニムロッド MR2	105.1	38.7×38.6	7.0×4	787 km/h	11,112	ASM、爆弾、機雷、爆雷、魚雷、ソナー、水上艦探知レーダー、ESM装置、MAD等を装備	12	対潜哨戒機
フランス	アトランティック2	46.2	37.4×31	6,000馬力×2	648 km/h	9,074（フェリー）	爆弾、爆雷、魚雷、ASM、その他（レーダー、ESM装置、MAD等を装備）	10〜12	対潜哨戒機
中国	SH-5	45	36.0×38.9	3,150馬力×4	556 km/h	4,750 滞空12時間（エンジン×2）	対艦ミサイル、魚雷、機雷、爆弾、レーダー、MAD、ソノブイ	8	対潜/哨戒飛行艇

エ．輸送機、給油機

国別	名称	最大離陸重量(トン)	全幅×全長(メートル)	エンジン推力×基数(トン)	最大速度(マッハ/高度メートル)	航続距離〔又は行動半径〕(キロメートル)	武器	乗員(人)	備考
米国	C−130H ハーキュリーズ	79.4	40.4×29.8	4,700馬力×4	602 km/h	7,871 (7トン搭載)	兵員：92人 降下兵：64人 最大搭載量：19.4トン	3	
	C−17A グローブマスター	265.4	51.7×53.0	18.4×4	0.77/8,534	4,630 (72.6トン搭載) 8,778(フェリー)	兵員：102人 最大搭載量：77.5トン	3	
	C−5B ギャラクシー	379.7	67.9×75.5	19.5×4	919 km/h	10,404	最大搭載量：118.4トン	17〜23	AWACS機
	KC−135R ストラトタンカー	134.7	39.9×41.5	9.8×4	853 km/h /9,144	2,149 (68.0トン搭載)	燃料最大搭載量：90.7トン、貨物37.6トン又は兵員：37人(推定)	6	空中給油機
	KC−10A エクステンダー	267.6	50.0×54.4	23.6×3	0.825	7,032 (76.6トン搭載)	最大燃料搭載量：200kℓ又は最大貨物搭載量：76.8トン	4	DC−10の給油型
ウクライナ	An−12BP カブ	61.0	38.0×33.1	4,000馬力×4	776 km/h	3,600 (最大ペイロード) 5,700(最大燃料)	兵員：90人又は落下傘兵60人、23㎜機関砲×2(胴体尾部)、最大搭載量：20トン	6	カブA、Bは電子偵察、C、Dは電子妨害機
	An−70	145	44.1×40.7	13,800馬力×4	750 km/h (巡航)	5,000 (35トン搭載) 8,000(最大燃料)	兵員：170人 標準搭載量：35トン	3〜4	An−12の後継
ロシア	An−124 コンドル	402	73.3×69.1	23.4×4	865 km/h (巡航)	14,000(最大燃料) 3,700 (150トン搭載時)	兵員：88人 最大搭載量：150トン	6〜12	
	Iℓ−76MD キャンディッドB	190〜210	50.5×46.6	12.0×4	850 km/h	7,300 (20トン搭載時)	兵士140人又は落下傘兵125人、最大搭載量：47トン	7	
	Iℓ−78 マイダス	190	50.5×46.6	12.0×4	750 km/h (巡航)	給油半径 1,000(60〜65トン給油) 2,500(32〜36トン給油)	プローブ/ドローグ給油装置×3	7	空中給油機
仏独	C−160 トランザール	51.0	40.0×32.4	6,100馬力×2	592 km/h	8,852	兵員：93人 降下兵：61〜88人 搭載量：16トン	3	
英国	トライスターK1	244.9	50.1×50.1	22.7×3	0.89 (巡航)	—	空中給油装置 燃料：142トン	3	L−1011の給油型

オ．武装・対潜ヘリコプター

	国別	名称	最大離陸重量(トン)	ローター直径×全長(メートル)	エンジン馬力×基数	最大速度キロメートル/時	航続距離〔又は行動半径〕(キロメートル)	武装	乗員(人)	備考
武装ヘリコプター	ロシア	Mi-24P ハインドF	12.0	17.3× 21.4	2,220馬力 ×2	320	1,000 (増槽)	対戦車ミサイル、機関砲、ロケット、爆弾、AAM	2	
		Ka-50 ホーカム	10.8	14.5× 16.0	2,190馬力 ×2	270 ～300	1,100 (増槽)	30㎜機関砲×1、ASM、対戦車、ミサイル、ロケット、AAM、爆弾	1	
		Mi-28N ハボックB	11.5	17.2× 16.9	2,190馬力 ×2	300 ～319	433 〔行動半径：200〕 滞空時間2時間 (最大燃料)	30㎜機関砲×1、AAM、対戦車ミサイル、ロケット	2	
	米国	AH-1Z スーパーコブラ	8.3	14.6× 17.8	1,775馬力 ×2	410	685	TOW対戦車ミサイル、AAM、ASM搭載可能、20㎜機関砲×1、ロケット	11	米海兵隊用
		AH-64A/D アパッチ	9.5	14.6× 17.8	1,696馬力 ×2(A型)	365 (A型)	482 (A型)	30㎜機関砲×1、ヘルファイアー×16、ロケット、AAM	3	D型はA型の改良型
	仏独	TIGER	6	13 × 15.8	1,285馬力 ×2	230 ～280	滞空2時間50分 (作戦時)	VLF通信器材	2	
	伊	A-129 マングスタ	4.1	11.9× 14.3	825馬力× 2	250/ 低高度	滞空3時間	対戦車ミサイル×8、機関砲ポッド又はロケットポッド、AAM	2	
対潜ヘリコプター	ロシア	Ka-27 ヘリックスA	11	15.9× 12.3	2,190馬力 ×2 270	270	〔200〕	レーダー、ソナー、MAD、魚雷、爆雷等	3	一部性能諸元はKa-32の値
	米国	SH-60B シーホーク	9.9	16.7× 19.8	1,940馬力 ×2	233 / 1,524m	600	レーダー、MAD、ソノブイ、魚雷、対艦ミサイル等	3～4	B型は水上戦闘艦搭載型、F型は空母搭載型
	英伊	EH-101	14.6	18.6× 22.8	2,100馬力 ×3	309	1,129～1,389	レーダー、ソーナー、魚雷、ASM	3～4	
	仏、独、伊、オランダ	NH-90	10.6	16.3× 19.5	2,040馬力 ×2(推定)	244 ～306	796～1,218	レーダー、ソーナー、ASM、魚雷、AAM	1～4	
	中国	Z-9C	4.1	11.9× 13.7	705馬力× 2	296	437	レーダー、ソーナー、魚雷、対艦ミサイル	3	ユーロコプターAS565MAと同型

(4) 各国主要誘導武器等性能諸元

ア. 陸上発射ミサイル

① 弾道ミサイル　　　　（注：HE＝高性能炸薬）

区分	国別	名称	速度(マッハ)	射程(km)	弾頭	誘導方法	備考
ICBM	米国	ミニットマンⅢ(LGM−30G)	—	13,000	核 W78(300～350KT)	慣性	MIRV(多目標弾頭)、3段固燃
	ロシア	SS−18(サタン)					
		Mod6	—	16,000	核(8MT)	慣性	2段液燃
		Mod5	—	11,000	核(800KT×10)	〃	MIRV、2段液燃
		Mod3.4	—	11,000	核(500KT×10)	〃	〃
		SS19(スチレトウ)	—	9,000～10,000	核(500～750KT×6)	慣性	MIRV、2段液燃
		SS−25(シクル)	—	10,500	核(550KT)	慣性+コンピューター制御	3段固燃
		SS−27(Topol−M)	—	10,500	核(550KT、推定)	慣性+Glonass	3段固燃 SS−25の発展型
	中国	CSS−4(DF−5)	—	12,000～13,000	核(3MT～350KT)又は3MIRV	慣性	2段液燃
		CSS−9(DF−31)	—	8,000～12,000	核(1MT)又は3MIRV	慣性+天測	3段固燃
I/MRBM	中国	CSS−2(DF−3)	—	2,400～2,800	核(3MT) 非核 HE	慣性	液燃
		CSS−3(DF−4)	—	5,400	核(2MT)	慣性	2段液燃
		CSS−5(DF−21)	—	2,150～2,500	核(500KT)	慣性(+GPS、レーダー終末制御)	2段固燃
	インド	アグニ2	—	2,000～3,500	核(150～200KT)	慣性+GPS、レーダー終末制御	2段固燃
	パキスタン	ハトフ5(ガウリ)	—	1,800	核/非核：化学、HE	慣性	液燃
		ハトフ6(シャヒーン2)	—	2,500	核/非核：化学、HE等	慣性	2段固燃
	イラン	シャハブ3	—	1,300	核/非核：化学、HE	慣性	液燃
	イスラエル	ジェリコ2	—	1,500～3,500	核/非核：HE	慣性	2段固燃
	北朝鮮	ノドン	—	1,300～1,500	核/非核：HE、化学	慣性	液燃
		テポドン1	—	2,000～5,000	核/非核：化学、生物、HE	慣性	2段液燃
		テポドン2	—		核/非核：化学、生物、HE	慣性	3段液燃

区分	国別	名称	速度(マッハ)	射程(km)	弾頭	誘導方法	備考
SRBM	米国	ATACMS(MGM－140)ブロックIA	—	300	非核：HE	慣性＋GPS	固燃、多連装ロケットシステム(MLRS)より射出
	ロシア	FROG－7	—	68	核(3－200KT)／非核：HE、化学		固燃
		SS－21(スカラブA)	—	70	核／非核：化学、HE	慣性	固燃
		SS－21(スカラブB)	—	120	核(10又は100KT)／非核：HE、化学	慣性＋終末パッシブレーダー誘導	固燃
	アルゼンチン	アラクラン	—	150	非核／HE、化学	慣性	固燃
	中国	CSS－6(DF－15)	—	600	核：90KT 非核：HE、電磁波	慣性＋終末制御	固燃
		CSS－7(DF－11)	—	280～350	核：2,10,20KT 非核：HE、化学等	慣性＋終末制御(＋GPS)	固燃
		CSS－8(M－7)	—	150	非核：HE、化学等	慣性＋指令	2段固燃
	北朝鮮	スカッドC	—	500	非核：HE、化学	慣性	液燃
	パキスタン	ハトフ1	—	70	非核：化学、HE	誘導なし	固燃
		ハトフ2(アブダリ)	—	200	核／非核：HE	慣性	固燃
		ハトフ3(ガズナビ)	—	320	核／非核：HE	慣性	固燃
		ハトフ4(シャヒーンI)	—	750	核／非核：化学、HE	慣性	固燃
	インド	プリスビ(プリトビ)					
		SS－150	—	150	非核：化学、HE	慣性	液燃
		SS－250	—	250	核／非核：HE	慣性	液燃

② その他のミサイル　　　　　　　　　　　　　（注：HE＝高性能炸薬）

区分	国別	名　称	速度（マッハ）	射程（km）	弾頭	誘導方法	備考
対艦ミサイル	ロシア	SSC－3（スティックス）	—	80	非核	オートパイロット＋アクティブ・レーダー・ホーミング又は赤外線ホーミング	液燃
		SSC－1B（セパール）	—	450	核／非核	慣性＋無線指令＋アクティブ・レーダー・ホーミング又は赤外線ホーミング	固燃ブースター＋ターボジェット
	中国	HY－1（シルクワーム）	0.9	85	非核	オートパイロット＋アクティブ・レーダー・ホーミング	ロシアSS－N－2Aの中国製、固燃ブースター＋液燃
		HY－2（シアサッカー）	0.9	95	非核	オートパイロット＋アクティブ・レーダー・ホーミング又は赤外線ホーミング	液燃
		HY－4（サドサック）	0.8	200	非核	オートパイロット＋アクティブ・レーダー・ホーミング等	液燃＋ターボジェット
		FL－1	0.9	45	非核	オートパイロット＋アクティブ・レーダー・ホーミング	固燃ブースター＋液燃
		FL－2	0.9	50	非核	オートパイロット＋アクティブ・レーダー・ホーミング	固燃ブースター＋固燃
		FL－7	1.4	30	非核	オートパイロット＋アクティブ・レーダー・ホーミング	固燃ブースター＋液燃
		YJ－8（C－801）	0.9	50	非核	慣性＋アクティブ・レーダー・ホーミング	固燃
		YJ－83（C－802）	0.9	130	非核	慣性＋アクティブ・レーダー・ホーミング	固燃ブースター＋ターボ・ジェット
	フランス	エグゾセMM40	—	70	非核	慣性＋アクティブ・レーダー・ホーミング	固燃
	国際	オトマット		60	非核	慣性＋指令誘導＋アクティブ・レーダー・ホーミング	固燃ブースター＋ターボジェット、伊仏共同開発
	スウェーデン	RBS15 Mk－3		100	非核	慣性＋アクティブ・レーダー・ホーミング	ターボジェット
	ノルウェー	ペンギンMk3		30	非核	慣性＋赤外線パッシブホーミング	固燃
	台湾	シオン・フォン1（雄風－1）	0.9	35	非核	オートパイロット＋セミ・アクティブ・レーダー・ホーミング	固燃ブースター＋固燃
		シオン・フォン2（雄風－2）	0.85	1,250	非核	慣性＋アクティブ・レーダー・ホーミング＋赤外線画像誘導	固燃ブースター＋ターボジェット
		シオン・フォン3（雄風－3）	2	200	非核	慣性＋アクティブ・レーダー・ホーミング＋赤外装置画像誘導	固燃ブースター＋ラムジェット

区分	国別	名　称	速度(マッハ)	射程(km)	弾　頭	誘導方法	備　考
ABM	ロシア	SH－08(ガゼル)	10	80	核(10KT)／非核	無線指令＋慣性誘導	固燃
		SH－11(ゴーゴン)	—	350	核(10KT)／非核	無線指令＋慣性誘導	SH－01の後継
対空ミサイル	米国	ホーク	2.7	40	非核	セミアクティブ・レーダー誘導	
		ペトリオット(PAC－2)	5	160	非核	指令＋慣性＋セミアクティブ・レーダー誘導	
		ナイキ・ハーキュリーズ	3.5～3.65	155～182.9	非核	指令	
		PAC－3	—	15～22	非核	慣性＋アクティブ・レーダー	
	ロシア	SA－2(ガイドライン)	3.5	30～58	核／非核	無線指令	
		SA－3（ゴア）	3.5	15～25	非核	指令	
		SA－5（ガモン）	—	150～300	核／非核	指令＋アクティブ・レーダー誘導	
		SA－6(ゲインフル)	600m/s	23	非核	セミアクティブ・レーダー誘導	
		SA－8（ゲッコー）	540m/s	10～15	非核	指令	
		SA－10/20(グランブル)	—	45～200	核／非核	慣性＋TVM	
		SA－11(ガッドフライ)	1.2km/s	35	非核	慣性＋セミアクティブ、レーダー誘導	
		SA－12(グラディエーター／ジャイアント)	1.7～7.6	75～100	非核	慣性＋セミアクティブ・レーダー誘導	
		SA－15(ガントレット)	700～800m/s	12	非核	無線指令	SA－8の後継
		SA－17(グリズリー)	1.23km/s	42	非核	慣性＋セミアクティブ・レーダー誘導	
		SA－19（グリソン）	0.9～1.3km/s	10～20	非核	指令	
		S－400(トリウムフ)	0.9～1.0km/s	60～250	非核	慣性＋指令＋アクティブ・レーダー誘導	
	中国	SH－08(ガゼル)	10	80	核(10KT)／非核	無線指令＋慣性誘導	
		SH－11(ゴーゴン)	—	350	核(10KT)／非核	無線指令＋慣性誘導	SH－01の後継
対空ミサイル	台湾	天弓1	4	70	非核	指令、慣性、セミアクティブ・レーダー誘導又は赤外線誘導	射高24km
		天弓2	4.5	150	非核	指令、慣性、アクティブ・レーダー	射高30km
	フランス	クロタール	750m/s	9.5	非核	指令	射高5.5km

諸外国

区分	国別	名　称	速度(マッハ)	射程(km)	弾頭	誘導方法	備考
対空ミサイル	イギリス	レイピア 2000MK2	2.5	8	非核	無線指令	射高5km
	イタリア	スパダ	2.5以上	24	非核	セミアクティブ・レーダー誘導	射高8km
	イスラエル	バラク/ADAMS	2.17	12	非核	指令誘導	射高10km
		アロー2	9.0	90		慣性+指令+赤外線誘導等	

イ．海上発射ミサイル等

① 弾道ミサイル

区分	国別	名　称	速度(マッハ)	射程(km)	弾頭	誘導方法	備　考
SLBM	米国	トライデントII（D−5）	—	12,000	核（W76(100KT)×8 又はW88(475KT)×8	慣性+天測	オハイオ級、MIRV、固燃
	ロシア	SS−N−18（スティングレイ）	—				
		Mod1		6,500	核（200KT×3）	慣性+天測	D−III級、MIRV、液燃
		Mod2		8,000	核（450KT×1）	〃	D−III級、液燃
		Mod3		6,500	核（100KT×7）	〃	D−III級、MIRV、液燃
		SS−N−20（スタージョン）	—	8,300	核（20KT×10）	〃	タイフーン級、MIRV、固燃
		SS−N−23（スキフ）	—	12,000	核（100KT×4）	〃	D−IV級、液燃、MIRV
	英国	トライデントII（D−5）	—	12,000	核（100KT×8）又は475KT×8	慣性+天測	バンガード級、MIRV、固燃
	フランス	M−45	—	8,000	核（150KT×6）	慣性	ル・トリオンファン級、MIRV、固燃
	中国	CSS−N−3（JL−1）	—	2,150	核（250KT又は500KT×1）	慣性	シア級、固燃
		CSS−NX−5（JL−2）	—	8,000	核（1MT）又は3〜8MIRV	慣性+天測	ジン級潜水艦用に開発中

② その他のミサイル

区分	国別	名称	速度(マッハ)	射程(km)	弾頭	誘導方法	備考
長距離巡航ミサイル	米国	トマホーク					
		RGM109A	918 km/h	2,500	核(200KT×1)	慣性+地形照合(TERCOM)	CG、DDG、SSN
		JGM109C	918 km/h	1,125	非核	慣性+地形照合(+GPS)情景照合(DSMAC)	CG、DDG、SSN
		RGM109D	918 km/h	1,610	〃	〃	CG、DDG、SSN
	ロシア	SS-N-21(サンプソン)	0.7~2.7	2,500	核(200KT×1)/非核	慣性+アクティブ・レーダーホーミング	シエラⅡ級、アクラ級、ビクターⅢ級等
対地/対艦ミサイル	米国	ハープーン	—	ブロック1/1C 124km、ブロック1D 240km、ブロック2 約124km	非核	慣性(+GPS)アクティブ・レーダーホーミング	CG、DDG、SSN等
	ロシア	SS-N-2(スティックス)	0.9~1.3	40~80	非核	オートパイロット+アクティブレーダー	タラントルI/Ⅱ級、マトカ級
		SS-N-3B(セパール)	1.3	300~450	核(10、200KT)/非核	指令+アクティブレーダー	キンダ級
		SS-N-9(サイレン)	0.9	110	核(200KT)/非核	アクティブレーダー又は赤外線ホーミング	ナヌチカI/Ⅲ級
		SS-N-12(サンドボックス)	1.7	550	核(350KT)/非核	指令+アクティブレーダーホーミング	スラバ級、キーロフ級、オスカーⅡ級等
		SS-N-19(シップレック)		450	核(500KT)/非核	慣性+指令+アクティブレーダーホーミング	
		SS-N-22(サンバーン)	2.6	90~140	核(200KT)/非核	慣性+アクティブ/パッシブレーダー	ソブレメンヌイ級、タラントルⅢ級
		SS-N-25(スウィッチブレード)	0.8	130	非核	慣性+アクティブレーダー	カシン級、ゲパルト級
	フランス	エグゾセMM38/40	0.9	38~180	非核	慣性+アクティブレーダー・ホーミング	潜水艦搭載型(SM39)は射程70km
		オトマットMk1/Mk2	0.9	60/170	〃	〃	仏・伊共同開発
	伊	シーキラー	0.9	25	非核	慣性+アクティブレーダー・ホーミング	固燃
対地/対艦ミサイル	中国	CSS-N-4(YJ-8)	0.9	42	非核	慣性+アクティブ・レーダーホーミング	ルダⅢ級
		CSSC-2 (HY-2)	0.9	95	〃	オートパイロット+アクティブレーダーホーミング又は赤外線ホーミング	別名シルクワーム
		CSSC-3 (HY-3)	0.9	100	〃	オートパイロット+アクティブ・レーダーホーミング	

区分	国別	名　称	速度（マッハ）	射程（km）	弾頭	誘導方法	備考
対空ミサイル	米国	シー・スパロー	2.5	16～18	非核	セミアクティブ・レーダー	NATOシースパロー・ミサイル・システム（NSSMS）
		スタンダードSM-1（MR）	2	38	〃	指令＋セミアクティブ・レーダーホーミング	アーレイバーク級、タイコンデロガ級、オリバー・ハザード・ペリー級等
		スタンダードSM-2（MR）	2.5	170	〃	指令／慣性＋セミアクティブ・レーダーホーミング	アーレイバーク級、タイコンデロガ級、オリバー・ハザード・ペリー級等
		スタンダードSM-2 ER/BlockⅣ	2.5	185	〃	〃	アーレイバーク級、タイコンデロガ級
		RIM116RIM	2.5	10	非核	パッシブ・レーダー＋赤外線ホーミング	LHA、LSD、LPD、DD、CG
	ロシア	SA-N-3（ゴブレット）	3.5	7～32	非核	指令＋セミアクティブ・レーダーホーミング	カラ級
		SA-N-4（ゲッコー）	2.35	1.2～10	〃	指令	スラバ級、カラ級、クリバック級等
		SA-N-6（グランブル）	3.8	13.5～150	核／非核	指令/慣性+TVM+セミアクティブ・レーダー	キーロフ級、スラバ級
		SA-N-7（ガドフライ）	3	3.25～30	非核	慣性＋セミアクティブ・レーダー	ソブレメンヌイ級
		SA-N-9（ゴーントレット）	850 m/s	12	〃	指令	クズネツォフ級、キーロフ級、ウダロイ級
		SA-N-11（グリソン）	0.9～1.3 km/s	10～20	非核	指令	ウロダイⅡ級
		SA-N-12（グリズリー）	1.5 km/s	42	非核	慣性＋セミアクティブ・レーダー	ソブレメンヌ級
	英国	シー・ダート	3.5	40	非核	セミアクティブ・レーダー	タイプ42級等
		シーウルフ	2以上	6	〃	CLOS	デューク級
	フランス	クロタール・ネーバル	2.4	13	非核	無線指令／赤外線ホーミング、セミアクティブ・レーダー	ラファイエット級等
	国際	アスター15/30	3/4.5	30/120	非核	慣性＋指令＋アクティブ・レーダー	仏伊共同開発
対空対地ミサイル	国際	タウルス・ケプド150/300	0.8	150	非核	慣性+GPS+赤外線ホーミング	ターボジェット

区分	国別	名　称	速度(マッハ)	射程(km)	弾頭	誘導方法	備考
対潜水艦ミサイル	米国	アスロック	—	10	非核	半誘導	対潜魚雷としてMK44、MK46を使用
	ロシア	SS−N−14(サイレックス)	0.95	55.6	非核	オートパイロット+指令、慣性+赤外線ホーミング	カラ級、ウダロイI級、クリヴァク級、タイフーン級、デルタⅣ、アクラ級、キーロフ級等
		SS−N−15(スターフィッシュ)	—	45	核(200KT)/非核	慣性	米海軍アスロックに類似
		SS−N−16(スタリオン)	—	50〜120	核/非核	〃	(搭載艦はSS−N−15と同種)

ウ．空対地ミサイル

国別	名称	速度(マッハ)	射程(km)	弾頭	誘導方法	備考
米国	ヘルファイアー	—	8〜9	非核	セミアクティブ・レーザー誘導	
	マーベリック	—	3〜25	〃	TV誘導(A/B/H型)赤外線映像誘導(D/F/G型)レーザー誘導(E型)	
	AGM−85ハープーン	—	220	〃	慣性+アクティブ・レーダー誘導	
	SLAM	—	95	〃	慣性/GPS+赤外線画像誘導	
	AGM−88HARM	—	148	〃	パッシブ・レーダー誘導	
	AGM−129ACM		約3,450	核(150KT)	慣性GPS	
	AGM−142ポパイ1		80	非核	慣性+TV/IR画像	
	ALCM/AGM−86B	亜音速	2,500	核(200KT)	慣性+地形照合	
	ALCM/AGM−86C/D	—	1,200	非核	慣性+GPS	
ロシア	AS−4(キッチン)	3.4〜4.5	310〜400	核(200KT)/非核	慣性+アクティブレーダー誘導	TU−22M3、バックファイアC
	AS−10(カレン)	—	8〜40	非核	無線指令セミアクティブ・レーザー誘導、TV誘導、赤外線誘導又は慣性+アクティブ・レーザー誘導	
	AS−11(キルター)	3.6	160	〃	慣性+パッシブ・レーダー誘導	
	AS−12(ケーグラー)	—	40	〃	慣性+パッシブ・レーダー誘導	
	AS−13(キングボルト)	0.85	40	〃	TV指令	

国別	名 称	速度(マッハ)	射程(km)	弾 頭	誘導方法	備 考
ロシア	AS-14(ケッジ)	0.8	12～30	非核	セミアクティブ・レーザー誘導又はTV指令	
	AS-15(ケント)	0.8	2,500～3,500	核(200KT)/非核	慣性+地形照合	TU－95MSベアH、TU-160
	AS-16(キックバック)	5(高高度)	150	核(350KT)/非核	慣性+パッシブ又はアクティブレーダー誘導	TU－95MSベアH、TU-160、TU-22M3、バックファイアC
	AS-17(クリプトン)	2.94～3.23	50～250	非核	慣性+パッシブ又はアクティブ・レーダー誘導	
	Kh-101/-102	0.75	5,000	非核	慣性+Glonass、EOターミナルシーカー	
	AS-18(Kh-59M)	—	115	非核	慣性、TV指令	
	AS-20(Kh35)	—	130～260	非核	慣性+アクティブ・レーダー誘導	
英国	ALARM	—	45	非核	慣性+パッシブ・レーダー誘導	
	シー・スキュア	0.85	20	〃	セミアクティブ・レーダー誘導	
フランス	AS－30L	1.32	12	非核	慣性+セミアクティブ・レーザー誘導	AS－30のレーザー誘導型
	AM－39(エグゾセ)	0.93	50～72	〃	慣性+アクティブ・レーダーホーミング	
	ASMP	3	300	核(300KT)	慣性+地形照合	
	APACHE	0.82(推定)	140	非核	慣性+アクティブ・レーダー誘導	
ドイツ	コルモラン1、2	—	30、55	非核	慣性+アクティブ・レーダー誘導	
イスラエル	ガブリエルⅢ	—	35	非核	慣性+指令+レーダー誘導	
	ポパイ1、2	—	75～80	〃	慣性+TV又は赤外線画像誘導	
ノルウェー	ペンギンⅢ	—	55	非核	慣性+赤外線誘導	
スウェーデン	RBS－15F	—	90～200	非核	慣性+アクティブ・レーダー+GPS誘導	
イギリス フランス	マーテル(AS－37/AJ－168)	— —	20(AJ-168) 55(AS-37)	非核	TV誘導(AJ－168)又はパッシブレーダー誘導(AS-37)	
中 国	YJ－1(CSS－N－4)	0.85	50	非核	慣性+アクティブ・レーダー誘導	
	YJ－6	0.9巡航	100	〃	〃	
	YJ－16(CSSC－5)	2巡航	45	〃	〃	

エ．空対空ミサイル

国別	名称	速度(マッハ)	射程(km)	弾頭	誘導方法	備考
米国	フェニックス	—	150	非核	慣性＋セミアクティブ・レーダー誘導＋アクティブ・レーダー誘導	AIM－54C型
	サイドワインダー	—	18	非核	赤外線誘導	AIM－9L/M/P/S型
	スパロー	—	45	〃	指令＋セミアクティブ・レーダー誘導	AIM－7M/P型
	AMRAAM	—	50	非核	慣性＋アクティブ・レーダー誘導	AIM－120
ロシア	AA－7（アペックス）	—	50	非核	指令＋赤外線誘導又はセミアクティブレーダー誘導	
	AA－8（アフィッド）	—	8～10	〃	赤外線誘導	
	AA－9（アモス）	—	120～160	〃	慣性＋指令＋セミアクティブ・レーダー誘導	
	AA－10（アラモ）	—	60～110	〃	赤外線又は慣性＋指令＋セミアクティブ・レーダー誘導	
	AA－11（アーチャー）	—	30～40	〃	慣性＋赤外線誘導	
	AA－12（アダー）	—	80～110	〃	慣性＋指令＋アクティブ・レーダー誘導	
イギリス	スカイ・フラッシュ	—	40	非核	セミアクティブ・レーダー誘導	
	ASRAAM	—	20	〃	慣性＋赤外線画像誘導	
フランス	スーパー530D	—	40	非核	セミアクティブ・レーダー誘導	
	R550マジック	—	3/15/20	〃	赤外線誘導	
	MICA	—	60	〃	指令＋慣性＋アクティブ・レーダー誘導＋赤外線画像誘導	
イタリア	アスピーデ	—	35/40	非核	セミアクティブ又はアクティブ・レーダー誘導	
イスラエル	パイソン3	—	15	非核	赤外線誘導	
	パイソン4	—	15	〃	〃	
中国	PL－5B/E	—	5/14～16	非核	赤外線誘導	
	PL－7	—	3/5	〃	〃	
	PL－8	—	15	〃	〃	
	PL－9	—	15/22	〃	〃	
	PL－11	—	25	〃	セミアクティブ・レーダー誘導	
台湾	天剣1	—	8	非核	赤外線誘導	
	天剣2	—	60	〃	アクティブ・レーダー＋慣性	
南アフリカ	ダーター	—	5	非核	赤外線誘導	
	R－ダーター	—	63	〃	慣性＋アクティブ・レーダー誘導	

第12章　防衛に関する政府見解

(1) 自衛権の存在（鳩山内閣の統一見解）

（衆・予算委29. 12. 22
大村防衛庁長官答弁）

第一に、憲法は、自衛権を否定していない。自衛権は国が独立国である以上、その国が当然に保有する権利である。憲法はこれを否定していない。従って現行憲法のもとで、わが国が自衛権を持っていることはきわめて明白である。

第二に、憲法は戦争を放棄したが、自衛のための抗争は放棄していない。一、戦争と武力の威嚇、武力の行使が放棄されるのは、「国際紛争を解決する手段としては」ということである。二、他国から武力攻撃があった場合に、武力攻撃そのものを阻止することは、自己防衛そのものであって、国際紛争を解決することとは本質が違う。従って自国に対して武力攻撃が加えられた場合に、国土を防衛する手段として武力を行使することは、憲法に違反しない。

（参考）

最高裁判所は、いわゆる砂川事件判決（昭和34年12月16日）において、「わが国が主権国として持つ固有の自衛権は何ら否定されたものではなく、わが憲法の平和主義は決して無防備、無抵抗を定めたものではない」のであって、「わが国が、自国の平和と安全を維持しその存立を全うするために必要な自衛のための措置をとりうることは、国家固有の権能の行使として当然のことといわなければならない」と判示している。

（関連1）

（55. 12. 5衆議院　森清議員
質問主意書に対する答弁書）

憲法第9条第1項は、独立国家に固有の自衛権までも否定する趣旨のものではなく、自衛のための必要最小限度の武力を行使することは認められているところであると解している。政府としては、このような見解を従来から一貫して採ってきているところである。

（関連2）

（衆・内閣委61. 11. 20
味村法制局長官答弁）

我が国の憲法は、その前文におきまして平和主義及び国際協調主義の理想を高く掲げまして、その理想のもとに、憲法9条におきまして戦争の放棄について定めているところでございます。

政府といたしましては、憲法第9条は独立国家に固有の自衛権までも否定する趣旨のものではございませんで、自衛のための必要最小限度の武力を行使することは憲法第9条のもとにおいても認められておりますし、また、自衛のための必要最小限度の実力の保持は同条によって禁止されていないという見解を、これは従来からとってきているところでございます。

政府は、このような立場から、憲法9条のもとにおきましては自衛のための必要最小限度の範囲を超えて武力を行使すること及び自衛のための必要最小限度を超える実力を保持することは許されないと解釈しておりまして、したがって、集団的自衛権を行使することとか、いわゆる海外派兵をすること、あるいは性能上専ら相手国の国土の壊滅的破壊のために用いられる、例えばICBM等の兵器を保有することは許されないと解釈しておりまして、このことも従前から表明してきているところでございます。

(2) 憲法9条の下で許容される自衛の措置としての武力の行使の三要件

（平成26年7月1日
国家安全保障会議決定
閣議決定）

………我が国を取り巻く安全保障環境の変化に対応し、いかなる事態においても国民の命と平和な暮らしを守り抜くためには、これまでの憲法解釈のままでは必ずしも十分な対応ができないおそれがあることから、いかなる解釈が適切か検討してきた。その際、政府の憲法解釈には論理的整合性と法的安定性が求められる。したがって、従来の政府見解における憲法第９条の解釈の基本的な論理の枠内で、国民の命と平和な暮らしを守り抜くための論理的な帰結を導く必要がある。

憲法第９条はその文言からすると、国際関係における「武力の行使」を一切禁じているように見えるが、憲法前文で確認している「国民の平和的生存権」や憲法第13条が「生命、自由及び幸福追求に対する国民の権利」は国政の上で最大の尊重を必要とする旨定めている趣旨を踏まえて考えると、憲法第９条が、我が国が自国の平和と安全を維持し、その存立を全うするために必要な自衛の措置を採ることを禁じているとは到底解されない。一方、この自衛の措置は、あくまで外国の武力攻撃によって国民の生命、自由及び幸福追求の権利が根底から覆されるという急迫、不正の事態に対処し、国民のこれらの権利を守るためのやむを得ない措置として初めて容認されるものであり、そのための必要最小限度の「武力の行使」は許容される。これが、憲法第９条の下で例外的に許容される「武力の行使」について、従来から政府が一貫して表明してきた見解の根幹、いわば基本的な論理であり、昭和47年10月14日に参議院決算委員会に対し政府から提出された資料「集団的自衛権と憲法との関係」に明確に示されているところである。

この基本的な論理は、憲法第９条の下では今後とも維持されなければならない。

これまで政府は、この基本的な論理の下、「武力の行使」が許容されるのは、我が国に対する武力攻撃が発生した場合に限られると考えてきた。しかし、冒頭で述べたように、パワーバランスの変化や技術革新の急速な進展、大量破壊兵器などの脅威等により我が国を取り巻く安全保障環境が根本的に変容し、変化し続けている状況を踏まえれば、今後他国に対して発生する武力攻撃であったとしても、その目的、規模、態様等によっては、我が国の存立を脅かすことも現実に起こり得る。

我が国としては、紛争が生じた場合にはこれを平和的に解決するために最大限の外交努力を尽くすとともに、これまでの憲法解釈に基づいて整備されてきた既存の国内法令による対応や当該憲法解釈の枠内で可能な法整備などあらゆる必要な対応を採ることは当然であるが、それでもなお我が国の存立を全うし、国民を守るために万全を期す必要がある。

こうした問題意識の下に、現在の安全保障環境に照らして慎重に検討した結果、我が国に対する武力攻撃が発生した場合のみならず、我が国と密接な関係にある他国に対する武力攻撃が発生し、これにより我が国の存立が脅かされ、国民の生命、自由及び幸福追求の権利が根底から覆される明白な危険がある場合において、これを排除し、我が国の存立を全うし、国民を守るために他に適当な手段がないときに、必要最小限度の実力を行使することは、従来の政府見解の基本的な論理に基づく自衛のための措置として、憲法上許容されると考えるべきであると判断するに至った。

我が国による「武力の行使」が国際法を遵守して行われることは当然であるが、国際法上の根拠と憲法解釈は区別して理解する必要がある。憲法上許容される上記の「武力の行使」は、国際法上は、集団的自衛権が根拠となる場合がある。この「武力の行使」には、他国に対する武力攻撃が発生した場合を契機とするものが含まれるが、憲法上は、あくまでも我が国の存立を全うし、国民を守るため、すなわち、我が国を防衛するためのやむを得ない自衛の措置として初めて許容されるものである。

また、憲法上「武力の行使」が許容されるとしても、それが国民の命と平和な暮らしを守るためのものである以上、民主的統制の確保が求められることは当然である。政府としては、我が国ではなく他国に対して武力攻撃が発生した場合に、憲法上許容される「武力の行使」を行うために自衛隊に出動を命ずるに際しては、現行法令に規定する防衛出動に関する手続と同様、原則として事前に国会の承認を求めることを法案に明記することとする。

(関連1)

（参・決算委提出資料47.10.14
水口宏三委員要求）

国際法上、国家は、いわゆる集団的自衛権、すなわち、自国と密接な関係にある外国に対する武力攻撃を、自国が直接攻撃されていないにもかかわらず、実力をもって阻止することが正当化されるという地位を有しているものとされており、国際連合憲章第51条、日本国との平和条約第5条(C)、日本国とアメリカ合衆国との間の相互協力及び安全保障条約前文並びに日本国とソヴィエト社会主義共和国連邦との共同宣言3第2段の規定は、この国際法の原則を宣明したものと思われる。そして、わが国が、国際法上右の集団的自衛権を有していることは、主権国家である以上、当然といわなければならない。

ところで、政府は、従来から一貫して、わが国は国際法上いわゆる集団的自衛権を有しているとしても、国権の発動としてこれを行使することは、憲法の容認する自衛の措置の限界をこえるものであって許されないとの立場に立っているが、これは次のような考え方に基づくものである。

憲法は、第9条において、同条にいわゆる戦争を放棄し、いわゆる戦力の保持を禁止しているが、前文において「全世界の国民が……平和のうちに生存する権利を有する」ことを確認し、また、第13条において「生命・自由及び幸福追求に対する国民の権利については、……国政の上で、最大の尊重を必要とする」旨を定めていることから、わが国がみずからの存立を全うし国民が平和のうちに生存することまでも放棄していないことは明らかであって、自国の平和と安全を維持しその存立を全うするために必要な自衛の措置をとることを禁じているとはとうてい解されない。しかしながら、だからといって、平和主義をその基本原則とする憲法が、右にいう自衛のための措置を無制限に認めているとは解されないのであって、それは、あくまでも外国の武力攻撃によって国民の生命、自由及び幸福追求の擁利が根底からくつがえされるという急迫、不正の事態に対処し、国民のこれらの擁利を守るための止むを得ない措置として、はじめて容認されるものであるから、その措置は、右の事態を排除するためとられるべき必要最小限度の範囲にとどまるべきものである。そうだとすれば、わが憲法の下で武力行使を行うことが許されるのは、わが国に対する急迫、不正の侵害に対処する場合に限られるのであって、したがって、他国に加えられた武力攻撃を阻止することをその内容とするいわゆる集団的自衛権の行使は、憲法上許されないと言わざるを得ない。

（関連2）新三要件の従前の憲法解釈との論理的整合性等について

（平成27年6月9日
内閣官房 内閣法制局）

（従前の解釈との論理的整合性等について）

1.「国の存立を全うし、国民を守るための切れ目のない安全保障法制の整備について」（平成26年7月1日閣議決定）でお示しした「武力の行使」の三要件（以下「新三要件」という。）は、その文言からすると国際関係において一切の実力の行使を禁じているかのように見える憲法第9条の下でも、例外的に自衛のための武力の行使が許される場合があるという昭和47年10月14日に参議院決算委員会に対し政府が提出した資料「集団的自衛権と憲法との関係」で示された政府見解（以下「昭和47年の政府見解」という。）の基本的な論理を維持したものである。この昭和47年の政府見解においては、

(1) まず、「憲法は、第9条において、同条にいわゆる戦争を放棄し、いわゆる戦力の保持を禁止しているが、前文において「全世界の国民が…平和のうちに生存する権利を有する」ことを確認し、また、第13条において「生命、自由及び幸福追求に対する国民の権利については、…国政の上で、最大の尊重を必要とする」旨を定めていることからも、わが国がみずからの存立を全うし国民が

平和のうちに生存することまでも放棄していないことは明らかであつて、自国の平和と安全を維持しその存立を全うするために必要な自衛の措置をとることを禁じているとはとうてい解されない。」としている。この部分は、昭和34年12月16日の砂川事件最高裁大法廷判決の「わが国が、自国の平和と安全を維持しその存立を全うするために必要な自衛のための措置をとりうることは、国家固有の権能の行使として当然のことといわなければならない。」という判示と軌を一にするものである。

(2) 次に、「しかしながら、だからといって、平和主義をその基本原則とする憲法が、右にいう自衛のための措置を無制限に認めているとは解されないのであって、それは、あくまで外国の武力攻撃によって国民の生命、自由及び幸福追求の権利が根底からくつがえされるという急迫、不正の事態に対処し、国民のこれらの権利を守るための止むを得ない措置としてはじめて容認されるものであるから、その措置は、右の事態を排除するためとられるべき必要最少限度の範囲にとどまるべきものである。」として、このような場合に限って、例外的に自衛のための武力の行使が許されるという基本的な論理を示している。

(3) その上で、結論として、「そうだとすれば、わが憲法の下で武力行使を行うことが許されるのは、わが国に対する急迫、不正の侵害に対処する場合に限られるのであって、したがって、他国に加えられた武力攻撃を阻止することをその内容とするいわゆる集団的自衛権の行使は、憲法上許されないといわざるを得ない。」として、(1) 及び (2) の基本的な論理に当てはまる例外的な場合としては、我が国に対する武力攻撃が発生した場合に限られるという見解が述べられている。

2. 一方、パワーバランスの変化や技術革新の急速な進展、大量破壊兵器などの脅威等により我が国を取り巻く安全保障環境が根本的に変容し、変化し続けている状況を踏まえれば、今後他国に対して発生する武力攻撃であったとしてもその目的、規模、態様等によっては、我が国の存立を脅かすことも現実に起こり得る。新三要件は、こうした問題意識の下に、現在の安全保障環境に照らして慎重に検討した結果、このような昭和47年の政府見解の (1) 及び (2) の基本的な論理を維持し、この考え方を前提として、これに当てはまる例外的な場合として、我が国に対する武力攻撃が発生した場合に限られるとしてきたこれまでの認識を改め、「我が国と密接な関係にある他国に対する武力攻撃が発生し、これにより我が国の存立が脅かされ、国民の生命、自由及び幸福追求の権利が根底から覆される明白な危険がある」場合もこれに当てはまるとしたものである。すなわち、国際法上集団的自衛権の行使として認められる他国を防衛するための武力の行使それ自体を認めるものではなく、あくまでも我が国の存立を全うし、国民を守るため、すなわち我が国を防衛するためのやむを得ない自衛の措置として、一部、限定された場合において他国に対する武力攻撃が発生した場合を契機とする武力の行使を認めるにとどまるものである。したがって、これまでの政府の憲法解釈との論理的整合性及び法的安定性は保たれている。

3．新三要件の下で認められる武力の行使のうち、国際法上は集団的自衛権として違法性が阻却されるものは、他国を防衛するための武力の行使ではなく、あくまでも我が国を防衛するためのやむを得ない必要最小限度の自衛の措置にとどまるものである。

(明確性について)

4．憲法の解釈が明確でなければならないことは当然である。もっとも、新三要件においては、国際情勢の変化等によって将来実際に何が起こるかを具体的に予測することが一層困難となっている中で、憲法の平和主義や第9条の規範性を損なうことなく、いかなる事態においても、我が国と国民を守ることができるように備えておくとの要請に応えるという事柄の性質上、ある程度抽象的な表現が用いられることは避けられないところである。

その上で、第一要件においては、「我が国と密接な関係にある他国に対する武力攻撃が発生し、これにより我が国の存立が脅かされ、国民の生命、自由及び幸福追求の権利が根底から覆される明白な危険があること」とし、他国に対する武力攻撃が発生したということだけではなく、そのままでは、すなわち、その状況の下、武力を用いた対処をしなければ、国民に我が国が武力攻撃を受けた場合と同様な深刻、重大な被害が及ぶことが明らかであるということが必要であることを明らかにするとともに、第二要件においては、「これを排除し、我が国の存立を全うし、国民を守るために他に適当な手段がないこと」とし、他国に対する武力攻撃の発生を契機とする「武力の行使」についても、あくまでも我が国を防衛するためのやむを得ない自衛の措置に限られ、当該他国に対する武力攻撃の排除それ自体を目的とするものでないことを明らかにし、第三要件においては、これまで通り、我が国を防衛するための「必要最小限度の実力の行使にとどまるべきこと」としている。

このように、新三要件は、憲法第9条の下で許される「武力の行使」について、国際法上集団的自衛権の行使として認められる他国を防衛するための武力の行使それ自体ではなく、あくまでも我が国の存立を全うし、国民を守るため、すなわち我が国を防衛するためのやむを得ない必要最小限度の自衛の措置に限られることを明らかにしており、憲法の解釈として規範性を有する十分に明確なものである。

なお、ある事態が新三要件に該当するか否かについては、実際に他国に対する武力攻撃が発生した場合において、事態の個別具体的な状況に即して、主に、攻撃国の意思・能力、事態の発生場所、その規模、態様、推移などの要素を総合的に考慮し、我が国に戦禍が及ぶ蓋然性、国民が被ることとなる犠牲の深刻性、重大性などから客観的、合理的に判断する必要があり、あらかじめ具体的、詳細に示すことは困難であって、このことは、従来の自衛権行使の三要件の第一要件である「我が国に対する武力攻撃」に当たる事例について、「あらかじめ定型的、類型的にお答えすることは困難である」とお答えしてきたところと同じである。
(結論)
5．以上のとおり、新三要件は、従前の憲法解釈との論理的整合性等が十分に保たれている。

(3) **自衛隊の合憲性**（鳩山内閣の統一見解）

（衆・予算委29. 12. 22
大村防衛庁長官答弁）

憲法第9条は、独立国としてわが国が自衛権を持つことを認めている。従って自衛隊のような自衛のための任務を有し、かつその目的のため必要相当な範囲の実力部隊を設けることは、何ら憲法に違反するものではない。

(関連1)

（55. 12. 5衆議院　森清議員
質問主意書に対する答弁書）

我が国が自衛のための必要最小限度の実力を保持することは、憲法第9条の禁止するところではない。自衛隊は、我が国を防衛するための必要最小限度の実力組織であるから憲法に違反するものでないことはいうまでもない。

(関連2)

（参・予算委42. 3. 31
佐藤総理答弁）

政府としては、自衛隊法と、これに基づいて設置され維持されている自衛隊が、憲法に違反するのでないことは、憲法解釈論として一貫して堅持してきた見解であります。いわゆる砂川事件についての最高裁の判決は、自衛隊の合憲、非合憲の問題については、これを否定もしておらないし、肯定もしておりません。

(参考)
最高裁判所は、いわゆる砂川事件判決において「……同条2項がいわゆる自衛のための戦力の保持を禁じたものであるか否かは別として……」外国軍隊の駐留はここにいう戦力には該当しないと解すべきであると判示している。

(関連3)

（参・予算委57. 3. 10
角田法制局長官答弁）

……憲法第9条についてでありますが、この点につきましては従来からしばしば申し上げていますように、私どもとしては、自衛のため必要最小限度の防衛力を保持することは9条の禁止するところではないというふうに考えておりますし、自衛隊が合憲であるということについて、いささかの疑義も持っておりません。

(4) 自衛隊と戦力

（55. 12. 5衆議院　森清議員
質問主意書に対する答弁書）

憲法第9条第2項の「前項の目的を達するため」という言葉は、同条第1項全体の趣旨、すなわち、同項では国際紛争を解決する手段としての戦争、武力による威嚇、武力の行使を放棄しているが、自衛権は否定されておらず、自衛のための必要最小限度の武力の行使は認められているということを受けていると解している。

したがって、同条第2項は「戦力」の保持を禁止しているが、このことは、自衛のための必要最小限度の実力を保持することまで禁止する趣旨のものではなく、これを超える実力を保持することを禁止する趣旨のものであると解している。

(関連1)

（衆・予算委29. 12. 21
林法制局長官答弁）

憲法第9条は、………第1項におきまして、国は自衛権、あるいは自衛のための武力行使ということを当然独立国家として固有のものとして認められておるわけでありますから、第2項はやはりその観点と関連いたしまして解釈すべきものだ、かように考えるわけでございます。………この陸海空軍その他の戦力を保持しないという言葉の意味につきましては、戦力という言葉をごく素朴な意味で戦い得る力と解釈すれば、これは治安維持のための警察力あるいは商船とか、そういうものもみな入ることに相なるわけでありますが、憲法の趣旨から考えて、そういう意味の国内治安のための警察力というものの保持を禁止したものとはとうてい考えられないわけであります。………従いまして国家が自衛権を持っておる以上………、憲法が………、今の自衛隊のごとき、国土保全を任務とし、しかもそのために必要な限度において持つところの自衛力というものを禁止しておるということは当然これは考えられない、すなわち第2項におきます陸海空軍その他の戦力は保持しないという意味の戦力にはこれは当たらない、さように考えます。

(関連2)

（参・予算委32. 4. 24
岸総理答弁）

……自衛権に基づいて、わが国が外国から急迫不正な侵害を受ける、それを防止するというだけの必要な最小限度の力を保有しても、それは当然自衛権の内容として、これは憲法に違反するものではないという見解を私どもはとっております。しかして現在われわれの持っているこの防衛力、自衛隊の力というものは、そういう意味において、最小限度のものをわれわれが持つという建前のもとに、今日まで増強して参ったのでありまして、私どもの解釈では、これは自衛権の当然の内容であって、いわゆる憲法9条が禁止しておる戦力には当たらないと、こう解釈いたしております。

（関連3）戦力（統一見解）　（参・予算委47．11．13　吉國法制局長官答弁）

戦力とは、広く考えますと、文字どおり、戦う力ということでございます。そのようなことばの意味だけから申せば、一切の実力組織が戦力に当たるといってよいでございましょうが、憲法第9条第2項が保持を禁じている戦力は、右のようなことばの意味どおりの戦力のうちでも、自衛のための必要最小限度を超えるものでございます。それ以下の実力の保持は、同条項によって禁じられてはいないということでございまして、この見解は、年来政府のとっているところでございます。

………戦力とは近代戦争遂行に役立つ程度の装備編制を備えるものという定義の問題について申し上げます。

………吉田内閣当時における国会答弁では、戦力の定義といたしまして、近代戦争遂行能力あるいは近代戦争を遂行するに足りる装備編制を備えるものという趣旨の言葉を使って説明をいたしておりますが、これは、近代戦争あるいは近代戦と申しますか、そういうようなものは、現代における戦争の攻守両面にわたりまして最新の兵器及びあらゆる手段方法を用いまして遂行される戦争、そういうものを指称するものであると解しました上で、近代戦争遂行能力とは右のような戦争を独自で遂行することができる総体としての実力をいうものと解したものと考えられます。近代戦争遂行能力という趣旨の答弁は、第12回国会において初めて行われて以来第4次吉田内閣まで、言い回しやことばづかいは多少異なっておりますけれども、同じような趣旨で行われております。

ところで、政府は、昭和29年12月以来は、憲法第9条第2項の戦力の定義といたしまして、自衛のため必要な最小限度を超えるものという………趣旨の答弁を申し上げて、近代戦争遂行能力という言い方をやめております。それは次のような理由によるものでございます。

第1には、およそ憲法の解釈の方法といたしまして、戦力についても、それがわが国が保持を禁じられている実力を指すものであるという意味合いを踏まえて定義するほうが、よりよいのではないでしょうか。このような観点からいたしますれば、近代戦争遂行能力という定義のしかたは、戦力ということばを単に言いかえたのにすぎないのではないかといわれるような面もございまして、必ずしも妥当とは言いがたいのではないか。むしろ、右に申したような憲法上の実質的な意味合いを定義の上で表現したほうがよいと考えたことでございます。

第2には、近代戦争遂行能力という表現が具体的な実力の程度を表わすものでございまするならば、それも一つの言い方であろうと思いますけれども、結局は抽象的表現にとどまるものでございます。

第3には、右のようでございまするならば、憲法第9条第1項で自衛権は否定されておりません。その否定されていない自衛権の行使の裏づけといたしまして、自衛のため必要最小限度の実力を備えることは許されるものと解されまするので、その最小限度を越えるものが憲法第9条第2項の戦力であると解することが論理的ではないだろうか。

このような考え方で定義をしてまいったわけでございますが、それでは、現時点において、戦力とは近代戦争遂行能力であると定義することは間違いなのかどうかということに相なりますと、政府といたしましては、先ほども申し上げましたように、昭和29年12月以来、戦力の定義といたしましてそのようなことばを用いておりませんので、それが今日どういう意味で用いられるかということを、まず定めなければ、その是非を判定する立場にはございません。しかし、近代戦争遂行能力ということばについて申し上げれば、戦力の字義から言えば、文字の意味だけから申すならば、近代戦争を遂行する能力というものも戦力の一つの定義ではあると思います。結局、先ほど政府は昭和29年12月より前に近代戦争遂行能力ということばを用いました意味を申し上げたわけでございますが、そのような意味でありますならば、言い回し方は違うといたしましても、一がいに間違いであるということはないと存じます。

(関連4)

（参・予算委62. 5. 12
味村法制局長官答弁）

憲法9条2項に言います戦力は、これを政府は従来から憲法9条の1項が自衛権、我が国の固有の自衛権は否定しておりませんので、その自衛権の裏づけとなります自衛のため必要最小限度の実力というものは、これは戦力に該当しない、それを超える実力が戦力であると、このように従前から申し述べているとおりでございます。

(5) 自衛隊と軍隊

（60. 11. 5 衆議院秦豊議員
質問主意書に対する答弁書）

自衛隊は、憲法上必要最小限度を超える実力を保持し得ない等の制約を課せられており、通常の観念で考えられる軍隊とは異なるものと考える。

(関連1) 鳩山内閣の統一見解

（衆・予算委29. 12. 22
大村防衛庁長官答弁）

自衛隊は軍隊か。自衛隊は、外国からの侵略に対するという任務を有するが、こういうものを軍隊というならば、自衛隊も軍隊ということができる。しかし、かような実力部隊を持つことは憲法に違反するものではない。

(関連2)

（衆・日米安保特別委35. 4. 28
林法制局長官答弁）

自衛隊につきましては、自衛隊法に基づきまして、その任務あるいは権能等は詳しく規定されておるわけでございます。同時に憲法第9条の制約がかぶっておるわけであります。その意味におきまして、いわゆる普通の諸外国のそういう制約のない軍隊とは、私はやはり違うと思います。

(関連3)　（参・予算委42. 3. 31 高辻法制局長官答弁）

………自衛隊が軍隊であるかどうかというのが実は重要な点ではなくて、自衛隊というものが憲法上の制約をもっておる。………そういうものは、通常いう軍隊とは性格が違うようだ。いずれにしても定義の問題に帰着する………。

(関連4)　（参・予算委42. 3. 31 佐藤総理答弁）

………自衛隊を、今後とも軍隊と呼称することはいたしません。はっきり申しておきます。

(関連5)　（参・安保特委56. 11. 13 塩田防衛局長答弁）

軍隊にはいろいろな定義があろうかと思いますが、通常の観念で考えられております軍隊は、外敵と戦いを交えることを任務とし、その活動については交戦権の行使に当たるものというふうに言ってよろしいかと思います。自衛隊は外国による侵略に対しまして、わが国を防衛する任務を有するものではありますけれども、交戦権の行使は認められておりません。そのほか憲法上各種の厳しい制約下にあります。そういう意味では、自衛隊を通常の観念で言う軍隊とは異なるというふうに私どもは考えておるわけであります。

(関連6)　（衆・本会議2. 10. 18 中山外務大臣答弁）

自衛隊は、憲法上必要最小限度を超える実力を保持し得ない等の厳しい制約を課せられております。通常の観念で考えられます軍隊ではありませんが、国際法上は軍隊として取り扱われておりまして、自衛官は軍隊の構成員に該当いたします。

(6) 交戦権と自衛権の行使

（56. 5. 15衆議院稲葉誠一議員質問主意書に対する答弁書）

憲法第9条第2項の「交戦権」とは、戦いを交える権利という意味ではなく、交戦国が国際法上有する種々の権利の総称であって、このような意味の交戦権が否認されていると解している。

他方、我が国は、自衛権の行使に当たっては、我が国を防衛するため必要最小限度の実力を行使することが当然に認められているのであってその行使として相手国兵力の殺傷及び破壊等を行うことは、交戦権の行使として相手国兵力の殺傷及び破壊等を行うこととは別の観念のものである。実際上、自衛権の行使としての実力の行使の態様がいかなるものになるかについては、具体的な状況に応じて異なると考えられるから、一概に述べることは困難であるが、例えば、相手国の領土の占領、そこにおける占領行政などは、自衛のための必要最小限度を超えるものと考えている。

(関連1)

(参・内閣委29. 5. 25
佐藤法制局長官答弁)

………交戦権そのものというものは、これは交戦者としての権利、而して最も典型的なものとしては敵性船舶の拿捕であるとか、或いは占領地の行政権であるとかいうことが憲法制定当時から答弁に出ているわけでございますが………平時において、普通、通常許されないような外敵行為というようなものが、交戦権を与えられることによってこれが合法として認められるという考え方は私どもも必ずしも排撃いたしておりません。………自衛権というものは、………国の基本的生存維持の権利でございますからして、………即ち急迫不正の侵害に対してそれを排除するに必要止むを得ない限度の実力行使は、自衛権として当然許される………ところが交戦権を更に持つということになりますと、………敵が攻めて来た場合、ずっと敵を追い詰めて行って、そうして将来の禍根を断つために、もう本国までも全部やっつけてしまうというようなことが………許されるであろう、併しないからそれは許されない。即ち自衛権の限度内でしかいわゆる外敵行動というものはできない……。

(関連2)

(参・内閣委30. 7. 26
林法制局長官答弁)

………交戦権の意味については、………学説………が、大別………二つ………あるように存じます。………交戦権ということを………戦争をする権利というふうに広く解釈する説と、………交戦国として国際法上一国が持つ種々の権利という意味に解釈する説とございます。普通………後者に解釈しているように考える……。………憲法9条2項の後段におきましては、日本が普通の意味において交戦国として持ついろいろの国際法上の権利というものは一応否認をされている………しかし………1項において自衛権を否認しておらず、従って自衛のために、日本が外国から侵略を受けた場合に、………排除する意味において行動する権利は否認されておらないものと考えるわけです。

(関連3)

(衆・安保特委56. 4. 20
角田法制局長官答弁)

………交戦権というものについては、これは憲法9条2項によってあくまで否認をされている、しかし、従来から政府の見解として申し上げているところでございますが、わが国が自衛権を持っているということは憲法9条によっても否定されておらない、そして、自衛権の行使として実際上いろいろな実力行動をとることは交戦権の行使とは別のことである、そういうことは憲法上当然認められているということを申し上げた上で、仮に、わが国に武力攻撃を加えている国の軍隊の武器を第三国の船が輸送をしている、それを臨検することができるかという点でございますが、一般論として申し上げるならば、ある国がわが国に対して現に武力攻撃を加えているわけでございますから、その国のために働いているその船舶に対して臨検等の必要な措置をとることは、自衛権の行使として認められる限度内のものであれば、それはできるのではないかというふうに私どもは考えております、ということを申し上げたわけでありまして、あくまでも自衛権の行使として認められる限度内のもの、すなわち必要最小限度の範囲内のものであれば、そういう措置がとれるという可能性があり得るのではないかということを申し述べただけでございまして、従来の政府の解釈を変更するものではないというふうに心得ております。

(7) 自衛隊の行動の地理的範囲

（56．4．17衆議院楢崎弥之助議員質問主意書に対する答弁書）

我が国が自衛権の行使として我が国を防衛するため必要最小限度の実力を行使することのできる地理的範囲は、必ずしも我が国の領土、領海、領空に限られるものではないことについては、政府が従来から一貫して明らかにしているところであるが、それが具体的にどこまで及ぶかは個々の状況に応じて異なるので一概にはいえない。

(関連1)　（44．12．29参議院春日正一議員質問主意書に対する答弁書）

ア　自衛隊法上、自衛隊は、侵略に対して、わが国を防衛することを任務としており、わが国に対し外部からの武力の攻撃がある場合には、わが国の防衛に必要な限度において、わが国の領土・領海・領空においてばかりでなく、周辺の公海・公空においてこれに対処することがあっても、このことは、自衛権の限度をこえるものではなく、憲法の禁止するところとは考えられない。

イ　自衛隊が外部からの武力攻撃に対処するため行動することができる公海・公空の範囲は、外部からの武力攻撃の態様に応ずるものであり、一概にはいえないが、自衛権の行使に必要な限度内での公海・公空に及ぶことができるものと解している。

(関連2)　（60.9.27衆議院森清議員提出憲法第9条の解釈に関する質問に対する答弁書）

我が国が自衛権の行使として我が国を防衛するため必要最小限度の実力を行使することのできる地理的範囲は、必ずしも我が国の領土、領海、領空に限られるものではなく、公海及び公空にも及び得るが、武力行使の目的をもって自衛隊を他国の領土、領海、領空に派遣することは、一般に自衛のための必要最小限度を超えるものであって、憲法上許されないと考えている。

(8) 海外派兵

（55. 10. 28衆議院稲葉誠一議員質問主意書に対する答弁書）

ア　従来、「いわゆる海外派兵とは、一般的にいえば、武力行使の目的をもって武装した部隊を他国の領土、領海、領空に派遣することである」と定義づけて説明されているが、このような海外派兵は、一般に自衛のための必要最小限度を超えるものであって、憲法上許されないと考えている………。

イ　これに対し、いわゆる海外派遣については、従来これを定義づけたことはないが、武力行使の目的をもたないで部隊を他国へ派遣することは、憲法上許されないわけではないと考えている。しかしながら、法律上、自衛隊の任務、権限として規定されていないものについては、その部隊を他国へ派遣することはできないと考えている。

(関連1)

（44. 3. 25衆議院松本善明議員質問主意書及び44. 4. 8答弁書）

質問主意書………3月10日の衆議院予算委員会で高辻法制局長官は、海外派兵と憲法の関係について「(海外派兵を) 自衛権の限界をこえた海外における武力行動という定義を下すことになれば、自衛権の限界を越えないものはよろしい」「要するにそれが自衛権発動の3要件に該当する場合であるかないかだけにかかる問題であろう」と答えている。

これは、自衛権発動の3要件に該当する場合には、海外における武力行動も合憲であるということか………。

答弁書………政府は、従来、わが国には固有の自衛権があり、その限界内で自衛行動をとることは憲法上許されるとの見解のもとに、いわゆる「海外派兵」は、自衛権の限界をこえるが故に、憲法上許されないとの立場を堅持しており、御指摘の、3月10日の参議院予算委員会における高辻法制局長官の答弁は、重ねてこのような見解を明らかにしたものである。

かりに、海外における武力行動で、自衛権発動の3要件（わが国に対する急迫不正な侵害があること、この場合に他に適当な手段がないこと及び必要最小限度の実力行使にとどまるべきこと）に該当するものがあるとすれば、憲法上の理論としては、そのような行動をとることが許されないわけではないと考える。この趣旨は、昭和31年2月29日の衆議院内閣委員会で示された政府の統一見解によってすでに明らかにされているところである………。

(関連2)

（衆・内閣委46. 5. 14高辻法制局長官答弁）

………主として海外派兵というものが論ぜられるのは、………外部からの武力攻撃に際してわが国の国民の安全と生存を保持するためにやむなく武力を行使して抵抗をするという………場合でも自衛権の行使の限界というものを非常に重大視しておるわけで、それを越えるような、たとえば海外に対する派兵というようなことになりますと、自衛権の限界を越えるがゆえに憲法に違反するという考え方を持つわけです。

………通常敵国の領土に兵力を派遣しまして、そうして事実上兵力による制圧の状態をそこに確立するというのはいわゆる海外派兵となり自衛権の行使の限界を越えるというのが普通の姿だと思いますのでそれらは許されないと考えるのが当然であろうと思います。

(関連3)　（衆・本会議57. 3. 26
伊藤防衛庁長官答弁）

海外派兵の問題でございますが、政府は、従来から、憲法にのっとり専守防衛の立場を堅持し、………いわゆる海外派兵は、一般に自衛のための必要最小限度を超えることから海外派兵は行わないこととしておりますが、このような考え方は今後とも堅持をしてまいる所存でございます。

(関連4)　（参・国際平和協力特委4. 4. 28
工藤法制局長官答弁）

………海外派兵につきまして一般的に申し上げますと、武力行使の目的を持って武装した部隊を他国の領土、領海、領空に派遣することというふうに従来定義して申し上げているわけでございます。このような海外派兵、これは一般に自衛のための必要最小限度を超えるものということで憲法上許されないと解しておりますが、今回の法案に基づきますPKO活動への参加、この場合には、ただいま申し上げましたとおり我が国が武力行使をするとの評価を受けることはございませんので、そういう意味で今回の法案に基づくPKOへの参加というものは憲法の禁ずる海外派兵に当たるものではない、かように考えております。

(関連5) いわゆる「海外派兵」に関する政府の考え方を変えない理由について

（27.7.14衆・平安特委理事会提出資料
寺田学議員要求
平成27年7月14日
内閣官房）

従来から、武力行使の目的を持って武装した部隊を他国の領土、領海、領空へ派遣するいわゆる「海外派兵」は、一般に、自衛のための必要最小限度を超えるものであって、憲法上許されないと解してきている。

これは、我が国に対する武力攻撃が発生し、これを排除するために武力を行使するほか適当な手段がない場合においても、対処の手段、態様、程度の問題として、一般に、他国の領域において「武力の行使」に及ぶことは、「自衛権発動の三要件」の第三要件の自衛のための必要最小限度を超えるものという基本的な考え方を示したものである。
このような従来からの考え方は、「新三要件」の下で行われる自衛の措置、すなわち他国の防衛を目的とするものではなく、あくまでも我が国を防衛するための必要最小限度の措置にとどまるものとしての「武力の行使」における対処の手段、態様、程度の問題として、そのまま当てはまるものと考えている。
第三要件にいう必要最小限度は、「新三要件」の下で集団的自衛権を行使する場合においても、我が国の存立を全うし、国民を守るための必要最小限度を意味し、これは、個別的自衛権を行使する場合と変わらない。
なお、「新三要件」を満たす場合に例外的に外国の領域において行う「武力の行使」については、ホルムズ海峡での機雷掃海のほかに、現時点で個別具体的な活動を念頭には置いていない。

(9) 自衛隊の海外出動禁止決議（参議院）

（参・本会議29. 6. 2）

自衛隊の海外出動を為さざることに関する決議
本院は、自衛隊の創設に際し、現行憲法の条章と、わが国民の熾烈なる平和愛好精神に照し、海外出動はこれを行わないことを、茲に更めて確認する。
右決議する。

（関連）

（参・本会議29. 6. 2
木村保安庁長官発言）

只今の本院の決議に対しまして、一言、政府の所信を申し上げます。
申すまでもなく自衛隊は、我が国の平和と独立を守り、国の安全を保つため、直接並びに間接の侵略に対して我が国を防衛することを任務とするものでありまして、海外派遣というような目的は持っていないのであります。従いまして、只今の決議の趣旨は、十分これを尊重する所存であります。

(10) 敵基地攻撃と自衛権の範囲（統一見解）

（衆・内閣委31. 2. 29
鳩山総理答弁船田防衛庁長官代読）

わが国に対して急迫不正の侵害が行われ、その侵害の手段としてわが国土に対し、誘導弾等による攻撃が行われた場合、座して自滅を待つべしというのが憲法の趣旨とするところだというふうには、どうしても考えられないと思うのです。そういう場合には、そのような攻撃を防ぐのに万やむを得ない必要最小限度の措置をとること、たとえば誘導弾等による攻撃を防御するのに、他に手段がないと認められる限り、誘導弾等の基地をたたくことは、法理的には自衛の範囲に含まれ、可能であるというべきものと思います。

(関連1)

（衆・内閣委34. 3. 19
伊能防衛庁長官答弁）

………誘導弾等による攻撃を受けて、これを防御する手段がほかに全然ないというような場合、敵基地をたたくことも自衛権の範囲に入るということは、独立国として自衛権を持つ以上、座して自滅を待つべしというのが憲法の趣旨ではあるまい。そういうような場合にはそのような攻撃を防ぐのに万やむを得ない必要最小限度の措置をとること、たとえば誘導弾等による攻撃を防御するのに他に全然方法がないと認められる限り、誘導弾などの基地をたたくということは、法理的には自衛の範囲に含まれており、また可能であると私どもは考えております。しかしこのような事態は今日においては現実の問題として起こりがたいのでありまして、こういう仮定の事態を想定して、その危険があるからといって平生から他国を攻撃するような、攻撃的な脅威を与えるような兵器を持っているということは、憲法の趣旨とするところではない。かようにこの二つの観念は別個の問題で、決して矛盾するものではない………。

(関連2)

事態対処法をこのまま施行した場合、同法第3条第4項の存立危機武力攻撃排除義務を果たせない事態が生じるかもしれないこと（策源地攻撃をしなければ存立危機事態を終結させることができない一方、我が国は策源地攻撃能力を有していないため。）から、どのように対処するのかについて

（27.9.4参・平安特委理事会提出資料
大塚耕平議員要求
平成27年9月4日
内閣官房）

1．事態対処法改正案第3条第4項において存立危機事態の「速やかな終結を図らなければならない」とされているのは、「新三要件」の下で行われる自衛の措置としての「武力の行使」により存立危機武力攻撃を排除しつつ、外交上の措置など「武力の行使」以外のあらゆる努力を行うことによることを意味している。

2．そもそも、従来から、武力の行使の目的を持って武装した部隊を他国の領土、領海、領空へ派遣するいわゆる「海外派兵」は、一般に、自衛のための必要最小限度を超えるものであって、憲法上許されないが、誘導弾等の基地をたたくなどの他国の領域における武力行動で「自衛権発動の三要件」に該当するものがあれば、憲法上の理論としては、そのような行動をとることが許されないわけではないとしてきている。その上で、我が国は、敵基地攻撃を目的とした装備体系を保有しておらず、個別的自衛権の行使として敵基地攻撃を行うことは想定していない。

　これまで、「自衛権発動の三要件」の下においては、第三要件の自衛のための必要最小限度を超えてはならないことに関しては、防衛出動時の武力行使の権限を規定した自衛隊法第88条第2項において、「武力行使に際しては、…事態に応

じ合理的に必要と判断される限度をこえてはならない」と規定するとともに、事態対処法第3条第3項において、「武力攻撃が発生した場合においてこれを排除するに当たっては、武力の行使は、事態に応じ合理的に必要と判断される限度においてなされなければならない」と規定し、法文上も明確に担保されてきた。

3．2で示した考え方は、「新三要件」の下で行われる自衛の措置としての「武力の行使」にもそのまま当てはまるものと考えられる。その上で、個別的自衛権の行使としても敵基地攻撃することは想定していない中で、ましてや、我が国に対する武力攻撃が発生していない状況の下で限定的な集団的自衛権の行使として敵基地攻撃を行うことは、そもそも想定していない。

「新三要件」の下において、第三要件の自衛のための必要最小限度を超えてはならないことに関しては、存立危機事態については、自衛隊法第88条第2項をそのまま維持するとともに、事態対処法改正案第3条第4項において、「存立危機武力攻撃を排除するに当たっては、武力の行使は、事態に応じ合理的に必要と判断される限度においてなされなければならない」との規定を設けており、引き続き、法文上、明確に担保している。

(11) 自衛隊の国連軍への派遣

（55. 10. 28衆議院稲葉誠一議員質問主意書に対する答弁書）

いわゆる「国連軍」は、個々の事例によりその目的・任務が異なるので、それへの参加の可否を一律に論ずることはできないが、当該「国連軍」の目的・任務が武力行使を伴うものであれば、自衛隊がこれに参加することは憲法上許されないと考えている。これに対し、当該「国連軍」の目的・任務が武力行使を伴わないものであれば、自衛隊がこれに参加することは憲法上許されないわけではないが、現行自衛隊法上は自衛隊にそのような任務を与えていないので、これに参加することは許されないと考えている。

(関連1)

（衆・本会議36. 2. 23池田総理答弁）

国連の警察軍につきましては、その目的、任務、機能あるいは組織等、いろいろの場合が考えられるのであります。………国連警察軍に今派兵ができるかできないかという問題につきましては、………具体的の事例でないと、憲法上違憲なりやいなという判断はできません。すなわち、戦争目的を持たない純然たる国内的警察の場合、あるいは、世界治安維持機関としては、ほんとうに国家間の闘争のためでない治安問題につきましてできるかできないかということになりますと、憲法論としてはいろいろ議論がございましょう。私は、その憲法論につきましては、その警察軍の目的、任務、機能、組織等から考え、具体的の場合でないと判断はできないというのであります。これが純然たる警察目的のために派兵する場合において、憲法

第9条の問題との関係は私は考えられる、ほんとうに警察目的であって、しかも、世界治安維持のためならば、憲法上考えられる場合もあるということを言っているのであります。ただ、問題は、今の自衛隊法におきましては、海外派兵を認めておりません。

(関連2)　（参・予算委2. 10. 22 工藤法制局長官答弁）

………国連憲章の第7章に基づく国連軍、今42条をお引きになりましたが、43条で、そういうときに特別協定に従って各国が利用させることを約束するというような規定もございます。国連憲章の第7章に基づく国連軍というのは、現在のところまだ、第7章の42条、43条といったところの国連軍は現実のものとなっておりません。したがいまして、我が国がこれに関与するその仕方あるいは参加の態様というものが現実の姿となっていない以上、明確な形で申し上げるわけにはまいらないと思います。

ただ、こういうことだけは申し上げられるということで、従来思考過程あるいは研究過程ということで申し上げましたが、まず、………自衛隊につきましては、我が国の自衛のための必要最小限度の実力組織である、そういう意味におきましていわゆる憲法9条に違反するものではない、こういうことは従来から申し上げてきているところでございます。

これから派生するといいますか、そういう自衛隊の存在理由からまいりまして3つだけ、まずその系といいますか、そういう形で申し上げられると思うんですが、まず、武力行使の目的を持って武装した部隊、これを他国の領土、領海、領空に派遣するという、いわゆる海外派兵と言っておりますが、この海外派兵は一般に自衛のための必要最小限度を超えるものだ、かように観念できますので、憲法上許されないということを申し上げてきているわけでございます。

それから次に、集団的自衛権、これは今総理も申されましたが、自国と密接な関係にある外国、これに対する武力攻撃を、自国が直接攻撃されていないにもかかわらず実力をもって阻止する権利、かように定義いたしますと、我が国は国際法上こういう権利を持っていることは主権国家という意味におきまして当然ではございますけれども、その権利を行使することは、先ほど出ました憲法9条のもとで許されている我が国を防衛するため必要最小限度、こういうことの範囲を超えるものであって憲法上許されない、これが従来の解釈だろうと思います。

それから3番目に、国連の平和維持活動を行う従来のいわゆる国連軍と称されるものがございます。これはさまざまな形態がございますので一概に言うわけにはまいりませんが、その中で、その目的、任務が武力行使を伴うものであればこれに参加することが許されない、これも従来申し上げてきているところかと思います。

そのような憲法9条あるいはそれに関連する事項の解釈なり適用、こういうものを積み重ねてきているわけでございますが、こういうものから推論いたしますと、任務が我が国を防衛するものと言えないいわゆる、いわゆるというか、正規のと申しますか、そいう国連憲章上の国連軍に自衛隊を参加させること、これについては憲法上の問題が残る、こういうふうなことを申し上げたところでございます。
それで、冒頭も申し上げましたけれども、国連憲章の第7章に基づきます国連軍、これはまだ設けられたことはないわけでございます。43条で特別協定を結ぶということになっておりますが、その43条の特別協定の内容につきましても、どのような内容になるか、具体なものがまだないわけでございます。また、国連憲章の43条におきましては手段として3つのことが書いてありまして、その貢献の中身として兵力、援助及び便益を利用させること、こういうふうな3つのことが書いてございます。この3つは必ずしもそのすべてが満たされなければならないとは解されていないようでございます。そういう意味におきまして、この3つが絶えずペアでと申しますか、絶えず一体となっている必要はないというふうな解釈もございます。
さらに、国際情勢、これは急速に変化しつつある。そういう意味で、今後この42条、43条というふうなものも含めましてどのような形になっていくか、そういったことを全体として考えますと、将来この国連憲章第7章に基づきます、特に42条、43条に基づきます国連軍の編成が現実の問題となる場合に、従来の憲法解釈、積み重ねというのはそういうことがございますから、その時点でこれとの適合ということを総合勘案して判断すべきである、かように考えているところでございます。

(関連3)

（衆・国連特委2. 10. 30
工藤法制局長官答弁）

林元法制局長官あるいは高辻元法制局長官が何度かそのような観点から御答弁申し上げておりますが、その場合に前提としておりますのは、いわば理想的な国際社会におきます国連軍というふうなことでございまして、先日から私が申し上げておりますいわゆる国連憲章の第7章に基づきます国連軍、それよりもさらにもう一歩先の理想的な社会、こういうふうなものを描かれての答弁であると記憶しております。そういう意味におきまして、それよりもう一歩手前のいわゆる国連憲章第7章に基づきます正規の国連軍、これにつきましての答弁は先日から申し上げているところでございまして、要するに43条の特別協定のようなもの、こういうふうなものが明らかになりました段階でそういう判断がなされるべきもの、かように考えております。

(関連4) いわゆる国連軍への平和協力隊の参加と協力についての政府統一見解

（衆・国連特委2. 10. 26
中山外務大臣答弁）

ア　いわゆる「国連軍」に対する関与のあり方としては、「参加」と「協力」とが考えられる。
イ　昭和55年10月28日付政府答弁書にいう「参加」とは、当該「国連軍」の司令官の指揮下に入り、その一員として行動することを意味し、平和協力隊が当該「国連軍」に参加することは、当該「国連軍」の目的・任務が武力行使を伴うものであれば、自衛隊が当該「国連軍」に参加する場合と同様、自衛のための必要最小限度の範囲を超えるものであって、憲法上許されないと考えている。

ウ　これに対し、「協力」とは、「国連軍」に対する右の「参加」を含む広い意味での関与形態を表すものであり、当該「国連軍」の組織の外にあって行う「参加」に至らない各種の支援をも含むと解される。

エ　右の「参加」に至らない「協力」については、当該「国連軍」の目的・任務が武力行使を伴うものであっても、それがすべて許されないわけではなく、当該「国連軍」の武力行使と一体となるようなものは憲法上許されないが、当該「国連軍」の武力行使と一体とならないようなものは憲法上許されると解される。

(関連5)　（衆・国際平和協力特委3. 9. 25
工藤法制局長官答弁）

………それで、従来の考え方を若干申し上げますと、例えば昭和55年の政府答弁書、ここにおきまして、政府は、国連がその平和維持活動として編成した平和維持隊などの組織について、個々の事例によりその目的・任務が異なるので、それへの参加の可否を一律に論ずることはできないが、その目的・任務が武力行使を伴うものであれば我が国がこれに参加することは憲法上許されないと解してきた、こういうことでございます。この政府見解の趣旨としますところは、ただいま申し上げました憲法の9条との関係におきまして、通常この平和維持隊の、これに参加したのが我が国自身が武力行使をする、こういうことが予定される、あるいは、我が国自身が武力行使をしないまでも、仮にその他の国が参加しております平和維持隊が武力行使をすれば、我が国としてもその平和維持軍への参加を通じてその武力行使と一体化することになるのではないか、そういうことで我が国が武力行使をするとの評価を受けることを、そのおそれがあるのではないか、こういうことの趣旨を申し上げたわけで、基本的にはあくまでも憲法9条の武力行使との関係を申し上げているわけでございます。

その意味におきまして、今回の法案におきましては、その目的・任務というのが武力行使を伴う平和維持隊につきまして一つのといいますか、大きく二つの前提を設けました。それは、先ほどからの繰り返しになりますが、武器の使用は我が国要員の生命、身体の防衛のために必要な最小限度のものに限られる。それから二番目として、もし紛争当事者間の停戦合意が破れる、こういうことなどがございまして、我が国が平和維持隊に参加して活動する、こういう前提が崩れまして、しかも短期間にこのような前提が回復しない場合には我が国から参加した部隊の派遣を終了させる、こういう前提を設けたわけでございます。

そういう前提のもとで考えました場合には、仮に他国が参加している平和維持隊が武力行使をするようなことがあるとしても、我が国としてみずから武力行使はしない、あるいは他国の参加しております平和維持隊の行う武力行使、こういうものと一体化しない、こういうことが確保されるわけでございます。そういう意味におきまして、我が国が武力行使をするとの評価を受けないわけでございますから、そういう意味で憲法9条に反するものではございませんし、そういう意味で憲法9条に関して、あるいは平和維持隊に関しまして従来から政府が申し上げてきた解釈を変えるものではございませんし、いわゆる一般的な問題を、条件をつけて申し上げているわけでございますから、変更では何らございません。

（関連6）（参・国際平和協力特委4. 5. 22 宮沢総理答弁）

………いわゆる国連軍に我が国が現行の憲法のもとで参加できるかどうかということにつきましては、国連憲章第七章で国連軍というようなことが想定されておるようではございますけれども、かつて国連軍が真剣に議論されたあるいは創設されたことはもとよりないわけでございます。そしてそれとの関連で、そのためには国連憲章の第四十三条でございますか、特別協定を結ぶことが必要であるというふうなことも書かれておりますけれども、その特別協定がいかなるものであるかも実はそれ以上敷衍されておりません。

したがいまして、国連軍というお尋ねについて、国連軍というものが定義されておりませんので明確なお答えができない。むしろ、ある一定のもとにこういう種類の国連軍についてはどうかということであれば、これはまた法制上の立場からもお答えができるわけでございますけれども、国連軍そのものが明確に規定されておりませんために正確なお答えができないということが真実ではないかと考えております。

（関連7）（参・予算委員会19. 10. 15 高村外務大臣答弁）

国連中心主義というのはいろいろ幅がありますから、国連中心主義が悪いということは申し上げませんが、国連の決議があれば武力行使もいいんだよというのは、我が国政府が一貫して取ってきた考え方と相入れないということだけは確かであります。国連がもっとちゃんとした体を成して、もっとですよ、そして正規の意味の国連軍ができて、自衛隊が出たとしても、完全にその主権国家としての行動ではなくて、完全に国連の指揮の下に入った典型的な国連軍ができた場合にはいろいろな考え方があり得ると思います。

ただ、今、国連決議があって、そこに主権国家たる日本が自衛隊を出して、そしてその中で活動をするのに、これは国連の活動だから武力行使しても憲法違反にならないと、こういう考え方は私は取り得ない考え方だと。政府はそういうことは一貫して否定してきております。

(12) 自衛力の限界（自衛隊増強の限度）

（参・予算委42. 3. 31
佐藤総理答弁）

………わが国が持ち得る自衛力、これは他国に対して侵略的脅威を与えない、侵略的脅威を与えるようなものであってはならないのであります。これは、いま自衛隊の自衛力の限界だ。………ただいま言われますように、だんだん強くなっております。これはまたいろいろ武器等におきましても、地域的な通常兵器による侵略と申しましても、いろいろそのほうの力が強くなってきておりますから、それは、これに対応し得る抑圧力、そのためには私のほうも整備していかなければならぬ。かように思っておりますが、その問題とは違って、憲法が許しておりますものは、他国に対し侵略的な脅威を与えない。こういうことで、はっきり限度がおわかりいただけるだろうと思います。

(関連1)

（53. 2. 14衆・予算委提出資料
小林進委員要求）

憲法第9条第2項が保持を禁止している「戦力」は、自衛のための必要最小限度を超えるものである。

右の憲法上の制約の下において保持を許される自衛力の具体的な限度については、その時々の国際情勢、軍事技術の水準その他の諸条件により変わり得る相対的な面を有することは否定し得ない。もっとも、性能上専ら他国の国土の潰滅的破壊のためにのみ用いられる兵器（例えば、ICBM、長距離戦略爆撃機等）については、いかなる場合においても、これを保持することが許されないのはいうまでもない。

これらの点は、政府のかねがね申し述べてきた見解であり、今日においても変わりはない。

(関連2)

（参・予算委47. 11. 13
田中総理答弁）

自衛のため、防衛のため必要な力というものは、相手側が非常に高速になってくれば、こちらも高速にならざるを得ない。ただ、これは攻撃というのではなく、あくまでも自衛のため、防衛のため、受け身のものではございますが、いずれにしても、質が、相手の質がよくなれば、防衛力というものそのまま………これは相対的なものでございますから、相手が強くなればこちらも強くならなければいかぬということでございまして、質の面では相対して強くならなければならないということは、そのとおりだと思います。

(関連3)

（参・予算委50. 3. 5
三木総理答弁）

自衛隊というものの限度はここだということは言い切れない。そのときの国際的ないわゆる客観情勢とか、科学技術の進歩とか、いろいろな条件がありますから、これだけが限度でございますということは困難であって、これはあんまり国の防衛というものを単に防衛力だけで狭く見ることはいけない。それにはやっぱり外交の努力もあるし、いろいろ総合的に国の防衛力を見ることが必要だというふうに思えますから、日本の防衛力のこれが一番適切な規模だというようなことは、私はそういうことは言えないと思います。

(13) 核兵器の保有に関する憲法第9条の解釈

（参・予算委53. 3. 11
真田法制局長官答弁）

一　政府は、従来から、自衛のための必要最小限度を超えない実力を保持することは憲法第9条第2項によっても禁止されておらず、したがって、右の限界の範囲内にとどまるものである限り、核兵器であると通常兵器であるとを問わず、これを保有することは同項の禁ずるところではないとの解釈をとってきている。

二　憲法のみならずおよそ法令については、これを解釈する者によっていろいろの説が存することがあり得るものであるが、政府としては、憲法第9条第2項に関する解釈については、一に述べた解釈が法解釈論として正しいものであると信じており、これ以外の見解はとり得ないところである。

三　憲法上その保有を禁じられていないものを含め、一切の核兵器について、政府は、政策として非核3原則によりこれを保有しないこととしており、また、法律上及び条約上においても、原子力基本法及び核兵器不拡散条約の規定によりその保有が禁止されているところであるが、これらのことと核兵器の保有に関する憲法第9条の法的解釈とは全く別の問題である。

（関連1）

（参・予算委53. 4. 3
真田法制局長官答弁）

………核兵器の保有に関する憲法第9条の解釈についての補足説明を申し上げます。

一　憲法上核兵器の保有が許されるか否かは、それが憲法第9条第2項の「戦力」を構成するものであるか否かの問題に帰することは明らかであるが、政府が従来から憲法第9条に関してとっている解釈は、同条が我が国が独立国として固有の自衛権を有することを否定していないことは憲法の前文をはじめ全体の趣旨に照らしてみても明らかであり、その裏付けとしての自衛のための必要最小限度の範囲内の実力を保持することは同条第2項によっても禁止されておらず、右の限度を超えるものが同項によりその保持を禁止される「戦力」に当たるというものである。

そして、この解釈からすれば、個々の兵器の保持についても、それが同項によって禁止されるか否かは、それにより右の自衛のための必要最小限度の範囲を超えることとなるか否かによって定まるべきものであって、右の限度の範囲内にとどまる限りは、その保有する兵器がどのような兵器であるかということは、同項の問うところではないと解される。

したがって、通常兵器であっても自衛のための必要最小限度の範囲を超えることとなるものは、その保有を許されないと解される一方、核兵器であっても仮に右の限度の範囲内にとどまるものがあるとすれば、憲法上その保有が許されることになるというのが法解釈論としての当然の論理的帰結であり、政府が従来国会において、御質問に応じ繰り返し説明してきた趣旨も、右の考え方によるものであって、何らかの政治的考慮に基づくものでないことはいうまでもない。

二　憲法をはじめ法令の解釈は、当該法令の規定の文言、趣旨等に即しつつ、それが法規範として持つ意味内容を論理的に追求し、確定することであるから、それぞれの解釈者にとって論理的に得られる正しい結論は当然一つしかなく、幾つかの結論の中からある政策に合致するものを選択して採用すればよいという性質のものでないことは明らかである。政府が核兵器の保有に関する憲法第9条の解釈につき、一に述べた見解をとっているのも、右の法解釈論の原理に従った結果であり、何らかの政治的考慮を加えることによりこれ以外の見解をとる余地はないといわざるを得ない。

三　もっとも、一に述べた解釈において、核兵器であっても仮に自衛のための必要最小限度の範囲内にとどまるものがあるとすれば、憲法上その保有を許されるとしている意味は、もともと、単にその保有を禁じていないというにとどまり、その保有を義務付けているというものでないことは当然であるから、これを保有しないこととする政策的選択を行うことは憲法上何ら否定されていないのであって、現に我が国は、そうした政策的選択の下に、国是ともいうべき非核三原則を堅持し、更に原子力基本法及び核兵器不拡散条約の規定により一切の核兵器を保有し得ないこととしているところである。

以上でございます。

(関連2)　　（参・予算委57. 4. 5　角田法制局長官答弁）

核兵器と憲法との関係については、これまで再々申し上げておりますが、基本的に政府は自衛のための必要最小限度を超えない実力を保持することは、憲法9条2項によっても禁止されておらない。したがって右の限度の範囲内にとどまるものである限り、核兵器であると通常兵器であるとを問わずこれを保有することは同項の禁ずるところではない、こういう解釈を従来から政府の統一見解として繰り返して申し上げているところであります。したがって、核兵器のすべてが憲法上持てないというのではなくて、自衛のため必要最小限度の範囲内に属する核兵器というものがもしあるとすればそれは持ち得ると。ただし非核三原則というわが国の国是とも言うべき方針によって一切の核兵器は持たない、こういう政策的な選択をしている、これが正確な政府の見解でございます。

(14) 核兵器及び通常兵器について

（33. 4. 15参・内閣委提出資料 田畑金光委員要求）

核兵器及び通常兵器については、今日、国際的に定説と称すべきものは見出しがたいが、一般的に次のように用いられているようである。

ア　核兵器とは、原子核の分裂又は核融合反応より生ずる放射エネルギーを破壊力又は殺傷力として使用する兵器をいう。

イ　通常兵器とは、おおむね非核兵器を総称したものである。

従って

(1) サイドワインダー、エリコンのように核弾頭を装着することのできないものは非核兵器である。

(2) オネストジョンのように核・非核両弾頭を装着できるものは、核弾頭を装着した場合は核兵器であるが、核弾頭を装着しない場合は非核兵器である。

(3) ICBM、IRBMのように本来的に核弾頭が装着されるものは核兵器である。

(15) 攻撃的兵器、防御的兵器の区分

（55. 10. 14衆議院楢崎弥之助議員質問主意書に対する答弁書）

政府は、従来から、自衛のための必要最小限度を超えない実力を保持することは、憲法第9条第2項によって禁じられていないと解しているが、性能上専ら他国の国土の潰滅的破壊のためにのみ用いられる兵器については、これを保持することが許されないと考えている。

(関連1)　（44. 3. 25衆議院松本善明議員質問主意書及び44. 4. 8答弁書）

質問主意書………昭和44年3月10日の衆議院予算委員会において高辻法制局長官は「今後兵器の発達によってその兵器が性能から見てもっぱら防衛の用に供するものであるか、侵略の用以外には用がないものであるか区別のつけられないものがふえるであろう。そういうものについては、使用するものの意思によって制約を加える以外に方法はない」という趣旨の答弁をしている。

これは、自衛のために使用する意思をもってさえおれば、もっぱら侵略の用に供する以外に性能をもった兵器のほかは憲法上もつことを許されるということか………。

答弁書………性能上純粋に国土を守ることのみに用いられる兵器の保持が憲法上禁止されていないことは、明らかであるし、また、性能上相手国の国土の壊滅的破壊のためにのみ用いられる兵器の保持は、憲法上許されないものといわなければならない。

このような、それ自体の性能からみて憲法上の保持の可否が明らかな兵器以外の兵器は、自衛権の限界をこえる行動の用に供することはむろんのこと、将来自衛権の限界をこえる行動の用に供する意図のもとに保持することも憲法上許されないことは、いうまでもないが、他面、自衛権の限界内の行動の用にのみ供する意図でありさえすれば、無限に保持することが許されるというものでもない。けだし、本来わが国が保持し得る防衛力には、自衛のために必要最小限度という憲法上の制約があるので、当該兵器を含むわが国の防衛力の全体がこの制約の範囲内にとどまることを要するからである。

御指摘の3月10日の参議院予算委員会における高辻法制局長官の答弁が、この問題を使用するものの意思との関係で論じたのは、先に述べたような趣旨を明らかにしたものであって、自衛のために使用する意思をもってさえいれば、憲法上先に述べた兵器を無制限に保持し得ることを述べたわけでは、もとよりない。

(関連2)　（衆・内閣委46. 5. 15 久保防衛局長答弁）

まず攻撃的兵器と防御的兵器の区別をすることは困難であるということは、外国の専門家も言っておりまするし、われわれもそう思います。なぜかならば、防御的な兵器でありましてもすぐに攻撃的な兵器に転用し得るわけでありますから、したがいまして私どもが区別すべきものは、外国が脅威を感ずるような、脅威を受けるような攻撃的兵器というふうに見るべきではなかろうか、そう思います。そういたしますると、脅威を受けるような、あるいは脅威を与えるような攻撃的兵器と申しますると、たとえばICBMでありますとか、IRBMでありますとか、非常に距離が長く、しかも破壊能力が非常に強大であるといったようなもの、あるいは当然潜水艦に積んでおります長距離の弾道弾ミサイルなどもこれに入ります。また米国の飛行機で例を言うならば、B52のように数百マイルもの行動半径を持つようなもの、これも日本の防衛に役立つということではなくて、むしろ相手方に戦略的な攻撃力を持つという意味で脅威を与えるというふうに考えます。

(関連3)　（衆・予算委53. 2. 13 伊藤防衛局長答弁）

持てない兵器というものをすべて分類してお答えするというのはきわめてむずかしいものでございます。といいますのは、攻撃的兵器、防御的兵器というのが、それぞれについて画然と分かれるということはなかなかないわけでございます。しかしながら、その中でも特に純粋に国土を守るためのもの、たとえば以前でございますと高射砲、現在で申しますとナイキとかホーク、そういったものは純粋に国土を守る防御用兵器であろうと思いますし、またICBMとかあるいはIRBM、中距離弾道弾あるいはB52のような長距離爆撃機、こういうものは直接相手に攻撃を加え壊滅的な打撃を与える兵器でございますので、こういったものはいわゆる攻撃的兵器というふうに考えておるわけでございます。

（関連4）　（参・予算委57. 3. 20 伊藤防衛庁長官答弁）

………他国に侵略的攻撃的脅威を与えるような装備とは、わが国を防衛するためにどうしても必要だと考えられる範囲を超え、他国を侵略あるいは攻撃するために使用されるものであり、またその能力を持っておると客観的に考えられるような装備を言うものと考えておりますが、どのような装備がそれに当たるかということは、………その装備の用途、能力あるいは周辺諸国の軍事能力など、そのときにおける軍事技術等を総合的に考慮して判断すべきものであるものと考えております。したがいまして、その判断基準を具体的に申し上げることは困難でございますが、性能上もっぱら他国の国土の壊滅的破壊のためにのみ用いられる兵器、先生御指摘のたとえばICBM、長距離戦略爆撃機等はこれに該当するものと考えております。

（関連5）　（参・予算委59. 3. 21 矢﨑防衛局長答弁）

ただいま御指摘の開発中のSSMの問題でございますけれども、これは海上からの我が国に対します武力攻撃に従事します艦船、これを目標にいたしまして、これをできる限り水際以遠で撃破をして、国土に戦闘が及ぶのを最小限に食いとめようと、こういうための装備でございます。したがいまして、その運用のあり方といたしましては、今政府委員からもお答えしましたように、相当程度の射程は持たせたいと思っておりますけれども、これは航空機等の砲爆撃からの防御の点も考慮しなければいけませんので、内陸部の方から発射する、こういう運用構想を持っているわけでございまして、そういう内陸の奥の方から一定のプログラミングを持たせましてこれを海上における艦艇の目標にまで到達せしめる、そういうことのために長距離の射程を持たせようということでございまして、その機能といたしまして申し上げますと、この地対艦誘導弾が内蔵するレーダーと申しますのは、目標を識別しやすい洋上の艦船を攻撃目標とするということで開発をしているわけでございます。地上の目標を選別してそれに命中させるというふうな機能を持たせたものじゃございません。そういったような意味で、これらは専守防衛に適した兵器であるというふうに私どもは考えている次第でございます。

（関連6）　（参・予算委63. 4. 6 瓦防衛庁長官答弁）

3月11日の参議院予算委員会における久保委員の質問に対してお答えします。

政府が従来から申し上げているとおり、憲法第9条第2項で我が国が保持することが禁じられている戦力とは、自衛のための必要最小限度の実力を超えるものを指すと解されるところであり、同項の、「戦力」に当たるか否かは、我が国が保持する全体の実力についての問題であって、自衛隊の保有する個々の兵器については、これを保有することにより、我が国の保持する実力の全体が右の限度を超えることとなるか否かによって、その保有の可否が決せられるものであります。

しかしながら、個々の兵器のうちでも、性能上専ら相手国の国土の潰滅的破壊のためにのみ用いられるいわゆる攻撃的兵器を保有することは、これにより直ちに自衛のための必要最小限度の範囲を超えることとなるから、いかなる場合にも許されず、したがって、例えばICBM、長距離戦略爆撃機、あるいは攻撃型空母を自衛隊が保有することは許されず、このことは、累次申し上げてきているとおりであります。

なお、昨年5月19日参議院予算委員会において当時の中曽根内閣総理大臣が答弁したとおり、我が国が憲法上保有し得る空母についても、現在これを保有する計画はないとの見解に変わりはありません。

(16) 徴兵制度

(55. 8. 15衆議院稲葉誠一議員質問主意書に対する答弁書)

一般に、徴兵制度とは、国民をして兵役に服する義務を強制的に負わせる国民皆兵制度であって、軍隊を常設し、これに要する兵員を毎年徴集し、一定期間訓練して、新陳交代させ、戦時編制の要員として備えるものをいうと理解している。

このような徴兵制度は、わが憲法の秩序の下では、社会の構成員が社会生活を営むについて、公共の福祉に照らし当然に負担すべきものとして社会的に認められるようなものでないのに、兵役といわれる役務の提供を義務として課されるという点にその本質があり、平時であると有事であるとを問わず、憲法第13条、第18条などの規定の趣旨からみて、許容されるものではないと考える。

(関連1)　(56. 3. 10衆議院森清議員質問主意書に対する答弁書)

政府は、徴兵制度によって一定の役務に強制的に従事されることが憲法第18条に規定する「奴隷的拘束」に当たるとは、毛頭考えていない。まして、現在の自衛隊員がその職務に従事することがこれに当たらないことはいうまでもない。

政府が徴兵制度を違憲とする論拠の一つとして憲法第18条を引用しているのは、徴兵制度によって一定の役務に従事することが本人の意思に反して強制させるものであることに着目して、二において述べたような意味で「その意に反する苦役」に当たると考えているからである。なお、現在の自衛隊員は、志願制により本人の自由意思に基づいて採用されるものであり、その職務に従事することが「その意に反する苦役」に当たらないことはいうまでもない。

政府の見解は、以上のとおりであり、徴兵制度を違憲とする論理の一つとして憲法第18条を引用する従来の政府の解釈を変更することは考えていない。

(関連2)

（衆・内閣委45. 10. 28
高辻法制局長官答弁）

徴兵制度は、国民をして兵役に服する義務を強制的に負わせる国民皆兵制度である、すなわち、軍隊を平時において常設し、これに要する兵を毎年徴集し一定期間訓練して、新陳交代させ、戦時編制の要員として備えるもの、………というように、一般に兵役といわれる役務の提供は、わが憲法の秩序のもとで申しますと、社会の構成員が社会生活を営むについて、公共の福祉に照らし当然に負担すべきものと社会的に認められるわけでもないのに義務として課される点にその本質があるように思われます。このような徴兵制度は、憲法の条文からいいますと、どの条文に当たるか、多少論議の余地がございますが、関係ある条文としては、憲法第18条「その意に反する苦役に服させられない。」という規定か、あるいは少なくとも憲法第13条の、国民の個人的存立条件の尊重の原則に反することになるか、そのいずれになるか、私は多少論議の余地があるかと思いますが、いま申したような徴兵制度、これは憲法の許容するところではないと私どもは考えます。

………徴兵制度というものは一体何であるかという辺りから調べまして、いまそういうような一般に徴兵制度といわれるような内容の徴兵制度、それはわが憲法のもとでは許されないということをはっきりと申し上げておるわけでございます。………

(関連3)

（衆・内閣委61. 10. 28
味村法制局長官答弁）

この問題につきましてはもう従前からたびたびお答え申し上げておりますが、一般に、徴兵制度と申しますと、国民をして兵役に服する義務を強制的に負わせる国民皆兵制度でございまして、軍隊を常設し、これに要する兵員を毎年徴集し、一定期間訓練して、新陳交代させ、戦時編成の要員として備えるものをいうと理解しております。

このような徴兵制度は、我が憲法の秩序のもとでは、社会の構成員が社会生活を営むについて、公共の福祉の照らし当然に負担すべきものとして社会的に認められるようなものでないのに、兵役と言われる役務の提供を義務として課されるという点にその本質がございまして、平時であると有事であるとを問いませず、憲法の規定の趣旨から見て、許容されるものではないというのが政府の見解でございます。

(17) **文民の解釈**（自衛官と文民）

（48. 12. 7衆・予算委理事会
配布資料　内閣法制局作成）

憲法第66条第2項の文民とは、次に掲げる者以外の者をいう。

ア　旧陸海軍の職業軍人の経歴を有する者であって、軍国主義的思想に深く染まっていると考えられるもの

イ　自衛官の職に在る者

憲法第66条第2項の「文民」の解釈について

ア「文民」は、「武人」に対する用語であり、本来は、「国の武力組織に職業上の地位を有しない者」と解すべきで、自衛隊も憲法で認められる範囲内にあるものとはいえ一つの国の武力組織である以上自衛官は、その地位にある限り、「文民」ではない。

　また、憲法第66条第2項の趣旨は、国政が武断政治におちいることを防ぐところにあるから「旧職業軍人の経歴を有する者であって、軍国主義的思想に深く染まっていると考えられるもの」もまた、文民には該当しない。

イ　学説には「文民」を単に「旧職業軍人の経歴を有しない者」と解するものもあるが、旧職業軍人であったという一事をもって一律に「文民」ではないとすることは、憲法第66条の趣旨に照らして正しくないばかりでなく、法の下の平等を定めた憲法第14条の精神にも反するおそれがある。

ウ　元自衛官は、過去に自衛官であったとしても、現に国の武力組織たる自衛隊を離れ、自衛官の職務を行っていない以上「文民」に当たる。なお、旧職業軍人で軍国主義に深く染まっていると考えられる者が文民に当たらないこととの均衡上どうかという疑問も考えられるが、自衛隊は、旧陸海軍の組織と異なり、平和主義と民主主義を基調とする現憲法下における、国の独立と平和を守り、その安全を保つための組織であって、それに勤務したからといって軍国主義的思想に染まることはあり得ず、両者を同視すべきでない。

(関連1) シビリアン・コントロールの原則

（55. 10. 14衆議院楢崎弥之助議員質問主意書に対する答弁書）

　民主主義国家において、政治の軍事に対する優先は確保されなければならないものと考えている。

　わが国の現行制度においては、国防に関する国務を含め、国政の執行を担当する最高の責任者たる内閣総理大臣及び国務大臣は、憲法上すべて文民でなければならないこととされ、また、国防に関する重要事項については国防会議の議を経ることとされており、更に国防組織たる自衛隊も法律、予算等について国会の民主的コントロールの下に置かれているのであるから、シビリアン・コントロールの原則は、貫かれているものと考えている。

　政府としては、このような制度の下に自衛隊を厳格に管理しているところであり、今後ともこの点に十分配慮していく所存である。

（関連2）　（13. 5. 22衆議院平岡秀夫議員質問主意書に対する答弁書）

………元自衛官は、過去に自衛官であったとしても、現に国の武力組織たる自衛隊を離れ、自衛官の職務を行っていない以上、「文民」に当たると解してきており、お尋ねの国務大臣の任命が憲法第66条第2項に違反するとの御指摘は当たらない。

(18) 自衛隊法の武力攻撃と間接侵略

（衆・内閣委36. 4. 21 加藤防衛庁官房長答弁）

ア　自衛隊法第76条にいっておりまする外部からの武力攻撃というのは、………他国のわが国に対する計画的、組織的な武力による攻撃をいうものであります。

イ　自衛隊法の第78条の間接侵略というのは、旧安保条約の第1条の規定にありました1または2以上の外国の教唆または干渉による大規模な内乱または騒擾をいうもの………と解釈して、従来そのように申し上げておるところでございます。この意味の間接侵略は、原則的には外部からの武力攻撃の形をとることはないであろうと思うのでありまするが、その干渉が不正規軍による侵入の如き形態をとりまして、わが国に対する計画的、組織的な武力攻撃に該当するという場合は、これは自衛隊法第76条の適用を受け得る事態であると解釈するわけでございます。

(19) 自衛権行使の前提となる武力攻撃の発生の時点

（衆・予算委45. 3. 18 愛知外務大臣答弁）

御質問は､国連憲章第51条及び日米安保条約第5条の「武力攻撃が発生した場合」及び「武力攻撃」の意味についての統一解釈を次の事例で示してもらいたいということでございました。

ア　「ニイタカヤマノボレ」の無電が発せられた時点､すなわち､攻撃の意思をもって日本艦隊がハワイ群島に向け退転した時点。

イ　攻撃隊が母艦を発進し、いまだ公海、公空上にある時点。

ウ　来襲機が領域に入った時点。

安保条約第5条は､国連憲章第51条のワク内において発動するものでありますが､国連憲章においても、自衛権は武力攻撃が発生した場合にのみ発動し得るものであり、そのおそれや脅威のある場合には発動することはできず、したがって、いわゆる予防戦争などが排除せられていることは、従来より政府の一貫して説明しているところであります。こうして、安保条約第5条の意義はわが国に対する武力攻撃に対しては､わが国自身の自衛措置のみならず､米国の強大な軍事力による抵抗によって対処せられるものとなることをあらかじめ明らかにし、もってわが国に対する侵略の発生を未然に防止する抑止機能にあります。さらに、現実の事態において、どの時点で武力攻撃が発生したかは、そのときの国際情勢、相手国の明示された意図、攻撃の手段、態様等々によるものでありまして、抽象的に、または限られた与件のみ仮設して論ずべきものではございません。したがって、政府としては、御質問に述べられた三つの場合について、武力攻撃発生、したがって自衛権発動の時点を論ずることは、適当とは考えない次第でございます。

(関連1)　（衆・予算委45. 3. 18 高辻法制局長官答弁）

要するに武力攻撃が発生したときということでありますから、まず武力攻撃のおそれがあると推量される時期ではない。そういう場合に攻撃することを通常先制攻撃というと思いますが、まずそういう場合ではない。次にまた武力攻撃による現実の侵害があってから後ではない。武力攻撃が始まったときである。………始まったときがいつであるかというのは、諸般の事情による認定の問題になるわけです。認定はいろいろ場合によって、その場合がこれに当たるかどうかということでありまして………ごく大ざっぱな言い方でこの場合が当たるとか当たらぬとかということを軽々と申し上げるのはいかがかということで、政府はその点の認定を軽々しくやらないという態度でいるわけです。

(関連2)　（衆・安保特委56. 11. 9 栗山条約局長答弁）

………単に相手国のそういう意図があるかもしれないとかあるいは脅威があるということで自衛権の発動が許されるということではございませんで、武力攻撃というのは組織的、計画的な武力の行使ということで、一つの客観的にだれしも認識できる明白な事態であろうと思いますので、そういう事態が発生しましたときにはその攻撃の対象になっている国は自衛権の行使が認められる、こういうことでございます。

(関連3)　（参・外交・防衛委11. 3. 15 野呂田防衛庁長官答弁）

………敵基地への攻撃については昭和31年の政府統一見解がありまして、我が国に対して急迫不正の侵害が行われた場合、その手段として我が国に対し誘導弾等によって攻撃をされた場合、日本としては座して自滅を待つわけにはいかぬので、そういう場合においては、敵の誘導弾等の基地をたたくことは、他に手段がないと認められる限り、法理的に自衛の範囲に含まれるということで可能であるというふうに一貫して答弁してきたところであります。

………いわゆる先制攻撃というのは、武力攻撃のおそれがあると推量される場合に他国を攻撃することと考えているわけでありますから、私は各委員会において敵基地攻撃に関する従来からの政府としての考え方を説明の上、そのような場合には、武力攻撃のおそれがあると推量される場合ではなくて我が国に対し急迫不正の侵害がある場合、つまり我が国に対する武力攻撃が発生した場合であるということから、我が国に現実に被害が発生していない時点にあっても我が国として自衛権を発動し敵基地を攻撃することは法理的には可能である旨を答弁したわけでありまして、先制攻撃を認めたものではないということを改めて御答弁させていただきたいと思います。

(関連4)

(参・事態対処特委15. 5. 28
宮崎法制局第一部長答弁)

………弾道ミサイルによります攻撃といいますのは、一つは無人の飛行物体でありまして、いったん発射されますと、その後は事実上制御が不能であるというようなこと、それからこれを迎撃し得る時間帯が極めて限られているということ、それから我が国に着弾した場合に、弾頭の種類によっては壊滅的な被害が生ずるというような特性があるわけでございますので、このようなものを考慮いたしますと、発射後の弾道ミサイルにつきましては、艦船等通常の兵器によります攻撃の場合ほど確実と言えなくても、我が国に対するものかどうかにつきまして相当の根拠がありまして、我が国を標的として飛来するという蓋然性がかなり高い、別の言い方をしますと、我が国を標的として飛来してくる蓋然性につきまして相当の根拠があるという場合におきましては、我が国に対する武力攻撃の発生と判断いたしまして、自衛権発動によってこれを迎撃することも許されるというふうに考えておるわけでございます。

(20) 武力の行使との一体化

(平成26年7月1日
国家安全保障会議決定
閣議決定)

いわゆる後方支援と言われる支援活動それ自体は、「武力の行使」に当たらない活動である。例えば、国際の平和及び安全が脅かされ、国際社会が国際連合安全保障理事会決議に基づいて一致団結して対応するようなときに、我が国が当該決議に基づき正当な「武力の行使」を行う他国軍隊に対してこうした支援活動を行うことが必要な場合がある。一方、憲法第9条との関係で、我が国による支援活動については、他国の「武力の行使と一体化」することにより、我が国自身が憲法の下で認められない「武力の行使」を行ったとの法的評価を受けることがないよう、これまでの法律においては、活動の地域を「後方地域」や、いわゆる「非戦闘地域」に限定するなどの法律上の枠組みを設定し、「武力の行使との一体化」の問題が生じないようにしてきた。

こうした法律上の枠組みの下でも、自衛隊は、各種の支援活動を着実に積み重ね、我が国に対する期待と信頼は高まっている。安全保障環境が更に大きく変化する中で、国際協調主義に基づく「積極的平和主義」の立場から、国際社会の平和と安定のために、自衛隊が幅広い支援活動で十分に役割を果たすことができるようにすることが必要である。また、このような活動をこれまで以上に支障なくできるようにすることは、我が国の平和及び安全の確保の観点からも極めて重要である。

政府としては、いわゆる「武力の行使との一体化」論それ自体は前提とした上で、その議論の積み重ねを踏まえつつ、これまでの自衛隊の活動の実経験、国際連合の集団安全保障措置の実態等を勘案して、従来の「後方地域」あるいはいわゆる「非戦闘地域」といった自衛隊が活動する範囲をおよそ一体化の問題が生じない地域に一律に区切る枠組みではなく、他国が「現に戦闘行為を行っている現場」ではない場所で実施する補給、輸送などの我が国の支援活動については、当該他国の「武力の行使と一体化」するものではないという認識を基本とした以下の考え方に立って、我が国の安全の確保や国際社会の平和と安定のために活動する他国軍隊に対して、必要な支援活動を実施できるようにするための法整備を進めることとする。

(ア)我が国の支援対象となる他国軍隊が「現に戦闘行為を行っている現場」では、支援活動は実施しない。

(イ)仮に、状況変化により、我が国が支援活動を実施している場所が「現に戦闘行為を行っている現場」となる場合には、直ちにそこで実施している支援活動を休止又は中断する。

(関連1) 他国の武力の行使との一体化の回避について

(27.6.9衆・平安特委理事会提出資料
理事会合意事項
平成27年6月9日
内閣官房
内閣法制局)

1. いわゆる「他国の武力の行使との一体化」の考え方は、我が国が行う他国の軍隊に対する補給、輸送等、それ自体は直接武力の行使を行う活動ではないが、他の者の行う武力の行使への関与の密接性等から、我が国も武力の行使をしたとの法的評価を受ける場合があり得るというものであり、そのような武力の行使と評価される活動を我が国が行うことは、憲法第9条により許されないという考え方であるが、これは、いわば憲法上の判断に関する当然の事理を述べたものである。

2. 我が国の活動が、他国の武力の行使と一体化するかの判断については、従来から、①戦闘活動が行われている、又は行われようとしている地点と当該行動がなされる場所との地理的関係、②当該行動等の具体的内容、③他国の武力の行使の任に当たる者との関係の密接性、④協力しようとする相手の活動の現況等の諸般の事情を総合的に勘案して、個々的に判断するとしている。

3. 今般の法整備は、従来の「非戦闘地域」や「後方地域」といった枠組みを見直し、

① 我が国の支援対象となる他国軍隊が「現に戦闘行為を行っている現場」では、支援活動は実施しない。

② 仮に、状況変化により、我が国が支援活動を実施している場所が「現に戦闘

行為を行っている現場」となる場合には、直ちにそこで実施している支援活動を休止又は中断する。

という、「国の存立を全うし、国民を守るための切れ目のない安全保障法制の整備について」（平成26年7月1日閣議決定）で示された考え方に立ったものであるが、これまでの「一体化」についての考え方自体を変えるものではなく、これによって、これまでと同様に、「一体化」の回避という憲法上の要請は満たすものと考えている。

（関連2）　（参・平安特委27．8．4　横畠法制局長官答弁）

従前、発進準備中の航空機への給油等、武器弾薬の提供等を除外していましたのは、実際のニーズがないということによるものであり、それがそれ自体で他国の武力の行使と一体化するという理由によるものではございません。

今般、そのニーズがあるということを前提としてこれらの活動について改めて慎重に検討した結果、現に戦闘行為を行っている現場では支援活動を実施しないという今般の一体化回避の枠組み、すなわちそのような類型が適用できると判断したものでございます。

すなわち、発進準備中の航空機への給油等は、当該航空機によって行われる戦闘行為と時間的に近いものであるとはいえ、地理的関係について申し上げれば、実際に戦闘行為が行われる場所とは一線を画する場所で行うものであること、支援活動の具体的内容としては、船舶、車両に対するものと同様の活動であり、戦闘行為それ自体とは明確に区別することができる活動であること、関係の密接性については、自衛隊は他国の軍隊の指揮命令を受けてそれに組み込まれるというものではなく、あくまでも我が国の法令に従い自らの判断で活動するものであること、協力しようとする相手方の活動の現況につきましては、発進に向けた準備中であり、現に戦闘行為を行っているものではない、そこがポイントでございますけれども、まさに戦闘行為を行っているものではないということを考慮しますと、一体化するものではないという、そういう評価ができるということでございます。

（関連3）　（参・平安特委27．3．3　横畠法制局長官答弁）

この一体化の問題につきましては、提供する物資が武器弾薬であるか、あるいは食料、水等であるか、その物によって結論が異なる、そういう考え方は基本的にとってはおりません。

例えば、前線、戦場におきまして食料、水を提供する、それもまさに戦う力を補強する、現場で補強するということになりますので、それは一体化し得るというふうに考えております。武器弾薬でありましても、離れた場所で提供する場合には、いずれそれが戦場で使われるかもしれませんけれども、それは一体化するものではないというふうに整理しております。

それから、発進準備中の戦闘機に対する給油等でございますけれども、これにつきましては、明確にそれ自体が一体化するものであるから避けるという整理ではございませんで、そういうニーズはないだろうということでこれまで取り上げていないというふうに理解しております。

(関連4)　(平成27年8月26日　参・平安特委)

○政府特別補佐人（横畠裕介君）

我が国の活動が他国の武力の行使と一体化するかどうかの判断につきましては、従来から、①戦闘活動が行われている、又は行われようとしている地点と当該行動がなされる場所との地理的関係、②当該行動等の具体的内容、③他国の武力の行使の任に当たる者との関係の密接性、④協力しようとする相手の活動の現況等の諸般の事情を総合的に勘案して個々的に判断するとしており、このような考え方に変わりはございません。

○政府特別補佐人（横畠裕介君）

一体化の考え方につきましては、先ほど申し上げた四つの考慮事項を基本として、諸般の事情を総合的に勘案して個々的に判断するという考え方でございますが、自衛隊が支援活動を実施する都度、一体化するか否かを個別に判断するということは実際的ではないことから、平成十一年の周辺事態安全確保法においては後方地域、平成十三年のテロ特措法及び平成十五年のイラク特措法においては同様のいわゆる非戦闘地域という要件を定めて、そこで実施する補給、輸送等の支援活動については類型的に他国の武力の行使と一体化するものではないと整理したところでございます。

その考え方は、戦闘行為が行われている場所と一線を画する場所で行うという①の地理的関係を中心として、②の支援活動の具体的内容については、補給、輸送といった戦闘行為とは明確に区別することができる異質の活動であること、③の関係の密接性については、自衛隊は他国の軍隊の指揮命令を受けてそれに組み込まれるというものではなく、我が国の法令に従い自らの判断で活動するものであること、④の協力しようとする相手の活動の現況につきましては、現に戦闘行為を行っているものではないことなどを考慮したものでございます。

○政府特別補佐人（横畠裕介君）

今般の法整備におきましては、その後の自衛隊の活動の経験、国際連合の集団安全保障措置の実態、実務上のニーズの変化などを踏まえ、支援活動の実施、運用の柔軟性を確保する観点から、自衛隊が支援活動を円滑かつ安全に実施することができるように実施区域を指定するということを前提に、自衛隊の安全を確保するための仕組みとは区別して、憲法上の要請である一体化を回避するための類型としての要件を再整理したものでございます。

すなわち、一体化を回避するための仕組みとしては、我が国の支援対象となる他国軍隊が現に戦闘行為を行っている現場では支援活動を実施しないこと、仮に状況変化により我が国が支援活動を実施している場所が現に戦闘行為を行っている現場となる場合には、直ちにそこで実施している活動を休止又は中断することとしたものでございます。
その考え方は、協力しようとする相手が現に戦闘行為を行っているものではないという先ほどの④の相手の活動の現況を中心として、そうであるならば、①の地理的関係においても、戦闘行為が行われる場所とは一線を画する場所で行うものであることに変わりはなく、また、②の支援活動の具体的な内容については、補給、輸送といった戦闘行為とは明確に区別することができる異質の活動であり、③の関係の密接性についても、自衛隊は他国の軍隊の指揮命令を受けてそれに組み込まれるというものではなく、我が国の法令に従い自らの判断で活動するものであって、これまでと同様であることから、全体として一体化を回避するための仕組み、担保として十分であるということでございます。

(21) 外国の領土における武器の使用

（衆・国連特委2. 10. 30
工藤法制局長官答弁）

（外国の領土における）応戦ということの意味でございますけれども、いわゆる武力の行使のような、武力の行使に当たるようなことはできません。そういうことを意味しての応戦でございましたら、これはできないと申し上げるべきことだと思います。
それに対しまして、……いわゆる携行している武器で、危難を避けるために必要最小限度の、いわば正当防衛、緊急避難的な武器の使用ということであれば、これは事態によっては考えられないことはない。ただ、それはいわゆる応戦、通常言われるような意味におきます応戦というふうなものではございませんで、あくまでも護身、身を守りあるいは緊急に避難する、こういう限度において、言ってみれば、本来は回避すべきところでございましょうけれどもそのいとまがないというふうなときに限定されて認められる、こういうふうに考えております。

（関連1）

（衆・国際平和協力特委4. 6. 10
宮沢総理答弁）

………私どもは武力の行使というものと厳密な意味の武器の使用というものを分けて考えておりまして、この法案において武器の使用というものは、この平和維持活動に従事する者が自分の身に危険があったときに自衛をするということについてのみ武器の使用が認められておる。そのことは、武力の行使にわたりませんようにわざわざ国連の標準コードよりも極めて厳しく武器の使用を認められる場合に限っておるわけでございます。それは五原則の一つとして御承知のとおりでございます。これは、万一にも自衛のための武器の使用と思われるものが武力の行使にわたってはならないという配慮からなされておりますことは御承知のとおりでございます。

(関連2) 武器の使用と武力の行使の関係について

(衆・PKO特委3. 9. 27)

1. 一般に、憲法第9条第1項の「武力の行使」とは、我が国の物的・人的組織体による国際的な武力紛争の一環としての戦闘行為をいい、法案第24条の「武器の使用」とは、火器、火薬類、刀剣類その他直接人を殺傷し、又は武力闘争の手段として物を破壊することを目的とする機械、器具、装置をその物の本来の用途に従って用いることをいうと解される。

2. 憲法第9条第1項の「武力の行使」は、「武器の使用」を含む実力の行使に係る概念であるが、「武器の使用」がすべて同項の禁止する「武力の行使」に当たるとはいえない。例えば、自己又は自己と共に現場に所在する我が国要員の生命又は身体を防衛することは、いわば自己保存のための自然権的権利というべきものであるから、そのために必要な最小限の「武器の使用」は、憲法第9条第1項で禁止された「武力の行使」には当たらない。

(関連3) 自衛隊法第95条に規定する武器の使用について

(衆・防衛指針特委11. 4. 23)

1. 平成3年9月27日の政府見解の趣旨

平成3年9月27日の政府見解は、国際平和協力法第24条に規定する自己又は自己と共に現場に所在する我が国要員の生命又は身体を防衛するための武器の使用を、憲法第9条第1項の禁止する「武力の行使」に該当しないものの例示として挙げ、その理由として、それが「いわば自己保存のための自然権的権利というべきもの」であることを述べているものであり、憲法第9条第1項の禁止する「武力の行使」に該当しない武器の使用を自己保存のための自然権的権利に基づくものに限定しているものではない。

2. 自衛隊法第95条に規定する武器の使用と武力の行使との関係

自衛隊法第95条に規定する武器の使用も憲法第9条第1項の禁止する「武力の行使」に該当しないものの例である。

すなわち、自衛隊法第95条は、自衛隊の武器等という我が国の防衛力を構成する重要な物的手段を破壊、奪取しようとする行為から当該武器等を防護するために認められているものであり、その行使の要件は、従来から以下のように解されている。

(1) 武器を使用できるのは、職務上武器等の警護に当たる自衛官に限られていること。

(2) 武器等の退避によってもその防護が不可能である場合等、他に手段のないやむを得ない場合でなければ武器を使用できないこと。

(3) 武器の使用は、いわゆる警察比例の原則に基づき、事態に応じて合理的に必要と判断される限度に限られていること。

(4) 防護対象の武器等が破壊された場合や、相手方が襲撃を中止し、又は逃走した場合には、武器の使用ができなくなること。

(5) 正当防衛又は緊急避難の要件を満たす場合でなければ人に危害を与えてはならないこと。

自衛隊法第95条に基づく武器の使用は、以上のような性格を持つものであり、あくまで現場に在る防護対象を防護するための受動的な武器使用である。

このような武器の使用は、自衛隊の武器等という我が国の防衛力を構成する重要な物的手段を破壊、奪取しようとする行為からこれらを防護するための極めて受動的かつ限定的な必要最小限の行為であり、それが我が国領域外で行われたとしても、憲法第9条第1項で禁止された「武力の行使」には当たらない。

(関連4)

平成13年9月11日のアメリカ合衆国において発生したテロリストによる攻撃等に対応して行われる国際連合憲章の目的達成のための諸外国の活動に対して我が国が実施する措置及び関連する国際連合決議等に基づく人道的措置に関する特別措置法案第11条に規定する武器の使用について

(衆・テロ特委理事会提出13. 10. 15)

本法案第11条も、これらの法律の規定と同じ考え方に基づくものである。すなわち、本法案が規定する協力支援活動、捜索救助活動及び被災民救援活動においては、例えば、傷病兵や被災民の治療、人員の輸送、国際機関や他国の軍隊との連絡調整など、活動の実施を命ぜられた自衛官がその職務を行うに伴い、幅広い場面で自衛隊員以外の者と共に活動することが想定されるところ、このような者のうち、自衛隊の宿営地、診療所、車両内といった自衛隊が秩序維持・安全管理を行っている場に所在するもの、あるいは通訳、連絡員等として自衛官に同行しているものなど、不測の攻撃を受けて自衛官と共通の危険にさらされたときに、その現場において、その生命又は身体の安全確保について自衛官の指示に従うことが期待される者を防護の対象としようとするものであり、このような関係にある者を「自己と共に現場に所在する……その職務を行うに伴い自己の管理の下に入った者」と表現しているものである。

したがって、本法案第11条に基づく武器の使用は、「自己と共に現場に所在する……その職務を行うに伴い自己の管理の下に入った者」の生命又は身体を防護する部分を含めて、その全体が「いわば自己保存のための自然権的権利というべきもの」と言うことができ、憲法第9条で禁止された「武力の行使」には当たらないと考える。

人の生命・身体は、かけがえないものであり、その身を守る手段を十分に有さず、自衛官と共に在って、いわば自らの身の安全を自衛官に委ねているに等しいこのような者の生命又は身体を防護するための武器使用が憲法上許されると解することは、人道的見地からみても妥当なものと考える。

(注) 第11条は修正により第12条に。

（関連5）　（参・外交防衛委15．5．15　宮崎法制局第一部長答弁）

………自衛隊の部隊の所在地からかなり離れた場所に所在します他国の部隊なり隊員さんの下に駆け付けて武器使用するという場合は、我が国の自衛官自身の生命又は身体の危険が存在しない場合の武器使用だという前提だというお尋ねだと思います。

………今お尋ねのような場面でございますと、我が国自衛官の生命、身体の危険は取りあえずないという前提でございますので、このような場合に駆け付けて武器を使用するということは、言わば自己保存のための自然権的権利というべきものだという説明はできないわけでございます。

………そうしますと、………その駆け付けて応援しようとした対象の事態、ある今お尋ねの攻撃をしているその主体というものが国又は国に準ずる者である場合もあり得るわけでございまして、そうでありますと、そうでありますと、それは国際紛争を解決する手段としての武力の行使ということに及ぶことが、及びかねないということになるわけでございまして、そうでありますと、憲法九条の禁じます武力の行使に当たるおそれがあるというふうに考えてきたわけでございます。

（関連6）　（平成26年7月1日　国家安全保障会議決定　閣議決定）

我が国は、これまで必要な法整備を行い、過去20年以上にわたり、国際的な平和協力活動を実施してきた。その中で、いわゆる「駆け付け警護」に伴う武器使用や「任務遂行のための武器使用」については、これを「国家又は国家に準ずる組織」に対して行った場合には、憲法第９条が禁ずる「武力の行使」に該当するおそれがあることから、国際的な平和協力活動に従事する自衛官の武器使用権限はいわゆる自己保存型と武器等防護に限定してきた。

我が国としては、国際協調主義に基づく「積極的平和主義」の立場から、国際社会の平和と安定のために一層取り組んでいく必要があり、そのために、国際連合平和維持活動（ＰＫＯ）などの国際的な平和協力活動に十分かつ積極的に参加できることが重要である。また、自国領域内に所在する外国人の保護は、国際法上、当該領域国の義務であるが、多くの日本人が海外で活躍し、テロなどの緊急事態に巻き込まれる可能性がある中で、当該領域国の受入れ同意がある場合には、武器使用を伴う在外邦人の救出についても対応できるようにする必要がある。

以上を踏まえ、我が国として、「国家又は国家に準ずる組織」が敵対するものとして登場しないことを確保した上で、国際連合平和維持活動などの「武力の行使」を伴わない国際的な平和協力活動におけるいわゆる「駆け付け警護」に伴う武器使用及び「任務遂行のための武器使用」のほか、領域国の同意に基づく邦人救出などの「武力の行使」を伴わない警察的な活動ができるよう、以下の考え方を基本として、法整備を進めることとする。

（ア）国際連合平和維持活動等については、ＰＫＯ参加５原則の枠組みの下で、「当該活動が行われる地域の属する国の同意」及び「紛争当事者の当該活動が行われることについての同意」が必要とされており、受入れ同意をしている紛争当事者以外の「国家に準ずる組織」が敵対するものとして登場することは基本的にないと考えられる。このことは、過去20年以上にわたる我が国の国際連合平和維持活動等の経験からも裏付けられる。近年の国際連合平和維持活動において重要な任務と位置付けられている住民保護などの治安の維持を任務とする場合を含め、任務の遂行に際して、自己保存及び武器等防護を超える武器使用が見込まれる場合には、特に、その活動の性格上、紛争当事者の受入れ同意が安定的に維持されていることが必要である。

（イ）自衛隊の部隊が、領域国政府の同意に基づき、当該領域国における邦人救出などの「武力の行使」を伴わない警察的な活動を行う場合には、領域国政府の同意が及ぶ範囲、すなわち、その領域において権力が維持されている範囲で活動することは当然であり、これは、その範囲においては「国家に準ずる組織」は存在していないということを意味する。

（ウ）受入れ同意が安定的に維持されているかや領域国政府の同意が及ぶ範囲等については、国家安全保障会議における審議等に基づき、内閣として判断する。

（エ）なお、これらの活動における武器使用については、警察比例の原則に類似した厳格な比例原則が働くという内在的制約がある。

（関連7）

「駆け付け警護」と「安全確保業務」における武器の使用と憲法の適合性について

（衆・平安特委　27.6.12
横畠法制局長官答弁）

従来からのこの問題につきましての考え方でございますけれども、憲法第九条一項の武力の行使というものがそもそも何であるかということでございますけれども、基本的には、我が国の物的、人的組織体による、国際的な武力紛争、すなわち、国家または国家に準ずる組織の間において生ずる武力を用いた争いの一環としての戦闘行為をいうというふうに定義づけて用いてございます。そこでのポイントといいますのは、相手方が国家または国家に準ずる組織であるということが重要なポイントでございます。

その上で、憲法第九条のもとで我が国が武力の行使を行うことができるといいますのは、我が国を防衛するためのやむを得ない場合における必要最小限度のものに限られて、それを超えるもの、それ以外の武力の行使は許されないという考え方でございます。この武力の行使の考え方については、今回の新三要件のもとにおいても、まさに我が国を防衛するためということで、その範囲は変わっておりません。

その上ででございますけれども、相手方が国家または国家に準ずる組織である場合においても、いわば自己保存のための自然権的権利というべきものと自衛隊の武器等防護のための武器使用というものは、憲法で禁じられている武力の行使には当たらないというふうに整理してきております。まさに不測の攻撃を受けたときに、要員がそのまま被害に遭う、生命を失う、そういうことまでさすがに憲法も命じているはずはないでありましょうし、まさに我が国を防衛するため必須の物的装備であります自衛隊の装備というものを、いわば相手方に奪われる、そのようなことを許しているはずもない、そういう基本的な考え方でございます。

その上で、さらに、これらのものを超えるような武器の使用、御指摘の、任務遂行のための武器使用あるいは駆けつけ警護といった、これらのものを超えるような武器の使用につきましては、相手方がまさに国家または国家に準ずる組織である場合には、やはり武力の行使に当たり憲法上の問題を生じるというふうに整理してきたものでございまして、御紹介いただきました、当時の内閣法制局の答弁もその趣旨を申し上げているものでございます。このような考え方は今回も全く変えておりません。

ただ、今般の法整備におきましては、ＰＫＯ法の改正により、いわゆる自己保存のための自然権的権利というべきものである武器の使用等を超えるものとして、安全確保業務の実施を妨害する行為を排除するための武器使用、それと、いわゆる駆けつけ警護に伴う武器使用という権限を新たに認めてございます。

なぜそのようなことができるようになったのかということでございますけれども、これは先ほど申し上げたとおり、憲法第九条の禁ずる武力の行使に当たらないための理由は、まさに、国家または国家に準ずる組織が敵対するものとして登場することがないということを確保しているからでございます。

今回の法整備におきまして、いわゆる安全確保業務及び駆けつけ警護を実施する場合にありましては、領域国及び紛争当事者の受け入れ同意がこれらの活動業務が行われる期間を通じて安定的に維持されることが認められるということを要件としており、そのことを担保しているわけでございます。

【参考】平成27年6月19日の宮本徹議員の指摘事項について
（参・平和安全特委提出。平成27年7月10日防衛省）

1．現行の自衛隊法第95条による武器の使用は、自衛隊の武器等という我が国の防衛力を構成する重要な物的手段を防護するために認められているものであり、「我が国及び国際社会の平和及び安全の確保に資するための自衛隊法等の一部を改正する法律案」による改正後の自衛隊法第95条の2は、この考え方を参考として新設するものである。すなわち、自衛隊と連携して「我が国の防衛に資する活動（共同訓練を含み、現に戦闘行為が行われている現場で行われるものを除く。）」に現に従事しているアメリカ合衆国の軍隊その他の外国の軍隊その他これに類する組織の部隊の武器等であれば、我が国の防衛力を構成する重要な物的手段に相当するものと評価することができることから、これらを武力攻撃に至らない侵害から防護するため、現行の自衛隊法第95条による武器の使用と同様に極めて受動的かつ限定的な必要最小限の武器の使用を認めるものである。

2．この「極めて受動的かつ限定的」との点について、平成11年4月23日の衆議院日米防衛協力のための指針に関する特別委員会理事会提出資料「自衛隊法第95条に規定する武器の使用について」においては、現行の自衛隊法第95条について、「その行使の要件は、従来から以下のように解されている。

⑴ 武器を使用できるのは、職務上武器等の警護に当たる自衛官に限られていること。

⑵ 武器等の退避によってもその防護が不可能である場合等、他に手段のないやむを得ない場合でなければ武器を使用できないこと。

⑶ 武器の使用は、いわゆる警察比例の原則に基づき、事態に応じて合理的に必要と判断される限度に限られていること。

⑷ 防護対象の武器等が破壊された場合や、相手方が襲撃を中止し、又は逃走した場合には、武器の使用ができなくなること。

⑸ 正当防衛又は緊急避難の要件を満たす場合でなければ人に危害を与えてはならないこと。」としている。

3．上記（1）から（5）までの要件は、改正後の自衛隊法第95条の2による武器の使用についても、同様に満たされなければならない。したがって、改正後の自衛隊法第95条の2による武器の使用は、現行の自衛隊法第95条による武器の使用と同様に極めて受動的かつ限定的なものであるということができる。

（関連8）新任務付与に関する基本的な考え方

（平成28年11月15日
内閣官房
内閣府
外務省
防衛省）

【前提】

1．南スーダンにおける治安の維持については、原則として南スーダン警察と南スーダン政府軍が責任を有しており、これをUNMISS（国連南スーダン共和国ミッション）の部隊が補完しているが、これは専らUNMISSの歩兵部隊が担うものである。

2．我が国が派遣しているのは、自衛隊の施設部隊であり、治安維持は任務ではない。

【いわゆる「駆け付け警護」】

3．「駆け付け警護」については、自衛隊の施設部隊の近傍でNGO等の活動関係者が襲われ、他に速やかに対応できる国連部隊が存在しない、といった極めて限定的な場面で、緊急の要請を受け、その人道性及び緊急性に鑑み、応急的かつ一時的な措置としてその能力の範囲内で行うものである。

4．南スーダンには、現在も、ジュバ市内を中心に少数ながら邦人が滞在しており、邦人に不測の事態が生じる可能性は皆無ではない。

（注）現時点において、ジュバ市内に約20人。

政府見解

5．過去には、自衛隊が、東ティモールやザイール（当時。現在のコンゴ民主共和国）に派遣されていた時にも、不測の事態に直面した邦人から保護を要請されたことがあった。

その際、自衛隊は、そのための十分な訓練を受けておらず、法律上の任務や権限が限定されていた中でも、できる範囲で、現場に駆け付け、邦人を安全な場所まで輸送するなど、邦人の保護のため、全力を尽くしてきた。

6．実際の現場においては、自衛隊が近くにいて、助ける能力があるにもかかわらず、何もしない、というわけにはいかない。

しかし、これまでは、法制度がないため、そのしわ寄せは、結果として、現場の自衛隊員に押し付けられてきた。本来、あってはならないことである。

7．「駆け付け警護」はリスクを伴う任務である。

しかし、万が一にも、邦人に不測の事態があり得る以上、

①「駆け付け警護」という、しっかりとした任務と必要な権限をきちんと付与し、

② 事前に十分な訓練を行った上で、しっかりと体制を整えた方が、邦人の安全に資するだけではなく、自衛隊のリスクの低減に資する面もあると考えている。

8．自衛隊は自己防護のための能力を有するだけであり、あくまでもその能力の範囲で、可能な対応を行うものである。

他国の軍人は、通常自己防護のための能力を有しているが、それでも対応困難な危機に陥った場合、その保護のために出動するのは、基本的には南スーダン政府軍とUNMISSの歩兵部隊であり、そもそも治安維持に必要な能力を有していない施設部隊である自衛隊が、他国の軍人を「駆け付け警護」することは想定されないものと考えている。

9．これまでの活動実績を踏まえ、第十一次隊から南スーダンにおける活動地域を「ジュバ及びその周辺地域」に限定する。

このため、「駆け付け警護」の実施も、この活動地域内に自ずと限定される。

【宿営地の共同防護】

10．国連PKO等の現場では、複数の国の要員が協力して活動を行うことが通常となっており、南スーダンにおいても、一つの宿営地を、自衛隊の部隊の他、ルワンダ等、いくつかの部隊が活動拠点としている。

11．このような宿営地に武装集団による襲撃があり、他国の要員が危機に瀕している場合でも、これまでは、自衛隊は共同して対応することはできず、平素の訓練にも参加できなかった。

12．しかし、同じ宿営地にいる以上、他国の要員がたおれてしまえば、自衛隊員が襲撃される恐れがある。他国の要員と自衛隊員は、いわば運命共同体であり、共同して対処した方が、その安全を高めることができる。

13．また、平素から共同して訓練を行うことが可能になるため、緊急の場合の他国との意思疎通や協力も円滑になり、宿営地全体としての安全性を高めることに

つながると考えられる。
14. このように、宿営地の共同防護は、厳しい治安情勢の下で、自己の安全を高めるためのものである。これにより、自衛隊は、より円滑かつ安全に活動を実施することができるようになり、自衛隊に対するリスクの低減に資するものと考えている。
【武力紛争】
15. 南スーダンにおいては、武力衝突や一般市民の殺傷行為が度々生じている。
自衛隊が展開している首都ジュバについては、七月に大規模な衝突が発生し、今後の状況は楽観できず、引き続き注視する必要があるが、現在は比較的落ち着いている。
政府としても、邦人に対して、首都ジュバを含め、南スーダン全土に「退避勧告」を出している。これは、最も厳しいレベル四の措置であり、治安情勢が厳しいことは十分認識している。
こうした厳しい状況においても、南スーダンには、世界のあらゆる地域から、六十か国以上が部隊等を派遣している。現時点で、現地の治安情勢を理由として部隊の撤収を検討している国があるとは承知していない。
16. その上で、自衛隊を派遣し、活動を継続するに当たっては、大きく、二つの判断要素がある。
① まずは、要員の安全を確保した上で、意義のある活動を行えるか、という実態面の判断であり、
② もう一つは、PKO参加五原則を満たしているか、という法的な判断である。
この二つは、分けて考える必要があり、「武力紛争」が発生しているか否かは、このうち後者の法的な判断である。
17. 自衛隊の派遣は、大きな意義のあるものであり、現在も、厳しい情勢の下ではあるが、専門的な教育訓練を受けたプロとして、安全を確保しながら、道路整備や避難民向けの施設構築を行うなど、意義のある活動を行っている。
危険の伴う活動ではあるが、自衛隊にしかできない責務を、しっかりと果たすことができている。
18. このような自衛隊派遣は、南スーダン政府から高い評価を受けている。例えば、キール大統領及び政府内で反主流派を代表するタバン・デン第一副大統領からも自衛隊のこれまでの貢献に対して謝意が示されている。また、国連をはじめ、国際社会からも高い評価を受けている。
19. しかしながら、政府としては、PKO参加五原則が満たされている場合であっても、安全を確保しつつ有意義な活動を実施することが困難と認められる場合には、自衛隊の部隊を撤収することとしており、この旨実施計画にも明記している。
20. PKO参加五原則に関する判断は、憲法に合致した活動であることを担保するものであり、そのような意味で「法的な判断」である。
21. 具体的には、憲法第九条が、武力の行使などを「国際紛争を解決する手段と

しては、永久にこれを放棄する」と定めているように、憲法との関係では、国家または国家に準ずる組織の間で、武力を用いた争いが生じているか、という点を検討し判断することとなる。

22. 仮にそのような争いが生じているとすれば、それはPKO法上の「武力紛争」が発生している、ということになる。

23. 政府としては、従来から、PKO法上の「武力紛争」に該当するか否かについては、事案の態様、当事者及びその意思等を総合的に勘案して個別具体的に判断することとしている。

24. これを南スーダンに当てはめた場合、当事者については、反主流派の内、「マシャール派」が武力紛争の当事者（紛争当事者）であるか否かが判断材料となるが、少なくとも、

○ 同派は系統だった組織性を有しているとは言えないこと、

○ 同派により「支配が確立されるに至った領域」があるとは言えないこと、また、

○ 南スーダン政府と反主流派双方とも、事案の平和的解決を求める意思を有していること

等を総合的に勘案すると、UNMISSの活動地域においてPKO法における「武力紛争」は発生しておらず、マシャール派が武力紛争の当事者（紛争当事者）に当たるとも考えていない。

25. 南スーダンの治安状況は極めて悪く、多くの市民が殺傷される事態が度々生じているが、武力紛争の当事者（紛争当事者）となり得る「国家に準ずる組織」は存在しておらず、PKO法上の「武力紛争」が発生したとは考えていない。

(22) 原子力基本法第2条と自衛艦の推進力としての原子力の利用とに関する統一見解

（衆・科学技術振興対策特別委40. 4. 14
愛知科学技術庁長官答弁）

原子力基本法第2条には、「原子力の研究、開発及び利用は、平和の目的に限り、」云々と規定さてれおり、わが国における原子力の利用が平和の目的に限られていることは明らかであります。したがって、自衛隊が殺傷力ないし破壊力として原子力を用いるいわゆる核兵器を保持することは、同法の認めないところであります。また、原子力が殺傷力ないし破壊力としてではなく、自衛艦の推進力として使用されることも、船舶の推進力としての原子力利用が一般化していない現状においては、同じく認められないと考えられます。

(補足説明)

推進力として原子力の利用が一般化した状況というものが現在においては想像の域を出ないので、そのような想像をもとにして政府の方針を述べるわけにはまいりませんが、現時点において言う限り、原子力基本法第2条のもとで、原子力を自衛艦の推進力として利用することは毛頭考えておりません。

(注)　補足説明は、午前中の委員会での統一見解中の「船舶の推進力としての原子力利用が一般化していない現状においては、」の反対解釈として、一般化したときは考えるのかとの質問に対し、午後の委員会において政府部内の打合せ結果を説明したものである。

(関連1)　（衆・科学技術振興対策特別委40. 4. 14　中曾根防衛庁長官答弁）

……推進力としての普遍性を持ってくる場合には、自衛隊がこれを推進力として使っても、この基本法に違反しない。

(関連2)　（衆・科技特委46. 3. 10　西田科学技術庁長官答弁）

船舶の推進力として………これが普遍化いたしまして、一般に船の推進力として原子力が用いられるというときになりました場合に、軍の使う船舶に限ってこれを用いてはならないというところまではこの原子力基本法は認めておらない、こういうふうに思うわけでございますから、つまり一般化いたしました場合には差しつかえない、こういうふうに考えます。

(23) 非核兵器ならびに沖縄米軍基地縮小に関する決議（衆議院）

（衆・本会議46. 11. 24）

1．政府は、核兵器を持たず、作らず、持ち込まさずの非核三原則を遵守するとともに、沖縄返還時に適切なる手段をもって、核が沖縄に存在しないこと、ならびに返還後も核を持ち込ませないことを明らかにする措置をとるべきである。
1．政府は、沖縄米軍基地についてすみやかな将来の縮小整理の措置をとるべきである。右決議する。

(24) 戦闘作戦行動（事前協議の主題関連）

（衆・沖縄北方特別委47. 6. 7　高島条約局長答弁）

………昭和35年以来国会を通じましていろいろな形で答弁してまいりましたことをまとめまして、ここに戦闘作戦行動とは何かということにつきまして、わがほうの見解を申し上げます。………

ア　事前協議の主題となる「日本国から行われる戦闘作戦行動のための基地としての日本国内の施設及び区域の使用」にいう「戦闘作戦行動」とは、直接戦闘に従事することを目的とした軍事行動を指すものであり、したがって、米軍がわが国の施設・区域から発進する際の任務・態様がかかる行動のための施設・区域の使用に該当する場合には、米国はわが国と事前協議を行う義務を有する。
イ　わが国の施設・区域を発進基地として使用するような戦闘作戦行動の典型的

なものとして考えられるのは、航空部隊による爆撃、空挺部隊の戦場への降下、地上部隊の上陸作戦等であるが、このような典型的なもの以外の行動については、個々の行動の任務・態様の具体的内容を考慮して判断するよりほかない。

ウ　事前協議の主題とされているのは「日本国から行われる戦闘作戦行動のための基地としての施設・区域の使用」であるから、補給、移動、偵察等直接戦闘に従事することを目的としない軍事行動のための施設・区域の使用は、事前協議の対象とならない。

以上でございます。

（衆・外務委41. 5. 25
安川アメリカ局長）

航空母艦で申しますならば、航空母艦から搭載した飛行機が飛び立ちまして敵地を爆撃するというのはまさに戦闘作戦行動でございますけれども、航空母艦それ自体が日本の港に入って補給を受けて、そして出港するという場合には、航空母艦自体が日本の基地を作戦行動の基地として使用するという場合には該当しない。

(25) 専守防衛

（衆・本会議47. 10. 31
田中総理答弁）

専守防衛ないし専守防御というのは、防衛上の必要からも相手の基地を攻撃することなく、もっぱらわが国土及びその周辺において防衛を行なうということでございまして、これはわが国防衛の基本的な方針であり、この考え方を変えるということは全くありません。なお戦略守勢も、軍事的な用語としては、この専守防衛と同様の意味のものであります。積極的な意味を持つかのように誤解されない――専守防衛と同様の意味を持つものでございます。

（参・予算委56. 3. 19
大村防衛庁長官答弁）

専守防衛とは相手から武力攻撃を受けたときに初めて防衛力を行使し、その防衛力行使の態様も自衛のための必要最小限度にとどめ、また保持する防衛力も自衛のための必要最小限度のものに限るなど、憲法の精神にのっとった受動的な防衛戦略の姿勢をいうものと考えております。これがわが国の防衛の基本的な方針となっているものでございます。

また、政府といたしましては、この専守防衛を基本として防衛力の整備を行うとともに、米国との安全保障体制と相まってわが国の平和と安全を確保し、安保条約と相まって専守防衛をやっていくという基本的な考えを持っていることを、つけ加えさせていただきます。

〈参考〉

全般的な防衛体制の中で、相手から武力攻撃を受けた後に初めて防衛力を行使し、防衛力行使の態様も自衛のための必要最小限度にとどめ、防衛上の必要からも相手国の基地を攻撃するというような戦略的な攻勢はとらず、専らわが国土及びその周辺において防衛を行い、侵攻してくる相手をそのつど撃退するという受動的な防衛戦略の姿勢をいい、わが国の防衛の基本的な方針となっている。
「専守防衛」の語は、「専守防御」や「戦略守勢」とほぼ同義であって、従前はあまり用いられず、防衛関係の用語としても確立されたものではなかったが、昭和45年10月に発表されたいわゆる防衛白書「日本の防衛」では、「わが国の防衛は専守防衛を本旨とする。」と正式に用いられ、以後、国会における防衛に関する質疑応答でもしばしば用いられ、マスコミでも使用されて、わが国の防衛の姿勢、特徴を示す言葉として次第に定着してきている。
わが国が保有することのできる防衛力は、憲法の許容する範囲内のものでなければならないことはいうまでもなく、憲法の趣旨から、自衛のために必要最小限度のものに限られる。専守防衛は、このような性格をもつわが国の防衛力の運用についての基本的な原則であり、わが国の防衛力整備の前提となるものと考えられている。
わが国の防衛力は、専守防衛を本旨とするため、たとえば防衛上の必要からも相手国の基地を攻撃するような戦略的攻撃はとれず、このような目的に専ら用いられる、例えばB−52のような爆撃機、ICBMのような戦略ミサイル、攻撃空母などの戦略兵器を装備することはできない（これらは、憲法上の制約により保持しえない「他国に侵攻的・攻撃的脅威を与えるような兵器」であると考えられている）。わが国の防衛力がこのように戦略的攻撃手段を全く保有しないことから生ずる防衛上の弱点については、日米安全保障体制に基づく米国の戦略攻撃力に依存して補うことになっており、この点からも日米安全保障体制が必要であるとされている。
また、わが国の防衛力が専守防衛の原則によるため、相手からの侵略が予想されても相手国に対する先制攻撃をすることはできず、必ず侵略者の攻撃に対してそのつどこれを防御し排除しなければならない。このことは、わが国の国土が南北に細長く、しかも大陸に接近しているため、航空機等による攻撃に対しては、防衛上の距離的、時間的余裕に乏しいという地理的特性とあいまって、わが国の防衛を難かしいものにしている。このため、わが国を防衛するためには、侵略者の意図や動静を少しでも早く察知してこれに対する防衛体制をとらなければならず、警戒、監視、偵察等の手段を特に重視することが要請され、レーダー等による早期警戒機能の充実や性能の良い偵察機の装備などが必要とされる。また、短期間で侵入機を迎撃できる高性能の要撃戦闘機や地対空誘導弾の整備も重要な問題となる。更に、専守防衛においては、いわゆる海外派兵ということは全くあり得ず、防衛戦闘は常にわが国土及びその周辺で行われることになることから、国内で防衛戦闘が行われて被害を生ずることを防ぐ意味からも、侵略を未然に抑制することが重要であり、抑止力としての防衛力の意義が重視される。また、万一の侵略事態に備えてのいわゆる民間防衛の問題も、今後検討すべき重要課題であるといわれている。（行政百科大辞典より）

専守防衛の定義が変化したかについて

（27.8.18参・平安特委理事会提出資料
大塚耕平議員要求
平成２７年８月１８日
防衛省）

1.「専守防衛」とは、相手から武力攻撃を受けたとき初めて防衛力を行使し、その態様も自衛のための必要最小限にとどめ、また保持する防衛力も自衛のための必要最小限のものに限るなど、憲法の精神にのっとった受動的な防衛戦略の姿勢をいうものであり、我が国の防衛の基本的な方針である。

2.「国の存立を全うし、国民を守るための切れ目のない安全保障法制の整備について」(平成26年7月1日閣議決定)においても、憲法第9条の下で許容される「武力の行使」は、あくまでも、同閣議決定でお示しした「新三要件」に該当する場合の自衛の措置としての「武力の行使」に限られており、我が国又は我が国と密接な関係にある他国に対する武力攻撃の発生が前提であり、また、他国を防衛すること自体を目的とするものではない。

3.このように、「専守防衛」は、引き続き、憲法の精神にのっとった受動的な防衛戦略の姿勢をいうものであり、その定義に変更はなく、また、政府として、我が国の防衛の基本的な方針である「専守防衛」を維持することに変わりはない。

(26) 有事法制の研究

（参・予算委53. 10. 9
福田総理答弁）

……自衛隊が何のために一体あるのだ、これはもう有事のためにこそあるわけなんでありますから、その有事の際に自衛隊がその与えられた任務を完全に遂行できる、こういう体制に置かれなければならない。その体制はいかにあるべきかということ、これについて検討するということは、私はもう当然だというよりは、これは政府、防衛庁、自衛隊の責任である、義務である、このように考えておるわけであります………。

（参・予算委53. 10. 11
福田総理答弁）

今回はとにかく、私の了解のもとに防衛庁長官の指示で研究するんだ、その際には憲法の枠内であることはもとより、シビリアンコントロールのこの大原則、これを踏んまえてやります、その辺が三矢研究と今回の研究は基本的に違うと、こういう認識でございます。

（参・予算委53. 10. 11
福田総理答弁）

防衛庁の統一見解で徴兵法は研究対象にはしない。戒厳令につきましても研究対象にしない。それと並んで秘密保護法ですが、それにつきましても検討の対象にしないと、こういうふうになっておりますが、私はそれらの設例ですね、見てみますと、これは戒厳令でありますとか徴兵法でありますとか、そういうものはこれは今後といえども検討の対象にいたすことはできない、このように考えますけれども、秘密保護法、いま言論統制というようなお話ですが、そういう大げさな話を私は言っているわけじゃないのです。いまわが国の機密防衛体制は、自衛隊の関係する面から見ましても非常にこれは力弱いものです。………こと有事になった……という際に、3万円の罰金で済むんだ、1年以下の懲役で済むんだ、ひとつこの機密を漏らそうというような人が出てこないとも限らないわけですから、そういうような一事を見ましても、秘密問題につきましては、なおなお私は有事の際のことを考えますと検討の余地がある、このようなことを申し上げております。ただ、当面は検討をしない。まあしかし先々いったら検討することがあるかもしらぬ、こういうことを申し上げておるわけです。

（参・予算委53. 10. 19
金丸防衛庁長官答弁）

………有事法制の問題については、私は憲法の範囲内でひとつ対処する方法を十二分に考えてほしいということで、三原長官の後を受けまして防衛庁がやっておるわけではありますが、しかし、20、30、一遍にそんな研究はできるものじゃないんですから、一つこれとこれとこれとこれと、こういう憲法の範囲内のものをやりますというようなものはぼつぼつ出てきてもいいんじゃないかという私も考え方を持っておりますし、またそういうものも中間報告をしろといえば国会へ中間報告して、シビリアン・コントロールとは政治優先ということでありますから、国会議員の先生方に十分な御審議をいただくという方法をとることが妥当な方法だと、こうも考えておるわけでありまして、………

（参・予算委62. 7. 30
中曽根総理答弁）

有事法制の取り扱いでございますが、第1分類及び第2分類の法制化の問題については、高度の政治判断にかかるものであり、国会における御審議、国民世論の動向等を踏まえて慎重に検討すべきものと思います。第3分類に属する事項は、政府全体として取り組むべき性格の問題でございまして、現在、諸般の準備をし、検討を加えておるところでございます。

防衛庁における有事法制の研究について

（昭和53年9月21日
防衛庁見解）

1．現在、防衛庁が行っている有事法制の研究は、シビリアン・コントロールの原則に従って、昨年8月、内閣総理大臣の了承の下に、三原前防衛庁長官の指示によって開始されたものである。

2．研究の対象は、自衛隊法第76条の規定により防衛出動を命ぜられるという事態において自衛隊がその任務を有効かつ円滑に遂行する上での法制上の諸問題である。

現行の自衛隊法によって自衛隊の任務遂行に必要な法制の骨幹は整備されているが、なお残された法制上の不備はないか、不備があるとすればどのような事項か等の問題点の整理が今回の研究の目的であり、近い将来に国会提出を予定した立法の準備ではない。

また、最近問題となった防衛出動命令下令前に急迫不正の侵害を受けた場合の部隊の対応措置に関するいわゆる奇襲対処の問題は、本研究とは別個に検討している。

3．自衛隊の行動は、もとより国家と国民の安全と生存を守るためのものであり、有事の場合においても可能な限り個々の国民の権利が尊重されるべきことは当然である。今回の研究は、むろん現行憲法の範囲内で行うものであるから、旧憲法下の戒厳令や徴兵制のような制度を考えることはあり得ないし、また、言論統制などの措置も検討の対象としない。

4．この研究は、別途着手されているいわゆる防衛研究の作業結果を前提としなければならない面もあり、また、防衛庁以外の省庁等の所管にかかわる検討事項も多いので、相当長期に及ぶ広範かつ詳細な検討を必要とするものである。

幸い、現在の我が国をめぐる国際情勢は、早急に有事の際の法制上の具体的措置を必要とするような緊迫した状況にはなく、また、いわゆる有事の事態を招来しないために平和外交の推進や民生の安定などの努力が重要であることはいうまでもないが、有事の際における自衛隊の行動のための法制に係る研究も当然必要なことであり、むしろこの種の研究は、今日のような平穏な時期においてこそ、冷静かつ慎重に進められるべきものであると考える。

5．今回の研究の成果は、ある程度まとまり次第、適時適切に国民の前に明らかにし、そのコンセンサスを得たいと考えている。

防衛庁における有事法制の研究について

（昭和56年4月22日）

有事法制の研究については、その基本的な考え方を昭和53年9月21日の見解で示したところであり、現在、これに基づいて作業を進めている。

この見解でも述べているように、有事に際しての自衛隊の任務遂行に必要な法制は、現行の自衛隊法によってその骨幹は整備されている。しかし、なお残された法制上の不備はないか、不備があるとすれば、どのような事項か等の問題点の整理を目的としてこれまで研究を行ってきたところである。

研究はまだその途中にあり、全体としてまとまる段階には至っていないが、現在までの研究の状況及び問題点の概要を中間的にまとめれば、次のとおりである。

1．研究の経過

(1) 研究の対象となる法令の区分

研究の対象となる法令を大別すると、次のように区分される。

防衛庁所管の法令（第1分類）

他省庁所管の法令（第2分類）

所管省庁が明確でない事項に関する法令（第3分類）

第1分類に属するものとしては、防衛庁設置法、自衛隊法及び防衛庁職員給与法があり、これらには有事の際の関係規定が設けられているが、これで十分かどうかについて検討する必要がある。

第2分類に属するものとしては、部隊の移動、資材の輸送等に関連する法令、通信連絡に関連する法令、火薬類の取扱いに関連する法令など、自衛隊の有事の際の行動に関連ある法令多数が含まれる。これらの法令の一部については、自衛隊についての適用除外ないし特例措置が規定されているが、有事の際の自衛隊の行動の円滑を確保するうえで、これで十分かどうかについて検討する必要がある。

第3分類に属するものとしては、有事に際しての住民の保護、避難又は誘導の措置を適切に行うための法制あるいは人道に関する国際条約（いわゆるジュネーブ4条約）の国内法制のような問題がある。これらの問題は、法制的に何らかの整備が必要であるとは考えられ、また、自衛隊の行動と関連はするが、防衛庁の所掌事務の範囲を超える事項も含まれているところから、より広い立場からの研究が必要である。

(2) 各区分の検討状況

このように大別した三区分については、第1分類を優先的に検討することとし、第2分類については第1分類に引き続いて検討することとし、第3分類についてはこの問題をどのような場で扱うことが適当であるかが決められた後に研究することとして、作業を進めてきた。

したがって、現段階においては、第1分類についてはかなり検討が進んでいるが、第2分類については他省庁との調整事項等も多く検討が進んでいる状況にはなく、第3分類については未だ研究に着手してない。

2．第1分類についての問題点の概要

(1) 現行法令に基づく法令の未制定の問題

ア　自衛隊法第103条は、有事の際の物資の収用、土地の使用等について規定しているが、物資の収用、土地の使用等について知事に要請する者、要請に基づき知事が管理する施設、必要な手続等は、政令で定めることとされており、この政令が未だ制定されていない。

したがって、同条の規定により必要な措置をとりうることとするためには、この政令を整備しておくことが必要であり、この政令に盛り込むべき内容について検討した。

この概略は、別紙のとおりである。

イ　防衛庁職員給与法第30条は、出動を命ぜられた職員に対する出動手当の支給、災害補償その他給与に関し必要な特別の措置について別に法律で定めると規定しているが、この法律は、未だ制定されていない。

この法律に盛り込むべき内容としては、支給すべき手当の種類、支給の基準、支給対象者、災害補償の種類等が考えられ、これらの項目について検討を進めているところである。

(2) 現行規定の補備の問題

ア　自衛隊法第103条の規定による措置をとるに際して、処分の相手方の居所が不明の場合等、公用令書の交付ができない場合についての規定がない。このため、物資の収用、土地の使用等を行いえない事態が生ずることがあり、そのような場合に措置をとりうるようにすることが必要であると考えられる。

イ　自衛隊法第103条の規定により土地の使用を行う場合、その土地にある工作物の撤去についての規定がない。このため、土地の使用に際してその使用の有効性が失われることがあり、工作物を撤去しうるようにすることが必要であると考えられる。

ウ　自衛隊法第103条の規定により物資の保管命令を発する場合に、この命令に従わない者に対する罰則規定がないが、災害救助法等の同種の規定には罰則があるので権衡上必要ではないかとかの見方もあり、必要性、有効性等につき引き続いて検討していくこととしている。

エ　なお、有事法制の研究と直接関連するものではないが、自衛隊法第95条に規定する防護対象には、レーダー、通信器材等が含まれていないので、これらを防護対象に加えることが必要であると考えられる。

(3) 現行規定の適用時期の問題

ア　自衛隊法の第103条の規定による土地の使用に関しては、陣地の構築等の措置をとるには相当の期間を要するので、そのような土地の使用については、防衛出動命令下令後から措置するのでは間に合わないことがあるため、例えば、防衛出動待機命令下令時から、これを行いうるようにすることが必要であると考えられる。

イ　自衛隊法第22条の規定による特別の部隊の編成等に関しては、編成等に相当の期間を要し、防衛出動命令下令後から行うのでは間に合わないことがあるので、例えば、防衛出動待機命令下令時から、これを行いうるようにすることが必要であると考えられる。

ウ　自衛隊法第70条の規定による予備自衛官の招集に関しては、招集に相当の期間を要し、防衛出動命令下令後から行うのでは間に合わないことがあるので、例えば、防衛出動待機命令下令時から、これを行いうるようにすることが必要であると考えられる。

(4) 新たな規定の追加の問題

ア　自衛隊法には、自衛隊の部隊が緊急に移動する必要がある場合に公共の用に供されていない土地等を通行するための規定がない。このため、部隊の迅速な移動ができず、自衛隊の行動に支障をきたすことがあるので、このような場合には、公共の用に供されていない土地等の通行を行いうることとする規定が必要であると考えられる。

イ　自衛隊法には、防衛出動待機命令下にある部隊が侵害を受けた場合に、部隊の要員を防護するために必要な措置をとるための規定がない。このため、部隊に大きな被害を生じ、自衛隊の行動に支障をきたすことがあるので、当該部隊の要員を防護するため武器を使用しうることとする規定が必要であると考えられる。

3．今後の研究の進め方及び問題点の取扱い

今後の有事法制の研究については、今回まとめた内容にさらに検討を加えるとともに、未だ検討が進んでいない分野について検討を進めていくことを予定しているところである。

なお、今回の報告で取り上げた問題点の今後の取扱いについては、有事法制の研究とは別に、防衛庁において検討するとともに、関係省庁等との調整を経て最終的な決定を行うこととなろう。

別紙　自衛隊法第103条の政令に盛り込むべき内容について

1．要請者、要請方法

(1) 物資の収用、土地の使用等について都道府県知事に要請する者は、防衛出動を命ぜられた自衛隊の方面総監、師団長、自衛艦隊司令官、地方総監、航空総隊司令官、航空方面隊司令官等とすること。

(2) この要請は、文書をもって行うこと。

2．管理する施設

要請を受けた都道府県知事が管理する施設として政令で定めるものは、燃料、弾火薬類等の緊急需要に備えての保管施設と装備品等の応急修理のための施設とすること。

3．医療等に従事する者

医療、土木建築工事又は輸送に従事する者の範囲は、災害救助法施行令に規定するものとおおむね同様のものとすること。

4．公用令書関係手続

(1) 公用令書の交付先

ア　管理、使用又は収用の場合の公用令書は、対象となる施設、土地等又は物資の所有者に対して交付するものとすること。ただし、所有者に交付することが困難な場合においては、当該施設、土地等又は物資の占有者に対して交付すれば足りること。また、所有者が占有者でないときは、占有者に対しても公用令書を交付しなければならないこと。

イ　保管命令の場合の公用令書は、保管の対象となる物資の生産、集荷、販売、

配給、保管又は輸送を業とする者に対して交付すること。

ウ　業務従事命令の場合の公用令書は、業務従事命令を受ける者に対して交付すること。

(2) 公用令書の記載事項

ア　施設の管理等の場合の公用令書の記載事項は、①公用令書の交付を受ける者の氏名及び住所　②処分の要請を行った者の官職及び氏名　③管理すべき施設の名称、種類及び所在の場所並びに管理の範囲及び期間、使用すべき土地又は家屋の種類及び所在の場所並びに使用の範囲及び期間、使用又は収用すべき物資の種類、数量、所在の場所及び引渡時期並びに使用又は収用の期間又は期日、保管すべき物資の種類、数量及び保管場所並びに保管の期間等とすること。

イ　業務従事命令の場合の公用令書の記載事項は、①命令を受ける者の氏名、職業、年齢及び住所　②処分の要請を行った者の官職及び氏名 ③従事すべき業務 ④従事すべき場所及び期間 ⑤出頭すべき日時及び場所等とすること。

(3) 業務従事命令に応じることができない場合の手続

公用令書の交付を受けた者が病気、災害その他のやむをえない事故により業務に従事することができない場合には、直ちにその事由を付して都道府県知事にその旨を届け出なければならないこと。

この場合、都道府県知事は、その業務に従事させることが適当でないと認めるときは、その処分を取り消すことができること。

(4) 公用令書の変更及び取消

公用令書を交付した後、処分内容を変更し、又は取り消したときは、速やかに公用変更令書又は公用取消令書を交付しなければならないこと。

(5) 公用令書の写しの送付

都道府県知事が公用令書、公用変更令書又は公用取消令書を交付したときは、直ちにその写しを処分の要請者に送付しなければならないこと。また、防衛庁長官等が公用令書、公用変更令書又は公用取消令書を交付したときは、直ちにその写しを都道府県知事に送付しなければならないこと。

政府見解

5．物資の引渡し

(1) 占有者の義務

使用又は収用の対象となる物資の占有者は、公用令書に記載されている引渡時期にその所在の場所において処分を行う都道府県知事又は防衛庁長官等にその物資を引き渡さなければならないこと。

(2) 受領調書の交付

物資の引渡しを受けたときは、引渡しを行った占有者に対して受領調書を交付しなければならないこと。

6．都道府県知事の職務

都道府県知事が施設の管理、土地等の使用若しくは物資の収用を行い又は物資の保管命令若しくは業務従事命令を発する場合には、都道府県知事は、公用令書の交付後、防衛庁長官等が行った処分の要請の趣旨に沿い、適切な措置をとるように努めること。

7．損失補償、実費弁償等

⑴ 損失補償の申請

処分による損失の補償を受けようとする者は、管理、使用又は保管命令の場合にあっては管理、使用又は保管命令が取り消され、又はその期間が満了した後、収用の場合にあっては収用の後、1年以内に補償申請額等を記載した損失補償申請書を都道府県知事又は、防衛庁長官に提出しなけらばならないこと。ただし、管理、使用又は保管命令の場合にあっては、管理、使用又は保管の期間が1月を経過するごとにその経過した期間の分について申請できること。

⑵ 実費弁償の基準

業務従事命令による実費弁償の基準は、災害対策基本法施行令第35条の規定（業務に従事した時間に応じて手当を支給すること、支給額は、同種業務に従事する都道府県職員の給与を考慮すること等）を準用すること。

⑶ 実費弁償の申請

業務従事命令による実費の弁償を受けようとする者は、業務従事命令が取り消され、又はその期間が満了した後1年以内に実費弁償申請額等を記載した実費弁償申請書を都道府県知事に提出しなければならないこと。ただし、業務従事の期間が7日以上経過するごとに、その経過した期間の分について申請できること。

⑷ 扶助金の種類、基準等

業務従事命令による扶助金の種類（療養扶助金、休業扶助金、障害扶助金、遺族扶助金、葬祭扶助金及び打切扶助金の六種）及び扶助金の支給については、災害救助法施行令第13条から第22条までの規定を準用すること。

⑸ 扶助金支給の申請

業務従事命令による扶助金の支給を受けようとする者は、業務従事命令が取り消され、又はその期間が満了した後1年以内に扶助金支給申請額等を記載した扶助金支給申請書を都道府県知事に提出しなければならないこと。ただし、療養扶助金又は休業扶助金については、療養又は休業の期間が1月を経過するごとにその経過した期間の分について申請できること。

⑹ 損失補償額等の決定及び通知

都道府県知事又は防衛庁長官は、損失補償申請書、実費弁償申請書又は扶助金支給申請書を受理したときは、補償すべき損失、弁償すべき実費又は支給すべき扶助金の有無及び補償、弁償又は支給すべき場合にはその額を決定し、遅滞なくこれを申請者に通知しなければならないこと。

有事法制の研究について　　　　　　　　　　　　　　　　　(昭和59年10月16日)

1．経緯及び第2分類の検討

(1) 経緯

ア　有事法制の研究は、昭和52年8月、内閣総理大臣の了承の下に、防衛庁長官の指示によって開始されたものであり、自衛隊法第76条の規定により防衛出動を命ぜられるという事態において自衛隊がその任務を有効かつ円滑に遂行する上での法制上の諸問題を研究の対象とするものである。自衛隊は有事に際して我が国の平和と独立を守り国の安全を保つためのものである以上、日ごろからこれに備えて研究しておくことは当然であると考える。研究を進めるに当たっての基本的な考え方については、昭和53年9月21日の見解で示したところであり、現在これに基づいて作業を進めているところである。

イ　有事法制の研究の対象となる法令は、防衛庁所管の法令（第1分類）、他省庁所管の法令（第2分類）及び所管省庁が明確でない事項に関する法令（第3分類）に区分され、そのうち第1分類については、問題点の概要を取りまとめて、昭和56年4月、国会の関係委員会に報告したところである。

ウ　その後の有事法制の研究では、第1分類に引き続いて第2分類に重点を置いて検討を進めた。

(2) 第2分類の検討

他省庁所管の法令について、現行規定の下で有事に際しての自衛隊の行動の円滑を確保する上で支障がないかどうかを防衛庁の立場から検討し、検討項目を拾い出した上、当該項目に関係する条文の解釈、適用関係について関係省庁と協議、調整を行った。

現在までに検討した事項と問題点の概要を整理すれば、次のとおりである。

2．第2分類で検討した事項と問題点の概要

現行自衛隊法においては、他省庁所管の法令について、特例や適用除外の規定があり、自衛隊の任務遂行に必要な法制の骨幹は、整備されているが、今回検討した項目には、なお法令上特例措置が必要と考えられる事項もあり、また法令上必要とされる特定行政庁の承認、協議等手続に係る事項も相当数含まれている。

特定行政庁の承認、協議等の手続は、有事に際しての自衛隊の行動の円滑を確保するため関係省庁の協力を得て迅速に措置されることが必要である。

自衛隊と他省庁との連絡協力については、自衛隊法第86条の関係機関との連絡及び協力の規定並びに同法第101条の海上保安庁等との関係の規定によって、基本的枠組が整備されており、また、具体的な手続に際して、手続の迅速化を配慮するなど関係省庁の協力が当然得られるものと考えられるところである。

このような基本的枠組等を踏まえて、有事に際しての自衛隊の行動等の態様に区分して検討した事項と問題点の概要を整理すれば、次のとおりである。

(1) 部隊の移動、輸送について

ア 陸上移動等

有事に際しては、速やかに部隊を移動させ、その任務遂行上必要な物資を輸送する必要があるが、これについては「道路交通法」に基づく公安委員会等による交通規制の実施及び公安委員会の指定に係る緊急自動車の運用により、おおむね円滑に行えるものと考えられる。

しかしながら、道路、橋が損傷している場合に、部隊の移動、物資の輸送のためその道路等を応急補修し、通行しなければならないことが考えられるが、この場合「道路法」上、部隊自らがその補修を行うことができないことがある。したがって、部隊自らが応急補修を行うことも含めて、損傷した道路等を滞りなく通行できるよう「道路法」に関して特例措置が必要であると考えられる。

イ 海上移動等

有事に際して自衛隊の使用する船舶は、その任務の有効かつ円滑な遂行を図るため、速やかに移動、輸送を行う必要があるが、その航行等については民間船舶と同様に船舶交通の安全を図るための「港則法」、「海上交通安全法」及び「海上衝突予防法」が適用される。

この場合、一定の港における「港則法」による夜間入港の制限又は特定海域における「海上交通安全法」による航路航行義務等の航行規制を受けるが、これらについては、夜間入港の際の港長の迅速な許可又は緊急用務船舶の指定により、自衛隊の任務遂行上支障がないと考えられる。

なお、「海上衝突予防法」の適用について検討を加えたが特に問題とする事項はないと思われる。

ウ 航空移動等

有事に際して自衛隊機は、その任務の有効かつ円滑な遂行を図るため、速やかに移動、輸送を行う必要がある。

防衛出動時の自衛隊機の飛行については、その任務と行動の特性から自衛隊法第107条により「航空法」の規定の相当部分が適用除外されている。

しかし、自衛隊機は、その任務遂行のため、計器気象状態（悪天候）であっても計器飛行方式によらないで飛行する必要があり、このような飛行は、「航空法」によって、やむを得ない事由がある場合又は運輸大臣の許可を受けた場合でなければできないとされている。また、特別管制空域を計器飛行方式によらないで飛行する必要があり、これについても、同法によって運輸大臣の許可を得なければならないとされている。これらの飛行については、同法に基づく運輸大臣の迅速な許可等の措置がなされれば、自衛隊機の行動に支障がないものと考えられる。

(2) 土地の使用について

部隊は、侵攻が予想される地域に陣地を構築するために土地を使用する必要がある。

一方、国土の利用について海岸、河川、森林などの態様に応じて「海岸法」、「河川法」、「森林法」、「自然公園法」等の法令により、国土の保全に資する等の観点から、一定の区域について立入り、木竹の伐採、土地の形状の変更等に対する制限等が設けられ、土地を使用する場合には、原則として法令で定められている手続が必要である。

部隊があらかじめ陣地を構築するために土地を使用する場合においても、法令に定められた許可手続に従い又は許可手続の例により行うほかなく、侵攻の態様によってはそれらの手続をとるいとまがないことが考えられ、また、法令によっては「非常災害」に際しての応急的な措置について、手続をとらなくても一定の範囲内で土地を使用し得るとされているものもあるが、これにも当たらないとされている。さらに、構築される陣地の形態によっては、これらの法令上許可し得る範囲を超えることも考えられる。

したがって、有事に際しての自衛隊による土地の使用等については、「海岸法」等に関して特例措置が必要であると考えられる。

(3) 構築物建造について

有事に際して、航空基地等では、他の基地に所在する航空部隊の機動展開を受け入れ、あるいは、抗たん性を強化するために航空機用えん体、指揮所、倉庫等を建築することがある。

一方、「建築基準法」は、建築物を建築する際の工事計画の建築主事への通知等の手続、構造の基準等を定めている。

航空機用えん体、指揮所、倉庫等を建築する際にも、同法に定められている手続を行い、構造の基準を満たさなければならないため、速やかに建築を進めることができないことも考えられる。

したがって、有事に際して自衛隊の建築する建築物については、「建築基準法」に関して特例措置が必要であると考えられる。

(4) 電気通信について

有事に際しては、部隊等相互間において通信量が増大することが予想され、また通信系の抗たん性を確保することが必要となる。

自衛隊法第104条では、防衛庁長官は、防衛出動を命ぜられた自衛隊の任務遂行上必要があると認める場合には、緊急を要する通信を確保するため、郵政大臣に対し、公衆電気通信設備を優先的に利用すること及び「有線電気通信法」第3条第3項第3号に掲げる者が設置している電気通信設備を使用することについて必要な措置をとることを求めることができ、郵政大臣はその要求に沿うように適当な措置をとるものとすることが規定されており、また「有線電気通信法」、「公衆電気通信法」及び「電波法」では、天災、事変等一般的に住民の生命、財産の安全又は公共の安全が脅かされるような非常事態の際の重要な通信の確保について規定されている。防衛出動下令事態における自衛隊の任務遂行上必要な通信の確保については、これらの諸規定に従って措置されるものであり、自衛隊の任務遂行に支障がないものと考えられる。

(5) 火薬類の取扱いについて

ア　自衛隊の保有する火薬類は、各地の自衛隊の施設内の弾薬庫に貯蔵されており、有事に際して部隊が展開する地域へ輸送する必要がある。火薬類の輸送手段としては、鉄道輸送、車両輸送、船舶輸送等が考えられ、火薬類の積載方法、積載重量、運搬方法等について、「火薬類取締法」等の法令によって規制されているが、自衛隊機及び自衛艦による輸送については、自衛隊法第107条及び第109条により、積載方法、積載重量等について適用除外されている。火薬類の輸送については、それらの法令に従いおおむね円滑に実施できるものと考えられる。

しかしながら、火薬類を車両に積載して輸送する場合に、状況によっては夜間に火薬類の積卸しを行う必要があるが、「火薬類の運搬に関する総理府令」によって火薬類の積卸しは夜間を避けて行うこととされている。また、隊員が一定量以上の火薬類を携帯して民間自動車渡船（フェリー）に乗船する場合や、火薬類を積載した車両を一般の隊員とともに自動車渡船に積載する場合もあるが、「危険物船舶運送及び貯蔵規則」によれば、一定量以下の火薬類を除き船舶に持ち込んではならず、また、火薬類を積載した車両の運転手、乗務員及び貨物の看守者以外の者が乗船している自動車渡船に火薬類を積載した車両を積載してはならないとされている。

したがって、これらについて自衛隊の任務遂行に支障が生じないよう措置することが必要であると考えられる。

イ　防衛行動において使用される火薬類を、使用又は輸送するために必要な範囲内で、一時的に野外に集積することが考えられるがそのような集積は、「火薬類取締法」上の「消費」又は「運搬」に当たるものと解される。「消費」に当たる場合は、自衛隊法第106条により規制が適用除外とされており、また、「運搬」に当たる場合は、安全措置等を講じることが必要とはなるが、自衛隊の任務遂行に支障はないものと考えられる。

(6) 衛生医療について

有事に際しては負傷者が多数発生することが考えられるが、負傷者の容体からみて早急に処置を必要とする場合又は既設の病院、診療所へ輸送する手段がない場合には、自衛隊の設置する野戦病院等に負傷者を収容し、医療を行わなければならないことがある。

一方、「医療法」によれば病院等を設置する場合には厚生大臣に協議等を行うこと、また、その病院等は同法に定める構造設備を有することとされている。

自衛隊の設置する野戦病院等は、部隊の移動に合わせて移動する必要があるため、構造設備等の基準を満たすことは困難であると思われる。

したがって、有事に際して自衛隊の設置する野戦病院等については、「医療法」に関して特例措置が必要であると考えられる。

(7) 戦死者の取扱いについて

有事に際して戦死者については、人道上、衛生上の見地から、部隊が埋葬又は火葬することが考えられる。

一方、「墓地、埋葬等に関する法律」によって、墓地以外の場所に埋葬すること、火葬場以外の場所で火葬することが禁じられており、また、墓地に埋葬し、火葬場で火葬する場合にも、市長村長の許可が必要であるとされている。

死者が一時的に広範な地域にわたって生じた場合には、既存の墓地、火葬場で埋葬、火葬することが困難となり、市町村長の許可を迅速に得ることも困難であると思われる。

したがって、有事に際して部隊が行う埋葬及び火葬については、「墓地、埋葬等に関する法律」に関して特例措置が必要であると考えられる。

(8) 会計経理について

自衛隊が必要とする工事用資材等の物資を調達する場合、現行の会計法令上では、いわゆる同時履行の原則によることとされているが、自衛隊が必要とする船舶、航空機等については、前金払及び概算払の方式が認められているところである。

有事に際しては、自衛隊の任務遂行に支障が生じないよう工事用資材等の物資の調達についても、前金払等の方式が講ぜられるよう措置されることが必要であると考えられる。

3．今後の研究の進め方

以上に述べたとおり、第2分類について問題点の整理はおおむね終了したと考えられるが、なお、研究は今後も引き続き進める必要があり、その際、有事において自衛隊の行動が円滑に行われるための準備の重要性にかんがみ、陣地の構築のための土地の使用、建築物の建築等の特例措置について、例えば、防衛出動待機命令下令時から適用するというような点をも考慮する必要があると考えている。

また、これまでの検討を踏まえて整理すれば、有事における、住民の保護、避難又は誘導を適切に行う措置、民間船舶及び民間航空機の航行の安全を確保するための措置、電波の効果的な使用に関する措置など国民の生命財産の保護に直接関係し、かつ、自衛隊の行動にも関連するため総合的な検討が必要と考えられる事項及び人道に関する国際条約（いわゆるジュネーブ4条約）に基づく捕虜収容所の設置等捕虜の取扱いの国内法制化など所管省庁が明確でない事項が考えられ、これらについては、今後より広い立場において研究を進めることが必要であると考えている。

〈資料〉関係ある法令の条文

「有事法制の研究について」本文で述べた問題点等の概要のうち、有事に際して、自衛隊の円滑な行動等を確保する上で、法令上関係があると考えられる条文を整理すれば、次のとおりである。

1．法律関係

(1) 道路等が損傷している場合に、滞りなく通行するためには、次の規定との関係が問題となると考えられる。

道路法第24条（道路管理者以外の者の行う工事）

同　　第43条（道路に関する禁止行為）

同　　第46条（通行の禁止又は制限）

(2) 陣地の構築のため速やかに土地を使用するためには、次の規定との関係が問題となると考えられる。

ア　海岸法第7条（海岸保全区域の占用）

同　　第8条（海岸保全区域における行為の制限）

同　　第10条（許可の特例）

イ　河川法第24条（土地の占有の許可）

同　　第25条（土石等の採取の許可）

同　　第26条（工作物の新築等の許可）

同　　第27条（土地の堀さく等の許可）

同　　第55条（河川保全区域における行為の制限）

同　　第57条（河川予定地における行為の制限）

同　　第95条（河川の使用等に関する国の特例）

ウ　森林法第34条（保安林における制限）

エ　自然公園法第17条（特別地域）

同　　第18条（特別保護地区）

同　　第18条の2（海中公園地区）

同　　第19条（条件）

同　　第20条（普通地域）

同　　第40条（国に関する特例）

同　　第42条（保護及び利用）

(3) 自衛隊の行動に必要な建築物を速やかに建築し使用するためには、建築物に対する制限の緩和に関して、次の規定との関係が問題となると考えられる。

建築基準法第18条（国、都道府県又は建築主事を置く市町村の建築物に対する確認、検査又は是正措置に関する手続の特例）

同　　第19条（敷地の衛生及び安全）

同　　第21条（大規模の建築物の主要構造部）

同　　第22条（屋根）

同　　第23条（外壁）

同　　第26条（防火壁）

同　　第35条（特殊建築物等の避難及び消火に関する技術的基準）

同　　第36条（この章の規定を実施し、又は補足するため必要な技術的基準）

同　　第37条（建築材料の品質）

同　　第39条（災害危険区域）
同　　第40条（地方公共団体の条例による制限の附加）
同　　第3章（都市計画区域内の建築物の敷地、構造及び建築設備）

(4) 自衛隊が野戦病院等を設置し円滑、速やかに医療を行うためには、次の規定との関係が問題となると考えられる。

医療法第7条（開設許可）
同　　第9条（病院等の休廃止等の届出）
同　　第12条（開設者の管理等）
同　　第13条（診療所の患者収容時間の制限）
同　　第18条（専属薬剤師）
同　　第21条（病院の法定人員及び施設の基準等）
同　　第23条（省令への委任等）
同　　第24条（施設の使用制限命令等）
同　　第25条（報告の徴収、立入検査）
同　　第27条（使用許可）

(5) 戦死者を速やかに埋葬又は火葬するためには、次の規定との関係が問題となると考えられる。

墓地、埋葬等に関する法律第4条（墓地外の埋葬、火葬場外の火葬の禁止）
同　　　　　　　第5条（埋葬・火葬・改葬の許可）

2．政令関係

自衛隊が必要とする工事資材等の円滑な調達については、次の規定との関係が問題となると考えられる。

予算決算及び会計令臨時特例第2条（前金払のできる経費）
同　　　　　　　第3条（概算払のできる経費）

3．総理府令及び省令関係

(1) 火薬類の車両による円滑、速やかな運搬については、次の規定との関係が問題となると考えられる。

火薬類の運搬に関する総理府令第15条（運搬方法）

(2) 民間自動車渡船（フェリー）に、隊員が一定量以上の火薬類を携帯して乗船したり、火薬類を積載した車両を一般の隊員とともに積載するためには、次の規定との関係が問題となると考えられる。

危険物船舶運送及び貯蔵規則第4条（持込の制限）
同　　　第21条（自動車渡船による危険物の運送）

(27) いわゆる奇襲対処の問題について

（昭和53年9月21日
防衛庁見解）

1．自衛隊法第76条の規定は、外部からの武力攻撃（そのおそれのある場合を含む。）に際して、内閣総理大臣がわが国を防衛するため必要があると認める場合に、国会の承認を得て自衛隊の全部又は一部に対しいわゆる防衛出動を命じ得ることを定めており、この防衛出動の命令を受けた自衛隊は、同法第88条の規定によりわが国を防衛するため必要な武力を行使し得ることとされている。

このように、外部からの武力攻撃に対し自衛隊が必要な武力を行使することは、厳格な文民統制の下にのみ許されるものとされており、したがって、防衛出動命令が下令されていない場合には、自衛隊が右のような武力行使をすることは認められない。

ア　自衛隊法第76条は、特に緊急の必要がある場合には、内閣総理大臣が事前に国会の承認を受けないでも防衛出動を命令することができることとされており、しかも、この命令は武力攻撃が現に発生した事態に限らず、武力攻撃のおそれのある場合にも許されるので、いわゆる奇襲攻撃に対しても基本的に対応できる仕組みとなっており、防衛上の問題として、いわゆる奇襲攻撃が絶無といえないとしても、各種の手段により、政治、軍事、その他のあらゆる情報を事前に収集することによって、実際上、奇襲を受けることのないよう努力することが重要であると考える。

イ　自衛隊がいわゆる奇襲攻撃に対してとるべき方策については、右に述べた見地から情報機能、通信機能等の強化を含む防衛の態勢をできるだけ高い水準に整備するよう努めることがあくまでも基本でなければならないが、更に、いわゆる奇襲攻撃を受けた場合を想定した上で、防衛出動命令の下令前における自衛隊としての任務遂行のための応急的な対処行動のあり方につき、文民統制の原則と組織行動を本旨とする自衛隊の特性等を踏まえて、法的側面を含め、慎重に検討することとしたい。

(28) リムパックへの海上自衛隊の参加について

（昭和54年12月11日
衆・予算委提出資料）

ア　リムパックとはRIM OF THE PACIFIC EXERCISEの略称である。リムパックは、米海軍の第三艦隊が計画する総合的な訓練で、外国艦艇等の参加を得て行うものであり、昭和46年以来6回ハワイ周辺の中部太平洋で実施されている。これまでの訓練には、米海軍のほかカナダ、オーストラリア、ニュージーランドの海上部隊が参加したと承知している。

リムパックの目的は、参加艦艇等の能力評価を行い、練度の向上を図ることであり、このため、対水上艦艇、対潜水艦、対航空機等の各種訓練とともに誘導武器評価施設を使用した魚雷等の発射訓練も併せ実施するものである。

イ　海上自衛隊は、戦術技量の向上を図るために、これまで護衛艦、潜水艦、対潜哨戒機をハワイに派遣し、米海軍の協力を得て、誘導武器評価施設を使用した魚雷発射訓練、陸上施設利用訓練及びハワイ周辺海域における洋上訓練を実施してきたところであるが、このようなハワイ派遣訓練の充実強化のために、かねてから、より高度の訓練を実施したいとの意向を持っていたところ、本年三月、米側よりリムパックへの参加についての意向打診があった。

ウ　防衛庁としては、この訓練の目的等について米側に確認する等慎重に検討した結果、この訓練は、いわゆる集団的自衛権の行使を前提として特定の国を防衛するというようなものではなく、単なる戦術技量の向上を図るためのものであり、この訓練に参加することにより、従来のハワイ派遣訓練では得ることのできない米海軍の最新の戦闘技術を習得でき、これまで毎年実施しているハワイ派遣訓練の充実強化になると考え、本年十月参加を決定し、この旨を米側に伝えた。

なお、米側以外の参加国は現在のところ公表されていないが、わが国としては、リムパック主催国である米国との訓練を念頭に置いて参加することとしたものである。

エ　今回参加予定のリムパックは、来春、中部太平洋において行われることとなっており、防衛庁としては護衛艦2隻及び対潜哨戒機8機をこれに参加させることを計画している。

わが国以外の参加艦艇等は、現在のところ未定である。

オ　自衛隊が外国との間において訓練を行うことができることの法的根拠は、防衛庁設置法第5条21号の規定である。すなわち、同号は、「所掌事務の遂行に必要な教育訓練を行うこと」と規定しており、この所掌事務の遂行に必要な範囲内のものであれば、外国との間において訓練を行うことも可能であると解している。

もとより、自衛隊は、憲法及び自衛隊法に従ってわが国を防衛することを任務としているのであるから、その任務の遂行に必要な範囲を超える訓練まで行うことができるわけではない。例えば、わが国は、憲法上いわゆる集団的自衛権の行使は認められていないので、わが国がそれを前提として外国と訓練を行うことは、憲法の趣旨に反して許されないところであり、したがって、このような訓練は、ここにいう「所掌事務の遂行に必要な」範囲内のものといえないことはいうまでもない。

今回のリムパックに参加して行う訓練は、ア及びウにおいて述べたようなものであり、「所掌事務の遂行に必要な」範囲内のものであると考えている。

(29) 潜在的脅威の判断基準

（衆・内閣委55. 11. 4
大村防衛庁長官答弁）

ただいま潜在的脅威の判断の基準はどうかというお尋ねでございました。もともと脅威は侵略し得る能力と侵略意図が結びついて顕在化するものでありまして、この意味でのわが国に対する差し迫った脅威が現在あるとは考えておりませんが、意図というものは変化するものであり、防衛を考える場合には、わが国周辺における軍事能力について配慮する必要があると考えております。潜在的脅威というものは、侵略し得る軍事能力に着目し、そのときどきの国際情勢等を背景として総合的に判断して使ってきた表現でございます。いずれにせよ、潜在的脅威であると判断したからといって決して敵視することを意味するものではございません。

(30) 防衛研究

（衆・内閣委56. 2. 4
大村防衛庁長官答弁）

防衛研究は………有事の際、わが国の防衛力を効果的に運用して、その能力を有効に発揮させるため、陸海空各自衛隊の統合的運用の観点から、各種の侵攻事態における自衛隊の運用方針、防衛準備の要領、その他自衛隊の運用と、これに関連して必要となる防衛上の施策についてどのような問題があるか、また、どうあるべきかを総合的に研究したものであります。

本研究は、国際情勢の緊迫からわが国に対する武力侵攻に至るまでの間生起すると考えられるさまざまの状況のうち、研究上適当と考えられる主要な特定の状況を取り上げ、その状況に対応して自衛隊のとる措置を考え、その際の問題点を検討し、警戒態勢、防衛準備、統合的対処構想等の事項についてはその改善策の概括的な検討を行ったものであります。

なお、防衛研究はあくまで研究そのものでありまして、これをそのまま直ちに施策に移すという性格のものではなく、具体的施策に移す場合には、改めていろいろな角度から慎重に掘り下げて検討し、結論を出す考えでございます。

（衆・決算委56. 4. 7
塩田防衛局長答弁）

防衛研究につきまして、概要どういうことを研究したかということを御報告させていただきます。

もともとこの研究は、わが国の自衛隊が有事の場合にとるべき行動についての研究でございますが、項目といたしましては5つばかりございます。

順番に申し上げますと、第一は警戒態勢でございます。情勢の緊迫度に応じまして、それぞれの段階に応じて自衛隊がいかなる措置をとるべきかというようなことを研究したものでございます。

それから第二は防衛の準備態勢でございまして、これもわが国に対する武力攻撃が発生する可能性が認められるという事態におきまして、防衛出動が下令されましたら当然武力攻撃をもって対処するわけでございますが、その場合に防衛力を有効に発揮するためには事前にどういう準備をしておくべきかといったようなことを研究したわけでございます。
　それから三番目に、三自衛隊の統合対処の構想につきまして、有機的、統合的に運用を図るための研究をしたわけであります。
　それから四番目に、有事の際におきます防衛庁長官の指揮命令に関しします統合幕僚会議議長の補佐及び各幕僚長の補佐のあり方についての研究をしたわけであります。
　それから五番目に、有事の際におきます民間の船舶、航空機等の運航の安全を図るために関係機関との間でどういう措置をとったらよいかというような、いわゆる船舶、航空機の安全確保のための措置、そういったような五つの項目について研究をしたわけでございます。

(31) 極東有事研究とわが国の防衛力整備

（57. 1. 26参議院黒柳明議員質問主意書に対する答弁書）

1～3
「日米防衛協力のための指針」に基づく日本以外の極東における事態で日本の安全に重要な影響を与える場合に日本が米軍に対して行う便宜供与の在り方については、今後の研究作業の結果を持たなければならないが、右便宜供与の在り方が日米安保条約、その関連取極、その他の日米間の関係取極及び日本の関係法令によって規律されることは、右「指針」に明記されているとおりである。また、右「指針」の作成のための研究・協議については、わが国の憲法上の制約に関する諸問題がその対象とされない旨及び右研究・協議の結論が日米両国政府の立法、予算ないし行政上の措置を義務づけるものではない旨日米間であらかじめ確認されており、したがって、このような「指針」に基づいて行われる研究作業において憲法の枠を超えるようなものが出てきたり、研究作業の結果が両国政府の立法、予算ないし行政上の措置を義務づけるようなものとなったりすることがないことはいうまでもない。
4～8略

(32) 日米安全保障条約にいう「極東」の範囲

（昭和35年2月26日衆議院安保特別委員会に提出した政府統一見解）
　新条約の条約区域は、「日本国の施政の下にある領域」と明確に定められている。他方同条約は、「極東における国際の平和及び安全」ということもいっている。
　一般的な用語としてつかわれる「極東」は、別に地理学上正確に確定されたものではない。しかし、日米両国が、条約にいうとおり共通の関心をもっているのは、極東における国際の平和及び安全の維持ということである。この意味で実際問題として両国共通の関心の的となる極東の区域は、この条約に関する限り、在日米軍が日本の施設及び区域を使用して武力攻撃に対する防衛に寄与しうる区域である。かかる区域は、大体において、フィリピン以北並びに日本及びその周辺の地域であって、韓国及び中華民国の支配下にある地域もこれに含まれている。（「中華民国の支配下にある地域」は「台湾地域」と読替えている。）

新条約の基本的な考え方は、右のとおりであるが、この区域に対して武力攻撃が行われ、あるいは、この区域の安全が周辺地域に起こった事情のため脅威されるような場合、米国がこれに対処するために執ることのある行動の範囲は、その攻撃又は脅威の性質いかんにかかるのであって、必ずしも前記の区域に局限されるわけではない。

しかしながら米国の行動には、基本的な制約がある。すなわち米国の行動は常に国際連合憲章の認める個別的又は集団的自衛権の行使として、侵略に抵抗するためにのみ執られることになっているからである。またかかる米国の行動が戦闘行為を伴うときは、そのための日本の施設の使用には、当然に日本政府との事前協議が必要となっている。そして、この点については、アイゼンハウァー大統領が岸総理大臣に対し、米国は事前協議に際し表明された日本国政府の意思に反して行動する意図のないことを保証しているのである。

第13章　国際貢献・邦人輸送

1. 国際連合平和維持活動等に対する協力

「国際平和協力に関する合意覚書」（自民、公明、民社の3党合意）

（平成2年11月9日）

1. 憲法の平和原則を堅持し、国連中心主義を貫くものとする。
1. 今国会の審議の過程で各党が一致したことはわが国の国連に対する協力が資金や物資だけでなく人的な協力も必要であるということである。
1. そのため、自衛隊とは別個に、国連の平和維持活動に協力する組織をつくることとする。
1. この組織は、国連の平和維持活動に対する協力及び国連決議に関連して人道的な救援活動に対する協力を行うものとする。
1. また、この組織は、国際緊急援助隊派遣法の定めるところにより災害救助活動に従事することができるものとする。
1. この合意した原則にもとづき立法作業に着手し早急に成案を得るよう努力すること。

平成2年11月9日

自由民主党
公　明　党
民　社　党

新たな国際平和協力に関する基本的考え方（案）

（3党の協議のための中間報告）

（平成3年8月2日）

1. 目的

国連平和維持活動及び国連決議又は人道的活動に従事する国際的な機関からの要請に基づく人道的な救援活動に対する協力を適切かつ迅速に実施するため、「平和維持活動協力隊」（仮称）の海外派遣の実施体制を整備するとともに、これらの活動に対する物資協力のための措置等を講じ、国連を中心とした国際平和のための努力に積極的に寄与する。

2. 協力の基本原則

(1) 「平和維持活動協力業務」（仮称）の実施等は、武力による威嚇又は武力の行使にあたるものであってはならない。

(2) 内閣総理大臣は、「平和維持活動協力業務」（仮称）の実施に当たり「平和維持活動協力業務計画」（仮称）に基づいて、内閣を代表して行政各部を指揮監督する。

3.「平和維持活動協力業務」（仮称）の内容

(1) 国連平和維持活動に関する以下の業務

① 武力紛争当事者の兵力引き離し、停戦の確保及びこれらに類するもの並びに停戦の監視（武力行使を伴わないものに限る）。

② 行政事務に関する助言・監督

③ 選挙監視及び管理

④ 文民警察

⑤ 輸送、通信、建設及び資機材の据付・修理等

⑥ 医療活動

(2) 人道的な救援活動

① 紛争によって被害を受けた住民その他の者の救援のための活動

② 紛争によって生じた被害の復旧のための活動

4.「平和維持活動協力本部」（仮称）の設置

総理府に「平和維持活動協力本部」（仮称）を置く。本部長は内閣総理大臣。本部に常設の事務局を置く。本部に、業務計画に従い、政令で定めるところにより「平和維持活動協力隊」（仮称）を置くことができる。

5.「平和維持活動協力隊」（仮称）の構成

「隊員」の任用は次の方法による。

(1) 本部長の選考による任期を定めた採用

(2) 本部長の要請を受けた関係行政機関等より任期を定めた職員の派遣（自衛隊の部隊又は自衛隊員の参加については、「隊員」の身分及び自衛隊員の身分を併せ有することとして、所要の検討を行う。）

6. 定員

「隊員」の定員は、政令で定めるものとする。「隊」の規模の上限を定める。

7. 手当支給

「隊員」に対し、「手当」を支給することができる。

8. 武器の使用

武器の使用は、要員の生命等の保護のため、必要な最小限のものに限る。

9. 輸送手段の確保

本部長は、自衛隊の航空機・船舶に輸送を委託することができる。

10. 物資協力

政府は、物資協力を行うことができる。

11. 民間の協力

本部長は、国以外の者に協力を求めることができる。政府は協力を求められた国以外の者に対し、適正な対価を支払うとともに、その損失に関し、必要な財政上の措置を講ずるものとする。

12. その他所要の規定の整備

「国際連合平和維持活動等に対する協力に関する法律案」
国会提出にあたっての内閣官房長官談話

（平成3年9月19日）

1．本日、政府は、国際連合平和維持活動等に対する協力に関する法律案を閣議決定し、国会での審議をお願いすることとした。

この機会に、この法律案を作成するに至った背景、経緯及びこの法律案に盛り込まれている国連の平和維持隊への参加に関しての政府の基本的な考えを述べたいと考える。

2．先の湾岸危機が、国連の下に団結した国際社会の努力によって解決されたことを背景として、冷戦構造克服後の世界の新たな秩序を作るに当たって、国連の重要性が更に認識されるに至った。また、我が国においては、この過程で我が国が世界平和のために資金、物質面のみならず、人的側面においても積極的な役割を果たしていくべきであるとの共通の理解が国民の間に深まった。

国連中心主義を外交政策の柱の一つとしている我が国にとって、国連の活動の中でますます重要性を高めつつある平和維持活動及び人道的な国際救援活動に対する協力を今後とも充実強化することは、国際協調の下に恒久の平和を希求する我が国憲法の平和主義の理念に合致するものである。

このような観点から、政府としては、今後、国連を中心とした人的な面での活動に対する協力を一層適切かつ迅速に行い得るよう国内体制を整備する必要があると考え、今般、自民、公明、民社三党間での協議等を踏まえて、この法律案を作成した次第である。

3．次に、国連の平和維持活動、就中平和維持隊の基本的性格について述べたい。国連の平和維持隊は、紛争当事者の間に停戦の合意が成立し、紛争当事者が平和維持隊の活動に同意していることを前提に、中立・非強制の立場で国連の権威と説得により停戦確保等の任務を遂行するものであって、強制的手段によって平和を回復する機能を持つものではない。したがって、国連平和維持隊は従来の概念の軍隊とは全く違うものであり、「闘わない部隊」とか「敵のいない部隊」と呼ばれるゆえんである。1988年に、平和維持隊や停戦監視団を含む国連の平和維持活動がノーベル平和賞を受賞したのはそのためである。

なお、平和維持隊はこのような実態のものであるから、政府としては、先般の自民、公明、民社三党間の協議の結果にかんがみ、今後、PKF（Peace Keeping Forces）の訳を「平和維持隊」という呼称で統一することとした次第である。

4．ところで、国連の平和維持隊においては、任務の遂行に当たり武器の使用が認められる場合があるため、政府としては、かかる武器の使用と我が国憲法第9条上禁止されている「武力の行使」との関係につき慎重に検討を行ってきた。その結果、我が国から平和維持隊に参加する場合の武器の使用は「要員の生命等の防護のため」に必要な最小限のものに限ることを中心的要素とする「平和維持隊への参加に当たっての基本方針」を取りまとめた次第である。

この「平和維持隊への参加に当たっての基本方針」に沿って立案された今回の法案に基づいて参加する場合には、①武器の使用は我が国要員の生命又は身体の防衛のために必要な最小限のものに限られること、及び②紛争当事者間の停戦合意が破れるなどにより、平和維持隊が武力行使をするような場合には、我が国が当該平和維持隊に参加して活動する前提自体が崩れた場合であるので、短期間にかかる前提が回復しない場合には我が国から参加した部隊の派遣を終了させること、等の前提を設けて参加することとなるので、我が国が憲法9条上禁止されている「武力の行使」をするとの評価を受けることはない。

また、従来の政府の見解は、我が国がなんらの前提を設けることなく平和維持隊に参加する一般的な場合についての解釈を示したものであって、特に前提を設けて参加する場合について言及したものではない。

したがって、今回の法案に基づいて平和維持隊に参加することは、憲法9条に違反するものではなく、このように解することは、従来の政府見解とも整合性を有するものである。

以上がこの法律案を国会に提出するに当たっての私の談話である。ついては、国民各位の御理解と御支援を賜りたい。

国際連合平和維持活動等に対する協力に関する法律及び国際緊急援助隊の派遣に関する法律の一部を改正する法律成立に際しての内閣総理大臣談話

（平成4年6月15日）

1．国際連合平和維持活動等に対する協力に関する法律及び国際緊急援助隊の派遣に関する法律の一部を改正する法律が、本日成立いたしました。

この機会に、法律の成立に御尽力いただいた各位に心から御礼を申し上げるとともに、この2つの法律が目指している、世界の平和の維持と人道的な面における我が国の人的な国際的協力について、所見を申し述べたいと思います。

2．はじめに、国連の平和維持活動とその基本的性格について改めて御説明し、各位の御理解を得たいと思います。

国連の平和維持活動は、紛争当事者の間に停戦の合意が成立し、紛争当時者がこれに同意していることを前提に、中立・非強制の立場で国連の権威と説得により停戦の確保や選挙監視等の任務を遂行するものでありまして、強制的な手段によって平和を回復する機能を持つものではないのであります。したがって、平和維持活動の重要な一部をなす国連平和維持隊は、いわゆる「軍隊」とは全く異なるものでありまして、「戦わない部隊」とか「敵のいない部隊」と呼ばれるゆえんも、ここにあるのであります。1988年に、国連平和維持隊や停戦監視団を含む国連の平和維持活動がノーベル平和賞を受賞したのは、まさに、このためであります。

3．我が国が国際連合平和維持活動等に対する協力に関する法律に基づいてこれに参加する場合には、その活動は、右に述べました国連の平和維持活動の基本的性格を前提として行われるのでありまして、紛争当事者の合意、同意あるいは中立の原則が崩れた際には、我が国から参加した部隊は、業務を中断し、又は派遣を終了することとしているのであります。また、武器の使用は、我が国要員の生命又は身体の防衛のために必要な最小限のものに限ることとしております。したがって、このような前提を設けて国連の平和維持活動に我が国が参加することは、憲法第9条で禁止された「武力の行使」あるいは「海外派兵」に当たるというような懸念は、いささかも無いことはもとより、専守防衛等の我が国の基本的防衛政策を変更するものでもありません。

4．この2つの法律については、昨年9月19日に国会に政府原案を提出以来、衆参両議院において長時間にわたる活発な審議が行われました。

この審議の過程で、国連平和維持活動等に対する協力に関する法律については、国会において、政府原案の基本的な考え方と枠組みは維持しつつ、この法律に対する一層広範な理解と支持を得ていくとの趣旨で、修正が行われたところであります。具体的には、自衛隊の部隊によるいわゆる国連平和維持隊本体への参加については、別途法律で定める日までは、実施しないこと、また、将来、実施する場合には、国会承認の対象とすること等が修正の内容であります。したがって、当面は停戦監視団への個人単位の参加やいわゆる医療、輸送等の後方支援部門等への参加が可能となります。

5．国際連合平和維持活動等に対する協力に関する法律に基づき、政府としては、広く国連の平和維持活動等に協力していきたいと考えております。

カンボディアの永続的平和の達成はアジア地域全体の平和と安定のために極めて重要でありますので、当面は、まず、カンボディアにおける国連の平和維持活動に対する人的協力の早期実現に努力していく所存であります。

6．我が国としては、今後世界の平和と安定のために一層の責務を果たしていくに当たり、過去の教訓を踏まえ、平和憲法の下、専守防衛に徹し、他国に脅威を与えるような軍事大国にならないとの基本方針を引き続き堅持していくことを、改めて確認しておきたいと思います。

7．この2つの法律により、我が国としては、文民を含む幅広い人的な側面で、国際協力のために積極的な役割を果たすことが可能となります。これらの法律に基づき、自衛隊が、国連の平和維持活動や大規模災害に対する国際緊急援助活動等に従事することは、国際協調の下に恒久の平和を希求する我が国平和憲法の理念に合致したものであります。

政府としては、これらの法律の適切な運用に努め、世界平和の維持と増進のため我が国としてなし得る最大限の貢献を、積極的に果たしていく所存でありますが、各位の一層の御理解と御支援を賜りますようお願い申し上げます。

「国際連合平和維持活動に対する協力に関する法律」の審議に於ける政府統一見解

(平成4年9月1日)

1．武器の使用と武力の行使の関係について

(平成3年9月26日　衆・PKO特委)

2．政府のシビリアン・コントロールについての考え方

(平成3年9月30日　衆・PKO特委)

3．国連のいわゆる「コマンド」と法律第八条第二項の「指図」の関係について

(平成3年11月20日　衆・PKO特委)

4．「コマンド」、「指揮」及び「指図」について

(平成3年12月6日　衆・PKO特委)

5．参議院国際平和協力特別委員会における外務大臣発言

(平成4年5月18日　参・PKO特委)

6．自衛隊法における「一部指揮」と国連の「コマンド」との関係について

(平成4年5月22日　参・内閣特委)

7．自衛隊の部隊等が行う国際平和協力業務について

(平成4年6月2日　参・PKO特委)

(参　考)

○ 国連平和維持隊についての自・公・民統一見解

(平成4年6月4日　参・PKO特委)

1．武器の使用と武力の行使の関係について

(平成3年9月26日　衆・PKO特委)

1．一般に、憲法第9条第1項の「武力の行使」とは、我が国の物的・人的組織体による国際的な武力紛争の一環としての戦闘行為をいい、法案第24条の「武器の使用」とは、火器、火薬類、刀剣類その他直接人を殺傷し、又は武力闘争の手段として物を破壊することを目的とする機械、器具、装置をその物の本来の用途に従って用いることをいうと解される。

2．憲法第9条第1項の「武力の行使」は、「武器の使用」を含む実力の行使に係る概念であるが、「武器の使用」が、すべて同項の禁止する「武力の行使」に当たるとはいえない。例えば、自己又は自己と共に現場に所在する我が国要員の生命又は身体を防衛することは、いわば自己保存のための自然権的権利というべきものであるから、そのために必要な最小限の「武器の使用」は、憲法第9条第1項で禁止された「武器の行使」には当たらない。

2. 政府のシビリアン・コントロールについての考え方

(平成3年9月30日　衆・PKO特委)

1．政府のシビリアン・コントロールに対する基本方針

政治の軍事に対する優先が、民主主義国家においても、是非とも確保されね

ばならないものであることはいうまでもない。

我が国の現行制度においては、自衛隊は、文民である内閣総理大臣、防衛庁長官の下で十分管理されているほか、法律、予算等について国会の民主的コントロールの下に置かれている。また、国防に関する重要事項については、内閣総理大臣を議長とする安全保障会議の議を経ることとされている。

以上のように、我が国のシビリアン・コントロールの制度は十分整っており、この制度の適正な運用を期していく方針である。

2．防衛出動、治安出動とPKOのシビリアン・コントロールの考え方

(1) 防衛出動及び命令による治安出動について

防衛出動については、自衛隊法第76条により、内閣総理大臣が、原則として、事前に国会の承認を得なければならない旨を規定しており、また、命令による治安出動については、自衛隊法第78条により、内閣総理大臣が、事後に国会の承認を得なければならない旨を規定している。

これらの事態は、そもそも我が国にとって重大な事態であり、また、国民の権利義務に関係するところが多い面もあることから、慎重を期して、行政府の判断のほか、国権の最高機関である国会の判断を求めることとしたものである。

(2) PKOについて

これに対し、PKOは、そもそも、紛争当事者間の停戦の合意が成立し、紛争当事者がPKOの活動に同意していることを前提に、中立・非強制の立場で国連の権威と説得により停戦確保等の任務を遂行するものである。我が国としては、国連からの要請を受けてこれに協力することにより、国連のPKO活動（強制的手段によって平和を回復するものではない。）に積極的に貢献せんとするものである。

したがって、PKOへの協力については、以上のとおりに基本的性格から、上記 (1) の如き我が国にとっての重大な事態への対応ではなく、また国民の権利義務に直接関係する面はないので、これへの自衛隊の参加については上記 (1) と同様に国会の承認までの手続きを必要とするとは考えない。ただし、自衛隊の部隊等が海外において行動することでもあり、国会に十分ご理解をいただくとともに、国会のご意向を実施面に反映させていく必要があると考え、この法律案の第7条において、次の各場合について、それぞれ国会へ遅滞なく報告しなければならないこととした。

① 実施計画の決定又は変更があったとき

② 実施計画に定める国際平和協力業務が終了したとき、及び

③ 実施計画に定める国際平和協力業務を行う期間に係る変更があったとき

国会においては、この報告について、シビリアン・コントロールの観点からも十分に議論されることになると考えているが、その際政府としては、審議で表明された意見を踏まえて実施に当たることは当然であり、また、審議の結果

は、いずれ実施計画を変更する場合には、変更の端緒にもなりうるものであり、政府としては承認にも匹敵するような重みのあるものとして受け止める考えである。

また、自衛隊の部隊等の派遣決定等に先立ち、必要に応じ安全保障会議の議を経、その後、部隊等は、閣議決定による実施計画及び国際平和協力本部長（内閣総理大臣）の作成する実施要領に従って国際平和協力業務に従事するとの体制にあるので、この観点からも、シビリアン・コントロールは十分確保されているものと認識している。

3. 国連のいわゆる「コマンド」と法案第八条第二項の「指図」の関係について

（平成3年11月20日　衆・PKO特委）

1．派遣国により提供される要員は、国連平和維持活動に派遣される間も、派遣国の公務員としてこれを行うが、この間国連の「コマンド」の下に置かれる。ここでいう国連の「コマンド」とは、国連事務局が、国連平和維持活動の慣行及び国連平和維持活動に要員を提供している諸国と国連との間の最近の取極を踏まえて1991年5月に作成・公表した「国際連合と国際連合平和維持活動に人員及び装備を提供する国際連合加盟国との間のモデル協定案」第七項及び第八項にも反映されているとおり、派遣された要員や部隊の配置等に関する権限であり、懲戒処分等の身分に関する権限は、引き続き派遣国が有する。

2．法案第八条第二項にいう国連の「指図」は、前記1、にいう国連の「コマンド」を意味している。

我が国の国内法の用例では、一般に「指揮」又は「指揮監督」は、職務上の上司がその下僚たる所属職員に対して職務上の命令をすること又は上級官庁が下級官庁に対してその所掌事務について指示又は命令することを意味しており、その違反行為に対し懲戒権等何らかの強制手段を伴うのが通例である。これに対し、前記1、にいう国連の「コマンド」は、派遣国により提供される要員がその公務員として行う職務に関して国連が行使するという性格の権限であって、かつ、懲戒権等の強制手段を伴わない作用であり、そのような「指揮」又は「指揮監督」とは性格を異にしていることから、混乱を避けるため、法案第八条第二項においては「指揮」又は「指揮監督」ではなく、「指図」という語を用いたものである。

3．我が国から派遣された要員は、本部長が作成する実施要領に従い国際平和協力業務を行うこととなるが、実施要領は「平和維持隊への参加に当たっての基本方針」（いわゆる「五原則」）を盛り込んだ法案の枠内で国連の「指図」に適合するように作成されることになっている（法案第八条第二項）ので、我が国から派遣される要員は、そのような実施要領に従い、いわゆる「五原則」と合致した形で国連の「コマンド」の下に置かれることとなる。

4.「コマンド」、「指揮」及び「指図」について

(平成3年12月6日　衆・PKO特委)

1．派遣国により提供される要員は、国連平和維持活動に派遣される間も、派遣国の公務員としてこれを行うが、この間国連の「コマンド」の下に置かれる。ここでいう国連の「コマンド」とは、国連事務局が、国連平和維持活動の慣行及び国連平和維持活動に要員を提供している諸国と国連との間の最近の取極を踏まえて1991年5月に作成・公表した「国際連合と国際連合平和維持活動に人員及び装備を提供する国際連合加盟国との間のモデル協定案」第7項及び第8項にも反映されているとおり、派遣された要員や部隊の配置等に関する権限であり、懲戒処分等の身分に関する権限は、引き続き派遣国が有する。

2．法律第8条第8項にいう国連の「指図」は、前記1、にいう国連の「コマンド」を意味している。

我が国の国内法の用例では、一般に「指揮」又は「指揮監督」は、職務上の上司がその下僚たる所属職員に対して職務上の命令をすること又は上級官庁が下級官庁に対してその所掌事務について指示又は命令することを意味しており、その違反行為に対し懲戒権等何らかの強制手段を伴うのが通例である。これに対し、前記1、にいう国連の「コマンド」は、派遣国により提供される要員がその公務員として行う職務に関して国連が行使するという性格の権限であって、かつ、懲戒権等の強制手段を伴わない作用であり、そのような「指揮」又は「指揮監督」とは性格を異にしていることから、混乱を避けるため、法案第8条第2項においては「指揮」又は「指揮監督」ではなく、「指図」という語を用いたものである。

3．我が国から派遣された要員は、本部長が作成する実施要領に従い、我が国の指揮監督に服しつつ、国際平和協力業務を行うこととなるが、実施要領は、「平和維持隊への参加に当たっての基本方針」（いわゆる「5原則」）を盛り込んだ法案の枠内で国連の「指図」に適合するように作成されることになっている（法律第8条第2項）ので、我が国から派遣される要員は、そのような実施要領に従い、いわゆる「5原則」と合致した形で国連の「コマンド」の下に置かれることとなる。すなわち、国連の「コマンド」の内容は、法案の枠内で、実施要領を介して、我が国の要員によりそのとおりに実施される。

4．平成3年12月5日の参議院国際平和協力等に関する特別委員会において、政府側より、「我が国の公務員でございますから、そういう意味で我が国に指揮監督権があるということは、……そのとおりでございます。……行った部隊はその組織なり配備なり行動なりについてはまさに国連のコマンドを受ける。……そこで、その間をつなぎとめますために、……実施要領はコマンドにちゃんと服するようなふうに、……実施要領を書かなければならないと書いてあります……」との答弁を行ったのも、前記3、の趣旨を述べたものである。

5．また、平成3年11月18日の衆議院国際平和協力等に関する特別委員会において、政府側より、「主権国家がどうして国連の事務総長の指揮に従うことがあるか」との答弁を行ったのは、実施要領は「指図」に適合するように作成される旨を述べた上で、国連平和維持活動に各国から派遣された要員は、国際公務員になるのではなく、あくまで派遣国の公務員として活動を行うものであり、通例懲戒処分等の身分に関する権限を伴うような国内法でいう「指揮」を国連事務総長から受けることはない旨を述べたものである。

5. 参議院国際平和協力特別委員会における外務大臣発言

（平成4年5月18日　参・PKO特委）

1．国連の現地司令官は、各国から派遣される部隊が、いつ、どこで、どのような業務に従事するかといった部隊の配置等についての権限を有している。この権限は、長年の国連平和維持活動の慣行を踏まえて作成された派遣国と国連との「モデル協定」第7項において、国連の「コマンド」と言われている。国連のこの権限を法案では「指図」と規定しており、「指図」と「モデル協定」第7項にいう国連の「コマンド」とは同義である。

2．法案では、自衛隊の部隊が国連平和維持活動に参加する場合、本部長は、国連の「コマンド」に適合するように実施要領を作成又は変更し、防衛庁長官は、この実施要領に従って、我が国から派遣される部隊を指揮監督し、国際平和協力業務を行わせることとなっている。このように、国連の「コマンド」は、実施要領を介して我が国から派遣される部隊によって実施されることとなっており、その意味で、我が国から派遣される部隊は、国連の「コマンド」の下にある、あるいは、「コマンド」に従うということができる。

3．もっとも、法案には「平和維持隊への参加に当たっての基本方針」、いわゆる「5原則」が盛り込まれている。このため、我が国の部隊により、国連の「コマンド」は、いわゆる「5原則」と合致した形で実施されることとなる。

6. 自衛隊法における「一部指揮」と国連の「コマンド」との関係について

（平成4年5月22日　参・内閣特委）

1．自衛隊法における「一部指揮」については、第22条第1項と第2項において、内閣総理大臣が、防衛出動又は治安出動を命じた場合及び防衛庁長官が、海上における警備行動、災害派遣、地震防災派遣、訓練その他の事由により必要がある場合に、「所要の部隊をその隷属する指揮官以外の指揮官の一部指揮下に置くことができる。」と定められている。この「一部指揮」は、ある部隊について、その本来隷属する指揮官の指揮権の中の一部特定事項、例えば、特定の時期・場所における特定の行動といったような限定された事項についての指揮を、その隷属する指揮官以外の指揮官が行うというものであり、その他の事項についての指揮は、その本来隷属する指揮官が行うものである。

いずれにせよ、この「一部指揮」下に置かれる部隊も、内閣総理大臣及び防衛庁長官の指揮監督を受けていることには変わりない。

2．他方、国連の「コマンド」は、派遣国により提供される要員がその公務員として行う職務に関して国連が行使するという性格の権限であって、「一部指揮」とは性格を異にしている。

7. 自衛隊の部隊等が行う国際平和協力業務について

（平成4年6月2日　参・PKO特委）

1．自衛隊の部隊等が行う国際平和協力業務について、第3条第3号ヌからタまでに掲げる業務又はこれらの業務に類するものとして同号レの政令で定める業務が、第3条第3号イからヘまでに掲げる業務又はこれらの業務に類するものとして同号レの政令で定める業務と複合してしか実行できないようなケースは、後者が第6条第7項の国会の承認の対象であり、また、附則第2条にいう別の法律で定める日までの間は、実施の対象とならないので、その結果、前者も事実上同じ扱いとなる。

2．我が国が国際平和協力業務として第3条第3号ヌからタまでに掲げる業務又はこれらの業務に類するものとして同号レの政令で定める業務を実施するにあたり、隊員の生命又は身体の安全を確保するため、地雷等の有無を確認し、その結果偶発的に発見された地雷等を処分する行為は、隊員に対する安全配慮に係る措置であるとの見地からして同号ヌからタまでに掲げる業務又はこれらの業務に類するものとして同号レの政令で定める業務それぞれに含まれるものであり、第6条第7項の国会の承認の対象ではなく、附則第2条にいう別に法律で定める日までの間も実施の対象となる。

3．国際平和協力業務を実施するに当たっては、実施計画・実施要領の作成・変更に際し、前2項の趣旨にのっとり、我が国が行うことのできる業務の内容及び限界並びに当該業務に係る諸事項を正確にかつわかりやすく記載するものとする。

（参考）

国連平和維持隊についての自・公・民統一見解

（平成4年6月4日　参・PKO特委）

国連平和維持隊については、国連の中でも厳密な定義は必ずしも存在しておらず、この言葉が用いられる状況の文脈などにより判断されるものであります。

この修正案で使われている平和維持隊の意味は、丸腰で出かける停戦監視要員は別として、広く部隊等が参加する国連平和維持活動の組織を一般的に指しているものであります。これを具体的に例示すれば、①武装解除の監視、駐留・巡回、検問、放棄された武器の処分等、歩兵部隊等によって行われるもの、及び②右①の業務を支援する輸送、通信等の業務で輸送部隊、通信部隊等によって行われる活動の組織を指しています。

ゴラン高原PKO

ゴラン高原国際平和協力業務実施計画

（平成7年12月15日
平成8年6月25日
平成8年12月17日
平成9年2月7日
平成9年6月13日
平成9年12月16日
平成10年6月12日
平成10年12月15日
平成11年6月22日
平成11年12月17日
平成12年6月20日
平成12年12月15日
平成13年6月26日
平成13年12月14日
平成14年6月21日
平成15年1月7日
平成15年7月29日
平成16年1月16日
平成16年7月30日
平成17年1月17日
平成17年7月30日
平成18年1月27日
平成18年7月11日
平成19年1月26日
平成19年7月31日
平成20年1月29日
平成20年7月29日
平成21年1月30日
平成21年7月24日
平成22年1月29日
平成22年8月6日
平成23年1月28日
平成23年7月29日
平成24年1月20日
平成24年8月7日
閣議決定）

1. 基本方針

1948年のイスラエル国建国以来、4次にわたる中東戦争を経て続いていたイスラエル国とシリア・アラブ共和国（以下「両国」という。）との間の紛争については、1974年5月に両国間で兵力引き離し協定が締結された。これを受けて、国際連合の安全保障理事会決議第350号に基づき、国際連合平和維持活動として、シリア・アラブ共和国南西部のゴラン高原地域における両国間の停戦監視及び両軍の兵力引き離し等に関する合意の履行状況の監視を任務とする国際連合兵力引き離し監視隊（以下「UNDOF」という。）が設立され、同年6月より活動している。

このうち、司令部業務分野及びUNDOFの活動に必要な食料品等の日常生活物資等の輸送等の後方支援分野への要員の派遣について、国際連合から我が国に対し要請があり、我が国としても、世界の平和と安定のために一層の責務を果たしていくに当たり、国際連合による国際の平和と安定のための努力に協力し、なし得る最大限の人的な貢献を積極的に果たしていくため、これらの要請に応分の貢献を行うこととする。このため、ゴラン高原国際平和協力隊を設置することとし、これに司令部業務分野及び我が国のUNDOFに対する協力を円滑かつ効果的に行うための連絡調整の分野における国際平和協力業務を行わしめるとともに、自衛隊の部隊等により、食料品等の日常生活物資等の輸送等の後方支援分野における国際平和協力業務を実施することとする。

なお、国際連合平和維持活動等に対する協力に関する法律（平成4年法律第79号。以下「国際平和協力法」という。）第3条第1号に規定する武力紛争の停止及びこれを維持するとの紛争当事者間の合意、受入れ国及び紛争当事者の国際連合平和維持活動への同意並びに当該活動の中立性という点に関しては、現状においては、UNDOFについてそれぞれが満たされており、また、国際平和協力法第6条第1項に規定する我が国の国際平和協力業務の実施についての紛争当事者及び受入れ国の同意も得られている。

2. ゴラン高原国際平和協力業務の実施に関する事項

(1) 国際平和協力業務の種類及び内容

ア　次に掲げる業務であって、UNDOF司令部において自衛隊の部隊等以外の者が行うもの

(ア) 国際平和協力法第3条第3号イからヘまで及びタに掲げる業務並びに同号レに掲げる業務としてゴラン高原国際平和協力隊の設置等に関する政令（平成7年政令第421号。以下「設置等政令」という。）第2条各号に掲げる業務のうち、これらの業務に関する広報及び予算の作成に係る国際平和協力業務

(イ) 国際平和協力法第3条第3号タに掲げる業務に関する企画及び調整並びに同号レに掲げる業務として設置等政令第2条第1号（防火及び消火に関する企画及び調整に係る部分に限る。）、第3号及び第4号に掲げる業務に係る国際平和協力業務

イ　ア(ア)及び(イ)、ウ並びにエに掲げる業務のうち、派遣先国政府その他の関係機関とこれらの業務に従事するゴラン高原国際平和協力隊又は自衛隊の部隊等との間の連絡調整に係る国際平和協力業務であって、自衛隊の部隊

等以外の者が行うもの
ウ　国際平和協力法第3条第3号タに掲げる業務のうち輸送、保管、建設並びに機械器具の検査及び修理に係る国際平和協力業務
エ　国際平和協力法第3条第3号レに掲げる業務として設置等政令第2条第1号及び第2号に掲げる業務に係る国際平和協力業務
アからエまでに掲げる業務は、国際平和協力法第2条第2項の規定の趣旨を損なわない範囲内において行う。
⑵ 派遣先国
イスラエル国、シリア・アラブ共和国及びレバノン共和国とする。
ただし、インド、カンボジア、シンガポール、スリランカ、タイ、フィリピン、ベトナム、マレーシア、モルディブ、英国(ディエゴ・ガルシア島)、アラブ首長国連邦、オマーン、サウジアラビア、ウガンダ、エジプト、ケニア、ジブチ、セーシェル及び南スーダンにおいて、⑴ウ及びエに掲げる業務のうち附帯する業務としての物資の補給並びに⑴ウに掲げる業務のうち輸送の業務を行うことができる。
⑶ 国際平和協力業務を行うべき期間
平成8年1月15日から平成25年3月31日までの間
⑷ ゴラン高原国際平和協力隊の規模及び構成並びに装備
ア　規模及び構成
（ア）⑴ アに掲げる業務に従事する者
自衛官3名(ただし、人員の交替を行う場合は6名)
（イ）⑴ イに掲げる業務に従事する者
⑴ イに掲げる業務を遂行するために必要な技術、能力等を有する者6名(ただし、人員の交替を行う場合は12名)
（ウ）⑴ ウ及びエに掲げる業務に従事することとなった結果、国際平和協力法第13条第2項の規定により、国際平和協力法第4条第2項第3号に掲げる事務に従事する者
⑸ イ（ア）に掲げる部隊に所属する自衛隊員
イ　装備
（ア）武器
⑴ アに掲げる業務に従事する者について、9㎜拳銃3丁（装備の交換を行う場合は、当該交換に必要な数を加えることができる。）
（イ）車両
乗用車1両（装備の交換を行う場合は、当該交換に必要な数を加えることができる。）
（ウ）その他
ゴラン高原国際平和協力隊の隊員の健康及び安全の確保並びに⑴ア及びイに掲げる業務に必要な個人用装備((ア)に掲げるものを除く。)
⑹自衛隊の部隊等が行う国際平和協力業務に関する事項

ア　自衛隊の部隊等が行う国際平和協力業務の種類及び内容
(1) ウ及びエに掲げる業務
イ　国際平和協力業務を行う自衛隊の部隊等の規模及び構成並びに装備
(ア) 規模及び構成
① (1) ウ及びエに掲げる業務を行うための陸上自衛隊の部隊（人員44名。ただし、人員の交替を行う場合は88名）
② ①に掲げる陸上自衛隊の部隊のための物資の補給及び(1) ウに掲げる業務のうち輸送の業務を輸送機（C－130H）及び多用途支援機（U－4）により行うための航空自衛隊の部隊（人員80名）
(イ) 装備
① 武器
9㎜拳銃10丁、89式5.56㎜小銃32丁及び5.56㎜機関銃MINIMI2丁（装備の交換を行う場合は、当該交換に必要な数を加えることができる。）
② 車両
バス、トラック等12両（装備の交換を行う場合は、当該交換に必要な数を加えることができる。）
③ 航空機
輸送機（C－130H）2機及び多用途支援機（U－4）2機
④ その他
自衛隊員の健康及び安全の確保並びに(1) ウ及びエに掲げる業務に必要な装備（①から③までに掲げるものを除く。）
(7) 関係行政機関の協力に関する重要事項
ア　関係行政機関の長は、国際平和協力本部長（以下「本部長」という。）から、(1) ア及びイに掲げる業務を実施するため必要な技術、能力等を有する職員をゴラン高原国際平和協力隊に派遣するよう要請があったときは、その所掌事務に支障を生じない限度において、当該職員をゴラン高原国際平和協力隊に派遣するものとする。
イ　外務大臣の指定する在外公館長は、外務大臣の命を受け、国際平和協力業務の実施のため必要な協力を行うものとする。
ウ　関係行政機関の長は、その所掌事務に支障を生じない限度において、本部長の定めるところにより行われる研修のため必要な協力を行うものとする。
エ　関係行政機関の長は、本部長から、その所管に属する物品の管理換えその他の協力の要請があったときは、その所掌事務に支障を生じない限度において、当該協力を行うものとする。
(8) その他国際平和協力業務の実施に関する重要事項
本部長は、国際平和協力業務の実施に当たり、必要があると認めるときは、関係行政機関の長の協力を得て、物品の譲渡若しくは貸付け又は役務の提供について国以外の者に協力を求めることができる。

ゴラン高原国際平和協力隊の設置等に関する政令

平成7年12月20日政令第421号
改正
平成8年6月28日政令第205号
平成8年12月20日同第341号
平成9年6月18日同第200号
平成9年12月19日同第374号
平成10年6月17日同第217号
平成10年12月18日同第398号
平成11年6月25日同第211号
平成11年12月22日同第414号
平成12年6月23日同第357号
平成12年12月20日同第521号
平成13年6月29日同第228号
平成13年12月19日同第416号
平成14年6月25日同第234号
平成15年1月22日同第15号
平成15年8月1日同第352号
平成16年1月21日同第6号
平成16年8月4日同第252号
平成17年1月20日同第7号
平成17年8月3日同第273号
平成18年2月1日同第16号
平成18年7月14日同第236号
平成19年1月4日同第3号
平成19年1月31日同第15号
平成19年8月3日同第247号
平成20年2月1日同第18号
平成20年8月1日同第248号
平成21年2月4日同第18号
平成21年7月29日同第194号
平成22年2月3日同第9号
平成22年8月11日同第184号
平成23年2月2日同第11号
平成23年8月3日同第249号
平成23年8月3日同第249号
平成24年1月25日同第15号
平成24年8月10日同第213号

ゴラン高原国際平和協力隊の設置等に関する政令をここに公布する。

ゴラン高原国際平和協力隊の設置等に関する政令

内閣は国際連合平和維持活動等に対する協力に関する法律(平成4年法律第79号)第3条第3号レ、第5条第8項及び第16条第2項の規定に基づき、この政令を制定する。

(国際平和協力隊の設置)

第１条　国際平和協力本部に、ゴラン高原における国際連合平和維持活動のため、次に掲げる業務及び事務を行う組織として、平成25年3月31日までの間、ゴラン高原国際平和協力隊（以下「協力隊」という。）を置く。

１．次に掲げる国際平和協力業務であって、国際連合兵力引き離し監視隊司令部において行われるもの

イ　国際連合平和維持活動等に対する協力に関する法律（以下「法」という。）第3条第3号イからヘまで及びタ並びに次条各号に掲げる業務のうち、これらの業務に関する広報及び予算の作成に係る国際平和協力業務

ロ　法第3条第3号タに掲げる業務のうち輸送、保管並びに機械器具の検査及び修理の業務に関する企画及び調整並びに次条第3号及び第4号に掲げる業務に係る国際平和協力業務

２．法第3条第3号タに掲げる業務（通信及び機械器具の据付けを除く。）並びに次条第1号及び第2号に掲げる業務のうち、派遣先国の政府（以下「派遣先国政府」という。）その他の関係機関とこれらの業務に従事する自衛隊の部隊等との間の連絡調整に係る国際平和協力業務

３．法第4条第2項第3号に掲げる事務

(政令で定める業務)

第２条　ゴラン高原における国際連合平和維持活動に係る法第3条第3号レの規定により同号タに掲げる業務に類するものとして政令で定める業務は、次に掲げる業務とする。

１．防火及び消火に関する企画及び調整並びに火災の発生時における消火及び延焼の防止であって、国際連合兵力引き離し監視隊の用に供する施設に係るもの

２．道路（国際連合兵力引き離し監視隊の用に供する施設の敷地内の交通の用に供する部分を含む。）の除雪その他の維持

３．物資の調達に関する企画及び調整

４．飲食物の調製に関する企画及び調整

(国際平和協力手当)

第３条　ゴラン高原における国際連合平和維持活動のために実施される国際平和協力業務に従事する協力隊の隊員及び法第9条第5項に規定する自衛隊員（以下「部隊派遣自衛隊員」という。）に、この条の定めるところに従い、法第16条第1項に規定する国際平和協力手当（以下「手当」という。）を支給する。

２．手当は、国際平和協力業務に従事した日1日につき、別表の中欄に掲げる区分に応じ、それぞれ同表の下欄に定める額とする。

3. 前項に定めるもののほか、手当の支給に関しては、協力隊の隊員（部隊派遣自衛隊員の身分を併せ有する者を除く。）については一般職の職員の給与に関する法律（昭和25年法律第95号）に基づく特殊勤務手当の支給の例により、部隊派遣自衛隊員については防衛省の職員の給与等に関する法律（昭和27年法律第266号）に基づく特殊勤務手当の支給の例による。

附　則

この政令は、平成8年1月15日から施行する。

附　則（平成8年6月28日政令第205号）

この政令は、公布の日から施行する。

〰

略

〰

附　則

この政令は、公布の日から施行する。

別表（第3条関係）

1	2	3	4
イスラエル、シリア、又はレバノンにおいて業務を行う場合（2の項（1）及び（2）本文に規定する場合を除く。）	(1)イスラエル、シリア又はレバノンにおいて、第1条第1号に掲げる業務（派遣先国政府その他の関係機関と当該業務に従事する協力隊の隊員との間の連絡調整に係るものに限る。）又は同条第2号に掲げる業務を行う場合 (2)イスラエル、シリア又はレバノンに所在する空港の区域において、法第3条第3号タに掲げる業務のうち輸送、保管、建設又は機械器具の検査若しくは修理に係る業務（以下「輸送等業務」という。）に附帯する業務として空路により輸送等業務に必要な物資の補給を行う場合。ただし、陸上の場所に留まって行う場合に限る。	インド、カンボジア、シンガポール、スリランカ、タイ、フィリピン、ベトナム、マレーシア、モルディブ、アラブ首長国連邦、オマーン、サウジアラビア又はエジプトに所在する空港の区域において、輸送等業務に附帯する業務として空路により輸送等業務に必要な物資の補給を行う場合（4の項本文に規定する場合及び防衛省の職員の給与等に関する法律施行令別表第5に定める海上警備等手当が支給される場合を除く。）。ただし、陸上の場所に留まって行う場合に限る。	3の項に規定する区域において、輸送等業務に附帯する業務として空路により乗員が輸送等業務に必要な物資の補給を行う場合（防衛省の職員の給与等に関する法律施行令別表第5に定める海上警備等手当が支給される場合を除く。）。ただし、陸上の場所に留まって行う場合に限る。
12,000円	4,000円	3,000円	1,400円

ゴラン高原国際平和協力業務（司令部業務分野）実施要領（概要）

1．国際平和協力業務が行われるべき地域及び期間

⑴ 地域

イスラエル国、シリア・アラブ共和国及びレバノン共和国内において、事務総長等が指図する地域

⑵ 期間

平成8年1月31日から平成25年3月31日までの間

2．国際平和協力業務の種類及び内容

⑴ UNDOFの活動に関する広報

⑵ UNDOFの活動に必要な物資等の輸送に関する企画及び調整

⑶ UNDOFの活動に必要な機材等の整備に関する企画及び調整

⑷ UNDOFの活動に必要な物資の補給に関する企画及び調整

⑸ UNDOFの要員に対する給食に関する企画及び調整

⑹ UNDOFの活動に関する予算案の作成

⑺ UNDOFの用に供する施設等の建設に関する企画及び調整

⑻ UNDOFの用に供する施設に係る防火及び消火に関する企画及び調整

⑼ UNDOFの活動に必要な通信に関する企画及び調整

3．国際平和協力業務の実施の方法

⑴ 実施計画及び実施要領の範囲内において、事務総長等による指図の内容に従い、業務を実施

⑵ 隊員は、事務総長等の定めるところにより、事務総長等と緊密に連絡をとる。

⑶ 派遣後、概ね1年を経過した後、隊員の交替を行う。

4．国際平和協力業務に従事すべき者に関する事項

以下に掲げる要件を満足する自衛官

⑴ 国際連合の要請する階級を有する者であること。

⑵ 国際平和協力業務を遂行するために必要な体力及び精神力を有する者であること。

⑶ 国際平和協力業務を遂行するために必要な語学力を有する者であること。

⑷ イスラエル国及びシリア・アラブ共和国のいずれの国に関しても政治的な利害関係を有していない者であること。

⑸ その他国際平和協力業務を遂行するために必要な技術、能力等を有する者であること。

5．派遣先国の関係当局及び住民との関係に関する事項

⑴ 派遣先国の関係当局との関係に関する事項

⑵ 派遣先国の住民との関係に関する事項

6．中断に関する事項（国際平和協力法第6条第13項第1号に掲げる場合において国際平和協力業務に従事する者が行うべき国際平和協力業務の中断に関する事項）

(1) 隊員は、国際平和協力本部長から、国際平和協力業務を中断するよう指示された場合、当該業務を中断する。

(2) 隊員は、次に掲げる場合には、その状況等を本部長に報告し、指示を受ける。

ア　紛争当事者が停戦合意、国際連合平和維持活動及び我が国による国際平和協力業務の実施に対する同意又は合意を撤回する旨の意思表示を行った場合

イ　大規模な武力紛争の発生等により、もはや前記の合意又は同意が存在しなくなったと認められる場合

ウ　ア及びイに掲げる場合のほか、前記の合意又は同意が存在しなくなったと認められる場合

エ　国際連合平和維持活動がもはや中立性をもって実施されなくなったと認められる場合

(3) 業務中断の際の報告

(4) 業務を中断すべき状況が解消したと判断した場合の報告及び指示

7．その他本部長が国際平和協力業務の実施のために必要と認める事項

(1) 実施計画又は実施要領の変更を必要とする事務総長等の指図があった場合の措置

隊員は、当該指図の内容その他必要な事項につき、可能な限り速やかに本部長に報告し、その指示を受ける。

(2) 安全のための措置

ア　隊員の生命又は身体に危害を及ぼす可能性があり、本部長の指示を受け及び事務総長等と連絡をとる暇がないときは、当該業務を一時休止する。

イ　隊員は、必要に応じて、他のUNDOF要員、連絡調整要員又は在イスラエル国日本国大使館、在シリア・アラブ共和国日本国大使館及び在レバノン共和国日本国大使館と連絡をとる等積極的に自らの安全に係る情報の収集に努めるとともに、常に安全の確保に留意する。

(3) 業務を遂行できない場合の措置

病気、事故等の場合、本部長に報告するとともに、事務総長等に連絡

(4) 武器の携行、保管及び使用

ア　武器の携行、保管

武器を保安上適当と認める場所に厳重に保管。必要と認める場合、事務総長等の指図の範囲内において武器を携行することができる。

イ　武器の使用

国際平和協力法第24条に定めるところによる。

(5) 調査、効果の測定等についての報告

隊員は、業務に関する調査、業務に関する効果の測定及び分析について本部長に随時報告

(6) 装備の取扱い

隊員は、外為法上の武器を隊員以外の者に貸与し又は供与してはならない。

(7) 連絡調整要員及び自衛隊の部隊との連携

　隊員は、連絡調整要員及び自衛隊の部隊の隊員と緊密に連携を図りつつ、業務を実施

ゴラン高原国際平和協力業務（連絡調整分野）実施要領（概要）

1．国際平和協力業務が行われるべき地域及び期間

(1) 地域

　2に掲げる業務を実施するために必要なイスラエル国、シリア・アラブ共和国及びレバノン共和国の地域とする。

(2) 期間

　平成8年1月27日から平成25年3月31日までの間

2．国際平和協力業務の種類及び内容

　派遣先国の政府その他の関係機関とこれら司令部要員又は自衛隊の部隊等との間の連絡調整に係る国際平和協力業務

3．国際平和協力業務の実施の方法

　実施計画及び実施要領の範囲内において、業務を実施

4．国際平和協力業務に従事すべき者に関する事項

　以下に掲げる要件を満足する者

(1) 国際平和協力業務を遂行するために必要な体力及び精神力を有する者であること。

(2) 国際平和協力業務を遂行するために必要な語学力を有する者であること。

(3) イスラエル国及びシリア・アラブ共和国のいずれの国に関しても政治的な利害関係を有していない者であること。

(4) その他国際平和協力業務を遂行するために必要な技術、能力等を有する者であること。

5．派遣先国の関係当局及び住民との関係に関する事項

(1) 派遣先国の関係当局との関係に関する事項

(2) 派遣先国の住民との関係に関する事項

6．中断に関する事項（国際平和協力法第6条第13項第1号に掲げる場合において国際平和協力業務に従事する者が行うべき国際平和協力業務の中断に関する事項）

(1) 隊員は、国際平和協力本部長から、国際平和協力業務を中断するよう指示された場合、当該業務を中断する。

(2) 隊員は、次に掲げる場合には、その状況等を本部長に報告し、指示を受ける。

ア　紛争当事者が停戦合意、国際連合平和維持活動及び我が国による国際平和協力業務の実施に対する同意又は合意を撤回する旨の意思表示を行った場合

イ　大規模な武力紛争の発生等により、もはや前記の合意又は同意が存在しな

くなったと認められる場合

ウ　ア及びイに掲げる場合のほか、前記の合意又は同意が存在しなくなったと認められる場合

エ　国際連合平和維持活動がもはや中立性をもって実施されなくなったと認められる場合

(3) 業務中断の際の報告

(4) 業務を中断すべき状況が解消したと判断した場合の報告及び指示

7．その他本部長が国際平和協力業務の実施のために必要と認める事項

(1) 実施計画又は実施要領の変更を必要とする場合の措置

隊員は、必要な事項につき、可能な限り速やかに本部長に報告し、その指示を受ける。

(2) 安全のための措置

ア　隊員の生命又は身体に危害を及ぼす可能性があり、本部長の指示を受ける暇がないときは、当該業務を一時休止する。

イ　隊員は、必要に応じて、在イスラエル国日本国大使館、在シリア・アラブ共和国日本国大使館及び在レバノン共和国日本国大使館並びに司令部要員及び自衛隊の部隊等と連絡をとる等積極的に自らの安全に係る情報の収集に努めるとともに、常に安全の確保に留意する。

(3) 業務を遂行できない場合の措置

病気、事故等の場合、本部長に報告

(4) 調査、効果の測定等についての報告

隊員は、業務に関する調査、業務に関する効果の測定及び分析について本部長に随時報告

(5) 装備の取扱い

隊員は、外為法上の武器を隊員以外の者に貸与し又は供与してはならない。

(6) 司令部要員及び自衛隊の部隊との連携

隊員は、司令部要員及び自衛隊の部隊の隊員と緊密に連携を図りつつ、業務を実施

ゴラン高原国際平和協力業務（輸送等の後方支援分野）実施要領（概要）

1．国際平和協力業務が行われるべき地域及び期間

(1) 地域

イスラエル国、シリア・アラブ共和国及びレバノン共和国内において、事務総長等が指図する地域。ただし、空輸による物資の補給を行う場合は、インド、カンボジア、シンガポール、スリランカ、タイ、フィリピン、ベトナム、マレーシア、モルディブ、英国（ディエゴ・ガルシア島）、アラブ首長国連邦、オマーン、サウ

ジアラビア、ウガンダ、エジプト、ケニア、ジブチ、セーシェル及び南スーダンの地域を含む。

(2) 期間

平成8年1月31日から平成25年3月31日までの間

2．国際平和協力業務の種類及び内容

(1) UNDOFの活動に必要な食料品等の日常生活物資等の輸送

(2) UNDOFの補給品倉庫における物資の保管

(3) UNDOFの活動に必要な道路等の補修等

(4) UNDOFが保有する重機材等の整備

(5) UNDOF の用に供する施設に係るものに係る防火及び消火の企画・調整並びに火災発生時の消火及び延焼防止

(6) UNDOFの活動に必要な道路の除雪その他の維持

(7) 空輸による物資の補給

(8) ゴラン高原国際平和協力隊のための物資の補給

3．国際平和協力業務の実施の方法

(1) 2(1)から(6)までに掲げる業務に関する事項

ア　輸送部隊は、実施計画及び実施要領の範囲内において、事務総長等による指図の内容に従い、当該業務を実施

イ　輸送部隊の長は、事務総長等の定めるところにより、事務総長等と緊密に連絡をとる。

ウ　派遣要領

平成8年2月中に現地において国際平和協力業務を実施できるよう、輸送部隊を派遣

エ　交替要領

派遣後、概ね6か月を経過した後、輸送部隊の人員を交替

(2) 2(7)に掲げる業務に関する事項

航空自衛隊の部隊は、輸送機(C－130H)2機及び多用途支援機(U－4)2機(これらのうち1機が実際の輸送にあたるものとする。)により、本邦からの物資の補給を実施。

(3) 2(8)に掲げる業務に関する事項

航空自衛隊の部隊は、2(7)に掲げる業務を実施するに際し、能力上の余裕を活用して実施できる場合に限り、ゴラン高原国際平和協力隊のための物資の補給を実施

(4) 共通事項

国際平和協力法第3条第3号イからヘまでに掲げる業務そのものを行っていると外形的に見られることのないよう配慮

4．国際平和協力業務に従事すべき者に関する事項

以下に掲げる要件を満足する自衛官

(1) 国際平和協力業務を遂行するために必要な体力及び精神力を有する者であること。
(2) 国際平和協力業務を遂行するために必要な語学力を有する者であること。
(3) その他国際平和協力業務を遂行するために必要な技術、能力等を有する者であること。

5．派遣先国の関係当局及び住民との関係に関する事項
(1) 派遣先国の関係当局との関係に関する事項
(2) 派遣先国の住民との関係に関する事項

6．中断に関する事項（国際平和協力法第6条第13項第1号に掲げる場合において国際平和協力業務に従事する者が行うべき国際平和協力業務の中断に関する事項）
(1) 部隊長は、防衛大臣が国際平和協力本部長と協議の上、国際平和協力業務を中断するよう指示した場合、当該業務を中断するものとする。
(2) 部隊長は、以下に掲げる場合には、その状況等を防衛大臣を通じて本部長に報告し、指示を受ける。
ア　紛争当事者が停戦合意、国際連合平和維持活動及び我が国による国際平和協力業務の実施に対する同意又は合意を撤回する旨の意思表示を行った場合
イ　大規模な武力紛争の発生等により、もはや前記の合意又は同意が存在しなくなったと認められる場合
ウ　ア及びイに掲げる場合のほか、前記の合意又は同意が存在しなくなったと認められる場合
エ　国際連合平和維持活動がもはや中立性をもって実施されなくなったと認められる場合
(3) 業務中断の際の報告
(4) 業務を中断すべき状況が解消したと判断した場合の報告及び指示

7．その他本部長が当該国際平和協力業務の実施のために必要と認める事項
(1) 実施計画又は実施要領の変更を必要とする事務総長等の指図があった場合の措置輸送部隊長は、当該指図の内容その他必要な事項につき、可能な限り速やかに防衛大臣を通じて本部長に報告し、その指示を受ける。
(2) 安全のための措置
ア　部隊長等は、隊員の生命又は身体に危害を及ぼす可能性があり、防衛大臣の指示を受ける暇がなく、更に輸送部隊長等は、事務総長等と連絡をとる暇がないときは、当該業務を一時休止する。
イ　部隊長等は、必要に応じて、他のUNDOF要員、連絡調整要員又は在イスラエル国日本国大使館、在シリア・アラブ共和国日本国大使館及び在レバノン共和国日本国大使館と連絡をとる等積極的に自らの安全に係る情報の収集に努めるとともに、常に安全の確保に留意する。
(3) 武器の携行・保管及び使用
ア　武器の携行・保管

武器を保安上適当と認める場所に厳重に保管。必要と認める場合、事務総長等の指図の範囲内において、隊員に武器を携行させることができる。

イ　武器の使用

国際平和協力法第24条、自衛隊法第95条及び第96条に定めるところによる。

(4)　調査、効果の測定等についての報告

部隊長たる国際平和協力隊員は、業務に関する調査、業務に関する効果の測定及び分析について速やかにその内容をとりまとめの上、本部長に報告し、本部長は、防衛大臣に対して通報する。

(5)　隊員の交替

疾病、事故その他一身上の真にやむを得ざる理由による交替

(6)　装備の取扱い

隊員は、外為法上の武器を隊員以外の者に貸与し又は供与してはならない。

(7)　司令部要員及び連絡調整要員との連携

隊員は、司令部要員及び連絡調整要員と緊密に連携を図りつつ、業務を実施

ゴラン高原国際平和協力業務の概要

1．経緯

平成7年　8月29日	国際平和協力業務実施に係る準備に関する長官指示発出（同日の閣議における内閣官房長官の発言を受けて発出）
12月　9日	国連より正式要請
12月15日	実施計画等閣議決定
12月20日	国際平和協力本部長から防衛庁長官への要請
平成8年　1月23日	業務の実施に関する陸上自衛隊一般命令発出
1月31日	第1次ゴラン高原派遣輸送隊先遣隊・司令部要員出発
2月　7日	第1次ゴラン高原派遣輸送隊本隊出発
2月23日	カナダ部隊からの引き継ぎ完了
4月26日	業務の実施に関する航空自衛隊一般命令発出
5月16日～24日	物資の輸送のためC－130H型機をイスラエルへ派遣（小牧発、5月19日テルアビブ着、5月24日小牧着）
6月25日	実施計画変更閣議決定（業務実施期間の延長等）
〃	実施計画の変更及び業務の実施の状況について国会へ報告（国際平和協力本部）
8月	第1次ゴラン高原派遣輸送隊から第2次ゴラン高原派遣輸送隊への部隊交代
11月12日～22日	物資の輸送のためC－130H型機をイスラエルへ派遣（小

国際貢献　邦人輸送

	牧発、11月16日テルアビブ着、11月22日小牧着）
12月17日	実施計画変更閣議決定（業務実施期間の延長） 実施計画の変更及び業務の実施の状況について国会へ報告（国際平和協力本部）
平成9年 2月	第2次ゴラン高原派遣輸送隊から第3次ゴラン高原派遣輸送隊への部隊交代
2月7日	実施計画変更閣議決定（車両7両を追加）
5月17日～27日	物資の輸送のためC−130H型機をシリアへ派遣（小牧発、5月21日ダマスカス着、5月27日小牧着）
6月13日	実施計画変更閣議決定（業務実施期間の延長） 実施計画の変更及び業務の実施の状況について国会へ報告（国際平和協力本部）
7月29日	国際平和協力業務の実施延長に係る準備に関する長官指示発出（同日の閣議における内閣官房長官の発言を受けて発出）
8月	第3次ゴラン高原派遣輸送隊から第4次ゴラン高原派遣輸送隊への部隊交代
11月21日～12月1日	物資の輸送のためC−130H型機をイスラエルへ派遣（小牧発、11月25日テルアビブ着、12月1日小牧着）
12月16日	実施計画変更閣議決定（業務実施期間の延長） 実施計画の変更及び業務の実施の状況について国会へ報告（国際平和協力本部）
平成10年2月	第4次ゴラン高原派遣輸送隊から第5次ゴラン高原派遣輸送隊への部隊交代
5月13日～23日	物資の輸送のためC−130H型機をイスラエルへ（小牧発、5月17日テルアビブ着、5月23日小牧着）
6月12日	実施計画の変更閣議決定（業務実施期間の延長） 実施計画の変更及び業務実施の状況について国会報告（国際平和協力本部）
8月	第5次ゴラン高原派遣輸送隊から第6次ゴラン高原派遣輸送隊への部隊交代
12月10日～20日	物資の輸送のためC−130型機をイスラエルへ派遣（小牧発、12月14日テルアビブ着、12月20日小牧着）
12月15日	実施計画の変更閣議決定（業務実施期間の延長） 実施計画の変更及び業務実施の状況について国会報告（国際平和協力本部）
平成11年2月	第6次ゴラン高原派遣輸送隊から第7次ゴラン高原派遣輸送隊への部隊交代

5月19日～29日	物資の輸送のためC－130H型機をイスラエルへ派遣（小牧発、5月24日テルアビブ着、5月29日小牧着）
6月22日	実施計画の変更閣議決定（業務実施期間の延長） 実施計画の変更及び業務実施の状況について国会報告（国際平和協力本部）
7月16日	国際平和協力業務の実施延長に係る準備に関する長官指示発出（同日の閣議における内閣官房長官の発言を受けて発出）
8月	第7次ゴラン高原派遣輸送隊から第8次ゴラン高原派遣輸送隊への部隊交代
12月1日～16日	物資の輸送のためC－130H型機をイスラエルへ派遣（小牧発、12月10日テルアビブ着、12月16日小牧着）
12月17日	実施計画の変更閣議決定（業務実施期間の延長） 実施計画の変更及び業務実施の状況について国会報告（国際平和協力本部）
平成12年2月	第8次ゴラン高原派遣輸送隊から第9次ゴラン高原派遣輸送隊への部隊交代
5月24日～6月3日	物資の輸送のためC－130H型機をイスラエルへ派遣（小牧発、5月28日テルアビブ着、6月3日小牧着）
6月20日	実施計画の変更閣議決定（業務実施期間の延長） 実施計画の変更及び業務実施の状況について国会報告（国際平和協力本部）
8月	第9次ゴラン高原派遣輸送隊から第10次ゴラン高原派遣輸送隊への部隊交代
11月29日～12月10日	物資の輸送のためC－130H型機をイスラエルへ派遣（小牧発、12月3日テルアビブ着、12月10日小牧着）
12月15日	実施計画の変更閣議決定（業務実施期間の延長） 実施計画の変更及び業務実施の状況について国会報告（国際平和協力本部）
平成13年2月	第10次ゴラン高原派遣輸送隊から第11次ゴラン高原派遣輸送隊への部隊交代
5月16日～27日	物資輸送のためC－130H型機をイスラエルへ派遣（小牧発、5月21日テルアビブ着、5月27日小牧着）
6月26日	実施計画の変更閣議決定（業務実施期間の延長、装備交換に関する規定の追加） 実施計画の変更及び業務実施の状況について国会報告（国際平和協力本部） 国際平和協力業務の実施延長に係る準備に関する長官指示

発出(同日の閣議における内閣官房長官の発言を受けて発出)

8月　第11次ゴラン高原派遣輸送隊から第12次ゴラン高原派遣輸送隊への部隊交代

11月14日～24日　物資の輸送のためC－130H型機をイスラエルへ派遣(小牧発、11月18日テルアビブ着、11月24日小牧着)

12月14日　実施計画の変更閣議決定(業務実施期間の延長、特例規定の削除)

実施計画の変更及び業務実施の状況について国会報告(国際平和協力本部)

平成14年2月　第12次ゴラン高原派遣輸送隊から第13次ゴラン高原派遣輸送隊への部隊交代

5月22日～6月4日　物資の輸送のためC－130H型機をイスラエルへ派遣(小牧発、5月26日テルアビブ着、6月4日小牧着)

6月21日　実施計画の変更閣議決定(業務実施期間の延長)実施計画の変更及び業務実施の状況について国会報告(国際平和協力本部)

8月　第13次ゴラン高原派遣輸送隊から第14次ゴラン高原派遣輸送隊への部隊交代

11月27日～12月7日　物資の輸送のためC－130H型機をイスラエルへ派遣(小牧発、12月1日テルアビブ着、12月7日小牧着)

平成15年1月17日　実施計画の変更閣議決定(業務実施期間の延長、使用航空機の追加及びそれに伴う人員の増員)

実施計画の変更及び業務実施の状況について国会報告(国際平和協力本部)

2月　第14次ゴラン高原派遣輸送隊から第15次ゴラン高原派遣輸送隊への部隊交代

5月14日～6月3日　物資の輸送のためC－130H型機をイスラエルへ派遣(小牧発、5月19日テルアビブ着、6月4日小牧着)

7月29日　実施計画の変更閣議決定(業務実施期間の延長、国名表記の変更)

9月　第15次ゴラン高原派遣輸送隊から第16次ゴラン高原派遣輸送隊への部隊交代

11月15日～22日　物資の輸送のためU－4型機をイスラエルへ派遣(入間発、11月17日テルアビブ着、22日入間着)

平成16年1月16日　実施計画の変更閣議決定(業務実施期間の延長)

実施計画の変更及び業務実施の状況について国会報告(国際平和協力本部)

2月　第16次ゴラン高原派遣輸送隊から第17次ゴラン高原派遣

	輸送隊への部隊交代
7月9日～17日	物資の輸送のためU－4型機をイスラエルへ派遣(入間発、7月12日テルアビブ着、7月17日入間着)
7月17日	実施計画の変更閣議決定(業務実施期間の延長)
	実施計画の変更及び業務実施の状況について国会報告(国際平和協力本部)
8月	第17次ゴラン高原派遣輸送隊から第18次ゴラン高原派遣輸送隊への部隊交代
平成17年1月17日	実施計画の変更閣議決定(業務実施期間の延長)
	実施計画の変更及び業務実施の状況について国会報告(国際平和協力本部)
2月	第18次ゴラン高原派遣輸送隊から第19次ゴラン高原派遣輸送隊への部隊交代
6月13日～23日	物資の輸送のためU－4型機をイスラエルへ派遣(入間発、6月16日テルアビブ着、6月23日入間着)
7月29日	実施計画の変更閣議決定(業務実施期間の延長)
	実施計画の変更及び業務実施の状況について国会報告(国際平和協力本部)
8月	第19次ゴラン高原派遣輸送隊から第20次ゴラン高原派遣輸送隊への部隊交代
平成18年1月26日~2月3日	物資の輸送のためU－4型機をイスラエルへ派遣(入間発、1月29日テルアビブ着、2月3日入間着)
2月	第20次ゴラン高原派遣輸送隊から第21次ゴラン高原派遣輸送隊への部隊交代
6月16日～24日	物資の輸送のためU－4型機をイスラエルへ派遣(入間発、6月19日テルアビブ着、6月24日入間着)
7月11日	実施計画の変更閣議決定(業務実施期間の延長)
	実施計画の変更及び業務実施の状況について国会報告(国際平和協力本部)
8月	第21次ゴラン高原派遣輸送隊から第22次ゴラン高原派遣輸送隊への部隊交代
12月8日～16日	物資の輸送のためU－4型機をイスラエルへ派遣(入間発、12月11日テルアビブ着、12月16日入間着)
平成19年1月26日	実施計画の変更閣議決定(業務実施期間の延長)
	実施計画の変更及び業務実施の状況について国会報告(国際平和協力本部)
2月	第22次ゴラン高原派遣輸送隊から第23次ゴラン高原派遣輸送隊への部隊交代

6月16日～7月1日	物資の輸送のためU－4型機をイスラエルへ派遣(入間発、6月26日テルアビブ着、7月1日入間着)
7月31日	実施計画の変更閣議決定(業務実施期間の延長)
	実施計画の変更及び業務実施の状況について国会報告(国際平和協力本部)
8月	第23次ゴラン高原派遣輸送隊から第24次ゴラン高原派遣輸送隊への部隊交代
平成20年1月29日	実施計画の変更閣議決定(業務実施期間の延長)
	実施計画の変更及び業務実施の状況について国会報告(国際平和協力本部)
2月2日～10日	物資の輸送のためU－4型機をイスラエルへ派遣(入間発、2月5日テルアビブ着、2月10日入間着)
2月	第24次ゴラン高原派遣輸送隊からゴラン高原派遣輸送隊(第25次要員)への部隊交代
6月14日～22日	物資の輸送のためU－4型機をイスラエルへ派遣(入間発、6月17日テルアビブ着、6月22日入間着)
7月14日	UNDOF派遣隊員のフランス革命記念パレード参加
7月29日	実施計画の変更閣議決定(業務実施期間の延長等)
	実施計画の変更及び業務実施の状況について国会報告(国際平和協力本部)
8月	第25次要員から第26次要員への人員交代
11月29日~12月7日	物資の輸送のためU－4型機をイスラエルへ派遣(入間発、12月2日テルアビブ着、12月7日入間着)
平成21年1月30日	実施計画の変更閣議決定(業務実施期間の延長等)
	実施計画の変更及び業務実施の状況について国会報告(国際平和協力本部)
2月～3月	第26次要員から第27次要員への人員交代
2月	司令部要員を1名増加派遣(2人→3人へ)
6月13日～21日	物資の輸送のためU－4型機をイスラエルへ派遣(入間発、6月16日ウブダ着、6月21日入間着)
7月24日	実施計画の変更閣議決定(業務実施期間の変更)
	実施計画の変更及び業務実施の状況について国会報告(国際平和協力本部)
8月～9月	第27次要員から第28次要員への人員交代
11月28日~12月6日	物資の輸送のためU－4型機をイスラエルへ派遣(入間発、12月1日ウブダ着、12月6日入間着)
平成22年1月29日	実施計画の変更閣議決定(業務実施期間の延長)
	実施計画の変更及び実施業務の状況について国会報告

	(国際平和協力本部)
2月～3月	第28次要員から第29次要員への人員交代
7月4日～11日	物資の輸送のためU－4型機をシリア・アラブ共和国へ派遣(入間発、7月7日ダマスカス発、7月11日入間着)
8月6日	実施計画の変更閣議決定(業務実施期間の延長)
	政令改正の閣議決定(手当額の適正化)
	実施計画の変更及び業務実施の状況について国会報告(国際平和協力本部)
8月～9月	第29次要員から第30次要員への人員交代
11月29日～12月4日	物資の輸送のためU－4型機をシリア・アラブ共和国へ派遣(入間発、12月1日ダマスカス発、12月4日入間着)
平成23年1月28日	実施計画の変更閣議決定(業務実施期間の延長)
	実施計画の変更及び実施業務の状況について国会報告(国際平和協力本部)
2月～3月	第30次要員から第31次要員への人員交代
7月29日	実施計画の変更閣議決定(業務実施期間の延長)
	実施計画の変更及び実施業務の状況について国会報告(国際平和協力本部)
8月8日～15日	物資の輸送のため、U－4型機をイスラエルへ派遣(入間発、8月11日ウブダ発、8月15日入間着)
8月～9月	第31次要員から第32次要員への人員交代
平成24年2月～3月	第32次要員から第33次要員への人員交代
8月7日	実施計画の変更閣議決定(業務実施期間の延長、要員の増加等)
	実施計画の変更及び業務実施の状況について国会報告(国際平和協力本部)
8月～9月	第33次要員から第34次要員へ交代
8月28日～9月5日	物資の輸送のため、U－4型機をイスラエルへ派遣(入間発、8月31日ウブダ着、9月5日入間着)
12月21日	ゴラン高原国際平和協力活動の終結に関する自衛隊行動命令発出
12月31日	ゴラン高原派遣輸送隊第1波帰国(成田着)
平成25年1月9日～21日	帰国のための輸送を行うC－130H型輸送機2機をイスラエルへ派遣
1月17日	ゴラン高原派遣輸送隊第2波及び司令部要員帰国(成田着)
1月20日	輸送部隊の隊旗返還式(於防衛省)
1月22日	UNDOFに係る物資協力の閣議決定

2．我が国派遣部隊の任務及び規模

○業務内容

UNDOFの活動に必要な食料品等の日常生活物資等の港、空港等からの輸送、UNDOFの補給品倉庫における物資の保管、活動地域内の道路等の補修、道路等の補修に必要な重機材等の整備等の業務を実施

○部隊の規模

(1) 派遣輸送隊　人　　員：44名（第33次要員までは43名）
　　　　　　　主要装備：拳銃、小銃、機関銃等
　　　　　　　宿 営 地：イスラエル側　ジウアニ宿営地32名
　　　　　　　　　　　　　　　　　　（第33次要員までは32名）
　　　　　　　　　　　シリア側　　ファウアール宿営地12名

(2) 航空自衛隊の部隊（C−130H型機2機及びU−4型機2機〔うち1機が実際の輸送にあたる〕）

・ゴラン高原派遣輸送隊、司令部要員等に対する物資の航空輸送

（参考）司令部要員（3名）の状況

・3等陸佐1名（先任兵站幕僚：後方支援業務に関する企画、調整並びに予算の作成を担当）

・1等陸尉2名（輸送幕僚：輸送支援業務に係る計画、統制を担当）
　　　　　　（副広報幕僚：広報業務、報道機関への対応等を担当）

※上記自衛隊部隊及び司令部要員の他、派遣先国政府等との間の連絡調整等を行う連絡調整要員（自衛隊員を含む最大6名）をゴラン高原国際平和協力隊員として派遣

国連ネパール政治ミッション

ネパール国際平和協力業務実施計画

（平成19年3月27日
平成20年3月18日
平成20年9月19日
平成21年3月6日
平成21年8月25日
平成22年3月2日
平成22年7月16日
平成22年11月16日
閣　議　決　定）

1．基本方針

ネパールに関しては、1996年以降、マオイストが国王からの政権奪取を目的とした武装闘争を開始し、ネパール国軍（以下「国軍」という。）との間で戦闘が行われ、1万人以上の犠牲を出す紛争が続いていた。2006年5月から、ネパール政府（以下「政府」という。）、マオイスト双方の代表団により、累次和平交渉が行われた結果、同年6月、両者の間で国際連合に対し国軍及びマオイストの武器及び兵士の管理の監視を行うよう要請すること等の8項目の合意が成立した。同年11月8日には、政府とマオイストは、「恒久平和の実現に向けた合意文書」に署名し、2007年6月半ばまでの制憲議会選挙の実施、このために国際連合が国軍及びマオイストの武器及び兵士の管理の監視を行う枠組み等に合意し、同月21日には、紛争終結を含む包括和平合意に署名した。

国際連合安全保障理事会は、政府及びマオイストの要請を受け、2007年1月23日に決議第1740号を採択し、武器及び兵士の管理の監視、制憲議会選挙を実施するための支援等を任務とする国際連合ネパール政治ミッション（以下「UNMIN」という。）を設立した。

制憲議会選挙は、当初、2007年6月に実施される予定であったが、選挙関連法の制定の遅れ等の技術的理由や政治情勢等の影響により、二度にわたり延期され、2008年4月10日に実施された。

制憲議会選挙終了後、王制が廃止され連邦民主共和制に移行するなどネパールの和平プロセスは一定の進展を見せているものの、国軍とマオイスト兵との統合問題等課題が残されている。2008年10月28日、統合問題に関する特別委員会を設置することが決定されたものの、同委員会の構成等について政党間の合意がなされず、同委員会の開催が大幅に遅れた。昨年1月16日、ようやく同委員会の第1回会合が開催され、6か月以内の統合・復帰完了を目指したワークプランを作成すること等が決定された。同年5月、国軍参謀長の去就を巡る対立の結果、政権が交代し、新首相の下、同年7月17日からマオイストの非認証兵士の除隊プロセスを開始する旨の発表がなされた。以後、大きな動きはなかったが、同年12月にマオイストが議会運営の妨害を停止し、本年1月には、マオイストを含む主要政党の幹部が和平プロセスに関する協議を行うための枠組みが構築され、また、昨年5月の政権交代以降事実上活動が中断していた統合問題に関する特別委員会が再開された。本年2月8日、非認証兵士の除隊作業は完了したが、統合・復帰の具体的な方針については、依然としてマオイストと与党との間で見解の隔たりがある。新憲法制定については、本年5月28日に公布することを目指して作業が行われていたが、同日までに作業が完了せず、制憲議会の設置期間が1年延長されることとなった。制憲議会の期間延長の際、マオイストを含む主要政党間で合意された項目に首相の早期辞任があり、本年6月、昨年の政権交代から1年余りで首相が辞任を表明した。

こうした情勢を踏まえ、UNMINの活動期間も逐次延長され、本年9月、政府からの要請を受け、国際連合安全保障理事会において、武器及び兵士の管理の監視等に関する任務につき、UNMINの活動期間を2011年1月15日まで延長し、同日をもってUNMINの任務を終了することが決定された。

UNMINの活動のうち軍事監視分野への要員の派遣について、国際連合から我が国に対し要請があり、我が国としても、世界の平和と安定のために一層の責務を果たしていくに当たり、国際連合による国際平和のための努力に対し人的な協力を積極的に果たしていくため、この要請に応分の協力を行うこととする。このためUNMINの活動期間において、ネパール国際平和協力隊を設置し、軍事監視分野における国際平和協力業務及び当該業務を円滑かつ効果的に行うための連絡調整の分野における国際平和協力業務を実施することとする。なお、国際連合平和維持活動等に対する協力に関する法律（平成4年法律第79号。以下「国際平和協力法」という。）第3条第1号に規定する武力紛争の停止及びこれを維持するとの紛争当事者間の合意、受入国及び紛争当事者の国際連合平和維持活動への同意並びに当該活動の中立性という点に関しては、現状においては、UNMINについてそれぞれが満たされており、また、国際平和協力法第6条第1項に規定する我が国の国際平和協力業務の実施についての紛争当事者及び受入国の同意も得られている。

2．ネパール国際平和協力業務の実施に関する事項

(1) 国際平和協力業務の種類及び内容

ア　国際平和協力法第３条第３号イに掲げる業務のうち紛争当事者間で合意された軍隊の再配置及び武装解除の履行の監視の業務に係る国際平和協力業務

イ　アに掲げる業務のうち、派遣先国の政府その他の関係機関とこの業務に従事するネパール国際平和協力隊との間の連絡調整に係る国際平和協力業務

(2) 派遣先国

ネパール連邦民主共和国

(3) 国際平和協力業務を行うべき期間
平成19年3月30日から平成23年3月31日までの間
(4) ネパール国際平和協力隊の規模及び構成並びに装備
ア 規模及び構成
(ア) (1) アに掲げる業務に従事する者
自衛官6名(ただし、人員の交替を行う場合は12名)
(イ) (1) イに掲げる業務に従事する者
(1) イに掲げる業務を遂行するために必要な技術、能力等を有する者6名(ただし、人員の交替を行う場合は12名)
(ウ) 国際平和協力本部長(以下「本部長」という。)は、(ア) 及び (イ) に掲げる者のうち1名を隊長として指名するものとし、隊長は、本部長の定めるところにより隊務を掌理するものとする。
イ 装備
ネパール国際平和協力隊の隊員の健康及び安全の確保並びに(1) に掲げる業務に必要な個人用装備(武器を除く。)
(5) 関係行政機関の協力に関する重要事項
ア 関係行政機関の長は、本部長から、(1) に掲げる業務を実施するため必要な技術、能力等を有する職員をネパール国際平和協力隊に派遣するよう要請があったときは、その所掌事務に支障を生じない限度において、当該職員をネパール国際平和協力隊に派遣するものとする。
イ 外務大臣の指定する在外公館長は、外務大臣の命を受け、国際平和協力業務の実施のため必要な協力を行うものとする。
ウ 関係行政機関の長は、その所掌事務に支障を生じない限度において、本部長の定めるところにより行われる研修のため必要な協力を行うものとする。
エ 関係行政機関の長は、本部長から、その所管に属する物品の管理換えその他の協力の要請があったときは、その所掌事務に支障を生じない限度において、当該協力を行うものとする。
(6) その他国際平和協力業務の実施に関する重要事項
本部長は、国際平和協力業務の実施に当たり、必要があると認めるときは、関係行政機関の長の協力を得て、物品の譲渡若しくは貸付け又は役務の提供について国以外の者に協力を求めることができる。

ネパール国際平和協力隊の設置等に関する政令

（平成19年3月30日政令第106号
平成20年3月24日同第63号
平成20年9月24日同第308号
平成21年3月11日同第35号
平成21年8月28日同第231号
平成22年3月5日同第21号
平成22年7月22日同第171号
平成22年11月19日同第229号）

ネパール国際平和協力隊の設置等に関する政令をここに公布する。

ネパール国際平和協力隊の設置等に関する政令

内閣は、国際連合平和維持活動等に対する協力に関する法律（平成4年法律第79号）第5条第8項及び第16条第2項の規定に基づき、この政令を制定する。

（国際平和協力隊の設置）

第1条　国際平和協力本部に、ネパールにおける国際連合平和維持活動のため、国際連合平和維持活動等に対する協力に関する法律（以下「法」という。）第3条第3号イに掲げる業務のうち紛争当事者間で合意された軍隊の再配置及び武装解除の履行の監視に係る国際平和協力業務並びに法第4条第2項第3号に掲げる事務を行う組織として、平成23年3月31日までの間、ネパール国際平和協力隊（以下「協力隊」という。）を置く。

2．国際平和協力本部長は、協力隊の隊員のうち1人を隊長として指名し、国際平和協力本部長の定めるところにより隊務を掌理させる。

（国際平和協力手当）

第2条　ネパールにおける国際連合平和維持活動のために実施される国際平和協力業務に従事する協力隊の隊員に、この条の定めるところに従い、法第16条第1項に規定する国際平和協力手当（以下「手当」という。）を支給する。

2．手当は、国際平和協力業務に従事した日1日につき、別表の中欄に掲げる区分に応じ、それぞれ同表の下欄に定める額とする。

3．前項に定めるもののほか、手当の支給に関しては、一般職の職員の給与に関する法律（昭和25年法律第95号）に基づく特殊勤務手当の支給の例による。

附則

この政令は、公布の日から施行する。

別表（第２条関係）

1	2	3	4
ネパール内の地域であって国際平和協力本部長が指定するものにおいて業務を行う場合（4の項に規定する場合を除く。）	ネパール内の地域（1の項及び3の項に規定する地域を除く。）において業務を行う場合（4の項に規定する場合を除く。）	カトマンズ市、パタン市又はポカラ市の区域において業務を行う場合（4の項に規定する場合を除く。）	ネパール内の地域において、派遣先国の政府その他の関係機関と1の項から3の項までに規定する業務に従事する協力隊の隊員との間の連絡調整に係る業務を行う場合
20,000円	16,000円	6,000円	4,000円

ネパール国際平和協力業務実施要領（概要）
（軍事監視分野）

１．国際平和協力業務が行われるべき地域及び期間
(1) 地域
　ネパール連邦民主共和国内において、国際連合事務総長等が指図する地域
(2) 期間
　平成19年3月30日から平成23年3月31日までの間
２．国際平和協力業務の種類及び内容
　紛争当事者間で合意された軍隊の再配置及び武装解除の履行の監視
３．国際平和協力業務の実施の方法
(1) 実施計画及び実施要領の範囲内において、事務総長等による指図の内容に従い業務を実施
(2) 隊員は、事務総長等の定めるところにより、事務総長等と緊密に連絡をとる。
４．国際平和協力業務に従事すべき者に関する事項
　以下に掲げる要件を満足する自衛官
(1) 国際連合の要請する階級を有する者であること。
(2) 国際平和協力業務を遂行するために必要な体力及び精神力を有する者であること。
(3) 国際平和協力業務を遂行するために必要な語学力を有する者であること。
(4) 有効な自動車運転免許を有し、かつ、４輪駆動車の運転経験を有する者であること。
(5) ネパールに関して政治的な利害関係を有していない者であること。

(6) その他国際平和協力業務を遂行するために必要な技術、能力等を有する者であること。

5．派遣先国の関係当局及び住民との関係に関する事項

(1) 派遣先国の関係当局との関係に関する事項

(2) 派遣先国の住民との関係に関する事項

6．中断に関する事項（国際平和協力法第6条第13項第1号に掲げる場合において国際平和協力業務に従事する者が行うべき国際平和協力業務の中断に関する事項）

(1) 隊員は、国際平和協力本部長から、国際平和協力業務を中断するよう指示された場合、当該業務を中断する。

(2) 次に掲げる場合には、その状況等を本部長に報告し、指示を受ける。

ア　紛争当事者から停戦合意、国際連合平和維持活動及び我が国による国際平和協力業務の実施に対する同意を撤回する旨の意思表示を行った場合

イ　大規模な武力紛争等の発生により、もはや前記の合意又は同意が存在しなくなったと認められる場合

ウ　ア及びイに掲げる場合のほか、前記の合意又は同意が存在しなくなったと認められる場合

エ　国際連合平和維持活動がもはや中立性をもって実施されなくなったと認められる場合

(3) 業務の中断の際の報告

(4) 業務を中断すべき状況が解消したと判断した場合の報告及び指示

7. その他本部長が国際平和協力業務の実施のために必要と認める事項

(1) 実施計画又は実施要領の変更を必要とする事務総長等の指図があった場合の措置

隊員は、当該指図の内容その他必要な事項につき、可能な限り速やかに本部長に報告し、その指示を受けるものとする。

(2) 安全のための措置

ア　隊員は、状況が隊員の生命又は身体に危害を及ぼす可能性があり、本部長の指示を受けるいとま及び事務総長等と連絡を取るいとまがないときは、国際平和協力業務を一時休止する。

イ　隊員は、必要に応じて、隊長、他の隊員（実施計画2(4)ア(イ)に規定する者（以下「連絡調整要員」という。）を含む。）、他のUNMIN要員、又は在ネパール日本国大使館と連絡を取る等積極的に安全に係る情報の収集に努めるとともに、常に安全の確保に留意する。

(3) 業務を遂行できない場合の措置

病気、事故等の場合、本部長に報告するとともに、事務総長等に連絡する。

(4) 調査、効果の測定等についての報告

隊員は、業務に関する調査並びに効果の測定及び分析について本部長に随時報告する。

(5) 連絡調整要員との連携
隊員は、連絡調整要員と緊密に連携を図りつつ業務を実施する。
(6) ネパール国際平和協力隊の隊長と隊員との関係
別途本部長が定める。

ネパール国際平和協力業務実施要領（概要）
（連絡調整分野）

1．国際平和協力業務が行われるべき地域及び期間
(1) 地域
2に掲げる業務を実施するために必要なネパール連邦民主共和国の地域
(2) 期間
平成19年3月30日から平成23年3月31日までの間
2．国際平和協力業務の種類及び内容
派遣先国の政府その他の関係機関と軍事監視要員との間の連絡調整に係る国際平和協力業務
3．国際平和協力業務の実施の方法
実施計画及び実施要領の範囲内において、業務を実施
4．国際平和協力業務に従事すべき者に関する事項
以下に掲げる要件を満足する者
(1) 国際平和協力業務を遂行するために必要な体力及び精神力を有する者であること。
(2) 国際平和協力業務を遂行するために必要な語学力を有する者であること。
(3) ネパールに関して政治的な利害関係を有していない者であること。
(4) その他国際平和協力業務を遂行するために必要な技術、能力等を有する者であること。
5．派遣先国の関係当局及び住民との関係に関する事項
(1) 派遣先国の関係当局との関係に関する事項
(2) 派遣先国の住民との関係に関する事項
6．中断に関する事項（国際平和協力法第6条第13項第1号に掲げる場合において国際平和協力業務に従事する者が行うべき国際平和協力業務の中断に関する事項）
(1) 隊員は、国際平和協力本部長から、国際平和協力業務を中断するよう指示された場合、当該業務を中断する。
(2) 次に掲げる場合には、その状況等を本部長に報告し、指示を受ける。
ア　紛争当事者が停戦合意、国際連合平和維持活動及び我が国による国際平和協力業務の実施に対する同意を撤回する旨の意思表示を行った場合
イ　大規模な武力紛争の発生等により、もはや前記の合意又は同意が存在しな

くなったと認められる場合

ウ　ア及びイに掲げる場合のほか、前記の合意又は同意が存在しなくなったと認められる場合

エ　国際連合平和維持活動がもはや中立性をもって実施されなくなったと認められる場合

(3) 業務の中断の報告

(4) 業務を中断すべき状況が解消したと判断した場合の報告及び指示

7．その他本部長が国際平和協力業務の実施のために必要と認める事項

(1) 実施計画又は実施要領の変更を必要とする場合の措置

　隊員は、必要な事項につき、可能な限り速やかに本部長に報告し、その指示を受ける。

(2) 安全のための措置

ア　隊員は、状況が隊員の生命又は身体に危害を及ぼす可能性があり、本部長の指示を受けるいとまがないときは、国際平和協力業務を一時休止する。

イ　隊員は、必要に応じて、隊長、他の隊員（実施計画2(4)ア(ア)に規定する者（以下「軍事監視要員」という。）を含む。）又は在ネパール日本国大使館と連絡をとる等積極的に安全に係る情報の収集に努めるとともに、常に安全の確保に留意する。

(3) 業務を遂行できない場合の措置

　病気、事故等の場合、本部長に報告する。

(4) 調査、効果の測定等についての報告

　隊員は、業務に関する調査並びに効果の測定及び分析について本部長に随時報告する。

(5) 軍事監視要員との連携

　隊員は、軍事監視要員と緊密に連携を図りつつ、業務を実施する。

(6) ネパール国際平和協力隊の隊長と隊員との関係

　別途本部長が定める。

ネパール国際平和協力業務の概要

1．国連ネパール政治ミッション（UNMIN:United Nations Mission in Nepal）の設立経緯と任務

○ 国連は、ネパール政府とマオイストから和平プロセスの支援要請を受け、2007年（平成19年）1月23日、安保理決議第1740号を採択し、ネパール国軍とマオイストの武器及び兵士の管理の監視、制憲議会選挙を実施するための支援等を任務とするUNMIN（国連ネパール政治ミッション）を設立

2．経緯

平成19年2月20日　国際平和協力業務実施に係る準備に関する大臣指示（同日の定例会見における内閣官房長官の発言を受けて発出）

3月27日　実施計画等閣議決定

3月30日　軍事監視要員出発

平成20年 3月　軍事監視要員の交代

3月18日　実施計画の変更閣議決定（業務実施期間の延長）
実施計画の変更及び業務実施の状況について国会報告（国際平和協力本部）

9月19日　実施計画の変更閣議決定（業務実施期間の延長）
実施計画の変更及び業務実施の状況について国会報告（国際平和協力本部）

平成21年 3月　軍事監視要員の交代

3月6日　実施計画の変更閣議決定（業務実施期間の延長）
実施計画の変更及び業務実施の状況について国会報告（国際平和協力本部）

8月25日　実施計画の変更閣議決定（業務実施期間の延長）
実施計画の変更及び業務実施の状況について国会報告（国際平和協力本部）

平成22年3月2日　実施計画の変更閣議決定（業務実施期間の延長）
実施計画の変更及び業務実施の状況について国会報告（国際平和協力本部）

3月　軍事監視要員の交代

7月16日　実施計画の変更閣議決定（業務実施期間の延長）
実施計画の変更及び業務実施の状況について国会報告（国際平和協力本部）

11月16日　実施計画の変更閣議決定（業務実施期間の延長）
実施計画の変更及び業務実施の状況について国会報告（国際平和協力本部）

平成23年1月15日　任務終了、撤収開始

1月17日　軍事監視要員帰国

3．我が国軍事監視要員の任務及び規模

○ 任務：紛争当事者間で合意された軍隊の再配置及び武装解除の履行の監視（ネパール国内7カ所のマオイストキャンプ及びネパール国軍の兵舎において、国連に登録された武器・兵士の管理の監視を非武装にて実施）

○ 人員：6名

※上記軍事監視要員の他、派遣先国政府との間の連絡調整等を行う連絡調整要員（最大6名）をネパール国際平和協力隊員として派遣

国連スーダン・ミッション

スーダン国際平和協力業務実施計画

（平成20年10月3日
平成21年6月22日
平成22年6月22日
平成23年6月24日
閣　議　決　定）

1．基本方針

スーダンに関しては、1983年以降、スーダン北部を拠点にイスラーム法を導入し、アラブ民族主義に基づく国家建設を目指すスーダン政府とキリスト教徒主体の南部を基盤としたスーダン人民解放運動・軍(SPLM/A)(以下「SPLM/A」という。)との間で、20年以上にわたり武力紛争が続いていた。

2002年1月、東部アフリカ諸国とアメリカ合衆国等の仲介により、紛争終結に向けた本格的な和平プロセスが開始され、同年7月には、スーダン政府及びSPLM/Aの間で、6年間の暫定移行期間の後、住民投票にてスーダン南部地域の帰属を決定すること及び同南部地域にはイスラーム法を適用しないことの二項目を柱とするマチャコス議定書への署名が行われ、その後も和平プロセスは進展し、「停戦協定・セキュリティアレンジメントに関する枠組み合意」を始め「富の配分に関する議定書」、「アビエの帰属に関する議定書」、「恒久停戦協定・セキュリティアレンジメントに関する技術合意」等への署名が行われた。2005年1月、上記のスーダン政府及びSPLM/Aの間の諸合意をまとめた「南北包括和平合意」(以下「CPA」という。)が署名され、武力紛争は終結した。

国際連合安全保障理事会は、スーダン政府及びSPLM/Aの要請を受け、2005年3月に決議第1590号を採択し、CPAの履行の支援、難民及び国内避難民の帰還の促進・調整等を任務とする国際連合スーダン・ミッション(以下「UNMIS」という。)を設立し、現在も活動している。

CPAの履行の一環として23年1月9日から15日までの間、南部スーダンの独立の是非を問う住民投票(以下単に「住民投票」という。)が実施された。住民投票の最終開票結果によれば、有効投票総数の約99%が南部スーダンのスーダンからの分離を支持するものであった。この結果を受けて、同年2月7日、スーダン大統領府は、同結果を受け入れる旨の大統領令を発出した。

UNMISは、設立以来、活動期間が逐次延長され、本年4月、国際連合安全保障理事会において、UNMISの活動期間を2011年7月9日まで延長することが決定された。

UNMISへの要員の派遣について、国際連合から我が国に対し要請があり、我が国としても、世界の平和と安定のために一層の責務を果たしていくに当たり、国際連合による国際平和のための努力に対し人的な協力を積極的に果たしていくため、この要請に応分の協力を行うこととする。このため、UNMISの活動期間において、スーダン国際平和協力隊を設置し、国際平和協力業務を実施することとする。
なお、国際連合平和維持活動等に対する協力に関する法律（平成4年法律第79号。以下「国際平和協力法」という。）第3条第1号に規定する武力紛争の停止及びこれを維持するとの紛争当事者間の合意、受入国及び紛争当事者の国際連合平和維持活動への同意並びに当該活動の中立性という点に関しては、現状においては、UNMISについてそれぞれが満たされており、また、国際平和協力法第6条第1項に規定する我が国の国際平和協力業務の実施についての紛争当事者及び受入国の同意も得られている。

2．スーダン国際平和協力業務の実施に関する事項

(1) 国際平和協力業務の種類及び内容

ア　国際平和協力法第3条第3号タに掲げる業務に関する調整及び同号レに掲げる業務としてスーダン国際平和協力隊の設置等に関する政令（平成20年政令第310号。以下「設置等政令」という。）第2条第1号から第3号までに掲げる業務に係る国際平和協力業務であって、UNMIS軍事部門司令部において行われるもの

イ　国際平和協力法第3条第3号レに掲げる業務として設置等政令第2条第4号に掲げる業務に係る国際平和協力業務であって、UNMIS国際連合事務総長特別代表室において行われるもの

ア及びイに掲げる業務は、国際平和協力法第2条第2項の規定の趣旨を損なわない範囲内において行う。

(2) 派遣先国

スーダン共和国

(3) 国際平和協力業務を行うべき期間

平成20年10月8日から平成23年9月30日までの間

(4) スーダン国際平和協力隊の規模及び構成並びに装備

ア　規模及び構成

(ア) (1) アに掲げる業務に従事する者

自衛官1名（ただし、人員の交替を行う場合は2名）

(イ) (1) イに掲げる業務に従事する者

自衛官1名（ただし、人員の交替を行う場合は2名）

(ウ) 国際平和協力本部長（以下「本部長」という。）は、(ア) 及び (イ) に掲げる者のうち1名を隊長として指名するものとし、隊長は、本部長の定めるところにより隊務を掌理するものとする。

イ　装備

スーダン国際平和協力隊の隊員の健康及び安全の確保並びに (1) に掲げる業務に必要な個人用装備（武器を除く。）

(5) 関係行政機関の協力に関する重要事項

ア　関係行政機関の長は、本部長から、(1)に掲げる業務を実施するため必要な技術、能力等を有する職員をスーダン国際平和協力隊に派遣するよう要請があったときは、その所掌事務に支障を生じない限度において、当該職員をスーダン国際平和協力隊に派遣するものとする。

イ　外務大臣の指定する在外公館長は、外務大臣の命を受け、国際平和協力業務の実施のため必要な協力を行うものとする。

ウ　関係行政機関の長は、その所掌事務に支障を生じない限度において、本部長の定めるところにより行われる研修のため必要な協力を行うものとする。

エ　関係行政機関の長は、本部長から、その所管に属する物品の管理換えその他の協力の要請があったときは、その所掌事務に支障を生じない限度において、当該協力を行うものとする。

(6) その他国際平和協力業務の実施に関する重要事項

本部長は、国際平和協力業務の実施に当たり、必要があると認めるときは、関係行政機関の長の協力を得て、物品の譲渡若しくは貸付け又は役務の提供について国以外の者に協力を求めることができる。

スーダン国際平和協力隊の設置等に関する政令

（平成20年10月8日
政令第310号
平成21年6月26日
政令第169号＝改正
平成22年6月25日
政令第164号
平成23年6月24日
政令第191号）

内閣は、国際連合平和維持活動等に対する協力に関する法律（平成4年法律第79号）第3条第3号レ、第5条第8項及び第16条第2項の規定に基づき、この政令を制定する。

（国際平和協力隊の設置）

第1条　国際平和協力本部に、スーダンにおけるスーダン政府とスーダン人民解放運動・軍との間の武力紛争に係る包括和平合意の履行の支援を任務とする国際連合平和維持活動（以下「スーダン国際連合平和維持活動」という。）のため、次に掲げる業務及び事務を行う組織として、平成23年9月30日までの間、スーダン国際平和協力隊（以下「協力隊」という。）を置く。

一　国際連合平和維持活動等に対する協力に関する法律（以下「法」という。）第

3条第3号タに掲げる業務に関する調整及び次条第1号から第3号までに掲げる業務に係る国際平和協力業務であって、国際連合スーダン・ミッション軍事部門司令部において行われるもの

二　次条第4号に掲げる業務に係る国際平和協力業務であって、国際連合スーダン・ミッション国際連合事務総長特別代表室において行われるもの

三　法第4条第2項第3号に掲げる事務

2．国際平和協力本部長は、協力隊の隊員のうち1人を隊長として指名し、国際平和協力本部長の定めるところにより隊務を掌理させる。

（政令で定める業務）

第2条　スーダン国際連合平和維持活動に係る法第3条第3号レの規定により同号タに掲げる業務に類するものとして政令で定める業務は、次に掲げる業務とする。

一　物資の調達に関する調整

二　飲食物の調製に関する調整

三　宿泊又は作業のための施設の維持管理に関する調整

四　データベース（スーダン国際連合平和維持活動に係る情報の集合物であって、それらの情報を電子計算機を用いて検索することができるように体系的に構成したものをいう。）の管理の用に供する電子情報処理組織の保守管理

（国際平和協力手当）

第3条　スーダン国際連合平和維持活動のために実施される国際平和協力業務に従事する協力隊の隊員に、この条の定めるところに従い、法第16条第1項に規定する国際平和協力手当（以下「手当」という。）を支給する。

2．手当は、国際平和協力業務に従事した日1日につき、別表の中欄に掲げる区分に応じ、それぞれ同表の下欄に定める額とする。

3．前項に定めるもののほか、手当の支給に関しては、一般職の職員の給与に関する法律（昭和25年法律第95号）に基づく特殊勤務手当の支給の例による。

附則

この政令は、交付の日から施行する。

（平成23年6月24日政令第191号）

別表（第3条関係）

1	2
スーダン内の地域（2の項に規定する地域を除く。）において業務を行う場合	ハルツーム市、ハルツーム・ノース市又はオムドルマン市の区域において業務を行う場合
16,000円	10,000円

スーダン国際平和協力業務実施要領（概要）

1．国際平和協力業務が行われるべき地域及び期間

(1) 地域

スーダン共和国（北ダルフール州、西ダルフール州及び南ダルフール州を除く。）内において、国際連合事務総長又は国際連合スーダン・ミッション（以下「UNMIS」という。）国際連合事務総長特別代表その他の国際連合事務総長の権限を行使する者（以下「事務総長等」という。）が指図する地域

(2) 期間

平成20年10月8日から平成23年9月30日までの間

2．国際平和協力業務の種類及び内容

(1) 次に掲げる業務に係る国際平和協力業務であって、UNMIS軍事部門司令部において行われるもの。

ア 輸送、保管（備蓄を含む。）、通信、建設又は機械器具の据付け、検査若しくは修理に関する調整

イ 物資の調達に関する調整

ウ 飲食物の調製に関する調整

エ 宿泊又は作業のための施設の維持管理に関する調整

(2) UNMISの活動に係るデータベースの管理の用に供する電子情報処理組織の保守管理であって、UNMIS国際連合事務総長特別代表室において行われるもの。

3．国際平和協力業務の実施の方法

(1) 実施計画及び実施要領の範囲内において、事務総長等による指図の内容に従い業務を実施。

(2) 隊員は、事務総長等の定めるところにより、事務総長等と緊密に連絡を取る。

(3) 派遣後、おおむね半年を経過した後、隊員の交替を行う。

4．国際平和協力業務に従事すべき者に関する事項

以下に掲げる要件を満足する自衛官

(1) 国際連合の要請する階級を有する者であること。

(2) 国際平和協力業務を遂行するために必要な体力及び精神力を有する者であること。

(3) 国際平和協力業務を遂行するために必要な語学力を有する者であること。

(4) スーダンに関して政治的な利害関係を有していない者であること。

(5) その他国際平和協力業務を遂行するために必要な技術、能力等を有する者であること。

5．派遣先国の関係当局及び住民との関係に関する事項

(1) 派遣先国の関係当局との関係に関する事項

(2) 派遣先国の住民との関係に関する事項

6．中断に関する事項（国際平和協力法第6条第13項第1号に掲げる場所において国際平和協力業務に従事する者が行うべき国際平和協力業務の中断に関する事項）

(1) 隊員は、国際平和協力本部長から、国際平和協力業務を中断するよう指示された場合、当該業務を中断する。

(2) 次に掲げる場合には、その状況等を本部長に報告し、指示を受ける。

ア　紛争当事者が停戦合意、国際連合平和維持活動及び我が国による国際平和協力業務の実施に対する同意を撤回する旨の意思表示を行った場合

イ　大規模な武力紛争等の発生により、もはや前記の合意又は同意が存在しなくなったと認められる場合

ウ　ア及びイに掲げる場合のほか、前記の合意又は同意が存在しなくなったと認められる場合

エ　国際連合平和維持活動がもはや中立性をもって実施されなくなったと認められる場合

(3) 業務の中断の報告

(4) 業務を中断すべき状況が解消したと判断した場合の報告及び指示

7．その他本部長が国際平和協力業務の実施のために必要と認める事項

(1) 実施計画又は実施要領の変更を必要とする事務総長等の指図があった場合の措置

隊員は、当該指図の内容その他必要な事項につき、可能な限り速やかに本部長に報告し、その指示を受けるものとする。

(2) 安全のための措置

ア　隊員は、状況が隊員の生命又は身体に危害を及ぼす可能性があり、本部長の指示を受けるいとま及び事務総長等と連絡を取るいとまがないときは、国際平和協力業務を一時休止する。

イ　隊員は、必要に応じて、他の隊員、他のUNMIS要員又は在スーダン日本国大使館と連絡を取る等積極的に安全に係る情報の収集に努めるとともに、常に安全の確保に留意する。

(3) 業務を遂行できない場合の措置

病気、事故等の場合、本部長に報告するとともに、事務総長等に連絡する。

(4) 調査、効果の測定等についての報告

隊員は、業務に関する調査並びに効果の測定及び分析について本部長に随時報告する。

(5) スーダン国際平和協力隊の隊長と隊員との関係

別途本部長が定める。

スーダン国際平和協力業務の概要

1. 国連スーダン・ミッション(UNMIS : United Nations Mission in Sudan)の設立経緯と任務

○国連は、2005年(平成17年)1月9日にスーダン政府とスーダン人民解放運動・軍(SPLM/A)との間に南北包括和平合意(CPA)が成立し、また、同月31日に事務総長報告が発出されたことを受け、同年3月24日、安保理決議第1590号を採択し、停戦協定、石油収入の配分合意、係争地域の帰属などのCPA履行支援等を任務とするUNMIS(国連スーダン・ミッション)を設立

2. 経緯

平成20年7月1日	国際平和協力業務実施に係る準備に関する大臣指示(前日の国連事務総長との共同記者会見における内閣総理大臣による表明を受けて発出)
10月3日	実施計画等閣議決定
10月24日	司令部要員出発
平成21年 4月	司令部要員(第2次要員へ)の交代
6月22日	実施計画の変更閣議決定(業務実施期間の延長) 実施計画の変更及び業務実施の状況について国会報告(国際平和協力本部)
10月	司令部要員(第3次要員へ)の交代
平成22年 4月	司令部要員(第5次要員へ)の交代
6月22日	実施計画の変更閣議決定(業務実施期間の延長) 実施計画の変更及び業務実施の状況について国会報告(国際平和協力本部)
11月	司令部要員(第5次要員へ)の交代
平成23年 4月	司令部要員(第6次要員へ)の交代
6月24日	実施計画の変更閣議決定(業務実施期間の延長) 実施計画の変更及び業務実施の状況について国会報告(国際平和協力本部)
7月25日	司令部要員(情報幕僚)帰国
9月28日	司令部要員(兵站幕僚)帰国、スーダン国際平和協力業務の完了
12月20日	業務の実施の結果について国会報告(国際平和協力本部)

3. 我が国司令部要員の任務及び規模

○任務：軍事部門の兵站全般の需要に関するUNMIS部内の調整及びデータベースの管理

○人員：2名 (3等陸佐×1名、1等陸尉×1名)

国連ハイチ安定化ミッション

ハイチ国際平和協力業務実施計画

（平成22年2月5日
平成22年11月16日
平成24年1月20日
平成24年12月18日
閣　議　決　定）

1．基本方針

ハイチに関しては、2004年に入ってからの政治情勢の不安定化及び治安情勢の急速な悪化により、同年2月末大統領が国外へ逃亡し、憲法の規定に従い最高裁判所長官が暫定大統領に就任し、その要請を受けて、国際連合安全保障理事会(以下「安保理」という。)において決議第1529号が採択され、暫定多国籍軍(以下「MIF」という。)が設立された。この後治安状況は沈静化したものの、政治的・社会的混乱は続いた。同年4月、国際連合事務総長報告は、国際連合ハイチ安定化ミッション(以下「MINUSTAH」という。)の設立の必要性を述べた。同月、安保理は、ハイチの状況は国際の平和及び安全に対する脅威を構成するとして、決議第1542号を採択し、同年6月、MIFに代わり、ハイチにおける安全かつ安定的な環境の確保を主な任務として、MINUSTAHが設立された。

2010年1月12日にハイチにおいて発生した大規模な地震及びこれに引き続いて発生した余震(以下「ハイチ地震」という。)によりハイチは大きな被害を受けた。同月19日、安保理は、事態の深刻さと緊急の対応の必要性を認識し、緊急の復旧、復興及び安定化を支援するためMINUSTAHの要員を3,500名増員する決議第1908号を採択した。同決議の採択を受け、国際連合は、我が国に対し、要員の派遣を要請した。我が国としても、世界の平和と安定のために一層の責務を果たしていくに当たり、国際連合による国際平和のための努力に対し人的な協力を積極的に果たしていくため、この要請に応分の協力を行うこととする。このため、ハイチ国際平和協力隊を設置することとし、これにMINUSTAH軍事部門司令部において行われる企画及び調整の分野並びに我が国のMINUSTAHに対する協力を円滑かつ効果的に行うための連絡調整の分野における国際平和協力業務を行わしめるとともに、自衛隊の部隊等により、ハイチ地震の被災者の支援等の分野における国際平和協力業務を実施することとする。

なお、国際連合平和維持活動等に対する協力に関する法律(平成4年法律第79号。以下「国際平和協力法」という。)第3条第1号に規定する武力紛争が発生していない場合における国際連合平和維持活動についての受入れ国の同意及び国際平和協力法第6条第1項に規定する我が国の国際平和協力業務の実施についての受入れ国の同意についてはいずれも得られている。

2．ハイチ国際平和協力業務の実施に関する事項

⑴ 国際平和協力業務の種類及び内容

ア　国際平和協力法第3条第3号ワに掲げる業務（ハイチ地震の被災者であるものの収容に係るものに限る。）及び同号タに掲げる業務並びに同号レに掲げる業務としてハイチ国際平和協力隊の設置等に関する政令（平成22年政令第10号。以下「設置等政令」という。）第2条第1号に掲げる業務に関する企画及び調整並びに同条第4号に掲げる業務に係る国際平和協力業務であって、MINUSTAH軍事部門司令部において自衛隊の部隊等以外の者が行うもの

イ　国際平和協力法第3条第3号タに掲げる業務に関する企画及び調整並びに同号レに掲げる業務として設置等政令第2条第2号から第4号までに掲げる業務に係る国際平和協力業務であって、MINUSTAH軍事部門司令部において自衛隊の部隊等以外の者が行うもの

ウ　ア、イ及びエからクまでに掲げる業務のうち、派遣先国の政府その他の関係機関とこれらの業務に従事するハイチ国際平和協力隊又は自衛隊の部隊等との間の連絡調整に係る国際平和協力業務であって、自衛隊の部隊等以外の者が行うもの

エ　国際平和協力法第3条第3号ヌに掲げる業務に係る国際平和協力業務

オ　国際平和協力法第3条第3号ヲに掲げる業務（ハイチ地震の被災者であるものに対するものに限る。）に係る国際平和協力業務

カ　国際平和協力法第3条第3号ワに掲げる業務（ハイチ地震の被災者であるものの収容に係るものに限る。）に係る国際平和協力業務

キ　国際平和協力法第3条第3号タに掲げる業務に係る国際平和協力業務

ク　国際平和協力法第3条第3号レに掲げる業務として設置等政令第2条第1号に掲げる業務に係る国際平和協力業務

アからクまでに掲げる業務は、国際平和協力法第2条第2項の規定の趣旨を損なわない範囲内において行う。

⑵ 派遣先国

ハイチ共和国とする。

ただし、アメリカ合衆国、カナダ、ドミニカ共和国、マーシャル諸島共和国及びパナマ共和国において、⑴エからクまでに掲げる業務のうち附帯する業務としての輸送及び補給並びに⑴キに掲げる業務のうち輸送の業務を行うことができる。

⑶ 国際平和協力業務を行うべき期間

平成22年2月5日から平成25年3月31日までの間

⑷ ハイチ国際平和協力隊の規模及び構成並びに装備

ア　規模及び構成

（ア）⑴ アに掲げる業務に従事する者

自衛官1名（ただし、人員の交替を行う場合は2名）

(イ) (1) イに掲げる業務に従事する者
自衛官1名（ただし、人員の交替を行う場合は2名）
(ウ) (1) ウに掲げる業務に従事する者
(1) ウに掲げる業務を遂行するために必要な技術、能力等を有する者5名（ただし、人員の交替を行う場合は10名）
(エ) (1) エからクまでに掲げる業務に従事することとなった結果、国際平和協力法第13条第2項の規定により、国際平和協力法第4条第2項第3号に掲げる事務に従事する者
(5) イ（ア）に掲げる部隊に所属する自衛隊員
イ 装備
(ア) 武器
(1) ア及びイに掲げる業務に従事する者について、9㎜拳銃2丁（装備の交換を行う場合は、当該交換に必要な数を加えることができる。）
(イ) その他
ハイチ国際平和協力隊の隊員の健康及び安全の確保並びに(1)アからウまでに掲げる業務に必要な個人用装備((ア)に掲げるものを除く。)
(5) 自衛隊の部隊等が行う国際平和協力業務に関する事項
ア 自衛隊の部隊等が行う国際平和協力業務の種類及び内容
(1) エからクまでに掲げる業務
イ 国際平和協力業務を行う自衛隊の部隊等の規模及び構成並びに装備
(ア) 規模及び構成
① (1)エからクまでに掲げる業務を行うための陸上自衛隊の部隊（人員350名。ただし、人員の交替を行う場合は700名）
② 1に掲げる陸上自衛隊の部隊のための輸送及び補給の業務を輸送艦等により行うための海上自衛隊の部隊（人員540名）並びにこれらの業務及び(1)キに掲げる業務のうち輸送の業務を輸送機（C－130H）等により行うための航空自衛隊の部隊（人員200名。ただし、人員の交替を行う場合は240名）
(イ) 装備
① 武器
9㎜拳銃54丁、小銃（89式5.56㎜小銃又は64式7.62㎜小銃）305丁及び5.56㎜機関銃MINIMI7丁（装備の交換を行う場合は、当該交換に必要な数を加えることができる。）
② 車両
軽装甲機動車、トラック、ドーザ等150両（装備の交換を行う場合は、当該交換に必要な数を加えることができる。）
③ 艦船
輸送艦1隻、補給艦1隻及び護衛艦1隻

④ 航空機

輸送機(C−130H)2機(ただし、機体の交替を行う場合は3機)、多用途支援機(U−4)1機、空中給油・輸送機(KC−767)1機及び政府専用機(B−747)1機

⑤ その他

自衛隊員の健康及び安全の確保並びに(1)エからクまでに掲げる業務に必要な装備(①から④までに掲げるものを除く。)

(6) 関係行政機関の協力に関する重要事項

ア 関係行政機関の長は、国際平和協力本部長(以下「本部長」という。)から、(1)アからウまでに掲げる業務を実施するため必要な技術、能力等を有する職員をハイチ国際平和協力隊に派遣するよう要請があったときは、その所掌事務に支障を生じない限度において、当該職員をハイチ国際平和協力隊に派遣するものとする。

イ 外務大臣の指定する在外公館長は、外務大臣の命を受け、国際平和協力業務の実施のため必要な協力を行うものとする。

ウ 関係行政機関の長は、その所掌事務に支障を生じない限度において、本部長の定めるところにより行われる研修のため必要な協力を行うものとする。

エ 関係行政機関の長は、本部長から、その所管に属する物品の管理換えその他の協力の要請があったときは、その所掌事務に支障を生じない限度において、当該協力を行うものとする。

(7) その他国際平和協力業務の実施に関する重要事項

本部長は、国際平和協力業務の実施に当たり、必要があると認めるときは、関係行政機関の長の協力を得て、物品の譲渡若しくは貸付け又は役務の提供について国以外の者に協力を求めることができる。

ハイチ国際平和協力隊の設置等に関する政令

(平成22年2月5日政令第10号
最終改正年月日:平成24年1月25日同第15号)

内閣は、国際連合平和維持活動等に対する協力に関する法律(平成4年法律第79号)第3条第3号レ、第5条第8項及び第16条第2項の規定に基づき、この政令を制定する。

(国際平和協力隊の設置)

第1条 国際平和協力本部に、国際連合平和維持活動であってハイチにおいて紛争に対処して国際の平和及び安全を維持するために行われているもの(以下「ハイチ国際連合平和維持活動」という。)のため、次に掲げる業務及び事務を行う組織として、

平成25年3月31日までの間、ハイチ国際平和協力隊(以下「協力隊」という。)を置く。

1．国際連合平和維持活動等に対する協力に関する法律(以下「法」という。)第3条第3号ワに掲げる業務(ハイチ地震(平成22年1月12日にハイチにおいて発生した大規模な地震及びこれに引き続いて発生した余震をいう。以下同じ。)の被災者であるものの収容に係るものに限る。)及び同号タに掲げる業務並びに次条第1号に掲げる業務(以下「震災復旧業務」と総称する。)に関する企画及び調整並びに同条第2号から第4号までに掲げる業務に係る国際平和協力業務であって、国際連合ハイチ安定化ミッション軍事部門司令部において行われるもの。

2．震災復旧業務、法第3条第3号ヌに掲げる業務及び同号ヲに掲げる業務(ハイチ地震の被災者であるものに対するものに限る。)のうち、派遣先国の政府その他の関係機関とこれらの業務に従事する自衛隊の部隊等との間の連絡調整に係る国際平和協力業務

3．法第4条第2項第3号に掲げる事務

(政令で定める業務)

第2条　ハイチ国際連合平和維持活動に係る法第3条第3号レの規定により同号カに掲げる業務に類するものとして政令で定める業務は次の第1号に掲げる業務とし、ハイチ国際連合平和維持活動に係る同条第3号レの規定により同号タに掲げる業務に類するものとして政令で定める業務は次の第2号から第4号までに掲げる業務とする。

1．ハイチ地震によって被害を受けた施設又は設備であってその被災者の生活上必要なものの復旧又は整備のための措置

2．物資の調達に関する企画及び調整

3．飲食物の調製に関する企画及び調整

4．宿泊又は作業のための施設の維持管理に関する企画及び調整

(国際平和協力手当)

第3条　ハイチ国際連合平和維持活動のために実施される国際平和協力業務に従事する協力隊の隊員及び法第9条第5項に規定する自衛隊員(第3項において「部隊派遣自衛隊員」という。)に、この条の定めるところに従い、法第16条第1項に規定する国際平和協力手当(以下「手当」という。)を支給する。

2．手当は、国際平和協力業務に従事した日1日につき、別表の中欄に掲げる区分に応じ、それぞれ同表の下欄に定める額とする。

3．前項に定めるもののほか、手当の支給に関しては、協力隊の隊員(部隊派遣自衛隊員の身分を併せ有する者を除く。)については一般職の職員の給与に関する法律(昭和25年法律第95号)に基づく特殊勤務手当の支給の例により、部隊派遣自衛隊員については防衛省の職員の給与等に関する法律(昭和27年法律第266号)に基づく特殊勤務手当の支給の例による。

附　則

この政令は、公布の日から施行する。

別表（第3条関係）

1	2	3	4
ポルトー・プランス市の区域において業務を行う場合（4の項、6の項（2）本文及び（3）並びに8の項（2）に規定する場合を除く。）	西県の区域（1の項に規定する区域を除く。）において業務を行う場合（5の項、7の項（1）本文及び（2）並びに8の項（2）に規定する場合を除く。）	ハイチ内の地域（1の項及び2の項に規定する地域を除く。）において業務を行う場合（6の項（1）、7の項（1）本文及び（2）並びに8の項（2）に規定する場合を除く。）	ポルトー・プランス市の区域において、第1条第1号に掲げる業務（派遣先国の政府その他の関係機関と当該業務に従事する協力隊の隊員との間の連絡調整に係るものに限る。）又は同条第2号に掲げる業務（以下「連絡調整業務」という。）を行う場合
16,000円	12,000円	10,000円	6,000円

1	2	3	4
西県の区域（1の項に規定する区域を除く。）において連絡調整業務を行う場合	（1）ハイチ内の地域（1の項及び2の項に規定する地域を除く。）において連絡調整業務を行う場合 （2）ポルトー・プランス市に所在する空港の区域において、震災復旧業務に附帯する業務として、空路により震災復旧業務に従事する人員の輸送又は震災復旧業務に必要な物資の補給を行う場合。ただし、陸上の場所に留まって行う場合に限る。 （3）ポルトー・プランス市の区域において、震災復旧業務に附帯する業務として、海路により震災復旧業務に従事する人員の輸送又は震災復旧業務に必要な物資の補給を行う場合。ただし、ポルトー・プランス市の区域の沿岸において、エアクッション艇を使用して艦船と陸地との間の輸送を行う場合に限る。	（1）ハイチに所在する空港の区域（6の項（2）に規定する区域を除く。）において、震災復旧業務に附帯する業務として、空路により震災復旧業務に従事する人員の輸送又は震災復旧業務に必要な物資の補給を行う場合。ただし、陸上の場所に留まって行う場合に限る。 （2）ハイチ内の地域（1の項に規定する地域を除く。以下この項において同じ。）において、震災復旧業務に附帯する業務として、海路により震災復旧業務に従事する人員の輸送又は震災復旧業務に必要な物資の補給を行う場合。ただし、ハイチ内の地域の沿岸において、エアクッション艇を使用して艦船と陸地との間の輸送を行う場合に限る。	（1）ドミニカ共和国に所在する空港の区域において、震災復旧業務に附帯する業務として、空路により震災復旧業務に従事する人員の輸送又は震災復旧業務に必要な物資の補給を行う場合。ただし、陸上の場所に留まって行う場合に限る。 （2）ハイチ内の地域において、震災復旧業務に附帯する業務として、海路により震災復旧業務に従事する人員の輸送又は震災復旧業務に必要な物資の補給を行う場合（6の項（3）及び7の項（2）に規定する場合を除く。）
5,000円	4,000円	3,000円	1,400円

ハイチ国際平和協力業務（MINUSTAH軍事部門司令部において行われる企画及び調整の分野）実施要領（概要）

1．国際平和協力業務が行われるべき地域及び期間

(1) 地域

ハイチ共和国内において、国連事務総長等が指図する地域

(2) 期間

平成22年2月5日から平成25年3月31日までの間

2．国際平和協力業務の種類及び内容

MINUSTAHの活動に係る企画及び調整

(MINUSTAH軍事部門司令部において行われるもの)

3．国際平和協力業務の実施の方法

(1) 実施計画及び実施要領の範囲内において、事務総長等による指図の内容に従い、業務を実施

(2) 隊員は、事務総長等の定めるところにより、事務総長等と緊密に連絡をとる。

(3) 派遣後、概ね6か月を経過した後、要員の交替を行う。

4．国際平和協力業務に従事すべき者に関する事項

以下に掲げる要件を満足する自衛官

(1) 国際連合の要請する階級を有する者であること。

(2) 国際平和協力業務を遂行するために必要な体力及び精神力を有する者であること。

(3) 国際平和協力業務を遂行するために必要な語学力を有する者であること。

(4) ハイチ共和国に関して政治的な利害関係を有していない者であること。

(5) その他国際平和協力業務を遂行するために必要な技術、能力等を有する者であること。

5．派遣先国の関係当局及び住民との関係に関する事項

(1) 派遣先国の関係当局との関係に関する事項

(2) 派遣先国の住民との関係に関する事項

被災後の住民の心理に十分配慮して業務を実施すること等

6．中断に関する事項（国際平和協力法第6条第13項第1号に掲げる場合において国際平和協力業務に従事する者が行うべき国際平和協力業務の中断に関する事項）

(1) 隊員は、国際平和協力本部長から、国際平和協力業務を中断するよう指示された場合、当該業務を中断する。

(2) 隊員は、次に掲げる場合には、その状況等を本部長に報告し、指示を受ける。

ア　武力紛争が発生したと判断すべき事態が生じた場合

イ　国際平和協力法第3条第1号に規定する国際連合平和維持活動についての受入れ国の同意及び国際平和協力法第6条第1項に規定する我が国の国際平和協力業務の実施についての受入れ国の同意が存在しなくなったと認められる場合

(3) 業務中断の際の報告
(4) 業務を中断すべき状況が解消したと判断した場合の報告及び指示
7．その他本部長が国際平和協力業務の実施のために必要と認める事項
(1) 実施計画又は実施要領の変更を必要とする事務総長等の指図があった場合の措置
隊員は、当該指図の内容その他必要な事項につき、可能な限り速やかに本部長に報告し、その指示を受ける。
(2) 安全のための措置
ア　隊員の生命又は身体に危害を及ぼす可能性があり、本部長の指示を受け及び事務総長等と連絡をとる暇がないときは、当該業務を一時休止する。
イ　隊員は、必要に応じて、他のMINUSTAH要員、連絡調整要員又は在ハイチ共和国日本国大使館と連絡をとる等積極的に自らの安全に係る情報の収集に努めるとともに、常に安全の確保に 留意するものとする。
(3) 業務を遂行できない場合の措置
疾病、事故等の場合、本部長に報告するとともに、事務総長等に連絡。
(4) 武器の携行、保管及び使用
ア　武器の携行、保管
武器を保安上適当と認める場所に厳重に保管する。必要と認める場合は、事務総長等の指図の範囲内において武器を携行することができる。
イ　武器の使用
国際平和協力法第24条に定めるところによる。
(5) 調査、効果の測定等についての報告
隊員は、業務に関する調査、業務に関する効果の測定及び分析について本部長に随時報告
(6) 装備の取扱い
隊員は、外為法上の武器を隊員以外の者に貸与し又は供与してはならない。
(7) 連絡調整要員及び自衛隊の部隊との連携
隊員は、連絡調整要員及び自衛隊の部隊の隊員と緊密に連携を図りつつ、業務を実施

ハイチ国際平和協力業務（連絡調整の分野）実施要領（概要）

1．国際平和協力業務が行われるべき地域及び期間
(1) 地域
2に掲げる業務を実施するために必要なハイチ共和国の地域
(2) 期間
平成22年2月5日から平成25年3月31日までの間

2．国際平和協力業務の種類及び内容

派遣先国の政府その他の関係機関とこれら司令部要員又は自衛隊の部隊等との間の連絡調整に係る国際平和協力業務

3．国際平和協力業務の実施の方法

実施計画及び実施要領の範囲内において、業務を実施

4．国際平和協力業務に従事すべき者に関する事項

以下に掲げる要件を満足する者

(1) 国際平和協力業務を遂行するために必要な体力及び精神力を有する者であること。

(2) 国際平和協力業務を遂行するために必要な語学力を有する者であること。

(3) ハイチ共和国に関して政治的な利害関係を有していない者であること。

(4) その他国際平和協力業務を遂行するために必要な技術、能力等を有する者であること。

5．派遣先国の関係当局及び住民との関係に関する事項

被災後の住民の心理に十分配慮して業務を実施すること等

6．中断に関する事項（国際平和協力法第6条第13項第1号に掲げる場合において国際平和協力業務に従事する者が行うべき国際平和協力業務の中断に関する事項）

(1) 隊員は、国際平和協力本部長から、国際平和協力業務を中断するよう指示された場合、当該業務を中断する。

(2) 隊員は、次に掲げる場合に該当する場合には、その状況等を本部長に報告し、指示を受ける。

ア　武力紛争が発生したと判断すべき事態が生じた場合

イ　国際平和協力法第3条第1号に規定する武力紛争が発生していない場合における国際連合平和維持活動についての受入れ国の同意及び国際平和協力法第6条第1項に規定する我が国の国際平和協力業務の実施についての受入れ国の同意が存在しなくなったと認められる場合

(3) 業務中断の際の報告

(4) 業務を中断すべき状況が解消したと判断した場合の報告及び指示

7．その他本部長が国際平和協力業務の実施のために必要と認める事項

(1) 実施計画又は実施要領の変更を必要とする場合の措置

隊員は、必要な事項につき、可能な限り速やかに本部長に報告し、その指示を受ける

(2) 安全のための措置

ア　隊員の生命又は身体に危害を及ぼす可能性があり、本部長の指示を受ける暇がないときは、当該業務を一時休止する。

イ　隊員は、必要に応じて、在ハイチ国日本国大使館、司令部要員及び自衛隊の部隊等と連絡をとる等積極的に自らの安全に係る情報の収集に努めるとともに、常に安全の確保に留意するものとする。

(3) 業務を遂行できない場合の措置

疾病、事故等の場合、本部長に報告

(4) 調査、効果の測定等についての報告

隊員は、業務に関する調査、業務に関する効果の測定及び分析について本部長に随時報告

(5) 装備の取扱い

隊員は、外為法上の武器を隊員以外の者に貸与し又は供与してはならない。

(6) 司令部要員及び自衛隊の部隊との連携

隊員は、司令部要員及び自衛隊の部隊の隊員と緊密に連携を図りつつ、業務を実施

ハイチ国際平和協力業務（ハイチ地震の被災者の支援の分野）実施要領（概要）

1．国際平和協力業務が行われるべき地域及び期間

(1) 地域

ハイチ共和国内において、国連事務総長等が指図する地域。ただし、2 (11) 及び (12) に掲げる業務を行う場合は、当該業務を実施するために必要なアメリカ合衆国、カナダ、ドミニカ共和国、マーシャル諸島共和国及びパナマ共和国の地域を含む。

(2) 期間

平成22年2月5日から平成25年3月31日までの間

2．国際平和協力業務の種類及び内容

(1) MINUSTAHの活動に必要な医療（防疫上の措置を含む。）
(2) ハイチ地震被災者に対する食糧、衣料、医薬品、その他の生活関連物資の配布
(3) ハイチ地震被災者を収容するための施設又は設備の設置
(4) MINUSTAHの活動に必要な人道支援物資等の輸送
(5) MINUSTAHの活動に必要な物資の保管
(6) MINUSTAHの活動に必要な施設又は設備の設置
(7) MINUSTAH関連施設等におけるがれき（廃棄物）の除去
(8) MINUSTAHの活動に必要な道路、橋等の補修等
(9) MINUSTAHの活動に必要な機械器具の据付け又は修理
(10) MINUSTAH関連施設の耐震診断等MINUSTAHの活動に必要な検査
(11) ハイチ地震によって被害を受けた施設又は設備であってその被災者の生活上必要なものの復旧又は整備のための措置
(12) (1) から (11) までに掲げる業務を実施する自衛隊の部隊に係る輸送及び補給
(13) MINUSTAHの要請等に応じて陸上派遣部隊及び航空自衛隊の部隊が実施する人員・物資等の輸送

3．国際平和協力業務の実施の方法

(1) 2（1）から（10）までに掲げる業務に関する事項

ア　陸上派遣部隊は、実施計画及び実施要領の範囲内において、事務総長等による指図の内容に従い、当該業務を実施

イ　陸上派遣部隊の長は、事務総長等の定めるところにより、事務総長等と緊密に連絡をとる。

ウ　派遣要領

平成22年2月中に現地において国際平和協力業務を実施できるよう、速やかに陸上派遣部隊を派遣

エ　交代要領

派遣後、概ね6か月を経過した後、陸上派遣部隊の交替を行う。

(2) 2（1）に掲げる業務に関する事項

陸上派遣部隊は、その能力の余裕を活用して実施できる場合に限り、MINUSTAHの要請等に応じて医療（防疫上の措置を含む。）を実施する。

(3) 2（12）に掲げる業務に関する事項

航空自衛隊の部隊は、輸送機（C－130H）2機（これらのうち1機が実際の輸送にあたるものとする。）、多用途支援機（U－4）1機、空中給油・輸送機（KC－767）1機及び政府専用機（B－747）1機により、また、海上自衛隊の部隊は、輸送艦1隻、補給艦1隻及び護衛艦1隻により、本邦からの輸送及び補給を実施

(4) 2（13）に掲げる業務に関する事項

陸上派遣部隊及び航空自衛隊の部隊は、その能力の余裕を活用して実施できる場合に限り、MINUSTAHの要請等に応じて人員・物資等の輸送を実施

(5) 共通事項

国際平和協力法第3条第3号イからヘまでに掲げる業務そのものを行っていると外形的に見られることのないよう配慮

4．国際平和協力業務に従事すべき者に関する事項

以下に掲げる要件を満足する自衛隊員

(1) 国際平和協力業務を遂行するために必要な体力及び精神力を有する者であること。

(2) 国際平和協力業務を遂行するために必要な語学力を有する者であること。

(3) その他国際平和協力業務を遂行するために必要な技術、能力等を有する者であること。

5．派遣先国の関係当局及び住民との関係に関する事項

(1) 派遣先国の関係当局との関係に関する事項

(2) 派遣先国の住民との関係に関する事項

被災後の住民の心理に十分配慮して業務を実施すること等

6．中断に関する事項（国際平和協力法第6条第13項第1号に掲げる場合において国際平和協力業務に従事する者が行うべき国際平和協力業務の中断に関する事項）

⑴ 部隊長は、防衛大臣が国際平和協力本部長と協議の上、国際平和協力業務を中断するよう指示した場合、当該業務を中断するものとする。
⑵ 部隊長は、以下に掲げる場合には、その状況等を防衛大臣を通じて本部長に報告し、指示を受ける。
ア　武力紛争が発生したと判断すべき事態が生じた場合
イ　国際平和協力法第3条第1号に規定する国際連合平和維持活動についての受入れ国の同意及び国際平和協力法第6条第1項に規定する我が国の国際平和協力業務の実施についての受入れ国の同意が存在しなくなったと認められる場合
⑶ 業務中断の際の報告
⑷ 業務を中断すべき状況が解消したと判断した場合の報告及び指示
7．その他本部長が当該国際平和協力業務の実施のために必要と認める事項
⑴ 実施計画又は実施要領の変更を必要とする事務総長等の指図があった場合の措置
陸上派遣部隊長は、当該指図の内容その他必要な事項につき、可能な限り速やかに防衛大臣を通じて本部長に報告し、防衛大臣が発出する指示を受ける。
⑵ 安全のための措置
ア　部隊長は、隊員の生命又は身体に危害を及ぼす可能性があり、防衛大臣の指示を受ける暇がなく、更に陸上派遣部隊長は、事務総長等と連絡をとる暇がないときは、当該業務を一時休止する。
イ　部隊長等は、必要に応じて、他のMINUSTAH要員、連絡調整要員又は在ハイチ共和国日本国大使館と連絡をとる等積極的に部隊の安全に係る情報の収集に努めるとともに、常に安全の確保に留意する。
⑶ 武器の携行・保管及び使用
ア　武器の携行・保管
武器を保安上適当と認める場所に厳重に保管。必要と認める場合、事務総長等の指図の範囲内において、隊員に武器を携行させることができる。
イ　武器の使用
国際平和協力法第24条、自衛隊法第95条及び第96条に定めるところによる。
⑷ 調査、効果の測定等についての報告
部隊長たる国際平和協力隊員は、業務に関する調査、業務に関する効果の測定及び分析について速やかにその内容をとりまとめの上、本部長に報告し、本部長は、防衛大臣に対して通報する。
⑸ 隊員の交替
疾病、事故その他一身上の真にやむを得ざる理由による交替
⑹ 装備の取扱い
隊員は、外為法上の武器を隊員以外の者に貸与し又は供与してはならない。

(7) 司令部要員及び連絡調整要員との連携

隊員は、司令部要員及び連絡調整要員と緊密に連携を図りつつ、業務を実施

ハイチ国際平和協力業務の概要

1．国際連合ハイチ安定化ミッション（MINUSTAH:United Nations Stabilization Mission in Haiti）の設立経緯と任務

○ハイチにおいては、2000年の選挙を巡り、情勢が悪化。アリスティッド前大統領に反対する暴徒や組織犯罪集団等によるハイチ国内の政治的・社会的混乱が生じたため、2004年6月、ハイチ情勢安定化のため、安保理決議に基づき、国連ハイチ安定化ミッション（MINUSTAH）が設立された。

2．経緯

平成22年1月13日	ハイチにおける大地震発生
1月19日	国連安保理決議第1908号によりMINUSTAHの増員が決定
1月25日	国連事務局に対し自衛隊施設部隊の派遣の用意がある旨意思表明 防衛大臣より各幕僚長等に準備指示の発出
1月29日	国連事務局より自衛隊施設部隊の派遣について正式要請
2月5日	実施計画等閣議決定
2月6日	第1次要員第1波出国
3月	第1次要員から第2次要員への人員交代
8月22日～26日	物資の輸送のためKC－767型機をハイチ共和国へ派遣（小牧発、8月25日ポルトープランス発、8月26日小牧着）
8月	第2次要員から第3次要員への人員交代
11月16日	実施計画の変更閣議決定（業務実施期間の延長、実施業務に「医療（防疫上の措置を含む。）」を追加） 実施計画の変更及び業務実施の状況について国会報告（国際平和協力本部）
平成23年2月	第3次要員から第4次要員への人員交代
8月	第4次要員から第5次要員への人員交代
8月18日～22日	物資等の輸送のためKC－767型機をハイチ共和国へ派遣（8月18日小牧発、8月21日ポルトープランス発、8月22日小牧着）
平成24年2月13日～17日	物資等の輸送のためKC－767型機をハイチ共和国へ派遣（2月13日小牧発、2月15日ポルトープランス発、

2月17日小牧着)

	7月17日	ハイチ国際平和協力業務の終了に係る準備に関する防衛大臣指示発出
	8月13日～17日	物資等の輸送のためKC－767型機をハイチ共和国へ派遣(8月13日小牧発、8月15日ポルトープランス発、8月17日小牧着)
	8月	第6次要員から第7次要員への人員交代
	10月	撤収支援要員出国
	10月15日	ハイチ国際平和協力業務の終結に関する自衛隊行動命令発出
	10月19日～23日	物資等の輸送のためKC－767型機をハイチ共和国へ派遣(10月19日小牧発、10月21日ポルトープランス発、10月23日小牧着)
	12月18日	実施計画の変更等閣議決定(業務実施期間の延長、機材譲与)
	12月23日～27日	物資等の輸送のためKC－767型機をハイチ共和国へ派遣(12月23日小牧発、12月25日ポルトープランス発、12月27日小牧着)
	12月	第7次要員帰国
平成25年	1月	撤収支援要員帰国
	3月15日	ハイチ派遣国際救援隊の隊旗返還式(於防衛省)
	5月28日	業務実施の結果について国会へ報告(国際平和協力本部)

3. 我が国派遣部隊の任務及び規模

○任務

陸上自衛隊の施設部隊が、首都ポルトープランスを中心に、がれきの除去、整地、道路補修及び軽易な施設建設等の業務を実施

○部隊の規模

(1)陸上自衛隊ハイチ派遣国際救援隊

人　　員：最大約350名

主要装備：車両(ドーザ、油圧ショベル、グレーダ、バケットローダ等)約150両、拳銃、小銃、機関銃

(参考)司令部要員(2名：3等陸佐×2名)の状況(2012年12月時点)

・MINUSTAH司令部における施設業務等に関する企画及び調整の業務を実施

※上記の他、派遣先国政府との間で連絡調整等を行う連絡調整要員(最大5名)をハイチ国際平和協力隊員として派遣。

国連東ティモール統合ミッション

東ティモール国際平和協力業務実施計画

（平成22年9月10日
平成23年4月8日
平成24年4月17日
閣議決定）

1．基本方針

東ティモールに関しては、1970年代半ば以降、インドネシア共和国及び旧宗主国であるポルトガル共和国を含む国際社会において、その国際的な地位をめぐって問題が生じていた。1998年5月以降、インドネシア共和国からの独立を求める勢力とインドネシア共和国との統合の維持を求める勢力との間で対立が深刻化し、両勢力の武装組織の間で武力紛争が発生した。その後、1999年4月に両勢力の武装組織等の間で和平合意が成立し、同年5月にはインドネシア共和国、ポルトガル共和国及び国際連合の間で、インドネシア共和国政府が提案した東ティモールにおける特別な自治に関する枠組案に対する東ティモール人の民意を、東ティモール人による直接投票で確認すること等を内容とする基本合意等が成立した。同年8月30日に直接投票が実施され、その結果、有効投票総数の78.5%の有権者によりインドネシア共和国政府の自治提案が拒否され、インドネシア共和国からの独立を求める東ティモール人の意思が確認された。同年10月20日には、インドネシア共和国の最高意思決定機関である国民協議会において、直接投票の結果を受け入れること等を内容とする同協議会決定が採択された。

同年10月25日、国際連合安全保障理事会は決議第1272号を採択し、国際連合東ティモール暫定行政機構（以下「UNTAET」という。）を設立した。これにより、UNTAETは東ティモール統治に対する全般的責任を付与されるとともに、立法、行政及び司法に係るすべての権限を行使する権能を与えられた。UNTAETにより2001年8月30日には憲法制定議会議員選挙が、また2002年4月14日には大統領選挙が実施され、同年5月20日、東ティモール民主共和国として独立した。

UNTAETは、東ティモールの独立によりその任務を終了したが、国際連合安全保障理事会決議第1410号に基づき、引き続き東ティモールの安全の確保及び自立支援を目的とする国際連合東ティモール支援団（以下「UNMISET」という。）が組織された。

UNMISETの展開後、東ティモール内の治安状況は改善し、国家制度の構築も進展を見たが、司法分野を中心として国家機能が十分には機能していないこと及び国境警備隊の能力が十分でないことを理由として、国家制度の構築支援、警察能力の向上支援並びに民主的統治及び人権の遵守に関する訓練支援等を目的として、2005年4月28日に国際連合安全保障理事会決議第1599号に基づき、国際連合東ティモール事務所(以下「UNOTIL」という。)が設立された。

UNOTILは、2006年5月で任務を終了する予定であったが、同年4月に、離脱兵士による抗議活動に便乗した暴力行為に対し国軍が投入されて以降、治安状況が極度に悪化し、東ティモール民主共和国政府からの要請により、治安の維持及び回復並びに大統領選挙及び国民議会選挙の実施等を目的として、同年8月25日に国際連合安全保障理事会決議第1704号に基づき、国際連合東ティモール統合ミッション(以下「UNMIT」という。)が設立された。

UNMITは、設立以来、活動期間が逐次延長され、本年2月、国際連合安全保障理事会において、UNMITの活動期間を2012年12月31日まで延長することが決定された。

我が国は、2007年1月から2008年2月までの間、UNMITに対し文民警察要員を派遣したところであるが、2010年5月、国際連合から我が国に対し、UNMITの活動のうち軍事連絡分野への要員の派遣について要請があった。我が国としても、世界の平和と安定のために一層の責務を果たしていくに当たり、国際連合による国際平和のための努力に対し人的な協力を積極的に果たしていくため、この要請に応分の協力を行うこととする。このためUNMITの活動期間において、東ティモール国際平和協力隊を設置し、軍事連絡分野における国際平和協力業務及び当該業務を円滑かつ効果的に行うための連絡調整の分野における国際平和協力業務を実施することとする。

なお、国際連合平和維持活動等に対する協力に関する法律(平成4年法律第79号。以下「国際平和協力法」という。)第3条第1号に規定する武力紛争の停止及びこれを維持するとの紛争当事者間の合意、受入国及び紛争当事者の国際連合平和維持活動への同意並びに当該活動の中立性という点に関しては、現状においては、UNMITについてそれぞれが満たされており、また、国際平和協力法第6条第1項に規定する我が国の国際平和協力業務の実施についての紛争当事者及び受入国の同意も得られている。

2．東ティモール国際平和協力業務の実施に関する事項

(1) 国際平和協力業務の種類及び内容

ア　国際平和協力法第3条第3号イに掲げる業務のうち武力紛争の停止の遵守状況の監視に係る国際平和協力業務

イ　アに掲げる業務のうち、派遣先国の政府その他の関係機関とこの業務に従事する東ティモール国際平和協力隊との間の連絡調整に係る国際平和協力業務

(2) 派遣先国 東ティモール民主共和国

(3) 国際平和協力業務を行うべき期間

平成22年9月14日から平成25年2月28日までの間

(4) 東ティモール国際平和協力隊の規模及び構成並びに装備

ア　規模及び構成

（ア）(1) アに掲げる業務に従事する者

　自衛官2名（ただし、人員の交替を行う場合は4名）

（イ）(1) イに掲げる業務に従事する者

　(1) イに掲げる業務を遂行するために必要な技術、能力等を有する者 1名（ただし、人員の交替を行う場合は2名）

（ウ）国際平和協力本部長（以下「本部長」という。）は、（ア）及び（イ）に掲げる者のうち1名を隊長として指名するものとし、隊長は、本部長の定めるところにより隊務を掌理するものとする。

イ　装備

　東ティモール国際平和協力隊の隊員の健康及び安全の確保並びに (1) に掲げる業務に必要な個人用装備（武器を除く。）

(5) 関係行政機関の協力に関する重要事項

ア　関係行政機関の長は、本部長から、(1) に掲げる業務を実施するため必要な技術、能力等を有する職員を東ティモール国際平和協力隊に派遣するよう要請があったときは、その所掌事務に支障を生じない限度において、当該職員を東ティモール国際平和協力隊に派遣するものとする。

イ　外務大臣の指定する在外公館長は、外務大臣の命を受け、国際平和協力業務の実施のため必要な協力を行うものとする。

ウ　関係行政機関の長は、その所掌事務に支障を生じない限度において、本部長の定めるところにより行われる研修のため必要な協力を行うものとする。

エ　関係行政機関の長は、本部長から、その所管に属する物品の管理換えその他の協力の要請があったときは、その所掌事務に支障を生じない限度において、当該協力を行うものとする。

(6) その他国際平和協力業務の実施に関する重要事項

　本部長は、国際平和協力業務の実施に当たり、必要があると認めるときは、関係行政機関の長の協力を得て、物品の譲渡若しくは貸付け又は役務の提供について国以外の者に協力を求めることができる。

東ティモール国際平和協力隊の設置等に関する政令

（平成22年9月14日政令第201号
最終改正年月日:平成24年4月20日同第135号）

　内閣は、国際連合平和維持活動等に対する協力に関する法律（平成4年法律第79号）第5条第8項及び第16条第2項の規定に基づき、この政令を制定する。

（国際平和協力隊の設置）

第１条　国際平和協力本部に、東ティモールにおける国際連合平和維持活動のため、国際連合平和維持活動等に対する協力に関する法律（以下「法」という。）第3条第3号イに掲げる業務のうち武力紛争の停止の遵守状況の監視に係る国際平和協力業務及び法第4条第2項第3号に掲げる事務を行う組織として、平成25年2月28日までの間、東ティモール国際平和協力隊（以下「協力隊」という。）を置く。

２．国際平和協力本部長は、協力隊の隊員のうち１人を隊長として指名し、国際平和協力本部長の定めるところにより隊務を掌理させる。

（国際平和協力手当）

第２条　東ティモールにおける国際連合平和維持活動のために実施される国際平和協力業務に従事する協力隊の隊員に、この条の定めるところに従い、法第16条第1項に規定する国際平和協力手当（以下「手当」という。）を支給する。

２．手当は、国際平和協力業務に従事した日１日につき、別表の中欄に掲げる区分に応じ、それぞれ同表の下欄に定める額とする。

３．前項に定めるもののほか、手当の支給に関しては、一般職の職員の給与に関する法律（昭和25年法律第95号）に基づく特殊勤務手当の支給の例による。

附　則

（施行期日）

１．この政令は、公布の日から施行する。

（東ティモール国際平和協力隊の設置等に関する政令の廃止）

２．東ティモール国際平和協力隊の設置等に関する政令（平成19年政令第16号）は、廃止する。

別表（第２条関係）

1	2	3
ボボナロ県、コバリマ県及びオエクシ県の区域において業務を行う場合（3の項に規定する場合を除く。）	東ティモール内の地域（1の項に規定する地域を除く。）において業務を行う場合（3の項に規定する場合を除く。）	東ティモール内の地域において、派遣先国の政府その他の関係機関と１の項及び２の項に規定する業務に従事する協力隊の隊員との間の連絡調整に係る業務を行う場合
12,000円	10,000円	4,000円

東ティモール国際平和協力業務（軍事連絡分野）実施要領（概要）

1．国際平和協力業務が行われるべき地域及び期間

(1) 地域

東ティモール民主共和国内において、国際連合事務総長等が指図する地域とする。

(2) 期間

平成22年9月14日から平成25年2月28日までの間

2．国際平和協力業務の種類及び内容

武力紛争の停止の遵守状況の監視

3．国際平和協力業務の実施の方法

(1) 実施計画及び実施要領の範囲内において、事務総長等による指図の内容に従い業務を実施

(2) 隊員は、事務総長等の定めるところにより、事務総長等と緊密に連絡をとる。

4．国際平和協力業務に従事すべき者に関する事項

以下に掲げる要件を満足する自衛官

(1) 国際連合の要請する階級を有する者であること。

(2) 国際平和協力業務を遂行するために必要な体力及び精神力を有する者であること。

(3) 国際平和協力業務を遂行するために必要な語学力を有する者であること。

(4) 有効な自動車運転免許を有し、かつ、4輪駆動車の運転経験を有する者であること。

(5) 東ティモール民主共和国に関して政治的な利害関係を有していない者であること。

(6) その他国際平和協力業務を遂行するために必要な技術、能力等を有する者であること。

5．派遣先国の関係当局及び住民との関係に関する事項

(1) 派遣先国の関係当局との関係に関する事項

(2) 派遣先国の住民との関係に関する事項

6．中断に関する事項（国際平和協力法第6条第13項第1号に掲げる場合において国際平和協力業務に従事する者が行うべき国際平和協力業務の中断に関する事項）

(1) 隊員は、国際平和協力本部長から、国際平和協力業務を中断するよう指示された場合、当該業務を中断する。

(2) 次に掲げる場合には、その状況等を本部長に報告し、指示を受ける。

ア　紛争当事者が停戦合意、国際連合平和維持活動及び我が国による国際平和協力業務の実施に対する同意を撤回する旨の意思表示を行った場合

イ　大規模な武力紛争等の発生により、もはや前記の合意又は同意が存在しなくなったと認められる場合

ウ　ア及びイに掲げる場合のほか、前記の合意又は同意が存在しなくなったと認められる場合
エ　国際連合平和維持活動がもはや中立性をもって実施されなくなったと認められる場合
(3) 業務の中断の報告
(4) 業務を中断すべき状況が解消したと判断した場合の報告及び指示
7．その他本部長が国際平和協力業務の実施のために必要と認める事項
(1) 実施計画又は実施要領の変更を必要とする事務総長等の指図があった場合の措置
　隊員は、当該指図の内容その他必要な事項につき、可能な限り速やかに本部長に報告し、その指示を受ける。
(2) 安全のための措置
ア　隊員は、状況が隊員の生命又は身体に危害を及ぼす可能性があり、本部長の指示を受ける暇及び事務総長等と連絡をとる暇がないときは、国際平和協力業務を一時休止する。
イ　隊員は、必要に応じて、他のＵＮＭＩＴ要員、連絡調整要員又は在東ティモール民主共和国日本国大使館と連絡をとる等積極的に安全に係る情報の収集に努めるとともに、常に安全の確保に留意する。
(3) 業務を遂行できない場合の措置
　病気、事故等の場合、本部長に報告するとともに、事務総長等に連絡する。
(4) 調査、効果の測定等についての報告
　隊員は、業務に関する調査並びに効果の測定及び分析について本部長に随時報告する。
(5) 装備の取扱い
　隊員は、外為法上の武器を隊員以外の者に貸与し又は供与してはならない。
(6) 連絡調整要員との連携
　隊員は、連絡調整要員と緊密に連携を図りつつ業務を実施する。
(7) 東ティモール国際平和協力隊の隊長と隊員との関係
　別途本部長が定める。

東ティモール国際平和協力業務（連絡調整分野）実施要領（概要）

1．国際平和協力業務が行われるべき地域及び期間
(1) 地域
　2に掲げる業務を実施するために必要な東ティモール民主共和国の地域とする。

(2) 期間

平成22年9月14日から平成25年2月28日までの間

2．国際平和協力業務の種類及び内容

派遣先国の政府その他の関係機関と軍事連絡要員との間の連絡調整に係る国際平和協力業務

3．国際平和協力業務の実施の方法

実施計画及び実施要領の範囲内において、業務を実施

4．国際平和協力業務に従事すべき者に関する事項

以下に掲げる要件を満足する者であることとする。

(1) 国際平和協力業務を遂行するために必要な体力及び精神力を有する者であること。

(2) 国際平和協力業務を遂行するために必要な語学力を有する者であること。

(3) 東ティモールに関して政治的な利害関係を有していない者であること。

(4) その他国際平和協力業務を遂行するために必要な技術、能力等を有する者であること。

5．派遣先国の関係当局及び住民との関係に関する事項

6．中断に関する事項（国際平和協力法第6条第13項第1号に掲げる場合において国際平和協力業務に従事する者が行うべき国際平和協力業務の中断に関する事項）

(1) 隊員は、国際平和協力本部長から、国際平和協力業務を中断するよう指示された場合、当該業務を中断する。

(2) 次に掲げる場合には、その状況等を本部長に報告し、指示を受ける。

ア　紛争当事者が停戦合意、国際連合平和維持活動及び我が国による国際平和協力業務の実施に対する同意を撤回する旨の意思表示を行った場合

イ　大規模な武力紛争等の発生により、もはや前記の合意又は同意が存在しなくなったと認められる場合

ウ　ア及びイに掲げる場合のほか、前記の合意又は同意が存在しなくなったと認められる場合

エ　国際連合平和維持活動がもはや中立性をもって実施されなくなったと認められる場合

(3) 業務の中断の報告

(4) 業務を中断すべき状況が解消したと判断した場合の報告及び指示

7．その他本部長が国際平和協力業務の実施のために必要と認める事項

(1) 実施計画又は実施要領の変更を必要とする場合の措置

隊員は、必要な事項につき、可能な限り速やかに本部長に報告し、その指示を受ける。

(2) 安全のための措置

ア　隊員は、状況が隊員の生命又は身体に危害を及ぼす可能性があり、本部長の指示を受ける暇がないときは、国際平和協力業務を一時休止する。

イ　隊員は、必要に応じて、軍事連絡要員又は在東ティモール民主共和国日本国大使館と連絡をとる等積極的に自らの安全に係る情報の収集に努めるとともに、常に安全の確保に留意する。

(3) 業務を遂行できない場合の措置

病気、事故等の場合、本部長に報告する。

(4) 調査、効果の測定等についての報告

隊員は、業務に関する調査並びに効果の測定及び分析について本部長に随時報告する。

(5) 装備の取扱い

隊員は、外為法上の武器を隊員以外の者に貸与し又は供与してはならない。

(6) 軍事連絡要員との連携

隊員は、軍事連絡要員と緊密に連携を図りつつ、業務を実施する。

(7) 東ティモール国際平和協力隊の隊長と隊員との関係

別途本部長が定める。

東ティモール国際平和協力業務の概要

1．国連東ティモール統合ミッション（UNMIT:United Nations Integrated Mission in Timor-Leste）の設立経緯と任務

○東ティモールにおいては、隣国インドネシアからの独立を巡る紛争・国内の混乱に対応するため、1999年以来、累次の国連ミッションが展開されてきた。2006年8月、東ティモール国内の治安状況の悪化を受け、国連は、同国政府からの要請により、安保理決議第1704号を採択し、治安維持及び回復、民主的ガバナンスの構築等における支援を任務とするUNMIT(国連東ティモール統合ミッション)を設立。

2．経緯

平成22年3月16日	鳩山総理(当時)から訪日中のラモス＝ホルタ東ティモール大統領に対し、UNMITへの要員の派遣について前向きに検討したい旨の発言
5月25日	国連から我が国に対し、UNMITへの軍事連絡要員派遣の要請
6月3日	国際連合東ティモール統合ミッション(UNMIT)への自衛官の派遣に係る準備に関する防衛大臣指示発出
9月10日	実施計画等閣議決定
9月27日	軍事連絡要員出発
平成23年3月	軍事連絡要員交代(第1次から第2次)
4月8日	実施計画の変更等閣議決定

9月　　　軍事連絡要員交代(第2次から第3次)

平成24年3月　　　軍事連絡要員交代(第3次から第4次)

4月17日　　実施計画の変更等閣議決定

9月　　　軍事連絡要員(第4次)任期満了及び帰国

12月31日　　UNMIT終了

3．我が国軍事連絡要員の任務及び規模

○任務：非武装で東ティモール各地に配置され、担当地域内の国境監視所や村落等を訪問し、地元首長や東ティモール国軍、同国家警察、インドネシア国軍等から治安情勢等に関する情報を収集し、UNMIT本部に報告する業務。

○人員：2名(1等陸尉×2名)(2012年9月時点)

※上記軍事連絡要員の他、派遣先国政府との間で連絡調整等を行う連絡調整要員(最大1名)を東ティモール国際平和協力隊員として派遣。

国連南スーダン共和国ミッション

南スーダン国際平和協力業務実施計画

（平成23年11月15日
閣議決定
変更
平成23年12月20日
平成24年10月16日
平成25年10月15日
平成26年10月21日
平成27年2月10日
平成27年8月7日
平成28年2月9日
平成28年3月22日
平成28年10月25日
平成28年11月15日
平成29年3月24日
平成29年6月1日）

国際連合平和維持活動等に対する協力に関する法律（平成4年法律第79号）第6条第1項の規定に基づき、南スーダンにおける国際連合平和維持活動のため、国際平和協力業務を実施することとし、別冊のとおり、南スーダン国際平和協力業務実施計画を定める。

（別冊）

1．基本方針

南部スーダン独立前のスーダンにおいては、1983年以降、スーダン政府とスーダン人民解放運動・軍（SPLM/A）との間で20年以上にわたり武力紛争が続いていたが、2005年1月、両者は「南北包括和平合意」（以下「CPA」という。）に署名し、武力紛争が終結した。国際連合安全保障理事会（以下「安保理」という。）は、2005年3月に決議第1590号を採択し、CPAの履行の支援等を任務とする国際連合スーダン・ミッション（以下「UNMIS」という。）を設立した。

2011年1月、CPAの履行の一環として、UNMISの支援も受けて、南部スーダンの独立の是非を問う住民投票が実施され、有効投票総数の約99%が南部スーダンのスーダンからの分離を支持する結果となった。同年2月、スーダン政府は、大統領令を発出し、この結果を受け入れた。同年7月9日、南スーダン共和国が独立し、UNMISはその活動を終了した。

一方、南スーダン共和国が効果的かつ民主的に統治されるとともに、同国が近隣国と良好な関係を確立する能力を強化することが必要であることから、同年7月8日、安保理は決議第1996号を採択し、平和と安全の定着及び南スーダン共和国における発展のための環境の構築の支援を任務とする国際連合南スーダン共和国ミッション（以下「UNMISS」という。）の設立を決定し、同月9日、UNMISSを設立した。

このような状況の下、国際連合から我が国に対し、UNMISSへの要員の派遣について要請があり、我が国としても、世界の平和と安定のために一層の責務を果たしていくに当たり、国際連合による国際平和のための努力に対し人的な協力を積極的に果たしていくため、この要請に応分の協力を行うこととする。このため、UNMISSの活動期間において、南スーダン国際平和協力隊を設置し、司令部業務分野における国際平和協力業務及び当該業務を円滑かつ効果的に行うための連絡調整の分野における国際平和協力業務を実施することとする。

なお、国際連合平和維持活動等に対する協力に関する法律（平成4年法律第79号。以下「国際平和協力法」という。）第3条第1号ロに規定する武力紛争が終了して紛争当事者が当該活動が行われる地域に存在しなくなった場合における国際連合平和維持活動についての受入れ国の同意及び国際平和協力法第6条第1項第1号に規定する我が国の国際平和協力業務の実施についての受入れ国の同意についてはいずれも得られている。

2．南スーダン国際平和協力業務の実施に関する事項

(1) 国際平和協力業務の種類及び内容

ア　国際平和協力法第3条第5号ネに掲げる業務（同号ツに掲げる業務の実施に必要な調整に係るものに限る。）並びに同号ナに掲げる業務として南スーダン国際平和協力隊の設置等に関する政令（平成23年政令第345号。以下「設置等政令」という。）第2条第2号（調整に係るものに限る。）、第3号及び第4号に掲げる業務に係る国際平和協力業務であって、UNMISS軍事部門司令部において行われるもの

イ　国際平和協力法第3条第5号ネに掲げる業務のうちデータベース（南スーダンにおける国際連合平和維持活動に係る情報の集合物であって、それらの情報を電子計算機を用いて検索することができるように体系的に構成したものをいう。）の管理の用に供する電子情報処理組織の保守管理に係る国際平和協力業務であって、UNMISS統合ミッション分析センターにおいて行われるもの

ウ　国際平和協力法第3条第5号ネに掲げる業務（同号タ、レ及びツに掲げる業務の実施に必要な企画及び調整に係るものに限る。）並びに同号ナに掲げる業務として設置等政令第2条第1号及び第2号に掲げる業務に係る国際平和協力

力業務であって、UNMISSミッション支援部において行われるもの

エ　アからウまでに掲げる業務のうち、派遣先国の政府その他の関係機関とこれらの業務に従事する南スーダン国際平和協力隊との間の連絡調整に係る国際平和協力業務

アからエまでに掲げる業務は、国際平和協力法第2条第2項の規定の趣旨を損なわない範囲内において行う。

(2) 派遣先国

南スーダン共和国とする。

ただし、ウガンダにおいて(1)に掲げる業務を行うことができる。

(3) 国際平和協力業務を行うべき期間

平成23年11月18日から平成30年2月28日までの間

(4) 南スーダン国際平和協力隊の規模及び構成並びに装備

ア　規模及び構成

（ア）(1) アに掲げる業務に従事する者
自衛官1名（ただし、人員の交替を行う場合は2名）

（イ）(1) イに掲げる業務に従事する者
自衛官1名（ただし、人員の交替を行う場合は2名）

（ウ）(1) ウに掲げる業務に従事する者
自衛官2名（ただし、人員の交替を行う場合は4名）

（エ）(1) エに掲げる業務に従事する者
(1) エに掲げる業務を遂行するために必要な技術、能力等を有する者3名（ただし、人員の交替を行う場合は6名）

（オ）国際平和協力本部長（以下「本部長」という。）は、（ア）から（エ）までに掲げる者のうち1名を隊長として指名するものとし、隊長は、本部長の定めるところにより隊務を掌理するものとする。

イ　装備

南スーダン国際平和協力隊の隊員の健康及び安全の確保並びに(1)に掲げる業務に必要な個人用装備(武器を除く。)

(5) 関係行政機関の協力に関する重要事項

ア　関係行政機関の長は、本部長から、(1) に掲げる業務を実施するため必要な技術、能力等を有する職員を南スーダン国際平和協力隊に派遣するよう要請があったときは、その所掌事務に支障を生じない限度において、当該職員を南スーダン国際平和協力隊に派遣するものとする。

イ　外務大臣の指定する在外公館長は、外務大臣の命を受け、国際平和協力業務の実施のため必要な協力を行うものとする。

ウ　関係行政機関の長は、その所掌事務に支障を生じない限度において、本部長の定めるところにより行われる研修のため必要な協力を行うものとする。

エ　関係行政機関の長は、本部長から、その所管に属する物品の管理換えその

他の協力の要請があったときは、その所掌事務に支障を生じない限度において、当該協力を行うものとする。

(6) その他国際平和協力業務の実施に関する重要事項

ア　国際平和協力業務が行われる期間中において、我が国として国際連合平和維持隊に参加するに際しての基本的な五つの原則が満たされている場合であっても、安全を確保しつつ有意義な活動を実施することが困難と認められる場合には、国家安全保障会議における審議の上、南スーダン国際平和協力隊を撤収する。

イ　本部長は、国際平和協力業務の実施に当たり、必要があると認めるときは、関係行政機関の長の協力を得て、物品の譲渡若しくは貸付け又は役務の提供について国以外の者に協力を求めることができる。

南スーダン国際平和協力隊の設置等に関する政令

（平成23年11月18日政令第345号
最終改正年月日：平成29年3月29日同政令64号）

内閣は、国際連合平和維持活動等に対する協力に関する法律(平成4年法律第79号)第3条第3号レ、第5条第8項及び第16条第2項の規定に基づき、この政令を制定する。

(国際平和協力隊の設置)

第1条　国際平和協力本部に、南スーダンにおける国際連合平和維持活動のため、次に掲げる業務及び事務を行う組織として、平成30年2月28日までの間、南スーダン国際平和協力隊(以下「協力隊」という。)を置く。

1　国際連合平和維持活動等に対する協力に関する法律(以下「法」という。)第3条第5号ネに掲げる業務(同号ツに掲げる業務の実施に必要な調整に係るものに限る。)並びに次条第2号(調整に係るものに限る。)、第3号及び第4号に掲げる業務に係る国際平和協力業務であって、国際連合南スーダン共和国ミッション軍事部門司令部において行われるもの

2　法第3条第5号ネに掲げる業務のうちデータベース(南スーダンにおける国際連合平和維持活動に係る情報の集合物であって、それらの情報を電子計算機を用いて検索することができるように体系的に構成したものをいう。)の管理の用に供する電子情報処理組織の保守管理に係る国際平和協力業務であって、国際連合南スーダン共和国ミッション統合ミッション分析センターにおいて行われるもの

3　法第3条第5号ネに掲げる業務(同号タ、レ及びツに掲げる業務の実施に必要な企画及び調整に係るものに限る。)並びに次条第1号及び第2号に掲げる業務に係る国際平和協力業務であって、国際連合南スーダン共和国ミッションミッション支援部において行われるもの

4　法第4条第2項第3号に掲げる事務

2　国際平和協力本部長は、協力隊の隊員のうち1人を隊長として指命し、国際平和協力本部長の定めるところにより隊務を掌理させる

（政令で定める業務）

第2条　南スーダンにおける国際連合平和維持活動に係る法第3条第5号ナの規定により同号ネに掲げる業務に類するものとして政令で定める業務は、次に掲げる業務とする。

1　国際連合平和維持活動を統括する組織において行う自然災害によって被害を受けた施設又は設備であってその被災者の生活上必要なものの復旧又は整備のための措置の実施に必要な企画及び調整

2　国際連合平和維持活動を統括する組織において行う宿泊又は作業のための施設の維持管理の実施に必要な企画及び調整

3　国際連合平和維持活動を統括する組織において行う物資の調達の実施に必要な調整

4　国際連合平和維持活動を統括する組織において行う飲食物の調製の実施に必要な調整

（国際平和協力手当）

第3条　南スーダンにおける国際連合平和維持活動のために実施される国際平和協力業務に従事する協力隊の隊員に、この条の定めるところに従い、法第17条第1項に規定する国際平和協力手当（以下「手当」という。）を支給する。

2　手当は、国際平和協力業務に従事した日1日につき、別表の中欄に掲げる区分に応じ、それぞれ同表の下欄に定める額とする。

3　前項に定めるもののほか、手当の支給に関しては、一般職の職員の給与に関する法律（昭和25年法律第95号）に基づく特殊勤務手当の支給の例による。

別表（第3条関係）

1	2	3
南スーダン内の地域において業務を行う場合（2の項(1)に規定する場合を除く。）	(一) 南スーダン内の地域において、派遣先国の政府その他の関係機関と1の項に規定する業務に従事する協力隊の隊員との間の連絡調整に係る業務を行う場合 (二) ウガンダ内の地域において業務を行う場合(3の項に規定する場合を除く。)	ウガンダ内の地域において、派遣先国の政府その他の関係機関と2の項(2) に規定する業務に従事する協力隊の隊員との間の連絡調整に係る業務を行う場合
16,000円	6,000円	3,000円

南スーダン国際平和協力業務実施要領（司令部業務分野）（概要）

1．国際平和協力業務が行われるべき地域及び期間

(1) 地域

南スーダン共和国及びウガンダ内において、国際連合事務総長又は国際連合南スーダン共和国ミッション（以下「UNMISS」という。）国際連合事務総長特別代表その他の国際連合事務総長の権限を行使する者（以下「事務総長等」という。）が指図する地域

(2) 期間

平成23年11月28日から平成30年2月28日までの間

2．国際平和協力業務の種類及び内容

(1) 次に掲げる業務の実施に必要な調整に係る国際平和協力業務であって、UNMISS軍事部門司令部において行われるもの。

ア　輸送、保管(備蓄を含む。)、通信、建設、機械器具の据付け、検査若しくは修理又は補給(武器の提供を行う補給を除く。)

イ　宿泊又は作業のための施設の維持管理

ウ　物資の調達

エ　飲食物の調製

(2) UNMISSの活動に係るデータベースの管理の用に供する電子情報処理組織の保守管理に係る国際平和協力業務であって、UNMISS統合ミッション分析センターにおいて行われるもの。

(3) 次に掲げる業務の実施に必要な企画及び調整に係る国際平和協力業務であって、UNMISSミッション支援部において行われるもの。

ア　被災民を収容するための施設又は設備の設置

イ　紛争によって被害を受けた施設又は設備であって被災民の生活上必要なものの復旧又は整備のための措置

ウ　輸送、保管（備蓄を含む。）、通信、建設、機械器具の据付け、検査若しくは修理又は補給（武器の提供を行う補給を除く。）

エ　自然災害によって被害を受けた施設又は設備であってその被災者の生活上必要なものの復旧又は整備のための措置

オ　宿泊又は作業のための施設の維持管理

3．国際平和協力業務の実施の方法

(1) 実施計画及び実施要領の範囲内において、事務総長等による指図の内容に従い業務を行う。

(2) 隊員は、事務総長等の定めるところにより、事務総長等と緊密に連絡を取る。

(3) 派遣後、おおむね1年を経過した後、隊員の交替を行う。

4．国際平和協力業務に従事すべき者に関する事項

以下に掲げる要件を満足する自衛官

(1) 国際連合の要請する階級を有する者であること。
(2) 国際平和協力業務を遂行するために必要な体力及び精神力を有する者であること。
(3) 国際平和協力業務を遂行するために必要な語学力を有する者であること。
(4) 南スーダン共和国に関して政治的な利害関係を有していない者であること。
(5) その他国際平和協力業務を遂行するために必要な技術、能力等を有する者であること。

5．派遣先国の関係当局及び住民との関係に関する事項
(1) 派遣先国の関係当局との関係に関する事項
(2) 派遣先国の住民との関係に関する事項

6．中断に関する事項（国際平和協力法第6条第13項第2号に掲げる場合において国際平和協力業務に従事する者が行うべき国際平和協力業務の中断に関する事項）
(1) 隊員は、国際平和協力本部長から、国際平和協力業務を中断するよう指示された場合、当該業務を中断する。
(2) 次に掲げる場合には、その状況等を本部長に報告し、指示を受ける。
ア　武力紛争が発生したと判断すべき事態が生じた場合
イ　国際連合平和維持活動についての受入れ国の同意及び我が国の国際平和協力業務の実施についての受入れ国の同意が存在しなくなったと認められる場合
(3) 業務の中断の報告
(4) 業務を中断すべき状況が解消したと判断した場合の報告及び指示

7．危険を回避するための国際平和協力業務の一時休止その他の隊員の安全を確保するための措置に関する事項
(1) 隊員は、状況が隊員の生命又は身体に危害を及ぼす可能性があり、安全の確保のため必要であると判断され、本部長の指示を受ける暇及び事務総長等と連絡を取る暇がないときは、国際平和協力業務を一時休止する。
(2) 隊員は、必要に応じて、他のUNMISS要員、連絡調整要員及び在南スーダン日本国大使館と連絡を取る等積極的に安全に係る情報の収集に努めるとともに、常に安全の確保に留意する。

8．その他本部長が国際平和協力業務の実施のために必要と認める事項
(1) 実施計画又は実施要領の変更を必要とする事務総長等の指図があった場合の措置
　隊員は、当該指図の内容その他必要な事項につき、可能な限り速やかに本部長に報告し、その指示を受けるものとする。
(2) 業務を遂行できない場合の措置
　病気、事故等の場合、本部長に報告するとともに、事務総長等に連絡する。
(3) 調査、効果の測定等についての報告
　隊員は、業務に関する調査並びに効果の測定及び分析について本部長に随時報告する。

(4) 装備の取扱い
隊員は、外為法上の武器を隊員以外の者に貸与し又は供与してはならない。
(5) 連絡調整要員との連携
隊員は、連絡調整要員と緊密に連携を図りつつ、業務を実施する。
(6) 南スーダン国際平和協力隊の隊長と隊員との関係
別途本部長が定める。

南スーダン国際平和協力業務実施要領（連絡調整分野）（概要）

1．国際平和協力業務が行われるべき地域及び期間
(1) 地域
2に掲げる業務を実施するために必要な南スーダン共和国及びウガンダ内の地域
(2) 期間
平成23年11月18日から平成30年2月28日までの間
2．国際平和協力業務の種類及び内容
派遣先国の政府その他の関係機関と司令部要員との間の連絡調整に係る国際平和協力業務
3．国際平和協力業務の実施の方法
隊員は、実施計画及び実施要領の範囲内において、当該業務を行う。
4．国際平和協力業務に従事すべき者に関する事項
以下に掲げる要件を満足する者
(1) 国際平和協力業務を遂行するために必要な体力及び精神力を有する者であること。
(2) 国際平和協力業務を遂行するために必要な語学力を有する者であること。
(3) 南スーダン共和国に関して政治的な利害関係を有していない者であること。
(4) その他国際平和協力業務を遂行するために必要な技術、能力等を 有する者であること。
5．派遣先国の関係当局及び住民との関係に関する事項
(1) 派遣先国の住民との関係に関する事項
(2) 派遣先国の関係当局との関係に関する事項
6．中断に関する事項（国際平和協力法第6条第13項第2号に掲げる場合において国際平和協力業務に従事する者が行うべき国際平和協力業務の中断に関する事項）
(1) 隊員は、国際平和協力本部長から、国際平和協力業務を中断するよう指示された場合、当該業務を中断する。
(2) 次に掲げる場合には、その状況等を本部長に報告し、指示を受ける。
ア　武力紛争が発生したと判断すべき事態が生じた場合

イ　国際連合平和維持活動についての受入れ国の同意及び我が国の国際平和協力業務の実施についての受入れ国の同意が存在しなくなったと認められる場合

(3) 業務の中断の報告

(4) 業務を中断すべき状況が解消したと判断した場合の報告及び指示

7．危険を回避するための国際平和協力業務の一時休止その他の隊員の安全を確保するための措置に関する事項

(1) 隊員は、状況が隊員の生命又は身体に危害を及ぼす可能性があり、安全の確保のため必要であると判断され、本部長の指示を受ける暇 がないときは、国際平和協力業務を一時休止する。

(2) 隊員は、必要に応じて、司令部要員及び在南スーダン日本国大使館と連絡を取る等積極的に安全に係る情報の収集に努めるとともに、常に安全の確保に留意する。

8．その他本部長が国際平和協力業務の実施のために必要と認める事項

(1) 実施計画又は実施要領の変更を必要とする場合の措置

隊員は、必要な事項につき、可能な限り速やかに本部長に報告し、その指示を受けるものとする。

(2) 業務を遂行できない場合の措置

病気、事故等の場合、本部長に報告するとともに、事務総長等に連絡する。

(3) 調査、効果の測定等についての報告

隊員は、業務に関する調査並びに効果の測定及び分析について本部長に随時報告する。

(4) 装備の取扱い

隊員は、外為法上の武器を隊員以外の者に貸与し又は供与してはならない

(5) 司令部要員との連携

隊員は、司令部要員と緊密に連携を図りつつ、業務を実施する。

(6) 南スーダン国際平和協力隊の隊長と隊員との関係

別途本部長が定める。

南スーダン国際平和協力業務の概要

1．国連南スーダン共和国ミッションの設立経緯と任務

(1) 経緯

○南部スーダン独立前は、スーダン政府（イスラム教・アラブ系）とスーダン人民解放運動・軍（キリスト教・アフリカ系）の対立が長年にわたり継続しており、犠牲者の数は200万人以上。

○2005年1月、両者はCPA（南北包括和平合意）に署名し、紛争終結。2011

年1月、南部スーダン住民投票を実施した結果、有効投票総数の約99%が南部スーダンのスーダンからの分離を支持。同年2月、スーダン政府はこの結果を受入れ。

○同年7月9日、南スーダン独立に伴い、国連安保理決議1996号によりUNMISSが設立。

(2) 任務

①文民保護　②人権状況の監視及び調査　③人道支援実施の環境作り
④衝突解決合意の履行支援

2．経緯

平成23年	9月21日	司令部要員派遣準備に係る防衛大臣準備指示を発出
	11月1日	施設部隊派遣準備に係る防衛大臣準備指示を発出
	11月15日	南スーダン国際平和協力業務（司令部要員）実施計画及び政令の閣議決定
	11月28日	司令部要員（第1次要員）2名出国
	12月20日	南スーダン国際平和協力業務実施計画変更（施設部隊等派遣）及び政令改正の閣議決定
平成24年	1月	施設部隊（第1次要員）出発 現地支援調整所展開開始
	1月26日～2月4日	輸送物資等のため、C－130Hをウガンダへ派遣（小牧発、1月30日エンテベ着、2月4日小牧着）
	2月6日	司令部要員（第1次要員：施設幕僚）1名出国
	2月15日～25日	人員・物資等輸送のため、C－130Hをウガンダへ派遣（小牧発、2月20日エンテベ着、2月25日小牧着）
	5月11日	南スーダン国際平和協力業務の実施に関する自衛隊行動命令の一部を変更する行動命令発出
	5月、7月	第1次司令部要員から第2次司令部要員へ交代
	5月～6月	施設部隊（第1次要員→第2次要員）及び現地支援調整所要員の交代
	6月7日～16日	物資等輸送のため、C－130Hを南スーダンへ派遣（小牧発、6月11日ジュバ着、6月16日小牧着）
	10月16日	南スーダン国際平和協力業務実施計画変更閣議決定（業務実施期間の延長） 実施計画の変更及び業務の実施の状況について国会へ報告（国際平和協力本部）
	11月～12月	施設部隊（第2次要員→第3次要員）及び現地支援調整所要員の交代

国際貢献
邦人輸送

	12月3日～13日	物資等輸送のため、C－130Hを南スーダンへ派遣(小牧発、12月7日ジュバ着、12月13日小牧着)
	12月、平成25年1月	第2次司令部要員から第3次司令部要員へ交代
平成25年	5月～6月	施設部隊(第3次要員→第4次要員)及び現地支援調整所要員の交代
	5月28日	南スーダン国際平和協力業務の実施に関する自衛隊行動命令の一部を変更する行動命令発出
	6月6日～16日	物資輸送等のため、C－130を南スーダンへ派遣(小牧発、1月10日ジュバ着、1月16日小牧着)
	7月	第3次司令部要員から第4次司令部要員へ交代
	10月15日	南スーダン国際平和協力業務実施計画変更閣議決定(業務実施期間の延長等)
		実施計画の変更及び業務の実施の状況について国会へ報告(国際平和協力業務)
		南スーダン国際平和協力業務の実施に関する自衛隊行動命令の一部を変更する行動命令発出
		南スーダン現地支援調整所の廃止に関する自衛隊行動命令発出
	11月～12月	施設部隊(第4次要員→第5次要員)の交代
	11月17日～26日	物資等輸送のため、C－130を南スーダンへ派遣(小牧発、11月21日ジュバ着、11月26日小牧着)
	12月23日	UNMISSに係る物資協力の閣議決定
	12月24日	南スーダン国際平和協力業務の実施に関する自衛隊行動命令の一部を変更する行動命令発出
平成26年	1月	第4次司令部要員から第5次司令部要員へ交代
	5月13日	派遣施設隊の編成変更に関する自衛隊行動命令発出
	5月～6月	施設部隊(第5次要員→第6次要員)の交代
	5月22日～31日	物資等輸送のため、C－130を南スーダンへ派遣(小牧発、5月26日ジュバ着、5月31日小牧着)
	6月	第5次司令部要員から第6次司令部要員へ交代
	10月21日	南スーダン国際平和協力業務実施計画変更閣議決定(司令部要員の1名増員等)
	11月～12月	施設部隊(第5次要員→第6次要員)の交代
	12月9日～19日	物資等輸送のため、C－130を南スーダンへ派遣(小牧発、12月14日ジュバ着、12月19日小牧着)
平成27年	1月	第5次司令部要員から第6次司令部要員へ交代
		航空運用幕僚1名を新たに派遣

	2月10日	南スーダン国際平和協力業務実施計画変更閣議決定(業務実施期間の延長)
	5月～6月	施設部隊(第7次要員→第8次要員)の交代
	5月22日～6月3日	物資等輸送のため、C-130を南スーダンへ派遣(小牧発、5月29日ジュバ着、6月3日小牧着)
	6月	第6次司令部要員から第7次司令部要員へ交代
	8月7日	南スーダン国際平和協力業務実施計画変更閣議決定(業務実施期間の延長)
	11月～12月	施設部隊(第8次要員→第9次要員)の交代
	11月26日～12月5日	物資等輸送のため、C-130を南スーダンへ派遣(小牧発、11月30日ジュバ着、12月5日小牧着)
	12月	第7次司令部要員から第8次司令部要員へ交代
平成28年	5月～6月	施設部隊(第9次要員→第10次要員)の交代
	10月25日	南スーダン国際平和協力業務実施計画変更閣議決定(業務実施期間の延長)
	11月15日	南スーダン国際平和協力業務実施計画変更閣議決定(新任務付与)
	11月～12月	施設部隊(第10次要員→第11次要員)の交代
平成29年	3月10日	国連南スーダン共和国ミッション(UNMISS)への自衛隊部隊の派遣終了を発表
	3月24日	「南スーダン国際平和協力業務実施計画」変更の閣議決定
	5月31日	国連南スーダン共和国ミッション(UNMISS)への自衛隊部隊の派遣終了

3．我が国派遣部隊の任務及び規模

(1)南スーダン派遣施設隊　人　　員：239名(1次要員)、349名(2～4次要員)、401名(5、6次要員)、353名(7～10次要員)、354名(11次要員)、58名(撤収支援要員)(1～4次要員数は、現地支援調整所の要員数も含む)

主要装備：軽装甲機動車、トラック、ドーザ等約180両
拳銃、小銃、機関銃等

(2) 南スーダン空輸隊等　人　　員：約170名

(参考) UNMISS司令部要員　人　　員：4名

※上記自衛隊部隊及び司令部要員の他、派遣先国政府等との間の連絡調整等を行う連絡調整要員（自衛隊員を含む最大3名）を南スーダン国際平和協力隊員として派遣。

2. 海賊対処活動

（1）海賊対処活動の経緯

○海上警備行動での対処

海賊行為は、海上における公共の安全と秩序の維持に対する重大な脅威であり、我が国の人命・財産を保護することは政府の重大な責務である。

ソマリア沖・アデン湾は、我が国にとって極めて重要な海上交通路であり、当海域における海賊行為は我が国のみならず、世界経済に多大な影響を与えることから、国際社会と協力して対処していくことが重要である。

自衛隊による海賊対処については、新たな法律を整備した上で対応することが基本であり、政府は平成21年3月13日、海賊行為の処罰及び海賊行為への対処に関する法律案（以下海賊対処法という。）を、閣議決定し国会に提出した。一方、近年、同海域では海賊事案が多発・急増しており、我が国の人命・財産を緊急に保護する必要があることから、平成21年3月13日、新法整備までの応急処置として、ソマリア沖・アデン湾において、我が国関係船舶を海賊行為から防護するために、自衛隊法第82条の規定により海上警備行動を発令し、翌14日、護衛艦「さざなみ」「さみだれ」を派遣し、同月30日から日本関係船舶の護衛を開始した。

また、アデン湾の広大な海域の警戒監視を行うため、同年5月28日に固定翼哨戒機P－3Cをジブチに派遣し、同年6月11日から任務を開始した。

○海賊対処法での対処

海賊対処法は平成21年6月19日に成立し、同年7月24日に施行された。

同日付で防衛大臣は内閣総理大臣の承認を得て海賊対処行動を命じ、同日から海賊対処行動によるP－3Cの警戒監視等が、また、同月28日から第2次隊として派遣された護衛艦「はるさめ」「あまぎり」による海賊対処法に基づく海賊対処行動による民間船舶の護衛が開始された。これにより、我が国関係船舶のみならず、すべての民間船舶を防護することが可能となった。

政府は、平成25年7月9日、海賊対処を行う諸外国の部隊と協調してより効果的に船舶を防護するため、派遣海賊対処行動水上部隊を第151連合任務部隊（CTF151）に参加させて、ゾーンディフェンスを行うことを決定した。これを受け、同年12月10日より、派遣海賊対処行動水上部隊第17次隊が、CTF151に参加し、ゾーンディフェンスを開始した。また、平成26年2月からは派遣海賊対処行動航空隊もCTF151に参加している。さらに、同年7月には、自衛隊からCTF151司令官、司令部要員を派遣する方針を決定し、同年8月末から初のCTF151司令部要員として海上自衛官を派遣するとともに、平成27年5月末から8月末までの間将補クラスの海上自衛官（伊藤海将補）をCTF151司令官として派遣した。

(2) 海賊行為の処罰及び海賊行為への対処に関する法律の概要

1. 法律の目的

我が国の経済社会及び国民生活における船舶航行の安全確保の重要性並びに国連海洋法条約の趣旨にかんがみ、海賊行為の処罰及び海賊行為への適切かつ効果的な対処のために必要な事項を定め、海上における公共の安全と秩序の維持を図る。

2. 海賊行為の定義

「海賊行為」……船舶（軍艦等を除く）に乗り組み又は乗船した者が、私的目的で、公海（排他的経済水域を含む）又は我が国領海等において行う次の行為。

(1) 船舶強取・運航支配
(2) 船舶内の財物強取等
(3) 船舶内にある者の略取
(4) 人質強要
(5) (1)～(4)の目的での①船舶侵入・損壊、②他の船舶への著しい接近等、③凶器準備航行

3. 海賊行為に関する罪

海賊行為をした者は次に掲げる刑に処する。

(1) 2 (1) ～(4)：無期又は5年以上の懲役。人を負傷させたときは無期又は6年以上の懲役。人を死亡させたときは死刑又は無期懲役
(2) 2 (5) ①・②：5年以下の懲役
(3) 2 (5) ③：3年以下の懲役

4. 海上保安庁による海賊行為への対処

(1) 海賊行為への対処は海上保安庁が必要な措置を実施する。
(2) 海上保安官等は警察官職務執行法第7条の規定により武器使用するほか、現に行われている2(5)②の制止に当たり、他の制止の措置に従わず、なお2(5)②の行為を継続しようとする場合に、他に手段がないと信ずるに足りる相当な理由のあるときには、その事態に応じて合理的に必要と判断される限度において、武器使用が可能。

5. 自衛隊による海賊行為への対処

(1) 防衛大臣は、海賊行為に対処するため特別の必要がある場合には、内閣総理大臣の承認を得て海賊対処行動を命ずることができる。承認を受けようとするときは対処要項を作成して内閣総理大臣に提出（急を要するときは行動の概要を通知すれば足りる）。
(2) 対処要項には、海賊対処行動の必要性、区域、部隊の規模、期間、その他重要事項を記載。
(3) 内閣総理大臣は、海賊対処行動を承認したとき及び海賊対処行動が終了したときに国会報告を行う。

(4) 自衛官に海上保安庁法の所要の規定、武器使用に関する警察官職務執行法第7条の規定及び4(2)を準用。

（3）対処要項

海賊行為の処罰及び海賊行為への対処に関する法律に基づく海賊対処行動に関する対処要項

1．海賊対処行動の必要性

ソマリア沖・アデン湾は、我が国及び国際社会にとって、欧州や中東から東アジアを結ぶ極めて重要な海上交通路に当たる。当該海域における重火器で武装した海賊による事案の多発・急増に鑑み、平成21年7月24日から海賊行為の処罰及び海賊行為への対処に関する法律（平成21年法律第55号。以下「海賊対処法」という。）第7条第1項の規定による海賊対処行動により、自衛隊の部隊を派遣し、ソマリア沖・アデン湾において、海賊行為に対処するために必要な行動を実施してきた。

現在、ソマリア沖・アデン湾における海賊による事案の発生件数は低い水準で推移しており、これには自衛隊を含む各国部隊による海賊対処活動、船舶の自衛措置、民間武装警備員による乗船警備等が大きく寄与している。自衛隊の護衛活動については、直接護衛の申請件数は減少しているものの海賊行為に脆弱な船舶からの護衛の要望は継続しており、海賊を生み出す根本的な原因はいまだ解決しておらず、海賊による脅威が引き続き存在していることから、海賊行為に対処しなければならない状況には依然として変化が見られない。

また、海上保安庁がソマリア沖・アデン湾における海賊行為に対処することが困難であることについては、国土交通大臣から別添のとおり判断が示されたところである。

このため、引き続き海賊行為に対処するため特別の必要があると認められることから、海賊対処法第7条第1項の規定による海賊対処行動により、自衛隊の部隊を派遣し、ソマリア沖・アデン湾において、海賊行為に対処するために必要な行動を継続することとする。

2．海賊対処行動を行う海上の区域

自衛隊が海賊行為への対処を行う海上の区域は、ソマリア沖・アデン湾とする。

3．海賊対処行動を命ずる自衛隊の部隊の規模及び構成並びに装備並びに期間

(1) 規模及び構成

ア　海賊行為への対処を護衛艦により行うための部隊（人員約200名。ただし、部隊の交替を行う場合は約400名）

イ　海賊行為への対処を航空機により行うためジブチを拠点とする部隊（人員約60名。ただし、部隊の交替を行う場合は約130名）及び必要に応

じ人員や整備機材等の航空輸送を本邦と当該拠点との間で実施するための部隊（人員約90名）

ウ　ア及びイに規定する部隊が海賊行為への対処を行うために必要な業務を行うための部隊(人員約110名。ただし、部隊の交替を行う場合は約220名)

エ　自衛隊が海賊対処行動を的確かつ効果的に行うため、次に掲げる部隊及び関係諸機関と第151連合任務部隊司令部との連絡調整を行うための部隊（人員20名以内）

(ア) ア及びイに規定する部隊

(イ) 第151連合任務部隊に参加する諸外国の軍隊その他の関係諸機関

(2) 装備

ア　艦船

護衛艦1隻（ただし、部隊の交替を行う場合は護衛艦2隻）

イ　航空機

(ア) 固定翼哨戒機P－3C2機（ただし、部隊の交替を行う場合は固定翼哨戒機P－3C4機）

(イ) 必要に応じ輸送機C－130Hその他の輸送に適した航空機3機以内

ウ　その他

自衛隊員の健康及び安全の確保、自衛隊の装備品等の警護並びに海賊行為への対処に必要な装備（ア及びイに掲げるものを除く。）

(3) 期間

平成29年11月20日から平成30年11月19日までの間

4．その他海賊対処行動に関する重要事項

(1) 自衛隊は、2に規定する区域における諸外国の活動の全般的状況、現地の海賊の状況等に関する情報その他の海賊対処行動の実施に必要な情報に関し、関係行政機関と相互に密接に連絡をとるものとする。

(2) 自衛隊が本海賊対処行動を行うに当たって、海上保安官は、護衛艦に同乗し、必要となる司法警察活動を行うものとする。

(3) 自衛隊は、海賊対処行動を的確かつ効果的に行うため、海賊行為への対処を行う諸外国の軍隊その他の関係諸機関と必要な協力を行うものとする。

別紙

我が国においては、海賊行為への対処は、海上における人命若しくは財産の保護又は治安の維持について第一義的責務を有する海上保安庁の任務であるが、ソマリア沖・アデン湾の海賊対策として、海上保安庁の巡視船を派遣することは、①我が国からソマリア沖までの距離が約6500海里離れていること、②ソマリア沖の海賊がロケットランチャー等の重火器で武装していること、③海上保安庁が諸外国の海軍軍艦との連携行動の実績がないこと等を総合的に勘案すると、現状においては、困難である。

（4）海賊対処行動に係るこれまでの動き

平成20年	10月17日	衆・テロ対策特委で、長島昭久議員（民主）がソマリア沖・アデン湾の海賊対処のため海自艦艇の派遣を提案。麻生総理が検討する旨、答弁。
	12月26日	麻生総理が浜田防衛大臣に、海賊対策について早急に対応できるよう検討の加速を指示。
平成21年	1月7日	与党・海賊対策等に関するプロジェクトチーム発足。
	1月27日	与党がソマリア沖・アデン湾の海賊対処のため、海賊対処法の国会提出と海上警備行動での海自部隊の派遣を決定。
	1月28日	防衛大臣によるソマリア沖・アデン湾の海賊対処のため準備指示・命令発出。
	2月8日	アデン湾周辺国へ防衛省の現地調査チーム派遣。
	2月20日	海自・海保庁による海賊対処のための共同訓練。
	3月13日	海賊対処法案閣議決定、国会提出。ソマリア沖・アデン湾における海賊対処のための海上警備行動命令。
	3月14日	派遣海賊対処行動水上部隊護衛艦「さざなみ」、「さみだれ」が呉から出港。
	3月30日	派遣海賊対処行動水上部隊がアデン湾で我が国関係船舶の護衛を開始（海上警備行動）。
	4月17日	防衛大臣による海賊対処のためのP－3C派遣に関する準備指示・命令発出。
	5月15日	防衛大臣による海賊対処のためのP－3C派遣命令発出。
	5月28日	派遣海賊対処行動航空隊のP－3C2機が厚木基地から出発。
	5月29日	平成21年度第1次補正予算成立（海賊対処経費約145億円）。
	6月11日	派遣海賊対処行動航空隊のP－3Cによる警戒監視飛行開始（海上警備行動）。
	6月19日	海賊対処法成立。
	7月6日	派遣海賊対処行動水上部隊（2次隊）の護衛艦「はるな」（横須賀）、「あまぎり」（舞鶴）が出港。
	7月24日	海賊対処法施行。防衛大臣による海賊対処行動命令発出。
	7月28日	派遣海賊対処行動水上部隊（2次隊）の護衛艦「はるさめ」「あまぎり」が護衛活動を開始（海賊対処行動）。
	11月22日	派遣海賊対処行動航空隊のP－3Cによる任務飛行100回達成（海上警備行動時含む）。
	11月23日	国際海事機関（IMO）から派遣部隊がIMO勇敢賞を受賞。
平成22年	1月24日	派遣海賊対処行動水上部隊による護衛活動100回達成（海

上警備行動時含む)。
3月24日　平成22年度予算成立(海賊対処経費約52億円)
4月21日　派遣海賊対処行動航空隊のP－3Cによる任務飛行200回達成(海上警備行動時含む)。
7月16日　海賊対処行動に係る内閣総理大臣の承認閣議決定(海賊対処行動の1年間継続)。
7月20日　平成22年度予備費閣議決定(海賊対処経費約71億円)。
8月10日　海賊対処法下における護衛隻数1000隻達成。
9月5日　派遣海賊対処行動航空隊のP－3Cによる任務飛行300回達成(海上警備行動時含む)。
12月17日　派遣海賊対処行動水上部隊による護衛活動200回達成(海上警備行動時含む)。
平成23年 1月29日　派遣海賊対処行動航空隊のP－3Cによる任務飛行400回達成(海上警備行動時含む)。
6月1日　派遣海賊対処行動航空隊のジブチにおける活動拠点の運用開始。
7月7日　ジブチ活動拠点開所記念式典。
7月8日　海賊対処行動に係る内閣総理大臣の承認閣議決定(海賊対処行動の1年間継続)。
7月21日　派遣海賊対処行動航空隊のP－3Cによる任務飛行500回達成(海上警備行動時含む)。
11月14日　派遣海賊対処行動水上部隊による護衛活動300回達成(海上警備行動時含む)。
平成24年 1月1日　派遣海賊対処行動航空隊のP－3Cによる任務飛行600回達成(海上警備行動時含む)。
6月18日　派遣海賊対処行動航空隊のP－3Cによる任務飛行700回達成(海上警備行動時含む)。
7月13日　海賊対処行動に係る内閣総理大臣の承認閣議決定(海賊対処行動の1年間継続)。
10月14日　派遣海賊対処行動水上部隊による護衛活動400回達成(海上警備行動時含む)。
12月5日　派遣海賊対処行動航空隊のP－3Cによる任務飛行800回達成(海上警備行動時含む)。
平成25年 5月22日　派遣海賊対処行動航空隊のP－3Cによる任務飛行900回達成(海上警備行動時含む)。
7月9日　海賊対処行動に係る内閣総理大臣の承認閣議決定(海賊対処行動の1年間継続)。
派遣海賊対処行動水上部隊の第151連合任務部隊

(CTF151)への参加を決定。

	9月30日	派遣海賊対処行動水上部隊による護衛活動500回達成(海上警備行動時含む)。
	11月9日	派遣海賊対処行動航空隊のP−3Cによる任務飛行1000回達成(海上警備行動時含む)。
	12月10日	派遣海賊対処行動水上部隊(第17次隊)がCTF151の下でゾーンディフェンスを開始。
	12月17日	派遣海賊対処行動航空隊のCTF151への参加を決定。
平成26年	2月11日	派遣海賊対処行動航空隊(第15次隊)がCTF151の下で警戒監視飛行を開始。
	5月28日	派遣海賊対処行動航空隊のP−3Cによる任務飛行1100回達成(海上警備行動時含む)。
	7月18日	海賊対処行動に係る内閣総理大臣の承認閣議決定(海賊対処行動の1年間継続)。自衛隊からCTF151司令官・司令部要員を派遣する方針を決定。
	9月28日	派遣海賊対処行動水上部隊による護衛活動600回達成(海上警備行動時含む)。
	11月19日	派遣海賊対処行動航空隊のP−3Cによる任務飛行1200回達成(海上警備行動時含む)。
平成27年	3月26日	派遣海賊対処行動航空隊のP−3Cによる任務飛行1300回達成(海上警備行動時含む)。
	5月31日	CTF151司令官として海上自衛官(伊藤海将補)を派遣(8月27日まで)。
	7月7日	海賊対処行動に係る内閣総理大臣の承認閣議決定(海賊対処行動の1年間継続)。
	9月7日	派遣海賊対処行動航空隊のP−3Cによる任務飛行1400回達成(海上警備行動時含む)。
平成28年	1月14日	派遣海賊対処行動水上部隊による護衛活動700回達成(海上警備行動時含む)。
	2月6日	派遣海賊対処行動航空隊のP−3Cによる任務飛行1500回達成(海上警備行動時含む)。
	6月17日	海賊対処行動に係る内閣総理大臣の承認閣議決定(海賊対処行動の1年間継続)。
	7月19日	派遣海賊対処行動航空隊のP−3Cによる任務飛行1600回達成(海上警備行動時含む)。
	11月1日	海賊対処行動に係る内閣総理大臣の承認閣議決定(2隻から1隻への態勢変更)。
	12月18日	派遣海賊対処行動航空隊のP−3Cによる任務飛行1700

回達成（海上警備行動時含む）。

平成29年 3月9日　CTF151司令官として海上自衛官（福田海将補）を派遣（6月28日まで）。

5月16日　派遣海賊対処行動航空隊のP－3Cによる任務飛行1800回達成（海上警備行動時含む）。

8月28日　派遣海賊対処行動水上部隊による護衛活動800回達成（海上警備行動時服務）。

10月12日　派遣海賊対処行動航空隊のP－3Cによる任務飛行1900回達成（海上警備行動時含む）。

11月2日　海賊対処行動に係る内閣総理大臣の承認閣議決定（海賊対処行動の1年間継続）。自衛隊からCTF司令官・司令部要員を派遣する方針を決定。

3. 国際緊急援助隊

国際緊急援助隊の派遣について

（平成3年9月19日閣議決定）

国際緊急援助隊（国際緊急援助隊の派遣に関する法律（昭和62年法律第93号）定めるものをいう。以下同じ。）の派遣等については、引き続き下記の方針に従って実施されるものとする。

記

1. 国際緊急援助隊を派遣するに際し、その任務、規模、活動期間等について、被災国政府等の要請を十分に尊重したものとする。
2. 被災国内において、治安の状況等による危険が存し、国際緊急援助活動又はこれに係る輸送を行う人員の生命、身体、当該活動に係る機材等を防護するために武器（直接人を殺傷し、又は、武力闘争の手段として物を破壊することを目的とする機械等をいう。以下同じ。）の使用が必要と認められる場合には、国際緊急援助隊を派遣しないものとする。

   したがって、被災国内で国際緊急援助活動又はこれに係る輸送を行う人員の生命、身体、当該活動に係る機材等の防護のために、当該国内において武器を携行することはない。

説明書

1. 国際緊急援助隊の派遣に関する法律が昭和62年9月に施行されて以来、我が国は海外の地域、特に開発途上にある地域において大規模な災害が発生した場合には、国際緊急援助隊を派遣し、国際緊急援助活動を実施してきており、これまで19回にわたる派遣を行ってきた。
2. 今般、政府は、国際緊急援助活動を一層拡充強化するため、自衛隊の保有する能力を国際緊急援助活動に活用するとともに、自衛隊及び海上保安庁による国際緊急援助隊の輸送を可能とする改正法案を今次臨時国会に提出する予定であるが、右提出にあたり、政府は国際緊急援助隊の派遣等について次の方針を引き続き堅持することとする。

   (1) 国際緊急援助隊を派遣するに際し、その任務、規模、活動期間等について、被災国政府等の要請を十分に尊重したものとする。

   (2) 被災国内において、治安の状況等による危険が存し、国際緊急援助活動又はこれに係る輸送を行う人員の生命、身体、当該活動に係る機材等を防護するために武器の使用が必要と認められる場合には、国際緊急援助隊を派遣しないものとする。

   したがって、被災国内で国際緊急援助活動等を行う人員の生命、身体、当該活動に係る機材等の防護のために、当該国内において武器を携行することはない。

3. このことは、我が国が大規模な災害に見舞われた海外の地域に対する人道的立場からの人的貢献を効果的に実施し、もって我が国の国力にふさわしい国際的責任を果たしていく上で意義あることと考えられる。

国際緊急援助活動の平素からの待機の態勢

防衛省では、国際緊急援助隊の派遣に関する法律の一部を改正する法律(平成4年法律第80号)の施行を受け、海外の地域、特に開発途上地域において大規模な災害が発生又はその恐れがあり、被災国の政府等からの要請に基づき外務大臣が防衛大臣と協議した場合、迅速かつ適切に国際緊急援助活動を実施するため次のような態勢を維持している。

(1) 態勢の規模(基準)

ア 陸上自衛隊

航空自衛隊のC−130H型機×6機による最大3回の折り返し輸送並びに海上自衛隊の輸送艦1隻(おおすみ型輸送艦)及び補給艦1隻により派遣可能な規模であって、医官12名(各種傷病等に対し適切に対処できる医官及びその他の医療従事者を派遣し得る態勢を準備する。この際、時に感染症や、小児、女性への対応も配慮する。)、UH−1型機×3機、CH−47型機×3機及び浄水セット×1セットによる活動を最大限とし、その範囲内で自己完結的に以下の援助活動を行い得る規模

① 医療活動
② 輸送活動
③ 給水活動

イ 海上自衛隊

輸送艦(LST)×1隻(おおすみ型輸送艦)、補給艦(AOE)×1隻、護衛艦(DD/DDH)×1隻及び固定翼哨戒機(MPRA)×1機により以下の活動を行い得る規模

① 援助活動部隊の海上輸送
② 援助活動部隊への補給品等の海上輸送
③ 自衛隊以外の国際緊急援助隊の人員又は物資の海上輸送
④ 被災地における援助物資等の輸送
⑤ 海上における艦艇による被災者等の捜索救助活動
⑥ 海上における哨戒機による被災者等の捜索活動

ウ 航空自衛隊

C−130H型機×6機により以下の活動を行い得る規模

① 援助活動部隊の航空輸送
② 援助活動部隊への補給品等の航空輸送
③ 自衛隊以外の国際緊急援助隊の人員又は物資の航空輸送

④ 被災地における援助物資等の輸送

(2) 態勢維持の担任等

態勢維持の主な担任は、次のとおりとする。

ア　陸上自衛隊：中央即応集団・各方面隊等(半年毎の持ち回り)

イ　海上自衛隊：自衛艦隊・各地方隊

ウ　航空自衛隊：航空支援集団

(3) 派遣を円滑に実施するための措置

災害の発生に際し自衛隊が派遣される場合には、円滑かつ迅速に実施し得るよう、各幕僚監部所定により、援助活動等実施部隊編成の準備(要員候補者の指定、要員候補者に対する予防接種、旅券の事前取得の措置の実施を含む。)、情報収集(地誌、国外運航に関する資料等の整備を含む。)、装備品等の整備、調達、集積等、所要の教育訓練等に関し、必要な措置を実施する。

国際緊急援助活動実施等のための主な運用方針

(1) 派遣対象地域

主として、アジア及び大洋州の開発途上地域。

(2) 援助活動等実施部隊の規模等の決定

保持している態勢の範囲内において、被災国からの要請の内容、被災地域の状況、被災地域において得ることが可能な支援等を踏まえ、外務省との協議によりその都度判断。

(3) 派遣要領

可能な限り、先遣隊は派遣命令後48時間以内に出発、主力部隊は派遣命令後5日以内に出発を開始。

(4) 派遣所要期間

派遣命令後、主力部隊が、概ね2週間以内に被災地域に到着することとする。

(5) 活動期間

援助活動実施部隊の主力到着から概ね3週間程度を目途。

(6) 自衛隊以外の国際緊急援助隊に対する輸送支援

自衛隊によるほかに手段がない場合、自隊輸送に準じて実施。

インドネシア・ジャワ島中部における地震被害に対しての国際緊急援助活動

1．経緯

(1) 平成18年5月27日、インドネシア共和国ジャワ島中部沖を震源とする地震(M6.3) が発生。同国では家屋の倒壊や土砂崩れ等、大規模な被害が生じ、多数の死傷者が発生した。

同月29日、外務大臣から防衛庁長官に対する国際緊急援助隊法に基づき協力を求める協議を経て、「インドネシア共和国への国際緊急援助隊の派遣に係る準備に関する長官指示」を発出。また、翌30日、先遣チーム（19名）を同国に派遣。

(2) 同月31日、防衛庁長官より「インドネシア共和国における国際緊急援助活動等の実施に関する自衛隊一般命令」を発出。

さらに、6月2日、医療活動等のニーズが大きいことを踏まえ、100名を追加派遣することについて、自衛隊一般命令の一部を変更する命令を発出

(3) 陸上自衛隊の派遣部隊（49名）は同月2日にジョグジャカルタに到着（追加派遣の要員（100名）は5日到着）。

同日から医療活動を開始（同月7日より防疫活動を開始）。同月13日、防衛庁長官より「インドネシア共和国における国際緊急援助活動等の終結に関する自衛隊一般命令」を発出。これを受け同月16日をもって医療・防疫活動を終了。派遣部隊主力は同月21日に本邦へ帰国。

2．派遣部隊の概要

インドネシア国際緊急医療援助隊（陸上自衛隊）

任　務：医療・防疫活動

編　成：隊本部、本部付隊及び治療隊等から構成

人　員：149名

装　備：小型トラック×1、携帯無線機×14

インドネシア国際緊急援助空輸隊等（航空自衛隊）

任　務：陸上自衛隊の国際緊急医療援助隊の航空輸送

編　成：インドネシア国際緊急援助空輸隊及び第1支援機隊等から構成

人　員：85名

装　備：C-130H×2機

※第1～第3運航支援隊をマニラ、マカッサル、ジョグジャカルタ（人員各2名）に派遣し空輸隊の運航支援を実施。

また、第1、2支援機隊（人員47名、C-130H×1機、U-4×1機、本邦において待機）が本邦と実施地域等との間の人員及び物資の航空輸送並びに航空機の故障等の修復等のため編成された。

3．活動実績

(1) 陸上自衛隊の派遣部隊は、6月2日から6月16日までジョグジャカルタで医療活動及び防疫活動を実施（医療・防疫実績：診療3759名（外科1276名、内科2483名）、予防接種1683名、防疫4300㎡）。

(2) 航空自衛隊の派遣部隊は、6月1日から6月22日までに、本邦～ジョグジャカルタ間で陸上自衛隊の国際緊急医療援助隊の要員等の輸送を実施（輸送実績：貨物約30t、人員18名）。

インドネシア西スマトラ州パダン沖地震災害に対しての国際緊急援助活動

1．経緯

(1) 平成21年9月30日、インドネシア西スマトラ州パダン沖を震源とする地震（M7.6）が発生。震源地に近い町では多数の建物が損壊（(平成21年10月2日現在)インドネシア報道等によれば、死者約1,100名、負傷者約2,300名)。10月2日、インドネシア共和国政府から、航空輸送、医療及び給水に係る自衛隊の活動について要請。

(2) 10月3日、外務大臣から防衛大臣に対し、国際緊急援助活動の実施につき協議があったことを受け、同日、「インドネシア共和国への国際緊急援助隊の派遣に係る準備に関する防衛大臣指示」を発出。また同日、国際緊急援助隊の派遣のため、同国に向け調査チーム（約30名）を派遣。

(3) 同月5日、防衛大臣より「国際緊急援助活動の実施に関する自衛隊行動命令」を発出、同日より医療活動を実施することとし、インドネシア国際緊急医療援助隊を編成するとともに現地で関係機関との連絡調整等に当たる統合連絡調整所を設置。

(4) 同日、行動命令を受け、医療援助隊は西スマトラ州パダン・パリアマン県において、医療活動開始。同月17日、防衛大臣より「国際緊急援助活動の終結に関する自衛隊行動命令」を発出、同命令を受け、同日、医療活動を終了。同月20日、派遣部隊全員が帰国。

2．派遣部隊の概要

(1) インドネシア国際緊急医療援助隊（陸上自衛隊）

任　務：被災地における応急的な医療活動

人　員：約10名

(2) 統合連絡調整所

任　務：被災地等における、所要の情報収集及びインドネシア共和国関係機関、関係国等との連絡調整等

3．活動実績

(1) 現地に派遣された医療援助隊は、10月5日から17日までの間、西スマトラ州パダン・パリアマン県クドゥ・ガンティン村における医療活動とその周辺地域の巡回診療により、計919名を診察。

(2) 統合連絡調整所は、パダン及びジャカルタにおいて、支援ニーズに関する情報収集、関係機関等との調整等を実施。

ハイチにおける大地震に対しての国際緊急援助活動

1．経緯

(1) 平成22年1月13日（日本時間）、カリブ海のハイチの首都ポルトープランス郊外約15キロを震源とする地震（M7.0）が発生。震源地付近では建物の8

～9割が損壊（OCHA）。ハイチ政府によれば、死者約17万人以上（1月27日現在）、負傷者約25万人（OCHA）。同月14日、ハイチ共和国政府から、日本国政府に援助要請。同日、外務省、防衛省、及び国際協力機構（JICA）から成る緊急調査チームを現地へ向け派遣。

(2) 同月15日、外務大臣から防衛大臣に対し、国際緊急援助活動を行う人員等の輸送活動についての協議を受け、同日、「ハイチ共和国への国際緊急援助隊の派遣に係る準備に関する自衛隊一般命令」を発出。また、同日、昨年12月27日より訓練のため米国本土に派遣されたC−130H輸送機の帰国を中止し、ホームステッド米軍基地（フロリダ州）へ移動させ待機。

(3) 同月17日、防衛大臣より「国際緊急援助活動に係る輸送活動の実施に関する自衛隊行動命令」を発出。国際緊急援助医療チームがマイアミに到着後、マイアミからハイチまでの航空輸送を実施するとともに、同日の外務大臣からの協議を受け、国際緊急援助活動として復路において被災民34名（米国民）の航空輸送を実施。

(4) 同月18日、防衛大臣から各幕僚長に対し「ハイチ共和国への国際緊急援助隊の派遣に係る準備に関する大臣指示」及び中部方面総監等に対し、「ハイチ共和国への国際緊急援助隊の派遣に係る準備に関する自衛隊一般命令」を発出。所要の調査をするため要員12名が現地に向け出発。

(5) 同月20日、防衛大臣から自衛隊の部隊による医療活動の実施について行動命令を発出。同月21日、自衛隊の医療援助隊（約100名）はチャーター機で出国。同月23日、医療援助隊のうち34名（うち医官2名）がC−130H輸送機によりポルトープランス国際空港に到着後、陸路にてレオガンに移動し、医療援助活動を開始、じ後、順次医療援助活動を実施。

(6) 2月12日、診療に訪れる患者の症状は地震と関係のない慢性疾患が8割以上をしめていることや現地の医療機関も診療を再開していること等を踏まえ、防衛大臣より国際緊急援助活動の終結に関する行動命令を発出。

(7) 同月14日、医療援助活動を終結。同月18日、医療援助隊が本邦へ帰国。

2．派遣部隊の概要

(1) 統合連絡調整所

任　務：被災地において、現地政府及び関係機関等との連絡調整等

人　員：33名

(2) 医療援助隊

任　務：被災地における応急的な医療活動

人　員：104名（医官など13名を含む）

装　備：医療セット

(3) ハイチ国際緊急援助空輸隊

任　務：C−130H輸送機による国際緊急援助隊医療チームの輸送活動（米国フロリダ州～ハイチ共和国）及び同輸送機がハイチから米国へ帰還

する際、被災民の航空輸送、並びにハイチ国際緊急医療援助隊の人員及び物資の輸送等(米国フロリダ州～ハイチ共和国)。

人　員：62名

装　備：C－130H×1

(4) 帰国支援空輸隊

任　務：ハイチ国際緊急医療援助隊等の人員及び物資の帰国のための輸送

人　員：35名

装　備：B－747政府専用機

3．活動実績

(1) 統合連絡調整所は、マイアミ、ハイチ及びドミニカにおいて、現地政府及び関係機関との調整を実施。

(2) ハイチ国際緊急医療援助隊は、1月23日から2月13日までの間、レオガン市エピスコパル看護学校において、医療活動により計2954名を診察。

(3) ハイチ国際緊急援助空輸隊は、1月17日に国際緊急援助医療チームをマイアミからハイチまで航空輸送し、復路において被災民34名（米国民）の航空輸送を実施。1月18日から2月15日までの間、米国フロリダ州とハイチ共和国ポルトープランスとの間を19回任務飛行。

(4) 帰国支援空輸隊は、B－747政府専用機によってハイチ国際緊急医療援助隊等の人員及び物資の帰国のためアメリカ合衆国と本邦の間を輸送。

パキスタン・イスラム共和国における洪水被害に対する国際緊急援助活動

1．経緯

(1) 7月下旬からパキスタン・イスラム共和国で豪雨に伴う大規模な洪水被害が発生。OCHAによれば、死者約1870名、被災者2025万名以上、損壊家屋190万棟以上（9月20日時点）。8月9日夜（現地時間）、パキスタン政府から我が国政府に対してヘリコプターの派遣要請。同月13日、調査要員9名(うち外務省職員2名）が出国。

(2) 同月19日、外務大臣から自衛隊による国際緊急援助活動の実施について協議があったことを受け、防衛大臣から統合幕僚長等に対し、「パキスタン・イスラム共和国への国際緊急援助隊の派遣に係る準備に関する防衛大臣指示」を発出。先遣調査チーム要員21名が出国。

(3) 同月20日、防衛大臣から「国際緊急援助活動の実施に関する行動命令」を発出。同月21日、国際緊急航空援助隊要員50名が出国。じ後、残る要員も順次出国。同月23日以降、輸送機C－130H、輸送艦「しもきた」及び大型輸送民航機アントノフによって国際緊急航空援助隊のヘリ6機の輸送を開始。

(4) 同月31日、UH－1により、ムルタンにおいて物資等の輸送任務開始。9月16日、CH－47による物資等の輸送任務開始。

(5) 10月5日、洪水被害の状況の改善に伴い、航空輸送ニーズが徐々に低下していることを踏まえ、パキスタン政府より輸送活動の終結に関する要請を受けたことから、防衛大臣より国際緊急援助活動の終結に関する行動命令を発出。同月10日、現地における輸送活動を終了。同月26日、KC−767により派遣部隊主力が帰国。11月9日、航空援助隊のヘリ6機等を載せた輸送艦しもきた帰港。

2．派遣部隊

(1) 統合運用調整所

任　務：パキスタン関係機関や関係国等との統合調整等

人　員：27人

(2) パキスタン国際緊急航空援助隊

任　務：被災地域における物資等の航空輸送

人　員：184人

装　備：CH−47×3機、UH−1×3機

(3) パキスタン国際緊急援助海上輸送隊

任　務：本邦とカラチとの間におけるパキスタン国際緊急航空援助隊の海上輸送等

人　員：154人

装　備：輸送艦1隻等

(4) 第1パキスタン国際緊急援助空輸隊等

任　務：本邦とムルタンとの間におけるパキスタン国際緊急航空援助隊の航空輸送等

人　員：149人

装　備：C−130×7機、KC−767×1機

3．活動実績

(1) 統合運用調整所は、イスラマバードおよびムルタンにおいて、現地政府、国際機関、他国軍等との調整を実施。

(2) パキスタン国際緊急航空援助隊は、8月31日から10月10日までムルタンで物資等の輸送活動を実施（輸送実績：物資260.0トン、人員49名）。

(3) パキスタン国際緊急援助海上輸送隊は、CH−47×2機等を本邦からカラチまで海上輸送（8月26日から9月18日）。UH−1×3機とCH−47×3機等をカラチから本邦まで海上輸送（9月22日から11月9日）。

(4) 第1パキスタン国際緊急援助空輸隊等は、7機のC−130によって3機のUH−1等を本邦からカラチまで航空輸送（8月23日から同月30日）。1機のKC−767によって国際緊急航空援助隊の人員をカラチから本邦まで航空輸送（10月25日から同月26日）。

ニュージーランド南島における地震災害に対する自衛隊部隊による国際緊急援助活動

1．経緯

(1) 平成23年2月22日午前8時51分（日本時間）、ニュージーランド南島クライストチャーチ市南東約10キロを震源とする地震(M6.3)が発生。ニュージーランド警察によれば、死者は181名（平成23年3月8日現在)。同日、ニュージーランド国政府から我が国政府に対してクライストチャーチ市街地での緊急支援につき要請。我が国政府内での検討の結果、JICAが主体となった救助チームをクライストチャーチに派遣することと決定。

(2) 翌23日、外務大臣から防衛大臣に対する国際緊急援助隊の派遣につき協力を求める協議を受け、同日朝、防衛大臣から統合幕僚長等に対し、「国際緊急援助活動等の実施に関する行動命令」を発出。

(3) 同日午前に千歳基地を出発したB－747政府専用機は、成田空港において人員及び物資等を搭載した後、同月24日にクライストチャーチ国際空港に到着。

(4) 3月2日、防衛大臣より「国際緊急援助活動等の終結に関する行動命令」を発出。（終結日は3日）

(5) 同月3日午前、政府専用機は本邦（成田空港）に到着。その後千歳基地に帰投。

2．派遣部隊の概要

ニュージーランド国際緊急援助空輸隊

人　　員：約40名

主要装備：政府専用機2機（1機は千歳基地にて待機）

任　　務：国際緊急援助隊の人員及び物資の輸送（本邦・ニュージーランド間）

3．活動実績

(1) 2月23日、千歳基地を出発した政府専用機1機は、成田空港にて人員約70名及び活動器材等約10トン（救助犬3頭を含む）を積み込み出発し、翌24日にクライストチャーチに到着。

(2) 同月24日から3月2日までの間、政府専用機はオークランドにて駐機。

(3) 3月2日、政府専用機はクライストチャーチにて人員65名及び活動機材等約3トン（救助犬3頭を含む）を積み込み本邦に向け出発。翌3日、本邦（成田空港）に到着。その後、千歳基地に帰投。

フィリピン共和国における台風被害に対する国際緊急援助活動

1．経緯

(1) 平成25年11月8日にフィリピン共和国を横断した台風により大規模な被害が生じ、同月12日、フィリピン政府から我が国政府に対して救援活動の要請。同日、外務大臣から国際緊急援助隊派遣について協力を求める協議を受け、防衛大臣から「国際緊急援助活動の実施に関する行動命令」を発出。同日夜から14日にかけて、フィリピン国際緊急援助隊50名が出国し、15日以降レイテ島タクロバンにおいて医療活動等を開始。

(2) 同月14日付でフィリピン政府より具体的な活動の受け入れにかかる表明があったことから、同月15日、防衛大臣は「フィリピン国際緊急援助隊等の廃止及び国際緊急援助活動の実施に関する自衛隊行動命令の一部変更に関する自衛隊行動命令」を発出。17日にフィリピン国際緊急援助隊及びフィリピン国際緊急援助空輸隊等を廃止し、新たに国際緊急援助活動に際しては初の統合任務部隊となるフィリピン国際緊急援助統合任務部隊を編成するとともに、現地で関係機関との連絡調整等に当たるフィリピン現地運用調整所を設置。18日以降、C－130H輸送機等による物資等の輸送任務を開始。同月24日以降、最大1180名体制による全てのアセットを用いた活動を開始。

(3) 12月13日、医療・輸送ニーズが変化し、緊急対応の段階から復興の段階へと変化してきたことを踏まえ、防衛大臣から「国際緊急援助活動の終結に関する自衛隊行動命令」を発出。同命令に基づき、同日から順次活動を終了し、本邦に帰国を開始、同月20日に全ての部隊が本邦へ帰国。

2．派遣部隊の概要

(1) フィリピン国際緊急援助隊（11月12日～17日）

任　務：被災状況に関する情報収集、フィリピン共和国関係機関、関係国等との調整及び活動地域における医療活動等

人　員：50名

※なお、フィリピン国際緊急援助統合任務部隊指揮官が現地に到着するまでの間、フィリピン国際緊急援助隊に所属していた隊員は、国際緊急援助活動の実施に関し、現地運用調整所長の指揮を受ける。

(2) フィリピン国際緊急援助空輸隊（11月12日～17日）

任　務：所要に応じたフィリピン国際緊急援助隊の本邦からフィリピン共和国までの間の航空輸送

人　員：12名

※この他、運航支援隊（人員2名、現地で航空機の運航支援を実施）、支援機隊及び救難整備隊（人員計32名、航空機の故障等の修復等のため本邦で待機）が編成された。

(3) フィリピン現地運用調整所（11月17日～12月21日）

任　務：フィリピン共和国関係機関、関係国等との調整等

人　員：14名

(4)フィリピン国際緊急援助統合任務部隊（11月17日～12月20日：人員約1170名）

ア　医療・航空援助隊

任　務：医療活動、国際緊急援助活動を行う部隊の人員等の輸送、救援物資その他我が国として行う国際緊急援助活動の実施に必要な物資等の輸送、救助活動等

編　成：本部、本部付隊、医療隊、航空隊、現地情報班、後方支援班から

構成
装　備：CH－47×3機、UH－1×3機
イ　海上派遣部隊
任　務：国際緊急援助活動を行う部隊の人員等の輸送、救援物資その他我が国として行う国際緊急援助活動の実施に必要な物資等の輸送等
編　成：護衛艦「いせ」、輸送艦「おおすみ」、補給艦「とわだ」
ウ　空輸隊
任　務：国際緊急援助活動を行う部隊の人員等の輸送、救援物資その他我が国として行う国際緊急援助活動の実施に必要な物資等の輸送等
編　成：C－130H飛行隊、KC－767飛行隊から構成
装　備：C－130H×6機、KC－767×2機
※この他、第1～第3運航支援隊（現地で航空機の運航支援を実施）、第1～第2支援機隊及び第1～第2救援整備隊（航空機の故障等の修復等のため本邦で待機）が編成された。

3．活動実績
(1) フィリピン国際緊急援助隊は、11月15日及び16日にかけ、タクロバンにて計13名を診療。
(2) フィリピン国際緊急援助空輸隊は、11月13日、本邦・フィリピン共和国間で自衛隊医療チーム10名を輸送。
(3) フィリピン現地運用調整所は、マニラ等において現地政府、国際機関、他国軍等との調整を実施。
(4) フィリピン国際緊急援助統合任務部隊は、11月17日から12月18日まで、セブ島、レイテ島等において、医療・防疫活動（実績：診療2,633名、ワクチン接種11,924名、防疫約95,600㎡）及び救援物資等の輸送（実績：物資約630トン、被災民約2,768名）等を実施。

マレーシア航空機不明事案に対する国際緊急援助活動

1．経緯
(1) 平成26年3月8日にクアラルンプール発北京行きのマレーシア航空370便が消息不明となり、同月10日マレーシア政府から支援の要請。同月11日外務大臣から国際緊急援助隊派遣について協力を求める協議を受け、防衛大臣から「国際緊急援助活動の実施に関する行動命令」を発出。同月12日、先遣隊4名が出国。
(2) 同日防衛大臣は、「国際緊急援助活動の実施に関する行動命令の一部変更に関する自衛隊行動命令」を発出、同日から同月13日にかけてC－130H輸送機2機が、同月14日にP－3C哨戒機2機が那覇空港を出発し、それぞれ13日と15日に捜索活動を開始した。

(3) マレーシア政府及びオーストラリア政府の要請を受け、同月21日「国際緊急援助活動の実施に関する自衛隊行動命令の一部を変更する自衛隊行動命令」を発出、同月24日からP－3C哨戒機2機によるオーストラリア沖での捜索活動を開始。

(4) 同年4月28日にアボット豪首相が海上捜索から海底捜索の段階に移行すると発表したことを受け、同日防衛大臣から「国際緊急援助活動の終結に関する自衛隊行動命令」を発出。同年5月1日に本邦（那覇基地）に帰着。同月2日厚木基地に帰投。

2．派遣部隊の概要

(1) マレーシア国際緊急援助先遣隊（3月11日～12日）
任　務：マレーシア航空370便の救助活動に関する情報収集、マレーシア関係機関、関係国等との調整等
人　員：4名

(2) マレーシア現地支援調整所（3月12日～5月1日）
任　務：マレーシア航空370便の救助活動に関する情報収集、マレーシア関係機関、関係国等との調整
人　員：10名

(3) 海国際緊急援助飛行隊（3月12日～4月28日）
任　務：マレーシア航空370便の救助活動
人　員：約40名
装　備：P－3C哨戒機2機

(4) 空国際緊急援助飛行隊（3月12日～5月1日）
任　務：マレーシア航空370便の救助活動
人　員：約110名
装　備：C－130H輸送機2機

※この他、第1～第3支援機隊（航空機の故障の修復のための人員及び物資の輸送等を実施）、救援整備隊（航空機の故障等の修復）及び運航支援隊（航空機の運航を円滑に実施するための支援）が編成された。

3．活動実績

(1) P－3C哨戒機やC－130H輸送機のべ6機、派遣隊員約140名が活動に従事し、計46回、約400時間の捜索を行った。

西アフリカにおけるエボラ出血熱の流行に対する国際緊急援助活動に必要な物資の輸送

1．経緯

(1) 平成26年9月、西アフリカにおけるエボラ出血熱の流行を受け、国連は国際機関や各国によるエボラ対策の統括・調整を実施することを目的と

して、ガーナの首都アクラを拠点とする国連エボラ緊急対応ミッション（UNMEER）が設立した。
(2) 同年11月26日、UNMEERから現地においてニーズの大きい個人防護具の迅速かつ確実な輸送の要請があり、同月28日外務大臣から防衛大臣に対し、国際緊急援助隊派遣について協力を求める協議を受け、同日防衛大臣が「西アフリカにおけるエボラ出血熱の流行に対する国際緊急援助活動に必要な物資の輸送に関する自衛隊行動命令」を発出。
(3) 同月5日に現地調整所4名が出国、同月6日小牧基地を出発し、8日にアクラに到着。引き渡し後は速やかに撤収を行い、11日に小牧基地帰着。

2．派遣部隊の概要
(1) 現地調整所（11月28日～12月11日）
任　務：国際緊急援助活動に従事する外務省及び国際協力機構（JICA）並びにUNMEERその他関係機関との調整等
人　員：4名
(2) 西アフリカ国際緊急援助空輸隊（12月5日～12月11日）
任　務：輸送活動
人　員：約10名
装　備：KC－767空中給油・輸送機
※この他、支援機隊（航空機の故障の修復のための人員及び物資の輸送等を実施）、救援整備隊（航空機の故障等の修復）が編成された。

3．活動実績
(1) 小牧基地からアクラまで個人防護具2万着を輸送

エア・アジア航空機不明事案に対する国際緊急援助活動

1．経緯
(1) 平成26年12月28日にスラバヤ発シンガポール行きのエア・アジア8501便が消息不明となり、同月31日、インドネシア政府から支援の要請。同日外務大臣から国際緊急援助隊派遣について協力を求める協議を受け、防衛大臣から「国際緊急援助活動の実施に関する行動命令」を発出し、先遣チーム3名が出国。
(2) 平成27年1月3日に護衛艦2隻等が現場海域に到着し、捜索・救助活動を開始した。
(3) 捜索活動全体の進捗状況等を踏まえ、インドネシア政府と調整を行った結果、護衛艦による活動継続の要請は示されなかったことから、同月9日防衛大臣から「国際緊急援助活動の終結に関する自衛隊行動命令」を発出。

2．派遣部隊の概要
(1) インドネシア現地支援調整所（平成26年12月31日～平成27年1月11日）

任　務：消息不明のエア・アジア航空8501便の捜索を含む救助活動に関する情報収集、関係機関、関係国等との調整等

人　員：3名

(2) インドネシア国際緊急援助水上部隊（平成26年12月31日～平成27年1月9日）

任　務：消息不明のエア・アジア8501便の捜索を含む救助活動

人　員：約350名

編　成：護衛艦「たかなみ」、護衛艦「おおなみ」

3．活動実績

(1) 護衛艦2隻などが活動に従事し、御遺体4名と救命胴衣1着の収容を行った。

ネパール連邦民主共和国における地震被害に対する国際緊急援助活動

1．経緯

(1) 平成27年4月25日、ネパールの首都カトマンズ北西約80キロを震源とする地震（M7.8）が発生。OCHAによれば、死者約8,700名、倒壊家屋約50万棟以上、（平成27年6月3日現在）。これを受け、防衛省は翌26日、現地に調査チーム3名を派遣し、被害状況の調査や支援のニーズについて情報収集を実施。

(2) 同月27日、外務大臣から防衛大臣に対して、自衛隊の部隊による国際緊急援助活動等への協力を求めるための協議を受け、本被害に関する情報収集を行った結果、自衛隊の部隊の派遣により効果的な活動を行い得ると判断して、上記協議に応じ、防衛大臣から「国際緊急援助等の実施に関する行動命令」を発出。

(3) ネパール国際緊急援助医療援助隊は同月28日から30日にかけて出発、同月30日から医療活動を開始。

(4) 5月19日､防衛大臣から「国際緊急援助等の終結に関する行動命令」を発出。

2．派遣部隊の概要

(1) ネパール統合調整所（平成27年4月28日～平成27年5月25日）

任　務：ネパール連邦民主共和国関係機関・関係国等との調整

人　員：4名

(2) ネパール国際緊急援助医療援助隊（平成27年4月28日～平成27年5月28日）

任　務：被災民に対する医療活動

人　員：約110名

(3) ネパール国際緊急援助空輸隊（平成27年4月28日～平成27年5月19日）

任　務：医療活動の実施に必要な機材・物資の輸送

人　員：約30名

装　備：C−130×2機

3．活動実績

(1) 首都カトマンズを中心に延べ約2,900名の診療を行い、メラムチにおける防疫活動やトリブバン大学でのメンタルヘルスに関する講義を実施した。

ニュージーランドにおける地震被害に対する国際緊急援助活動

1．経緯

(1) 平成28年11月13日午後8時ごろ（日本時間）、ニュージーランド南島を震源とする地震が発生（M7.8）

(2) 同月15日、ニュージーランド政府から我が国に対し、P－1哨戒機（ニュージーランドにおける多国間訓練等に参加するため同国に派遣）による被災状況の確認のための飛行について要請。国際緊急援助活動の実施に関する自衛隊行動命令を発出し、活動開始。被災状況の確認のための飛行を実施。

(3) 同18日、防衛大臣から「国際緊急援助活動の終結に関する自衛隊行動命令」を発出、活動を終了。

2．派遣部隊の概要

・ニュージーランド国際緊急援助航空隊

任　務：被災状況の確認

人　員：約30名

装　備：P－1哨戒機×1機

3．活動実績

(1) 上空からの被災状況の確認のため、11月15日から18日までに3回、計約11時間の飛行を実施。

4. 在外邦人等の保護措置

1. 自衛隊法上の規定

○自衛隊法第84条の3(「在外邦人等の保護措置」)は、領域国の同意に基づく「武力の行使」を伴わない警察的な活動として行われるものである。この場合における警察的な活動とは、我が国の法執行としての警察活動とは別のものであり、本来、当該領域国が行うべき在外邦人等の生命又は身体の保護を、当該領域国の同意を得て当該領域国の統治権の一部である警察権を補完・代行する事実行為として、自衛隊の部隊等が行うものである。

○在外邦人等の保護措置は、「外国における緊急事態」において、外務大臣からの保護のための措置を行うことの依頼に基づき、以下の要件のいずれにも該当すると認めるときは、防衛大臣は、内閣総理大臣の承認を得て、部隊等に当該保護措置を行わせることができると規定。

①外国の領域の「在外邦人等の保護措置」を行う場所において、当該外国の権限ある当局が現に公共の安全と秩序の維持に当たっており、戦闘行為が行われることがないと認められること(第84条の3第1項第1号)

②自衛隊が当該保護措置(武器の使用を含む。)を行うことについて、当該外国又は国連決議に従って当該外国において施政を行う機関の同意があること(第84条の3第1項第2号)

③予想される危険に対応して当該保護措置をできる限り円滑かつ安全に行うための自衛隊の部隊等と当該外国の権限ある当局との間の連携及び協力が確保されることが見込まれること(第84条の3第1項第3号)

○当該保護措置において、保護を要する邦人以外に、外務大臣から保護することを依頼された外国人のほか、邦人とともに監禁されていることが判明した外国人等その他の保護措置と併せて保護を行うことが適当と認められる者を保護することができる。

○在外邦人等の保護措置に従事する自衛官には、第84条の3第1項第1号及び第2号の要件のいずれにも該当する場合であって、その職務を行うに際し、自己若しくは保護措置の対象である邦人若しくはその他の保護対象者の生命若しくは身体の防護又はその職務を妨害する行為の排除のためやむを得ない必要があると認める相当の理由がある場合には、その事態に応じ合理的に必要と判断される限度で武器を使用することができる(任務遂行型の武器使用)。ただし、正当防衛又は緊急避難に該当する場合のほか、人に危害を与えてはならない。また、第1号の要件に該当しない場合であっても、自己保存型の武器使用は認められる。その他、武器等防護のための武器使用権限が付与できる。

○在外邦人等の保護措置に際しての安全確保の考え方については、任務の実施に際し、邦人及び派遣された隊員の安全の確保について見通しが立つことが任務の実施の前提であることを踏まえつつ、隊員と邦人の安全の確保のため、第

84条の3第1項第3号に、「予想される危険に対応して当該保護措置をできる限り円滑かつ安全に行うための部隊等と当該外国の権限ある当局との間の連携及び協力が確保されると見込まれること。」を要件の1つとして規定している。

2．法整備の経緯

「国の存立を全うし、国民を守るための切れ目のない安全保障法制の整備について」（平成26年閣議決定）において、国際社会の平和と安定への一層の貢献として、多くの日本人が海外で活躍し、テロなどの緊急事態に巻き込まれる可能性がある中で、当該領域国の受入れ同意がある場合には、武器使用を伴う在外邦人の救出についても対応できるようにする必要があるという認識の下、我が国として「国家又は国家に準ずる組織」が敵対するものとして登場しないことを確保した上で、領域国の同意に基づく邦人救出などの「武力の行使」を伴わない警察的な活動ができるよう法整備が進められることとなった。

5. 在外邦人等の輸送

(1) 在外邦人等の輸送の概要

1．自衛隊法上の規定

○自衛隊法第84条の4(「在外邦人等の輸送」)は、「外国における災害、騒乱、その他の緊急事態」において、外務大臣からの輸送の依頼に基づき、当該輸送を安全に実施することができると認めるときは、防衛大臣は、以下の者の輸送を行うことができると規定。

— 緊急事態に際して生命又は身体の保護を要する邦人又は外国人

— 輸送の実施に伴い自衛官に同行させる必要があると認められる者(例：我が国政府職員、企業関係者、医師等)

— 保護を要する邦人又は外国人の関係者で早期に面会させ、若しくは同行させることが適当であると認められる者(例：早期面会を希望する家族等)

○当該輸送は、自衛隊が保有する航空機、船舶により行い、特に必要があると認められる場合には、在外邦人等の輸送に適する車両(借り受けて使用するものを含む。)により行うものと規定。

○在外邦人等の輸送に従事する自衛官には自己保存型の武器使用権限及び武器等防護のための武器使用権限が付与される。

○在外邦人等の輸送については、平成6年の法整備当初から、「輸送の安全」の確保が規定されている。ここでいう「輸送の安全」が確保されているとは、邦人の輸送を安全に実施するため、航空機等の正常な運航が可能なことを意味するものであり、これは、派遣先国の空港等において、当該「輸送の安全」が確保されていない場合にあえて輸送を実施すれば輸送対象たる邦人に事故等が起こることにもなりかねず、「在外邦人の安全確保」という立法目的自体を達成することができなくなるために求められていた。

一方、当該「輸送の安全」の規定は、あたかも民間機での輸送も可能な程度に安全な場合にしか自衛隊を派遣できない、との意味に解されてしまうようなことがあった。そこで、平成25年の改正時に、その本来の趣旨(緊急事態に際しての輸送において予想される危険を回避する方策をとることにより安全に輸送できること)をより明確かつ簡潔に示す表現に改められた(内容を実施的に変更するものではない)。

2．法整備の経緯

○平成6年の法整備

在外邦人等を本邦等の安全な地域へ避難させる必要が生じた場合、従前は、民間の定期便等による自発的な避難を促すとともに、民間定期便等の利用が困難な場合には、民間機をチャーターすることにより対処することとしていた。しかしながら、民間機のチャーターについては、民間航空会社との調整に手間取るなどの問題(※)があった。このため、平成4年4月、政府専用機が防衛庁へ移管されたことを機に、政府として、当該政府専用機等により在外邦人輸送を行うこととし、平成6年11月に自衛隊法を改正した(第100条の8)。なお、平成5年11月に当該法案を提出するに当たり自衛隊の航空機の使用等に関する方針が閣議決定により示された。

(※)1985年3月のイラン・イラク紛争時、在イラン邦人出国のため、救援機派遣の準備を進めたが、結局間に合わず大多数の邦人はトルコ航空で出国することとなった事例。

○平成11年の法改正

その後、政府部内の緊急事態対処に係る検討及び日米ガイドラインに基づく周辺事態における非戦闘員退避活動の実効性確保に係る検討を背景として、平成11年5月の改正において、輸送手段に船舶、回転翼機を追加するとともに、自己等を防護するための武器使用に係る規定を整備した。また、当該改正に伴い、自衛隊の航空機の使用等に関する方針を示した閣議決定についても「輸送の準備行為」を閣議決定にかからしめる等の改正が行われた(※)。

(※)「在外邦人等の輸送のための自衛隊の航空機及び船舶の使用等について」(平成11年5月28日閣議決定)

○平成19年の法改正

平成19年1月の法改正により、在外邦人等の輸送は本来任務化され、関連条文は第八章の雑則(第100条の8)から第六章の自衛隊の行動(第84条の3)に規定することとした。

○平成25年の法改正

平成25年1月に発生した在アルジェリア邦人に対するテロ事件を受け、政府検証委員会や与党PT等の提言を踏まえ、緊急事態に際する在外邦人の保護を強化する一環として、自衛隊法の在外邦人等の輸送に関する規定の改正を行った。主な改正点は以下の4点。

— 「輸送の安全」についての規定を「予想される危険を回避し、輸送を安全に実施できるとき」と改め、その本来の趣旨をより明確に表現すること(内容を実施的に変更するものではない)。
— 輸送対象者の範囲を拡大し、政府職員や医師、企業関係者、家族などを輸送できるようにすること。
— 自衛隊が用いる輸送手段として、車両を加えること。
— 以上の改正に伴い、武器使用に係る規定について防護対象者を拡大し、武器使用できる場所を追加すること(武器使用権限は自己保存型のまま)。

また、車両による陸上輸送を可能とする当該改正に伴い、在外邦人等の輸送の手段として航空機及び船舶を想定した従来の閣議決定についても、改正を実施した(※)。

(※)「自衛隊による在外邦人等の輸送の実施について」(平成25年11月

29日閣議決定）

○平和安全法制による法改正

平和安全法制により、新たに「在外邦人等の保護措置」を自衛隊法第84条の3として追加したことに伴い、同法第84条の4に移動。

(2) 自衛隊法第84条の4に基づく邦人輸送の実績と準備行為

1．邦人輸送の実績

(1) 在イラク邦人等の輸送（平成16年4月）

（活動内容）イラクからクウェートまでのC−130Hによる邦人等の輸送

（開 始 時）14日、外務省から防衛庁宛の輸送の依頼を受け、同日、輸送の実施に関する命令を発出。翌15日、輸送を実施。

(2) 在アルジェリア邦人等の輸送（平成25年1月）

（活動内容）アルジェリア（ウアリ・ブーメディアン空港）から本邦（羽田空港）までのB−747政府専用機による邦人7名の輸送

（開 始 時）21日、外務大臣から防衛大臣宛の輸送の依頼を受け、同日、輸送の実施に関する命令を発出。25日に輸送を完了。同日、輸送の終結に関する命令を発出。

(3) 在バングラデシュ邦人等の輸送（平成28年7月）

（活動内容）バングラデシュ・ダッカから本邦（羽田空港）まで、B−747政府専用機による遺体を含む邦人等の輸送

（開 始 時）1日、バングラデシュ・ダッカでテロリストがレストランを襲撃し、邦人7人が死亡。3日、B−747政府専用機が羽田空港を出発し、4日未明、ダッカに到着。7人の遺体を乗せて5日、羽田空港に到着。

(4) 在南スーダン邦人等の輸送（平成28年7月）

（活動内容）南スーダンからジブチまでのC−130Hによる邦人等の輸送

（開 始 時）14日、外務大臣から防衛大臣宛の輸送の依頼を受け、同日、輸送の実施に関する命令を発出。同日、輸送を完了。

2．邦人輸送の準備行為

(1) 在カンボディア邦人等の輸送（平成9年7月）

（活動内容）在外邦人等の輸送を行うための準備行為として、C−130H×3をタイ・ウタパオ空港に移動。

（開 始 時）9日、外務大臣から防衛庁長官宛の準備行為開始依頼を受け、同日、実施態勢の確立に関する命令を発出（那覇まで前進）、3日後の12日、外務省の準備行為としての国外への移動依頼を受け、同日、実施態勢の確立に関する命令を発出。

（撤 収 時）16日、外務省の撤収に関する依頼を受け、同日、輸送の実施態勢の解除に関する命令を発出。

(2) 在インドネシア邦人等の輸送（平成10年5月）

（活動内容）在外邦人等の輸送を行うための準備行為として、C−130H×6を

シンガポール・パヤレバ空港に移動。
（開 始 時）17日、外務大臣から防衛庁長官宛ての準備行為依頼を受け、同日、長官の準備指示を発出し、翌18日、態勢確立に関する命令（いわゆる準備命令）を発出。
（撤 収 時）26日、外務大臣から防衛庁長官宛の撤収依頼文書を受け、同日、輸送の実施態勢の解除に関する命令を発出。

⑶ 在インド・在パキスタン邦人等の輸送（平成14年6月）
（活動内容）B－747、C－130H、U－4、誘導隊を含む編成準備・国内待機
（開 始 時）7日、外務大臣から防衛庁長官宛の準備行為依頼を受け、同日、輸送の準備に関する長官指示を発出。
（終 了 時）26日、外務大臣から防衛庁長官宛の準備行為解除依頼を受け、同日、措置の終了に関する長官指示を発出。

⑷ 在クウェート邦人等の輸送（平成15年3月）
（活動内容）B－747×2機が国内待機
（開 始 時）7日、外務大臣から防衛庁長官宛の準備行為依頼を受け、同日、実施態勢の確立に関する命令を発出。
（終 了 時）25日、外務大臣から防衛庁長官宛の準備行為解除依頼を受け、同日実施態勢の解除に関する命令を発出。

6. 旧テロ対策特措法について

1．名称

平成13年9月11日のアメリカ合衆国において発生したテロリストによる攻撃等に対応して行われる国際連合憲章の目的達成のための諸外国の活動に対して我が国が実施する措置及び関連する国際連合決議等に基づく人道的措置に関する特別措置法

2．目的

この法律は、

① 平成13年9月11日にアメリカ合衆国において発生したテロリストによる攻撃（「テロ攻撃」）が国連安保理決議第1368号において国際の平和と安全に対する脅威と認められたことを踏まえ、

② あわせて、安保理決議第1267号、第1269号、第1333号その他の安保理決議が、国際テロリズム行為を非難し、国連加盟国に対しその防止等のために適切な措置をとるよう求めていることにかんがみ、

我が国が国際的なテロリズムの防止・根絶のための国際社会の取組に積極的かつ主体的に寄与するため、次の事項を定め、もって我が国を含む国際社会の平和及び安全の確保に資することを目的とする。

・テロ攻撃による脅威の除去に努めることにより国連憲章の目的達成に寄与する米国等の軍隊等（「諸外国の軍隊等」）の活動に対して我が国が実施する措置等

・国連決議又は国際連合等の要請に基づき、我が国が人道的精神に基づいて実施する措置等

3．基本原則

(1) 政府は、協力支援活動、捜索救助活動、被災民救援活動その他の必要な措置（「対応措置」）の適切かつ迅速な実施により、国際的なテロリズムの防止・根絶のための国際社会の取組に我が国として積極的かつ主体的に寄与し、もって我が国を含む国際社会の平和及び安全の確保に努める。

(2) 対応措置の実施は、武力による威嚇又は武力の行使に当たるものであってはならない。

(3) 以下の地域において対応措置を実施する。

① 我が国領域

② 現に戦闘行為が行われておらず、かつ、そこで実施される活動の期間を通じて戦闘行為が行われることがないと認められる次に掲げる地域

・公海及びその上空

・外国の領域（当該外国の同意がある場合に限る。）

(4) 内閣総理大臣は、対応措置の実施に当たり、基本計画に基づいて、内閣を代表して行政各部を指揮監督する。

(5) 関係行政機関の長は、対応措置の実施に関し、相互に協力する。

4．我が国が実施する活動

(1) 協力支援活動

① 諸外国の軍隊等に対する物品・役務の提供、便宜の供与その他の措置。

② 自衛隊を含む関係行政機関が実施する。

③ 自衛隊が行う物品・役務の提供の種類は、補給、輸送、修理・整備、医療、通信、空港・港湾業務、基地業務（ただし、武器・弾薬の補給、戦闘作戦行動のために発進準備中の航空機に対する給油・整備及び外国の領域における武器・弾薬の陸上輸送は行わない。）。

(2) 捜索救助活動

① 戦闘行為によって遭難した戦闘参加者（戦闘参加者以外の遭難者が在るときは、これを含む。）の捜索・救助を行う活動。

② 自衛隊の部隊等が実施する。

③ 捜索救助活動の実施に伴う協力支援活動としての物品・役務の提供の種類は、補給、輸送、修理・整備、医療、通信、宿泊、消毒（ただし、武器・弾薬の補給、戦闘作戦行動のために発進準備中の航空機に対する給油・整備及び外国の領域における武器・弾薬の陸上輸送は行わない。）。

(3) 被災民救援活動

① テロ攻撃に関連した国連決議又は国際連合等の要請に基づき、被災民を救援するために実施する、食糧・衣料・医薬品等の生活関連物資の輸送、医療その他の人道的精神に基づく活動。

② 自衛隊を含む関係行政機関が実施する。

5．基本計画

(1) 閣議決定される基本計画には、対応措置に関する基本方針のほか、上記4に掲げる各活動に関し、その種類・内容、実施する区域の範囲及び当該区域の指定に関する事項等を定める。

(2) 対応措置を外国の領域で実施する場合には、当該外国政府と協議して、実施する区域の範囲を定める。

6．関係行政機関による対応措置の実施等

(1) 防衛大臣は、基本計画に従い、実施要項において具体的な実施区域を指定し、内閣総理大臣の承認を得て、自衛隊の部隊等に協力支援活動としての物品・役務の提供、捜索救助活動及び被災民救援活動の実施を命ずる。

(2) 防衛大臣は、実施区域の全部又は一部が法律又は基本計画に定められた要件を満たさないものとなった場合、速やかに、その指定の変更又は活動の中断を命ずる。

(3) 上記 (1) のほか、防衛大臣その他の関係行政機関の長は、法令及び基本計画に従い、対応措置を実施する。

7．物品の無償貸付及び譲与

内閣総理大臣、各省大臣等は、その所管に属する物品（武器・弾薬を除く。）につき、諸外国の軍隊等又は国際連合等からその活動の用に供するため当該物品の無償貸付又は譲与を求める旨の申し出があった場合、当該活動の円滑な実施に必要であると認めるときは、所掌事務に支障を生じない限度において、当該申し出に係る物品を無償で貸し付け、又は譲与することができる。

8．国会の承認・国会への報告

(1) 内閣総理大臣は、自衛隊の部隊等による協力支援活動、捜索救助活動又は被災民救援活動を開始した日から二十日以内に国会に付議して（国会が閉会中又は衆議院が解散している場合には、その後最初に召集される国会において速やかに）、これらの対応措置の実施につき国会の承認を求めなければならない。

政府は、不承認の議決があったときは、速やかに、当該活動を終了させなければならない。

(2) 内閣総理大臣は、基本計画の決定・変更があったときはその内容を、また、基本計画に定める対応措置が終了したときはその結果を、遅滞なく国会に報告しなければならない。

9．武器の使用

(1) 自衛隊の部隊等の自衛官は、自己又は自己と共に現場に所在する他の自衛隊員若しくはその職務を行うに伴い自己の管理の下に入った者の生命・身体の防護のためやむを得ない必要があると認める相当の理由がある場合には、その事態に応じて合理的に必要と判断される限度で、武器を使用することができる。

(2) 武器の使用は、当該現場に上官が在るときは、原則としてその命令によらなければならない。この場合、上官は、統制を欠いた武器の使用によりかえって生命・身体に対する危険又は事態の混乱を招くこととなることを未然に防止し、武器の使用が適正に行われることを確保する見地から必要な命令をする。

(3) 武器の使用に際し、正当防衛又は緊急避難に該当する場合のほか、人に危害を与えてはならない。

（注）自衛隊法第95条（武器等防護のための武器使用）は適用する。

10．その他

(1) この法律は、公布の日から施行する。

(2) この法律を受けて、自衛隊がその任務遂行に支障を生じない限度において協力支援活動等を実施できる旨を自衛隊法に規定する。

(3) この法律は、施行の日から6年で効力を失うが、必要がある場合、別に法律で定めるところにより、2年以内の期間を定めて効力を延長することができる。（再延長においても同様。）

7. 旧テロ対策特措法に基づく対応措置の結果

1. 経緯

(1) 国際社会の動向

平成13年9月11日、アメリカ合衆国(以下「米国」という。)において、4機の米国国内線民間航空機がほぼ同時にハイジャックされ、米国の経済、国防を象徴する建物等に突入するという同時多発テロ(以下「9. 11テロ」という。)が発生した。この9. 11テロにより、日本人24名を含む2973名(平成16年7月22日付け米国9. 11国家委員会報告書による。)が犠牲となった。この9. 11テロは、ウサマ・ビン・ラーディン率いるアル・カイダが関与したとされた。

9. 11テロ発生を受けて、翌日の9月12日、国際連合(以下「国連」という。)安全保障理事会(以下「安保理」という。)は、決議第1368号を全会一致で採択した。この決議は、①個別的又は集団的自衛の固有の権利を認識し、②9. 11テロが国際の平和及び安全に対する脅威であると認め、③国際テロ対策関連諸条約及び関連安保理決議の完全な実施によりテロ行為を防止し、抑止するための国際社会の一層の努力を求めた。このほか、G8、NATO、EU等や多くの国が、国際テロを強く非難し、テロと闘っていく姿勢を表明した。

当時、アフガニスタンの国土の大半を支配していたタリバン政権は、人権侵害、麻薬栽培支援等の批判を受けていたが、特に、平成10年8月のケニア、タンザニアにおける米国大使館爆破事件以降、同事件の首謀者との疑いがあるウサマ・ビン・ラーディン及びアル・カイダを庇護したことから、国際社会の非難を受けていた。安保理は、決議第1267号、決議第1333号等の安保理決議を累次採択し、タリバン政権に対して、ウサマ・ビン・ラーディンの引渡しやテロリストの訓練施設の閉鎖等を要求し、タリバン及びウサマ・ビン・ラーディンに対する制裁を科してきていた。しかし、タリバン政権は、9. 11テロ発生後も、アル・カイダの指導者等の引き渡しやテロリストの訓練施設の閉鎖等の要求を拒否した。

このような状況を踏まえ、米国及び英国は、平成13年10月7日に、アル・カイダ及びそれを支援しているタリバン政権に対して、米国等に対する更なる攻撃を防止し、阻止するために、「不朽の自由」作戦(Operation Enduring Freedom。以下「OEF」という。)の下、アフガニスタンにあるアル・カイダのテロリストの訓練施設やタリバンの軍事施設への攻撃等の行動を開始した。また、米英を含む関係国は、国連憲章第51条に従って、個別的又は集団的自衛の固有の権利を行使した旨を安保理に報告した。この軍事行動の結果、同年11月にはタリバン政権は崩壊し、12月に「ボン合意」を経てアフガニスタンにカルザイ暫定政権が成立した。

こうしたアフガニスタンの領域内における活動と並行して、平成13年10月には、OEFの海上での作戦として、インド洋において、アル・カイダ等のテロリストの移動や武器弾薬、麻薬等の関連物資の輸送を防止し、抑制するための海上阻止活動も開始された。

このような米国を含む各国の行動は、国連加盟国に対してテロリズムの防止等のために適切な措置をとることを求める安保理決議第1368号を始めとする累次の安保理決議に示されている国連の意思を反映した活動であると評価することができる。

(2) 自衛隊の派遣

9. 11テロは、米国のみならず人類全体に対する卑劣かつ許し難い行為である。これに対し、世界の国々が、立場の違いを超えて非人道的なテロリズムを非難し、力を合わせて立ち向かうことを決意した。安保理決議の第1368号は、こうした国際社会の一致した意思を示したものである。

我が国もテロリズムとの闘いを自らの問題と認識して主体的に取り組むとの方針を、平成13年9月19日、テロ対策関係閣僚会議で決定した。この方針の下、政府は、9. 11テロが安保理決議第1368号において国際平和及び安全に対する脅威と認められたことを踏まえ、あわせて、同決議第1267号、第1269号、第1333号その他の安保理決議が、国際的なテロリズムの行為を非難し、国連のすべての加盟国に対しその防止等のために適切な措置をとることを求めていることにかんがみ、我が国が国際的なテロリズムの防止及び根絶のための取組に積極的かつ主体的に寄与することは国益にもかなうとの立場に立ち、我が国としてできる限りの支援、協力を行うこととした。政府は、平成13年10月5日、第153回臨時国会に旧平成十三年九月十一日のアメリカ合衆国において発生したテロリストによる攻撃等に対応して行われる国際連合憲章の目的達成のための諸外国の活動に対して我が国が実施する措置及び関連する国際連合決議等に基づく人道的措置に関する特別措置法(平成13年法律第113号。以下「テロ対策特措法」という。)案を提出、同年10月29日、同法案は、可決、成立した。これを受け、我が国は同法に基づき、協力支援活動、捜索救助活動及び被災民救援活動その他の必要な措置(以下「対応措置」という。)を適切かつ迅速に実施することとした。

平成13年11月2日、旧テロ対策特措法の公布、施行後、同年11月16日に同法第4条に基づき、対応措置に関する基本計画(以下「基本計画」という。)が閣議決定され、同年11月20日、同法第7条に基づき、防衛庁長官(当時)が実施要項を定め、内閣総理大臣の承認を得て、自衛隊の部隊等に対し対応措置の実施に関する命令を発出し、自衛隊による対応措置が開始された。その後、同年11月30日、同法第5条に基づき、基本計画に定められた対応措置の実施について国会の承認が得られた。

旧テロ対策特措法は、施行の日から2年で効力を失う時限法であるが、必要がある場合、別に法律で定めるところにより、2年以内の期限を定めて効力を延長することができる旨を規定しており、同法が失効するまでの間に、3回にわたり法律の効力が延長された。なお、基本計画及び実施要項は、約半年毎に派遣期間が見直され、同法が失効するまでの間に、12回の派遣期間の延長等に係る変更を行った。

2．対応措置の実施の結果に関する事項

(1) 協力支援活動の概要

ア　海上自衛隊による活動

（ア）海上自衛隊による補給活動の実績

(a) 海上自衛隊の艦艇の派遣状況

平成13年11月20日から平成19年11月1日までの間、海上自衛隊の艦艇延べ59隻、人員延べ約1万900名がインド洋に派遣され、OEF(海上阻止活動を含む。)に従事する諸外国の軍隊等の艦船に対し艦船用燃料、艦艇搭載ヘリコプター用燃料及び水の補給等の協力支援活動等を実施した(艦艇搭載ヘリコプター用燃料及び水の補給については、各国からのニーズを踏まえ、平成16年10月26日、基本計画及び実施要項を変更し、補給品目に追加したもの。)。

補給艦については、我が国が現在保有している「はまな」「とわだ」「ときわ」「ましゅう」及び「おうみ」の全5隻が活動に従事し、これに随伴する艦艇については、派遣時の状況を勘案し、ヘリコプター搭載護衛艦、汎用護衛艦、ミサイル護衛艦(イージス艦を含む。)を派遣した。

海上自衛隊の艦艇の派遣規模は、当初5隻(補給艦2隻及び護衛艦3隻)であったが、補給の対象となる諸外国の軍隊等の艦艇の隻数が減少したことから、平成14年11月以降、補給艦1隻及び護衛艦2隻の計3隻の体制とし、その後、平成17年7月以降は、警戒監視や護衛に関するノウハウの蓄積や練度の向上を踏まえ、補給艦1隻及び護衛艦1隻の計2隻の体制とした。

なお、平成19年11月2日に旧テロ対策特措法が失効したことにより、派遣されていた護衛艦「きりさめ」は同年11月22日、海上自衛隊佐世保基地に、補給艦「ときわ」は同年11月23日、東京港晴海埠頭に帰港した。

(b) 補給の実施要領

海上自衛隊の艦艇が実施した洋上における艦船用燃料等の補給は、海上自衛隊の補給艦と補給対象の艦船が、給油用のホースを繋いだまま、40～50メートルの間隔を保ち、速力12ノット(時速約20キロメートル)程度の速度を維持しながら併走し、補給量に応じて1艦あたり1時間程度から、場合によっては5～6時間以上にわたり継続する活動である。

この間、乗組員は不測の事態に備えて総員で対応し、護衛艦及び艦艇搭載ヘリコプターは、脆弱な状態にある補給艦を護衛するため、当該海域を警戒するための活動に従事した。

(c) 補給の実績

平成13年11月20日から平成19年11月1日までの間に、艦船用燃料については、計794回、約49万キロリットル、艦艇搭載ヘリコプター用燃料については、計67回、約990キロリットル、水については、計128回、約6,930トンの補給を実施した。なお、艦艇搭載ヘリコプター用燃料及び水の補給は、艦船用燃料の補給と同時に実施した。

活動開始当初の平成13年度は、補給対象艦船のほとんどが米国の艦船であったが（平成13年度の補給量及び補給回数の約98パーセントが米国向け）、その後、補給対象国を拡大し、平成14年度以降は、徐々に米国以外の国に対する補給の比率が増加し、平成19年度の米国以外の国に対する補給回数の比率は約85パーセント（補給量の比率は約67パーセント）となった。

(d) 補給実施海域

海上自衛隊の補給艦が補給を実施した海域は、基本計画及び実施要項に定められたインド洋（ペルシャ湾を含む。）等の実施区域の範囲内で、オマーン湾と北アラビア海が中心であった。海域ごとの補給回数は、オマーン湾625回、北アラビア海134回、アデン湾28回、ペルシャ湾2回、ムンバイ沖2回及びインド洋中部3回である。

(e) 補給対象艦船

補給の対象になった艦船の種類は、巡洋艦、駆逐艦、フリゲート艦、揚陸艦、巡視船、航空訓練支援艦、沿岸警備艦、補給艦、給弾艦、戦闘給糧艦である。

また、補給艦に対する補給は、活動開始当初の平成13年度、全体の補給回数58回中42回を占めていたが、平成19年度は、54回中2回であった。

(f) 提供した物品（艦船用燃料、艦艇搭載ヘリコプター用燃料、水）の適切な使用の確保

我が国が旧テロ対策特措法に基づき、諸外国の軍隊等に提供した艦船用燃料等の物品は、諸外国の軍隊等により同法の趣旨に沿って適切に使用される必要がある。

我が国は、補給対象国との間で、交換公文を締結し、同交換公文には、我が国が行う補給は旧テロ対策特措法に基づくものであることを明記するとともに、同交換公文の締結やその後の調整に当たっての当該対象国との協議の場（例えば、日米間では局長級の協議を実施した。）において、累次同法の趣旨について説明してきた。

さらに、バーレーンに所在する海上阻止活動の司令部に派遣された海上自衛隊の連絡官が、他国の連絡官等と文書等により連絡調整を行い、海上自衛隊による補給対象の艦船が、旧テロ対策特措法に規定する諸外国の軍隊等の活動に従事していることを確認してきた（なお、平成13年12月に連絡官が派遣されるまでの間は、海上自衛隊自衛艦隊司令部が直接米海軍との調整を実施した。）。

このように、海上自衛隊による補給は、補給対象国との確かな信頼関係の下、現場でその都度確認を行った後に実施していたものであり、我が国が提供した物品は、旧テロ対策特措法の趣旨に沿って適切に使用されたものと認識している。

(イ) 海上自衛隊による輸送活動の実績

海上自衛隊の艦艇は、協力支援活動として次の輸送活動を実施した。

・平成14年2月21日、米艦艇に対し、物品(日用品、郵便物)約1トンの輸送を実施

・平成15年2月3日、タイ王国の建設用重機等の輸送のため、護衛艦「いかづち」が横須賀を出港し、同年2月4日、輸送艦「しもきた」が呉を出港。「いかづち」及び「しもきた」は、タイ王国からインド洋沿岸国までの輸送を実施した後、同年3月28日に、それぞれ横須賀及び呉に帰港

・平成16年6月28日、仏艦艇に対して物品(書類)の輸送を実施

イ 航空自衛隊による活動

平成13年11月20日から平成19年11月1日までの間、航空自衛隊の部隊は、協力支援活動として、国内の在日米軍基地間及びグアム方面への空輸を計381回(国内輸送計366回、国外輸送計15回)実施し、主として航空機用エンジン、部品、整備器材、衣服などの米軍貨物約3,396トン、米軍人等389名を輸送した。

活動開始当初は、C−130輸送機及びU−4多用途支援機により国内及び国外輸送を実施し、国外輸送については、平成14年4月まで実施した。

平成14年7月以降、C−130輸送機に係る教育訓練体制の維持や他の輸送需要への対応を勘案し、C−130輸送機に加えC−1輸送機による輸送を開始し、その後、平成16年7月以降は、イラクにおける人道復興支援活動及び安全確保支援活動の実施に関する特別措置法(平成15年法律第137号)に基づくC−130輸送機の派遣体制(クウェートに3機派遣)を維持するため、C−1輸送機のみによる国内輸送を実施した。

(2) 被災民救援活動の概要

平成13年11月9日、我が国は、関係省庁の担当職員による調査団をパキスタンに派遣し、アフガニスタンからの被災民の状況及び救援のニーズについて調査を行った。

パキスタン国内の難民キャンプでは、国際連合難民高等弁務官事務所(以下「UNHCR」という。)を始めとする人道援助機関が救援活動を実施しており、生活関連物資についてニーズがあったことから、UNHCRの要請に基づき、内閣府国際平和協力本部が備蓄していたテント・毛布等をUNHCRに提供した。

平成13年11月25日、これらの物資をパキスタンに輸送するため、掃海母

艦「うらが」が横須賀を出港し、護衛艦「さわぎり」が随伴した。

「うらが」は、平成13年12月12日にパキスタンのカラチ港に到着し、テント・毛布等のUNHCRへの引渡しを実施した後、同年12月31日に横須賀に帰港した。「さわぎり」は、随伴任務を終了した後、補給艦「とわだ」とともに協力支援活動に従事し、平成14年4月25日に佐世保に帰港した。

提供・輸送した物資は、以下のとおりであり、他国の救援物資とともにUNHCRの救援活動で活用された。

・テント1,025張、109トン
・毛布18,600枚、28トン
・ビニールシート7,925枚、36トン
・スリーピングマット19,980枚、24トン
・給水容器19,600個、4トン

3．対応措置の実施の評価

(1) 自衛隊による活動の意義及び成果

ア　海上自衛隊による補給活動

我が国が旧テロ対策措置法に基づき実施した対応措置は、国際社会が取組む「テロとの闘い」の一端を担ってきた。

海上自衛隊が補給支援を行ったインド洋における海上阻止活動を実施している諸外国の軍隊等の艦船は、インド洋を航行する不審船舶等に対して無線照会や乗船調査を行い、テロリストにインド洋を自由にさせないという抑止の観点からも重要な役割を果たしており、テロの脅威が世界各地に拡散することを防止し、抑止する効果を上げている。また、アフガニスタン国内のテロリストの移動や物資・資金調達を含む活動の制約要因になることによって、アフガニスタンの治安・テロ対策や民生支援の円滑な実施を下支えしている。さらに、海上阻止活動は、結果としてインド洋における海上交通の安全の確保にも貢献しており、原油需要の約9割を中東から輸入する我が国にとって、中東地域から我が国への海上輸送路に当たるこの海域の平和と安定が維持されることは極めて重要なことである。

海上自衛隊による補給支援は、諸外国の軍隊等がこのような海上阻止活動を行うための重要な基盤となるとともに、同活動に参加している諸外国の軍隊等の作戦効率の向上に大きく寄与した。すなわち、補給艦による洋上補給は、広範な海域で海上阻止活動を効率的に実施するために重要な役割を担っており、各国の艦船は、洋上補給を受けることにより、補給のために寄港することなく活動を継続することが可能となる。また、補給艦による洋上補給は高い技術と能力が必要とされる活動であり、洋上補給を長期間にわたって安定的に実施し得る国は我が国を含め限られている。我が国が派遣した補給艦は、平成19年10月時点で、海上阻止活動を支援する補給艦（燃料補給を任務とするもの）4隻のうち1隻であった。

海上自衛隊の高い技術と能力をいかした補給活動は、我が国にとってふさわしい形の活動であり、海上阻止活動が前記のような役割を果たす上で大きく貢献した。このような海上自衛隊による補給活動については、これまでに国連やアフガニスタン、パキスタン、米国を含む各国から様々な機会に評価や謝意が表されている。

旧テロ対策特措法に基づく補給活動は、日中気温は40度、甲板の温度は70度に達し、湿度は90パーセント、不快指数はほぼ全員が不快を感じる80を超え、100に達する環境において、高度な操艦技術と忍耐を求められる作業であり、艦上での生活は、往復に要する期間を含め4～6カ月と長期にわたるなど、厳しい勤務条件の下で実施されてきた。さらに、補給艦「はまな」及び「とわだ」はそれぞれ6回派遣され、最も多く派遣された隊員の派遣回数は6回に及ぶなど、6年にわたり活動を継続することは決して容易ではなかった。

このような状況下で、自衛隊が対応措置を整斉と遂行することができたのは、活動に従事した隊員の正確かつ真摯な仕事ぶり、責任感の強さ、規律の厳正さによるところが大きいと考えられ、それに加えて、様々な酷暑対策の工夫や福利厚生面の改善策を講じ、隊員の負担の軽減に努めたことも寄与していると考えている。

海上自衛隊派遣艦艇は、6年にわたり、インド洋において多様な国々と共に活動を実施したが、この活動を通じ、海上自衛隊の補給技術は極めて信頼性の高いものであることが確認され、また、各種業務についてのノウハウ・知見の蓄積・共有が進み、長期間継続して洋上補給を実施する能力を向上させることができたと考える。

イ　その他の対応措置

航空自衛隊による空輸活動は、「テロとの闘い」において主要な役割を担う米軍への支援を行ったものであり、その他の協力支援活動と相まって、旧テロ対策特措法に規定する諸外国の軍隊等の活動の効率性向上に寄与し、国際社会による「テロとの闘い」に貢献した。

また、被災民救援活動についても、UNHCRからの要請に迅速かつ的確に応えることができた。

(2)　今後の課題

我が国は、平成3年のペルシャ湾への掃海艇派遣、平成4年のカンボジアにおける国際平和協力業務の実施以来、国際平和協力活動を通じ、国際社会の平和と安定に貢献してきたが、今回の6年間に及ぶ旧テロ対策特措法に基づく活動の貴重な経験を、今後の自衛隊による国際平和協力活動の在り方の検討やその実施にいかしていくことが肝要であると考えている。

また、今後、新たな法律の下で自衛隊が補給活動を再開することとなる場合には、今回の経験を踏まえ、次の点について、留意する必要があると考えている。

ア　旧テロ対策特措法に基づく自衛隊の活動については、可能な限り情報の開示に努めてきたが、引き続き、国民の理解が得られるよう、関係国とも調整の上、活動に関する情報を、国民及び国会に対し、できるだけ提供していく必要がある。

イ　防衛省において、海上自衛隊の派遣艦艇から報告された補給量の取り違えが発生し、誤った補給量が公表され、さらにその誤りを認識していた者がいたにもかかわらず、数値の訂正がなされなかったという事例が発生したことを踏まえ、自衛隊の活動に関する情報の正確な伝達及び公表する数値等の確認について、万全を期す必要がある。

ウ　我が国が諸外国の軍隊等に提供した艦船用燃料については、旧テロ対策特措法の趣旨に沿って適切に使用されたものと確認しているが、国会等において、適切な使用がなされていないのではないかとの指摘があり、防衛省は全ての補給実績について、改めて艦船用燃料が適切に使用されていることを確認した。今後とも、自衛隊が同様の活動を実施するにあたっては、引き続き、我が国が補給する艦船用燃料等が適切に使用されるよう、新たな交換公文の締結やバーレーンに所在する司令部における入念な確認など適切な措置を講ずる必要がある。

8. 旧補給支援特措法について

1．名称

テロ対策海上阻止活動に対する補給支援活動の実施に関する特別措置法

2．目的

この法律は、

① 我が国がテロ対策海上阻止活動（※）を行う諸外国の軍隊等に対し旧テロ対策特措法（平成13年法律第113号）に基づいて実施した海上自衛隊による給油その他の協力支援活動が国際的なテロリズムの防止及び根絶のための国際社会の取組に貢献し、国連安保理決議第1776号においてその貢献に対する評価が表明されたことを踏まえ、

② あわせて、平成13年9月11日にアメリカ合衆国において発生したテロリストによる攻撃によってもたらされている脅威（「テロ攻撃による脅威」）がいまだ除去されていない現状において、安保理決議第1368号、第1373号その他の安保理決議が国連加盟国に対し国際的なテロリズムの行為の防止等のために適切な措置をとることを求めていることを受けて、国際社会が国際的なテロリズムの防止及び根絶のための取組を継続し、その一環として、諸外国の軍隊等がテロ攻撃による脅威の除去に努めることにより国連憲章の目的の達成に寄与する活動を行っていること、及び安保理決議第1776号において当該活動の継続的な実施の必要性が強調されていることにかんがみ、

テロ対策海上阻止活動を行う諸外国の軍隊等に対し補給支援活動を実施することにより、我が国が国際的なテロリズムの防止及び根絶のための国際社会の取組に引き続き積極的かつ主体的に寄与し、もって我が国を含む国際社会の平和及び安全の確保に資することを目的とする。

※テロ対策海上阻止活動…諸外国の軍隊等が行っているテロ攻撃による脅威の除去に努めることにより国連憲章の目的の達成に寄与する活動のうち、テロリスト、武器等の移動を国際的協調の下に阻止し及び抑止するためインド洋上を航行する船舶に対して検査、確認その他の必要な措置を執る活動。

3．基本原則

(1) 政府は、補給支援活動を適切かつ迅速に実施することにより、国際的なテロリズムの防止及び根絶のための国際社会の取組に我が国として積極的かつ主体的に寄与し、もって我が国を含む国際社会の平和及び安全の確保に努める。

(2) 補給支援活動の実施は、武力による威嚇又は武力の行使に当たるものであってはならない。

(3) 以下の地域において補給支援活動を実施する。

① 我が国領域

② 現に戦闘行為が行われておらず、かつ、そこで実施される活動の期間を通じて戦闘行為が行われることがないと認められる次に掲げる地域

・公海（インド洋（ペルシャ湾を含む。）及び我が国の領域とインド洋との間の航行に際して通過する海域に限り、排他的経済水域を含む。）及びその上空

・外国（インド洋又はその沿岸に所在する国及び我が国の領域とこれらの国との間の航行に際して寄港する地が所在する国に限る。）の領域（当該外国の同意がある場合に限る。）

(4) 内閣総理大臣は、補給支援活動の実施に当たり、実施計画に基づいて、内閣を代表して行政各部を指揮監督する。

(5) 関係行政機関の長は、補給支援活動の実施に関し、防衛大臣に協力する。

4．我が国が実施する活動

補給支援活動

テロ対策海上阻止活動の円滑かつ効果的な実施に資するため、自衛隊がテロ対策海上阻止活動に係る任務に従事する諸外国の軍隊等の艦船に対して実施する自衛隊に属する物品及び役務の提供（艦船若しくは艦船に搭載する回転翼航空機の燃料油の給油又は給水を内容とするものに限る。）に係る活動

5．実施計画

閣議決定される実施計画には、補給支援活動の実施に関する基本方針のほか、その実施する区域の指定に関する事項等を定める。

6．補給支援活動の実施

(1) 防衛大臣は、実施計画に従い、実施要項において具体的な実施区域を指定し、内閣総理大臣の承認を得て、自衛隊の部隊等に補給支援活動としての物品・役務の提供の実施を命ずる。

(2) 防衛大臣は、実施区域の全部又は一部がこの法律又は実施計画に定められた要件を満たさないものとなった場合、速やかに、その指定の変更又は活動の中断を命ずる。

7．物品の無償貸付及び譲与

防衛大臣等は、その所管に属する物品（艦船若しくは艦船に搭載する回転翼航空機の燃料油並びに水に限る。）につき、諸外国の軍隊等からテロ対策海上阻止活動の用に供するため当該物品の無償貸付又は譲与を求める旨の申出があった場合、当該テロ対策海上阻止活動の円滑な実施に必要であると認めるときは、所掌事務に支障を生じない限度において、当該申出に係る物品を無償で貸し付け、又は譲与することができる。

8．国会への報告

内閣総理大臣は、実施計画の決定又は変更があったときはその内容を、また、補給支援活動が終了したときはその結果を、遅滞なく国会に報告しなければならない。

9．武器の使用

(1) 補給支援活動の実施を命ぜられた自衛隊の部隊等の自衛官は、自己又は自己

と共に現場に所在する他の自衛隊員若しくはその職務を行うに伴い自己の管理の下に入った者の生命又は身体の防護のためやむを得ない必要があると認める相当の理由がある場合には、その事態に応じ合理的に必要と判断される限度で、武器を使用することができる。

(2) 武器の使用は、現場に上官が在るときは、原則としてその命令によらなければならない。この場合、上官は、統制を欠いた武器の使用によりかえって生命若しくは身体に対する危険又は事態の混乱を招くこととなることを未然に防止し、武器の使用が適正に行われることを確保する見地から必要な命令をする。

(3) 武器の使用に際し、正当防衛又は緊急避難に該当する場合のほか、人に危害を与えてはならない。

(注) 自衛隊法第95条（武器等防護のための武器使用）は適用する。

10. その他

(1) この法律は、公布の日から施行する。

(2) この法律を受けて、補給支援活動を実施できる旨を自衛隊法に規定する。

(3) この法律は、施行の日から1年で効力を失うが、必要がある場合、別に法律で定めるところにより、1年以内の期間を定めて効力を延長することができる。（再延長においても同様。）当該規定に基づき、補給支援特措法は、平成20年1月16日に公布・施行された後、平成20年12月に1年間期限が延長され平成22年1月15日に法の期限を迎えた。

11. 補給支援活動の経緯

平成20年1月16日	補給支援特措法の公布・施行
	実施計画の閣議決定
	実施要項の決定
1月17日	派遣海上補給支援部隊の派遣命令発出
1月24日	護衛艦「むらさめ」出港(6月4日帰港)
1月25日	補給艦「おうみ」出港(6月3日帰港)
2月21日	パキスタン艦船に対し、補給支援特措法下で初の補給を実施
6月13日	実施計画変更の閣議決定(派遣期間の延長)
12月16日	補給支援特措法一部改正法の公布・施行(法律の期限の1年間延長)
12月19日	実施計画変更の閣議決定(派遣期間の延長)
12月24日	実施要項変更の決定
平成21年7月3日	実施計画変更の閣議決定(派遣期間の延長)
	実施要項変更の決定
平成22年1月15日	補給支援特措法の期限

※平成22年1月15日までに9カ国の艦船に対し、艦船用燃料約27,005KL、艦艇搭載ヘリコプター用燃料約210KL、水約4,195KLの補給を実施。

9. 旧補給支援特措法に基づく補給支援活動の結果

1. 経緯

政府は、平成19年10月17日、第168臨時国会に、テロ対策海上阻止活動に対する補給支援活動の実施に関する特別措置法(平成20年法律第1号。以下「補給支援特措法」という。)案を提出、翌平成20年1月11日、同法案は、可決、成立した。

平成20年1月16日、補給支援特措法の公布、施行後、同日、同法第4条に基づき、補給支援活動に関する実施計画(以下「実施計画」という。)が閣議決定され、更に同日、同法第5条に基づき、防衛大臣が実施要項を定め、内閣総理大臣の承認を得た。これを受け、翌17日には、防衛大臣が、自衛隊の部隊等に対し、補給支援活動の実施に関する命令を発出、海上自衛隊による補給支援活動が開始された。

補給支援特措法は、施行の日から1年で効力を失う限時法であったが、必要がある場合、別に法律で定めるところにより、1年以内の期間を定めて効力を延長することができる旨を規定しており、同法が失効するまでの間に1回延長された。なお、実施計画及び実施要項は、約半年ごとに派遣期間が見直され、同法が失効するまでの間に、3回の派遣期間の延長に係る変更を行った。

2. 補給支援活動の結果に関する事項

(1) 海上自衛隊の艦艇の派遣状況

平成20年1月17日から平成22年1月15日までの間、海上自衛隊の艦艇延べ14隻、人員延べ約2,400名がインド洋に派遣され、テロ対策海上阻止活動に係る任務に従事する諸外国の軍隊等の艦船に対し艦船用燃料、艦艇搭載ヘリコプター用燃料及び水を補給する補給支援活動を実施した。

補給艦については、我が国が現在保有している「はまな」「とわだ」「ときわ」「ましゅう」及び「おうみ」の全5隻が活動に従事し、これに随伴する艦艇については、汎用護衛艦を派遣した。

海上自衛隊の艦艇の派遣規模は、補給艦1隻及び護衛艦1隻の計2隻の体制とした。

なお、平成22年1月15日に補給支援特措法が失効したことにより、派遣されていた護衛艦「いかづち」及び補給艦「ましゅう」は同年2月6日、東京港晴海埠頭に帰港し、鳩山内閣総理大臣出席の下、帰港行事を実施した。

(2) 補給の実施要領

海上自衛隊の艦艇が実施した洋上における艦船用燃料等の補給は、海上自衛隊の補給艦と補給対象の艦船が、給油用のホースを繋いだまま、40～50メートルの間隔を保ち、速力12ノット(時速約20キロメートル)程度の速度を維持しながら併走し、補給量に応じて1艦当たり1時間程度から、場合によっては数時間程度にわたり継続する活動である。

この間、乗組員は不測の事態に備えて総員で対応し、護衛艦及び艦艇搭載ヘリコプターは、脆弱な状態にある補給艦を護衛するため、当該海域を警戒するための活動に従事した。

(3) 補給の実績

平成20年1月17日から平成22年1月15日までの間に、艦船用燃料については、計145回、約2万7,005キロリットル、艦艇搭載ヘリコプター用燃料については、計18回、約210キロリットル、水については、計67回、約4,195トンの補給を実施した。なお、艦艇搭載ヘリコプター用燃料及び水の補給は、艦船用燃料の補給と同時に実施した。

我が国は、平成13年以降、旧平成十三年九月十一日のアメリカ合衆国において発生したテロリストによる攻撃等に対応して行われる国際連合憲章の目的達成のための諸外国の活動に対して我が国が実施する措置及び関連する国際連合決議等に基づく人道的措置に関する特別措置法(平成13年法律第113号。以下「旧テロ対策特措法」という。)に基づく活動も含めると、約8年間にわたりインド洋において補給活動を行ってきた。旧テロ対策特措法に基づく活動開始当初、補給対象国の1つである米国に対する補給量が全体の約90パーセントを占めていたが、徐々に米国以外の国に対する補給の比率が増加し、補給支援特措法に基づく補給の実績においては、米国以外の国に対する補給量の比率は約76パーセントとなった。このうち、最も多くの補給を受けた国はパキスタンであり、次にフランスとなっている。

なお、当該補給実績については、防衛省内において適切な確認を経た後、月に1度防衛省のホームページに公表する等の措置を講じ、自衛隊の活動に関する情報の開示に努めた。

(4) 補給実施海域

海上自衛隊の補給艦が補給を実施した海域は、実施計画及び実施要項に定められたインド洋(ペルシャ湾を含む。)等の実施区域の範囲内で、オマーン湾と北アラビア海が中心であった。海域ごとの補給回数は、オマーン湾122回、北アラビア海19回、アデン湾3回、ペルシャ湾1回。

(5) 補給対象艦船

補給の対象となった艦船の種類は、巡洋艦、駆逐艦、フリゲート、巡視船、多目的支援艦、補給艦であり、補給対象艦船の艦名は参考7(略)のとおりである。

(6) 提供した物品(艦船用燃料、艦艇搭載ヘリコプター用燃料、水)の適切な使用の確保

我が国が補給支援特措法に基づき、諸外国の軍隊等に提供した艦船用燃料等の物品は、同法の趣旨に沿って適切に使用される必要がある。

我が国は、補給対象国との間で、交換公文を締結し、交換公文には、補給支援特措法の目的を明記し、我が国が行う補給は補給支援特措法に基づ

くものであることを明記するとともに、交換公文を締結する両国政府は「この取極の効果的な実施のために相互に協議する」という内容の協議事項を設け、我が国が補給した燃料等が補給対象国により適正に使用されるよう必要に応じて協議することとしていた(燃料の適正な使用が確認されているため、これまで協議の実績はない。)。

さらに、バーレーンに所在し、インド洋における海上阻止活動等の任務に従事する部隊を統括する司令部において、海上自衛隊の連絡官が、補給に先立ち行う確認作業において、補給日時、補給対象艦船の名称・配属部隊、補給量や今後の活動予定等について、定型書式に記入を行うことにより、補給対象艦船がテロ対策海上阻止活動に係る任務に従事する艦船であるか確認を行った。また、補給艦に補給する場合には、以上の内容に加え、補給艦の補給先の艦船の活動予定についても確認を行い、我が国が補給した燃料の適正な使用について確認を行った。

このように、海上自衛隊による補給は、補給対象国との信頼関係の下、法律の目的を明記した交換公文を締結し、さらに、現場でその都度確認を行った後に実施していたものであり、我が国が提供した物品は、補給支援特措法の趣旨に沿って適切に使用されたものと認識している。

3．補給新活動の評価

(1) 補給支援活動の評価

広範な海域において、艦船が燃料や水等の補給のために帰港することなく、継続して必要な活動を行うためには、補給艦から洋上補給を受けることが必要である。海上自衛隊は、テロ対策海上阻止活動に係る任務に従事している諸外国の軍隊等の艦船に対し洋上補給を行ったが、我が国としては、海上阻止活動の下で行われるテロリストや麻薬等の海上移動の防止は、アフガニスタン国内のテロリストの移動並びに物資及び資金の調達を含む行動の自由を制限することに一定の効果を有したと考えている。

また、2(2)で述べたように、補給艦による洋上給油には、高い操艦技術と能力が求められることに加え、補給活動を行った現場海域は、年間を通じ気温が高く、日中気温は摂氏40度、甲板の温度は摂氏70度、湿度は90パーセントに達することもあるなど、厳しい勤務条件の下で実施されてきた。隊員は、暑さ対策のため酷暑服(隊員の体感温度を軽減するため、通気性を高め軽量化した作業服)を着用し、補給中も定期的に水分を摂取するなどして任務に当たった。

このような状況下で、海上自衛隊が補給活動を整斉と遂行することができたのは、活動に従事した隊員が、日頃からの訓練の成果をいかしつつ、強い責任感と厳正な規律を維持しながら正確かつ真摯に任務に従事したことに加え、様々な酷暑対策の工夫や福利厚生面の改善策を講じ、隊員の負担の軽減に努めたことも寄与していると考えられる。海上自衛隊派遣艦艇は、インド洋において多様な国々と共に活動を実施したが、この活動を通じ、海上自衛隊の補給技術は極めて信頼性の高いものであることが確認され、また、各種業務についてのノウハウ・知見の蓄積・共有が進み、長期間継続して洋上補給を実施する能力を向上させることができた。

(2) 今後の留意事項

補給支援特措法に基づく補給支援活動から得られた経験を、今後の自衛隊による国際平和協力活動の在り方の検討やその実施にいかせるよう、次のような点について留意する必要がある。

ア　補給支援特措法に基づく補給支援活動を通じ、自衛隊は技能を磨き、海外における長期にわたる活動の実施及び各国との協力関係の構築等の経験を積むことができた。

今後、我が国が国際平和協力活動を実施するにあたっては、自衛隊がこれまでに培ってきた能力と技術を活かしつつ、我が国にとってふさわしい国際協力の在り方について、国際情勢の変化や諸外国の取組の内容等を踏まえつつ、不断に検討を行い、政府として的確に対応していく必要がある。

イ　実りのある国際平和協力活動を安全確実に行うためには、現地情勢等に関する情報収集能力の強化や、基礎となる教育訓練や装備品をより充実させる必要がある。

ウ　派遣される要員が安心して国際平和協力活動に係る任務を遂行できるように、要員や留守家族の福利厚生やメンタルヘルスのための施策にも配慮する必要がある。

注：「補給支援特措法」は既に失効した法律であり、法律上の表記としては「旧補給支援特措法」となるが、本国会報告においては読み易さを考慮し、「旧」を省いて記述した。

10. 旧イラク特措法に関する事項

イラクにおける人道復興支援活動及び安全確保支援活動の実施に関する特別措置法の概要

1．目的

国連安保理決議第678号、第687号及び第1441号並びにこれらに関連する安保理決議に基づき国連加盟国によりイラクに対して行われた武力行使並びにこれに引き続く事態を受けて、国家の速やかな再建を図るためにイラクにおいて行われている国民生活の安定と向上、民主的な手段による統治組織の設立等に向けたイラクの国民による自主的な努力を支援し、及び促進しようとする国際社会の取組に関し、我が国がこれに主体的かつ積極的に寄与するため、国連安保理決議第1483号を踏まえ、人道復興支援活動等を行うこととし、もってイラクの国家の再建を通じて我が国を含む国際社会の平和及び安全の確保に資する。

2．基本原則

(1) 対応措置の実施は、武力による威嚇又は武力の行使に当たるものであってはならない。

(2)「現に戦闘行為が行われておらず、かつ、そこで実施される活動の期間を通じて戦闘行為が行われることがないと認められる地域」において実施すること。

(3) 外国で活動する場合、当該外国の同意がある場合に限る。（イラクにあっては、安保理決議第1483号等に従ってイラクにおいて施政を行う機関の同意によることができる。）

3．対応措置

(1) 人道復興支援活動

イラクの国民に対して医療その他の人道上の支援を行い若しくはイラクの復興を支援することを国連加盟国に対して要請する国連安保理決議第1483号又はこれに関連する安保理決議等に基づき、人道的精神に基づいて被害を受け若しくは受けるおそれがあるイラクの住民その他の者（「被災民」）を救援し若しくは被害を復旧するため、又はイラクの復興を支援するために我が国が実施する措置。

[業務の内容]（これらの業務に附帯する業務を含む。）

・医療
・被災民の帰還の援助、食糧、衣料、医薬品その他の生活関連物資の配布、被災民の収容施設の設置
・被災民の生活若しくはイラクの復興を支援する上で必要な施設・設備の復旧・整備、自然環境の復旧
・行政事務に関する助言又は指導
・人道的精神に基づいて被災民を救援し若しくは被害を復旧するため、又はイラクの復興を支援するために実施する輸送、建設、補給等

(2) 安全確保支援活動

イラクの国内における安全及び安定を回復するために貢献することを国連加盟国に対して要請する国連安保理決議第1483号又はこれに関連する安保理決議等に基づき、国連加盟国が行うイラクの国内における安全及び安定を回復するための活動を支援するために我が国が実施する措置。

[業務の内容]（これらの業務に附帯する業務を含む。）

・国連加盟国が行うイラクの国内における安全及び安定を回復する活動を支援するために我が国が実施する医療、輸送、補給等

4．基本計画

(1) 対応措置に関する基本方針、活動の種類・内容、実施区域の範囲等を規定した基本計画を閣議決定。

(2) 対応措置を外国の領域で実施する場合には、当該外国及び関係国際機関等と協議し、実施区域の範囲を定める。

5．国会との関係

(1) 基本計画の決定、変更、終了時には国会に報告。

(2) 自衛隊による対応措置の実施については、当該対応措置を開始した日から20日以内に国会の承認を求める。国会が閉会中の場合等には、その後最初に召集される国会において、速やかに、その承認を求める。

6．対応措置の実施等

(1) イラク復興支援職員及び自衛隊の部隊等により対応措置を実施。（イラク復興支援職員は、内閣府に置かれ、関係行政機関からの一般職の職員の派遣、地方公務員・民間人の新規採用により構成。）

(2) イラク復興支援職員による措置については内閣総理大臣が、当該措置の実施を命令（措置の実施に関し必要な事項は政令で規定。）

(3) 自衛隊による措置については防衛大臣が、実施区域の指定等に関する実施要項を定め、これについて内閣総理大臣の承認を得て、当該措置の実施を命令。

(4) 法律・基本計画の要件を満たさなくなった場合等における活動の中断・一時休止等を規定。

(5) 自衛隊が対応措置を実施するに際しては、武器・弾薬の提供及び戦闘作戦行動のために発進準備中の航空機に対する給油・整備は行わない。

(6) 対応措置の実施に当たっては、イラク復興支援職員及び自衛隊の部隊等の安全の確保に配慮しなければならない。

(7) 我が国以外の領域において対応措置に従事する者には、イラク人道復興支援等手当を支給。

7．武器使用

自己又は自己と共に現場に所在する者、自己の管理下に入った者の生命又は身体を防衛するための武器使用が可能。（国際平和協力法及びテロ対策特措法と同じ規定）

8．その他

施行から6年を経過した日に失効。別に法律で定めるところにより延長可能。

イラク人道復興支援特措法に基づく対応措置に関する基本計画の概要について

平成15年2月9日
閣　議　決　定
平成16年6月18日
平成16年6月28日
平成16年12月9日
平成17年12月8日
平成18年8月4日
平成18年12月8日
平成18年12月26日
平成19年7月10日
平成20年1月16日
平成20年6月13日
変　　　　　更

1．基本方針

●イラクにおける主要な戦闘は終結し、国際社会は、同国の復興支援に積極的に取り組んでいる。

●イラクの再建は、イラク国民や中東地域の平和と安定はもとより、我が国を含む国際社会の平和と安全の確保にとって極めて重要。

●新たなイラク憲法が承認される等政治プロセスが完了し、イラクの治安部隊も育成されてきているが、イラクの復興は途上であり、イラク政府の要請に基づき多国籍軍の権限を1年間延長する決議1790が採択されたことを踏まえ、我が国としても、国際社会の一員としての責務を果たす必要がある。

●このため、我が国は、イラクの復興のため、主体的かつ積極的に、できる限りの支援を行うこととし、イラク人道復興支援特措法に基づき、人道復興支援活動を中心とした対応措置を実施。

2．人道復興支援活動の実施に関する事項

(1) 人道復興支援活動に関する基本的事項

●医療等の分野を中心に、早急な支援が必要。
自衛隊の部隊とイラク復興支援職員は、関係在外公館とも密接に連携して、一致協力して復興支援に取り組む。

●現地社会との良好な関係を築くことも重要であり、できる限りの努力。

(2) 人道復興支援活動の種類及び内容

ア　自衛隊の部隊による人道復興支援活動

●安全対策を講じた上で、慎重かつ柔軟に、人道復興関連物資等の輸送を実施。

イ　イラク復興支援職員による人道復興支援活動

●治安状況を十分に見極め、安全対策を講じ、安全の確保を前提として、慎重かつ柔軟に、医療、イラクの復興を支援する上で必要な施設の復旧・整備及び利水条件の改善を実施。

(3) 人道復興支援活動を実施する区域の範囲

ア　自衛隊の部隊による人道復興支援活動を実施する区域の範囲

・クウェート及びイラク国内の飛行場施設

イ　イラク復興支援職員による人道復興支援活動を実施する区域の範囲

a　医療

・イラク国内における病院・医療施設

b　利水条件の改善

・ムサンナー県を中心としたイラク南東部

(4) 人道復興支援活動を外国の領域で実施する自衛隊の部隊及び派遣期間

ア　部隊の規模・構成・装備

・人道関連物資等の輸送を行う航空自衛隊の部隊

　輸送機その他の輸送に適した航空機（8機以内）と、安全確保に必要な拳銃、小銃及び機関拳銃

イ　派遣期間

・平成15年12月15日から平成21年7月31日まで

・なお、この期間内においても、部隊の活動については、イラク新政府による有効な統治の確立に向けた政治状況の進展、現地の治安に係る状況、国連及び多国籍軍の活動状況及び構成の変化など諸事情を、政府としてよく見極めつつイラクの復興の進展状況等を勘案して、適切に対応する。

(5) 国際連合等に譲渡するために関係行政機関がその事務又は事業の用に供し又は供していた物品以外の物品を調達するに際しての重要事項

●政府は、イラク復興支援職員が公共施設に設置する発電機及び利水条件の改善を行うに必要な浄水・給水設備を調達。

(6) その他人道復興支援活動の実施に関する重要事項

●我が国は、人道復興支援活動を的確に実施し得るよう、国際連合等と十分に協議し、密接に連絡をとる。

●人道復興支援活動の実施に当たっては、政府として、派遣期間を通じて、現地の治安に係る状況、多国籍軍の動向等を勘案しながら、安全の確保のため、必要に応じ適切な措置を講じる。

3．安全確保支援活動の実施に関する事項

●人道復興支援活動を行う自衛隊の部隊は、人道復興支援活動に支障を及ぼさ

ない範囲で、安全確保支援活動として、医療、輸送、保管、建設、修理若しくは整備、補給又は消毒を実施することができる。

●安全確保支援活動を実施する区域の範囲は、自衛隊の部隊が人道復興支援活動を実施する区域の範囲とする。

●安全確保支援活動の実施に当たっては、政府として、派遣期間を通じて、現地の治安に係る状況、多国籍軍の動向等を勘案しながら、安全の確保のため、必要に応じ適切な措置を講じる。

4．対応措置の実施のための関係行政機関の連絡調整及び協力に関する事項

●イラク人道復興支援特措法に基づく対応措置を総合的かつ効果的に推進するとともに、同法に基づき派遣される自衛隊の部隊及びイラク復興支援職員の安全を図るため、内閣官房を中心に防衛省・自衛隊、内閣府並びに外務省を始めとする関係行政機関の緊密な連絡調整を図り、必要な協力を行う。

11. 旧イラク特措法に基づく対応措置の結果

1．経緯

(1) イラクを取り巻く情勢及び国際社会の動向

イラクは、湾岸戦争（平成3年）以降、大量破壊兵器の査察に対する協力を含む累次の国際連合（以下「国連」という。）安全保障理事会（以下「安保理」という。）決議に基づく義務に継続的に違反した。また、イラクによる関連諸決議の義務の重大な違反を決定し、イラクに対して武装解除の義務を履行する最後の機会を与えた平成14年11月8日の国連安保理決議第1441号にも、イラクは応じなかった。

この結果、平成15年3月20日、米国を始めとする国々は、イラクに対する武力行使を開始した。その後、同年5月1日、ブッシュ米大統領（当時）は、主要な戦闘の終結を宣言した。これを受けて、イラクの安定及び安全に貢献するとの国連加盟国の意思を歓迎し、イラクにおける人道、復旧・復興支援を国連加盟国に要請する国連安保理決議第1483号が同月22日に採択され、米国、英国等がイラクに設置した連合暫定施政当局（Coalition Provisional Authority。以下「CPA」という。）が一時的に統治権限を有することとなった。

同年7月13日、イラク国民が統治に参加できるようにするため、統治評議会が発足した。また、同年10月16日には、イラクへの統治権限移譲等の政治プロセスを明確化するとともに、国連の役割を明確化し、多国籍軍に対し、イラクにおける安全及び安定の維持に貢献する等のため、あらゆる必要な措置を執る権限を与える国連安保理決議第1511号が全会一致で採択された。これを受け、同年11月15日、統治評議会とCPAは、イラク人への統治権限の移譲を早期に行うことを目的とした政治プロセスに合意した。

多国籍軍は、政治・復興プロセスを支援していくため、現地の治安維持と人道・復興支援に携わった。北・中部は米国、南部は英国、その間に挟まれた中南部地域はポーランドが管理責任を負う中で、イタリア、スペイン、オランダ、韓国、タイ、フィリピン、オーストラリア、ニュージーランド等40か国近い各国が上記の活動に参画した。

また、政治プロセスと共に復興プロセスも進展し、平成15年10月23～24日にはマドリードにおいてイラク復興国際会議が開催され、イラクを破綻国家にしてはならないとの共通認識の下、平成19年末までの期間で総額330億ドル以上の表明がなされた。我が国も最大50億ドルの支援の表明を行った。

(2) イラク人道復興支援特措法の成立及び対応措置の実施に至るまでの経緯

平成15年5月にブッシュ米大統領（当時）による主要な戦闘の終結宣言が行われたが、イラク国内は、治安、生活インフラといった面で厳しい環境にあり、イラク国民による国家再建への努力に対し国際社会の支援が必要とされていた。

政府は、このような状況や国連安保理決議第1483号を踏まえ、イラクを含む中東地域の安定を確保することは、我が国の国益にかなうことから、我が国がイラク復興のため、国際協調の下で、その国力にふさわしい貢献を行うことは、我が国が国際社会の中で果たすべき責任であると考えた。よって政府は、イラクの人々による速やかな国家再建を支援し、我が国にふさわしい貢献を行う体制を整えるため、平成15年6月13日、イラクにおける人道復興支援活動及び安全確保支援活動の実施に関する特別措置法（平成15年法律第137号。本報告中「イラク人道復興支援特措法」という。）案を閣議決定の上、同日、国会に提出した。同法案は、同年7月4日、衆議院を通過、同年7月26日に参議院で可決、成立した。これを受け、我が国は、派遣される自衛隊員などの安全に十分配慮しながら、我が国の主体的な判断の下、イラク復興支援に貢献すべく、イラク人道復興支援特措法に基づく、人道復興支援活動及び安全確保支援活動（以下「対応措置」という。）を的確に実施していくこととした。

平成15年8月1日、イラク人道復興支援特措法の公布、施行後、同年12月9日に同法第4条の規定に基づき、対応措置に関する基本計画（以下「基本計画」という。）を閣議決定し、人道復興支援活動を中心とした対応措置を実施することとした。その後、平成16年2月9日、同法第6条に基づき、基本計画に定められた自衛隊の部隊等による対応措置の実施について国会の承認が得られた。

イラク人道復興支援特措法は、施行の日から4年で効力を失う限時法であったが、必要がある場合、別に法律で定めるところにより、4年以内の期間を定めて効力を延長することができる旨を規定しており、平成19年6月27日、法律の効力が2年間延長された。なお、派遣期間の延長等に係る変更を、基本計画で10回、同法第8条第2項の規定に基づく実施要項で13回行った。

2．対応措置の実施の結果に関する事項

(1) 自衛隊による活動

イラク人道復興支援特措法に基づく基本計画の決定を受けて、同法第8条第2項の規定に基づき、防衛庁長官（当時）は、基本計画に従い実施要項を定め、平成15年12月18日、内閣総理大臣の承認を得て、同月19日、自衛隊に対応措置の実施に関する命令を発し、陸上・海上・航空自衛隊は派遣に向けた取組を開始した。

ア　陸上自衛隊による活動

(ア) 全般

平成16年1月9日、陸上自衛隊の先遣隊に派遣命令が発出され、同月16日に出国した先遣隊（約30名）が、同月19日にイラク南部ムサンナー県のサマーワに到着し、現地の治安状況の確認、宿営予定地の使用についての調整や建設の準備、現地で必要とされている支援内容の確認等を行い、本隊の受け入れ準備を実施した。

その後、同年1月26日、陸上自衛隊の本隊に派遣命令が発出され、同年2月3日以降、順次出国し、同年3月27日にサマーワ宿営地への移動を完了した。以後、イラク復興支援群は約3か月で部隊交代を、イラク復興業務支援隊は約6か月で要員交代を行いながら、600名弱（延べ約5,600名）の隊員が、現地に開設された外務省サマーワ連絡事務所の職員とも緊密に連携しつつ、約2年半にわたりサマーワを中心とするムサンナー県において医療、給水、学校などの公共施設の復旧整備などの人道復興支援活動等に取り組んだ。

なお、陸上自衛隊部隊の派遣先をサマーワを中心とするムサンナー県としたのは、累次の調査の結果、同県では、旧フセイン政権下で差別を受けていたためインフラが疲弊し、人道復興支援に対するニーズが高かったことや、治安情勢がイラクの他の地域より安定していたことなどを踏まえ、同地域が陸上自衛隊部隊の活動地域として適当と判断したためである。

自衛隊の活動のニーズについては、①医療関連については、県保健局やサマーワ総合病院等との調整により、②給水関連については、県水道局等との調整により、③施設改修関連では、県教育局や道路橋梁局等との調整により、それぞれ確認するとともに、CPA等との間でも各種調整を実施した。

また、陸上自衛隊部隊が活動を行うに当たり、オランダ軍からは、派遣前に行われた調査チームに対する支援、部隊の展開に対する支援、活動開始後の各種支援など様々な支援を受けてきた。平成17年3月7日に、オランダ軍に代わり英国軍がムサンナー県の治安維持任務を引き継いだが、同年5月より、オーストラリア軍がサマーワに派遣され、英国軍と共に活動してきた。陸上自衛隊部隊が活動を行う際には、各国と連携することが重要であったため、現地部隊においては、相互に連絡員を派遣したほか、定期的な意見交換・文化交流を図るなど、密接に協力しつつ活動を行った。

平成18年6月20日、政府は、ムサンナー県においては、応急復旧的な支援措置が必要とされる段階は基本的に終了し、イラク人自身による自立的な復興の段階に移行したものと考えられたため、陸上自衛隊の活動はその目的を達成したと判断し、陸上自衛隊部隊によるイラク国内における対応措置の終結を決定した。同年6月26日、陸上自衛隊部隊の撤収に必要な輸送調整などの業務を行うため、イラク後送業務隊（約100名）をサマーワ及びクウェートに派遣し、後送業務を開始した。第10次イラク復興支援群については、同年7月17日、ムサンナー県からの撤収を完了してクウェートに到着し、同年7月25日に帰国を完了した。また、イラク後送業務隊については、引き続き、物資の後送等の現地における撤収業務に従事した後、同年9月9日に帰国を完了し、約2年半に及ぶ陸上自衛隊の活動は終了した。

なお、陸上自衛隊の活動期間中、サマーワ宿営地及びその周辺において、迫撃砲弾やロケット弾によるものと思われる弾着痕等が十数回発見されたが、隊員に人的被害は発生せず、無事に任務を終了した。

(イ) 活動内容

陸上自衛隊による活動の具体的な内容は以下のとおりである。

(a) 医療

平成16年2月19日以降、陸上自衛隊の医官がサマーワ総合病院など4つの病院などにおいて、イラク人医師などに対し、診断方法、治療方針についての指導・助言や政府開発援助(ODA)(以下「ODA」という。)の枠組みにより我が国から供与された医療器材の使用方法の指導・助言を実施、また、ムサンナー県の救急車搭乗員に対する技術指導、医療品倉庫における医薬品の管理に関する技術指導などの医療支援を計277回実施した。以上のような基礎医療基盤の整備により、サマーワ母子病院における分娩直後の新生児の死亡率が、我が国の支援前に比べ約3分の1に改善したほか、住民全体の基本的な医療サービスへのアクセスが容易となるなどの成果をあげた。

なお、陸上自衛隊部隊撤収時の措置として、医療技術指導に使用していた医療器材については、ムサンナー県保健局からの要請を受け、超音波診断装置、患者監視装置、心電解析装置、X線撮影装置、尿自動分析装置など94品目をイラク人道復興支援特措法第18条の規定に基づき無償譲渡した。

(b) 給水

平成16年3月26日以降、サマーワ宿営地において運河の水を浄水し、ODAにより我が国がムサンナー県水道局に供与した給水車への配水作業を実施した。同活動については、ODAにより宿営地近傍に設置された浄水設備が稼働を開始する平成17年2月まで実施され、合計約53,500トン、延べ約1,189万人分の給水が行われた。その後、ODAによる浄水場の整備が着々となされたが、それまでの橋渡しとなる、住民の清潔な水へのアクセスを拡充させた重要な支援であった。

(c) 公共施設の復旧整備

平成16年3月25日以降、学校、道路等の公共施設の改修等を実施した。ムサンナー県内の36校の学校の壁、床、電気配線などの補修や、31か所、約80kmに及ぶ住民が使用する生活道路の整地・舗装、そのほか66か所の各地の診療所施設、低所得者用住宅、ワルカなどの浄水場、ウルク遺跡やオリンピックスタジアムなどの文化施設の整備などを実施した。生活道路の整備に関しては、陸上自衛隊が補修した道路にODAによりアスファルト舗装を行うなど、外務省と連携した活動を行った。これらにより、生活に密着した主要な道路の整備により、生活道路の遮断や渋滞の解消などの利便性の向上や、ムサンナー県民の生活環境、文化の向上に寄与することができた。

(d) その他

公共施設の復旧整備を現地業者により実施することや、サマーワ宿営地の維持のために現地住民を雇用することは、現地における雇用創出の一助となった。こうした陸上自衛隊の活動に伴い延べ約49万人、一日最大約1,100人の現地雇用を創出した。

イ　海上自衛隊による活動

海上自衛隊の部隊は、平成16年1月26日、派遣命令が発出され、輸送艦「おおすみ」、護衛艦「むらさめ」の2隻の艦艇、人員約330名から成る派遣海上輸送部隊は、第1次イラク復興支援群が使用する車両約70両などを北海道室蘭にて搭載し、同年2月20日、クウェートに向け出港した。同年3月15日、クウェートにおいて陸上自衛隊派遣部隊に車両などを引き渡し、同年4月8日、日本へ帰国した。なお、陸揚げした車両などについては、整備を行った後、サマーワの宿営地へ搬送された。

ウ　航空自衛隊による活動

航空自衛隊の部隊については、平成15年12月以降、C−130H輸送機3機、人員約200名（平成18年7月以降は約210名）から成るイラク復興支援派遣輸送航空隊を順次派遣し、派遣開始から撤収までの間、延べ約3,500名の隊員が人道復興支援活動等に取り組んだ。

（ア）全般

(a) 任務運航開始まで

平成15年12月19日、航空自衛隊に対してイラク復興支援派遣輸送航空隊等編成命令が発出され、同月26日以降、先遣要員（約50名）がクウェートに順次派遣された。また、平成16年1月9日には、本隊に対して派遣命令が発出され、本隊要員（約150名）は同月22日に派遣されるとともに、同月26日、C−130H輸送機3機が派遣された。

同年3月3日、クウェートのアリ・アルサレム飛行場からイラクのアリ飛行場まで運航を行い、輸送支援を開始した。以後、同派遣部隊は、陸上自衛隊部隊への補給物資、我が国からの人道復興関連物資や、関係国・関係機関が行っている人道復興関連の物資・人員などの輸送を行った。

(b) 任務運航の拡大

航空自衛隊部隊は、陸上自衛隊部隊撤収後も、国連及び多国籍軍等のニーズに応えるべく活動を継続し、国連が活動するバグダッドやエルビルへの輸送も含め、C−130H輸送機による国連及び多国籍軍への支援を実施し、イラクの復興及び安定に貢献してきた。

平成18年7月31日、クウェートのアリ・アルサレム飛行場とイラク国内のバグダッド飛行場との間の運航を開始し、また国連事務総長の要請を受けて、同年9月6日には、国連関係の第1回目の輸送として、アリ・アルサレム飛行場 ―バグダッド飛行場― エルビル飛行場間の運航を開始した。

なお、バグダッドの多国籍軍司令部に派遣されていた陸上自衛隊の連絡調整要員は、陸上自衛隊部隊と共に撤収したため、空輸活動の安全かつ円滑な実施に資することを目的として、航空自衛隊部隊の連絡調整要員を派遣した。

(c) 任務運航の終結

平成20年11月28日、政府は、イラク国内の状況の改善、国連及び多国籍軍の活動や構成の変化、復興の進展状況等を勘案し、また、平成21年以降の多国籍軍の活動について調整したいとのイラク政府自身の意向を踏まえ、イラクでの航空自衛隊による輸送支援の活動はその目的を達成したと判断し、平成20年内に任務を終了させることを決定した。これを受け、航空自衛隊はイラクにおける対応措置としての輸送の終結に向けた措置をとることとし、また、航空自衛隊イラク復興支援派遣撤収業務隊により、クウェートにおいて撤収に係る業務を実施することとした。イラク復興支援派遣輸送航空隊等は平成20年12月23日までに帰国を完了し、航空自衛隊イラク復興支援派遣撤収業務隊は、引き続き、物品の後送等の現地における撤収業務に従事した後、平成21年2月14日までに帰国を完了し、約5年に及ぶ航空自衛隊の活動は終了した。

(イ) 輸送実績

平成16年3月3日の任務運航開始から平成20年12月12日の任務運航終了までの間で、延べ821回の任務運航を実施した。このうち、平成18年9月6日から開始した国連支援については運航回数112回であった。

輸送実績としては、人員延べ46,479名、貨物延べ672.5トンであり、細部は以下のとおりである(略)。なお、貨物の輸送に関しては、イラク人道復興支援特措法に基づく実施要項に定められたところに従い、武器(弾薬を含む。)の輸送は実施していない。

(a) 人員内訳

多国籍軍関係者30,235名、国連関係者2,799名、外務省等関連1,143名、陸上自衛隊関連10,895名、その他(航空自衛隊等関連)1,407名。

(b) 貨物内訳

多国籍軍貨物200.7トン、国連貨物112.2トン、外務省等関連貨物93.6トン、陸上自衛隊関連貨物251.9トン、その他(航空自衛隊等関連貨物)14.1トン。

(2) イラク復興支援職員の派遣

平成16年5月9日から同月12日にかけて、イラク復興支援職員(民間技師

1名及び連絡調整業務に携わる政府職員2名（内閣官房・外務省））が、ヨルダンにおいて、イラク側技術者8名に対し、イラク国内の公共施設（下水処理場及び病院）への発電機の据付・維持管理方法等を指導し、指導終了後、発電機5台をイラク側に供与した。

3．対応措置の実施の評価

(1) 自衛隊等による活動の意義

イラクの復興と民生の安定を図り、イラクが平和で民主的な国家として再建されることは、中東地域のみならず我が国を含む国際社会の平和と安定にとって極めて重要であり、我が国の国益にかなうものである。こうした考え方の下、我が国は、イラクの国家再建を支援する国際社会の責任ある一員として、平成15年12月以来、イラク人道復興支援特措法に基づく自衛隊による活動とODAによる支援を「車の両輪」として支援を実施してきた。

陸上自衛隊の活動においては、イラク南部のサマーワを中心とするムサンナー県において、困難な状況におかれた住民のため、医療、給水、学校・道路等の公共施設の復旧整備や人道復興支援物資等の輸送などの支援を実施し、イラクの自主的な国家再建に向けた取組に貢献した。

また、航空自衛隊の輸送支援については、クウェートを拠点に、イラク各地で復興などに携わる国連及び多国籍軍の活動に対する支援として重要な役割を果たし、イラクの再建に寄与してきた。

(2) 各国等の評価

イラク人道復興支援特措法に基づく我が国の対応措置は、イラクを始めとする各国や国連から高く評価されている。例えば、陸上自衛隊部隊の撤収が決定された後の平成18年6月、イラクのマーリキー首相が小泉総理（当時）と電話で会談し、「イラク政府を代表して自衛隊の活動、日本のイラク全体に対する支援に深甚なる謝意を表明する。自衛隊の活動は、イラク国民に日本について良いイメージを与えるものであった。」と述べた。また、同首相が安倍総理（当時）に宛てた平成19年3月12日付けの書簡においては、イラクが復興と再建の道を進めていく努力において、航空自衛隊が国連と多国籍軍のために空輸を行うことが主要かつ死活的役割を果たしている旨述べるとともに、同年4月の訪日時には、航空自衛隊の活動は、我々に勇気を与えるものであり、日本のイラクへの貢献に感謝する旨述べた。航空自衛隊部隊による任務の終了が決定された後の平成20年12月には、イラクを訪問した橋本外務副大臣との会談において、同首相は「日本が自衛隊を派遣しイラクにおいて果たした役割と貢献、円借款を通じた経済支援に対して感謝する」旨述べた。

また、潘基文国連事務総長は、航空自衛隊の任務運航の終了に際し、麻生総理に対する書簡の中で、国連イラク支援ミッション（UNAMI）に対する自衛隊による輸送支援という日本政府の重要な貢献に対し感謝する、イラクでの困難な運用状況の中、日本による空輸支援は、クウェート、バグダッド及びエルビルの国連事務所の間の重要なかつ信頼できる人員及び貨物の輸送手段であった旨述べるなど、国連もイラクにおける自衛隊の活動を評価している。

(3) 活動から得られた成果

陸上自衛隊部隊がサマーワでの人道復興支援活動を実施するに当たっては、イラク復興の主人公はイラク国民自身であるとの認識の下、常にイラク国民に敬意を表し、誠実に、現地の人々の目線に立った活動に努めたことが、各種の安全確保対策はもとより、無事に任務を終えることができた要因の一つであった。

航空自衛隊部隊においても、安全確保に係る装備品等の整備、運用要領の確立、関係国・機関との連携等により安全確保に努め、821回に及ぶ任務運航を無事に完遂することができた。

今回の派遣は、日本から遥か遠く離れた気候も文化も異なる中東の地に活動基盤を置き、長期にわたる部隊派遣を実施したものであった。その中で、国外における活動基盤の構築・維持・撤収、継続的な要員派遣や砂嵐などの砂漠特有の気候への対応等、自衛隊にとって貴重な経験を得ることができた。

また、必要な情報の収集、分析、状況判断、適時適切な意思決定と的確な部隊指揮、関係部隊等との連絡調整など、自衛隊の行動に必要な様々な機能を、実任務において検証することができた。

イラク復興支援職員による活動については、具体的な支援ニーズや現地状況などに応じて各種の枠組みを適切に使い分け、効果的な支援を行う上で、比較的柔軟に文民派遣を行い得る体制を整えた点で価値あるものであった。

(4) 今後の活動への留意事項

約5年間にわたるイラク人道復興支援特措法に基づく活動の貴重な経験は、今後の自衛隊等による国際平和協力活動に活かしていくことが肝要であると考えている。その際、例えば次のような点に留意すべきと考えている。

ア　自衛隊等を派遣するためには、現地情勢等を踏まえ、早急に現地のニーズを把握するとともに、我が国の能力に合致した活動内容を決定する必要がある。

イ　イラクでは、自衛隊による人的貢献とODAによる支援を「車の両輪」として着実に連携させることでより大きな効果を挙げたことを踏まえ、我が国の持てる資源を有効に活用し、関係省庁が密接に連携して支援を実施する必要がある。

ウ　実りのある国際平和協力活動を安全確実に行うためには、現地情勢等に関する情報収集能力の強化や、基礎となる教育訓練や装備品をより充実させる必要がある。

エ　派遣される要員が安心して国際平和協力活動に係る任務を遂行できるように、要員や留守家族の福利厚生やメンタルヘルスのための施策に配慮する必要がある。

12. 旧イラク特措法における実施要項の概要

平成20年6月13日変更

1．状況及び方針

○自衛隊の部隊は、イラクに完全な主権が回復され、イラクの本格的な復興に向けた新たな局面が展開される中、イラク人や国際社会の取組を支え、イラクの国家再建が着実に進展するよう、国連や多国籍軍がイラクへの支援を継続していることも踏まえ、引き続き、基本計画に従い、人道復興支援活動の実施を中心としつつ、その活動に支障を及ぼさない範囲で、安全確保支援活動を実施

○自衛隊の部隊は、活動地域における治安状況等を注意深く見極め、慎重かつ柔軟に対応措置を実施

○自衛隊の部隊は、イラク復興支援職員及び関係在外公館と連携を密にする

2．自衛隊による対応措置の実施期間

平成15年12月18日以降において基本計画に定める対応措置の実施を防衛大臣が命じた日から平成21年7月31日までの間

なお、この期間内においても、部隊の活動については、国民議会選挙の実施及び新政府の樹立などイラクにおける政治プロセスの進展の状況、イラク新政府による有効な統治の確立に向けた政治プロセスの進展の状況、現地の治安に係る状況、国連及び多国籍軍の活動状況及び構成の変化など諸事情を、政府としてよく見極めつつ、イラクの復興の進展状況等を勘案して、適切に対応する。

3．自衛隊による対応措置の実施区域

航空自衛隊が対応措置を実施する区域は、以下の場所又は地域を指定

○バスラ飛行場、バグダッド飛行場、バラド飛行場、モースル飛行場、アリ（タリル）飛行場、エルビル飛行場等

○クウェート国等ペルシャ湾沿岸等に所在する国の領域のうち、人員の乗降地、物品の積卸し地及び装備品の修理地

○バグダッドの多国籍軍の司令部施設（情報収集及び連絡調整を行う隊員が駐在）など

4．自衛隊による対応措置の種類及び内容

○人道復興支援活動としての人道復興関連物資等の輸送

○上記に支障を及ぼさない範囲での安全確保支援活動としての医療、輸送、保管、通信、建設、修理若しくは整備、補給又は消毒

○なお、物品の輸送に際しては、武器（弾薬を含む。）の輸送を行わないこと

5．自衛隊の部隊による業務の実施の方法

(1)基本計画及び実施要項の範囲内で実施する主な業務

○人道復興支援活動としての輸送及びこれに支障を及ぼさない範囲での安全確保支援活動としての輸送

(2)航空自衛隊の部隊は、輸送機（C−130H）、多用途支援機（U−4）及び政府専用

機(B－747)により業務を実施。また、活動の安全を確保するために必要な数の拳銃、小銃及び機関拳銃を携行

(3) 航空自衛隊の部隊は、防衛大臣が現地の状況等を確認の上、総理の承認を得てその本邦出国の時期を定めた後、本邦を出国

(4) 警戒監視や情報収集等により、活動の安全確保に万全を期すとともに、活動を実施している場所の近傍において戦闘行為が行われるに至ったか否か等について早期に発見するよう努力

(5) 業務を円滑かつ効果的に行うため、住民との良好な関係を維持

(6) 情報の提供等可能な支援をイラク復興支援職員に対して実施

6．活動の一時休止及び避難等に関する事項

活動を実施している場所の近傍において戦闘行為が行われるに至った場合等は、活動の一時休止、避難等を行うとともに、直ちに防衛大臣まで報告し、その指示を待つこと

7．実施区域の変更及び活動の中断に関する事項

○実施区域の変更に際しては、速やかに変更後の区域に移動し得るよう配慮

○中断の指示を受けた場合、速やかに活動を中断して部隊の安全を確保。多国籍軍の司令部、関係国の軍隊及び関係機関等に対して中断を連絡

○活動の中断時、派遣の終了又は活動の復帰の判断に資する情報の収集及び防衛大臣への報告を実施

8．その他の重要事項

○自衛隊の部隊は、情報の収集や警戒監視等による現地の治安状況等の把握に細心の注意を払い、業務の実施方法が活動の安全確保の観点から最も適したものとなるよう最大限に考慮すること

○対応措置を実施するに当たり、時宜に応じ、現地の情勢及び活動状況について防衛大臣に報告

○6及び7のほか、基本計画又は実施要項の変更を必要とする場合には、その理由等必要な事項につき防衛大臣に報告し、指示を持つこと

○基本計画2(6)エ及び3(2)イに関し、防衛大臣は、随時、自衛隊が対応措置を実施する区域における治安状況、部隊による活動の有用性、部隊運用の状況等について内閣総理大臣に報告

9．イラク人道復興支援活動等の経緯

平成15年 8月 1日　イラク人道復興支援特措法の公布・施行

12月 9日　基本計画の閣議決定

12月18日　実施要項の決定

12月19日　陸自派遣準備命令、空自派遣準備・先遣隊派遣命令、海自派遣準備命令発出

12月26日　空自先遣隊の派遣(成田空港→クウェート)

平成16年 1月 9日　陸自先遣隊派遣命令、空自本隊派遣命令発出

1月16日　陸自先遣隊(成田空港→クウェート)の派遣
1月22日　空自本隊の派遣開始
1月26日　陸自第1次イラク復興支援群編成命令・本体派遣命令発出、海自派遣命令発出
2月3日　陸自本隊先発隊(千歳基地→クウェート)の派遣
2月20日　輸送艦「おおすみ」(約150名)、護衛艦「むらさめ」(約170名)の出港(室蘭→クウェート)
2月21日　陸自本隊第1波(千歳基地→クウェート)の派遣
3月3日　C－130型輸送機による輸送業務の開始(医療器材、アリ・アル・サレム飛行場→タリル飛行場)
3月13日　陸自本隊第2波(千歳基地→クウェート)の派遣
3月14日　医療活動の開始
3月15日　輸送艦「おおすみ」・護衛艦「むらさめ」がクウェート入港、陸自車両等約70両陸揚げ
3月17日　空自第2期派遣要員の派遣開始
3月21日　陸自本隊第3波(千歳基地→クウェート)の派遣
3月25日　公共施設の復旧・整備活動の開始
3月26日　給水活動の開始
4月8日　輸送艦「おおすみ」が呉に、護衛艦「むらさめ」が横須賀に到着
4月15日　自衛隊法第100条の8に基づき在外邦人をC-130型輸送機で輸送(報道関係者10名、タリル飛行場→クウェート)
5月8日　陸自第2次イラク復興支援群第1波(千歳基地→クウェート)の派遣
5月15日　陸自第2次群第2波(千歳基地→クウェート)の派遣
5月22日　陸自第2次群第3波(千歳基地→クウェート)の派遣
6月11日　空自第3期派遣要員の派遣開始
8月8日　陸自第3次イラク復興支援群第1波(青森空港→クウェート)の派遣
8月15日　陸自第3次群第2波(青森空港→クウェート)の派遣
8月23日　陸自第3次群第3波(青森空港→クウェート)の派遣
9月15日　空自第4期派遣要員の派遣開始
11月13日　陸自第4次イラク復興支援群第1波(仙台空港→クウェート)の派遣
11月20日　陸自第4次群第2波(仙台空港→クウェート)の派遣
11月28日　陸自第4次群第3波(仙台空港→クウェート)の派遣
12月5日　大野防衛庁長官のイラク及びクウェート訪問
12月9日　基本計画の変更を閣議決定(派遣期間の1年間延長：平成17年12月14日まで)

12月16日	空自第5期派遣要員の派遣開始
平成17年 2月 5日	陸自第5次イラク復興支援群第1波（名古屋→クウェート）の派遣
2月12日	陸自第5次群第2波（名古屋→クウェート）の派遣
2月20日	陸自第5次群第3波（名古屋→クウェート）の派遣
3月14日	空自第6期派遣要員の派遣開始
5月 7日	陸自第6次イラク復興支援群第1波（関西空港→クウェート）の派遣
5月14日	陸自第6次イラク復興支援群第2波（関西空港→クウェート）の派遣
5月22日	陸自第6次イラク復興支援群第3波（関西空港→クウェート）の派遣
7月12日	空自第7期派遣要員の派遣開始
7月30日	陸自第7次イラク復興支援群第1波（福岡空港→クウェート）の派遣
8月 6日	陸自第7次イラク復興支援群第2波（福岡空港→クウェート）の派遣
8月14日	陸自第7次イラク復興支援群第3波（福岡空港→クウェート）の派遣
10月22日	陸自第8次イラク復興支援群第1波（熊本空港→クウェート）の派遣
10月29日	陸自第8次イラク復興支援群第2波（熊本空港→クウェート）の派遣
11月6日	陸自第8次イラク復興支援群第3波（熊本空港→クウェート）の派遣
11月7日	空自第8期派遣要員の派遣開始
12月3日	額賀防衛庁長官のイラク及びクウェート訪問
12月8日	基本計画の変更を閣議決定（派遣期間の1年間延長：平成18年12月14日まで）
平成18年 1月 7日	陸自業務支援隊第5次派遣要員の派遣
1月29日	陸自第9次イラク復興支援群の派遣
3月 8日	空自第9期派遣要員の派遣開始
5月 7日	陸自第10次イラク復興支援群の派遣
6月26日	陸自イラク後送業務隊の派遣
7月10日	空自第10期派遣要員の派遣開始
7月16〜18日	額賀防衛庁長官、クウェートを訪問
7月17日	陸自第10次イラク復興支援群がムサンナー県からクウェートへ撤収完了

7月25日　陸自第10次イラク復興支援群が帰国、陸自業務支援隊第5次派遣要員が帰国

7月31日　空自イラク派遣部隊がクウェートのアリ・アルサレム基地とバグダッド飛行場との間で初めての運航を実施し、多国籍軍の人員・物資を輸送

8月3日　空自イラク派遣部隊がC−130機により、イラク訪問中の麻生外務大臣のクウェート−バグダッド間の移動を支援

8月4日　基本計画の変更を閣議決定(陸自撤収に係る変更)

9月6日　空自イラク派遣部隊がアリ・アルサレム基地−バグダッド飛行場−エルビル飛行場間の運航を実施し、国連の人員・物資を輸送

9月9日　イラク後送業務隊が帰国(すべての陸自イラク派遣部隊が帰国完了)

11月8日　空自第11期派遣要員の派遣開始

12月8日　基本計画の変更を閣議決定(派遣期間の延長;平成19年7月31日まで)

12月26日　基本計画の変更を閣議決定(防衛庁の省移行に伴う変更)

平成19年3月12日　空自第12期派遣要員の派遣開始

6月27日　イラク人道復興支援特措法改正(法律の期限を2年延長)

7月9日　空自第13期派遣要員の派遣開始

7月10日　基本計画の変更を閣議決定(派遣期間の1年間延長。平成20年7月31日まで)

11月12日　空自第14期派遣要員の派遣開始

平成20年1月16日　基本計画の変更を閣議決定(国連安保理決議1790の採択に伴う変更)

3月10日　空自第15期派遣要員の派遣開始

6月13日　基本計画の変更を閣議決定(派遣期間の1年間延長。平成21年7月31日まで)

7月14日　空自第16期派遣要員の派遣開始

11月28日　イラク特措法に基づく対応措置の終結命令発出

12月6日　イラク撤収業務隊の派遣開始

12月12日　空自による輸送の終結命令発出(平成16年3月3日から平成20年12月12日までの間に、イラクに派遣された空自部隊は、821回、人員約46,500名、貨物約673tの輸送を実施(うち国連支援(平成18年9月6日から実施。)は、112回、人員約2,800名、貨物約112t))

12月24日　空自第16期派遣要員の帰国行事(小牧基地)

平成21年2月15日　イラク復興支援派遣撤収業務隊約130名の帰国行事(小牧基地)

第14章　その他

1. 自衛隊・防衛問題に関する世論調査

「自衛隊・防衛問題に関する世論調査」の概要

平成27年3月
内閣府政府広報室

調査の概要

1．調査対象	全国20歳以上の日本国籍を有する者 3,000人 有効回収数 1,680人（回収率56.0%）
2．調査時期	平成27年1月8日～1月18日（調査員による個別面接聴取）
3．調査目的	自衛隊・防衛問題に関する国民の意識を調査し、今後の施策の参考とする。
4．調査項目	1．自衛隊・防衛問題に対する関心 2．自衛隊に対する印象 3．防衛体制についての考え方 4．自衛隊の役割と活動に対する意識 5．防衛についての意識 6．日本の防衛のあり方に関する意識
5．調査実績	「自衛隊・防衛問題に関する世論調査」 （平成24年1月、平成21年1月、平成18年2月、平成15年1月、平成12年1月、平成9年2月、平成6年1月、平成3年2月、昭和63年1月、昭和59年11月、昭和56年12月、昭和53年12月、昭和50年10月、昭和47年11月調査） 「自衛隊に関する世論調査」（昭和44年9月調査）

（平成18年度の調査から，調査対象者に調査主体が「内閣府」であることを提示した上で実施。）

※ 本資料では、過去の調査結果との比較において、統計学的に有意差（信頼度95%）が認められる回答については、「（増）」または「（減）」と記載している。

1. 自衛隊・防衛問題に対する関心

(1) 自衛隊や防衛問題に対する関心

問１ あなたは自衛隊や防衛問題に関心がありますか。この中から１つだけお答えください。

	平成24年1月		平成27年1月
・関心がある（小計）	69.8%	→	71.5%
・非常に関心がある	16.0%	→	19.4%（増）
・ある程度関心がある	53.8%	→	52.1%
・関心がない（小計）	29.2%	→	28.2%
・あまり関心がない	24.3%	→	22.9%
・全く関心がない	4.9%	→	5.2%

関心がある（小計） 71.5　　わからない　　関心がない（小計） 28.2

（該当者数）	非常に関心がある	ある程度関心がある	わからない	あまり関心がない	全く関心がない
総　数（1,680人）	19.4	52.1	0.3	22.9	5.2
［性］					
男　性（806人）	27.9	51.1	0.1	17.1	3.7
女　性（874人）	11.6	53.1	0.5	28.3	6.6
［年齢］					
20～29歳（161人）	14.3	45.3	—	34.8	5.6
30～39歳（250人）	10.4	49.6	0.4	33.2	6.4
40～49歳（265人）	13.2	52.5	—	27.5	6.8
50～59歳（246人）	19.9	56.5	0.4	20.7	2.4
60～69歳（387人）	23.3	54.5	—	16.8	5.4
70歳以上（371人）	27.8	51.2	0.8	15.4	4.9

0　10　20　30　40　50　60　70　80　90　100 (%)

(%)

	関心がある（注）	関心がない
昭和53年12月	47.7	50.4
56年12月	49.6	48.1
59年11月	50.3	47.8
63年1月	54.9	43.4
平成3年2月	67.3	30.2
6年1月	56.8	40.8
9年2月	57.0	41.6
12年1月	57.8	41.2
15年1月	59.4	38.9
18年2月	67.4	31.9
21年1月	64.7	34.4
24年1月	69.8	29.2
今回調査	71.5	28.2

ア　自衛隊や防衛問題に関心がある理由

更問１　（問１で「非常に関心がある」、「ある程度関心がある」と答えた方（1,202人）に）その理由は何ですか。この中から１つだけお答えください。

	平成24年1月		平成27年1月
・日本の平和と独立に係わる問題だから	39.4％	→	46.1％（増）
・国際社会の安定に係わる問題だから	19.1％	→	19.8％
・大規模災害など各種事態への対応などで国民生活に密接な係わりを持つから	34.0％	→	26.5％（増）
・マスコミなどで話題になることが多いから	2.5％	→	2.4％
・国民の税金を使っているから	3.6％	→	3.3％
・自衛隊は必要ないから	0.6％	→	0.7％

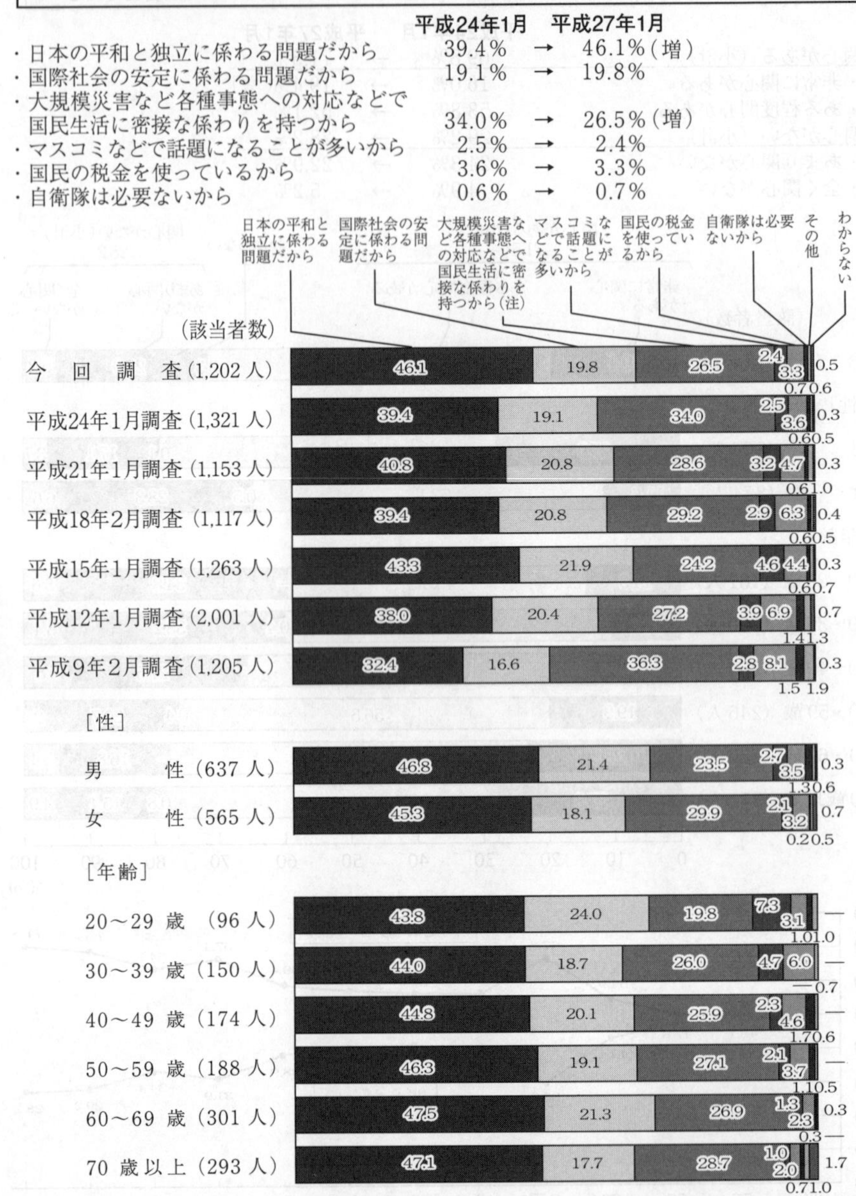

（注）平成9年2月調査では、「災害救援活動などで国民生活に密接な係わりを持つから」となっている。

イ　自衛隊や防衛問題に関心がない理由

更問２　（問１で「あまり関心がない」、「全く関心がない」と答えた方（473人）に）その理由は何ですか。この中から１つだけお答えください。

	平成24年1月		平成27年1月
・差し迫った軍事的脅威が存在しないから	17.7％	→	20.3％
・自衛隊は必要ないから	2.2％	→	3.0％
・自分の生活に関係ないから	30.7％	→	30.4％
・自衛隊や防衛問題についてよくわからないから	46.7％	→	43.6％

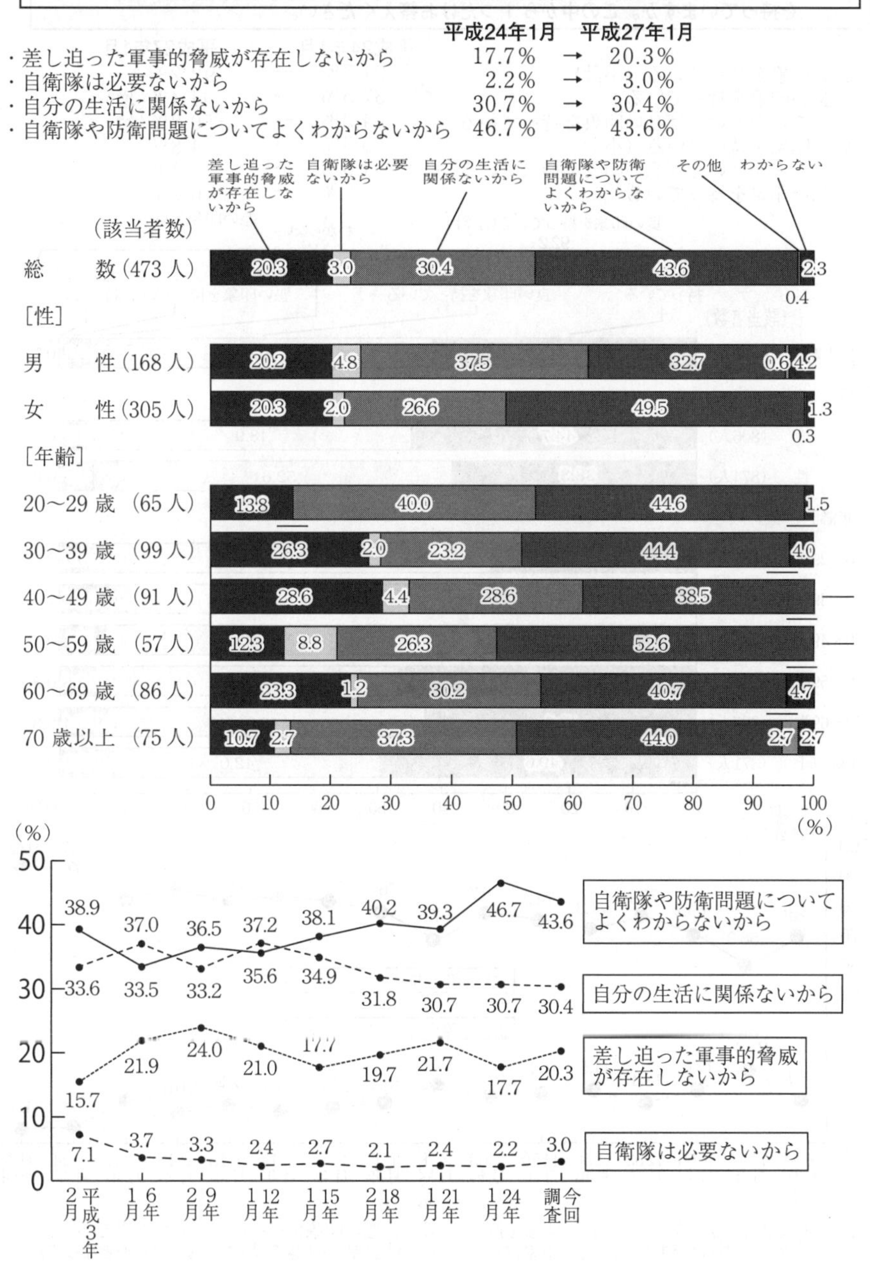

世論調査

2. 自衛隊に対する印象

(1)自衛隊に対する印象

問２　全般的に見てあなたは自衛隊に対して良い印象を持っていますか、それとも悪い印象を持っていますか。この中から１つだけお答えください。

	平成24年1月		平成27年1月
・良い印象を持っている（小計）	91.7％	→	92.2％
・良い印象を持っている	37.5％	→	41.4％(増)
・どちらかといえば良い印象を持っている	54.2％	→	50.8％(減)
・悪い印象を持っている（小計）	5.3％	→	4.8％
・どちらかといえば悪い印象を持っている	4.5％	→	4.1％
・悪い印象を持っている	0.8％	→	0.7％

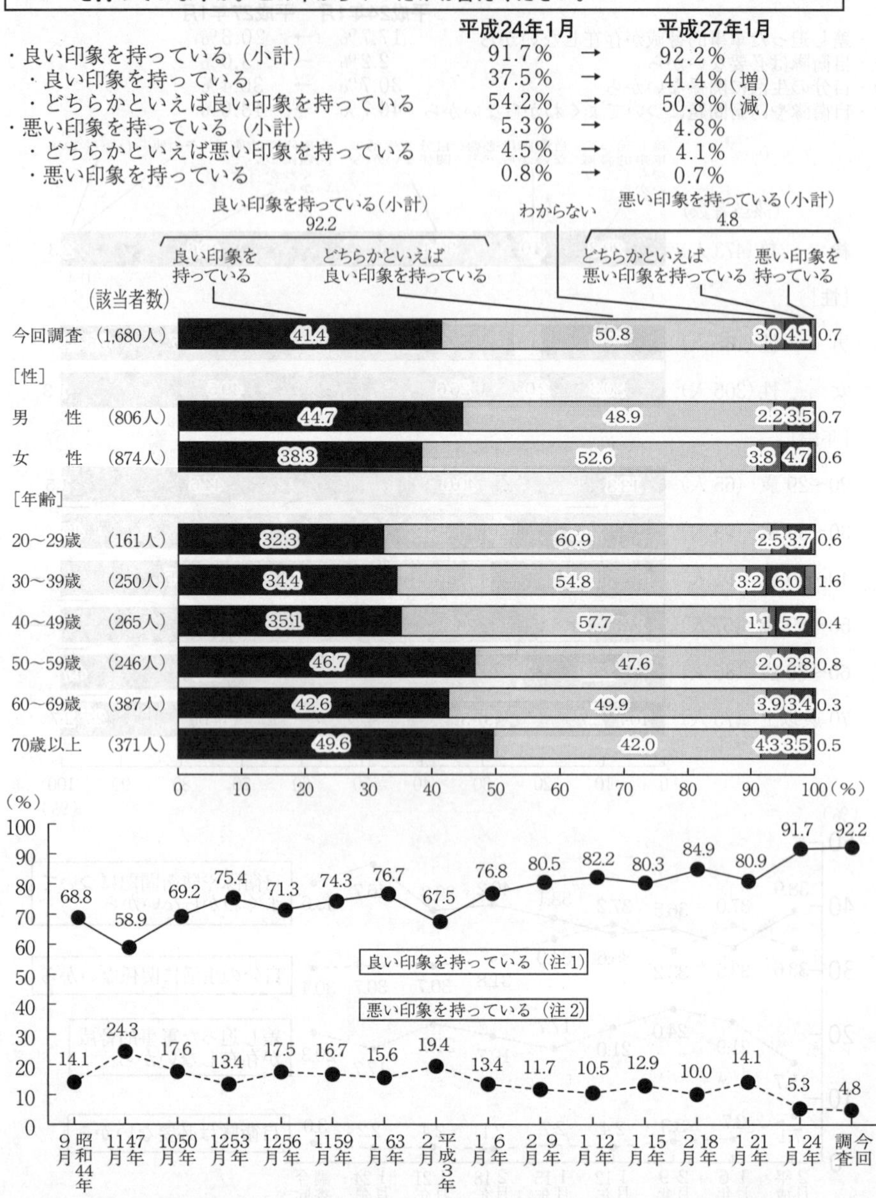

（注1）平成18年2月調査までは、「良い印象を持っている」と「悪い印象は持っていない」の合計となっている。
（注2）平成18年2月調査までは、「良い印象は持っていない」と「悪い印象を持っている」の合計となっている。

世論調査

3. 防衛体制についての考え方

(1)自衛隊の防衛力

問3　全般的に見て日本の自衛隊は増強した方がよいと思いますか、今の程度でよいと思いますか、それとも縮小した方がよいと思いますか。この中から１つだけお答えください。

	平成24年1月		平成27年1月
・増強した方がよい	24.8％	→	29.9％(増)
・今の程度でよい	60.0％	→	59.2％
・縮小した方がよい	6.2％	→	4.6％(減)

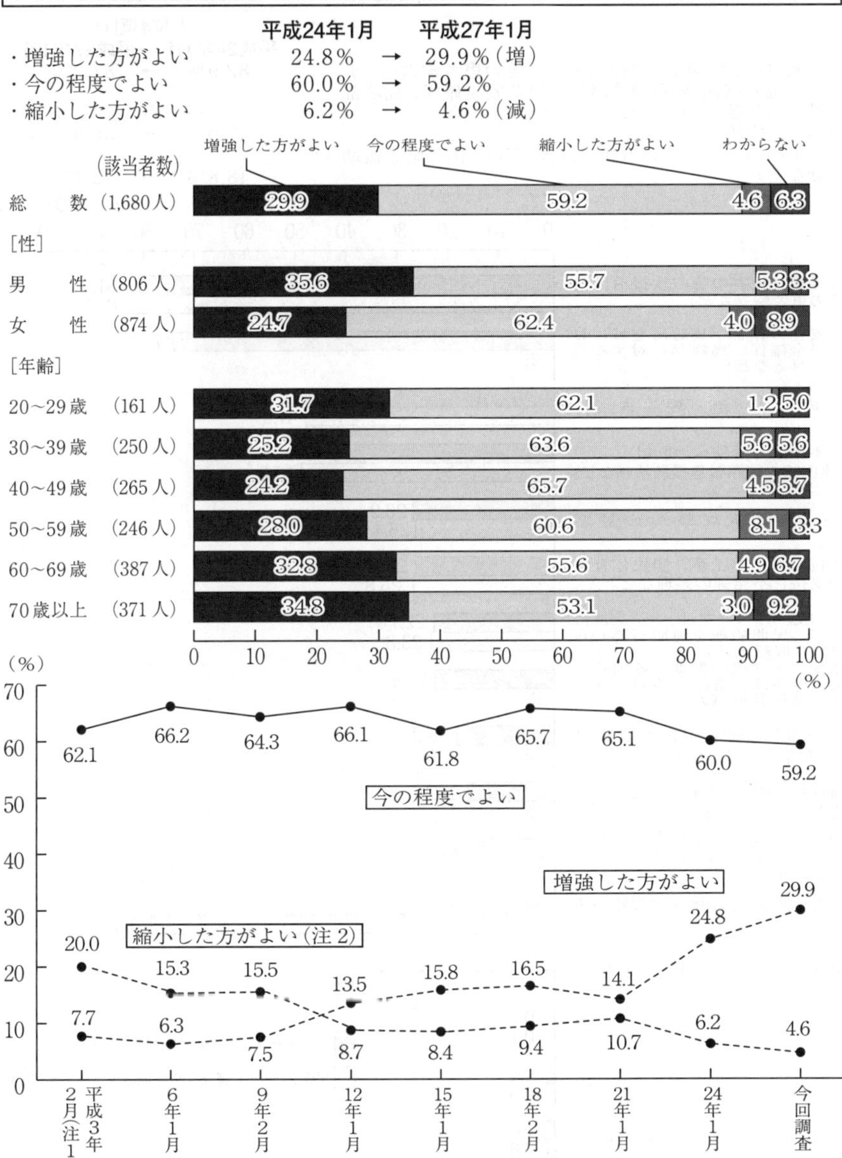

(注1) 平成3年2月調査では、「それでは、全般的に見て日本の自衛隊はもっと増強した方がよいと思いますか、今の程度でよいと思いますか、それとも今より少なくてよいと思いますか。」と聞いている。

(注2) 平成3年2月調査では、「今より少なくてよい」となっている。

4. 自衛隊の役割と活動に対する意識

(1)自衛隊が存在する目的

問4　自衛隊には各種の任務や仕事が与えられていますが、あなたは自衛隊が存在する目的は何だと思いますか。この中からいくつでもあげて下さい。(複数回答)

(上位4項目)

	平成24年1月		平成27年1月
・災害派遣(災害の時の救援活動や緊急の患者輸送など)	82.9%	→	81.9%
・国の安全の確保(周辺海空域における安全確保、島嶼部に対する攻撃への対応など)	※	→	74.3%
・国内の治安維持	47.9%	→	52.8%(増)
・国際平和協力活動への取組 (国連PKOや国際緊急援助活動など)	48.8%	→	42.1%(減)

(複数回答)

	今回調査 (N=1,680人、M.T.=398.0%)	平成24年1月調査 (N=1,893人、M.T.=369.4%)
災害派遣(災害の時の救援活動や緊急の患者輸送など)	81.9	82.9
国の安全の確保(周辺海空域における安全確保、島嶼部に対する攻撃への対応など)	74.3	※
国内の治安維持	52.8	47.9
国際平和協力活動への取組(国連PKOや国際緊急援助活動など)	42.1	48.8
弾道ミサイル攻撃への対応	26.9	26.4
民生協力(土木工事、国民体育大会の支援、不発弾の処理など)	26.2	26.8
海賊対処(ソマリア沖、アデン湾において、民間船舶を海賊行為から防護する取組・注)	22.7	23.3
防衛協力・交流の推進(各国防衛当局との会談・協議や共同訓練の実施、防衛装備協力など)	22.4	※
サイバー空間の安定利用への貢献(サイバー攻撃への対処など)	18.2	※
軍備管理・軍縮、不拡散の努力への協力	16.1	※
能力構築支援(安全保障・防衛関連分野における途上国の能力を向上させる取組)	13.1	※
国の安全確保(外国からの侵略の防止)	※	78.6
不審船や武装工作員への対応等	※	33.4
その他	0.1	0.1
特にない	0.4	0.6
わからない	1.0	0.6

(注)平成24年1月調査では、「海賊対処(ソマリア沖、アデン湾において、民間船舶を海賊行為から防護する取組)」となっている。
※　調査をしていない項目

(2) 自衛隊が今後力を入れていく面

問5　それでは、自衛隊は今後どのような面に力を入れていったらよいと思いますか。この中からいくつでもあげてください。(複数回答)

(上位4項目)

	平成24年1月		平成27年1月	
・災害派遣(災害の時の救援活動や緊急の患者輸送など)	72.3%	→	72.3%	(減)
・国の安全の確保(周辺海空域における安全確保、島嶼部に対する攻撃への対応など)	※	→	69.9%	
・国内の治安維持	41.7%	→	48.8%	(増)
・国際平和協力活動への取組(国連PKOや国際緊急援助活動など)	43.5%	→	35.7%	(減)

(複数回答)

	今回調査 (N=1,680人、M.T.=356.4%)	平成24年1月調査 (N=1,893人、M.T.=326.3%)
災害派遣（災害の時の救援活動や緊急の患者輸送など）	72.3	76.3
国の安全の確保（周辺海空域における安全確保、島嶼部に対する攻撃への対応など）	69.9	※
国内の治安維持	48.8	41.7
国際平和協力活動への取組（国連PKOや国際緊急援助活動など）	35.7	43.5
弾道ミサイル攻撃への対応	21.4	22.8
民生協力（土木工事、国民体育大会の支援、不発弾の処理など）	19.8	20.2
防衛協力・交流の推進（各国防衛当局との会談・協議や共同訓練の実施、防衛装備協力など）	18.7	※
海賊対処行動（ソマリア沖、アデン湾において、民間船舶を海賊行為から防護する取組・注）	17.9	18.4
サイバー空間の安定利用への貢献（サイバー攻撃への対処など）	16.5	※
軍備管理・軍縮、不拡散の努力への協力	12.6	※
能力構築支援（安全保障・防衛関連分野における途上国の能力を向上させる取組）	11.3	※
宇宙空間の安定利用への貢献	7.9	※
国の安全の確保（外国からの侵略の防止）	※	71.5
不審船や武装工作船への対応	※	29.5
特にない	1.8	1.5
その他	0.4	0.2
わからない	1.4	0.8

(注) 平成24年1月調査では、「海賊対処(ソマリア沖、アデン湾において、民間船舶を海賊行為から防護する取組)」となっている。

※　調査していない項目

(3) 自衛隊の災害派遣活動に対する評価

問６　自衛隊が今までに実施してきた災害派遣活動について、あなたはどのように評価していますか。この中から１つだけお答えください。

	平成27年1月
・評価する（小計）	98.0％
・大いに評価する	64.9％
・ある程度評価する	33.2％
・評価しない（小計）	1.3％
・あまり評価しない	1.3％
・全く評価しない	—

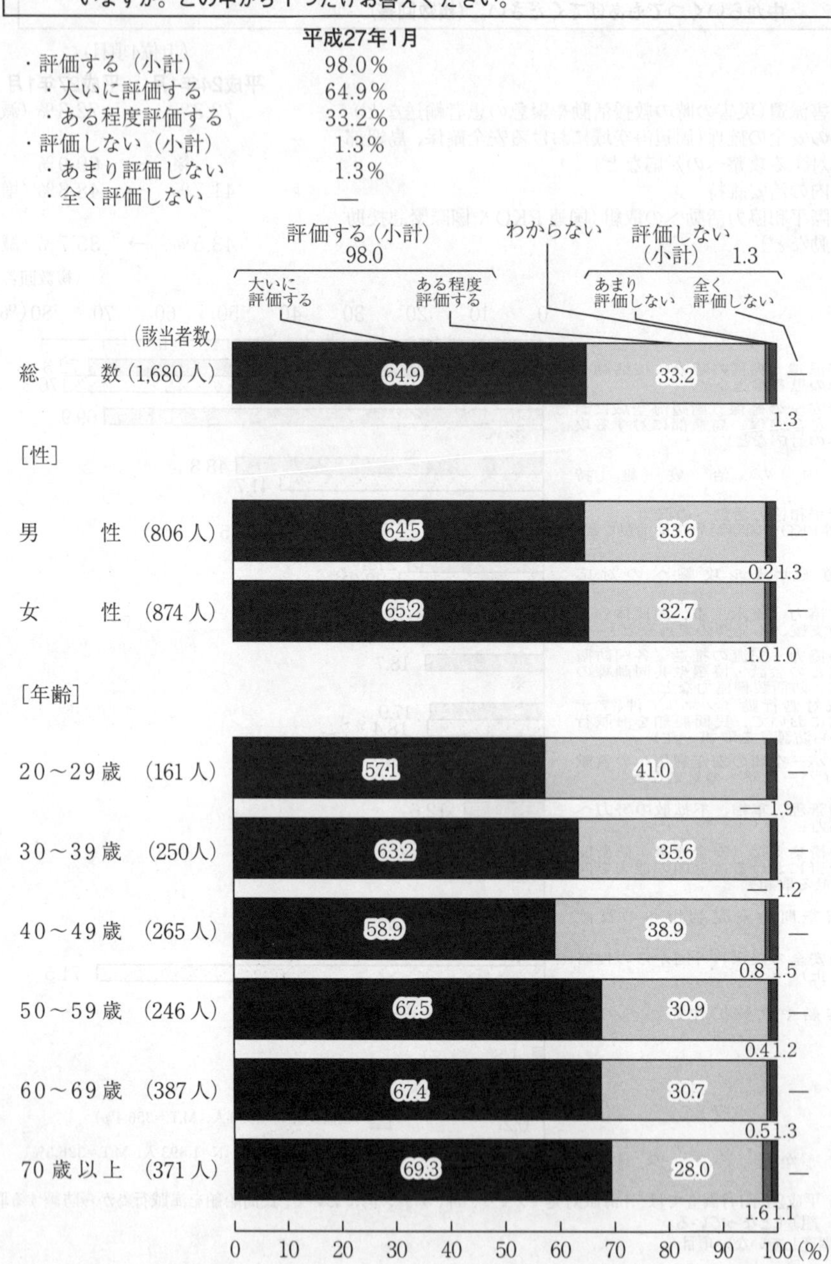

(4) **自衛隊の海外での活動に対する評価**

問7　あなたは、これまでの自衛隊の海外での活動について、どの程度評価していますか。この中から１つだけお答えください。

	平成27年1月
・評価する(小計)	89.8%
・大いに評価する	39.2%
・ある程度評価する	50.6%
・評価しない(小計)	7.3%
・あまり評価しない	6.5%
・全く評価しない	0.8%

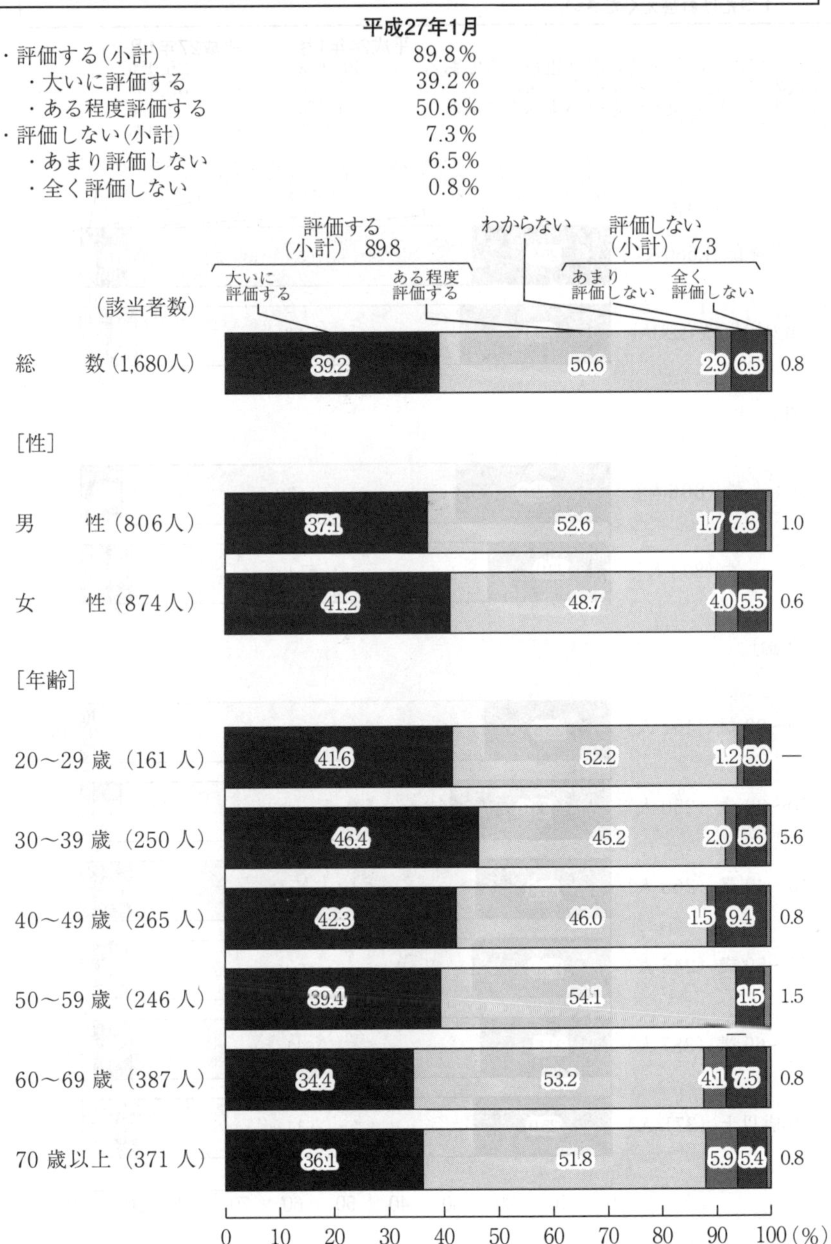

世論調査

(5)国際平和協力活動への取組

問8　あなたは、自衛隊による国連 PKO への参加や国際緊急援助活動などの『国際平和力活動』について、今後、どのように取り組んでいくべきだと思いますか。この中から1つだけお答えください。

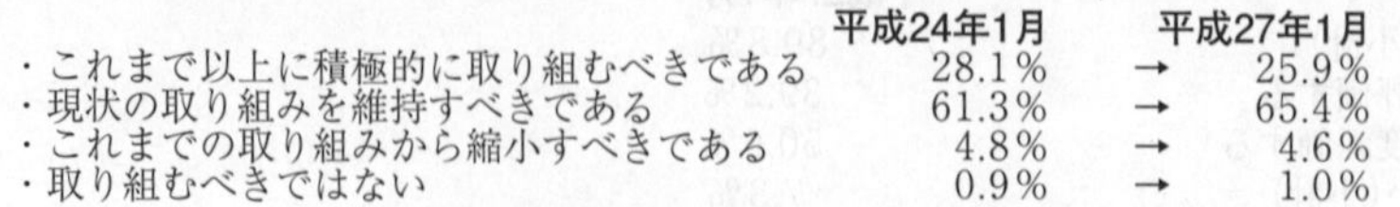

	平成24年1月		平成27年1月
・これまで以上に積極的に取り組むべきである	28.1％	→	25.9％
・現状の取り組みを維持すべきである	61.3％	→	65.4％
・これまでの取り組みから縮小すべきである	4.8％	→	4.6％
・取り組むべきではない	0.9％	→	1.0％

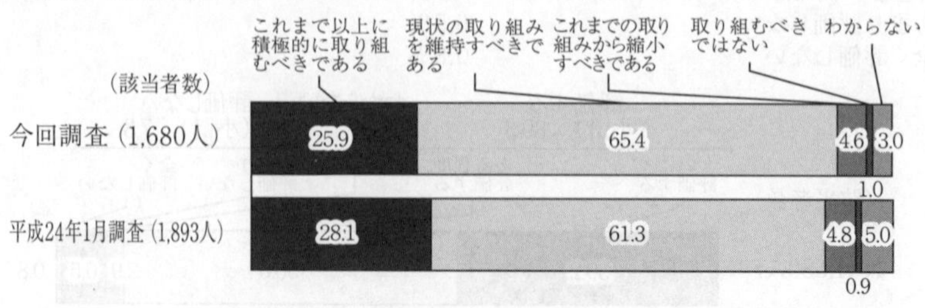

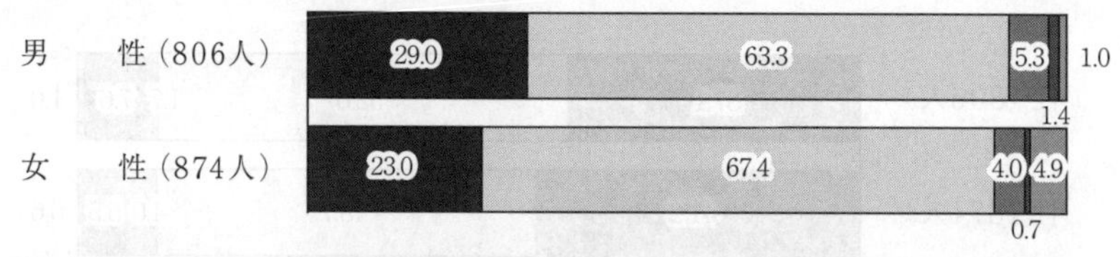

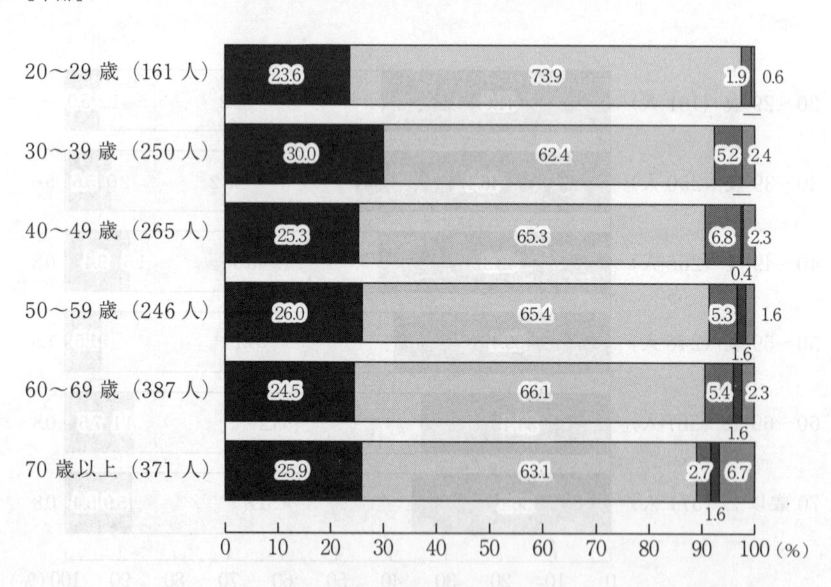

5. 防衛についての意識

（1）身近な人が自衛隊員になることの賛否

問９　もし身近な人が自衛隊員になりたいと言ったら、あなたは賛成しますか、反対しますか。この中から１つだけお答えください。

	平成 24 年 1 月		平成 27 年 1 月
・賛成する（小計）	72.5％	→	70.4％
・賛成する	31.9％	→	27.9％（減）
・どちらかといえば賛成する	40.6％	→	42.6％
・反対する（小計）	19.2％	→	23.0％（増）
・どちらかといえば反対する	14.8％	→	17.0％
・反対する	4.3％	→	6.0％（増）

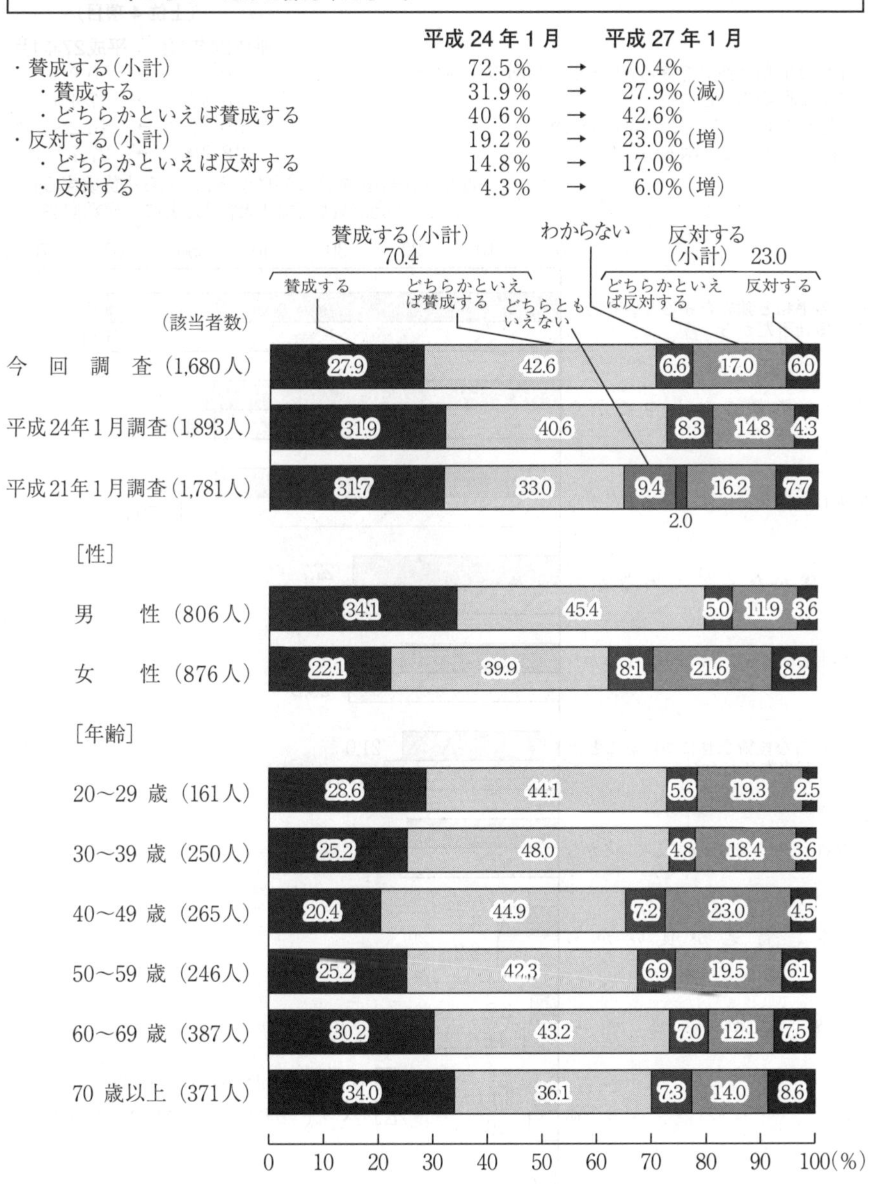

（注）平成 21 年 1 月調査では、選択肢外に「どちらともいえない」がある。

ア　身近な人が自衛隊員になることに賛成の理由

更問１　（問９で「賛成する」、「どちらかといえば賛成する」と答えた方（1,183人）に）その理由は何でしょうか。この中からいくつでもあげてください。（複数回答）

（上位４項目）

	平成24年1月		平成27年1月
・日本の平和と独立を守るという誇りのある仕事だから	60.7％	→	60.9％
・立派な職業のひとつだから	46.3％	→	47.4％
・国際社会の安定に役立つ仕事だから	50.7％	→	46.2％（減）
・自衛隊がなくては困るから	28.8％	→	27.7％

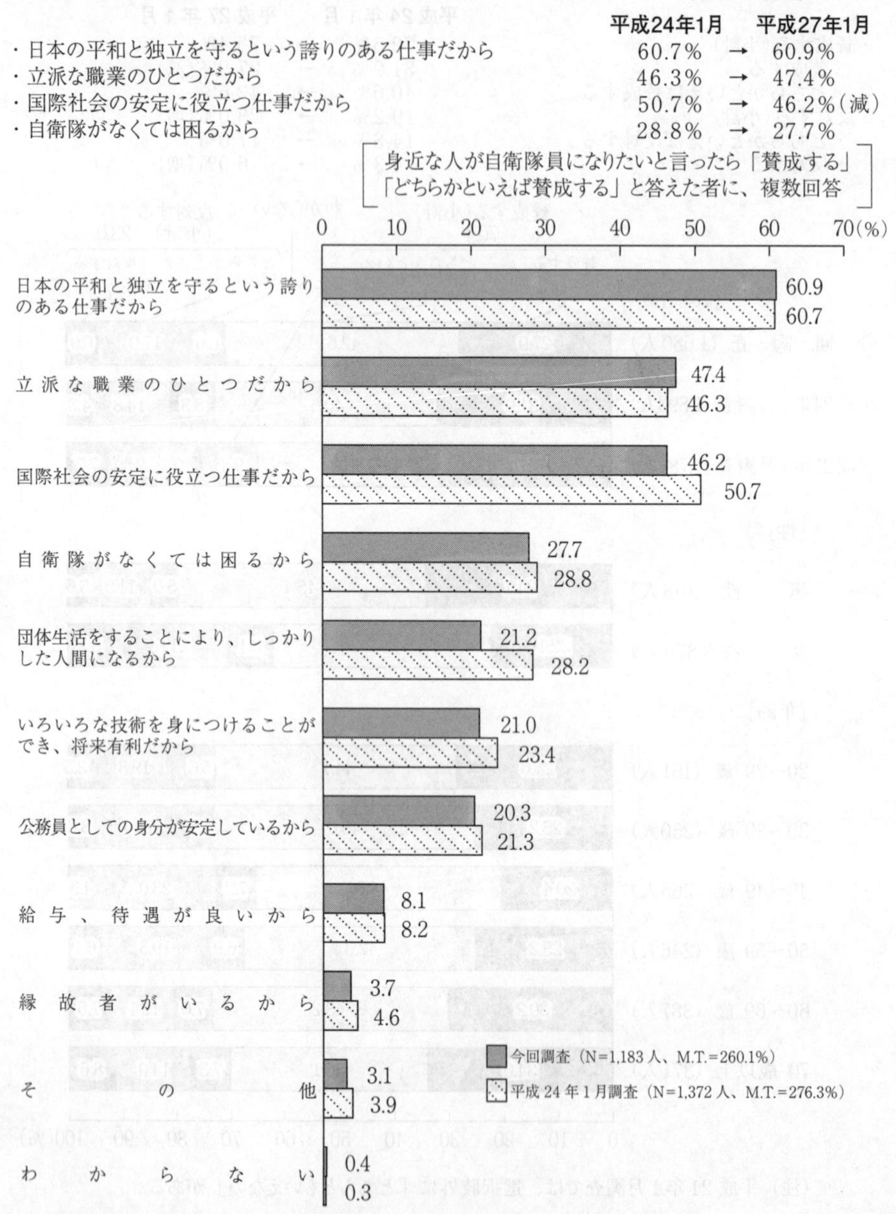

イ　身近な人が自衛隊員になることに反対の理由

更問１　（問９で「どちらかといえば反対する」、「反対する」と答えた方（386人）に）その理由は何でしょうか。この中からいくつでもあげてください。（複数回答）

（上位３項目）

	平成24年1月		平成27年1月
・戦争などが起こった時は危険な仕事だから	71.3％	→	75.1％
・自衛隊の実情がよくわからないから	35.0％	→	32.4％
・仕事が厳しそうだから	29.2％	→	25.4％

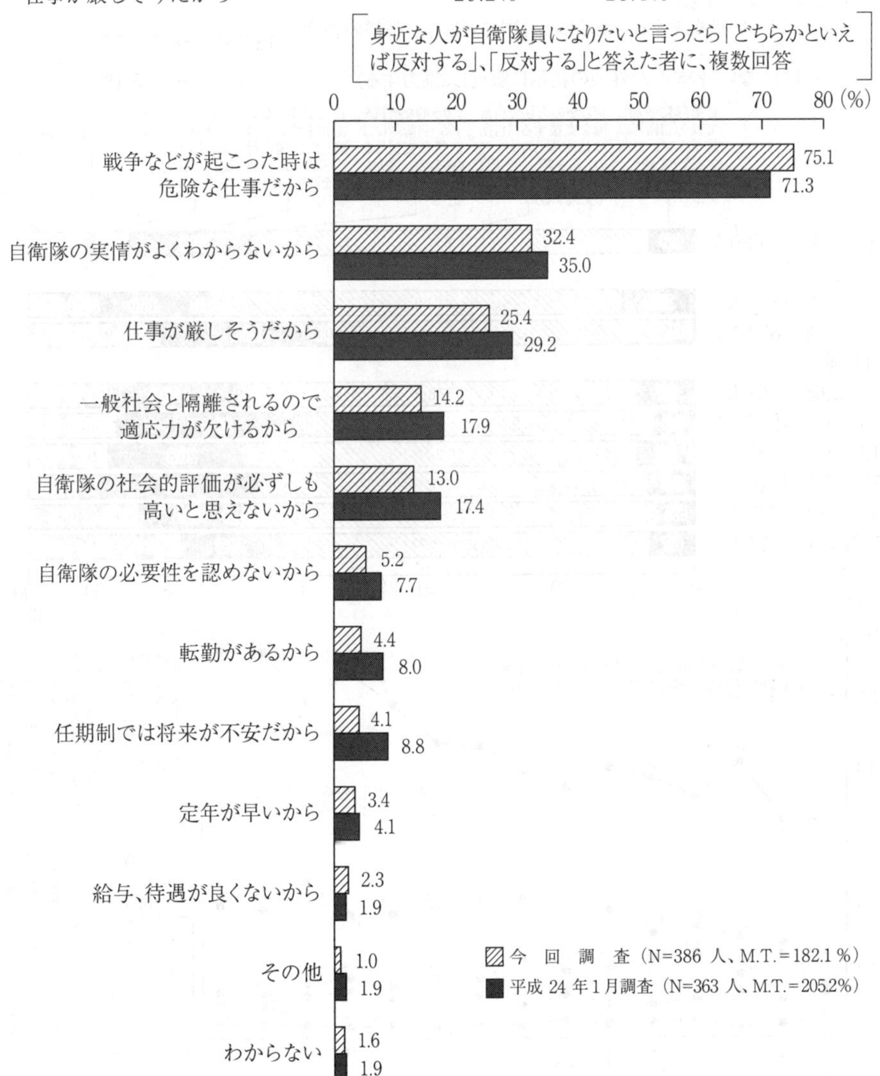

世論調査

(2)外国から侵略された場合の態度

問10　もし日本が外国から侵略された場合、あなたはどうしますか。この中から１つだけお答えください。

	平成24年1月		平成27年1月
・自衛隊に参加して戦う（自衛隊に志願して、自衛官となって戦う）	6.6％	→	6.8％
・何らかの方法で自衛隊を支援する（自衛隊に志願しないものの、あらゆる手段で自衛隊の行う作戦などを支援する）	56.6％	→	56.8％
・ゲリラ的な抵抗をする（自衛隊には志願や支援しないものの、武力を用いた行動をする）	2.2％	→	1.9％
・武力によらない抵抗をする（侵略した外国に対して不服従の態度を取り、協力しない）	18.9％	→	19.5％
・一切抵抗しない（侵略した外国の指示に服従し、協力する）	4.8％	→	5.1％

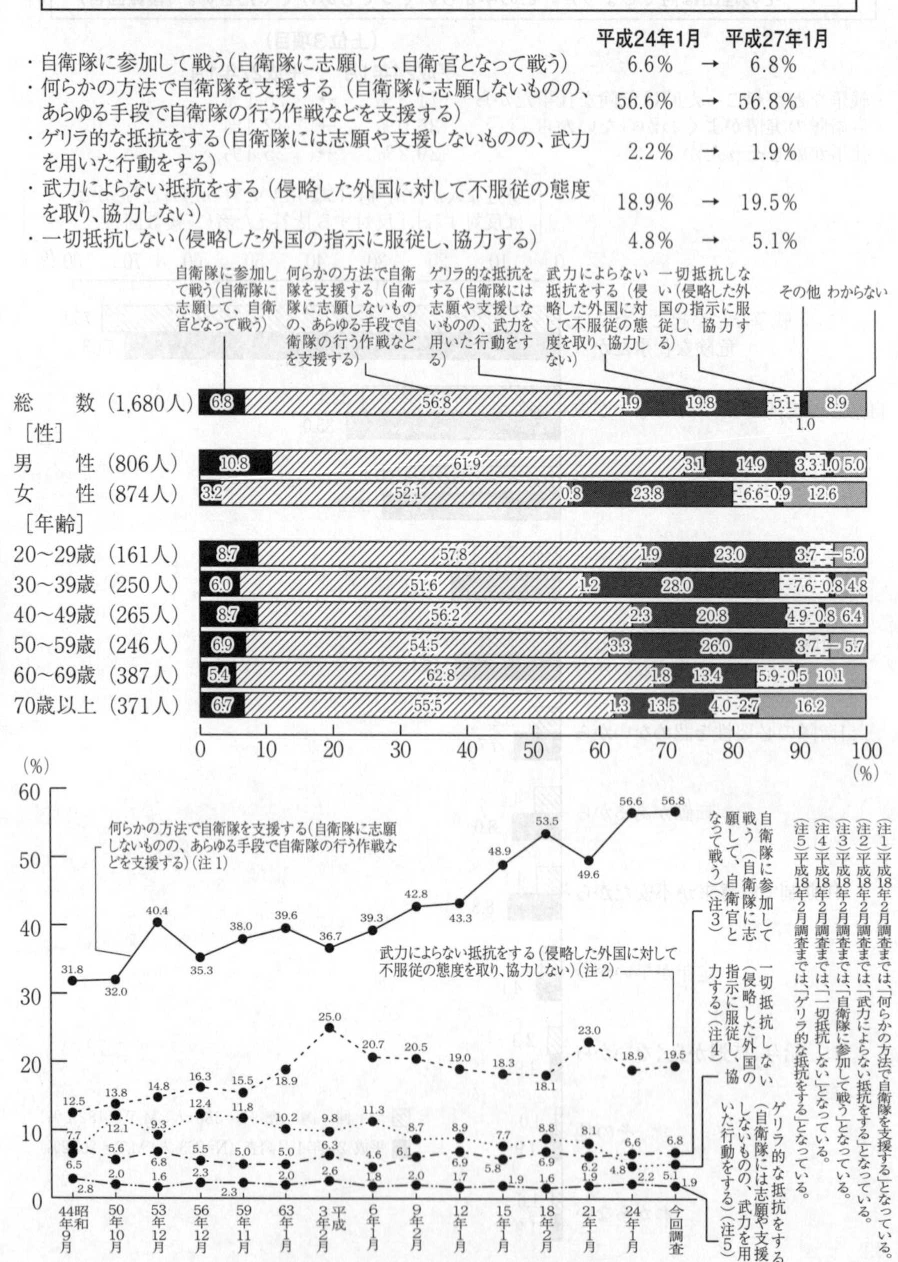

(3) 国を守るという気持ちの教育の必要性

問 11	あなたは国民が国を守るという気持ちをもっと持つようにするため、教育の場で取り上げる必要があると思いますか、それともその必要はないと思いますか。この中から１つだけお答えください。

	平成24年1月		平成27年1月
・教育の場で取り上げる必要がある	70.0％	→	72.3％
・教育の場で取り上げる必要はない	19.3％	→	21.6％

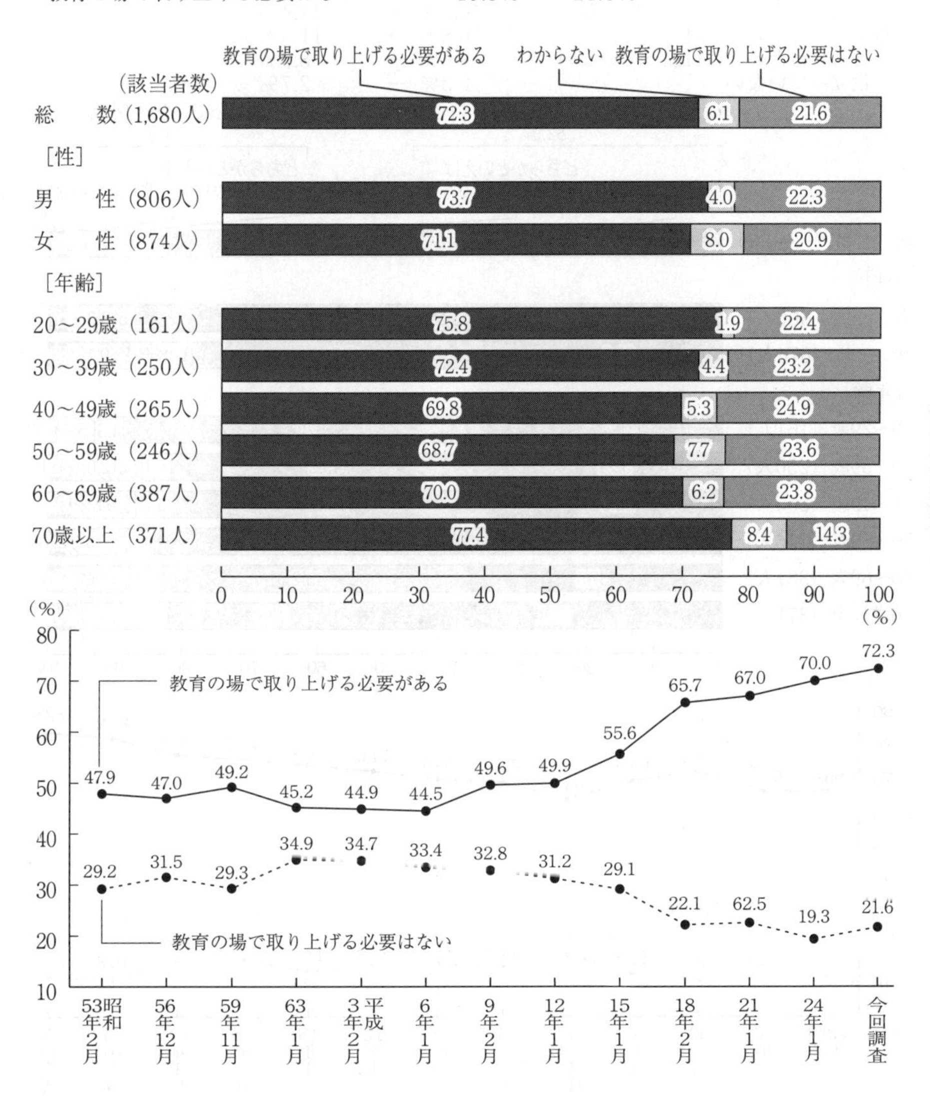

6. 日本の防衛のあり方に関する意識

(1)日米安全保障条約についての考え方

問12　日本の防衛のあり方について伺います。日本は現在、アメリカと安全保障条約を結んでいますが、この日米安全保障条約は日本の平和と安全に役立っていると思いますか、役立っていないと思いますか。この中から1つだけお答えください。

	平成24年1月		平成27年1月
・役立っている（小計）	81.2%	→	82.9%
・役立っている	36.8%	→	38.8%
・どちらかといえば役立っている	44.4%	→	44.4%
・役立っていない（小計）	10.8%	→	11.5%
・どちらかといえば役立っていない	8.6%	→	8.9%
・役立っていない	2.3%	→	2.7%

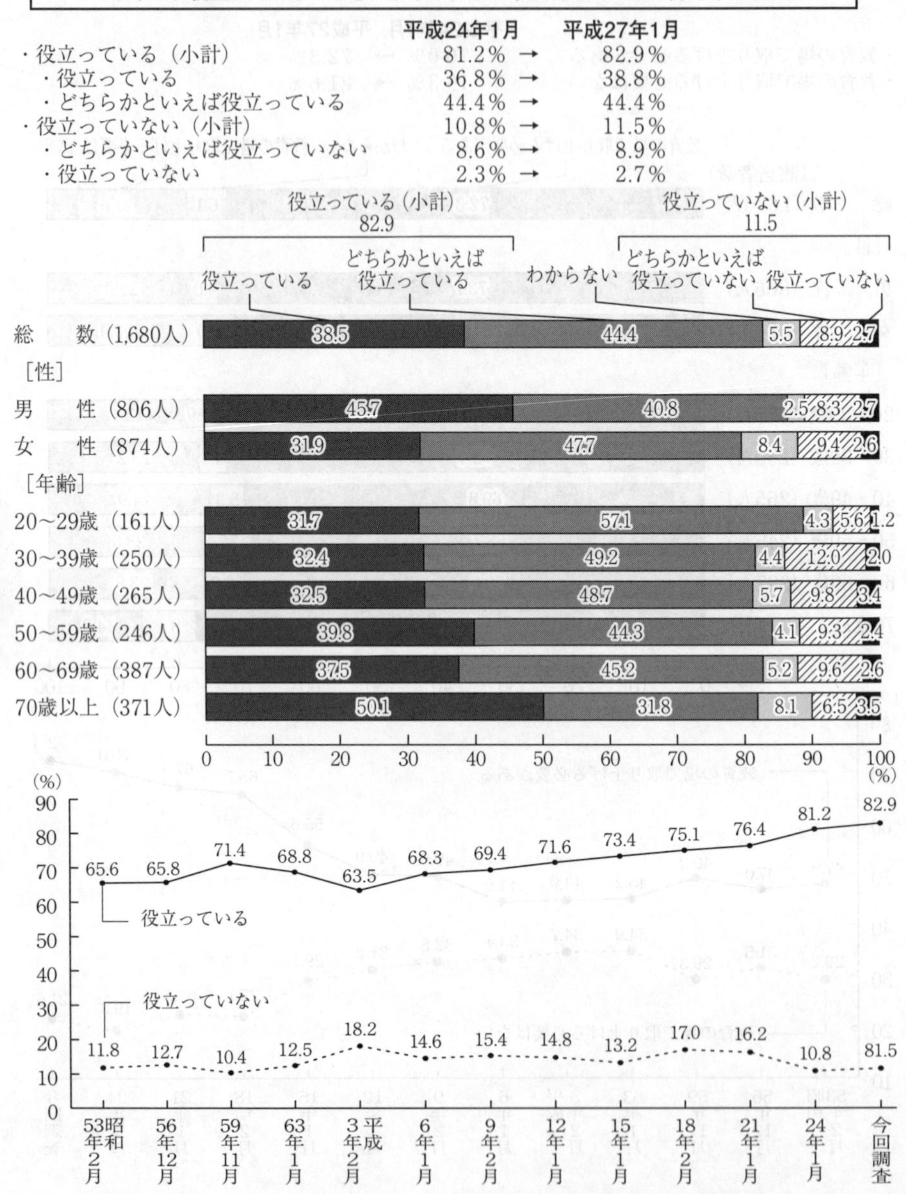

(2)**日本の安全を守るための方法**

問13 では、あなたは日本の安全を守るためにはどのような方法をとるべきだと思いますか。この中から１つだけお答えください。

	平成24年１月		平成27年１月
・現状どおり日米の安全保障体制と自衛隊で日本の安全を守る	82.3％	→	84.6％
・日米安全保障条約をやめて、自衛隊だけで日本の安全を守る	7.8％	→	6.6％
・日米安全保障条約をやめて、自衛隊も縮小または廃止する	2.2％	→	2.6％

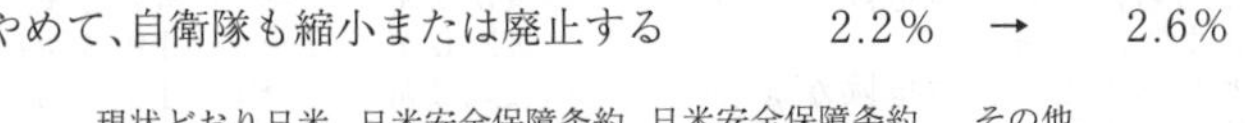

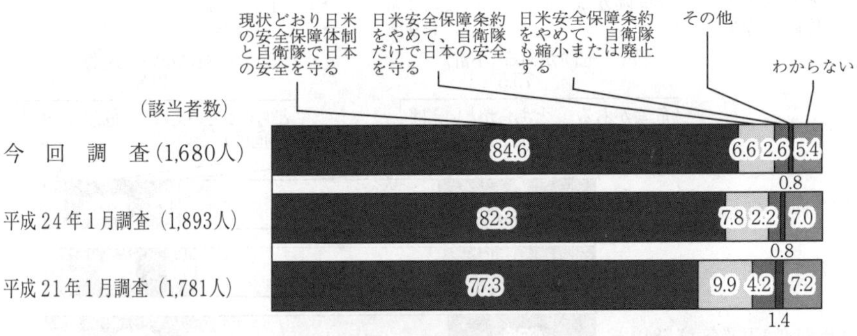

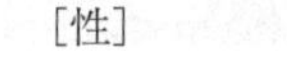

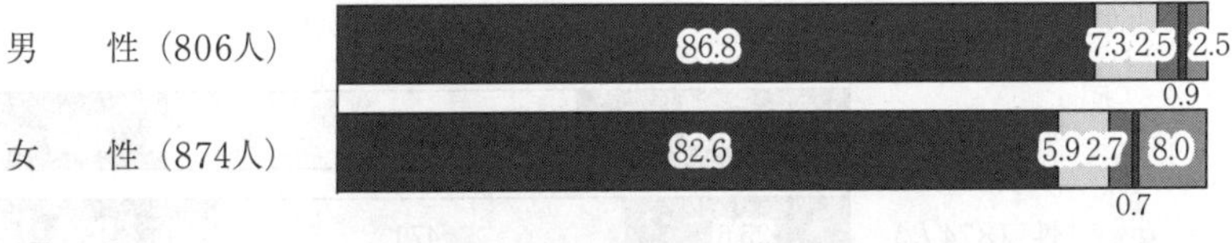

［年齢］

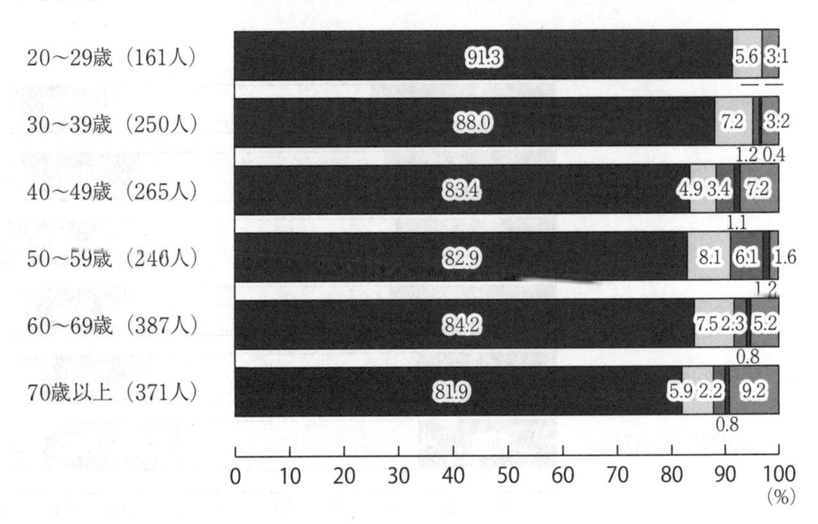

(3)日本が戦争に巻き込まれる危険性

問14　あなたは、現在の世界の情勢から考えて日本が戦争を仕掛けられたり戦争に巻き込まれたりする危険があると思いますか、それともそのような危険はないと思いますか。この中から１つだけお答えください。

	平成24年１月		平成27年１月
・危険がある(小計)	72.3％	→	75.5％
・危険がある	27.3％	→	28.3％
・どちらかといえば危険がある	45.1％	→	47.2％
・危険はない(小計)	22.0％	→	19.8％
・どちらかといえば危険がない	17.2％	→	16.0％
・危険はない	4.9％	→	3.8％

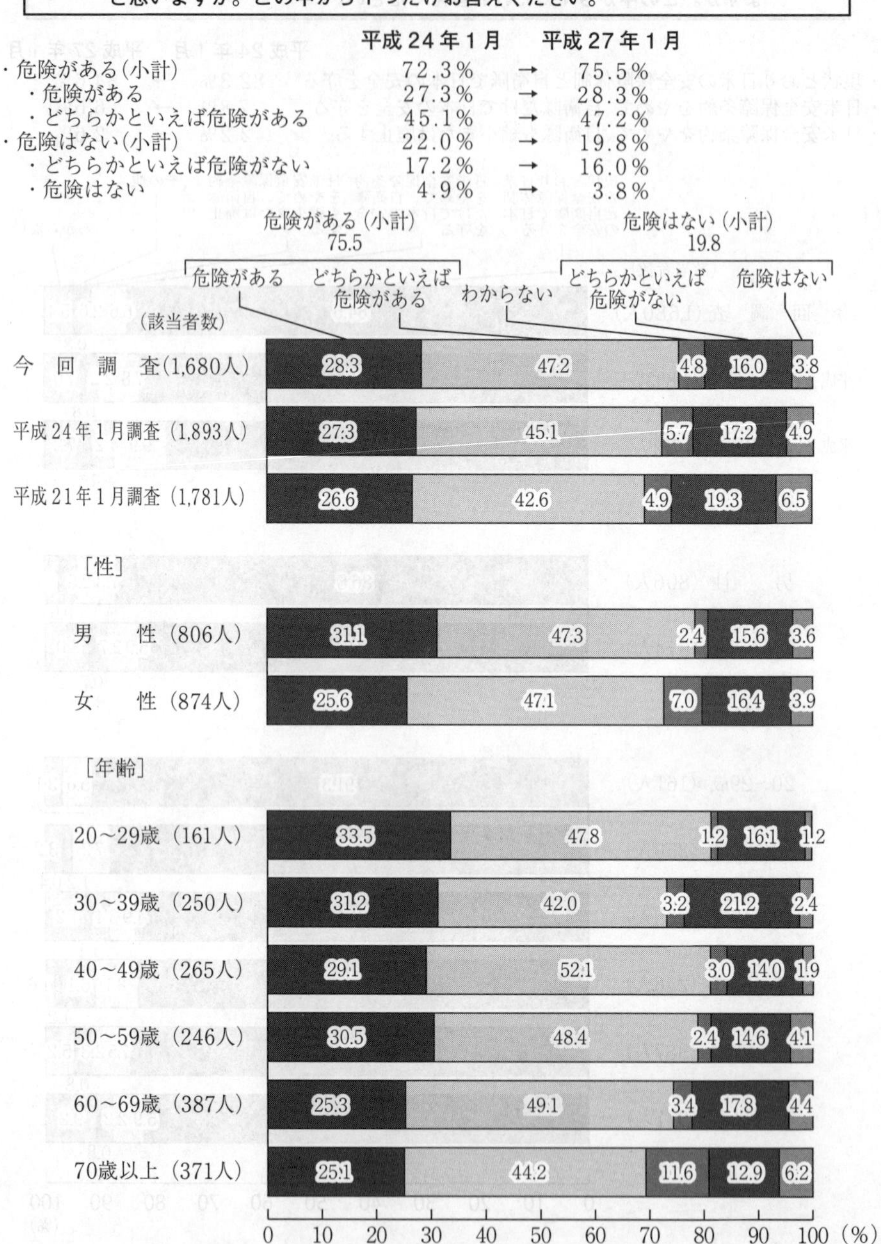

世論調査

ア　日本が戦争に巻き込まれる危険があると思う理由

更問１　（問14で「危険がある」、「どちらかといえば危険がある」と答えた方（1,268人）に）どうしてそう思うのですか。この中からいくつでもあげてください。（複数回答）

（上位4項目）

	平成24年1月		平成27年1月
・国際的な緊張や対立があるから	81.4％	→	82.6％
・国連の機能が不十分だから	28.3％	→	27.8％
・自衛力が不十分だから	23.4％	→	19.2％（減）
・日米安全保障条約があるから	13.7％	→	12.9％

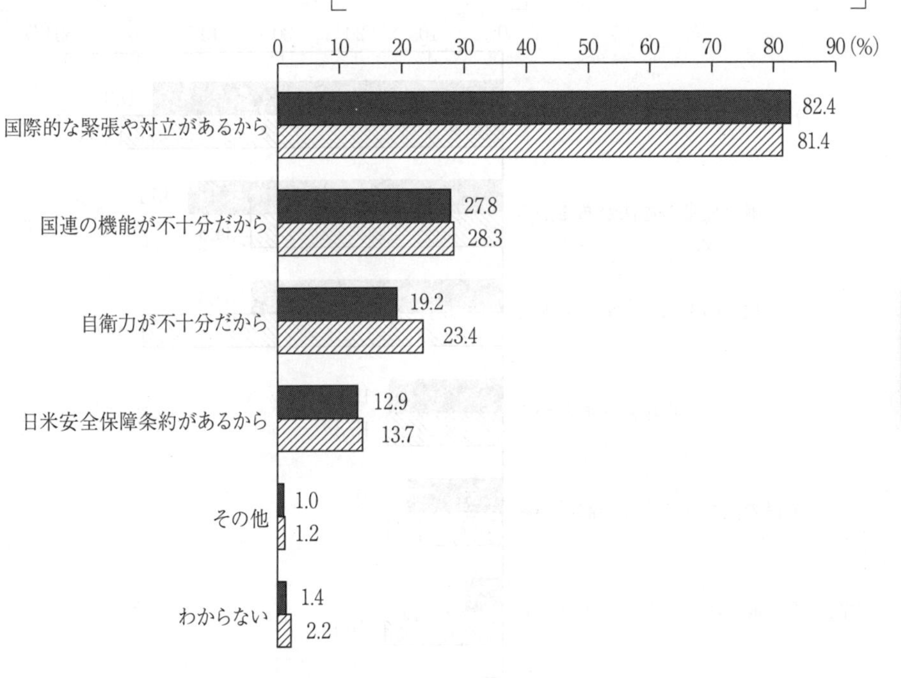

イ　日本が戦争に巻き込まれる危険がないと思う理由

更問２　（問14で「どちらかといえば危険がない」、「危険はない」と答えた方（332人）に）どうしてそう思うのですか。この中からいくつでもあげてください。（複数回答）

（上位4項目）

	平成24年1月		平成27年1月
・日米安全保障条約があるから	52.5％	→	47.9％
・戦争放棄の憲法があるから	34.5％	→	43.1％（増）
・国連が平和への努力をしているから	49.4％	→	34.3％（減）

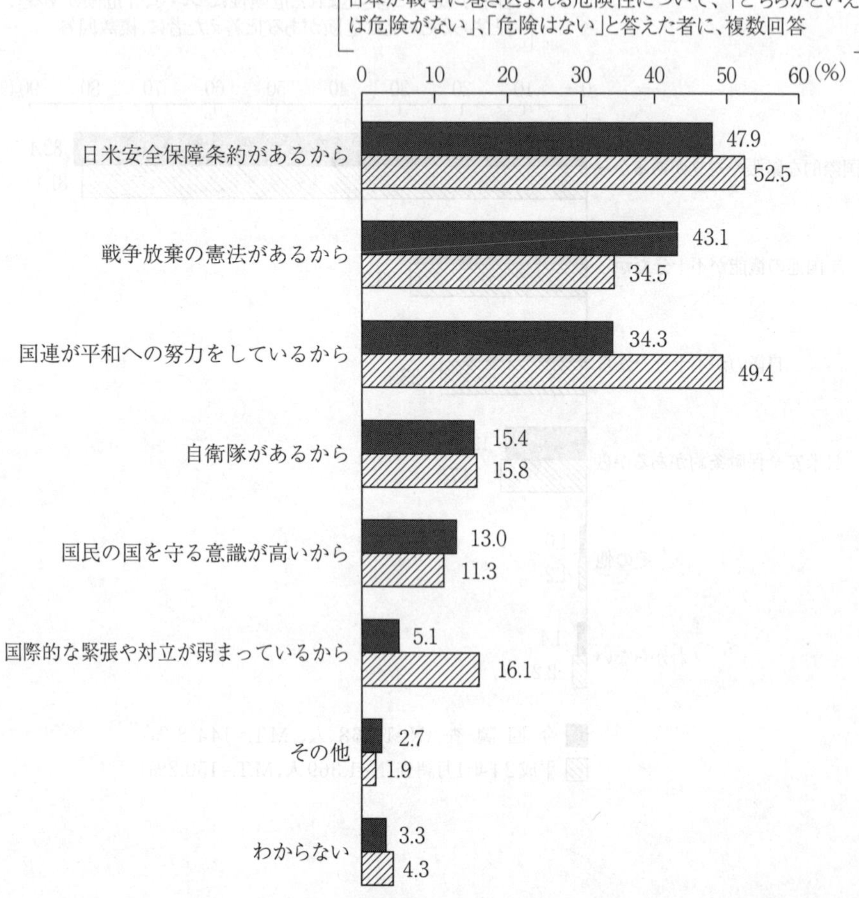

世論調査

(4) 日本の平和と安全の面から関心を持っていること

問 15　日本の平和と安全の面から、あなたが関心を持っていることがありましたら、この中からいくつでもあげてください。（複数回答）

（上位4項目）

	平成24年1月		平成27年1月
・中国の軍事力の近代化や海洋における活動	46.0％	→	60.5％（増）
・朝鮮半島情勢	64.9％	→	52.7％（減）
・国際テロ組織の活動	30.3％	→	42.6％（増）
・日本の周辺地域における米国の軍事情勢	24.8％	→	36.7％（増）

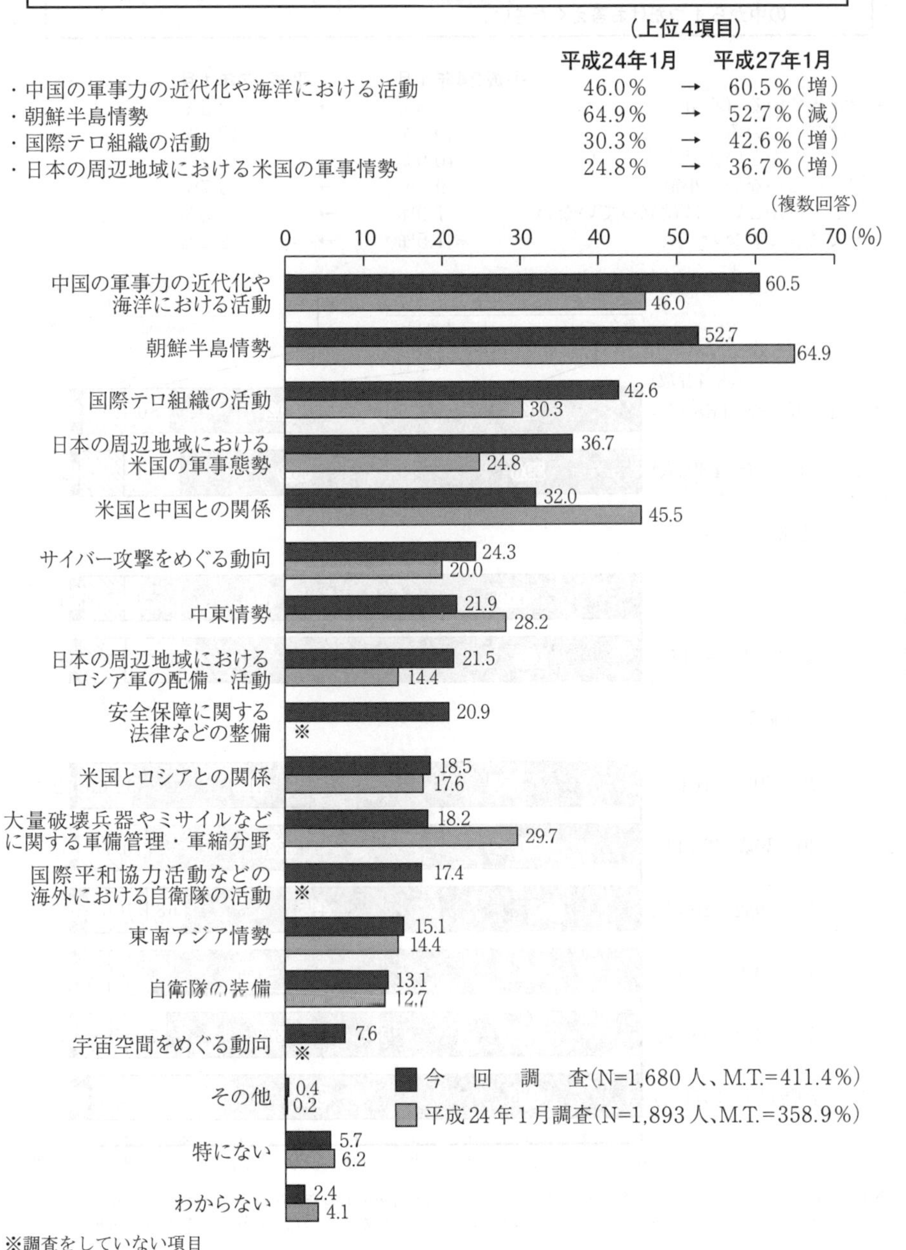

※調査をしていない項目

(5) 米国以外との防衛協力・交流を行うことについての意識

問16　あなたは、同盟国であるアメリカ以外の国とも防衛協力・交流を進展させることは、日本の平和と安全に役立っていると思いますか、役立っていないと思いますか。この中から1つだけお答えください。

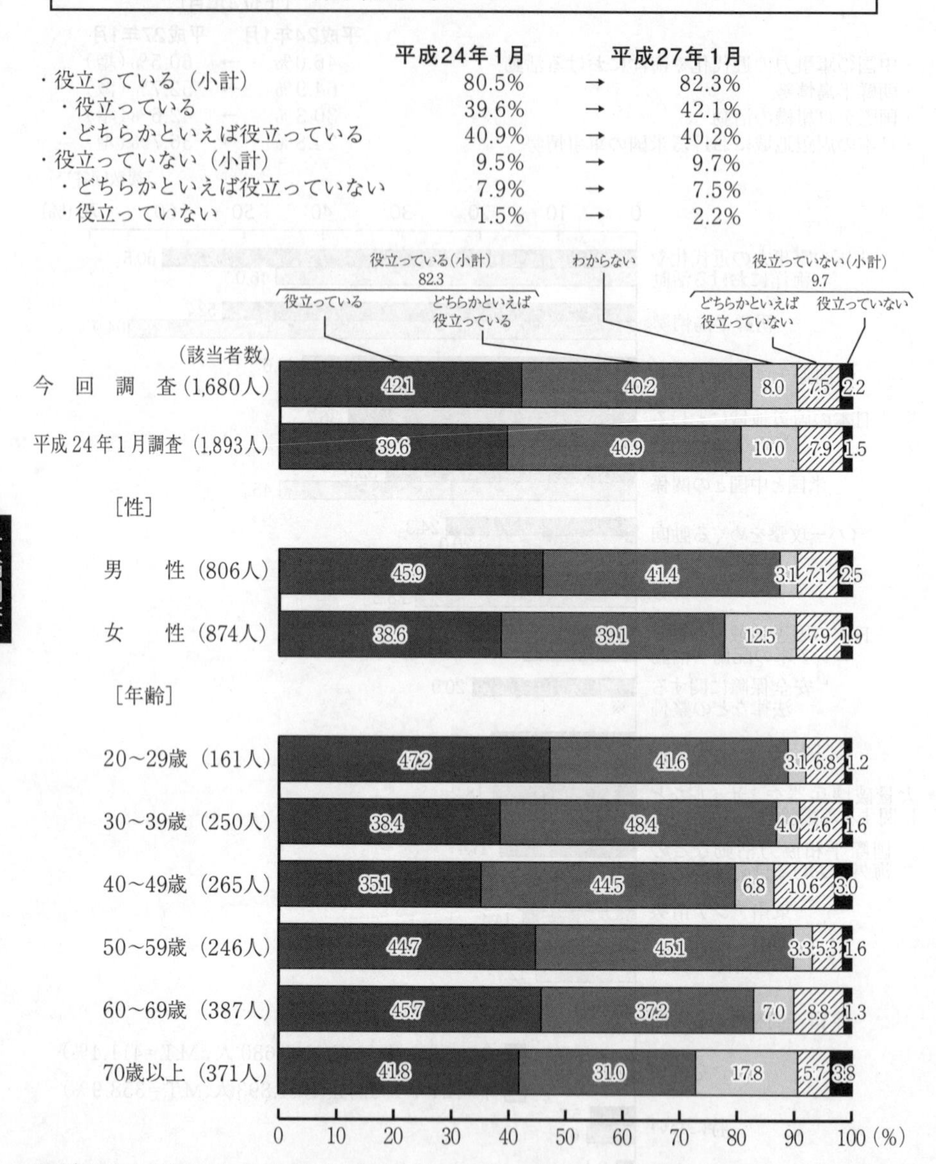

※平成24年1月調査では、「同盟国であるアメリカ以外の国とも防衛上の交流を行うことは、日本の平和と安全に役立っていると思いますか、役立っていないと思いますか。この中から1つだけお答えください。」と聞いている。

ア　役立っていると考える国・地域

更問　（問16で「役立っている」、「どちらかといえば役立っている」と答えた方（1,383人）に）特に、どの国や地域との防衛協力・交流が日本の平和と安全にとり、役に立つと思いますか。この中からいくつでもあげてください。（複数回答）

（上位4項目）

	平成24年1月		平成27年1月
・東南アジア諸国連合	45.9％	→	49.0％
・韓国	61.5％	→	40.8％（減）
・中国	61.7％	→	40.3％（減）
・ヨーロッパ諸国（ロシアを除くイギリス、フランスなどの主要国）	27.3％	→	36.9％（増）

［同盟国であるアメリカ以外の国とも防衛上の交流を行うことは、日本の平和と安全に「役立っている」、「どちらかといえば役立っている」と答えた者に、複数回答］

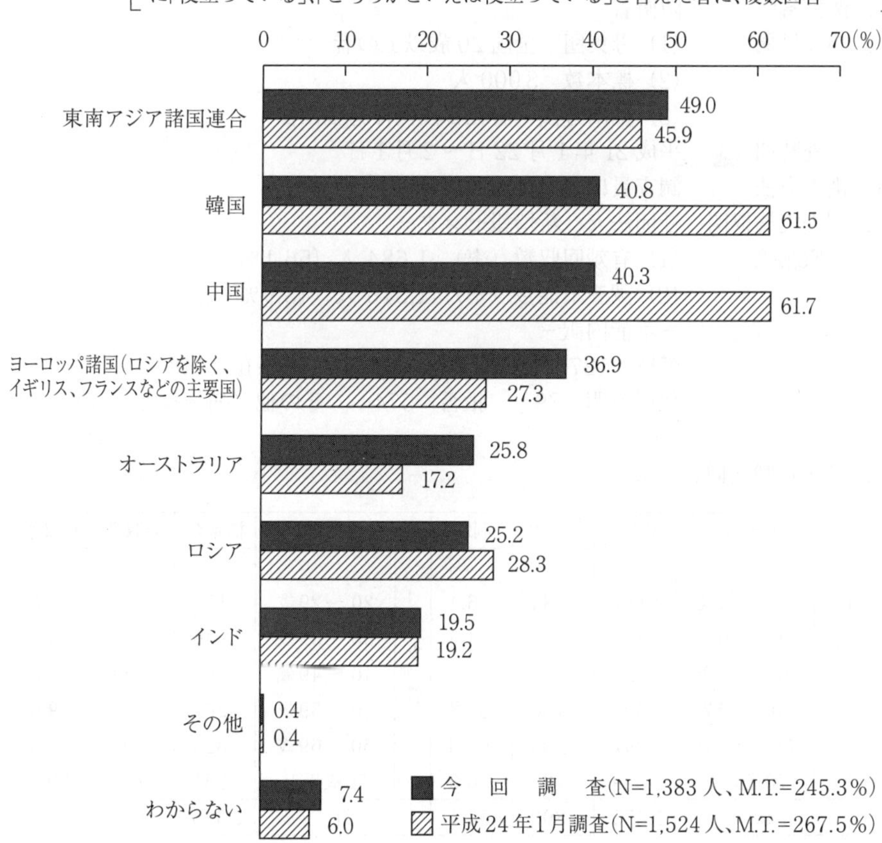

（注）平成 24 年 1 月調査では、「特に、どの国や地域と防衛上の交流を深めていることが日本の平和と安全にとり役に立つと思いますか。この中からいくつでもあげてください。」と聞いている。

世論調査

Ⅱ　自衛隊の補給支援活動に関する特別世論調査

調査の概要

1．調査目的　自衛隊の補給支援活動に関する国民の意識を調査し、今後の施策の参考とする。

2．調査項目　(1) 補給支援活動の認知度
(2) 補給支援活動を何から知ったか
(3) 補給支援活動についての評価
(4) 評価する理由／評価しない理由
(5)「高山」襲撃事案の認知度
(6) 国際平和協力活動の周知
(7) 国際平和協力活動の今後の取組

3．関係省庁　防衛省

4．調査対象　(1) 母集団　全国20歳以上の者
(2) 標本数　3,000人
(3) 抽出方法　層化2段無作為抽出法

5．調査時期　平成21年1月22日～2月1日

6．調査方法　調査員による個別面接聴取

7．調査実施機関　社団法人　新情報センター

8．回収結果　(1) 有効回収数（率）　1,684人（56.1％）
(2) 調査不能数（率）　1,316人（43.9％）
－不能内訳－
転居　127　長期不在　57　一時不在　448
住所不明　39　拒否　574　その他（病気など）　71

9．性・年齢別回収結果

性・年齢		標本数	回収数	回収率	性・年齢		標本数	回収数	回収率
				%					%
男性	20～29歳	181	84	46.4	女性	20～29歳	178	77	43.3
	30～39歳	240	107	44.6		30～39歳	246	139	56.5
	40～49歳	225	117	52.0		40～49歳	263	154	58.6
	50～59歳	303	166	54.8		50～59歳	267	159	59.6
	60～69歳	297	200	67.3		60～69歳	320	204	63.8
	70歳以上	229	129	56.3		70歳以上	251	148	59.0
計		1,475	803	54.4	計		1,525	881	57.8

［自衛隊・防衛問題に関する特別世論調査］の要旨

内閣府政府広報室

［調査時期：平成21年1月22日～2月1日
調査対象：全国20歳以上の者3,000人
有効回収数（率）：1,684人（56.1％）］

1．補給支援活動の認知度

	平成21年1月
・聞いたことがあり、活動の内容も知っている	70.8％
・聞いたことがあるが、活動の内容までは知らない	22.4％
・聞いたことがない	5.6％
・わからない	1.1％

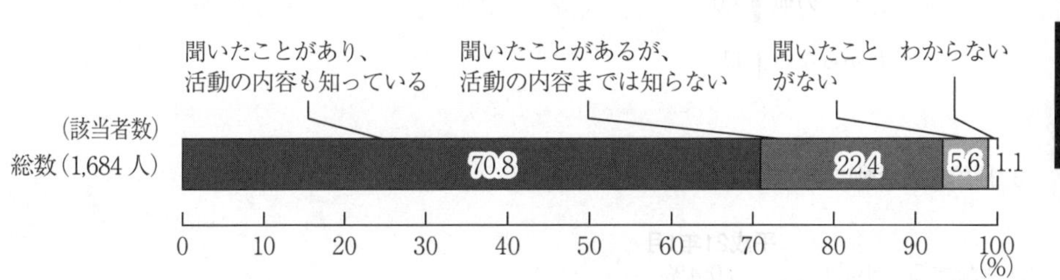

世論調査

2. 補給支援活動を何から知ったか（複数回答）

［「聞いたことがあり、活動の内容も知っている」、「聞いたことがあるが、活動の内容までは知らない」と答えた者に、複数回答］

	平成21年1月
・テレビ	96.5％
・新聞	75.1％
・ラジオ	14.6％
・インターネット	12.0％

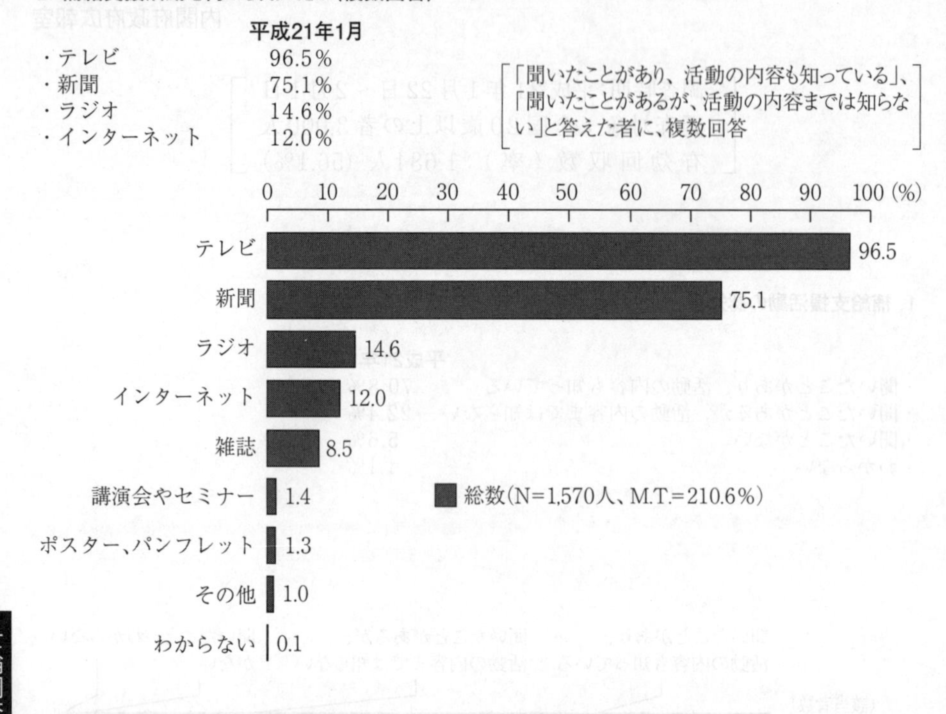

3. 補給支援活動についての評価

	平成21年1月
・評価する（小計）	70.4％
・高く評価する	23.2％
・多少は評価する	47.2％
・評価しない（小計）	22.6％
・あまり評価しない	17.6％
・全く評価しない	5.0％
・わからない	7.0％

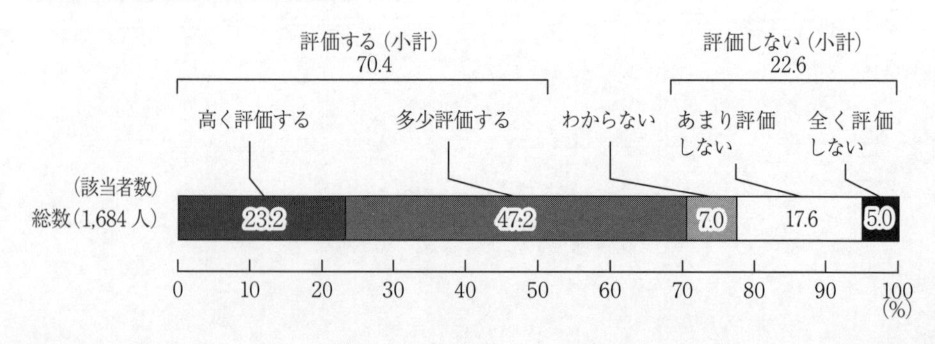

4.
(1) **評価する理由(複数回答)**

平成21年1月

・国際社会の一員として責任ある役割を果たすことにより、日本に対する国際的な評価が高まるから	65.2%
・日本の平和と安定を守るために役立つから	43.1%
・海上交通の安全に寄与することで、中東地域からの石油の安定的な確保に役立つから	32.8%
・米国とともに国際テロ対応に取り組むことで、日米関係の強化に役立つから	24.5%
・テロリズムの根絶や抑止に役立っているから	22.2%

[「高く評価する」、「多少は評価する」と答えた者に、複数回答]

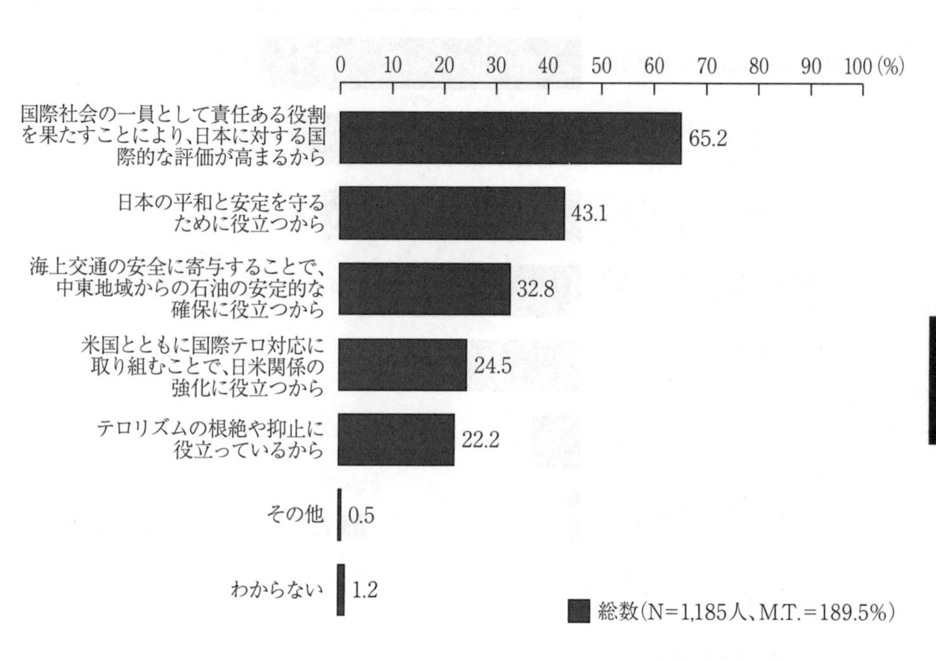

(2) **評価しない理由（複数回答）**

	平成21年1月
・自衛隊の海外派遣に反対だから	43.3％
・テロリズムの根絶や抑止に役立っていないから	39.4％
・自衛隊が戦闘に巻き込まれる危険性があるから	35.2％
・派遣のために日本がテロに巻き込まれる可能性が高くなるから	29.9％

［「あまり評価しない」、「全く評価しない」と答えた者に、複数回答］

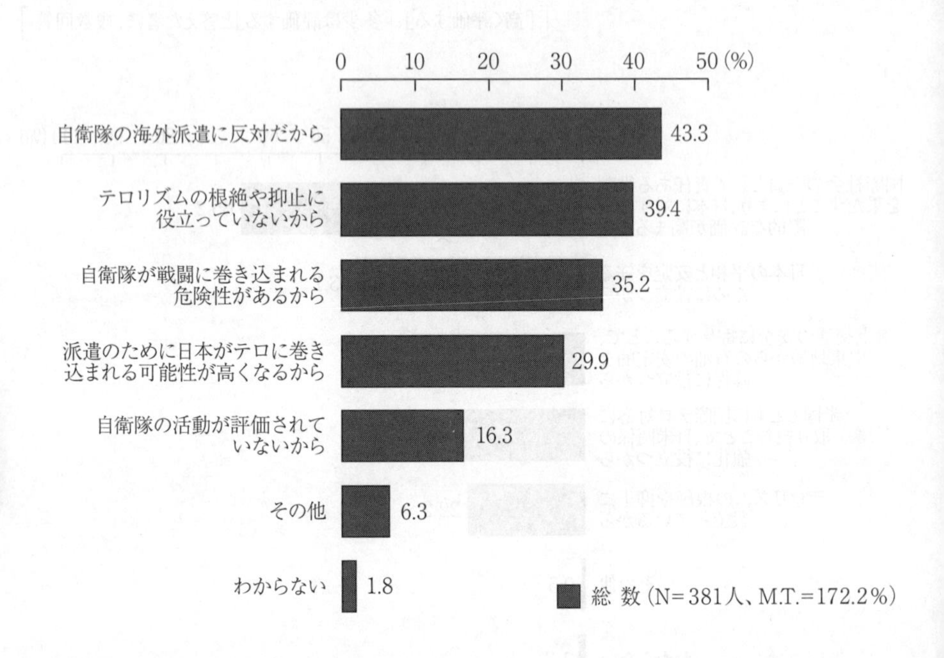

5.「高山」襲撃事案の認知度

	平成21年1月
・知っていた	32.8％
・知らなかった	67.2％

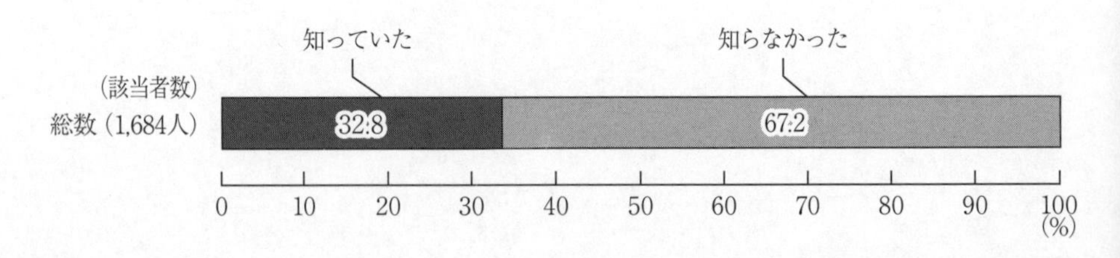

世論調査

6. 国際平和協力活動の周知（複数回答）

	平成18年2月		平成21年1月
・国際緊急援助活動	68.9％	→	71.4％
・イラク国家再建に向けた取組への協力	88.4％	→	61.9％
・国際平和協力業務	45.3％	→	44.9％
・国際テロリズム対応のための活動	28.5％	→	44.8％

（複数回答）

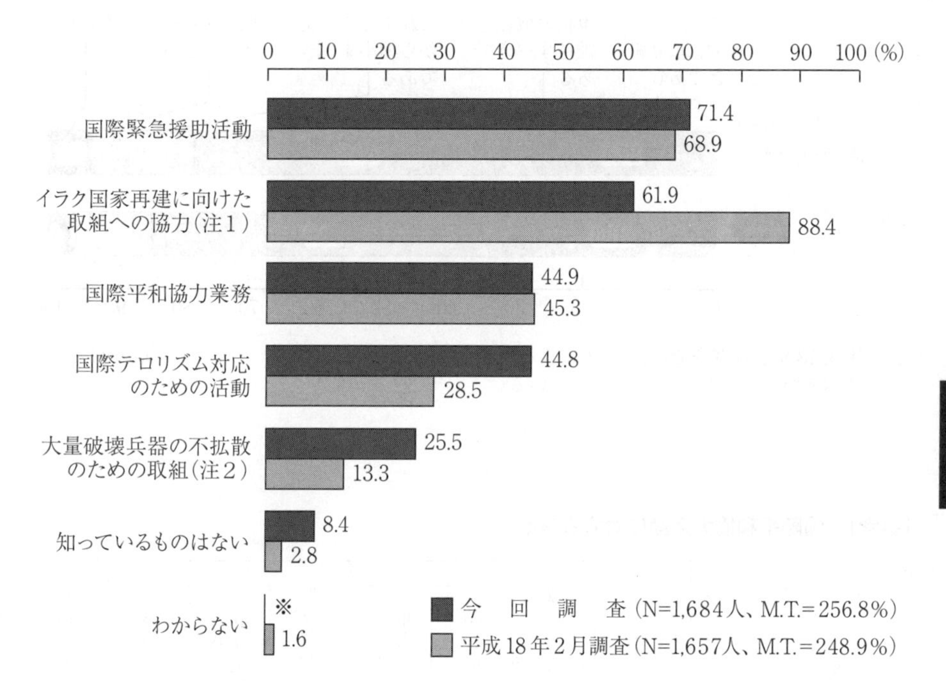

（注1） 平成18年2月調査では、資料の例示が「イラクの復興のための医療活動、給水活動（17年2月4日まで）、学校などの公共施設の復旧・整備、人道復興関連物資の輸送活動」となっている。

（注2） 平成18年2月調査では、「（大量破壊兵器の）拡散に対する安全保障構想（PSI）への取組」となっている。

※：調査をしていない項目

世論調査

7. 国際平和協力活動の今後の取り組み

	平成18年2月		平成21年1月
・これまで以上に積極的に取り組むべきである	31.0％	→	27.4％
・現状の取組を維持すべきである	53.5％	→	50.8％
・これまでの取組から縮小すべきである	9.1％	→	12.0％
・取り組むべきではない	2.1％	→	2.6％
・わからない	4.4％	→	7.2％

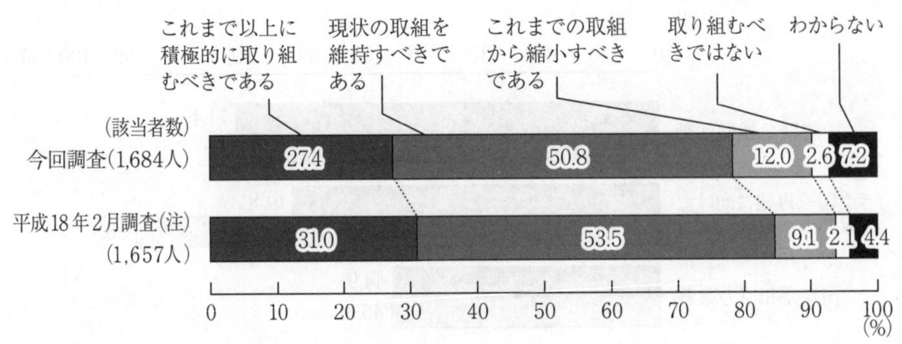

（注）平成18年2月調査では、「このような国際平和協力活動に、今後、どのように取り組んでいくべきだと思いますか。」と聞いている。

〔参考〕 国際平和協力活動に対する意識

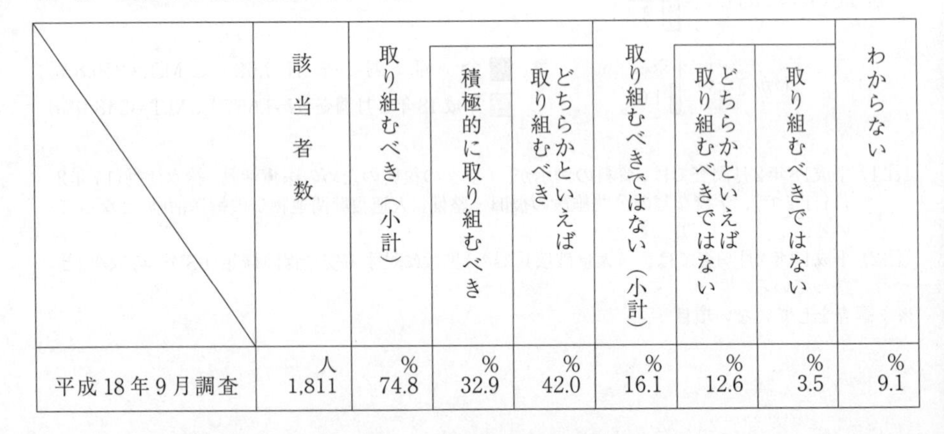

	該当者数	取り組むべき（小計）	積極的に取り組むべき	どちらかといえば取り組むべき	取り組むべきではない（小計）	どちらかといえば取り組むべきではない	取り組むべきではない	わからない
平成18年9月調査	人 1,811	％ 74.8	％ 32.9	％ 42.0	％ 16.1	％ 12.6	％ 3.5	％ 9.1

注）平成18年9月調査では、「自衛隊は、イラク人道復興支援活動以外にも、テロ対策のための協力支援活動や、国連平和維持活動、国際緊急援助活動などといった国際平和協力活動を実施しています。今後、このような国際平和協力活動に積極的に取り組むべきだと思いますか。それとも、取り組むべきではないと思いますか。」と聞いている。

2. 防衛省ホームページ等

(1) 現在、インターネット上に、防衛省ホームページを開設し、防衛省・自衛隊の概要、防衛政策、白書の紹介等各種情報を発信中（URL：http://www. mod. go. jp/）。

(2) また、防衛省・自衛隊に関する意見等も、同ホームページにおいて受け付けている。

(3) 平成24年7月からは、FacebookやTwitterなどのソーシャルメディアにおいてもさまざまな情報発信を行っている。

▶防衛省公式Facebook：防衛省（Japan Ministry of Defense）
https://www.facebook.com/mod.japn
▶防衛省公式Twitter：防衛省（@bouei_saigai）
https://twitter.com/bouei_saigai

3. 防衛省・自衛隊の広報映画・ビデオ

区分	題名		規格	上映時間	内容	保有
防衛省全般	進化する防衛の力 ～あらゆる事態に対応するために～ 平成28年防衛省記録	本編	DVD HP	14分	自衛隊の体制整備など、あらゆる事態に対応するための防衛力整備について紹介	HP·地本·陸·海·空
		ダイジェスト		5分		
		省記録		14分	平成28年における防衛省・自衛隊の国内外における主な取り組みや活動について紹介	
	和 ～明日の笑顔のために～ 平成27年防衛省記録	本編	DVD HP	16分	平成27年に成立した平和安全法制や見直しが行われた日米防衛協力のための指針について紹介	HP·地本·陸·海·空
		ダイジェスト		6分		
		省記録		6分	平成27年における防衛省・自衛隊の国内外における主な取り組みや活動について紹介	
	見たい笑顔がそこにある ～世界の平和と安定のために～ 平成26年防衛省記録	本編	DVD HP	22分	国際社会と連携し、グローバルな安全保障環境を醸成するための防衛省·自衛隊の各種取り組みや活動などについて紹介	HP·地本·陸·海·空
		ダイジェスト		6分		
		省記録		21分	平成26年における防衛省・自衛隊の国内外における主な取り組みや活動について紹介	
	ボーエもんの防衛だもん ～よくわかる自衛隊～	本編	DVD HP	18分	知っているようで意外と知らない防衛省·自衛隊。そんな防衛省·自衛隊の各種の取り組みや国内外における活動等を、楽しみながら知ってもらうためアニメーションで紹介	HP·地本·陸·海·空
		予告編		4分		
	わが国を守るために！ ～防衛省・自衛隊の国を 守る任務と活動～ 平成25年防衛省記録	本編	DVD HP	24分	防衛省·自衛隊の任務や役割及び国内外の各種取り組みや活動などについて紹介	HP·地本·陸·海·空
		ダイジェスト		8分		
		省記録		30分	平成25年における防衛省・自衛隊の国内外における主な取り組みや活動について紹介	
	陸・海・空のパワーを集結！ ～統合運用体制における 自衛隊の活動～ 平成24年防衛省記録	本編	DVD HP	25分	自衛隊の統合運用の歴史や運用の実績について紹介	HP·地本·陸·海·空
		ダイジェスト		6分		
		省記録		27分	平成24年における防衛省・自衛隊の国内外における主な取り組みや活動について紹介	
	東日本大震災 災害派遣活動記録映像 ～ただ、目の前の命のために～ 全国民の「想い」を胸に、 被災地へ	本編	DVD HP	16分	東日本大震災に対して自衛隊は過去に例を見ない規模で対応した。その活動は、広範多岐にわたった。それぞれの活動を、任務にあたった隊員の声とともに紹介	HP·地本·陸·海·空
		ダイジェスト		7分		
	世界に誇る自衛隊の活動 ～ハイチにおける 国際平和協力活動～ 平成22年防衛省記録	本編	DVD HP	36分	ハイチにおける国際平和協力活動を通じて、防衛省・自衛隊が行う国際平和協力活動等への主体的かつ積極的な取組に関する基本的な考え方について解説	HP·地本·陸·海·空
		ダイジェスト		17分		
		省記録		35分	平成22年における防衛省・自衛隊の国内外における主な取り組みや活動について紹介	
	国際テロのない世界にむけて ～海上自衛隊による補給支援活動～		HP	5分	テロ対策として実施しているインド洋での海上自衛隊の給油活動を紹介するとともに、なぜ、インド洋で活動するかなどを解説	HP

区分	題名	規格	上映時間	内容	保有
陸上自衛隊	島嶼部に対する攻撃への対応	DVD HP	12分	陸上自衛隊の真の姿を紹介	地本･陸
	進化し続けるJGSDF	DVD HP	18分 8分	戦後70周年を踏まえ、陸上自衛隊が創隊以来、世界の平和と安定に寄与してきた歴史を紹介	地本･陸
	強靱な陸上自衛隊の創造	DVD HP	15分 3分	統合機動防衛力の実現に向けた即応機動する陸上防衛力を構築するための各種取組について紹介	地本･陸
	「統合運用における陸上自衛隊」	DVD	13:16	統合運用における各種事態での陸上自衛隊の役割を紹介	地本･陸
	君へのミッション 体感！陸上自衛隊リサーチ大作戦	DVD	15:38	装備品、任務、自衛隊員の生活の様子等を紹介	地本･陸
	Full Spectrum —守りたい心、支える思い—	DVD	15分 30分	陸上自衛隊の編成･組織などの概要と隊員の思いを紹介	地本･陸
	陸上自衛隊 Japan Ground Self Defense Force	DVD	5分	「強･練･献」をテーマに、陸上自衛隊の真摯な姿、活動を紹介	地本･陸
	無信不立 イラク人道復興支援	DVD	20分	平成16年から約2年半にわたり、イラク人道復興支援活動の任務を完遂した陸上自衛隊の軌跡	地本･陸
	ひろしの不思議な旅 ～探検 ！ 陸上自衛隊～	DVD	15分	ひろし君が夢の中で様々な陸上自衛隊の活動等を探検していく旅	地本･陸
	実録レンジャー訓練 ～ RANGER ～	DVD	13分	厳しい訓練に挑むレンジャーの姿を紹介	地本･陸
	精鋭	DVD	15分	陸上自衛隊の教育訓練や各種活動を総合的に紹介	地本･陸
海上自衛隊	平成29年海上自衛隊広報ビデオ	BD DVD HP	45分	海上自衛隊全般の紹介	HP･地本･陸･海･空
	DEEP BLUE SPIRITS	BD DVD HP	45分	平成２５年度に制作した海上自衛隊全般の紹介	HP･地本･陸･海･空
	平成29年度　遠洋練習航海	DVD	20分	初級幹部が、慣海性をかん養し、幹部自衛官として必要な資質を育成するために実施している遠洋練習航海の内容を紹介	地本
	第58次南極地域観測協力活動 しらせ氷海を行く	BD DVD	30分 15分	「しらせ」海上自衛隊隊員の南極までの行動及び昭和基地での活動状況を紹介	地本･海

区分	題　　　　名	規格	上映時間	内　　　　容	保有
航空自衛隊	Protecting our Peaceful Sky ～航空自衛隊6つのミッション～	DVD HP	27分	航空自衛隊の多種多様な任務を「監・防・阻・運・救・協」の6つのミッションとして取り上げ、それぞれの活動内容、装備品及び職種（隊員）を紹介	HP･地本･空
	THE EXPERTS	DVD	30分	隊員をはじめ防空任務、災害派遣活動や国際貢献など様々な航空自衛隊を音楽隊による音楽に合わせて紹介	地本･空
	PEACE MAKERS	DVD	45分	戦闘機と救難捜索機パイロットの目を通したドキュメンタリー。その他航空機等の紹介	地本･空
	ＣＯＯＬ＆ＨＯＴ	DVD	45分	戦闘機のパイロットをはじめ、メディックやパイロットを目指す若き隊員など、さまざまな航空自衛官のCOOLでHOTな姿を描く	地本･空
防大	青春は崇光なる使命と共に	DVD	26分	幹部自衛官となるべき者を育成する防衛大学校学生を教育･訓練･学生生活を通じて具体的に紹介	地本･陸
防医大	笑顔のチカラに。 The power to make everyone smile.	DVD	35分	医学科･看護学科学生の日常生活、教育･訓練内容等を具体的に紹介。また、防衛医科大学校病院を併せて紹介	地本･陸･海･空

保有区分のうち、HPは防衛省ホームページに掲載しており、「地本」は各自衛隊地方協力本部で、「陸・海・空」は、陸・海・空各自衛隊の主要部隊で保有していることを示します。

4. 防衛省・自衛隊、施設等機関所在地

防衛省等			
名　称	〒	所　在　地	電　話
防衛省	162−8801	東京都新宿区市谷本村町５番１号	03(3268)3111(代表) 03(5366)3111
防衛大学校	239−8686	神奈川県横須賀市走水１丁目10−20	046(841)3810
防衛医科大学校	359−8513	埼玉県所沢市並木３丁目２番地	04(2995)1211
防衛医大病院	359−8513	埼玉県所沢市並木３丁目２番地	04(2995)1511
防衛研究所	162−8808	東京都新宿区市谷本村町５番１号	03(3268)3111(代表) 03(5366)3111
情報本部	162−8806	東京都新宿区市谷本村町５番１号	03(3268)3111(代表) 03(5366)3111
防衛監察本部	162−8807	東京都新宿区市谷本村町５番１号	03(3268)3111(代表) 03(5366)3111
北海道防衛局	060−0042	北海道札幌市中央区大通西12 （札幌第３合同庁舎）	011(272)7578
千歳防衛事務所	066−0042	北海道千歳市東雲町３−２−１	0123(23)3145
帯広防衛支局	080−0016	北海道帯広市西６条南７−３ （帯広地方合同庁舎）	0155(22)1181
東北防衛局	983−0842	宮城県仙台市宮城野区五輪１−３−15 （仙台第３合同庁舎）	022(297)8209
三沢防衛事務所	033−0012	青森県三沢市平畑１−１−31	0176(53)3116
郡山防衛事務所	963−0201	福島県郡山市大槻町字長右ヱ門林１ 陸上自衛隊郡山駐屯地内	024(961)7681
北関東防衛局	330−9721	埼玉県さいたま市中央区新都心２−１ （さいたま新都心合同庁舎２号館）	048(600)1800
装備企画課、装備第１課	114−8564	東京都北区十条台１−５−70 陸上自衛隊十条駐屯地内	03(3908)5121
装備第２課	183−8521	東京都府中市浅間町１−５−５ 航空自衛隊府中基地内	042(362)2971
百里防衛事務所	311−3423	茨城県小美玉市小川1853−２	0299(58)2220
宇都宮防衛事務所	320−0845	栃木県宇都宮市明保野町１−４ （宇都宮第２地方合同庁舎）	028(638)1384
前橋防衛事務所	371−0026	群馬県前橋市大手町２−３−１ （前橋地方合同庁舎）	027(221)5351
千葉防衛事務所	260−0013	千葉県千葉市中央区中央４−11−１ （千葉第２地方合同庁舎）	043(221)3541
横田防衛事務所	197−0003	東京都福生市熊川864	042(551)0319
新潟防衛事務所	950−0954	新潟県新潟市中央区美咲町１−１−１ （新潟美咲合同庁舎１号館）	025(285)1120
小笠原出張所	100−2101	東京都小笠原村父島字東町152 （小笠原総合事務所）	04998(2)2025
南関東防衛局	231−0003	神奈川県横浜市中区北仲通５−57 （横浜第２合同庁舎）	045(211)7100
装備課	231−0023	神奈川県横浜市中区山下町37−９ （横浜地方合同庁舎）	045(641)4741
横須賀防衛事務所	238−0005	神奈川県横須賀市新港町１番地８ （横須賀地方合同庁舎）	046(822)2254

住所一覧

名　　称	〒	所　在　地	電　　話
座間防衛事務所	242-0004	神奈川県大和市鶴間1－13－2	046(261)4332
吉田防衛事務所	403-0005	山梨県富士吉田市上吉田993－3	0555(22)4121
浜松防衛事務所	430-0929	静岡県浜松市中区中央1－12－4 (浜松合同庁舎)	053(453)8958
富士防衛事務所	412-0042	静岡県御殿場市萩原606	0550(82)1622
近畿中部防衛局	540-0008	大阪府大阪市中央区大手前4－1－67 (大阪合同庁舎第2号館)	06(6945)4951
装備課(神戸分室)	651-0073	兵庫県神戸市中央区脇浜海岸通1－4－3 (神戸防災合同庁舎)	078(261)5020
小松防衛事務所	923-0993	石川県小松市浮柳町ヨ21 (大阪航空局小松空港庁舎内)	0761(24)1690
京都防衛事務所	604-8482	京都府京都市中京区西ノ京笠殿町38 (京都地方合同庁舎)	075(812)1887
舞鶴防衛事務所	625-0087	京都府舞鶴市余部下1190 海上自衛隊舞鶴地方総監部内	0773(62)0305
東海防衛支局	460-0001	愛知県名古屋市中区三の丸2－2－1 (名古屋合同庁舎第1号館)	052(952)8221
岐阜防衛事務所	504-8701	岐阜県各務原市那加官有無番地 航空自衛隊岐阜基地内	058(383)5935
中国四国防衛局	730-0012	広島県広島市中区上八丁堀6－30 (広島合同庁舎4号館)	082(223)8284
美保防衛事務所	683-0067	鳥取県米子市東町124－16 (米子地方合同庁舎)	0859(34)9363
津山防衛事務所	708-0006	岡山県津山市小田中1303－9	0868(22)7516
玉野防衛事務所	706-0012	岡山県玉野市玉4－1－6(立石ビル)	0863(21)3724
岩国防衛事務所	740-0027	山口県岩国市中津町2－15－7	0827(21)6195
高松防衛事務所	760-0019	香川県高松市サンポート3－33 (高松サンポート合同庁舎南館)	087(823)1331
九州防衛局	812-0013	福岡県福岡市博多区博多駅東2－10－7 (福岡第2合同庁舎)	092(483)8811
佐世保防衛事務所	857-0041	長崎県佐世保市木場田町2－19 (佐世保合同庁舎)	0956(23)3157
別府防衛事務所	874-0000	大分県別府市大字別府3051－1	0977(21)0215
長崎防衛支局	850-0862	長崎県長崎市出島町2－25	095(825)5303
熊本防衛支局	862-0901	熊本県熊本市東区東町1－1－11	096(368)2171
宮崎防衛事務所	880-0816	宮崎県宮崎市江平東2－6－35	0985(55)0277
鹿児島防衛事務所	892-0846	鹿児島県鹿児島市加治屋町13－4 ＭＡＸ加治屋町ビル5階	099(219)9055
沖縄防衛局	904-0295	沖縄県中頭郡嘉手納町字嘉手納290－9	098(921)8131
那覇防衛事務所	900-0016	沖縄県那覇市前島3丁目24番地3－1 (自衛隊沖縄地方協力本部庁舎)	098(941)7650
名護防衛事務所	905-2171	沖縄県名護市字辺野古1007－145	0980(50)0326
金武出張所	904-1202	沖縄県国頭郡金武町字伊芸76－1 2階	098(968)3100
防衛装備庁	162-8870	東京都新宿区市谷本村町5番1号	03(3268)3111(代表) 03(5366)3111
航空装備研究所	190-8533	東京都立川市栄町1丁目2－10	042(524)2411
土浦支所	300-0304	茨城県稲敷郡阿見町掛馬1970	029(887)1168
新島支所	100-0400	東京都新島村字水尻	04992(5)0385

名　　称	〒	所　在　地	電　　話
陸上装備研究所	252－0206	神奈川県相模原市中央区淵野辺2丁目9－54	042(752)2941
艦艇装備研究所	153－8630	東京都目黒区中目黒2丁目2－1	03(5721)7005
川崎支所	216－0014	神奈川県川崎市宮前区菅生ケ丘10－1	044(977)3773
電子装備研究所	154－8511	東京都世田谷区池尻1丁目2－24	03(3411)0151
飯岡支所	289－2702	千葉県旭市大字塙字三番割	0479(57)3043
先進技術推進センター	154－0001	東京都世田谷区池尻1丁目2－24	03(3411)0151
札幌試験場	066－0011	北海道千歳市駒里1032	0123(42)3501
下北試験場	039－4223	青森県下北郡東通村大字小田野沢字荒沼18	0175(48)2111
岐阜試験場	504－0000	岐阜県各務原市那加（岐阜基地内）	0583(82)1101

統合幕僚監部

名　　称	〒	所　在　地	電　　話
統合幕僚監部	162－8805	東京都新宿区市谷本村町5番1号	03(3268)3111(代表) 03(5366)3111(代表)
統合幕僚学校	153－0061	東京都目黒区中目黒2丁目2－1	03(5721)7006

共同の部隊

名　　称	〒	所　在　地	電　　話
自衛隊指揮通信システム隊	162－8805	東京都新宿区市谷本村町5番1号	03(3268)3111(代表) 03(5366)3111(代表)
自衛隊情報保全隊	162－8802	東京都新宿区市谷本村町5番1号	03(3208)3111(代表) 03(5366)3111(代表)
中央情報保全隊	162－8802	東京都新宿区市谷本村町5番1号	03(3208)3111(代表) 03(5366)3111(代表)
北部情報保全隊	064－8510	北海道札幌市中央区南26条西10丁目	011(511)7116
東北情報保全隊	983－8580	宮城県仙台市宮城野区南目館1－1	022(231)1111
東部情報保全隊	178－8501	東京都練馬区大泉学園町	048(460)1711
中部情報保全隊	664－0012	兵庫県伊丹市緑ヶ丘7－1－1	072(782)0001
西部情報保全隊	862－0901	熊本県熊本市東区東町1－1－1	096(368)5111

陸上自衛隊				
駐屯地	主要部隊名	〒	所在地	電話
陸上幕僚監部		162-8802	東京都新宿区市谷本村町5番1号	03(3268)3111(代表) 03(5366)3111(代表)
陸上総隊司令部		178-8501	東京都練馬区大泉学園町	048(460)1711
北部方面区				
北部方面総監部		064-8510	北海道札幌市中央区南26条西10丁目	011(511)7116
第2師団司令部		070-8630	北海道旭川市春光町国有無番地	0166(51)6111
第5旅団司令部		080-8639	北海道帯広市南町南7線31番地	0155(48)5121
第7師団司令部		066-8577	北海道千歳市祝梅1016	0123(23)5131
第11旅団司令部		005-8543	北海道札幌市南区真駒内17	011(581)3191
名寄	第3普通科連隊、第2特科連隊(一部)、第2偵察隊、第4高射特科群	096-8584	北海道名寄市字内淵84	01654(3)2137
(稚内)	第301沿岸監視隊	097-0025	北海道稚内市恵比須5-2-1	0162(23)5377
(礼文)	第301沿岸監視隊派遣隊	097-1111	北海道礼文郡礼文町大字船泊村字沼ノ沢	0163(87)2458
留萌	第26普通科連隊	077-8555	北海道留萌市緑ヶ丘町1-6	0164(42)2655
遠軽	第25普通科連隊	099-0497	北海道紋別郡遠軽町向遠軽272	0158(42)5275
旭川	第2師団司令部、第26普通科連隊(一部)、第2特科連隊、第2高射特科大隊、第2施設大隊、第2通信大隊、第2化学防護隊、第2後方援連隊、第2飛行隊	070-8630	北海道旭川市春光町国有無番地	0166(51)6111
(沼田)	北海道補給処沼田弾薬支処	078-2222	北海道雨竜郡沼田町字沼田1142-1	0164(35)1910
(近文台)	北海道補給処近文台燃料支処	070-0821	(燃料) 北海道旭川市字近文5-2	0166(51)6031
	北海道補給処近文台弾薬支処	070-8630	(弾薬) 北海道旭川市字近文7-1	0166(51)6455
滝川	第10普通科連隊	073-8510	北海道滝川市泉町236	0125(22)2141
上富良野	第4特科群、第2戦車連隊、第2対舟艇対戦車中隊、第3地対艦ミサイル連隊、第103全般支援大隊、第14施設群	071-0595	北海道空知郡上富良野町南町4丁目948	0167(45)3101
(多田)	北海道補給処多田弾薬支処	071-0595	北海道空知郡上富良野町字上富良野	0167(45)4411
美幌	第6普通科連隊、第1特科群(一部)	092-8501	北海道網走郡美幌町字田中国有地	0152(73)2114
別海	第5偵察隊、第27普通科連隊(一部)	088-2593	北海道野付郡別海町西春別42-1	0153(77)2231
美唄	第2地対艦ミサイル連隊	072-0821	北海道美唄市南美唄町上1条4丁目	0126(62)7141

（注）：（一部）は、単位部隊の一部が所在する場合を示す

駐屯地	主要部隊名	〒	所在地	電話
釧路	第27普通科連隊	088−0604	北海道釧路郡釧路町別保112	0154(40)2011
（標津）	第302沿岸監視隊	086−1652	北海道標津郡標津町南2条西5−3−1	0153(82)2145
岩見沢	第12施設群	068−0822	北海道岩見沢市日の出台4−313	0126(22)1001
札幌	北部方面総監部、北部方面通信群、北部方面会計隊	064−8510	北海道札幌市中央区南26条西10丁目	011(511)7116
丘珠	北部方面航空隊、第7飛行隊、第11飛行隊	007−8503	北海道札幌市東区丘珠町161	011(781)8321
真駒内	第11旅団司令部、第18普通科連隊、第11特科隊、第11高射特科中隊、第11偵察隊、第11施設中隊、第11通信隊、第11後方支援隊、第52普通科連隊（一部）、第120教育大隊、第1陸曹教育隊、冬季戦技教育隊、北部方面衛生隊、北部方面音楽隊、第102全般支援大隊、第11特殊武器防護隊、自衛隊札幌病院	005−8543	北海道札幌市南区真駒内17	011(581)3191
北千歳	第1特科団本部、第1特科群、第71戦車連隊、第1地対艦ミサイル連隊、第101特科直接援大隊	066−8668	北海道千歳市北信濃724	0123(23)2106
東千歳	第7師団司令部、第1高射特科団本部、北部方面混成団本部、第11普通科連隊、第7特科連隊、第7高射特科連隊（一部）、第7偵察隊、第7施設大隊、第7通信大隊、第7化学防護隊、第7後方支援連隊、第1高射特科群、第101高射直接支援大隊	066−8577	北海道千歳市祝梅1016	0123(23)5131
帯広	第5旅団司令部、第4普通科連隊、第5特科隊、第5後方支援隊、第5飛行隊、第1対戦車ヘリコプター隊、第5化学防護隊	080−8639	北海道帯広市南町南7線31番地	0155(48)5121

駐屯地	主要部隊名	〒	所在地	電話
(足寄)	北海道補給処足寄弾薬支処	089-3725	北海道足寄郡足寄町平和173	0156(25)5811
鹿追	第5戦車大隊	081-0294	北海道河東郡鹿追町笹川北12線10	0156(66)2211
北恵庭	第11戦車連隊、第72戦車連隊	061-1423	北海道恵庭市柏木町531	0123(32)2101
南恵庭	第3施設団本部、第73戦車連隊、第101施設直接支援大隊	061-1411	北海道恵庭市恵南63	0123(32)3101
島松	北海道補給処(本処)、第1高射特科群(一部)、北部方面後方支援隊	061-1356	北海道恵庭市西島松308	0123(36)8611
(苗穂)	北海道補給処苗穂支処	065-0043	北海道札幌市東区苗穂町7-1-1	011(711)4251
(日高)	北海道補給処日高弾薬支処	079-2314	北海道沙流郡日高町字千栄75	01457(6)2241
安平	北海道補給処安平弾薬支処	059-1511	北海道勇払郡安平町字安平番外地	0145(23)2231
(早来)	北海道補給処早来燃料支処	059-1503	北海道勇払郡安平町東早来番外地	0145(22)2505
白老	北海道補給処白老弾薬支処	059-0900	北海道白老郡白老町字白老782-1	0144(82)2107
幌別	第13施設群	059-0024	北海道登別市緑町3-1	0143(85)2011
倶知安	北部方面対舟艇対戦車隊	044-0076	北海道虻田郡倶知安町字高砂232-2	0136(22)1195
静内	第7高射特科連隊	059-2598	北海道日高郡新ひだか町静内浦和125	0146(44)2121
函館	第28普通科連隊	042-8567	北海道函館市広野町6-18	0138(51)9171
東北方面区				
東北方面総監部		983-8580	宮城県仙台市宮城野区南目館1-1	022(231)1111
第6師団司令部		999-3797	山形県東根市神町南3-1-1	0237(48)1151
第9師団司令部		038-0022	青森県青森市浪館字近野45	017(781)0161
青森	第9師団司令部、第5普通科連隊、第9通信大隊、第9後方支援連隊(一部)、第9化学防護隊	038-0022	青森県青森市浪館字近野45	017(781)0161
弘前	第39普通科連隊、第9偵察隊	036-8533	青森県弘前市大字原ヶ平字山中18-117	0172(87)2111
八戸	第4地対艦ミサイル連隊、第38普通科連隊(一部)、第101高射特科隊、第9施設大隊、第2対戦車ヘリコプター隊、第9飛行隊、第9後方支援連隊	039-2295	青森県八戸市大字市川町字桔梗野官地	0178(28)3111
岩手	第9特科連隊、第9高射特科大隊、第9戦車大隊	020-0601	岩手県滝沢市後268-433	019(688)4311

住所一覧

駐屯地	主要部隊名	〒	所　在　地	電　話
霞　目	東北方面航空隊、東北方面輸送隊	984-8580	宮城県仙台市若林区霞目1-1-1	022(286)3101
多賀城	第22普通科連隊、第38普通科連隊、第119教育大隊、東北補給処多賀城燃料支処	985-0834	宮城県多賀城市丸山2-1-1	022(365)2121
大　和	第6戦車大隊、第6偵察隊	981-3684	宮城県黒川郡大和町吉岡字西原21-9	022(345)2191
仙　台	東北方面総監部、東北方面混成団本部、東北方面特科隊、東北方面通信群、第2陸曹教育隊、東北補給処(本処)、東北方面衛生隊、東北方面会計隊、東北方面音楽隊、自衛隊仙台病院	983-8580	宮城県仙台市宮城野区南目館1-1	022(231)1111
(反町)	東北補給処反町弾薬支処	981-0204	宮城県宮城郡松島町初原字樋の沢16	022(354)3007
船　岡	第2施設団本部、第10施設群、東北補給処船岡弾薬支処	989-1694	宮城県柴田郡柴田町大字船岡字大沼端1-1	0224(55)2301
秋　田	第21普通科連隊	011-8611	秋田県秋田市寺内字将軍野1	018(845)0125
神　町	第6師団司令部、第20普通科連隊、第6施設大隊、第6通信大隊、第6飛行隊、第6特殊武器防護隊、第6後方支援連隊	999-3797	山形県東根市神町南3-1-1	0237(48)1151
福　島	第44普通科連隊、第11施設群	960-2156	福島県福島市荒井字原宿1	024(593)1212
郡　山	第6特科連隊、第6高射特科大隊	963-0201	福島県郡山市大槻町字長右エ門林1	024(951)0225
東部方面区				
東部方面総監部		178-8501	東京都練馬区大泉学園町	048(460)1711
第1師団司令部		179-0081	東京都練馬区北町4-1-1	03(3933)1161
第12旅団司令部		370-3594	群馬県北群馬郡榛東村新井1017-2	0279(54)2011
勝　田	施設学校、施設教導隊	312-8509	茨城県ひたちなか市勝倉3433	029(274)3211
土　浦	武器学校、武器教導隊	300-0301	茨城県稲敷郡阿見町青宿121-1	029(887)1171
霞ケ浦	関東補給処(本処)、航空学校霞ケ浦校	300-8619	茨城県土浦市右籾2410	029(842)1211
(朝日)	関東補給処朝日燃料支処	300-0341	茨城県稲敷郡阿見町うずら野3-47	029(841)0102

住所一覧

駐屯地	主要部隊名	〒	所在地	電話
古河	第1施設団本部、関東補給処古河支処、第102施設直接支援大隊	306−0234	茨城県古河市上辺見1195	0280(32)4141
北宇都宮	航空学校宇都宮校、第12ヘリコプター隊（一部）	321−0106	栃木県宇都宮市上横田町1360	028(658)2151
宇都宮	第12特科隊、中央即応連隊、第307施設隊	321−0145	栃木県宇都宮市茂原1−5−45	028(653)1551
相馬原	第12旅団司令部、第48普通科連隊、第12ヘリコプター隊、第12化学防護隊	370−3594	群馬県北群馬郡榛東村新井1017−2	0279(54)2011
新町	第12後方支援隊	370−1394	群馬県高崎市新町1080	0274(42)1121
（吉井）	関東補給処吉井弾薬支処	370−2104	群馬県高崎市吉井町馬庭2529	027(388)2818
大宮	化学学校、第32普通科連隊、化学教導隊、中央特殊武器防護隊	331−8550	埼玉県さいたま市北区日進町1−40−7	048(663)4241
朝霞	陸上総隊司令部、東部方面総監部、東部方面通信群、第1施設大隊、女性自衛官教育隊、東部方面後方支援隊、東部方面衛生隊、東部方面会計隊、中央情報隊、中央音楽隊、輸送学校、東部方面音楽隊、（体育学校）	178−8501	東京都練馬区大泉学園町	048(460)1711
座間	第4施設群	252−0326	神奈川県相模原市南区新戸2958	046(253)7670
松戸	需品学校、需品教導隊、関東補給処松戸支処、第2高射特科群	270−2288	千葉県松戸市五香六実17	047(387)2171
習志野	第1空挺団、特殊作戦群	274−8577	千葉県船橋市薬円台3−20−1	047(466)2141
下志津	高射学校、高射教導隊	264−8501	千葉県千葉市若葉区若松町902	043(422)0221
木更津	第1ヘリコプター団、第4対戦車ヘリコプター隊	292−8510	千葉県木更津市吾妻地先	0438(23)3411
練馬	第1師団司令部、第1普通科連隊、第1偵察隊、第1通信大隊、第1特殊武器防護隊、第1後方支援連隊	179−8523	東京都練馬区北町4−1−1	03(3933)1161
十条	補給統制本部	114−8564	東京都北区十条台1−5−70	03(3908)5121

駐屯地	主要部隊名	〒	所　在　地	電　話
市ヶ谷	陸上幕僚監部、中央業務支援隊、システム通信団、中央管制気象隊、中央会計隊、会計監査隊、警務隊本部、中央警務隊、第302保安警務中隊、システム開発隊、基礎情報隊	162-8802	東京都新宿区市谷本村町5番1号	03(3268)3111 (大代表)
三　宿	衛生学校、対特殊武器衛生隊、衛生教導隊、自衛隊中央病院	154-0001	東京都世田谷区池尻1-2-24	03(3411)0151
目　黒	教育訓練研究本部	153-8933	東京都目黒区中目黒2-2-1	03(5721)7009
用　賀	関東補給処用賀支処	158-0098	東京都世田谷区上用賀1-20-1	03(3429)5241
小　平	小平学校、情報学校(一部)	187-8543	東京都小平市喜平町2-3-1	042(322)0661
東立川	地理情報隊	190-8585	東京都立川市栄町1-2-10	042(524)4131
立　川	東部方面航空隊、第1飛行隊	190-8501	東京都立川市緑町5	042(524)9321
横　浜	中央輸送隊	240-0062	神奈川県横浜市保土ヶ谷区岡沢町273	045(335)1151
久里浜	通信学校、通信教導隊、中央野外通信群	239-0828	神奈川県横須賀市久比里2-1-1	046(841)3300
武　山	高等工科学校、第31普通科連隊、東部方面混成団本部、第117教育大隊	238-0317	神奈川県横須賀市御幸浜1-1	046(856)1291
新発田	第30普通科連隊	957-8530	新潟県新発田市大手町6-4-16	0254(22)3151
高　田	第2普通科連隊、第5施設群	943-8501	新潟県上越市南城町3-7-1	025(523)5117
北富士	第1特科隊、部隊訓練評価隊	401-0511	山梨県南都留郡忍野村忍草3093	0555(84)3135
松　本	第13普通科連隊、第306施設隊	390-8508	長野県松本市高宮西1-1	0263(26)2766
富　士	富士学校、情報学校、富士教導団、開発実験団本部、富士教育直接支援大隊、自衛隊富士病院	410-1432	静岡県駿東郡小山町須走481-27	0550(75)2311
滝ヶ原	普通科教導連隊、教育支援施設隊	412-8550	静岡県御殿場市中畑2092-2	0550(89)0711
駒　門	国際活動教育隊、第1機甲教育隊、第1高射特科大隊、第1戦車大隊、第4施設群(一部)	412-8585	静岡県御殿場市駒門5-1	0550(87)1212
板　妻	第34普通科連隊、第3陸曹教育隊	412-8634	静岡県御殿場市板妻40-1	0550(89)1310

駐屯地	主要部隊名	〒	所在地	電話
中部方面区				
中部方面総監部		664-0012	兵庫県伊丹市緑ヶ丘7-1-1	072(782)0001
第3師団司令部		664-0014	兵庫県伊丹市広畑1-1	072(781)0021
第10師団司令部		463-8686	愛知県名古屋市守山区守山3丁目12-1	052(791)2191
第13旅団司令部		736-8502	広島県安芸郡海田町寿町2-1	082(822)3101
第14旅団司令部		765-8502	香川県善通寺市南町2-1-1	0877(62)2311
富山	第382施設中隊	939-1338	富山県砺波市鷹栖出935	0763(33)2392
金沢	第14普通科連隊	921-8520	石川県金沢市野田町1-8	076(241)2171
鯖江	第372施設中隊	916-0001	福井県鯖江市吉江町4-1	0778(51)4675
春日井	第10後方支援連隊、第10施設大隊、第10偵察隊	486-8550	愛知県春日井市西山町無番地	0568(81)7183
守山	第10師団司令部、第35普通科連隊、第10通信大隊、第10特殊武器防護隊	463-0067	愛知県名古屋市守山区守山3-12-1	052(791)2191
(岐阜)	第369施設中隊	504-8701	岐阜県各務原市那加官有無番地	058(383)9020
豊川	第10特科連隊、第6施設群、第10高射特科大隊、第49普通科連隊	442-0061	愛知県豊川市穂ノ原1-1	0533(86)3151
久居	第33普通科連隊	514-1118	三重県津市久居新町975	059(255)3133
明野	航空学校、第10飛行隊、第5対戦車ヘリコプター隊、教育支援飛行隊	519-0596	三重県伊勢市小俣町明野5593-1	0596(37)0111
今津	第3・第10戦車大隊、中部方面無人偵察機隊	520-1621	滋賀県高島市今津町今津平郷国有地	0740(22)2581
大津	中部方面混成団本部、第109教育大隊、第4陸曹教育隊	520-0002	滋賀県大津市際川1-1-1	077(523)0034
福知山	第7普通科連隊	620-8502	京都府福知山市天田無番地	0773(22)4141
桂	中部方面後方支援隊、関西補給処桂支処、中部方面輸送隊	615-8103	京都府京都市西京区川島六の坪	075(381)2125
宇治	関西補給処(本処)	611-0011	京都府宇治市五ヶ庄	0774(31)8121
(祝園)	関西補給処祝園弾薬支処	619-0244	京都府相楽郡精華町大字北稲八間小字縄田259	0774(94)2104
大久保	第4施設団本部、第3施設大隊、第7施設群	611-0031	京都府宇治市広野町風呂垣外1-1	0774(44)0001
八尾	中部方面航空隊、第3飛行隊	581-0043	大阪府八尾市空港1-81	072(949)5131
信太山	第37普通科連隊	594-8502	大阪府和泉市伯太町官有地	0725(41)0090
川西	自衛隊阪神病院	666-0024	兵庫県川西市久代4-1-50	072(782)0001

駐屯地	主要部隊名	〒	所　在　地	電　話
伊　丹	中部方面総監部、第36普通科連隊、中部方面通信群、中部方面情報隊本部、中部方面衛生隊、中部方面会計隊、中部方面音楽隊	664-0012	兵庫県伊丹市緑ヶ丘7－1－1	072(782)0001
千　僧	第3師団司令部、第3偵察隊、第3通信大隊、第3後方支援連隊、第3特殊武器防護隊	664-0014	兵庫県伊丹市広畑1－1	072(781)0021
青野原	第8高射特科群	675-1351	兵庫県小野市桜台1	0794(66)7301
姫　路	第3特科隊、第3高射特科大隊	670-8580	兵庫県姫路市峰南町1－70	079(222)4001
和歌山	第304水際障害中隊	644-0044	和歌山県日高郡美浜町和田1138	0738(22)2501
米　子	第8普通科連隊	683-0853	鳥取県米子市両三柳2603	0859(29)2161
(美保)	中部方面ヘリコプター隊第3飛行隊	684-0053	鳥取県境港市小篠津町2258	0859(45)0211
出　雲	第13偵察隊、第304施設隊	693-0052	島根県出雲市松寄下町1142－1	0853(21)1045
日本原	第13特科隊、第13戦車中隊、第14戦車中隊、第13高射特科中隊	708-1393	岡山県勝田郡奈義町滝本官有無番地	0868(36)5151
三軒屋	関西補給処三軒屋弾薬支処、第305施設隊	700-0001	岡山県岡山市北区宿978	086(228)0111
海田市	第13旅団司令部、第46普通科連隊、第47普通科連隊、第13後方支援隊、第13特殊武器防護隊	736-8502	広島県安芸郡海田町寿町2－1	082(822)3101
山　口	第17普通科連隊	753-8503	山口県山口市大字上宇野令784	083(922)2281
(防府)	第13飛行隊	747-8567	山口県防府市田島無番地	0835(22)1950
善通寺	第14旅団司令部、第15即応機動連隊、第14後方支援隊、第14偵察隊、第14特殊武器防護隊	765-8502	香川県善通寺市南町2－1－1	0877(62)2311
松　山	中部方面特科隊、第14高射特科中隊、第110教育大隊	791-0245	愛媛県松山市南梅本町乙の115	089(975)0911
高　知	第50普通科連隊	781-5451	高知県香南市香我美町上分3390	0887(55)3171
徳　島	第14施設隊	779-1116	徳島県阿南市那賀川町小延413－1	0884(42)0991
(北徳島)	第14飛行隊	771-0218	徳島県板野郡松茂町住吉字住吉開拓38	088(699)5111

住所一覧

駐屯地	主要部隊名	〒	所在地	電話
西部方面区				
西部方面総監部		862-8710	熊本県熊本市東区東町1-1-1	096(368)5111
第4師団司令部		816-8666	福岡県春日市大和町5-12	092(591)1020
第8師団司令部		860-8529	熊本県熊本市北区八景水谷2-17-1	096(343)3141
第15旅団司令部		901-0192	沖縄県那覇市鏡水679	098(857)1155
福岡	第4師団司令部、第19普通科連隊、第4偵察隊、第4通信大隊、第4特殊武器防護隊、第4後方支援連隊	816-8666	福岡県春日市大和町5-12	092(591)1020
春日	自衛隊福岡病院	816-0826	福岡県春日市小倉東1丁目61	092(581)0431
小倉	第40普通科連隊	802-8567	福岡県北九州市小倉南区北方5-1-1	093(962)7681
(富野)	九州補給処富野弾薬支処	802-0036	福岡県北九州市小倉北区大字富野官有無番地	093(531)0484
飯塚	第2高射特科団本部、第3高射特科群、第2施設群、第102高射直接支援大隊、第103施設直接支援大隊(一部)、西部方面偵察機隊	820-8607	福岡県飯塚市大字津島282	0948(22)7651
小郡	第5施設団本部、第9施設群、第103施設直接支援大隊	838-0193	福岡県小郡市小郡2277	0942(72)3161
久留米	第4特科連隊、第4高射特科大隊、西部方面混成団本部、第5陸曹教育隊、第118教育大隊	839-8504	福岡県久留米市国分町100	0942(43)5391
前川原	幹部候補生学校	839-8505	福岡県久留米市高良内町2728	0942(43)5215
目達原	九州補給処(本処)、西部方面ヘリコプター隊、第4飛行隊、西部方面後方支援隊、第3対戦車ヘリコプター隊、第106全般支援大隊	842-0032	佐賀県神埼郡吉野ヶ里町立野7	0952(52)2161
(鳥栖)	九州補給処鳥栖燃料支処	841-0072	佐賀県鳥栖市村田町1089-1	0942(82)4155
対馬	対馬警備隊	817-0005	長崎県対馬市厳原町椎原38	0920(52)0791
相浦	水陸機動団	858-8555	長崎県佐世保市大潟町678	0956(47)2166
大村	第16普通科連隊、第4施設大隊	856-8516	長崎県大村市西乾馬場町416	0957(52)2131
竹松	第7高射特科群、第102高射直接支援大隊(一部)	856-0806	長崎県大村市富の原1-1000	0957(52)3141
熊本	自衛隊熊本病院	862-0902	熊本県熊本市東区東本町15-1	096(368)5111

駐屯地	主要部隊名	〒	所在地	電話
健軍	西部方面総監部、西部方面通信群、西部方面輸送隊、九州補給処健軍支処、西部方面会計隊、西部方面情報隊本部、西部方面音楽隊、第5地対艦ミサイル連隊、西部方面衛生隊	862-8710	熊本県熊本市東区東町1-1-1（総監部以外の〒番号は862-8720）	096(368)5111
（高遊原）	西部方面航空隊、第8飛行隊	861-2204	熊本県上益城郡益城町大字小谷1812	096(232)2101
北熊本	第8師団司令部、第42即応機動連隊、西部方面特科連隊、第8偵察隊、第8通信大隊、第8特殊武器防護隊、第8後方支援連隊、第8高射特科大隊	861-8529	熊本県熊本市北区八景水谷2-17-1	096(343)3141
別府	第41普通科連隊	874-0849	大分県別府市大字鶴見4548-143	0977(22)4311
（大分）	九州補給処大分弾薬支処	870-1121	大分県大分市大字鴛野129	097(569)3510
南別府	自衛隊別府病院	874-0828	大分県別府市大字別府3088-24	0977(24)6811
湯布院	西部方面特科隊	879-5195	大分県由布市湯布院町川上941	0977(84)2111
玖珠	西部方面戦車隊、戦闘上陸大隊（一部）、西部方面対舟艇対戦車隊	879-4498	大分県玖珠郡玖珠町大字帆足2494	0973(72)1116
えびの	第24普通科連隊、西部方面特科連隊（一部）	889-4314	宮崎県えびの市大字大河平4455-1	0984(33)3904
都城	第43普通科連隊	885-0086	宮崎県都城市久保原町1街区12号	0986(23)3944
川内	第8施設大隊	895-0053	鹿児島県薩摩川内市冷水町539-2	0996(20)3900
国分	第12普通科連隊、第113教育大隊	899-4392	鹿児島県霧島市国分福島2-4-14	0995(46)0350
那覇	第15旅団司令部、第51普通科連隊、第15偵察隊、第15施設中隊、第15通信隊、第15ヘリコプター隊、第15特殊武器防護隊、第15後方支援隊、第101不発弾処理隊	901-0192	沖縄県那覇市鏡水679	098(857)1155
（白川）	第323高射中隊	904-2144	沖縄県沖縄市字白川119番地	098(938)3335
（勝連）	第324高射中隊	904-2313	沖縄県うるま市勝連内間2530	098(978)4001
（知念）	第341高射中隊	901-1513	沖縄県南城市知念字知念1177-2	098(948)2814
（八重瀬）	第15高射特科連隊	901-0496	沖縄県島尻郡八重瀬町字富盛2608	098(998)3437(代)
（南与座）	第326高射中隊	901-0514	沖縄県島尻郡八重瀬町字安里569	098(998)3439
与那国	与那国沿岸監視隊	907-1801	沖縄県八重山郡与那国町字与那国樽舞3765-1	0980(87)3771

海上自衛隊				
地区	主要部隊名	〒	所在地	電話
海上幕僚監部		162-8803	東京都新宿区市谷本村町５番1号	03(3268)3111(代表) 03(5366)3111(代表)
市ヶ谷	海上幕僚監部、印刷補給隊、東京業務隊システム通信隊群司令部、中央システム通信隊、保全監査隊、警務隊本部、基礎情報支援隊、東京地方警務隊	162-8803	東京都新宿区市谷本村町５番1号	03(3268)3111(代表) 03(5366)3111(代表)
十条	補給本部	114-8565	東京都北区十条台1-5-70	03(3908)5121
目黒	幹部学校	153-8933	東京都目黒区中目黒2-2-1	03(5721)7010
上用賀	東京音楽隊	158-0098	東京都世田谷区上用賀1丁目17番13号	03(3700)0136
横須賀	横須賀地方総監部、横須賀システム通信隊本部、横須賀造修補給所、横須賀地方警務隊	238-0046	神奈川県横須賀市西逸見町1丁目無番地	046(822)3500
	横須賀基地業務隊、横須賀衛生隊、第1護衛隊群	237-8515	神奈川県横須賀市長浦町1-43 (横須賀基地業務隊気付)	046(822)3500
	第2潜水隊群、横須賀潜水艦基地隊、対潜資料隊	238-0002	神奈川県横須賀市楠ヶ浦	046(825)1405
船越	自衛艦隊司令部、潜水艦隊司令部、海洋業務・対潜支援群司令部、情報業務群司令部、開発隊群司令部、電子情報支援隊、作戦情報支援隊、船越保全監査分遣隊、船越基地業務分遣隊、対潜評価隊、誘導武器教育訓練隊、指揮通信開発隊、艦艇開発隊	237-0076	神奈川県横須賀市船越町7-73	046(861)8281~8
	護衛艦隊司令部、掃海隊群、第1海上補給隊		(横須賀基地業務隊気付)	046(861)8281~8
新井	横須賀弾薬整備補給所、横須賀警備隊、海上訓練指導隊群司令部、横須賀海上訓練指導隊	237-8515	神奈川県横須賀市長浦町1-1555	046(822)3500
田浦	第2術科学校、艦船補給処、潜水医学実験隊	237-0071	神奈川県横須賀市田浦港町無番地	046(822)3500

住所一覧

地　区	主要部隊名	〒	所　在　地	電　話
	自衛隊横須賀病院	237−0071	神奈川県横須賀市田浦港町1766−1	046(823)0270
武　山	横須賀教育隊、横須賀音楽隊	238−0317	神奈川県横須賀市御幸浜4番1号	046(856)2152~3
父　島	父島基地分遣隊	100−2101	東京都小笠原村父島	04998(2)2027
下　総	教育航空集団司令部、下総教育航空群、移動通信隊、第3術科学校、航空補給処下総支処、下総航空基地隊	277−8661	千葉県柏市藤ヶ谷1614−1	04(7191)2321
館　山	第21航空群、館山航空基地隊	294−8501	千葉県館山市宮城無番地	0470(22)3191
木更津	航空補給処	292−8686	千葉県木更津市江川無番地	0438(23)2361
厚　木	航空集団司令部、第4航空群、第51航空隊、第61航空隊、航空管制隊、航空プログラム開発隊、厚木航空基地隊	252−1101	神奈川県綾瀬市	0467(78)8611
硫黄島	硫黄島航空基地隊	100−2100	東京都小笠原村硫黄島	04998(4)1111
南鳥島	南鳥島航空派遣隊	100−2100	東京都小笠原村南鳥島	
呉	呉地方総監部、呉システム通信隊本部、呉地方警務隊、呉造修補給所	737−8554	広島県呉市幸町8−1	0823(22)5511
	呉教育隊	737−8554	広島県呉市幸町1−1	0823(22)5511
	第1潜水隊群、呉潜水艦基地隊	737−0025	広島県呉市昭和町4−10	0823(23)6095
	第1練習潜水隊、潜水艦教育訓練隊			
	呉警備隊、呉基地業務隊、呉衛生隊、第1輸送隊	737−8554	広島県呉市幸町7−1	0823(22)5511
	第4護衛隊群、第1海上訓練支援隊			
	練習艦隊司令部			
	呉音楽隊	737−8554	広島県呉市幸町4−20	0823(22)5511
	呉海上訓練指導隊、自衛隊呉病院	737−0027	広島県呉市昭和町6−34	0823(22)5511
吉　浦	呉造修補給所貯油所	737−0846	広島県呉市吉浦町乙廻	0823(31)8141
佐　伯	佐伯基地分遣隊	876−0811	大分県佐伯市鶴谷町3丁目3−37	0972(22)0370
岩　国	第31航空群、第111航空隊、岩国航空基地隊	740−8555	山口県岩国市三角町2丁目	0827(22)3181
徳　島	徳島教育航空群、徳島航空基地隊	771−0292	徳島県板野郡松茂町住吉字住吉開拓38	088(699)5111
小松島	第24航空隊	773−8601	徳島県小松島市和田島町字洲端4−3	0885(37)2111

地区	主要部隊名	〒	所在地	電話
神戸	阪神基地隊	658−0024	兵庫県神戸市東灘区魚崎浜町37	078(441)1001
江田島	第1術科学校、幹部候補生学校	737−2195	広島県江田島市江田島町国有無番地	0823(42)1211
	呉弾薬整備補給所	737−2111	広島県江田島市江田島町切串	0823(43)0331
紀伊由良	由良基地分遣隊	649−1113	和歌山県日高郡由良町大字阿戸708−5	0738(65)0056
東浦	仮屋磁気測定所	656−2311	兵庫県淡路市久留麻31	0799(74)2124
佐世保（平瀬）	佐世保地方総監部、佐世保地方警務隊	857−0056	長崎県佐世保市平瀬町18番地	0956(23)7111
	佐世保システム通信隊本部			
	自衛隊佐世保病院	857−0056	長崎県佐世保市平瀬町無番地	0956(23)7111
	佐世保音楽隊			
（立神）	佐世保造修補給所、第2護衛隊群	857−0063	長崎県佐世保市立神町無番地	0956(23)7111
（千尽）	佐世保海上訓練指導隊、佐世保基地業務隊、佐世保衛生隊	857−8555	長崎県佐世保市千尽町9−1	0956(23)7111
（崎辺）	佐世保教育隊、佐世保警備隊本部	857−1176	長崎県佐世保市崎辺町無番地	0956(32)1121
	佐世保弾薬整備補給所			
	第3ミサイル艇隊			
大村	第22航空群、大村航空基地隊	856−8585	長崎県大村市今津町10番地	0957(52)3131
竹敷	対馬防備隊本部	817−0511	長崎県対馬市美津島町竹敷4−191	0920(54)2209
上対馬	上対馬警備所	817−1722	長崎県対馬市上対馬町大浦847	0920(86)2249
下対馬	下対馬警備所	817−8691	長崎県対馬市厳原町安神550	0920(52)0997
壱岐	壱岐警備所	811−5512	長崎県壱岐市勝本町東触2776−6	0920(42)0167
下関	下関基地隊本部	759−6592	山口県下関市永田本町4−8−1	083(286)2323
小月	小月教育航空群、小月航空基地隊	750−1196	山口県下関市松屋本町3−2−1	083(282)1180
鹿屋	第1航空群、第211、212教育航空隊、第1航空修理隊、鹿屋航空基地隊	893−8510	鹿児島県鹿屋市西原3−11−2	0994(43)3111
福山	鹿児島音響測定所	899−4501	鹿児島県霧島市福山町福山4040	0995(55)2210
えびの	えびの送信所	889−4311	宮崎県えびの市大字大明司字六本原	0984(33)5569
奄美	奄美基地分遣隊	894−1506	鹿児島県大島郡瀬戸内町古仁屋船津27	0997(72)0250
沖縄（那覇）	第5航空群、那覇航空基地隊	901−0193	沖縄県那覇市字当間252	098(857)1191
（勝連）	沖縄基地隊本部	904−2314	沖縄県うるま市勝連平敷屋1920	098(978)2342
	沖縄海洋観測所	904−2394	沖縄県うるま市勝連平敷屋2255−2	098(978)7453

地　区	主要部隊名	〒	所　在　地	電　話
舞　鶴	舞鶴地方総監部、舞鶴システム通信隊本部、舞鶴音楽隊、第4術科学校	625-8510	京都府舞鶴市字余部下1190	0773(62)2250
	舞鶴基地業務隊			
	舞鶴地方警務隊			
	舞鶴衛生隊			
	第3護衛隊群			
	舞鶴造修補給所	625-0080	京都府舞鶴市大字北吸小字北宿1059	0773(62)2250
	舞鶴警備隊本部	625-0036	京都府舞鶴市大字浜小字浜2018	0773(62)2250
	第2ミサイル艇隊			
	舞鶴教育隊	625-0026	京都府舞鶴市大字泉源寺小字知中175-2	0773(62)2271
	自衛隊舞鶴病院	625-0026	京都府舞鶴市大字泉源寺小字知中1537-1	0773(62)2271
	舞鶴海上訓練指導隊	625-0086	京都府舞鶴市大字長浜小字長浜1008	0773(62)2250
	舞鶴弾薬整備補給所	625-0086	京都府舞鶴市大字長浜小字長浜1007	0773(62)2250
	第23航空隊	625-0086	京都府舞鶴市長浜731-20	0773(62)9100
新　潟	新潟基地分遣隊	950-0047	新潟県新潟市東区臨海町1番1号	025(273)7771
大　湊	大湊地方総監部、大湊システム通信隊本部	035-8511	青森県むつ市大湊町4-1	0175(24)1111
	第25航空隊	035-0095	青森県むつ市大字城ヶ沢字早崎2	0175(24)1111
	大湊警備隊、大湊基地業務隊、大湊音楽隊、大湊衛生隊、大湊地方警務隊	035-8511	青森県むつ市大湊町2-50	0175(24)1111
	大湊弾薬整備補給所	035-0096	青森県むつ市大字大湊字石橋25	0175(24)1111
	大湊造修補給所、大湊海上訓練指導隊	035-8511	青森県むつ市大湊町1-22	0175(24)1111
	自衛隊大湊病院	035-8511	青森県むつ市大湊町14-47	0175(24)1111
下　北	下北海洋観測所	039-4223	青森県下北郡東通村大字小田野沢字荒沼65	0175(48)2114
八　戸	第2航空群、第2航空修理隊、機動施設隊、八戸航空基地隊	039-1180	青森県八戸市大字河原木字高館	0178(28)3011
竜　飛	竜飛警備所	030-1711	青森県東津軽郡外ケ浜町字三厩龍浜54	0174(38)2101
函　館	函館基地隊	040-8642	北海道函館市大町10番3号	0138(23)4241
松　前	松前警備所	049-1595	北海道松前郡松前町字建石53	01394(2)2330
余　市	余市防備隊、第1ミサイル艇隊	046-0024	北海道余市郡余市町港町国有地	0135(23)2243
稚　内	稚内基地分遣隊	097-0025	北海道稚内市恵比須5丁目2-1	0162(22)4847

航空自衛隊				（ ）内は分屯基地
地区	主要部隊名	〒	所在地	電話
航空幕僚監部		162-8804	東京都新宿区市谷本村町5番1号	03(3268)3111(代表) 03(5366)3111(代表)
千歳	第2航空団、第1移動警戒隊、第3高射群本部・指揮所運用隊・整備補給隊・第9・10高射隊、千歳救難隊、基地防空教導隊、特別航空輸送隊、第3移動通信隊	066-8510	北海道千歳市平和無番地	0123(23)3101
（長沼）	第11・24高射隊	069-1394	北海道夕張郡長沼町馬追台	0123(88)2604
三沢	北部航空方面隊司令部、第3航空団、北部航空警戒管制団司令部・北部防空管制群、第6高射群本部・指揮所運用隊・整備補給隊、北部航空施設隊、北部航空音楽隊、航空支援隊、警戒航空隊、三沢ヘリコプター空輸隊、自衛隊三沢病院	033-8604	青森県三沢市後久保125－7	0176(53)4121
（稚内）	第18警戒隊	097-0025	北海道稚内市恵比須5－2－1	0162(23)5377
（網走）	第28警戒隊	093-0087	北海道網走市字美岬官有無番地	0152(43)3666
（根室）	第26警戒隊	087-8555	北海道根室市光洋町4丁目15番地	0153(24)8004
（当別）	第45警戒群	061-0294	北海道石狩郡当別町字弁華別番外地	0133(23)2344
（奥尻島）	第29警戒隊	043-1496	北海道奥尻郡奥尻町字湯浜	01397(2)2046
（襟裳）	第36警戒隊	058-0342	北海道幌泉郡えりも町字えりも岬407	01466(3)1136
（八雲）	第20・23高射隊	049-3118	北海道二海郡八雲町緑町34	0137(62)2262
（大湊）	第42警戒群	035-0096	青森県むつ市大字大湊字大近川44番地ノ内官有地	0175(24)1191
（車力）	第21・22高射隊、第4移動通信隊	038-3301	青森県つがる市富萢町屏風山1	0173(56)2531
（東北町）	第4補給処東北支処	039-2651	青森県上北郡東北町字大沢5番地の4	0175(63)3235
（山田）	第37警戒隊	028-1300	岩手県下閉伊郡山田町豊間根東山国有林9林班か小班	0193(82)2636
（加茂）	第33警戒隊	010-0664	秋田県男鹿市男鹿中国有地内	0185(33)3030
（秋田）	秋田救難隊	010-1211	秋田県秋田市雄和椿川字山籠23－26	018(886)3320
松島	松島救難隊、第4航空団	981-0503	宮城県東松島市矢本字板取85番地	0225(82)2111
百里	第7航空団、基地警備教導隊、偵察航空隊、百里救難隊	311-3494	茨城県小美玉市百里170番地	0299(52)1331

地　区	主要部隊名	〒	所　在　地	電　話
熊　谷	航空教育隊第2教育群、第4術科学校、第1移動通信隊	360−8580	埼玉県熊谷市大字拾六間839番地	048(532)3554
(木更津)	第4補給処木更津支処	292−0061	千葉県木更津市岩根1−4−1	0438(41)1111
(立　川)	航空医学実験隊(一部)、航空安全管理隊、航空中央音楽隊、第4補給処立川支処	190−0003	東京都立川市栄町1−2−10	042(524)4131
十　条	補給本部、第2補給処十条支処	114−8566	東京都北区十条台1−5−70	03(3908)5121
市ケ谷	航空幕僚監部、航空システム通信隊(移動通信隊等を除く)、航空中央業務隊、航空警務隊本部	162−8804	東京都新宿区市谷本村町5番1号	03(3268)3111(代表) 03(5366)3111(代表)
目　黒	幹部学校	153−0061	東京都目黒区中目黒2−2−1	03(5721)7014
横　田	航空総隊司令部、航空戦術教導団司令部、作戦情報隊、作戦システム運用隊、航空気象群横田気象隊、航空警務隊横田地方警務隊	197−8503	東京都福生市大字福生2552	042(553)6611
府　中	航空支援集団司令部、航空保安管制群本部、航空気象群本部、航空開発実験集団司令部、電子開発実験群本部	183−8521	東京都府中市浅間町1−5−5	042(362)2971
入　間	中部航空方面隊司令部 中部航空警戒管制団司令部・中部防空管制群・第2移動警戒隊、第1高射群本部・指揮所運用隊・整備補給隊・第4高射隊、中部航空方面隊司令部支援飛行隊、中部航空施設隊、作戦システム運用隊(一部)、航空救難団司令部、入間ヘリコプター空輸隊、電子作戦群、第2輸送航空隊、飛行管理隊、飛行点検隊、航空開発実験集団司令部、航空医学実験隊、第3補給処、第4補給処	350−1394	埼玉県狭山市稲荷山2丁目3番地	04(2953)6131

地区	主要部隊名	〒	所在地	電話
(大滝根山)	第27警戒群	979-1201	福島県双葉郡川内村大字上川内字花の内6	0247(79)2277
(霞ヶ浦)	第3高射隊	300-0837	茨城県土浦市右籾2410	029(842)1211
(習志野)	第1高射隊	274-0077	千葉県船橋市薬円台3-20-1	047(466)2141
(峯岡山)	第44警戒隊	299-2508	千葉県南房総市丸山平塚乙2-564	0470(46)3001
(硫黄島)	硫黄島基地隊	350-1394	東京都小笠原村硫黄島(入間基地気付)	04998(4)1111
(武山)	第2高射隊	238-0317	神奈川県横須賀市御幸浜3-1	046(856)1291
(佐渡)	第46警戒隊	952-1208	新潟県佐渡市金井新保丙2-27	0259(63)4111
(新潟)	新潟救難隊	950-0031	新潟県新潟市東区船江町3-135	025(273)9211
(輪島)	第23警戒群	928-8502	石川県輪島市河井町十部29-7	0768(22)0605
(御前崎)	第22警戒隊	437-1621	静岡県御前崎市御前崎2825-1	0548(63)2160
(笠取山)	第1警戒群	514-1251	三重県津市榊原町4183-12	059(252)1155
(経ヶ岬)	第35警戒隊	627-0245	京都府京丹後市丹後町袖志無番地	0772(76)0631
(串本)	第5警戒隊	649-3632	和歌山県東牟婁郡串本町須江1383-12	0735(65)0134
静浜	第11飛行教育団	421-0293	静岡県焼津市上小杉1602	054(622)1234
浜松	中部航空音楽隊、浜松救難隊、高射教導群、警戒航空隊、航空教育集団司令部、第1航空団、教材整備隊、第1術科学校、第2術科学校	432-8551	静岡県浜松市西区西山町無番地	053(472)1111
小牧	航空救難団整備群・救難教育隊、第1輸送航空隊、第5術科学校、航空機動衛生隊	485-0025	愛知県小牧市春日寺1-1	0568(76)2191
岐阜	第4高射群本部・指揮所運用隊・整備補給隊・第13・15高射隊、飛行開発実験団、第2補給処、自衛隊岐阜病院	504-8701	岐阜県各務原市那加官有地無番地	058(382)1101
(高蔵寺)	第4補給処高蔵寺支処	487-0003	愛知県春日井市木附町無番地	0568(51)0265
(白山)	第14高射隊	515-3137	三重県津市白山町大原297	059(269)3111
(饗庭野)	第12高射隊	520-1531	滋賀県高島市新旭町饗庭3356-1	0740(25)4343
小松	第6航空団、飛行教導群、小松救難隊	923-8586	石川県小松市向本折町戊267	0761(22)2101
奈良	幹部候補生学校	630-8522	奈良県奈良市法華寺町1578	0742(33)3951
美保	第3輸送航空隊	684-0053	鳥取県境港市小篠津町2258	0859(45)0211
防府北	第12飛行教育団	747-8567	山口県防府市田島	0835(22)1950
防府南	航空教育隊司令部・第1教育群	747-8555	山口県防府市田島	0835(22)1950
築城	第8航空団、第7高射隊	829-0151	福岡県築上郡築上町西八田	0930(56)1150

地区	主要部隊名	〒	所在地	電話
芦屋	第2高射群整備補給隊・第5・6高射隊、西部航空施設隊、芦屋救難隊、第13飛行教育団、第3術科学校	807-0133	福岡県遠賀郡芦屋町大字芦屋1455-1	093(223)0981
春日	西部航空方面隊司令部、西部航空警戒管制団司令部・西部防空管制群・第3移動警戒隊、第2高射群本部・指揮所運用隊、西空司令部支援飛行隊、西部航空音楽隊、春日ヘリコプター空輸隊、第2移動通信隊	816-0804	福岡県春日市原町3-1-1	092(581)4031
(高尾山)	第7警戒隊	690-1312	島根県松江市美保関町森山632	0852(72)2226
(見島)	第17警戒隊	758-0701	山口県萩市見島1518-1	0838(23)2011
(土佐清水)	土佐清水通信隊	787-0445	高知県土佐清水市下益野2078-2	0880(85)0266
(高良台)	第8高射隊	830-0064	福岡県久留米市荒木町藤田官有地	0942(21)7400
(背振山)	第43警戒群	842-0203	佐賀県神埼市背振町服巻字背振山1358	092(803)1146
(海栗島)	第19警戒隊	817-1719	長崎県対馬市上対馬町鰐浦1217	0920(86)2202
(福江島)	第15警戒隊	853-0607	長崎県五島市三井楽町嶽770-1	0959(84)2074
(高畑山)	第13警戒群	888-0008	宮崎県串間市大字本城4番	0987(77)0303
(下甑島)	第9警戒隊	896-1411	鹿児島県薩摩川内市下甑町長浜無番地	09969(5)0015
新田原	第5航空団、新田原救難隊、飛行教育航空隊	889-1492	宮崎県児湯郡新富町大字新田19581	0983(35)1121
那覇	南西航空方面隊司令部、第9航空団、南西航空警戒管制団司令部・南西防空管制群・第4移動警戒隊、第5高射群本部・指揮所運用隊・整備補給隊・第17高射隊、南西航空施設隊、南西航空音楽隊、那覇救難隊、那覇ヘリコプター空輸隊、警戒航空隊、第5移動通信隊、自衛隊那覇病院	901-0144	沖縄県那覇市字当間301	098(857)1191
(奄美大島)	奄美通信隊	894-0505	鹿児島県奄美市笠利町大字平505-2	0997(63)0700
(沖永良部島)	第55警戒隊	891-9292	鹿児島県大島郡知名町上平川2081-1	0997(93)2169
(恩納)	第19高射隊	904-0411	沖縄県国頭郡恩納村字恩納7441	098(966)2053

地　区	主要部隊名	〒	所　　在　　地	電　　話
(久米島)	第54警戒隊	901-3101	沖縄県島尻郡久米島町宇江城山田原2064-1	098(985)3690
(知　念)	第16・18高射隊	901-1403	沖縄県南城市佐敷字佐敷1641	098(948)2813
(与座岳)	第56警戒群	901-0322	沖縄県糸満市字与座1780	098(994)2268
(宮古島)	第53警戒隊	906-0201	沖縄県宮古島市上野字野原1190-189	0980(76)6745

陸・海・空自衛隊の共同機関

名　　称	〒	所　　在　　地	電　　話
自衛隊体育学校	178-8501	東京都練馬区大泉学園町	048(460)1711
自衛隊中央病院	154-8532	東京都世田谷区池尻1-2-24	03(3411)0151
自衛隊地区病院			
自衛隊札幌病院	005-0008	札幌市南区真駒内17番地	011(581)3101
自衛隊大湊病院	035-0093	むつ市大湊町14-47	0175(24)2196
自衛隊三沢病院	033-8604	三沢市後久保125-7	0176(53)4121
自衛隊仙台病院	983-8580	仙台市宮城野区南目館1-1	022(231)1111
自衛隊横須賀病院	237-0071	横須賀市田浦港町1766-1	046(823)0270
自衛隊岐阜病院	504-8701	各務原市那加官有地無番地	058(382)1101
自衛隊富士病院	410-1432	静岡県駿東郡小山町須走481-27	0550(75)2311
自衛隊舞鶴病院	625-0026	舞鶴市大字泉源寺小字知中1537-1	0773(62)2273
自衛隊阪神病院	666-0024	川西市久代4-1-50	072(782)0001
自衛隊呉病院	737-0027	呉市昭和町6-34	0823(22)5562
自衛隊福岡病院	816-0826	春日市小倉東1-61	092(581)0431
自衛隊佐世保病院	857-0056	佐世保市平瀬町無番地	0956(23)0486
自衛隊熊本病院	862-0902	熊本市東区東本町15-1	096(368)5111
自衛隊別府病院	874-0828	別府市大字別府3088-24	0977(24)6811
自衛隊那覇病院	901-0144	那覇市字当間301	098(857)1191

自衛隊地方協力本部

名　称	〒	所　　在　　地	電　　話
札　幌	060-8542	札幌市中央区北4条西15丁目1	011(631)5472
函　館	042-0934	函館市広野町6-25	0138(53)6241
旭　川	070-0902	旭川市春光町国有無番地	0166(51)6055
帯　広	080-0024	帯広市西14条南14丁目4番地	0155(23)5882
青　森	030-0861	青森市長島1丁目3-5(青森第2合同庁舎2F)	017(776)1594
岩　手	020-0023	盛岡市内丸7-25(盛岡合同庁舎内2F)	019(623)3236
宮　城	983-0842	仙台市宮城野区五輪1丁目3-15(仙台第3合同庁舎1F)	022(295)2611

住所一覧

名　称	〒	所　在　地	電　話
秋　田	010－0951	秋田市山王4丁目3－34	018(823)5404
山　形	990－0041	山形市緑町1丁目5－48（山形地方合同庁舎）	023(622)0712
福　島	960－8162	福島市南町86	024(546)1920
茨　城	310－0011	水戸市三の丸3丁目11－9	029(231)3315
栃　木	320－0043	宇都宮市桜5丁目1－13（宇都宮地方合同庁舎2F）	028(634)3385
群　馬	371－0805	前橋市南町3丁目64－12	027(221)4471
埼　玉	330－0061	さいたま市浦和区常盤4丁目11－15（浦和合同庁舎3F）	048(831)6043
千　葉	263－0021	千葉市稲毛区轟町1丁目1－17	043(251)7151
東　京	160－0022	新宿区新宿6丁目27－30新宿イーストサイドスクエア5F	03(3260)0543
神奈川	231－0023	横浜市中区山下町253－2	045(662)9429
新　潟	950－8627	新潟市中央区美咲町1丁目1番1号 （新潟美咲合同庁舎1号館7F）	025(285)0515
山　梨	400－0031	甲府市丸の内1－1－18（甲府合同庁舎2F）	055(253)1591
長　野	380－0846	長野市旭町1108（長野第2合同庁舎1F）	026(233)2108
静　岡	420－0821	静岡市葵区柚木366	054(261)3151
富　山	930－0856	富山市牛島新町6－24	076(441)3271
石　川	921－8506	金沢市新神田4丁目3－10（金沢新神田合同庁舎3F）	076(291)6250
福　井	910－0019	福井市春山1丁目1－54（福井春山合同庁舎10F）	0776(23)1910
岐　阜	502－0817	岐阜市長良福光2675－3	058(232)3127
愛　知	454－0003	名古屋市中川区松重町3－41	052(331)6266
三　重	514－0003	津市桜橋1丁目91	059(225)0531
滋　賀	520－0044	大津市京町3丁目1－1（大津びわ湖合同庁舎5F）	077(524)6446
京　都	604－8482	京都市中京区西ノ京笠殿町38（京都地方合同庁舎3F）	075(803)0820
大　阪	540－0008	大阪市中央区大手前4－1－67（大阪合同庁舎第2号館3F）	06(6942)0541
兵　庫	651－0073	神戸市中央区脇浜海岸通1－4－3（神戸防災合同庁舎4F）	078(261)8600
奈　良	630－8301	奈良市高畑町552（奈良第2地方合同庁舎1F）	0742(23)7001
和歌山	640－8287	和歌山市築港1丁目14－6	073(422)5116
鳥　取	680－0845	鳥取市富安2－89－4（鳥取第1地方合同庁舎6F）	0857(23)2251
島　根	690－0841	松江市向島町134－10（松江地方合同庁舎4F）	0852(21)0015
岡　山	700－8517	岡山市北区下石井1丁目4－1（岡山第2合同庁舎2F）	086(226)0361
広　島	730－0012	広島市中区上八丁堀6－30（広島合同庁舎4号館6F）	082(221)2957
山　口	753－0092	山口市八幡馬場814	083(922)2325
徳　島	770－0941	徳島市万代町3－5（徳島第2地方合同庁舎5F）	088(623)2220
香　川	760－0019	高松市サンポート3－33（高松サンポート合同庁舎南館2F）	087(823)9206
愛　媛	790－0003	松山市三番町8丁目352－1	089(941)8381
高　知	780－0061	高知市栄田町2－2－10（高知よさこい咲都合同庁舎8F）	088(822)6128
福　岡	812－0878	福岡市博多区竹丘町1丁目12番	092(584)1881
佐　賀	840－0047	佐賀市与賀町2－18	0952(24)2291
長　崎	850－0862	長崎市出島町2－25（防衛省合同庁舎2F）	095(826)8844
大　分	870－0016	大分市新川町2丁目1－36（大分合同庁舎5F）	097(536)6271
熊　本	860－0047	熊本市西区春日2丁目10番1号（熊本地方合同庁舎B棟3F）	096(297)2050
宮　崎	880－0901	宮崎市東大淀2丁目1－39	0985(53)2643
鹿児島	890－8541	鹿児島市東郡元町4－1（鹿児島第2地方合同庁舎1F）	099(253)8920
沖　縄	900－0016	那覇市前島3丁目24－3－1	098(866)5457

5. 防衛省共済組合直営施設

— 宿泊施設 —

府県別	施設名	所在地	予約受付	定員	備考
東京	ホテルグランドヒル市ヶ谷	162-0845 新宿区市谷本村町4-1	03(3268)0111(代) (宿泊8-6-28850〜2 宴集会8-6-28854)	290名	

共済組合施設

6. 自衛隊の病院一覧表

（平成29.12.31現在）

	監督者等		名　称	開設年月日	所在地	診療科目	病床数
共同機関	陸上幕僚長	中央病院	自衛隊中央病院	昭和 31. 3. 1	東京都 世田谷区	内科、精神科、神経内科、呼吸器内科、消化器内科、循環器内科、代謝内科、腎臓内科、感染症内科、小児科、外科、整形外科、形成外科、脳神経外科、呼吸器外科、心臓血管外科、消化器外科、リウマチ科、皮膚科、泌尿器科、産婦人科、眼科、耳鼻いんこう科、リハビリテーション科、放射線科、病理診断科、歯科、麻酔科、救急科	500
		地区病院	自衛隊札幌病院	30. 3. 5	北海道札幌市	内科、精神科、小児科、外科、整形外科、脳神経外科、皮膚科、泌尿器科、産婦人科、眼科、耳鼻いんこう科、リハビリテーション科、放射線科、歯科、麻酔科、救急科	200
			自衛隊仙台病院	46. 8. 2	宮城県仙台市	内科、精神科、小児科、外科、整形外科、皮膚科、泌尿器科、眼科、耳鼻いんこう科、リハビリテーション科、歯科、麻酔科	150
			自衛隊富士病院	51. 2. 6	静岡県 駿東郡小山町	内科、外科、整形外科、歯科	50
			自衛隊阪神病院	41. 2. 21	兵庫県川西市	内科、精神科、小児科、外科、整形外科、皮膚科、泌尿器科、産婦人科、眼科、耳鼻いんこう科、リハビリテーション科、放射線科、歯科、麻酔科	200
			自衛隊福岡病院	30. 3. 5	福岡県春日市	内科、精神科、小児科、外科、整形外科、皮膚科、泌尿器科、産婦人科、眼科、耳鼻いんこう科、リハビリテーション科、放射線科、歯科、麻酔科	200
			自衛隊熊本病院	32. 10. 1	熊本県熊本市	内科、心療内科、外科、整形外科、皮膚科、泌尿器科、眼科、耳鼻いんこう科、放射線科、歯科、麻酔科	100
			自衛隊別府病院	49. 3. 30	大分県別府市	内科、整形外科、リハビリテーション科、歯科	50

	監督者等		名称	開設年月日	所在地	診療科目	病床数
共同機関	海上幕僚長	地区病院	自衛隊大湊病院	35. 8. 9	青森県むつ市	内科、外科、整形外科、皮膚科、リハビリテーション科、歯科、麻酔科	30
			自衛隊横須賀病院	31. 3. 1 (63. 3. 31)	神奈川県 横須賀市	内科、精神科、小児科、外科、整形外科、脳神経外科、皮膚科、泌尿器科、婦人科、眼科、耳鼻いんこう科、リハビリテーション科、麻酔科、歯科、歯科口腔外科	100
			自衛隊舞鶴病院	29. 12. 28	京都府舞鶴市	内科、外科、整形外科、皮膚科、リハビリテーション科、歯科、麻酔科	50
			自衛隊呉病院	平成 17. 3. 1	広島県呉市	内科、精神科、小児科、外科、整形外科、皮膚科、泌尿器科、眼科、耳鼻いんこう科、リハビリテーション科、歯科、麻酔科	50
			自衛隊佐世保病院	昭和 55. 10. 15	長崎県 佐世保市	内科、外科、整形外科、皮膚科、泌尿器科、リハビリテーション科、歯科、麻酔科	50
	航空幕僚長		自衛隊三沢病院	平成 1. 10. 2	青森県三沢市	内科、神経科、外科、整形外科、麻酔科、歯科	50
			自衛隊岐阜病院	昭和 37. 3. 30	岐阜県 各務原市	内科、精神科、外科、整形外科、耳鼻いんこう科、リハビリテーション科、歯科	100
			自衛隊那覇病院	54. 3. 31	沖縄県那覇市	内科、神経科、小児科、外科、整形外科、リハビリテーション科、歯科	50
防衛医科大学校長			防衛医科大学校病院	52. 12. 1	埼玉県所沢市	内科、精神科、小児科、外科、脳神経外科、整形外科、皮膚科、泌尿器科、眼科、耳鼻いんこう科、産科婦人科、放射線科、麻酔科、形成外科、歯科口腔外科	800
							計 2,730

(注) 横須賀病院の（　）は、移設後の開設年月日を示す。

7. 自衛隊部外関係団体とその概況（平成30.1.1現在）

(1) **公益社団法人　隊友会**（設立　昭和35.12.27）

住　　所　東京都新宿区市谷本村町5番1号（Tel 03－5362－4871）

理 事 長　先崎一

目　　的　国民と自衛隊との架け橋として、相互の理解を深めるとともに、防衛意識の普及高揚に努め、国の防衛及び防災施策、慰霊顕彰事業並びに地域社会の健全な発展に貢献することにより、我が国の平和と安全に寄与し、併せて自衛隊退職者等の福祉を増進する。

(2) **公益社団法人　安全保障懇話会**（設立　昭和51.4.20）

住　　所　東京都新宿区若松町18番3号（Tel 03－3202－8631）

理 事 長　永岩俊道

目　　的　我が国の安全保障に関する諸問題を調査研究するとともに、防衛に関する諸施策に協力し、もって国民の防衛意識の高揚及び防衛基盤の健全な育成に貢献する。

(3) **公益社団法人　自衛隊家族会（旧全国自衛隊父兄会）**（設立　昭和51.10.28）

住　　所　東京都新宿区市谷本村町5番1号（Tel 03－5227－2468）

会　　長　伊藤康成

目　　的　広く国民の防衛意識の普及高揚に努めるとともに、自衛隊に対する協力･支援等を通じ、我が国の安全保障･防衛基盤の確立に寄与する。

(4) **公益財団法人　水交会**（設立　昭和29.12.6）

住　　所　東京都渋谷区神宮前1丁目5番3号（Tel 03－3403－1491）

理 事 長　齋藤隆

目　　的　海上武人の良き伝統精神を継承しつつ、海洋安全保障に関わる思想の普及、施策・活動に対する協力及び先人の慰霊顕彰を行うとともに、地域社会活動を支援し、併せて会員相互の一体感の高揚を図り、もって国政の健全な運営の確保に寄与する。

(5) **公益財団法人　偕行社**（設立　昭和32.12.28）

住　　所　東京都千代田区九段南4丁目3番7号　翠ビル4F
（Tel 03－3263－0851）

理 事 長　冨澤暉

目　　的　戦没者及び自衛隊殉職者等の慰霊顕彰、安全保障等に関する研究と提言、自衛隊に対する必要な協力、並びに定期刊行誌「偕行」等により防衛基盤の強化拡充に寄与し、もって我が国の平和と福祉に関する国政の健全な運営の確保に資する。

部外団体

(6) **公益財団法人　三笠保存会**（設立　昭和35.5.11）
住　　所　神奈川県横須賀市稲岡町82番19（Tel 046－822－5225）
会　　長　佃和夫
目　　的　記念艦三笠を適切に保存・整備するとともに、広く観覧に供し、民族精神の高揚に資する。

(7) **公益財団法人　日本国防協会**（設立　昭和46.9.1）
住　　所　東京都新宿区市谷砂土原町3丁目1番地3号　コープ市ヶ谷73（Tel 03－5229－5866）
理 事 長　森勉
目　　的　内外の国防に対する政治、経済、社会の情勢を明らかにし、我が国の防衛のあり方を探求するとともに、国防思想の普及に関する事業を行い、もって我が国の平和と独立の維持に寄与する。

(8) **公益財団法人　防衛基盤整備協会**（設立　昭和52.11.25）
住　　所　東京都新宿区本塩町21番地　ラボ東京ビル2F・6～8F（Tel 03－3358－8720）
理事長　鎌田昭良
目　　的　防衛基盤の強化発展に貢献するために防衛思想の普及に関する事業並びに防衛装備品等の生産及び調達等に関する事業並びに防衛施設の建設に関する事業（以下「防衛基盤事業」という。）、情報セキュリティ及び国際規格等の認証に関する事業を行い、もって我が国の平和と安全の確保に寄与する。

(9) **公益財団法人　防衛大学校学術・教育振興会**（設立　昭和62.8.7）
住　　所　東京都新宿区四谷本塩町15番7号　松原ビル2F（Tel 03－3353－9871）
理 事 長　西原正
目　　的　防衛大学校における科学技術その他の学術（以下「科学技術等」という。）に関する研究に対する助成、科学技術等の奨励及び教育訓練に対する援助・助成を行うとともに、防衛問題研究者の資質向上のための援助・助成を行い、もって、我が国の防衛基盤の育成強化に寄与する。

(10) **公益財団法人　中曽根康弘世界平和研究所（旧 世界平和研究所）**
（設立　昭和63.6.28）
住　　所　東京都港区虎ノ門3丁目2番2号　虎ノ門30森ビル6F（Tel 03－5404－6651）
会　　長　中曽根康弘
目　　的　外交、安全保障問題、国内外の政治、経済問題その他の分野について調査研究し、総合的な政策を国の内外に向けて提言し、これらの研究に関する国際交流を促進し、人材の育成を図るなどの事業を行い、もって世界の平和と繁栄の維持及び強化に寄与する。

(11) **一般社団法人　日本郷友連盟**（設立　昭和31.10.10）

住　　所　東京都新宿区若葉1丁目21番地（Tel 03－3353－2342）

会　　長　寺島泰三

目　　的　内外の情勢を明らかにし、国防思想の普及を図り、英霊の顕彰及び殉職自衛隊員の慰霊を行うとともに光栄ある歴史及び伝統の継承等に関する事業を行い、もって我が国の進展に寄与する。

(12) **一般社団法人　日本防衛衛生学会**（設立　昭和35.12.9）

住　　所　東京都目黒区東山3丁目18番9号（Tel 03－3791－1214）

理 事 長　一ノ渡尚道

目　　的　我が国を含む国際社会の平和及び安全の保持に関わる医学、医療、保健活動（以下「防衛衛生」という。）に係わる調査・研究を行うとともに、これに必要な知識・技能の向上に寄与し、防衛衛生に関する事項の普及啓発を図る。

(13) **一般社団法人　日本防衛装備工業会**（設立　昭和63.9.16）

住　　所　東京都新宿区舟町6番地5　四谷三丁目ビル3F
（Tel 03－6743－6755）

会　　長　大宮英明

目　　的　防衛装備品等の研究開発の促進、生産技術の向上発展等を図り、近代化及び高性能化に資するとともに、防衛装備工業の健全な振興に努め、もって我が国の防衛基盤の確立に寄与する。

(14) **一般社団法人　防衛協力商業者連合会**（設立　平成2.4.10）

住　　所　東京都新宿区市谷本村町3番20号　新盛堂ビル6F
（Tel 03－5261－8521）

会　　長　菅原廣

目　　的　防衛思想の普及高揚を図り、自衛隊員の募集及び就職援護に関する協力・支援を行うとともに、自衛隊の災害派遣に関する協力、隊員に対する福利厚生業務等を通じて、自衛隊と地域社会との調和と発展に貢献し、もって防衛基盤の育成強化及び民生の安定に寄与する。

(15) **一般財団法人　防衛弘済会**（設立　昭和40.10.1）

住　　所　東京都新宿区北山伏町1番11号　牛込食糧ビル4F
（Tel 03－5946－8701）

理 事 長　小澤毅

目　　的　防衛思想の普及、自衛隊員及び殉職自衛隊員遺家族の福祉の増進を図るとともに、防衛行政の効率的な推進に資する事業並びに国際協力活動への貢献活動を行い、もって防衛基盤の育成強化に寄与する。

(16) **一般財団法人　防衛施設協会**（設立　昭和52.6.1）
住　　所　東京都港区芝3丁目41番地8号　駐健保会館3F
　　　　　（Tel 03－3451－9221）
理 事 長　千田彰
目　　的　防衛施設周辺の生活環境の整備等に関する諸問題の解決と改善、その他必要とされる施策についての調査及び研究を行い、その結果を国及び地方公共団体等の施策に反映させ、又必要な事業の推進に協力し、もって民生の安定及び福祉の向上に寄与する。

(17) **一般財団法人　防衛医学振興会**（設立　昭和52.9.20）
住　　所　埼玉県所沢市並木3丁目1番地　9－105
　　　　　（Tel 04－2995－1661）
会　　長　望月英隆
目　　的　自衛隊の任務遂行に必要な医学の研究の奨励及び助成並びに医学・衛生思想の普及、啓発等を行うとともに、防衛医科大学校の教職員、学生及び防衛医科大学校病院の患者等に対する福利厚生、援護等を行い、もって、自衛隊の任務遂行に必要な医学の振興と社会福祉の向上を図り、防衛基盤の育成強化に寄与する。

(18) **一般財団法人　平和・安全保障研究所**（設立　昭和53.10.20）
住　　所　東京都港区赤坂1丁目1番12号　明産溜池ビルディング8F
　　　　　（Tel 03－3560－3288）
会　　長　山本正已
目　　的　我が国及び国際の平和と安全に関し、総合的な調査研究と政策への提言を行い、これらの知識を国民に普及し、これらの研究に関する国際的交流を進め、もって、我が国の独立と安全に寄与する。

(19) **一般財団法人　防衛技術協会**（設立　昭和55.3.5）
住　　所　東京都文京区本郷3丁目23番14号　ショウエイビル9F
　　　　　（Tel 03－5941－7620）
理事長　高岡力
目　　的　防衛技術研究開発及びこれに関連する諸問題について、調査研究を行い、官民の防衛技術の交流を促進し、正しい理解と知識を広め、必要な施策の提言を行い、官民の防衛技術の向上を図るための助成及び防衛技術研究開発に対する協力・支援を行い、もって防衛技術研究開発の振興を図り、我が国の防衛基盤の育成強化及び防衛意識の高揚に寄与する。

（20） **一般財団法人　自衛隊援護協会**（設立　昭和62.8.18）

住　　所　東京都新宿区天神町6番　Mビル5階（Tel 03－5227－5400）

理 事 長　上瀧守

目　　的　退職予定自衛官及び退職自衛官の再就職に関する援護業務を実施するとともに、防衛行政の効率的な推進に貢献し、もって我が国の防衛基盤の育成強化に寄与する。

（21） **一般財団法人　ディフェンスリサーチセンター**（設立　平成3.6.24）

住　　所　東京都千代田区神田錦町3丁目14番地11号 近藤ビル３Ｆ（Tel 03－3233－5721）

理 事 長　上田愛彦

目　　的　わが国の防衛戦略・防衛政策等について、国際情勢、技術の動向等を含む幅広い見地から、調査・研究と提言を行い、これらの知識を広く一般に普及啓発し、これらの研究に関する国内外の情報交流の促進を図るとともに、わが国の防衛戦略・防衛政策等に関する国民的合意形成の一翼を担い、もってわが国の防衛意識の高揚に寄与する

独立行政法人　駐留軍等労働者労務管理機構（設立　平成14.4.1）

住　　所　東京都港区三田3丁目13番12号　三田ＭＴビル（Tel 03－5730－2163）

理 事 長　枡田一彦

目　　的　駐留軍等及び諸機関のために労務に服する者の雇入れ、提供、労務管理、給与及び福利厚生に関する業務を行うことにより、駐留軍等及び諸機関に必要な労働力の確保を図る。

平成30年版 防衛ハンドブック

平 成 30 年 3 月 31 日 発 行
編 著 朝雲新聞社出版業務部
発行所 朝 雲 新 聞 社
〒160-0002 東京都新宿区四谷坂町12番20号
☎03(3225)3841／振替00190-4-17600
FAX 03(3225)3831

ISBN 978-4-7509-2039-9